国家"十四五"生态环境保护规划专题研究

生态环境部环境规划院　著

中国环境出版集团·北京

图书在版编目（CIP）数据

国家"十四五"生态环境保护规划专题研究 ／ 生态
环境部环境规划院著. -- 北京：中国环境出版集团，
2023.11
ISBN 978-7-5111-5727-0

Ⅰ．①国… Ⅱ．①生… Ⅲ．①生态环境保护－环境规
划－研究－中国－2021-2025 Ⅳ．①X321.2

中国国家版本馆CIP数据核字(2023)第246977号

出 版 人	武德凯
策划编辑	葛　莉
责任编辑	王　洋
封面设计	彭　杉

出版发行　**中国环境出版集团**
　　　　　（100062　北京市东城区广渠门内大街 16 号）
　　　　　网　　　址：http://www.cesp.com.cn
　　　　　电子邮箱：bjgl@cesp.com.cn
　　　　　联系电话：010-67112765（编辑管理部）
　　　　　发行热线：010-67125803，010-67113405（传真）
印　　刷　北京中科印刷有限公司
经　　销　各地新华书店
版　　次　2023 年 11 月第 1 版
印　　次　2023 年 11 月第 1 次印刷
开　　本　880×1230　1/16
印　　张　63.5
字　　数　1800 千字
定　　价　238.00 元

序　言

《"十四五"生态环境保护规划》（以下简称《规划》）是我国第十个五年生态环境保护规划，也是"十一五"时期以来第四个由国务院印发的国家级专项规划。

站在中华民族伟大复兴战略全局的关键时期和百年未有之大变局的历史时期，《规划》编制面临新形势、新要求、新任务。一是在理念思路方面，《规划》深入贯彻习近平生态文明思想，围绕立足新发展阶段，完整、准确、全面贯彻新发展理念、构建新发展格局、推动高质量发展的核心要义，将生态文明建设和生态环境保护工作融入经济社会发展全局、全过程，以生态环境高水平保护促进经济社会高质量发展，创造高品质生活。二是在总体目标方面，按照《中共中央关于制定国民经济和社会发展第十四个五年规划和二〇三五年远景目标的建议》等部署要求，对标 2035 年美丽中国建设目标，分三个五年倒排工期，谋划"十四五"时期阶段目标任务。三是在规划边界范围上，着眼于生态环境领域国家级专项规划的总领性定位，推动完善大环保工作格局，规划范围既延续涵盖水、大气、土壤等环境要素，还包括绿色发展转型、应对气候变化、海洋生态环境保护、全球环境治理等方面，体现了生态环境保护工作全要素、多领域的覆盖。

在生态环境部《规划》编制领导小组的直接组织下，生态环境部环境规划院成立了《规划》编制技术组，全面开展《规划》编制研究。在前期研究阶段，充分结合国家生态环境保护规划研究与实施工作基础，统筹院内研究、对外委托课题研究与重点专题调查研究，开展矩阵式专题研究。针对"十四五"时期生态环境保护的重点、难点、热点问题，设置了 9 个重点领域、70 多项重点专题研究，形成了 200 多万字研究报告成果，为科学扎实开展《规划》编制提供了重要支撑。

为了帮助大家深入理解《规划》内容，我们将《规划》前期研究成果梳理汇编为《国家"十四五"生态环境保护规划专题研究》（以下简称《研究》），专题研究成果主要来自院内各部门各要素、领域研究成果，也包括了部分对外委托课题合作研究成果。《研究》分为九篇,基本涵盖了《规划》的重点领域,主要包括"十四五"生态环境保护基本形势、总体思路、绿色发展和结构转型、减污降碳协同控制和大气环境改善、水生态环境和海洋生态环境改善、土壤污染防治和环境风险防控、生态保护修复和监督管理、现代环境治理体系与政策制度改革创新、生态环境保护重大工程与环保投融资等。

需要特别说明的是,国家"十四五"生态环境保护规划编制研究工作自 2018 年年底启动,研究周期较长,为了完整分享研究过程与思路内容,一些专题研究报告仍选取当时数据未做更改,展示的也是一些阶段性成果,可能存在与正式批复的《规划》及相关专项规划不一致的地方。因此,有关规划目标指标、主要任务和重点领域内容均以国务院和有关部门正式批准印发的规划文本为准。由于作者水平有限,难免存在疏漏之处,敬请各位同行、读者批评指正。

特别感谢生态环境部综合司在《规划》编制研究过程中给予的全面指导与支持,感谢部内各司局、各兄弟单位、有关地方生态环境厅(局)和对外委托课题承担单位提供的大力支持,国家发展改革委规划司、环资司也在《规划》编制过程中给予了指导,在此表示衷心感谢!

生态环境部环境规划院

2022 年 3 月

目　录

第一篇

"十四五"生态环境保护基本形势

专题1 全面建成小康社会的生态环境保护基础与形势分析

"十四五"时期，是在全面建成小康社会和打好、打赢污染防治攻坚战的基础上，开启第二个百年奋斗目标的起步五年，是全面推进社会主义现代化强国建设、建设美丽中国的起步五年。在解决一批突出生态环境问题、实现生态环境质量总体改善的基础上，在新的形势和新的起点上，确立基本思路，厘清关键问题，特别在决胜全面建成小康社会进入关键时期的整体背景下，明确生态环境保护的基础和进程，以及实现全面建成小康社会历史目标面临的形势、机遇和挑战，对编制《"十四五"生态环境保护规划》意义重大。

1 全面建成小康社会的生态环境保护基础分析

在以习近平同志为核心的党中央坚强领导下，在各级党委和政府的高度重视和全力推动下，预计污染防治攻坚战的目标能够顺利完成，全面建成小康社会能胜利实现，生态环境质量实现总体改善，为"十四五"期间开启第二个百年奋斗目标，全面推进生态环境保护奠定一个较好的基础。

1.1 "十三五"期间生态环境保护工作的成效

1.1.1 确立了习近平生态文明思想

2018年召开的全国生态环境保护大会确立了系统完整的习近平生态文明思想，为生态文明建设和生态环境保护提供了根本遵循。党的十九大明确了坚持人与自然和谐共生作为习近平新时代中国特色社会主义思想的精神实质、丰富内涵和基本方略之一，指出建设生态文明是中华民族永续发展的千年大计，提出了加快生态文明体制改革、建设美丽中国的任务目标，将绿色发展作为新发展理念的组成部分、生态文明建设作为中国特色社会主义事业"五位一体"总体布局的一个方面、"美丽"作为建设社会主义现代化强国的目标纳入《中国共产党章程（修正案）》，并在党章中增加"增强绿水青山就是金山银山的意识""实行最严格的生态环境保护制度"。第十三届全国人民代表大会第一次会议通过了《中华人民共和国宪法修正案》，将生态文明正式写入国家的根本法，实现了党的主张、国家意志、人民意愿的高度统一。

此次全国生态环境保护大会在我国生态文明建设和生态环境保护历史上具有里程碑意义（表1-1-1）。大会确立了系统完整的习近平生态文明思想，形成了八个坚持、一个重大判断、一个时间表、六项原则、五个体系等一系列标志性、创新性、战略性的重大理论成果，为新时代生态文明建设和生态环境保护提供了根本遵循，为推动生态文明建设提供了思想指引和实践指南。

表 1-1-1　全国生态环境保护大会主要成果

主要成果	主要内容
确立习近平生态文明思想	坚持"生态兴则文明兴"的深邃历史观、"人与自然和谐共生"的科学自然观、"绿水青山就是金山银山"的绿色发展观、"良好生态环境是最普惠的民生福祉"的基本民生观、"山水林田湖草是生命共同体"的整体系统观、"用最严格制度最严密法治保护生态环境"的严密法治观、"共同建设美丽中国"的全民行动观、"共谋全球生态文明建设"的共赢全球观
形成一个重大判断	生态文明建设到了"关键期""攻坚期""窗口期"
明确一个时间表	确保到 2035 年,生态环境质量实现根本好转,美丽中国目标基本实现。到 21 世纪中叶,物质文明、政治文明、精神文明、社会文明、生态文明全面提升,绿色发展方式和生活方式全面形成,人与自然和谐共生,生态环境领域国家治理体系和治理能力现代化全面实现,建成美丽中国
明确六项原则	一是坚持人与自然和谐共生,二是绿水青山就是金山银山,三是良好生态环境是最普惠的民生福祉,四是山水林田湖草是生命共同体,五是用最严格制度最严密法治保护生态环境,六是共谋全球生态文明建设
建立五个体系	生态文化体系、生态经济体系、目标责任体系、生态文明制度体系和生态安全体系
确立了新的领导机制	确立了党委领导、政府主导、企业主体、公众参与的生态环境保护行动体系,确立了党政同责、一岗双责的责任机制,强化了中央生态环境保护督察等督察问责机制
印发了污染防治攻坚战文件	中共中央、国务院首次印发了《关于全面加强生态环境保护 坚决打好污染防治攻坚战的意见》

1.1.2　污染防治攻坚战顺利推进

2018 年 6 月,中共中央、国务院印发《关于全面加强生态环境保护 坚决打好污染防治攻坚战的意见》,明确了打好污染防治攻坚战的时间表、路线图、任务书。《打赢蓝天保卫战三年行动计划》《城市黑臭水体治理攻坚战实施方案》《农业农村污染治理攻坚战行动计划》《渤海综合治理攻坚战行动计划》《关于聚焦长江经济带坚决遏制固体废物非法转移和倾倒专项行动方案》《全国集中式饮用水水源地环境保护专项行动方案》《关于全面落实〈禁止洋垃圾入境推进固体废物进口管理制度改革实施方案〉2018—2020 年行动方案》《垃圾焚烧发电行业达标排放专项整治行动方案》《"绿盾 2018"自然保护区监督检查专项行动实施方案》等专项计划和方案陆续出台,省级党委和政府相继发布污染防治攻坚战实施意见或行动方案,三大保卫战、七场标志性重大战役和四个专项行动全面打响,中央生态环境保护督察、各专项督查巡查持续深入推进(图 1-1-1)。

(1)全面推进蓝天保卫战

2018 年国务院印发实施《打赢蓝天保卫战三年行动计划》,成立京津冀及周边地区大气污染防治领导小组,建立汾渭平原大气污染防治协作机制,完善长三角区域大气污染防治协作机制,推进重点区域秋冬季大气污染综合治理攻坚;开展蓝天保卫战重点区域强化监督,向地方政府交办涉气环境问题 2.3 万件;全国累计淘汰 23 万余台燃煤小锅炉;北方地区冬季清洁取暖试点城市由 12 个增加到 35 个,京津冀及周边地区、汾渭平原完成散煤治理超过 480 万户,全面排查 39 个城市"煤改气"村庄 22 480 个,燃气公司 883 家,采暖季现场帮助查办供暖举报问题 249 件;在重点区域启动钢铁行业超低排放改造;加强"散乱污"企业及集群综合整治;推进燃煤锅炉节能减排。打好柴油货车污染治理攻坚战,全国全面供应符合国六标准的车用汽柴油,实现车用柴油、普通柴油、部分船舶用油"三油并轨",统筹"油、路、车"治理,对一些重点区域集中打击黑加油站点、黑加油车,取得积极进展,柴油货车等高排放车辆的执法监管得到加强,移动源排放总量稳中有降。

三大保卫战	七大标志性重大战役	到 2020 年具体目标
■ 坚决打赢蓝天保卫战:加强工业企业大气污染综合治理;大力推进散煤治理和煤炭消费减量替代;打好柴油货车污染治理攻坚战;强化国土绿化和扬尘管控;有效应对重污染天气	■ 打赢蓝天保卫战 ■ 打好柴油货车污染治理攻坚战 ■ 打好水源地保护攻坚战 ■ 打好城市黑臭水体治理攻坚战	■ 全国 PM$_{2.5}$ 未达标地级及以上城市浓度比 2015 下降 18%以上 ■ 地级及以上城市空气质量优良天数比率达到 80%以上 ■ 全国地表水Ⅰ~Ⅲ类水体比例达到 70%以上 ■ 劣Ⅴ类水体比例控制在 5%以内 ■ 近岸海域水质优良(一、二类)比例达到 70%左右
■ 着力打好碧水保卫战:打好水源地保护攻坚战;打好城市黑臭水体治理攻坚战;打好长江保护修复攻坚战;打好渤海综合治理攻坚战;打好农业农村污染治理攻坚战	■ 打好长江保护修复攻坚战 ■ 打好渤海综合治理攻坚战	■ 二氧化硫、氮氧化物排放量比 2015 年减少 15%以上 ■ 化学需氧量、氨氮排放量减少 10%以上 ■ 受污染耕地安全利用率达到 90%左右
■ 扎实推进净土保卫战:强化土壤污染管控和修复;加快推进垃圾分类处理;强化固体废物污染防治	■ 打好农业农村污染治理攻坚战	■ 污染地块安全利用率达到 90%以上 ■ 生态保护红线面积占比达到 25%左右 ■ 森林覆盖率达到 23.04%以上

图 1-1-1　打好污染防治攻坚战的战略部署

(2)打好碧水保卫战

打好水源地保护攻坚战,推进全国集中式饮用水水源地环境整治,1 586 个水源地 6 251 个问题整改完成率达 99.9%。开展城市黑臭水体治理专项行动,36 个重点城市 1 062 个黑臭水体中,1 009 个黑臭水体被消除或基本消除。打好长江保护修复攻坚战,2018 年 9 月国务院办公厅印发《关于加强长江水生生物保护工作的意见》,2018 年 1 月财政部、环境保护部、国家发展改革委、水利部印发《中央财政促进长江经济带生态保护修复奖励政策实施方案》,完成长江干线 1 361 座非法码头整治。打好渤海综合治理攻坚战,加快推进海洋生态环境保护,2018 年 7 月国务院印发《关于加强滨海湿地保护严格管控围填海的通知》,11 个沿海省(区、市)编制实施近岸海域污染防治方案,开展湾长制试点。打好农业农村污染治理攻坚战,加强农业面源污染防治,支持 300 个市、县开展化肥减量增效示范,深入实施农膜回收行动和东北地区秸秆处理行动,加快推进农村人居环境整治,总结推广浙江"千村示范、万村整治"工程("千万工程")经验,2018 年全年完成 2.5 万个建制村环境综合整治。

(3)强化固体废物管理

调整进口废物管理目录,逐步减少进口废物种类和数量。2018 年,全国固体废物进口量 2 263 万 t,相比 2016 年下降 51.4%(图 1-1-2),其中限制进口类固体废物进口量相比 2017 年减少 51.5%。2018 年,生态环境部组织 150 个工作组在长江经济带 11 省(市),开展打击固体废物环境违法行为专项行动,共对 2 796 个固体废物倾倒堆存点进行摸排核查,挂牌督办问题 1 308 个,其中 111 个突出环境问题实施部级挂牌督办,已完成整改 1 304 个。推进垃圾焚烧发电行业达标排放。

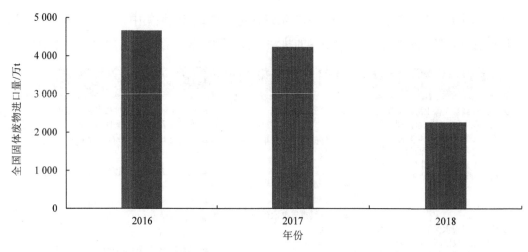

图 1-1-2　全国固体废物进口量变化情况（2016—2018 年）

1.1.3　生态环境保护有效推进高质量发展

（1）加快淘汰落后产能和化解过剩产能

2016—2018 年，全国钢铁、煤炭分别化解落后过剩产能 1.55 亿 t、8.1 亿 t（图 1-1-3）。依法关停严重违法排污的企业，整治提升治污设施不规范的企业，推进具有成长潜力的企业进区入园。全面整治"散乱污"企业及集群，实行拉网式排查和清单式、台账式、网格化管理，分类实施关停取缔、整合搬迁、整改提升等措施。京津冀及周边地区 2017 年共整治 6.2 万家"散乱污"企业；长三角地区将大气污染物特别排放限值执行范围进一步扩大，对 747 家钢铁、水泥、玻璃等高排放企业实施强制污染减排措施，完成涉挥发性有机物（VOCs）"散乱污"企业清理整顿任务的 83.6%，全面完成违规燃煤锅炉淘汰及验收工作，煤气发生炉已淘汰 98.1%。"劣币驱逐良币"问题得到有力解决，市场更加健康规范，合规企业生产负荷大幅提高、工业企业利润明显增加。2018 年，全国工业企业利润总额相比 2015 年累计增长 44.8%，黑色金属冶炼和压延加工业，非金属矿物制品业，石油加工、炼焦和核燃料加工业，以及化学原料和化学制品制造业利润总额分别增长 1 172.07%、91.61%、272.42%、80.78%（图 1-1-4）。

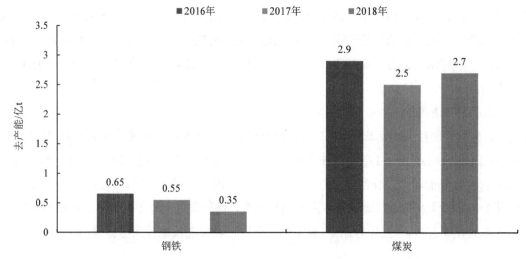

图 1-1-3　全国钢铁、煤炭去产能变化情况（2016—2018 年）

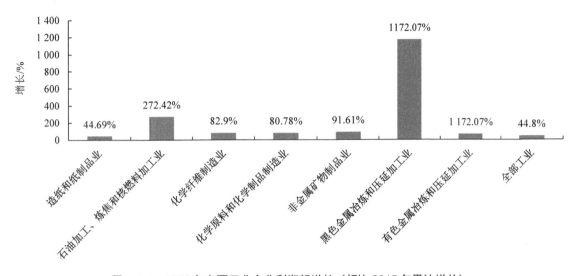

图 1-1-4　2018 年主要工业企业利润额增长（相比 2015 年累计增长）

（2）推动能源和交通运输结构优化调整

随着蓝天保卫战全面推进，全国能源结构和交通运输结构持续调整。截至 2018 年，实现超低排放改造的煤电机组规模约 8.1 亿 kW，占煤电总装机容量的 80%，相比 2015 年煤电机组规模提升 6.5 亿 kW、相比 2015 年超低排放改造机组占煤电总装机容量比例提升 62 个百分点（图 1-1-5），建成了世界最大的清洁煤电体系。全国清洁能源占能源消费的比重达到 22.1%，相比 2015 年提升 3.1 个百分点，其中非化石能源消费比重达到 14.3%；水电、风电、光伏发电装机分别达到 3.5 亿 kW、1.8 亿 kW 和 1.7 亿 kW，非化石能源发电装机占比提高到 40%，发电量占比约提高到 30%；煤炭消费占比下降至 59%，相比 2015 年下降 4.7 个百分点（图 1-1-6）。煤炭等大宗物资运输加快向铁路运输转移，2018 年全国铁路货运量相比 2015 年增长 19.9%，铁路占全国货运量的比重由 2015 年的 7.5% 上升至 2018 年的 8.0%（图 1-1-7），京津冀区域煤炭运输和铁矿石集疏港实现"公转铁"，煤炭、冶炼等大宗货物和集装箱同比大幅增长 12% 以上。老旧机动车报废更新持续推进，船舶排放控制区范围进一步扩大，岸电建设与使用持续推广。新能源汽车产销量稳定提升，2018 年我国生产销售新能源汽车 120 多万辆，产销量均占世界的 50% 以上，新能源汽车保有量达到 261 万辆，深圳成为全球首个公交纯电动化的城市。

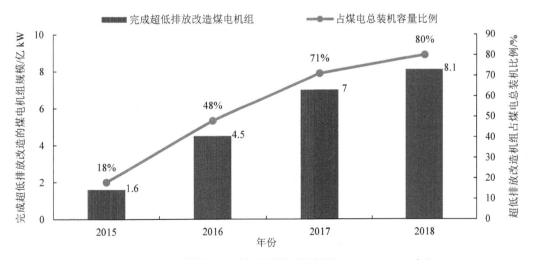

图 1-1-5　全国燃煤电厂完成超低排放改造情况（2015—2018 年）

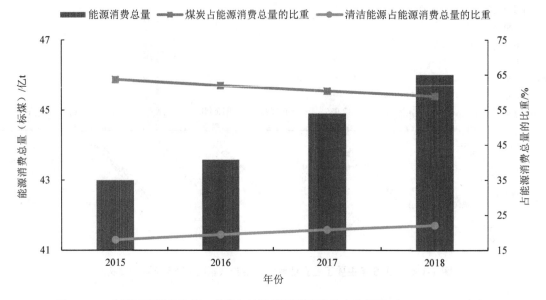

图 1-1-6　全国能源消费总量、煤炭与清洁能源消费结构变化情况（2015—2018 年）

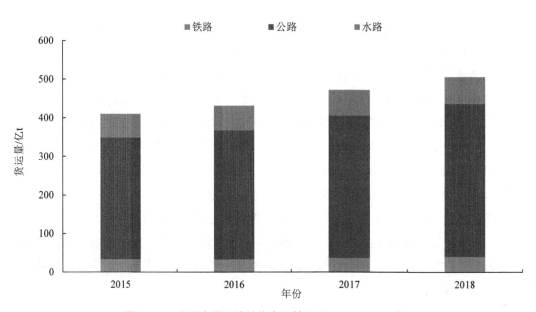

图 1-1-7　全国交通运输结构变化情况（2015—2018 年）

（3）深化生态环境领域"放管服"改革

2018 年，生态环境部印发《关于生态环境领域进一步深化"放管服"改革，推动经济高质量发展的指导意见》，提出深化生态环境领域"放管服"改革、推动经济高质量发展的 15 项举措。不断加大简政放权力度，加快环评审批制度改革，取消环评审批前置，进一步优化名录，降低企业负担。建立与相关部门协同推进环评审批机制，形成国家重大项目、地方重大项目、利用外资项目环评工作台账，在坚守环境底线的基础上加强跟踪推进。

（4）生态环境保护投资和节能环保产业得到加强

不断加大环境治理投入，出台一批促进环保产业发展的政策措施。2018 年，全国生态保护和环境治理投资相比 2015 年增长 147.9%，比同期固定资产投资增速高 125.2 个百分点。2018 年全国环保产业产值达 8.13 万亿元，相比 2015 年累计增长近 60%，增速明显快于国民经济。环保上市企业保持稳定发展态势，截至 2018 年年底，我国环保上市公司超过 100 家（含 A 股、H 股及新加坡股市），总市值近 8 000 亿元，整体仍呈健康发展的良好势头。2018 年环保企业并购频现，行业集中度进一步提升，起到了整合优势资源、扩大规模效应的作用。

1.1.4 生态文明建设体制改革逐步落实

"十三五"时期以来，《关于加快推进生态文明建设的意见》《生态文明体制改革总体方案》《生态文明建设目标评价考核办法》《党政领导干部生态环境损害责任追究办法（试行）》等文件出台，构建了生态文明建设体制的顶层设计，并提出了到 2020 年构建起由自然资源资产产权制度、国土空间开发保护制度、空间规划体系、资源总量管理和全面节约制度、资源有偿使用和生态补偿制度、环境治理体系、环境治理和生态保护市场体系、生态文明绩效评价考核和责任追究制度等 8 项制度构成的产权清晰、多元参与、激励约束并重、系统完整的生态文明制度体系，推进生态文明领域国家治理体系和治理能力现代化，努力走向社会主义生态文明新时代的发展目标，目前我国生态文明建设体制改革逐步落实，法律、监管、治理、执法等体系和能力不断强化完善。

（1）生态环境保护管理体制改革的顶层设计日臻完善

党的十八大以来，中共中央全面深化改革领导小组审议通过 40 多项具体改革方案，对生态文明领域改革进行顶层设计和整体部署，《关于加快推进生态文明建设的意见》《生态文明体制改革总体方案》《生态文明建设目标评价考核办法》《党政领导干部生态环境损害责任追究办法（试行）》等纲领性文件彼此呼应、相互衔接，共同形成了中央关于深化生态文明体制改革的战略部署和制度构架。我国生态文明体制改革顶层设计的"四梁八柱"逐步构建，制约生态文明建设的关键体制机制障碍逐渐扫除，生态文明领域的各项改革扎实推进。

（2）生态环境保护管理的法律法规体系不断健全

2015 年，修订的《中华人民共和国环境保护法》正式施行，确立了保护优先、预防为主、综合治理、公众参与、损害担责的原则。综合性立法与要素面立法（例如《中华人民共和国大气污染防治法》《中华人民共和国水污染防治法》《中华人民共和国土壤污染防治法》等）相结合，为推进我国环境治理法制化提供充分的依据（表 1-1-2），3 个"十条"进一步强化了政府环境保护监管职责和企业污染防治责任，生态环境法律体系顶层设计不断完善。2018 年生态文明建设通过宪法上升为国家意志，为今后制定更细致有效的生态环境法规提供了根本的法律遵循。

表 1-1-2 国家生态环境保护政策法规体系更新情况

名称	通过或修订（正）时间	出新或修订内容
《中华人民共和国大气污染防治法》	2018 年 10 月	企业须取得排污许可证； 对重点大气污染物实行总量指标控制； 重点排污单位名录受到更严格的环境执法监管； 排污监测手段多元化； 机动车生产进口企业环境信息公开； 对煤矿企业、石油炼制等工业企业、农业污染防治有新要求
《中华人民共和国环境影响评价法》	2018 年 12 月	杜绝"未批先建"； 重大变动重新报批

名称	通过或修订（正）时间	出新或修订内容
《中华人民共和国海洋环境保护法》	2017年11月	严守生态保护红线； 加大违法处罚力度； 细分落实保护责任； 落实简政放权政策
《排污许可管理办法（试行）》	2018年1月	规定排污许可证核发程序等； 细化环保部门、排污单位和第三方机构的法律责任
《中华人民共和国固体废物污染环境防治法》	2016年11月	明确污染者依法负责原则； 增加国家促进循环经济、鼓励购买使用可再生产品的内容； 针对过度包装问题明确制定有关标准； 完善固体废物进口分类管理规定； 加强管理危险废物的措施
《中华人民共和国环境保护税法》	2016年12月	费改税； 两档减排税收减免，排污浓度值低于排放标准30%的，减按75%征税；排污浓度值低于排放标准50%的，减按50%征税
《中华人民共和国水污染防治法》	2017年6月	污水处理将受排污许可制度约束； 污泥处理要符合国家标准； 对监测数据的真实性负责； 违法排污处罚金额大幅提高
《中华人民共和国土壤污染防治法》	2018年8月	强化土壤污染预防和保护，制定土壤污染重点监管单位名录并向社会公开； 建立土壤污染状况调查、监测制度，每十年至少开展一次全国普查； 针对农用地与建设用地的土壤污染风险管控和修复制度分别进行规定； 设立土壤污染防治基金制度

（3）组建生态环境部

《中共中央关于全面深化改革若干重大问题的决定》明确提出了关于改革生态环境保护管理体制的要求并作出具体部署。2018年年初，根据国务院机构改革方案，强化了生态环境制度制定、监测评估、监督执法和督察问责四大职能。将原环境保护部和其他六个部门生态环境保护相关职能进行整合，组建生态环境部（图1-1-8），开启了我国生态环境"大部制"时代，生态环境部门参与国家综合决策的程度进一步增强。宪法修正案首次将生态文明建设明确纳入国务院职权范围，有利于生态文明建设深度融入经济、政治、文化、社会建设各方面，以及生态环境保护工作的全方位、全领域、全过程。

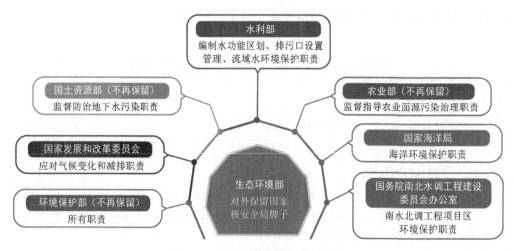

图1-1-8　生态环境部职能整合情况

（4）推进生态环境保护综合行政执法改革和能力建设

2018年2月，党的十九届三中全会通过《中共中央关于深化党和国家机构改革的决定》，决定整合环境保护和国土、农业、水利、海洋等部门相关污染防治和生态保护执法职责、队伍，由生态环境部统一开展生态环境保护执法。生态环境部统一行使生态和城乡各类污染排放监管与行政执法职责，有利于环境监管和污染治理持续升级，以及生态环境治理需求的进一步释放。2018年12月，中共中央办公厅、国务院办公厅印发《关于深化生态环境保护综合行政执法改革的指导意见》，指导地方有效整合生态环境保护领域执法职责和队伍，科学合规设置执法机构，强化生态环境保护综合行政执法体系和能力建设。

（5）生态环境监管体制机制改革有序推进

随着生态环境监管体制改革深入推进，各省（区、市）监管能力不强、监管手段单一、监管不到位的问题得到了一定程度的解决，生态环境监管水平大大提高。2016年和2017年两年实现31个省（区、市）全覆盖，受理群众举报13.5万余件，直接推动解决8万多个群众身边的环境问题，问责1.8万余人，有力落实环保"党政同责""一岗双责"。2018年分批对河北等20个省（区、市）开展中央生态环境保护督察"回头看"，公开通报103个典型案例，推动解决7万多个群众身边的生态环境问题。严格生态环境监管执法，全国实施行政处罚案件18.6万件，罚款金额152.8亿元，同比增长32%。严厉打击环境犯罪活动，各地侦破环境犯罪刑事案件8 000余起。

（6）推行省以下生态环境机构监测监察执法垂直管理制度改革

习近平总书记在党的十八届五中全会上指出，要实行省以下环保机构监测监察执法垂直管理制度改革（以下简称垂改），着力解决现行以块为主的地方环保管理体制存在的"4个突出问题"。2016年9月，中共中央办公厅、国务院办公厅印发《关于省以下环保机构监测监察执法垂直管理制度改革试点工作的指导意见》，对垂改工作进行总体部署。原环境保护部和中央编办按照中央要求，全力推动河北、重庆等省（市）先行先试，垂改试点工作取得明显进展。经中央批准，2018年11月生态环境部印发《关于统筹推进省以下生态环境机构监测监察执法垂直管理制度改革工作的通知》，全面推行生态环境机构垂改工作。

1.1.5　全社会生态环境保护的意识和认识显著增强

全社会对经济发展与环境保护关系的认识发生深刻变化，绿水青山就是金山银山的发展理念深入人心。各级政府坚持生态优先、绿色发展，把加强环境保护作为重要机遇和抓手，着力提升经济发展质量和城市竞争力，促进环境经济协调发展。越来越多的企业认识到加强环境保护符合自身长远利益，努力在环境标准提升中提高效益。"保护环境、人人有责"的观念逐步深入人心，绿色消费、共享经济快速发展，全社会关心环境、参与环保的行动更加自觉。

（1）全社会生态环境和绿色发展意识显著提升

根据生态环境部环境规划院和中国科学院软件研究所发布的环境舆情分析报告，2018年污染防治攻坚战实施以来，网络媒体和社会公众对生态环境保护和污染防治攻坚战相关新闻保持着高度关注。2018年全国700多家新闻网站对污染防治攻坚战的新闻报道4 568条，高于精准脱贫攻坚战的3 488条、防范化解重大风险攻坚战的3 242条。对"生态环境保护"和"污染防治攻坚战"等相关关键词检索语料达22 477条，新浪微博对相关关键词检索语料119 604条，共计142 081条舆情语料。700多家新闻网站中，相关新闻发布量超过100条的网站媒体共计34家，共发布相关新闻

11 249 条，占全部新闻网站总发布量的 50%（图 1-1-9，图 1-1-10）。

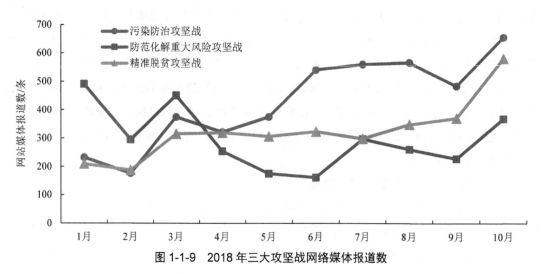

图 1-1-9   2018 年三大攻坚战网络媒体报道数

图 1-1-10   "污染防治攻坚战"相关关键词云图

（2）环境信息公开渠道多元化、覆盖全面化

各级政府围绕改善生态环境质量和公众关切，全面主动公开环境信息，以满足人民群众的环境知情权、参与权和监督权。公开的信息主要包括生态环境保护法律法规、环境质量状况、行政审批、执法监管、投诉举报处理和突发环境事件等。在空气质量方面，目前我国以城市为主体的环境空气质量信息公开已经实现时间尺度上从小时到全年，空间尺度上从区县到地市，覆盖全国 337 个地级及以上城市、1 436 个国控站点、1 500 余个地方监测站点，通过网站、手机 App、广播电视等多种方式发布。此外，生态环境部及各省（区、市）生态环境厅（局）通过定期召开新闻发布会，发布新闻通稿、公告等方式，介绍大气污染防治工作进展，解读相关政策，回应热点问题。截至 2018 年年底，生态环境部官方微博发布大气治理相关稿件 3 700 余篇，累计阅读量超过 1.9 亿次；微信公众

号发布大气治理相关稿件 3 000 余篇，累计阅读量超过 1 800 万次。其中，微博阅读量最高的话题栏目为"打赢蓝天保卫战"（累计阅读量超过 7 300 万次），其次为"全国空气质量预报"（累计阅读量超过 4 900 万次）和"重点城市空气质量预报"（累计阅读量超过 4 400 万次）（图 1-1-11）。在污染源方面，2016 年年底，我国全面实施统一的排污许可制度，截至 2018 年年底，我国已核发火电、造纸等 24 个重点行业 3.9 万张排污许可证（图 1-1-12）。公众可以通过全国排污许可证管理信息平台查询企业的排污许可相关信息。

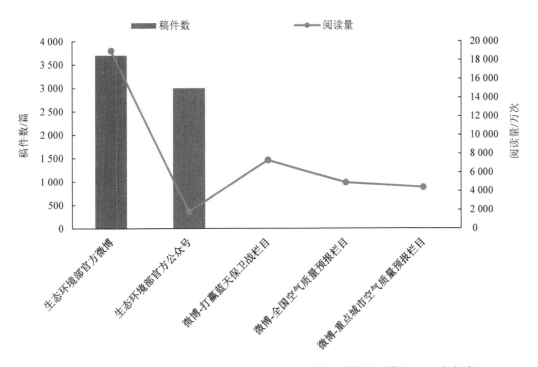

图 1-1-11　主要生态环境保护信息发布平台的阅读量和稿件数（截至 2018 年年底）

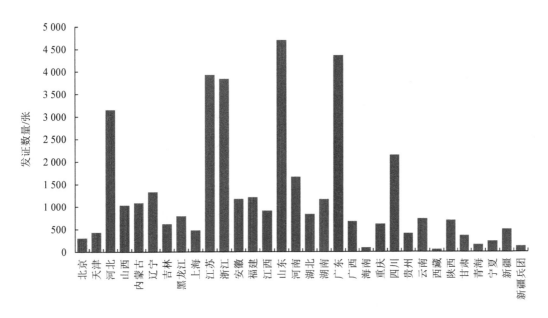

图 1-1-12　全国省级行政区排污许可证发放情况（截至 2018 年年底）

（3）环保公益诉讼和社会监督机制渐趋完善

2015 年新修订的环保法实施后，环保社会组织被赋予了提起公益诉讼的权利。2018 年，各级人民法院共受理社会组织和检察机关提起的环境公益诉讼案件 1 737 件，审结 1 252 件。公众监督、举报反馈和奖励机制逐渐完善，"12369"环保举报平台认知度和使用率显著提升，各级政府提供了多样和便捷的举报方式，包括电话、电子邮件、微信、微博等，大部分城市出台了奖励办法，举报的环境违法行为经过调查属实后，给予举报人不同程度的奖励。2018 年，全国受理环保举报案件 71 万余件，其中电话受理 36.5 万件，微信受理 25 万件；涉大气污染的举报占 51.6%。此外，公众举报已成为中央生态环境保护督察获取线索的重要来源。第一轮督察及"回头看"共受理群众举报 20 万余件，其中涉及大气污染的案件占比高达 37%。

（4）公众绿色消费、绿色生活方式明显提升

根据阿里巴巴《中国绿色消费者报告》，我国已开始形成普及化、大众化、信息化的绿色生活和绿色消费模式。2017 年，全国消费购买绿色商品（包括可降解商品、无公害商品、环保节能节水商品、可再生循环商品等）的用户超过 1.1 亿人，上海、北京、广州、深圳、杭州等 20 个一、二线城市成为绿色消费引领者，绿色商品消费量合计占全国总量的 37%左右。绿色新鲜蔬果、园艺绿植、节能家电、可降解商品消费额同比分别增长 73%、61%、21%、19%，对这些商品的消费，或可减轻垃圾产生，或可节约能源，或可减少人类经济活动对生态、环境的负面影响。在"生态优先，绿色发展"成为社会共识的当下，公众对绿色消费和绿色生活的认可程度不断提升。

1.1.6 全国各地形成一批贯彻习近平生态文明思想、加强生态环境保护的典范

各地在生态环境保护管理改革方面先行先试，探索可复制、可推广的有效做法和成功经验。生态环境部等有关部门积极推进示范创建工作，研究完善《国家生态文明建设示范市县指标（修订）》，逐步明确了涵盖生态制度、生态环境、生态空间、生态经济、生态生活、生态文化等六大领域的生态文明示范创建任务。"十三五"时期以来，生态环境部分两批命名了 95 个国家生态文明建设示范县（市、区），以及 29 个"绿水青山就是金山银山"实践创新基地。2018 年，生态环境部筛选确定了深圳、包头、铜陵等 11 个城市作为"无废城市"建设试点，将雄安新区、北京经济技术开发区、中新天津生态城等 5 个区（城）作为特例，参照"无废城市"建设试点一并推动。

（1）浙江以"千万工程"为代表的生态文明建设实践扎实开展

浙江省以"八八战略"为总纲，在"绿水青山就是金山银山"理念的引领下，将生态文明建设融入经济社会发展的方方面面，通过实施"千万工程""五水共治""大花园"建设等行动，将生态文明建设蓝图一以贯之绘到底。截至 2018 年，浙江省成功创建国家级生态文明建设示范市 1 个，国家级生态文明建设示范县（市、区）4 个，省级生态文明建设示范市 5 个，省级生态文明建设示范县（市、区）38 个。2018 年 5 月，浙江省发布《浙江省生态文明示范创建行动计划》，为今后 5 年生态文明和美丽浙江建设制定了总抓手，并提出到 2020 年高标准打赢污染防治攻坚战；到 2022 年各项生态环境建设指标处于全国前列，生态文明建设政策制度体系基本完善，建成实践习近平生态文明思想和美丽中国示范区的目标。"千万工程"的扎实推进，造就了万千美丽乡村，带动浙江乡村整体人居环境领先全国。2018 年 9 月，浙江省"千万工程"被联合国授予最高环境荣誉——"地球卫士奖"中的"激励与行动奖"。

（2）福建生态文明试验区

2016 年 6 月，福建成为全国首个国家生态文明试验区。三年来，《国家生态文明试验区（福建）实施方案》部署的 38 项重点改革任务均已制定了专项改革方案并组织实施，其中 22 项改革任务已形成可复制推广的制度成果；6 项已形成初步成果，正在形成探索经验；10 项全国统一部署的改革任务已基本完成。目前，福建森林覆盖率已超过 2/3，连续 40 年居全国首位，全省主要河流优良水质比例、主要城市空气优良天数比例均超过 95%，$PM_{2.5}$ 平均浓度为 26 $\mu g/m^3$，实现全面消除劣 V 类小流域、全面消灭"牛奶溪"、全面完成城市主要内河黑臭水体整治任务，基本实现生态环境高颜值与经济发展高质量齐头并进。

（3）广州绿色金融改革创新试验区

2017 年，国务院常务会议明确在广州市花都区率先开展绿色金融改革创新试点。2018 年广东省政府发布《广东省广州市建设绿色金融改革创新试验区实施细则》，从培育绿色金融组织体系、创新绿色金融产品和服务、支持绿色产业拓宽融资渠道、探索建设环境权益交易市场、加快发展绿色保险等 10 个方面推出 39 条有力举措，高标准推进试验区建设。2017 年以来，绿色金融改革创新试验区在推进绿色服务实体经济、构建绿色金融服务体系、探索绿色金融支持民营和小微企业融合发展、创新绿色金融产品等方面取得显著成效，初步建立了卓有成效的绿色金融体制机制和创新型绿色金融产品和服务体系。

（4）江苏"263"专项行动

2017 年年初，江苏省印发《江苏省"两减六治三提升"专项行动实施方案》，并已从 2016 年年底开始实施。"263"专项行动中提出，到 2020 年全省 $PM_{2.5}$ 年均浓度比 2015 年下降 20%，设区市城市空气质量优良天数比例达 72%以上，国控断面水质 I～III 类比例达 70.2%，劣于 V 类的水体基本消除，以及减少煤炭消费总量和减少落后化工产能的总体目标；针对当前生态文明建设问题最突出、与群众生活联系最紧密、百姓反映最强烈的六个方面问题，重点治理太湖水环境、生活垃圾、黑臭水体、畜禽养殖污染、挥发性有机物污染和环境隐患；提升生态保护水平、提升环境经济政策调控水平、提升环境监管执法水平，为生态文明建设提供坚实保障。

（5）山东新旧动能转换综合试验区

2018 年，国务院正式批复《山东新旧动能转换综合试验区建设总体方案》，提出到 2022 年，基本形成新动能主导经济发展的新格局，经济质量优势显著增强，现代化经济体系建设取得积极进展的总体目标。2018 年，省内各市新旧动能转换规划均已出台，并加紧设立常设办事机构，落实专门工作力量，参照省级模式构建了协调推进体系，纵横联动的协调服务机制已基本建立。新旧动能转换重大项目建设进展良好，110 个省重点项目前三季度完成投资 792 亿元，450 个优选项目中已有 334 个开工建设。新旧动能转换第一批 8 只基金设立方案已通过审议，认缴规模 670 亿元。

（6）其他典范

塞罕坝林场。2017 年，塞罕坝林场建设者获得联合国"地球卫士奖"。同年 8 月，习近平总书记对河北塞罕坝林场建设者感人事迹作出重要指示，强调持之以恒推进生态文明建设，努力形成人与自然和谐发展新格局。

山西右玉绿色脱贫。山西省右玉县坚定践行"绿水青山就是金山银山"理念，构建"生态+"全域旅游发展大格局。2018 年 8 月，右玉县顺利通过国家验收，实现脱贫摘帽，成为国家级生态示范区、国家可持续发展实验区、国家生态文明建设示范县、全国首批"绿水青山就是金山银山"实践创新基地。

海洋生态文明建设“长岛样本”。2017年，山东省委、省政府出台《关于推进长岛海洋生态保护和持续发展的若干意见》，设立省级长岛海洋生态文明综合试验区。截至2019年6月，长岛已拆除侵占自然岸线的育保苗场65万 m²、10 t 以下燃煤锅炉330台，恢复自然岸线20多 km，旅游和自然岸线占比由38%提升至74%，全域植被覆盖率已恢复至60%，岛内公交实现100%绿色化。

库布齐沙漠生态经济模式。在习近平生态文明思想指引下，内蒙古鄂尔多斯市探索出一条“党委政府政策性主导、企业产业化投资、农牧民市场化参与、科技持续化创新”四轮驱动的“库布齐沙漠治理模式”。2017年9月，《联合国防治荒漠化公约》第十三次缔约方大会将库布齐沙漠的“沙漠绿色经济”写入《鄂尔多斯宣言》。

1.1.7　中国生态文明建设世界影响力显著增强

中国生态文明建设与生态环境保护取得巨大成就，为世界贡献了中国理念、中国道路、中国方案，主要包括：

（1）环境治理成效显著

习近平总书记关于“坚持人与自然和谐共生”“倡导绿色、低碳、循环、可持续的生产生活方式”“绿水青山就是金山银山”的论述在世界各国、国际组织、各国科技界和商业界均引起了强烈反响和共鸣。

我国生态文明建设和生态环境保护取得的巨大成就得到了全世界的高度关注。2016年联合国环境规划署发布《绿水青山就是金山银山：中国生态文明战略与行动》报告，指出中国的生态文明建设是对可持续发展理念的有益探索和具体实践，为其他国家应对类似的经济、环境和社会挑战提供了经验借鉴。2019年3月，联合国环境规划署发布《北京二十年大气污染治理历程与展望》评估报告，指出1998—2017年，北京市在社会经济飞速发展的前提下，分阶段持续实施了大气污染综合治理措施，2017年北京市空气中 SO_2、NO_2 和 PM_{10} 年均浓度较1998年分别下降了93.3%、37.8%和55.3%，$PM_{2.5}$ 浓度顺利实现“京60”目标*。报告认为，北京市大气污染治理为其他遭受空气污染困扰的城市提供了可借鉴的经验。2019年，联合国人居署与同济大学联合发布《加强河流污染治理，实现城市可持续发展：中国和其他发展中国家的经验》报告，认为中国治理污染河道的成功经验为其他发展中国家提供了范例。2018年，《联合国防治荒漠化公约》组织发布报道《阻止荒漠扩张的脚步》指出，中国在荒漠化防治方面所取得的成就值得全世界学习，特别是通过鼓励政府和社会资本合作的 PPP 模式来带动政府、企业、当地民众共同参与防沙治沙，为地处沙漠的发展中国家提供了宝贵经验。此外，我国“三北”防护林工程、库布齐沙漠被联合国环境规划署确立为全球沙漠“生态经济示范区”，其中库布齐沙漠更被联合国气候变化大会（COP21）推举为“中国样本”，塞罕坝林场建设者、浙江省“千万工程”先后荣获联合国环保最高荣誉“地球卫士奖”。

（2）在全球气候变化合作领域贡献卓著

作为第一批签署《巴黎协定》的国家，2016年以来我国坚持“共同但有区别的责任”原则、公平原则和各自能力原则，积极参加《巴黎协定》实施细则谈判，与各方携手推进《巴黎协定》，并派出代表团参加了联合国气候变化马拉喀什会议、波恩会议等历次谈判会议，推动联合国气候变化卡

---

* 2013年，北京市提出：“到2017年，$PM_{2.5}$ 年均浓度大约控制在60 μg/m³，重污染天数较大幅度减少。”外界称之为“京60”目标。

托维兹大会达成一揽子全面、平衡、有力度的成果。此外，我国积极参与其他多边领域气候治理进程，包括推动国际民航组织达成关于环境保护的全球市场措施机制、推动《蒙特利尔议定书》缔约方会议达成削减氢氟碳化物修正案、参与国际海事组织海运温室气体减排谈判，以及参与二十国集团、亚太经合组织、金砖国家等多边机制下气候变化相关议题讨论，深化气候变化南南合作等。

（3）积极履行各类国际公约

2018年9月，生态环境部与联合国环境规划署联合召开2018年中国国际保护臭氧层日纪念大会，并在会上指出，中国高度重视并认真履行《关于消耗臭氧层物质的蒙特利尔议定书》，积极采取各项措施，致力于保护臭氧层的全球环境治理行动，取得明显成效。2018年11月，生态环境部在北京举办《关于持久性有机污染物的斯德哥尔摩公约》（以下简称《斯德哥尔摩公约》）中国生效纪念日暨中国履行《斯德哥尔摩公约》2018年度技术协调会，并在会上指出，签约以来，中国始终按照《斯德哥尔摩公约》要求，严格落实履约淘汰目标和减排任务，对于违法违规生产和使用持久性有机污染物的行为采取"零容忍"态度，发现一起，严查一起，坚决依法予以打击。2019年1月，中华人民共和国国际湿地公约履约办公室在海口正式发布《中国国际重要湿地生态状况白皮书》，报告了内地56处国际重要湿地的生态状况，包括内陆湿地41处，近海与海岸湿地15处，湿地面积320.2万hm²，自然湿地面积300.1万hm²。2019年2月，中国生物多样性保护国家委员会会议，审议并通过《〈生物多样性公约〉第十五次缔约方大会（COP15）筹备工作方案》，决定成立COP15筹备工作组织委员会和执行委员会，要求积极做好筹备工作，全面履行东道国义务，确保举办一届圆满成功、具有里程碑意义的缔约方大会。

（4）积极推进绿色"一带一路"建设

习近平主席在第二届"一带一路"国际合作高峰论坛开幕会上发表主旨演讲指出，要坚持开放、绿色、廉洁理念，把绿色作为底色，推动绿色基础设施建设、绿色投资、绿色金融，保护好我们赖以生存的共同家园。生态环境部在推动绿色"一带一路"建设上取得积极进展和成效，包括：①在搭建合作平台方面，加快建立生态环保大数据服务平台，与联合国环境规划署共同发起建设"一带一路"绿色发展国际联盟，共建"一带一路"可持续城市联盟，搭建中非、中柬环境合作中心等面向区域和国家的生态环保合作平台。②在开展政策对接方面，发布《关于推进绿色"一带一路"建设的指导意见》《"一带一路"生态环境保护合作规划》，举办"一带一路"生态环保国际高层对话等主题活动。③在推动技术合作方面，设立"一带一路"环境技术交流与转移中心、中国-东盟环保技术和产业合作交流示范基地，推动我国企业发起"履行企业环境责任，共建绿色'一带一路'"倡议。④在加强人员交流方面，实施绿色丝路使者计划、环境管理对外援助培训班等，每年支持共建国家和地区代表来华交流培训。随着绿色"一带一路"倡议的深入实施，我国还将深化农业、卫生、减灾、水资源等领域合作，同联合国在发展领域加强合作，努力缩小发展差距。

1.2 全面建成小康社会目标下的生态环境基础

截至2018年，全国生态环境保护达到或超过"十三五"规划时序进度要求，预计2020年全面建成小康社会生态环境目标能够顺利完成。

1.2.1 环境质量明显改善

"十三五"时期以来我国生态环境质量继续改善，主要污染物排放有所下降。2018年全国338

个地级及以上城市优良天数比例平均为 79.3%，比 2015 年提高 2.6 个百分点，细颗粒物（PM$_{2.5}$）未达标地级及以上城市平均浓度为 43 μg/m³，与 2015 年相比减少 24.6%。全国地表水国控断面达到或好于Ⅲ类水体比例为 71.0%，比 2015 年提高 5.0 个百分点；劣Ⅴ类水体比例为 6.7%，比 2015 年下降了 3.0 个百分点。2015—2018 年长江、黄河、珠江、松花江、淮河等十大流域水质优良国控断面比例平均为 74.3%，劣Ⅴ类国控断面比例平均为 6.9%，保持稳定改善状态（图 1-1-13～图 1-1-17）。

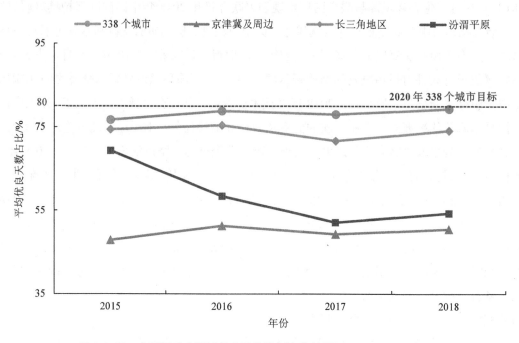

图 1-1-13   全国及重点区域优良天数比例变化情况（2015—2018 年）

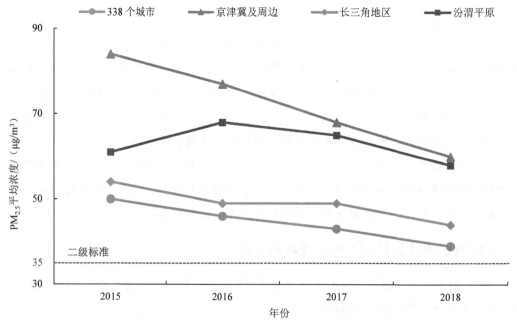

图 1-1-14   全国及重点区域 PM$_{2.5}$ 年平均浓度变化情况（2015—2018 年）

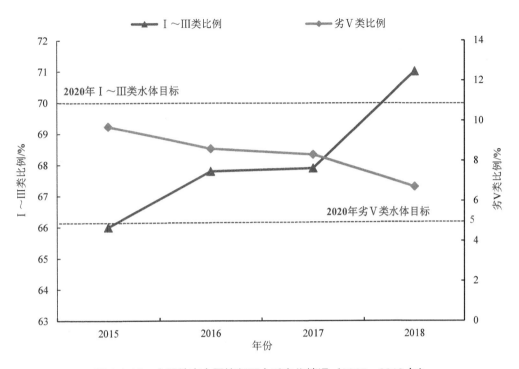

图 1-1-15 全国地表水国控断面水质变化情况（2015—2018 年）

注：2015 年监测断面为 970 个，2016 年起监测断面为 1 940 个。

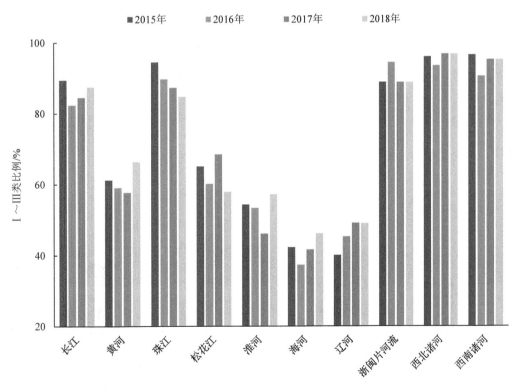

图 1-1-16 十大流域国控断面Ⅰ～Ⅲ类比例变化情况（2015—2018 年）

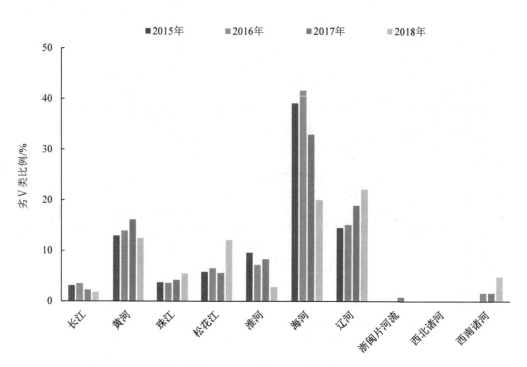

图 1-1-17　重点流域国控断面劣 V 类比例变化情况（2015—2018 年）

1.2.2　主要污染物排放稳定下降

截至 2018 年，全国化学需氧量（COD）、氨氮（NH$_3$-N）、二氧化硫（SO$_2$）、氮氧化物（NO$_x$）排放量相较 2015 年累计分别下降 8.5%、8.9%、18.9%、13.1%（图 1-1-18），二氧化硫减排比例达到《规划》目标要求，其他三项指标达到时序进度要求。单位国内生产总值（GDP）二氧化碳排放相较 2015 年累计降低 14.9%（图 1-1-19）。

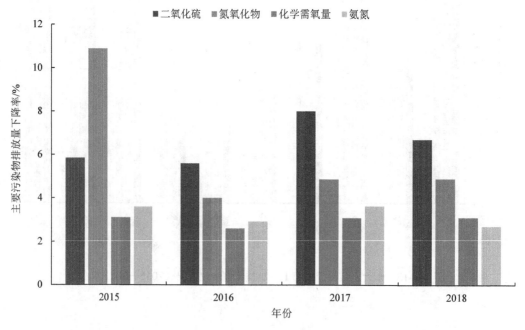

图 1-1-18　全国四项主要污染物排放同比下降率变化情况（2015—2018 年）

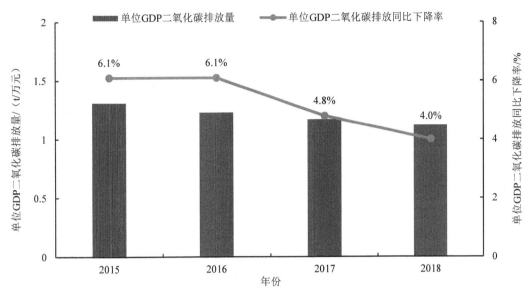

图 1-1-19 单位 GDP 二氧化碳排放量和同比下降率变化情况（2015—2018 年）

1.2.3 生态系统稳定性持续提升

全国生态系统状况总体稳定，核与辐射安全可控。生态建设顺利推进，2018 年全国森林覆盖率 22.96%，森林蓄积量合计 175.6 亿 m³，湿地保有量合计 8 亿亩①，草原植被综合盖度为 55.7%，国家重点保护野生动植物种群数量总体保持稳定，3 年累计新增沙化土地治理面积 6.63 万 km²，新增水土流失综合治理面积 16.92 万 km²。

2 全面建成小康社会的生态环境形势及进程分析

2.1 经济产业发展形势及对环境的影响

2018 年我国国内生产总值为 90.03 万亿元，折合 13.72 万亿美元，按 2019 年、2020 年仍能保持 6.5% 左右经济增速，则到 2020 年我国 GDP 将达到 16.4 万亿美元左右，占同期美国的 80% 左右（美国经济总量按近年均值 2.3% 计算），人均 GDP 达到 11 600 美元左右[1]。根据历年世界银行的高收入划分标准，我国将跨越中等收入，进入高收入国家行列[2]。

随着全国经济进入新常态，由高速增长阶段向高质量发展阶段转变，经济增长不稳定性增加，经济发展对生态环境的影响也将面临更多不确定因素。目前，我国经济结构正从增量扩能转向调整存量与做优增量并举。在改革、转型等新红利充分释放情况下，有望跨过"中等收入陷阱"，进入知识经济发展、创新驱动的过渡阶段。但随着经济增长动力机制在"十三五"期间及中长期进一步发生转变，我国以投资和工业制造为主、较多依靠外需的经济结构将进一步发生转折性变化，结构性变革的风险提升，国内市场难以消化投资和出口潜力空间缩小造成的产能过剩，呈现动能趋弱态势。短期内我国依赖资源开发利用、高能耗高排放特征明显的经济增长方式难以彻底改变，

---

① 1 亩=1/15 hm²。

劳动力、土地投入的增速放缓可能对生态环境压力减缓，但仍存在较大的不确定因素。

在产业结构方面，预期到 2020 年，第三产业在我国产业结构中占比将达 56% 左右[3]，生产性服务业、现代服务业将进一步成为拉动我国经济增长的重要动力。但是，我国区域之间产业结构、布局和发展阶段差异较大的基本态势仍难在 2020 年发生根本改变，东部沿海地区将面临较大的转型升级压力，中部地区承接东部沿海地区产业转移、西部地区工业开发强度提升，将面临标准加严、经济增长与环境保护压力持续增大的挑战。反映在环境效应上，东部地区经济增长对环境的压力有所降低，但由于经济总量高，污染物的排放量增长依然不容忽视；中西部地区由于经济增长的速度较高，污染物排放量增长的压力可能加剧。

具体到工业制造业发展方面，到 2020 年我国的世界制造强国地位将进一步巩固，制造业规模稳定居于世界第一，但"大而不优""大而不强"，转型升级将面临资源环境、生产要素等多方面压力。到 2020 年我国将基本实现工业化，重工业增长趋缓，但仍可能处于较长平台期，资源环境压力仍将保持高位。预期我国主要重工业行业如钢铁、火电、建材等将达到产量规模峰值，火力发电量、水泥产量、原油加工量将分别达 4.6 万 kW·h、21.41 亿 t、5.9 亿 t，钢铁产量在 2020 年前后达到峰值，但生铁、粗钢、钢材将维持 6.0 亿 t、6.6 亿 t、9.5 亿 t 的较高产量，资源能源利用效率低、环境污染突出等问题难以在短期内扭转[4-9]。此外，石油化工、金属制品、机械制造、装备制造、电子信息等高技术制造业产值在国民经济中占比将持续提升，在制造业转型升级、结构调整、提质增效过程中，可能带来新的资源环境压力。

2.2　社会城镇化发展形势及对环境的影响

预计到 2020 年，我国人口将达到 14.2 亿人，新增人口潜能将得到充分释放，人口总量仍将保持低速增长的态势。由于中国城镇化滞后于工业化进程，为适应经济发展，未来一段时期内城镇化仍将以较快速度推进，《国家新型城镇化规划（2014—2020 年）》提出，健康有序发展，推进城镇化，到 2020 年，中国常住人口城镇化率达到 60% 左右，户籍人口城镇化率达到 45% 左右，努力实现 1 亿左右农业转移人口和其他常住人口在城镇落户。

作为经济增长的重要动力，城镇化在完成之前，对城市环境压力、环境管理的挑战仍将处于增长期。尤其在我国城镇化水平相对滞后、经济增长新旧动能趋弱、经济下行风险加剧，以及新增长点亟待培育壮大的形势下，推进城镇化进程、加快城市基础设施建设投资等成为当前稳增长、居民生活水平提升的重要领域，城镇化发展仍将处于持续推进阶段。研究数据显示，城镇化率每提高 1 个百分点，将增加城镇人口 1 300 万人左右、生活垃圾 520 万 t、生活污水 11.5 亿 t，消耗 6 000 万 t 标准煤，而每一个农村人转入城市，其能源消费水平将提升至原来的 3 倍[10, 11]。城镇化发展需要城市住房、汽车、基础设施等配套拉动钢铁、建材等资源产品的生产消费[12]。预计到 2020 年，城市固定资产投资、产业发展以及能源电力需求等增长压力明显，加大了城镇污染排放及环境基础设施建设与管理的压力，在环境容量已超载以及"大气十条""水十条"及"土十条"等对质量改善目标提出了明确进度要求等多重压力下，城市环境保护既要治理累积与新增、生产与生活、新型与老型等多种复杂交织的环境问题，又要加快城市环境精细化管理、改善城市环境质量的速度，难度将明显加大。

在区域协调发展方面，到 2020 年城乡区域发展差距较大仍将是生态环境压力的重要原因。上海、广东、江苏、浙江、福建等沿海发达地区经济社会整体发展水平领先全国 5～10 年，生态环境质量和绿色发展水平先行优势显著，东南沿海地区将较早进入资源能源消费零压力增长阶段，而中西部地区则需要滞后 10～15 年。全国到 2030 年前后才完全实现人口零增长，因此仍将面临较大的资源能源消耗增长和生态退化压力（表 1-1-3）。

表 1-1-3　各省（区、市）环境压力指标增长拐点[13]

地区	人口零增长的年份	地区	资源能源消费零增长的年份	地区	生态退化零增长的年份
上海	2020 年前	北京	2025	上海	2035
天津	2020 年前	上海	2026	海南	2040
北京	2020 年前	天津	2029	浙江	2041
辽宁	2021	浙江	2034	江西	2041
江苏	2022	江苏	2034	湖南	2041
吉林	2023	广东	2036	贵州	2044
浙江	2023	辽宁	2036	江苏	2044
黑龙江	2023	山东	2036	福建	2044
湖北	2024	吉林	2036	湖北	2044
内蒙古	2024	黑龙江	2039	安徽	2045
广东	2024	湖北	2039	云南	2045
山东	2025	福建	2039	广东	2046
陕西	2025	四川	2039	吉林	2047
福建	2025	重庆	2039	黑龙江	2047
四川	2025	陕西	2040	西藏	2047
山西	2026	河南	2041	重庆	2048
重庆	2026	山西	2042	广西	2048
湖南	2026	河北	2042	四川	2049
新疆	2027	海南	2042	辽宁	2050
河北	2027	湖南	2042	河南	2050
河南	2027	内蒙古	2043	山东	2050
宁夏	2027	西藏	2043	陕西	2054
青海	2027	安徽	2043	北京	2054
海南	2027	江西	2043	天津	2054
江西	2027	广西	2045	内蒙古	2057
安徽	2028	云南	2045	青海	2057
甘肃	2028	甘肃	2047	甘肃	2058
云南	2028	新疆	2047	山西	2059
广西	2028	贵州	2048	河北	2059
贵州	2029	青海	2049	新疆	2060
西藏	2030	宁夏	2050	宁夏	2060

2.3　实现全面建成小康社会生态环境目标的进程对标

从党的十八大明确今后一个时期我国的发展蓝图以来，习近平总书记在关于"全面建成小康社会"的讲话中多次指出，未来中国的两个宏伟目标：一是到 2020 年实现国内生产总值和城乡居民人均收入比 2010 年翻一番，在中国共产党建党 100 年时全面建成惠及十几亿人口的小康社会；二是到

2049 年中华人民共和国成立 100 年时建成富强民主文明和谐的社会主义现代化国家。党的十九大以"不忘初心，牢记使命，高举中国特色社会主义伟大旗帜，决胜全面建成小康社会，夺取新时代中国特色社会主义伟大胜利，为实现中华民族伟大复兴的中国梦不懈奋斗"为主题，进一步明确了到 2020 年决胜全面建成小康社会，开启全面建设社会主义现代化国家新征程的历史目标。

2.3.1 全面建成小康社会进程概览

21 世纪以来，我国全面建成小康社会目标的资源环境方面进展放缓，领先经济发展的优势逐渐缩小，到 2015 年被经济发展超越。基于《中国全面建设小康社会进程统计监测报告》，2000—2010 年我国全面建设小康社会的实现程度由 59.6%增长至 80.1%，10 年间提升 20.5 个百分点。但是，资源环境方面的实现进度仅由 65.4%增长至 78.2%，10 年间提升 12.8 个百分点，2007 年前后开始，资源环境方面目标实现进度开始落后于全面建设小康社会总体进度，且落后差距呈逐年扩大趋势。此外，经济发展方面与资源环境方面的目标实现进度差距由 2000 年的 15.1 个百分点逐年缩小，到 2010 年已降至 2.1 个百分点，说明在我国经济快速发展并逐步接近达成全面建设小康社会目标的同时，资源环境方面目标实现程度的推进较为迟缓。2015 年，我国全面建设小康社会的实现程度在 89%左右，经济发展方面目标实现程度已由 76.1%增长至 96.5%，提升 20.4 个百分点，资源环境方面目标实现程度由 78.2%增长至 88.0%，增长 9.8 个百分点，落后经济发展方面 8.5 个百分点，与总体进程基本持平。

2.3.2 全面建成小康社会生态环境目标进程的阶段性对标

发达国家的实证研究表明，经济由低水平向高水平发展的同时，环境质量经历了由恶化—抑制—减轻—保持—改善的发展过程，发展规律基本呈倒 U 形，符合环境库兹涅茨曲线假说[14]。这一规律说明环境问题的产生与经济、产业等发展密切相关，工业化及其耦合的城镇化是我国环境问题演变的驱动力，而环境问题的转变过程依赖于经济结构和技术结构调整[15]（图 1-1-20）。

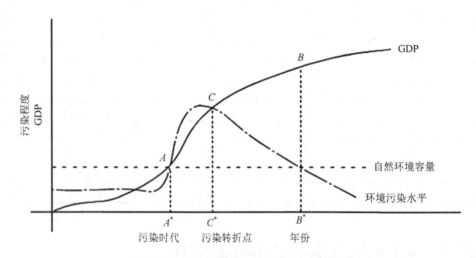

图 1-1-20 环境质量随经济发展的阶段变化

全面建成小康社会生态环境目标的推进进程可分为三个阶段：

（1）1991—2000 年（现代化"三步走"战略第二阶段）：我国生态环境保护初见成效，对标期发达国家环境质量恶化。

2000 年，我国人均 GDP 为 959 美元（当年价），基本相当于西欧、北欧、美国、加拿大、澳大利亚等发达国家和地区 1960 年之前水平，以及葡萄牙、希腊、西班牙等南欧国家和日本、新加坡等亚洲发达国家在 1965—1970 年的水平；人口城镇化率 36.2%，第三产业占比为 39.8%，基本相当于世界主要发达国家 1960 年之前水平。对应历史同期，世界主要发达国家正处于工业化开发建设的加速阶段，导致自然资源过度消耗、污染物大量排放、生态环境破坏严重等，世界八大公害事件中，洛杉矶光化学烟雾（1943 年、1952 年、1955 年）、伦敦烟雾（1952 年）、日本四日哮喘（20 世纪 60 年代）、水俣病（20 世纪 50 年代）、米糠油（1968 年）、痛痛病（20 世纪 60—70 年代）均发生在这一时间段[16]。

与之相比，我国正处于环保实践的第三阶段（1992—2002 年），到 2000 年，我国已基本遏制全国环境污染恶化趋势，部分地区环境质量有所改善，工业废水、工业 COD 排放同比分别削减 1.57%、4.54%，生活 SO_2 和工业粉尘排放同比分别削减 3.72%、16.90%。可以认为，2000 年我国生态环境质量好于世界主要发达国家同等经济发展水平时的环境状况，资源环境方面在全面建设小康社会进程中领先于经济社会发展。

（2）2001—2010 年（新"三步走"战略第一阶段）：我国生态环境治理进展相对较慢，对标期发达国家环境治理力度较大、进程较快，环境质量改善效果显著。

2010 年，我国人均 GDP 为 4 561 美元（当年价），基本相当于西欧、北欧、美国、加拿大、澳大利亚、日本等发达国家和地区 1970 年前后水平（1968—1973 年），以及葡萄牙、希腊、西班牙等南欧国家和新加坡等亚洲发达国家在 1975—1985 年的水平；人口城镇化率 49.9%，第三产业占比为 44.1%，基本仍停留在世界主要发达国家 1960 年之前的水平。对应相同历史时期，1972 年斯德哥尔摩联合国人类环境会议召开，世界主要发达国家环保意识率先觉醒，1970—1980 年，世界主要发达国家大气环境污染物排放开始削减（表 1-1-4、表 1-1-5）。随着环境治理力度的加大，发达国家环境质量改善进程迅速推进，20 世纪 70 年代也是德国、英国、日本等国解决工业污染问题、显著提升环境质量的开端。

表 1-1-4 世界主要国家 1970—1975 年大气污染物减排情况 [1,2]

地区	国家（地区）	1970—1975 年降幅/%			1975 年排放量/kt		
		SO_2	NO_x	PM_{10}	SO_2	NO_x	PM_{10}
北美	加拿大	-2.59	4.97	-17.87	4 166.88	1 829.92	1 139.61
	美国	-1.76	1.88	11.95	27 151.20	19 218.30	7 151.56
欧洲经合组织（OECD）国家（地区）	奥地利	0.75	8.71	-11.93	277.02	213.08	65.63
	比利时	-15.59	3.78	-14.64	793.41	389.16	136.93
	瑞士	-6.52	-0.29	-27.40	276.44	153.23	24.51
	德国	-9.47	-2.88	-11.32	5 476.78	2 971.03	1 654.71
	丹麦	-14.56	2.43	-5.08	567.63	250.84	66.42
	西班牙	80.31	42.28	-26.20	2 004.59	850.03	365.52
	芬兰	1.91	6.19	-21.63	408.72	192.93	107.67
	法国	6.37	10.30	-17.46	3 110.03	1 719.00	678.92
	法罗群岛	-8.07	2.04	-11.32	0.01	0.03	0.10
	英国	-17.96	-3.02	-12.50	4 212.73	2 362.09	1 621.56
	直布罗陀	16.07	4.45	-18.11	0.83	1.04	0.04

地区	国家（地区）	1970—1975 年降幅/%			1975 年排放量/kt		
		SO₂	NOₓ	PM₁₀	SO₂	NOₓ	PM₁₀
欧洲经合组织（OECD）国家（地区）	希腊	77.07	44.15	55.92	436.66	152.63	102.27
	格陵兰	−1.16	−11.22	−4.62	0.00	0.01	0.03
	爱尔兰	12.96	15.18	−23.93	247.33	86.32	75.63
	冰岛	21.31	35.85	23.40	10.07	7.82	0.96
	意大利	17.90	12.22	−12.99	2 728.31	1 171.19	215.32
	卢森堡	1.13	−4.87	12.22	38.95	42.47	9.57
	荷兰	−39.85	0.30	−55.02	449.20	448.14	33.31
	挪威	−13.26	4.75	−8.67	230.17	172.13	53.27
	葡萄牙	78.13	36.63	−20.42	200.03	98.47	30.25
	瑞典	−22.51	−4.63	3.97	681.43	345.78	66.52
欧洲中部国家（地区）	阿尔巴尼亚	2.33	−4.04	3.23	40.38	20.73	18.05
	保加利亚	21.22	5.78	1.50	1 042.49	213.44	193.37
	波斯尼亚和黑塞哥维那	−10.57	−4.37	−10.48	178.76	59.94	46.13
	塞浦路斯	0.75	−8.76	−13.48	18.01	7.90	1.05
	捷克	2.85	9.82	2.68	1 128.28	525.33	660.25
	爱沙尼亚	14.86	2.06	5.42	477.88	326.07	169.44
	克罗地亚	47.41	−14.77	9.52	90.52	77.22	33.05
	匈牙利	16.03	10.68	6.08	836.23	259.19	202.41
	立陶宛	4.95	9.47	−11.05	673.14	265.11	90.01
	拉脱维亚	19.34	19.32	7.41	226.95	151.73	52.56
	马其顿	22.20	16.92	12.37	62.24	20.87	23.67
	马耳他	4.04	−3.18	−0.21	9.51	3.49	0.40
	波兰	34.23	11.29	10.63	3 157.51	1 466.92	2 015.28
	罗马尼亚	10.88	24.64	13.66	888.55	377.11	264.82
	塞尔维亚和黑山	16.03	15.27	18.50	549.37	103.85	145.25
	斯洛伐克	14.71	12.78	5.06	298.28	142.10	71.56
	斯洛文尼亚	84.79	22.07	34.54	26.00	30.37	12.34
土耳其	土耳其	52.04	49.90	18.85	579.42	415.46	372.12
原独联体	白俄罗斯	47.68	35.27	10.54	875.01	318.32	104.85
	摩尔多瓦	71.65	35.17	−21.26	130.16	72.78	12.75
	乌克兰	40.85	36.60	8.46	2 803.71	963.10	707.05
	亚美尼亚	98.49	75.00	26.00	80.45	31.17	2.35
	阿塞拜疆	100.32	66.18	26.44	298.30	87.79	6.82
	格鲁吉亚	18.06	−2.44	6.02	387.12	536.37	46.01
	俄罗斯	30.87	23.64	−6.10	15 564.30	5 303.62	3 305.89
亚洲	韩国	53.95	29.63	31.25	635.99	272.99	136.45
	新加坡	24.72	33.78	11.70	97.43	48.06	8.80
	日本	49.90	33.00	−8.84	4 302.94	2 870.53	966.20
大洋洲	澳大利亚	13.38	4.54	−28.68	1 843.33	1 560.60	2 959.88
	新西兰	4.38	20.04	20.24	112.40	116.20	46.29

注：1. 欧盟统计署数据库，Eurostat Database，http://ec.europa.eu/eurostat/data/database。
2. 欧洲环境署，Emission Database for Global Atmospheric Research（EDGAR），http://edgar.jrc.ec.europa.eu/overview.php?v=42#。

表 1-1-5 世界主要国家 1975—1980 年大气污染物减排情况 [1,2]

地区	国家（地区）	1975—1980 年降幅/%			1980 年排放量/kt		
		SO_2	NO_x	PM_{10}	SO_2	NO_x	PM_{10}
北美	加拿大	−10.06	33.19	190.88	3 747.53	2 437.30	3 314.90
	美国	1.71	−2.84	15.11	27 614.60	18 671.90	8 231.91
欧洲经合组织（OECD）国家（地区）	奥地利	7.93	6.13	13.12	299.00	226.13	74.25
	比利时	9.01	14.77	20.44	864.90	446.65	164.91
	瑞士	−21.47	11.95	23.14	217.08	171.55	30.19
	德国	−1.60	8.99	6.28	5 389.16	3 238.07	1 758.55
	丹麦	−11.64	13.46	114.14	501.57	284.60	142.24
	西班牙	14.98	19.41	−4.56	2 304.89	1 015.01	348.87
	芬兰	19.87	27.58	49.28	489.93	246.14	160.73
	法国	0.83	12.44	16.95	3 135.91	1 932.83	794.00
	法罗群岛	−7.80	2.14	−12.04	0.01	0.03	0.09
	英国	−8.12	5.55	6.20	3 870.55	2 493.25	1 722.12
	直布罗陀	23.85	37.73	32.54	1.02	1.44	0.06
	希腊	29.74	50.31	14.14	566.51	229.42	116.73
	格陵兰	−2.14	6.96	−6.69	0.00	0.01	0.03
	爱尔兰	14.10	23.96	−3.68	282.22	107.00	72.84
	冰岛	16.49	11.00	23.65	11.73	8.68	1.18
	意大利	10.43	17.25	33.69	3 012.84	1 373.19	287.86
	卢森堡	−22.96	3.18	35.27	30.00	43.82	12.95
	荷兰	50.13	16.18	92.80	674.36	520.66	64.23
	挪威	5.22	4.86	8.77	242.18	180.51	57.94
	葡萄牙	52.07	28.43	17.19	304.18	126.47	35.45
	瑞典	−11.58	11.19	13.73	602.55	384.47	75.65
欧洲中部国家	阿尔巴尼亚	60.34	63.71	18.77	64.75	33.94	21.44
	保加利亚	28.04	20.98	12.48	1 334.80	258.22	217.50
	波斯尼亚和黑塞哥维那	22.21	4.43	25.83	218.46	62.59	58.05
	塞浦路斯	54.33	50.04	51.54	27.79	11.85	1.59
	捷克	7.09	4.49	6.21	1 208.33	548.92	701.24
	爱沙尼亚	0.23	−13.19	−7.54	478.97	283.08	156.66
	克罗地亚	0.89	−14.23	−13.25	91.33	66.24	28.68
	匈牙利	7.04	6.90	14.82	895.12	277.08	232.42
	立陶宛	18.97	19.57	3.94	800.86	317.00	93.56
	拉脱维亚	21.00	21.02	−3.20	274.61	183.62	50.88
	马其顿	0.79	−1.20	28.55	62.73	20.62	30.42
	马耳他	68.47	47.91	68.55	16.02	5.16	0.68
	波兰	14.00	0.17	−0.74	3 599.70	1 469.35	2 000.27
	罗马尼亚	42.62	10.26	−0.33	1 267.26	415.81	263.94
	塞尔维亚和黑山	−10.50	20.78	25.39	491.71	125.43	182.13
	斯洛伐克	30.03	22.89	82.09	387.86	174.63	130.30
	斯洛文尼亚	−46.06	3.33	−17.61	14.03	31.38	10.17
土耳其	土耳其	19.67	4.64	12.12	693.39	434.75	417.22

地区	国家（地区）	1975—1980 年降幅/%			1980 年排放量/kt		
		SO_2	NO_x	PM_{10}	SO_2	NO_x	PM_{10}
原独联体	白俄罗斯	21.36	19.13	−13.09	1 061.94	379.22	91.12
	摩尔多瓦	20.72	18.15	−7.47	157.12	85.99	11.80
	乌克兰	18.82	26.60	0.22	3 331.44	1 219.27	708.63
	亚美尼亚	26.80	25.57	11.52	102.01	39.13	2.62
	阿塞拜疆	26.99	24.22	8.89	378.81	109.06	7.43
	格鲁吉亚	6.98	−17.33	−3.52	414.12	443.41	44.39
	俄罗斯	13.56	13.42	2.13	17 675.10	6 015.16	3 376.45
亚洲	韩国	55.29	66.93	35.87	987.60	455.71	185.40
	新加坡	32.85	38.26	32.90	13 494.80	5 990.05	9 062.06
	日本	40.99	46.38	62.29	137.36	70.35	14.28
大洋洲	澳大利亚	−2.71	−1.09	−3.96	4 186.40	2 839.19	927.97
	新西兰	13.33	41.04	58.52	2 089.09	2 201.06	4 692.01

注：1. 欧盟统计署数据库，Eurostat Database，http://ec.europa.eu/eurostat/data/database。
　　2. 欧洲环境署，Emission Database for Global Atmospheric Research（EDGAR），http://edgar.jrc.ec.europa.eu/overview.php?v=42#。

与之相比，我国在 2010 年正处于环保实践的第四阶段（2002—2012 年），党中央、国务院提出科学发展观，构建社会主义和谐社会，建设资源节约型、环境友好型社会等先进理念，并将污染物减排作为经济社会发展约束性指标，采取了完善环境法治和经济政策、强化重点流域区域污染防治、提高环境执法监管能力等措施。2010 年我国 COD、SO_2 排放总量相比 2005 年分别削减 12.45%、14.29%，但减排力度低于主要发达国家同期平均水平，氨氮、总磷、NO_x、PM_{10} 等污染物尚未纳入减排目标体系，环境治理力度和治理水平总体落后于发达国家同期水平且差距呈继续扩大态势，资源环境方面在全面建设小康社会进程中明显滞后于经济社会发展水平。

（3）2011—2020 年（全面建成小康社会阶段）：我国将进入生态环境治理加速阶段，环境质量改善明显，对标期发达国家污染减排和环境治理效果出现波动。

到 2020 年，预计我国人均 GDP 将达到 10 000 美元以上，基本相当于美国、加拿大、澳大利亚、瑞士、北欧国家、日本等在 1980 年前后水平，以及欧盟国家、新西兰、新加坡等在 1985—1990 年的水平。常住人口城镇化率达 60%左右，仍处于大部分发达国家 1960 年之前水平，达到意大利、希腊、西班牙、芬兰、挪威等少数欧洲国家 1965 年前后水平。第三产业占国民经济的比重在 56%以上，可达到澳大利亚、新西兰、芬兰等部分发达国家 1980 年前后水平，但仍处于大部分发达国家 1970 年前后水平。

对应历史同期，1980 年前后世界主要发达国家污染物排放继续稳步削减，但削减幅度有所放缓。与之相比，2010—2020 年，特别是党的十八大将生态文明建设纳入中国特色社会主义事业总体布局，提出"五位一体"总体布局的先进理念以来，我国明确了从建设生态文明的战略高度来认识和解决环境问题的思路，污染物减排和环境质量改善持续推进，正快速缩小与主要发达国家在环境治理和环境质量等方面的差距。我国废水中 COD、氨氮分别在 2006 年、2005 年达到排放量峰值拐点，废气中二氧化硫年排放量在 2006 年达到拐点，氮氧化物、烟粉尘也在 2011 年之前达到排放拐点。到 2020 年，我国主要水、大气污染物排放将进一步下降，资源环境方面在全面建设小康社会进程中将重新追上经济社会发展相关指标，与发达国家在环境质量与治理水平方面的差距将进一步缩小。

参考文献

[1] World Bank. World Bank data and indicators[Z]. World Bank. 2019.

[2] World Bank. The World Bank Atlas method - detailed methodology[Z]. World Bank. 2007.

[3] 国务院发展研究中心,世界银行. 2030 年的中国[M]. 北京:中国财经出版社,2013.

[4] 张超,王韬,陈伟强,等. 中国钢铁长期需求模拟及产能过剩态势评估[J]. 中国人口·资源与环境,2018,28（10）:169-176.

[5] 崔丕江. 我国焦炭行业经济运行以及焦炭市场发展趋势分析[J]. 中国煤炭,2019,45（5）:5-9.

[6] 李振宇,黄格省,任文坡,等. 对"十三五"中国炼油化工结构优化调整及发展方向的思考[J]. 国际石油经济,2016（9）:88-96.

[7] Xuan Y,Yue Q. Forecast of steel demand and the availability of depreciated steel scrap in China. Resources,Conservation and Recycling,2016,109: 1-2.

[8] Li J,Hu S. History and future of the coal and coal chemical industry in China[J]. Resources,Conservation and Recycling,2017,124: 13-24.

[9] Tan X,Lai H,Gu B,et al. Carbon emission and abatement potential outlook in China's building sector through 2050[J]. Energy Policy,2018,118: 429-439.

[10] Al-Mulali U,Ozturk I,Lean H H. The influence of economic growth,urbanization,trade openness,financial development,and renewable energy on pollution in Europe[J]. Natural Hazards,2015,79（1）: 621-644.

[11] Liu Y,Zhou Y,Wu W. Assessing the impact of population,income and technology on energy consumption and industrial pollutant emissions in China[J]. Applied Energy,2015,155: 904-917.

[12] Cao Z,Shen L,Liu L,et al. Analysis on major drivers of cement consumption during the urbanization process in China[J]. Journal of cleaner production,2016,133: 304-313.

[13] 牛文元. 中国科学发展报告[M]. 北京:科学出版社,2010.

[14] Selden T M,Song D. Environmental quality and development: is there a Kuznets curve for air pollution emissions?[J] Journal of Environmental Economics and management,1994,27（2）: 147-162.

[15] 牛文元. 持续发展导论[M]. 北京:科学出版社,1994.

[16] 周生贤. 我国环境保护的发展历程与成效[J]. 环境保护,2013,41（14）:10-13.

本专题执笔人:李新、关杨、秦昌波、王倩、储成君

完成时间:2019 年 12 月

专题2　生态环境质量"拐点"和"脱钩"进程及质量改善潜力分析

本报告分析了"十三五"时期以来我国生态环境质量改善的客观情况,结合我国当前生态环境保护面临的形势和任务,开展了生态环境质量"拐点"是否到来以及我国经济发展与污染物排放"脱钩"进程的研究,并提出结论建议。

1　生态环境质量从量变到质变的拐点分析

"十三五"期间,我国生态环境质量有改善,有望圆满完成污染防治攻坚战生态环境质量总体改善的阶段性目标,但实现生态环境全面改善乃至根本好转,迎来生态环境质量从量变到质变的拐点仍需久久为功、持续发力。

"十三五"期间,生态文明建设取得历史性成就、发生历史性变革,是迄今为止成效最大、发展最好的五年。截至 2019 年年底,"十三五"规划确定的 9 项约束性指标有 7 项已经提前超额完成。全国 337 个地级及以上城市细颗粒物(PM$_{2.5}$)年均质量浓度为 36 μg/m³,空气质量优良天数比例达到 82%(图 1-2-1),PM$_{2.5}$ 未达标地级及以上城市比 2015 年下降 23.1%。地表水达到或优于Ⅲ类水体比例为 74.9%,国控劣Ⅴ类断面比例为 3.4%(图 1-2-2)。

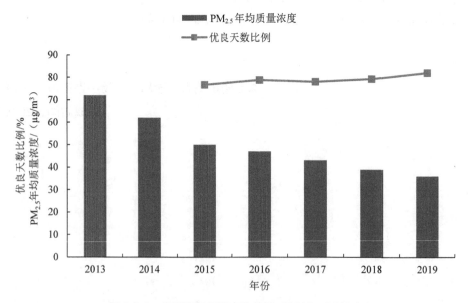

图 1-2-1　全国空气质量变化趋势(2013—2019 年)

注:2014—2018 年为标况数据,2019 年为实况数据。

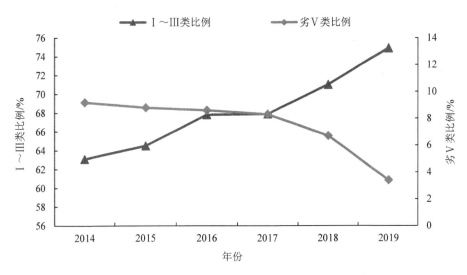

图 1-2-2　全国地表水环境质量变化趋势（2014—2019 年）

但生态环境质量改善成效不稳固，与人民群众期待、与环境质量标准、与发达国家水平相比，还有较大差距，生态环境质量全面改善的拐点尚未到来。全面建成小康社会后，老百姓对生产生活环境质量要求更高，对生态环境问题的容忍度更低，全社会更容易因环境污染而集体焦虑。一是部分质量指标仍呈恶化趋势，挥发性有机污染物污染未见明显改善，臭氧造成的大气污染仍在加剧（图 1-2-3）。二是改善成效尚不稳定，大气污染治理处于"气象影响型"阶段，北方地区冬季仅因气象条件不利导致 $PM_{2.5}$ 浓度较其他季节上升 40%以上，重污染天气时有发生。三是与达标仍有差距，2019 年，全国 337 个地级及以上城市中仅有 46.6%的城市环境空气质量达标。四是质量标准与发达国家相比存在较大的差距，我国《环境空气质量标准》（GB 3095—2012）$PM_{2.5}$ 年平均浓度限值为 35 μg/m³，而美国、欧盟标准则分别是 15 μg/m³、25 μg/m³。五是生态环境质量改善不全面、不平衡，一些领域环境污染问题依然突出。城市黑臭水体长治久清还需持续推进，农业农村污水治理亟待加强。海河、辽河、黄河等流域劣Ⅴ类断面多，分别为 7.5%、8.7%、8.8%，远高于全国平均水平。长江等流域总磷污染较重，湖库富营养化问题尚未得到有效控制。部分重要海湾水质长期污染严重，黄河口、长江口、杭州湾和珠江口近岸海域水质污染突出。土壤污染风险管控压力大，农用地安全利用和严格管控的任务较重，污染地块再开发利用环境风险仍存在。

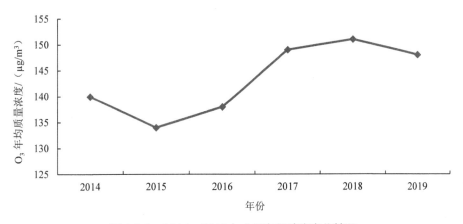

图 1-2-3　2014—2019 年全国臭氧浓度变化情况

注：2014—2018 年为标况数据，2019 年为实况数据。

发达国家经验表明,生态环境质量改善具有长期性,生态环境质量从阶段性改善走向全面改善,需经历从末端减排到前端能源和产业结构深度调整的过程。美国、日本、欧洲历时30~50年,经历两个阶段才实现环境质量根本改善。第一阶段主要通过大规模末端治理减少污染物排放;第二阶段通过产业结构、能源结构的调整以及技术效率的提升进一步削减污染物排放。以美国为例,1952年颁布《清洁空气法案》,出台严格的大气质量标准,大力治理煤烟型污染。经过25年使二氧化硫排放总量降低了50%左右,经过18年使氮氧化物排放总量下降了56%。1972年,美国进一步加大对各类大气污染物排放的控制,优化能源结构,将煤炭主要用于煤电,并逐步实现煤炭消费总量的下降。2019年,煤炭消费占比下降至12%以下,煤炭消费量低于可再生能源消费量(图1-2-4)。

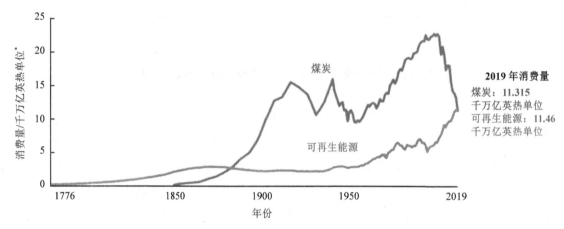

图1-2-4　1776—2019年美国煤炭和可再生能源消费情况

资料来源:美国能源信息署,2020年5月28日。

2　我国生态环境保护面临的形势和任务

结构性、根源性、趋势性压力总体上仍处于高位,以重化工为主的产业结构、以煤为主的能源结构和以公路货运为主的交通结构没有根本改变,经济发展与资源能源消耗尚未实现"实质脱钩",主要工业产品生产、能源消费、机动车保有量等是污染物排放的驱动因素,其仍处于"高位平台期"甚至呈持续增长状态,实现生态环境质量从量变到质变的"改善拐点"面临的形势和任务仍然严峻。

一是以重化工为主的产业结构没有根本改变,主要工业产品产量依然处于高位平台期。2019年,我国第二产业占GDP的比重为39.16%,相比2006年47.56%的历史峰值下降8.4个百分点。但与发达国家相比,第二产业比重依然较高,分别是美国、欧盟、澳大利亚、日本的2.15倍、1.79倍、1.62倍、1.34倍。2019年,全国粗钢、水泥、火电等产品产量和原油加工量分别为10亿t、23.5亿t、5.2万亿kW·h、6.5亿t,分别占全球总量的53.3%、56.0%、49.2%、15%,且产量仍呈增长趋势。而美国、欧盟当前的粗钢产量已经分别下降为0.88亿t和3亿t。预计至2020—2035年,我国钢铁、建材、石化、火电等高排放行业产品产量仍处于高位平台期。

二是以煤为主的能源结构没有根本改变,能源结构调整仍是一个长期的过程。2019年,我国能源消费总量48.6亿t标煤,同比增长3.3%,已连续4年保持增长态势。煤炭消费量为39.3亿t,同

---

* 1英热单位(Btu)= 1 055.06 J = 0.000 293 kW·h。

比增长 1%，已连续 3 年实现增长，而欧盟、美国煤炭消费量仅为 5 亿 t、5.4 亿 t。据预测，"十四五"时期，我国能源消费总量将达到 56 亿～57 亿 t 标煤，煤炭消费总量增加 2 亿 t，煤炭消费比重接近52%，非化石能源消费比重接近 20%，单位 GDP 能耗下降 15%左右，工业能源消费总量有望达到峰值。煤炭消费仍然总量大、比重高，其占比比世界平均水平高约 30 个百分点，天然气比重较世界平均水平低 15.5 个百分点。非电用煤比重超过 40%，其中大部分直接用于工业锅炉、工业窑炉和民用炉灶等设备，污染排放控制效果差。

三是以公路货运为主的运输结构没有根本改变，机动车保有量仍将继续增长。2019 年，我国铁路货运量比重为 9.2%，公路货运比重达到 73%，公路货运强度过大。京津冀及周边地区等重点区域公路货运比例更是高达 85%。高比例的公路货运量导致柴油货车排放的污染物居高不下。全国柴油货车排放氮氧化物和颗粒物总量分别占汽车排放量的 71%和 95%。公路、铁路、水运等不同运输方式衔接不够，水铁联运、多式联运等占比仅 2%，远低于发达国家 20%～40%的平均水平。机动车保有量为 2.6 亿辆，尚低于欧盟的 3.5 亿辆和美国 2.8 亿辆，虽然汽车拥有量增长率有所下行，但新增量仍然保持高位，达到 2 156 万辆。目前我国每千人汽车拥有量为 181 辆，和发达国家相比仍有较大差距（2016 年美国每千人汽车拥有量为 834 辆，日本为 611 辆，丹麦为 513 辆）。根据国家信息中心测算，我国汽车拥有量峰值将达到 6 亿辆左右，所带来的污染物排放量将会进一步增加。

四是资源能源利用效率同国际先进水平相比存在差距。我国人均水资源量接近国际水资源紧张警戒线，水资源开发强度达到 21.9%，处于中高水资源压力状态。用水效率显著低于国际先进水平，万元工业增加值用水量是世界先进水平的 2 倍。农田灌溉水有效利用系数仅为 0.554，低于发达国家0.7～0.8 的水平。我国资源能源利用效率与国际先进水平依然存在明显差距，合成氨、水泥、乙烯、电解铝等高耗能行业产品单位能耗比国际先进水平分别高 47.9%、39.2%、33.7%、5.2%。

五是城镇化率仍将进一步提升，带来的资源环境压力仍然较大。未来一段时间内是我国城镇化由中后期迈向成熟期关键阶段。预期到 2025 年，我国常住人口城镇化率将达到 65%左右，进入中级城市型社会；到 2035 年，达到 72%左右的成熟阶段。经测算，我国城镇化率每提高 1 个百分点，将新增 1 400 万城镇人口，消耗生活用水 12 亿 t、需要建设用地 1 000 km²，按人均垃圾产生量 1.2 kg/d 计算，每年新增 613.2 万 t 城镇垃圾处理量。城镇化持续增长造成资源环境将面临较大压力（表 1-2-1）。

表 1-2-1 未来中国城镇化发展水平预测表

年份	人口/亿人	城镇		乡村	
		人口/亿人	比重/%	人口/亿人	比重/%
2019	14.0	8.48	60.6	5.52	39.4
2020	14.25	8.76	61.5	5.49	38.5
2025	14.39	9.45	65.7	4.94	34.3
2030	14.41	9.97	69.2	4.44	30.8
2035	14.3	10.3	72	4.0	28

六是国际形势叠加疫情影响加剧经济不确定性，绿色转型难度加大。从国际看，全球经济下行趋势明显，孤立主义、保守主义、民粹主义反弹，特别是新冠疫情在全球持续蔓延，进一步加剧"逆全球化"思潮和行为，技术封锁和贸易保护等单边主义、保护主义抬头。随着美国将我国作为主要战略竞争对手，通过出口管制、安全审查、交流限制等方式对我国科技创新、产业升级实施重点打压，将会影响我国供应链畅通、产业链稳定和创新链升级，影响我国经济平稳发展和转型升级，挤

压我国绿色转型空间。同时，美国退出《巴黎协定》等因素可能造成国际绿色发展合作的整体性、一致性下降，妨碍绿色技术创新的国际交流合作，对我国绿色转型产生一定影响。

3　经济发展与污染物排放"脱钩"分析

重点污染物排放已经进入下降通道，但目前的"脱钩"主要是依靠强力治污实现的"表面脱钩"。初步分析表明，末端减排潜力正在逐渐减少，技术进步与结构优化调整将成为"十四五"期间生态环境质量改善的主要潜力，是推动生态环境质量改善实现量变到质变的主要原动力。

我国二氧化硫、氮氧化物、化学需氧量、氨氮 4 项重点污染物排放总量已进入下降通道，但末端减排的潜力在下降。二氧化硫和化学需氧量在 2006 年出现下降"拐点"，氨氮和氮氧化物在 2012 年首次出现有统计数据以来的下降。重点污染物排放下降得益于"十一五"期间以来大力推进的总量减排措施以及"十三五"期间以来强力推进的工业企业达标排放、火电超低排放改造、散煤替代、"散乱污"企业治理、清洁取暖等措施并取得明显成效，但这些措施正面临减排空间收缩、减排成本上升、减排难度加大的困境。污染减排贡献度初步分析表明，末端治理所占贡献比重正逐步下降，尤其是 2017 年以后，更加需要依赖结构调整和加强环境监管来加大环境质量持续改善的力度。预计 2020 年以后，依靠大规模末端治理所产生的减排空间将持续压缩。

"十四五"期间经济发展与能源消耗仍将带来较大污染物排放增量，实现经济增长与污染排放的"稳固脱钩"需要挖掘技术进步与结构调整减排潜力。当前国际形势以及新冠疫情会对未来我国经济发展带来一定不确定性，但经济总量持续增长的趋势仍然不会改变，火电、粗钢、水泥等主要工业产品产量处于高位并继续上升，能源消费总量继续增加，公路货运比例仍高达七成以上，现在的"脱钩"并不稳固，容易出现反复。初步预测，"十四五"期间我国 GDP 增长率仍将保持 4%～5%（2020 年 2%～3%），假设在现有环境治理水平和产业结构不变的情况下，经济增长将每年带来 382 万～452 万 t NO_x 和约 229 万～238 万 t COD 的排放新增量（图 1-2-5）。初步测算，通过实施工程减排措施，"十四五"期间 NO_x 和 COD 的减排潜力分别为 58 万 t 和 187.5 万 t。因此，必须在技术进步和结构调整上持续发力，才能实现污染物排放量的进一步下降。

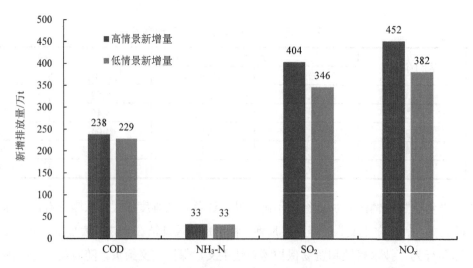

图 1-2-5　不同经济规模驱动下"十四五"期间年均新增排放量

注：高情景 2020 年增长率 4%，2021—2025 年为 6%；低情景 2020 年增长率 2%，2021—2025 年为 5%。

4 结论建议

面向美丽中国建设目标,"十四五"时期以改善生态环境质量为核心,坚持绿色发展导向,全方位全过程推动高质量发展,持续推进结构调整,不断增强生态环境质量改善的内生动力,持续改善生态环境质量,不断满足人民群众对优美生态环境的新期待。

在目标设置方面,"十四五"期间需要充分考虑 2035 年乃至 21 世纪中叶美丽中国的建设目标,在打赢污染防治攻坚战、实现生态环境质量总体改善的阶段性目标基础上,长期坚持底线思维、保持战略定力,继续推进打好升级版的污染防治攻坚战,推进生态环境质量持续改善,不断提升生态文明建设水平,一步一个台阶,经过三个五年的努力,实现 2035 年生态环境根本好转。建议在2020 年实现"生态环境质量总体改善"和 2035 年实现"生态环境根本好转"的总体要求之间,设置两级台阶。"十四五"定位于"生态环境持续改善",稳中求进、夯实基础、积聚力量,在污染防治攻坚战成果基础上实现进一步提升。"十五五"定位于"生态环境全面改善",为实现 2035 年生态环境根本好转、美丽中国建设目标基本实现奠定基础。

在措施举措方面,把绿色转型作为协同推进经济高质量发展和生态环境高水平保护的动力源和推进器,大力推进绿色先导发展,以生态环境容量和资源承载能力为依据,以结构调整、布局优化、效率提升和政策激励为手段,加大产业结构和布局调整、推进传统产业转型升级、加快资源能源效率提升、推行能源清洁低碳发展、加强交通运输结构调整力度,推进供给侧与需求侧、生产端与消费端同频共振、协同发力,实施一批绿色转型升级重大工程,全方位推进生产生活方式绿色化,推动经济高质量发展和生态环境高水平保护。

本专题执笔人:秦昌波、王倩、张伟、熊善高、苏洁琼、关杨、储成君

完成时间:2020 年 1 月

专题 3　"十四五"我国环境经济形势"新"研判

1　"十四五"面临复杂国内外形势与不确定性

1.1　复杂的国际形势

中美进入新冷战和硬脱钩的可能性逐渐增大。自特朗普上台以来，中美两国竞争态势发生了重大变化，中美关系从合作为主转向了竞争为主的新格局，中美博弈从外交、经济、外贸逐渐到科技、政治、军事，且大概率将贯穿"十四五"甚至更长历史阶段，世界面临百年未有之大变局，并且这种变局来的凶猛程度远比我们想象得要强烈。虽然中美在 2020 年年初达成了第一阶段的贸易协定，但是美国对我国科学技术的扼杀却愈演愈烈，美国将我国华为等高科技企业和部分高校纳入实体名单，对我国半导体等技术实行明目张胆的封杀。

全球新冠疫情正在重构国际地缘政治。截至 2020 年，全球新冠肺炎累计确诊人数突破 1 000 万，已经成为"全球性流行病"。美国、欧洲、南美国家和地区确诊病例高居不下，已成为目前的"大流行"中心。联合国、国际劳工组织等国际机构认为新冠疫情是"二战"以来世界面临的最大挑战和最严重的危机。疫情的全球蔓延可能造成企业大面积推迟复工时间、工厂关停、物流受阻，对全球制造业的生产、运输、用工都造成负面影响，且通过全球供应链网络进一步影响我国社会经济。著名国际问题专家基辛格认为新冠疫情将永久改变世界秩序。张文宏等专家学者认为疫情存在持续 1～2 年的可能性。这意味着"十四五"前期世界范围内或将继续存在疫情，世界各国将面对越来越严峻的挑战。在全球化的大背景下，中国作为世界工厂、全球最大进出口国无法独善其身，中国的发展也将持续受到重大影响。

1.2　严峻的国内形势

国内疫情防控常态化的重要性和风险仍不可低估。医学专家估计，新冠疫情在 2020 年夏季传播可能会得到一定缓解，但完全结束的可能性很低。大概率事件是在 2020 年冬季或秋季第二波复发，而且一旦暴发可能是全国主要城市同时出现，而并非之前基本局限于武汉和湖北。第二波来袭的防控难度更大。

高疫情国家迫于经济压力，逐渐采取全面开放的政策，这将带来全球疫情的巨大不确定性。新冠疫情大流行正在加速，世界正处于一个新的危险阶段。疫情在全球呈现出波浪式扩散的特性，这增加了不同国家和地区采取协调一致防控措施的难度。尤其是随着南北半球气候的周期性变化，疫情可能会在南北半球震荡式反复，并在部分国家出现第二次暴发。全球抗疫将逐渐成为持久战。

全球疫情可能加剧去全球化、去国际工序分工、去人际交流的"逆全球化"。受贸易保护主义、经贸摩擦等因素影响，外需紧缩有可能成为我国经济发展的常态，"卡脖子"技术制约受国际贸易环境影响加大。出口紧缩与国内去产能、去杠杆等产生叠加效应，将给我国经济高质量发展带来较大压力，部分对外依存度较高的地区、园区和企业面临的转型压力和风险加大。受新冠疫情的影响，2020年第一季度我国的中小微企业面临着严峻的生存危机。其中，教育、餐饮、住宿、文体娱乐和制造业中小微企业受疫情影响最为严重。住宿和餐饮业中小微企业营业额仅为上年同期的12.8%和23.5%，制造业中小微企业营业额均不到上年同期的40%。

2　经济与产业结构预测

2.1　经济增长趋势

2.1.1　全球经济将陷入深度衰退，我国经济受影响也较大

全球范围的疫情对各国的经济运行均产生了重大的负面影响，全球经济陷入深度衰退，出口贸易被大幅抑制，产业链断裂风险显著提高。在此背景下，全球各大经济金融智库对世界经济的预期普遍呈不乐观态度，如表1-3-1所示。受疫情影响，全球经济规模收缩幅度为3%~6%，其中美国、德国等发达经济体的降幅相对较高。我国由于疫情防控有力，经济韧性强，可能成为为数不多的正增长新兴经济体之一。

表1-3-1　各大智库对世界及中国经济预期

智库名称	报告	发布日期	区域	2020年经济增速/%
国际货币基金组织	《世界经济展望报告》	2020年4月	全球	−3
			美国	−5.9
			德国	−7
			日本	−5.2
			中国	1.2
摩根士丹利	—	2020年5月	美国	−5.5
联合国	《世界经济形势与展望》	2020年5月	全球	−3.2
世界银行	《全球经济展望》	2020年6月	全球	−5.2
			发达经济体	−7
			新兴市场国家和发展中经济体	−2.5
经济合作与发展组织	—	2020年6月	全球	−6
国家电网电力供需研究实验室	《疫情对我国经济与电力需求影响分析》	2020年6月	中国	3
国家信息中心	—	2020年6月	中国	3.5

疫情对我国的经济冲击前所未有。2020年第一季度，全国GDP同比下降6.8%，是1992年开始公布季度经济数据以来的首次负增长，增速同比下降13.2个百分点，其影响之大远高于1990年以来的数次危机（1998年亚洲金融危机、2003年"非典"疫情、2008—2009年全球金融危机和2018—2019年中美经贸摩擦），如图1-3-1所示。

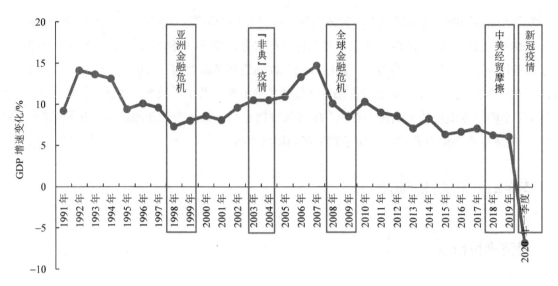

图 1-3-1 历次危机对我国经济的影响

2.1.2 2020 年上半年我国经济形势大概率触底反弹

2020 年 3 月以来,在以习近平同志为核心的党中央坚强领导下,统筹推进疫情防控和经济社会发展成效继续显现,复工复产复商复市全面推进,生产需求继续改善,就业物价总体平稳,积极因素逐步增多,经济继续呈现恢复态势,第二季度主要指标与第一季度相比明显改善。1—5 月,规模以上工业增加值同比下降 2.8%,降幅比第一季度收窄 5.6 个百分点,其中 4 月、5 月连续两个月同比正增长(图 1-3-2);服务业生产指数下降 7.7%,收窄 4.0 个百分点,其中 5 月实现了正增长;社会消费品零售总额下降 13.5%,收窄 5.5 个百分点;固定资产投资(不含农户)下降 6.3%,收窄 9.8 个百分点,其中基础设施投资下降 6.3%,收窄 5.5 个百分点。高技术产业、社会领域投资均由降转升(图 1-3-3)。

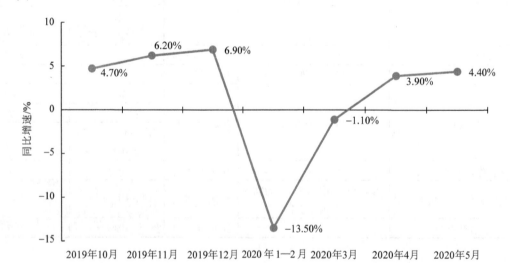

图 1-3-2 2019 年 10 月—2020 年 5 月规模以上工业增加值增速

(数据来源:国家统计局)

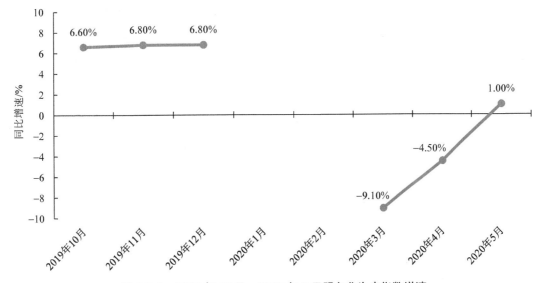

图 1-3-3　2019 年 10 月—2020 年 5 月服务业生产指数增速

（数据来源：国家统计局）

从制造业来看，2020 年 5 月制造业采购经理指数为 50.6%，非制造业商务活动指数为 53.6%，均连续 3 个月保持在临界点以上（图 1-3-4）；其中，制造业生产经营活动预期指数、非制造业业务活动预期指数分别为 57.9%、63.9%，比上月上升 3.9 个百分点、3.8 个百分点，保持在较高景气区间。

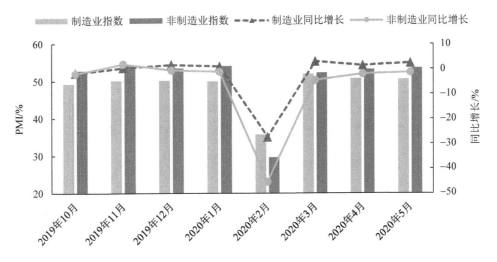

图 1-3-4　2019 年 10 月—2020 年 5 月采购经理指数（PMI）及增长率

（数据来源：国家统计局）

从电力数据看，2020 年 2 月以来，全社会用电持续增长，5 月用电量同比正增长 4.6%（图 1-3-5）。其中，广东 5 月全社会用电量同比增长 9.29%，是近年来单月同比增长最大增幅；江苏全社会用电量同比增长 3.94%，超过 2019 年全年的月平均增速；山东全社会用电量同比增长 2.4%，增速比上月加快；湖北全社会用电量同比增速由负转正，达到 2.5%，环比回升 7.9 个百分点。

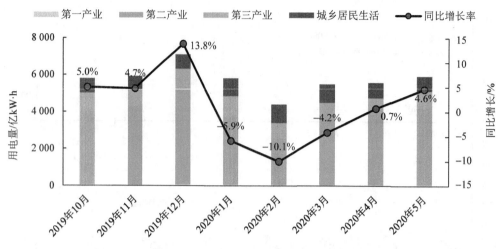

图 1-3-5   2019 年 10 月—2020 年 5 月全社会用电量及增长率

（数据来源：国家能源局）

但也要看到，境外疫情肆虐，世界经贸严重萎缩。2020 年第二季度，WTO 货物贸易晴雨表指数为 87.6，创历史新低；联合国贸易和发展会议预测，第二季度全球商品贸易额将比第一季度下降 26.9%。与此同时，国内接触型聚集型消费受到制约，制造业投资动力不足，企业生产经营困难。2020 年 1—5 月，制造业投资同比下降 14.8%；2020 年 1—4 月，规模以上工业企业利润下降 27.4%。近期，国内部分地区疫情形势有所变化，对经济的影响尚有不确定性。

从后期情况看，推动经济持续复苏有较好的基础和条件。一是经济稳步复苏态势明显。复工复产复商复市有力有效，工业服务业实现增长，消费投资降幅持续收窄，市场预期总体稳定。二是宏观政策效应继续显现。2020 年为企业新增减负超过 2.5 万亿元，发行 1 万亿元抗疫特别国债，新增 1 万亿元财政赤字规模，货币信贷支持力度加大，这些政策将继续支持后期经济恢复。三是新动能持续壮大。数字经济全面提速，智能化、科技型产品较快增长，远程办公、在线教育、网络问诊等快速扩张，无人零售、直播带货等新模式不断涌现，将有力支撑经济发展。

2.1.3   我国"十四五"及中长期经济增长预测

2020 年，我国已进入常态化疫情防控阶段，受地产政策边际放松、稳投资和促消费系列政策提振，投资逐渐回暖，市场销售连续三个月好转，内需总体呈现复苏态势。在以"六保""六稳"为核心的宏观政策逆周期调控背景下，2020 年下半年我国经济将逐渐恢复到潜在增长水平。但另一方面，全球范围内新冠疫情蔓延势头仍然持续，我国在未来一段时间内都将面临出口下行、供应链中断等风险，同时，我国与发达国家或新兴经济体的矛盾争端将持续存在，我国经济的外向部分存在较大的风险和不确定性。

基于国内外疫情防控和经济发展现状，同时考虑国内外机构对国际和国内经济发展趋势的研究结论，对我国未来近期（2025 年）和远期（2035 年）的经济增长分为高情景、低情景以及无疫情情景。

高情景：在此情景下，全国疫情得到显著改善。国际形势方面，美国对华政策有所收敛，中美斗而不破。高情景下，我国 2020 年 GDP 增速为 3.5%，且随着 2021 年疫情形势缓解，经济增长将有一定的补涨，在 2021—2025 年 GDP 增速恢复到 5.5% 左右的水平，2026—2035 年 GDP 增速调整至 5.0%。在此期间，我国工业化、城镇化将继续保持"十三五"期间的增速，并逐步趋于稳定，经济处于中速增长阶段，在此期间将成功跨越中等收入陷阱，经济总量超越美国成为世界第一大经济体，到 2035 年基本完成工业化。

低情景：在此情景下，全国疫情防控常态化状态将保持较长一段时间，经济发展和国内供给需求水平均受到一定影响，国际形势方面，中美在政治、经济等方面的竞争将全面升级，中印争端加剧，同时全球经济衰退引起逆全球化，出口额大幅下降。长期疫情影响导致经济活性不足，消费对经济劳动占比虽然不断提高，但总量下降。低情景下，我国 2020 年 GDP 将呈现零增长或负增长，2021 年后经济增长减速，近期（2021—2025 年）GDP 增速在 4% 左右，远期随着新冠疫情对经济影响的降低，GDP 增速将呈现先增后降的趋势（2026—2028 年 4.5%，2029—2032 年 4.0%，2033—2035 年 3.5%），最后稳定在 3.5% 左右。在此期间，我国工业化和城镇化的发展速度将有所减缓，经济也将提前进入低速增长阶段；我国的第一个百年梦想——全面建成小康社会的实现不会改变，但第二个百年梦想——建成富强、民主、文明、和谐的社会主义现代化强国的进度将被减缓。

无疫情情景：在新冠疫情发生前，我们在不考虑疫情影响的情况下，综合预测分析，"十四五"我国将正式进入中速增长平台期（持续 10～15 年），经济潜在增长率预期在 5.5%～6%，年均增长大概率为 5.8%。2025 年，我国经济总量达到 139 万亿元，GDP 总量（按市场汇率计算）预计占世界经济比重上升至 18% 左右，基本达到高收入国家门槛。2025—2035 年潜在增长率保持在 5.4% 左右，到 2035 年，经济总量达到 236 万亿元，占比将超过 20%，完成由世界第二经济体向第一经济体的进阶（图 1-3-6，图 1-3-7）。

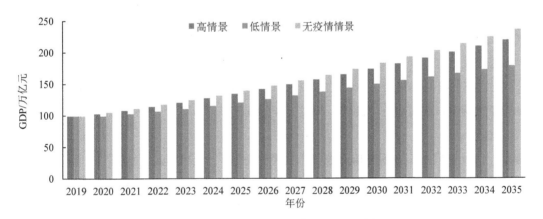

图 1-3-6 多情景下我国未来 GDP 预测

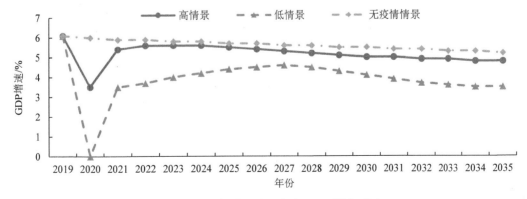

图 1-3-7 多情景下我国未来 GDP 增速预测

总的来看，受新冠疫情影响，不论是高情景还是低情景方案下，我国 2020 年 GDP 增速都将受到大幅影响。但从中长期的发展预测看，我国经济增长长期向好的基本面不会改变，预测"十四五"期间，我国经济潜在增长率在 4%～5.5%，到 2025 年 GDP 总量达到 120 万亿～135 万亿元；2025—2035 年，我国经济潜在增长率在 4%～5%，到 2035 年 GDP 总量达到 175 万亿～220 万亿元。

2.2 产业结构变化趋势

新冠疫情已经对我国产业经济运行态势、产业组织方式和产业结构带来了较大的影响。宏观经济层面，需求和生产骤降，投资、消费、出口均受明显冲击，短期失业上升和物价上涨。中观行业层面，餐饮、旅游、电影、交通运输、教育培训等行业冲击最大，医药医疗、在线游戏等行业受益。长期来看，未来政府治理将更透明，生产生活业态将朝着智能化、线上化发展，风险中酝酿机遇，或将催生新的业态。总体上，我们认为新冠疫情的影响并不会长期改变中国经济运行的总趋势，不会改变产业结构升级的趋势。

2.2.1 "十四五"中国产业结构预测

2020—2035 年将是产业结构调整升级快速推进的时期。基于国内外疫情防控和疫情对三次产业的冲击影响，同时考虑国内外机构产业结构发展的研究结论，对我国未来近期（2025 年）和远期（2035 年）的经济增长分为高情景、低情景以及无疫情情景：

高情景：在此情景下，国内疫情防控有力，国际关系趋于缓和，贸易逐渐恢复。预测到 2020 年，三次产业结构调整约为 7.5∶37.5∶55.0。"十四五"时期，传统产业尤其是传统工业加快技术改造和升级，先进制造业、高新技术产业的规模和水平持续提升，创新能力显著增强；第三产业比重继续呈稳步上升趋势，其在经济发展中的主导产业进一步凸显，第三产业比重达到发达国家初期水平，到 2025 年三次产业结构调整约为 6.9∶33.1∶60.0。2026—2035 年，经济全球化进一步发展，中国的国际地位持续提升，通过服务业的转型和发展，再造"中国奇迹"，三次产业结构进一步调整约为 5.4∶28.1∶66.5。

低情景：在此情景下，全国疫情防控常态化将保持较长一段时间，经济发展和国内供给需求水平均受到影响，第三产业发展受到较大冲击；中美在政治、经济等方面的竞争将全面升级，中印领土争端加剧，同时全球经济衰退引起逆全球化，出口额大幅下降。低情景下，预测到 2020 年，三次产业结构调整约为 8.7∶36.5∶54.8。"十四五"时期，传统工业将持续推进技术改造和升级，先进制造业、高新技术产业的规模和水平缓慢提升；第三产业比重持续增长，但增长趋势放缓，到 2025 年三次产业结构调整约为 8.3∶33.8∶57.9。2026—2035 年，全球产业链得到修复，中国仍然是最重要的"世界工厂"，第三产业比重迈向发达国家中期水平，到 2035 年三次产业结构进一步调整约为 7.4∶29.9∶62.7。

无疫情情景：在新冠疫情发生前，我们在不考虑疫情影响的情况下，综合预测分析，"十四五"我国将正式进入中速增长平台期。预测到 2020 年，三次产业结构调整约为 7.7∶36.7∶55.6。"十四五"期间，农业现代化取得明显成效，制造业整体素质大幅提升，工业化和信息化融合迈上新的台阶，第三产业比重持续提升，逐步成为经济发展的主导产业，到 2025 年三次产业结构调整约为 7.0∶32.8∶60.2。2026—2035 年，中国进入世界服务业强国行列，成为全球高端服务业集聚中心，主导和引导全球价值链，经济控制力显著增强，到 2035 年三次产业结构进一步调整约为 5.6∶25.9∶68.5（表 1-3-2）。

表 1-3-2 多方案下未来中国产业结构预测表

方案	产业分类	2020 年	2025 年	2035 年
高情景	第一产业	7.5	6.9	5.4
	第二产业	37.5	33.1	28.1
	第三产业	55.0	60.0	66.5
低情景	第一产业	8.7	8.3	7.4
	第二产业	36.5	33.8	29.9
	第三产业	54.8	57.9	62.7
无疫情情景	第一产业	7.7	7.0	5.6
	第二产业	36.7	32.8	25.9
	第三产业	55.6	60.2	68.5

2.2.2 "十四五"及中长期中国产业结构发展趋势

党的十九大报告对产业升级提出了更高要求：促进中国产业迈向全球价值链中高端，培育若干世界级先进制造业集群。这都为加快推进中国产业迈向中高端水平指明了方向。"十四五"及未来一段时期，由于互联网、大数据、人工智能、绿色低碳、共享经济等新技术、新模式与实体产业的融合日益加深，新经济从内容到形式快速发展，预计农业发展将走向全球，制造业与服务业的界限将在一定程度上变得模糊，两者相互渗透、融合发展，使新经济的类型和比重持续增加。

农业发展走向全球的战略态势。"一带一路"倡议为中国农业发展走向全球提供了新的战略背景。中国农业发展走向全球面临的重大战略机遇，一是中国国力迅速提升，已经具备在全球范围内筹划农业发展的国家实力。二是虽然四大国际粮商①在全球农产品市场占据重要地位，暂时掌控全球主要农产品定价权，但是全球未开发农业资源仍然充沛，当前中国农业发展走向全球仍然拥有巨大发展空间。三是中国农业企业成长迅速、农业技术发展成熟。近年来，中国农业产业化经营发展迅猛，涌现了一批竞争力雄厚、国内外市场开拓能力强大的外向型产业化龙头企业。农业技术方面，中国拥有众多技术优势，如杂交水稻、病虫害防治、畜禽饲养、节水灌溉、沼气建设等技术傲居世界前列，不仅为改革开放以来的中国农业发展提供了技术动力，还通过技术示范中心为众多亚非拉国家提供农业技术援助。"十四五"及中长期，通过积极落实"一带一路"倡议部署，加快实施农业"走出去"战略，布局全球农业产业链，打造一批重点跨国农业企业，保障国家粮食安全和农产品持续、稳定、安全、有效供给，构建高效、持续的全球农产品供需统筹网络和农业科技与资源的全球配置网络。

制造业跻身全球中高端价值链。改革开放以来，中国已经逐渐发展形成了产业门类全、技术水平高的工业体系，业已成为世界第二大经济体和发展中国家中最大利用外资国。分产业来看，高铁、核电、航天装备、电信和船舶等行业已经迈上全球价值链中高端水平。以阿里巴巴为代表的中国电商依托"互联网+"平台，逐步成为该领域全球价值链的新主导者，在全球价值链中占据高端水平。纺织品、皮革与鞋类和基本金属制造业处于中高端水平。但总体来看，中国制造业目前还处于全球价值链的中低端。"十四五"及中长期，中国制造业将迈向全球价值链中高端，主要体现在三个方面：一是向微笑曲线两端延伸，推动制造业进入研发设计、供应链管理、营销服务等高附加值环节，实现从"中国制造"向"中国创造"跨越。二是大力发展智能制造、精细制造和绿色制造，加快掌握

---

① 当今控制全世界 80%的农产品贸易的 4 家跨国公司，即美国 ADM、美国邦吉、美国嘉吉、法国路易达孚，业内称之为四大粮商。

核心设备和关键零部件制造技术。三是推进制造业"质量革命"和品牌建设,实现从产品制造向精品制造转变。

生产性服务业助推制造产业链迈向中高端。生产性服务业作为当今全球经济中增长速度最快、知识密集度最高、高层次人才就业最集中的产业,是推动一国产业升级的强大引擎,也是各国竞相争夺全球产业价值链上的战略制高点。"十四五"及中长期,中国服务于制造业和进出口贸易的生产性服务业将迈上产业链的中高端。一是服务于制造业发展的行业,如研发、创意、设计、信息、咨询等新兴服务贸易,特别是商贸、物流、建筑设计等服务业领域以及产品技术研发、工业设计等高端服务业等领域。二是服务于进出口贸易的行业,如跨境电子商务服务业、物流、保险行业等。通过生产性服务业的全面发展,来重塑中国制造的产业链、供应链和价值链,将为中国制造转型升级带来巨大的动力,牵引和支撑中国制造迈向强国。

需要注意的是,我国产业升级转型与高质量发展的总体趋势不会改变。但美国对我国高新技术产业的遏制,尤其是在半导体制造、5G芯片制造、航空飞机制造等高尖技术行业和企业实施的定点打击,将对"中国智造"带来难以评估的影响和不确定性。

3 人口与城镇化趋势预判

3.1 出生人口持续下滑,人口老龄化速度加快

近年来中国人口增长速度呈明显放慢趋势。2010年中国出生率为11.93‰,出生人口在1 600万左右,2019年新出生人口1 465万人,人口出生率为10.48‰,并且持续创出1961年以来的最低水平。出生人口在减少,2019年出生人口比2018年减少58万人,2018年出生人口比2017年减少200万,2017年比2016年减少63万。2019年出生人口减幅明显收窄,主要在于主力育龄妇女数量减幅边际明显收窄和生育率基本稳定,一孩和二孩出生数减幅均较2018年明显收窄。总体来看,未来出生率仍将不断下降,但受到二孩政策调整补偿性生育高峰退潮冲击的影响,下降速度降幅将有所放缓(图1-3-8)。

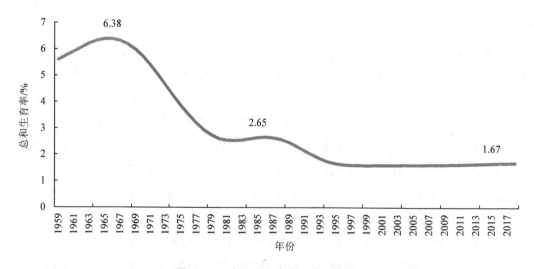

图1-3-8 中国总和生育率变化趋势

(数据来源:国家统计局)

城镇化持续快速发展，人口逐渐达到峰值水平，老龄化比例逐步提高。2020—2025 年，中国的青年（15～34 岁）人口预计下降 10%以上，不仅仅会对年轻劳动力需求较多的行业产生不良影响，也会导致社会活力下降；中年（35～59 岁）人口会显著上升，由于 40 岁以上劳动力就业存在一定困难，一些人被迫退出劳动力市场。这也就意味着未来 5 年中国劳动参与率的下行程度可能较过去 10 年明显放缓，潜在经济增速下行的速度可能也会放缓。

2019 年中国 65 岁及以上人口占比达 12.6%（图 1-3-9），未富先老问题突出。据预测，到 2022 年前后，中国 65 岁以上人口将占到总人口的 14%，实现向老龄社会的转变，这一过程仅用约 22 年，速度快于最早进入老龄社会的法国和瑞典，这两国分别用了 115 年和 85 年实现向老龄社会的转变，也快于其他主要的发达国家。与历史数据相比，"十四五"期间人口老龄化程度加快，2001—2010 年中国老龄化程度年均增长 0.2 个百分点，2011—2018 年年均增加约 0.4 个百分点，"十四五"将成为我国应对人口老龄化最重要的"窗口期"，人口老龄化使得社保收支矛盾日益凸显，养老金缺口将日益增加。

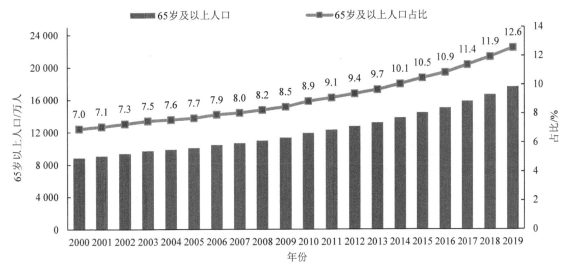

图 1-3-9 2000—2019 年我国 65 岁及以上人口情况

（资料来源：国家统计局）

3.2 中等收入群体持续增长，到 2025 年达到 5.2 亿人

"十四五"期间，我国中等收入群体将持续增长，为经济高质量发展奠定坚实基础。2018 年，我国中等收入群体人数首次突破 4 亿，占中国总人口比例大约为 31%，占全球中等收入群体的 35%左右。若 2024 年中国将跨过按照世界银行的高收入国家标准门槛，按照当前家庭年收入是 10 万～50 万元的中等收入群体标准定义，推测到 2025 年中国将有 5.2 亿人属于中等收入群体。

我国中等收入群体占比偏低、形态不稳、结构失衡等问题依然突出。虽然中等收入群体成长快，但比重仍偏低，与发达国家 60%～70%的比例相比仍差距较大，且多为刚迈过中等收入下限的群体。中等收入群体的理想形态是纺锤形态，如按日人均收入 10～100 美元为中等收入标准，我国 3/4 的中等收入者都处于中低收入水平（10～25 美元），中等收入群体内部等级形态是一个典型的倒丁字形，处于底部的、数量庞大的中等收入者易受到经济波动、结构调整、物价上升等因素的影响，可能被挤压出中等收入群体。

中等收入群体分布不协调特征明显，主要分布在服务部门、城市居民、受过高等教育及东部地区的群体中。从行业看，金融、教育、科研等服务部门中等收入群体比重相对较高，而制造业和批发零售业的中等收入群体绝对规模最大。从城乡看，中等收入群体以城市居民为主，我国中等收入群体中城市居民接近 75%，农村居民略高于 21%，农民工约为 4%。从区域看，中等收入群体主要集中在东部地区，我国中等收入群体中约有 60%集中在东部地区，中部和西部地区分布仅占全国的 15.6%和 22.6%。

3.3　新型城镇化持续推进，城乡差距逐步缩小

"十四五"期间，城镇化持续快速发展，城乡、区域差距逐步缩小，消费需求对经济增长拉动作用将持续扩大。经济实现中高速增长，发展质量明显提高。常住人口城镇化率达到 65%左右，城镇化进程基本完成。截至 2018 年，我国城镇化率达到 59.58%，相比 1979 年的 18.96%高出了两倍不止，未来城镇化的速度将逐步放慢，由加速推进向减速推进转变。然而，由于发展阶段和城镇化水平的差异，未来各地区城镇化趋势将呈现不同的格局。总体上看，东部和东北地区已进入城镇化减速时期，其城镇化速度将逐步放慢；而中西部地区仍处于城镇化加速时期，是中国加快城镇化的主战场。随着中西部城镇化进程的加快，中西部与东部地区间的城镇化率差异将逐步缩小。

高情景：在此情景下，全国疫情得到显著改善。在此期间，我国城镇化将继续保持"十三五"期间的增速，根据《国家新型城镇化规划（2014—2020 年）》提出健康有序发展推进城镇化，到 2020 年，中国常住人口城镇化率达到 60%左右，根据城市型社会的阶段划分标准，届时中国将进入中级城市型社会；到 2025 年，中国城镇化率将达到 64.6%左右，2035 年中国的城镇化率将达到 68.5%，之后中国将进入城镇化缓慢推进的后期阶段。

低情景：在此情景下，全国疫情防控常态化状态将保持较长一段时间，经济发展和城镇化水平均受到一定影响，我国 2020 年城镇化率将呈现零增长，2021 年后我国城镇化的发展速度将有所减缓，到 2025 年，中国城镇化率将达到 62%左右，2035 年中国的城镇化率将达到 67%。

无疫情情景：在新冠疫情发生前，在不考虑疫情影响的情况下，综合预测分析，"十四五"期间我国常住人口城镇化率稳步提升，户籍人口城镇化率加快提高，主要城市群集聚人口能力增强，人口流动合理有序，人口分布与区域发展、主体功能布局、城市群发展、产业集聚的协调度达到更高水平。预计到 2030 年，我国城镇化率将达到 70%，2035 年将达到 73%，城镇化仍然具有较大的发展空间和潜力（图 1-3-10）。

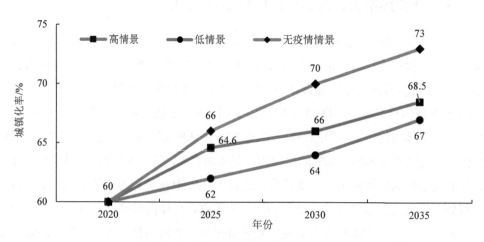

图 1-3-10　多方案下未来中国城镇化率预测

经济发展的空间结构正在发生深刻变化,中心城市和城市群正在成为承载发展要素的主要空间形式。"增强中心城市和城市群等经济发展优势区域的经济和人口承载能力"是新时代城镇化的发展路径。新型城镇化持续推进,大型城市的辐射力带动城市群发展,城市群相继崛起,建设大型都市圈政策出台,大湾区经济快速发展,中心城市全国布局、快速交通网络延伸拓展、城市经济创新驱动等,都在重新塑造着中国城市面貌。

随着新时代城镇化推进,京津冀、长三角和珠三角城市群作为我国最核心的三大城市群,将发挥其在全国经济的引领和支撑作用。增强城市圈内中小城市的人口经济聚集能力,引导人口和产业由特大城市主城区向周边和其他城镇疏散转移。以香港、澳门、广州、深圳为中心引领粤港澳大湾区建设,带动珠江—西江经济带创新绿色发展。以重庆、成都、武汉、郑州、西安等为中心,引领成渝、长江中游、中原、关中平原等城市群发展,带动相关板块融合发展。对于中西部地区和东北地区,加快培育成渝、中原、长江中游、哈长等城市群,使之成为推动国土空间均衡开发、引领区域经济发展的重要增长极。

4 资源能源消耗趋势预判

4.1 能源消耗变化趋势

无疫情情景:在新冠疫情发生前,我们在不考虑疫情影响的情况下,"十四五"期间,我国一次能源消费总量在 55 亿 t 标煤左右,能源消费快速增长的局面得到初步扭转,但对生态环境影响的压力仍然存在。"十四五"受新冠疫情及中美贸易战等外部形势影响,经济增速下行压力增大,给能源系统发展带来不确定性,但随经济由高速增长向高质量发展转变,总体上将延续"十三五"节能减排的总体趋势,能源消费弹性将呈下降趋势,低于"十三五"期间平均 0.43 的水平,甚至有可能下降到 0.40 以下。按照国内外主要研究机构的预测数据,2020 年和 2025 年我国一次能源消费总量分别约为 50 亿 t 标煤和 55 亿 t 标煤的水平(表 1-3-3)。能源生产和消费总量的增长仍是常规污染物和温室气体排放增长的主要因素。

表 1-3-3 "十四五"能源消费总量与结构预测数据

	年份	国网能源研究院（2019）	国家发展改革委能源能源研究所（2019）	国家气候战略中心（2019）	清华大学（2019）	国际能源署（2019）
一次能源消费总量（标煤）/亿 t	2020	49.9~50.8	50.3	49.9	49.3	—
	2025	55.0~55.9	55.7	53.8~56.1	55.4~55.8	47.8~52.7
煤炭消费量（标煤）/亿 t	2020	27~28	28.6	28.6	—	—
	2025	27~28	28.3	28.9~29.6	—	25.8~29.8
煤炭消费在一次能源中占比/%	2020	—	57	58	—	—
	2025	50	51	50.9~54.1	—	54~56.8
非化石能源在一次能源消费中占比/%	2020	17.1~18	16	15	16	—
	2025	21.1~22.5	20	17.3~18.7	19	14.6~17.5

注:国际能源署在将一次电力实物量折算成一次能源标准量时,采用的是不同于发电煤耗法的综合转换系数,按水电、风电、太阳能发电的发电效率 100%,核电发电效率 33%,地热发电效率 10%,地热制热效率 50%估算。同时,国际能源署的一次能源消费统计中包含传统生物质。

　　无疫情情景下,"十四五"煤炭消费或将达到峰值并进入波动平台期,在一次能源消费中的占比将下降至 53%左右,煤炭仍是我国生态环境特别是气候变化问题的最主要因素。钢铁、水泥等高耗能行业产量达峰以及以气代煤、以电代煤、淘汰煤炭及煤电落后产能等系列措施将推动煤炭生产和消费实现达峰,但部分地区仍有"加码"的倾向。"十四五"全国煤炭产量将达到约 29 亿 t 标煤(41 亿 t),其中科学产能产量约 24 亿 t 标煤(33 亿 t),占总产量的 82%。煤炭消费量将保持在 28 亿~30 亿 t 标煤(39 亿~41 亿 t)(图 1-3-11),散煤替代逐步加快,电煤占比将提升至 65%左右。控制煤炭消费仍是我国"十四五"控制温室气体排放面临最大的挑战。

　　无疫情情景下,"十四五"期间,我国新增能源消费有望主要由清洁低碳能源供给,但化石能源消费仍将保持一定规模增长,污染防治和温室气体控排的形势仍然严峻。受中美贸易战、油气贸易地缘变化等外部形势影响我国能源发展存在较大不确定性,但能源绿色低碳转型的总体势头将保持不变。"十四五"化石能源消费预计将达到 42 亿~45 亿 t 标煤,能源结构优化不断加快,风电、太阳能发电成本将基本实现与煤电相当,非化石能源在一次能源消费中占比将达到 18%。

　　高情景:在全国疫情得到显著改善、美国对华政策有所收敛的情况下,我国 2020 年能源消费总量增速较前两年进一步放缓,同时能源结构持续优化,随着 2021 年疫情形势缓解,工业企业能源消费迅速回补,商业、交通能源消费回弹时间略长,居民能源消费略有上升,对中长期能源消费需求影响不大。因耗煤量占 80%的发电及四大高耗能生产仍能基本平稳,确保了 2020 年煤炭消费基本面保持稳定,随着疫情形势缓解,"十四五"煤炭仍将达到峰值并进入波动平台期,到 2025 年达到 53.5 亿 t 标煤。

　　低情景:在全国疫情防控常态化和国际形势争端加剧的情况下,疫情加速出清技术落后、煤炭单耗较高的中小建材、化工等企业,发达国家制造业回流,影响我国长期出口。这将不仅影响短期能源需求,也将影响长期需求。低情景下,能源消费总量在"十四五"期间处于平缓波动期,煤炭消费量大概率出现下降,打破煤炭稳步增长态势,到 2025 年能源消费总量为 49 亿 t 标煤(图 1-3-11,图 1-3-12)。

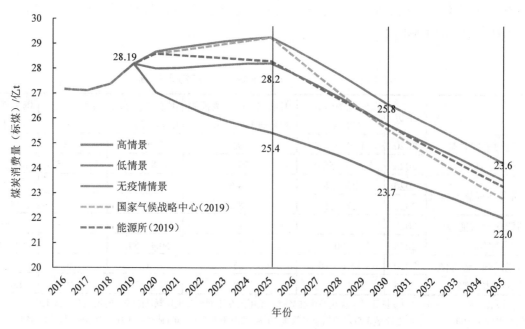

图 1-3-11　不同情景下的煤炭消费总量变化趋势预测

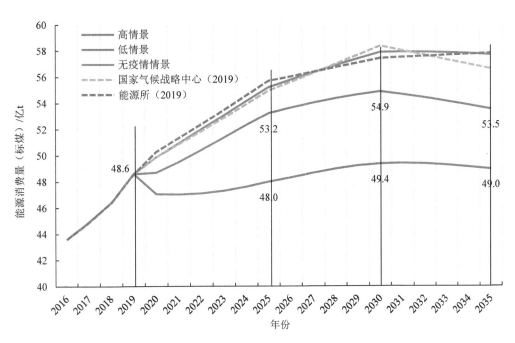

图 1-3-12 不同情景下的能源消费总量变化趋势预测

4.2 水资源消耗变化趋势

无疫情情景：在新冠疫情发生前，我们在不考虑疫情影响的情况下，水资源消耗增长趋势将逐渐放缓，北方缺水地区生态用水仍然十分稀缺，难以满足水环境改善需求。随着我国经济和人口规模的持续增长，工业需水量、生活需水量等都将继续增长。同时，气温升高将导致农业需水量、坡面生态需水量、工业冷却水需水量的增加。在进一步优化调整用水结构，大幅提高用水效率的情况下，"十四五"期间我国水资源需求总量将进一步增加，但增长趋势放缓。预计到"十四五"末期，全国总需水量为 5 901 亿 m³ 左右，到 2030 年总需水量约 5 811 亿 m³，远低于 2030 年全国用水总量控制在 7 000 亿 m³ 以内的水资源开发利用控制红线目标。

无疫情情景下，从用水结构来看，农业用水呈现稳定下降的趋势，但所占比例仍然高达 59%；工业用水预计在"十四五"占比下降到 19%。城镇化的快速推进将使得生活用水占比在"十四五"期间从 14.5% 增加到 16.9%。随着对生态用水的逐渐重视，生态用水量可能在"十四五"期间从 3.3% 提高到 8.0% 左右，尤其是华北地区通过南水北调来水提高生态用水比例，但考虑到北方地区的水资源极度短缺问题，我国北方地区生态用水比例仍然十分稀缺，难以对水环境治理改善起到积极作用。

2020 年以来，受新冠疫情影响，全社会运行减速、企业大规模停产，导致 2020 年工业企业用水用量下降。高情景下，随着工业企业、第三产业复产复工，全社会逐步恢复正常运行，取用水量总体保持稳步下降，到 2025 年达到 5 900 亿 t。在低情景下，疫情对企业不利影响期延长，工农服务业等行业用水需求减少，"十四五"期间下降幅度要大于高情景下，预计 2025 年全国用水总量下降到 5 844 亿 t（图 1-3-13）。

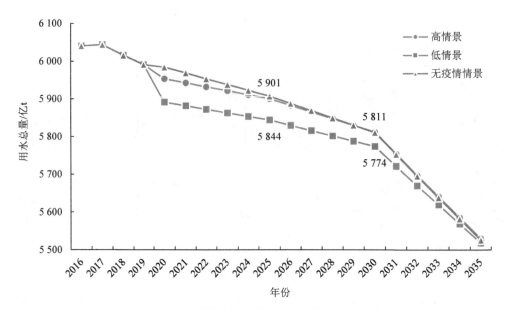

图 1-3-13 不同情景下的用水总量变化趋势预测

5 主要结论

1）"十四五"时期我国将面临十分复杂国内外形势与不确定性。"十四五"及未来很长一段时期内，国内外形势将更加复杂，外部不确定性将更加突显，经济社会高质量发展和生态环境高水平保护协同共进将面临更多新的困难和挑战。

2）短期经济增速大幅下滑，但经济增长长期向好的趋势不会改变。受新冠疫情影响，我国经济增长在短期内将受到深远影响，2020 年我国 GDP 增速为 0%～3.5%。当前，我国疫情防控形势持续向好的情况下，企业复工复产达产进度逐日加快，经济社会秩序正在有序恢复。尽管国内外形势依然复杂严峻，但在独立、完整的工业体系和庞大的消费市场基础上，我们对中长期的经济增长保持谨慎乐观，预测"十四五"期间，我国经济潜在增长率将维持在 4%～5.5%，到 2025 年 GDP 总量达到 120 万亿～135 万亿元。

3）新冠疫情冲击产业发展，但不会改变产业结构升级的趋势。受新冠疫情影响，餐饮、旅游、电影、交运、教育培训等行业冲击最大，医药医疗、在线游戏等行业受益。长期来看，到 2020 年三次产业结构调整约为 7.5∶37.5∶55.0。到 2025 年，第三产业比重将上升至 59%左右，第二产业比重将降至 34%左右。农业发展将走向全球。制造业跻身全球中高端价值链，传统工业加快技术改造和升级，先进制造业、高新技术产业的规模和水平持续提升。生产性服务业助推制造产业链迈向中高端。

4）老龄化和城镇化率仍将保持"双增长"，预计我国城镇化进程到 2025 年基本完成。城镇化持续快速发展，人口逐渐达到峰值水平，老龄化比例逐步提高，到 2022 年前后，中国 65 岁以上人口将占到总人口的 14%，实现向老龄社会的转变。城乡、区域差距逐步缩小，消费需求对经济增长中拉动作用将持续扩大。经济实现中高速增长，发展质量明显提高。预计到 2025 年，常住人口城镇化率达到 65%左右，城镇进程基本完成。

5）能源消费快速增长的局面得到初步扭转，新增能源消费有望主要由清洁低碳能源供给，煤炭消费或将达到峰值并进入波动平台期。"十四五"期间，我国一次能源消费总量在 55 亿 t 标煤左右，能源结构优化不断加快，非化石能源在一次能源消费中占比增加将很有可能达到 18%，煤炭在一次能源消费中的占比有望下降至 53%左右，煤炭消费量将保持在 28 亿～30 亿 t 标煤（39 亿～41 亿 t），散煤替代逐步加快，电煤占比将提升至 65%左右。我国疫情防控形势持续向好的情况下，工业企业能源消费迅速回补，对中长期能源消费需求影响不大。在全国疫情防控常态化和国际形势争端加剧的情况下，不仅影响短期能源需求，也将影响长期需求，能源消费总量在"十四五"期间处于平缓波动期，煤炭消费量大概率出现下降，打破煤炭稳步增长态势。

6）水资源消耗增长趋势将逐渐放缓，北方缺水地区生态用水仍然十分稀缺，难以满足水环境改善需求。预计到"十四五"末期，全国总需水量为 5 844 亿 m³，"北旱南涝"将加大各流域水环境质量达标的压力。此外，由于工业用水、生活用水的持续增长，工业废水和生活污水处理压力将越来越大。受新冠疫情影响，短期内总需水量有小幅下降，但长期来看，新冠疫情和国际形势对水资源消耗影响不大。

7）生态环境压力依然较大。疫情之后的复工复产，恢复经济增长是当务之急，也会短期加剧环境污染排放。从长期来看，"十四五"期间，我国仍将处于工业化和城镇化"双快速"发展阶段，以煤炭为主的能源消费结构难以彻底改变，污染排放压力依然不减。水污染方面乡村水环境质量未有明显改善，富营养化指标可能继续恶化；大气污染方面，挥发性有机物（VOCs）污染未见明显改善，臭氧（O₃）造成的大气污染存在加剧风险。在土壤环境方面，随着社会经济的快速发展，重金属、酞酸酯、抗生素、放射性核素、病原菌等各类污染物仍以多形态、多方式、多途径进入土壤环境，土壤环境问题呈现多样性和复合性的特点，风险管控难度进一步加大。

本专题执笔人：张伟、程曦、蒋洪强、胡溪、张静、薛英岚
完成时间：2021 年 7 月

专题 4　新技术发展趋势对生态环境保护影响研究

1　全面建成小康社会的生态环境基础分析

我国正在奋力建设科技强国，展望 2035 年、2050 年，技术进步将有利于主要污染物减排和生态环境质量改善，可以研判，要积极把握技术进步所带来的生态环境质量改善的机遇期，在研究期内，首先我国主要污染物减排和生态环境质量将主要取决于（重点工业行业）技术进步（清洁生产和污染治理），可以乐观期待经济社会高质量发展和生态文明高水平建设的协同实现；其次是能源消费结构优化（关键取决于核电的积极规划和发展），而信息与通信技术（ICT）的发展和应用，有利于节能减排，但空间有限，还需要警惕信息技术发展带来的"硅"污染。

1.1　时代背景

把握新技术发展趋势对生态环境保护的影响，是落实全国生态环境保护大会精神、充分利用生态文明建设"三期叠加"、借助技术手段改善生态环境质量的需要。在 2018 年全国生态环境保护大会上，习近平总书记指出，我国"生态文明建设正处于压力叠加、负重前行的关键期，已进入提供更多优质生态产品以满足人民日益增长的优美生态环境需要的攻坚期，也到了有条件、有能力解决生态环境突出问题的窗口期"。显然，技术进步和新技术发展，是"有条件有能力"的重要保障。创新是引领发展的第一动力，我国经济规模虽然较大，但人口基数大、人均资源较少，传统发展之路以土地、劳动力、资本等资源为主，不符合我国当前发展阶段。新的发展阶段需要围绕创新尤其是科技创新，走可持续发展的道路，以解决经济社会发展瓶颈的问题，同样，我国生态文明建设挑战重重、压力巨大、矛盾突出，单纯依靠加大投入、强化督察等也很难建立长效机制，必须依靠科技创新和新技术发展来破解生态文明建设的瓶颈。

把握新技术发展趋势对生态环境保护的影响，是贯彻新发展理念、建设现代化经济体系的需要。从高速增长阶段转向高质量发展阶段，我国经济正处在关键的攻关期——转变发展方式、优化经济结构、转换增长动力。为了实现我国发展的战略目标，需要建设现代化经济体系，跨越发展的关口。我国关于现代化经济体系的建设目标，具有典型的现代化经济体系特征：人与自然和谐共生、绿色低碳循环发展、围绕新技术发展和革新。贯彻新发展理念，建设具有中国特色的现代化经济体系，不仅要依靠新技术发展来推动，更需要资源节约、环境友好的新技术发展来推动。

把握新技术发展趋势对生态环境保护的影响，是展望"十四五"、建设美丽中国的需要。展望"十四五"，立足全面建成小康社会，开启全面建设社会主义现代化国家新征程，向第二个百年奋斗目标进军，必将是新技术发展日新月异的时代。立足新的历史起点，面对新的现实挑战，确立创新发展理念，实施创新驱动发展战略，必将对生态环境保护带来变革性影响。因此，在展望和编制"十四五"生态环境保护规划和设计生态环保工作重点时，要充分把握新技术发展趋势及其对生态环境保护的影响。

1.2　关键问题

新时代，把握新技术发展趋势及其对生态环境保护的影响，关键是分析把握问题的新特征，那就是新技术发展对污染排放产生的"生产效应"和"生活效应"，以及这一轮新技术发展所处时代的人口结构特征对污染排放产生的"生产效应"和"生活效应"，再者就是技术进步对污染排放的"治理效应"会进一步对生态环境保护形成影响（图 1-4-1）。

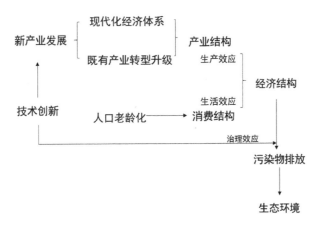

图 1-4-1　新技术发展的生态环境保护效应："生产效应""生活效应"和"治理效应"

"生产效应"是指产业发展和经济发展所带来的污染，与生产方式相关，而随着新技术发展，产业升级、产业发展和结构优化应该能带来排放强度、污染物排放的下降，从而有利于生态环境质量改善。"生活效应"是指大众生活质量改善所带来的污染，与生活方式相关。一方面生活水平提升可能会刺激污染排放，另一方面新技术可能会抑制污染排放。"治理效应"是技术进步所带来的污染治理效果，通常认为，新技术发展应该能够带来污染治理技术的改进，有利于生态环境质量改善。因此，本研究的关键问题是辨析新技术发展对生态环境保护的三种效应，以及在各种影响路径下三种效应的作用发挥。

2020 年全面建成小康社会之后，我国就跨越中等收入而进入高收入国家，站在新的历史起点上，把握新技术发展趋势对生态环境保护的影响，要注重以下两个特征：

一是我国技术创新正在从跟跑到并跑，甚至领跑的转变。随着新技术进步和革命在根本上使经济发展和能源消耗"脱钩"，以及经济发展和环境污染"脱钩"。新技术发展对污染排放"生产效应"的影响可能是前所未有的，新技术发展和应用越快，生态环境面临的挑战有可能会大大缓解。

二是老龄化加速和新技术加速叠加对生态环境保护的影响。我国正在发生的新技术进步和革命，与人口老龄化相叠加。2018 年我国 60 周岁以上人口占比是 17.9%，65 岁以上人口占比达到 11.9%。也就是说，半个世纪之后，全球人口老龄化水平近乎翻了一番，尤其是发展中国家，其老龄化速度更是十分惊人。对于中国而言，富起来的、老龄化的中国大众，在新技术发展趋势下，其生活方式和消费结构的变化也会有新的变化，从而对污染排放的"生活效应"形成冲击和影响。

本研究主要讨论新技术发展趋势对污染排放的"生产效应"，以及新技术发展所处时代（主要考察老龄化）的生活方式对污染排放的"生活效应"。展望新技术发展趋势及其对生态环境保护的影响，不能简单以趋势外推来进行预测,而要深刻理解新技术发展的革新性影响,要全面把握贯彻新发展理念、建设现代化经济体系等对生态环境保护的影响。

1.3 相关理论

我国工业化与城镇化目标尚未实现,经济发展"高能耗、高污染"的增长路径对资源利用、能源消费存在刚性需求,绝对数量的减排与经济增长之间必然会存在冲突。经济发展需要追求绿色化,改善环境质量的同时也有必要注意其对宏观经济的影响。

从20世纪70年代开始,国内外学者就将环境因素纳入新古典增长理论框架中,Keeler提出减排过程与生产过程控污两种建模途径来研究污染的经济效应[1];Forster、Maler同样在新古典增长模型基础上加上了环境约束的经济增长的研究[2, 3]。Gradus和Smulders将污染变量作为实物资本投入产出过程中的副产品引入内生增长模型,发现内生最优增长率的变化取决于代理人的学习能力是否受到环境污染影响[4]。而后,又有学者在经验数据的基础上,测度了环境和增长之间的复杂变化关系,提出环境与收入关系的环境库兹涅茨曲线(EKC)[5],即随着人均GDP的提高,环境污染呈现先上升后下降的趋势,并且涌现出大量文献测度各国(地区)EKC的拐点[6]。

近些年,随着新技术发展对经济增长和生态环境影响效应的增强,从技术进步的角度探讨环境宏观经济学及技术的引致效应逐渐受到学术界的关注[7]。主要包括探讨环境规制有效性以促进绿色技术创新的"波特假说";加入了技术进步因素的IS-LM-EE模型;环境定向技术进步理论模型;以及将研究社会因素与环境压力的IPAT模型及其拓展的STIRPAT模型等。

"波特假说"指出,环境规制的"遵循成本"效应抑制企业技术研发投入,可能会增加成本影响产出收益。长期看,环境政策的合理设计对企业资源配置效率提高具有"创新补偿"效应,而环境规制"创新补偿"效应能够抵消和补偿"遵循成本"效应[8]。一旦"创新补偿"效应超过"遵循成本"效应时,将可能提升经济主体竞争力水平,从而实现环境政策下经济增长与环境质量的"双赢"局面。在此基础上学者们对"波特假说"进行了检验与拓展[9-13]。

Heyes(2000)在传统宏观经济学的IS-LM框架上提出了环境均衡曲线的思想[14],即反映经济发展的环境限制曲线,在这条曲线上,经济发展所消耗环境的量恰好等于环境自身能够提供的量,环境和资本具有替代性的关键假设,即经济活动的污染程度随资本成本的上升而上升,随环境成本的上升而下降,更高的资本成本和更低的环境成本会推动技术进步的产生。Lawn等对Heyes模型进行了拓展,加入了技术进步和可持续发展参数[15, 16]。首先,他们认为技术进步是不可忽略的,技术进步在公式中以E体现,代表生产的技术效率,与节能减排的技术参数有关;其次,自然资本与人力资本具有互补性而非替代性,否则产出的高速增长和由此带来的自然资本的减少都可以用大量的人力资本来抵消。

20世纪90年代后期,学术界开始关注环境定向技术进步的形成机制及其影响。其基本观点是内生技术进步降低了能源的成本,外生能源使用与内生技术进步共同驱动收入的增长。按照研究对象分为节能技术进步模型、内生节能技术进步模型、干中学模型和环境定向技术进步模型[17, 18]。环境定向技术进步模型(AABH)将环境限制和定向技术进步引入经济增长模型,分析不同技术类型对于环境政策的反应,延续了价格效应和市场规模效应的观点,将决定两种效应相对大小的因素归结为两部门的替代弹性、两部门技术发展的相对水平以及污染技术投入是否使用了可耗竭资源,并展示了可耗竭资源对于自由放任均衡和最优政策结构的影响。此外,碳价的提高一定程度上会通过降低污染部门的相对价格和扩大清洁能源在市场中的使用两种方式来影响技术进步，然而这种影响严格依赖于清洁部门与污染部门的替代弹性以及技术发展的相对水平。相比较于其他政策措施，定向补贴可能会对技术进步产生更强有力的影响。政策效果主要基于清洁技术投入和污染技术投入的可替代性，当二者高度替代时，只需要采用临时的环境政策，直到技术进步充分生效，清洁技术优于污染技术之时即可停止。环境定向技术进步是由价格效应和市场规模效应决定的，环境技术进步方向存在路径依赖问题，污染技术占优的公司会倾向于在污染技术上进行创新，从而使自由放任的经济条件下产生过多的污染技术；溢出效应对专利有正向作用，清洁技术的溢出效应越大，清洁技术的专利数量越多，反之亦然。

Ehrlich 和 Holdren 提出 IPAT 模型，将环境压力分解为人口规模、财富水平和技术水平[19]。后续对 IPAT 模型的多项经验研究发现，环境影响主要表现为：水污染、大气污染、废弃物排放、生物多样性退化、土壤污染、自然资源消耗短缺。进一步，Dietz 和 Rosa 提出 IPAT 模型的随机形式即STIRPAT 模型[20]。渠慎宁和郭朝先基于 STIRPAT 模型通过对中国 30 个省（区、市）的面板数据和1980—2008 年的时间序列数据进行研究，发现技术对碳排放峰值的影响较为重要[21]。若经济社会发展速度较高，而碳排放强度下降速度相对较低，则不能在 2050 年内出现峰值。林寿富等则将传统STIRPAT 模型的驱动因素扩展为 9 个（人口规模、城镇化水平、城镇就业水平、财富水平（PGDP）、工业化水平、技术水平、温室气体排放强度、能源强度、实体经济的人口承载强度），并用温室气体排放作为主要的因变量进行实证检验[22]。

随着技术的进步，环境质量并不一定总是提高的。第一次工业革命，煤炭的广泛使用造成了严重的大气污染和水污染。随着技术的进步，环境污染可能会呈现加剧的趋势。技术进步对环境污染改善的作用通常认为存在三种路径：首先，围绕环保产品的研发和创新有利于环境友好型技术的出现（生产工艺和技术），例如节能产品的推出和大量使用，有效地降低了化石能源消费，减少了能源消费带来的污染物排放，提高了能源利用效率。其次，技术进步转变了生产方式，进而改善了环境质量。工业化初始阶段的经济结构往往以重工业为主，这些行业呈现以高耗能、高污染为主的资本和能源密集型的特征，从而导致工业化的发展具有不可持续性。环境压力和经济发展资源枯竭迫使传统的重污染产业转型为相对清洁的产业，特别是知识密集型产业。需要新兴产业实现发展模式的转变，同时提高产业的附加值和环境价值。再次，可再生能源技术的广泛使用能够对化石能源实现替代，降低经济发展中的能耗强度，如风电、水电、核电对煤炭发电的替代。最后，技术引进对环境污染起着正面作用。

外商直接投资（FDI）往往为东道国带来先进的生产链和管理理念，现有研究发现跨国公司为发展中国家带来了清洁生产技术，降低了发展中国家的污染水平，这种影响可以分为三类：FDI 示范效应、东道国学习效应、竞争效应。

2 技术进步与环境保护

展望 2035 年、2050 年，大概率事件是人类仍然依赖于牛顿经典力学所开创的科学革命时代，但技术进步正处于蓬勃快速发展周期，而对于中国而言，有可能建设成为科技强国，从而从根本上改变工业生产和生态环境保护的基本格局。如图 1-4-2 所示，科技革命、技术进步对污染物排放和生态环境保护的影响有所不同。科学革命或许会导致能源消费类型的转换和切换，会迅速解决既有的环境问题，但可能会引发完全不同的环境挑战，而技术进步是在一定科学革命之下的技术优化，往往是通过清洁生产、污染治理来达到主要污染物排放的削减，可以认为是在既定轨道上的优化，有利于环境质量改善。

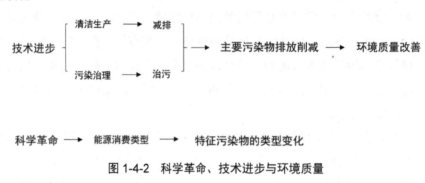

图 1-4-2 科学革命、技术进步与环境质量

2.1 科技强国建设与发展判断

当前，美国的绝对领先地位在短期内仍难以撼动，英国、法国、德国、日本等传统科技强国仍然具备雄厚的科技创新实力，在全球科技创新中具有举足轻重的地位，中国、印度、巴西等新兴经济体已经成为科技创新的活跃地带，对全球科技创新的贡献率也快速上升。

党的十七大为我国作出提高自主创新能力、建设创新型国家的重大战略决策。2006 年《国家中长期科学和技术发展规划纲要（2006—2020）》明确了"自主创新、重点跨越、支撑发展、引领未来"的科技工作指导方针。党的十八大指出，要把科技创新摆在国家发展全局的核心位置，坚持走中国特色自主创新道路、实施创新驱动发展战略。2016 年《国家创新驱动发展战略纲要》提出了到 2020 年进入创新型国家行列、到 2030 年跻身创新型国家前列、到 2050 年建成世界科技强国的"三步走"战略目标，形成了创新驱动发展战略的顶层设计。2016 年 7 月，《"十三五"国家科技创新规划》明确提出在实施好国家科技重大专项基础上，面向 2030 年，再选择一批国家战略意图的重大科技项目和工程，即"科技创新 2030 重大项目"，力争有所突破。

2.1.1 科技强国建设的基本经验

一是政府作用不可或缺。全球主要科技强国的兴起和强盛，离不开政府引导和资助，更离不开政府所主导的大型计划或项目，如美国的曼哈顿计划、阿波罗计划、人类基因组计划，德国的工业 4.0，中国的"两弹一星"等。目前，全球主要国家都制定了科技政策或战略，都力求在新一轮科技创新之中处于优势或领先地位。

二是工业革命引领科学革命、技术革命的作用越来越大。纵观人类社会发展史，科技创新往往引起经济发展长波，并主导经济长波的发展变化。同时经济与产业的发展是科技的物质基础，很大程度上决定着科技发展的规模和速度。经济与产业的发展不断为科技发展提出新需求、树立新目标，进一步牵引科技发展升级，成为科技创新发展的重要引导力量。

三是信息技术革命所决定的科学、技术、工业革命的长周期还远没有结束。信息技术是全球第三次工业革命的核心驱动力，以美国为代表的发达国家形成了以信息技术为主导的产业。英国是量子技术的世界领导者，对量子技术领域的追加投入，建立在已经取得巨大进步的基础上，将为英国量子技术产业形成奠定基础。可是，一些国家对关键信息技术的创新应用缺乏正确认识，错失了发展良机,在科技创新大潮中逐渐落伍。例如,法国没有及时把信息技术产业列为优先发展领域,导致法国与信息技术革命失之交臂。

2.1.2 全球科技基本发展趋势

全球新一轮科技革命方兴未艾,颠覆性技术不断涌现,科技创新加速推进,并深度融合、广泛渗透到人类社会的各个方面。21世纪以来,为应对老龄化、全球气候变化、生态环境恶化、粮食安全、能源资源可持续发展和社会面临的其他重大问题,美国、英国、德国、日本、中国等纷纷制定创新战略,组织开展实施生命与健康、先进材料与制造技术、数字技术与智能技术、清洁与先进能源技术等领域的科技计划。

以新一代信息技术、人工智能、新能源技术、新材料技术、新生物技术为主要突破口的新技术革命,正在从蓄势待发进入群体迸发的关键时期,信息、智能、机械、生命等领域的融合创新将成为新一轮科技革命的主题,并将引发新一轮工业革命,也就是说,信息技术是当下各国科技革命的基础,也决定了未来科技革命的发展。

最为显著的特征是数字经济的发展。20世纪80年代到90年代初期,美国实施"信息高速公路计划""下一代互联网"计划等国家战略计划,通过信息技术革命引领了"二战"以来最长的经济繁荣,并确立了美国在全球科技强国的长期领军地位。有两个典型特征:

(1)千亿IT企业的出现

横向比较美国、中国的IT企业,在千亿规模门槛上,更富有比较意义的是,IT产业发展到什么程度时会涌现千亿规模的IT企业,IT产业内的企业创立多少年之后可以成长为千亿规模的企业。考虑到汇率的变化,在本研究中,简化认为千亿人民币≈千亿美元,即国情和国别不同,市场规模和容量有异,但以千亿为量化标准,或许更富有对标价值。

在美国,硬件领域的千亿规模企业大约出现在2007年,那一年IBM的收入988亿美元。软件领域的微软公司2012财年的收入为737亿美元,够得上千亿规模企业。后来居上者为苹果公司,在截至2011年6月底的12个月收入超过1 000亿美元(2012财年的收入为1 565亿美元)。从1994年时任美国总统克林顿提出信息高速公路,13年后美国才涌现千亿规模的IT硬件企业,20年后美国才涌现千亿规模的IT软件企业。在中国,硬件领域的千亿规模企业也是出现在2007年,联想集团在硬件领域突破1 000亿元人民币。在软件领域,2012年华为在软件领域突破1 000亿元人民币(华为2012年总收入为2 202亿元)。从1998年中国成立信息产业部算起,千亿规模的硬件企业需要的产业时长是9年,千亿规模的软件企业需要的产业时长是14年。

对比中美两国出现千亿规模的IT企业,见表1-4-1,相对而言,中国的IT产业发展还远远落后于美国。

表1-4-1 中美两国千亿规模企业出现的时间及当时的经济规模

	美国			中国		
	创立时长	产业时长	经济规模	创立时长	产业时长	经济规模
硬件领域	96年	13年	13.8万亿美元	23年	9年	24.7万亿元
软件领域	40年	约20年	15.7万亿美元	24年	14年	51.9万亿元

数据来源:根据公开资料整理。

在硬件领域，美国千亿规模 IT 企业约占经济总量的 1/138，而中国却是 1/250。软件领域的差距更大，美国是 1/157，而中国是 1/519。考虑到 IT 产业的扩张，应该充分认识到后发国家的成长速度更快，因此，中国 IT 企业成长为千亿规模的速度应该会快于美国。

（2）数字经济的发展

数字经济是指以使用数字化的知识和信息作为关键生产要素、以现代信息网络作为重要载体、以信息通信技术的有效使用作为效率提升和经济结构优化的重要推动力的一系列经济活动，即"数字的产业化"和"产业的数字化"。2016 年中国首次将"数字经济"列为 G20 创新增长蓝图中的一项重要议题。数字经济已成为中国经济增长的核心动力。

从规模上看，2017 年，中国数字经济总量达 27.2 万亿元人民币，规模仅次于美国，但增长迅速。此外，中国数字经济对 GDP 增长贡献率达 55%，已经超过了 50%。2018 年年底中国数字经济规模达到 31 万亿元。在国民经济中的比重超过 1/3。从贡献率来看，近年来，中国数字经济在持续迅速增长，2016—2018 年，中国数字经济同比增速分别达到 21.51%、20.35% 和 17.65%。预计 2019 年中国数字经济增速仍将保持在 15% 左右的水平，而美国则会保持在 6% 左右。2019 年中国电子商务和金融科技两个数字经济子行业的收入将分别达到 7 404 亿美元和 15 855 亿美元，远高于美国的 5 607亿美元与 9 789 亿美元。这将是自 2017 年以来，中国连续三年在这两个领域的数字经济总量超越美国，位居全球第一。

在 2019 年日本大阪的 G20 峰会上，签署了"大阪数字经济宣言"。从全球来看，中印是潜在数据生产者最多的国家（表 1-4-2）。

表 1-4-2 潜在的数据生产者

	美国	欧盟	中国	日本	印度	合计
未上网人数（潜在数据生产者）/亿人	0.80	1.04	6.33	0.11	8.77	—
上网人数/亿人	2.44	4.07	7.52	1.15	4.62	—
总人数/亿人	3.28	5.11	13.85	1.26	13.39	75.4
GDP/万亿美元	20.5	18.8	13.6	5.07	2.69	84.74
人均 GDP/万美元	6.25	3.67	0.98	4.05	0.20	1.07

数据来源：根据公开资料整理。

2.2 我国技术进步与生态环境保护

2.2.1 宏观层面的认识

从全球范围看，科学技术越来越成为推动经济社会发展的主要力量，创新驱动是大势所趋。宏观层面，科技进步与产业发展、发展方式紧密相关，这与全球科学革命、技术革命、工业革命的总体关系一致，即通过科技进步促进产业发展和经济发展，"科学技术是第一生产力""科学技术是推动产业发展的根本动力""创新是引领发展的第一动力""科技创新是提高社会生产力和综合国力的战略支撑""科技创新是核心，抓住了科技创新就抓住了牵动我国发展全局的牛鼻子"等。创新是推动质量变革、效率变革和动力变革的关键，是我国进入新时代助力高质量发展和建设社会主义现代化强国的第一动力。波特假说提出：政府恰当的环境规制会促进创新和技术进步，抵消环境规制成本，实现生态环境保护和经济发展的双赢。毫无疑问，创新和技术进步是治污减排的核心驱动力。

从宏观层面看，当前我国生产水平不高，通过科技进步实现生产升级和产业结构调整，均有利于治污减排，如图 1-4-3 所示。

图 1-4-3　科技进步的减排效用

"十二五"时期以来，我国工业技术取得突出成就，在工业技术、制造技术等方面出台了密集的措施。2010 年《国务院关于加快培育和发展战略性新兴产业的决定》提出，重点发展七大战略性新兴产业。2013 年国务院办公厅发布《关于强化企业技术创新主体地位全面提升企业创新能力的意见》，明确提出要建立技术创新体系，强调企业的主体地位、市场的导向作用，增大企业研发投入的占比，培育发展一大批创新型企业。2015 年《中国制造 2025》提出以市场为主导，在政府引导下，建设世界制造强国；通过努力掌握一批重点领域关键核心技术，优势领域竞争力进一步增强，产品质量有较大提高；制造业数字化、网络化、智能化取得明显进展，将中国建设成为制造强国。此后，国家出台了许多政策和措施，如《国家重点支持的高新技术领域》《关于实施制造业升级改造重大工程包的通知》《智能制造工程实施指南（2016—2020 年）》《绿色制造工程实施指南（2016—2020 年）》《高端装备创新工程实施指南（2016—2020 年）》《制造业创新中心建设工程实施指南》《2016 年工业转型升级〈中国制造 2025〉重点项目指南》《新一代人工智能发展规划》《国务院关于深化"互联网+先进制造业"发展工业互联网的指导意见》《增强制造业核心竞争力三年行动计划（2018—2020 年）》《〈增强制造业核心竞争力三年行动计划（2018—2020 年）〉重点领域关键技术产业化实施方案》《〈中国制造 2025〉2017 版技术路线图》《2017 年工业强基工程"四基"产品和技术应用示范企业名单》《2017 年工业强基工程重点产品、工艺"一条龙"应用计划示范项目名单》。

同一时期，科技和金融加快结合，政策性银行也不断加大对企业转化科技成果和进出口关键技术设备的支持力度；企业不断加大技术创新投入，一些企业围绕产业发展战略需求，参与基础性研究，参加国家重点实验室建设；工业行业不断推进新技术、新材料、新工艺等的集成应用；政府设立科技型中小企业创业投资引导基金，实施新兴产业创投计划、中小企业创新能力建设计划和中小企业信息化推进工程，培育了一大批科技型中小企业；行业开始组建产业技术创新战略联盟，进行产业技术创新重大项目研发；细分行业制订或完善技术标准，编制产业技术路线图，建设技术研发、专利共享和成果转化推广平台；在重点行业和技术领域不断开展国际创新合作，中国企业技术创新开放合作水平不断提升，中国工业的技术水平迈入崭新阶段。

2.2.2　技术进步与减排

"十一五"时期，国家把能源消耗强度降低和主要污染物排放总量减少确定为国民经济和社会发展的约束性指标，把节能减排作为调整经济结构、加快转变经济发展方式的重要抓手和突破口。我国单位国内生产总值能耗由"十五"后三年上升 9.8%转为下降 19.1%；二氧化硫和化学需氧量排放总量分别由"十五"后三年上升 32.3%、3.5%转为下降 14.29%、12.45%。"十二五"时期，全国单位国内生产总值能耗降低 18.4%，COD、SO_2、NH_3-N、NO_x 等主要污染物排放总量分别减少 12.9%、18%、13% 和 18.6%，超额完成节能减排预定目标任务。此后，2012 年印发《节能减排"十二五"规划》、2016 年印发《"十三五"节能减排综合工作方案》。

虽然，我国"两高"行业重视节能减排，生产能力提高很快，但是很多关键高端材料仍未实现自主供应。目前，我国传统材料普遍面临提高品质、降低成本、降低能耗和升级换代等问题。以钢铁行业为例，钢铁产品世界第一，一些品种供大于求，但质量达到世界先进水平的钢材不足 20%。2005—2015 年，绝大多数落后工艺的钢铁产能已经被淘汰，其中淘汰落后炼铁产能 2.47 亿 t 和落后炼钢产能 1.72 亿 t。环保状况获得明显改善，许多特别限值地区的企业实现了废水"近零排放"。吨钢烟（粉）尘排放量降为 0.81 kg 左右（2005 年为 2 kg），固体废物综合利用率提高至 97.5%（2005 年为 94.8%），吨钢固体废物产生量降至 585 kg/t（2005 年为 628 kg/t），吨钢废水排放量下降至 0.8 m³（2005 年为 3.8 m³）。到 2017 年，全国重点钢铁企业烧结机安装率由 19% 增至 88%，脱硫面积增加到 13.8 万 m²；重点钢铁企业综合污水处理厂配套建设比例达到 75% 以上。基于钢铁行业的减排成绩，我国实施了更为严格的环保政策和标准，钢铁企业污染物排放特别限值标准可以堪比欧美发达国家，这些标准的实施使得钢铁行业承受了前所未有的环保治理压力。

2.2.3 从"碳"到"硅"

从工业化到信息化，从资源使用来看，主要元素周期表实现了从"碳"到"硅"的转变。基于"碳"，主要污染物是二氧化硫等，而基于"硅"，目前的重视程度还不够，还是将其视为固体废物。我国手机、计算机、彩电等主要电子产品年产量超过 20 亿台，每年主要电器电子产品报废量超过 2 亿台，重量超过 500 万 t，已成为世界第一大电器电子产品生产和废弃大国。废弃电器电子产品中含有的有害物质，如果回收处理不规范，将对生态环境和人体健康造成严重威胁和伤害。随着科技快速发展，电子新产品不断出现，电子废物处理也必须重视科技前沿、规范处理技术等，以避免产生新的污染（表 1-4-3）。

表 1-4-3　电子产品及电子废物的环境影响

		原材料端		产品端
生产或产品情况	多晶硅	全球多晶硅（99.999 9% 及以上）产能发展始于 1980 年，德、美、日采用改良西门子法，使得产能达到 1 000～2 000 t。到了 2000 年，韩国加入，德、美、日、韩采用改良西门子法和硅烷法，生产出太阳能级产品，产能突破 10 000 t。变化出现在 2012 年，全球多晶硅产能达到 25 万 t、产量 23.5 万 t，我国产量为 7.1 万 t。到了 2017 年，全球产能达 40 万 t、产量 38 万 t，我国产量则达到 21 万 t	电器电子产品的生产	2017 年我国家电行业整体保持平稳增长，在生产方面，家用电冰箱累计生产 8 670.3 万台，同比增长 13.6%；房间空气调节器累计生产 18 039.8 万台，同比增长 16.4%；家用洗衣机累计生产 7 500.9 万台，同比增长 3.2%；彩色电视机累计生产 17 233 万台，同比增长 1.6%，其中液晶电视机 16 901 万台，增长 1.2%，智能电视 10 931 万台，增长 6.9%，占彩电产量比重为 63.4%；通信设备行业生产保持较快增长，全年生产手机 19 亿部，同比增长 1.6%；全年生产微型计算机设备 30 678 万台，同比增长 6.8%

	原材料端		产品端	
生产或产品情况	电子级多晶硅	2012—2017 年，全球电子级多晶硅（99.999 999 999%）硅料需求呈上涨趋势。2017 年，全球电子级多晶硅料需求量约为 3.3 万 t，同比增长 10%	回收	2017 年，电视机、电冰箱、洗衣机、房间空气调节器、电脑的回收量约为 16 370 万台，约合 373.5 万 t
对生态环境影响	四氯化硅是高毒物质，用于倾倒或掩埋四氯化硅的土地将变得寸草不生。生产是高耗能		处理电子垃圾成本较高，电子垃圾集散地为追求短期效益，多采用露天焚烧、强酸浸泡等原始落后方式提取贵金属。填埋或焚烧对大气、土壤和水体造成了严重污染	

2.3　主要判断

（1）整体上，我国技术进步明显，显著降低排污强度，但不能确保降低排污总量

从排污强度来看，我国排污强度高，已经超过历史上最高的两个国家（德国和日本）2～3 倍。但是，随着技术进步，以及严格的环境规制，排污强度正在显著下降。在总量上，我国经济总量仍处于扩张阶段，仍然需要采取有力措施推动排污强度、排污总量双下降。从全球近几十年技术发展的情况，节约的技术（比如节能、节电、节水、截污的技术）、清洁生产的技术、提高生产效率的技术其进步要远远大于末端治理的进步。企业或生产部门的技术进步，更加有利于经济社会高质量发展和环境保护高度融合。

整体来看，我国科技水平、生产技术水平正处于快速提升阶段，全要素生产率也在快速提升，因此，可以预期或期待，技术红利的释放会大大利于生态环境保护。

（2）新技术进步会迅速催生新兴行业的发展，可能会直接导致主要污染物类型的切换

随着 IT 行业的发展，IT 行业的能源消费及占比越来越高。全球 IT 大行业的用电量大概占总用电量的 10%，已经是第一大用电产业。我国制造业用电量占工业用电量 70% 以上，占全社会用电量 50%。显然，随着我国大 IT 产业的进一步发展，以及四大高载能行业供给侧结构性改革的推进，大 IT 产业的用电量及占比还会进一步扩大，这直接改变了各大产业的用电结构或能源消费结构。更为关键的是，大 IT 产业发展，或者大 IT 产业取代高载能行业，将会成为新的污染来源，如主要污染物会从"碳"转向"硅"，而且硅生产、消费之后的污染是目前技术条件更难以处理的一大类污染。

3　能源消费与生态环境保护

长期以来，我国高煤消费的格局直接制约了大气环境质量的改善。能源生产消费仍是生态环境特别是气候变化问题的关键因素。展望"十四五"乃至更长时期，要保障国家能源安全，促进各类能源集约节约利用。要实施能源安全战略，强化节能"第一能源"作用，突出节能降耗在保障国家能源安全、减少污染排放、应对气候变化中的重要作用，要围绕大气环境质量改善需求和二氧化碳控制目标，进一步降低煤炭消费占比，推动非化石能源高速度建设和高效率使用，为 2030 年前尽早实现碳达峰打下坚实基础。

3.1　我国能源消费总量和消费结构

3.1.1　我国能源行业发展

改革开放 40 年来,我国能源行业发展迅速,取得了举世瞩目的成就。当前,我国的能源生产和消费总量已位居世界首位,清洁能源生产消费总量位居世界第一,同时能源消费结构持续优化,清洁能源消费比重持续提升。2018 年,我国天然气、水电、核电、风电等清洁能源消费量占能源消费总量的 22.1%。单位发电量耗水量由 2000 年的 4.1 kg/(kW·h)降至 2017 年的 1.25 kg/(kW·h),降幅近 70%。全国 6 000 kW 及以上火电机组供电煤耗 308 g/(kW·h),比 1978 年下降了 163 g/(kW·h)。与世界主要煤电国家相比,在不考虑负荷因素影响下,我国煤电效率与日本基本持平,总体上优于德国、美国(表 1-4-4)。

表 1-4-4　我国能源生产及消费的发展

	1978 年	2018 年	40 年发展
能源生产			
能源生产总量(标煤)/亿 t	6.3	37.7	增 5.0 倍,世界第 1 位
原煤/亿 t	6.2	36.8	增 4.9 倍,世界第 1 位
原油/亿 t	1.0	1.89	增 0.9 倍,世界第 6 位
天然气/亿 m³	137	1 603	增 10.7 倍,世界第 6 位
发电装机/亿 kW·h	0.75	19.0	增 32.3 倍,世界第 1 位
发电量/万亿 kW·h	0.26	7.0	增 25.9 倍,世界第 1 位
非化石装机/万亿 kW·h		7.6	世界第 1 位
一次电力/万亿 kW·h	0.06	2.1	增 34 倍,世界第 1 位
风电装机/万亿 kW·h		1.84	世界第 1 位
光伏装机/万亿 kW·h		1.7	世界第 1 位
生物质装机/万 kW		1 781	世界第 1 位
油气主干管道里程/万 km	0.8	13.3	增 15.6 倍,世界第 3 位
220 kV 及以上输电线路长度/万 km	2.3	73.7	增 30.9 倍,世界第 1 位
能源消费			
能源消费总量(标煤)/亿 t	6.0	46.4	增 6.7 倍,世界第 1 位
原煤消费/亿 t	6.0	39	增 5.5 倍,世界第 1 位
原油消费/亿 t	0.9	6.1	增 5.8 倍,世界第 2 位
天然气消费/亿 m³	138	2 808	增 19.3 倍,世界第 3 位
电力消费/万亿 kW·h	0.25	6.8	增 26.2 倍,世界第 2 位
节能环保			
6MW 及以上火电机组供电煤耗/[g 标煤/(kW·h)]	471	308	降低 34%,世界领先
单位发电煤电烟尘排放量/[g/(kW·h)]	26	0.06	降低 99.8%,世界领先
单位发电二氧化硫排放量/[g/(kW·h)]	10	0.26	降低 97.4%,世界领先
单位发电煤电氮氧化物排放量/[g/(kW·h)]	3.6	0.25	降低 93.1%,世界领先
单位 GDP 能耗/(t 标煤/万元 GDP)	2.3	0.52	降低 77.4%,世界平均水平

数据来源:根据公开资料整理。

3.1.2 能源消费达峰

随着经济发展及经济总量扩张，我国能源消费总量仍在持续上升。我国离能源消费达峰仍存在一段时间。2018 年我国全社会的能源消费总量高达 46.4 亿 t 标煤，同比增长 3.3%，增速创 5 年来新高（表 1-4-5）。2017 年中国工程院研究成果显示，2030 年之后，随着经济稳健发展和工业化基本完成，我国将进入部分发达国家历史上曾出现过的"人均能源消费增长拐点"的区间内，能源消费总量则有望在 2040 年前后达到峰值 56 亿～60 亿 t 标煤。石油经济技术研究院研究成果显示，中国能源消费将在 2035 年前后达到峰值（37.5 亿 t 油当量），中国化石能源消费将在 2030 年达到峰值；中国能源消费将在 2035 年前后达到峰值（29.3 亿 t 油当量）。

表 1-4-5 我国能源消费量及结构

年份	2005	2010	2011	2012	2013	2014	2015	2016	2017	2018
能源消费总量（标煤）/亿 t	22.2	32.5	34.8	36.2	37.5	42.6	43.0	43.6	44.9	46.4
煤炭消费占比/%	—	—	—	—	—	66.0	64.0	62.0	60.4	59.0
清洁能源消费占比/%	—	—	—	—	—	16.9	17.9	19.7	20.8	22.1
煤炭消费量增长/%	10.6	5.3	9.7	2.5	3.7	−2.9	−3.7	−4.7	0.4	1.0
原油消费量增长/%	2.1	12.9	2.7	6.0	3.4	5.9	5.6	5.5	5.2	6.5
天然气消费量增长/%	20.6	18.2	12.0	10.2	13.0	8.6	3.3	8.0	14.8	17.7
电力消费量增长/%	13.4	13.1	11.7	5.5	7.5	3.8	0.5	5.0	6.6	8.5

数据来源：历年国民经济和社会统计公报。

3.1.3 能源消费结构

长期以来，我国能源消费结构中，煤炭、石油等化石能源消费占比较大，呈现出石油降、煤炭稳、清洁能源快速发展的趋势。2018 年我国煤炭消费约为 37.7 亿 t，煤炭消费占比 59%，清洁能源消费（天然气、水电、核电、风电等）占比提升至 22.1%。同期，全球能源消费结构以石油和天然气为主，石油占比约为 34%，天然气占比约为 23%，煤炭占比约为 28%。

近年来，我国能源消费结构正在稳步优化。我国经济发展步入"新常态"，一次能源需求增速保持在个位数百分比水平。国内能源消费增速放缓，为能源结构转型提供了良好契机。2018 年《打赢蓝天保卫战三年行动计划》提出了优化能源结构，推进能源资源全面节约等关键举措。

据预测，到 2025 年，我国化石能源消费总量将增至 42 亿～45 亿 t 标煤，其中煤炭消费有望进入峰值平台期，为 27 亿～29 亿 t 标煤，在一次能源消费中的占比降至 50%左右。

3.1.4 核电与能源消费结构

从全球来看，我国核电消费占比不高。数据显示，2018 年核能消费量仅占 4.1%，低于 11%的世界平均水平。展望"十四五"乃至更长时期，我国将加快能源结构调整优化，推进气候友好型能源体系建设。

到 2050 年我国核电在能源供应中占比将达到 1/5～1/3。2035—2050 年，初步估计我国的年耗电量在 14 万亿 kW·h，国内总装机容量为 35 亿～40 亿 kW。从能源进口来看，我国需要大力通过发展核电来保障能源消费和优化能源消费结构。2018 年，我国原油净进口量达到 4.6 亿 t，同比增长 10%。原油对外依存度达到 71%；我国天然气净进口量达到 1 200 亿 m³，同比增长 32%，天然气对外依存度达 43%。石油、天然气的进口高依存度对我国能源安全挑战极大，需要和应该大力发展核电来确保能源供应和优化能源消费结构。

3.2　能源消费（结构）与大气环境质量

3.2.1　能耗与环境污染的"脱钩"

脱钩（decoupling）理论是经济合作与发展组织（OECD）所提出的一种观点，用以描述阻断经济增长与资源消耗及环境污染的联系，当政府采取有效的政策及新技术时，可以实现更少的污染及能耗来获得同等甚至更大规模的经济增长，这一过程即称为脱钩。

已有研究发现，1996—2009 年中国流通产业及其细分行业的碳排放具有"脱钩到负脱钩再到脱钩"的阶段性特征[23]。1995—2011 年中国 29 个省份中模范省份与追赶省份之间在经济增长和碳生产率两个方面的差距均拉大了[24]。2000 年以来，中国大陆各追赶省份与模范省份出现非均衡发展的特征，表现为大部分追赶省份与模范省份在经济增长方面的差距不断拉大，然而在可持续性方面的差距逐渐缩小[25]。

3.2.2　能源消费结构与环境污染

随着能源消费结构的优化，主要污染物排放会大幅削减，有利于环境质量提升。从我国大气污染的源解析来看，"生活污染"已经成为我国生态环境保护的重点领域。

研究发现，目前大气污染格局正在发生深刻变化。现阶段 NO_2 浓度已经超越 SO_2，O_3 的超标率也已经超越 $PM_{2.5}$，二次污染已悄然成为空气质量改善的焦点。以京津冀大气污染传输通道的"2+26"城市为例，从区域层面上来讲，秋冬季 $PM_{2.5}$ 污染的主要来源是燃煤、工业、机动车和扬尘。近年来，基于对 SO_2 排放的有效控制，硫酸盐在京津冀地区出现了显著下降，硝酸铵已经成为主导性的二次无机盐，主要来自自由基对氮氧化物的氧化过程。

3.2.3　能源消费结构优化的减排估算

多年以来，我国都在大力推进能源消费结构的优化，煤炭消费占比在下降，可石油、天然气消费在上升，仍依赖于石化能源。更积极来看，我国能源消费应该更大程度上依赖成熟的核电，可以考虑到 2035 年核电消费占比达到 15%，到 2050 年占比达到 25%，相应的减排贡献估算如表 1-4-6 所示。

表 1-4-6　清洁能源（核电）的减排贡献估算

	年份	2018	2035	2050
发电	总发电量/万亿 kW·h	6.99	10.9～12.1	12.4～13.9
	核发电量/万亿 kW·h	0.29	1.6～1.8	3.1～3.5
	占全国累计发电量的比例/%	4.22	15	25
减排贡献	减少燃烧标煤/亿 t	0.88	4.8～5.4	9.3～10.5
	减少排放二氧化碳/亿 t	2.31	12.8～14.4	25.0～28.0
	减少排放二氧化硫/万 t	75.01	400～450	750～850
	减少排放氮氧化物/万 t	65.30	320～360	600～700

3.3 主要判断

（1）我国能源消费达峰可能会更快到来，将大幅缓解温室气体排放以及相关污染物的排放

中国承诺 2030 年前实现碳排放达峰值。从 2016 年开始，煤炭等高耗能行业开始推进供给侧结构性改革（如减煤增气等政策的大力推进），能源消费总量已经显著减速，而且清洁能源占比也在快速扩大，煤炭消费总量及占比在相应快速下降，较以前的普遍预期大幅提前。这大大缓解了我国温室气体排放以及二氧化硫、粉尘等大气污染物的排放（表 1-4-7）。

表 1-4-7 我国能源消费总量及增速

年份	2013	2014	2015	2016	2017	2018
能源消费总量（标煤）/亿 t	37.5	42.6	43.0	43.6	44.9	46.4
增速/%	—	13.6	0.94	1.39	2.98	3.34

数据来源：根据公开资料整理。

（2）我国经济发展和能源消费的"脱钩"趋势明显，能源消费与环境质量的"脱钩"趋势明显

近些年来，我国经济增长与能源消费已经实现了弱脱钩。与发达国家发展历程相比，我国在工业化中期阶段的能源消费增速就低于经济增速，脱钩时间比较超前。"十一五"和"十二五"期间，我国采取多种措施实施节能减排，能源消费放缓。经济增长与能源消费脱钩，表明我们能源对经济增长的贡献率在下降。随着新发展阶段，能源消费和经济发展的脱钩会进一步加快。

2003—2018 年我国用电量与 GDP 增速见表 1-4-8。

表 1-4-8 我国用电量与 GDP 增速

年份	全社会用电量/亿 kW·h	用电量同比增长/%	GDP 增长速度/%
2003	18 910	15.4	10.0
2004	21 735	14.9	10.1
2005	24 689	13.45	11.4
2006	29 368	14.16	12.7
2007	32 458	14.42	14.2
2008	34 268	5.23	9.7
2009	36 430	5.96	9.4
2010	41 923	14.56	10.6
2011	46 928	11.7	9.5
2012	49 591	5.5	7.9
2013	53 223	7.5	7.8
2014	55 233	3.8	7.3
2015	55 500	0.5	6.9
2016	59 198	5.0	6.7
2017	63 077	6.6	6.8
2018	68 499	8.5	6.6

数据来源：根据公开资料整理。

（3）能源消费结构优化和清洁能源消费占比的提升，仍有很大的减排空间

在全球能源供应既定结构和确保我国能源消费安全的情况下，优化我国能源消费结构，提高清洁能源消费占比，可行的途径是大力发展核电，可以积极规划到 2035 年我国核电发电占到全国发电量的 15%，发电量从 2018 年的 0.29 万亿 kW·h 提高到 2035 年的 1.6 万亿～1.8 万亿 kW·h，其中 SO_2 减排空间为 400 万～500 万 t，NO_x 减排空间为 320 万～360 万 t。

4   生态环保产业技术创新与生态环境保护

生态环境保护离不开生态环保产业的发展，更离不开生态环保产业的技术创新。

4.1   生态环保产业概况及展望

4.1.1   行业规模

目前尚没有规范的生态环保产业统计口径和数字。

2014 年《全国环保产业状况公报》显示，全国环境保护相关产业从业企业 20 522 个，年营业收入 30 752.5 亿元，从业人员 319.5 万人，年营业利润 2 777.2 亿元，年出口合同额 333.8 亿美元。根据原环境保护部有关环保产业的一般性统计，2016 年全国环保产业销售收入为 1.15 万亿元；2017年环保产业收入增长迅速，同比增长 17.4%；2018 年同比增长 15%。2016 年颁布的《关于培育环境治理和生态保护市场主体的意见》，计划到 2020 年环保产业产值将达到 2.8 万亿元，培育 50 家以上产值过百亿元的环保企业。根据其他研究测算，2018 年我国环保行业的总产值将会超过 8 万亿元。

4.1.2   生态环保产业的发展演进

生态环保产业是典型的政策驱动型产业。继 1973 年 8 月国务院召开第一次全国环境保护会议之后，《工业"三废"排放试行标准》推出。20 世纪 90 年代，我国污染治理从以末端治理为主向关注全过程控制转变，清洁生产和循环经济得到快速发展。1993 年 10 月第二次全国工业污染防治工作会议提出，我国工业污染防治要从侧重于污染的末端治理逐步转变为工业生产全过程控制，后续发布了《关于推行清洁生产的若干意见》和《中华人民共和国清洁生产促进法》。

为支持和推动环保产业发展，1989 年国务院办公厅发布的《关于当前产业政策要点的决定》中，把发展环保产业列入优先发展的领域。1990 年 11 月，国务院办公厅转发国务院环境保护委员会《关于积极发展环境保护产业的若干意见》，这是我国首份从国家层面推动发展环保产业的纲领性政策文件，首次对环保产业进行了界定。2001 年 1 月，国家经济贸易委员会印发《环保产业发展"十五"规划》，这是我国环保产业发展的第一个五年规划。2010 年 10 月，国务院印发《关于加快培育和发展战略性新兴产业的决定》，将节能环保产业与新一代信息技术、生物、高端装备制造、新能源、新材料、新能源汽车产业共同确立为国家的战略性新兴产业。2012 年，国务院颁布《"十二五"国家战略性新兴产业发展规划》《"十二五"节能环保产业发展规划》，提出了环保产业发展的主要思路、目标和任务。

"大力发展环保产业"首次写入国民经济发展规划中，环保产业地位被提升到前所未有的高度。在政策、市场、投资的强力驱动下，环保产业步入快速发展的轨道。据第四次全国环保产业调查，

2011 年全国环保相关产业从业单位 23 820 家，从业人员 319.5 万人，营业收入总额达 30 752.5 亿元，利润总额 2 777.2 亿元。

2017 年 7 月，财政部、住建部、农业部、环境保护部印发《关于政府参与的污水、垃圾处理项目全面实施 PPP 模式的通知》，要求政府参与的新建污水、垃圾处理项目全面实施 PPP 模式。在政策的强力驱动下，2015 年以来，环境领域 PPP 模式呈现出爆发式发展的态势，中标项目数量和总投资额大幅增长。

党的十九大进一步地对生态文明建设作出了部署安排，全国生态环境保护大会提出并确立了生态环境保护的重点任务。我国将实施七大标志性战役和土壤污染治理，相应的环保投资总需求约为 4.3 万亿元，购买环保产业产品的投资约为 1.7 万亿元，间接带动环保产业增加值约 4 000 亿元。

4.2　生态环保产业技术创新对生态环境保护的影响

4.2.1　技术创新与环境质量

研究普遍认为技术进步、创新和应用能够节能减排，有利于环境质量改善，基本逻辑是技术进步能够降低能耗，进而有利于污染排放。

我国万元 GDP 能耗仍在持续下降。2018 年国家统计局数据显示，我国单位 GDP 能耗下降到 0.52 t 标煤/万元（同比下降 3.1%），比 1953 年降低 43.1%，年均下降 0.9%。从全球来看，我国能耗水平仍旧较高。单位 GDP 能耗是世界平均水平的 2.5 倍，美国的 3.3 倍，日本的 7 倍，同时高于巴西、墨西哥等发展中国家。国家规划非常重视节能降耗工作。

"十三五"规划显示，单位国内生产总值能耗、二氧化碳排放量分别下降 15%、18%。如此，中国应该可以完成对国际承诺的减排任务。

4.2.2　环境技术创新与环境质量

环境技术进步和创新、节能环保技术应用与推广、清洁生产技术应用与推广，都有利于减排，有利于环境质量改善[26]。

概括起来，环境技术创新主要包括以下几个方面：

1）以环境保护为目的的技术创新，主要是对污染进行末端治理的技术创新。这种创新能够减少污染物的排放，进而改善环境质量，但是会一定程度上增加企业的环境治理成本；

2）以发展经济和环境保护双赢为目的的技术创新，包括产品创新、设计创新、生产工艺创新、污染预防与控制技术创新等方面。这种创新能减少污染排放，同时又能降低生产成本、提高生产效率；

3）发展经济中偶然产生的技术创新，但是具有环境保护效益，包括降低废品率、降低能耗、提高产品品质、提高资源利用率等。

4.3　重点行业技术升级与生态环境效益

2014 年颁布的《大气污染防治重点工业行业清洁生产技术推行方案》，在钢铁、建材、石化、化工、有色等重点行业企业推广采用先进适用清洁生产技术。

随着重点工业行业的转型升级和高质量发展，2025—2030 年重点工业行业的产量达到峰值（为

2017 年产量的 1.2～1.5 倍），主要污染物排放强度比 2017 年下降 50%，相应地，重点工业行业减排空间仍然较大（表 1-4-9）。到 2030 年我国重点工业行业主要污染物减排空间基本用完。

表 1-4-9　我国重点工业行业减排空间

排放量或减排量	工业行业排放量		重点工业行业减排空间	
	2012 年	2015 年	2025 年	2030 年
SO_2/万 t	1 911.7	1 556.7	500～600	300～400
NO_x/万 t	2 337.8	1 180.9	500～600	200～300
烟（粉）尘/万 t	1 234.3	1 232.6	300～500	300～400
VOCs/万 t	2 088.7	2 503	800～1 000	500～800

5　主要判断与研究结论

科学技术进步对生态环境保护影响重大。全球正迈向以人工智能、量子信息技术、虚拟现实、生物技术为主的第四次工业技术革命阶段，对经济发展、生态环境保护的影响越来越深刻。而且，我国科技创新的外部环境恶化，部分西方国家加大对我国技术限制，对我国技术和产业升级进行定向打击，产业发展面临"卡脖子"制约，特别是头部企业赶超和技术升级难度加大。

展望 2035 年、2050 年，科学技术会快速发展，但不会出现划时代的科技革命，我国主要污染物减排和生态环境质量改善将主要取决于（重点工业行业）技术进步，到 2035 年 SO_2 减排空间为 500 万～600 万 t（约为 2015 年全国工业 SO_2 排放量的 1/3）、NO_x 减排空间为 500 万～600 万 t（约为 2015 年全国工业 SO_2 排放量的 1/2）、VOCs 减排空间为 800 万～1 000 万 t（约为 2015 年全国工业 SO_2 排放量的 2/5），绿色发展将有力推动（重点工业行业）清洁生产和污染治理，经济社会高质量发展和生态文明高水平建设必定实现。在此期间，我国经济总量仍将持续攀升，我国经济结构转型升级的速度或许会比预期要好，这有利于能源消费总量达峰的提前，但主要污染物减排和生态环境质量改善将主要取决于能源消费结构变化而不是能源消费总量。经济增长、能源消耗、主要污染物排放将出现"脱钩"，基于能源消耗的特征污染物会相应发生改变，而且生活污染将替代生产污染成为生态环境的最大挑战，相应推动生态环境治理和管理的主要对象和主要战场会发生转变。ICT 的发展和应用会有利于节能减排但空间有限，还需要警惕芯片或"硅"的污染成为重要的生态环境挑战之一。

1）技术进步与生态环境保护。展望 2035 年、2050 年，科学技术水平预期不会发生重大突破，但笃定的是技术进步有利于治污减排，有利于环境质量改善，而且我国已经开启了经济增长和能源消耗的"脱钩"，预期很快出现经济增长和主要污染物排放（强度）的"脱钩"，能源消耗和主要污染物排放的"脱钩"，工业化将逐步让位于城镇化、生产污染将逐步让位于生活污染，甚至碳时代将让位于硅时代，这意味着我国生态环境保护将面临重大转型：清洁生产技术和污染治理技术的快速进步将大幅减缓主要污染物排放，有利于环境质量改善，但城镇化及生活污染对生态环境的影响会放大，进而推动生态环境管理和治理的主要战场发生转移，还需要关注信息技术发展及"硅"产品消费所带来的新型污染。

2）能源消费（结构）与生态环境保护。高碳锁定效应直接制约了大气环境质量改善，能源生产消费仍是生态环境特别是气候变化问题的关键因素。随着现代化经济体系的建设，我国能源消费达峰可能会更快到来，这能大大缓解温室气体排放以及相关污染物的排放，以及二氧化硫、粉尘等大气污染物的排放。越来越多的实证和观察表明，我国经济发展和能源消费的"脱钩"趋势明显，能源消费与环境质量的"脱钩"趋势明显。在全球能源供应既定结构和确保我国能源消费安全的情况下，优化我国能源消费结构，提高清洁能源消费占比，可行的途径是大力发展核电，可以积极规划到 2035 年我国核电发电占到全国发电量的 15%，发电量从 2018 年的 0.29 万亿 kW·h 提高到 2035 年的 1.6 万亿～1.8 万亿 kW·h，其 SO_2 减排空间为 400 万～500 万 t，NO_x 减排空间为 320 万～360 万 t。

3）重点工业行业技术进步与生态环境保护。随着我国绿色发展的大力推进，以及重点工业行业的转型升级和高质量发展，估算 2025—2030 年重点工业行业的产量将达到峰值（为 2017 年产量的 1.2～1.5 倍），主要污染物排放强度比 2017 年下降 50%，相应地，重点工业行业减排空间仍然较大，其中，到 2025 年，重点工业行业 SO_2 减排空间约为 2015 年工业行业排放量的 1/3，NO_x 减排空间约为 2015 年工业行业排放量的 1/2，烟（粉）尘减排空间约为 2015 年工业行业排放量的 1/4，VOCs 约为 2015 年工业行业排放量的 2/5，到 2030 年我国重点工业行业主要污染物减排空间基本用完。应该说，通过技术进步实现重点行业减排的空间仍然很大，以 VOCs 减排为例，石化行业通过泄漏检测与修复（LDAR）技术的普及推广，如果 VOCs 综合去除率达到 70%，VOCs 减排空间为 300 万～400 万 t，而涂料行业"油改水"如果达到欧盟平均水平（50%），VOCs 减排空间为 300 万～400 万 t，仅此两项减排就合计占我国目前 VOCs 排放量的 20%。

4）ICT 的发展、应用与生态环境保护。以物联网、云计算、大数据和人工智能等为代表的信息通信技术正在飞速发展，其突出特点就是赋能。应该说，大数据、人工智能等在生态环境保护领域的应用，大幅提升了环境监管和治理水平，而且能够直接作用于节能减排。简要估算（不考虑汽车排放标准提升和新能源车应用），2018 年智慧（能）交通可以节能 263.2 万 t，占全国成品油消费量（32 514 万 t）的 0.8%，而且，其发展前景看好，到 2025 年估算可以节能 2 350 万 t，到 2030 年可以节能 3 335 万 t，占全国成品油消费量可以达到 5%～10%。由此推断，ICT 的发展、应用对污染物减排及环境质量改善的空间应该有限，不到 2015 年主要污染物减排总量的 5%。

参考文献

[1] 陈诗一. 中国的绿色工业革命：基于环境全要素生产率视角的解释（1980—2008）[J]. 经济研究，2010，45（11）：21-34，58.

[2] 杜雯翠，张平淡. 新常态下经济增长与环境污染的作用机理研究[J]. 软科学，2017（4）：1-4.

[3] 黄德春，刘志彪. 环境规制与企业自主创新：基于波特假设的企业竞争优势构建[J]. 中国工业经济，2006（3）.

[4] 林寿富，王善勇，Dora Marinova 等. STIRPAT 模型的改进及其应用[J]. 统计与决策，2018，34（16）：32-34.

[5] 渠慎宁，郭朝先. 基于 STIRPAT 模型的中国碳排放峰值预测研究[J]. 中国人口·资源与环境，2010，20（12）：10-15.

[6] 沈能，刘凤朝. 高强度的环境规制真能促进技术创新吗？：基于"波特假说"的再检验[J]. 中国软科学，2012（4）：49-59.

[7] 张成. 内资和外资：谁更有利于环境保护：来自我国工业部门面板数据的经验分析[J]. 国际贸易问题，2011（2）：98-106.

[8] Acemoglu D，Aghion P，Bursztyn L，et al. The Environment and Directed Technical Change. American Economic Review，

2012，102（1）：131-166.

[9]　Acemoglu D."Technical Change，Inequality，and the Labor Market."Journal of Economic Literature，2002，40（1）：7-72.

[10]　Dietz T. and Rosa E A. Rethinking the Environmental Impacts of Population，Affluence and Technology[J]. Human Ecology Review，1994（1）：277-300.

[11]　Ehrlich P R，Holdren J P. Impact of population growth.[J]. Science，1971，171（3977）：1212-1217.

[12]　Forster B A. Optimal Consumption Planning in a Polluted Environment[J]. Economic Record，1973，49.

[13]　Garofalo G A，Malhotras D M. Effect of Environmental Regulations on State-Level Manufacturing Capital Formation[J]. Journal of Regional Science，1995，35（2）：201-216.

[14]　Gradus R，Smulders D S. The Trade-off Between Environmental Care and Long-term Growth-Pollution　in Three Rototype Growth Models [J]. Journal of Economics，1993（1）：25-51.

[15]　Grossman G M，Krueger A B. Environmental Impacts of a North American Free Trade Agreement[R]. National Bureau of Economic Research. 1991.

[16]　Hamamoto M. Environmental Regulation and the Productivity of Japanese Manufacturing Industries[J]. Resource and Energy Economics，2006，28：299-312.

[17]　Heyes A. A proposal for the greening of textbook macro："IS-LM-EE"[J]. Royal Holloway University of London Discussion Papers in Economics，2000，32（1）.

[18]　Keeler E，Spence M，Zeckhauser R. The Optirmal Control of Pollution [J]. Journal of Economic Theory，1972（4）：19-34.

[19]　Lawn P A. Environmental Macroeconomics：Extending the IS–LM Model to Include an"Environmental Equilibrium"Curve[J]. Australian Economic Papers，2003，42（1）：118-134.

[20]　Lawn P A."On Heyes"IS–LM–EE proposal to establish an environmental macroeconomics[J]. Environment and Development Economics，2003a，8（1）：31-56.

[21]　Maler K G. A note on the use of property values in estimating marginal willingness to pay for environmental quality[J]. Journal of Environmental Economics & Management，1977，4（4）：0-369.

[22]　Porter M E，Van der Linde C. Toward a new conception of the environment－competitiveness relationship［J］, Journal of Economic Perspectives，1995，9（4）：97-118.

[23]　杨浩哲. 低碳流通：基于脱钩理论的实证研究[J]. 财贸经济，2012（7）：95-102.

[24]　张成，蔡万焕，于同申. 区域经济增长与碳生产率——基于收敛及脱钩指数的分析[J]. 中国工业经济，2013（5）：18-30.

[25]　张文彬，李国平. 异质性技术进步的碳减排效应分析[J]. 科学学与科学技术管理，2015，36（9）：54-61.

[26]　武晓利. 环保政策、治污努力程度与生态环境质量——基于三部门 DSGE 模型的数值分析[J]. 财经论丛，2017（4）：101-112.

本专题执笔人：朱艳春（北京师范大学）

完成时间：2020 年 1 月

专题 5　社会发展形势与生态环境影响分析

　　"十四五"时期，是我国由全面建设小康社会向基本实现社会主义现代化迈进的关键时期、"两个一百年"奋斗目标的历史交汇期，主要矛盾已经从"人民日益增长的物质文化需要同落后的社会生产之间的矛盾"转变到"人民日益增长的美好生活需要和不平衡不充分的发展之间的矛盾"，宏观经济与社会发展形势不确定因素增多，生态环境保护工作面临不同以往的复杂性和艰巨性。为从深层次把握社会发展形势与生态环境间的相互影响，本报告围绕人口结构、城镇化发展、就业、居民收入、消费结构、社会保障、社会公众参与等方面，分析了当前的发展现状、面临的挑战以及"十四五"发展形势，指出了新形势下可能对生态环境的影响，最后基于上述分析，提出了"十四五"生态环境保护规划编制的相关考虑。

1　我国社会发展现状与面临的挑战

1.1　人口总量不断增加，但老龄化压力增大

1.1.1　人口总量不断增加，人口自然增长率降低

　　自 2015 年生育政策调整以来，2016 年的人口自然增长率（5.86‰）有所提高，但 2017 年人口自然增长率（5.32‰）又降了下来，2018 年仅为 3.81‰，创历史新低。人口的城乡结构变化沿袭过去的态势，2018 年年底总人数数量为 139 538 万人，其中城镇人口比重上升到 59.58%，乡村人口比重降至 40.42%（图 1-5-1）。

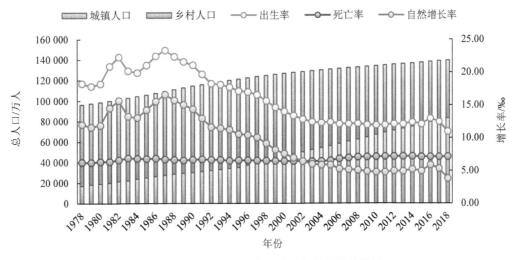

图 1-5-1　1978—2018 年总人口与自然增长情况

1.1.2　人口年龄结构持续变化

2018 年少儿人口数量为 2.35 亿人，较 2015 年增加 808 万人；65 岁及以上老年人口数量为 1.67 亿人，比 2015 年增加 2 272 万人；15～64 岁劳动年龄人口数量从 2013 年开始减少，2018 年为 9.94 亿人，不足 10 亿人。人口抚养比相应地也发生着变化，2018 年总抚养比继续上升，为 40.4%，少儿抚养比提高到 23.7%，老年抚养比提高到 16.8%，人口老龄化程度持续加深。我国人口年龄结构从成年型进入老年型仅用了 18 年左右的时间。人口老龄化的加速将加大社会保障和公共服务压力，减弱人口红利，持续影响社会活力、创新动力和经济潜在增长率，是进入新时代人口发展面临的重要风险和挑战。

全面两孩政策效果持续显现，但未达预期。从 2016 年开始，我国正式施行全面两孩政策。2016 年和 2017 年，我国出生人口明显增加。统计数据显示，2016 年和 2017 年，中国出生人口分别为 1 786 万人和 1 723 万人，高于"十二五"时期年均出生 1 644 万人的水平。其中，2017 年二孩出生数量达到 883 万人，占比进一步提高到 51.2%，比上年提高 11 个百分点。虽然二孩数量继续增加，但 2017 年我国出生人口总量仍比 2016 年小幅减少 63 万，这主要是因为一孩的出生数量下降比较多。二孩出生人口增加和比重上升，但出生人口总量下降，说明生育率在下降。尽管全面两孩政策效果持续显现，但政策的效果没有预期好也是现阶段客观现实。调查显示，当前影响群众生育意愿的因素主要有养育成本高、托育服务短缺、女性职业发展压力大等。

1.2　国家城镇化率不断增加，但绿色发展水平需要提升

1.2.1　我国城镇化率提升进度正越来越接近预期

按照《国家新型城镇化规划（2014—2020 年）》，到 2020 年，中国常住人口城镇化率将达到 60% 左右，户籍人口城镇化率将达到 45% 左右。2018 年年末，全国常住人口城镇化率为 59.58%，户籍人口城镇化率为 43.37%。分省份看，到 2018 年年底，上海、北京、天津等城市常住人口城镇化率均在 80% 以上；广东、江苏、浙江、辽宁等地区的城镇化率在 70% 左右；相比之下，中西部省份城镇化率水平相对较低，到 2018 年年底，宁夏、山西、陕西、江西等地的城镇化率低于 60%，云南、甘肃、贵州、西藏甚至低于 50%。

1.2.2　新型城市蓬勃发展，城市群格局基本形成

一是新型城市建设精彩纷呈。城市发展进入新阶段，创新、协调、绿色、开放、共享的新发展理念逐渐深入人心，城市生态文明建设和绿色发展有序规范推进，绿色城市、智慧城市和人文城市等新型城市建设热点纷呈，海绵城市建设成效明显。二是特色小（城）镇不断涌现。截至 2018 年年底，全国特色小（城）镇共有 403 个，全国运动休闲特色小（城）镇有 62 个，国家森林小（城）镇有 50 个，再加上各地政府创建的省级和市县区级特色小（城）镇，以及市场主体自行命名的特色小（城）镇，特色小（城）镇创建数量有数千个。三是城市群格局基本形成。近年来，城市间的联系日益紧密，以城市群为主体的城镇化格局不断优化，京津冀、长三角和粤港澳大湾区三大城市群建设加快推进，跨省区域城市群规划全部出台，省域内城市群规划全部编制完成，

"19+2"①的城市群格局基本形成并稳步发展。随着中心城市辐射带动作用不断增强，城市群内核心城市与周边城市共同参与分工合作、同城化趋势日益明显的都市圈不断涌现。2019年2月，中共中央、国务院印发的《粤港澳大湾区发展规划纲要》明确提出，要将粤港澳大湾区建设成为富有活力和国际影响力的一流湾区和世界级城市群，打造成为高质量发展的典范。5月，中央审议通过了《长江三角洲区域一体化发展规划纲要》，对长三角区域一体化发展进行了顶层设计，要求形成高质量发展的区域集群。粤港澳大湾区已成为全球知名的先进制造业和现代服务业基地，环杭州湾大湾区互联网经济和会展经济活力十足。新时代湾区化区域的出现，开启了我国湾区城市群经济的快速增长之路。

1.2.3 乡村振兴对我国城镇化进程发挥重要作用

城乡差距已经成为城镇化"量"与"质"的核心问题，也不断演进成为社会发展"不平衡"的主要矛盾之一，并将威胁到社会稳定发展的大局。现阶段，我国仍处于城镇化快速发展期，既需要继续推进新型城镇化，也需要推动乡村振兴，做到双轮驱动。从党的十九大提出这一战略，到2018年年底国家经济工作会议再次提出2019年"扎实推进乡村振兴战略"，这是党中央站在国家民族发展全局高度和历史文明进程广度提出来的。2018年全国休闲农业和乡村旅游接待游客约30亿人次，营业收入超过8 000亿元。产业内涵由原来单纯的观光游，逐步拓展到民俗文化、农事节庆、科技创意等，促进休闲农业和乡村旅游蓬勃发展。

1.2.4 城镇化在快速推进过程中出现了一些问题

比较突出的有以下几个方面：一是一些地方把物质形态的工程建设作为城镇化的重要内容甚至主要内容。不同程度存在的"重物轻人"问题导致土地城镇化快于人口城镇化，产业集聚与人口集聚不同步。一些新城新区公共服务不配套、不完善，影响城镇人口的集聚和生活质量。二是一些地方对人这一城镇化主体的关注不够。很多长期在城镇工作生活的农业转移人口难以享受到同本地市民相同的权益，家人难以随迁进城，造成大量农村留守儿童、老人，影响人民群众的幸福感。三是忽视生态环境和传统文化保护。一些地方围绕项目建设推进城镇化，存在"一切服从项目"的误区，空气、土壤、河流、湖泊等受到污染，城镇化发展的资源环境代价较大，且对具有重要文化价值的历史建筑、传统街区和文物保护不力。四是全社会资源配置效率不高，城乡协调发展有待加强。大量人口长期流动于城乡之间，很多农村地区住房、基础设施和公共服务设施实际利用率不高，影响全社会资源配置效率。

1.3 就业形势总体保持稳定，但仍面临不确定性

1.3.1 就业形势总体保持稳定

一是2018年我国就业人口总量为77 586万人，其中城镇就业人员43 419万人。全年城镇新增就业1 361万人，比上年增加10万人（图1-5-2）。2019年1—8月城镇新增就业984万人，完成全年目标的89%。二是2018年全国城镇调查失业率为4.9%，比上年末下降0.1个百分点；城镇登记失

---

① 即京津冀、长三角、珠三角、山东半岛、海峡西岸、哈长、辽中南、中原地区、长江中游、成渝地区、关中平原、北部湾、晋中、呼包鄂榆、黔中、滇中、兰州—西宁、宁夏沿黄和天山北坡19个城市群，还有以拉萨、喀什为中心的两个城市圈。

业人数 974 万人，城镇登记失业率为 3.80%，较 2015 年降低 0.3 个百分点。2019 年 8 月的全国城镇
调查失业率是 5.2%，低于 5.5%的预期控制目标。三是从产业结构来看，2018 年第一产业就业人口
占比为 26.11%，第二产业、第三产业分别为 27.57%和 46.32%。其中，第一产业、第二产业就业人
员较 2015 年分别减少 1 661.3 万人和 1 302.5 万人（就业人口占比下降 7.74 个百分点和 5.90 个百分
点），第三产业就业人数较 2015 年增加 3 098.8 万人（就业人口占比上升 9.25 个百分点）（图 1-5-3）。
在第三产业内部，信息传输、软件和信息技术服务业，水利、环境和公共设施管理业，教育，卫生
和社会工作，文化、体育和娱乐业等新兴服务业就业人员数量同比增速居前，服务业对经济增长
和就业的拉动作用不断增强。

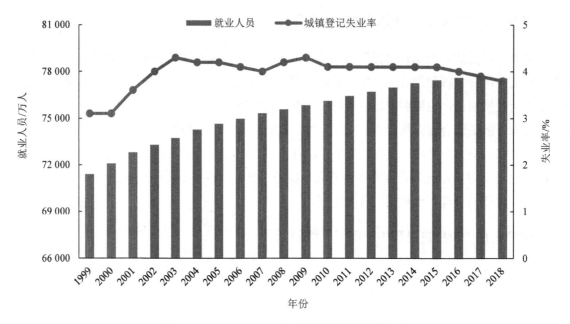

图 1-5-2　1999—2018 年我国就业和失业情况

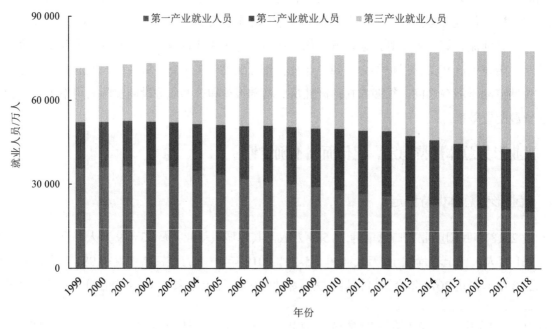

图 1-5-3　1999—2018 年我国三产就业人员情况

1.3.2　总量压力仍存、结构性矛盾突出的基本特征仍将继续

习近平总书记指出："当前形势下，就业形势会发生一些变化。一方面，劳动年龄人口减少，就业总量矛盾相对有所缓解；另一方面，结构性就业矛盾进一步凸显。"这从就业总量和结构方面，明确了当前和今后一个时期我国就业形势特征的基本面。从总量上看，劳动力供给增速趋缓，总量逐步减少，总量压力相对缓解，但仍然高位持压。2012 年开始，我国劳动年龄人口数量持续下降，与以往高速增长的发展趋势明显不同，就业总量的压力从增量向存量转变。但未来相当长一段时间，我国的就业总量仍将处于一种持续中高压状态。据测算，2030 年之前我国 16～59 岁的劳动年龄人口仍将一直保持在 8 亿以上。从结构上看，就业结构性矛盾不断上升。习近平总书记专门列举了当前就业结构性矛盾比较突出的几个方面：一是化解产能过剩、推动国企改革，使隐性失业显性化，部分地区下岗压力可能增大。二是经济下行压力仍然存在，部分企业困难加重，要关注小微企业迫于生存压力减员可能带来的失业问题。三是"90 后"是新增就业的主体，他们对岗位的选择性增大，其中有些人不愿从事苦脏累和自由度小的工作。四是新技术、新产品、新业态、新模式不断涌现，但技能型人才远远满足不了需要。

1.3.3　应对外部环境变化以及新技术革命带来的就业形势不确定性

一是应对外部经济环境变化带来的挑战。当今世界经济格局正在发生深刻调整，国际经济力量对比发生深刻演变，全球产业布局不断调整，新的产业链、价值链、供应链日益形成。中美经贸摩擦成为我国经济发展外部环境中不确定性最大的因素。世界经济环境的变化必然对我国经济产生冲击，进而影响到就业领域。这种影响主要体现在两个方面：一方面，贸易摩擦对外贸生产经营企业的直接影响，可能导致部分企业短期内出现经营困难而减少就业岗位；另一方面，经贸摩擦的持续发展，可能导致供应链在全球范围内的调整，部分相关企业可能重新布局生产线，并进一步影响消费市场，这将在更长时间内对我国就业增长和就业结构调整产生更广泛和深入的影响。二是应对新技术革命的挑战。回顾人类工业文明的进程，技术革新对就业的影响通常具有两面性，既有"替代效应"，也有"创造效应"。从创造效应看，技术革新和进步将催生出一批新业态、新模式，带来新兴产业发展，直接创造新的岗位需求。同时，新技术的进步，也将与传统技术相结合，进一步提升传统行业就业岗位的质量。从替代效应看，技术进步可能导致短期内技术性失业风险增加，"以机器换人"等形式直接替换劳动。据浙江省统计，随着生产自动化加快，仅 2015 年全省就减少一线操作岗位 57.7 万个，占全省制造业岗位总量的 4.1%。三是严厉的生态保护政策对中小企业的冲击与失业率间的关联开始密切，如若智能创新和高技术产业无法解决环境监管等因素导致的失业问题，则可能对就业形势造成不利影响。

1.4　居民收入与经济增长同步，但不同群体间差距持续反弹

1.4.1　居民收入与经济增长基本同步，收入差距持续缩小

2013—2018 年，全国居民人均可支配收入持续增长，由 18 311 元增加到 28 228 元，增长 54.1%。2018 年全国居民人均可支配收入实际增长 6.5%，快于人均 GDP 6.1%的增速。其中，农村居民收入增长快于城镇居民增长。国家统计局测算，我国中等收入群体人口已经超过 4 亿人。党的十八大以

来，中等收入群体规模持续扩大。同时，随着农村居民收入的快速增长，城乡收入差距逐渐缩小，城乡居民收入之比（以农民收入为1）从2007年的3.144缩小至2018年的2.685（图1-5-4）。分地区看，全国31个省（区、市）居民人均可支配收入的差距也在缩小，其变异系数由2013年的0.413下降到2017年的0.401（图1-5-5）。

图 1-5-4　1999—2018 年我国城乡居民收入比

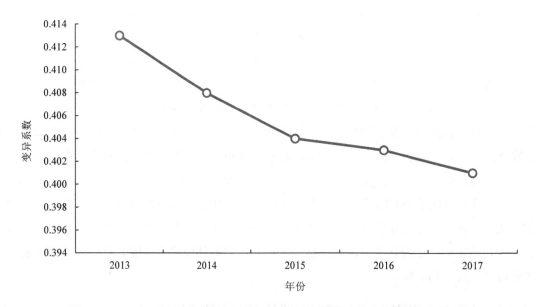

图 1-5-5　2013—2017 年全国 31 个省（区、市）居民人均可支配收入变异系数

1.4.2　居民消费增长加快，消费结构继续升级

2018年社会消费品零售总额380 987亿元，比2017年增长9.0%，最终消费支出对国内生产总值增长的贡献率为76.2%，消费作为经济增长主动力作用进一步巩固。一是消费水平持续提高，服

务消费快速增长。2018 年全国居民人均消费支出实际增长 6.2%，增速比上年加快 0.8 个百分点，农村居民人均消费支出实际增长 8.4%，快于城镇居民。服务消费持续提升，2018 年国内旅游人数和旅游收入都增长 10% 以上，电影总票房突破 600 亿元，增长将近 10%。二是恩格尔系数持续下降，消费结构升级。2018 年全国居民恩格尔系数为 28.4%，比 2013 年的 31.2% 下降 2.8 个百分点。其中，城镇居民恩格尔系数为 27.7%，比 2013 年的 30.1% 下降 2.4 个百分点；农村居民恩格尔系数为 30.1%，比 2013 年的 34.1% 下降 4.3 个百分点（图 1-5-6）。三是新零售新业态快速增长。2018 年，全国网上零售额 90 065 亿元，比上年增长 23.9%。其中，实物商品网上零售额 70 198 亿元，增长 25.4%，占社会消费品零售总额的比重为 18.4%。同时，在大数据、人工智能和移动互联网等新技术的推动以及日益完善的物流配送体系的支撑下，超市、专业店等传统零售业态与电商平台深度融合，新兴业态和传统业态融合成为消费市场供给的重要途径。

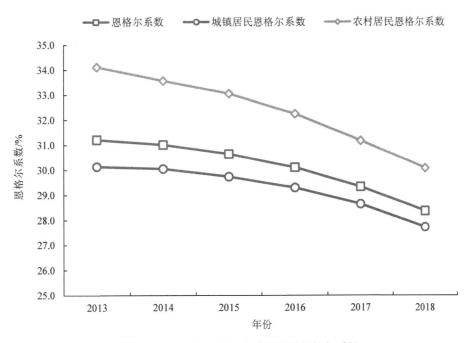

图 1-5-6　2013—2017 年全国居民恩格尔系数

1.4.3　不同社会群体之间收入差距变化趋势较为复杂

一是我国居民收入的基尼系数自 2000 年首次超过警戒线 0.42[①] 以来，总体呈现出先攀升后稳定的态势。2003 年至今，基尼系数均未低于 0.46，而"十三五"以来，有逐年增大趋势，由 2015 年的 0.462 升至 2017 年的 0.467（图 1-5-7）。二是按照《中国统计年鉴》的统计口径，依据收入水平的不同，将全国居民人数进行五等份分组。我国收入水平最高的前 20% 数量的居民，2018 年的人均可支配收入为 70 640 元，遥遥领先其他 80% 的人群；即便是位于第二梯队的中等偏上收入群体，2018 年的人均可支配收入也只有 36 471 元，刚刚超过高收入群体的一半；而收入最低的 20% 人群，2018 年人均可支配收入仅仅为 6 440 元，不到高收入人群的 1/10。三是近年来中国城乡居民收入差距逐年缩小，但缩小的幅度则呈现逐年降低的趋势。整体来看，不同收入分组之间的收入差距以及不同

---

① 基尼系数的数值介于 0～1。国际上通常把 0.4 作为贫富差距的警戒线，倘若基尼系数大于这一数值，便有出现社会问题的潜在风险。

所有制和不同行业之间的职工工资水平差距反弹的幅度，大于城乡居民收入差距缩小的幅度，导致全国总体收入差距水平在近几年出现反弹趋势。

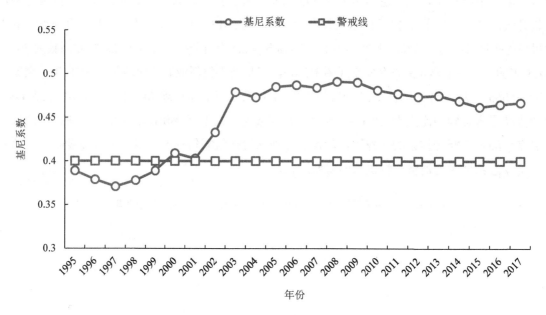

图 1-5-7   1995—2017 年我国居民收入基尼系数情况

数据来源：http://finance.sina.com.cn/china/gncj/2018-08-06/doc-ihhhczfc1761438.shtml

1.5   社会保障覆盖面进一步扩大，但社会矛盾仍然多发

1.5.1   社会保障覆盖面进一步扩大

一是社会保险覆盖面进一步扩大，全民参保计划稳步推进。2018 年年末全国参加城镇职工基本养老保险人数 41 848 万人，参加城乡居民基本养老保险人数 52 392 万人，参加基本医疗保险人数 134 452 万人，参加城乡居民基本医疗保险人数 89 741 万人，参加失业保险人数 19 643 万人，均呈现增加趋势（图 1-5-8）。二是社会保障发挥了更加积极的作用。2018 年年末全国共有 1 008 万人享受城市居民最低生活保障，3 520 万人享受农村居民最低生活保障，455 万人享受农村特困人员救助供养，全年临时救助 1 075 万人次。全年资助 4 972 万人参加基本医疗保险，医疗救助 3 825 万人次。国家抚恤、补助退役军人和其他优抚对象 861 万人。三是劳动保障监察执法不断增强。2018 年，全国各地劳动人事争议调解仲裁机构共处理争议 182.6 万件，涉及劳动者 217.8 万人，涉案金额 402.6 亿元。全年办结争议案件 171.5 万件，案件调解成功率为 68.7%，仲裁结案率为 95.1%。终局裁决 13.6 万件，占裁决案件数的 37.9%。全年共查处各类劳动保障违法案件 13.9 万件。通过加大劳动保障监察执法力度，为 168.9 万名劳动者追发工资等待遇 160.4 亿元。

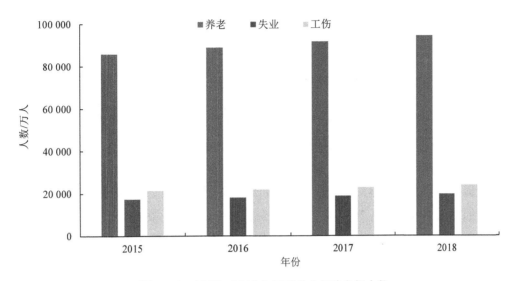

图 1-5-8　2015—2018 年三项社会保险参保人数

1.5.2　群体性事件呈现新态势

当前我国中等收入群体已成为网络舆论的主力军，他们最关注医疗、人身安全、教育公平、收入住房、阶层流动等事关生活质量和发展前景的话题，且掌握部分网络话语权，导致这些话题容易成为舆情高敏领域。一是劳动关系领域仍然是群体性事件最为多发的。2018 年劳动者群体性事件主要发生在建筑业、制造业、交通运输业和服务业等领域，并且开始出现新的趋势，即同行业员工跨地区联合行动。二是因各种民生问题和社会性公共问题而发生的群体性事件，呈现多发性和多样性的特点。部分群体性事件仍然是直接利益矛盾或关切导致的结果。例如，一些地方发生的非法金融活动受害者在金融监管机构门前聚集，一些地方发生的业主拉横幅、戴口罩、堵住售楼处等房地产维权事件，一些地方仍然不断发生的环保邻避事件，一些地方从企业退休的原"体制内"人员聚集要求提高养老待遇的事件，等等，都是与直接利益相关的群体性事件。三是一些孤立发生的与民生问题或社会性公共问题相关的事件，往往会引发人们对自身未来利益的担忧，从而也会引发各种形式的群体性事件，尤其是网络群体性事件。2018 年，滴滴网约车司机残害乘客引发的网络热点事件，长春"问题疫苗"引发的网络热点事件，重庆万州公交车坠桥事件，等等，都激发了部分社会成员的不满情绪，成为网络舆情热点。甚至个别公众人物公开发表对国家政策的不当解读或预期，例如关于私营经济离场的话题，也会成为公共舆论事件。

进入 21 世纪以来，环境问题已经成为引发社会矛盾和群体性事件的重要因素之一。目前，年度环境群体性事件总量趋于减少，但环境敏感项目和设施建设邻避问题引发的环境群体性事件数量仍处于高位。2018 年前三季度，公开报道的垃圾焚烧发电项目引发的群体性事件多达 40 余起。邻避问题的产生既是公众环境意识觉醒的必然，也与公众对垃圾焚烧技术和一些环境敏感项目的专业性了解不够、容易产生恐慌和抵触情绪相关，还与一些地方环境监管执法偏弱、企业环境信息公开不足、公众对政府部门和企业的环境风险管控缺乏信任以及政府与公众之间缺少信息交流和风险沟通问题相关，这些问题解决不好，容易造成政府公信力、企业绿色发展乃至整个社会长远利益均受损害的多输局面。

1.6 公众环保参与情况不断向好，但参与率仍有待提高

1.6.1 环境保护公众参与情况向好，但与要求仍有差距

一是以环保社会团体、环保基金会和环保社会服务机构为主体组成的环保社会组织，是我国生态文明建设和绿色发展的重要力量。近年来，在党和政府高度重视和引导下，环保社会组织在提升公众环保意识、促进公众参与环保、开展环境维权与法律援助、参与环保政策制定与实施、监督企业环境行为、促进环境保护国际交流与合作等方面作出了积极贡献。二是环境保护已成为社区成员志愿服务参与的重点领域。根据 2017 年"中国社会状况综合调查"数据，当前我国社会组织参与群体以青年群体、受高等教育者、白领职业的城镇居民为主体；受我国传统文化影响，社区互助公益行为以邻里相助为主，维护社区卫生环境的发生率 36.7%；参与社区志愿服务调查中，老年关怀的参与率最高，达到 10.9%，环境保护的参与率位居第二，占比为 10.5%。三是由于法规制度建设滞后、管理体制不健全、培育引导力度不够、社会组织自身建设不足等，环保社会组织依然存在管理缺乏规范、质量参差不齐、作用发挥有待提高等问题，与我国建设生态文明和绿色发展的要求相比还有较大差距。

1.6.2 公众的生态环境保护意识不断提高，但绿色消费、垃圾分类等践行度差

根据《公民生态环境行为调查报告》，公众普遍认可个人行为对生态环境保护的重要意义，在关注生态环境、节约资源能源、选择低碳出行、减少污染产生、呵护自然生态等多数生态环境行为领域践行度较高，能够"知行合一"，但在践行绿色消费、分类投放垃圾、参加环保实践和参与监督举报等领域还存在"高认知度、低践行度"现象。调查发现，超过五成（56.2%）的受访者在购物时未能经常自带购物袋，超四成（45.8%）受访者认为自己在"选购绿色产品和耐用品、不买一次性用品和过度包装商品"行为上做得一般，近八成（79.6%）受访者未能经常改造利用、交流捐赠或购买闲置物品；超六成（63.0%）受访者过去三年中针对企业污染采取过监督行动；不到四成（37.6%）受访者曾为政府建言献策。值得关注的是，针对分类投放垃圾的行为调查显示，公众高度认同垃圾分类对保护我国生态环境的重要性，这种认知度高达 92.2%，但垃圾分类的实践较差，仅三成（30.1%）受访者认为自身在"垃圾分类"方面做得"非常好"或"比较好"。

2 "十四五"社会发展形势预测及对生态环境的影响

2.1 人口总量和结构变化通过劳动生产率传导影响生态环境质量改善

2.1.1 人口预测

总结国内外机构对中国人口总量的预测，可以发现越是新近做出的预测，人口总量峰值越低，而且人口峰值到来的时间越靠前；此外，越是官方机构，预测越高，越是研究机构，预测越低。2003 年，国家人口计生委预测显示，2020 年人口总量为 14.54 亿人，峰值在 2034 年为 14.86 亿人，2050 年回落至 14.4 亿人。2006 年，中国人民大学人口与发展研究中心预计，2020 年中国人口达到 14.25 亿人，

峰值在 2029 年为 14.42 亿人，2050 年回落至 13.83 亿人。2010 年国家能源办《国家能源战略研究》预计，2020 年中国人口总量为 14 亿人，峰值在 2025 年约为 14.2 亿人，2050 年降至 13.5 亿人。2013 年 6 月，联合国人口司预测，2020 年中国人口达到 14.33 亿人，峰值在 2030 年为 14.53 亿人，2050 年降至 13.85 亿人。2014 年 11 月，世界银行预测，2020 年中国人口将达到 14.08 亿人，2028 年达到峰值为 14.29 亿人，2050 年下降至 13.51 亿人。2016 年 11 月，中国人民大学社会与人口学院院长翟振武在《中国人口态势与中长期发展趋势》中指出，全面两孩政策的实施或将使中国总人口规模的峰值延后 3 年左右，于 2028 年前后出现，达到 14.5 亿人。2017 年 1 月，国务院印发的《国家人口发展规划（2016—2030 年）》指出，实施全面两孩政策后，"十三五"时期出生人口有所增多，"十四五"以后受育龄妇女数量减少及人口老龄化带来的死亡率上升影响，人口增长势能减弱。总人口将在 2030 年前后达到峰值，此后持续下降。2017 年 3 月，国家卫生计生委副主任王培安就"'十三五'开局之年卫生计生改革发展"的相关问题回答中外记者的提问时指出，未来一百年都不会缺人口数量，到 2030 年峰值时期，我们有 14.5 亿左右，到 2050 年还有 14 亿左右的人口，到 21 世纪末还有 11 亿以上的人口。

总结国内外机构对中国人口年龄结构的预测，可以发现，"十四五"老龄化程度将不断加深。依据联合国标准，一个国家 60 岁以上老人达到总人口的 10%，65 岁老人占总人口的 7%，即视为进入老龄化社会。进入 21 世纪以来，中国老年人（60 岁及以上人口）占总人口的比重超过 10%，进入老龄化社会。2013 年，中国老年人已达 2.02 亿，占总人口的 14.9%。根据国家人口计生委的预计，2020 年中国 60 岁及以上人口为 2.34 亿人，占总人口的比重 16.1%，2050 年上升至 4.3 亿人，占比达到 30%。国务院印发的《国家人口发展规划（2016—2030 年）》指出，劳动年龄人口波动将下降，劳动力老化程度将加重。劳动年龄人口在"十三五"后期出现短暂小幅回升后，2021—2030 年将以较快速度减少。劳动年龄人口趋于老化，到 2030 年，45～59 岁大龄劳动力占比将达到 36% 左右。《老年健康蓝皮书：中国老年健康报告（2018）》表示，中国人口老龄化进程超前于经济发展进程，在 2026 年老龄社会到来之际，我国凭借现有的经济发展趋势也难以达到"富有"的水平，这使我国面临的风险更为严峻。而中国科学院、全国老龄委、中国老龄科学研究中心、北京大学老龄问题研究中心和国家发改委宏观院等机构也对中国未来的老年人口结构作出了相应的预测（表 1-5-1）。

表 1-5-1　各主要研究机构对中国老年人口发展趋势预测

机构	2013 年		2020 年		2050 年	
	60 岁及以上人口/亿人	占总人口比重/%	60 岁及以上人口/亿人	占总人口比重/%	60 岁及以上人口/亿人	占总人口比重/%
人口计生委	2.024 3	14.9	2.34	16.1	4.3	30.0
中国科学院			2.28	15.9	4.06	27.9
全国老龄委			2.48	17.2	4.37	31.0
中国老龄科学研究中心			2.58*	17.9*	4.87**	34.9**
北京大学老龄问题研究中心			2.31	15.6	4.12	27.4
国家发改委宏观院			2.40	17.0	超过 4	30.5

注：*为 2021 年数据；**为 2053 年数据。
资料来源：《走向 2020：中国中长期发展的挑战和对策》，国家发改委宏观经济研究院，中国计划出版社，2011 年。

2.1.2 发展特征

根据联合国《世界人口展望》（2017 年修订版）预测，今后较长时期内世界人口将保持上升趋势，人口总量将从 2017 年的 76 亿人上升到 2030 年的 86 亿人，2050 年将达到 98 亿人，发展中国家人口占比继续上升，我国人口占比持续下降。世界多数国家已经或正在步入老龄化社会，我国老龄化水平及增长速度将明显高于世界平均水平。我国人口发展既符合世界一般性规律，又具有自身特点，今后 15 年人口变动的主要趋势是：

1）人口总规模增长呈惯性减弱趋势，2030 年前后达到峰值。实施全面两孩政策后，"十三五"时期出生人口有所增多，"十四五"以后受育龄妇女数量减少及人口老龄化带来的死亡率上升影响，人口增长势能减弱。总人口将在 2030 年前后达到峰值，此后持续下降。

2）劳动年龄人口呈波动下降趋势，劳动力老化程度加重。劳动年龄人口在"十三五"后期出现短暂小幅回升后，2021—2030 年将以较快速度减少。劳动年龄人口趋于老化，到 2030 年，45～59 岁大龄劳动力占比将达到 36%左右。

3）老龄化程度不断加深，少儿比重呈下降趋势。"十三五"时期，60 岁及以上老年人口平稳增长，2021—2030 年增长速度将明显加快，到 2030 年占比将达到 25%左右，其中 80 岁及以上高龄老年人口总量不断增加。0～14 岁少儿人口占比下降，到 2030 年降至 17%左右。

4）人口流动仍然活跃，人口集聚进一步增强。预计 2016—2030 年，农村向城镇累计转移人口约 2 亿人，转移势头有所减弱，城镇化水平持续提高。以"瑗珲—腾冲线"为界的全国人口分布基本格局保持不变，但人口将持续向沿江、沿海、铁路沿线地区聚集，城市群人口集聚度加大。

5）出生人口性别比逐渐回归正常，家庭呈现多样化趋势。伴随经济社会发展以及生育政策调整完善等，出生人口性别比呈稳步下降态势。核心家庭（由已婚夫妇及其未婚子女组成的家庭）和直系家庭（由父母同一个已婚子女及其配偶、子女组成的家庭）是主要的家庭形式，单人家庭、单亲家庭以及"丁克家庭"的比例将逐步提高。

6）少数民族人口增加，地区间人口变化不平衡。2015 年我国少数民族人口总量为 1.17 亿，占比 8.5%，少数民族生育率高于全国平均水平，人口比例还将进一步提高。在一些民族地区各民族人口发展不均衡，一些边境地区青壮年人口流失比较严重。

7）中等收入群体壮大。第六次全国人口普查城乡总人口中，中产阶层比例为 19.12%，城市常住人口中城市中产阶层比例为 38.44%，上层比例为 12.67%，下层比例为 48.99%。根据清华大学李强老师研究团队，中等收入群体数量在目前占比约 22%的基础上将不断扩大，2030 年将超过 30%，2050 年有望达到 50%左右，最终将形成橄榄形社会结构。

2.1.3 对生态环境的影响

1）"十四五"人口总量呈增加趋势，与人口增长直接相关的生活用水、生活用能、生活垃圾处理处置等方面的压力将加大。①城市生活垃圾产生量将增加。随着我国城市化进程不断加快，城市人口的数量增加较快的同时，人民生活水平不断提高，使人均生活垃圾产生量不断增加，导致我国城镇生活垃圾产生量增长迅速。②生活用水、用能量增加，资源压力增大。随着经济和城市化进程的发展，以及城市居民生活水平的提高和公共市政设施范围的不断扩大和完善，城市人口、人均用水系数和用水普及率都在相应增加。"十四五"期间，随着城镇人口的不断增长，城镇人均日用水量依旧维持上升趋势，而随着农村人口的不断减少，农村人均日用水量均呈上升趋势。根据预测，城镇生活用水量和农村生活用水量均呈现逐步增加的趋势，但城镇生活用水量增幅大于农村。同时，随着"十四五"期间人民群众生活用能需求进一步提升等，生活用能总量增速可能会进一步提升，用能压力增加。

2）人口老龄化将通过降低劳动生产率而传递影响到生态环境质量改善的投入力度。据预测，到 2035 年我国总人口将达到 14.5 亿人左右，人口老龄化形势将进一步加剧，由 1.86 亿人增长到 3.09 亿人，开始过渡到中度老龄化阶段。《老年健康蓝皮书：中国老年健康报告（2018）》指出，相比于日本的"边富边老"和新加坡的"先富后老"，中国称得上"未富先老"，且是世界上较早出现"未富先老"的国家。中国人口老龄化进程超前于经济发展进程，人口老龄化对经济社会发展的挑战主要体现在：一方面，增加经济社会负担，由于劳动力人口比例缩减，老年人口比例增加，全社会用于养老、医疗、照料、福利保障和设施建设等方面的支出将大幅增加，政府财政负担加重。报告中预计在 2015—2050 年，全社会用于养老、医疗、照料、福利与设施方面的费用占 GDP 的比例，将由 7.33%增长到 26.24%，增长 18.91 个百分点。如果应对不力，人口老龄化将可能使我国经济年均潜在增长率压低约 1.7 个百分点。另一方面，人口老龄化将改变劳动力供给格局和影响技术进步，使中国陷入"中等收入陷阱"，出现劳动力资源短缺、与技术进步相关的人才与资源投入相对不足的局面，导致经济增长乏力。

2.2 城镇化发展水平预测及对生态环境影响

2.2.1 中长期中国城镇化发展水平预测

《国家新型城镇化规划（2014—2020 年）》提出，健康有序发展推进城镇化，到 2020 年，中国常住人口城镇化率达到 60%左右，户籍人口城镇化率达到 45%左右，努力实现 1 亿左右农业转移人口和其他常住人口在城镇落户。在这种情境下，采用经验曲线法、经济模型法和联合国城乡人口比增长率法对中国城镇化趋势进行预测，综合考虑三种方法的预测结果，到 2020 年，中国城镇化率将达到 60.4%左右，根据城市型社会的阶段划分标准，届时中国将进入中级城市型社会；到 2025 年，中国城镇化率将达到 64.6%左右，2035 年中国的城镇化率将达到 68.5%，之后中国将进入城镇化缓慢推进的后期阶段；2050 年中国的城镇化率将达到 75%左右，总体完成城镇化的任务（表 1-5-2）。

表 1-5-2　未来中国城镇化发展水平预测表

年份	人口/万人	城镇		乡村	
		人口数/万人	比重/%	人口数/万人	比重/%
2015	137 462	77 116	56.1	60 346	43.9
2020	141 565	85 575	60.4	55 989	39.6
2025	142 635	92 142	64.6	50 493	35.4
2035	144 391	98 908	68.5	45 483	31.5
2050	139 500	104 625	75.0	34 875	25.0

数据来源：《迈向美丽中国的经济社会预测与形势研判报告》。

综合考虑世界城市发展经验、我国基本国情和现阶段城镇化发展趋势，针对中长期内中国城镇化率的发展趋势，不同研究团队运用不同方法分别给出了预测，如表 1-5-3 所示。

表 1-5-3   未来中国城镇化发展水平预测表   单位：%

研究机构	2020 年	2030 年	2050 年
联合国《全球城镇化展望：2014 年修订版》	61.0	68.7	75.8
清华大学顾朝林团队 [1]	60	65	75
中国宏观经济研究院 [2]	—	70.12	81.32
经济学人智库中国权析 [3]	61	67	—

注：1 顾朝林，管卫华，刘合林. 中国城镇化 2050：SD 模型与过程模拟[J]. 中国科学：地球科学. 2017；（7）：818-832.
　　2 中国宏观经济研究院. 2030 年我国城乡结构演变的四大趋势及对策建议[EB/OL]. http://ex.cssn.cn/shx/201711/t20171127_3755936.shtml. 2017-11-27.
　　3 经济学人. China's urban dreams，and the regional reality[R]. 2014.

2.2.2   发展特征

1）城镇化发展速度整体上由快速向中速转变，但区域发展趋势将呈现不同格局。一般而言，城镇化率 30%～70% 的区间是城镇化的快速推进时期。其中，城镇化率 50% 是一个重要的转折点。以此为界，30%～50% 为加速时期，50%～70% 为减速时期。当前，中国城镇化率已越过 50% 的拐点，2018 年达到 59.58%，今后城镇化的速度将逐步放慢，由加速推进向减速推进转变。然而，由于发展阶段和城镇化水平的差异，未来各地区城镇化趋势将呈现不同的格局。总体上看，东部和东北地区已进入城镇化减速时期，其城镇化速度将逐步放慢；而中西部地区仍处于城镇化加速时期，是中国加快城镇化的主战场。随着中西部城镇化进程的加快，中西部与东部地区间的城镇化率差异将逐步缩小。

2）城市格局从单个城市发展为主转向城市群、湾区层面，大都市区的发展得到强化。2019 年 4 月国家发改委印发的《2019 年新型城镇化建设重点任务》文件中，新型城镇化战略突出强调以大城市引领的城市集群模式，同时亦从人口、土地、社会公共服务等多个层面给出新型城镇化的政策配套，支持城市集群的发展。统计 30 万人口以上城市数据表明，2018 年长三角、京津冀和珠三角三大城市群城镇人口占全国比重达到 44%，而三大城市群人口规模仍在增加。预计 2018—2030 年的人口增量中约有 43.4% 的比例将会继续流向三大顶级城市群，其次长江中游、成渝和中原城市群流入比例合计为 22.3%，三大城市群引领格局已经形成并不断加强。因此，从区域看，在"十三五"已经强调的 21 个主要城镇化地区、"19+2"城市群的基础之上，"十四五"期间大都市区的发展将得到强化，并成为引领中国主要对外竞争、统筹大中小协同、城乡融合发展的主要战略板块（图 1-5-9）。

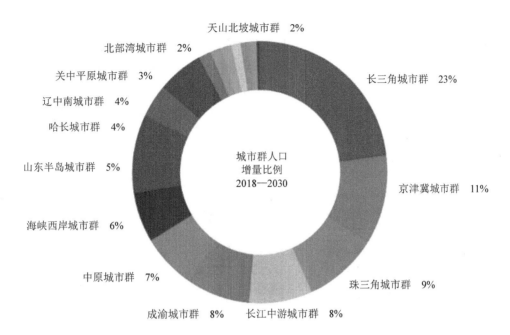

注：仅统计 30 万人口以上城市。

数据来源：中国城市建设统计年鉴。

图 1-5-9 2018—2030 年主要城市群人口增量情况

3）城乡二元关系呈现出由以城为主到城乡融合，再到城乡平衡的转变特征。在中国未来整体的城镇化格局中，乡村依然占有重要的比重和分量，到 2050 年可能仍将保持 20%～30% 的农村人口比例。随着我国进入城镇化战略转型期，加快推进城乡一体化发展，全面促进乡村发展，缩小城乡差距，以实现更高质量的健康城镇化成为未来城乡治理、全域健康发展的重要任务。在未来的新型城镇化阶段，重塑城乡价值，重视城乡平等发展权利，重构城乡平衡发展关系，推动城乡人口、资金、土地资源有序双向流动；在城乡平衡发展的新型关系下，推动乡村的全面发展及振兴，引导乡村地区从"输血模式"向"自造血可持续发展模式"转变。

4）城市发展由投资拉动、出口导向、增量扩张、传统要素集聚的城镇化转向消费需求拉动、创新驱动、增量和存量并举、创新要素集聚的城镇化。党的十九大以后，我国经济踏上了向高质量发展阶段迈进的新征程，经济增长动力机制转换承上启下的阶段性特征明显，粗放型工业、房地产等传统增长动力将延续前期的弱化趋势，新型消费、创新经济等新兴增长动力尚未定型，仍处于关键的能量积累期。2018 年，我国人均国民收入达到 10 000 美元左右，已经接近高收入国家的门槛。国际经验和世界经济史研究表明，当一个国家或地区达到这一发展阶段时，需求结构、产业结构、要素结构都会发生重大变化，出现经济增速"换挡"现象。支撑我国经济增长和城市发展的因素和条件正在发生深刻变化。"十四五"时期（2021—2025 年）是我国经济由中等收入阶段迈向高收入阶段的关键时期。其间，经济增长动力机制转换将迎来新的阶段，消费将成为高质量发展的主动力，资本从城市到乡村的"逆流"，创新将扮演越来越重要的角色。

5）发展路径由非绿色化到绿色化、由单一目标为主到多元综合目标、由开发区模式到城乡高质量发展模式、以人为本、社会共享的转变。我国城镇高质量发展将主要体现为以生态保护、污染治理、资源低耗和绿色城市建设为主要抓手的可持续城市生态环境建设，以及满足居民就业、教育、健康、养老、社区、安全等需求的高质量生活。在生态文明建设全局统筹和顶层设计的基础上，进一步强调系统协同和深度推进,将生态文明理念融入城镇化发展建设的各个领域和各个阶段,以生态低冲击、资源低消耗、环境低影响为核心目标和首要原则,实现城乡空间的绿色化营造、绿色化运行和绿色化管理,促进城镇化和自然生态资源环境间全面协调可持续发展。更加注重城镇化开发建设与资源生态环境的平衡匹配机制;更加注重强化资源生态环境保护的实施管控机制;更加注重从"末端治理"向"源头减排、过程控制、系统治理"思路转变(图1-5-10)。

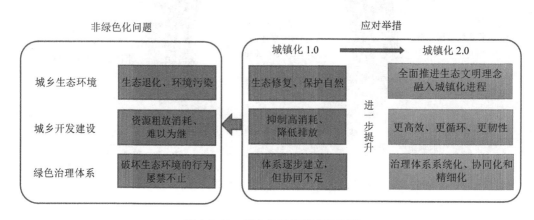

图 1-5-10　绿色化发展模式示意图

2.2.3　对生态环境的影响

1)新增城镇人口带来较大的生态环境压力。过去40年的快速城镇化发展取得了巨大的经济成就和社会效益,但在资源能源消耗和污染排放方面也积累了巨大的问题和矛盾,其中特(大)城市普遍面临交通拥堵、雾霾严重、水资源短缺、公共灾害风险上升等问题,中小城市则表现出低效无序扩张等现象。我国有着规模庞大的流动人口,2017年为2.44亿人,未来流动人口将进一步增加,这些人口何去何从直接影响未来我国生态环境的空间布局,以及污染集聚和生态退化等系列问题。随着人口转移和城镇化的发展,生态环境治理压力将加大。预计到2035年,我国城镇化率将由2017年的58.5%增至70.0%左右,新增城镇人口2.0亿以上,将进一步加大能源、水资源、土地资源以及原材料的需求,带来较大生态环境压力。

2)区域发展不均衡,产业转移带来环境压力加大。一是先行发展地区逆城市化进程与污染产业外迁叠加造成的环境风险。东西部差异明显,东部一些地区总体已进入工业化后期和城镇化减速时期,逐渐向创新和绿色发展阶段迈进,环境与经济的关系逐渐统一,生态环境压力持续缓解,环境质量相对领先。但中西部地区处于工业化中后期和城镇化加速期,东北地区经济发展滞后,相关产业自东向西转移的趋势已经比较明显,承接大量东部地区相对落后产能后,中西部经济发展与环境关系呈现明显异化趋势,加大了环境压力。二是城乡差异突出。农村环境基础设施建设严重滞后,污水直排、垃圾堆积等问题十分普遍,农村人居环境仍然存在脏乱差现象,化肥、农药等不合理施用造成的农业面源污染严重。城市污染企业出现向农村转移的趋势,过剩产能、有转型可能的城区污染产业大量在农村集聚,进一步加剧农村环境问题。

城镇化方面,需要认识城镇化发展的区域单元将由东中西部具体化到城市群、湾区等层面,需要统筹考虑生态环境保护与城镇化发展的精准协同,特别是在市场导向下人口和资本等生产要素向大城市、核心城市群集聚对美丽城乡发展与生态文明建设的影响,以及对生态环境格局产生的深层次影响。

2.3 消费领域发展形势预测及对生态环境的影响

2.3.1 人民生活水平和质量普遍提升

中国坚持民生优先，千方百计增加居民收入，加大收入分配调节力度，努力实现居民收入增长和经济增长同步，坚决打好脱贫攻坚战，全面提高社会保障水平，城乡居民获得新实惠，人民生活实现新改善。2022 年前后中国人均 GDP 将达到 1.46 万美元，中国将迈入高收入国家的行列（按照过去 20 多年 2.0%的年均增速推算，届时世界银行高收入国家标准应为 1.4 万美元以上）。2035 年人均 GDP 将达到 4 万美元，相当于美国人均 GDP 的 38.5%左右。届时，人民对美好生活的新需求充分满足。人民生活更为宽裕，中等收入群体比例明显提高，城乡区域发展差距和居民生活水平差距显著缩小，基本公共服务均等化基本实现，全体人民将实现共同富裕。

2.3.2 消费将成为经济发展的主要动力源

消费、投资和出口是驱动经济增长的"三驾马车"。从我国 40 年需求侧动力演变看，改革开放初期一直到 2002 年，消费都发挥着主动力作用，加入 WTO 和应对全球金融危机以来，中国经济依次经历了"外需导向型""投资驱动型"经济模式。2014 年习近平总书记正式提出新常态。其中，在消费需求领域，模仿型排浪式消费阶段基本结束，个性化、多样化消费逐渐成主流。从 2018 年年底中央经济工作会议强调"促进形成强大的国内市场"到 2019 年中央政治局会议提出"多用改革办法扩大消费"，在中美贸易摩擦背景下，消费在整个经济中的地位将进一步提升。"新消费"层出不穷，这个"新"体现在新的消费种类、消费热点、消费业态和消费模式。"供给创造消费"日益凸显。增量消费更多地由供给激发，先有内容提供、再培育消费群体。

2.3.3 消费对资源环境的压力逐渐增加，成为环境污染的主要来源

过度消费和不合理消费加剧了资源环境的问题，同时，消费带来的电子废弃物问题、垃圾问题以及快递行业过度包装问题都非常严重。针对绿色消费的研究发现，总体而言，中国消费进入全面升级的转型阶段。从规模来看，2018 年，中国终端消费达到 38 万亿元，根据预测到 2035 年这一数据将达到 135 万亿元，意味着未来 10～15 年消费规模将"迅速扩大且增长空间巨大"。同时，2001 年中国居民恩格尔系数为 44%，2018 年降低到 28%，这意味着消费结构在升级，消费方式已呈现多元化。并且，消费对中国经济增长的贡献率快速提升，连续四年超过第二产业，成为重要的引擎。但不可忽视的是，消费迅速增长带来的也是对资源环境的压力逐渐增大，成为环境污染的主要来源。2015 年居民消费综合能耗占到总能耗 26%，预计到 2035 年将会达到 40%。

2.4 人民日益增长的美好生活需要及其对生态环境的影响

2.4.1 随着人民生活水平的提高和生活条件的改善，人民的美好生活需要日益增长，生活预期大幅度提高

一是我国城乡居民生活消费的恩格尔系数（食品支出占家庭消费总支出的比重）已经下降到

30%以下，但现在人们不仅要"吃饱""吃好"，还要"吃得有机""吃得天然"，保证食品安全成为社会共识。二是对生态环境特别是空气质量的重视达到新的高度，全国大范围出现的重度和严重空气污染，引起全民的深刻反思，"绿水青山就是金山银山"成为新的社会共识。三是长期以来人们对生活质量的评价都主要基于物质生活条件和相关福利指标，而现在人们对获得感、幸福感、安全感、满意度前所未有的重视。但是，我国仍处于并且长期处于社会主义初级阶段和我国仍是世界最大发展中国家的基本国情没有变，要防止人为地抬高标准、吊高胃口、推高预期，特别是要防止民粹福利主义的倾向，保持平和理性的社会心态。

2.4.2　进一步推进环境质量改善工作更加艰巨复杂

当前，我国生态环境状况和形势不容乐观，生态环境质量总体上与全面建成小康社会的要求和人民群众日益增长的优美生态环境需要还存在较大差距，进一步推进环境质量改善工作艰巨复杂。生态环境问题的源头是经济发展问题，我国工业化、城镇化、农业现代化的任务尚未完成，产业结构偏重、能源结构偏煤、产业布局偏乱、交通运输结构还不尽合理，经济总量增长和污染物排放总量增加还没有脱钩，污染物排放总量还处于高位。多年积累的环境问题具有综合性、复杂性、难度大的特点，解决起来也绝非一朝一夕之功。特别是当前资源环境承载能力已经达到或接近上限，生态系统脆弱，污染重、损失高、风险大的生态环境状况还没有扭转。随着环境治理措施深入推进，留下的很多环境问题是难啃的"硬骨头"，难以在短期内得到根治。

2.4.3　环境邻避问题突出，社会风险加大

我国环境风险企业数量庞大，近水靠城，区域性、布局性、结构性环境风险突出，环境污染事件处于高发期。同时我国当前正处于社会发展转型期，利益诉求多元化，深层矛盾累积叠加，催发了社会冲突与风险。其中，尤以抵制具有（或可能引发）负面环境影响的公共基础设施建设以及比较敏感的石化项目建设等为代表的"邻避"冲突为甚，成为环境保护、民生需求和社会治理这三个重点领域矛盾综合交织的具体表象、与新时代三大攻坚战紧密联系，且呈现综合性、多发性、激烈性和恶性复制与蔓延等特征。特别是垃圾焚烧发电、石化、涉核项目等邻避效应突出，触点多，燃点低，管控难，极易引发群体性事件。一旦处置不当，将影响社会稳定，损害政府公信力。此外，环境设施的普惠性与环境风险影响的局域性，带来收益与风险分配的不公平也加剧了群众邻避心理。同时，随着我国网民数量的高速增长，网络已经改变了我国社会舆论的生态环境，并形成了崭新的网络舆论场，加速了环境风险事件的传播。

2.4.4　新技术的发展可能带来新的环境问题和环境风险

随着医药技术、生物技术、信息技术、核能技术、航天技术等新技术的发展，可能产生许多新的环境问题，对人体健康带来新的环境挑战，未来需要重点关注和研究。对于这些新的环境风险，必须高度重视，通过各种途径和手段予以解决。另外，受国际地缘政治及国际关系的不确定性影响，一些国家可能会借助国际环境问题"责难"中国，使我国处于被动地位。随着我国社会经济的发展，未来社会结构、形态与生活方式将发生深度变革，我国生态环境面临的不确定性还将不断增加，应高度重视、积极研究应对措施。

3 有关建议

3.1 重视社会发展形势变化不确定性带来的生态环境影响

3.1.1 提高人口素质，降低人口结构变化对生态环境的影响

我国人口发展已经进入关键转折期，人口自然增长率长期低于预期、人口老龄化程度不断加深、劳动力老化程度加重等问题凸显。"人口自身均衡发展"这一历史性任务不仅是在"十四五"期间要有所应对，更应是未来 10 年、20 年考虑的重点。鼓励人口增长、提高人口素质、推进家庭能力建设、强化养老保障等将成为"十四五"期间各地区重点着眼的问题。而城市环境是否适合老年人生活养老、农耕文明传统在老年人思想与习惯中的残余、农村熟人社会到城市陌生社会的环境转变等因素需要更深层次的考虑。在生态环境保护领域，探讨如何降低人均资源、能源消耗量和垃圾产生量，分析人口年龄结构变化通过劳动生产率对生态环境保护可能带来的影响，以及乡村人口老龄化对乡村振兴战略的影响等是关注的重点。

3.1.2 倡导绿色城镇化，促进人与环境和谐共生

不断调整优化城市结构和布局，坚持走绿色、节约、智慧城市的发展道路。以水、土地等资源和环境承载力为前提，合理确定与之匹配的城镇开发建设规模。强化超大、特大城市的再发展及中心区的二次开发，盘活存量，促进闲置、废弃、低效用地开发，促进土地使用方式节约和集约。大幅提高资源利用效率，进一步考虑降低能源、矿产、淡水、土地等资源的消耗强度。统筹衔接国土空间资源管控要求，推进建立生态环境空间前置政策机制，强化生态环境治理措施落地。建立适应人口高流动性趋势的生态环境治理体系，降低流动人口对城镇发展、管理和城市环境保护整体格局的冲击性。适应数字时代新变化，通过创新型措施，拓展清洁低碳的城市电力系统，建设电动车和城市共享移动体系，发展绿色建筑准则，开发绿色城市空间，推动绿色基础设施建设，鼓励城市绿色生活方式。按照城乡融合发展的要求，推进实施乡村振兴战略，利用远程连接提供绿色供给的方式，使乡村成为高质量绿色产品和服务的新地。

3.1.3 研判就业形势不确定性，明确生态环境保护底线要求

社会发展形势较经济形势影响因素更加复杂，经济政策、贸易政策、社会政策的突然变化或者突发事件的发生，都可能会直接改变对社会形势的预测。"十四五"期间，受国际形势、新技术革命、日益严格的环境政策等多方面影响，就业形势面临很大的不确定性。"十四五"作为污染防治攻坚战取得阶段性胜利、继续推进"美丽中国"建设的关键期，要科学分析贸易进出口政策变化、新技术革命等带来的社会经济形势与生态环境保护工作关系的变化，以及对生态环境的直接影响，坚持以改善生态环境质量为核心，以解决突出生态环境问题为重点，明确"十四五"生态环境保护目标和工作底线要求，保持加强生态文明建设的战略定力。

3.2 关注重大社会现象，提高环境风险防范能力

3.2.1 完善环境群体性事件应对机制

环境上访事件、生态移民、环境邻避事件、环境风险事件等群体性事件给稳定社会秩序带来了重大挑战，应不断完善应对机制，维护社会稳定。一是建立重大环境决策的社会风险评估预警机制。以落实"三线一单"管控要求，强化战略环评参与综合决策的广度、深度，夯实国土空间的风险防控要求。推进逐步建立重大环境决策的社会风险评估制度，提升防范重大环境决策致使的社会稳定风险防控能力。对涉及较大范围群众利益及安全的环境基础设施和环境风险敏感产业项目的选址，决策前要实施效果预评估，重点评估项目实施的社会稳定风险。评估前采取听证会等方式充分征求公众意见，广泛听取民意诉求。对公众反对意见过大的项目，经协商疏解仍未认可的项目，原则上不予以实施。二是完善环境"邻避"设施信息公开机制。通过完善环境信息公开的法律法规，增加企业运行过程对利益相关方的透明度，促进企业向"邻避"居民充分进行环境信息公开。采取开放日等方式增加"邻避"居民对于相关设施的了解，提高"邻避"居民的接纳程度。推进地方政府有关部门主动公开邻避设施与周边居民相关的环境安全信息，充分保障公众的环境信息知情权。引入第三方机构监督相关"邻避"设施的达标运行状况，及时向社会公众公布监督信息。三是健全利益相关方协商和调节机制。实行政府重大事项决策协商目录发布制度，纳入目录的重大环境事项必须进入协商程序。健全基层协商联动机制，搭建平等对话协商平台。创新圆桌会议等不同协商方式，激励利益相关方充分参与。建立利益协调机制来对冲"邻避效应"问题，"邻避设施"在选址时，可通过货币、税收补贴等形式补偿周围受选址影响居民，可为周边居民提供绿化、图书馆和休闲娱乐设施等正外部性设施，以提升公众满意度。补偿方案可通过与拟选址周围居民进行沟通协商后议定。四是重视社会组织的培育和发展。给予社会组织相应的法律支持和政策保障，建立制度化的沟通和互动机制，建构良好的协同治理格局，以充分发挥社会组织在政府部门与公众之间的中介和桥梁作用。

3.2.2 健全环境风险防控政策体系

完善事前防范和管理标准体系建设，出台重点行业环境与健康监测、调查和风险评估管理办法，动态完善《优先控制化学品名录》《有毒有害大气污染物名录》《有毒有害水污染物名录》，制定优先控制化学物质的排放标准。完善事中处置政策，制定典型重金属、有机污染物、无机污染物突发环境事件应急处置操作手册，加强企业应急能力规范化建设。完善环境事故事后赔偿和修复政策，进一步健全完善环境损害鉴定评估与赔偿技术规范体系和污染治理与修复制度体系。

3.2.3 构建环境健康管控政策体系

进一步明确政府、企业主体的生态环境健康风险管控责任，在相关环境保护政策制（修）订过程中，推动增加保障公众健康的条款和措施。以解决基层环境与健康管理面临的现实问题为切入点，推进环境健康风险管理试点。积极推进绿色生态环境责任保险，探索建立完善的环境风险评估、环境污染责任险保险费率厘定、环境政策技术咨询、环境责任认定、环境损害鉴定、保险承保理赔等各项工作制度，建立集环境体检、责任保险、专业服务、风险防范、损害理赔于一体的绿色金融环

境风险防范体系。加强生态环境健康风险信息透明度机制和能力建设，降低生态环境健康风险事件背景下的社会稳定性风险。

3.3 优化消费结构，引导居民绿色消费

消费领域已经成为制约中国经济整体绿色转型的重要方面，而绿色消费可以通过价格机制、竞争机制、信息传导、共存机制，倒逼生产领域的绿色转型，同时，通过消费者价值观念和消费行为的变化，同样可以推动社会的绿色转型。因此，"十四五"期间应该特别关注绿色消费问题，倡导绿色，引领时尚，通过优质消费拉动优质增长，解决消费端抑制各种环境指标的改善问题，从末端治理向前端控制转变。

3.3.1 强化宣传教育，增强绿色消费意识

倡导简约适度、绿色低碳的生活方式，反对奢侈浪费和不合理消费，提高全社会的绿色消费意识。开展全民教育，把绿色消费纳入全国节能宣传周、科普活动周、全国低碳日、环境日等主题宣传教育活动。建立多渠道、多元化、多媒介的宣传方式，充分运用社会新兴传播媒介进行绿色消费理念宣传。加强舆论监督，营造绿色消费良好社会氛围。推广环境标志产品、有机产品等绿色产品，提倡购买节能环保绿色的食品、家用电器、服装和器具等。倡导低碳生活，推进节约型机关、绿色家庭、绿色学校、绿色社区、绿色出行、绿色商场、绿色建筑等创建活动。

3.3.2 完善政策体系，建立激励约束机制

将绿色消费作为生态文明建设重要任务纳入国家"十四五"规划，将与资源能源节约和环境质量改善目标密切相关的绿色产品供给、垃圾分类回收、公共交通设施建设、节能环保建筑以及相关技术创新等作为推进绿色消费的重点领域，完善绿色消费政策体系。一是完善绿色采购相关法规政策，及时调整政府绿色采购清单，鼓励非政府机构、企业实行绿色采购。二是积极推进环境保护"领跑者"制度的实施，完善生产者责任延伸制度，推行绿色供应链管理。三是探索制定统一的绿色标识管理办法及奖惩机制，完善质量认证机制，集中发展一种或几种绿色证明性商标，并在相关标准制定中参考企业、消费者和社会团体等各方意见，使绿色标志得到更广泛的社会认同、更具权威性。四是完善绿色产品市场准入机制，加大对滥用认证标志的惩处力度。五是配套绿色金融政策，为绿色生产和绿色消费提供财政税收政策支持。六是推动在国家部委层面建立绿色消费跨部门协调机制。

3.3.3 扩大有效供给，规范绿色产品市场

建立健全绿色低碳循环发展的经济体系，把提高绿色产品供给质量作为主攻方向，积极实施创新驱动，构建市场导向的绿色技术创新体系，鼓励企业加大绿色产品研发、设计和制造投入。健全生产者责任延伸制度，提高中高端品牌的差异化竞争力，建立绿色产品多元化供给体系，推动形成供给结构优化和总需求扩大的良性循环。

3.3.4 借力高新技术，完善绿色消费体系

通过大数据、信息技术、物联网、云平台等高新技术手段助力消费绿色化。加强产品生产、物

流、品牌等信息的数字化建设，建立起产品信息追溯机制。发展绿色消费新业态新模式，研究绿色产品消费积分制度。加强便民化服务、扫码服务等创新技术运用，使消费者可以方便查看绿色产品的全面信息。

3.4 发挥社会力量，推进环境治理现代化进程

3.4.1 不断提升各级党委生态环境治理能力

充分发挥党中央总揽全局的领导核心作用，加强生态文明建设总体统筹，积极推广国家生态文明试验区经验，推动省、市、县美丽中国先行示范区建设等，强化各级党委在生态文明建设和生态环境保护中的领导作用。强化以生态环境质量改善、资源能源效率、生态系统保护贡献与效益为核心的生态文明建设评价与考核，推进开展省级及以下生态文明建设绩效考核机制，以考核落实生态文明建设和生态环境保护工作的"党政同责、一岗双责"，通过考核督查等落实各级党委政府生态环境治理责任，保护人民群众环境权益，提升环境基本公共服务均等化水平。

3.4.2 强化企业污染治理主体责任

通过固定源排污许可、强化督查、监管执法等措施手段督促企业落实环境保护主体责任。推进生态环境治理领域国有资本混合所有制改革，引导非国有资本参与环境治理。积极推动环保企业走出去，培育国际化环保企业。创新环境治理方式，规范有序推行 PPP 模式，全面推行环境污染第三方治理，积极培育新业态、新模式。

3.4.3 推动形成建设美丽中国全民行动体系

积极宣传、大力弘扬社会主义生态道德文化，从中华传统文化中发掘天人合一、道法自然、万物和合的生态历史文化。深入推进生态环境保护全民行动，强化生态环境保护的社会公益宣传，推进社会公众牢固树立生态文明价值观念和行为准则，引导绿色消费和生活，把建设美丽中国化为全民自觉行动。畅通参与方式，广泛动员人民群众共同参与，提高公众参与度，提高公众的环境责任感。加强法律对环保组织的行为约束与保障，规范引导环保组织与社会公众、政府部门相互协作配合，发挥社会环保组织的治理力量。形成党委领导、政府主导、企业实施、社会参与的大生态环境治理格局。

参考文献

[1] 顾朝林，管卫华，刘合林. 中国城镇化 2050：SD 模型与过程模拟[J]. 中国科学：地球科学，2017；（7）：818-832.

[2] 国家统计局. 人口总量平稳增长 人口素质显著提升——新中国成立 70 周年经济社会发展成就系列报告之二十 [EB/OL]. http://www.gov.cn/xinwen/2019-08/22/content_5423308.htm，2019-08-22.

[3] 国家信息中心. 迈向美丽中国的经济社会预测与形势研判[R]. 2019.

[4] 经济学人. China's urban dreams，and the regional reality[R]. 2014.

[5] 李干杰. "十四五"要努力实现环境、经济和社会效益多赢 [EB/OL]. https://baijiahao.baidu.com/s?id= 1635285542503866339&wfr=spider&for=pc. 2019-06-03.

[6] 李干杰. "十四五"要努力实现环境、经济和社会效益多赢 [EB/OL]. https://baijiahao.baidu.com/s?id=

1635285542503866339&wfr=spider&for=pc.

[7] 李培林，陈光金，张冀. 2019 年中国社会形势分析与预测[M]. 北京：社会科学文献出版社，2019.

[8] 联合国. 世界人口展望：2017 年修订版[R]. 2017.

[9] 清华大学中国新型城镇化研究院. 走以人民为中心的城镇化中国道路——中国城镇化大势与对策研究[M]. 清华大学出版社，2019.

[10] 全面两孩政策积极效应逐步显现[EB/OL]. http://www.gov.cn/xinwen/2018-01/23/content_5259506.htm，2018-01-23.

[11] 人民日报. 把新型城镇化的作用充分发挥出来[EB/OL]. http://www.gov.cn/xinwen/2019-04/16/content_5383177.htm. 2019-04-16.

[12] 任勇. 消费领域不"绿色"已制约中国经济整体绿色转型[EB/OL]. http://www.sohu.com/a/318196240_260616. 2019-06-03.

[13] 生态环境部环境与经济政策研究中心. 公民生态环境行为调查报告[R]. 2019.

[14] 赵文霞. 多措并举提升绿色消费水平[N]. 中国环境报，2019-09-19.

[15] 中国宏观经济研究院. 2030 年我国城乡结构演变的四大趋势及对策建议[EB/OL]. http://ex.cssn.cn/shx/201711/t20171127_3755936.shtml. 2017-11-27.

本专题执笔人：董战峰、程翠云、杜艳春

完成时间：2019 年 12 月

专题6 国际生态环境保护形势与对策

生态环境保护国际合作是生态环境保护工作的重要组成部分，也是政治外交工作的重要支撑。"十四五"及未来一段时期，是我国由全面建设小康社会向基本实现社会主义现代化迈进的关键时期，是"两个一百年"奋斗目标的历史交汇期，也是全面开启社会主义现代化强国建设新征程的重要机遇期。为使环境保护国际合作更好地服务国家政治外交大局，服务环境保护中心工作，全面提升合作能力和水平，要根据生态环境保护国际合作的特点，提高参与全球环境治理进程，加强履行环境公约和开展国际对话交流与合作能力，强化涉外形势研判和政策研究，积极寻求全球环境与发展的共赢模式。

1 国际环境与发展形势研判

1.1 国际发展形势

1.1.1 世界经济复苏接近周期性触顶，下行风险逐渐上升

2018 年，世界经济保持了 2016 年中期以后的复苏态势，实现了稳步增长。国际货币基金组织预计，2018 年和 2019 年，世界经济增速均有望达到 3.7%，是 2012 年后的较高水平。但全球贸易和投资增长乏力，全球经济治理遭受重挫，各国经济增长的同步性已有所下降，部分主要经济体增长速度可能已周期性见顶，全球经济增长面临的风险上升，下行压力已更为明显。

1) 世界经济继续增长，但步伐不一。美国经济增长较快，2018 年增速预计为 2.9%，高于 2017 年的 2.2%。欧元区经济增速有所下降，2018 年预计为 2.0%，低于 2017 年的 2.4%，其中德国、法国、意大利和西班牙都有所下滑。日本和英国 2018 年经济增速预计分别为 1.1%和 1.4%，从历史来看不算低，但弱于 2017 年。中国、印度仍然保持较高增速，2018 年预计分别为 6.6%和 7.3%，中国有所下降，但印度却比 2017 年高 0.6 个百分点。其他新兴市场和发展中经济体增长总体平稳。受油价和大宗商品价格上升影响，俄罗斯、巴西、沙特、尼日利亚等资源型大国经济增速不同程度加快。独联体、东盟、拉美及撒哈拉以南非洲等地区总体经济增长速度也有所回升。

2) 美国经济增长见顶可能对全球经济复苏造成冲击。在维持了长达 9 年的扩张后，美国正处于经济复苏的晚期。随着美联储货币政策继续加息，短期利率不断上行并引发 10 年/2 年期国债利差倒挂。从过去 40 年的经验来看，每次经济衰退前都出现了这种倒挂现象。同时长期的低利率环境使美国投资者风险偏好上升、股市估值偏高，金融市场脆弱性正在累积。特朗普减税等财政刺激政策虽已实施，但其效果到 2020 年将逐渐消退。而且 2018 年中期选举后，民主党夺回众议院控制权，特朗普今后两年财政政策的实施会面临更多掣肘。同时，这种顺周期财政政策已导致美国财政赤字和政府债务不断攀升，长期来看也会威胁到经济增长的潜力。因此，伴随着美国减税红利消退、货币

政策不断紧缩，美国经济增长的可持续性面临较大挑战，全球经济复苏面临较大不确定性。

3）全球贸易和投资形势则相对疲弱。一是全球贸易增速有所放缓。2018 年，全球货物和服务贸易合计，增速预计为 4.2%，比 2017 年的 5.2%下降一个百分点。发达国家进口增速从 4.2%下降至 3.7%，新兴市场和发展中国家进口增速则从 7%下降至 6%。在出口方面，发达经济体增速从 2017 年的 4.4%降至 2018 年的 3.4%，新兴市场和发展中国家则从 6.9%下降至 4.7%。二是全球投资形势令人担忧。据联合国贸发会议统计，2018 年上半年，全球外国直接投资总额同比降幅高达 40%，其中主要发生在发达国家和地区尤其是西欧和北美。新兴市场和发展中国家吸引的外国直接投资降幅较小，只下降 4%。投资下降的主要原因是美国税收改革触发大量美国企业海外留存收益回流，但部分发达国家推行投资保护主义也进一步增加了国际直接投资面临的障碍。

4）中美贸易关系如何发展将对世界经济产生系统性影响。中美作为全球第一和第二大经济体和最重要的贸易体，在世界经济产业链中占有核心地位。2019 年，随着中美互相加征关税的举措不断落地，贸易摩擦的影响将进一步显现。尤其是考虑到特朗普政府的高度不确定性，中美贸易摩擦是一个长期、反复的过程，也不排除出现冲突升级和恶化的情形。一旦如此，将对全球经济和金融市场产生影响。一是阻碍国际贸易和全球经济复苏。世界银行指出，全球关税广泛上升将会给国际贸易带来重大的负面影响，到 2020 年全球贸易额可能下降 9%。二是冲击全球价值链。根据中国商务部测算，美国对华第一批 340 亿美元征税产品清单中，有 200 多亿美元产品（占比约 59%）是美国、欧洲、日本、韩国等在华企业生产的。包括美国企业在内，全球产业链上的各国企业都将为美国政府的关税措施付出代价。三是损害金融市场的信心。自 2018 年 5 月以来，全球尤其是新兴市场出现大幅波动。每当中美贸易关系出现紧张时都会引发投资者的广泛担忧，导致全球金融市场波动。如果两国贸易紧张关系不能得到有效缓解，甚或继续升级，全球生产链就将被迫打乱甚至中断，严重影响世界各个地区的生产、贸易和投资，也会打击全球市场信心，将成为世界经济的最大风险。

1.1.2 大国竞争不断加剧，国际形势复杂多变

当今世界正处于新旧秩序交替的过渡期，世界秩序重塑潜伏着失序乃至无序的风险，中国新时代遭遇世界大变局，外部挑战更趋复杂多变。

1）大国地缘战略调整，竞争面显著上升。由于新兴经济体群体性、梯次性崛起，金砖五国经济总量接近美国，中国占美国经济总量约 63%，发展中国家经济总量占世界比重 40%，美国霸主地位受到威胁。特朗普政府上台以来，先后在 2017 年年底和 2018 年年初发布新版《国家安全战略报告》和《国防战略报告》，首次将大国竞争列为美国面临的最大威胁，并将中国和俄罗斯视为主要的"战略竞争者"和国际秩序的"修正主义者"。大国关系进入新一轮深度调整的突出表现，一是美国大力推进所谓"印太战略"，针对中国的意图明显；二是美俄陷入持续对抗，关系转圜困难重重；三是美欧关系裂隙加大，大西洋联盟面临挑战；四是中国积极构建"总体稳定、均衡发展"的大国关系框架，成效逐步显现。

2）国际危机趋于常态化，"黑天鹅"与"灰犀牛"层出不穷。国际货币基金组织曾发出警告，现在全球债务规模已经超过 2008 年全球金融危机最严重时的水平，出现过度举债现象，全球性的金融危机可能再现；持续多年的中东、北非危机仍未结束，美国退出伊朗核协议催生新乱局；欧美族群矛盾与社会分化酝酿内部政治危机，其外溢效应堪忧。西方政治民粹化尤其是"特朗普变量"加大国际形势的不稳定与不确定性；全球气候变暖加剧与生态环境危机频发，特朗普为美国一己之私

悍然退出《巴黎协定》，2018 年全球极端天气频发为我们敲响警钟。

1.1.3　全球科技创新的加速发展，将对全球经济与国际关系等领域产生深远影响

近年来，由于各主要国家在新兴科技领域加大战略投入，以及行业领先企业的深入探索，全球科技创新进入空前活跃期。随着全球科技创新的加速发展，其有望在诸多新兴领域实现突破，并将对全球经济与国际关系等领域产生深远影响。

1）科技进步和创新正在积聚巨大的促变能量。在第一次工业革命（"蒸汽机时代"）、第二次工业革命（"电气时代"）、第三次工业革命（"信息时代"）之后，世界正在开启以人工智能、清洁能源、机器人技术、量子信息技术、虚拟现实以及生物技术为主的第四次工业革命，科技对经济的促进和催化作用可望达到历史的新高。正如习近平总书记所指出的那样："当前，从全球范围看，科学技术越来越成为推动经济社会发展的主要力量，创新驱动是大势所趋。新一轮科技革命和产业变革正在孕育兴起，一些重要科学问题和关键核心技术已经呈现出革命性突破的先兆。国际金融危机发生以来，世界主要国家抓紧制定新的科技发展战略，抢占科技和产业制高点。"当前的科技创新正在为世界经济注入新的动力、新的消费和新的发展，其产生的促变能量怎么估计也不会过高。

2）科技因素在大国实力对比的演变过程中将发挥更为重要的作用。纵观历史，大国崛起都与其时代科技与产业革命的兴起密不可分。未来一段时期，由于科技转化为生产力以及对社会生活产生影响的速度加快，新一轮科技革命的深化将使得那些能抓住科技革命机遇的国家，在科技创新、经济发展、军力增强及相对实力提升等方面获得更大优势，并使错失这一机遇的国家实力地位相对下降，从而深刻影响世界各国特别是大国之间的实力对比变化，并由此导致整个国际关系逐渐发生根本性变化。相对于以往科技革命发生之后的时期，由于当前科技革命所涉及的技术门类存在较高的学习成本与复制门槛，此轮科技革命的先发国家因技术领先地位而带来的衍生优势将更为明显与稳固，这一状况对大国间的实力对比与国际格局的演进将产生深刻的影响。

1.2　国际环境保护形势

1.2.1　环境问题成为影响国际经济和政治秩序的重要因素

在全球化的浪潮下，气候变化、环境和能源安全等环境问题，已上升到政治和发展的问题，甚至决定国家的发展空间。对国际环境问题的担忧不仅促使主权国家采取新的国防战略，而且促进了国与国之间的合作。

1）全球环境总体恶化，传统环境问题尚未解决，新环境问题已不断涌现。根据世界经济论坛《2019年全球风险报告》对重要领导人展开的一项调查发现，全球可能面对的十大危机，即极端天气事件（如洪水、风暴等）、减缓气候变化失败、重大自然灾害（如地震、海啸、火山爆发、地磁暴）、数据欺诈/盗窃的大规模事件、大规模的网络攻击、人为的环境破坏和灾害（如油气泄漏、放射性污染等）、大规模的非自愿移民、生物多样性减少和生态系统崩溃（陆地或海洋）、水资源危机、主要经济体的资产泡沫等。环境问题连续 3 年都在影响最大危机名单和可能危机名单上，而且还占据主导地位。

2）环境问题与经济贸易密切相关，趋向政治化。"二战"以来，环境与贸易问题一直是密切联系着的，融合趋势越来越明显。源起于 20 世纪 70 年代的可持续发展理念逐渐深入人心，世界各国日益注重统筹考虑经济、环境和社会的协调发展。特别是近十年以来，国际社会对环境议题与经济

安全和社会安全之间的互动关系的认识不断深化，使得生态环境问题在国际政治议事日程中地位日趋凸显。目前，高标准的国际经贸规则大有扩展之势，例如美墨加协定、欧加自贸协定、欧日自贸协定等，未来的 WTO 改革也会借鉴这些规则。这些高标准的国际经济贸易规则都纳入了"高环境标准"的环境议题，因为欧美等发达国家和地区发现将环保与贸易挂钩是一个非常成功的策略，这样既可以使发展中国家承担起应有的环境义务，或者执行与发达国家对等的环境标准，迎合环保主义者的要求，占领道德制高点，还可以利用贸易法规中的环境条款对发展中国家设置绿色壁垒，限制发展中国家进入本国市场，既保护其国内产品的竞争性，也有利于稳定国内就业。而为了与欧美等国家和地区签署自由贸易协定，缔约国不得不根据其要求事先调整国内环境政策及法律。这种做法将对全球环境治理格局和发展中国家环境体系带来深远影响。

1.2.2 国际环境治理改革推进力度不断加大

国际环境规则趋于机制化、刚性化，国际环境治理可以被认为是国际社会为保护环境、解决各种环境问题，特别是解决全球型环境问题而建立起来的相关管理制度以及采取的行动。其中以联合国环境规划署为代表的国际环境机构在国际环境治理改革进程中起到核心作用，是全球环境问题的最高决策机制，也是国际环境治理改革的主要推动力量。2014 年 6 月，首届联合国环境大会将大气环境质量问题列入日程，打击野生动植物非法贸易问题也成为关注点，并提出了铅、镉等化学品污染问题、海洋微塑料污染等新型环境问题。2016 年 5 月，第二届联合国环境大会以"落实《2030 年可持续发展议程》中的环境目标"为主题，聚焦当今世界环境和可持续发展面临的挑战，为全球绿色经济和可持续发展绘制蓝图，在海洋垃圾、野生动植物非法贸易、空气污染、化学品和废物以及可持续消费和生产等问题上达成影响深远的决定。2017 年 12 月，第三届联合国环境大会以"迈向零污染地球"为主题，致力于团结政府、企业、民间社会和个人的力量，采取行动对抗一切形式的污染问题。各国环境部长承诺将加强环境领域研发，通过有针对性的行动防治污染，鼓励以循环经济为基础的可持续的生活方式，并加强针对污染的立法和执法等。

1.2.3 非政府组织对全球环境治理的决策影响日益增强

随着全球化和相互依存的发展，非国家行为体在全球治理领域中扮演着日渐重要的角色，特别是以国际非政府组织（NGO）为代表的非国家行为体在全球环境治理进程中扮演着越来越重要的角色。其间接或直接影响全球环境治理决策的作用逐渐得到增强。NGO 不断通过各类论坛、谈判、协商会议等方式参与全球环境治理，通过实施社会监督、开展第三方评估等活动，推动全球治理进程。如参与气候变化谈判缔约方大会的非政府组织数量逐年大幅度增加；在《关于持久性有机物的斯德哥尔摩公约》新增持久性有机污染物的审查方面，美国化学理事会、国际溴科学与环境论坛、大自然保护协会等非政府组织的研究和评估信息为各类议题谈判提供了重要参考等。

1.2.4 中国已成为全球环境治理的重要参与者和贡献者

环境治理在国际关系中的地位日益突出，受到各国的普遍重视，在国家元首级的双边和多边交往中，环境成为一个重要议题，环境外交成为国家总体外交的一个重要组成部分。

中国提出的"人类命运共同体"理念和"共商共建共享"原则贡献全球环境治理实践。中国特色大国外交"人类命运共同体"理念包含伙伴关系、安全格局、发展前景、文明交流、生态体系五个方面,彼此相辅相成,共同形成一个完整的理念。"人类命运共同体"理念得到了国际社会的广泛认同。同时,我国提出的"共商共建共享"原则,被联合国大会纳入"联合国与全球环境治理"决议中,要求本着共商共建共享原则推进全球环境治理。中国秉承共商共建共享原则,帮助发展中国家稳步提高环境治理水平和可持续发展能力,构建以合作共赢为核心的新型国际关系。

协调全球环境治理关系,在全球环境治理关系网络发挥重要角色。中国积极参与协调南北关系,南北问题特别是南方国家的发展问题是解决全球生态灾难的前提。中国积极协调和维护国际体系,并协调和主导国——美国的关系,通过多边方式协调国际合作和利益关系,在中国主办的 G20 杭州峰会上,形成《二十国集团落实 2030 年可持续发展议程行动计划》,各国承诺将自身工作与 2030 年可持续发展议程进一步衔接,努力消除贫困,实现可持续发展。

2　"十三五"时期我国生态环保国际合作工作进展

2.1　参与全球环境治理

2.1.1　全面部署落实 2030 年可持续发展议程

2016 年 3 月举行的第十二届全国人民代表大会第四次会议审议通过了"十三五"规划纲要,将可持续发展议程与中国国家中长期发展规划有机结合。2016 年 4 月,中国发布《落实 2030 年可持续发展议程中方立场文件》,系统阐述了中国关于落实发展议程原则、重点、举措的主张。2016 年 9 月,李克强总理在纽约联合国总部主持召开"可持续发展目标:共同努力改造我们的世界——中国主张"座谈会,并发布《中国落实 2030 年可持续发展议程国别方案》(简称《国别方案》)。《国别方案》是指导中国开展落实工作的行动指南,其中的战略对接部分是落实议程总体路径非常重要的一项内容,其重点工作就是将可持续发展目标和具体目标全面纳入国家发展总体规划,并在专项规划中予以细化、统筹和衔接。2017 年 8 月,成立中国国际发展知识中心,为各国共同实现联合国 2030 年可持续发展目标等国际问题提供了一个很好的交流平台。同时,发布全球首个落实 2030 议程国别进展报告——《中国落实 2030 年可持续发展议程进展报告》,报告总结了中国国家落实可持续发展议程的做法和经验,展示了重要的早期收获。同时,中国积极推进落实 2030 议程创新示范区建设,试图探索一批可复制、可推广的可持续发展现实样板。2018 年 3 月,太原市、桂林市、深圳市获准成为首批国家可持续发展议程创新示范区。

2.1.2　积极探索南南环保合作模式

中国积极探索可持续发展的路径,并已积累了成功经验,为积极参与"南南"环境合作提供了基础。①积极参与全球层面的多边"南南"环境合作。在国际谈判中与 77 国集团协调立场,与发展中大国联合发声。"里约+20"峰会上,我国领导人在联合国可持续发展大会演讲时宣布,中国向联合国环境规划署信托基金捐赠 600 万美元,用于组建信托资金,支持发展中国家的环境保护能力建设,推动"南南"合作,展示了中国积极参与"南南"环境合作的坚定决心。②在区域层次,中国"南南"环境合作依托相关区域机制稳步推进。以大湄公河次区域环境合作框架下,中国积极参与生物多样性走廊核心项目,主动提出并推动农村环境治理项目和环境友好型城市伙伴关系概念,获得各方高度认可，被纳入亚行次区域投资框架。③在双边"南南"环境合作方面，签订双边环境保护协定，明确双方环境合作的优先领域。以中国与非洲国家的合作为例，中国已与南非、摩洛哥、埃及、安哥拉等非洲国家签订了双边环境保护协定。

2.1.3 环境国际公约履约成效明显

以外促内，推进了国内环境管理制度建设。国务院批准的《中国逐步淘汰消耗臭氧层物质国家方案》以及《中国履行斯德哥尔摩公约国家实施方案》，在发展中国家中均为首创。《关于消耗臭氧层物质的蒙特利尔议定书》被认为是迄今为止国际社会达成并实施的最为成功的多边环境公约，在其框架下中国累计淘汰消耗臭氧层物质占发展中国家淘汰总量的 50%以上，受到国际社会高度肯定。《蒙特利尔议定书》方面，累计淘汰消耗臭氧层物质超过 25 万 t，占发展中国家淘汰量的一半以上。《斯德哥尔摩公约》方面，全面淘汰了滴滴涕等 17 种持久性有机污染物的生产、使用和进出口；重点行业二噁英排放强度降低超过 15%；清理处置了历史遗留的上百个点位 5 万余 t 含持久性有机污染物的废物，解决了一批严重威胁群众健康的持久性有机污染物环境问题。《生物多样性公约》方面，我国各类陆域保护地面积达 170 多万 km^2，约占陆地国土面积的 18%，提前达到《生物多样性公约》要求的到 2020 年 17%的目标；超过 90%的陆地自然生态系统类型、89%的国家重点保护野生动植物群落以及大多数重要自然遗迹在自然保护区内得到保护。

2.2 推动绿色"一带一路"建设

"一带一路"倡议提出六年来，中国和"一带一路"共建国家积极开展生态环保领域合作，在多个领域都取得了积极进展。

2.2.1 加强顶层设计，推动绿色"一带一路"有效落实

2016 年 11 月，环境保护部、国家发展改革委、商务部支持多家企业联合发布《履行企业环境责任 共建绿色"一带一路"倡议》。2017 年 4 月，环境保护部、外交部、国家发展改革委、商务部联合发布《关于推进绿色"一带一路"建设的指导意见》，从加强沟通交流、保障投资活动生态环境安全、搭建绿色合作平台、完善政策措施等方面明确了绿色"一带一路"建设的总体目标和主要任务。2017 年 5 月，环境保护部发布了《"一带一路"生态环保合作规划》，这也是"一带一路"生态环保国际合作的一个顶层设计规划。围绕着政策沟通、设施联通、贸易畅通、资金融通和民心相通等"五通"方面的生态环保工作提出了 58 项具体任务，积极推动中国生态文明和绿色发展的理念与实践融入"一带一路"建设的各个方面。

2.2.2 加强政策对话，推动形成绿色"一带一路"国际共识

依托现有多双边环境合作机制，在联合国环境大会、中日韩环境部长会议、金砖国家环境部长会议等国际会议上，以及依托中国—阿拉伯国家博览会、中国—东盟博览会、欧亚经济论坛等活动，举办绿色"一带一路"主题对话交流活动，加深理解和共识。2016 年 12 月，环境保护部和联合国环境规划署签署了《关于建设绿色"一带一路"的谅解备忘录》。同月，环境保护部与深圳市政府联合举办"一带一路"生态环保国际高层对话会，柬埔寨、伊朗、老挝、蒙古国、俄罗斯等 16 个共建国家以及联合国环境规划署等 4 个国际组织的 200 余名高级别代表与会。2017 年 5 月和 2019 年 4

月，我国先后召开两届"一带一路"国际合作高峰论坛。习近平主席在这两次论坛上多次强调，要共建绿色"一带一路"。此外，开展"东盟周""澜湄周"生态环保研讨。同时，实施应对气候变化、环境信息等绿色丝路使者计划，每年支持 300 多名共建国家和地区代表来华交流培训。

2.2.3　强化重点平台建设，服务国家"走出去"战略

2016 年 12 月，"一带一路"环境技术交流与转移中心（深圳）正式启动。2017 年 11 月，成立澜沧江—湄公河环境合作中心，实施绿色澜湄计划。2018 年 7 月 4 日，中国生态环境部与柬埔寨环境部在金边签署《共同设立中国-柬埔寨环境合作中心筹备办公室谅解备忘录》，并启动中国-柬埔寨环境合作中心筹备办公室。2018 年 8 月，中非环境合作中心临时秘书处在位于肯尼亚的联合国驻内罗毕总部揭牌。同时正在积极推动中国—柬埔寨环境合作中心建设。

2.2.4　聚焦重点领域，持续推进生态环保合作

2016 年 3 月，澜沧江—湄公河合作首次领导人会议发布《三亚宣言》，提出水资源是合作的五个优先领域之一，并鼓励可持续与绿色发展，加强环保和自然资源管理，可持续和有效地开发和利用清洁能源等。2017 年 9 月，中国—小岛屿国家《平潭宣言》提出，开展海岛生态环境保护，在海岛生态环境长期监测、海洋生物多样性保护以及相关湿地生态系统监测与研究等领域加强务实交流与合作，促进海岛及周边海域生态系统健康。向缅甸、尼泊尔、马尔代夫分别提供价值 2 000 万元的低碳节能类应对气候变化物资。

2.2.5　重视能力建设，筑牢生态环保国际合作基础

2016 年 9 月，正式启动并发布"一带一路"生态环保大数据服务平台。2019 年 4 月，启动"一带一路"绿色发展国际联盟（以下简称联盟），为"一带一路"绿色发展合作打造了政策对话和沟通平台、环境知识和信息平台、绿色技术交流与转让平台。目前，联盟已有 130 多个合作伙伴加入，包括 25 个共建国家环境部门在内的 70 多个外方机构和 50 多家中方机构，通过 10 个专题伙伴关系启动开展专题活动。2019 年 6 月，召开"一带一路"生态环保大数据服务平台暨环保技术国际智汇平台年会，在落实第二届"一带一路"国际合作高峰论坛绿色成果，推进大数据平台建设及环保技术国际合作，分享中国在绿色"一带一路"建设、应对气候变化、全球海洋治理、生物多样性保护等领域经验，推动实现联合国 2030 年可持续发展目标。2019 年 9 月，联盟和博鳌亚洲论坛联合发布《"一带一路"绿色发展案例研究报告》，以展示"一带一路"共建国家在合作推进绿色发展方面做出的有益尝试，为绿色发展实践提供了重要借鉴。

3　"十四五"时期我国生态环保国际合作形势研判

3.1　"十四五"时期我国生态环境保护国际合作主要机遇

3.1.1　可持续发展成为当今世界发展的时代潮流，为生态环境保护国际合作提供崭新动能

近年来，全球都在深刻反思传统工业文明发展模式的不足，从经济、政治、文化、社会、科技

等领域全方位审视和应对人类社会发展面临的资源、环境等方面的严峻挑战，致力于在更高层次上实现人与自然、环境与经济、人与社会的和谐，可持续发展的理念在全球得到广泛传播，世界各国共同致力于可持续发展的目标越来越凝聚。2015 年 9 月，联合国发展峰会通过了《变革我们的世界：联合国〈2030 年可持续发展议程〉》(*Transforming our World: The 2030 Agenda for Sustainable Development*)，提出 17 个可持续发展目标和 169 个具体目标（SDGs），为未来 15 年各国生态环境保护和国际生态环境保护合作指明了方向。

联合国《2030 年可持续发展议程》主要涉及可持续发展的社会、经济和环境 3 个方面，落实联合国《2030 年可持续发展议程》是国家、区域和全球层面的重要议题，全球掀起了新一轮可持续发展浪潮。2030 年可持续发展议程不仅是关于发展的系统性内涵与模式、路径的重新界定，更是关于传统与新兴经济行为体在发展权、利益、责任等方面重新界定，有助于推动各国转型发展和世界经济长期可持续发展，是相对于"千年发展目标"的质的飞跃，具体表现在目标更为高远、范围更为普遍、过程更为包容，为生态环境保护国际合作提供了崭新动能。

3.1.2　生态文明思想不断深入和丰富，为我国引导生态环境保护国际合作提供更加坚实的理论基础

随着我国经济实力和综合国力进入世界前列，我国从积极参与进程走向主动引领进程、从与国际接轨走向开创新机制、从遵守规则走向维护和制定规则、从"引进来"到"走出去"的重大调整。在这一重大转折的历史节点，习近平总书记在 2018 年全国生态环境保护大会上强调，共谋全球生态文明建设，深度参与全球环境治理，形成世界环境保护和可持续发展的解决方案，引导应对气候变化国际合作。早在 2013 年，习近平总书记就指出，保护生态环境，应对气候变化，维护能源资源安全，是全球面临的共同挑战。中国将继续承担应尽的国际义务，同世界各国深入开展生态文明领域的交流合作，推动成果分享，携手共建生态良好的地球美好家园。在 2015 年第 70 届联合国大会一般性辩论上，习近平主席提出："建设生态文明关乎人类未来。国际社会应该携手同行，共谋全球生态文明建设之路，……"中国不仅说了，也这么做了。2015 年，没有中国的主导性贡献，也不会有《巴黎协定》的诞生。

人类生活在同一个地球，休戚相关，命运与共，要保护好人类赖以生存的地球家园，应采取相互理解、相互帮助和通过合作而不是对抗的方式解决当代世界所面临的问题。把人类命运共同体理念运用于全球气候治理问题上（表 1-6-1），就是要通过科技创新，走包容、共享和可持续的绿色发展道路。总之，习近平生态文明思想既顺应全球发展的大趋势，也为全球可持续发展指明了方向，提供了更多的解决方案，为中国引领生态环境保护国际合作进一步明确任务和拓宽思路。

表 1-6-1　"人类命运共同体"理念发展一览表

时间	领导人	场合	标题	关于人类命运共同体要点
2013 年 3 月 23 日	习近平	在莫斯科国际关系学院的演讲	顺应时代前进潮流 促进世界和平发展	各国和各国人民应该共同享受尊严，享受发展成果，享受安全保障。世界的命运必须由各国人民共同掌握
2015 年 9 月 3 日	习近平	纪念中国人民抗日战争暨世界反法西斯战争胜利 70 周年大会	在纪念中国人民抗日战争暨世界反法西斯战争胜利 70 周年大会上的讲话	为了和平，我们要牢固树立人类命运共同体意识

时间	领导人	场合	标题	关于人类命运共同体要点
2016 年 9 月 3 日	习近平	2016 年二十国集团工商峰会开幕式	中国发展新起点 全球增长新蓝图	共建合作共赢的全球伙伴关系,携手构建人类命运共同体,共同完善全球经济治理
2017 年 1 月 17 日	习近平	在世界经济论坛 2017 年年会开幕式上的主旨演讲	共担时代责任 共促全球发展	各国间的相互依存关系使得人类社会已经成为你中有我、我中有你的命运共同体
2017 年 1 月 18 日	习近平	在联合国日内瓦总部的演讲	共同构筑人类命运共同体	必须共同构建人类命运共同体,实现共赢共享
2019 年 4 月 28 日	习近平	在 2019 年中国北京世界园艺博览会开幕式上的讲话	共谋绿色生活 共建美丽家园	面对生态环境挑战,人类是一荣俱荣、一损俱损的命运共同体,没有哪个国家能独善其身。中国愿同各国一道,共同建设美丽地球家园,共同构建人类命运共同体

3.1.3 绿色"一带一路"建设深度推进,为生态环保国际合作提供强劲动力

"十四五"期间,随着"一带一路"建设的效应得到释放,在与"一带一路"共建国家深化合作过程中,以促进绿色发展为重点的生态环保交流合作将促进我国生态环保国际合作水平的提高。绿色"一带一路"是"中国方案、全球治理"的重要实践探索。推进绿色"一带一路"就是推动绿色商品贸易、绿色产能合作、绿色园区建设、绿色基础设施互联互通,以及构筑绿色金融体系和绿色环保合作平台的实践探索。

绿色"一带一路"更加重视项目在经济、社会、财政、金融和环境方面的可持续性,督促"一带一路"合作的所有市场参与方履行企业社会责任,遵守联合国全球契约,统筹好经济增长、社会进步和环境保护之间的平衡。绿色"一带一路"是保障共建国家和地区生态环境安全,共建人类命运共同体的重要组成。未来按照共商共建共享的原则,深入推进绿色"一带一路"建设,在交流绿色发展有益经验和开展生态环保务实合作方面加强合作,提升相关国家和地区的绿色发展水平。

3.1.4 美丽中国建设步伐加快,为生态环保国际合作提供有力支撑

根据我国现有时间表,2035 年,生态环境质量实现根本好转,美丽中国目标基本实现,到本世纪中叶,人与自然和谐共生,生态环境领域国家治理体系和治理能力现代化全面实现,建成美丽中国。与之相应的,中国也将基于建设美丽中国的经验,在推动生态环保国际合作做出应有贡献。第一,作为全球绿色发展的一个重要组成部分,我国践行绿色发展,可以对全球生态文明建设起到示范引领作用。第二,作为负责任的大国,在经济全球化进程中,我国可以输出绿色循环低碳的理念、技术与实践,实现人与自然和谐共生的绿色共赢。第三,我国尊重和顺应自然的和谐价值理念,不仅在既有的气候变化、可持续发展和国际贸易等国际治理体系下推进绿色发展,也通过"一带一路"建设、南南合作等渠道,引导全球绿色转型。

3.2 "十四五"时期我国生态环境保护国际合作主要挑战

3.2.1 "中国环境威胁论"导致一些国家对我国政治信任不足

部分西方政要与媒体紧咬个别案例,大肆渲染"中国环境威胁论"。如在第二届"一带一路"国际合作高峰论坛召开前后,美国多位政要持续针对"一带一路"倡议发表不负责任言论,美国驻华使馆甚至发布影片警示外界勿轻视"一带一路"建设带来的"环境问题"。同时,在煤电投资领域,2001—2016年,中国在"一带一路"沿线65个国家中,参与了25个国家的240个煤电项目,在气候变化问题愈来愈急迫的背景下,中国参与的海外煤电项目被认为具有"出口碳排放"的嫌疑,部分媒体批评将对当地环境带来严重挑战。中国参与投资的缅甸皎漂港项目此前也因环评手续不充分在当地招来部分反对声音,引起西方媒体和智库关注。未来应警惕部分西方媒体继续添油加醋,有意曲解和恶意抹黑绿色"一带一路"的各类错误论调。

另外,中国部分企业对外投资存在盲目、短视、无序或恶性竞争,只追求短期效益,忽视履行劳动保护等社会责任,有的企业不顾环境保护,对海外资源进行粗放式开发,产生了较多的消极因素,也给中国在海外的形象带来了很多不利的影响。

3.2.2 国内对国际环境治理热点问题的参与度有待进一步提高

欧美国家和地区在20世纪五六十年代发生了严重的环境污染问题,但通过投入大量人力、物力和财力进行治理后,环境污染得到了有效控制,环境质量得到根本性改善,目前他们关注的环境治理焦点已由污染治理转向应对全球气候变化。而我国的生态环保工作与欧美发达国家和地区环境治理在目标上则有着显著差别。"十三五"期间列入国家生态环境保护规划的强制性指标包括地级及以上城市空气质量优良天数、细颗粒物未达标地级及以上城市浓度、地表水质量达到或好于Ⅲ类水体比例、地表水劣Ⅴ类水体比例、受污染耕地安全利用率,以及化学需氧量、氨氮、二氧化硫、氮氧化物污染物排放总量等,而目前国际社会广泛关注的气候变化、臭氧层保护、生物多样性、跨界水域污染等全球环境问题则不在其优先治理领域之列。因此,我国在与有关国家开展生态环保合作过程中,需要充分认清所处的环境阶段和定位,提高环境治理热点问题的解决能力,同时积极努力地增强我国在其他全球环境治理热点问题上的参与度。

3.2.3 环境国际公约履约风险和压力较大

中美经贸摩擦将进一步增大我国环境国际公约履约风险和压力。2019年5月,美国《自然》杂志刊文指出有大量CFC-11排放来自中国东部省份。而后,在蒙特利尔议定书多边基金执委会会议中,美方多次就CFC-11意外排放事件对我国发难,连同加拿大等30余国提案表示"严重关切近年来CFC-11出乎意外的大量排放",引发国际社会对我环境履约工作质疑,并对我方提出超出议定书和执委会范畴的不合理赔偿要求。美方可能在该问题上持续向我国施压,并且不排除以此为契机,对我国其他国际环境公约的履约产生不利影响,引发"溢出"效应。

环境履约能力受到考验。当前《蒙特利尔议定书》《关于汞的水俣公约》与《斯德哥尔摩公约》等公约履约资金来源比较单一,主要依靠全球环境基金赠款,资金缺口较大。且随着我国经济不断发展,国际社会质疑我国发展中国家地位与获取赠款资金的声音越来越高,我国申请国际资金难度也日趋增大。此外,部分环保型替换技术在我国仍然处于研发状态,缺乏自主知识产权,产品被国外跨国公司所垄断。在当前中美经贸摩擦背景下,我国经济下行压力和国际技术转移难度增加,将更凸显我国环境公约履约的资金和技术等难题,对我国环境履约能力的考验进一步加大。

3.2.4 生态环保国际合作基础能力不足

我国国际环境合作人力资源匮乏,缺乏足够的人才储备;专业型人才资源稀缺,跨领域从业但缺乏专业培训,尚未形成多元化的人才培养选拔机制。"走出去"环保国际人才比例严重失衡,难以满足国家整体"走出去"战略,人才走不出去逐渐成为"走出去"战略实施的重要瓶颈。尚未建立完善的人才培养机制,专业、语言与国际交往能力成为塑造我国国际型、综合型环保人才的重要阻碍因素;国际影响力极为有限,能交流且会宣传的环保国际合作人才十分缺乏,不能正确引导、妥善处置并消除中国"环境威胁论"等不利因素。资金保障不足,基础研究不够,对跨国界环境保护问题、区域环境保护问题等研究不够,机理不清。

4 "十四五"促进我国生态环保国际合作的对策建议

"十四五"是我国深入推进"一带一路"绿色发展、履行《巴黎协定》应对全球气候变化、深入推进海洋生态环境保护合作、履行 2030 年可持续发展目标的关键时期,我国既要履行好承诺的各项国际公约履约责任,争取更多的话语权,又要积极主动地发挥示范引领作用,贡献中国生态文明建设的智慧和方案。

4.1 深化生态环保国际合作

4.1.1 深化大国及重点国家环境合作

服务构建新型大国关系及国家战略要求,全面加强中美、中俄、中欧环境合作。推进对北美洲、大洋洲务实合作,发挥中美联委会、中加环境与气候变化合作联委会、中加环境与气候变化部长级对话机制。强化中俄总理定期会晤委员会环保合作分委会下应急、跨界水体水质监测与保护、跨界保护区和生物多样性保护的合作,全面服务中俄全面战略协作伙伴关系。推动"中法环境年"系列活动。充分发挥中欧环境政策部长对话会机制作用,探讨构建绿色发展伙伴关系,加强气候变化相关领域的政策对话与务实合作,重点加强与德国、英国、意大利、瑞典、荷兰、澳大利亚等国家的交流合作。

4.1.2 强化区域及周边国家环境合作

重点深化与中非、东盟、上海合作组织的环保合作机制。依托中非环境合作中心,制定并实施中国—非洲环境合作战略与行动计划。推动中国—东盟框架下的环保合作升级,深化拓展中国—东盟生态友好城市发展伙伴关系,开展沿海城市生物多样性保护、城市(微)塑料垃圾防治等领域合作。落实《澜沧江—湄公河合作五年行动计划(2018—2022)》和《澜沧江—湄公河环境合作战略(2018—2022)》,继续推动实施绿色澜湄计划。实施并落实上合组织成员国环保合作构想及其行动计划。依托中日韩环境部长会议机制和中韩环境合作中心等,稳步推进日本、韩国、蒙古国、朝鲜以及东北亚、大图们环境合作。推动建立中老环境合作中心。

4.1.3 推进南南环境合作

持续推进中国南南环境合作——绿色丝路使者计划，以政策交流、能力建设、技术交流、产业合作为主要路线，为发展中国家培训中高级环境管理人员和专业技术人才。加强中非、中阿、中拉环保合作与对话交流，支持发展中国家落实联合国 2030 年可持续发展议程、环境执法、环境国际公约履约等相关环境保护的能力建设。依托气候变化南南合作计划，支持发展中国家提升应对气候变化的能力。

4.1.4 深化核与辐射安全国际合作

积极参与国际核安全体系建设。学习国际先进文化、理念和技术，汲取国际经验和教训。分享我国良好实践，积极参与国际规则制定，推动建立公平、合作、共赢的国际核安全体系。推广国家核电安全监管体系，依托核与辐射安全监管技术研发基地，推动建立核与辐射安全国际合作交流平台，帮助有需要的国家提升监管能力。加强核燃料循环、放射性废物、核技术利用、铀矿冶领域核与辐射安全监管国际交流与合作。加强《核安全公约》《乏燃料管理安全和放射性废物管理安全联合公约》等国际公约谈判及履约。强化核安全双多边国际交流与合作，深入参与国际原子能机构、世界卫生组织、经合组织核能署及电气和电子工程师协会等国际组织的各类活动，保持并发展与美、法、俄、欧盟等核能发达国家（地区）合作。

4.2 参与全球环境治理

4.2.1 推动落实《2030 年可持续发展议程》

密切关注《2030 年可持续发展议程》中环境指标，将有效衔接议程中的环境目标与"十四五"时期国内生态环境保护目标有效衔接，推动制定和落实中国可持续发展行动计划中环境保护相关内容。配合做好国家可持续发展监测与评估相关工作，推进国家层面的评估进程与全球评估进程紧密合作。加强跨领域政策协调，调整完善相关法律法规，为落实工作提供政策和法治保障。将绿色"一带一路"建设与 2030 年议程紧密结合，加大亚洲基础设施投资银行、丝路基金对于共建国家实现议程的支持。加强议程环境目标的普及宣传和社会动员，增强普通民众对 2030 年可持续发展议程的了解和支持，指导和动员地方政府及全社会力量推动国别方案环保目标的阶段性落实。

4.2.2 积极主动参与全球环境治理

创新多边合作思路，调整定位，积极主动参与全球环境治理。加强与联合国环境规划署、联合国开发署、联合国工业发展组织、世界银行、亚洲开发银行、亚洲基础设施投资银行等国际组织和机构的合作伙伴关系。积极参与亚太经合组织、二十国集团、金砖国家等合作机制框架下环保领域交流合作。主动参与应对气候变化、生物多样性保护和海洋生态环境保护等国际热点议题的对话交流，在主场活动中设置于我国有利议题，调动自身优势资源，对外展示我国参与全球生态文明建设的决心和努力，赢得国际社会的认可和话语权。同时，要及时做好应对负面舆情的表态口径和应对方案，稳扎稳打，化解可能对中方产生的负面影响，维护和提升我国形象。着力增强国际环境规则制定能力、议程设置能力、统筹协调能力,逐步提高我国在全球环境治理中的话语权。推动生态文明理念"走出去",做全球生态文明建设的重要参与者、贡献者和引领者。

4.2.3　加强国际环境公约履约

重视环境履约机构建立,建立有利于环境履约的部门管理协作机制。加强环境国际公约基础研究,强化谈判重要议题专项研究,积极参加环境国际公约相关国际谈判,在缔约规则制定和缔约谈判过程中争取主动。同时,加强谈判队伍建设,提高谈判人员的能力和水平。提高环境履约工作与国内环境保护工作的衔接,加快将我国已加入的环境国际公约规定的履约义务转化为国内法。加强环境履约工作中环境政策与经济政策的结合,鼓励和引导地方政府、企业和社会主动参与并开展履约行动。跟踪、研判公约新形势,加强 ODS、POPs、汞淘汰及削减控制等履约难点和气候变化科学不确定性及其影响研究,研发全球环境变化监测和温室气体减排技术。

4.3　推动绿色"一带一路"建设

4.3.1　继续完善政策沟通协调机制

以联盟为基础,加强"一带一路"生态环保合作机制建设,打造"一带一路"绿色发展国际合作伙伴关系与网络。召开绿色"一带一路"主题论坛,举办系列主题交流活动,并充分依托现有的多双边环境合作机制,以多双边环境合作协议或备忘录为依据,在遵守相关国际环境公约和国际生态环境保护标准的基础上,做好政策、规划、标准、技术等方面的战略对接。在凝聚"一带一路"绿色发展国际共识的基础上,共同制定区域合作的绿色发展规划和措施。推动生态环境标准合作与应用,确保绿色"一带一路"和相关国家可持续发展目标中的优先事项协调保持一致。

4.3.2　构建绿色项目管理机制

发挥企业环境治理主体作用,推动企业落实绿色发展实践。推动我国优势产业对接并融入全球供应链体系,联合"一带一路"国家相关部门、机构和企业共同打造区域绿色供应链体系,充分利用"一带一路"绿色供应链合作平台,开展绿色供应链管理试点示范。探索设立"一带一路"绿色发展基金,为绿色"一带一路"相关工作的落实开展提供资金支持。提高环境产品与服务市场开放水平,发展绿色产业,鼓励扩大大气污染治理、水污染防治、固体废物管理及处置技术和服务等环境产品和服务进出口。

4.3.3　加强重点领域合作

在"一带一路"绿色发展政策对话会和专题伙伴关系活动下,开展生物多样性和生态系统、绿色能源和能源效率、绿色金融与投资、环境质量改善和绿色城市、南南合作和可持续发展目标、绿色技术创新和企业社会责任、环境信息共享和大数据、可持续交通、全球气候变化治理与绿色转型等重点领域合作,加大对"一带一路"沿线重大基础设施建设项目的生态环保服务与支持,推广一批相关方共同参与、共同受益的生态环保试点示范项目,推动水、大气、土壤、生物多样性、气候变化等领域生态环境保护。

4.3.4 强化能力建设

继续实施绿色丝路使者计划和气候变化南南合作培训，提高区域国家在环保管理、污染防治、绿色经济等领域的生态环保能力。支持和推动与共建国家环保社会组织交流合作，引导环保社会组织建立自身合作网络，完善环保社会组织参与机制，建立协商与决策参与机制。与合作伙伴加强协商，促进中国-柬埔寨、中国-非洲环境合作中心和中国-老挝环境合作办公室尽快成立，发挥"一带一路"环境技术交流与转移中心等平台的作用，为绿色"一带一路"建设提供机构保障。

参考文献

[1] 新兴经济体发展 2019 年年度报告[EB/OL]. https://www.boaoforum.org/u/cms/www/201903/26124314f45b.pdf.

[2] 陈亮. 积极推动生态环境治理体系与治理能力研究与实践[J]. 中国机构改革与管理，2019（3）：34-36.

[3] 戴文德，向家燕. 全球环境领域政策的变化及有效环境治理的经验[J]. 中国机构改革与管理，2018（11）：6-7.

[4] 董亮，杨晓华. 2030 年可持续发展议程与多边环境公约体系的制度互动[J]. 中国地质大学学报（社会科学版），2018，18（4）：69-80.

[5] 李干杰. 承前启后 追求卓越 推进核安全事业创新发展——祝贺《核安全》杂志创刊十五周年[J]. 核安全，2018，17（06）：3.

[6] 李干杰. 全面提升生态文明 建设人与自然和谐共生的现代化[J]. 中国环境报，2017-12-11（001）.

[7] 李干杰. 在 2019 年世界环境日全球主场活动上的致辞[J]. 中国生态文明，2019，（3）：9-10.

[8] 任勇. 关于习近平生态文明思想的理论与制度创新问题的探讨[J]. 中国环境管理，2019，11（4）：11-16.

[9] 生态环境部国际合作司负责人就中国环境与发展国际合作委员会 2018 年年会有关情况答记者问[J]. 资源节约与环保，2018（11）：4-5.

[10] 田丹宇. 绿色外交助力"一带一路"行稳致远[J]. 中国环境报，2019-05-24（003）.

[11] 汪万发，于宏源. 环境外交：全球环境治理的中国角色[J]. 环境与可持续发展，2018，43（6）：181-184.

[12] 汪万发. 共建绿色"一带一路"推动全球绿色发展[J]. 中国环境报，2018-11-26（003）.

[13] 汪万发. 全球环境治理中的环境智库：国际情况与中国方案[J]. 环境与可持续发展，2019，44（2）：151-157.

[14] 王贵国. 全球治理环境下的"一带一路"[J]. 中国社会科学报，2019-06-11（004）.

[15] 王文涛，滕飞，朱松丽，等. 中国应对全球气候治理的绿色发展战略新思考[J]. 中国人口•资源与环境，2018，28（7）：1-6.

[16] 谢卓芝. 习近平全球治理思想研究述评[J]. 党政论坛，2018，（1）：60-62.

[17] 张剑智，陈明. 推进可持续发展建设全球生态文明的思考[J]. 环境与可持续发展，2019，44（4）：19-21.

[18] 张洁清，王语懿. 中国-东盟环境合作，重点在哪里？[J]. 中国生态文明，2018（4）：73-75.

[19] 张洁清. 积极应对全球污染挑战[N]. 中国环境报，2017-12-06（003）.

[20] 赵子君，俞海，刘越，林昀. 关于《世界环境公约》的影响分析与应对策略[J]. 环境与可持续发展，2018，43（5）：116-120.

[21] 周国梅，周军. 绿色"一带一路"建设与落实可持续发展议程如何协同增效？[J]. 中国生态文明，2018（4）：56-58.

[22] 周国梅. 发挥全球生态文明建设引领者作用[N]. 中国环境报，2017-10-26（003）.

[23] 周国梅. 开展双多边合作 培育环保合作新动能[J]. 中国环境报，2018-07-10（002）.

[24] 周国梅. 迈向零污染地球——南南环境合作展望[N]. 中国环境报，2017-12-01（004）.

[25] 周国梅. 推进中非环境合作 促进可持续发展[J]. 中国环境报，2018-09-04（003）.

[26] 庄贵阳，薄凡，张靖. 中国在全球气候治理中的角色定位与战略选择[J]. 世界经济与政治，2018，（4）：4-27，155-156.

本专题执笔人：葛察忠、程翠云、杜艳春、王青

完成时间：2019 年 12 月

专题 7 "十四五"公众关注的重点热点问题调查

1 项目概况

1.1 项目背景

"十四五"时期，是我国由全面建设小康社会向基本实现社会主义现代化迈进的关键时期，"两个一百年"奋斗目标的历史交汇期，也是全面开启社会主义现代化强国建设新征程的重要机遇期。在不同历史阶段，客观准确分析国际国内形势，认清自身发展优势和不足，提出相应战略目标引领事业发展，是我们党执政兴国的重要经验。

国民经济和社会发展五年发展规划是引领一段时间内我国经济发展方向、重大项目布局的重大纲领性文件，是我国国家治理体系的重要组成部分，具有十分重要的地位和作用。生态环境保护规划作为国民经济与社会发展五年发展规划的关键部分，是实现生态环境目标管理的科学依据和准绳，是生态环境保护战略和政策的具体体现之一。"十三五"时期以来，我国生态环境保护工作发生历史性、转折性、全局性变化，生态文明建设力度之大前所未有，形成了习近平生态文明思想，不断深化对生态文明建设规律的科学把握，生态文明顶层设计和制度体系建设加快推进，污染防治攻坚战取得关键进展。

习近平生态文明思想深入人心，"绿水青山就是金山银山"的理念从根本上提供了新的绿色发展观。习近平生态文明思想内涵丰富，立意高远，对于我们深刻认识生态文明建设的战略地位，坚持和贯彻新发展理念，正确处理好经济发展同环境保护的关系，坚定不移走生产发展、生态良好、生活幸福的文明发展之路，坚持绿色发展、循环发展、低碳发展，推动形成绿色发展方式和生活方式，建设美丽中国，共建人类命运共同体都具有十分重要的时代意义和历史意义。在新时代，习近平新时代中国特色社会主义思想的指导地位更加鲜明，习近平生态文明思想广泛传播、持续繁荣和蓬勃兴起。与此同时，作为习近平生态文明思想核心理念的"绿水青山就是金山银山"理念，实质是绿色发展理论的创新，体现了马克思主义理论发展的新高度，极大地丰富和拓展了马克思主义发展观，是中国特色社会主义生态文明价值观的重大创新。

系统完整的生态文明法律制度体系为生态文明建设提供了强有力的制度基石。党的十八大以来，以习近平同志为核心的党中央全面依法治国，用最严格的制度、最严密的法治为生态文明建设提供法治保障，生态文明建设领域全面深化改革取得重大突破，顶层设计和制度体系建设加快形成。蹄疾步稳推进全面深化改革，改革全面发力、多点突破、纵深推进，生态文明建设系统性、整体性、协同性着力增强，重要领域和关键环节改革取得突破性进展，由自然资源资产产权制度、国土空间开发保护制度、空间规划体系、资源总量管理和全面节约制度、资源有偿使用和生态补偿制度、环境治理体系、环境治理和生态保护市场体系、生态文明绩效评价考核和责任追究制度等八项制度构成的主体框架基本确立，生态文明领域国家治理体系和治理能力现代化水平明显提高。

供给侧结构性改革打赢环境污染防治攻坚战。我国环境污染问题经历了历史的形成过程，具有集中发展工业带来的鲜明的时代性。一方面，经过40多年的快速发展，我国经济建设取得历史性成就，同时也积累了大量生态环境问题，成为明显的短板。各类环境污染呈高发态势，成为民生之患、民心之痛。另一方面，由于我国仍然处于工业化、城镇化、农业现代化历史进程中，污染物新增量依然处于高位，控增量、去存量任务仍然十分艰巨。发达国家一两百年出现的环境问题在我国集中显现，呈现明显的结构型、压缩型、复合型特点。党的十八大以来，在习近平同志亲自推动和习近平生态文明思想的指引下，我国全面提速、加大力度推进生态文明建设，坚决打赢蓝天保卫战，着力打好碧水保卫战，扎实推进净土保卫战，我国生态文明建设和生态环境保护取得历史性成就、发生历史性变革。2016年以来，中央以"三去一降一补"五大任务为抓手，在去产能、做减法方面，对传统粗放型产业，如钢铁、煤炭等重化行业化解过剩产能，严格执行环保、能耗和质量等相关法律法规和标准，生态文明建设难点突破取得质的成效。

"十三五"时期，我国生态环境保护工作以打赢打好污染防治攻坚战为主线，环境污染治理取得显著成效，到2020年年底，规划纲要确定的目标任务将全部圆满完成，是迄今为止生态环境质量改善成效最大、生态环境保护事业发展最好的5年，人民群众生态环境获得感、幸福感和安全感不断增强。

"十四五"生态环境保护规划是深入贯彻落实习近平生态文明思想、全面启动美丽中国建设、推动实现第二个百年奋斗目标的首个五年规划，在污染防治攻坚战取得阶段性胜利、继续推进美丽中国建设的关键期，具有重要的历史与战略意义。研究编制"十四五"规划历史节点特殊，任务十分艰巨，意义十分重大，必须深入调研，群策群力，精心谋划。"十四五"的五年必将是中国发展变革的五年，也是突破的五年。

"十四五"时期，我国经济发展转型深入推进但生态环境压力仍然处于高位，技术革命将有力推动产业升级与发展转型，为生态环境治理能力现代化提供有利契机，但也会带来一系列新的生态环境问题。随着我国经济持续发展，环境问题日益受到公众的普遍关注，同时，人民群众对优良环境质量的需求不断提升，环境保护规划已逐渐引起广大公众的广泛重视。

1.2　项目意义

"十四五"规划编制过程中，习近平总书记专门作出重要指示，强调要开门问策、集思广益，把加强顶层设计和坚持问计于民统一起来。习近平总书记先后赴吉林、湖南、广东等地调研，主持召开企业家座谈会、党外人士座谈会、经济社会领域专家座谈会、科学家座谈会、基层群众代表座谈会等，就谋划"十四五"时期经济社会发展广泛听取意见和建议。习近平总书记指出，谋划"十四五"时期发展，要贯彻以人民为中心的发展思想，要更加聚焦人民群众普遍关心关注的民生问题。

"问计于民"是坚持从群众中来、到群众中去的生动体现。紧盯人民群众最关心、最直接、最现实的利益问题早谋划、想办法、拿措施，才能实现好、维护好、发展好人民的根本利益，让人民群众拥有更多获得感。

改革开放以来的五年规划，以人民为中心是一以贯之的立场。"六五"计划由经济发展计划转变为经济社会发展计划，将社会发展纳入中长期计划通盘考虑，环境保护成为"六五"计划的独立篇章。"十五"计划强调提高人民生活质量，物质文化生活有较大改善，生态建设和环境保护得到加强。"十一五"规划强调坚持以人为本谋发展的理念，强调立足节约资源保护环境推动发展。"十二五"规划提出"两同步、两提高"，要求财富分配向居民倾斜、向劳动者倾斜，促进经济社会发展与人口资源环境相协调，走可持续发展之路。"十三五"规划提出全力实施脱贫攻坚，强调全面建成小康社会"一个不能少"，生态环境质量总体改善等。"十四五"规划建议稿提出，全体人民共同富裕取得更为明显的实质性进展，生态环境持续改善，生态安全屏障更加牢固，城乡人居环境明显改善。

充分发扬民主，广泛听取意见，是我们党带领人民治理国家的优良传统和显著优势，也是尊重人民主体地位、发挥人民首创精神的重要形式。"七五"计划编制开始大范围征求意见，"十五"计划首次通过群众征文方式征集意见建议，"十二五"规划编制期间国家发展改革委、工商联、妇联等党群机构开展建言献策活动。回顾已经实施的十三个五年计划规划，贯彻民主集中制被越来越频繁地重视起来。编制工作倾听各方面意见、汇集各方面智慧，有力保障了计划、规划的民主性、科学性。

鉴于此，"十四五"公众关注的重点热点问题调查就是广开言路，开门问策、网络问计，在疫情防控常态化的情况下，鼓励和引导广大群众为"十四五"规划建言献策，将群众智慧注入"十四五"规划编制中，让人民智慧在"十四五"规划编制中得到充分体现，为全面建设社会主义现代化国家开好局、起好步。

1.3　项目目标

"十四五"公众关注的重点热点问题调查在总结和借鉴以往国内外消费意识、生态环境保护意识、公众沟通评估等调查工作经验的基础上，建立适合我国国情的公众关注的重点热点问题调查评价体系、调查方法。以期达到以下目标：

1）加强生态环境保护宣传引导，创新工作方式，拓宽生态环境保护宣传渠道，增强传播的针对性和实效性；

2）构建公众关注的重点热点问题调查评估指标体系，为长期跟踪研究打牢科学基础；

3）从公众角度，反映"十三五"生态环境保护工作的效果，发现工作的不足，全面总结工作经验，深刻把握发展大势，为制定有针对性的改进措施提供决策支持；

4）全面获取公众对"十四五"生态环境保护规划的诉求和意见，集中各方面智慧、凝聚最广泛力量，增进共识、增强合力，为谋划好"十四五"时期生态环境保护工作提供助力，推动"十四五"规划编制顺应人民意愿、符合人民所思所盼。

1.4　研究方法

1）文献研究法。研究国内外有关公众参与生态环境保护的文献，获取已开展的相关调查研究资料，了解历史和现状，总结经验。在文献研究和专家咨询的基础上，制定出项目调查方案、评价指标体系和调查问卷。

2）问卷调查法。根据调查目的及项目推进的内容，设计相应的调查问卷，在全国范围内发放调查问卷，受访者作答后收回。

3）统计分析法。利用 Excel、Access、SPSS 等分析软件对调查数据进行分析，包括描述性分析、交叉表分析、相关性分析等。

1.5   研究内容

1.5.1   前期研究

时间：2020 年 6 月。

结合以往项目经验，充分考虑"十三五"公众关注的重点热点问题调查研究成果，在总结和考虑受访者生态文明意识水平、公众环境保护行为趋势、公众对美好生态环境需求变化等情况，查阅相关方面的文献资料，咨询环境学、心理学、社会学、统计学等领域的专家学者，建立"十四五"公众关注的重点热点问题调查评价指标体系、各级指标内容，从而制定出更加专业性、操作性强、满足研究需要的整体方案。

1.5.2   问卷设计

时间：2020 年 7—8 月。

根据评价指标体系，设计相应问卷，充分运用以往开展的公众环境调查结果，综合考虑公民所属地域、职业、文化程度、经济水平等背景因素的特征，设计可操作性强的调查问卷。

1.5.3   开展调查

时间：2020 年 9—10 月。

受新冠疫情影响，本次调查以在线上开展为主，一是在"问卷星"上发布调查问卷，并通过微信、QQ、微博等网络渠道积极宣传，在全国范围内，着重在国家生态文明城市、长江大保护沿线城市、黄河流域沿线城市开展调查工作；二是利用在全国广泛的大学生环保 NGO 资源，号召全国 110 余所 NGO 社团、2 000 余名大学生环保志愿者引导公众积极参与问卷调查活动；三是通过座谈会、电话访谈、定点发送问卷等形式对社会组织、环保 NGO、环保工作者等特定群体进行问卷调查。

1.5.4   数据分析及报告撰写

时间：2020 年 11—12 月。

调查结束后问卷统一回收，设计问卷数据录入系统，使用 Excel、SPSS 等工具进行统计分析，得到初步的结论和相应的建议。

在数据分析的基础上，分析调查结果，撰写调查报告，经专家论证后，形成最终成果报告。

2   调查样本量的确定

2.1   调查方法

环境社会调查的目的在于全面地、及时地、准确地认识客观事物，揭示事物发展变化的内在规律。由于环境社会调查研究的具体目的不同，所涉及的调查范围和调查对象以及所用的具体调查方法也不同，因而需要采用不同的调查类型。

鉴于本次调查对象为广大公众，总体范围大，调查对象多，且受时间限制、疫情影响，不可能进行全面调查，而又需要了解其全面情况，故采用抽样调查的方法开展调查。抽样调查具有以下四方面特点，能够快速获取公众相关意见建议，满足调查需要。

1）以足够数量的调查单位组成"样本"来代表和说明总体。抽样调查既不需要对全体调查对象展开调查，也不是用个别单位来代表总体，而是通过数目有限、能够代表总体的样本的调查，对总体的状况做出判断。抽样调查所依据的是概率论原理，即在总体中被抽作样本的个别单位虽然各有差异，但当抽取的样本单位数足够多时，个别单位之间的差别会趋向于互相抵消，因而"样本"的平均数接近总体平均数，以部分可以说明总体。

2）以样本推断总体的误差可以事先计算并加以控制。抽样误差是指样本统计值推算总体参数时存在的偏差。任何调查研究都不可避免地会出现误差，抽样调查也是如此，它的准确性是相对而言的。但是，它的抽样误差可以事先计算出来，并可以通过调整样本数和组织形式来控制误差大小，因而在推及总体时，也就可以知道总体数据是在怎样的一个精确度范围之内，从而使调查研究的准确程度比较有把握，这是其他调查所做不到的。

3）节省人力、物力和时间。通常抽样调查的单位在总体中所占的比重，根据总体量的大小，一般在 0.01%～10%。调查单位少，使调查收集和综合样本资料工作量小，提供资料快，结论具有时效性。对于规模较小的总体（1 000 人以下），需要有比较大的抽样比例（大约 10%），才能满足研究需要；对于中等规模的总体（10 000 人左右），抽样比例为 5%或大于 500 个样本量即可达到同样的精确度。就大规模的总体（超过 1 000 万）而言，使用 0.025%的抽样比例或大于 2 500 个样本即能满足研究需要。当总体非常大时，样本大小的精确性会随之增加，抽样比例对研究精度的影响会逐渐减弱，如从 2 亿总体中抽取 2 500 个样本，与从 1 000 万总体中抽取同样规模的样本，精确程度是完全相同的。

2.2　抽样方法

本次调查采用的抽样方法为方便抽样，又称偶遇抽样、任意抽样，即指调查者根据方便原则，任意抽选样本的方法。调查者可在街道、商场等公共场所访问群众，取得资料。这种方法简便灵活，同时也使被调查对象感到亲切，有参与感，是公众调查、民意测试等采用的最为普遍的方法。

抽样调查的目的是用样本统计量来估计或推断总体参数，无论采用何种抽样调查，样本统计量都不可能与总体参数完全相等，即样本统计量与总体参数之间总会存在一定的误差。误差的来源可分为两大类型，其一为非抽样误差。这种误差不是抽样所致，而是调查中各种人为操作失误所致，如调查方案设计不甚合理、抽样方法有违随机原则，以及调查操作或数据处理环节中存在失误等。非抽样误差可以通过研究者主观努力尽量减少，但我们无法用计量方法计算出这种误差到底有多大。其二是抽样误差，顾名思义，抽样误差就是在随机抽取样本的过程中所产生的样本统计量与总体参数之间的差别，它与抽样过程中的人为操作无关，而与研究总体的分布状况、样本容量及所采用的抽样方法等因素有关。

研究总体分布状况是指研究总体中个体的差异程度或异质性程度。研究总体异质性程度越大，抽样误差越大；反之，则抽样误差越小。如果总体异质性为 0，即总体中每个个体都完全相等或一样，那么抽样误差为 0。在这种情况下，研究者无论采用什么方法抽样，其样本统计量都与总体参数相等；如果总体异质性不为 0，那么样本规模对抽样误差就会产生影响——样本规模越大，抽样误差越小；反之则抽样误差越大。由此我们得出一般结论：研究总体的异质性程度与抽样误差成正比；

抽取样本的规模与抽样误差成反比。

在统计学中，我们通常用总体的标准差σ表示总体异质性程度，用 n 表示样本规模。用 SE（sampling error）表示抽样误差，于是得到下列公式：

$$SE = \frac{\sigma}{\sqrt{n}}$$

由于总体的标准差通常无法知道，因而用样本标准差S代替，于是有：

$$SE = \frac{S}{\sqrt{n}} \text{ 或 } SE = \frac{S}{\sqrt{n-1}}$$

2.3　样本量的确定

确定样本大小需要考虑的因素主要有：一是调查总体的规模大小。一般来说，调查总体规模越大，所需样本数量就越多。二是调查总体内部的差异情况。总体内各单位的差异程度较大的，样本数量应多一些；反之，样本数量就可少一些。三是对调查结果的可信度与精确度的要求。要想使调查结果有较高的可信度和较小的偏差度，样本数量应多一些，反之，则少一些。

在社会研究中，研究者总希望扩大样本规模，因为那样就可以减少抽样误差。但同时，在实际研究中，扩大样本规模要受经费、时间和精力等众多因素的制约。因此人们希望确定一个最佳样本规模，既能减少抽样误差，又不至于盲目扩大样本规模而造成浪费和负担。

从理论上讲，我们可以根据样本规模与抽样误差之间的统计关系来确定一项调查所要求的最低样本规模。

抽样误差表示样本统计量与总体参数之间的差距。一项社会研究中存在多种统计量，因而存在多种多样的抽样误差。我们以最常用的平均数（$\bar{X}$）和百分比（P）这两个统计量来说明如何通过抽样误差来确定最低的样本规模。

假如要用一个从随机样本（n）计算出来的样本统计量平均年龄（$\bar{X}$）去对总体的平均年龄（M）进行区间估计，总体标准差为置信度95%，抽样误差为 SE，则有：

$$SE = \left| M - \bar{X} \right|$$

$$\bar{X} - 1.96\left(\frac{\sigma}{\sqrt{n}}\right) \leqslant M \leqslant \bar{X} + 1.96\left(\frac{\sigma}{\sqrt{n}}\right)$$

$$-1.96\left(\frac{\sigma}{\sqrt{n}}\right) \leqslant M - \bar{X} \leqslant 1.96\left(\frac{\sigma}{\sqrt{n}}\right)$$

$$SE = M - \bar{X} = 1.96\left(\frac{\sigma}{\sqrt{n}}\right)$$

$$SE = 1.96\left(\frac{\sigma}{\sqrt{n}}\right)$$

$$\text{故得 } n = \left(\frac{1.96S}{SE}\right)^2$$

当要求置信度为99%时，公式为

$$n = \left(\frac{2.58S}{SE}\right)^2$$

公式中的 SE 为研究者所能容忍的误差。研究者所能容忍的误差越大，样本规模可以越小，反之则要求样本规模越大。

假如已知研究总体人口年龄的标准差 σ=8.60。用样本估计总体的允许误差 SE=2，所要求的置信度为95%，则该项研究的最低样本量为：

$$n = \left(\frac{1.96 \times 8.60}{2}\right)^2 = 71$$

如果置信度要求为99%，则最低样本数：

$$n = \left(\frac{2.58 \times 8.60}{2}\right)^2 = 123$$

当选用比率为样本统计量来计算样本规模时，可以推出下列公式：

$$n = \left(\frac{1.96\sqrt{P(1-P)}}{SE}\right)^2 \quad （95\%置信度）$$

$$n = \left(\frac{2.58\sqrt{P(1-P)}}{SE}\right)^2 \quad （99\%置信度）$$

公式中抽样误差 SE 表示总体比率 P 与样本比例 p 之差，即 $SE = |P - p|$。

例如，研究者要研究某地区居民对环境质量的满意程度，国内相关研究表明，大约有65%的受访者满意当地的环境质量状况，即 P=0.65，要求估计的置信度为95%，抽样误差不大于4%。即

$$SE = |P - p| = 0.04$$

则该项研究所要求的最低样本规模为：

$$n = \left(\frac{1.96\sqrt{P(1-P)}}{SE}\right)^2 = \left(\frac{1.96\sqrt{0.65(1-0.65)}}{0.04}\right)^2 = 546$$

当置信水平为99%时：

$$n = \left(\frac{2.58\sqrt{P(1-P)}}{SE}\right)^2 = \left(\frac{2.58\sqrt{0.65(1-0.65)}}{0.04}\right)^2 = 946$$

上述分析表明，从理论上讲，社会研究中可以运用统计方法来确定样本规模，但是实际操作过程中，这通常只能为一种参考。因为严格按照这种方法来确定样本规模会存在问题，比如在一项环境社会研究中，会有很多研究变量，根据不同变量统计值计算出来的样本规模存在差异，因而无法确定该选用哪一种。此外，研究中样本规模的确定还要受到经费、时间、人力、物力以及调查资料后续处理等多种因素的限制和影响。因此，用统计计算方法确定的样本规模，只能是为研究者确定样本规模的一种参考。

在实际中一般的社会调查研究很少使用高度精准的样本理论值，因为一般的社会调查所能达到的精度并不高，且调查结果也仅是反映受访者当时的感受和诉求，受主观因素影响较大。随着抽样理论的发展和在社会科学领域广泛应用，社会调查领域逐渐总结出一些针对不同规模或不同调查类型的样本量范围，并因其简便和易操作性逐渐成为样本设计的重要参考（表1-7-1）。

表 1-7-1　样本量经验判断表

类型		样本量
调查范围	地区性调查	500～1 000
	全国性调查	1 500～3 000
调查目的	描述性调查	抽样比≥10%
	相关性调查	总样本量≥30
	因果关系调查	每组样本量≥30
总体规模	100 人以下	抽样比≥50%
	100～1 000 人	抽样比 50%～20%
	1 000～5 000 人	抽样比 30%～10%
	5 000～10 000 人	抽样比 15%～3%
	1 万～10 万人	抽样比 5%～1%
	10 万人以上	抽样比 1%以下

综上所述,根据定量计算结果和专家定性判断,并结合本次调查实际需要以及经费、时间、空间、疫情管控要求等情况,确定样本量为 4 000～5 000 份。

3　调查问卷发放及回收情况

3.1　指标体系及问卷设计

根据调查目标,经专家多次研讨、评审,设计了调查评价指标体系,包括 4 个一级指标和 16 个二级指标,并设计相应的问卷题目(表 1-7-2)。

表 1-7-2　评价指标与问卷设计

一级指标	二级指标	对应问题
生态环境问题关注度	关注问题及渠道	1～3
	存在问题及变化	4～5
	环境信息关注	6
	制度体系建设	7
生态环境质量满意度	生态环境保护工作满意度	8～10
	蓝天保卫战满意度	11
	碧水保卫战满意度	12
	净土保卫战满意度	13
	工业污染整治满意度	14
生态环境理念践行度	志愿活动	15～16
	绿色消费	17～18
	垃圾分类	19～20
	监督举报	21～22
生态环境保护工作期望	下一阶段工作重点	23～24
	下一阶段工作举措	25～26
	下一阶段工作期望	27～30

调查问卷分五个部分，共 30 个选择题（其中多选题 16 个）。

1）个人基本情况。基于公众环境调查的影响因素，设置性别、年龄、文化程度、职业、家庭月收入等条目。

2）生态环境问题的关注度调查，包括 1～7 题，分别从关注问题及渠道、存在问题及变化、环境信息关注、制度体系建设四个方面考查受访者对生态环境问题的关注程度。如了解生态环境问题的渠道、环境信息获取的渠道等。

3）生态环境质量的满意度调查，包括 8～14 题，分别从生态环境保护工作、蓝天保卫战、碧水保卫战、净土保卫战、工业污染整治五个维度的满意度情况来考查受访者生态环境质量的整体满意度状况。

4）生态环境理念的践行度调查，包括 15～22 题，分别从志愿活动、绿色消费、垃圾分类、监督举报四个方面考查受访者对参与生态环境保护工作的意愿。如参加环保宣传活动、节能产品购买意愿的变化等。

5）生态环境保护工作的期望调查，包括 23～30 题，分别从"十四五"期间生态环境保护工作重点、工作举措、工作期望三方面考查受访者对生态环境保护工作的意见建议。

3.2 问卷发放

由于疫情的影响，问卷采用线上发放（微信群、朋友圈等）和作答方式，为弥补线上覆盖面不足的问题，部分采取街头随机邀请受访者线上作答的形式进行（表 1-7-3）。

表 1-7-3　有效问卷发放地区分布

地区	频数	百分数/%
北京	875	14.25
天津	175	2.85
河北	142	2.31
山西	232	3.78
内蒙古	120	1.95
辽宁	118	1.92
吉林	456	7.42
黑龙江	121	1.97
上海	113	1.84
江苏	160	2.61
浙江	179	2.91
安徽	104	1.69
福建	121	1.97
江西	105	1.71
山东	161	2.62
河南	143	2.33
湖北	488	7.95
湖南	133	2.17
广东	190	3.09

地区	频数	百分数/%
广西	104	1.69
海南	115	1.87
重庆	123	2.00
四川	156	2.54
贵州	129	2.10
云南	115	1.87
西藏	412	6.71
陕西	126	2.05
甘肃	121	1.97
青海	211	3.44
宁夏	105	1.71
新疆	276	4.49
港澳台	13	0.21
合计	6 142	100.00

3.3　问卷有效性判定

为了保证调查数据的真实性和统计的科学性，无效问卷的判定标准如下：

①调查对象基本信息资料不全的；

②有两道及两道以上未作答题的；

③单选题出现多个选项的；

④超出备选选项范围的。

实际回收问卷 6 346 份，根据数据录入核查结果，共剔除无效问卷 204 份，最终有效问卷 6 142 份，问卷有效率为 96.79%，达到了分析的要求。

3.4　调查问卷分布

受访者中男性占 50.62%，女性占 49.38%，男女比例为 102.51∶100，性别比例与整个社会总体的男女性别比例（2018 年中国男女比例 104.64∶100）较为接近（表 1-7-4）。

表 1-7-4　受访者性别分布

	频数	百分数/%
男	3 109	50.62
女	3 033	49.38
合计	6 142	100.00

受访者中人数最多的是 19～29 岁人群（53.58%），其次是 30～60 岁人群（37.98%），18 岁以下（3.13%）、60 岁以上（5.31%）相对较少。取样的年龄分布较广，同时侧重于中青年群体（表 1-7-5）。

表 1-7-5 受访者年龄结构

	频数	百分数/%
18 岁以下	192	3.13
19~29 岁	3 291	53.58
30~60 岁	2 333	37.98
61 岁以上	326	5.31
合计	6 142	100.00

受访者中有 40.77%是专科或本科学历，其余依次是高中或中专（18.80%）、初中（17.62%）、小学及以下（12.96%）、硕士及以上（9.85%）。取样的文化程度分布较广，同时对中等学历人群有所侧重（表 1-7-6）。

表 1-7-6 受访者的文化程度统计

	频数	百分数/%
小学及以下	796	12.96
初中	1 082	17.62
高中或中专	1 155	18.80
专科或本科	2 504	40.77
硕士及以上	605	9.85
合计	6 142	100.00

受访者中主要包括普通职员（17.45%）、教师（15.61%）、环保及与环保相关的工作者（14.38%）、个体经营（13.04%）、公务员（12.67%）、企业管理人员（12.46%），各职业群体分布较为均匀（表 1-7-7），调查结果能够反映社会主要群体的有关情况和诉求。

表 1-7-7 受访者职业分布

	频数	百分数/%
环保及与环保相关的工作者	883	14.38
公务员	778	12.67
企业管理人员	765	12.46
普通职员	1 072	17.45
教师	959	15.61
学生	525	8.55
个体经营	801	13.04
农民	158	2.57
其他	201	3.27
合计	6 142	100.00

受访者中家庭月收入 4 000 元及以下、4 001~6 000 元、6 001~8 000 元、8 001~10 000 元分别占 38.98%、22.34%、16.83%、15.66%。收入水平广泛覆盖，并对中低收入人群有所侧重（表 1-7-8）。

表 1-7-8   受访者月收入分布

	频数	百分数/%
4 000 元及以下	2 394	38.98
4 001～6 000 元	1 372	22.34
6 001～8 000 元	1 034	16.83
8 001～10 000 元	962	15.66
10 000 元以上	380	6.19
合计	6 142	100.00

4   调查结果

4.1   公众对生态环境问题关注情况

（1）空气质量和饮用水安全仍是关注重点，95%以上的受访者将这两项作为最关注的生态环境问题

调查结果显示，95.82%的受访者关心生态环境问题，其中 45.98%的受访者表示非常关心（图 1-7-1）。可见，公众生态环境保护意识正在悄然觉醒，这为我们下一步大力开展生态环境保护宣传教育，积极引导公众参与生态环境保护工作创造了有利条件，应该乘势而上、主动作为，推动公众参与生态环境保护水平再上新台阶。

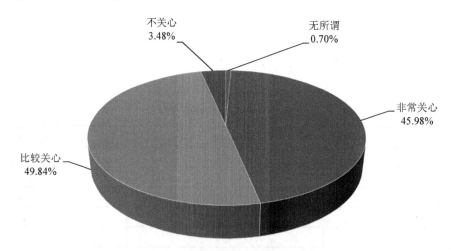

图 1-7-1   公众对环境问题的关注度

同时，在公众最关心的生态环境问题方面，46.01%的受访者选择了"空气污染"，35.77%的受访者选择了"饮用水水源地污染"（图 1-7-2）；在公众关注的环境信息方面，45.18%的受访者选择了"空气质量状况"，39.99%的受访者选择了"水环境质量状况"（图 1-7-3）。这一结果与生态环境部公布的"12369"举报电话集中反映的问题类型高度吻合。作为生态文明建设的重要一环，"十三五"时期以来，我国大气污染治理和水环境治理取得明显成效，来自生态环境部的官网数据显示，与 2015 年相比，2019 年细颗粒物（$PM_{2.5}$）未达标地级及以上城市年均浓度下降 23.1%，全国 337 个地级及以上城市年均优良天数比例达到 82%；我国地表水的优良率上升到 74.9%，农村自来水普及率提高

到 82%，城市黑臭水体治愈率达到 86.7%，长江流域基本消除了劣V类水质，国内污水处理能力达到发达国家水平。

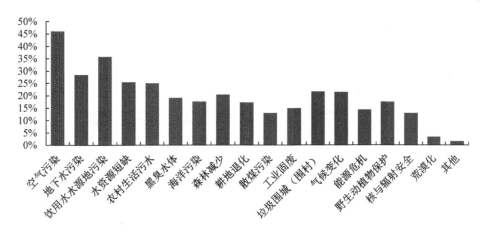

图 1-7-2 公众关注的生态环境问题

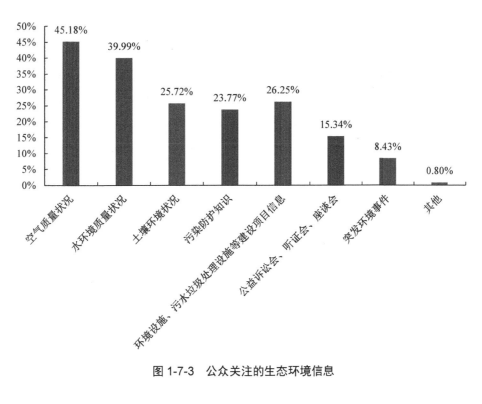

图 1-7-3 公众关注的生态环境信息

但也要看到，公众对空气污染和饮用水水源地污染的高度关注说明，这些积极的成效，离公众的期望还有一定的距离，大气治理和水环境治理仍是我国全面建设社会主义现代化国家、实现经济高质量发展的重大课题。

（2）电视和微信是公众获取生态环境信息的主渠道，短视频等新媒体平台正成为公众获取信息的重要渠道

调查结果显示，电视和微信是受访者获取生态环境信息的首要渠道，占比分别为 38.10% 和 31.28%；排在第三位、第四位的分别是环保网站/政府网站（28.70%）、微博（25.11%）。同时，近几年兴起的短视频（抖音、快手等）（25.09%）排在第五位（图 1-7-4）。

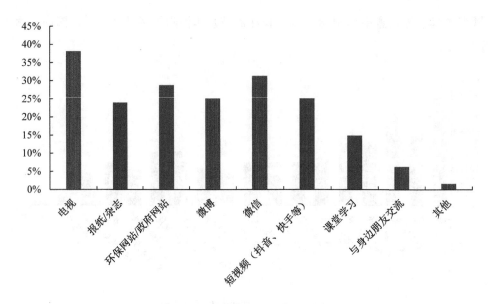

图 1-7-4 公众获取生态环境问题的渠道

在生态环境信息获取渠道方面，中国生态文明研究与促进会近年来的调查中，电视和微信占比均在前两位。但新媒体环境下，人们触媒习惯逐渐发生了变化，短视频作为新媒体形式与新传播方法，成为人们交流互动的重要途径，特别是调查显示在 19～29 岁的群体中，28.96% 的受访者通过短视频获取环境信息（图 1-7-5）。可见，在新媒体环境下，短视频为人们获取生态环境信息提供了更为便捷的渠道，渐渐成为了广受年轻公众喜爱的信息传播方式。现阶段，通过短视频开展生态环境保护宣传还处于发展初期阶段，需要不断探索实践制作高品质短视频的方法，以满足公众获取信息的需求，这需要多方共同努力。

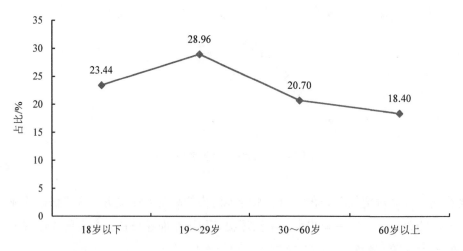

图 1-7-5 不同年龄段受访者通过短视频了解生态环境问题比例

（3）空气污染和黑臭水体问题近一年内最为突出，治理效果与公众期望存在较大差距

调查结果显示，38.33% 和 28.13% 的受访者认为过去一年我国最突出的生态环境问题是空气污染和黑臭水体（图 1-7-6）。空气污染一直是公众最为关注的环境问题，虽然我国大气污染治理力度正

不断增强、空气质量改善速度也不断加快，但从某种程度来说，在很多大气污染事件中颗粒物浓度降低还远未达到能见度显著改善的拐点，这是公众还没有明显感受到大气质量改善的主要原因，同时由于大气污染治理涉及的主体众多，多样性、广泛性、多重诉求和多种利益冲突也是未来依旧面临的一大挑战。

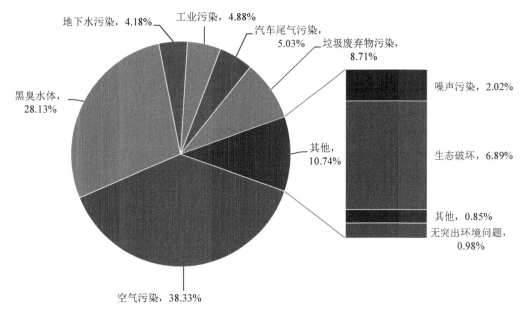

图 1-7-6 公众认为过去一年我国最突出的生态环境问题

黑臭水体治理是碧水保卫战的重要内容，也是国家"水十条"明确的 2020 年年底必须完成的任务。打好城市黑臭水体治理攻坚战，是打好污染防治攻坚战的标志性重大战役之一。在一系列政策的有力推动下，我国城市黑臭水体治理成效显著，截至 2019 年年底，全国黑臭水体消除比例为 86.7%，其中重点城市（直辖市、省会城市、计划单列市）消除比例为 96.2%，其他地级城市消除比例是 81.2%。但治理过程中仍存在管网建设不足、面源污染严重、地方存在治标不治本等问题，在一定程度上造成公众获得感、满意度不高（图 1-7-7）。可见，下一步我国应加大水环境治理投入，以公众的感知为出发点，全力打造更高质量、更高标准、更美好的水环境。

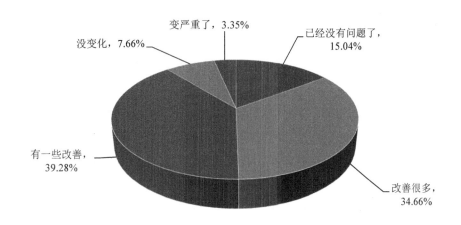

图 1-7-7 公众认为过去一年我国生态环境问题整体改善情况

在环境问题改善方面,39.28%的受访者认为生态环境问题有一些改善,34.66%的受访者认为改善了很多,仅有 3.55%的受访者认为变严重了。但从单项分析看,改善的幅度还不明显,认为生态破坏、垃圾废弃物污染、汽车尾气污染、工业污染和噪声污染等问题"有一些改善"的受访者占比较高,认为"改善很多"的还不突出,特别是在噪声污染、垃圾废弃物污染、汽车尾气污染和地下水污染方面,均有超过 10%的受访者认为没有变化。

可见,我国生态环境质量持续改善,但改善程度与公众对美好生活的期盼,与建设美丽中国的目标还有较大差距,公众对生态环境的获得感还不高,生态环境保护仍要保持方向不变、力度不减,突出精准、科学、依法治污,以更加有力的举措坚决打赢打好污染防治攻坚战,推动生态环境质量持续好转。

（4）垃圾分类制度亟待完善,公众对生态环境信息公开制度的广度和深度高度关注

调查结果显示,40.87%的受访者认为目前垃圾分类制度体系建设最为薄弱,其次为环境信息公开（29.52%）、生态补偿（28.92%）（图 1-7-8）。

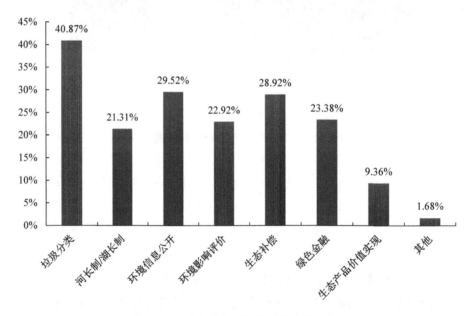

图 1-7-8　公众认为制度体系的薄弱环节

垃圾分类问题是一项关乎民生和社会可持续发展的社会问题。2016 年 12 月 21 日,在中央财经领导小组第十四次会议上,习近平总书记在听取浙江关于普遍推行垃圾分类制度汇报后指出,普遍推行垃圾分类制度,关系公众生活环境质量改善,关系垃圾能不能减量化、资源化、无害化处理。2018 年 11 月,习近平总书记在上海考察时强调,垃圾分类就是新时尚。2019 年 6 月,习近平总书记又专门对垃圾分类工作作出重要指示,强调实行垃圾分类,关系广大人民群众生活环境,关系节约使用资源,也是社会文明水平的一个重要体现,要培养垃圾分类的好习惯,为改善生活环境作努力,为绿色发展可持续发展做贡献。近年来,我国加速推行垃圾分类制度,全国垃圾分类工作由点到面,逐步启动,成效初显,46 个重点城市先行先试,推进垃圾分类取得积极进展。2019 年起,全国地级及以上城市全面启动生活垃圾分类工作。推进垃圾分类,首先要做好法治建设和制度建设,发挥制度在整个系统中"四两拨千斤"的杠杆作用,为垃圾分类梳理出一条清晰的道路,让垃圾分类"有法可依,有章可循"。公众对垃圾分类制度体系建设的高度关注,充分说明我国垃圾分类在规

则制定的细化与违规处罚的落实上，还需要做大量细致的工作。

环境信息公开制度方面，环境信息公开是公众参与的基础，自 2008 年《政府信息公开条例》和《环境信息公开办法（试行）》实施以来，我国环境信息公开制度建设不断取得新进展，2013 年以来更是进入快速发展阶段，2015 年起施行的新《中华人民共和国环境保护法》历史性地对"信息公开和公众参与"作了专章规定，我国先后密集出台了大量政策文件，极大地促进了环境信息公开。但从调查的结果看，一方面说明，现有规定还不能很好地保障公众参与生态环境保护的权利，相关的配套政策还有待细化；另一方面说明，生态环境保护制度政策解读还有待强化，与公众日常生活密切相关的基层生态环境部门的政务公开力度及标准化规范化建设还存在短板。

4.2 公众对"十三五"期间生态环境质量满意度情况

（1）超九成公众对生态环境保护工作成效表示满意，公众生态环境获得感、幸福感和安全感不断增强

"十三五"期间是迄今为止生态环境质量改善成效最大、生态环境保护事业发展最好的五年。调查结果显示，55.39%的受访者对"十三五"期间我国生态环境保护工作表示满意，36.11%的受访者表示非常满意，仅 5.13%的受访者表示不满意（图 1-7-9）；53.73%的受访者对当地政府在"十三五"期间的生态环境保护工作表示满意，37.48%的受访者表示非常满意，仅 5.23%的受访者表示不满意（图 1-7-10）。整体来看，公众对我国和当地政府在"十三五"期间生态环境保护工作的满意度差别不大。可见，"十三五"期间，我国生态环境保护工作取得的积极成效获得广大公众的认可。

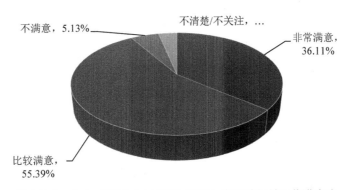

图 1-7-9　公众对我国"十三五"期间生态环境保护工作满意度

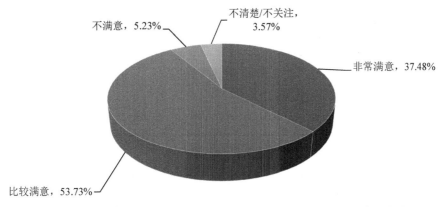

图 1-7-10　公众对当地政府"十三五"期间生态环境保护工作满意度

从分项看，分别有 39.43%、32.43%、29.45%的受访者认为空气质量状况、水环境质量状况和植树造林得到显著改善，排名前三（图 1-7-11）。大气、水环境质量状况与公众日常生活息息相关，公众既高度关注大气环境治理、水环境治理工作，又对大气、水环境质量改善给予很大期望，同时对"十三五"期间我国在大气、水环境质量改善方面取得的成就也表示出一定的赞许。

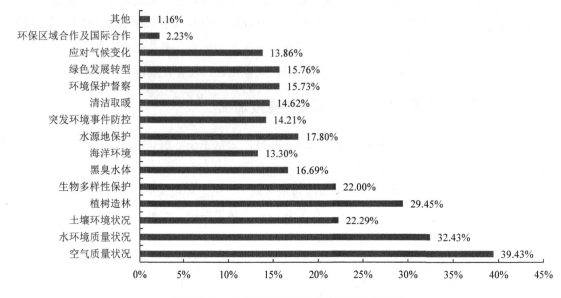

图 1-7-11　生态环境保护显著改善的具体方面

在环保区域合作及国际合作方面，仅有 2.23%受访者认为得到显著改善，一方面，是由于公众对生态环境保护国际合作本身关注度不高，另一方面也说明我国生态环境保护国际合作宣传力度不够。改革开放 40 多年来，我国在环境保护国际合作领域取得巨大成就，逐步成为全球生态文明建设的重要参与者、贡献者和引领者。当今世界正经历百年未有之大变局，各国面临的不稳定性凸显，新冠疫情的发生增加了全球环境治理的不确定性，人类亟须应对各种共同挑战。在世界格局深刻调整的重要时期，参与环境保护国际合作至关重要。在为全球生态文明建设贡献中国智慧和中国方案的同时，也应加大国际国内宣传力度，既要提高公众对生态环境保护国际合作重要性的认识，也要提高国内公众和国际社会对我国积极参与全球环境治理的认同。

（2）公众对空气质量改善成效满意度较高，对水环境治理、工业固废整治和城镇垃圾处理等环境状况仍然不满意

调查结果显示，90.84%的受访者对本地空气质量状况表示满意，88.13%的受访者对本地水环境质量状况表示满意，86.94%的受访者对本地工业污染整治状况表示满意，另有 85.08%的受访者对本地垃圾处理状况表示满意，占比最低（表 1-7-9，图 1-7-12）。

表 1-7-9　公众对生态环境状况的满意度

	非常满意	比较满意	不满意	不清楚/不关注
空气质量	36.62%	54.22%	7.98%	1.19%
水环境质量	35.05%	53.08%	9.85%	2.02%
垃圾处理	33.47%	51.61%	12.83%	2.08%
工业污染整治	33.96%	52.98%	8.55%	4.51%

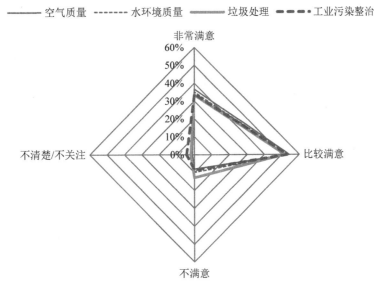

图 1-7-12　公众对生态环境质量的满意度

良好的生态环境是最普惠的民生福祉。"十三五"期间，蓝天多了，地更绿了，水变清了，生态环境保护成绩公众有目共睹。但选择"非常满意"的受访者比例均不足四成，可见，环境质量改善任重道远。特别是垃圾处理状况，12.83%的受访者选择了"不满意"。垃圾分类问题不是一个孤立的问题，必须从政府、企业、公众等各个层面共同发力，缺一方而不可为。它集中体现了人与生态环境相互之间的关系，并与整个社会的环境意识、自律意识、消费意识等密不可分。有什么样的公众环境意识，就会有什么样的关注环境行为与之相对应，公民垃圾分类意识的提高对普遍推行垃圾分类制度的实施至关重要（图 1-7-12）。

公众对美好生活的向往不止于物质丰富，还包括生态环境质量优良。随着环保意识的提高，公众对美好生态环境的诉求愈发明确。"十四五"时期，应继续把公众对良好生态环境的向往作为奋斗目标，顺应公众对良好生态环境的新期待，加快推进生态文明建设，让广大公众享有更多的绿色福利、生态福祉。

随着经济发展和生活水平提升，公众对优美生态环境的需要在不断增长，公众的基本诉求也在发生深刻变化，热切期盼加快提高生态环境质量。从"温饱"到"环保"，从追求"生存"到现在更追求"生活"和"生态"。可以说，我国生态文明建设已进入提供更多优质生态产品以满足人民日益增长的优美生态环境需要的攻坚期，也到了有条件有能力解决生态环境突出问题的窗口期。只要我们积极回应公众的所想、所盼、所急，就能提供更多优质生态产品，不断满足公众日益增长的优美生态环境需要，不断推动我国生态文明建设取得新成效、新进展。

4.3　公众生态环境保护参与情况

（1）公众参与生态环境保护的积极性和主动性不足，以"宣传"为主、形式单一且信息不对称是公众参与度不高的主因

调查结果显示，49.04%的受访者参与过环保宣传科普活动，47.83%的受访者参与过义务植树、清理垃圾等日常实践活动，44.09%的受访者参与过环境问题调查调研活动，而仅有 5.63%的受访者参与过有关环保监督举报行动（图 1-7-13）。究其原因，一方面说明环境宣传力度还不够，一些公众

还缺乏环境意识,在发现污染问题时,不知道找什么部门或者不知道以什么方式去找有关部门又或者对相关部门不信任,另一方面,对于公众而言,虽然他们高度认同生态环境保护的必要性和紧迫感,也表现出强烈的责任感,然而在保持经济发展、提高公众生活水平与生态环境保护的关系方面,则表现出一定的功利性,即公众关心的更多是个人的利益,这又表现出公众薄弱的"律他"意识。公众对于大气、水污染等环境问题的高度关注,本质上关注的焦点是这些问题给个人生活和健康带来的负面影响,而不太关心个人是否应对防止环境危害以及保护环境担负起责任,或者是个体的决策以及行为会对环境产生什么样的负面影响。

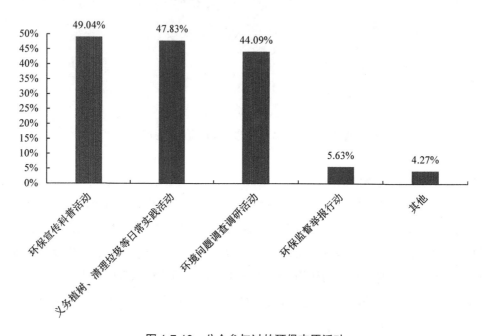

图 1-7-13　公众参与过的环保志愿活动

在影响公众参与环保志愿活动的主要因素方面,很难获取活动信息和时间或地点不方便占比最高,分别为 39.47% 和 39.71%(图 1-7-14)。

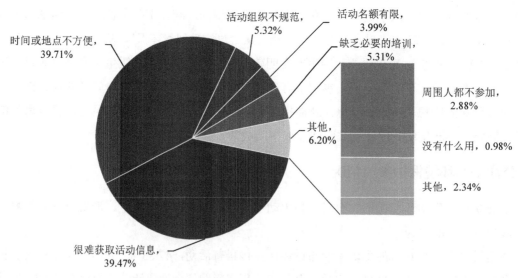

图 1-7-14　影响公众参与环保志愿活动的主要因素

公众知情权是公众参与环境管理的前提条件，如果要促进公众参与环境治理，就要充分保障知情权与监督权。从调查结果看，信息渠道不畅仍是制约公众参与的最主要因素。事实上，环境信息量的多少是和公众的参与程度高低相联系的，只要有足够的信息，才能决定参与生态环境保护活动。而目前我国政府信息公开具有较为浓厚的政策性，原则性较强，可操作性不够，其他信息公开方面，渠道没有整合，鱼龙混杂，权威性不够、可信性不强，造成公众很难准确高效获取相关活动信息。

（2）公众参与环境监督举报的意愿不强，主要原因是投诉举报之后没有什么效果

调查结果显示，仅有 5.63%的受访者参与过有关环保监督举报行动。公众举报环境违法行为是公众参与环境监督、履行环境监督权的重要形式，特别是投诉和举报制度被认为是我国现阶段环境管理的有效补充手段，各级政府都开通了"12369"环保投诉和举报热线，利用公众力量实施环境监督。随着互联网的广泛应用，网上举报制度也广泛推广。一些地方还推出有奖举报制度，通过对环境污染举报人实施奖励，鼓励公众积极参与环境保护监督管理。这些公众参与环境管理的行为，一定程度上弥补了基层环境执法人员不足的状况，遏制了企业的环境违法行为，有助于逐步构建生态环境保护社会行动体系。

通过对不同月收入群体参与的环保志愿活动分析看，除环保监督举报行为外，其他差异性都不大。在环保监督举报行为方面，随着月收入的增加，占比逐渐降低，月收入在 8 001～10 000 元的受访者占比最低，为 2.49%，但月收入在 10 000 元以上的群体占比为 15.26%，大幅高出其他月收入群体（表 1-7-10，图 1-7-15）。

表 1-7-10　不同月收入群体参与的环保志愿活动

	日常实践活动	环保宣传科普活动	环保监督举报行为	环境问题调研活动
4 000 元及以下	49.92%	50.08%	6.81%	41.23%
4 001～6 000 元	48.18%	47.89%	4.88%	43.80%
6 001～8 000 元	44.39%	48.65%	3.29%	46.03%
8 001～10 000 元	48.34%	45.63%	2.49%	45.32%
10 001 元以上	41.58%	56.32%	15.26%	54.74%

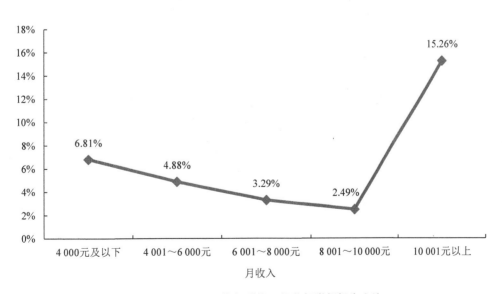

图 1-7-15　不同月收入群体环保监督举报行为占比

面对生态环境问题，如果需要采取环保监督举报行动，30.22%的受访者选择向当地街道、居委会或村委会反映情况，24.19%的受访者选择拨打环境问题举报电话，23.20%的受访者选择向当地政府相关部门投诉举报，选择向媒体反映情况和寻求民间环保社会团体的帮助的占比较少，分别为18.09%和17.31%（图1-7-16）。

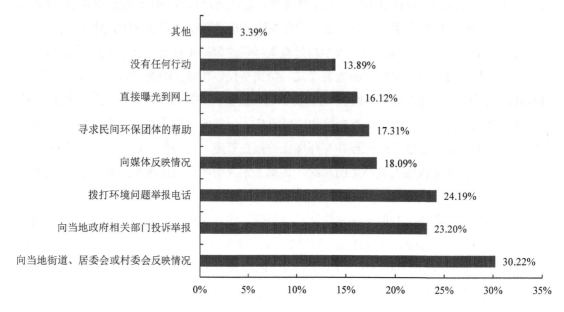

图1-7-16　受访者选择的环保监督举报行动方式

在影响受访者参与环保监督举报行为因素方面，41.88%的受访者觉得投诉举报了也没用，32.22%的受访者担心受到打击报复（图1-7-17）。

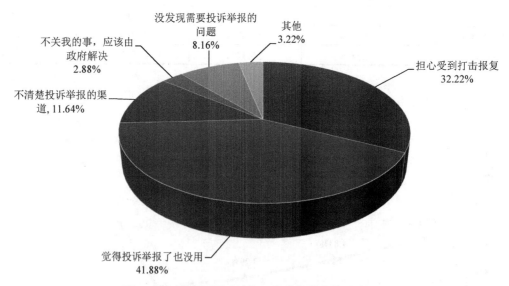

图1-7-17　影响受访者参与环保监督举报行动的原因

公众参与是我国社会管理模式发展的必然要求，生态环境保护作为关乎公众切身利益的公共事务之一，建立公众参与机制是生态环境保护工作推进中稳定社会秩序、建设民主政治、激发社会活力的必然选择。

在监督举报渠道方面，大部分公众以政府渠道为主，选择向民间环保团体求助的比例较少。多种环境举报渠道将大大增强环境举报的力度，使得公众参与生态环境保护的意愿得到加强。所以，要进一步拓宽环境举报的路径，加强电话举报、微信举报和网络举报的办结程序，提高信息交流和沟通反馈的及时性，提高公众对环保监督的信任度。同时，要积极引导环保 NGO 参与生态环境治理，充分发挥环保 NGO 的潜力。目前环保 NGO 在环境监督和管理方面已经发挥了很好的作用，例如，2012 年由数十家环保组织组成的"绿色选择联盟"，在各地开展污染源定位活动，依托公众环境研究中心开发了"全国污染源分布图"，基于网络公开发布的污染物分布图具有动态性的特点，能够持续添加新获得的资料，供公众获取和了解相关污染源的信息。

在监督举报反馈方面，当公民在行使参与权之后，并未得到政府的有效反馈，公众的权利行使的目的并未得到根本实现，公众认为投诉举报了也没用是主要原因。反馈机制的缺乏会导致公众在参与监督举报时热情不高。同时，举报问题办结的效率也会影响公众对监督举报行动效果的看法，因此，在构建公众参与监督举报机制时，需要不断提高和完善公众参与的反馈效能，对未对举报问题逐项调查处理、环境违法问题处理不到位、未向举报人反馈、办结意见敷衍了事的应严肃追责问责。

（3）95%以上的受访者对环境标识产品有支付意愿，品种单一、价格贵是制约绿色产品推广普及的主要原因

调查结果显示，对于购物时是否会关注产品的"中国环境标志"或"中国能效标识"，39.05%的受访者表示"一直会"，56.56%的受访者表示"偶尔会"，有 4.35%的受访者表示"从不会"（图 1-7-18）。

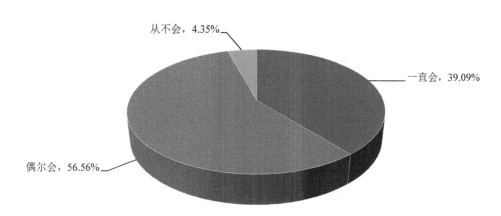

图 1-7-18　受访者对环境标识的关注度

环境标识提供的信息可以使消费者选择能效更高的产品型号。同时，标识也提供了一个公认的能效基准，使政府节能机构能够更容易地鼓励消费者购买能效高的产品。通过能效标志制度的推行实施，可以激励企业加强高效节能产品的开发，推进节能应用创新技术，规范我国用能产品耗能指标的管理来促进市场良性发展，让传统生产转向"绿色"生产模式。通过提高消费者节能意识，减少能源浪费和资源的不合理消耗，降低有害物质排放，对缓解全面建设小康社会面临的能源约束矛盾具有十分重要的意义。从调查结果可以反映出，目前对环境标识的推广宣传工作还不到位，公众对能效标识的认知度还比较低。

从月收入来看，随着月收入的增多，受访者对环境标识的关注度有增强的趋势（图 1-7-19）。可见，价格因素依然是公众在购物时"是否会优先考虑环境标识"主要参考因素之一。但随着月收入

的增加，月收入在 10 001 元以上的受访者对环境标识的关注度却显著降低，一方面，可能是由于 10 001 元以上受访者样本量较少，在环境标识关注上差异性较大引起的，另一方面，也可能是由于月收入高的群体在购物时，更多关注的是物品本身的品质和品牌，已不再关注物品本身是否具有环境标识。

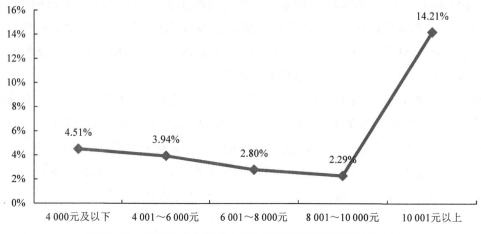

图 1-7-19　不同月收入的受访者选择从不关注环境标识的比例

对于影响选购绿色产品的因素，30.45%的受访者选择了"不知道哪些是绿色产品"，29.06%的受访者选择了"价格高"，另有 25.24%的受访者选择了"产品质量难以保障"（图 1-7-20）。可见，我国公众总体收入水平还比较低，制约了价格偏高的绿色产品的消费需求，同时虚假伪劣绿色产品在一定程度上也造成了公众对绿色产品质量的不信任。公众与企业关于产品绿色质量信息存在严重不对称，为企业使用虚假绿色质量信息提高利润提供了较大的空间，造成假冒绿色产品的泛滥。

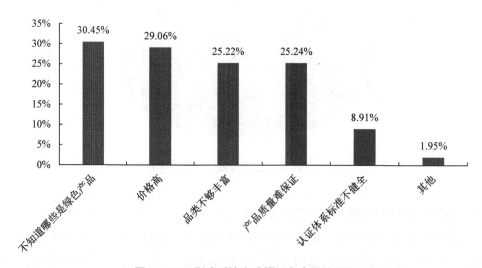

图 1-7-20　影响受访者选择绿色产品的因素

绿色消费既是生态文明建设的必然要求，同时也是公众追求美好生活的重要体现。目前，公众已经开始逐渐形成绿色消费的习惯。然而，市场上绿色产品品种少、价格高等因素严重制约着绿色消费推广的深度和广度，扩大绿色产品供给是对供给侧生产端提出的最直接要求。只有扩大绿色产品的供给、降低绿色产品的价格，才能有效推动绿色消费的普及，促进绿色生活方式的形成。绿色消费不仅仅是广大公众的责任，也对供给侧提出了更高的要求，倒逼供给侧更好地满足绿色消费的需求。

习近平总书记指出，"推动绿色发展，建设生态文明，重在建章立制"，并要求加快构建"约束和激励并举的生态文明制度体系"。一方面，政府应通过完善产品环境标准，提高其市场准入门槛，让对环境影响大的产品强制退市，从生产领域源头减少消费的环境影响；同时要加强绿色技术的基础研究和应用研究，注重中长期效益，为企业的绿色研发提供坚实的平台，提高企业的创新能力。另一方面，政府应运用税收减免、补贴以及绿色金融等多种经济手段，撬动市场，扶持绿色产业壮大，提升绿色产业竞争力，降低绿色产品的实际溢价水平，让更多的消费者买得起、用得起绿色产品。

（4）垃圾分类已经得到公众的高度支持，但相关配套措施和设施的不完善影响政策效果

调查结果显示，在垃圾分类投放方面，44.87%的受访者选择"一直会"，53.00%的受访者选择"偶尔会"，只有 2.13%的受访者选择"从不会"，说明了垃圾分类政策已深入人心，得到公众的普遍支持（图 1-7-21）。

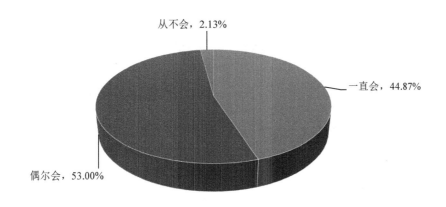

图 1-7-21　受访者选择垃圾分类投放的比例

在影响垃圾分类的因素方面，35.79%的受访者选择了"分类垃圾桶设置不规范"，30.04%的受访者选择了"宣传力度不够"，29.68%的受访者选择了"缺乏明确的制度规范"（图 1-7-22）。

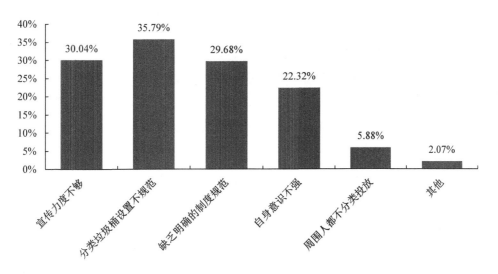

图 1-7-22　影响垃圾分类投放的因素

2019 年 10 月,党的十九届四中全会通过了《中共中央关于坚持和完善中国特色社会主义制度 推进国家治理体系和治理能力现代化若干重大问题的决定》,决定中提及"普遍实行垃圾分类和资源化利用制度"。2020 年 5 月,新修订的《北京市生活垃圾管理条例》正式实施,其中将减量与分类作为重要内容。垃圾分类不仅要靠法律约束,也要靠道德约束。我国推进垃圾分类现阶段正处于制度转型关键期,要有法治手段,但是从长期来看,要多依靠德治手段,依靠社会治理的力量,依靠公众文明素质的提高。

近年来,随着环保理念的普及,绝大多数公众支持垃圾分类,主要问题在于目前公众垃圾分类参与度不高、垃圾分类准确率还比较低。从调查的结果看,造成这种尴尬局面,主要是因为宣传力度不够、分类垃圾桶设置不规范。要切实解决公众垃圾分类"知易行难""高支持度、低参与度"的问题,重在提高居民垃圾分类的参与度。

加强宣传,是调动公众参与的首要前提。在加强宣传的基础上,还要开展广泛的互动交流活动,让公众参加各种形式的垃圾问题讨论,才能培养公众的"主人翁"意识,变被动接受为主动响应。同时,越简单,越便民,才会有更多公众愿意参与,要增强垃圾分类的约束力和准确率,一个重要前提是降低分类投放难度,让垃圾分类更简单、更可行。

4.4 公众对"十四五"期间生态环境保护工作期望

(1)公众关注重点开始从大气环境转向对水环境、垃圾分类,期望加大力度解决水环境和垃圾分类的问题

调查结果显示,31.96%的受访者认为"十四五"期间生态环境保护的重点应为"水源地保护及地下水污染防治",27.61%的受访者选择了"农业农村污染防治"。可见,地下水和农村生态环境保护逐渐受到公众普遍关注(图 1-7-23)。

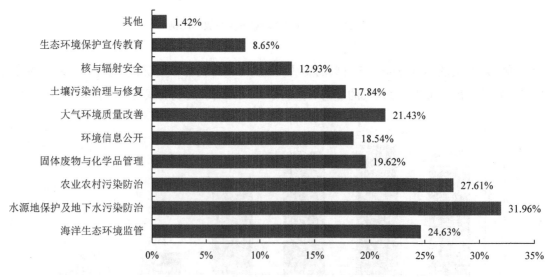

图 1-7-23 "十四五"期间生态环境保护的重点

"十三五"期间,在地下水污染防治方面,我国修订了《中华人民共和国水污染防治法》,完善地下水污染防治相关要求,制定印发了 20 余项相关技术标准规范,实施"国家地下水监测工程",持续开展地下水环境调查,初步建立区域尺度地下水环境质量监测网络,开展地下水污染防治试点

工作。在农业农村生态环境保护方面，农村环境整治深入推进，农村饮用水安全保障能力不断提升，农村生活污水垃圾治理水平不断提高，黑臭水体排查和治理试点示范有序开展。养殖业污染治理水平稳步提高，化肥、农药使用量实现负增长，农业废弃物资源化利用水平不断提升，农业农村生态环境保护与治理力度不断加大。虽然我国地下水和农业农村生态环境保护工作取得显著成效，但问题点多面广、基础薄弱，是一项长期而艰巨的任务。

可见，在近年来空气污染治理得到显著改善的前提下，公众对生态环境治理的关注重点已转移到与公众生活休戚相关的水环境治理和建设生态宜居的美丽乡村。但对于"十四五"期间应优先解决的突出生态环境问题方面，31.73%的受访者选择了"重污染天气"，26.62%的受访者选择了"垃圾分类"（图1-7-24）。

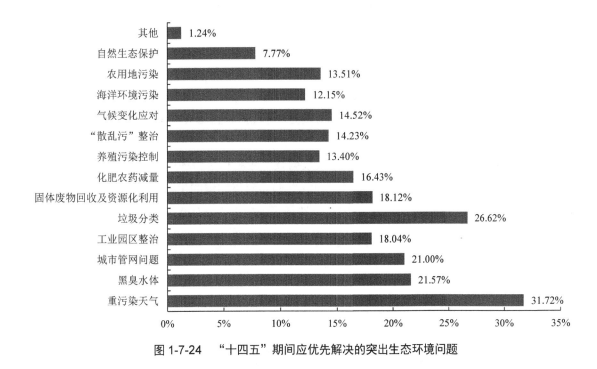

图 1-7-24 "十四五"期间应优先解决的突出生态环境问题

大气污染治理是公众对美好生活最直接的需要，而垃圾分类关系到公众日常生活习惯。2013年以来，我国大气污染防治取得显著成效，SO_2和酸雨等与燃煤相关的污染明显改善，主要大气污染物排放量明显下降，煤炭消费总量出现拐点，尤其是重点区域污染得到一定控制，秋冬季重污染明显减弱。在取得成绩的同时，目前我国大气环境形势总体依然严峻，区域复合性污染突出，重污染天气依然是公众认为最亟须解决的问题。

垃圾分类方面，近年来，我国垃圾分类工作取得了切实的进展。全国多个城市已开展生活垃圾分类投放、收集、运输和处理设施体系建设，多个城市生活垃圾分类工作已初见成效。然而，目前垃圾分类工作还存在多种问题，比如垃圾分类尚未成为公众的普遍行动和生活习惯、垃圾准确投放率低、收运处理渠道少等。因此，未来垃圾分类工作的展开，还需要针对这些问题进行对症下药，要让垃圾分类的理念深入人心，进而从行动上真正确保垃圾分类的推进。

从公众期望"十四五"期间更方便地获得生态环境信息调查结果也可以看出，公众普遍关注水、大气质量状况和环保设施建设信息（图1-7-25）。

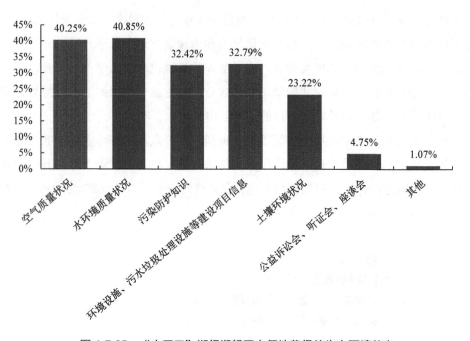

图 1-7-25   "十四五"期间期望更方便地获得的生态环境信息

（2）普遍关注环保大数据应用，期望加大大数据技术应用和完善环境污染奖惩机制

调查结果显示，38.77%的受访者认为"十四五"期间应该加强的生态环境保护措施是"注重环保大数据的收集、分析及应用"，36.00%的受访者选择了"加大生态环保督察巡察、约谈问责力度"，32.38%的受访者选择了"健全污染防治、排污许可、碳排放权交易等生态环保法治体系"（图 1-7-26）。

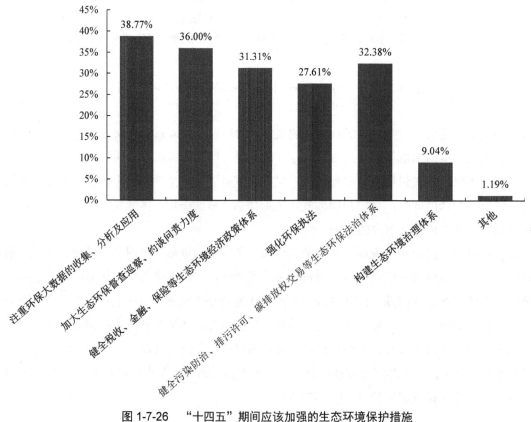

图 1-7-26   "十四五"期间应该加强的生态环境保护措施

党的十八大以来，随着信息技术的飞速发展和广泛应用，我国的数字化进程已经扩展到政务、民生、实体经济等各个领域，网络化、智能化深入发展，在推动经济社会发展、促进国家治理体系和治理能力现代化、满足人民日益增长的美好生活需要方面发挥着越来越重要的作用。在云计算、移动互联网等发展的推动下，每年环保相关部门产生了海量数据，如何利用数据进行环境信息化的应用，挖掘有价值的环境信息，从而为环境部门的日常管理与科学研究作出贡献变得尤为重要。

通过调查发现，公众对环境质量的关注度不断提高，具有极高的热情去感知环境质量并参与改善工作中。然而，目前公众能够感知环境质量的途径有限，主要是通过政府发布的报告，获悉总体的环境质量，以及通过一些 App，得到碎片化的环境质量状况，与公众个人的联系并不紧密，缺乏广泛的、专业的、系统的环境质量发布平台。而环保大数据的应用，能够提供可视化的区域环境质量，而非简单的数据表达，展现出环境质量状况的分布及其动态变化。

能否层层压实责任，严格依法依规监管，依纪依法精准问责是公众普遍关注的问题。环保督察巡察、约谈是我国改革发展中的一次重大制度创新，对完善环境监管体制有着深远意义。监督对象从企业延伸到党政机关，以及让公众参与其中，形成了"三位一体"全覆盖的环境治理模式。相较而言，以往环境污染责任主体多关注于企业，在一定程度上忽视了当地政府可能出现的不作为，甚至权力寻租情形，而随着环境监督方式的多元化，更加贴近生态环境保护的客观实际，不仅可以更好地明确政府责任，还在鼓励环境问题的举报中扩大了公众监督。

"动员千遍，不如问责一次。"面对各类监督发现的重点问题，必须用严追责、真问责，倒逼整改落实，以疾风厉势推动新发展理念的落实，切实推进美丽中国建设，让人民群众在青山绿水、蓝天白云的良好生态中增强获得感。在强化问责的同时，公众关注的另一个焦点便是环境举报奖惩机制的建立。调查结果显示，"十四五"期间应该加强的公众参与生态环境保护措施方面，36.84%的受访者选择了"完善举报反馈机制，保护并适当奖励举报人"，34.55%的受访者选择了"公开表彰对生态环境保护有显著成绩的单位和个人"，26.49%的受访者选择了"引导环保社会组织依法开展公益诉讼"（图 1-7-27）。

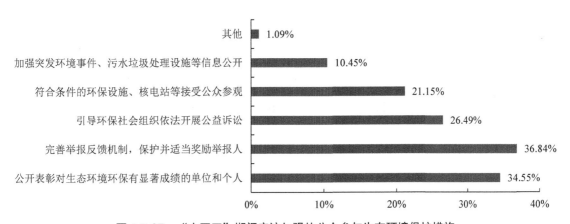

图 1-7-27　"十四五"期间应该加强的公众参与生态环境保护措施

对举报进行奖励既是对举报人举报行为的肯定和奖励，也是对举报人所承受的风险的补偿，可以调动和增强知情人举报的积极性。而及时有效的反馈既能使举报人了解举报的处理进程，也能使举报人了解相关部门的案件管辖范围。同时，更能使举报人意识到自己的举报被关注，在心理上获得安慰，增强举报的积极性。

党的十九届四中全会提出，坚持和完善共建共治共享的社会治理制度，保持社会稳定、维护国家安全。通过实施举报奖励制度，鼓励公众参与生态环境保护，是构建政府为主导、企业为主体、社会组织和公众共同参与的生态环境保护社会共治大格局的重要举措，2020 年 4 月份生态环境部印发的《关于实施生态环境违法行为举报奖励制度的指导意见》便是在这样的大背景下出台的，要求省级生态环境部门应当于 2020 年 6 月底前，结合当地实际，建立并实施举报奖励制度。2020 年年底前，设区的市级生态环境部门建立并实施举报奖励制度。除物质奖励外，也鼓励各地对举报人实施通报表扬、发放荣誉证书、授予荣誉称号等精神奖励。从调查结果可以看出，公众对举报奖励制度的落实落地给予较高关注。

2015 年 1 月 1 日起施行的《中华人民共和国环境保护法》规定，符合下列条件的社会组织可以向人民法院提起诉讼：一是依法在设区的市级以上人民政府民政部门登记；二是专门从事环境保护公益活动连续 5 年以上且无违法记录。2019 年 10 月 31 日，党的十九届四中全会通过《关于坚持和完善中国特色社会主义制度 推进国家治理体系和治理能力现代化若干重大问题的决定》，提出加强对法律实施的监督的目标，并明确要求拓展公益诉讼案件范围。2020 年 3 月，中共中央办公厅、国务院办公厅印发了《关于构建现代环境治理体系的指导意见》（以下简称《意见》），提出到 2025 年，提高市场主体和公众参与的积极性，形成激励有效、多元参与、良性互动的环境治理体系，明确提出健全环境治理全民行动体系，强化社会监督的目标。《意见》明确要求，加大对破坏生态环境案件起诉力度，加强检察机关提起生态环境公益诉讼工作。同时要求，引导具备资格的环保组织依法开展生态环境公益诉讼等活动。

经过多年发展，我国环境公益诉讼数量占比仍比较小。通过调查发现，公众对社会组织提起公益诉讼的满意度仍然不高，一方面是因为法律对主体资格仍有比较严格的限制，另一方面，也说明社会组织提起环境公益诉讼的能力尚需提高。社会组织提起环保公益诉讼，具有简便灵活、节约财政资源、不受"主客场"限制等优势，应该充分发挥社会组织的"第三方监督"作用，鼓励支持社会组织参与环境公益诉讼。

（3）关注新媒体和移动互联网平台在环保宣传中的作用，期望利用新媒体和新的传播平台创新环保宣传内容和传播方式

调查结果显示，在"十四五"期间公众期望的生态环境宣传教育方式方面，44.30%的受访者选择了"开展进社区、进学校、进企业、进农村等环保宣传活动"，40.13%的受访者选择了"广泛利用微信、微博、抖音、快手、B站等新媒体平台"，33.60%的受访者选择了"开展问卷调查、座谈访谈等环保调研活动"（图 1-7-28）。

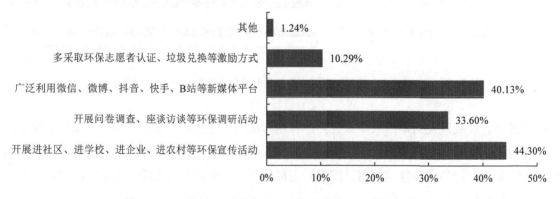

图 1-7-28   "十四五"期间公众期望的生态环境宣传教育方式

加强生态环境保护宣传教育工作，使公众能够认识到当前面临的环境危机，让公众能够认识到环境保护的重要性，提高社会公众的责任意识至关重要。要加大宣传力度，普及环境保护知识，使公众参与生态环境保护的积极性得到提升，认识到"生态环境保护需要全社会共同行动"。当前我国公众参与生态环境保护的活动形式比较少，政府组织的生态环境保护活动影响最大，社会团体以及个人自发组织的环境保护行动影响力度不够，影响范围也比较小。因此需要结合我国的实际情况，引导各类社会主体组织开展形式多样的生态环境保护活动，让公众有更多机会和空间参与到环境保护中。

党的十九大报告将"美丽"作为全面建成社会主义现代化强国的奋斗目标之一，并对"加快生态文明体制改革，建设美丽中国"规划了清晰的路线图，为建设天蓝、地绿、水净的美丽中国指明了努力方向。2020年4月3日，习近平总书记在参加首都义务植树活动时强调，要牢固树立"绿水青山就是金山银山"的理念，加强生态保护和修复，扩大城乡绿色空间，为人民群众植树造林，努力打造青山常在、绿水长流、空气常新的美丽中国。十九届五中全会再次明确2035年远景目标之一，就是"广泛形成绿色生产生活方式，碳排放达峰后稳中有降，生态环境根本好转，美丽中国建设目标基本实现"。对于心目中的美丽中国，41.66%的受访者选择了"空气、水生态环境优良"，29.66%的受访者选择了"生态良好"，26.64%的受访者选择了"城乡环境优美"（图1-7-29）。

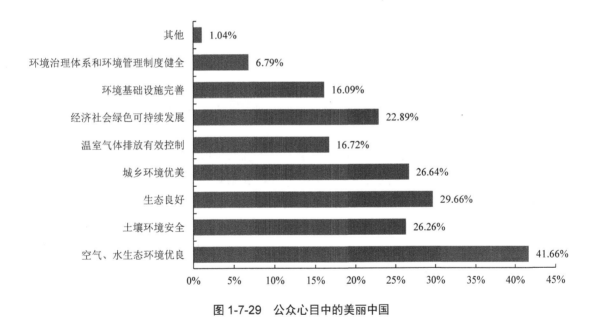

图1-7-29　公众心目中的美丽中国

习近平总书记强调，要像对待生命一样对待生态环境。在对待生态环境问题上，应该像保护自己的眼睛一样，像保护自己的生命一样来保护生态环境。因为生态环境是没有替代品的，是独一无二的。一旦将这些不可再生资源使用完，就会发现失之难存。面对如此重要的生态环境，要大力加强宣传教育，清醒地认识到解决生态问题的艰巨性和紧迫性。从调查结果看，新时代要更好地推进生态文明宣传教育，让生态文明教育走入每个家庭、社区、学校、企业当中去，要合理利用新媒体平台，在微信、微博、网站和杂志上潜移默化地影响公众的思维方式和行为准则，要让生态文明理念融入生活的方方面面，进社区、进学校、进企业、进农村，润物细无声地促使公众自觉保护生态环境。

2020 年 3 月，国家发展改革委会同有关部门制定《美丽中国建设评估指标体系及实施方案》，方案明确了美丽中国建设评估指标体系，包括空气清新、水体洁净、土壤安全、生态良好、人居整洁 5 类指标。指标涉及的 5 个方面与调查结果显示的公众心目中的美丽中国不谋而合。

"十四五"时期是我国开启全面建设社会主义现代化国家新征程的第一个五年。围绕美丽中国建设目标，谋划好"十四五"时期生态环境保护目标和重点工作方向，对美丽中国建设起好步、开好局具有重要意义。站在开启全面建设社会主义现代化国家的新征程，"十四五"相关目标任务的确定，不仅要考虑五年期内生态环境的改善要求，还要充分考虑 2035 年乃至 21 世纪中叶美丽中国的建设目标，强化问题导向、目标导向和结果导向，从解决社会主要矛盾出发，坚持以人民为中心，积极回应公众对优良空气、水生态环境的期待。

十九届五中全会对生态文明建设和生态环境保护作出重大战略安排，提出了 2035 年"美丽中国建设目标基本实现"的远景目标和"十四五"时期"生态文明建设实现新进步"的新目标新任务，并就"推动绿色发展，促进人与自然和谐共生"进行了明确部署。彰显了党中央对促进高质量发展，持续改善生态环境质量，提高人民群众幸福感的坚定决心，为"十四五"时期加强生态文明建设和生态环境保护提供了方向指引和行动指南。

5 调查结论与意见

5.1 结论

（1）公众对生态环境保护关注度较高，空气、水环境和宜居环境的建设为"十四五"期间关注重点

我国公众对于生态环境保护的重要性已经有了一定程度的认识，在日常生活中，95.82%的受访者会关注生态环境问题，超过八成的受访者更关心空气、水环境治理状况，38.33%、28.13%的受访者认为过去一年我国最为突出的生态环境问题是空气污染和黑臭水体，但仅有 55.40%的受访者认为目前空气污染问题得到了较大改善，62.91%的受访者认为黑臭水体问题得到较大改善，虽然仅有 4.18%的受访者认为近一年内最突出的环境问题是地下水污染，但其中有 10.89%的受访者认为目前地下水污染问题没有得到改善，5.84%的受访者认为变严重了。"十四五"期间，31.73%的受访者认为要最优先解决重污染天气问题，40.85%的受访者期望方便获取水环境质量状况信息，40.25%的受访者期望方便获取空气质量状况信息，排在"十四五"期间期望更方便获取生态环境保护信息的前两位，对于心目中的美丽中国，41.66%的受访者选择了空气、水生态环境优良。

（2）公众从对空气质量转变到对水环境、大气环境和宜居环境的全面关注

从此次问卷调查体现的总体情况来看，公众对饮用水水源地的保护意识较高，有 35.77%的受访者关注饮用水水源地污染，排在公众最关心的生态环境问题的第二位，28.43%的受访者关注地下水污染，排在公众最关心的生态环境问题的第三位，仅有不足两成的受访者认为"十三五"期间我国饮用水水源地保护得到显著改善，21.31%的受访者认为河长制/湖长制制度体系有待完善，近三成的受访者认为"十四五"期间生态环境保护的重点在饮用水水源地保护及地下水污染防治，排在"十四五"期间重点工作的第一位，27.61%的受访者认为"十四五"期间生态环境保护的重点在农业农村污染防治，排在"十四五"期间重点工作的第二位。

（3）公众对我国"十三五"期间生态环境保护工作给予高度认可，国际合作宣传力度需加大

55.39%的受访者对"十三五"期间我国生态环境保护工作表示满意，36.11%的受访者表示非常满意，其中分别有90.84%、88.13%的受访者对空气质量状况、水环境质量状况改善表示满意，但在垃圾分类方面，有12.83%的受访者对当地的垃圾处理状况不满意，满意度最低。对于"十四五"期间应优先解决的突出的环境问题，26.62%的受访者选择了垃圾分类，排在第二位，可见，垃圾分类知易行难，仍需加大宣传力度和全局性顶层设计。在环保区域合作及国际合作方面，仅有 2.23%受访者认为在"十三五"期间得到显著改善，说明我国生态环境保护国际合作力度仍需加大，同时也应加大宣传力度，扩大国际合作影响力。

（4）公众主要通过电视和微信获取生态环境信息，短视频广受年轻受访者喜欢

收看电视是受访者获取生态环境信息的首要渠道，占比38.10%，其次是微信，占比31.28%，通过短视频开展生态环境保护宣传教育正逐步被人们接受，特别是19～29岁的年轻群体。在"十四五"期间公众期望的生态环境宣传教育方式，40.14%的受访者选择了广泛利用微信、微博、抖音、快手、B 站等新媒体平台开展，可见，新媒体及时、双向、互动的宣传特点受到公众的普遍欢迎，应推动传统媒体和新媒体深度融合发展，抓好内容和形式的创新，提高生态环境保护宣传的精准度。

（5）公众参与生态环境保护的积极性较高，相关生态环境保护制度配套措施不健全降低了公众参与意愿

公众具有较强的参与生态环境保护的意愿，49.04%的受访者参与过环保宣传科普活动，47.83%的受访者参与过义务植树、清理垃圾等日常实践活动，44.09%的受访者参与过环境问题调查调研活动，97.89%的受访者支持垃圾分类，但制约公众更高质量参与生态环境保护工作的主要原因是缺乏细化的配套政策和手段。例如，在垃圾分类方面，40.87%的受访者认为目前垃圾分类制度体系建设最为薄弱，35.79%的受访者认为分类垃圾桶设置不规范和29.68%的受访者认为缺乏明确的制度规范是造成目前我国垃圾分类推进不畅的主要原因；在信息公开方面，公开的广度和深度还有待加强，29.52%的受访者认为目前我国生态环境信息公开制度体系仍需完善，39.47%的受访者认为相关生态环境保护活动信息获取难是影响他们参与生态环境保护工作积极性的重要原因；在公众参与环境监督方面，虽然通过激励机制鼓励公众举报各类环境违法现象，但没有具体的措施保护举报人的人身安全，奖励反馈机制还不完善，32.22%的受访者担心受到打击报复，36.55%的受访者希望在"十四五"期间完善举报反馈机制，保护并适当奖励举报人。

（6）公众认可环境认证，但宣传力度有待加大

对于"中国环境标志"或"中国能效标识"产品，39.05%的受访者表示在购物时会优先考虑，95.64%的受访者有购买的意愿。对于影响购买绿色产品的主要因素方面，30.45%的受访者选择了"不知道哪些是绿色产品"，29.06%的受访者选择了"价格高"，另有25.24%的受访者选择了"产品质量难保证"、25.22%的受访者选择了"品种不够丰富"。可见，一方面我国绿色产品的宣传力度还不够，公众对绿色产品呈现"高认同、低认知"的特点，同时公众总体收入水平还比较低，制约了价格偏高的绿色产品的消费需求，另一方面虚假伪劣绿色产品在一定程度上也造成了公众对绿色产品质量的不信任。

（7）公众对生态环境保护监督举报的参与停留在较浅层次，环保NGO参与公益诉讼的力度有待提高

仅有 5.63%的受访者参与过有关环保监督举报，对举报处理结果和效果的信任度不高是主要原

因，有 41.88% 的受访者认为投诉举报了也没有用，但在月收入 10 000 元以上的受访者中有 15.26% 的受访者参与过有关环保监督举报，大幅高出其他月收入群体。在面对生态环境问题，如果需要采取环保监督举报行动时，仅有 17.31% 的受访者会选择向民间环保团体求助，26.49% 的受访者认为"十四五"期间应加大力度引导环保社会组织依法开展公益诉讼。可见，基于环保 NGO 已有的工作和实践经验，特别是在基层和公众近距离接触的优势，应加大对环保 NGO 的引导力度，使其广泛参与到各类生态环境保护举措中，弥补政府和公众公共生态环境保护资源不足的状况，提高公众参与的有效性。

（8）公众普遍支持生态环保督察巡察，环保大数据应用广受关注

在"十四五"期间，38.77% 的受访者认为最应该注重环保大数据的收集、分析及应用，36.00% 的受访者认为应该加大生态环保督察巡察、约谈问责力度。可见，随着环保督察巡察的力度不断加大，切实解决了一大批公众身边的环境问题，增强了公众的关注度和获得感。同时，随着生态环境保护的不断发展和信息技术进步，生态环境保护大数据的应用已经引起公众的高度关注，以信息化提升数据管理能力和服务能力，及时准确掌握生态环境现状，服务公众参与生态环境保护需要，已经成为公众期盼和现实需求。

5.2　建议

"十四五"时期是污染防治攻坚战取得阶段性胜利、继续推进美丽中国建设的关键期。从以前的"盼温饱"到现在的"盼环保"，从过去的"求生存"到如今的"求生态"，公众越来越把目光从"金山银山"转移到"绿水青山"，对标 2035 年美丽中国建设目标，"十四五"期间生态环境保护要坚持以改善生态环境质量为核心，深入打好污染防治攻坚战，持续加强生态系统保护，为美丽中国建设开好局、起好步。

（1）坚持污染防治，全面改善环境质量

全面推进空气质量改善。推动空气质量稳步提升，基本消除重污染天气。以空气质量改善为导向，以满足公众对空气质量要求为目标，大力实施城市空气质量达标管理，树立一批标杆城市，先行达到更高的空气质量标准。分类实施城市空气质量稳定达标管理，以多污染物协同减排和精细化管理为重点，持续深化常规污染源治理，强化新型污染物协同控制。

持续推进水环境质量达标。推动水环境质量持续改善，水生态建设得到加强，基本消除城市黑臭水体，进一步统筹水资源、水生态、水环境治理。全面贯彻《水污染防治行动计划》，建立水源安全保障、水污染严格控制、治水管理一体化的保护与防控体系。加强重要江河湖库水质保护，强化饮用水水源地保护和地下水污染防治力度，持续推进污水处理设施建设与改造。

加强土壤污染防治。以耕地土壤环境保护为重点，严控新增土壤污染，实施农用地和建设用地土壤环境分级和分类管理，构建土壤环境基础数据库，建立土壤环境质量监测网络，健全土壤污染防治相关标准和技术规范，加快推进受污染土壤的治理与修复试点，解决一批土壤污染历史遗留问题。

提升生态系统保护。以"绿水青山就是金山银山"理念为指导，强化山水林田湖"生命共同体"意识，维护生态安全格局，加强生态系统建设，保护生态多样性，提升生态系统完整性、稳定性和服务功能，促进人与自然和谐共生。

（2）拓宽公众参与渠道，积极引导公众参与环境监督决策

拓宽公众参与渠道，建立公众参与的多类别、多层次平台，形成完善的公众参与环保的机制。完善公众参与的制度程序，引导公众依法、有序地参与环境立法、环境决策、环境执法、环境守法和环境宣传教育等环境保护公共事务，搭建公众参与环境决策的平台。建立环境决策民意调查制度，并开展公众开放日活动。制定和实施重大项目环境保护公众参与计划，在建设项目立项、实施、后评价等环节，有序提高公众参与程度，逐步实现公众在生态环境保护中的全过程参与。

提高环境保护公众参与能力的前提是制度创新。切实提高环保执法监管水平和各治理主体行为的透明度，调动公众和社会组织依法参与环境治理的积极性，按照确保公众环境权益和生态环境共建共享的理念，积极构建开放式生态创建、控制污染排放、执法监管等方面的公众参与体系，完善环境舆情监测引导体系，提高生态环境保护的公众参与能力。

积极全面推进环境公益诉讼。环境公益诉讼是公众参与环境保护、保障公众环境权益的重要形式，当社会、公众的合法环境权利受到侵害时，公众可以通过环境公益诉讼程序向法院提起诉讼，以维护自己的合法权益。通过探索建立环境维权中心或环境维权部，组织公益律师、市民代表依法开展环境公益诉讼活动，可以强化公众参与的刚性制约。主动邀请公众参与专项执法、限期治理和验收等各类活动。积极引导环保NGO参与环境公益诉讼，细化环保公益诉讼的法律程序，完善环境公益诉讼制度，充分发挥环保组织在环境公益诉讼中的作用，适当放宽社会组织参与环境公益诉讼限制，降低环保NGO参与公益诉讼成本。进一步健全环境违法行为有奖举报制度，拓宽举报范围和渠道，加大举报奖励力度，搭建良好的执法监督平台。

（3）完善奖惩机制，增强公众环保行为实践的获得感

首先，具有生态环境保护职能的各级机关部门应当是奖惩机制实施的主体。地方政府和生态环保组织可充分利用自身的经济、行政、法律及政策等权能及时把握激励的时机，合理掌握激励的程度，巧妙选择激励的方向以鼓励环保行为实践的全体参与者。

其次，公众是生态环境保护参与者中人数最多的群体，其公众环保意识和行为能力也是个体差异程度最大的群体，通过一定的奖惩措施对其引导帮助，发掘公民强大的力量。

再次，建立健全丰富多样的激励形式，切实发挥激励的导向作用。在环保行为实践、环保理念传播、美丽中国担当中通过内激励与外激励相结合、精神激励与物质激励相结合的方式，并辅以刑事处理等措施，建立覆盖企业和公众的奖惩体系。

最后，加强生态文明建设成果宣传，对近年来我国在生态文明建设领域取得的成果进行宣传，让公众能够直观地感受到自身在生态文明建设的付出所取得的成果，增强公民对生态文明建设的自豪感，推动公众环保行为实践由被动参与向主动参与的转变。

（4）坚持改革创新，全面完善制度体系

提升生态环境标准目标要求。加强环境标准的制修订工作，以适应公众对高质量生态环境质量的需求。对环境标准尚未覆盖的领域，抓紧制定相关标准和技术规范，针对新问题，及时更新和完善相关环境标准和技术政策体系，鼓励地方根据自身生态环境保护工作的实际需要以及针对特殊环境问题制定具有地方特色的更严格的环境标准体系。

建立生态产品价值实现机制。完善相关制度标准，有效链接生态产品价值增值和价值实现，建立市场化、可持续的生态产品价值实现机制，构建纵向为主、横向为辅，政府引导、市场参与的多元化生态补偿机制，完善资源环境价格机制，完善用水权、用能权、碳排放权、排污权交易体系，

大力发展生态产业，推进产业生态化，让保护修复生态环境获得合理回报，让破坏生态环境付出相应代价。

健全垃圾分类和生态补偿制度。进一步完善生活垃圾分类方面的法律体系，构建合理有效的监督机制，按照政府推动、全民参与、城乡统筹、因地制宜、简便易行的原则，实现垃圾分类制度有效覆盖。建立财政补助、异地开发、协议保护等多渠道保护与补偿方式，进一步加大对重点生态功能区政策支持和财政转移支付力度，强化生态保护成效与资金分配挂钩的激励约束机制。

完善环境信息公开机制。在政府层面，主动公开环境信息，注重将各类环境信息转化成公众能够理解的信息，使一般公众能够有效理解环境现象的科学解释，同时简化公众获取信息的手续和渠道。在企业层面，积极推动企业公开环境信息，引入第三方核查机制，对企业公开的环境信息进行审核，确保环境信息披露的准确性、科学性。

（5）健全管控手段，提高生态环境治理能力

开展政策的事前事后评估。实施政策环境影响评价制度，针对可能对生态环境产生影响的政策进行影响评价，形成政策环评、规划环评、项目环评由上至下、层次分明的环评体系，提高各领域政策与生态环境保护的协同水平，借鉴国际经验，探索开展有关政策和重大项目的费用效益评价，科学评价政策实施效果，为政策的制定、修订提供科学依据。

强化生态环境保护督察机制。在继续压实环保督察巡查工作的基础上，推进生态环境督察巡察制度化、规范化、精简化，推动生态环保督察巡查突出问题导向、区域差异、重点问题，健全生态环境保护督察巡察机制，提高生态环保督察巡查的精准化水平，加大生态环境保护常态监管力度，对各类环境违法违规行为实行"零容忍"。推进实现统一生态环境保护执法，整合不同领域、不同部门的监管力量，构建生态环境保护综合执法体制，完善跨区域、流域、海域的环境监管机制建设。

加强数据管理和监测平台的共建共享。建立数据资源统筹管理和共享制度，建立统一规范的生态环境和自然资源基础数据库和标准体系，充分运用物联网、大数据、云计算、"互联网+"等先进技术手段，建立高效科学的生态环境监测数据采集机制和能力。完善大气、水环境质量的常态化监测，建立土壤环境质量常态化监测体系，实现环境监测、环境质量评估、环境风险预警和环保执法的综合集成，提高常态化生态环境保护监管的准确性和透明度，提高监管成效。

细化实施情况评估考核。建立生态环境保护"十四五"规划施情况年度调度机制，细化规划实施的考核评估机制，将规划目标和主要任务纳入各地、各有关部门政绩考核和生态环境保护责任考核内容，在 2022 年和 2025 年年底组织第三方评估机构对规划实施情况分别进行评估，发挥社会各界对规划实施情况的监督作用，积极开展公众评价，并依据中期评估结果对规划目标任务进行科学调整，评估结果作为考核依据并向社会及时公布。

（6）推动绿色发展，促进生产方式和生活方式绿色化

推动生产方式绿色化。进一步提高高污染高能耗产业的环境标准，更新落后产能、工艺和设备清单，加大淘汰力度；加强企业绿色化升级改造，推广绿色设计示范企业、绿色示范园区、绿色示范工厂的试点经验，建立我国绿色制造体系；推动生态农业和规模化农业发展水平，推广农业清洁生产技术，严格控制农业面源污染，减少农药、化肥使用量，加强农业废弃物的回收和综合利用。

发展节能环保产业。积极利用生态文明建设的重大发展机遇，鼓励发展节能环保技术咨询、系统设计、设备制造、工程施工、运营管理等专业化节能环保企业，形成可与国外同类先进企业竞争的主导技术和产品，推动国企、民企相互促进和良性竞争，培育形成多家百亿、千亿级别的节能环

保企业。

增加绿色产品供给。加快构建绿色制造体系，强化全生命周期绿色管理，推行节能低碳产品、环境标志产品和有机产品认证、能效标识管理，建立统一的绿色产品体系，增强绿色产品供给，降低绿色产品价格。

加强生活污染源治理。加快实现再生资源回收利用体系与生活垃圾清运体系的有效衔接，提高生活垃圾回收率和垃圾无害化处理水平，遏制"垃圾围城"问题，深化"无废城市"建设试点，统筹推进农村生活污水和黑臭水体治理。

推进绿色生活方式。大力推广公民生态环境行为规范，利用环境教育基地、生态文明示范基地等各类平台，开展以生活方式绿色化为主题的互动式教育，利用互联网、短视频等平台宣传绿色节能低碳生活方式，创建一批绿色家庭、绿色社区、绿色学校，提高全社会生态环境保护意识。

本专题执笔人：徐红（中国生态文明研究与促进会）、吕玉濮、范青东
完成时间：2020 年 12 月

附录 1-7-1

"十四五"公众关注的重点热点环境问题调查问卷

您好！我们是 2020 年"十四五"公众关注的重点热点环境问题调查的调查员，正在开展问卷调查。非常感谢您能在百忙之中抽出时间参与我们的调查。请您根据实际情况和亲身感受，对以下问题做出回答。在填写问卷之前，请您阅读以下内容：

（1）请您认真填写问卷，确保填写信息的真实性和准确性。

（2）请独立完成问卷，在符合的选项上划√或填写序号。

（3）我们会严格保密参与者的个人信息。在问卷调查、数据分析和公开发表调查结果的过程中，用数字符号来代替参与者的姓名，用参与者所对应的数字符号来记录、存档调研数据。

问卷信息				
调查地点： 省 市 区 街道（乡镇） 号				
调查日期： 月 日 问卷编码：				
受访者：＿＿＿＿＿＿＿ 联系方式（保密）：＿＿＿＿＿＿＿				

个人基本情况

性别：

①男   ②女

您的年龄：

①18 岁以下   ②19～29 岁   ③30～59 岁   ④60 岁以上

您的文化程度：

①小学及以下   ②初中   ③高中、高职或中专

④大学专科或本科   ⑤硕士及以上

您的职业：

①环保及相关的工作者   ②公务员   ③企业管理人员   ④普通职员

⑤教师   ⑥学生   ⑦个体经营   ⑧农民   ⑨其他

您的月收入是：

①4 000 元及以下   ②4 001～6 000 元   ③6 001～8 000 元

④8 001～10 000 元   ⑤10 001 元以上

1. 日常生活中，您是否关心环境问题？【单选题】

①非常关心   ②比较关心   ③不关心   ④无所谓

2. 您平时关注哪些生态环境问题？【多选题】（最多选 6 项）

①空气污染   ②地下水污染   ③饮用水水源地污染   ④水资源短缺

⑤农村生活污水   ⑥黑臭水体   ⑦海洋污染   ⑧森林减少

⑨耕地退化   ⑩散煤污染   ⑪工业固废   ⑫垃圾围城（围村）

⑬气候变化　　⑭能源危机　　⑮野生动植物保护　　⑯核与辐射安全

⑰荒漠化　　　⑱其他_____

3. 您平时通过哪些渠道了解以上生态环境问题？【多选题】（最多选3项）

①电视　　②报纸/杂志　　③环保网站/政府网站　　④微博　　⑤微信

⑥短视频（抖音、快手等）　　⑦课堂学习　　⑧与身边朋友交流

⑨其他_____

4. 您认为过去一年我国最突出的生态环境问题是什么？【单选题】

①空气污染　　②黑臭水体　　③地下水污染　　④工业污染

⑤汽车尾气污染　　⑥垃圾废弃物污染　　⑦噪声污染　　⑧生态破坏

⑨其他_____　　⑩无突出环境问题（跳转至第6题）

5. 目前您认为该突出问题是否得到改善？【单选题】

①已经没有问题了　　②改善很多　　③有一些改善

④没变化　　⑤变严重了

6. 您平时会留意以下哪些环境信息？【多选题】（最多选3项）

①空气质量状况　　②水环境质量状况　　③土壤环境状况

④污染防护知识　　⑤环境设施、污水垃圾处理设施等建设项目信息

⑥公益诉讼会、听证会、座谈会　　⑦突发环境事件　　⑧其他_____

7. 关于生态环境制度体系，您认为哪些方面还比较薄弱？【多选题】（最多选3项）

①垃圾分类　　②河长制/湖长制　　③环境信息公开　　④环境影响评价

⑤生态补偿　　⑥绿色金融　　⑦生态产品价值实现　　⑧其他_____

8. 您如何评价"十三五"期间我国生态环境保护工作？【单选题】

①非常满意　　②比较满意　　③不满意　　④不清楚/不关注

9. "十三五"期间生态环境保护在哪些方面有显著改善？（最多选5项）

①空气质量状况　　②水环境质量状况　　③土壤环境状况　　④植树造林

⑤生物多样性保护　　⑥黑臭水体　　⑦海洋环境　　⑧水源地保护

⑨突发环境事件防控　　⑩清洁取暖　　⑪环境保护督察

⑫绿色发展转型　　⑬应对气候变化　　⑭环保区域合作及国际合作

⑮其他_____

10. 您如何评价当地政府在"十三五"期间的生态环境保护工作？【单选题】

①非常满意　　②比较满意　　③不满意　　④不清楚/不关注

11. 您对本地的空气质量状况满意吗？【单选题】

①非常满意　　②比较满意　　③不满意　　④不清楚/不关注

12. 您对本地的河流、湖泊、水库、沟渠等水环境状况满意吗？【单选题】

①非常满意　　②比较满意　　③不满意　　④不清楚/不关注

13. 您对本地的垃圾处理状况满意吗？【单选题】

①非常满意　　②比较满意　　③不满意　　④不清楚/不关注

14. 您对本地的工业污染整治状况满意吗？【单选题】

①非常满意　　②比较满意　　③不满意　　④不清楚/不关注

15. 您参加过哪些环保志愿活动?【多选题】(最多选3项)

①环保宣传科普活动　　②义务植树、清理垃圾等日常实践活动

③环境问题调查调研活动　　④环保监督举报行动　　⑤其他_____

16. 阻碍您参加环保志愿活动的最主要因素是什么?【单选题】

①很难获取活动信息　　②时间或地点不方便　　③活动组织不规范

④活动名额有限　　⑤缺乏必要的培训　　⑥周围人都不参加

⑦没有什么用　　⑧其他_____

17. 您购物时,会关注"中国环境标志"或"中国能效标识"吗?【单选题】

①一直会　　②偶尔会　　③从不会

18. 影响您选购绿色产品的原因主要有哪些?【多选题】(限选2项)

①不知道哪些是绿色产品　　②价格高　　③品类不够丰富

④产品质量难保证　　⑤认证体系标准不健全　　⑥其他_____

19. 您平时会垃圾分类投放吗?【单选题】

①一直会　　②偶尔会　　③从不会

20. 影响您垃圾分类的主要因素有哪些?【多选题】(最多选2项)

①宣传力度不够　　②分类垃圾桶设置不规范　　③缺乏明确的制度规范

④自身意识不强　　⑤周围人都不分类投放　　⑥其他_____

21. 在面对环境污染问题时,您愿意采取哪些环保监督举报行动?【多选题】(最多选3项)

①向当地街道、居委会或村委会反映情况　　②向当地政府相关部门投诉举报

③拨打环境问题举报电话　　④向媒体反映情况

⑤寻求民间环保团体的帮助　　⑥直接曝光到网上

⑦没有任何行动　　⑧其他_____

22. 影响您参与监督举报行动的主要因素是什么?【单选题】

①担心受到打击报复　　　　②觉得投诉举报了也没用

③不清楚投诉举报的渠道　　④不关我的事,应该由政府解决

⑤没发现需要投诉举报的问题　　⑥其他_____

23. 您认为"十四五"期间生态环境保护的重点应该关注哪些?【多选题】(最多选3项)

①海洋生态环境监管　　②水源地保护及地下水污染防治　　③农业农村污染防治

④固体废物与化学品管理　　⑤环境信息公开　　⑥大气环境质量改善

⑦土壤污染治理与修复　　⑧核与辐射安全　　⑨生态环境保护宣传教育

⑩其他_____

24. 您认为"十四五"期间应优先解决哪些突出生态环境问题?【多选题】(最多选4项)

①重污染天气　　②黑臭水体　　③城市管网问题　　④工业园区整治

⑤垃圾分类　　⑥固体废物回收及资源化利用　　⑦化肥农药减量

⑧养殖污染控制　　⑨"散乱污"整治　　⑩气候变化应对

⑪海洋环境污染　　⑫农用地污染　　⑬自然生态保护　　⑭其他问题

25. 您认为"十四五"期间应该加强哪些生态环境保护措施?【多选题】(最多选3项)

①注重环保大数据的收集、分析及应用

②加大生态环保督察巡查、约谈问责力度

③健全税收、金融、保险等生态环境经济政策体系

④强化环保执法

⑤健全污染防治、排污许可、碳排放权交易等生态环保法治体系

⑥构建生态环境治理体系　　⑦其他_____

26. 您认为 "十四五" 期间应该加强哪些公众参与生态环境保护措施? 【多选题】（最多选 2 项）

①公开表彰对生态环境保护有显著成绩的单位和个人

②完善举报反馈机制，保护并适当奖励举报人

③引导环保社会组织依法开展公益诉讼

④符合条件的环保设施、核电站等接受公众参观

⑤加强突发环境事件、污水垃圾处理设施等信息公开

⑥其他_____

27. 您期望 "十四五" 期间如何更好地开展生态环境宣传教育? 【多选题】（最多选 2 项）

①开展进社区、进学校、进企业、进农村等环保宣传活动

②开展问卷调查、座谈访谈等环保调研活动

③广泛利用微信、微博、抖音、快手、B 站等新媒体平台

④多采取环保志愿者认证、垃圾兑换等激励方式　　⑤其他_____

28. 您期望 "十四五" 期间更方便地获得哪些生态环境信息? 【多选题】（最多选 3 项）

①空气质量状况　　②水环境质量状况　　③土壤环境状况

④污染防护知识　　⑤环境设施、污水垃圾处理设施等建设项目信息

⑥公益诉讼会、听证会、座谈会　　⑦其他_____

29. 您心目中的美丽中国是什么样子? 【多选题】（最多选 3 项）

①空气、水生态环境优良　　②土壤环境安全　　③生态良好

④城乡环境优美　　⑤温室气体排放有效控制　　⑥经济社会绿色可持续发展

⑦环境基础设施完善　　⑧环境治理体系和环境管理制度健全　　⑨其他方面

30. 党的十八大报告提出 "大力推进生态文明建设"，十九大报告将 "污染防治攻坚战" 作为三大攻坚战之一，您对今后五年的生态环境保护工作还有哪些意见或建议?

附录 1-7-2

"十四五"公众关注的重点热点问题调查指标体系

一、设计原则

从指标体系设计的技术要求上来看，一是适应中国的基本国情，要能反映当今公众对生态环境保护的基本诉求和区域差异的基本国情；二是满足国家未来发展的基本趋势，要能够支持未来公众对未来生态环境保护的新期望和新要求；三是相关科学决策的基本支撑，要与国家战略及有关政策目标相联系，注重指标构建的解释力和敏感性；四是实践操作性的基本要求，要能与测评实践相对接，与测评对象的特点和需求相适应。

（1）整体性原则。指标体系应反映公众对"十四五"期间生态环境保护工作诉求和期许。

（2）适用性原则。指标设置要结合测评对象的特点，遵循人们认知事物的规律，由浅入深、循序渐进。

（3）定量化原则。指标体系中各指标尽量采用可量化的指标，保证评价结果的准确性。

（4）可行性原则。建立指标体系要考虑现实的可行性和数据收集的难易程度，选取的指标要利于理解、易于操作、便于评价。

二、设计思路

对国内外在公众参与生态环境保护相关研究成果进行分析研究，从哲学、文化、价值观、心理学和具有环境素养的公民素质等角度，借鉴环境意识评价、科学素质评价等相关研究成果，结合生态环境保护公众参与的总体要求，深入研究"十三五"期间公众关注的重点热点环境问题，分析影响因素（性别、年龄、职业、文化程度、收入、所在地域等），并从公众生态环境保护的认识水平、生态环境保护的践行程度、生态环境保护期望三方面，以及知、情、意、行四个维度，选取相应的指标，初步构建了符合我国国情的公众关注的重点热点问题调查。

三、影响因素

社会存在决定社会意识，公众对生态环境问题的关注是社会意识的一种形式，受社会存在的影响。因此，受公众的地理环境、社会地位、知识体系等的影响，有什么样的社会存在，就会有什么样的意识与之相对应。影响因素主要包括性别、年龄、文化程度、职业类型、收入水平和所处区域等。如王建明在《心理意识因素对消费者生态文明行为的影响机理》一文中从理论和实证两个方面研究，得出"人口统计变量，即性别、年龄、学历、个人月收入，对心理意识变量和生态文明行为之间的路径关系存在显著的调节效应，影响着二者特定关系的有无或强弱。其中，年龄的调节效应最显著，其次为个人月收入、性别、学历"。

（1）性别。性别在一定程度上能反映性格、心理、情感特征，性别差异会导致观察、分析、判断及解决问题能力的差距。在中国这样一个基本上还是男权主导的社会，女性整体上受教育的水平相对男性较低；男性往往比较理性，讲道理、摆证据，而女性较男性更加感性化、情绪化，容易受感情因素的左右。

（2）年龄。不同年龄的人成长在不同的年代，人生阅历、思想观念和生活习惯等存在差异，在获取生态文明知识、信息的能力与机会上也各不相同。年轻人学习能力强、接触面广，对PM$_{2.5}$、PX等新兴概念有较高的敏感度。而20世纪60、70年代的人在成长的过程中可能过惯了"苦日子"，从小便养成了勤俭节约、艰苦朴素的生活习惯。因此，青年人和中年人对生态环境问题的关注度一般会比较高，但往往"敏于言、讷于行"。而老年人往往更崇尚"行胜于言"，自觉践行生态文明习惯。

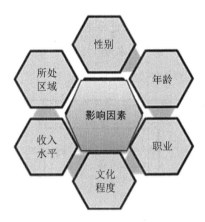

（3）文化程度。文化程度不同，获取生态环境知识的能力、机会、渠道和对价值的判断、道德的水准都存在差异。文化程度越高，受教育程度越深，不仅能对基础的生态环境保护常识和信息有较好的掌握，而且能对基本原理、人地关系等深层次的理论有准确的认知，对相关制度也有更高的要求。因此，高学历人群对生态环境保护工作的掌握更全面、深入，但知道并不代表能做到，可能会"眼高手低"。知识、态度也不能进一步上升到理念的层面，缺少一些主动性、自觉性。

（4）职业类型。职业类型不同，社会地位和社交领域不同，日常接触的事务就不同，表现出的综合素质、需求层次和社会责任也就存在差异。就关注的生态环境保护重点热点问题而言，职业可大致分为环保工作者、企业人员、个体经营者、教师和将要进入社会的在校学生等。有些群体直接参与国家的生态文明建设，也更有"发言权"和"主导权"，对相关信息的掌握和关注成了工作需要，对生态环境保护的态度成了工作要求，长此以往，知识和态度就可能成为发自内心的一种理念。而与生态文明建设无关的一些职业群体，就会"在商言商"，经济效益高于社会和环境效益。

（5）收入水平。根据马斯洛的需求层次理论，随着收入增长和生活水平的改善，公众会越来越关心生态环境保护。"经济基础决定上层建筑"，一般而言，随着收入增长和生活水平改善，公众会越来越关心生态文明建设，他们参与生态环境保护的渴望和意愿也更强。低收入人群往往需要面对工作、晋升、居住等众多现实而无奈的社会问题，无暇他顾。对生态文明的关注也常常会从自身利益的角度出发，考虑相关的行为能否给自己带来经济收益或开支节省。

（6）所处区域。区域差异代表着经济社会发展水平的差距，包括城乡差异、东中西部差异和生态建设水平差异等方面。在我国，东部和中西部、城市和乡村、沿海和内陆对生态文明的认识各不相同。东部和中西部的差别在于经济发展水平，城市和乡村的差别在于观念的传统和新潮，沿海和内陆的差别在于思维的开放和保守，群体间受内部需求、外部环境的影响不同，对生态文明建设的认识和态度也往往会"分道扬镳"。

四、行为机理

为了进一步探究公众生态环境保护认知、态度、行为的影响机理，先考察一般意义上的个体行为及其内在机理。20 世纪 70 年代，美国社会心理学家威廉·麦奎尔（W.J.McGuire）提出了"认知（Knowledge）-态度（Attitude）-行为（Practice）"模型（简称知信行模型 Knowledge-Attitude-Practice Model，KAP），并开始应用于健康传播和医学领域。知信行模型认为，个体行为改变是一个过程，存在着"知"（认知）、"信"（信念）、"行"（行为）3个过程。个体具备了知识，同时对知识进行积极的思考，上升为信念，才可能采取积极的态度去改变行为。知信行模型是描述认知、态度和行为之间影响机理的心理认知模型，近年来，这一模型已经广泛应用于人类社会生活行为调查、营养学研究、教育学、心理学、行为科学等领域。从近年来中国生态文明研究与促进会开展的各类生态环境保护社会调查结果来看，麦奎尔的"认知（Knowledge）-态度（Attitude）-行为（Practice）"也能很好地揭示个体的环境意识与其生态行为之间的机理。

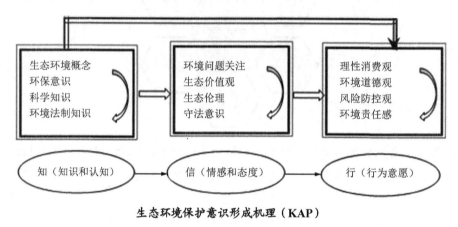

生态环境保护意识形成机理（KAP）

五、指标设计

经专家多次研讨，选定生态环境问题关注度、生态环境质量满意度、生态环境理念践行度三项评价指标以及对下一阶段生态环境保护工作的期望作为本次调查的一级指评价标体系。

一级指标	二级指标	对应问题
生态环境问题 关注度	关注问题及渠道	1～3
	存在问题及变化	4～5
	环境信息关注	6
	制度体系建设	7
生态环境质量 满意度	生态环境保护工作满意度	8～10
	蓝天保卫战满意度	11
	碧水保卫战满意度	12
	净土保卫战满意度	13
	工业污染整治满意度	14
生态环境理念 践行度	志愿活动	15～16
	绿色消费	17～18
	垃圾分类	19～20
	监督举报	21～22
生态环境保护工作的 期望	下一阶段工作重点	23～24
	下一阶段工作举措	25～26
	下一阶段工作期望	27～30

六、评价方法

人的知识测量方法主要是通过考试（问卷）的方式进行测量；心理学上，人的态度的测量常用的态度测量方法是态度量表、问卷等；人的行为意愿和期望的测量也主要是通过问卷和行为心理、行为特征的分析来评判。因此，本研究适宜采用调查问卷的方式进行。

七、问卷设计

根据指标体系，综合考虑公民所属地域、职业、文化程度、经济水平等背景因素的特征，制订具有普遍适用性的调查问卷。要体现出不同层次的公众对生态环境保护的认知、态度和期望，同时便于最终进行科学、系统、准确的评价分析。

因为是针对公众的调查，同时要覆盖农村、城市地区，发达地区和欠发达地区，所以在问卷设计上，问题及选项都尽量贴近人们的生活、工作实际，减少专业性术语。

专题 8　"十四五"生态环境保护突出问题识别

当前，世界正经历百年未有之大变局，中国正逐步走向世界中央。"十四五"时期，我国生态环境保护将面临不同以往的复杂形势，经济增长预期下调、新一轮科技革命、产业业态变革和新时期城镇化发展态势变化将带来环境压力格局变迁，加之环境质量持续改善难度加大、新型污染物和新型环境问题凸显、资源能源消费仍然处于高位，生态环境保护不确定性明显增加。但同时仍需看到，我国生态环境保护仍将处于重大战略机遇期，在习近平生态文明思想的引领下，保持生态文明建设的高战略定位和污染防治攻坚战力度，将是"十四五"时期我国生态环境保护最大的确定和利好因素。科技创新、绿色发展、全球治理、人民群众生态环境诉求与日俱增等积极因素也将长期有利于环境经济协调发展。

1　"十四五"生态环境保护和生态文明建设面临的主要问题与挑战

1.1　污染防治攻坚战成果仍待巩固

由于生态环境保护全面发力时间较短、区域和行业发展不平衡不充分、生态环保基础能力建设差异大等，生态文明建设成效不稳固问题仍将持续。部分地区国土无序开发、过度开发、分散开发仍然存在，优质耕地和生态空间过多占用、资源环境承载力下降、湖泊湿地面积减少、山区生态破坏等开发性环境问题和生态破坏现象仍难以根除。全国经济结构调整不明显，新旧动能转换偏缓，在生态环境领域的成效仍需较长时期才能显现，"十四五"期间我国钢铁、石化、煤化工、火力发电等主要污染行业仍将处于高位，京津冀及周边地区、汾渭平原等重点地区新增污染排放量可能保持增长，部分中西部和北方地区承接大量相对落后产业，环境保护与经济发展的矛盾将继续凸显，区域环境经济发展分化可能进一步加剧，给环境质量持续改善带来压力。

工业供给侧改革、环保强化监督、"散乱污"整治等行动对主要工业品市场的规范效果进入稳定期，自然资源及其产品价格开始趋稳，资源型产品生产开发成本低于社会成本和生态环境成本的不合理现象仍将存在。生态环境监管部门的重要性虽不断增强，但在部分地区"重发展轻环保"的思维惯性下依然缺乏强有力的话语权，进而导致刚性约束不足、能力和体制机制建设薄弱、对行政手段依赖过度、缺乏对产业绿色高质量发展的源头引领和新技术的探索应用等问题，这些仍将是导致生态文明建设主体能力不足、手段单一、缺乏协作等根源性问题的重要原因。

1.2　生态环境治理将面临薄弱环节尚存和新兴问题显现的复杂局面

当前我国生态环境质量仍不容乐观。大气环境方面，2018 年，全国 338 个地级及以上城市中环境空气质量达标的仅占 35.8%（121 个），全国 $PM_{2.5}$ 平均浓度超标 11.4%（39 μg/m³），"2+26"城市、

汾渭平原 $PM_{2.5}$ 平均浓度分别超标 71.4%、65.7%，长三角区域 $PM_{2.5}$ 平均浓度与达标仍有较大差距，部分城市空气质量指数连续"爆表"，臭氧超标问题日益显现，全国臭氧浓度 2018 年比 2017 年上升 1.3%。水环境方面，部分区域流域污染仍然较重，全国地表水国控断面中 6.7% 为劣 V 类，部分湖库富营养化问题突出。饮用水水源环境风险隐患多，部分江河沿岸企业与水源犬牙交错。各地黑臭水体整治进展不均衡，部分城市污水管网建设严重滞后，仍有大量污水直排。水生态破坏严重，海河、黄河等流域水资源开发利用已超过其承载能力。长江口、珠江口、杭州湾等部分河口海湾污染严重。土壤环境方面，污染耕地安全利用依然是社会关注的焦点。耕地土壤环境质量堪忧，工矿业废弃地土壤环境问题突出。部分有色金属冶炼、化工、电镀、制革等行业企业用地成为遗留污染地块，再开发利用环境风险较大。非法、跨界倾倒和处置危险废物事件频发，社会影响恶劣。

随着生态环境保护和污染防治工作更加深入推进，环境治理的复杂性在增加、边际成本在上升。生态环境面临多领域、多类型、多层面的问题累积叠加，生产与生活、城市与农村、工业与交通环境污染交织的复杂局面。大气环境方面，细颗粒物、挥发性有机污染物污染治理尚在攻坚阶段，臭氧污染已日益加剧，全球气候变化仍未有有效的应对措施。水环境方面，部分区域流域生态环境质量改善压力大，长江经济带水生态环境形势依然不容乐观，重点区域总氮和总磷总量控制实施过程相对缓慢，重点湖库蓝藻水华防控形势依然严峻，部分城市黑臭水体整治基础薄弱，一些流域持久性有机污染物、抗生素、微塑料、内分泌干扰物等新型污染物增长较快，水环境质量面临进一步恶化的风险。土壤环境方面，重金属、酞酸酯、抗生素、放射性核素、病原菌等各类污染物仍以多形态、多方式、多途径进入土壤环境，土壤环境问题呈现多样性和复合性的特点，重有色金属矿区周边耕地土壤重金属问题较为突出，"镉米""镉麦"事件时有发生，风险管控难度进一步加大。生态环境方面，生态空间遭受持续挤压，部分地区生态质量和服务功能持续退化，生物多样性受到严重威胁，濒危物种增多。

1.3 区域生态环境保护不均衡导致生态环境压力加剧

我国区域发展特征与自然资源禀赋反差巨大。大气方面，京津冀及周边地区 6 省市国土面积仅占全国 7.2%，却生产了全国 43% 的钢铁、45% 的焦炭、31% 的平板玻璃、22% 的电解铝，原油加工量占全国的 28%，加大了该地区环境压力。水方面，京津冀地区平均人均水资源量只有 279 m^3，仅为全国平均水平的 13%，京津冀地区以占全国 0.93% 的水资源量条件，提供了占全国 4% 的供水量，支撑了占全国 8% 的人口和 8% 的灌溉面积，产出占全国 11% 的 GDP，高耗水产业相对集中，如河北省钢铁、化工、火电、纺织、造纸、建材、食品七大高耗水工业用水量占工业用水总量的 80% 以上。京津冀纺织染整、皮革、造纸化工、食品和制药行业六大行业创造的 GDP 占地区工业 GDP 总量的 15%，而废水排放量占京津冀地区废水排放总量的 63%，占化学需氧量的 70%，占氨氮排放量的 73%。

全国及各省（区、市）主要污染物排放结构见图 1-8-1～图 1-8-6。

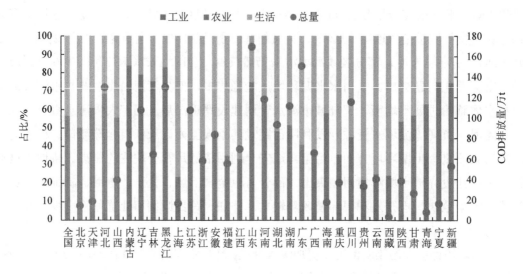

图 1-8-1　全国及各省（区、市）COD 排放结构

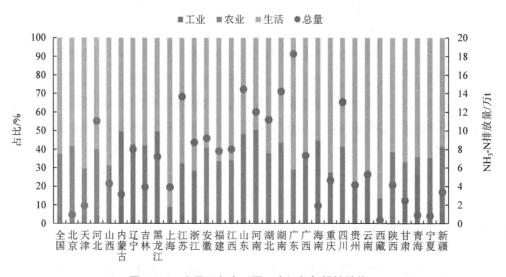

图 1-8-2　全国及各省（区、市）氨氮排放结构

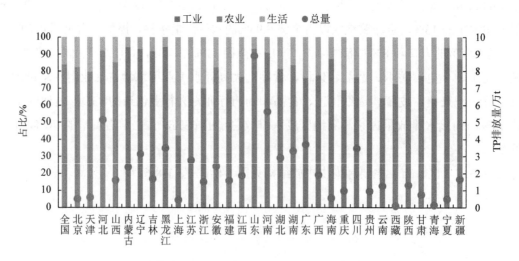

图 1-8-3　全国及各省（区、市）总磷排放结构

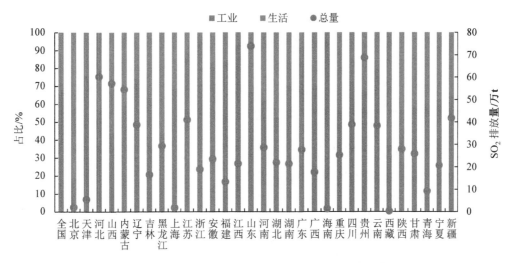

图 1-8-4 全国及各省（区、市）二氧化硫排放结构

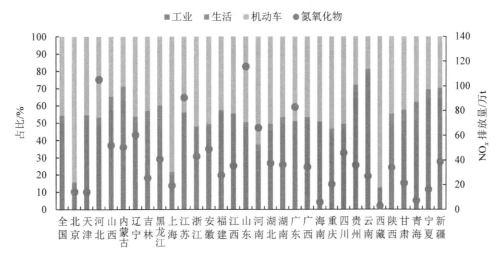

图 1-8-5 全国及各省（区、市）氮氧化物排放结构

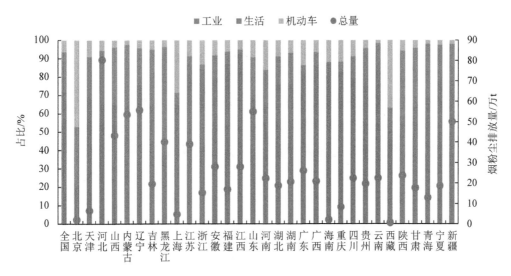

图 1-8-6 全国及各省（区、市）烟粉尘排放结构

目前，全国区域经济社会发展进程不一、梯度差异鲜明、各地区环境质量改善进程参差不齐。东南沿海地区总体进入工业化后期，生态环境压力持续缓解，环境质量相对领先；中西部地区处于工业化中后期阶段，承接了大量相对落后产业，环境压力正在加剧。此外，城乡发展不平衡，污染企业"上山下乡"现象十分突出，出现向城乡接合部、向农村转移的趋势，特别是低层次经济业态大量进入农村地区集聚，由此带来的农村环境问题已非常突出。

1.4　国内社会对美好生态环境的需求、国际社会对中国履行更高环境责任的要求，与当前生态产品供给和治理能力提升存在矛盾

社会公众对环境风险的认知和防范意识越来越强，对环境风险容忍度越来越低，社会公众的"可接受环境风险水平"处于转变期，对环境保护、风险防控的要求越来越高。随着社会富裕程度的提高，社会公众的最大可接受风险水平、可忽略风险水平逐步降低，且在"温饱""小康""富裕"阶段具有"数量级"的差异。随着新媒体发展迅速，雾霾天气、污染事件等成为关注焦点并"烙印"强烈，2012—2018 年全国突发环境事件数见图 1-8-7。但环境知识普及和环境责任意识明显不足。从邻近地区建设项目决策、环境质量评价、政府问责等，反映出公众维权意识与参与意识正在增强。环境保护的战略相持期与老百姓速战速决的心态之间存在矛盾凸显。

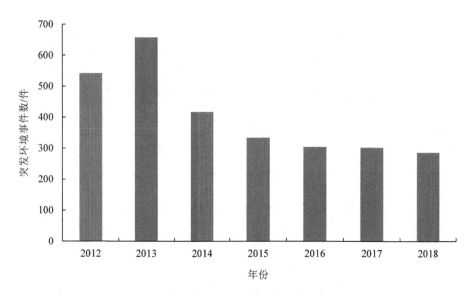

图 1-8-7　2012—2018 年全国突发环境事件数

国际环境压力与履约责任越来越高。我国面临着较大的环境冲突和环境压力。作为污染物排放大国，我国 CO_2、SO_2、NO_x 排放量居世界前列（图 1-8-8～图 1-8-10），国际压力越来越大。污染越境转移、跨界河流污染、野生动物越境保护等方面，都可能成为我国与周边国家外交摩擦的隐患。国际经贸领域日益严格的"绿色壁垒"，将增加我国对外贸易和环保工作的难度。各种形式的"中国威胁论"不绝于耳，认为中国的发展会对其他国家的发展构成多方威胁。一些国家以保护全球环境为由，强压发展中国承诺其难以做到的环境条约。目前，我国已签署和批准了 30 多项国际环境公约，履约任务十分繁重。

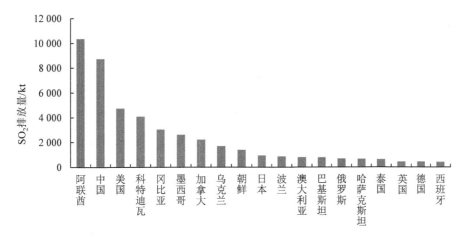

图 1-8-8　主要国家 SO_2 排放量

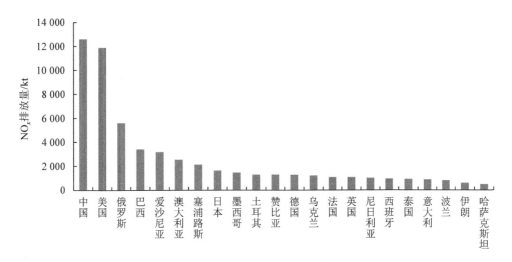

图 1-8-9　主要国家 NO_x 排放量

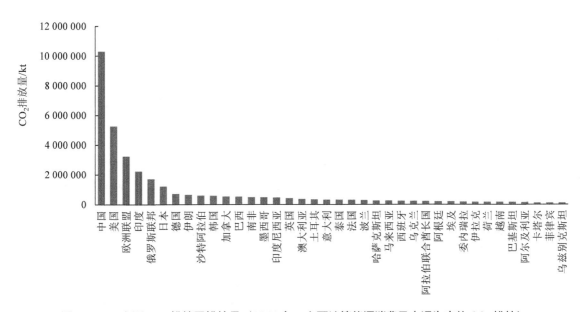

图 1-8-10　主要 CO_2 排放国排放量（2016 年，主要计算能源消费及水泥生产的 CO_2 排放）

1.5   生态环境治理体系与能力差距更加凸显

"十四五"期间仍将是我国补强生态环境治理短板，为美丽中国建设夯实基础的关键时期。在此期间，一些地方生态环保责任落实、压力传导不到位，环保基础设施建设不健全等问题仍然存在。

配套污水管网建设作为城市黑臭水体攻坚战的核心任务之一，实施进度严重滞后，据估算污水管网缺口达 1 万亿元左右，部分地区城镇污水处理与 2020 年目标要求仍有较大差距，敏感区域城镇污水处理设施提标改造滞后，排水管网的老化、破损及雨污管网错接混接问题不容忽视。水源地保护、大气污染防治、农业农村环境综合整治、土壤污染防治等领域均存在投资渠道不畅、重点区域以外的部分地方重视不足等问题。生态环境监测能力仍存在一定缺口，海洋生态环境监测网络和地下水环境质量监测网络亟须建立健全，生态环境监测数据的联网共享和应用程度有待提升。危险废物全过程信息化监管体系还未全面建立。乡村振兴与农村空心化背景下，全面提升农村生态环境治理水平面临较大挑战。

生态环境保护综合执法队伍需要加快整合组建。依据《关于印发〈生态环境部"三定"规定细化方案〉的通知》，生态环境执法局的职责仅限于水生态环境、海洋生态环境、大气环境、土壤环境、地下水、固体废物、化学品、生态及其他环境领域监督执法工作，"职责独立、机构独立、程序独立"的国家生态环境监管执法体制仍难以全面建立，特别是需要加强对省、市、县的指导，加快推动地方整合组建生态环境保护综合执法队伍。

省以下环保机构监测监察执法垂直管理制度改革试点等工作推进比较缓慢。垂直管理改革牵一发而动全身，不只是机构隶属关系的调整，也涉及地方政府层级间事权、政府相关工作部门间职能、环保系统内部职责运行关系等的调整，还要确保改革期间环保机制不变、责任不变、任务不变、思想不乱、队伍不散、工作不断、监管不软，垂改工作难度较大。加之 2018 年机构改革工作，涉及政府各部门职责调整，省以下环保机构监测监察执法垂直管理制度改革进展不大。

全国生态环境质量持续改善，出现稳中向好趋势，但成效并不稳固，特别是容易受经济和产业发展、国际形势变化等因素的影响。部分生态环境保护工作人员对持续改善环境质量信心不足，在环境质量发生波动时容易产生动摇和懈怠心理，面对久攻不下的环境问题时可能滋生"靠天帮忙"的消极思想，缺乏锐意进取的精神状态和敢闯敢干的奋斗姿态，不利于各项工作的落实和生态环境保护、生态文明建设、污染防治攻坚战等工作的推进。

1.6   绿色发展理念与高资源投入、高环境代价的发展模式间矛盾愈发尖锐

绿色发展是习近平生态文明思想的重要组成部分，2019 年世园会开幕式上，习近平主席明确提出了同筑生态文明之基、同走绿色发展之路的五点主张，彰显了尊重自然、崇尚绿色的中国智慧。但是从国民经济角度看，当前我国绿色发展水平仍亟待提升，且在"十四五"期间高资源投入、高环境代价的发展模式仍难以发生根本扭转。

农业生产方面，我国农产品产量大但品质和效率有待提升，2018 年我国第一产业占国民经济比重为 7.2%，高于美国的 1.0%，但广义粮食自给率为 84%，远低于美国的 131%，全国农产品出口额为 5 237.9 亿元，进口额高达 9 005.6 亿元，农业生产难以对经济增长和农民增收形成有力支撑。在此情境下，我国农业生产化肥、农药施用量较高但利用率较低的问题难以在"十四五"期间内发生根本扭转，2017 年全国单位耕地面积化肥、农药施用量分别是世界平均水平的 3.6 倍、4.0 倍，水

稻、玉米、小麦三大粮食作物的化肥、农药合计利用率仅为37.8%、38.8%，存在巨大的减量增效空间（图1-8-11）。

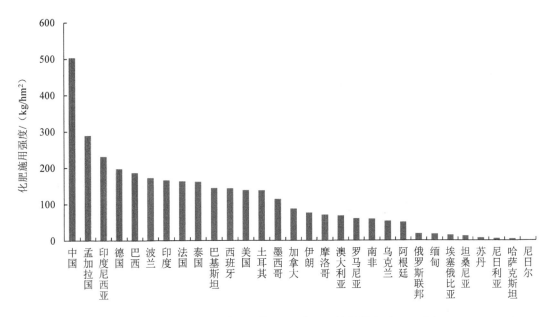

图 1-8-11 世界耕地面积前 30 国家化肥施用强度（2016 年）

工业制造业方面，2018 年全国单位工业增加值能耗相比 2013 年下降 30.1%，但工业仍占能源消费总量的 70%左右，全国粗钢产量、水泥产量、原油加工量、火力（煤炭）发电量、乙烯产量、化肥产量分别占全球总量的 51.3%、50.6%、14.2%、44.1%、12.2%、31.0%。巨大的高能耗、高污染行业存量对工业绿色发展和生态环境保护造成了显著压力，而在京津冀及周边、汾渭平原地区等传统高能耗、高污染行业集中布局地区，以及中西部承接产业转移力度较大地区尤为明显。

服务业方面，具有"环境标志"的绿色服务业体系以及配套的法规体系、标准体系、认证体系、金融支撑体系、质量监管体系等尚未构建，传统服务业的绿色化改造任重道远。而随着物联网、信息技术、未来网络、定制服务、旅游康养等服务业发展提速，诸如快递包装、微塑料、纳米材料、能源产品添加剂、无人机噪声、药品残留等新型污染以及可能产生的生态破坏和生物多样性破坏等，将对生态环境造成难以预计的新增压力。

消费方面，"十四五"期间，随着我国经济进一步由投资主导型向消费主导型转变，与过度型、浪费型、不可持续型等不合理消费体量较大形成叠加，消费对资源环境的消耗和压力仍将持续增大，消费领域的一些环境污染负荷将逐渐超过生产领域，成为制约生态文明建设的重要因素。

2 分领域生态环境保护突出问题识别

2.1 大气环境

2.1.1 工业污染排放严重

我国新型工业化、城镇化、农业现代化尚未完成，经济增长与污染物排放、大气环境中污染物浓度尚未完全脱钩，产业结构偏重、产业布局偏乱、交通运输以公路为主，污染物排放仍将处于高位。虽然近年来，产业结构调整力度加大，但粗钢、水泥等重化工产品产量仍维持高位，各种化工产品产量持续上升，特别是近两年钢铁、炼焦等重点行业反弹式增长，偏重的产业结构未实现根本性改变。

　　我国重化工业在国民经济中所占比例仍然较高，2018年我国粗钢、水泥产量占世界总产量的比重分别达56.4%、55.9%。京津冀及周边地区、长三角等区域重化工业高度聚集，环境承载能力已达极限。京津冀及周边地区（含山西、陕西、山东、河南）2018年生产了占全国总量45.7%的粗钢、20.0%的水泥、32.4%的有色金属、32.7%的火电、32.6%的原油加工量、56.0%的焦炭；长江经济带（9省市）生产了占全国总量29.3%的粗钢、48.3%的水泥、20.7%的有色金属、30.1%的火电、23.1%的原油加工、17.2%的焦炭。北京、天津、河北、山西、上海、江苏、山东、河南等省（市）三种主要大气污染物排放强度均居全国前列（图1-8-12～图1-8-16）。

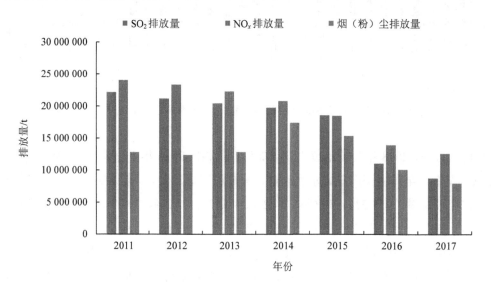

图1-8-12　2011—2017年主要大气污染物排放

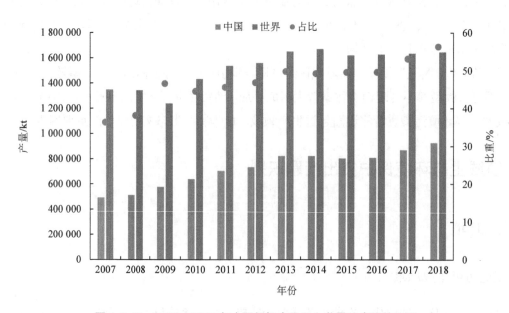

图1-8-13　2007—2018年中国粗钢产量及占世界总产量的比重

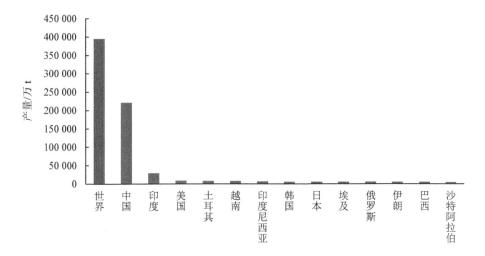

图 1-8-14　2018 年主要国家水泥产量

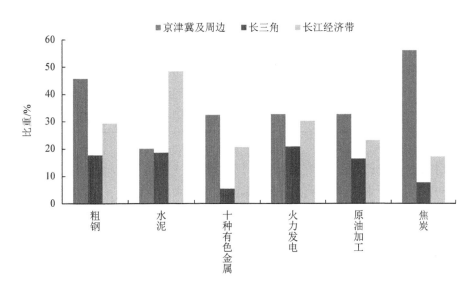

图 1-8-15　2018 年京津冀及周边、长三角、长江经济带主要工业产品产量占全国的比重

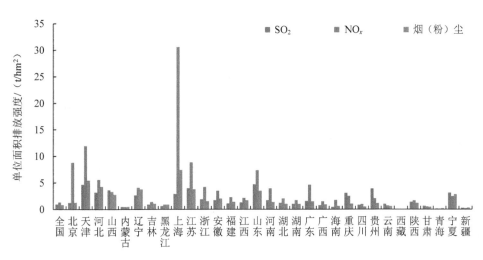

图 1-8-16　2017 年全国及各省（区、市）三种大气污染物排放强度

从工业行业看，我国传统重工业行业主要产品产量将在 10 年左右的峰值平台期后进入下降通道。"十四五"期间仍将是我国制造业向世界制造强国阵营迈进、培育新动能、增强竞争力的爬坡时期。这一阶段，工业制造业仍将是我国经济的重要支撑，石油化工、金属制品、机械制造、装备制造、电子信息等高技术制造业产值在国民经济中占比将持续提升，部分传统重工业行业将逐渐向产量规模峰值迫近。

从人均钢铁存量看，分别按照年均 5%折旧和不折旧计算，中华人民共和国成立至今全国钢铁总蓄积量为 45 亿～70 亿 t，人均钢铁蓄积量为 3.25～5.06 t。与发达国家相比，美国、英国、日本、韩国分别在人均钢铁蓄积量达到 8.8 t、7.6 t、10.5 t、9.5 t 时基本全面实现工业化，并进入钢铁蓄积量稳定即钢铁新增产销量与折旧基本形成平衡的阶段（表 1-8-1）。2013 年以来，我国粗钢产量为 8.0 亿～8.5 亿 t，除 2018 年明显反弹至 9.3 亿 t 以外基本保持稳定，已基本呈现产量平稳增长趋势，可预测未来我国钢铁需求仍将有一定的增长空间。结合未来我国人口增长趋势，按人均钢铁蓄积量在 8～10 t 时达到钢铁蓄积量顶点估测，则我国钢铁蓄积量仍有 7～10 年的稳定增长期，钢铁产量增长的顶点将在 2025—2030 年到来。

表 1-8-1 主要国家完成工业化暨钢铁存量企稳时钢铁蓄积量

	美国	英国	日本	韩国
总蓄积量/亿 t	20	4	15	5
人均蓄积量/t	8.8	7.6	10.5	9.5

近年来我国水泥产量已稳定在 22 亿 t 左右，预期到 2025 年将保持稳中有降的态势；原油加工量、火力发电量仍保持稳定增长，从经济社会发展的现实需求考虑，预计能源产品的增长态势将持续到 2035 年（表 1-8-2）。综上，我国重化工业快速发展的势头将在 2035 年基本实现趋缓，"十四五"期间，主要工业产品生产造成的资源环境压力整体仍将处于高位震荡期。

表 1-8-2 全国主要工业行业产品产量达峰预期

	达峰时间	峰值产品产量	平台期长
钢铁	2020 年前后	生铁 7 000 万 t 粗钢 8 000 万 t 钢材 12 000 万 t 左右	5～10 年
水泥	2020 年之前	水泥 22 亿 t 左右	平稳下降
石化	2030—2035 年	原油加工量 7.2 亿 t 左右	10 年左右
火电	2030—2035 年	火力发电量 5.5 万亿 kW·h	5～10 年

虽然我国经过大规模治理，大气环境质量改善已经取得了一定成效，但要实现环境质量根本好转，SO_2、NO_x 等总量至少要下降到百万吨级水平。世界主要发达国家经过数十年治理，SO_2、NO_x、烟（粉）尘排放量由千万吨级、百万吨级下降至目前的百万吨级甚至更少，煤炭消费量同样大幅削减，$PM_{2.5}$ 才下降到 20 μg/m³ 左右。对我国而言，参照目前每个五年规划期削减 10%的减排速度，实现 SO_2、NO_x 削减 50%仍需 20 年左右时间。持续减少大气污染物排放量，仍将是"十四五"期间大气环境治理面临的首要问题。

2.1.2 能源结构偏煤、交通结构偏公路

2018 年全国铁路货运量、客运量累计分别增长 9.1%、9.4%，增幅同比回落 1.6 个百分点、0.2 个百分点，铁路运输增长已有所趋缓。但铁路货运、客运仅占全国总量的 8.0%、18.8%，铁路运输特别是铁路货运增长不明显，公转铁进程仍需提速。公路货运、客运中，约 75%的大型客车、95% 的重型货车为柴油车，成为交通领域 NO_x、颗粒物排放居高不下的主要原因。此外，柴油车超标排放问题较为突出，由于车、油监管职责分散，尚未理顺部门协作机制，车辆、环保配置、维修、道路交通量信息等共享机制不畅通等，移动源排放达标监管有效性大打折扣（图 1-8-17～图 1-8-19）。

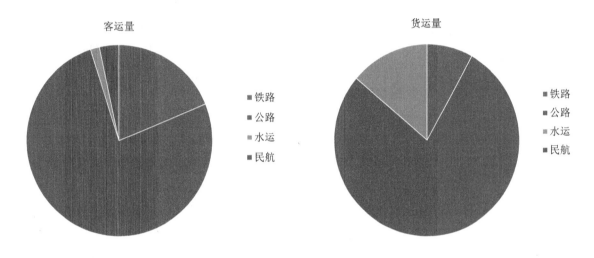

图 1-8-17 2018 年全国运输结构

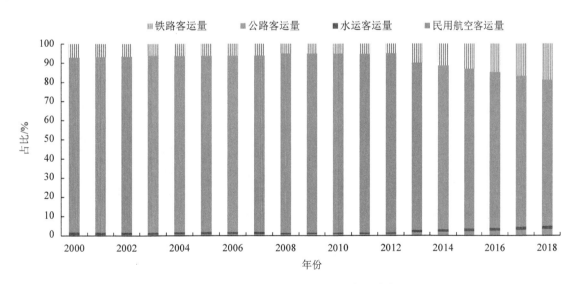

图 1-8-18 2000—2018 年全国客运结构

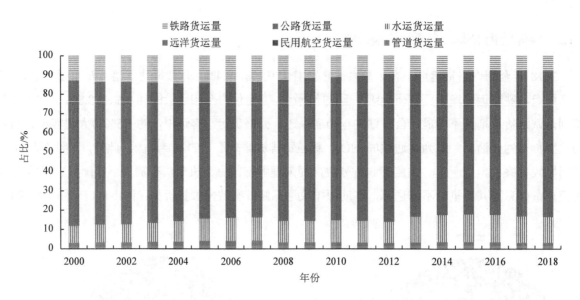

图 1-8-19 2000—2018 年全国货运结构

2018 年，全国能源消费总量达 46.2 亿 t 标煤，2011 年以来保持年均 2%以上增长，煤炭消费占比首次下降到 60%以下，为 59%，仍在能源消费结构中占较高比重。同年，全国原煤产量达 35.5 亿 t，同比增长 5.2%，增速相比 2017 年同期上升 2.0 个百分点；累计进口煤及褐煤 2.8 亿 t，相比 2017 年增长 3.8%；累计进口原油 4.6 亿 t，相比 2017 年同期增长 10.1%。根据《世界能源统计年鉴 2018》，2017 年我国能源消费总量占全世界的 23.2%，煤炭消费占比高于美国的 14.9%、欧盟的 13.9%、独联体地区的 16.1%、日本的 26.4%和印度的 56.3%，能源结构调整任务艰巨。2017 年、2018 年，全国能源结构调整进程有所趋缓，煤炭和石油消费呈现反弹，对大气环境质量改善的不利影响有所加深，根据全国工业化、城镇化发展进程，能源消费受工业发展驱动影响仍较深，预期到"十四五"期间能源消费清洁度不足仍将是大气环境面临的突出问题（图 1-8-20～图 1-8-22）。

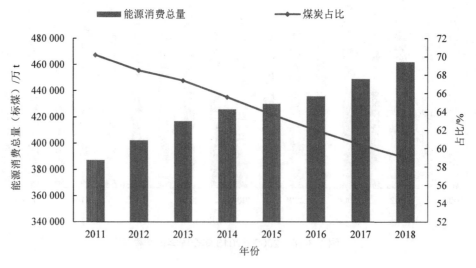

图 1-8-20 能源消费总量及结构（2011—2018 年）

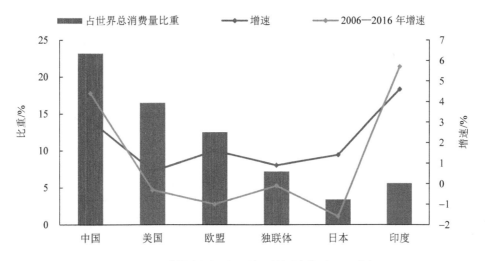

图 1-8-21　世界主要国家和地区能源消费（2017 年）

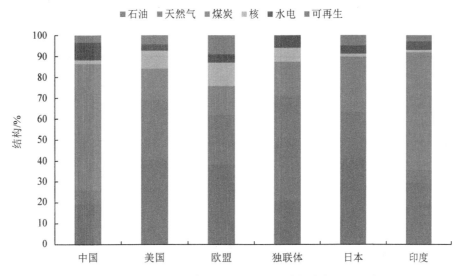

图 1-8-22　世界主要国家和地区一次能源消费结构（2017 年）

2017 年，全国机动车 NO_x 排放达 574.3 万 t，占全部 NO_x 排放的 45.6%，机动车尾气已成为氮氧化物污染的重要来源。从汽车消费来看，随着城镇化和人民生活水平的提升，机动车保有量仍将维持高速增长态势，机动车污染问题将从特大城市进一步向大中城市蔓延。2017 年，我国机动车保有量超过 3 亿辆，民用汽车保有量已达到 2.1 亿辆，较 2010 年增长 120%。2011—2017 年，全国载客汽车、载货汽车保有量分别增长 147.0%、30.8%，小型载客汽车和重型载货汽车占比分别达 97.7%、27.2%，客运汽车民用化推动了机动车污染由大城市向中小城市、由东部沿海地区向中西部地区扩散，货运汽车重型化带来了道路移动源污染风险增长，均对大气环境造成明显影响和压力。

根据国际经验，我国已进入千人汽车拥有量 100～200 辆的中高速增长阶段（表 1-8-3），汽车保有量上主要集中在北部、东部、西部沿海和西南四个经济区，而长江中游、黄河中游、西北和西南经济区保有量增长最快。根据交通运输部相关数据和研究，预计未来 5～7 年，我国汽车拥有量将保持 11%～12% 的增长空间，到"十四五"时期末我国汽车保有量将达到或超过美国的规模（图 1-8-23）。数据显示，汽车耗油在每年新增的石油消费量中占比达 70% 左右，而机动车对城市 $PM_{2.5}$、NO_x 排放的贡献率达到了 30%、22%。目前,世界部分国家已提出燃油车淘汰时间表,虽然我国新能源汽车产业发展同样进入加速阶段,但 2016 年全国新能源汽车产销量分别达 51.7 万辆、50.7 万辆,仅占全部汽车产销量的 1.84%、1.81%。与法国、德国、荷兰、挪威等国相比差距较大。由于存在巨大的存量,"十四五"期间机动车仍将是大气污染的重要来源。同时,汽车消费及更新换代等需求增长也将通过对钢铁、石化、有色金属、塑料、橡胶、玻璃等原材料产业增长的拉动进一步加大大气污染减排的压力。

表 1-8-3　部分国家(地区)全面禁售燃油车时间表

国家(地区)	时间/年
荷兰	2025
挪威	2025
印度	2030
德国	2030
苏格兰	2032
英国	2040
法国	2040
日本	约 2050

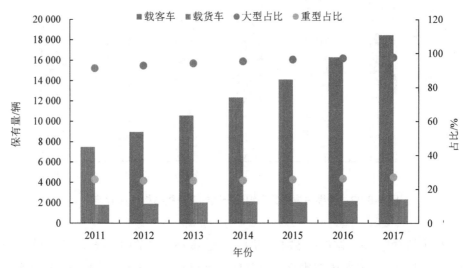

图 1-8-23　2011—2017 年全国汽车保有情况

2.1.3　城市环境空气质量达标率低

2018 年,全国 338 个地级及以上城市中空气质量达标的仅 121 个,占 35.8%,全国 $PM_{2.5}$ 平均浓度达 39 $\mu g/m^3$,超过国家二级标准 11.4%,全国 $PM_{2.5}$ 平均浓度、338 个地级及以上城市 $PM_{2.5}$ 浓度普遍高于世界主要发达国家。部分区域污染仍十分严重,京津冀及周边地区、长三角地区、汾渭平原达标率分别为 0、17.1%、0,河北、山西、江苏、山东、河南、湖北、宁夏 7 个省(区)无达标城市,四个直辖市也无一达标。"2+26"城市、汾渭平原地区 $PM_{2.5}$ 浓度分别为 61 $\mu g/m^3$、60 $\mu g/m^3$,超标 74.3%、71.4%,优良天数比例仅为 50.5%、54.3%(图 1-8-24,图 1-8-25)。

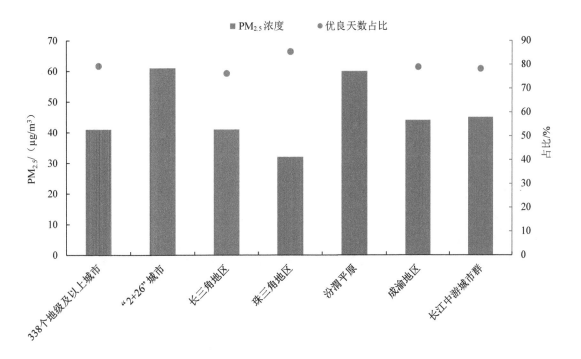

图 1-8-24 338 城市及重点区域大气环境质量（2018 年）

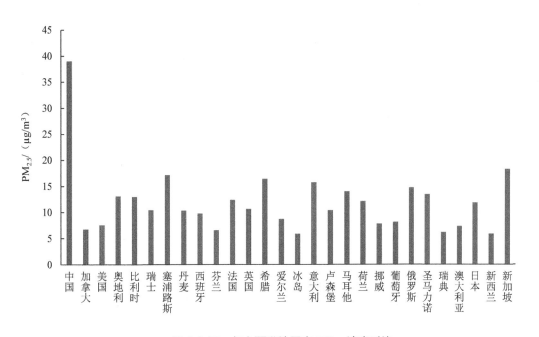

图 1-8-25 与主要发达国家 PM2.5 浓度对比

2018 年全国 338 个地级及以上城市中有 113 个优良天数比例同比下降、86 个重污染天数比例同比上升、59 个 PM2.5 浓度同比上升，分别占 33.4%、25.4%、17.5%。大气环境质量改善成果仍不稳固，反弹风险较为明显。"十四五"期间，严重的大气环境污染仍是最为突出的环境问题（图 1-8-26）。

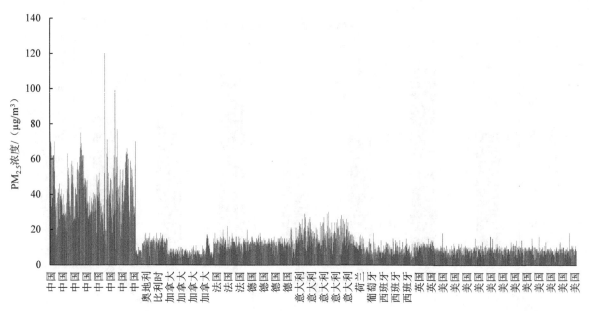

图 1-8-26 2018 年我国城市 PM2.5 浓度与世界主要发达国家城市对比（横轴为城市所属国家）

2.1.4 季节性、新型污染问题突出

2018 年全国 O_3 浓度达 151 μg/m³，连续两年增长（图 1-8-27），传统污染物浓度大幅下降，O_3 浓度持续上升。2018 年 338 个城市中有 82 个城市主要大气污染物为臭氧，长江中游、成渝地区等石化产业聚集区域呈快速上升的趋势。长三角、成渝、长江中游等地区季节性大气污染问题突出，特别是秋冬季时节，北方地区重污染天气仍然多发频发。以重点区域为例，秋冬季 PM2.5 浓度是春夏季的 1.6～2.1 倍，全年约 80%的重污染天集中在秋冬季。

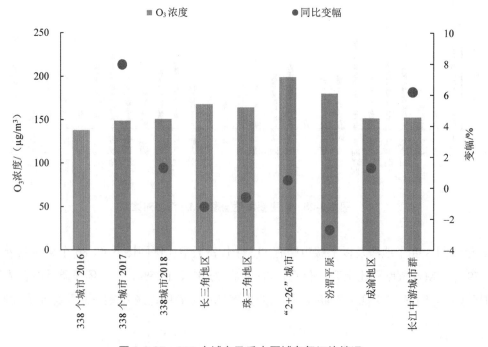

图 1-8-27 338 个城市及重点区域臭氧污染情况

2.2 水环境

2.2.1 水环境质量改善不稳定

2018 年，全国地表水Ⅰ～Ⅲ类断面比例达 73.7%，其中十大流域断面比例达 77.4%，但仍有 5.0%的劣Ⅴ类断面。海河流域、辽河流域、黄河流域水质较差，Ⅰ～Ⅲ类断面比例仅为 49.4%、51.9%、70.1%，劣Ⅴ类断面分别为 14.4%、19.2%、8.0%，松花江流域Ⅳ类断面高达 31.8%，水质呈不稳定、易恶化特征。珠江流域、松花江流域、辽河流域水质恶化，Ⅰ～Ⅲ类断面分别下降 3.0 个百分点、15.9 个百分点、1.9 个百分点，劣Ⅴ类断面上升 1.9 个百分点、0.9 个百分点、7.7 个百分点（图 1-8-28、图 1-8-29）。

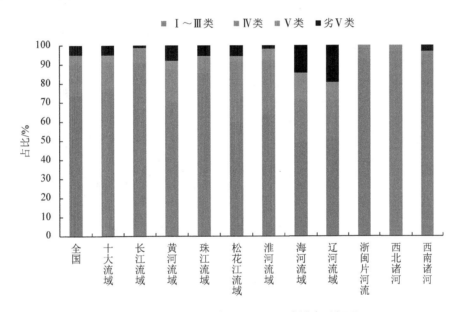

图 1-8-28 2018 年全国及主要流域水质断面

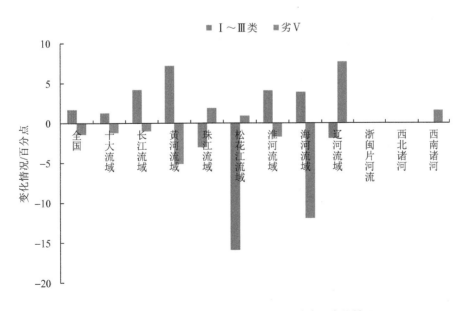

图 1-8-29 2018 年全国及主要流域水质变化情况

31 个省（区、市）中，只有 11 个完全消除劣 V 类断面，经济发展强度较高和人口相对集中的京津冀和珠三角地区水质不容乐观，Ⅰ～Ⅲ类断面分别占 50.8%、70.0%，劣 V 类断面分别占 17.5%、15.0%，水质较好的地区主要集中在流域中上游。2018 年长三角、珠三角地区水质整体呈恶化态势，Ⅰ～Ⅲ类断面比例分别下降 1.6 个百分点、5.0 个百分点，珠三角地区劣 V 类断面比例上升 2.5 个百分点。31 个省（区、市）中，有 11 个Ⅰ～Ⅲ类断面比例下降，4 个劣 V 类断面比例上升，水质改善成效仍不稳定（图 1-8-30、图 1-8-31）。

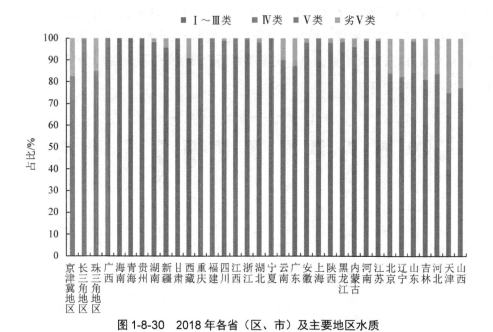

图 1-8-30　2018 年各省（区、市）及主要地区水质

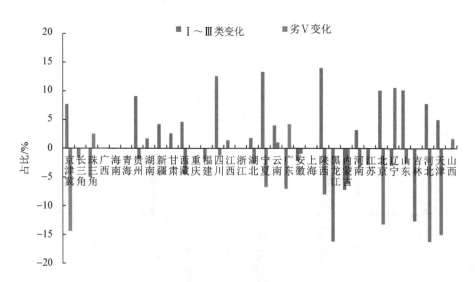

图 1-8-31　2018 年各省（区、市）及主要地区水质变化情况

总磷成为长江经济带地区首要水质污染指标。我国磷矿资源主要分布在贵州、云南、四川、湖北、湖南等省份，其磷矿石储量 135 亿 t，占全国 76.7%，磷矿（P_2O_5）资源储量 28.7 亿 t，占全国的 90.4%。以磷矿采选、磷化工为主的工业企业排放、无组织排放长期处于高位是造成局部性磷污染严重的主要原因（图 1-8-32）。

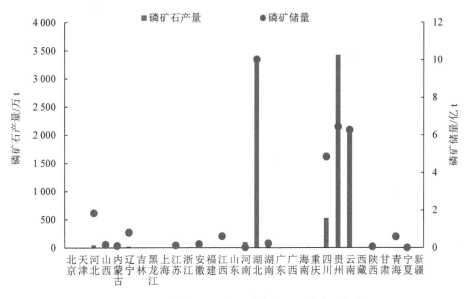

图 1-8-32 各省（区、市）磷矿储量及磷矿石产量

近岸局部海域水环境保护形势仍较为严峻。渤海水质有所改善，但重点海湾生态环境质量未见根本好转，生态环境风险持续增加，生态环境保护形势严峻。2018 年全海域、渤海、黄海、东海、南海一、二类水质面积比例分别为 74.6%、76.5%、92.3%、52.2%、80.3%（图 1-8-33），劣四类面积比例分别为 15.6%、11.1%、2.2%、32.7%、12.9%（图 1-8-34），渤海、黄海、东海、南海劣于Ⅳ类水质海域面积分别为 21 560 km²、26 090 km²、44 360 km²、17 780 km²，污染海域主要分布在辽东湾、渤海湾、莱州湾、江苏沿岸、长江口、杭州湾、浙江沿岸、珠江口等近岸海域，主要污染要素为无机氮、活性磷酸盐和石油类。重度富营养化海域主要集中在辽东湾、长江口、杭州湾、珠江口等近岸海域。由于全球气候变化、水体富营养化等因素，近年来青岛、烟台、威海、日照等山东近海海域多次暴发浒苔绿潮。

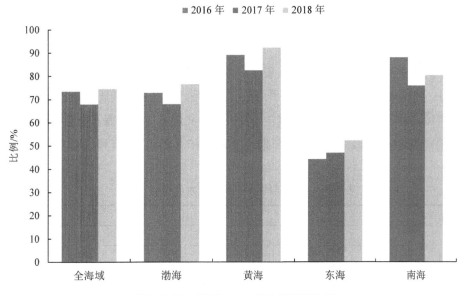

图 1-8-33 海域一、二类水质断面比例

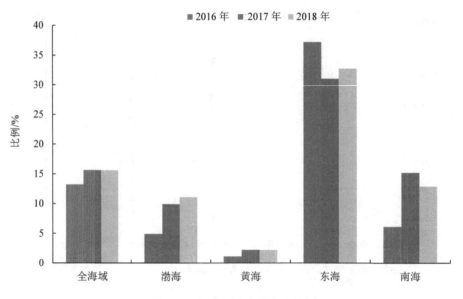

图 1-8-34   海域劣四类断面比例

新型有毒污染物种类众多，风险控制管理处于起步阶段。据中国科学院生态中心研究表明：东江、长江中下游和环太湖经济发达地区、松花江和黑龙江、黄河中游以及南水北调中线和东线等典型流域共筛选出 258 种存在潜在风险的有毒污染物，其中只有 33 种出现在我国地表水水质标准中，仅占 12.7%，其余 87% 的有毒污染物均未被监管。从无标准品的有毒污染物中筛选出 93 种有潜在风险的有毒污染物，主要来自化工原料、农药和杀菌剂以及 PPCPs 类化合物。此外，被称为"海洋 $PM_{2.5}$"的微塑料等监测、预警及治理等仍处于起步阶段。

2.2.2 黑臭水体污染严重

近年来，虽然我国大江大河干流明显改善，但支流污染相对较重，特别是城市黑臭水体大量存在。据估算，全国建成区内流域面积大于 0.5 km² 的河流总数约 13 000 条，根据全国城市黑臭水体治理监管平台[①]，截至 2019 年 1 月 1 日已认定的黑臭水体总数 2 100 个，其中，已经完成整治的黑臭水体达 1 745 个，正在治理和制定方案中的分别为 264 个和 91 个。分析 OECD 主要国家与我国当前同等经济发展水平时主要河流的 BOD 浓度[②]（表 1-8-4），根据我国《地表水环境质量标准》（GB 3838—2002）进行划分，我国与发达国家对比呈现"两头高"特征，即好于Ⅲ类比例高于发达国家当年水平，但同时劣Ⅴ类河流比例也高于发达国家当年 7 个百分点。我国城市内河黑臭现象普遍，黑臭水体是我国不同于发达国家的环境问题，是"十四五"期间水环境治理的重点难点和水质改善面临的主要问题。

表 1-8-4   OECD 主要国家河流水质对标   单位：mg/m³

国家	河流	BOD	总氮	总磷
匈牙利	Maros	1.42	0.13	204.17
	Duna	2.22	0.02	0.34
	Dráva	3.5	0.1	0.08

---

① 黑臭水体治理监管平台数据：http://hb.hcstzz.com/.

② http://stats.oecd.org/.

国家	河流	BOD	总氮	总磷
匈牙利	Tisza	3.04	0.08	51.98
	Danube	2.62	0.03	0.21
奥地利	Inn	1.21	0.04	0.08
	Grossache	0.62	0.02	0.12
希腊	Strimonas	11.25	1.73	22.73
	Axios	22	0.19	82.33
	Nestos	1.35	0.15	0.22
爱尔兰	Boyne	2.3	0.06	0.06
	Clare	0.8	0.02	0.04
	Barrow	1.77	0.04	0.04
	Blackwater	1.63	0.04	0.06
德国	Rhein	0.4	0.03	0.06
	Elbe	3.07	0.11	0.18
	Weser	3.07	0.09	0.23
	Donau	1.6	0.09	0.09
以色列	Naaman	6.8	0.2	0.49
	Kishon	6.02	—	1.04
	Hedera	5.59	—	13.27
智利	Imperial	4.58	—	—
法国	Loire	1.71	0.06	0.09
	Seine	1.14	0.28	0.16
	Garonne	1	0.06	0.1
	Rhône	0.97	0.13	0.09
	Moselle	2.13	0.15	0.13
	Somme	2.17	0.12	0.09
意大利	Po	3.14	0.06	0.08
	Adige	1.05	0.03	0.09
	Arno	2.02	0.21	0.22
	Metauro	2	0.01	0.04
	Tevere	2.29	0.21	0.16
丹麦	Gudenå	1.16	0.08	0.08
	Skjernå	1.01	0.08	0.07
	Suså	1.85	0.08	0.11
	Odenseå	1.21	0.1	0.11
芬兰	Torniojoki	1.08	0	0.02
	Kymijoki	2.07	0.01	0.01
日本	Ishikari	0.9	0.1	0.05
	Yodo	1.2	0.04	0.09
	Tone（Sakae-hashi）	1.8	—	0.1
	Chikugo	1.4	—	0.08
	Tama	1.8	—	0.4
	Shinano	0.9	—	—
韩国	Keum	3.7	0.47	0.15
	NakDong	2.3	0.09	0.06

国家	河流	BOD	总氮	总磷
韩国	YoungSan	3.7	1.44	0.1
	Han	2.1	0.61	0.14
	Geum	2.2	0.4	0.07
卢森堡	Moselle	2.53	0.1	0.12
	Sûre	1.52	0.17	0.13
墨西哥	Bravo	5.27	0.1	0.4
	Lerma	11.26	2.08	1.22
	Pánuco	4.17	0.33	0.07
	Grijalva	8.67	0	0.17
荷兰	Maas-Eÿsden	2.6	0.18	0.24
	Rijn-Lobith	1.2	0.11	0.21
	Ijssel-Kampen	1.63	0.05	0.21
新西兰	Waikato	0.84	0.02	0.07
	Waitaki	0.19	0	0.01
	Clutha	0.23	0.01	0.03
	Manawatu	1.13	0.06	0.06
	Wanganui	0.57	0.01	0.06
	Waiau	0.64	0.01	0.02
波兰	Wisla	4.09	0.13	0.97
	Odra	3.53	0.26	0.18
葡萄牙	Tejo	1.67	0.09	0.19
	Douro	1.04	0.09	—
	Guadiana	3.49	0.11	0.24
	Minho	1.1	0.07	0.03
西班牙	Guadalquivir	6.39	0.53	0.19
	Duero	2.56	0.09	0.14
	Ebro	0.84	0.08	0.08
	Guadiana	3.15	0.47	—
瑞士	Aare	2.49	0.15	0.04
土耳其	Porsuk	2.5	0.02	0.04
	Sakarya	4	0.09	0.82
	Yesilirmak	3	0	0.7
	Gediz	5.2	1.91	2.3
	Çarksuyu	3.2	0.01	—
英国	Thames	5.2	0.12	0.87
	Severn	2.2	0.08	0.64
	Clyde	2.4	0.76	0.43
	Mersey	2.5	1.67	0.71
	LowerBann（北爱尔兰）	2.47	0.04	0.14
美国	Delaware	1.7	0.02	0.13
	Mississippi	8.8	0.02	0.22
比利时	Meuse	—	—	0.11
	Escaut	—	—	0.36

国家	河流	BOD	总氮	总磷
捷克	Labe	3.28	0.13	0.11
	Odra	3.69	0.43	0.18
	Morava	2.57	0.16	0.13
	Dyje	1.38	0.06	0.06
	Vltava	1.67	0.03	0.05
斯洛伐克	MalyDunaj	1.6	0.13	0.14
	Váh	2.46	0.09	0.07
	Hron	2.3	0.7	0.14
	Hornád	1.78	0.16	0.13
	Morava	3.42	0.1	0.2
	Nitra	3.08	0.16	0.15
	Ipel	2.43	0.16	0.21
	Laborec	1.97	0.39	0.08
	Bodrog	1.64	0.22	0.09
拉脱维亚	Daugava	1.1	91.7	63.5
	Lielupe	1.06	0.14	0.07
	Venta	0.8	77.5	45
	Salaca	1.4	0.05	0.04
	Gauja	1.3	87.3	63.5
哥伦比亚	Magdalena	1	—	210
瑞典	Dalälven	—	0.02	0.01
	Råneälv	—	0.01	0.01
	Mörrumsån	—	0.02	0.03
	Rönneån	—	0.06	0.05
挪威	Skienselva	—	0.01	0
	Glomma	—	0.03	0.01
	Drammenselva	—	0.01	0.02
	Otra	—	0.01	0
以色列	Naaman	—	0.2	0.49
	Kishon	—	6.05	1.04
	Hedera	—	0.38	13.27
加拿大	St.Lawrence	—	0.02	0.04
	Mackenzie	—	0.03	0.19
	Saskatchewan	—	0.04	0.05
	SaintLaurent	—	0.04	0.03

2.2.3　重点发展地区水环境风险高

我国流域水环境质量区域差异明显，工业开发和城镇化建设是重要原因，其中以长江经济带最为明显。长江经济带 11 省（市）聚集了全国约 40%的造纸、合成氨、烧碱，80%左右的磷铵，70%左右的印染布产能；2018 年机制纸及纸板、农用氮、磷、钾肥、化学纤维、布产量分别占全国总量的 42.4%、44.3%、78.4%、49.3%；2017 年废水、COD、NH_3-N、TP 排放量分别占全国总量的 44.4%、48.4%、47.7%、49.6%。目前，长江流域水生态受损严重，长江上游珍稀特有鱼类处于濒危状态，长江生物完整性指数到了最差的"无鱼"等级（图1-8-35～图1-8-39）。

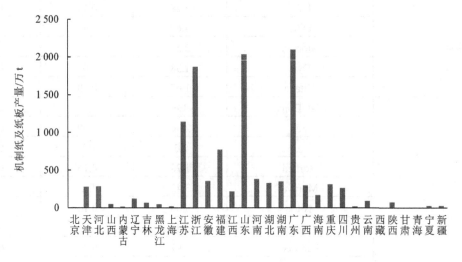

图 1-8-35　各省（区、市）机制纸及纸板产量

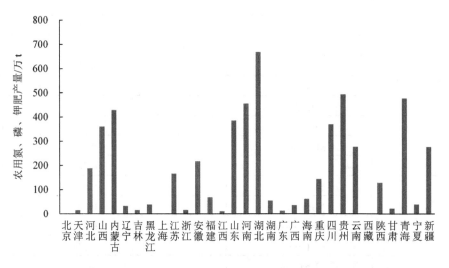

图 1-8-36　各省（区、市）农用氮、磷、钾肥（折纯）产量

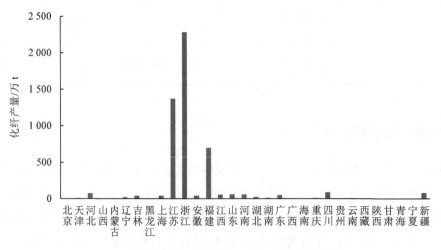

图 1-8-37　各省（区、市）化学纤维产量

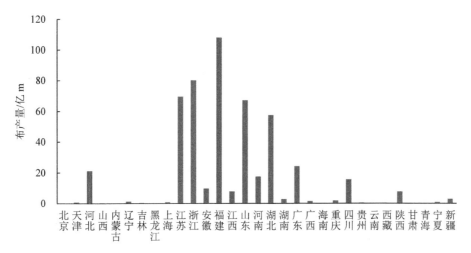

图 1-8-38 各省（区、市）布产量

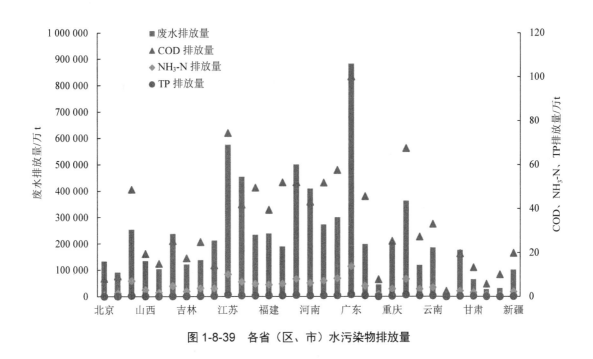

图 1-8-39 各省（区、市）水污染物排放量

2.2.4 饮用水水质不容乐观

保护好"水缸子"是全面建成小康社会最基本的底线型要求，但当前饮用水源地水质不容乐观，截至 2018 年 10 月，地级及以上城市饮用水水源地水质优于Ⅲ类比例与 2020 年 93%的目标要求仍有差距。一些地区饮用水水源保护区划定不清、边界不明、违法问题多见，部分饮用水水源地存在污染风险。据全国集中式饮用水水源地环境保护专项行动第二轮督查进展报告指出，部分区域水源地环境安全风险隐患仍较为突出，具体表现为部分饮用水水源地环境问题整治工作推进滞后，一些水源保护区内道路交通穿越问题突出，相关环境应急防护设施不健全等。如西安市沣峪水源地、石砭峪水源地、李家河水库、黑河金盆水库等均存在类似问题。陕西省渭南市、四川省巴中市部分饮用水水源保护区内存在生活面源污染问题，没有配套建设污水收集处置设施。地下水水质污染风险仍突出，全国加油站完成双层罐或防渗池设置工作比例仅为 63.5%。

2.3 土壤环境

"十四五"期间土壤环境面临的主要问题包括：

（1）部分地区土壤污染严重

南方土壤污染重于北方；人口稠密、产业布局集中的长三角、珠三角、东北老工业基地等部分区域土壤污染问题较为突出；西南、中南地区土壤重金属超标范围较大，镉、汞、砷、铅 4 种无机污染物含量分布呈现从西北到东南、从东北到西南方向逐渐升高的态势。

（2）耕地土壤环境质量堪忧

根据首次全国土壤污染状况调查，我国耕地土壤总的点位超标率为 19.4%，其中轻微、轻度、中度和重度污染点位比例分别为 13.7%、2.8%、1.8% 和 1.1%，主要污染物为镉、镍、铜、砷、汞、铅、滴滴涕和多环芳烃（图 1-8-40）。

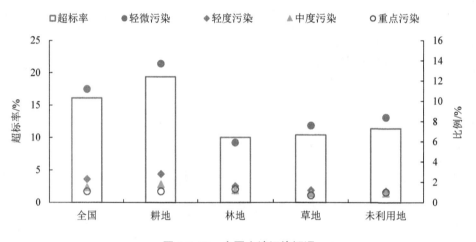

图 1-8-40 全国土壤污染概况

（3）工矿企业及其周边土壤环境问题突出

抽样调查 690 家重污染企业用地及周边的 5 846 个土壤点位中，重污染企业用地及周边土壤点位超标率为 36.3%；工业园区及其周边土壤点位超标率为 29.4%；矿区及其周边土壤点位超标率为 33.4%（图 1-8-41）。

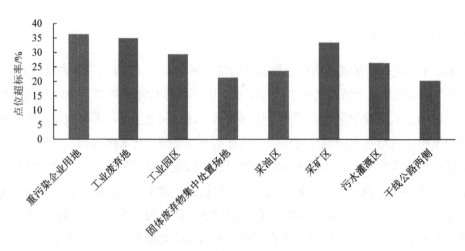

图 1-8-41 工矿区污染情况

2.4 其他环境问题

2.4.1 农村环境

截至 2018 年，全国农村环境综合整治平稳推进，但与实现 2020 年完成农村环境综合整治 130 000 个建制村的目标仍有较明显差距，京津冀及周边地区、长三角地区完成环境综合整治的建制村占比较低（图 1-8-42）。

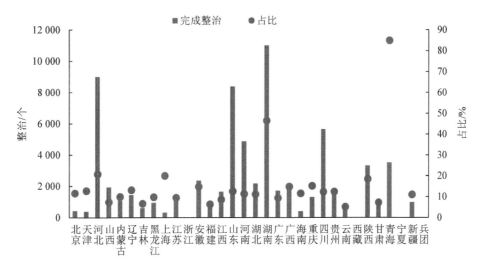

图 1-8-42 农村整治完成情况（浙江、西藏、宁夏和兵团数据暂缺）

2.4.2 生态环境

当前我国工业化、城镇化以及农业生产、资源开发利用等生产建设活动的生态扰动仍然较大，部分地区自然生态系统破碎、敏感、脆弱，生态监测体系不完善、监管能力薄弱等问题仍然突出，生态安全形势依然严峻。问题主要体现在：一是森林、湿地等生态系统人工化、低质化情况突出，优质生态产品供给能力不足，2015 年差等级的自然生态系统面积比例为 31.3%，2010—2015 年仍有 7.8% 的自然生态系统质量变差；二是生态安全战略格局尚未落地，生态孤岛效应明显，生物多样性丧失流失风险仍然存在，国家级自然保护区内仍有 2.9% 区域存在不同程度的人类活动干扰，77.7% 来自居民点和农业用地，长江中下游雁鸭类数量一直呈下降趋势；三是部分中小河流断流长度增加、周期加大，大量自然岸线、海岸带遭受侵占、沼泽湿地丧失，2015 年，全国自然岸线比例为 34.95%，比 2010 年减少了 1.09%，以长江经济带为例，2015 年长江自然岸线保有率仅为 44.0%，自然滩地长度保有率仅为 19.4%；四是生态监管基础薄弱、体制机制尚未理顺，自然生态系统本底不清、状况不明，违法行为时有发生。总体上看，我国生态保护工作仍处于边保护、边破坏的阶段，现行生态保护机制、管理模式、治理手段，都无法满足生态安全屏障建设、人居环境协同改善的深层次需求。

本专题执笔人：李新、关杨、张南南、王倩、苏洁琼

完成时间：2019 年 12 月

第二篇

"十四五"生态环境保护总体思路

专题 1　面向 2035 年美丽中国建设的生态环境保护基本思路

1　美丽中国建设内涵与总体要求

党的十九大提出了中国特色社会主义现代化建设的新目标，到 2035 年基本实现现代化，生态环境根本好转，美丽中国基本实现，到本世纪中叶建成富强民主文明和谐美丽的社会主义现代化强国。建设美丽中国成为新时代的美好目标，是生态环境保护战略、政策和行动的落脚点和基石，深刻认识美丽中国的特征内涵及其对生态环境保护的要求，是新时代生态环境保护战略研究的重要课题。

1.1　美丽中国建设历程

党的十八大以来，美丽中国建设随着生态文明建设的持续推进，经历了目标提出、内涵确立、丰富完善的发展历程。

1.1.1　美丽中国目标提出

2012 年，党的十八大报告提出"努力建设美丽中国，实现中华民族永续发展"，这是美丽中国首次作为执政理念和执政目标被提出。2015 年，中国共产党十八届五中全会通过的《中共中央关于制定国民经济和社会发展第十三个五年规划的建议》提出，牢固树立创新、协调、绿色、开放、共享的新发展理念，要求推进美丽中国建设，为全球生态安全作出新贡献。据此制定的《中华人民共和国国民经济和社会发展第十三个五年规划纲要》首次将美丽中国建设纳入国家发展规划，并提出要加快改善生态环境，协同推进人民富裕、国家强盛、中国美丽。这既与中国特色社会主义事业"五位一体"总体布局一脉相承，也标志着美丽中国是从总体上改善生态环境质量、全面建成小康社会的必然选择。

1.1.2　美丽中国建设内涵确立

2017 年，中国共产党第十九次全国代表大会（以下简称十九大）将"美丽"写入现代化强国建设战略目标，为中长期生态文明建设和生态环境保护指明新的历史坐标。按照对实现第二个百年奋斗目标分两个阶段推进的战略安排，十九大报告提出："到 2035 年，基本实现社会主义现代化，生态环境根本好转，美丽中国目标基本实现；到 21 世纪中叶，把我国建成富强民主文明和谐美丽的社会主义现代化强国。"同时，明确从推进绿色发展、着力解决突出环境问题、加大生态系统保护力度、改革生态环境监管体制等四个方面建设美丽中国，确立了美丽中国建设的内涵。

1.1.3 美丽中国建设内涵丰富完善

2018 年，习近平总书记在全国生态环境保护大会上发表重要讲话，强调要坚决打好污染防治攻坚战，确保到 2035 年美丽中国目标基本实现，到 21 世纪中叶建成美丽中国，明确了美丽中国建设分阶段的时间表和路线图。2020 年，中国共产党十九届五中全会通过的《中共中央关于制定国民经济和社会发展第十四个五年规划和二〇三五年远景目标的建议》（以下简称《建议》）提出，"展望 2035 年，广泛形成绿色生产生活方式，碳排放达峰后稳中有降，生态环境根本好转，美丽中国建设目标基本实现"。其中的内涵逻辑体现在通过推动经济社会发展全面绿色转型和碳达峰，来实现"生态环境根本好转"和"美丽中国建设目标基本实现"，这一远景目标的提出，丰富完善了美丽中国建设的目标内涵。2021 年 11 月，中共中央、国务院印发《关于深入打好污染防治攻坚战的意见》，明确要"努力建设人与自然和谐共生的美丽中国"，对美丽中国建设的内涵要求进一步深化完善。

1.2 美丽中国建设战略要求

1）生态文明是推进实现美丽中国建设目标的重要手段；美丽中国是生态文明建设的中长期方向路径和成效表达。美丽中国与生态文明建设科学内涵一脉相承。美丽中国建设响应人民群众对美好生活的客观需求，是生态文明建设的中长期方向路径和成效表达。生态文明建设作为建设中国特色社会主义总体布局中的重要内容，是推进实现美丽中国建设目标的重要手段。生态文明建设主要以生态规律为行为准则，综合运用经济、政治、文化、社会和自然的方法，依照人与自然和谐共生的原理，建设以资源环境承载力为基础，以增强可持续发展能力和维护生态正义为根本目标的资源节约型、环境友好型和生态健康型社会，是美丽中国建设的战略基础和重要保障。

2）美丽中国建设与联合国可持续发展议程目标一致且各有侧重。二者的最终目的都是为了实现全中国、全世界的协调可持续发展，实现人类文明的永续传承。美丽中国建设目标进一步将中国传统哲学思想升华为人与自然的和谐统一、和平共处的行为遵循，为全世界可持续发展提供中国理念、中国道路、中国制度、中国模式，对世界可持续发展具有历史性贡献。相较联合国可持续发展议程，美丽中国建设更聚焦于环境-经济-社会复合系统中与绿色发展相关的领域，即经济层面上促进产业结构、能源结构的绿色转型，实现经济的绿色可持续发展；社会层面上倡导绿色、低碳的生活、消费方式，构建绿色低碳化社会；生态环境层面上深入推进污染防治工程、实施生态系统修复工程，建立健全生态环境保护的法律体系和管理制度等。

3）实现人与自然和谐共生的现代化是美丽中国建设的核心要义与理论之基。建设美丽中国是高质量发展的重要体现及构建新发展格局的重要内容，其表现特征之一是具备青山常在、绿水长流、空气常新的优美生态环境的外在美；其二是经济社会发展绿色高效可持续，支撑美丽中国建设的机制健全、高效，实现环境-经济-社会复合系统中多系统的美丽属性，实现外"美"内"丽"。美丽中国是生态文明建设的中长期方向路径和成效表达，与生态文明建设一脉相承，要把自然与文明结合起来，让人民在优美的生态环境中享受丰富的物质文明和精神文明，也要让自然生态在现代化的社会治理体系下更加宁静、和谐、美丽，由表及里实现标志美、内核美和支撑美。

1.3 具体建设领域的基本内涵与要求

1.3.1 绿色发展

坚持绿色发展是发展观的一场深刻革命。习近平总书记指出，正确处理经济发展和生态环境保护的关系；坚决摒弃损害甚至破坏生态环境的发展模式，坚决摒弃以牺牲生态环境换取一时一地经济增长的做法；我们要坚持"生态优先、绿色发展"。人类发展活动必须要尊重自然、顺应自然、保护自然，向着资源节约、环境友好的方向发展，实现开发建设的强度规模与资源环境的承载力相适应，生产生活的空间布局与生态环境格局相协调，生产生活方式与自然生态系统良性循环要求相适应。到 2035 年，应广泛形成绿色生产生活方式，促进高质量发展，实现经济社会发展和生态环境保护协调统一。大幅提高能源、水等资源利用效率，达到国际先进水平，实现经济增长与资源能源消耗完全脱钩。推动形成简约适度、绿色低碳、文明健康的生活方式和消费模式，全面推进绿色建筑设计、建造，城市绿色出行比例大幅度提升，地级以上城市全面开展无废城市建设。

1.3.2 气候变化

建设美丽中国是协同推进高水平保护和高质量发展的重要路径。要着眼长远，系统谋划我国应对气候变化主要目标和重点任务，做好生态保护、环境治理、资源能源安全、应对气候变化的协同控制、协同保护、协同治理。立足新发展阶段、贯彻新发展理念、构建新发展格局，突出以降碳为源头治理的"牛鼻子"，牵引促进经济社会发展实现全面绿色转型。到 2035 年，应实现碳排放达峰后稳中有降。围绕碳达峰目标、碳中和愿景，在应对全球气候变化中发挥更加重要作用。"十四五"时期加快推进煤炭消费达峰，部分地区和重点行业率先碳达峰。全国在 2030 年前实现二氧化碳排放达峰，达峰后碳排放总量稳中有降。碳排放总量经历"慢（2030—2040 年）—快（2040—2050年）—慢（2050—2060 年）"三阶段下降过程后，力争 2060 年前达到碳中和。

1.3.3 生态环境

建设美丽中国，生态环境质量很关键。习近平总书记多次强调，我们要努力打造青山常在、绿水长流、空气常新的美丽中国；我们要建设天蓝地绿水清的美好家园；我们要还老百姓蓝天白云、繁星闪烁，水清岸绿、鱼翔浅底，吃得放心、住得安心，鸟语花香、田园风光，这些说的都是生态环境。到 2035 年，实现生态环境根本好转。具体表现为空气质量根本改善，水环境质量全面提升，水生态恢复取得明显成效、近岸海域海水水质改善、海洋生态系统功能恢复，土壤环境安全得到有效保障，环境风险得到全面管控，生态安全屏障体系牢固，山水林田湖草沙生态系统服务功能总体恢复，蓝天白云、绿水青山成为常态，基本满足人民对优美生态环境的需要。总体来说，要实现全国所有地区、所有要素整体性地"美丽"提升，实现生态环境质量改善拐点从量变到质变的转变，步入环境与发展良性循环的通道，美丽的标志与气质鲜明，形成全国的"美丽共同体"。

1.3.4 城乡人居

美丽中国的建设目标之一是实现生态环境质量的全方面根本改善，这不仅包括自然生态环境质量和自然生态系统质量的提升，同时也包含城乡人居环境的根本性好转。美好人居是美丽中国建设的物化载体,是确保人民生活幸福度安全感的基础保障。到 2035 年,实现城乡人居环境的有效保障,即实现城乡环境基础设施完备,黑臭水体全面消除,人居环境优美,全国村庄实现高水平环境综合整治,生活垃圾全部实现分类处理,农村生活污水治理率进一步提升,处处呈现"鸟语花香、田园风光"美丽乡村景象。

1.3.5 治理体系

美丽中国的表象为生态环境优美,本质为发展绿色、低碳与高质量,内在机制表现为生态环境治理体系与治理能力的现代化。美丽中国目标基本实现之时,支撑美丽中国建设的机制将更加健全高效,相应能力将进一步提升,实现生态环境与经济社会复合系统的可持续协同发展。到 2035 年,生态环境领域治理体系和治理能力现代化基本实现,主要表现生态文明体系全面建立,生态环境保护管理制度健全,生态环境治理能力与治理要求相适应,治理效能全面提升。

2 面向 2035 年的形势分析

预计到 2035 年,我国经济实力将大幅跃升,经济保持中高速增长、产业迈向中高端水平,经济发展实现由数量和规模扩张向质量和效益提升的根本转变,经济社会发展模式、产业体系、资源能源利用方式等都将向着更有利于生态环境保护的方向发展,基本达到欧洲地区目前的生态环境水平和治理水平,为实现人口、资源、环境发展全面协调和美丽中国建设提供良好的基础条件。但是在我国生态环境质量持续改善的过程中,仍然面临很多困难和挑战,特别是随着我国进入环境风险防控阶段,人体健康、全球变化、生态系统健康以及其他潜在的新的生态环境风险问题应高度关注,并积极应对,提前谋划战略举措。

2.1 经济社会发展形势分析

2.1.1 经济发展形势

1) 近期到 2025 年("十四五"阶段)是我国基本实现社会主义现代化的起步期,也是经济发展由数量到质量赶超的关键阶段。工业化、城镇化和信息化将持续推进,依托 5G、物联网等新科技"弯道超车"形势较好,有望完成由中等收入向高收入行列的进阶。

经济实力明显增强,人均 GDP 跨入高收入行列。党的十八大以来,我国 GDP 增长进入缓增提质阶段,增速仍保持在 6.5% 左右,按照世界经济增长一般规律,结合世界银行、国研中心、信息中心等国内外研究机构预测,2021—2025 年中国 GDP 增速普遍预期在 5.5%~6.5% 水平,研究认为"十四五"时期,中国经济年均增长大概率保持 5.5%~6.0%。2025 年前后,中国名义 GDP 总量(按市场汇率计算)占世界经济比重将平稳上升至 18% 左右,成为世界第一经济体。人均 GDP 达到1.2 万~1.3 万美元(2015 年不变价),基本达到高收入国家门槛。

总人口进入微增平台期,"人口红利"逐步衰减,城镇化进程仍将持续。我国总人口保持微增态势,"全面两孩"政策效应仍将持续显现,预期至 2025 年,我国人口总量达到 14.3 亿人左右。但总体来看,劳动年龄人口数量、比重已连续 7 年双降,预期至 2025 年,60 岁以上人口将达到 3.17 亿人,占比达到 22.1%。就业人员总量已呈现下降态势,"人口红利"时代正在逐步结束,"银发时代"

下的社会负担加重。但我国"质量型"人才红利正在凸显，将为经济结构调整和高质量发展奠定坚实基础。城镇化仍将是中国经济增长的主要推力，预期未来中国城镇化水平仍将较快推进、城镇化质量稳步提升，至 2025 年，常住人口城镇化率将达到 65.0%左右，进入中等城市型社会。

第三产业有望达到发达国家初期水平，新动能有望进一步增强。随着中国制造 2025、供给侧结构性改革、新经济新模式等产业政策红利的释放累积，预期至 2025 年，我国经济发展方式由规模型、数量型、粗放型向技术型、质量型、集约型转变的特点更为鲜明，绿色、创新等新动能明显增强，制造业整体素质大幅提升，两化（工业化和信息化）融合迈上新台阶，预期至 2025 年，第二产业比重将降至 34%左右；第三产业比重继续稳步上升至 60%左右，初步达到发达国家初期水平。

2）2025—2035 年（"十五五""十六五"时期）是我国基本实现社会主义现代化建设的攻坚期，预期我国集约、高效、绿色的发展方式和生活方式有望加速推进，完成由世界第二经济体向第一经济体的进阶，总人口达到峰值，城镇化进程基本完成。

超越美国成为第一大经济体，现代化经济体系初步建成。将超越美国成为世界第一大经济体，经济总量占世界经济比重将超过 20%，基本达到美国当前占比水平。全国人均 GDP 达到 1.7 万美元左右（2015 年不变价）。

全国总人口迎来峰值拐点，城镇化进程基本接近尾声。人口将在 2028 年前后达到 14.5 亿左右峰值，并呈波动下降态势。预期至 2035 年，常住人口城镇化率达到 70%以上，基本完成城镇化进程。

产业结构、效率等明显增强，产业体系更加创新绿色。第三产业占比达到 60%及以上，与主要发达国家 1980 年代后半段水平相当，制造业创新能力和生产效率显著提升。

3）远期到 2050 年，我国将进入社会主义现代化强国发展阶段，经济总量将在世界经济格局中保持稳定领先。

经济实力世界领先。预期至 2050 年，我国人均 GDP 水平将达到届时美国的 50%左右，与世界主要发达国家 2010 年前后水平相当，稳定超越一般发达国家当前水平，基本实现 21 世纪中叶建成中等发达国家的目标。第三产业占比基本达到发达国家当前水平的 70%以上并保持稳定，与世界先进水平的差距持续缩小（表 2-1-1）。

表 2-1-1　各时间节点全国经济社会形势

时间/年	人口/万人	（常住人口）城镇化率/%	人均 GDP/美元	产业结构
2017	139 194	58.16	8 569.458	8.06∶38.96∶52.98
2020	142 000	60	10 000	第三产业占比 56%以上
2025	**143 000**	**67**	**12 000~13 000**	**第三产业占比达 60%**
2030	145 000	70	17 000	第三产业占比 60%以上
2035	**143 000 左右**	**72 左右**	**20 000 以上**	**第三产业占比 63%左右**
2050	134 805.6	80.00	同期美国的 50%	第三产业占比 70%以上

主要参考资料：马明浩（Michal Makocki），2025 年前的中国经济，域外中国研究动态；《中国经济增长十年展望》；Chinese futures horizon 2025，EU Institute for Security Studies；长期宏观经济展望——2050 年主要发展趋势，经济学人智库；十九大后的中国经济：2018、2035、2050，清华大学中国与世界经济研究中心；联合国 world population perspective；国家人口发展规划（2016—2030 年）；普华永道，The long view：how will the global economic order change by 2050；牛文元等，《中国科学发展报告 2010》；World Band 数据库。

2.1.2 科技发展形势

我国正逐步进入知识经济时代，创新动能将加速形成，有望加速助推新经济、新业态发展，智能与制造加速融合，高效率的创新体系支撑高水平的产业发展。

到 2025 年，我国将处于创新型国家行列。根据《国家创新驱动发展战略纲要》提出的三步走战略，到 2025 年，我国将处于创新型国家行列，创新型经济格局基本建成，重点产业、创新型企业和产业集群在全球价值链和竞争体系中处于中高端或领先地位，知识密集型服务业占 GDP 的 25%以上，自主创新和创新协同能力大幅提升，形成面向未来发展、科技经济融合、具备战略优势、创新环境优化的创新科技产业体系，研发经费支出占 GDP 的比重超过 2.5%，为全面建成创新型国家打下基础。

到 2035 年，我国稳居创新型国家前列。2026—2035 年，预期创新动能将加速助推新经济、新业态发展，制造业创新能力和生产效率显著提升，国家创新体系更加完备，科技与经济深度融合、相互促进，主要产业进入全球价值链中高端，在若干战略领域由并行走向领跑，科技创新对经济发展的贡献率一般在 70%以上，研发投入占 GDP 的比重超过 2.8%，技术对外依存度低于 20%。

2.1.3 能源发展形势

未来我国能源发展的阶段性特征明显，2030 年前是我国能源加速转型期，2030 年后我国将逐步进入绿色能源时代。

煤炭：受应对气候变化压力增大、全球煤炭产能过剩、国内能源双重更替步伐加快、生态环境约束强化等影响，预计至 2020 年前后煤炭消费增长将达到 40 亿 t 左右的峰值水平，至 2025 年，煤炭消费总量将维持在 37 亿 t 水平；2025—2035 年，经济活动对煤炭的刚性依赖下降，煤炭消费总量降至 34 亿 t 左右；2035 年后，非化石加速替代发电用煤，煤炭需求总量大幅降低，预计 2050 年降至 26 亿 t 左右。

石油：预计石油需求将在 2025—2030 年达到峰值，惯性发展情景下，峰值将达到 7.1 亿 t。2025年国内石油需求在 6.34 亿 t，2030 年国内石油需求在 7.1 亿 t，2035 年国内石油需求在 7.15 亿 t。从需求结构看，柴油需求的峰值将在"十三五"到来，峰值水平在 1.7 亿 t。随着我国工业化和城镇化基本实现，柴油刚性需求失去支撑，预计至 2030 年需求下降为 1.3 亿 t 左右。汽油消费预计将于 2025年前后达峰。

天然气：2030 年之前，考虑到可再生能源与传统化石能源相比仍不具备完全竞争力，天然气将作为理想的过渡能源，实现对散煤、高污染油品的显著替代，是天然气发展的重要机遇期，预计 2016—2030 年全国天然气消费量年均增长 7.3%，2030 年天然气消费总量约为 5 200 亿 m^3。2030 年之后，天然气发电将成为天然气需求的主要增长点。

电力：电力需求具有较大增长空间，全社会用电效率持续提升。2016—2030 年，装备制造和轻工产业、三产和居民生活用电量分别贡献全社会用电增量的 30%、50%。2030—2050 年，三产及居民消费成为用电主力，将贡献用电增量的 70%。2020—2030 年，二产度电产值从 1 美元/（kW·h）提高到 1.7 美元/（kW·h），超过韩国目前水平。到 2050 年，二产度电产值进一步提高到 3.5 美元/（kW·h），仅略低于美国、德国、日本等制造业强国。

可再生能源：非化石能源布局更加优化，新能源发电经济性不断提高。核电和可再生能源实现协同高效发展，风电资源将优先开发中东部和南方地区，同步解决智能电网和调峰问题，太阳能发电更加注重分布式发电利用；水电开发重点集中在十大流域，2050 年开发程度达到 74%，达到目前发达国家水平；生物质能有望实现电力、供热、交通、农村生活用能领域的商业化和规模化。

2.1.4 资源消耗形势

水资源：水资源消耗总量呈现缓慢上升趋势，预计 2025 年达到拐点。预计 2025 年、2030 年、2035 年水资源消耗量将分别达到 6 686 亿 m^3、6 673 亿 m^3、6 554 亿 m^3，在 2025 年前后达到顶点，之后出现缓慢下降。其中，农业用水比重保持下降，至 2035 年占比达 55.4%；工业用水比重将在 2025 年达到 24.8%的峰值，2035 年回落至 23.9%；生活用水未来稳步增长，城镇用水增幅高于农村。生态用水占比呈持续增加态势，至 2035 年增长至 17.0%左右。

水泥：当前至 2025 年，我国水泥产量仍将保持稳中有降态势，受经济和开发建设等因素影响可能呈现波动，到 2035 年，全国水泥产量预计将基本稳定在 20.0 亿 t 左右。

钢铁：钢铁产量将在 2020 年前后达到峰值，2035 年生铁、粗钢、钢材产量分别下降到 6.0 亿 t、6.6 亿 t、9.5 亿 t 左右。

2.2 未来形势面临冲突和不确定性

1）经济整体增长和行业复苏发展需求与持续改善环境质量间存在矛盾。我国用近 40 年时间赶超发达国家 200 多年的工业化、城镇化发展进程，当前到"十四五"期间，以及至 2035 年所要面对的生态环境问题严峻程度也将如同发达国家 200 多年工业化发展中问题的累积凸显。"十四五"期间是转变粗放发展模式，形成资源节约型、环境友好型空间发展格局、经济产业结构、生产生活方式的关键时期，受稳经济增长带来的积极财政政策发力、基建投资力度加大等影响，以及工业化发展仍处于稳定阶段，钢铁、建材等基建相关行业仍将处于高位，石化、火电等工业基础行业预期将保持增长势头，高位污染物排放量和新增污染物排放量均将对生态环境质量持续改善造成压力。部分地区、要素仍将面临持续的环境高压，如大气重污染天气之于"2+26"城市和汾渭平原、流域水污染和水生态安全风险之于长江中上游地区、臭氧和 VOCs 等新型大气污染之于长三角、珠三角等沿海发达地区、生态破坏和明显的发展与保护矛盾之于西部地区、城乡环境基础设施建设差距等。

2）人民群众对美好环境的迫切需求与部分地区、领域仍然突出的环境问题间的矛盾。良好的生态环境是政府必须提供的基本公共服务，是最普惠的民生福祉，是时代和社会进步提出的新要求，已成为人民群众的新期盼，优良的生态环境越来越成为城乡居民的重要需求。人民对环境产品的期望随着生活水平提升而快速提高，公众环境权益观空前高涨，环境问题将成为公众发泄情绪的重要出口。人民群众对环境污染的敏感度明显提高，对巩固和提升污染防治攻坚战成果、保持优良生态环境的期待进一步增强，但是部分地区生态环境问题仍然突出，重污染天气、黑臭水体、垃圾围城、生态破坏等问题时有发生，特别是大气环境治理成果亟待巩固，环境治理任重道远。

3）生态环境精准治理需求与尚不稳固的治理能力间的矛盾。在经济形势整体趋于平缓，稳定发展成为重要关切的背景下，污染防治政策措施的制定和生态环境保护战略的实施需要更加精细、更加符合不同地区和行业、企业实际。一些地方责任落实、压力传导不到位，环保基础设施多元化投入机制不健全等问题仍将存在，污染治理设施建设存在短板，污水、垃圾、危险废物处理处置能力总体不足，设施分布不均也非短期能够解决。随着污染防治攻坚战深入推进，环境治理的复杂性在增加、边际成本在上升，颗粒物污染治理尚在攻坚阶段，臭氧以及快递包装等新业态带来的污染问题日益显现，地下水污染、土壤污染、有毒有害污染物等问题治理任务十分艰巨。

4）需面临和持续解决的生态环境问题依然突出。我国污染防治进入攻坚阶段，传统型、易于治理的环境问题正得到加速改进，但复杂型、新型、国际型环境问题以及高阶环境质量达标要求，带来我国持续解决环境问题的难度与压力加大。大气环境方面，VOCs 污染未见明显改善，O_3 造成的大气污染污染仍在加剧；水环境方面，一些流域持久性有机污染物、抗生素、微塑料、内分泌干扰物等新型污染物增长较快；土壤环境方面，重金属、酞酸酯、抗生素、放射性核素、病原菌等各类污染物仍以多形态、多方式、多途径进入土壤环境，风险管控难度进一步加大；近岸海域方面，污染尚未得到有效控制，滨海湿地生境不断丧失，海洋生态环境退化，海洋生物资源质量下降、数量锐减，海洋生态系统健康受损。气候变化、外来入侵物种、转基因生物的环境释放、生物燃料的生产对生物多样性和生态系统的影响进一步加剧；未来 10 年中国将承受二氧化碳、汞削减等巨大国际压力。

5）充分考虑一系列外部环境不确定问题。以信息科技为代表的科技发展进程加快，5G、人工智能、"互联网+"、物联网等发展正在深刻改变社会生产方式与生活方式，万物互联时代提升生产效率，改变知识获取、信息交流等渠道，将有可能对环境治理方向、治理模式、治理技术等治理体系重塑带来考验。我国人口规模、结构、布局、质量等都在处于转折期，老龄化引发的系列社会问题影响深远。国际国内地缘政治格局仍存在诸多不确定性，中美关系、台湾问题解决等仍对和平发展环境带来挑战。生态环境体制改革方向、趋势与效果直接影响生态环保的治理进程与成效。

3　美丽中国建设生态环境保护战略路线图

为全面落实党的十九大精神，系统谋划中长期生态环境保护工作，实现党的十九大提出的"两个一百年"奋斗目标要求，需要在新形势、新目标、新要求的背景下，重新审视国家生态环境战略进程，调整生态环境保护工作的侧重点，研究 2035 年远景目标和分阶段目标，研究新时期生态环境保护工作的新思路和新举措，从顶层设计上开展美丽中国与生态文明建设战略框架研究。

3.1　美丽中国生态环境保护目标指标研究

总体目标：生态环境根本好转，美丽中国目标基本实现。一是节约资源和保护环境的空间格局、产业结构、生产方式、生活方式总体形成，绿色低碳循环水平显著提升，绿色发展方式和生活方式蔚然成风。二是生态环境根本好转，资源环境承载能力大幅提升，全国环境质量达到标准，空气质量根本改善，水环境质量全面改善，土壤环境质量稳中向好，环境风险得到全面管控，山水林田湖草生态系统服务功能稳定恢复，蓝天白云绿水青山成为常态，基本满足人民对优美生态环境的需要。三是国家生态环境治理体系和治理能力现代化基本实现。

到 21 世纪中叶，建成富强民主文明和谐美丽的社会主义现代化强国，绿色发展方式和生活方式全面建立，生态环境质量优良，生态系统良性循环，还自然以宁静、和谐、美丽，人与自然和谐共生，生态文明全面提升，实现国家生态环境治理体系和治理能力现代化，美丽中国目标全面实现。

2035 年七个领域的目标预期：

——绿色发展方面，基本建立清洁低碳、安全高效的能源体系和绿色低碳循环发展的经济体系。基本形成绿色发展的生产方式和生活方式，能源、水等资源利用效率达到目前的国际先进水平，碳排放总量将在2030年前后达到峰值后呈现下降态势，建成世界上最大规模的清洁能源系统。

——绿色生活方面，绿色交通、绿色建筑体系完善，绿色产品、绿色消费旺盛，绿色社区、绿色机关、绿色学校、绿色企业、绿色家庭成为普遍形态，垃圾分类全面实施，全社会生态环保意识、节约意识显著增强，绿色生活蔚然成风。

——大气环境方面，全国空气质量全面达标，珠三角等区域空气质量已基本达到世卫组织第三阶段标准，长三角地区基本达到世界卫生组织第二阶段标准，二氧化硫、氮氧化物等传统问题得到基本解决，重污染天气基本消除，机动车污染控制水平与美国相当，主要污染物排放总量降低到500万～800万t级水平。

——水环境质量方面，全国水环境达功能区标准，海河、辽河等超载流域水资源开发强度明显下降，城市建成区黑臭水体得到消除，城市集中式饮用水水源水质全部达到或优于Ⅲ类比例，污水收集与处理设施达到城乡全覆盖，水生态系统功能初步恢复。

——土壤环境质量方面，农用地土壤环境得到严格保护，全国土壤环境质量稳中向好；实现受污染耕地产出农产品质量安全，再开发利用污染地块和暂不开发利用污染地块土壤环境风险得到全面管控。

——生态保护方面，生态安全屏障体系基本建立，生态空间安全高效、生活空间舒适宜居、生态空间山青水碧的国土开发格局形成，历史遗留的矿山开发等资源破坏基本得到恢复，人为因素造成的水土流失、荒漠化基本得到治理，森林、河湖、湿地、草原、海洋等自然生态系统质量和稳定性明显改善，城乡生态产品供给满足人民对优美生态环境的需求。

——环境治理体系与治理能力方面，确立建设美丽中国的体制保障，生态文明制度更加健全，形成政府为主导、企业为主体、社会组织和公众共同参与的环境治理体系，建立完善的城乡环境基础设施，城乡环境保护全面统筹，实现资源和生态环境保护领域国家治理体系和治理能力现代化。

综上所述，设计2035年生态环境保护目标指标体系，包括三大方面七大领域，共40项指标（表2-1-2）。

表2-1-2 2035年生态环境保护目标指标体系建议

方面	领域	序号	指标体系	2015年	2016年	2017年	2020年	2035年	本世纪中叶
绿色发展与绿色生活	绿色发展	1	单位GDP能源消耗下降[1]/%			—	[15]	[52.6]（相比2016）	
		2	煤炭占一次能源比例[2]/%	63左右	62.3	60左右	<58	49	45
		3	单位GDP碳排放[3]/（t/万元）	1.46	1.38	—		0.75	
		4	单位GDP水资源消耗[4]/（m³/万元）	90	81	—	69.3	35	
		5	农田灌溉水有效利用系数[5]	0.536	0.542	—	>0.55	>0.612	
		6	单位GDP建设用地使用面积下降[6]/%			—	[20]	[55]	

方面	领域	序号	指标体系	2015 年	2016 年	2017 年	2020 年	2035 年	本世纪中叶
绿色发展与绿色生活	绿色生活	7	人均生活用水量/（m³/a）	57.72	59.42	—	61.41	71.79	
		8	城市公共交通出行分担率/%				30	55	
		9	新能源汽车比例/%	—	—	—		>45	
		10	生活垃圾分类（城市、农村）/%	—	—	—	>35	>90	
		11	新建建筑中绿色建筑比例/%				>50	>90	
生态环境质量	大气环境	12	地级及以上城市空气质量优良天数比例/%		78.8		80	90	
		13	地级及以上城市重污染天气比例/%	3.1	2.6		<2.3	<1	
		14	地级及以上城市细颗粒物浓度/（μg/m³）	50	47	44	40	<30	15
		15	二氧化硫、氮氧化物等主要大气污染物排放总量/万 t	1 859、1 851	1 755、1 777		1 492、1 510	<1 000	700 左右
		16	人群暴露在重污染天气的时间比例/%				<2.5	<1	
	水环境	17	地表水好于Ⅲ类比例/%	66	67.8		>70	>80	
		18	地表水劣Ⅴ类水体比例/%	9.7	8.6		<5	消除	
		19	水环境功能区达标率/%	60			80	>95	
		20	集中式饮用水水源水质达到或优于Ⅲ类比例/%		90.4		>93	>97	
		21	农村安全饮水比例/%					全部保障	
		22	水生态状况					基本恢复	全面恢复
		23	COD、氨氮等主要水污染物排放总量/万 t	2 223、230	2 165、223		下降10%	<1 000 万 t	700 万 t 左右
	土壤环境	24	污染耕地安全利用率/%				90	>95	全部
		25	污染地块安全利用率/%				90	>95	全部
生态环境质量	生态状况	26	森林覆盖率[7]/%	21.63	21.63	—	>23	27	
		27	自然湿地保有量/亿亩	8.14			8	>8	
		28	生态保护红线比例/%				25	>25	
		29	国家公园等自然保护地占国土空间比例[8]/%	14.8	14.88		>15	>15	
		30	水土流失、沙漠化、石漠化等治理[9]	—	—	—	—		基本实现人为因素造成的生态退化治理全覆盖

方面	领域	序号	指标体系	2015 年	2016 年	2017 年	2020 年	2035 年	本世纪中叶
环境治理体系与治理能力	治理体制	31	自然资源与生态环境产权管理制度		逐步开展确权登记、有偿出让制度			建立完善的自然资源、生态环境产权和资产管理制度	
		32	生态环境管理体制（全要素、全地域、全过程）	形成了深化生态文明体制改革的战略部署和制度架构				形成系统完备、科学规范、运行有效的生态文明制度体系	
	治理机制	33	属地管理的环境治理责任机制		建立地方对属地环境质量全面负责的责任机制				
		34	以排污许可为核心的固定源治理机制		制定了控制污染物排放许可制实施方案		完成固定源核发，实现"一证式"管理		
		35	以绿色生活、公共参与为特点的社会治理机制		引导绿色消费理念，养成绿色生活习惯		建立健全环境保护网络举报平台和制度	形成公共参与、绿色生活的良性机制	
	治理能力	36	环保机构队伍建设水平		队伍壮大，人才层次提高，环保投入增加			人才队伍规模不断扩大、队伍结构进一步优化、专业水平大幅提升	
		37	生态环境监测预警体系	推进生态环境监测网络建设			基本实现环境质量、重点污染源、生态状况监测全覆盖	建成陆海统筹、天地一体、上下协同、信息共享的生态环境监测网络	
环境治理体系与治理能力	治理能力	38	生态环境应急处置响应能力					全面覆盖、体系完整、响应及时	
	环境设施	39	城镇污水处理率/%	92（城市）			95（城市），70 以上（建制镇）	100（城市），80 以上（建制镇）	

方面	领域	序号	指标体系	2015 年	2016 年	2017 年	2020 年	2035 年	本世纪中叶
环境治理体系与治理能力	环境设施	40	城乡垃圾无害化处理率/%	90.2	96.6		95 以上（城市），70 以上（建制镇）	100（城市）、85 以上（建制镇）	

注：[1]《能源生产和消费革命战略（2016—2030）》到 2030 年能源消费总量要控制在 60 亿 t 标煤以内，预计能耗 2035 达到峰值 60 亿 t 标煤，2015 年、2016 年全国单位 GDP 能源消耗分别为 0.624 t 标煤/万元、0.61 t 标煤/万元。

[2]《中国能源展望 2030》报告预计，一次能源消费结构持续优化。煤炭消费比重将有较大幅度下降，2020 年、2030 年煤炭占比分别为 60%、49%。

[3] 1）习近平主席在气候变化巴黎大会上提出预计 2020 年实现碳强度降低 40%～45%，2030 年中国单位国内生产总值二氧化碳排放比 2005 年下降 60%～65%。2030 年相比 2015 年需下降 41.79%～49.06%，2035 年相比 2016 年的降幅也在这个区间内，取 45.5%。2）2016 年全国碳排放总量为 101.51 亿 t，参考自 http://power.in-en.com/html/power-2283476.shtml:_。3）自 2005 年始中国排放量达 72 亿 t，按 72 亿 t 计算，排放强度为 3.93。4）2015 碳排放参考 IEA 的数据库，化石能源燃烧造成的二氧化碳排放为 9 084.6 Mt，一般化石能源燃烧占碳排放的 88%～91%，估算碳排放量为 10 094 Mt。

[4] 2020 年，万元 GDP 用水量比 2015 年累计下降 23%。2）按 2035 年全国用水总量 7 000 亿 m³（《全国水资源综合规划》），2030 年全国用水总量力争控制在 7 000 亿 m³ 内）、GDP207.5 万亿元计算。

[5]"水十条"要求 2020 年提高到 0.55 以上，《全国水资源综合规划》提出 2030 年提高到 0.6 以上。以提高增长率为 12% 计算得出。

[6] 1）2015 年全国建设用地总面积为 5.78 亿亩，2016 年为 39 095.1×10³ hm²。（中国国土资源公报）；2）全国国土规划纲要（2016—2030 年）："十三五"期间，单位国内生产总值建设用地使用面积下降 20%；3）按近两年年均新增 47 万 hm² 左右计算，2035 为 22.86 hm²/万元，由此计算下降率。2015 年、2016 年全国单位 GDP 建设用地面积分别为 56 hm²/万元、52.5 hm²/万元。

[7] 1）全国国土规划纲要（2016—2030 年）：2020 年森林覆盖率>23，2030 年>24；2）《林业发展"十三五"规划》："十二五"期末，森林蓄积量增加 14 亿 m³。

[8] 2016 环境状况公报：全国共建立各种类型、不同级别的自然保护区 2 750 个，其中陆地面积约占全国陆地面积的 14.88%；国家级自然保护区 446 个，约占全国陆地面积的 9.97%。

[9] 1）2016 年，全国沙化土地治理 10 万 km²、水土流失治理 26.6 万 km²。2）《全国水土保持规划（2015—2030 年）》：到 2020 年，全国新增水土流失治理面积 32 万 km²，其中新增水蚀治理面积 29 万 km²，年均减少土壤流失量 8 亿 t。到 2030 年，全国新增水土流失治理面积 94 万 km²，其中新增水蚀治理面积 86 万 km²，年均减少土壤流失量 15 亿 t。

3.2　基于美丽中国的生态环境战略框架

围绕美丽中国建设的战略目标，基于美丽中国建设的战略路径，分为绿色发展与绿色生活水平显著提升、生态环境质量根本好转、环境治理能力与治理体系实现现代化的美丽中国建设框架。

一是提升绿色发展水平。贯彻落实习近平生态文明思想，尊重自然、顺应自然、保护自然，坚持"绿水青山就是金山银山"，转变发展方式，建立绿色生产和绿色消费的法律制度和政策导向，强化生态环境空间管控，优化绿色发展的空间格局，建立健全低碳循环发展的经济体系，培育壮大新兴产业，推动传统产业智能化、清洁化改造，加快发展节能环保产业，全面节约能源资源，推动绿色消费革命，形成全社会共同参与的绿色行动体系，从源头上推动经济实现绿色转型，减少资源消耗，减少生态破坏，协同推动经济高质量发展和生态环境高水平保护。

二是生态环境质量根本改善。近期打好污染防治攻坚战，长期打好生态环境治理持久战。全国空气质量根本改善，蓝天白云成为常态。全国水环境质量全面改善，水生态系统功能初步恢复，饮用水安全得到有效保障。全国土壤环境质量稳中向好，土壤环境风险得到全面管控。生态安全屏障稳固，耕地草原森林河流湖泊湿地得到休养生息，城乡环境优美和谐宜居，满足人民对优美环境和生态产品的需要。

三是环境治理能力与治理体系实现现代化。构建生态文明体系，建立健全生态文化体系、生态经济体系、目标责任体系、生态文明制度体系、生态安全体系。深化生态环境保护管理体制改革，完善生态环境管理制度，构建生态环境治理体系，改变以往主要依靠行政手段的做法，综合运用行政、法律、经济手段，健全生态文明体制、机制和制度体系。

3.3 美丽中国建设的区域战略

针对资源环境禀赋、国家生态功能战略定位、社会经济发展差异，坚持以人与自然和谐为核心准则，因地制宜地推进美丽中国建设，将我国的美丽中国建设分为 7 个美丽建设分区，分别为：京津冀及周边地区、东南地区、中部地区、西南地区、青藏地区、西北地区、东北地区。

京津冀及周边地区美丽建设分区。人口密集、经济结构偏重、污染防治压力大，区域美丽建设路径应以持续推进污染防治攻坚和环境质量改善为重点，以重点区域流域、重点行业、重点污染物管控和防治为驱动，推进经济产业结构持续优化升级和生态环境质量稳定改善提升。

东南沿海美丽建设分区。经济优势和特色较为明显，产业生态化、绿色化、现代化水平处于全国领先，生态环境质量整体处于全国较好水平且呈持续改善态势，已基本形成了以生态环境保护推动引领高质量发展、以经济绿色高质量发展为生态环境保驾护航的发展模式，中长期美丽建设路径应以进一步推进经济社会发展的绿色化和高质量为主导，重点补强如江苏大气环境污染改善较慢、区域和城乡环境基础设施建设差距、长三角部分城市土地开发利用强度过高等生态环境领域短板。

东北美丽建设分区。面临相对严重的经济增长停滞困境，美丽建设路径应着重考虑生态环境保护和美丽建设对经济复苏的带动作用。统筹区域农业制造业发展基础和生态环境资源，探索基于生态服务和产品供给与农业制造业融合发展的美丽建设路径。

中部美丽建设分区。来自长三角、珠三角地区的产业转移和共建及随之产生的沿江开发、城镇建设、人口集聚是长江中游地区生态环境保护和区域美丽建设的主要压力来源。因此，其美丽建设路径应主要突出环境与经济的协调，以预防环境质量恶化和改善成效反弹为底线，避免走京津冀及周边地区的老路，向东南沿海发展路径靠拢。

西南美丽建设分区。面临的形势与长江中游地区相似，经济社会发展速度较快、需求较强，且生态安全战略意义更重大，生态环境脆弱程度更高。西南地区同样应以生态环境与经济社会协调发展为区域美丽建设的主要路径，建设进程要更加突出区域区位优势、产业基础和发展特色，因地制宜地细化区域发展布局。

西北美丽建设分区。面临较为严重的生态环境问题，部分区域大气环境污染突出，地处黄河流域上游，对流域水生态安全具有重要的战略意义，绿色发展水平和环境治理体系与能力建设相对薄弱，应突出生态保护，强化重点区域、流域污染防治，以推动具体区域发展职能定位精细化、经济产业发展绿色化、发展与保护协同特色化为主要抓手，优化调整与创新挖潜相结合，培育美丽建设动能。

青藏美丽建设分区。与其他 6 个分区的主要区别在于其重要的生态安全战略意义。因此，青藏美丽建设分区发展路径应体现生态优先特色，在严守环境质量和生态安全底线的前提下，充分发挥生态服务和产品在"绿水青山就是金山银山"转化中的作用，提升生态系统服务价值。

3.4　面向美丽中国的生态环境战略路线图

3.4.1　总体路线图

我国生态环境保护总体随着国家执政理念、战略目标、发展模式、产业体系、资源能源利用方式、社会主流价值观、社会治理，特别是随着走向生态文明新时代进程的推进，这些影响生态环境的重要因素在 2020 年、2035 年、本世纪中叶等重要时间节点，将会有标志性的发展态势，基于此，预计 2020 年和 2035 年两个重大节点的生态环境问题的转变态势判断为：

到 2020 年，我国将基本实现工业化。城镇化趋稳、能源低增长，我国基础原材料工业产能产量达到峰值、煤炭消费达到峰值进入平台期，绿色发展水平总体达到世界平均水平，主要污染物排放将延续减少趋势，但污染累积量大面广、成因复杂、减排潜力下降，全国环境超载形势仍将持续，环境质量得到总体改善，传统的环境问题有望开始得到根治，重污染天气、劣 V 类水体等社会高度关注的民生型生活环境问题得到基本解决，部分地区环境质量有望达标，生态退化与恢复基本持平、控制住生态恶化趋势。未来 3～5 年需要以解决发展与保护矛盾最激烈、百姓身边最严重、健康影响最突出、治理体系最薄弱、国际反响最强烈的环境问题为着力点，以改善环境质量为核心，健全体制机制顶层设计，动员全社会力量，用硬措施应对硬挑战，抓出一批老百姓看得见、摸得着、感受到、能收益的治理成果，如解决饮用水不安全、黑臭水体、重污染天气、农村环境综合整治等突出环境问题，确保实现与全面建成小康社会相适应的生态环境目标。

到 2035 年，我国基本实现现代化。创新动能加速助推新经济、新业态发展，城镇化进入成熟期，人口、能源消费增长预期达到峰值，碳排放达到峰值水平，能源结构更加清洁，经济增长的资源环境压力有望由紧绷期进入舒缓期，实现生态环境根本好转。主要污染物排放总量会显著减少，重污染天气、黑臭水体等环境问题有望根治解决，重点解决新型、复合和持久性有机污染物问题并对环境健康有所侧重，大气、水环境质量实现达标，我国有望进入更加清洁、健康的环境阶段，生态系统健康稳定，美丽中国目标基本实现。

因此，从社会经济发展的中长期战略层面出发，综合分析发展模式、产业体系、资源能源利用方式、社会主流价值观、社会治理等影响生态环境的重要因素，基于在 2020 年、2035 年、21 世纪中叶等重要时间节点的标志性发展态势，美丽中国的建设路线图有阶段性战略：

"十三五"时期（2016—2020 年），生态环境质量总体改善。实现全面建成小康社会，主要任务是补齐全面小康环境短板，实施精准治理、科学治理、系统治理，突出环境质量改善与总量减排、生态保护、环境风险防控等各项工作的系统联动，将提高环境质量作为统筹推进各项工作的核心评价标准，将治理目标和任务落实到区域、流域、城市和控制单元，实施环境质量改善的清单式管理，污染防治攻坚战的成果将直接反映在标志美。

"十四五"时期（2021—2025 年），生态环境质量持续改善。主要是巩固污染防治攻坚战成果、全面改善环境质量的关键期，发展与保护矛盾仍处在胶着期，百姓身边焦点问题、健康影响、治理体系等处在污染防治攻坚战成果保持与持续提升的关键期，是内核美与支撑美的持续建设期。重点解决黑臭水体、长三角大气、土壤分类分区管控、陆海统筹、受损生态系统恢复、长江口等重点问题。

"十五五"时期（2025—2030 年），生态环境质量全面改善。全面改善环境质量的关键期，水、大气基本实现达标，全面解决传统环境问题，环境风险、人体健康得到保障，部分区域美丽中国的建设成效显现，逐步开始进入良性循环。

"十六五"时期（2031—2035 年），生态环境质量根本好转。我国基本实现现代化，国家创新动能加速助推新经济、新业态发展，城镇化进入成熟期，人口、能源消费增长预期达到峰值，碳排放达到峰值水平，能源结构更加清洁，经济增长的资源环境压力有望由紧绷期进入舒缓期，实现生态环境根本好转，环境质量全面达标，受损生态系统全面恢复，生态系统趋于良性循环，美丽中国目标基本实现。

3.4.2　各环境要素质量改善战略路线研究

生态环境质量改善战略路线详见表 2-1-3。

表 2-1-3　生态环境质量改善战略路线

领域	"十四五"期间	"十五五"期间	"十六五"期间
大气环境质量改善	$PM_{2.5}$ 浓度持续下降，O_3 浓度上升趋势得到控制。到 2025 年，全国 338 个地级及以上城市 $PM_{2.5}$ 平均浓度下降至 35 μg/m³ 以下，65% 以上地级及以上城市 $PM_{2.5}$ 年均浓度达到《环境空气质量标准》（GB 3095—2012）二级浓度限值标准，超过 50%的人口生活在空气质量达标城市中	绝大部分城市 $PM_{2.5}$ 年均浓度达标，O_3 浓度达到拐点。到 2030 年，全国 338 个地级及以上城市 $PM_{2.5}$ 平均浓度下降至 30 μg/m³ 以下，90%左右地级及以上城市 $PM_{2.5}$ 达到环境空气质量二级浓度限值标准	环境空气质量根本好转。到 2035 年，全国 338 个地级及以上城市 $PM_{2.5}$ 平均浓度下降至 25 μg/m³ 以下，O_3 污染得到有效控制，地级及以上城市空气质量基本全部达到《环境空气质量标准》二级浓度限值标准
水环境质量改善	全国水环境质量总体改善，国控劣 V 类断面和城市建成区黑臭水体总体得到消除，主要江河湖库水功能区水质达标率提高到 90%，饮用水安全保障水平持续提升，地下水水质维持 2020 年水平，近岸海域环境质量稳中趋好，黄河、淮河流域全面建立生态流量保障机制，其他流域生态流量试点，水生态系统功能初步恢复	全国水环境质量显著改善，县级及以上城镇建成区黑臭水体基本消除，江河湖库水功能区基本实现达标，饮用水安全保障水平持续提升，浅层地下水水质稳中趋好，近岸海域环境质量稳中趋好，建立生态流量保障机制，水生态系统功能得到明显提升	全国环境状况与基本实现现代化相适应，全国水生态环境质量全面改善，无黑臭水体，江河湖库水功能区全面达标，饮用水安全保障水平持续提升，部分地区浅层地下水水质实现总体改善，近岸海域环境质量继续保持稳中趋好，生态流量得到全面保障，"清水绿岸、鱼翔浅底"，生态系统实现良性循环
土壤环境质量改善	全国土壤污染加重趋势得到基本遏制，农用地分类管理和污染地块风险管控水平全面提升，农用地和建设用地土壤环境安全得到有效保障，重点污染物排放量进一步下降，在产企业监管制度进一步完善，土壤环境风险得到有效管控，重点地区土壤污染风险得到全面管控，土壤污染风险评估体系初步建立，土壤污染防治体系基本建立	全国土壤污染加重趋势得到根本遏制，农用地和建设用地土壤环境安全得到全面保障，优先保护类耕地面积得到增加，严格管控类耕地面积减少，重点地区土壤污染风险得到根本管控，土壤环境预警体系基本建立，在产企业土壤和地下水环境风险全面防控，土壤污染防治体系全面建立，土壤环境风险得到全面管控，土壤生态系统恶化趋势得到初步遏制	全国土壤环境质量总体保持稳定，农用地和建设用地土壤环境安全得到根本保障，优先保护类耕地面积进一步增加，安全利用类和严格管控类耕地面积进一步减少，重点地区土壤污染得到基本治理，土壤环境预警体系全面建立，土壤污染防治体系建立健全，土壤环境风险得到根本管控，土壤生态系统恶化趋势得到基本遏制，土壤资源利用体系建立健全

领域	"十四五"期间	"十五五"期间	"十六五"期间
建设生态宜居美丽乡村	农村环境质量总体改善。通过农村污染防治攻坚战的实施,累计完成20万个建制村的环境综合整治,生活垃圾和污水有效治理村庄比例分别达90%、37%以上,有机废弃物资源化利用水平显著提升,村庄人居环境基本实现干净、整洁,建成一大批生态宜居的美丽乡村,农村环境状况与全面建成小康社会目标相适应	农村环境质量根本好转。全国村庄实现高水平的环境综合整治,农村与城镇生活垃圾和污水处理水平相当,生活垃圾全部实现分类处理,生活污水实现全收集、全处理,有机废弃物实现资源化利用,生态宜居、各具特色、和谐共生的美丽乡村格局基本形成,农村环境状况与美丽中国目标相适应	农村环境质量持续提升。美丽乡村建设水平进一步提升,农村环境状况与富强民主文明和谐美丽的社会主义现代化强国目标相适应
生态保护	受损生态系统得到初步恢复,生态环境质量持续改善,生物多样性下降趋势得到基本遏制	人为因素造成的生态破坏得到全面治理,生态系统格局优化,生态环境质量根本好转,生态系统服务功能显著提升,生物多样性得到有效保护,美丽中国目标基本实现	生态格局安全稳定,生态环境质量优良,生态功能全面提升,人与自然和谐共生,建成美丽中国
应对气候变化与低碳发展	低碳发展的攻坚期,主要目标是实现二氧化碳排放总量达到峰值。实施二氧化碳排放总量控制制度,加快推进低碳目标约束下的经济结构、能源结构、用地结构和交通结构调整和优化;在重点技术领域加快实施"领跑者"计划,大幅度提高我国能源利用的效率水平,主要技术领域的能效水平位于国际领先地位;全国二氧化碳排放总量达到峰值	低碳发展的转折期,主要目标是实现温室气体排放总量相比2010年水平下降40%~60%。低碳发展要逐步发挥对节能、非化石能源发展、城镇化建设、生态环境保护等工作的引领作用,全社会基本建立起低碳经济持续增长的模式和与之相适应的低碳消费和生活方式。全国温室气体排放总量相比2010年水平,下降40%~60%;非二氧化碳温室气体排放总量相比2010年水平,下降10%~30%	
环境风险管控	守底线,开展常规污染治理,应对突发环境事件与重污染天气,重点领域是污染场地危废、化学品风险管控等	转导向,重点关注化学品、固体废物、突发环境事件、污染场地、生态影响等	
海洋环境质量改善	实现陆海统筹系统推进海洋生态环境保护提速升级的重要阶段,以改善海洋生态环境、防范海洋环境风险为根本出发点,以海洋生态系统综合管理为导向,坚持陆海统筹、联动护海原则,实现"从山顶到海洋"的"陆海一盘棋"生态环境保护策略,建立陆海一体化的海洋生态环境治理体系,构建"源头护海、河海共治、联动净海、从严管海、生态用海"的保护新格局,还百姓以碧海蓝天、洁净沙滩		

领域	"十四五"期间	"十五五"期间	"十六五"期间
固体废物污染治理	固体废物纳入排污许可管理将是落实《中华人民共和国固体废物污染环境防治法》的一项重点工作,有助于进一步摸清工业固体废物底数,强化产生者主体责任;机构改革和职能转变有利于生态环境部门统筹管理固体废物污染防治,加强部门联动和政策协同,提高管理效能;环境保护税、绿色价格政策、环境污染强制责任保险等经济手段也将用于固体废物污染防治,配合行政手段切实解决生活垃圾、危险废物、白色污染等突出环境问题		
生态环境监管体制机制	不断强化生态环境统一监管,建立"职责独立、机构独立、程序独立"的生态环境监管执法体制,提升生态环境监察机构层级,完善国家、区域、流域、地方生态环境监管体制和能力建设,促进社会监管多元并举,稳步推进独立性生态环境监管体制改革		

本专题执笔人:生态环境部环境规划院美丽中国项目研究技术组

完成时间:2019 年 12 月

专题 2 美丽中国建设进程评估及指标体系建议

党的十九届五中全会丰富了美丽中国建设内涵，明确了美丽中国建设的时间表。"十四五"时期，我国生态文明建设进入以降碳为重点战略方向，推动减污降碳协同增效、促进经济社会发展绿色转型、实现生态环境质量改善由量变到质变的关键时期，有必要进一步细化美丽中国建设目标指标。本报告系统评估了美丽中国建设重点领域进展，研判了 2035 年美丽中国建设形势，提出了推进美丽中国建设的目标指标建议。

1 美丽中国建设进展评估

根据党的十九届五中全会通过的《中共中央关于制定国民经济和社会发展第十四个五年规划和二〇三五年远景目标的建议》（以下简称《建议》）关于 2035 年远景目标展望，届时我国人均 GDP 将达到中等发达国家水平。为评估美丽中国建设现状水平，将世界主要中等发达国家（经济体）历史同期生态环境保护水平作为对标参照，分析我国在绿色生产生活、应对气候变化、生态环境质量以及生态环境治理体系和治理能力现代化水平等 4 个重点领域与发达国家（主要是中等发达国家）目标差距，结合发达国家历史进程经验，提出实现美丽中国建设目标重点提升方向。

1.1 绿色生产生活

1.1.1 现状进展

"十三五"时期以来，我国绿色发展水平不断提升。①能源结构持续优化。我国大力发展新能源，煤炭消费比重逐年降低，加强清洁能源输送和消纳，推进北方清洁供暖和电能替代等，供给侧改革叠加需求侧管理。2020 年，全国能源消费总量控制在 50 亿 t 标煤以内，煤炭占能源消费总量比重由 2005 年的 72.4%下降至 2020 年的 56.8%；超额完成"十三五"煤炭去产能、淘汰煤电落后产能目标任务，累计淘汰煤电落后产能 4 500 万 kW 以上；天然气，水、核、风、光电等清洁能源消费量消费比重提升至 24.3%[①]；截至 2020 年年底，北方地区冬季清洁取暖率已提升到 60%以上。②绿色生产持续推进。工业企业是我国能源消费的大户，近年来在各项节能降耗政策措施大力推动下，重点耗能工业企业单位产品综合能耗大幅下降。全国实现超低排放的煤电机组约占总装机容量的 86.76%，约 6.2 亿 t 粗钢产能开展超低排放改造。农田灌溉水有效利用系数为 0.559，提前达到《全国水资源综合规划》提出的"到 2030 年农田灌溉水有效利用系数提高到 0.6"目标水平。③绿色生活创建活动加快推进。全国开展了一系列创建节约型机关、绿色家庭、绿色学校、绿色社区和绿色

---

① 数据来源：中华人民共和国 2020 年国民经济和社会发展统计公报。

出行等行动，公众绿色生活意识增强。绿色建筑发展迅速，已基本形成了目标清晰、政策配套、标准完善、管理到位的体系，2019 年绿色建筑占城镇新建建筑比例达到 56%。大中城市中心城区绿色出行比例持续提升。

1.1.2　与发达国家比较差距

从总体进程来看，我国仍处于工业化、城镇化持续发展阶段，产业结构偏重、能源结构偏煤，生态环境结构性矛盾仍然存在。2020 年，我国第二产业占 GDP 的比重为 37.82%，相比 2006 年 47.56% 的历史峰值下降 9.74 个百分点。但与发达国家和地区相比，第二产业比重依然较高，分别是美国、欧盟、澳大利亚、日本的 2.36 [①]倍、2.18 [②]倍、1.62 倍、1.34 倍。我国重化工业在国民经济中所占比例仍然较高，2020 年，全国粗钢、水泥、火电等产品产量分别为 10.6 亿 t、24.0 亿 t、5.3 万亿 kW·h[③]，分别占全球总量的 56.5%[④]、56.0%、49.2%，且产量仍呈增长趋势。而美国、欧盟当前粗钢产量已经下降为 0.73 亿 t 和 1.39 亿 t。从区域来看，京津冀及周边地区、长三角等区域重化工业高度聚集，环境承载能力已达极限。

能源消费方面，根据 2020 年《BP 世界能源统计年鉴》，我国是世界上最大的能源消费国、煤炭消费国以及金属矿产消费国，约占全球能源消费量的 24.3%，约占全球煤炭消费量 51.7%，同期我国 GDP 占世界的比重约 16%。2020 年，我国能源消费总量为 49.8 亿 t 标煤，继续保持增长态势。我国煤炭消费仍然总量大，2020 年煤炭消费量为 28.3 亿 t，欧盟、美国分别仅为 5 亿 t、5.4 亿 t。煤炭消费量占一次能源消费总量的比重比世界平均水平高约 30 个百分点。

资源利用效率方面，我国人均水资源量接近国际水资源紧张警戒线，水资源开发强度达到 21.9%，处于中高水资源压力状态。我国 1 万美元 GDP 用水量高于 400 m³，而发达国家基本在 300 m³ 以下。农田灌溉水有效利用系数与发达国家一般水平的 0.7~0.8 仍有较大差距。全要素生产率为 30% 以上，与发达国家 60% 以上的全要素生产率相比还有明显差距。单位建设用地效率方面，《全国国土规划纲要（2016—2030 年）》提出了到 2030 年土地开发强度不超过 4.62% 的目标，2017 年我国土地开发强度为 4.1%，低于发达国家的 6%（美国等）~9%（英国、日本等）。根据经济合作与发展组织（OECD）统计的各类土地利用方式或城区面积占比计算，我国土地开发强度在世界主要国家中排名中下游，低于大多数发达国家。但由于我国自然资源和人口分布区域差异，我国东部沿海地区主要城市人口密度较大，土地开发强度较高，如天津、上海、深圳等超大、特大城市土地开发强度远超国际警戒线水平。

此外，绿色建筑、绿色出行等也还有较大提升空间。交通运输结构高度依赖公路柴油运输，机动车保有量仍将继续增长。由于铁路和公路运费倒挂以及铁路末端送货体系不完善、服务保障短板突出等，交通运输结构长期过于依赖公路运输。2020 年，我国铁路货运量比重为 9.6%，公路货运比重达到 73.9%，公路货运强度过大。[⑤] 京津冀及周边地区等重点区域公路货运比例更是高达 81.13%。[⑥] 全国柴油货车排放氮氧化物和颗粒物总量分别占汽车排放量的 71% 和 95%，高比例公路货运量导致

---

① 数据来源：美国商务部经济分析局。

② 数据来源：欧盟统计局。

③ 数据来源：中华人民共和国 2020 年国民经济和社会发展统计公报。

④ 数据来源：世界钢铁协会。

⑤ 数据来源：中华人民共和国 2020 年国民经济和社会发展统计公报。

⑥ 数据来源：北京市、天津市、河北省 2020 年国民经济和社会发展统计公报。

柴油货车排放的污染物居高不下。公路、铁路、水运等不同运输方式衔接不够，水铁联运、多式联运等占比仅 2%，远低于发达国家 20%~40%的平均水平。此外，机动车保有量为 3.72 亿辆，与欧盟的 3.5 亿辆相当，高于美国 2.8 亿辆，且新增量仍然保持高位，达到 3 328 万辆，机动车所带来污染物排放量占比仍较大。对标 2035 年广泛形成绿色生产生活方式，促进经济社会发展全面绿色转型仍然面临严峻挑战。

1.1.3　面向 2035 年美丽中国建设目标的重点提升方向

目前，我国绿色生产生活方式尚未根本形成，能源资源利用效率较国际先进水平存在差距，产业结构有待进一步优化调整，绿色发展技术仍待创新提升。2021 年 2 月，国务院印发《关于加快建立健全绿色低碳循环发展经济体系的指导意见》，首次从全局高度对建立健全绿色低碳循环发展的经济体系作出顶层设计和总体部署，提出要全方位全过程推行绿色规划、绿色设计、绿色投资、绿色建设、绿色生产、绿色流通、绿色生活、绿色消费，使发展建立在高效利用资源、严格保护生态环境、有效控制温室气体排放基础上，推动我国绿色发展迈上新台阶。

推进经济社会发展全面绿色转型，要强化绿色低碳发展规划引领，优化绿色低碳发展区域布局，加快形成绿色生产生活方式。

1）要在保障能源安全的前提下，加快煤炭减量步伐，严控化石能源消费，实施可再生能源替代行动，大力发展风能、太阳能、生物质能、海洋能、地热能等，不断提高非化石能源消费比重。

2）借鉴发达国家先进经验和绿色政策制度，加强能源、工业等各领域绿色转型顶层谋划和法律政策支撑，制定国家绿色可持续发展目标指标，细化行动路线。

3）探索推动生态环境质量根本改善与能源、工业、交通、建筑等多领域绿色发展协同增效，加强生态环境改善目标与绿色低碳发展目标融合联动，推进能源、交通、工业、农业、科技等各领域在政策制定时统筹考虑可持续性，相互促进、发挥合力，最大程度实现绿色低碳循环发展转型和经济社会高质量发展协同。

1.2　应对气候变化

1.2.1　现状进展

党的十八大以来，我国贯彻新发展理念，将应对气候变化摆在国家治理更加突出的位置，不断提高碳排放强度削减幅度，不断强化自主贡献目标，以最大努力提高应对气候变化力度。2020 年，我国二氧化碳排放总量为 98.4 亿 t 左右，单位国内生产总值能耗、碳排放分别下降约 13.2%、18.8%，非化石能源占一次能源消费比重达到 15.9%，能源资源利用效率显著提升（图 2-2-1）。至 2019 年年底，我国已经提前超额完成 2020 年气候行动目标。2020 年，我国提出了"二氧化碳排放力争于 2030 年前达到峰值，努力争取 2060 年前实现碳中和"目标，提出到 2030 年，单位 GDP 二氧化碳排放将比 2005 年下降 65%以上，非化石能源占一次能源消费比重将达到 25%左右，森林蓄积量比 2005 年增加 60 亿 m^3，风电、太阳能发电总装机容量将达到 12 亿 kW 以上。相比 2015 年提出的自主贡献目标，时间更紧迫，碳排放强度削减幅度更大，非化石能源占一次能源消费比重再增加 5 个百分点，增加非化石能源装机容量目标，森林蓄积量再增加 15 亿 m^3。

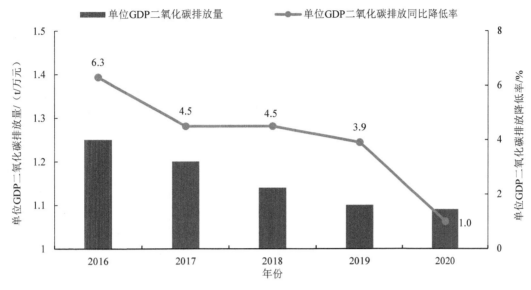

图 2-2-1　全国单位 GDP 二氧化碳排放降低变化情况

2021 年，我国宣布不再新建境外煤电项目，展现中国应对气候变化的实际行动。同时，加快构建碳达峰碳中和 "1+N" 政策体系。2021 年 9 月，中共中央、国务院印发《关于完整准确全面贯彻新发展理念做好碳达峰碳中和工作的意见》，作为碳达峰碳中和工作的顶层设计文件；10 月，国务院印发《2030 年前碳达峰行动方案》，制定能源、工业、城乡建设、交通运输、农业农村等分领域分行业碳达峰实施方案，积极谋划科技、财政、金融、价格、碳汇、能源转型、减污降碳协同等保障方案，进一步明确碳达峰碳中和的时间表、路线图、施工图。

1.2.2　与发达国家比较

从二氧化碳排放总量上来看（表 2-2-1），我国作为世界第二大经济体，具有能源消费多、碳排放总量高的特征，二氧化碳排放则占全球 27% 左右，仅能源活动和水泥生产过程的二氧化碳排放总量已接近 OECD 国家碳排放量总和。中国、美国、印度、俄罗斯、日本等二氧化碳排放量排名前 5 位国家的二氧化碳排放占全球占比达 58.3%。

表 2-2-1　世界主要国家及地区二氧化碳排放量[①]　　　　　　　　　　单位：亿 t

国家/地区	2019 年
世界	364.4
中国	约 98.4
美国	52.8
欧盟 27 国	29.2
印度	26.2
俄罗斯	16.8
日本	11.1
伊朗	7.8
德国	7.0
印度尼西亚	6.2

① 数据来源：Our World in Data。

从二氧化碳人均排放来看，2020 年，我国人均年二氧化碳排放量约为 6.9 t/人，虽然增长趋势减缓，但仍呈上升状态，尚未达到二氧化碳排放峰值。就碳排放人均强度来说，[①] 目前排名领先（人均排放量最低）的 5 个国家分别为瑞典、西班牙、意大利、英国、中国（表 2-2-2）。我国当前人均年二氧化碳排放量大致与 1986 年的意大利、1969 年的日本、1989 年的韩国、1962 年的荷兰、1996 年的西班牙、1962 年的瑞典相当，与工业发展较早的美国、英国、德国历史水平存在差距。

表 2-2-2　人均二氧化碳年排放量变化　　　　　　　　　　　单位：t/人

	1970s	1980s	1990s	2000s	2010s
中国	1.14	1.57	2.19	3.86	6.56
德国	13.02	12.78	10.79	9.77	8.91
意大利	5.81	6.21	6.96	7.46	5.63
日本	7.68	7.26	8.80	9.05	9.08
韩国	2.30	3.83	7.24	9.55	11.42
荷兰	10.25	9.71	10.39	10.18	9.21
西班牙	4.10	4.74	5.65	7.07	5.30
瑞典	10.00	7.11	6.44	5.44	3.98
英国	10.76	9.70	9.15	8.62	6.27
美国	21.20	19.20	19.34	18.99	15.55
欧盟 27 国			7.87	7.66	6.56

从二氧化碳经济排放效益来看，参考英国石油公司、世界银行、全球大气排放研究数据库（Emission Database for Global Atmospheric Research，EDGAR）等数据，当前中等发达国家单位 GDP 二氧化碳排放量分布在 0.29～0.6 tCO_2/万元，比如韩国为 0.56 tCO_2/万元、西班牙为 0.29 tCO_2/万元、葡萄牙为 0.31 tCO_2/万元、希腊为 0.50 tCO_2/万元等。2020 年，我国单位 GDP 二氧化碳排放量在 1.0～1.1 tCO_2/万元，距离中等发达国家现状水平尚有较大提升空间。

在碳中和目标提出方面，目前，全球已有超过 120 个世界主要国家和地区提出了碳中和或零碳排放目标。除不丹、苏里南等少数已经实现碳中和的国家外，大多数计划在 2050 年前后实现，如欧盟、英国、加拿大、日本、韩国、新西兰、南非等。提出碳中和目标的国家中，大部分属于政策宣示，部分国家已将碳中和目标写入法律，如英国、瑞典、丹麦、法国、新西兰、匈牙利等，还有欧盟、韩国、智利等国家或地区在碳中和立法过程中（表 2-2-3）。

表 2-2-3　世界主要国家或地区碳中和/净零排放目标

国家/地区	目标日期	承诺性质	国家/地区	目标日期	承诺性质
中国	2060 年	政策宣示	爱尔兰	2050 年	执政党联盟协议
奥地利	2040 年	政策宣示	日本	本世纪后半叶	政策宣示
美国	2050 年	行政命令	新西兰	2050 年	法律规定
加拿大	2050 年	政策宣示	挪威	2050 年	政策宣示
智利	2050 年	政策宣示	葡萄牙	2050 年	政策宣示
哥斯达黎加	2050 年	提交联合国	新加坡	在本世纪后半叶	提交联合国

---

① 数据来源：https://data.oecd.org/air/air-and-ghg-emissions.html。

国家/地区	目标日期	承诺性质	国家/地区	目标日期	承诺性质
丹麦	2050 年	法律规定	斯洛伐克	2050 年	提交联合国
欧盟	2050 年	提交联合国	南非	2050 年	政策宣示
斐济	2050 年	提交联合国	韩国	2050 年	政策宣示
芬兰	2035 年	执政党联盟协议	西班牙	2050 年	法律草案
法国	2050 年	法律规定	瑞典	2045 年	法律规定
德国	2050 年	法律规定	瑞士	2050 年	政策宣示
匈牙利	2050 年	法律规定	英国	2050 年	法律规定
冰岛	2040 年	政策宣示	乌拉圭	2030 年	《巴黎协定》下的自主减排承诺

数据来源：https://eciu.net/netzerotracker/map.

总体来看，对比世界主要国家碳达峰碳中和目标路线，我国实现碳达峰、碳中和仍然面临更大挑战和压力。当前，我国距离实现碳达峰目标已不足 10 年，从碳达峰到实现碳中和也仅有 30 年，欧美发达国家和地区从碳达峰到碳中和预计需要 50～70 年时间，我国时间更紧、幅度更大。同时，面对形势复杂严峻、博弈更加激烈的应对气候变化国际形势，国际社会也期待我国在全球气候治理中发挥更重要的作用。作为负责任的大国，中国坚持言出必行，并在 2021 年联合国气候变化格拉斯哥大会上承诺继续共同努力，与各方一道，加强《巴黎协定》的实施。坚定主张各方要落实共同但有区别的责任等原则和"国家自主决定贡献"制度安排，要求发达国家能够进一步兑现承诺，加大对发展中国家的支持。

1.2.3 面向 2035 年美丽中国建设目标的重点提升方向

应对气候变化、实现绿色转型不仅是国际社会应尽义务和责任，也是在未来发展竞争中占领主动地位的重要因素。当前到未来一段时间，我国仍将是世界主要温室气体排放国和发展中大国，单位 GDP 二氧化碳排放强度、人均年二氧化碳排放量也与发达国家历史水平存在一定差距。实现碳达峰碳中和目标，重点做好三个方面的工作。

1）要坚持系统观念，以经济社会发展全面绿色转型为引领，以能源绿色低碳发展为关键，加快形成节约资源和保护环境的产业结构、生产方式、生活方式、空间格局。

2）要坚持"全国统筹、节约优先、双轮驱动、内外畅通、防范风险"的工作原则，将碳达峰贯穿于经济社会发展全过程和各方面，重点实施能源绿色低碳转型行动、节能降碳增效行动、工业领域碳达峰行动、城乡建设碳达峰行动、交通运输绿色低碳行动、循环经济助力降碳行动、绿色低碳科技创新行动、碳汇能力巩固提升行动、绿色低碳全民行动、各地区梯次有序碳达峰行动等"碳达峰十大行动"。

3）要立足我国实际情况，合理借鉴发达国家低碳转型成功经验，包括持续发展清洁能源、降低煤电供应；推行绿色建筑；布局推广新能源交通工具，推广新能源汽车等零碳交通工具及相关基础设施；以退税、补贴等财政激励或约束政策，鼓励民众参与绿色建筑改造和绿色交通工具替代；发展碳捕获集、利用与封存等绿色技术，减少工业碳排放；加大植树造林力度、增强自然碳汇能力，减少农业生产碳排放等。

1.3 生态环境质量

1.3.1 现状进展

"十三五"时期，全力打好污染防治攻坚战，我国生态环境质量明显改善，是生态环境质量改善最大的五年。2020年全国地级及以上城市优良天数比例为87.0%，比2016年提高8.2个百分点（图2-2-2），细颗粒物（PM$_{2.5}$）平均浓度为33 μg/m³，与2016年相比下降29.8%。京津冀及周边地区、长三角地区、汾渭平原等重点地区PM$_{2.5}$平均浓度分别较2016年相比改善了33.8%、28.6%、29.4%（图2-2-3）。全国达到或好于Ⅲ类水质监测断面比例达到83.4%，比2016年提高15.6个百分点；劣Ⅴ类水体比例为0.6%，比2016年改善了8.0个百分点（图2-2-4）。其中，长江、黄河、珠江、松花江、淮河等主要江河达到或好于Ⅲ类水质监测断面比例87.4%，劣Ⅴ类断面比例为0.2%；开展监测的重要湖泊（水库）达到或好于Ⅲ类水质监测断面比例为76.8%，劣Ⅴ类断面比例为5.4%，均保持稳定改善。全国近岸海域水质总体稳中向好，优良（一、二类）水质海域面积比例为77.4%，比2016年上升4.0个百分点；劣四类为9.4%，比2016年下降3.8个百分点（图2-2-5）。

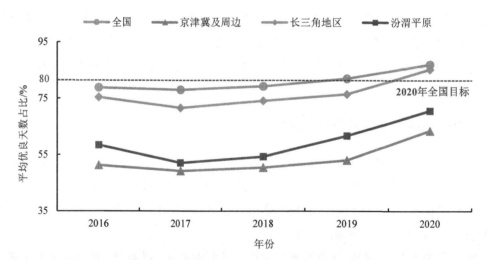

图 2-2-2 全国及重点区域优良天数比例变化情况（2016—2020 年）

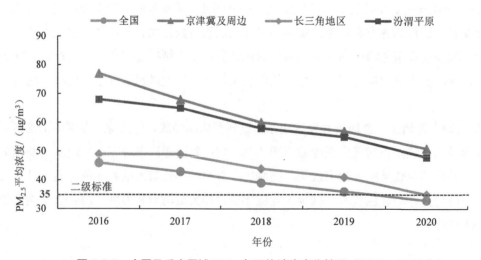

图 2-2-3 全国及重点区域 PM$_{2.5}$ 年平均浓度变化情况（2016—2020 年）

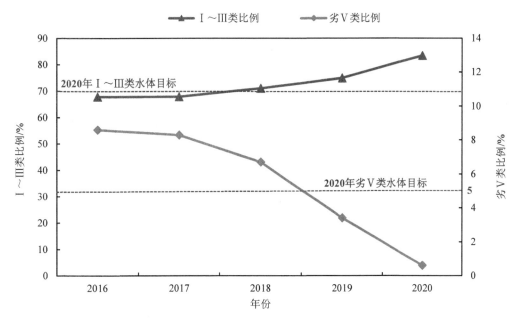

图 2-2-4　全国地表水国控断面水质变化情况（2016—2020 年）

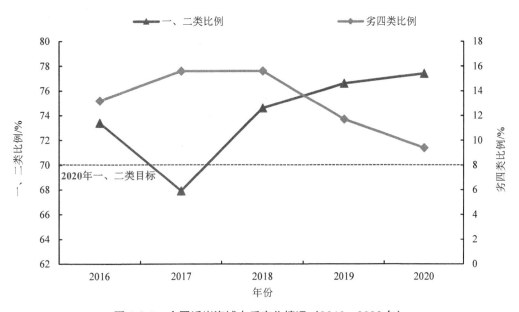

图 2-2-5　全国近岸海域水质变化情况（2016—2020 年）

根据《2020 中国生态环境状况公报》报告关于全国农用地土壤环境状况总体问题分析，影响农用地土壤环境质量的首要污染物为重金属镉，2020 年全国受污染耕地安全利用率和污染地块安全利用率均达到了 90% 及以上。截至 2019 年年底，全国耕地平均等级为 4.76 等；全国水土流失面积为 271.08 万 km²，与 2018 年相比，减少了 2.61 万 km²。

就生态保护而言，2020 年全国生态系统状况总体稳定，生态建设顺利推进，2020 年全国生态环境状况指数为 51.7，生态质量一般，森林覆盖率 23.04%，森林蓄积量合计 175.6 亿 m³，湿地保有量合计 8 亿亩，草原植被综合盖度为 56.1%，生物多样性保护成效显著，提前实现了联合国《生物多样性公约》"爱知目标"要求，90% 的陆地生态系统类型和 71% 的国家重点保护野生动植物物种得到有效保护。

1.3.2　与发达国家比较

大气环境方面，2020 年，我国 $PM_{2.5}$ 浓度为 33 $\mu g/m^3$，约为英国的 2.5 倍、美国的 4 倍，发达国家基本在 20 $\mu g/m^3$ 以下（韩国除外）。预计到 2035 年，我国 $PM_{2.5}$ 浓度下降到 25 $\mu g/m^3$ 以下，仍与发达国家现状值存在较大差距，低于荷兰、日本、英国等发达国家历史同期（20 世纪 70 年代）平均水平（10 $\mu g/m^3$ 左右）。发达国家空气质量从大规模治理到环境质量根本改善经历了至少 30 年的长期过程，用了 20～25 年的时间将污染物排放量从峰值削减了一半，类比国外空气治理历程，我国空气质量达到环境质量全面改善还需要 20～30 年时间。

水环境方面，根据 OECD 统计署数据库提供的各国主要河流水质数据，结合主要发达国家经济对标年份。[①] 2019 年，我国 BOD_5 平均浓度为 1.85 mg/L，优于美国（2.08 mg/L），劣于英国（1.53 mg/L）、法国（1.45 mg/L）和日本（1.2 mg/L）。我国优于Ⅲ类水体比例为 84.6%，德国、法国、英国主要河流中约 86% 优于Ⅲ类河流，约 9% 为Ⅳ类河流，5% 为Ⅴ类河流，无劣Ⅴ类河流。我国与美国、英国、法国等发达国家的差距逐渐缩小，但我国水质改善不平衡不协调问题仍然突出；如长江、珠江等流域水质与莱茵河水质基本相当，但海河、辽河等流域还有一定的差距。目前，美国、英国、欧盟等发达国家和地区已建立了水生态状况为核心的评价管理体系，关注的重点与我国以水环境质量为核心的管理导向有较大差异。

海洋生态环境方面，目前欧洲主要海域中，大北海东南沿海、凯尔特海局部、波罗的海、黑海西北海架、地中海近海等海域中营养状态有升高的趋势，而 2011—2019 年，我国管辖海域富营养化面积总体呈现下降趋势。对比发达国家处于中国 2035 年人均 GDP 时的海洋环境质量，从海洋环境质量、生态系统质量和稳定性、突发污染事故等方面进行横向分析。总体来看，与中等发达国家同期相比，我国海水环境质量（尤其是无机氮浓度）、滨海湿地丧失速率、典型海洋生态系统保护、渔业资源恢复方面还存在较大差距，是制约我国海洋生态环境质量改善的短板。

土壤环境方面，国外对土壤环境在源头控制、风险管控、治理修复的投入比例大致为 1：10：100，参照国外治理经验分析，土壤环境治理投入大、进程慢、周期长，发达国家逐步由彻底治理修复转向风险管控。对比各国土壤环境标准可以看出，发达国家基本在 2000 年前后发布相关标准，启动相关治理工作，从土壤污染防治体系的建立和完善进程来看，我国土壤污染防治工作尚处于起步阶段，基础薄弱，滞后于发达国家 15～20 年。

生态保护方面，全国人均森林面积和湿地面积只有世界平均水平的 1/5，森林单位面积蓄积量只有全球平均水平的 78%，纯林和过疏过密林分所占比例较大，森林年净生长量仅相当于林业发达国家的一半左右，人均公园绿地面积远低于联合国提出的 60 m^2 的最佳人居环境标准。还需要持续提升生态系统整体性、稳定性和服务功能，进一步加强生物多样性的保护。

环境风险防范方面，2005 年松花江水污染事故引起了政府和社会的高度关注，我国开始逐步探索构建环境风险防控和管理体系，近 10 多年来，我国环境风险防控与管理体系得到不断完善，但总体上仍处于事件驱动型的管理模式。还存在着环境风险评价与安全评价协调不足，环境风险评价与环境风险评估衔接不够，环境风险防范措施的标准有待完善等问题。而美国、意大利、德国、英国

---

① 按照我国《地表水环境质量标准》的 BOD 浓度标准对河流进行分类，BOD 浓度不超过 4 mg/L 的河流认为好于Ⅲ类河流，BOD 浓度介于 4～6 mg/L 的为Ⅳ类河流，BOD 浓度介于 6～10 mg/L 的为Ⅴ类河流，BOD 浓度超过 10 mg/L 的为劣Ⅴ类河流。

等发达国家早在 20 世纪六七十年代就开始了环境风险管理方面的研究和实践，都形成了成熟的环境风险防范体系，且构建了完整的历史事故数据库。与发达国家相比，由于起步较晚，目前形成的环境风险防范体系大量参考引用了欧美等发达国家和地区的技术成果，在事故数据库构建、剂量一效应研究等方面还存在一定差距。

1.3.3 面向 2035 年美丽中国建设目标的重点提升方向

近年来，我国生态环境保护与治理力度不断加大，生态环境质量显著改善，但生态环境整体状况和治理成效尚不稳固。结合我国生态环境质量状况国际对标比较，大气、水、海洋等环境质量与发达国家当前水平相比、与人民群众对优质生态环境产品需求相比尚有差距。

发达国家实现空气质量根本好转、水环境、海洋环境生态恢复和质量整体改善、土壤环境治理修复都经历了一个长期历史阶段。面向 2035 年美丽中国建设目标，我国要实现与基本建成社会主义现代化目标相匹配，在基本解决严重生态环境污染问题基础上，应参照发达国家历史同期生态环境水平，持续推进生态环境保护与治理：大气环境方面进一步降低 $PM_{2.5}$ 浓度，推动 O_3 污染等多污染物协同控制，除室外大气环境质量外，还应加强对人群活动密集的室内空气质量问题关注；水环境方面在基本解决水质污染问题上，推动开展水生态和海洋生态环境改善行动，加强生态环境与健康指标协同监测，加强微塑料等新污染物的治理预防，恢复重点河口海湾生态环境良好状态，建设美丽河湖、美丽海洋；土壤环境方面从治理修复逐步转向风险管控为主的质量管理体系，以污染源头预防为重点，风险管控为辅助，坚持"谁污染谁治理"原则推进土壤治理修复；生态保护方面，继续加强自然保护区保护建设和各类重要生态系统整体性保护，推动应用基于自然解决方案，系统提升生态系统稳定性，增强碳汇能力；环境风险防范方面，加快补齐危险废物、医疗废物处置能力短板，推动化学物质环境风险管控，严格履行化学品环境国际公约要求，积极推进事故数据库构建；坚持最严格的安全标准和最严格的监管，保持核设施、放射源安全国际先进水平。

1.4 生态环境治理体系和治理能力现代化水平

1.4.1 现状进展

生态环境治理体系包括治理主体、治理机制和监督考核三方面，是一个有机、协调和弹性的综合运行系统，其核心是健全的制度体系，包括治理体制、机制、技术等因素所构成的有机统一体。生态环境治理能力的核心就是生态环境制度的执行能力，不仅包括政府主导能力，也包括企业等市场主体通过整合利用相关资源，采用合法、合理的工具和手段治理生态环境的行动力，以及社会组织和公众的参与能力。有效的环境治理需要政府、非政府组织、私营部门、社会、社区团体、普通公民等多主体的共同参与和合作。

通过近 40 年发展，我国生态环境治理体系经历了政府行政主导的单维环境治理体系建设阶段、以政府和市场为主体的二元生态环境治理体系建设阶段、初步探索以政府、市场与社会共治为核心的多元生态环境治理体系建设等三个阶段，积累形成了一系列有效的经验做法，如注重以问题和需求导向推动环境治理体系改革，注重以机制体制改革不断提升政府环境治理能力，注重以综合统筹协调解决环境治理问题，初步建立以管制政策为主、经济政策具有重要作用的、自愿手段逐渐得到重视的生态环境治理体系，政策执行逐渐加强，环境执法取得显著成绩等。具体表现在：

1）生态文明建设顶层设计和制度体系基本形成，为新时期生态环境保护奠定良好基础。党的十八大以来，加快推进生态文明顶层设计和制度体系建设，制定了一系列涉及生态文明建设和生态环境保护改革方案，生态文明建设目标评价考核、自然资源资产离任审计、环境保护税、生态环境损害责任追究等制度出台实施，排污许可制、河湖长制、生态环境监测网络建设、禁止洋垃圾入境等环境治理制度加快推进，"四梁八柱"制度体系基本形成，生态环境治理水平有效提升。

2）生态环保体制改革不断深化，构建形成生态环境保护大格局。加强党的领导，坚持党政同责，明确各级党委和政府对本行政区域生态环境质量负总责，明确各有关部门按照"一岗双责"要求，管生产的、管发展的、管行业的必须管环保，将"小环保"变成"大环保"。组建生态环境部，统一行使生态和城乡各类污染排放监管与行政执法职责，强化了政策规划标准制定、监测评估、监督执法、督察问责"四个统一"，生态环境保护综合行政执法、省以下环保机构监测监察执法垂直管理等改革举措加快推进，全国生态环境保护机构队伍建设和技术能力持续加强，加快打造生态环境保护铁军，全力推进生态环境领域治理体系和治理能力现代化。

3）全社会生态环境保护意识显著提升，绿色生活绿色消费全面起步。全社会对经济发展与生态环境保护关系认识发生深刻变化，"绿水青山就是金山银山"理念深入人心，生态环境和绿色发展意识显著提升。环境信息公开渠道多元化、覆盖全面化，大气环境、水环境质量信息全面公开，环保基础设施向公众开放。环保公益诉讼和社会监督机制渐趋完善，公众绿色消费、绿色生活方式明显提升。

1.4.2 存在的问题

1）需要完善生态文明领域统筹协调机制。生态文明建设和生态环境治理系统性、整体性、协同性还需要提升。在生产与消费等领域，在城市与农村等区域，在中央、地方及各部门间生态环保事权责任等方面还需统筹，要进一步汇聚生态文明制度合力，坚持以系统观念完善生态文明领域统筹协调机制，建立地上地下、陆海统筹生态环境治理制度。

2）环保参与宏观调控需进一步加强。十九届五中全会《建议》首次把环保纳入宏观经济治理体系，是体现新发展理念的重要创新。对于生态环境保护而言，重点是围绕碳达峰、碳中和目标，以"降碳"为总抓手，发挥生态环境保护对经济发展的倒逼、引导、优化和促进作用，以生态环境高水平保护推动疫情后经济"绿色复苏"和高质量发展。

3）生态环境保护综合执法制度尚不健全。生态环境执法涉及部门多，需要加强协调。生态环境监管执法能力呈现"倒金字塔"特征，基层力量不足问题突出，"小马拉大车"现象未得到根本改观。还需要加强应对气候变化、固体废物和化学品环境管理、海洋、土壤环境监管等急需紧缺领域以及自然资源、水利、农业农村、林草、气象等部门生态环保队伍建设。在参与国际合作中，还需要努力构建体系完善、执行顺畅、开放性的环境治理法制环境。

4）生态环境治理市场机制还需强化。培育生态环境保护与治理市场，是壮大环保产业，培育新的经济增长点的现实选择，也是环境治理多元化的客观要求。目前我国环境治理多元化市场培育不足，市场导向的绿色技术创新体系有待建立，绿色金融手段与方式有待拓展，综合运用价格、财政、税收、金融等经济和市场推动手段有待进一步形成，企业加强生态环境保护内生机制有待建立。

5）社会组织和公众参与作用尚未充分发挥。一是环保组织分布不均且数量较少，社会组织更多集中在北上广等经济发达地区，很多城市还没有正常运行的环保组织；二是部分环保组织专业性较弱且运行资金较少，效果比较有限；三是环保组织成员研究、分析与处理环境问题的能力差异较大，专业性有待提高。四是公众缺乏参与的平台和渠道，引导公众参与环境治理的作用还比较微弱。

1.4.3 面向 2035 年美丽中国建设目标的重点提升方向

1）健全生态环境保护体制机制与政策体系。完善中央统筹、省负总责、市县抓落实的工作机制。合理划分环境治理事权，明确中央与地方、地方各政府部门之间事权。完善环境保护、节能减排约束性指标管理，继续将环境质量、主要污染物排放总量、能耗强度、碳排放强度、森林覆盖率等纳入约束性指标管理。完善中央和省级生态环境保护督察体系，推动生态环境保护督察向纵深发展。推进生态环境法律制定实施，加强对地方环境法律法规标准的指导和规范，完善标准体系完整性和协调性。全面实行排污许可制，构建以排污许可制度为核心的固定污染源环境监管体系。注重发挥市场机制在生态环境保护中的作用，加快国家经济政策与生态环境政策融合。

2）加强监测监管能力建设。逐步建立生态环境智慧感知监测网络，实现环境质量、生态质量、污染源监测全覆盖，全方位支撑精细化管理。创新治理模式和治理手段，探索各类数字技术在生态环保领域推广应用。健全国家—区域—省级—城市四级预报体系，重点提升中长期预报能力，完善"分区分级、属地管理、区域联动"的环境应急监测响应体系。优化执法方式、完善执法机制、规范执法行为，全面提高生态环境执法效能，完善生态环境综合执法体系。提升生态环境信息化水平，打通企业环境数据信息，加强政策协同，建立社会经济与资源环境数据要素资源体系。

3）加快构建全民行动体系。强化宣教制度建设，将生态文明、环境保护纳入国民教育体系。加强生态文化基础理论研究，丰富新时代生态文化体系，打造生态文化品牌及产品，繁荣生态文化积极推进绿色生活创建活动，推动全民绿色生活绿色消费，推进绿色产品供给与绿色设施建设。发挥政府机关带头作用，积极创建节约型机关。落实企业生态环境责任，鼓励提供更多更优绿色产品及服务。通过多渠道提供更多公开透明环境产品和服务信息，加强企业环境守法履约和公众监督。引导各类社会团体参与环境治理，提升参会与服务能力。强化信息公开制度，搭建更完备信访投诉举报平台。

2 面向 2035 年美丽中国建设形势预判

预计到 2035 年，我国经济实力将大幅跃升，经济发展实现由数量和规模扩张向质量和效益提升的根本转变，经济社会发展模式、产业体系、资源能源利用方式、技术发展等都将向着更有利于生态环境保护的方向发展，为实现人口、资源、环境发展全面协调和美丽中国建设提供良好的基础条件。但美丽中国建设过程中，仍然面临很多困难和挑战，人体健康、气候变化、生态系统健康以及其他潜在的新的生态环境风险问题应高度关注。

2.1 绿色低碳循环的现代化经济体系初步建成

预计到 2035 年，全国人均 GDP 达到 2.4 万～2.7 万美元，为同期美国的 1/3 以上，步入中等发达国家行列。该阶段我国绿色发展内生动力显著增强，建立体系完整的、结构优化的绿色经济体系，绿色产业规模迈上新台阶。产业结构将继续向中高端优化升级，全国第三产业占比将达到 62.8%，与发达国家同期水平相当，优于韩国当前水平。工业将逐步转型升级，高端化、高层次化特征逐步显现。信息技术、生物技术、新能源、新材料、高端装备、新能源汽车、绿色环保以及航空航天、海洋装备等战略性新兴产业成为国民经济支柱性产业，制造业占比在 25%～28%，与日本、德国、韩国等国家同期水平相当，高于美国、英国、法国等国家 10 个百分点左右（表 2-2-4）。重化工业快速发展的势头将减缓，主要重化工产品产能达到峰值，并将可能有一个较长的平台期。

表 2-2-4　以 2035 年人均 GDP、三产占比为基准对标发达国家（地区）的历史阶段情况

地区	人均 GDP/万美元	对应年份	经济同期制造业比重/%	第三产业占比/%
中国	2.4～2.7	2035	25～28	63
美国	2.78	1994	15.9	73.7（1997 年）
欧盟	2.77	2004	19.6	64
日本	2.85	1991	24.1	63.8（1993 年）
德国	2.71	1994	20.8	59.1
法国	2.69	1995	14.88	64.8
英国	2.66	1997	15.13	65.2
韩国	2.72	2013	27.79	55.64

数据来源：世界银行。

2.2　温室气体排放进入下降通道，但碳中和等任务依然艰巨

初步测算我国实现碳达峰时间约为 2028 年，达峰峰值为 106 亿～108 亿 t，对标欧盟在 1987 年前后达到 45 亿 t 峰值、美国在 2007 年前后达到 65 亿 t 左右峰值，我国峰值水平约为欧盟的 2.4 倍、美国的 1.6 倍，达峰年份人均二氧化碳排放量约为 7.41 t，优于发达国家达峰年份水平。结合国际经验，碳达峰后有 5～7 年的平台期，考虑我国从达峰到碳中和时间较短，要缩短平台期时间，预计 2030 年二氧化碳排放进入平台期，到 2035 年碳排放稳中有降。碳排放总量经历"慢（2030—2040 年）—快（2040—2050 年）—慢（2050—2060 年）"三阶段下降过程后，力争 2060 年前达到碳中和。对比各国（地区）碳达峰和宣誓碳中和间隔时间，欧盟约 60 年，法国 76 年、德国 71 年、英国 77 年、美国 45 年、加拿大 43 年，我国从碳达峰到 2060 年前实现碳中和愿景仅有 30 余年，将面临比发达国家时间更紧、幅度更大的减排要求。

2.3　基本跨越人口资源环境平台期，实现经济发展与资源环境基本脱钩

到 2035 年，预计我国人口达到 14.5 亿左右峰值并开始呈波动下降态势，基本完成城镇化进程，常住人口城镇化率达到 70%左右，城市化进入都市圈和城市群加快发展阶段，机动车保有量步入缓增期，新能源车占比增加，煤炭消费总量持续下降。从中长期看，社会经济发展、产业结构调整、能源结构调整、资源能源消费和主要工业行业发展态势等将对生态环境改善产生有利影响，经济增长与水资源和化石能源消耗由增速的"相对脱钩"演变为增量的"实质脱钩"（经济规模扩大、水资源和化石能源消费减少）。

初步预计，我国一次能源消费量预计在 2030 年前后达峰，峰值为 56 亿～60 亿 t 标煤，2060 年有望降至 45 亿 t 标煤左右。在未来天然气大发展的情景下，预计煤炭消费在 2025 年前达峰，占比持续下降，2030 年煤炭消费占比降至 43%左右，2060 年降至 4.7%；石油消费预计在 2025—2030 年达峰，峰值约为 7.3 亿 t，2060 年石油消费降至 2 亿 t 左右，占比为 6.4%；天然气消费预计 2035—2040 年达峰，峰值约为 6 800 亿 m^3，2060 年天然气消费降至 6 000 亿 m^3 左右，占比为 17.6%；非化石能

源消费占比持续提升，预计 2030 年占比提升至 25%左右，2060 年提升至 80%以上。

初步预计，全国用水总量年均下降约 0.5%，到 2035 年累计控制在 5 530 亿 m³，低于 2035 年全国用水总量控制在 7 000 亿 m³ 以内的目标，进入稳定下降通道，工业、农业、生活用水稳定下降，实现水资源消耗与经济增长稳定脱钩。此外，随着实施生态环境质量持续改善行动，大力实施结构深度调整和大规模生态环境治理，以及重化工产品产量和资源能源消费等产生污染物排放增量的驱动因素达到峰值并进入下降通道，经济增量实现科技创新驱动，战略性新兴产业成为经济主要支柱，经济发展将实现与环境基本脱钩，资源能源利用效率显著提升，重点行业、重点产品能源资源利用效率有望达到国际先进水平。

2.4 常规污染物问题基本解决，新型污染物和环境健康问题主流化

初步判断到 2035 年，随着生态环境治理进程加快，重污染天气、臭氧污染、城市黑臭水体、劣 V 类断面、农村环境等突出问题基本解决，以及制约生态环境改善的重化工产品产量和资源能源消费等产生污染物排放增量的驱动因素达到峰值并进入下降通道，我国在常规污染物得到有效治理，在大气、水、近岸海域、农村环境等领域将迎来常规监测指标或公众感知上的生态环境质量拐点，生态环境质量根本改善。

但同时，考虑新型污染物和环境健康问题等新型因素后的环境质量拐点尚未来临，因此该阶段将以新型污染物和环境健康问题等新型因素为环境治理重点。该阶段将重点关注持久性有机污染物、抗生素、内分泌干扰物、微塑料、全氟化合物等新型污染物以及河湖底泥、沿岸历史累积的重金属和有机污染物等因素。此外，在要素治理时序上，不同环境介质、不同生态系统，承受的生态环境压力不一，面临的问题和治理难度差异大，使其生态环境质量拐点到来的时间存在较大差异。我国大气环境将率先跨越各类质量拐点。相较而言，受湖泊、湿地、近海水环境恢复周期长和众多新型污染物的影响，各类陆域和近海水环境质量拐点将比对应的各类大气环境质量拐点滞后 5～10 年。土壤污染治理面临更大的挑战，各类拐点出现的时间将比陆域大气和水环境质量拐点大为延后，将成为 2035 年我国实现生态环境质量根本性转变、基本建成"美丽中国"的关键瓶颈因素。在生态方面，陆域陆地生态系统将率先跨越各类质量拐点；湿地生态系统受破坏后需要经历更长的恢复周期，实现拐点的时间将晚 5～10 年；近海生态质量还将受渔业水产养殖、过度捕捞和气候变化等长期影响，实现各类拐点的时间将更晚（表 2-2-5）。

表 2-2-5 我国不同领域生态环境质量拐点出现的时间预测

领域	一级指标	以常规监测指标衡量的质量拐点	公众感知的质量拐点	考虑新因素的质量拐点
陆域	大气环境质量	2020—2025 年	2030—2035 年	2040 年前后
	水环境质量	2025—2030 年	2035—2040 年	2050 年前后
	土壤环境质量	2040 年前后	2050 年前后	2050 年以后
	农村环境质量	2025—2030 年	2030—2035 年	2050 年前后
	陆域陆地生态质量	2020—2025 年	2050 年前后	—
	陆域湿地生态质量	2025—2030 年	2050 年前后	—
海域	近岸海域水环境质量	2025—2030 年	2035—2040 年	2050 年前后
	近岸海域生态质量	2030—2035 年	2050 年前后	—

2.5　科学技术实力大幅跃升，预计会加快美丽中国建设生态环境治理进程

纵观近 70 年来，世界科技加速发展，经历了大规模的工业化、电气化、信息化发展历程。进入 21 世纪以来，信息技术按照"摩尔定律"加速推进，开始逼近极限。我国在科技领域加快赶超世界先进水平。初步判断到 2025 年，我国的自主创新能力显著增强，科技促进经济社会发展和保障国家安全的能力显著增强，基础科学的前沿技术研究综合实力显著增强，取得一批在世界具有重大影响的科学技术成果，进入创新型国家行列。到 2035 年，我国科技实力将大幅跃升，基础研究和应用基础研究显著增强，科技成果转化显著提高，科技生态系统和创新网络更加顺畅流动和高效配置，自身科技对外开放更加显著，国际创新合作能力更强，对全球影响力和贡献度更高，基本建成世界航天强国、信息强国、网络强国、知识产权强国等；建成世界最大的国内技术市场，跻身世界创新型国家前列。

初步预计至 2035 年，能源科技革命很可能发生目前难以预计的突破，《巴黎协定》逐步实施将加速全球能源绿色、低碳化的进程。随着社会的进步，我国对碧水、青山、蓝天也会有更强、更高的诉求。当前，全球能源技术创新进入高度活跃期，有力推动着世界能源向绿色、低碳、高效转型。预计我国能源领域将向绿色、低碳、安全、高效的方向转型，可再生能源在核能、大规模储能、动力电池、智慧电网等成为大力推进技术创新、产业创新和商业模式创新的重点领域。高效节能技术、能源清洁开发、利用技术、智慧能源技术，包括互联网与分布式能源技术、智能电网技术与储能技术（含物理储能和化学储能）将深度融合。数字技术快速发展将促进其与生态环境保护与治理的进一步融合，预计 5G、人工智能、物联网等新基建将在生态环境领域建设应用，将充分发挥数字技术带来的放大、叠加、倍增作用，推动生态环境治理体系和治理能力现代化。此外，制造业将进一步实现厂房集约化、原料无害化、生产清洁化、废物资源化、能源低碳化。总之，新技术革命的快速发展将会影响乃至缩短我国生态环境治理进程，影响我国将发挥体制优势、制度优势、后发优势、技术优势，促使部分领域生态环境保护有望超过中等发达国家水平。

3　指标体系的总体考虑

3.1　指标选取的基本原则

美丽中国生态环境保护指标体系，既能反映我国生态文明建设和生态环境保护的进展与成效，也能有效促进各地区各行业各领域的生态环保工作，同时还要合理引导社会预期。

指标体系设计考虑以下原则：

1）体现战略性和系统性。系统考虑经济高质量发展与生态环境高水平保护的协同推进，结合不同发展阶段要求，统筹谋划覆盖美丽中国建设外在形象、内在品质、保障制度的指标体系，推进生态环境根本好转。

2）立足科学性和代表性。指标选取注重可监测、可评估、可分解，目标设计注重科学合理、可达可行。指标宜精不宜多，选择代表性强的标志性指标纳入指标体系。

3）考虑持久性和阶段性。锚定 2035 年基本实现美丽中国建设目标，设置体现前瞻性、长期性的指标体系。系统考虑不同阶段下生态环境改善的整体连贯性，目标指标设置体现阶段性，实现生

态环境"持续改善—全面改善—根本好转"。

4）反映动态性和差异性。各个阶段结合生态环境保护治理重点变化，可适当增加指标，对于已经完成的指标下一阶段可以不再保留。根据各阶段治理能力变化，可延展指标的覆盖范围，让美丽中国建设惠及更广大的人民群众。

5）注重状态性和成效性。选择状态指标而非工作过程性指标，反映美丽中国建设状态与成效，调动地方开展美丽中国建设积极性。

3.2　指标体系总体框架

根据十九届五中全会对 2035 年美丽中国建设目标基本实现的要求，将美丽中国指标体系分为四个领域，并设置"十四五""十五五""十六五"三个五年阶段目标。

第一个领域为绿色生产生活指标。绿色发展是解决生态环境问题的根本之策。人类发展活动必须要尊重自然、顺应自然、保护自然，向着资源节约、环境友好的方向发展，实现开发建设的强度规模与资源环境的承载力相适应，生产生活的空间布局与生态环境格局相协调，生产生活方式与自然生态系统良性循环要求相适应。

第二个领域为应对气候变化指标。加快推进绿色低碳转型发展、持续改善生态环境质量是高质量发展的应有之义，建设美丽中国也是协同推进高水平保护和高质量发展的重要路径。要着眼长远，系统谋划我国应对气候变化主要目标和重点任务，做好生态保护、环境治理、资源能源安全、应对气候变化的协同控制、协同保护、协同治理。立足新发展阶段、贯彻新发展理念、构建新发展格局，突出以降碳为源头治理的"牛鼻子"，牵引促进经济社会发展实现全面绿色转型。

第三个领域为生态环境保护指标。美丽中国基本实现的关键特征是生态环境根本好转。要持续改善生态环境质量，提升生态系统稳定性和质量，有效保护生物多样性，增加生态产品供给能力，让蓝天白云、绿水青山成为常态，基本满足人民对优美生态环境的需要。

第四个领域为治理体系指标。美丽中国的表象为生态环境优美，本质为发展绿色低碳高质量，内在机制为生态环境治理体系与治理能力的现代化。2035 年美丽中国目标基本实现之时，支撑美丽中国建设的机制更加健全高效、能力进一步提升，实现生态环境与经济社会复合系统的可持续协同发展。

3.3　目标值的总体考虑

2035 年目标指标设置要充分表达美丽中国建设愿景，阶段目标设定要路径合理、积极稳妥。

一是 2035 年目标值的确定，要能充分体现美丽中国建设要求，指标改善幅度要立足于满足人民群众日益增长的优美生态环境需要，应对标中等发达国家生态环境水平，综合确定我国实现与中等发达国家水平相适应的生态环境目标和治理进程，同时实现经济社会发展与环境保护相协调。

二是我国生态环保工作具有显著的制度优势和后发技术优势与潜力，同时具有区域差异大、发展不平衡、生态环境结构性压力仍处高位等不利因素，需综合考虑我国生态环境质量改善的有利和不利条件，合理设置目标指标。

三是未来三个五年的阶段安排，要基于"前紧后松"的基本原则，衔接联合国 2030 年可持续发展目标，统筹谋划生态环境根本好转的路径安排，倒排设定"十四五""十五五"生态环境保护目标。

四是"十四五"目标的设定，要按照十九届五中全会《建议》中持续改善生态环境的要求，既要稳中求进，确保生态环境质量"只能更好、不能变差"，鼓舞人心、牵引工作，同时也要实事求是，兼顾疫情、气候因素等特殊影响,确保目标可行可达。

4 指标及目标说明

4.1 绿色生产生活

生产生活方式是美丽中国建设的源头支撑,侧重于产业布局与结构、生产效率、行为方式等因素。要改变传统的"大量生产、大量消耗、大量排放"的生产模式和消费模式,促进经济社会发展绿色转型取得明显成效,使资源、生产、消费等要素相匹配、相适应,显著提升能源、资源利用水平,实现经济社会发展和生态环境保护协调统一。

指标设置。选取 5 项标志性指标,包括单位国内生产总值能源消耗、单位国内生产总值用水量、"无废城市"建设个数、绿色建筑占城镇新建建筑比例、城市绿色出行比例等。

(1)关于 2035 年的目标

广泛形成绿色生产生活方式,基本建立安全高效的能源体系和绿色低碳循环发展的经济体系,形成简约适度、绿色低碳、文明健康的生活方式和消费模式。能源、水等资源利用效率达到国际先进水平,城镇新建建筑全部按照绿色建筑标准设计、建造,"无废城市"建设基本实现地级以上城市全覆盖,大中城市中心城区绿色出行比例提升至 90%左右。

从单位 GDP 能耗看,根据世界银行 GDP 数据和 BP 能源消费数据,2019 年我国单位 GDP 能耗为 338.6 t 标煤/百万美元,分别是世界平均水平的 1.5 倍、美国的 2.24 倍、日本的 2.69 倍、法国的 2.78 倍、德国的 2.9 倍、意大利的 3.11 倍、英国的 3.57 倍。预计 2035 年,我国百万美元 GDP 能耗达到 177~200 t 标煤,接近世界发达国家现阶段水平,与美国、英国、意大利、德国等国家仍存在一定差距。

我国目前每万美元 GDP 用水量高于 400 m^3,发达国家基本在 200 m^3 以下(美国除外)。预计到 2035 年,每万美元 GDP 用水量将达到 174~196 m^3,与日本水平相当,但与瑞士、德国、以色列等先进水平相比仍存差距。建议要下更大力气推动节能降耗,提升节约用水效率,力争达到国际先进水平(表 2-2-6)。

表 2-2-6 能源资源利用效率国际比较

国家	单位 GDP 能耗/ (t 标煤/百万美元)	单位 GDP 用水量/ (m^3/万美元)
中国(2035 年)	177~200	175~196
意大利	105.7	—
以色列	—	100
法国	124	113
日本	128	165
德国	114.9	97
英国	97.9	—
瑞士	—	52
美国	160.3	403
世界	233.4	711

（2）关于"十四五"目标建议

建议"十四五"期间，单位国内生产总值能源消耗较 2020 年下降 13.5%，下降到 0.43 t 标煤，单位国内生产总值用水量较 2020 年下降 20% 以上，达到 48 t 左右，绿色建筑占城镇新建建筑比例达到 75% 左右，完成 100 个左右"无废城市"建设，大中城市中心城区绿色出行比例提升至 80% 左右。

4.2 应对气候变化

围绕碳达峰目标、碳中和愿景，"十四五"加快推进煤炭消费达峰，力争部分地区率先达峰。"十五五"期间，加强温室气体排放管理，尽早实现碳排放达峰。预计达峰后二氧化碳减排将经历"慢—快—慢"三阶段下降过程。2030—2040 年由于惯性和碳锁定效应，二氧化碳排放下降较慢；2040—2050 年结构调整和技术政策效应充分发挥，二氧化碳进入快速下降阶段；2050—2060 年二氧化碳排放下降空间变窄，下降幅度趋缓。

指标设置。共 3 项指标，包括单位国内生产总值二氧化碳排放降低比例、二氧化碳排放量和非化石能源占一次能源消费比例。

（1）关于碳达峰的目标分析

对标 2030 年前碳达峰，2030 年中国单位国内生产总值二氧化碳排放将比 2005 年下降 65% 以上，非化石能源占一次能源消费比重达到 25% 左右，以及 2060 年前碳中和愿景，根据气候中心初步测算，在完成"十三五"期间碳排放强度下降 18% 的情况下，为完成 2030 年碳排放强度较 2005 年下降 65% 的目标，需要"十四五""十五五"期间至少平均下降 17.8%。为实现 2030 年前二氧化碳达峰，建议"十四五""十五五"期间，碳排放强度下降 19%、19%。

（2）关于 2035 年目标建议

对标欧盟在 1987 年达到 45 亿 t 峰值、美国在 2007 年达到 65 亿 t 左右峰值，我国峰值水平为欧盟的 2.4 倍、美国的 1.6 倍。按照欧盟本世纪中叶实现碳中和目标历经 60 年，我国从碳达峰到 2060 年前实现碳中和愿景仅有 30 余年，将面临比发达国家时间更紧、幅度更大的减排要求。初步预计二氧化碳排放总量在 2028 年前后进入峰值平台期，到 2030 年前可实现稳定达峰。按照国际经验，大约有 5~7 年的平台期，考虑我国从达峰到碳中和时间较短，要缩短平台期时间，建议到 2030 年二氧化碳达峰进入平台期，到 2035 年碳排放稳中有降。

（3）关于"十四五"目标建议

"十三五"时期以来，2019 年碳强度比 2015 年下降 18.2%，碳强度较 2005 年降低约 48.1%，非化石能源占能源消费比重达 15.3%，煤炭消费量 39.3 亿 t。2020 年，经济增长 2% 左右，能源消耗总量 49.6 亿 t 标煤，非化石能源比例为 15.8%，二氧化碳排放总量为 99 亿 t 左右，单位 GDP 二氧化碳排放累计下降 19.5%。

"十四五"期间，在经济增长 5% 的情况下，为实现 19% 左右的下降目标，需单位 GDP 能耗下降 13.5%，非化石能源占比达到 20%，这样在 2028 年前后实现达峰，峰值水平在 106 亿 t 左右。因此，按照保持战略定力、方向不变、力度不减的原则，建议"十四五"期间，非化石能源消费占比达到 20% 以上，预计二氧化碳排放总量为 103 亿 t，单位 GDP 二氧化碳排放累计下降 19% 左右，比 2005 年下降 59% 左右。

4.3 生态环境保护

4.3.1 空气

根据我国大气环境治理现状，结合国外发达国家治理历程，未来 15 年大气环境治理重点将由细颗粒物控制逐步转向臭氧污染控制，同时，空气质量监测评估将从地级以上城市为主逐步扩大到县级城市、县城以及人口密集的乡镇。到 2035 年，实现产业结构、能源结构、交通运输结构战略性调整，大气环境质量根本好转，实现"蓝天白云，繁星闪烁"。

指标设置。共 3 项指标，包括细颗粒物浓度、O_3 日最大 8 小时第 90 百分位数的平均值和城市空气质量优良天数比例。

（1）关于 2035 年的目标

到 2035 年，我国经济社会发展达到中等发达国家水平，大约相当于南欧及东欧部分国家的目前经济发展水平，这些国家当前 $PM_{2.5}$ 年均浓度为 15～30 μg/m³。美国、西欧诸国和日本等主要发达国家历史同期 $PM_{2.5}$ 年均浓度在 10～30 μg/m³，平均约为 25 μg/m³。当前，美国、西欧诸国和日本等发达国家 $PM_{2.5}$ 浓度为 8～15 μg/m³，东欧中等发达国家 $PM_{2.5}$ 浓度平均在 25 μg/m³ 左右（表 2-2-7）。韩国自 2006 年人均 GDP 超过 2 万美元之后至今，其年均 $PM_{2.5}$ 浓度在 25 μg/m³ 附近上下波动。对标发达国家的经济发展与环境空气质量改善历程，建议到 2035 年，我国 $PM_{2.5}$ 浓度应达到当前中等发达国家水平，优于世界卫生组织第二阶段过渡值（25 μg/m³）。

美国 O_3 污染水平在过去 40 年间下降了约 35%，其 VOCs 和 NO_x 排放分别下降了 51% 和 67%，有效推动了 O_3 浓度下降。美国的 O_3 污染的评价指标为日最大 8 小时浓度均值全年第四大值（99 百分位数），根据我国观测数据，2019 年全国 O_3 日最大 8 小时浓度均值全年第四大值均值约为第 90 百分位数均值的 1.3 倍。基于美国的 O_3 污染改善趋势，可预期未来 15 年我国全国 O_3 年评价指标可能下降 10% 左右。以 2018—2020 年 O_3 年度指标均值（143 μg/m³）为基准展望 2035 年，可以预期届时全国 O_3 日最大 8 小时浓度第 90 百分位数的平均值为 130 μg/m³ 左右。同时，对比当前我国 $PM_{2.5}$ 年均浓度为 25 μg/m³ 左右的省份和城市，O_3 日最大 8 小时第 90 百分位浓度平均为 134 μg/m³。建议到 2035 年，O_3 日最大 8 小时第 90 百分位浓度控制在 130 μg/m³ 左右（表 2-2-8）。

表 2-2-7　中等发达国家及发达国家历史同期 $PM_{2.5}$ 浓度

国家	2019 年人均 GDP/ 万美元	$PM_{2.5}$ 浓度[①]/ （μg/m³）	人均 GDP 达到 2.1 万～ 2.4 万美元水平年份	当年 $PM_{2.5}$ 浓度[②]/ （μg/m³）
中国	1.03	36	预计 2035 年	小于 25
韩国	3.18	24.9	2006—2011	30 左右
意大利	3.3	17.1	1990—2002	22 左右
西班牙	2.96	9.74	2003—2005	13 左右
法国	4.04	12.3	1990—2002	18～23
日本	4	11.4	1987—1989	26 左右
德国	4.63	11	1990—1991	31 左右

① 来源《2019 world air quality report》，共 98 个国家和地区。

② 来源世界银行。

国家	2019 年人均 GDP/万美元	PM$_{2.5}$ 浓度[①]/（μg/m³）	人均 GDP 达到 2.1 万～2.4 万美元水平年份	当年 PM$_{2.5}$ 浓度[②]/（μg/m³）
英国	4.23	10.5	1995—1996	21 左右
美国	6.5	9	1987—1991	19 左右
欧盟 27 国	3.2	13.1	2002—2010	16（2010）

表 2-2-8　我国部分省份 PM$_{2.5}$ 与其他指标

省份	PM$_{2.5}$ 浓度/（μg/m³）	优良天数比例/%	O$_3$-8 h 浓度/（μg/m³）
云南	23	98.0	127
青海	23	97.5	131
海南	23	95.5	132
贵州	24	97.9	121
福建	24	98.3	131
内蒙古	26	89.6	137
宁夏	26	87.7	145
甘肃	27	92.6	132
广东	27	89.6	157
平均	24.7	94	135

（2）关于"十四五"的目标

2020 年 PM$_{2.5}$ 年均浓度 33 μg/m³，与 2035 年目标相比，未来 15 年 PM$_{2.5}$ 年均浓度需累计下降 24%以上，考虑到减排潜力逐渐减少，改善难度加大，"十四五" PM$_{2.5}$ 年均浓度需要下降 10%左右，到 2025 年，全国 PM$_{2.5}$ 浓度小于 30 μg/m³。

O$_3$ 污染成因复杂，受气象条件影响更大。我国 O$_3$ 污染总体以轻度为主，治理机制和手段尚不完善。建议到 2025 年，O$_3$ 浓度增长趋势得到有效遏制实现稳中有降。

在 PM$_{2.5}$ 浓度下降 3 μg/m³ 左右，O$_3$ 浓度增长趋势得到有效遏制，并力争小幅下降的情况下，预计优良天数比例较 2020 年 85.5%（扣除疫情影响 1.5 个百分点后）的基础上，增加 2.5 个百分点，2025 年达到 88%左右。

（3）关于疫情影响情况及三年滑动分析

据监测数据分析，疫情对大气环境质量影响在 2020 年 2 月、3 月较为明显，PM$_{2.5}$ 浓度同比下降 27.3%、22.0%。根据中国环境监测总站初步测算，疫情防控对全国全年 PM$_{2.5}$ 年均浓度下降贡献 1.6～1.7 μg/m³。采用三年滑动计算，2018—2020 年 PM$_{2.5}$ 平均浓度 35 μg/m³，2023—2025 年 PM$_{2.5}$ 平均浓度 31 μg/m³，浓度下降 4 μg/m³，下降比例为 11.4%。

4.3.2　水体

水环境治理在实现水环境质量稳定改善基础上，向以下方面拓展。一是向水资源、水生态、水环境、水安全和水文化统筹推进，恢复断流河流，恢复河湖水生态系统；二是监测断面从大江大河向支流、小河、湖泊水体治理恢复拓展；三是饮用水水源地保护、黑臭水体治理从城市向县城、乡镇、农村拓展，不断提升城市、县城、农村水环境质量。

考虑到海洋生态环境具有涉及范围广、相互影响大、系统复杂性高、时间滞后性长、不可控因素多等特点，建议我国海洋生态环境保护以"美丽海湾"建设为统领，以沿海地市和河口海湾为单元，统筹近海陆域和近岸海域生态环境综合治理，推进入海河流和排污口治理，河海联动推进污染防治和生态保护修复，加快恢复海洋生态环境。

指标设置。共 4 项指标，包括地表水质量达到或者优于Ⅲ类比例、水功能区达标率、重现土著鱼类或水生植物的水体（海湾）数量和近岸海域水质优良（一、二类）比例。

（1）关于 2035 年目标

强化陆海统筹，加强"美丽河湖""美丽海湾"建设，实现"清水绿岸、鱼翔浅底"，美丽河湖处处可见，建成"碧海蓝天、洁净沙滩"的美丽海湾。

水生态环境。发达国家历程表明，水环境治理是一个长期过程，用时 30～40 年水质状况才有较大幅度改善，部分污染严重水体治理可能需要更长时间。在基本解决水质污染问题基础上，推动开展水生态目标要求和改善计划。但从实践来看水生态恢复也是一个长期过程，目前欧盟已经把目标推迟到 2027 年实现。

参照发达国家治理进程，美国、英国、法国等发达国家已建立了以水生态状况为核心的评价管理体系，建议我国强化水资源、水生态和水环境治理，实施河湖水生态保护修复，保障生态流量，总体达到或优于中等发达国家水平，达到欧盟 21 世纪初期水平。到 2035 年，一是水生态环境根本好转，全国河湖水体质量总体实现优良，衔接全国重要江河湖泊水功能区目标要求，按照"只能更好、不能变差"原则，预测 2035 年达到或优于Ⅲ类水体比例为 85% 以上。二是水资源高效合理利用，河湖生态流量（水位）得到有效保障。三是河湖水生态系统良好，重现土著鱼类或水生植物的水体数量持续增加，实现"有河有水、有鱼有草、人水和谐"。

海洋生态环境。从国外治理历程来看，内海、河口、海湾是治理重点和难点，历经 30～40 年的大规模治理，重点河口海湾恢复到了比较良好的状态，但一些富营养化更为复杂的河口海湾目前仍在治理进程中。

到 2035 年，预期我国海洋生态环境根本好转，总体达到发达国家历史同期水平，重点湾区达到或优于国际知名湾区生态环境治理水平。海水水质改善、海洋生态系统功能恢复、生物多样性得到有效保护、海洋风险防范能力得到提升，海洋重点保护物种种群数量不减少，近岸海域水质优良比例为 80% 以上，全国 80% 以上的海湾基本建成"美丽海湾"。

（2）关于"十四五"目标

"十三五"期间，地表水国控断面好于Ⅲ类比例水体由 66% 提升到 78%，改善幅度较大，建议"十四五"目标为 85%，"十五五""十六五"保持稳中向好趋势，目标值大于 85%。

2016—2019 年，近岸海域水质优良（一、二类）水质面积比例为 72.8%、70.7%、71.3%、76.6%，预计到 2020 年年底为 76% 左右，"十三五"优良水质平均值约为 73.5%。随着污染防治攻坚战巩固延伸，陆海统筹污染防治机制将进一步健全完善，海上污染防治工作有望得到加强，建议"十四五"期间，近岸海域水质稳中向好，在 2020 年基础上改善 2～3 个百分点，优良水质比例达到 79% 左右。

（3）关于疫情影响情况及三年滑动分析

疫情对水环境质量集中影响体现在 2020 年 2—4 月，若 2—4 月份水质不参与全年评价，利用其他月份数据评价结果地表水国控断面好于Ⅲ类比例水体为 78.5%。监测总站初步分析结果显示，疫情对好于Ⅲ类水体断面改善贡献为 0.5 个百分点左右。根据中国环境监测总站对 2018 年 1 月到 2020 年 10 月国控断面 34 个月监测数据进行平均分析，好于Ⅲ类水质断面比例为 77.3%。

4.3.3 生态

生态保护要突出加强生态保护红线和生态空间管控，守住自然生态安全边界，提升生态系统稳定性与功能，保护生物多样性，维护国家生态安全，强化生态保护统一监管。

指标设置。共 4 项指标，包括森林覆盖率、生态保护红线占国土面积比例、国家重点保护野生动植物保护率、生态质量指数（新 EI）。

（1）关于国家重点保护野生动植物保护率

我国生物多样性丰富，列入《国家重点保护野生动物名录》的国家一、二级野生动物共 492 种；列入《国家重点保护野生植物名录》的国家一、二级野生植物共 13 类 419 种。目前，各类自然保护地面积约占陆地面积 18%以上，朱鹮、东北虎等近 10 种濒危物种种群开始恢复，60 多种珍稀濒危野生动物人工繁殖成功。

"十四五"期间，进一步加强重要物种保护的同时，通过实施生物多样性保护、生态保护修复等重大工程，恢复野生动植物生境、夯实生物多样性保护基础。争取到 2025 年，森林覆盖率达到 24.1%，自然保护地面积占陆域国土面积的比例达到 18%，国家重点保护野生动植物保护率达到 95%及以上，一批重要保护物种、指示性物种（如东北虎、麋鹿、中华鲟、藏羚羊、藏野驴等）得到明显恢复。

（2）关于生态质量指数（新 EI）

"十四五"期间，落实十九届五中全会关于"开展生态系统保护成效监测评估"部署，根据生态保护统一监管职责，完善生态环境状况评价指标与评估方法，加强生态格局、生物多样性、生态功能与生态胁迫等方面的评价内容，结合全国、重点区域（含重要水体）、生态保护红线、自然保护地、县域重点生态功能区等五大评估，优化改进生态环境状况指数（EI），构建生态质量指数（新 EI）。每五年开展一次全国生态状况调查评估，每年选择重要生态功能区、生态敏感脆弱区等重点区域开展生态状况调查评估，每年完成一次国家公园、其他自然保护地和生态保护红线、县域重点生态功能区遥感监测评估。充分利用全国生态状况评价基础，保持工作和评价结果的延续性，加快出台生态质量评价体系，目前生态环境部监测司、生态司、中国环境监测总站等已经初步提出了包括四大方面 17 项指标的框架，建议加快出台《生态质量评价技术规范》，开展全国评估。建议"十四五"期间我国整体生态质量指数保持稳定，重要生态区生态质量指数持续向好。

4.4 治理体系

指标设置。本领域 1 项指标，为生态环境领域治理体系和治理能力现代化。

聚焦生态环境治理体系和治理能力现代化 2035 年基本实现、21 世纪中叶全面实现的总体目标，完善体制机制，加快形成与生态环境治理任务、治理需求相适应的治理能力和治理水平，为美丽中国建设提供有力有效支撑。到 2035 年，从生态文化、生态经济、生态安全、目标责任和制度建设等方面，全面建立生态文明体系，进一步完善生态文明领域统筹协调机制，促进建设人与自然和谐共生的现代化。生态环境治理制度更加完善，生态环境监管体制机制不断优化，生态环境治理能力得到全力提升。

美丽中国建设生态环境保护目标指标建议见表 2-2-9。

表 2-2-9   美丽中国建设生态环境保护目标指标建议

序号	领域	指标项	2020 年	目标展望		
				2025 年	2030 年	2035 年
1	绿色生产生活	单位国内生产总值能源消耗/(t 标煤/万元)	0.5	0.43	0.37	0.3
2		单位国内生产总值用水量/(m³/万元)	61	48	38	30
3		"无废城市"建设个数/个	16	100 左右	200 左右	地级城市全面覆盖
4		绿色建筑占城镇新建建筑比例/%	60 左右	75 左右	90 左右	全部
5		城市绿色出行比例/%	70 左右	80 左右	85 左右	90 左右
6	应对气候变化	单位国内生产总值二氧化碳排放降低/%	—	[19]	[19]	[20]以上
7		二氧化碳排放量/亿 t	99	103	(峰值为 106 左右）104～106	碳达峰后稳中有降
8		非化石能源占一次能源消费比例/%	16	20	25	30
9	生态环境保护	细颗粒物（PM2.5）浓度/（μg/m³）	33	<30（地级以上城市)	27 左右（拓展至县级)	<25（进一步拓展)
10		O₃ 日最大 8 小时第 90 百分位数的平均值/（μg/m³）	139 左右	稳中有降	135 左右	130 左右
11		城市空气质量优良天数比例/%	87（85.5）	88.5（88）	90	>92
12		地表水质量达到或优于Ⅲ类水体比例/%	78	85	>85	>85
13		水功能区达标率/%	85 左右	88～90	>95	除自然本底外达标
14		重现土著鱼类或水生植物的水体（海湾）数量	—	持续增加	持续增加	持续增加
15		近岸海域水质优良（一、二类）比例/%	76	79 左右	80 左右	>80
16		森林覆盖率/%	23.04	≥24.1	—	≥26
17		生态保护红线占国土面积比例/%	31 左右	31 左右	31 左右	31 左右
18		国家重点保护野生动植物种类保护率/%	>95	>95	>95	>95
19		生态质量指数（新 EI）	—	稳中向好	持续向好	持续向好
20	治理体系	生态环境领域治理体系和治理能力现代化	—	现代环境治理体系加快形成	—	基本实现

注：（1）—表示暂无该年数值。（2）[ ]表示五年累计。

本专题执笔人：秦昌波、熊善高、苏洁琼、肖旸、陆文涛、陈俊豪

完成时间：2021 年 7 月

专题3 "十四五"生态环境保护总体框架研究

1 "十三五"时期环境保护成效评价

1.1 "十三五"时期环境保护工作成效

1.1.1 主要目标指标进展顺利

"十三五"时期以来我国生态环境质量继续改善，主要污染物有所下降。2018 年全国 338 个地级及以上城市优良天数比例为 79.3%，比 2015 年提高 2.6 个百分点，262 个细颗粒物（$PM_{2.5}$）未达标地级及以上城市浓度为 43 μg/m³，与 2015 年相比下降 32.6%。达到或优于 III 类水体比例达到 71.0%，比 2015 年提高 5.0 个百分点；劣 V 类水体比例为 6.7%，比 2015 年改善了 3.0 个百分点。长江、黄河、珠江、松花江、淮河等十大流域水质优良断面比例为 74.3%，劣 V 类断面比例为 6.9%，保持稳定改善。主要污染物排放总量显著下降。COD 排放总量三年累计下降 8.5%，NH_3-N 排放总量三年累计下降 8.9%，SO_2 排放总量三年累计下降 19.0%，NO_x 排放总量三年累计下降 13.2%。全国生态系统状况总体稳定，核与辐射安全可控。

1.1.2 污染防治攻坚战持续推进

（1）蓝天保卫战进展情况

印发实施《打赢蓝天保卫战三年行动计划》《京津冀及周边地区 2018—2019 年秋冬季大气污染综合治理攻坚行动强化监督方案》《长三角地区 2018—2019 年秋冬季大气污染综合治理攻坚行动方案》《汾渭平原 2018—2019 年秋冬季大气污染综合治理攻坚行动方案》。成立京津冀及周边地区大气污染防治领导小组。

工业企业大气污染综合治理进展较好。2018 年京津冀及周边地区完成新一轮"散乱污"企业排查和分类处置工作，重点行业企业全面执行大气污染物特别排放限值，并从 10 月 1 日起，严格执行火电、钢铁、石化、化工、有色（不含氧化铝）、水泥行业以及工业锅炉大气污染物特别排放限值。继续实施煤电机组超低排放改造，持续推进北方地区冬季清洁取暖，加强"散乱污"企业及集群综合整治。浙江省共完成清洁排放改造项目 100 个，工业废气治理项目 1 075 个，清理整顿"散乱污"企业 5 500 余家。

能源结构和运输结构调整有序开展。散煤治理和煤炭消费减量替代推进顺利。2018 年，北方地区冬季清洁取暖试点城市由 12 个增加到 35 个，完成散煤治理 480 余万户。天津、河北、山东、河南基本完成每小时 65 蒸吨及以上燃煤锅炉超低排放改造。重点区域强化监督行动持续开展，并加快煤炭等大宗物资运输向铁路转移。柴油货车污染治理和运输结构调整稳步推进。2018 年，全国全面供应国六车用汽柴油，实现"三油并轨"。

扬尘管控和重污染天气应对工作有效推进。京津冀及周边地区"2+26"城市基本实现降尘量小于 9 t/（月·km²）的目标，省级预报中心基本实现以城市为单位的 5 天精准预报和 10 天潜势预报能力。京津冀及周边地区"2+26"城市应急预案中的企业个数增加到 5 万家。长三角地区统一了预警分级标准，应急减排措施清单中工业企业数量增加到 6 万余家。

（2）碧水保卫战进展情况

编制《长江保护修复攻坚战行动计划》、长江经济带 11 省（市）及青海省"三线一单"，通过《渤海综合治理攻坚战行动计划》，印发《水污染防治行动计划》《农业农村污染治理攻坚战行动计划》《长江流域水环境质量监测预警办法》《全国集中式饮用水水源地环境保护专项行动方案》《城市黑臭水体治理攻坚战实施方案》，实施《2018 年黑臭水体整治环境保护专项行动方案》。

水源地保护攻坚战行动进展顺利。截至 2018 年年底，全国 31 个省（区、市）276 个地市 1 586 个水源地的 6 251 个环境问题中，共完成 6 242 个环境问题的整治任务，除 9 个问题因冬季施工难度大或实际工程量大等因素仍在整治外，任务完成率 99.9%，有力提升了涉及 5.5 亿居民的饮用水环境安全保障水平。

城市黑臭水体攻坚战进程加快。2018 年全国基本消除 36 个重点城市 1 009 个黑臭水体问题。其中山东省各设区的城市建成区范围内的 166 个黑臭水体中，162 个已整治完成，整治完成率为 97.6%。

积极开展长江保护修复。2018 年，组建长江生态环境保护修复联合研究中心。2018 年，长江干流重庆段水质总体为优，纳入国家考核的 42 个断面水质达到或优于Ⅲ类的比例为 90.5%，完成 88.1%的年度考核要求。截至 10 月，长江经济带区域（主要干支流）Ⅰ～Ⅲ类断面 457 个，占比为 89.6%，完成 2018 年的目标 81.6%。劣Ⅴ类断面 6 个，占比为 1.2%，完成 2018 年的目标 4.5%。

渤海综合治理专项行动顺利启动。以入海河流环境治理、直排海污染源规范管理等为突破口，严格控制影响海洋生态环境的污染物排放，强化海域污染治理。以生态保护红线管控、海岸带生态保护修复等为突破口，系统推进海洋生态保护与修复，提高海洋资源环境承载力。

农村环境综合整治持续推进。2018 年全国共完成 2.5 万多个建制村完成环境综合整治工作，占年度目标任务的 60%。截至 10 月底，全国 31 个省（区、市）均已完成畜禽养殖禁养区划定，依法关闭或搬迁畜禽养殖禁养区内畜禽养殖场（小区）和养殖专业户 26.1 万多个。

（3）净土保卫战进展情况

制定《垃圾焚烧发电行业达标排放专项整治行动方案》，印发《禁止洋垃圾入境　推进固体废物进口管理制度改革实施方案》《关于坚决遏制固体废物非法转移和倾倒　进一步加强危险废物全过程监管的通知》《关于聚焦长江经济带　坚决遏制固体废物非法转移和倾倒专项行动方案》，提前调整第二批和第三批《进口废物管理目录》，推进《土壤污染防治行动计划》，实施《土壤污染防治行动计划实施情况评估考核规定（试行）》。

土壤污染状况详查全面推进。2018 年基本完成全国农用地土壤污染状况详查。通过开展 2 500 个土壤背景点监测，有序推进农用地详查成果集成工作。在重点行业企业用地详查方面，28 个省（区、市）已开展信息采集调查试点，22 个省（区、市）已建立企业用地调查专家库，27 个省（区、市）已落实信息采集阶段的工作经费，24 个省（区、市）已全面启动企业用地基础信息调查工作。

耕地类别划分试点和受污染耕地安全利用工作逐步启动。各地部署开展了受污染耕地安全利用和严格管控工作，江苏、浙江、江西、广西、重庆、四川等 6 个省（区、市），较为系统地开展了受污染耕地安全利用技术试点示范。湖北、湖南、四川、贵州、云南 5 个省向国家发改委提出将重度污染耕地纳入新一轮退耕还林还草范围需求，共约 170 万亩。

污染地块治理和再开发利用联合监管工作全面启动。全国污染地块土壤环境管理信息系统共上传地块信息 6 758 块，其中非污染地块 438 块、污染地块 520 块；76 块污染地块已完成修复，142 块正在修复；尚有 5 800 块疑似污染地块正在或待开展调查评估。

禁止洋垃圾入境、推进固体废物进口管理制度改革任务全面落实。联合海关总署启动限定固体废物进口口岸，允许进口固体废物的口岸由 166 个减少至 18 个。2018 年，全国固体废物进口总量同比减少 46.5%。其中"三废"（废塑料、废纸、废金属）进口量为 2 242 万 t，较 2017 年减少 43.4%。进口货值 1 123 亿元，与 2016 年持平，较 2017 年下降 25.9%。

持续坚决打击固体废物及危险废物非法转移和倾倒。启动打击固体废物环境违法行为专项行动，对固体废物倾倒情况进行全面摸排核实，共核实 2 796 个固体废物堆存点，发现 1 308 个存在问题。截至 2018 年年底，挂牌督办的突出问题中 1 304 个已完成整改，问题整改率达 99.7%。

生活垃圾分类处理全面推进。2018 年，134 家中央单位、27 家驻京部队率先开展生活垃圾分类，中央单位全部通过验收，并建立 11 个示范单位，示范片区覆盖率达到 30%。全国 46 个重点城市公布了实施方案。其中，41 个城市已开展垃圾分类示范片区建设，19 个城市出台了示范片区建设和验收标准。70%的城市已通过公开招标方式采购垃圾分类运营企业。

（4）生态系统保护与监管力度继续加大

生态系统保护修复与监管的重点工作按期推进。京津冀、长江经济带和宁夏等 15 个省（区、市）完成生态保护红线划定，山西等其余 16 省（区、市）生态保护红线划定方案已基本形成，开展生态保护红线勘界定标试点工作。国务院批准辽宁五花顶、山西太宽河等 11 处省级自然保护区晋升为国家级，调整湖南东洞庭湖等 4 处国家级自然保护区范围，国家级自然保护区增至 479 处。

"绿盾 2018"自然保护区监督检查专项行动继续开展。印发实施《"绿盾 2018"自然保护区监督检查专项行动实施方案》。通报黑龙江北极村、江西青岚湖等 17 个自然保护地典型违法案例，约谈存在突出侵占破坏问题的辽宁辽河口、吉林珲春东北虎等 7 个国家级或省级自然保护区所在的 8 个市（州、区）政府和 3 个省级主管部门负责人，坚决查处保护区内各类违法活动。

1.2 当前环境保护领域存在的主要问题

1.2.1 生态环境质量总体仍不乐观

大气结构性污染突出，产业结构偏重、产业布局偏乱、能源结构偏煤、交通运输以公路为主，污染物新增量仍将处于高位。城市环境空气质量达标率较低，2018 年，全国 338 个地级及以上城市中空气质量达标的仅占 22.5%（76 个），全国 $PM_{2.5}$ 平均浓度超标 11.4%（39 μg/m³）。部分区域污染严重，京津冀及周边地区"2+26"城市、汾渭平原仅为 50.5%、54.3%。

常规水污染物大幅削减，但存量污染物数量大、分布广的形势仍未根本改变。2018 年，全国地表水主要污染指标为 COD、TP 和 NH_3-N，水环境质量分布不平衡，部分区域流域污染仍然较重，2018 年 130 个国控断面为劣 V 类，主要分布在辽河、海河、黄河和淮河流域。

根据全国土壤污染状况调查，我国土壤点位超标率为 19.4%，其中轻微、轻度、中度和重度污染点位比例分别为 13.7%、2.8%、1.8%和 1.1%。长三角、珠三角、东北老工业基地等区域性土壤污染问题较为突出，西南、中南地区土壤重金属超标范围较大。

1.2.2 区域发展不平衡凸显，环境质量改善进度呈分化趋势

区域发展特征与自然资源禀赋反差巨大，东部沿海地区在高质量发展中抢得先机，生态环境压力持续缓解，经济增长与生态环境相互影响将进一步增强。部分中西部和北方地区产业结构调整较为缓慢，承接了大量相对落后产业，长江中上游地区搬迁企业违法违规排放事件频出，环境保护与经济发展的矛盾凸显。2017—2018 年，随着煤炭、粗钢、电解铝、水泥、焦炭等产品产量快速增长，部分区域大气环境质量出现波动，局部流域水环境质量出现反弹。

1.2.3 部分领域环境治理基础薄弱，治污保障能力明显不足

城市黑臭水体攻坚战的配套污水管网建设不足。水源地保护中央财政支持较少，地方和社会资金投入水源保护的积极性不高。大气污染防治重点区域以外的资金投入力度不足。农业农村环境综合整治投融资渠道不畅，引导带动作用不够。部分地方对土壤污染防治的严峻形势认识不到位，对土壤污染防治工作重视不够。

1.2.4 社会公众的环境意识诉求难短期全部满足

社会公众对环境风险的认知和防范意识越来越强，对环境风险容忍度越来越低，社会公众的"可接受环境风险水平"处于转变期，对环境保护、风险防控的要求越来越高。环境保护的战略相持期与老百姓速战速决的心态之间存在矛盾凸显。

1.2.5 国际环境压力与履约责任越来越高

国际经贸领域日益严格的"绿色壁垒"，将增加我国对外贸易和环保工作的难度。与周边国家在污染越境转移、跨界河流污染、野生动物越境保护等方面，都可能成为外交摩擦的隐患。一些国家以保护全球环境为由，强压发展中国承诺其难以做到的环境条约。目前，我国已签署和批准了 30 多项国际环境公约，履约任务十分繁重。

2 "十四五"经济社会环境形势

2.1 我国中长期经济社会形势预测

2.1.1 我国中长期经济增长前景展望

（1）多方案下中长期中国经济总量预测研究

设置基准方案、高方案、低方案三种。

基准方案。综合考虑影响中国潜在经济增长的要素投入及其变化规律，全面深化改革取得积极成效，世界经济延续温和增长态势。劳动力数量投入对经济增长的贡献为负，储蓄率下降导致资本

存量对经济增长的贡献稳步小幅减弱，而人力资本增长和科技进步对经济增长的贡献均稳步提高。中国收入分配改革取得一定的进展，收入差距缩小，节能减排和环境保护政策得到有效实施，环境质量显著改善。

高方案。在基准方案的基础上，资本依然发挥重要的经济增长拉动作用，人力资本增长和科技进步对经济增长的贡献大幅提高，全面深化改革取得显著成效，市场配置资源的效率趋于最大化和效益趋于最优化，社会财富的积累和分配更加体现公平正义合理，包括扩大人力资本投入、实质性推进科技创新和管理创新、不断优化改进体制机制、进一步完善高质量安全健康开放体系等因素，逐步成为支撑中国保持中高速经济潜在增长率的主要驱动力，但环境质量改善一般。

低方案。在基准方案的基础上，资本对经济增长的贡献呈下降趋势，劳动力对经济增长的贡献依然为负，而人力资本增长和科技进步对经济增长的贡献均取得一定程度的提高，全面深化改革进展一般，环境质量较之前有所改善。

（2）基准方案下中长期中国经济总量预测

2016—2020年时段：从资本和劳动力要素来看，投资（资本形成）对经济增长的贡献减弱，投资增速与GDP增速的比例关系发生根本性变化，从快于GDP增速变为慢于GDP增速。但预计"十三五"期间（特别是"十三五"前期），政府基础设施投资力度较大，所以投资率仍较高，投资仍是推动经济增长的最大动力。劳动力数量投入对经济增长的贡献下降，人口红利消失，但人才红利增强。从全要素生产率来看，人力资本增长和科技进步对经济增长的贡献稳步提高。但从科技创新周期（熊彼特周期）来看，全球科技创新处于相对低谷，全要素生产率（TFP）对经济增长的贡献尚未占据主导地位。

2021—2035年时段：中国工业化趋于稳定，城镇化继续较快推进，经济处于中速增长阶段，在此期间经济总量超过美国成为世界第一大经济体，到2030年基本完成工业化。从资本和劳动力要素来看，中国工业化基本趋于稳定，城镇化继续较快推进，因此投资增速慢于"十三五"期间，但仍保持较高增速，劳动力数量负增长。从全要素生产率来看，随着对R&D投入的增加、人力资本增长以及通过改革增强市场活力，TFP增速加快。这一时期，世界进入新一轮创新周期，相应中国的科技进步速度加快。在这一时期，资本和TFP对经济增长的贡献基本持平。

2036—2050年时段：中国将进入后工业化发展阶段，城镇化进程放慢并趋于稳定，中国经济将进入低速增长阶段，到2050年，接近中等发达国家的发展水平。从资本和劳动力要素来看，工业化和城镇化放慢之后，经济主要靠服务业和消费拉动，投资增速降低。但由于中国人均GDP水平仍低于欧美发达国家（地区），所以投资率和投资增速高于发达国家平均水平，劳动力数量负增长。从全要素生产率来看，世界进入新一轮创奇周期的高潮时期，新技术对经济各部门的渗透率提高，将推动中国及全球增长加速。在这一时期，TFP将成为推动经济增长的最主要因素。

综合考虑影响中国潜在经济增长的要素投入及其变化规律，预计2016—2020年中国GDP年均增长6.6%左右，投资（资本）依然是经济增长的主要动力；2021—2035年中国GDP年均增长5.0%，全要素生产率对经济增长的贡献超过资本，对经济增长的贡献率高达54.5%；2036—2050年中国GDP年均增长3.5%，经济增长主要靠全要素生产率拉动（表2-3-1、表2-3-2）。

表 2-3-1　基准方案下未来中国经济增长速度预测表

年份	GDP/亿元（2015 年价）	时期	GDP 增速/%
2015	689 052	—	—
2020	947 523	2016—2020 年	6.6
2035	1 969 610	2021—2035 年	5.0
2050	3 315 508	2036—2050 年	3.5

数据来源：国家信息中心。

表 2-3-2　基准方案下分阶段生产要素投入与全要素生产率对经济增长的贡献度和贡献率　　　单位：%

经济增长阶段	GDP 年均增速	资本存量		劳动力		全要素生产率	
		贡献度	贡献率	贡献度	贡献率	贡献度	贡献率
2016—2020	6.6	3.53	53.45	0.00	−0.04	3.07	6.58
2021—2035	5.0	2.28	45.60	0.00	−0.10	2.72	54.50
2036—2050	3.5	1.02	29.23	−0.01	−0.23	2.49	71.00

数据来源：国家信息中心。

（3）多方案下中长期中国经济总量预测

在高方案下，预测中国 2016—2020 年潜在经济增长率有可能达到 6.7%左右，其中资本存量、劳动力、全要素生产率将分别拉动 GDP 增长 3.86 个百分点、0.00 个百分点和 2.84 个百分点。2021—2035 年，潜在经济增长率有可能达到 5.5%左右。2036—2050 年，潜在经济增长率有可能达到 4.0%左右（表 2-3-3、表 2-3-4）。

表 2-3-3　高方案下未来中国经济增长速度预测表

年份	GDP/亿元（2015 年价）	时期	GDP 增速/%
2015	689 052	—	—
2020	952 959	2016—2020 年	6.7
2035	2 127 219	2021—2035 年	5.5
2050	3 849 172	2036—2050 年	4.0

数据来源：国家信息中心。

表 2-3-4　高方案下分阶段生产要素投入与全要素生产率对经济增长的贡献度和贡献率　　　单位：%

经济增长阶段	GDP 年均增速	资本存量		劳动力		全要素生产率	
		贡献度	贡献率	贡献度	贡献率	贡献度	贡献率
2016—2020	6.7	3.86	57.67	0.00	−0.03	2.84	42.36
2021—2035	5.5	2.62	47.67	0.00	−0.09	2.88	52.42
2036—2050	4.0	1.65	41.25	−0.01	−0.20	2.36	58.95

数据来源：国家信息中心。

在低方案下，预测中国 2016—2020 年潜在经济增长率有可能达到 6.5%左右。2021—2035 年，潜在经济增长率有可能达到 4.5%左右。2036—2050 年，潜在经济增长率可能达到 3.0%左右（表 2-3-5、表 2-3-6）。

表 2-3-5　低方案下未来中国经济增长速度预测表

年份	GDP/亿元（2015 年价）	时期	GDP 增速/%
2015	689 052	—	—
2020	944 061	2016—2020 年	6.5
2035	1 826 816	2021—2035 年	4.5
2050	2 859 747	2036—2050 年	3.0

数据来源：国家信息中心。

表 2-3-6　低方案下分阶段生产要素投入与全要素生产率对经济增长的贡献度和贡献率　　单位：%

经济增长阶段	GDP 年均增速	资本存量		劳动力		全要素生产率	
		贡献度	贡献率	贡献度	贡献率	贡献度	贡献率
2016—2020	6.5	3.78	58.15	0.00	−0.04	2.72	41.88
2021—2035	4.5	2.36	52.36	0.00	−0.11	2.15	47.75
2036—2050	3.0	1.39	46.20	−0.01	−0.27	1.62	54.07

数据来源：国家信息中心。

基于上述两种情景分析，根据未来一段时期中国经济增长潜力和动力保障程度，同时充分考虑到国际国内发展环境仍然有可能出现的不确定性态势，最后对照中国确定第二个百年奋斗目标经济社会发展预期，建议以基准方案下的经济增长速度为宜，即 2016—2020 年、2021—2035 年、2036—2050 年三个时段中国国内生产总值预期目标定为年均增长 6.6%、5.0%和 3.5%左右，这一目标导向下的发展环境相对从容，宏观调控比较主动。

（4）多方案下中长期中国人均 GDP 预测

在基准方案下，扣除人口总量自然增长因素后的 2016—2020 年时间段人均 GDP 实际增速为6.0%，低于 GDP 实际增速约 0.6 个百分点；2021—2035 年时间段人均 GDP 实际增速为 4.9%，低于GDP 实际增速约 0.1 个百分点，与 GDP 增速之间的差距较"十三五"期间大幅缩小；2036—2050 年时间段人均 GDP 实际增速为 3.8%，高于 GDP 实际增速约 0.3 个百分点（表 2-3-7～表 2-3-9）。

表 2-3-7　基准方案下未来中国人均 GDP 增长速度预测表

年份	人均 GDP/（元/人）（2015 年价）	时期	人均 GDP 增速/%
2015	50 127	—	—
2020	66 932	2016—2020 年	6.0
2035	136 408	2021—2035 年	4.9
2050	237 670	2036—2050 年	3.8

数据来源：国家信息中心。

表 2-3-8　高方案下未来中国人均 GDP 增长速度预测表

年份	人均 GDP/（元/人）（2015 年价）	时期	人均 GDP 增速/%
2015	50 127	—	—
2020	67 316	2016—2020 年	6.1
2035	147 324	2021—2035 年	5.4
2050	275 925	2036—2050 年	4.3

数据来源：国家信息中心。

表 2-3-9　低方案下未来中国人均 GDP 增长速度预测表

年份	人均 GDP/（元/人）（2015 年价）	时期	人均 GDP 增速/%
2015	50 127	—	—
2020	66 688	2016—2020 年	5.9
2035	126 519	2021—2035 年	4.4
2050	204 999	2036—2050 年	3.3

数据来源：国家信息中心。

（5）"十四五"时期全国经济增长率预测

在考虑资本、劳动力和全要素生产率的变化情况后，预计"十四五"期间，中国 GDP 年均增速为5.5%，资本积累依然是拉动经济增长的主要动力，随着对 R&D 投入的增加、人力资本增长以及通过改革增强市场活力，全要素生产率对经济的贡献逐步提高，而劳动力对经济的贡献依然为负（表 2-3-10），但对经济增长负的贡献率较"十三五"期间有所收窄，主要受"渐进式"延迟退休政策的影响。

表 2-3-10　"十四五"生产要素对经济增长的贡献度和贡献率　　　　　　单位：%

年份	资本		劳动力		全要素生产率	
	贡献度	贡献率	贡献度	贡献率	贡献度	贡献率
2016	4.81	71.76	0.11	1.58	1.79	26.66
2017	4.35	63.09	0.03	0.37	2.52	36.54
2018	3.95	59.81	−0.22	−3.28	2.87	43.46
2019	3.67	57.38	−0.06	−0.98	2.79	43.60
2020	3.42	54.26	−0.01	−0.13	2.89	45.87
2021	3.20	53.33	−0.01	−0.09	2.81	46.76
2022	3.02	52.10	−0.01	−0.17	2.79	48.07
2023	2.85	51.88	−0.01	−0.14	2.65	48.27
2024	2.69	51.64	−0.01	−0.15	2.52	48.51
2025	2.57	51.42	−0.01	−0.17	2.44	48.76
"十三五"平均	4.03	61.32	−0.03	−0.47	2.58	39.14
"十四五"平均	2.86	52.08	−0.01	−0.15	2.64	48.06

数据来源：国家信息中心。

预计到 2025 年，中国名义 GDP 总量将突破 160 万亿元，达到 164.5 万亿元，按市场汇率计算，人均 GDP 将达到 1.82 万美元，处于高收入国家的行列。预计 2022 年前后中国人均 GDP 将达到1.47 万美元，将迈入高收入国家的行列（按照过去 20 多年 2.0%的年均增速推算，届时世界银行高收入国家标准应为 1.43 万美元以上）。2018—2025 年宏观经济潜在增长率测算结果见表 2-3-11。

表 2-3-11　2018—2025 年宏观经济潜在增长率测算结果

年份	潜在增长率/%
2018	6.6
2019	6.4
2020	6.3
2021	6.0

年份	潜在增长率/%
2022	5.8
2023	5.5
2024	5.2
2025	5.0
"十四五"平均	5.5

数据来源：国家信息中心。

2.1.2 多方案下中长期中国产业结构预测

综合考虑 2020 年、2035 年、2050 年三个时段分产业的 GDP 实际增速和价格指数，得出基准方案下现价条件下的产业结构，预测结果显示：2016—2020 年时段，工业化向中高端水平迈进，服务业比重持续提升，农业现代化取得明显成效。2021—2035 年时段，第三产业比重呈稳步上升趋势，逐步成为经济发展的主导产业，第三产业比重在 2030 年前后突破 60%。2036—2050 年时段，中国进入世界最发达的服务业强国行列，将成为全球高端服务业集聚中心、主导和引导全球价值链，经济控制力显著增强，第三产业比重在 2050 年前后突破 70%（表 2-3-12）。表明中国服务业正在走向一个全新时代，在经济中的比重将不断增加。在当前和今后一段时期，中国应积极重视和引导第三产业的发展，尤其是鼓励和支持重点产业的知识创新和科技创新，确保中国在下一轮技术革命中处于引领地位。

表 2-3-12 多方案下未来中国产业结构预测表 单位：%

方案	产业分类	2015 年	2020 年	2035 年	2050 年
基准方案	第一产业	8.83	7.52	5.42	3.48
	第二产业	40.93	37.47	28.10	24.22
	第三产业	50.24	55.01	66.48	72.30
高方案	第一产业	8.83	7.30	5.16	3.16
	第二产业	40.93	38.23	31.52	29.89
	第三产业	50.24	54.47	63.31	66.94
低方案	第一产业	8.83	7.75	5.58	3.83
	第二产业	40.93	36.69	25.94	18.81
	第三产业	50.24	55.56	68.47	77.36

数据来源：国家信息中心。

2.1.3 人口及社会发展趋势预测

（1）人口总量及结构变化趋势预测

近年来中国人口增长速度呈明显放慢趋势，但是，由于庞大的人口基数和增长的惯性作用，以及近两年放开"双独二孩"和"单独二孩"的计生政策，以及考虑到未来几年内可能会全面放开二孩政策，未来几年中国人口出生率会小幅反弹，预计 2020 年中国人口总量为 14.16 亿人，2025 年全国人口约为 14.2 亿人，2028 年前后出现人口总量峰值（14.3 亿人左右），2050 年人口总量将下降至 13.5 亿人（表 2-3-13）。

表 2-3-13　未来中国人口总量及年均增长速度预测表

年份	人口总量/亿人	时期	人口增速/‰
2015	137 462	—	—
2020	141 565	2016—2020 年	5.9
2035	144 391	2021—2035 年	1.3
2050	139 500	2036—2050 年	−2.3

数据来源：国家信息中心。

初步预测今后中国老龄化形势将进一步加剧，预测到 2050 年，中国人口老龄化的发展将大致经历三个阶段：快速老龄化阶段、加速老龄化阶段和缓速老龄化阶段。

1）快速老龄化阶段（2016—2020 年）

在此阶段，中国老年人口迎来第一个增长高峰，将达到 1.86 亿人，占比达到 13.2%，中国人口处于轻度老龄化阶段。这一阶段增加的老年人口属于"50 后"，他们的思想观念、收入水平、生活方式不同于"30 后""40 后"，不仅消费能力强，而且只有少部分人赶上计划生育，大多数有 3 个及以上子女。这些子女是"50 后"老年人经济来源的主要补充，但这些子女目前是社会的中坚力量，不太可能为其父母提供家庭养老服务。不过，他们是发展老龄金融的重要客户群体，这一阶段是中国老龄产业发展的黄金战略准备期。

2）加速老龄化阶段（2021—2035 年）

该阶段，中国老年人口将迎来第二个增长高峰，也是 21 世纪老年人口增长规模最大的一次，由 1.86 亿增长到 3.09 亿人，开始过渡到中度老龄化阶段。其中，2025 年 60 岁以上人口将达到 3.17 亿人，占比达到 22.1%。老龄人口将超过少儿人口，标志着中国从主要抚养儿童的时代迈入主要扶养老人的时代。这一阶段的老年人口主要是"60 后"。这批人经历了严格的计划生育，子女数量锐减，城市老年夫妇平均不到 1 个子女，农村老年夫妇平均也只有 2 个子女。这批人思想观念开放、生活方式现代化、经济实力也比较雄厚。

3）缓速老龄化阶段（2036—2050 年）

该阶段为缓速发展阶段，中国人口迈入中度老龄化阶段。在此阶段，中国总人口进入负增长阶段，人口总量开始减少，老年人口增长态势放缓，由 3.09 亿人增长到 3.89 亿人，占比达到 27.9%，也就是说中国每 3 个人中就有 1 名 65 岁及以上的老年人。这一阶段增加的老年人口大多是"70 后"，他们中很多人拥有巨大的老龄金融资产，将是老龄产业的直接消费者和间接消费者。在此阶段，中国老龄产业发展进入成熟期（表 2-3-14）。

表 2-3-14　未来中国人口年龄结构预测表

年份	人口/万人	年龄结构总量/万人			年龄结构占比/%		
		0～14 岁	15～64 岁	65 岁以上	0～14 岁	15～64 岁	65 岁以上
2015	137 462	22 715	100 361	14 386	16.5	73.0	10.5
2020	141 565	22 933	99 992	18 639	16.2	70.6	13.2
2035	144 391	22 092	91 399	30 900	15.3	63.3	21.4
2050	139 500	20 367	80 213	38 921	14.6	57.5	27.9

数据来源：国家信息中心。

（2）城镇化发展趋势预测

当前，中国城镇化的速度将由加速推进向减速推进转变。总体上看，东部和东北地区已进入城镇化减速时期，其城镇化速度将逐步放慢；而中西部地区仍处于城镇化加速时期，是中国加快城镇化的主战场。随着中西部城镇化进程的加快，中西部与东部地区间的城镇化率差异将逐步缩小。

《国家新型城镇化规划（2014—2020年）》提出，到2020年，中国常住人口城镇化率达到60%左右，户籍人口城镇化率达到45%左右，努力实现1亿左右农业转移人口和其他常住人口在城镇落户。在这种情境下，采用经验曲线法、经济模型法和联合国城乡人口比增长率法对中国城镇化趋势进行预测，综合考虑三种方法的预测结果，到2020年，中国城镇化率将达到60.4%左右，届时中国将进入中级城市型社会；2025年城镇化率将达到63.5%左右；2035年中国的城镇化率将达到68.5%，之后中国将进入城镇化缓慢推进的后期阶段；2050年中国的城镇化率将达到75%左右（表2-3-15），总体完成城镇化的任务。

表2-3-15　未来中国城镇化发展水平预测表

年份	人口/万人	城镇		乡村	
		人口数	比重/%	人口数	比重/%
2015	137 462	77 116	56.1	60 346	43.9
2020	141 565	85 575	60.4	55 989	39.6
2035	144 391	98 908	68.5	45 483	31.5
2050	139 500	104 625	75.0	34 875	25.0

数据来源：国家信息中心。

2.2　"十四五"时期我国能源形势预测

2.2.1　"十四五"全国煤炭消费预测

初步预计"十四五"期间发电用煤将平缓小幅下降，而随着城市化进程不断推进，城市建筑物供热需求将持续增长，未来供热面积可能逐步扩大到长江流域，以及超低排放热电厂替代高污染低效率煤炭利用等多方面原因，热电联产用煤需求将快速增长。未来煤炭消费的另一个增长点可能是煤化工行业，煤制油、煤制气和煤制烯烃将稳步发展，但由于受油气价格波动影响，亦存在一定的不确定性。受投资建设持续下滑影响，钢铁、建材等行业煤炭需求将进一步大幅下降。此外，在大气污染防治和应对气候变化大背景下，其他终端煤炭需求也将持续减少。

总体来看，煤炭峰值可能出现在2020年前后，"十四五"时期我国能源供应仍以煤炭为主，但煤炭消费量持续降低。基准情景下，2025年我国煤炭消费总量将控制在36.92亿t（约合26.37亿t标煤），占总能源消费的比重为49.85%。

2.2.2　"十四五"全国石油消费预测

交通行业、石化行业以及替代燃料和替代原料的发展是未来影响中国石油需求的重要因素。当前我国汽车保有量增速虽然下降，但汽车保有量仍存在增长的空间，另一方面汽车的燃油经济性在不断提高。随着居民生活水平的稳步提高，用于生产乙烯和 PX 的化工轻油需求有望保持较快增长态势。此外，未来如果电动车技术和其他替代燃料的快速发展，石油需求峰值可能提前到来。总体来看，"十四五"期间，我国石油消费增速将保持在 0.3%左右，2025 年原油消费量达到 63 392 万 t（约合 90 562 万 t 标煤）。

2.2.3　"十四五"全国天然气消费预测

初步预计，未来采掘业用气、制造业用气、发电供热、交通用气和居民生活用气是未来影响中国天然气需求的重要因素。"十四五"期间，采掘业用气将达峰回落；制造业用气将随着产业发展带动需求有所增长，以及替代现有散煤的政策性增长；天然气发电供热将有较大发展空间，用气将大幅增加；交通用气亦存在较大的发展空间；交通用气居民生活用气将持续保持刚性增长。"十四五"期间，我国天然气消费增速将保持较高速度增长，增长率在 8.0%左右，2025 年天然气消费量达到4 920 亿 m³。

2.2.4　"十四五"全国能源消费预测

随着中国产业结构调整，能耗较高的第二产业以及重工业经济总量中的比重持续下降；工业部门结构持续优化，高耗能产品产量达峰；技术进步，工艺流程的优化升级、工业先进节能减排技术的普及应用，能源利用水平和管理水平提高等都大大降低了中国能源消耗强度。

此外，"十四五"期间我国将继续保持现有节能政策取向，并积极利用市场机制推动企业自主节能，进一步强化节能力度，通过财政、税收、技术支持等措施积极推进严格和约束性的节能政策，同时大力推进能源市场改革，充分利用市场机制和能源价格杠杆进一步强化节能力度和优化产业结构。未来，科技进步将推动能源利用效率显著提升，能源生产和利用方式进一步向清洁化、低碳化发展，能源增长的动力也将从二产向三产和居民转变。

综合以上因素，在"十四五"期间 GDP 年均增速为 5.5%的情景下，到 2025 年，我国能源消费总量增长至 51.35 亿 t 标煤。"十四五"年均增长率为 1.38%（表 2-3-16）。

表 2-3-16　"十四五"我国能源消费总量预测　　　单位：亿 t 标煤

年份	能源消费总量	能源消费增速/%
2018	45.94	2.31
2019	46.96	2.21
2020	47.95	2.12
2021	48.77	1.70
2022	49.50	1.50
2023	50.19	1.40
2024	50.79	1.20
2025	51.35	1.10

数据来源：国家信息中心。

2.3 "十四五"期间生态环境形势更趋复杂

2.3.1 长期处于社会主义初期阶段将给环境带来持续压力

预计 2020 年前后我国基本进入后工业化发展阶段，产业结构正发生重要转折。第三产业占比有可能超过 50%，但产业转型升级难度较大，将给生态环境带来持续压力。预期到 2025 年，我国人均 GDP 达到 1.5 万美元左右（现价美元），基本进入世界高收入国家行列，经济总量接近美国；三次产业结构调整为 6：42：52；城镇化率达到 60%左右，基本完成工业化进程，进入城镇化中后期阶段。但区域之间差异较大，北京、上海等发达城市进入到后工业化社会，苏浙等省进入到工业化后期，而贵州、云南等西部省份仍处于工业化初期阶段，大部分中西部地区正处于工业化中期、重工业集聚发展阶段。"十四五"时期，东部发达地区面临转型升级的压力挑战，中西部地区面临标准加严、经济增长与环境保护压力持续增大的挑战。反映在环境效应上，东部地区经济增长对环境的压力有所降低，但由于经济总量高，污染物的排放量增长依然不可忽视；而中西部和东北地区由于经济增长的速度较高，从而引发的污染物排放量增长压力将呈现出加剧的趋势。

2.3.2 城镇化造成的压力不会减缓

城镇化率每提高 1 个百分点，将增加城镇人口 1 300 万人左右、生活垃圾 1 200 万 t、生活污水 11.5 亿 t，消耗 8 000 万 t 标煤。伴随城镇化进程，尽管未来质量有所提升，但是城镇人口增长、资源能源消耗的过程，对城市环境容量负荷、空间布局、环境基础设施建设等都带来较大压力。预计未来 10～20 年，我国城镇化速度有所趋缓，质量会有所提升。国际经验表明，美国、澳大利亚等地广人稀的新大陆国家，城镇化成熟阶段的城镇化率达 80%～90%，德国、法国、意大利、日本等历史悠久，农耕文化深厚、地形地貌多样的国家，容易发生逆城市化，城市化率最高不会超过 70%，我国上海、浙江已经开始出现逆城市化现象。

2.3.3 能源结构调整到位仍需长期过程

"十三五"期间的能源结构调整目标仍未完全到位，天然气供需矛盾凸显，预计短中期内我国能源消费结构仍将以燃煤为主。国内外不同研究机构对中国能源消费总量的预测值存在差异，但总体认为 2030 年以前中国能源消费总量都将保持增长态势。由于大规模区域性能源结构调整，预计 2025 年煤炭占总能源消费的比重仍在 50%以上的水平。

2.3.4 区域发展不平衡造成的污染空间转移仍突出

京津冀协同发展、长江经济带等区域战略的实施，解决发展阶段差异、产业的区域梯度转移而造成的资源能耗、环境污染仍需长期过程。东部沿海地区在高质量发展中抢得先机，生态环境压力持续缓解，生态环境质量相对领先。部分中西部和北方地区结构调整缓慢，对传统产业存在路径依赖，承接了不少落后产能，发展速度持续超过东部地区，经济发展的环境压力更加凸显。西部地区的生态环境脆弱、生态系统退化形势严峻。

2.3.5   经济发展的不确定因素增多给生态环境保护带来压力

从外部看，国际经济形势更加复杂严峻，特别是中美贸易摩擦不断升级，加大了经济发展的压力。从内部看，我国人口规模、结构、布局、质量等都在处于转折期，尤其是人口老龄化、生育率降低引发的就业、抚养、创新等系列社会问题影响深远。以信息科技为代表的科技发展进程加快，5G、人工智能、互联网+、物联网等发展正在深刻改变社会生产方式与生活方式，将有可能对环境治理方向、治理模式、治理技术等治理体系重塑带来考验。生态环境体制改革方向、趋势与效果直接影响生态环保的治理进程与成效。我国经济运行"稳中有变"，经济下行压力有所加大。一些地方对绿色发展的理念、生态环境保护的认识有所弱化。部分地区部分重污染行业新增产能冲动明显，一些"散乱污"企业有可能会死灰复燃，这更加需要坚守底线、打好攻坚战、促进发展，统筹把握好方向、时机、节奏和力度，确保实现环境效益、经济效益和社会效益多赢。

3   2035 年中国环境保护战略

3.1   新时代环境保护总体要求

3.1.1   新时代环境保护的总体要求分析

党中央明确提出了"两个一百年"奋斗目标，党的十九大将"两个一百年"奋斗目标实现过程中的30 年，提出了全面建设社会主义现代化国家过程中两个阶段的战略安排，第一个阶段为2020—2035 年，要基本实现社会主义现代化，第二个阶段为2035—2050 年，要把我国建成富强民主文明和谐美丽的社会主义现代化强国。这意味着，将原来提出的"三步走战略"的第三步即基本实现现代化，将提前 15 年实现。这是在综合考虑我国经济社会发展的良好基础与发展势头下做出的战略安排。

在 2035 年阶段目标中明确提出了"生态环境根本好转，美丽中国目标基本实现"，这是反映了发展需求、响应了社会期待的重要内容，是新时代生态文明建设的总体目标，也是指导"十四五"及更长时期的生态环境保护工作的新的"历史坐标"。

3.1.2   生态环境质量改善的宏观判断理解

从历次五年环保规划来看，我国对于生态环境的总体控制要求随着经济社会发展过程中面临的问题及解决过程不断调整变化。"十一五"规划中，提出"生态环境恶化趋势基本遏制"；"十二五"规划中，提出"生态环境恶化趋势得到扭转"；"十三五"规划中，提出"生态环境质量总体改善"。对生态环境恶化趋势从"遏制"到"扭转"，再到"总体改善"，表述的程度逐渐向好转趋近，生态环境质量治理进程也在逐渐向好转演进。

在重点要素的中长期战略方面为：2050 年达到全面改善，生态系统良性循环。"大气十条"提出在实现 2017 年全国空气质量总体改善的第一阶段目标后，逐步消除重污染天气，全国空气质量明显改善。"水十条"提出达到 2020 年全国水环境质量得到阶段性改善的目标后，到 2030 年实现水环境质量总体改善，水生态系统功能初步恢复；到 21 世纪中叶生态环境质量全面改善，生态系统实现良性循环。"土十条"提出到 2030 年全国土壤环境质量稳中向好，到 2050 年土壤环境质量全面改善，生态系统实现良性循环。

中国环境宏观战略研究提出的中长期目标要求为：到 2030 年，污染物排放总量得到全面控制，环境质量全面改善。全国水体基本消除黑臭，农村污染、非点源、新型环境问题得到基本解决，饮用水水源、城市空气质量基本达到要求，生态系统结构趋于稳定，农村环境质量实现根本好转，人体健康得到有效保障，环境与经济社会基本协调。到 2050 年，环境质量与人民群众日益增长的物质生活水平相适应，与现代化社会主义强国相适应，生态环境质量全面改善，生态系统健康安全、结构稳定，人体健康得到充分保障，人口、资源、环境、发展全面协调，经济环境实现良性循环，建成美丽中国。

党的十九大提出的 2035 年"生态环境根本好转，美丽中国目标基本实现"的目标，与中国环境宏观战略路线图提出的 2030 年"生态环境质量全面改善"相比，要求更高，内涵更丰富、覆盖面更广、实现难度更大，在经济社会与环境的协调性要求达到了 2050 年的"环境质量与人民群众日益增长的物质生活水平相适应，与现代化社会主义强国相适应"的要求，因此，党的十九大基本将总体战略目标的实现节点提前了 15 年，应以 2035 年实现"生态环境根本好转"为总要求，倒排工作，制定生态文明建设和美丽中国的"施工图"和"验收表"，系统有序推进生态环境保护各项工作。

3.2 生态环境根本改善的要点

"十三五"生态环境保护目标已经定位为生态环境"总体改善"，污染防治攻坚战将进一步增强全社会生态环境福祉，重污染天气、黑臭水体大幅下降，农村环境得到基本整治，生态环境与全面建成小康社会相适应。综合考虑，2035 年实现"生态环境根本好转、美丽中国目标基本实现"，对生态环境保护而言，至少具有四个方面的含义。

一是覆盖面广，"生态环境根本好转"意味着全国各地区、多要素、整体性的转变。生态环境根本好转不仅仅是部分地区的生态环境质量大幅度改善，扭转恶化趋势，甚至达到标杆性的要求，需要全国各地区，东中西部，城市和农村生态环境质量出现整体性、根本性的同步改善，改善的成果要惠及最广大的人民群众。同时，大气、水、土壤、生态等多领域、多要素的生态环境质量要得到根本性的好转，不是仅解决单一要素、单一领域的生态环境问题。

二是好转程度大，"生态环境根本好转"意味着生态环境质量要出现根本性、转折性的变化，而非仅仅扭转恶化趋势。生态环境根本好转不仅仅是生态环境质量呈现向好的态势，需要根本解决人民群众反映强烈、发展与保护矛盾最激烈、百姓身边最严重、健康影响最突出的一系列生态环境问题，主要环境指标全面达标，而不是全国平均值达标。全国各城市 $PM_{2.5}$ 要全面达到国家空气质量二级标准，影响群众生产生活的重污染天气基本消除，劣 V 类断面、城市黑臭水体得到全面消除，农用地和建设用地环境安全得到根本保障，城乡人居环境得到有效保障，生态服务功能稳定增强。基本还清污水管网、环境基础设施、历史遗留矿山、历史堆存固体废物、小河小汊污染水体等历史欠账。

三是协调性强，"生态环境根本好转"意味着环境-经济-社会各领域同步发展，扭转长期以来生态环境滞后于社会经济发展的局面，社会、经济、环境同步达到基本实现社会主义现代化目标水平。长期以来，在经济社会发展高歌猛进之时，生态环境保护总体滞后，成了全面建设小康社会的突出短板之一。而生态环境根本好转则需要生态环境质量达到与发展阶段相适应的水平，我国在人均 GDP 方面处于与发达国家同一水平线，生态环境质量也与经济发展阶段相匹配、与其他发展程度类似的国家处在同一水平线，生态环境不再是短板、不再滞后，与基本实现社会主义现代化的总体目标相匹配。

四是认可度高，"美丽中国"生态环境质量改善得到全社会的广泛认可，基本满足人民群众美好生活的需要，生态环境改善给老百姓的获得感高。党的十九大报告提出我国社会主要矛盾已经转化为人民日益增长的美好生活需要和不平衡不充分的发展之间的矛盾。人民对美好生态环境的期盼已经成为人民的美好生活需要的重要组成部分，已经成为满足人民日益增长的美好生活需要的重要制约因素。打好生态环境攻坚战，加快补齐生态环境短板，目的是满足人民群众的底线要求。建设美丽中国、实现生态环境根本改善，目的是满足人民群众对高品质生态环境的需求，美丽乡村、美丽城市是满足人民美好生活需要、建设美丽中国的基本条件。

3.3　面向美丽中国的各时期生态环保重点与思路

综合以上分析，我国生态环境保护总体随着国家执政理念、战略目标、发展模式、产业体系、资源能源利用方式、社会主流价值观、社会治理发展和演进，特别是随着走向生态文明新时代进程的推进，这些影响生态环境的重要因素在 2020 年、2035 年、本世纪中叶等重要时间节点，将会有标志性的发展态势，预计 2020 年和 2035 年两个重大节点对生态环境问题的转变态势判断为：

到 2020 年，我国将基本实现工业化。城镇化趋稳、能源低增长，我国基础原材料工业产能产量达到峰值、煤炭消费达到峰值进入平台期，绿色发展水平总体达到世界平均水平，主要污染物排放将延续减少趋势，但污染累积量大面广、成因复杂、减排潜力下降，全国环境超载形势仍将持续，环境质量得到总体改善，传统的环境问题有望开始得到根治，重污染天气、劣Ⅴ类水体等社会高度关注的民生型、生活环境问题得到基本解决，部分地区环境质量有望达标，生态退化与恢复基本持平、控制住生态恶化趋势。未来 3～5 年需要以解决发展与保护矛盾最激烈、百姓身边最严重、健康影响最突出、治理体系最薄弱、国际反响最强烈的环境问题为着力点，以改善环境质量为核心，健全体制机制顶层设计，动员全社会力量，用硬措施应对硬挑战，树立一批老百姓看得见、摸得着、感受到、有收益的治理成果，如解决饮用水不安全、黑臭水体、重污染天气、农村环境综合整治等突出环境问题，确保实现与全面建成小康社会相适应的生态环境目标。

到 2035 年，我国基本实现现代化。创新动能加速助推新经济、新业态发展，城镇化进入成熟期，人口、能源消费增长预期达到峰值，碳排放达到峰值水平，能源结构更加清洁，经济增长的资源环境压力有望由紧绷期进入舒缓期，实现生态环境根本好转。主要污染物排放总量会显著减少，重污染天气、黑臭水体等环境问题有望根治解决，重点解决新型、复合和持久性有机污染物问题并对环境健康有所侧重，大气、水环境质量实现达标，我国有望进入更加清洁、健康的环境阶段，生态系统健康稳定，美丽中国目标基本实现。

因此，从环境保护与社会经济发展的中长期战略层面出发，着眼于美丽中国建设，生态环境保护工作思路具有阶段性战略：

"十三五"时期，目标是实现全面小康社会，主要任务是补足全面小康环境短板，实施精准治理、科学治理、系统治理，保环境安全、保小康环境底线，打赢污染防治攻坚战。

"十四五"时期，是巩固污染治理成果、持续走向环境质量改善的关键期，发展与保护矛盾仍处在胶着期，百姓身边焦点问题、健康影响、治理体系等处在污染防治攻坚战成果保持与持续提升的关键期。

"十五五"时期，水、大气基本实现达标，全面解决传统环境问题已出现拐点，显著解决城乡发展，环境风险、人体健康得到保障，部分区域美丽中国的建设成效显现，逐步开始进入良性循环。

"十六五"时期，我国基本实现现代化，国家创新动能加速助推新经济、新业态发展，城镇化进入成熟期，人口、能源消费增长预期达到峰值，碳排放达到峰值水平，能源结构更加清洁，经济增长的资源环境压力有望由紧绷期进入到舒缓期，实现生态环境根本好转，实现生态环境根本好转，美丽中国基本实现。

4 "十四五"环境保护重点领域进程研判

（1）预计到 2035 年前后，大气环境实现根本好转，实现分区域、分阶段达标，整体接近目前欧洲水平

发达国家空气质量从大规模治理到环境质量根本改善经历了至少 30 年的长期过程。"十四五"期间，将延续"十三五"的势头，进一步降低 $PM_{2.5}$ 浓度，推动 O_3 污染协同控制，全国范围内基本消除严重污染天气，全国 $PM_{2.5}$ 浓度下降 10%左右，达到 32 $\mu g/m^3$ 左右。京津冀及周边地区、汾渭平原、苏皖鲁豫交界地区等 $PM_{2.5}$ 浓度下降 15%左右，达到 45 $\mu g/m^3$ 左右；长三角地区 $PM_{2.5}$ 浓度下降 14%左右，达到 35 $\mu g/m^3$ 以下，上海市和浙江省所辖城市实现稳定达标；珠三角地区 $PM_{2.5}$ 浓度继续下降，基本达到世界卫生组织的第二阶段过渡目标（25 $\mu g/m^3$）。在"十五五"和"十六五"期间，结构调整深入推进，$PM_{2.5}$ 浓度下降延续"十四五"的势头（每五年 3~4 $\mu g/m^3$），到 2030 年，$PM_{2.5}$ 浓度持续下降达到 28 $\mu g/m^3$ 左右。

预计到 2035 年，全国 $PM_{2.5}$ 年均浓度达到 25 $\mu g/m^3$ 左右，全国 90%左右的城市可达到 $PM_{2.5}$ 浓度的环境空气质量标准限值要求。京津冀及周边地区、汾渭平原、苏皖鲁豫交界地区达标，长三角区域和成渝有望达到 25 $\mu g/m^3$，珠三角地区和一批城市有望达到 15 $\mu g/m^3$。到本世纪中叶，全国环境空气质量进一步改善，达到美国当前空气质量水平。

在 O_3 污染防治方面，通过大幅减排 VOCs 和 NO_x，力争"十四五"期间 O_3 浓度上升速度大幅降低，争取达峰。经过"十五五""十六五"期间进一步治理，力争臭氧浓度年均下降 0.86%左右，到 2035 年，O_3 浓度下降到 140 $\mu g/m^3$ 左右，力争到 2035 年优良天数比率达到 90%及以上。

（2）预计到 2035 年前后，实现有河有水、有鱼有草、人水和谐的水生态环境目标，河湖生态环境状况整体达到发达国家当前水平

发达国家用了 20~30 年，水质状况才有较大幅度改善，而部分污染严重水体治理时间可能需要30~35 年。自"九五"时期以来，我国大规模的水生态环境治理已经超过 20 年，预计再经过 10~15 年，通过加强流域联防联治，工业源、生活源、面源、内源等四源共治，区域再生水循环利用和水生态保护修复，兼顾水效率提升和健康风险管理的要求，到 2025 年，全国水环境质量持续改善，国控劣 V 类断面和城市建成区黑臭水体基本消除，重要江河湖泊水功能区达标率达到 90%左右，黄河、淮河、海河流域建立生态流量保障机制，到 2030 年，重要江河湖泊水功能区达标率达到 95%及以上，水生态系统功能初步恢复，河湖生态环境用水需求基本保障，水生生物多样性逐步稳定。

2035 年，水生态环境根本好转，水环境生态质量总体良好，重要江河湖泊水功能区基本达标，城乡居民饮水安全全面保障，生态流量得到基本保障，全面实现"有河有水"，水生植被覆盖率达到适宜水平，生物多样性有效恢复，全面实现"有鱼有草"，河湖生态环境状况整体接近或达到发达国家当前水平，"人水和谐"的美丽河湖大量涌现，人民群众亲水需求基本得到满足。到本世纪中叶，

水生态环境清洁安全,河湖水环境质量优良,生态流量得到全面保障,河湖的物理、化学和生物完整性得到有效恢复,全部河湖水生态系统实现良性循环,河湖恢复自然生态之美,人民群众对美好水生态环境的需要全面满足。

（3）预计到 2035 年近岸海域水质能够实现整体改善,重点海域水质达到发达国家当前水质水平

海洋生态环境具有涉及范围广、相互影响大、复杂性高、时间滞后性长、不可控因素多等特点,与河流质量改善相比,海洋生态环境质量改善整体上要滞后 5～10 年的时间。"十四五"期间,要逐步实现陆域、海域、流域的整体保护、修复和治理,实现美丽海洋的保护目标。到 2025 年,实现一批入海河流"消劣",近岸海域水质继续保持稳中向好,逐渐提高一、二类水质的海域面积,到 2030 年,海洋生态环境质量持续改善,近岸海域一、二类水质海域面积比例达到 80%及以上,海上突发事件应急处置能力显著增强。

到 2035 年,近岸海域水质整体改善,生物多样性得到有效保护,海洋生态系统功能得到有效恢复,力争全国 1 467 个海湾建成"美丽海湾",海洋风险防范能力全面提升,全面参与全球海洋生态环境治理体系建设。到本世纪中叶,海洋生态环境质量得到根本改善,接近发达国家同期水平,海洋生态环境风险得到有效防控,推动全球海洋生态环境共同治理。

（4）预计到 2035 年,全国土壤环境质量实现持续改善,土壤环境风险得到根本管控

我国土壤污染防治工作尚处于起步阶段,基础薄弱,治理进程和周期长,难度大于大气环境和水环境治理。"十四五"期间,将以严守农产品质量安全和人居环境安全为底线,以重点区域、重点行业、重点污染物、重点风险因子为着力点,全面提升各级土壤环境监管能力,实施一批针对性源头预防、风险管控、治理修复优先行动,确保国家和区域土壤环境安全。到 2025 年,全国土壤污染源得到基本控制,土壤环境质量总体保持稳定,农用地和建设用地土壤环境安全得到进一步保障,土壤和地下水环境风险得到进一步管控。到 2030 年,全国土壤环境质量稳中向好,农用地和建设用地土壤环境安全得到有效保障,土壤环境风险得到全面管控。

预计到 2035 年,全国土壤环境质量持续改善,重点地区土壤污染得到基本治理,受污染耕地产出农产品质量安全,再开发利用污染地块和暂不开发利用污染地块土壤环境风险得到根本管控,基本实现"土净食洁、土安居安"。到本世纪中叶,全面推进土壤污染治理与修复,土壤环境质量全面改善,土壤环境安全得到根本保障。

（5）预计到 2035 年,重点生态系统自我修复和调节能力得到全面恢复,自然生态系统状况实现根本好转,生态系统质量明显改善,达到发达国家当前水平,优质生态产品供给能力基本满足人民群众需求

当前,生态保护与建设取得了积极成效,生态系统保护正由单一生态系统保护进入到系统性整体性保护阶段。通过大力实施重要生态系统保护和修复重大工程,全面加强生态保护和修复工作,到 2025 年,全国生态质量逐步改善,生态系统整体性、稳定性和服务功能得到提升,生态安全得到有效保障。生物多样性下降趋势得到缓解。到 2030 年,全国生态质量稳步提升,生态系统整体性、稳定性和服务功能进一步提升,生物多样性下降趋势得到扭转。

预计到 2035 年,森林覆盖率将达到 26%,天然林面积保有量稳定在 2 亿 hm² 左右,草原综合植被盖度达到 60%,湿地保护率提高到 60%,新增水土流失综合治理面积 5 640 万 hm²,75%以上的可治理沙化土地得到治理,全国森林、草原、荒漠、河湖、湿地、海洋等自然生态系统状况实现根本好转,生态系统质量明显改善,生态服务功能显著提高,生态稳定性明显增强,自然生态系统基本实现良性循环,国家生态安全屏障体系基本建成,优质生态产品供给能力基本满足人民群众需求,

整体达到发达国家当前水平。到本世纪中叶，生态格局安全稳定，生态系统质量优良，达到发达国家同期水平，生态功能全面提升，生态资产丰裕，优质生态产品供给全面满足人民需要。

（6）预计到 2035 年，CO_2 排放总量在 2030 年前后达峰的基础上稳步下降

当前，我国能源消费仍将持续增长，增速放缓但占比仍处于高位，应对气候变化国际形势复杂严峻。"十四五"期间，将通过强化产业结构、能源结构调整，发展低碳产业、低碳交通、低碳建筑，倡导低碳生活，促进应对气候变化政策与相关技术政策协同高效推进，力争部分地区实现率先达峰。"十五五"期间通过进一步加强温室气体排放管理，实现 CO_2 排放 2030 年前后达到峰值并争取尽早达峰，完成自主贡献减排目标。

到 2035 年，CO_2 排放总量在 2030 年前后达峰的基础上稳步下降，全社会基本建立起低碳经济发展模式和低碳生活消费方式，应对全球气候变化能力显著提升。到本世纪中叶，推动温室气体排放总量持续下降，国际低碳竞争力和领导力处于世界先进水平。

（7）预计到 2035 年农村环境质量根本好转，生态宜居、各具特色、和谐共生的美丽乡村格局基本形成

当前，农村环境污染治理仍是突出短板，农村环境保护基础薄弱，人口与农业资源环境承载能力处于紧平衡状态。"十四五"时期，将全面整治提升农业农村生态环境，推广浙江"千村示范、万村整治"经验，到 2025 年，完成 50% 的建制村环境整治，农村生态环境明显改善，到 2030 年，农村生态环境持续改善。到 2035 年，农村环境实现根本好转，全国村庄实现高水平的环境综合整治，农村环境状况与美丽中国目标相适应。到本世纪中叶，农村环境持续提升，美丽乡村全面建成升级。

5 "十四五"时期生态环境保护总体框架

5.1 "十四五"时期生态环境保护总体考虑

"十四五"时期是一个具有特殊意义的时期，是实现第二个百年奋斗目标的起始时期。"十四五"时期的生态环境保护具有特殊性、基础性，奠定了第二个百年奋斗目标第一阶段的谋子布局，还生态环境欠账与谋新时代发展并存，污染防治攻坚战的成效不稳固，稍微松懈就会呈现倒退，政策机制、可达可行等各方面不确定性、敏感性加大，发展阶段、经济社会关系、治理路径、政策制度等要客观、冷静、敏锐判断。综合研究，我们认为"十四五"时期生态环境保护总体思路为：

1）坚持力度不减、措施不减的主基调。当前，我国生态环境质量有所改善，但是环境问题的复杂性、紧迫性和长期性没有改变。同时，新时期我国城镇化、工业化、农业现代化进程中，资源能源消费给生态环境带来的压力持续增长，而我国绿色发展与绿色生活方式也仍需一段时间才能完全形成。污染防治攻坚战的成果，是伴随持续的工业化、城镇化进程中高位资源环境的压力下攻坚的结果，稍微松懈，就会反弹，因此，"十四五"时期，需要也必须保持当前的生态环境治理力度，强化各项环境保护任务措施，确保生态环境质量进一步改善。

2）坚持质量为本、系统治理的基本路径。仍然要坚持生态环境质量为核心不动摇，这是基本点、出发点、落脚点。坚持改善环境质量为核心的主线，以建设生态文明体系为总纲，从绿色发展、环境治理、治理能力三个维度进行总体部署。进一步强化系统治理的思维，进一步突出环境治理与生态系统协同联动。要环境治理与生态系统协同联动，山水林田湖草是一个生命共同体，我国生态系

统保护正由单一保护进入系统性、整体性保护阶段。要从经济、社会与环境统筹考虑,以提升高质量发展水平来进行环境履职。"十四五"时期,需继续以提高环境质量为核心倒逼污染物减排,推动环境质量改善;实施生态环境系统治理和精准治理,提高治理实效;统筹经济社会发展同生态文明建设,大力推进绿色发展,形成节约资源和保护环境的空间格局、产业结构、生产方式、生活方式,实现人与自然和谐共生。

3)坚持改革创新、制度保障的工作重点。全面深化改革五年以来,生态文明和环保领域的制度体系改革完成了顶层设计,基础制度的"四梁八柱"基本形成。新一轮国务院机构改革进一步理顺了生态文明领域的职能、机构设置和部门关系,也让十八届三中全会以来的生态文明制度建设得以在体制上固化。然而目前我国生态环境管理体制改革仍面临一些挑战,需要在执行中深化和探索。例如在生态监管方面与自然资源部门、国家林草部门存在潜在冲突,面临能力不足、宏观协调和责任区分等挑战;在推动绿色低碳发展、应对气候变化方面与综合经济部门的职能协调问题。"十四五"期间,我国生态环保体制机制改革仍在途中,需结合习近平生态文明思想以及生态环境质量根本好转对生态环保改革的需求,明晰生态环保改革的关键领域,开展"全方位、全地域、全过程"生态环境保护体制机制研究,建立健全生态环境保护的领导体制和管理体制以及约束激励并举的制度体系,大幅提升制度保障支撑水平。

四是坚持社会治理、市场机制的驱动方式。"十四五"时期,继续健全法律法规,强化环境治理的法治保障。进一步加强生态环境治理监管,加强自然资源开发的生态环境保护监管,依法实施生态环境统一监管,强化生态环境保护的独立性、权威性。转换生态环境管理模式,改变过去粗放式管理模式,对生态环境保护工作抓细抓实,实施精细化管理。实施环境科技创新与产业化发展战略,强化绿色金融等市场激励机制。完善政府、企业、公众共治的治理体系,激发全社会参与环境保护工作。

5.2 "十四五"时期环境目标指标体系

综合考虑,"十四五"时期我国环境总体目标为:在全面建成小康社会基础上,巩固污染防治攻坚战治理成果,环境质量持续改善,环境治理能力稳步提升。

总体目标方面,要稳固污染防治攻坚战之后的成效,面向美丽中国总体目标,实现美丽中国建设的第一个台阶要求,并衔接 2030 年总体目标。总体定性表述方面,建议考虑在 2020 年"生态环境总体改善"和 2035 年"生态环境根本改善"的总体要求中,2025 年重点体现生态环境质量改善程度,如实现"明显改善""显著改善"总体目标;2030 年总体目标重点反映生态环境质量改善的基本面,如实现"整体改善""全面改善""基本改善"等目标。

围绕这一目标,包括三个方面的目标预期:

一是提升绿色发展与绿色生活水平。建立绿色生产和绿色消费的法律制度和政策导向,强化生态环境空间管控,优化绿色发展的空间格局,建立健全低碳循环发展的经济体系,培育壮大新兴产业,推动传统产业智能化、清洁化改造,加快发展节能环保产业,全面节约能源资源,推动绿色消费革命,形成全社会共同参与的绿色行动体系,从源头上推动经济实现绿色转型,减少资源消耗,减少生态破坏,协同推动经济高质量发展和生态环境高水平保护。

二是持续改善环境质量。近期打好污染防治攻坚战,长期打好生态环境治理持久战。全国空气质量持续改善,部分地区蓝天白云成为常态。全国水环境质量持续改善,水生态系统功能初步恢复,饮用水安全得到有效保障。全国土壤环境质量稳中向好,土壤环境风险得到有效管控。城乡环境优美和谐宜居，满足人民对优美环境和生态产品的需要。

三是提升环境治理能力与治理体系现代化水平。构建生态文明体系，建立健全生态文化体系、生态经济体系、目标责任体系、生态文明制度体系、生态安全体系。完善生态环境管理制度，构建环境治理体系，改变以往主要依靠行政手段的做法，综合运用行政、法律、经济手段，健全生态文明体制、机制和制度体系。

指标体系方面，要衔接美丽中国建设，逐渐建立起涵盖环境质量指标、污染物总量控制指标、环境管理指标、生态系统指标、环境健康指标等指标体系；在要素上，优化水、大气、土壤指标体系。研究考虑自然生态、生物多样性保护、核与辐射安全等量化评估指标，力争实现水、大气、土壤、生态状况、农村、碳排放、噪声（振动）等全要素指标体系。在指标和重点任务设置时，提高预见性与新兴环境问题的控制。部分目前监测统计基础不具备但属于规划需要重点考虑的指标也应纳入。

5.2.1 "十四五"时期大气环境主要目标

随着"蓝天保卫战"的持续推进，到 2020 年，我国城市平均 $PM_{2.5}$ 浓度有望维持在 40 $\mu g/m^3$ 以下，全国 $PM_{2.5}$ 年均浓度达标城市占比有望接近或达到 50%，但 $PM_{2.5}$ 仍然是导致环境质量超标和人体健康损失的最主要污染物。O_3 浓度仍将保持上升趋势，但速度将有所减缓。SO_2 和 NO_2 等污染物浓度将保持下降趋势，超标比率将进一步降低。

结合对 2020 年前后我国大气环境形势的判断以及 2035 年"美丽中国"目标，判断"十四五"期间我国大气污染防治应当延续目前的思路，以降低 $PM_{2.5}$ 污染为空气质量改善的核心目标，推动 O_3 污染的协同控制。以质量改善目标引领大气污染防治布局，以京津冀及周边地区、长三角地区、汾渭平原为重点区域强化投入，带动全国空气质量总体改善。将攻坚战和持久战统筹结合，在攻坚战方面，着力完成北方地区清洁取暖、非电行业超低排放、工业窑炉全面治理等方面的工作，基本建成较为完善的大气环境监测和污染源监管网络；在持久战方面，全力推进能源结构、产业结构、交通结构、用地结构的优化调整，完善空气质量管理体系，为空气质量的长期持续改善提供坚实支撑。

预计"十四五"期间，$PM_{2.5}$ 浓度持续下降，O_3 浓度上升趋势得到控制，一半以上地级及以上城市 $PM_{2.5}$ 年均浓度达到环境空气质量二级浓度限值标准。

5.2.2 "十四五"时期水环境主要目标

经过"水十条"、《重点流域水污染防治"十三五"规划》、"水污染防治攻坚战方案"等的实施，到 2020 年水环境质量实现阶段性改善的目标预期得以实现。但仍然面临以下问题需要在"十四五"期间予以重点解决：

一是"十四五"期间污染严重水体仍大量存在。预计到 2020 年劣 V 类断面比例还有 5% 左右，县（市）级及以下黑臭水体底数不清，地级及以上集中式饮用水水源达到或优于 III 类的比例约为 93%，县级及以下满足饮用水 III 类要求的比例底数不详。流域（劣 V 类）、黑臭水体、饮用水等还需要持续推进质量。

二是重点区域水环境问题仍然突出。当前长江经济带实施"共抓大保护、不搞大开发"战略初始，生态环境压力持续加大、亟须绿色转型发展；京津冀、海河流域等北方缺水城市的水环境质量差、水生态受损严重等问题依然突出。

　　三是农业源污染排放居高不下，亟须制定可行的方案。经过近十年大规模的城市污水处理设施建设后，工程减排潜力在"十四五"期间潜力将逐渐变得有限，将逐渐转变为发挥污水处理设施运营管理的减排效益。在工业、生活和农业的"三源"排放结构中，约占50%农业源减排将逐渐提上议程，亟须储备可行的削减方案和工程技术。

　　四是亟须谋划新形势下的水环境保护体系。在持续推进污染减排和生态扩容两手发力深化水生态环境系统治理的同时，亟须谋划新形势下水环境保护体系，包括建立陆海、地表地下统筹的系统治理体系、整合控制单元与"三线一单"、水功能区的空间管控体系、建立污染源—排污口—断面水质的全过程监管体系等。

　　围绕"十四五"期间拟重点解决的水环境问题，建议建立水环境、水生态、水资源、水安全、水效率等"五水"目标指标体系，水环境方面指标主要有地表水质量达到或好于Ⅲ类水体比例、地表水质量劣Ⅴ类水体比例、水功能区达标率、地下水Ⅰ～Ⅲ类比例；水生态方面指标主要有湿地面积、河湖水面率、河湖滨岸缓冲带面积、海岸带自然岸线比例、水生生物多样性指标；水资源方面指标主要有生态流量（水位）、用水总量（亿 m³）等指标；水安全方面指标主要有地级及以上城市集中式饮用水水源水质达到或优于Ⅲ类比例、县（市）级及以下集中式饮用水水源水质达到或优于Ⅲ类比例、水环境高风险单元比例等指标；水效率方面指标主要有单位国内生产总值用水量（m³）、单位工业增加值用水量（m³）、农田灌溉系数等指标。

5.2.3　"十四五"时期土壤环境主要目标

　　"十三五"期间，以《土壤污染防治行动计划》实施为核心，我国土壤污染防治取得初步成效，土壤环境监管制度初步建立，土壤污染防治法规标准体系逐步完善，土壤污染底数逐步摸清，治理技术体系逐步建立，强化重点区域土壤污染综合防治，严守农产品质量安全和人居环境安全底线。

　　"十四五"时期是土壤环境管理工作的重要发展期，要以《中华人民共和国土壤污染防治法》实施为核心，衔接《土壤污染防治行动计划》，立足我国土壤污染防治实际和国外实践经验，坚持预防为主、保护优先、分类管理、风险管控、责任追究，以土壤环境质量改善为核心，完善土壤环境管理制度，有效防控土壤污染风险。建立土壤污染预防和保护制度，控制污染来源和土壤污染风险，建立土壤污染预警制度，加大优先保护类耕地和建设用地保护力度，严控新增土壤污染；推进土壤污染风险防控，严格管控重点区域土壤污染风险，探索建立土壤污染风险评估体系，开展土壤环境质量提升试点；探索建立土壤污染防治基金。

　　到2025年，全国土壤污染加重趋势得到基本遏制，农用地分类管理和污染地块风险管控水平全面提升，农用地和建设用地土壤环境安全得到有效保障，重点污染物排放量进一步下降，在产企业监管制度进一步完善，土壤环境风险得到有效管控，重点地区土壤污染风险得到全面管控，土壤污染风险评估体系初步建立，土壤污染防治体系基本建立。

　　指标方面，考虑与"土十条"衔接，建议延续受污染耕地安全利用率、再开发利用污染地块安全利用率等指标，并适当增加暂不开发利用污染地块风险管控率、重点重金属排放量下降比例、受污染耕地修复面积、优先保护类耕地面积指标。

5.3　"十四五"时期环境保护重大任务

5.3.1　着力推动提高绿色发展和绿色生活水平

促进绿色低碳循环发展强化监管与制度供给，倒逼市场发展。将能耗强度降低、环境质量改善、排污总量减少、非化石能源消费比重等作为国家经济社会发展的约束性指标，实施能源、水资源、建设用地消耗总量和强度"双控"，建立实施清洁能源目标管理和可再生能源电力配额管理制度。加强目标责任评价考核和监督检查，实施生态环境损害责任终身追究制。加强社会信用体系建设，对节能环保服务违约的企业和法人的不良信用记录，纳入全国信用信息系统，实施联合惩戒。加大财政税收对绿色产业的扶持力度。

推动供给侧改革满足绿色消费与服务需求，加大绿色产品和绿色服务的供给，满足绿色消费的结构性需求。开展全民教育和主题宣传，倡导绿色生活方式和消费理念，强化公民环境意识和节约意识。培育和践行绿色生态文化，推动形成节约适度、绿色低碳、文明健康的生活方式和消费模式。推广居民垃圾分类，实现资源节约，建设无废城市。城市规划和社区建设角度鼓励步行和自行车等慢速交通，减少汽车使用；建设健康步道和自行车道路，推广健康生活。

5.3.2　分区分类统筹施策改善环境质量

精准施策，推进大气环境质量持续改善。建立以质量改善为核心的大气环境管理体系，开展限期达标规划管理。建立大气环境质量目标管理体系。推进大气环境定量化管理，推进源解析业务化，加快推进大气污染物排放清单编制。强化多污染物协同控制。进行分类指导和明确不同区域工作重点目标。促进产业结构与能源结构优化升级，降低大气污染物排放量。积极推进工业、结构、技术、建筑和交通节能，发展清洁和可再生能源，提高能源效率；城乡并举、城市联控、统筹解决区域大气污染。开展大气污染成因和治理科技攻关研究，开展大气复合污染机理研究。

加强水体统筹，提升水环境质量。实施流域环境和近岸海域综合治理，以山水林田湖草为生命共同体，尊重水的自然循环过程，统筹地表与地下、陆地与海洋、大江大河和小沟小汊，监管污染物的产生、排放、进入水体的全过程。加快消除黑臭水体，建立长期监管制度，避免已完成整治的水体出现污染反弹。实施从水源到水龙头全过程监管，持续提升饮用水安全保障水平。划定并严守生态保护红线，维系水生态安全的基本空间格局。加快调整结构，大力推行清洁生产和循环经济，在源头减少并控制工业污染的产生和排放。修复生态系统，增加水环境容量。

实施分类管理，防控土壤污染风险。协同推进土壤污染预防、风险管控、治理修复三大举措，着力解决土壤污染威胁农产品安全和人居环境健康两大突出问题。深入土壤污染调查，查明农用地土壤污染的面积、分布及其对农产品质量的影响，掌握重点行业企业用地中的污染地块分布及其环境风险情况。严控新增土壤环境风险。落实规划环节土壤污染防治要求，根据土壤等环境承载能力，合理确定区域功能定位、空间布局。选取具有典型代表性的地区开展先行区建设，探索土壤污染源头预防、风险管控、治理与修复、监管能力建设。

实施美丽乡村战略，加强农村环境整治。尽快建立健全"美丽乡村"建设工作推动机制。推动国家层面设立跨部门协调机构，对美丽乡村建设工作进行整体部署和组织实施，开展国家级美丽乡村试点建设。开展农村人居环境整治行动，重点推进农村生活垃圾治理、厕所粪污治理、农村生活污水治理、村容村貌提升等工作；同时要加强村庄规划管理、完善基础设施建设和管护机制。开展农业面源污染防治攻坚，推进农业绿色发展。推进化肥农药使用量零增长行动、养殖粪污综合治理行动、果菜茶有机肥替代化肥行动、秸秆综合利用行动、地膜综合利用行动。

5.3.3 实施生态环境风险防控与健康战略

有效防范化解重大风险，将环境保护工作前置，从源头上预防、控制环境污染和破坏。将风险源纳入常态化管理，系统构建全过程、多层级生态环境风险防范体系。启动环境风险应对、损害责任与赔偿立法，研究制定重大事故环境风险防控和应对处置专项法律法规。加强环境健康风险评价，制定环境健康考核指标。完善环境保护督察方案（试行）、生态环境监测网络建设方案、党政领导干部生态环境损害责任追究办法（试行）配套制度。加强生态损害赔偿制度建设，健全生态环境损害评估制度。

开展危险废物的规范化管理。加强一般固体废物的清理、溯源、处罚和问责，全面整治固体废物的非法堆存，防控风险。加强工业固体废物、生物质、污泥、电子垃圾等重点固体废物的无害化与资源化处理。开展无废城市试点建设，推动形成绿色发展方式和生活方式，推动固体废物资源化利用。

5.3.4 实施山水林田湖草系统保护，维护生态安全

规范国土空间开发秩序，加快划定并严守生态保护红线，推动建立和完善生态保护红线管控措施。以防止不合理的开发利用为重点，提高管理水平、严格执法监管、改善保护效果，推进自然保护区建设和管理从数量型向质量型、从粗放式向精细化转变。提升生态系统质量和功能，开展重要区域生态综合治理。实施生物多样性保护重大工程，加强生物遗传资源保护与管理，强化生物安全管理，保护城市生物多样性。建立"天地一体化"的生态观测体系，提高生态监测监管能力。

5.3.5 深化生态文明制度改革，提高生态环境治理体系与治理能力现代化水平

成立强有力的生态文明建设统筹协调机构。由于生态环境问题的综合性和复杂性的特点，必须设立跨部门、高规格的协调机构。建议由国家或地方行政领导直接作为协调机构的总负责人领导者，对各部门进行有效的控制和协调，提高协调工作的有效性和权威性。通过立法明确其法律地位，赋予其部门协调的职能职责。负责开展跨部门工作协调，发挥协调机构的权威，改变各部门条块分割、各自为政、目标分散的局面，加强各部门合作和交流，有力推动相关工作的开展。

推动建立跨区域（省、市）共建联动机制。明确跨区域（省、市）管理主体，建立强有力的顶层运管机制，建立完善的组织架构，形成工作推进合力。成立"区域联合体"，推动区内各属地政府各部门之间的协调联动，破除一方使力，多方牵绊的痼疾，推动区域合作走向深入。发挥跨区域（省、市）环境协同治理机制与横向生态补偿机制对实现区域环境善治的制度支撑作用。

推动全面实现达标排放制度的改革。坚持稳中求进和区域化差别，合理制定环境质量标准提升计划。环境质量的提升既要考虑党的十九大设立的 2020 年、2035 年和 2050 年目标的要求，也要考虑经济和技术支撑的可行性，力争环境保护标准在与经济社会可持续协调发展的格局中有序提升。部分环境标准实行区域和行业差别化，不搞"一刀切"。优化环境标准制定条件和程序，发挥达标排放在高质量发展中的作用。建立长效执法、考核和问责机制，健全社会参与和监督制度，确保达标

排放制度能够得到长久的实施。

5.3.6 完善生态环境保护市场机制建设，为最终实现市场为主、行政为辅管理模式奠定基础

推动绿色金融发展。加强财政的激励作用，对绿色金融相关产业实施税收优惠。税收减免等优惠政策可极大地鼓励绿色金融相关行业企业的绿色化转型发展。完善财政支持信用担保机制，破解绿色信贷融资难的问题。完善财政对绿色信贷的贴息机制。加强财政贴息手段在节能环保中的支出。对绿色金融实施非税收入鼓励措施，综合考虑财政承受能力，对从事绿色债券、绿色信贷和绿色保险业务的机构给予相关业务监管费的优惠或减免。

促进形成环保投融资机制。增加财政生态环保投入规模，合理划分各投资主体环境事权。建立生态环境保护财政投入的动态增长机制。增加大气污染防治专项资金、水污染防治专项资金、土壤污染防治专项资金、农村环境整治资金、重点生态保护修复治理专项等资金规模。建立常态化稳定的财政资金来源渠道。优化环保投资的结构和方向，加大对当前重点区域、重点流域、城市群以及水、大气、土壤、固体废物、生态修复等生态环境短板领域的支撑，确保资金投向与未来阶段污染防治攻坚和美丽中国建设重点任务的一致性。建立基于绩效和项目储备的资金分配与使用机制，优化财政资金使用方式。

完善生产者责任延伸的体制机制。完善废弃物多元化回收利用体系建设，着力推动建立多层次、多渠道、多元化的覆盖城乡的回收体系。完善生产者责任延伸制度实施的监管机制，发挥政府权力监督、同行业内部监督、公众外部监督作用。强化对延伸责任主体相关行为的引导和激励，完善拓展现行废弃物处理基金制度，逐步推行押金返还制度。

本专题执笔人：王金南、陆军、万军、秦昌波、王倩、关杨、李新、
苏洁琼、王东、马乐宽、徐敏、雷宇、孙亚梅、王波、
贾真、张伟、刘年磊、李志涛、刘瑞平

完成时间：2019 年 12 月

专题4　"十四五"生态环境保护目标指标分析

"十四五"生态环境保护规划基本思路提出，到2025年，生态环境持续改善。结构调整深入推进，绿色低碳发展和绿色生活水平明显提升；空气质量稳步提升，严重污染天气基本消除；水环境质量持续改善，水生态建设得到加强，基本消除国控劣Ⅴ类断面和县级及以上城市建成区黑臭水体，海洋生态环境质量稳中向好；主要污染物排放总量持续减少，温室气体排放快速增长趋势得到有效遏制；土壤安全利用水平持续提升，固体废物与化学品环境风险防控能力明显增强，核与辐射安全水平大幅提升，生态系统稳定性和生态状况稳步提升好转，国家生物安全保障体系得到健全；生态文明体制改革深入落实，生态文明制度体系更加成熟、更加定型，全社会生态文明意识显著提升。美丽中国建设取得明显进展。基于此，本报告开展了指标体系及指标值的多情景分析，并针对"十四五"生态环境保护主要指标及指标潜力开展了研究。

1　关于"十四五"时期生态环境保护目标指标的考虑

1.1　"十四五"时期生态环境保护总体目标指标

"十四五"时期生态环境保护指标体系按照继承与创新相结合，面向美丽中国，以改善生态环境质量为核心，覆盖生态环境质量、应对气候变化、总量减排、风险防范、生态保护等重点领域进行设计，坚持可监测、可评估、可分解、可考核的原则对指标进行筛选（表2-4-1）。

表2-4-1　"十四五"时期生态环境规划指标考虑

指标类	序号	指　标	2019年	2020年预计	2025年预计
环境质量改善	1	地级及以上城市细颗粒物（PM2.5）浓度下降/%	—	[18]以上	[10][1]
	2	地级及以上城市空气质量优良天数比例/%	82	84左右	87左右
	3	地表水质量达到或优于Ⅲ类水体比例/%	74.9	75左右[2]	77～78
	4	地表水质量劣Ⅴ类水体比例/%	3.4	3.5左右[2]	<2.5
	5	县级及以上城市建成区黑臭水体比例/%	—	—	10以内
	6	重要江河湖泊水功能区达标率[3]/%	86.9	85	88～90
	7	近岸海域水质优良（一、二类）比例/%	76.6	76左右	78左右
应对气候变化	8	单位国内生产总值二氧化碳排放降低/%	[17.3]	[18]	[15]左右
污染物排放总量减少	9	氮氧化物、挥发性有机物减少/% 化学需氧量、氨氮减少/%	氮氧化物[16.3]； 化学需氧量[11.4]； 氨氮[12.2]	—	[10] [8]
	10	其中主要污染物（氮氧化物、挥发性有机物、化学需氧量、氨氮）重点工程任务排放总量减少/万t	—	—	[350]左右

指标类	序号	指标	2019 年	2020 年预计	2025 年预计
环境风险防控	11	超筛选值耕地安全利用率/%	—	90 左右	90 以上
	12	超筛选值建设用地安全利用率/%	—	90 以上	93 左右
	13	地下水质量Ⅴ类水比例/%	18.8	15 左右	15 以内
	14	工业危险废物利用处置率/%	—	90 以上	95 以上
	15	县级以上医疗废物无害化处置率/%	—	99 以上	100
	16	五年突发环境事件总数	—	—	下降
生态保护	17	生态功能指数（EFI）	57.71	57.71	稳步提升
	18	森林覆盖率/%	—	23.04	＞23.6
	19	生态保护红线占国土面积比例/%	25 左右	25 左右	25 左右
	20	大陆自然岸线保有率/%	—	35	＞35

1 [ ]表示 5 年累计值。

2 "十三五"期间国控断面 1 940 个，预计 2020 年地表水质量达到或优于Ⅲ类水体比例可以达到 75%左右，劣Ⅴ类水体比例下降到 3.5%左右，"十四五"期间，国控断面调整为 3 646 个。

3 重要江河湖泊水功能区达标率评价指标为高锰酸盐指数（或化学需氧量）和氨氮两项指标。

1.2 基本思路关于约束性指标的考虑

基本思路提出建议将 4 个方面 8 项指标作为约束性指标纳入"十四五"规划纲要。①环境质量方面，选取地级及以上城市细颗粒物（PM$_{2.5}$）浓度下降（%）、地级及以上城市空气质量优良天数比例（%）、地表水质量达到或优于Ⅲ类水体比例（%）、地表水质量劣Ⅴ类水体比例（%）共计 4 项指标。②应对气候变化方面，选取单位国内生产总值二氧化碳排放降低（%）1 项指标。③主要污染物总量减少指标方面，选取氮氧化物、挥发性有机物、化学需氧量、氨氮等主要污染物排放量减少比例（%）1 项指标。④生态保护方面，选取生态功能指数（EFI）、生态保护红线占国土面积比例（%）2 项指标（表 2-4-2）。

表 2-4-2　"十四五"时期生态环境保护约束性指标建议

领　域	指　标	目标
环境质量	1. 地级及以上城市细颗粒物（PM$_{2.5}$）浓度下降/%	[10]
	2. 地级及以上城市空气质量优良天数比例/%	87 左右
	3. 地表水质量达到或优于Ⅲ类水体比例/%	77～78
	4. 地表水质量劣Ⅴ类水体比例/%	＜2.5
应对气候变化	5. 单位国内生产总值二氧化碳排放降低/%	[15]左右
主要污染物排放总量减少	6. 氮氧化物、挥发性有机物减少/%	[10]
	化学需氧量、氨氮减少/%	[8]
生态保护	7. 生态功能指数（EFI）	稳步提升
	8. 生态保护红线占国土面积比例/%	25 左右

1.3 "十四五"规划纲要关于约束性指标的初步方案

国务院常务会议审议中华人民共和国国民经济和社会发展第十四个五年规划和 2035 年远景目标纲要（以下简称"十四五"规划纲要）基本思路，提出经济发展、创新驱动、民生福祉、绿色转型、安全保障等 5 个类别 21 项指标，其中绿色转型指标为 6 项，分别为新增建设用地规模、单位

GDP 能源消耗降幅、非化石能源占一次能源消费比重、地级及以上城市细颗粒物（PM$_{2.5}$）浓度降幅、达到或好于Ⅲ类水体占地表水比例、森林覆盖率等。其中，绿色转型的 6 项指标中，除森林覆盖率外，其余 5 项均为约束性。"十四五"规划纲要的 6 项约束性指标中，除了 5 项绿色转型指标外，还有 1 项约束性指标为劳动年龄人口平均受教育年限。"十三五"规划纲要指标项 25 项，约束性指标 13 项，"十四五"规划纲要目前考虑的指标项和约束性指标项大幅减少。

2 关于目标指标的多情景方案建议

重点针对拟纳入"十四五"规划纲要的约束性指标开展指标项与指标值的多情景分析。

2.1 关于指标项的情景方案

以"十四五"规划纲要基本思路为基准情景，对目前我们所提的 8 项指标就可行性与风险进行比较分析，形成如下情景方案。

1）基准情景。根据"十四五"纲要目前指标设计，将地级及以上城市细颗粒物（PM$_{2.5}$）浓度降幅、达到或好于Ⅲ类水体占地表水比例两项指标纳入"十四五"规划纲要，紧扣青山常在、绿水长流、空气常新的美丽中国建设目标，指标具有很好的监测评估基础和代表性。该情景方案的可能风险在于若 2020 年优良水体比例在 80%以上，"十四五"期间难有明显显示度的改善，达到或好于Ⅲ类水体占地表水比例指标存在不被纳入的风险。

2）力争情景（A 方案）。在基准情景的基础上，增加单位国内生产总值二氧化碳排放降低和生态功能指数两项指标。单位国内生产总值二氧化碳排放降低指标是占据全球应对气候变化道义制高点，树立我国绿色发展形象，承担国际责任标志性指标，国际社会高度关注，连续两个五年规划作为约束性指标，也是履行到我国到 2030 年前后碳排放达峰并力争尽早达峰国际承诺的重要保障，对促进我国绿色低碳发展发挥了重要作用。该项指标被压减可能的原因是"十四五"规划纲要确定了单位国内生产总值的能耗和非化石能源消费比例两项指标，与碳排放指标高度相关。

生态功能指数包括生物多样性保护状况和生态系统综合服务功能状况，是履行生物多样性保护国际公约、保障国家生态安全、提升生态系统服务功能的重要指标。该项指标主要不足在于监测评估基础较弱，缺乏 2020 年基数，五年期间可能变化的幅度小，难以分解并监测年度分省改善目标。

3）努力争取情景（B 方案）。在力争情景下，努力争取将主要污染物排放总量控制指标纳入"十四五"规划纲要。党的十九届四中全会明确提出"强化环境保护、自然资源管控、节能减排等约束性指标管理"，实施主要污染物总量控制也是《中华人民共和国环境保护法》等一系列法律法规的要求，"十四五"期间进一步改革完善总量控制制度，推进从行政区总量控制向企事业单位总量控制转变，聚焦重点行业、重点企业、重点领域和重大工程减排，与排污许可逐步衔接。主要风险是与质量改善目标存在一定程度上的冗余，以及自 2016 年开始国家推进的行政区总量控制向企事业单位总量控制转变。

4）积极争取情景（C 方案）。在情景三的基础上，争取将地级及以上城市优良天数比率，地表水劣Ⅴ类断面比例和生态保护红线面积比例等指标，纳入"十四五"规划纲要。优良天数是协同推动各类大气污染物控制的综合性指标，代表性强，社会广泛接受。主要风险在于随着臭氧升高，"十四五"期间优良天数比例可能难以显著改善，甚至比 2020 年下降。劣Ⅴ类断面比例对"十二五""十三五"以来推动地方消除Ⅴ类水质，推进水环境综合整治发挥了重要作用，社会广泛认可，该项指标的主要风险在于到 2020 年全国地表水劣Ⅴ类断面比例可能下降到 3%甚至 2%以下，"十四五"期间难以形成有显示度的目标。生态保护红线面积比例综合性、代表性强，2020 年基准及省域分解明确，是体现生态文明制度改革的重要成果和标志性指标，该指标的主要风险在于生态保护红线一经划定，基本上没有明显调整改变的空间，指标改善的显示度不明显。

2.2　关于主要指标值的情景方案

基本思路给出了主要指标 2020 年的预测及 2025 年的目标值建议，重点考虑可行可达。考虑到 2020 年基数的特殊性、"十四五"期间的不确定性以及"十四五"规划纲要要求指标需要有一定的显示度，对主要指标的目标值开展低方案、中方案、高方案三种情景分析。由于生态功能指数（EFI）和生态保护红线面积比例预计"十四五"期间变化幅度很小，目标值建议保持稳定或者稳中向好，不做目标值的情景分析，重点针对地级及以上城市细颗粒物（PM2.5）浓度下降等指标进行分析（表 2-4-3）。

表 2-4-3　"十四五"期间主要指标多情景分析

指标项		低方案	中方案	高方案
1．地级及以上城市细颗粒物（PM2.5）浓度下降/%		—	[10]	[15]
2．地级及以上城市空气质量优良天数比例/%		86.1	87.3	88.3
3．地表水质量达到或优于Ⅲ类水体比例/%		>77	>78	>80
4．地表水质量劣Ⅴ类水体比例/%		<2.5	<2	<1.5
5．单位国内生产总值二氧化碳排放降低/%		12	15	18
6．主要污染物排放量减少/%	氮氧化物	5	10	15
	挥发性有机物	5	10	15
	化学需氧量	5	8	10
	氨氮	5	8	10
7．生态功能指数（EFI）		稳中向好		
8．生态保护红线面积比例		维持稳定		

1）关于空气质量指标。在 2020 年全国 PM2.5 浓度预计为 32～34 μg/m³ 的情况下，"十四五"目标中方案五年改善 10%左右，预计 2025 年降低到 30～31 μg/m³；按照"十三五"期间下降趋势及"十三五"期间浓度为 36 μg/m³ 左右的城市治理经验，"十四五"期间下降 15%左右的高方案也有实现可能。

2019 年优良天数比例为 82%，2020 年 1—6 月，全国优良天数比率同比同期上升 5 个多百分点。假设 2020 年 7—12 月，同期相比优良天数比率不变，则 2020 年优良天数比例 85%。考虑到 2020 年基数的特殊性，同时目前臭氧浓度仍在上升，"十四五"期间难以有转折性变化，因此优良天数比率低方案为比 2020 年增加 1.1 个百分点（3 天），中方案是比 2020 年增加 2.3 个百分点（7 天），高方案为增加 3.3 个百分点（11 天），高于 88.3%则难以实现。

2）关于水环境质量指标。在 2020 年预计优良水体比例好于 75%的情景下，低方案是改善 2 个百分点，中方案改善 3 个百分点，高方案改善 5 个百分点。根据 3 646 个断面 2020 年 1—5 月水质状况，优良水质比例达到 81%，全国全年水质除了 1 月份相对较差外，没有明显月度变化，预计全年水质优良断面比例达到或接近80%，在此情景下，"十四五"期间目标为好于80%，或者改善幅度2%左右。

劣Ⅴ类断面比例根据1 940个断面测算，2019年为3.4%，2020年1—4月为1.4%，若采用3 646个断面测算，预计劣Ⅴ类断面比例为2.5%左右。"十四五"期间，国控劣Ⅴ类断面基本消除，低方案为少于2.5%；中方案少于2%，消除20个左右；高方案少于1.5%，消除40个左右劣Ⅴ类断面，除自然本地超标断面外，基本消除。

3）关于单位国内生产总值二氧化碳排放量降低。考虑到2030年前后我国碳排放达峰并力争尽早达峰，预计GDP增速2020年为1.5%左右，"十四五"期间5%左右，"十五五"期间4.5%左右，能源消费总量（标煤）分别为49.2亿t、55.5亿t、60.4亿t，非化石能源消费比例为15.8%、18.0%和21.0%，预计能源相关二氧化碳排放量分别为97.5亿t、105.5亿t、108.6亿t。碳排放强度分别为1.08 t/万元、0.91 t/万元、0.76 t/万元。2025年比2020年碳强度下降15.2%左右。考虑到"十四五"期间，经济发展速度可能放缓，基建拉动基础原材料行业和能源消费增长，非化石能源消费比例可能达不到18%，则取低方案为12%左右。若根据"十三五"期间发展趋势，煤炭消费总量实现达峰，经济增速的5%以上，有可能实现碳强度下降18%左右的高方案目标。

4）关于主要污染物排放总量减少。"十三五"期间前四年，二氧化硫、氮氧化物、化学需氧量、氨氮分别下降22.5%、16.3%、11.5%、11.3%，根据第二次污染源普查（以下简称"二污普"），下降幅度更加明显。"十四五"期间，基数以"二污普"衔接环境统计并动态更新到2020年，中方案为大气污染物减排比例为10%左右，水污染减排比例在8%左右。低方案是考虑到"十四五"期间能够落实到重点工程减排潜力下降，经济发展放缓，环保投入下降，4项污染物减排比例为5%左右。高方案是考虑到同步改善空气质量，则大气污染物减排比例为15%左右，水污染物减排比例为10%左右。综合考虑"十四五"期间经济发展形势，建议坚持中方案。

5）关于生态保护。经初步测算，2020年全国生态功能指数（EFI）为57.71［其中31个省（区、市）BI指数平均值为51.21，最高值为云南省87.79，最低值为天津市29.69；全国生态系统综合服务功能指数为64.21，最高值为福建省85.98，最低值为上海市26.07］，全国生态保护红线面积比例为25%左右，"十四五"期间目标为稳中向好。

基本思路建议以中方案为基础（其中地表水质量劣Ⅴ类水体比例以低方案为主），开展目标指标测算、衔接和规划任务设计（表2-4-4）。

表2-4-4 主要目标指标的建议方案

领　域	指标	目标
环境质量改善	1. 地级及以上城市细颗粒物（$PM_{2.5}$）浓度下降/%	[10]
	2. 地级及以上城市空气质量优良天数比例/%	87左右
	3. 地表水质量达到或优于Ⅲ类水体比例/%	77～78
	4. 地表水质量劣Ⅴ类水体比例/%	<2.5
应对气候变化	5. 单位国内生产总值二氧化碳排放降低/%	[15]左右
主要污染物排放总量减少	6. 氮氧化物、挥发性有机物减少/%	[10]
	化学需氧量、氨氮减少/%	[8]
生态保护	7. 生态功能指数（EFI）	稳步提升
	8. 生态保护红线占国土面积比例/%	25左右

3 具体指标及其改善措施分析

原则上以中方案为主,开展"十四五"生态环境保护的目标指标及其改善措施分析。

3.1 空气质量改善目标与措施

3.1.1 地级及以上城市细颗粒物(PM$_{2.5}$)浓度下降比例

(1)"十三五"时期改善情况及 2020 年基准

1)改善情况:2015—2018 年,全国 337 个地级及以上城市的 PM$_{2.5}$ 浓度均值(标况)分别为 50 μg/m³、47 μg/m³、43 μg/m³、39 μg/m³,实况为 46 μg/m³、42 μg/m³、40 μg/m³、36 μg/m³,2019 年统一为实况 36 μg/m³。

2)2020 年基准值:2020 年 1—6 月,PM$_{2.5}$ 浓度同比同期下降 10%。假设 2020 年 7—12 月,相比同期 PM$_{2.5}$ 浓度下降也是 10%,则 2020 年 PM$_{2.5}$ 浓度是 32 μg/m³。假设 2020 年 7—12 月,相比同期 PM$_{2.5}$ 浓度不变,则 2020 年 PM$_{2.5}$ 浓度是 34 μg/m³(表 2-4-5)。

表 2-4-5 地级及以上城市 PM$_{2.5}$ 浓度

指标项		2015	2016	2017	2018	2019	2020（预计）
PM$_{2.5}$ 浓度/（μg/m³）	标况	50	47	43	39	—	
	实况	46	42	40	36	36	32~34

(2)"十四五"目标值及潜力分析

随着大气污染防治工作的持续推进和 PM$_{2.5}$ 浓度的持续下降,"十四五"进一步实现空气质量大幅改善难度加大。"十三五"要求 PM$_{2.5}$ 未达标城市浓度下降 18%,"十四五"期间考虑对基准年 PM$_{2.5}$ 浓度未达标的城市,PM$_{2.5}$ 浓度下降幅度参考"十三五"降幅目标,要加大治理力度;对 PM$_{2.5}$ 浓度达标城市,要持续改善。综合上述考虑,建议全国目标值为五年下降 10%左右。

在"十五五"和"十六五"期间,结构调整深入推进,PM$_{2.5}$ 浓度下降延续"十四五"的势头(每五年 3~4 μg/m³)。预计到 2035 年,全国 PM$_{2.5}$ 年均浓度均值下降到 25 μg/m³ 左右,达到世界卫生组织第二阶段目标值,全国 90%左右的城市可达到 PM$_{2.5}$ 浓度的环境空气质量标准限值要求。

(3)实现目标的主要措施

1)通过四大结构调整,促进绿色发展转型,从源头减少污染物排放。推动布局和结构优化调整,推进发展方式绿色转型。优化产业结构,促进传统产业绿色转型和升级改造,加速化解和淘汰低效落后产能。"十四五"期间压减钢铁产能 1 亿 t、水泥产能 4 亿 t、平板玻璃 2 亿重量箱以上。在京津冀及周边地区等环境敏感、对全国有重大影响的区域,实施重化产业产能总量控制。京津冀及周边地区淘汰未完成超低排放改造的钢铁、建材产能,大幅压减化工、砖瓦窑、石灰窑、耐火材料、铸造等企业数量。钢铁、焦炭、水泥、平板玻璃产量实现负增长。实施"一园一策""一行一策",强化工业园区和产业集群升级改造。长三角地区和环渤海地区进一步加大石化、化工行业整治力度。全流程监控监管钢铁、水泥、电解铝、平板玻璃等行业产能置换落实情况。在压减长流程钢产能的同时提高电炉钢比例。

进一步优化能源结构,提升能源清洁化水平。继续实施重点区域煤炭消费总量控制,降低煤炭消费比重,大幅提高新能源和可再生能源比重。煤炭占能源消费比重控制在50%左右,非化石能源比重提高到18%以上,天然气消费比重提高到13%左右;优化天然气使用方向,新增天然气气量优先用于居民生活用气和重点地区"煤改气"工程,实现"增气减煤",新增用气500亿 m³以上用于替代锅炉、工业炉窑及散煤。有序推进北方地区清洁取暖,到2025年河北、山西、河南、山东基本实现平原地区生活和冬季取暖散煤替代,北方地区清洁取暖率达到80%及以上。

优化运输结构,完善绿色综合交通体系。加大货物运输结构调整力度,推动大宗货物运输"公转铁""公转水",有效降低公路货运比例,到2025年,铁路货运比例力争提高8~10个百分点,京津冀及周边地区等大气污染防治重点区域力争实现公路货运量净削减,港口集装箱铁水联运量增长1倍以上。构建"车-油-路"一体的绿色交通体系。加强重点移动污染源治理,加快淘汰国四以下柴油货车200万辆。加快推广新能源汽车,到2025年保有量达到2 000万辆。

优化农业结构,提高农业绿色发展水平。继续实施化肥农业用量负增长行动,促进农业化肥减量增效,到2025年力争化肥农药用量比2020年减少5个百分点。实行"以地定养"、种养结合,优化畜禽养殖布局。加大农业废弃物资源化利用推进力度,到2025年全国畜禽粪污资源化利用率达到80%及以上,农膜回收率达到85%以上,减少氨的排放。优化用地结构,北方地区调高林草覆盖率,因地制宜提高城市蓝绿空间,减少沙尘和城市扬尘影响。

2)分区施策,持续改善大气环境质量。加强城市大气环境质量达标管理,全面推进城市空气质量改善。未达标的直辖市和设区城市编制实施大气环境质量达标规划,已达标城市进一步推进大气环境质量改善工作。健全重点地区重污染天气绩效分级分类管控科学应对机制,力争基本消除重污染天气。

持续推进区域大气污染协同治理。推进京津冀及周边地区、汾渭平原、长三角地区 $PM_{2.5}$ 污染持续改善,成渝、苏皖鲁豫等其他地区因地制宜解决突出的区域性大气污染问题。推进粤港澳大湾区、海南等大气环境质量进一步改善。

推动多污染物减排协同增效。推进钢铁、焦化、建材等行业工业炉窑综合治理,加强石化、化工、工业涂装、包装印刷、油品储运销等重点行业 VOCs 治理。

3.1.2 地级及以上城市空气质量优良天数比例

(1)"十三五"改善情况及2020年基准

1)改善情况:2015—2019年,全国337个地级及以上城市优良天数比例呈波动状态,2019年与2015年基本持平。

2)2020年基准值:2020年1—6月,全国优良天数比例同比同期上升5个多百分点。假设2020年7—12月,同期相比优良天数比率不变,则2020年优良天数比率85%。假设2020年,同比2019年优良天数比例增加5个百分点,则2020年优良天数比例87%(表2-4-6)。

表2-4-6 地级及以上城市优良天数比例

指标项		2015	2016	2017	2018	2019	2020(预计)
优良天数比例/%	标况	76.7	78.8	78	79.3	76.8	—
	实况	81.4	83.1	82.5	83.8	82	85~87

（2）"十四五"目标及潜力

综合分析空气质量非优良天的分项污染物超标情况，发现 $PM_{2.5}$、O_3 以及 PM_{10} 是造成空气质量非优良天的主要因素，99%以上的非优良天都是由这三者贡献。单纯由 PM_{10} 超标造成的非优良天可归结于沙尘（包括区域沙尘和本地扬沙等），近年来呈现波动趋势，主要和沙尘气象条件有关，控制起来难度较大，假设在"十四五"期间保持一个相对稳定的状态。在测算过程中假定沙尘不发生变化。对于 $PM_{2.5}$，按照建议值全国 $PM_{2.5}$ 浓度下降 10%计算其对空气质量优良天数变化的影响；对于 O_3，考虑到其存在较大不确定性，因此按照五年下降 5 $\mu g/m^3$、保持不变和上升 5 $\mu g/m^3$ 这 3 种情景计算 O_3 浓度变化对空气质量优良天数变化的影响。

根据 2017 年、2018 年、2019 年监测数据测算分析，$PM_{2.5}$ 年均浓度下降 1 $\mu g/m^3$，优良天数增加 2.3 天，优良天数比例增加 0.6 个百分点；O_3 浓度上升 1 $\mu g/m^3$，优良天数减少 0.8 天，优良天数比率减少 0.2 个百分点。基于此测算优良天数比率目标。

情景 1：到 2025 年，全国 $PM_{2.5}$ 浓度下降 10%，全国 O_3 日最大 8 小时第 90 百分位浓度下降 5 $\mu g/m^3$，预判优良天数提高 3.3 个百分点。

情景 2：到 2025 年，全国 $PM_{2.5}$ 浓度下降 10%，全国 O_3 日最大 8 小时第 90 百分位浓度不变，预判优良天数比例提高 2.3 个百分点。

情景 3：到 2025 年，全国 $PM_{2.5}$ 浓度下降 10%，全国 O_3 日最大 8 小时第 90 百分位浓度上升 5 $\mu g/m^3$，预判优良天数比例提高 1.1 个百分点。

2015—2019 年，全国 O_3 日最大 8 小时第 90 百分位浓度提高了 25 $\mu g/m^3$，升高比例接近 20%。尽管我们在"十四五"将大幅提高臭氧防控力度，但由于目前我国氮氧化物和挥发性有机物排放水平处于高位，"十四五"期间较现实的目标是大幅减缓 O_3 快速上升的势头，在"十四五"后半期力争 O_3 浓度达峰。因此，建议目标值选取情景 3 "到 2025 年，优良天数比例提高 1.1 个百分点"。

（3）主要措施

同指标 1。另外，需进一步加强夏秋季 O_3 污染控制，将挥发性有机物纳入总量控制范畴，加强氮氧化物和挥发性有机物的协同治理。

3.2 水环境质量改善

3.2.1 地表水国控断面达到或好于Ⅲ类比例

（1）"十三五"改善情况及 2020 年基准

1）改善情况：2015—2019 年，全国地表水国控断面达到或优于Ⅲ类水体比例分别为 66.0%、67.8%、67.9%、71.0%、74.9%，五年内该目标指标改善提升了 16%。2020 年 1—5 月，全国地表水总体水质良好，水质优良（Ⅰ～Ⅲ类水质）断面比例为 80.7%（1940 口径）。根据《重点流域水污染防治规划（2016—2020 年）》（环水体〔2017〕142 号），对"十三五"七大重点流域 2019 年水质目标完成情况进行评价，Ⅰ～Ⅲ类断面比例为 74.5%，相比 2005 年Ⅰ～Ⅲ类比例上升 9.1%。其中，珠江、松花江流域的Ⅰ～Ⅲ类比例与 2020 年目标要求略有差距（表 2-4-7，表 2-4-8）。

表 2-4-7   《重点流域水污染防治"十三五"规划》水质目标完成情况

流　域	指　标	2015 年	2020 年	2019 年
长江流域	达到或优于Ⅲ类断面比例/%	73.4	>76	83.50
黄河流域	达到或优于Ⅲ类断面比例/%	57.6	>63	75.30
珠江流域	达到或优于Ⅲ类断面比例/%	86.4	>89	87.10
松花江流域	达到或优于Ⅲ类断面比例/%	60.8	>65	62.50
淮河流域	达到或优于Ⅲ类断面比例/%	55.8	>60	64.00
海河流域	达到或优于Ⅲ类断面比例/%	40.9	>44	53.80
辽河流域	达到或优于Ⅲ类断面比例/%	43.8	>52	60.70
重点流域合计	达到或优于Ⅲ类断面比例/%	65.4	>70	74.50

注：七大流域 2015 年和 2020 年数据来源于《重点流域水污染防治规划（2016—2020 年）》。

表 2-4-8   2020 年 1—5 月国控断面 3646 口径和 1940 口径的Ⅰ～Ⅲ类比例

流域	2020 年 1—5 月（3646 口径）		2020 年 1—5 月（1940 口径）	
	断面总数	Ⅰ～Ⅲ类比例/%	断面总数	Ⅰ～Ⅲ类比例/%
海河流域	276	61.5	172	64.91
淮河流域	381	68.1	204	74.51
黄河流域	282	76.3	147	79.59
辽河流域	209	66.3	110	60.75
松花江流域	283	63.4	129	68.75
西北诸河	137	83.6	90	75.56
西南诸河	146	95.8	67	92.54
长江流域	1 328	88.1	709	85.90
浙闽片河流	211	93.8	134	94.78
珠江流域	393	89.3	178	90.45
全国	3 646	80.6	1 940	80.62

2）2020 年基准值：按照"十三五"期间 1 940 个国控断面月度情况（表 2-4-9），预计 2020 年指标值为 75%左右；按照"十四五"期间 3 646 个国控断面 1—5 月监测数据，2020 年 1—5 月Ⅰ～Ⅲ类断面比例为 80.6%。

表 2-4-9   2018—2019 年全国Ⅰ～Ⅲ类比例同比变化情况（1940 口径）

月份	2019 年Ⅰ～Ⅲ类比例/%	2018 年Ⅰ～Ⅲ类比例/%
1	73.90	67.10
1—2	74.74	66.45
1—3	74.31	66.31
1—4	75.00	67.58
1—5	74.66	69.20
1—6	74.50	70.00
1—7	74.79	70.75
1—8	75.00	71.54
1—9	75.03	72.37
1—10	75.39	73.06
1—11	76.40	73.50
1—12	74.9	71.0

（2）"十四五"目标及潜力

测算时，①根据水功能区目标，对水功能区水质现状为Ⅳ类和Ⅴ类，但目标要求达到Ⅲ类或优于Ⅲ类的部分断面，根据超标情况确定为"十四五"需提升的断面；②对非水功能区断面，超标因子为常规污染物且超标倍数较低的断面要求达到Ⅲ类及以上。通过两方面质量改善潜力的分析提出"十四五"目标值。总体考虑，"十三五"期间，该项指标较大幅度改善，但进一步改善潜力变小，难度变大，"十四五"期间，优良水体比例每年按 0.3～1 个百分点提升，预计 2025 年提升 2～5 个百分点，达到 77%～80%。2035 年进一步改善（表 2-4-10）。

表 2-4-10　2025 年Ⅰ～Ⅲ类断面比例的目标情景方案

情景类型		低方案	中方案	高方案
断面逐一分析	水功能区断面（2 205 个）	"十四五"水功能区达标率提高 2.6 个百分点，带动Ⅰ～Ⅲ类断面比例约提升 2.4 个百分点	"十四五"水功能区达标率提高 3.2 个百分点，带动Ⅰ～Ⅲ类断面比例约提升 2.8 个百分点	"十四五"水功能区达标率提高 3.9 个百分点，带动Ⅰ～Ⅲ类断面比例约提升 3.6 个百分点
	非水功能区断面（1 441 个）	仅 COD 或氨氮超标，且超标倍数≤0.05 的 16 个断面断面提升为Ⅲ类，将增加 0.4 个百分点	仅 COD 或氨氮超标，且超标倍数≤0.1 的 37 个断面提升为Ⅲ类，将增加 1 个百分点	超标倍数≤0.1 的 61 个断面（不含本底超标）提升为Ⅲ类，将增加 1.7 个百分点
2025 年目标		增加 2 个百分点左右，达到 77%	增加 3 个百分点左右，达到 78%	增加 5 个百分点左右，达到 80%

（3）主要措施

1）加快补齐城市生活污水收集处理设施短板，推进老旧污水管网改造和雨污合流管网改造等工程。根据《2017 年中国城市建设统计年鉴》，全国污水日处理规模达到 1.28 亿 t/d，城市污水处理率达到 94.54%；若按污水处理厂进水浓度进行校核，修正后的全国污水处理率在 57.9%～71.8%。预计"十四五"需新增管网长度 16 万 km、改造老旧污水管网 3 万 km、改造合流制管网 3 万 km、新增与提标改造污水处理设施规模 6 000 万 m³/d、新增和改造污泥（以含水 80%湿污泥计）无害化处置规模 6.3 万 t、新增初期雨水治理设施规模 1 600 万 m³/d。

2）因地制宜推进区域再生水循环利用工程。以黄河、海河、淮河、辽河等流域、长江流域部分重要支流、重点湖泊为重点，选择 300 个左右水生态退化、水资源紧缺、水污染严重问题较为突出的典型城市开展区域再生水循环利用试点工程，实施污水再生利用设施、再生水输送管网、人工湿地水质净化工程等。

3）推进山水林田湖草系统治理，开展水生态保护修复工程。重点针对太湖、巢湖、滇池、三峡库区、白洋淀、丹江口库区、洪泽湖、鄱阳湖、洞庭湖、洱海、抚仙湖等重点湖库实施水生态修复工程，综合运用江河湖库水系连通、水生生物增殖放流、水生态植被恢复、生态缓冲带建设、湿地工程等手段，推进恢复物种多样性高、复杂稳定的生态系统。对国家 4 493 个重要水功能区（总长度为 17.8 万 km），参照国内外相关实践经验，根据水体生态环境保护需要，在河湖两岸建设 20～100 m 的生态缓冲带，原则上不低于 15 m。

4）依据《中华人民共和国水污染防治法》不达标断面制定限期达标方案，实施水污染防治综合督导机制。按照"只能变好、不能变差""未达标的水功能区要满足达标要求"等原则，通过上述措施，一方面要推进一部分水功能区断面和超标倍数相对较低的断面，且超Ⅲ类因子为氨氮、化学需氧量等常规污染物的断面水质从Ⅳ类、Ⅴ类提升为Ⅲ类及以上，另一方面对水质现状为Ⅰ～Ⅲ类的断面要持续改善或保持稳定。《重点流域水生态环境保护"十四五"规划》印发实施后，将逐一断面确定"十四五"水质目标，将按照地表水环境质量目标管理管理要求，对未达到水质目标要求的地区，要依据《中华人民共和国水污染防治法》要求制定限期达标规划，将治污任务逐一落实到汇水范围内的排污单位，明确整治措施及达标时限，以确保按期达到目标要求。此外"十四五"期间生态环境部将继续发挥"预警分析—调度通报—督导督查"综合督导机制作用，督促地方改善水质。

3.2.2　地表水质量劣Ⅴ类水体比例

（1）"十三五"改善情况及 2020 年基准

1）改善情况：2015—2019 年，全国地表水劣Ⅴ类水体比例分别为 9.7%、8.6%、8.3%、6.7%、3.4%。2020 年 1—5 月，全国地表水劣Ⅴ类断面比例为 1.4%（1940 口径）。

根据《重点流域水污染防治规划（2016—2020 年）》（环水体〔2017〕142 号），对"十三五"七大重点流域 2019 年水质目标完成情况进行评价，劣Ⅴ类断面比例为 2.7%，相比 2015 年劣Ⅴ类比例下降 8.0 个百分点。其中，2019 年辽河流域劣Ⅴ类断面比例与 2020 年目标要求差距较大，珠江、黄河、松花江流域劣Ⅴ类比例与 2020 年目标要求略有差距（表 2-4-11，表 2-4-12）。

表 2-4-11　《重点流域水污染防治"十三五"规划》水质目标完成情况

流　域	指　标	2015 年	2020 年	2019 年
长江流域	劣Ⅴ类断面比例/%	6.8	<3	1.10
黄河流域	劣Ⅴ类断面比例/%	16.7	<6	6.20
珠江流域	劣Ⅴ类断面比例/%	4.5	<2	3.90
松花江流域	劣Ⅴ类断面比例/%	4.8	<3	3.10
淮河流域	劣Ⅴ类断面比例/%	9.5	<3	0.50
海河流域	劣Ⅴ类断面比例/%	36.9	<25	4.70
辽河流域	劣Ⅴ类断面比例/%	11.5	<2	6.50
重点流域合计	劣Ⅴ类断面比例/%	10.7	<5	2.70

注：七大流域 2015 年和 2020 年数据来源于《重点流域水污染防治规划（2016—2020 年）》。

表 2-4-12　2020 年 1—5 月国控断面 3646 口径和 1940 口径的目标比例

流域	2020 年 1—5 月（3646 口径）		2020 年 1—5 月（1940 口径）	
	断面总数	劣Ⅴ类比例/%	断面总数	劣Ⅴ类比例/%
海河流域	276	6.8	172	4.09
淮河流域	381	3.2	204	0.98
黄河流域	282	6.1	147	2.04
辽河流域	209	2.0	110	1.87
松花江流域	283	9.0	129	2.34
西北诸河	137	6.7	90	5.56
西南诸河	146	1.4	67	2.99
长江流域	1 328	0.6	709	0.14

流域	2020 年 1—5 月（3646 口径）		2020 年 1—5 月（1940 口径）	
	断面总数	劣 V 类比例/%	断面总数	劣 V 类比例/%
浙闽片河流	211	0.5	134	0.75
珠江流域	393	2.3	178	0.56
全国	3 646	2.9	1 940	1.40

2）2020 年基准值：按照"十四五"期间 3 646 个国控断面 1—5 月监测数据，2020 年 1—5 月劣 V 类断面比例为 2.9%（其中本底超标因子的断面有 32 个，占 0.9%）。根据"十四五"期间 3 646 个国控断面的监测方案，预计指标基准值为 3.5%左右。

（2）"十四五"目标及潜力

2020 年地表水国控断面数量由原来的 1 940 个增加至 3 646 个，劣 V 类断面从 70 个左右增加到 130 个左右。劣 V 类断面属于改善难度极大的"硬骨头"，建议"十四五"期间，国控断面基本消除劣 V 类，目标为少于 2.5%。

（3）主要措施

1）制定达标方案，落实整治措施。按照"一个断面，一个方案"原则，以问题为导向，提出针对性治理措施，将治污任务逐一落实到汇水范围内的排污单位，明确整治措施及达标时限。

2）细化目标，层次压实责任。对劣 V 类国控断面，细化到省级、市级、县级等断面对应的汇水范围，结合河长制中各级河长职责，将整治责任层层分解到各级断面对应的汇水范围的责任区域。

3.2.3　县级及以上城市黑臭水体消除比例

（1）"十三五"改善情况及 2020 年基准

1）改善情况：截至 2019 年，全国 295 个地级及以上城市（不含州、盟）共有黑臭水体 2 899 个，消除数量 2 513 个，消除比例 86.7%。其中，36 个重点城市（直辖市、省会城市、计划单列市）有黑臭水体 1 063 个，消除数量 1 023 个，消除比例 96.2%；259 个其他地级城市有黑臭水体 1 836 个，消除数量 1 490 个，消除比例 81.2%。

2）2020 年基准值：预计将实现地级及以上城市黑臭水体控制在 10%以内。

（2）"十四五"目标及潜力

"十三五"期间，黑臭水体治理范围主要集中在地级及以上城市建成区约 2 800 条，目前已完成 2 500 多条城市黑臭水体治理。"十四五"期间，在巩固地级及以上城市的治理成效的基础上扩大范围，推进县级城市建成区的治理工作。目前，共有县级城市 363 个，由于县级城市面积较小，经测算，平均每个县级城市黑臭水体数量 3 个左右，预计 2025 年县级及以上城市建成区黑臭水体比例控制在 10%以内，能够完成治理任务。

（3）主要措施

1）实施黑臭水体消劣工程。巩固地级及以上城市黑臭水体治理成效，推进 363 个县级城市建成区 1 500 段黑臭水体的综合治理，消除 40 个左右劣 V 类断面。

2）建设长效监管机制。建设与运行监管并重，建立黑臭水体水质监测、垃圾收集转运、管网运维等的长效机制，确保实现"长治久清"的目标。

3.2.4 重要江河湖泊水功能区达标率

（1）"十三五"改善情况及2020年基准

1）改善情况：2015—2019年，全国重要江河湖泊水功能区达标率（基于5 071个断面）分别为70.8%、73.4%、76.9%、83.1%、86.9%，五年内该目标指标改善了约23%。

2）2020年基准值："十三五"期间，实现了水功能区和地表水国控断面的整合，利用统一的地表水国控断面监测结果，预计2020年基准值为85%左右。

（2）"十四五"目标及潜力

"十四五"期间，全国共设置地表水国控断面3 646个，其中，水功能区代表断面2 205个（其中，仅600个断面位置与原水功能区断面一致，占原水功能区断面总数的11.8%）。水功能区2 205个断面全部属于地表水国控断面范畴，地表水国控断面水质目标设置应兼顾水功能区目标要求。基于2020年基准，提出2025年水功能区水质达标率达到88%～90%的目标，年均改善0.6～1个百分点。通过地方对不达标地表水断面整治、城市及县城黑臭水体整治等，水功能区水质可保持相应改善幅度，达到目标要求。

（3）主要措施

1）实施重点湖库水生态修复工程。拟针对太湖、巢湖、滇池、三峡库区、小浪底库区、丹江口库区、洪泽湖、鄱阳湖、洞庭湖和洱海十大重点湖库实施水生态修复工程。

2）实施黑臭水体消劣工程。巩固地级及以上城市黑臭水体治理成效，推进363个县级城市建成区1 500段黑臭水体的综合治理。

3.2.5 地下水Ⅴ类比例

（1）"十三五"改善情况及2020年基准

1）改善情况：根据《中国环境状况公报》，2015—2017年，全国5 118个、6 124个、5 100个地下水水质监测点中，Ⅴ类（极差）的比例分别为18.8%、14.7%、14.8%。2018—2019年，全国10 168个地下水水质监测点中，Ⅴ类（极差）的比例分别为15.5%和18.8%。

2）2020年基准值：近年来，全国地下水水质监测点中，Ⅴ类（极差）的比例基本保持在15%左右。预测2020年预测值为15%左右。

（2）"十四五"目标及潜力

根据2015—2019年历史数据，综合考虑地下水污染防治工作的复杂性、长期性和滞后性，建议确定2025年地下水质量Ⅴ类水比例目标为15%以内，预估能够完成目标要求。

（3）主要措施

1）开展地下水污染调查，全面监控典型地下水污染源。平原（盆地）和低山丘陵区，覆盖所有地下水开发利用区和潜在地下水开发区域地下水污染调查按1：25万以上的精度进行。地市级以上城市人口密集区、潜在污染源分布区和大型饮用水水源区等重点地区地下水污染调查按1：5万以上的精度进行。

2）提升地下水环境监管能力建设。在相关部委已有的地下水监测工作基础上，完善地下水环境监测网络，建立区域地下水污染监测系统（国控网、省控网）。逐步建立地下水环境监测评价体系和信息共享平台。建立地下水污染突发事件应急预案和技术储备体系。提高地下水环境保护执法装备

第二篇　"十四五"生态环境保护总体思路　263

水平。定期评估企业和垃圾填埋场周边地下水环境状况。

3）开展地下水饮用水水源污染防治示范。定期开展地下水饮用水水源环境执法检查和督察。开展地下水污染治理工程示范，实现"一源一案"。建立地下水饮用水水源风险评估机制，与水源共处同一水文地质单元风险源实施风险等级管理，对有毒有害物质进行严格管理与控制。

4）开展典型场地地下水污染预防示范。对地下水污染区域内重点工业企业的污染治理状况进行评估检查。研究建立工业企业地下水影响分级管理体系。研究提出页岩气、煤层气、稀土等对地下水影响重大的矿产开发过程地下水生态安全保障方案。研究企业埋地装置和管道、垃圾填埋场、污水管网渗漏排查和检测技术，加快垃圾填埋和污水管网更新改造。研究地下工程设施或活动对地下水的防控措施。加强危险废物堆放场地防控和治理。针对铬渣、锰渣堆放场及工业尾矿库等开展地下水污染防治示范工作。

3.3　海洋生态环境改善（近岸海域水质优良比例）

（1）"十三五"改善情况及2020年基准

1）改善情况：2015年，全国301个点位近岸海域水质优良（一、二类）比例为70.5%。2016—2018年，全国417个点位中近岸海域水质优良（一、二类）比例为73.4%、67.8%和74.6%。2019年，全国近岸海域水质优良（一、二类）面积比例为76.6%。

2）2020年基准值：贯彻近岸海域水质"只能更好，不能更差"原则，预计2020年近岸海域优良水质比例为76%左右。

（2）"十四五"目标及潜力

分析发现，近岸海域水质改善幅度与地表水改善程度基本相当。根据对地表水水质规划目标的评估预测结果，2020年全国地表水Ⅰ～Ⅲ类水质断面比例预期为75%左右，2025年预期为78%左右。按照同等水质改善幅度，提出2025年近岸海域优良水质比例的预期值为78%左右，与地表水水质的预期情景相协同。

（3）主要措施

1）落实陆海统筹、河海联动的污染防治责任。以近岸海域环境质量的总体改善为目标，加强流域和近岸海域污染防治的规划对接、任务衔接和责任落实。明确陆海统筹污染控制的关键区域与主要产业，联合制定区域重点污染物控制目标与精细化排放清单，分区分级落实沿海和上下游地方政府区域污染防治责任和减排任务，保障全国近岸海域优良水质比例持续增加。

2）强化近岸主要河口海湾生态环境质量的综合整治。以近岸主要河口海湾劣四类水体治理为目标，重点修复"八湾八口"，带动沿海地区其他面积在10 km²以上100余个河口海湾的陆海生态环境综合治理，减少氮、磷主要污染物和其他特征污染物的入海量，实现主要河口海湾劣四类水质区范围的不断削减。

3.4　主要污染物排放量减少（氮氧化物、挥发性有机物、化学需氧量、氨氮）

（1）"十三五"改善情况和2020年基准

1）改善情况："十三五"以来，通过推进重点行业和重点领域减排工作，大幅降低了全国及各地区氮氧化物、化学需氧量和氨氮的排放量。依据历年约束性指标核算结果，截至2019年年底，全国氮氧化物、化学需氧量和氨氮排放总量较2015年累计下降16.3%、11.4%和12.2%，已提前完成

"十三五"规划目标。详见表 2-4-13。

表 2-4-13　主要污染物历年排放及同比变化情况

年份	氮氧化物排放量/万 t	同比变化减少/%	化学需氧量排放量/万 t	同比变化减少/%	氨氮排放量/万 t	同比变化减少/%
2015	1 851.8	10.9	2 224	3.1	230	3.8
2016	1 777.7	4.0	2 166	2.6	223	3.0
2017	1 691.1	4.9	2 099	3.1	215	3.6
2018	1 607.4	4.9	2 034	3.1	209	2.8
2019	1 550.5	3.5	1 969	3.2	202	3.3
4 年累计	301.3	16.3	255	11.4	28	12.2

2）2020 年基准：以第二次污染源普查（"二污普"）结合环境统计动态，更新到 2020 年。根据第二次污染源普查公报，2017 年，全国化学需氧量排放量 2 143.98 万 t，氨氮排放量 98.34 万 t，氮氧化物 1 785.22 万 t，尝试开展挥发性有机物排放量调查，排放量为 1 017.45 万 t。考虑到"二污普"挥发性有机物基数涵盖范围不全，暂采用"十三五"推算的 2 252 万 t 为基数。

（2）"十四五"目标与潜力分析

"十四五"期间，着重抓好重点行业、重点领域和重大工程减排。2025 年目标值为相比 2020 年下降 8%～10%。

化学需氧量和氨氮具有减排潜力的重点行业为化学原料和化学制品制造业、农副食品加工业、规模化畜禽养殖、城镇生活污水收集处理建设和污水厂提标改造等。初步测算，化学制品制造业、农副食品加工业、规模化畜禽养殖等重点行业化学需氧量、氨氮减排潜力分别为 11.8 万 t、0.3 万 t。目前全国城镇生活污水化学需氧量和氨氮污染物去除率分别约为 73% 和 65%，"十四五"期间预计可提升到 80%，化学需氧量和氨氮减排潜力分别为 176 万 t、24 万 t，污水厂提标改造化学需氧量和氨氮减排潜力分别为 0.05 万 t、0.14 万 t。

氮氧化物具有减排潜力的重点行业为钢铁、水泥、平板玻璃等行业，减排潜力为 74 万 t，重点领域为散煤治理，燃煤锅炉和工业炉窑治理，中型、重型柴油货车及道路移动机械淘汰，多式联运等，减排潜力为 143 万 t。挥发性有机物重点削减石化、化工、工业涂装、包装印刷等全口径工业源以及油品储运销等交通源的排放量，减排潜力约为 293 万 t。

4 项污染物重点行业和重点领域减排潜力之和约为 721 万 t，其中重点行业能"三可"（可测量、可报告、可核实）的减排潜力约 505 万 t，重点领域能"三可"的任务减排潜力约 216 万 t。考虑到重大工程实施的进度、资金筹措难度与项目推进快慢等因素，重点工程目标按照减排潜力的 70% 左右设定，约为 350 万 t，以此计算，"十四五"4 项污染物重点行业和重点领域减排潜力约为 565 万 t，占排放总量的 8%～10%。

下一步，依托"二污普"数据从国家层面初步筛选减排项目清单，并按照"两上两下"方式，形成全国、区域和地方重点任务减排项目清单。依托排污许可证，细化重点行业和重点领域能"三可"的减排量和重点项目清单（表 2-4-14～表 2-4-16）。

表 2-4-14 化学需氧量和氨氮减排潜力

重点任务	重点行业或领域	现状表征	化学需氧量现状排放量/万 t	氨氮现状排放量/万 t	"十四五"减排措施	措施规模	化学需氧量减排潜力/万 t	氨氮减排潜力/万 t
工业污染治理	氮肥	单位产品排水量 7.3 m³/t 氨	0.7	0.3	推动氮肥行业实施生产废水超低排放、循环冷却水超低排放、中水回用等技术改造	单位产品排水量降至 3～5 m³/t 氨	0.4	0.14
	淀粉	单位产品排水量 6 m³/t	3.0	0.9	推广淀粉糖生产过程中的一次喷射液化等清洁生产技术，强化废水再生利用设施建设	单位产品排水量降至 3 m³/t	1.4	0.05
城镇生活污染治理	污水收集及处理能力提升	COD 和氨氮污染物去除率分别为 73% 和 65%	986.0	70.0	建设城镇污水处理设施提质增效工程，排查全部城镇生活污水管网，实施污水管网混错接改造、更新、破损修复工程，基本实现城镇生活污水全收集全处理；完善老旧城区、城中村、城乡接合部污水截留、收集、纳管，消除管网。进一步强化城镇生活污水处理设施运行维护管理，加强污水处理厂进出口浓度长效监管，保障城镇污水处理设施全面、稳定达标排放。推进污泥减量化、稳定化、无害化和资源化。各类措施约增加污水收集能力 180 亿 t/a	污染物去除率提升至80%	176	24
	污水处理厂提标改造	318 家污水处理厂未达到地方排放标准			对河北、四川、江苏和广东等省份未到达地方排放标准的污水处理设施实施提标改造	全部达标	0.05	0.14
农业污染治理	规模化畜禽养殖场粪污治理及资源化利用	858 家规模化畜禽养殖场（小区）化学需氧量和氨氮去除率不足 90% 和 70%	24.5	0.48	推行清洁养殖技术和生态养殖方式，推动规模化养殖场采取全过程综合治理方式处理污染物，包括建设雨污分离污水收集系统、采用干清粪方式收集粪便、污水进行厌氧处理、沼液经生化处理或多级氧化塘处理后达标排放、粪渣和沼渣通过堆肥发酵制取颗粒有机肥或有机复合肥等	全部实现粪污综合利用	10	0.1

表 2-4-15 氮氧化物减排潜力

重点任务	重点行业或领域	现状表征	"十四五"减排措施	氮氧化物现状排放量/万 t	氮氧化物减排潜力/万 t
产业结构调整	钢铁行业	粗钢产能 10 亿 t 左右	超低排放改造 4.2 亿 t 压减产能 0.8 亿 t	65.8	25

重点任务	重点行业或领域	现状表征	"十四五"减排措施	氮氧化物现状排放量/万 t	氮氧化物减排潜力/万 t
产业结构调整	水泥行业	熟料产能 17.2 亿 t	超低排放改造 7.5 亿 t	128.5	47
			淘汰 2 500 t/d 以下生产线 2 亿 t		
	平板玻璃	玻璃产能 15 亿重量箱	淘汰落后产能 1.5 亿重量箱	21.8	2
能源结构调整	散煤治理	煤炭消费量（含供暖小锅炉）1.6 亿 t	北方地区清洁取暖，减少散煤 0.38 亿 t	16.9	4
	燃煤锅炉和工业炉窑治理	煤炭消费量 4.4 亿 t	淘汰小型燃煤锅炉和工业窑炉，减少煤炭消费 0.32 亿 t	112	9
交通运输结构调整	柴油货车治理	柴油车 1 000 万辆	淘汰国四及以下排放标准营运中型和重型柴油货车 200 万辆	220	71
	非道路移动机械	工程机械 500 万辆	淘汰老旧非道路移动机械 70 万台	175	31
	多式联运	占全国货运量比例 2.9%	全国多式联运货运量占比达到 10%，重点区域达到 15%	无数据	28

表 2-4-16 挥发性有机物减排潜力

源类别	重点行业	现综合去除效率/%	2020 年 VOCs 排放量/万 t	"十四五"减排措施	提升后综合去除效率/%	VOCs 减排潜力/万 t
工业源	石化	19.66	172.69	重点工程：废水液面、循环水系统、储罐、有机液体装卸、工艺废气、非正常工况等 VOCs 废气收集处理	39.66	34.54（三可：27.63）
				任务措施：深化 LDAR 等工作		
工业源	化工	21.46	179.05	重点工程：低（无）VOCs 含量/低反应活性的原辅材料和产品替代；工艺改进和产品升级；废水液面、储罐、有机液体装卸、工艺废气、非正常工况等 VOCs 废气收集处理	51.46	53.72（三可：42.97）
				任务措施：开展 LDAR 等工作		
工业源	工业涂装	26.03	162.26	重点工程：低 VOCs 含量涂料等原辅材料替代；采用高效涂装技术与先进涂装工艺；建设科学的废气收集系统和适宜高效的治污设施等	56.03	48.68（三可：34.07）
				任务措施：开展无组织排放控制等工作		
工业源	包装印刷	20.26	69.87	重点工程：低 VOCs 含量油墨等原辅材料替代；印刷工艺改进和产品升级；建设科学的废气收集系统和适宜高效的治污设施等	50.26	20.96（三可：14.67）
				任务措施：开展无组织排放控制等工作		
工业源	其他行业	22.44	384.63	重点工程：原辅材料替代；工艺改进和产品升级；建设科学的废气收集系统和适宜高效的治污设施等	52.44	115.39（三可：80.77）
				任务措施：开展无组织排放控制等工作		
交通源	油品储运销	50	100.9	重点工程：加油站、油罐车、储油库、油船等油气回收治理	70	三可：20.18

（3）主要措施

1）氮氧化物："十四五"期间，全国预计完成超低排放改造钢铁产能约 4.2 亿 t、水泥熟料产能约 8 亿 t。淘汰或压减钢铁产能 0.8 亿 t、水泥熟料产能 2 亿 t、平板玻璃产能 1.5 亿重量箱。淘汰国四及以下排放标准营运中型和重型柴油货车 200 万辆以上，淘汰老旧非道路移动机械 70 余万台，推进全国多式联运货运量占比达到 10%，重点区域达到 15%。淘汰小型燃煤锅炉和工业窑炉及北方地区民用散煤治理，减少煤炭消费 7 000 万 t。

2）挥发性有机物："十四五"期间，开展石化、化工、工业涂装、包装印刷等全口径工业源以及油品储运销等交通源挥发性有机物排放总量控制。其中，石化行业加大废水液面、循环水系统、储罐、有机液体装卸、工艺废气、非正常工况等 VOCs 废气收集处理力度，深化 LDAR 工作。化工行业推进低（无）VOCs 含量/低反应活性的原辅材料和产品替代，加快工艺改进和产品升级，加大废水液面、储罐、有机液体装卸、工艺废气、非正常工况等 VOCs 废气收集处理力度，开展 LDAR 工作。工业涂装强化低 VOCs 含量涂料等原辅材料替代，推进采用高效涂装技术与先进涂装工艺，建设科学的废气收集系统和适宜高效的治污设施，全面加强无组织排放控制。包装印刷行业强化低 VOCs 含量油墨等原辅材料替代，推进印刷工艺改进和产品升级，建设科学的废气收集系统和适宜高效的治污设施，全面开展无组织排放控制。其他工业行业推进原辅材料替代，加快工艺改进和产品升级，建设科学的废气收集系统和适宜高效的治污设施，开展无组织排放控制。油品储运销重点推进加油站、油罐车、储油库、油船油气回收治理。通过上述措施，预计到 2025 年，石化、油品储运销等行业的 VOCs 综合去除效率可提升 20%、其他工业行业可提升 30%。

3）化学需氧量和氨氮：①建设城镇污水处理设施提质增效工程，排查全部城镇生活污水管网，实施污水管网混错接改造、更新、破损修复工程，基本实现城镇生活污水全收集全处理；完善老旧城区、城中村、城乡接合部污水截留、收集、纳管，消除管网空白区。进一步强化城镇生活污水处理设施运行维护管理，加强污水处理厂进出口浓度长效监管，保障城镇污水处理设施全面、稳定达标排放。推进污泥减量化、稳定化、无害化和资源化。②推进城镇污水处理设施处理能力建设，对河北、四川、江苏和广东等省份未达到"十四五"地方排放标准的污水处理设施实施提标改造工程，保证设施执行流域水污染物排放标准并稳定达标排放。③提升规模化畜禽养殖治理水平，推行清洁养殖技术和生态养殖方式，推动规模化养殖场采取全过程综合治理方式处理污染物，包括建设雨污分离污水收集系统、采用干清粪方式收集粪便、污水进行厌氧处理、沼液经生化处理或多级氧化塘处理后达标排放、粪渣和沼渣通过堆肥发酵制取颗粒有机肥或有机复合肥等。④强化工业行业污染防治，推动氮肥行业实施生产废水超低排放、循环冷却水超低排放、中水回用等技术改造，推广淀粉糖生产过程中的一次喷射液化等清洁生产技术，强化废水再生利用设施建设，进一步降低单位产品排水量。

3.5　土壤环境安全利用

3.5.1　受污染耕地安全利用率

（1）"十三五"改善情况及 2020 年基准

1）改善情况：由于该指标为 2020 年终期考核指标，不开展年度考核，无 2015—2019 年以来的历史数据。

2）2020 年基准值："土十条"提出实施农用地分类管理，到 2020 年，受污染耕地安全利用率达到 90%左右。

（2）"十四五"目标及潜力

根据《中华人民共和国土壤污染防治法》《土壤污染防治行动计划》《农用地土壤环境管理办法（试行）》等法律法规规定，由农业农村部牵头组织开展农用地分类管理工作。目前，农业农村部组织开展耕地土壤环境质量类别划分试点工作。发展改革等部门将各地申报的贫困地区 22.36 万亩重度污染耕地，纳入退耕还林还草的范围。生态环境部会同农业农村部，根据农用地详查结果，核定各省（区、市）下一阶段受污染耕地任务合计 5 222 万亩。截至 2020 年 4 月底，已累计实施安全利用 1 365 万亩、严格管控 203 万亩，合计 1 568 万亩。会同农业农村部向湖南等 13 个农用地安全利用进展滞后的省份下发了预警函。"土十条"提出实施农用地分类管理，到 2020 年，受污染耕地安全利用率达到 90%左右；到 2030 年，受污染耕地安全利用率达到 95%及以上。据此预估 2025 年目标值为 90%左右，且能达到目标要求。

（3）主要措施

1）强化污染源头预防。加强工矿污染源头管控，治理一批历史遗留采选废物和冶炼废渣，以优先保护类耕地面积不减少，严格管控类耕地面积不增加为目标，提出针对性断源措施并优先实施。将土壤和地下水污染隐患排查、环境监测等纳入土壤污染重点监管单位排污许可证，全面落实土壤与地下水污染源头防渗措施。

2）巩固提升农用地风险管控。针对安全利用类耕地，识别导致农产品超标成因，提出安全利用具体措施。针对严格管控类耕地，提出针对性管控措施。建立严格管控类耕地定期巡查机制。强化超筛选值耕地农产品质量检测。

3）开展农用地安全利用示范工程。在江西、湖北、湖南、广东、广西、四川、贵州、云南等省（区）农用地土壤污染面积较大的 100 个县（市、区）推进农用地集中区域安全利用示范工程。

3.5.2 建设用地安全利用率

（1）"十三五"改善情况及 2020 年基准

1）改善情况：该指标为 2020 年终期考核指标，不开展年度考核，无 2015—2019 年以来的历史数据。

2）2020 年基准值："土十条"提出到 2020 年，污染地块安全利用率达到 90%及以上。

（2）"十四五"目标及潜力

目前，北京等 30 个省（区、市）已依法公布建设用地土壤污染风险管控和修复名录，涉及地块 600 余块。全国除西藏（无污染地块）、港、澳、台外，30 个省（区、市）自然资源部门印发污染地块用地准入管理相关文件，从规划许可或用地批准等环节提出相关要求。"土十条"提出加强污染地块部门联动监管，实施建设用地准入管理。到 2020 年，污染地块安全利用率达到 90%及以上；到 2030 年，污染地块安全利用率达到 95%及以上。据此预估 2025 年目标值为 93%左右，且能达到目标要求。

（3）主要措施

1）健全污染地块部门联动监管机制。有序开展建设用地土壤污染状况调查。市级生态环境部门按照《中华人民共和国土壤污染防治法》有关规定组织好调查评估报告评审，守好报告质量关。督促指导土地使用权人对超筛选值地块开展风险评估工作。

2）严格用地准入。各省建立健全建设用地土壤污染风险管控和修复名录，列入建设用地土壤污染风险管控和修复名录的地块，不得作为住宅、公共管理与公共服务用地。未达到土壤污染风险评估报告确定的风险管控、修复目标的建设用地地块，禁止开工建设任何与风险管控、修复无关的项目。

3）健全土地开发利用信息共享机制。共建共享应用全国污染地块信息系统。以用途变更为住宅、公共管理与公共服务用地的地块，以及土壤污染重点监管单位为重点，强化土壤污染防治"双随机、一公开"日常执法监管。

4）开展典型地块建设用地风险管控示范。结合企业用地调查结果，以化工、有色金属矿采选及冶炼等为重点，分别选择15～20个典型地块，共计选择100个典型地块开展建设用地风险管控示范。

3.6 应对气候变化

（1）"十三五"改善情况及2020年基准

1）改善情况：2015—2019年，全国单位国内生产总值能源活动二氧化碳排放（以下简称"碳排放强度"）年度同比降低率分别为6.2%、6.1%、5.1%、4.0%，四年内，该指标累计下降17.3%。

2）2020年基准值：预计能完成"十三五"规划目标，全国碳强度比2015年下降15%左右。

（2）"十四五"目标及潜力

考虑到2030年前后我国碳排放达峰并力争尽早达峰，预计GDP增速2020年为1.5%左右，"十四五"期间5%左右，"十五五"期间4.5%左右，能源消费总量分别为49.2亿t、55.5亿t、60.4亿t标煤，非化石能源消费比例为15.8%、18.0%和21.0%，预计能源相关二氧化碳排放量分别为97.5亿t、105.5亿t、108.6亿t。碳排放强度分别为1.08 t/万元、0.91 t/万元、0.76 t/万元。2025年比2020年碳强度下降15.2%左右，建议2025年该指标值为15%左右，经估算能够完成目标要求。

（3）主要措施

1）强化温室气体排放控制管理。有效控制电力、钢铁、建材、化工等重点行业温室气体排放，推进工业、能源、建筑、交通等重点领域低碳发展。煤炭占能源消费比重控制在50%左右，非化石能源比重提高到18%左右，天然气消费比重提高到13%左右。新建或续建50个近零碳排放区。煤矿煤层气（煤矿瓦斯）抽采利用示范工程、非二氧化碳温室气体减排示范工程。加快推进全国碳排放权交易市场建设。强化温室气体与环境污染物协同控制。

2）鼓励开展二氧化碳排放达峰行动。开展二氧化碳排放达峰行动。建立国家自主贡献重点项目库。在大气污染防治重点地区和部分重点行业探索开展二氧化碳排放总量管理。

3）利用市场机制有效控制温室气体排放。建立健全全国碳排放权交易制度体系，建设完善全国碳排放权交易市场基础设施，在发电行业率先启动全国碳排放权交易市场，在稳定运行的基础上逐步扩大全国碳市场行业范围和交易主体范围、增加交易品种，强化全国碳排放权交易市场监督管理。完善温室气体自愿减排交易制度体系，推动国家核证自愿减排量纳入全国碳市场和参与国际航空碳减排和抵消机制。

4）强化温室气体数据管理。完善温室气体排放核算核查体系，应对气候变化指标体系，建立我国应对气候变化数据权威发布机制。建立国家温室气体排放清单编制工作机制。

5）推动温室气体排放标准体系建设。建立健全控制温室气体排放标准体系。完善低碳产品标准、标识和认证制度。

6）主动适应气候变化。继续深化适应气候变化试点示范工作，推动形成多领域、多层次、多区域合作的适应格局,加快构建气候适应型社会。

3.7 危险废物和医疗废物安全处置

3.7.1 工业危险废物安全处理利用率

(1)"十三五"改善情况及 2020 年基准

1)改善情况:根据《中国统计年鉴》,2015—2017 年,工业危险废物利用处置率分别为 79.91%、79.27%、88.34%,三年内该目标指标改善提升了 10%。

2)2020 年基准值:工业危险废物利用处置率为 90%左右。

(2)"十四五"目标及潜力

2018 年,全国工业危险废物产生量为 6 805 万 t,根据预测,2025 年我国工业危险废物产生量为 8 000 万~10 000 万 t,在处置能力无新增的情况下,存在 93.6 万 t/a 的焚烧处置能力缺口及 50.6 万 t 的填埋处置能力缺口。根据《关于提升危险废物环境监管能力、利用处置能力和环境风险防范能力的指导意见》(环固体〔2019〕92 号),到 2025 年年底,要求各省(区、市)危险废物利用处置能力与实际需求基本匹配,全国危险废物利用处置能力与实际需要总体平衡,布局趋于合理,至此预计 2025 年该指标值为 95%左右。

(3)主要措施

1)实施危险废物处置能力提升工程。"十四五"期,在山西、内蒙古、辽宁、吉林、黑龙江、上海、江苏、山东、湖北、湖南、广东、海南、重庆、四川等省(区、市)通过新建或改扩建分别新增危险废物集中焚烧能力。在天津、辽宁、吉林、黑龙江、河南、湖北、海南、陕西等 8 个省(市)分别新增危险废物集中填埋能力。建设华东、粤港澳、西北、华南、贵州 5 个区域性的特殊危险废物集中处置中心,总处置规模达到 930 万 t/a。

2)实施危险废物监管能力提升工程。建设全国危险废物物联网智能应用管理信息系统,建成全国危险废物物联网应用平台、全国危险废物物联网数据对接平台、全国危险废物物联网大数据分析平台、全国危险废物物联网智能预警平台等业务系统。建设 1 个国家级危险废物风险防控技术中心和 6 个区域性危险废物风险防控技术中心。

3.7.2 县级以上城市医疗废物安全处置利用率

(1)"十三五"改善情况及 2020 年基准

1)改善情况:根据《全国大、中城市固体废物污染环境防治年报》,2015—2018 年大、中城市医疗废物无害化处置率分别为 99.71%、99.86%、99.74%、99.88%,四年内改善提升了 0.2%。

2)2020 年基准值:县级及以上城市建成区医疗废物无害化处置率为 99%左右。

(2)"十四五"目标及潜力

2018 年,全国纳入统计的医疗废物产生(处置)量约为 98 万 t,核准处置能力为 129 万 t,集中处置设施运行负荷率为 76%。根据近年医疗废物产生(处置)情况,预测 2025 年全国医疗废物产生量为 149.5 万 t,为 2018 年产生量的 1.53 倍。为满足"十四五"期间医疗废物处置需求,2018 年集中处置设施运行负荷率为 50%以上的 242 个地级市需开展医疗废物集中处置能力建设,新增集中处置能力约 100 万 t。

（3）主要措施

1）实施医疗废物处置能力提升工程。新增医疗废物集中处置能力 100 万 t；开展现有医疗废物集中处置设施运行情况评估，根据评估结果进行升级改造。

2）实施县（市）医疗废物收集转运处置体系建设工程。农村地区医疗废物可采取"小箱进大箱"逐渐收集后集中处置；鼓励人口 50 万以上的县（市）、医疗废物收集处置量在 5 t/d 以上县（市）或距离集中处置设施较远的县（市）因地制宜建设医疗废物集中处置设施。

3）实施医疗废物应急响应能力提升工程。按常态下集中处置设施运行负荷不高于 75% 开展医疗废物处置能力规划；城区常住人口在 300 万以上的城市按每百万人不低于 10 t/d 配备医疗废物应急处置能力。

3.8 生态保护

3.8.1 生态功能指数

（1）"十三五"改善情况及 2020 年基准

1）改善情况：我国生物多样性丰富，生物物种数量变化幅度较小，根据历年来生物多样性调查统计，采集野生脊椎动物物种数、野生维管束植物物种数、特有物种数、生态系统类型数、受威胁物种数等 6 种指标数据，开展生物多样性指数（BI）评价，来源见表 2-4-17。

表 2-4-17 生物多样性指数测算数据来源

序号	指标	来源
1	野生脊椎动物物种数	全国县域生物多样性本底数据，生态环境部，2012 年
2	野生维管束植物物种数	
3	特有物种数	
4	生态系统类型数	《中国植被》，吴征镒主编，科学出版社，1995 年
5	受威胁物种数	1.《中国生物多样性红色名录 高等植物卷》（2013 年） 2.《中国生物多样性红色名录 脊椎动物卷》（2015 年）
6	外来入侵物种数	《中国外来入侵生物》（修订版），徐海根、强胜主编，科学出版社，2018 年

我国已知物种及种下单元数 106 509 种，列入国家重点保护野生动物名录的珍稀濒危陆生野生动物 406 种，列入国家重点保护野生植物名录的珍贵濒危植物 246 种，已查明大型真菌种类 9 302 种，有栽培作物 528 类 1 339 个栽培种，经济树 1 000 种以上，原产观赏植物 7 000 种，家养动物 576 个品种。全国 31 个省（区、市）BI 指数平均值为 51.21。

利用 2015—2017 年全国生态保护红线划定评估的基础数据与评估方法，开展全国各省（区、市）生态系统综合服务功能指数评价，31 个省（区、市）生态系统综合服务功能指数平均值为 64.21。

2）规划基准值预计：生物多样性指数和生态系统综合服务功能指数年度变化幅度小，利用 2012—2019 年生物多样性监测统计数据及 2015—2017 年生态系统综合服务功能评价数据，测算"十三五"期间全国生态功能指数（EFI）为 57.71。分省情况见表 2-4-18。

表 2-4-18　"十三五"期间全国生态服务功能指数

省份	生物多样性指数 BI	生态系统综合服务功能指数	生态功能指数 EFI
北京	47.47	65.6	56.53
天津	29.69	37.49	33.59
河北	51.99	52.18	52.08
山西	46.58	62.36	54.47
内蒙古	36.65	72.34	54.50
辽宁	49.60	69.81	59.71
吉林	44.90	72.83	58.86
黑龙江	35.03	69.05	52.04
上海	50.07	26.07	38.07
江苏	52.41	34.21	43.31
浙江	50.97	68.8	59.88
安徽	50.41	47.19	48.80
福建	63.24	85.98	74.61
江西	57.39	72.6	64.99
山东	58.11	35.47	46.79
河南	49.02	42.39	45.70
湖北	59.04	63.46	61.25
湖南	60.42	71.32	65.87
广东	54.64	74.94	64.79
广西	67.17	82.59	74.88
海南	44.15	64.52	54.33
重庆	43.19	77.77	60.48
四川	68.46	83.99	76.23
贵州	63.34	75.2	69.27
云南	87.79	84.36	86.07
西藏	40.66	68.95	54.81
陕西	47.24	75.42	61.33
甘肃	47.68	63.41	55.55
青海	32.95	72.92	52.94
宁夏	37.05	65.42	51.24
新疆	60.23	51.93	56.08

注：到目前为止，只开展了一期大陆自然岸线调查，没有变化值，在基数测算时暂不考虑沿海省份的大陆岸线自然保有率指数，在"十四五"期间通过监测沿海省份大陆自然岸线保有率变化反映生态功能保护状况。

（2）"十四五"目标及潜力

根据目前生态环境保护形势，预计至 2025 年，该标准目标为稳中向好。该指标作为生态保护领域一项重大创新，"十四五"时期在进一步研究完善计算模型、统一数据口径的基础上，建立完善与其相适应的监测监管手段，修订《区域生物多样性评价标准》（HJ 623—2011），逐步研究应用。

（3）主要措施

1）定期开展生态功能调查。更新修订《区域生物多样性评价标准》（HJ 623—2011），每年开展全国生态环境状况评价和重点区域生态系统评估，每五年定期开展生态功能调查评估和生物多样性评价。

2）建立生态系统服务功能评价机制。定期开展生物多样性保护状况和生态系统服务功能综合评估，以此作为制定生态保护监管政策、优化生态保护红线布局、安排生态补偿资金。

3）加强生态保护与修复治理。加强对青藏高原、"三北"防护林、南方丘陵山地、大陆海岸带，以及长江和黄河流域等重要生态系统演变情况的分析，指导各地区、各部门加强生态保护修复工作的针对性，恢复提升生态系统服务功能。

4）建立生态功能监测监管体系。制定生态功能监测监管的标准规范和制度政策，建立生态功能监测监管指标体系，加强重点区域、重要生态功能监测监管。将生态功能监测，纳入国家和省级生态保护监测网络体系。

3.8.2 森林覆盖率

（1）"十三五"改善情况及 2020 年基准

1）改善情况：根据《中国环境状况公报》《中国生态环境状况公报》，2015—2019 年，全国森林覆盖率分别为 21.63%、21.63%、2163%、22.96%、22.96%。

2）2020 年基准值：23.04%。

（2）"十四五"目标及潜力

依据《全国国土规划纲要（2016—2030 年）》，2020 年目标值为不低于 23.04%、2030 年目标值为 24%。依据《全国重要生态系统保护和修复重大工程总体规划（2021—2035 年）》，2035 年目标值为 26%。"十四五"期间目标值大于 23.6%。

（3）主要措施

1）加强重点地区森林生态系统保护。立足大小兴安岭、长白山森林生态功能区及三江平原湿地生态功能区，实施森林生态系统保护，科学推进后续天然林保护、公益林管护、防护林建设、退耕还林工程。

2）重点推进森林生态系统修复治理。加强退化天然林修复、中幼林抚育更新，实施封山育林、森林抚育、低质低效林改造、退化林修复等工程。

3.8.3 生态保护红线占国土面积比例

（1）"十三五"改善情况及 2020 年基准

1）改善情况：生态保护红线划定工作于 2017 年启动，无历史变化情况。

2）2020 年基准值：目前正在开展生态保护红线评估调整工作，计划争取今年 6 月前完成。根据当前生态保护红线划定阶段结果，全国生态保护红线约占国土空间面积的 25%。

（2）"十四五"目标及潜力

《关于划定并严守生态保护红线的若干意见》提出，划定并严守生态保护红线，确保生态功能不降低、面积不减少、性质不改变。全国生态环境保护大会和关于加强生态环境保护坚决打好污染防治攻坚战的意见提出，全国生态保护红线面积占 25%左右，"十四五"时期，建议以逐步提高生态系统整体性、连通性为导向，引导各地完善生态保护红线管控制度，加强生态保护红线保护修复，确保生态功能不降低、面积不减少、性质不改变。至 2025 年，该指标维持稳定。

（3）主要措施

1）划定并严守生态保护红线。按照《关于划定并严守生态保护红线的若干意见》，确实做到应划尽划、应保尽保。建立生态保护红线动态调整机制，出台鼓励政策和奖励机制，引导有条件的地区以加强生态系统整体性、连通性为目标，补划提高生态保护红线的覆盖范围。

2）强化生态保护红线监管。加快完善生态保护红线监管工作顶层设计，提高生态保护红线监管执法的针对性、有效性，加强监测、评价、巡护和执法监督检查。探索实行生态保护红线产业准入正面清单管理制度，完善生态保护红线监管平台。

3.8.4 大陆自然岸线保留率

（1）"十三五"改善情况及 2020 年基准

1）改善情况：依据《全国海岸线调查统计工作方案》和《海岸线调查 统计技术规程》（试行）（国海发〔2017〕5 号），原国家海洋局组织完成了第一次全国海岸线调查统计，形成了全国 2017 年自然岸线保有率为 42.39%。2019 年自然资源部组织开展了全国沿海省海岸线修测工作，还未发布新的自然岸线保有率监测成果数据（表 2-4-19）。

表 2-4-19　大陆自然岸线保有率对应分值表

行政区	省级人民政府批准确定的海岸线长度/km	2017 年自然岸线长度/km	2017 年自然岸线保有率/%
辽宁	2 110	748.23	35.46
河北	485	172.49	35.56
天津	153	21.1	13.79
山东	3 345	1 465.44	43.81
江苏	954	338.24	35.45
上海	212.07	26.79	12.63
浙江	2 134.24	794.605	37.23
福建	3 752	1 737.58	46.31
广东	4 114	1 555.16	37.80
广西	1 629	636.69	39.08
海南	1 823	1 282.62	70.36
全国合计	20 711.31	8 778.945	42.39

2）2020 年基准值：完成"水十条"目标，35.0%。

（2）"十四五"目标及潜力

《"十三五"生态环境保护规划》《海岸线保护与利用管理办法》明确，到 2020 年全国自然岸线保有率不低于 35%。依据《全国重要生态系统保护和修复重大工程总体规划（2021—2035 年）》，2035 年目标值为 35%。

（3）主要措施

1）强化河湖岸线生态治理。以长江、黄河等重点流域及其一级支流为单元，系统推进河湖岸线生态治理。通过设立国家公园、湿地自然保护区、湿地公园、水产种质资源保护区等方式严格河湖水域岸线管理保护。

2）加强海岸带生态修复。开展入海河口、海湾、滨海湿地与红树林、珊瑚礁、海草床等典型海洋生态系统修复。综合开展岸线岸滩修复、生境修复、生态灾害防治、海堤生态化建设。以粤港澳大湾区、长江和黄河入海口、北部湾、海南岛等区域为重点，实施海岸带生态保护修复工程，修复受损自然岸线。

本专题执笔人：万军、秦昌波、王倩、孙亚梅、徐敏、姚瑞华、刘瑞平、王波、张箫

完成时间：2020 年 12 月

第三篇

绿色发展和结构转型

专题1 "十四五"区域协调发展与生态环境保护战略研究

1 导论

1.1 选题背景与研究意义

在全球化的激烈竞争环境中，来自国家自上而下的尺度重构已经成为重要的区域治理方式。党的十八大以来，长江经济带发展、"一带一路"倡议、京津冀协同发展的相继提出，引领着人口经济密集地区优化开发模式的新探索，支撑着全国东中西部的贯穿发展，更架起了国际国内合作和区域协同发展的桥梁。同时，在经历了经济社会的高速增长后，人口、资源、环境问题集中暴发，能否从高速增长平稳过渡到高质量发展，这对生态环境保护工作提出了更高的挑战。

（1）促进"生态环境高水平保护、高质量发展"是"十四五"国家重点战略区域发展的核心要求

中国的国土面积大、人口众多、资源丰富、区域差异明显，区域问题是中国经济发展必须面对的重大问题。不同于以往西部开发、东北振兴、中部崛起的区域发展总体战略，京津冀协同发展、长江经济带发展、"一带一路"倡议、粤港澳大湾区发展、雄安新区建设都将"绿色""环保"作为优先和重点关注领域。2015年3月，国家发展改革委、外交部、商务部联合发布了《推动共建丝绸之路经济带和21世纪海上丝绸之路的愿景与行动》，提出"在投资贸易中突出生态文明理念，加强生态环境、生物多样性和应对气候变化合作"。2015年4月，中共中央政治局会议审议通过《京津冀协同发展规划纲要》，确定交通、环保、产业三个重点领域将率先实现突破。2016年3月，《长江经济带发展规划纲要》由中共中央政治局会议审议通过，重点强调"坚持生态优先、绿色发展，把生态环境保护摆上优先地位，涉及长江的一切经济活动都要以不破坏生态环境为前提，共抓大保护，不搞大开发。"绿色发展是践行生态文明建设，提升国家绿色化水平，推动实现可持续发展和共同繁荣的根本要求，更是新时代背景下高质量发展方式的核心要义。

（2）推进国家重点战略区域环境分区管治是"十四五"实现重点区域"生态环境高水平保护、高质量发展"的关键，也是对环境分区管治的深入推进和区域实践

尽管绿色是统一的基调，但由于生态环境特征和功能定位的差异，在每个区域中，生态环境保护的理念、政策和制度却并不相同，这就需要生态环境的分区管治。纵观国家战略区域生态环境分区管治的已有研究，主要讨论了为什么要加强生态环境分区管治，生态环境分区管治的理论依据，如何推进生态环境分区管治，以及某个地区的生态环境分区管治策略。这些研究从多个角度和层次分析了生态环境分区管治的理论基础和实践路径，极大地丰富了生态环境分区管治的研究内容，也为具体实践提供了经验和方法。但在这些研究中，只有个别研究讨论了某个国家战略区域的分区管

治,例如京津冀地区的分区管控。这说明现有生态环境分区管治的研究对国家战略区域生态环境分区管治的支撑是不足的,至少是缺乏一些有针对性和可操作的研究。另外,这些研究大多集中在生态环境领域,从生态环境治理的技术出发来探讨区域生态环境分区管治,尽管这些研究是丰富而具体的,但缺乏对经济社会的整体把握。生态环境保护问题并不是孤立存在的,而是因经济社会发展而产生,又要依靠经济社会的进一步发展而解决。

(3)我国经济、人口、污染空间分布的不平衡与分异性要求"十四五"我国重点战略区域的生态环境政策必须因"区"制宜,一区一策

尽管我国已经针对三大国家战略区域出台了相应的规划纲要,并将绿色发展置于重要位置,但仍需注意,环境问题并不是孤立的,环境问题缘起于产业和人口的发展,也将对未来产业和人口发展产生重要影响。因此,对国家战略区域生态环境保护问题的探索离不开人口与产业发展的特定条件,这就要求我们对全国重点区域的人口、经济和污染物空间分布作出系统而全面的分析。从中国城市人口、经济和污染物排放的空间分布来看,存在两种不平衡与分异性,即水污染与大气污染分布的不平衡与分异性、人口与经济分布的不平衡与分异性。

1)水污染与大气污染分布的不平衡与分异性。结合中国城市水污染(以工业废水表征)和大气污染(以工业 SO_2 表征)的空间分布情况分析,我国城市层面工业水污染和大气污染的空间分布存在较大不平衡和分异性。2016 年,大部分工业废水排放量较高的城市位于东部沿海地区和长江经济带,工业废水排放量最多的前 10 位的城市分别是苏州、上海、杭州、大连、重庆、绍兴、潍坊、南京、无锡和滨州,这些城市大多是经济增长率较高的城市。值得注意的是,除东部沿海城市工业废水排放量较高外,西南部分城市工业废水排放量也不低,例如,云南省的昆明、玉溪和普洱,这些城市位于中国主要水系的上游地区,其较高的工业废水排放量需要得到特别关注。

与工业废水排放分布不同,2016 年,中国城市工业 SO_2 排放的空间分布非常集中,排放量较高的城市大多位于北方,包括京津冀地区、中原地区和内蒙古部分地区。此外,云南和成渝平原的工业 SO_2 排放量也较高。其中,排放量最高的前 10 个城市分别是重庆、滨州、曲靖、淄博、唐山、渭南、苏州、石家庄、徐州和昆明。可见,工业 SO_2 排放量较高的城市并非都是人口众多或经济总量较高的大城市,城市规模与环境污染之间的关系也可能并不是简单的线性关系。

从城市污染物的空间分布分析,水污染与大气污染的空间并不完全重叠,还存在较大的分异性。水污染的空间分布相对分散,大气污染的空间部分相对集中,两种污染物的集中区域仅有部分重叠(如京津冀地区、云南东部地区、重庆和四川盆地),大多不尽相同。之所以出现空间分异性,与各个区域地理、产业、人口发展的历史背景有关。因此,针对不同污染物和不同区域,应当采取生态环境分区管治。

2)人口与经济分布的不平衡与分异性。我国城市人口主要集中在中部和东部地区,特别是省会城市和副省级城市。从区域来看,人口最多的城市主要分布在京津冀、长三角、成渝平原、中原地区和珠三角。2016 年,全国 291 个地级及以上城市中,总人口超过 1 000 万的城市有 14 个,分别是重庆、上海、成都、北京、周口、保定、南阳、临沂、阜阳、邯郸、天津、徐州、石家庄和菏泽。除北京、上海、天津外,其他大部分城市都位于河南、山东、河北、安徽等人口密集的省份。与人口的集中分布相比,我国城市的经济空间分布并不集中,主要分布在京津冀、长三角、东部沿海,以及内蒙古的个别城市。

一般来说,经济总量分布与人口分布基本一致。经济水平较高的城市人口较多,人口较多城市

的经济水平也不会太差。这是因为劳动力是促进经济增长的重要因素，反过来，经济增长也是吸引劳动力流入的主要原因。一般来说，经济总量分布与人口分布基本一致。不过也有例外，仍然有一些城市呈现出人口与经济分布的不平衡和分异性。一些城市人口较多，但经济总量并不高，如安徽的阜阳、六安，河南的驻马店、周口、信阳，江西的赣州、广安、上饶等。一些城市经济总量很高，但人口较少，如广东的东莞、珠海、深圳，浙江的嘉兴、湖州、舟山，内蒙古的鄂尔多斯、呼和浩特等。

人口与经济分布的不平衡与分异性说明了两点问题：第一，一些区域的发展缺乏效率，而一些区域的发展利用不足。对于前者，最大的环境问题是生活污染压力逐渐增加，而经济发展又无法为环境治理提供足够资金，环境基础设施建设跟不上，生产与生活陷入恶性循环。对于后者，最大的环境问题则是环境基础设施利用效率不高，造成污染治理的单位成本上升。可见，两种区域的人口与经济分布不平衡，从本质上看是资源错配。由于环境污染的特殊性，使得对污染的处理只能在当地解决，无法通过运输实现，这就加大了生态资源和环境基础设施优化配置的难度。解决这一问题的关键应该在于人口，只有放开户籍制度的限制，让人口无障碍地自由流动起来，给人们自主选择的机会，降低迁出/迁入成本，增加"经济好、人口少"城市的吸引力，才能打破这一僵局。第二，如果说人口代表生活污染，经济代表生产污染，那么人口与经济分布的不平衡和分异性恰恰说明生活污染与生产污染分布的不平衡与分异性。随着工业化和城市化发展的不断推进和升级，污染结构逐渐发生变化，由以生产污染为主转变为以生活污染为主，这个变化在水污染上体现得尤为突出。2003 年全国工业废水和工业 SO_2 排放量占全部排放量的比例分别为 46%和 83%，2015 年分别下降至 27%和 80%。不过，不同城市也会有不同表现。例如，2003 年北京市工业废水和工业 SO_2 排放量分别占总排放量的 14%和 62%，2015 年分别下降至 6%和 31%。相反，2003 年重庆市工业废水和工业 SO_2 排放量分别占总排放量的 61%和 80%，2015 年分别为 76%和 86%，不降反升。这就说明，对于不同的城市，应该结合生活污染与生产污染的结构分布，针对生活和生产制定差异化的环境政策，推行生态环境分区管治，因地制宜地化解经济与环境的冲突与矛盾。

1.2 研究目标与主要内容

1.2.1 研究目标

本研究目标可以概括为：分析新时代国家促进区域协调发展战略下，四大板块、京津冀、长江经济带、粤港澳大湾区等国家战略区域布局、经济社会发展及生态环境保护的总体态势；分析"十四五"国家重大区域战略布局可能出现的新动态、新要求，及其对生态环境保护的新要求；识别解析当前及"十四五"国家重点战略区域的目标要求、关键制约因素与关键生态环境问题；提出"十四五"重点战略区域加强生态环境保护与治理、高质量发展的重点政策措施。基于此，本研究从城市视角出发，通过对中国城市人口、经济、污染分布的不平衡和分异性分析，利用已有经验研究结论，找到识别国家战略区域生态环境分区管治核心问题的依据和判断标准，并针对京津冀、长江经济带、"一带一路"沿线省市、粤港澳大湾区、雄安新区等国家战略区域或重点地区，从生态环境分区管治的视角提出生态环境保护政策。

1.2.2 研究内容

本项目的主要研究内容分解如下：

（1）新时代国家重点战略区域经济社会发展及生态环境保护的总体态势与要求分析

国家战略区域是经济政策、产业政策、人口政策、环境政策、区域政策等一系列政策共同作用的试验田。当多种政策同时作用于一个区域时，这些政策的共同实施可能会出现耦合效应，在发挥各个政策效应的同时，也会促进其他政策的实施和效用发挥。不过，也可能出现冲抵效应，由于政策目标不一致，政策工具各异，在政策实施的过程中相互抵消，降低了政策效力。另外，还有可能因为地方政府的差异化目标，以及在多任务要求下选择相对简单、见效较快的任务，而不是最为关键、关乎全局的任务，使得政策效果大打折扣。因此，本部分结合未来"十四五"期间国家经济社会发展可能面临的各种挑战与机遇，在立足环境的前提下，兼顾经济、产业、人口、区域政策，从经济、人口、污染的空间分布入手，充分考虑国家战略区域内的城市规模和发展模式，针对不同区域，以及同一区域内的不同空间，深入分析新时代国家重点战略区域经济社会发展及生态环境保护的总体态势与要求。

（2）"十四五"国家重点区域战略布局可能出现的新动态及其对生态环境保护的新要求研究

改革开放以来，中国区域发展战略经历了非均衡发展阶段、促进欠发达地区发展阶段、区域协调发展战略阶段。这些发展阶段发生变化的原因就是经济社会的不断发展，当经济、人口与生态环境的快速变化使得现有的区域战略分布不再适宜时，国家重点区域战略布局就可能出现新动态。因此，对国家重点战略区域生态环境问题的判断和环境政策的制定，应当充分考虑到未来国家重点区域战略布局的新动态和新变化，因为这些变化将对生态环境保护提出新要求，带来新挑战。因此，本研究在分析京津冀、长江经济带、粤港澳大湾区等国家重点战略区域的基础上，还将重点研究"一带一路"沿线省份和雄安新区两个区域的经济社会发展和生态环境要求。

（3）国家重点战略区域关键生态环境问题识别：基于城市基础数据的分析

环境问题的区域特点是地理的，更是经济的，地理的不平衡和经济的分异性是造成环境问题的原因。因此，需要通过生态环境分区管治，以及分阶段、差异化的考核体系，来化解地理、经济与环境的矛盾与冲突。本部分研究根据对国家战略区域经济、人口、污染空间分布的不平衡与分异性，以及城市最优规模、城市发展模式对环境污染和治污减排的差异化影响，识别国家战略区域生态环境分区管治的核心问题。

（4）基于生态环境分区管治的"十四五"重点战略区域环境政策建议

本部分研究是在前面三部分研究内容的基础上，提炼出我国重点战略区域的核心空间问题，以此为依据，结合第三部分确定的国家战略区域的核心问题识别标准，抓住主要问题，针对各个重点战略区域的特点，从生态环境分区管治的角度入手，提出"十四五"重点战略区域加强生态环境保护与治理、高质量发展的政策建议。

1.3 技术路线

本研究是应用研究，是对新时代国家重点战略区域经济社会发展及生态环境保护的总体态势与要求的分析，是对"十四五"国家重点区域战略布局可能出现的新动态及其对生态环境保护的新要求的研判，也是对国家重点战略区域促进"生态环境高水平保护、高质量发展"关键生态环境问题的识别。课题研究成果对于"十四五"国家重点战略区域生态环境政策的制定将是一个有效的前期探索，为国家"十四五"生态环境保护规划的研究编制提供支持，技术路线如图 3-1-1 所示。

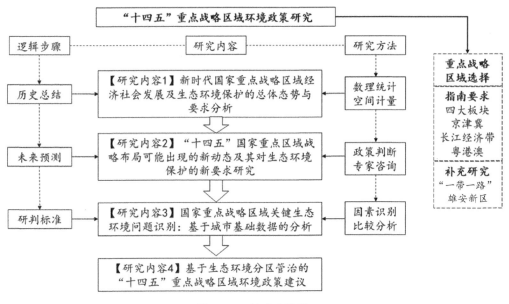

图 3-1-1　技术路线图

2　新时代国家重点战略区域经济社会发展及生态环境保护的总体态势与要求分析

2.1　我国国家战略区域发展的历史变革

中国的国土面积大、人口众多、资源丰富、区域差异明显，区域问题是中国经济发展必须面对的重大问题。改革开放以来，中国区域发展战略经历了非均衡发展阶段（1978—1998 年）、促进欠发达地区发展阶段（1999—2012 年）、区域协调发展阶段（2013 年至今）（图 3-1-2）。

图 3-1-2　中国国家战略区域发展的阶段

（1）第一阶段：非均衡发展阶段

1978年党的十一届三中全会正式提出改革开放的总方针，明确提出采取兴办经济特区、设立沿海开放城市和开发区、促进沿海地区开放等一系列向东部沿海地区倾斜的战略举措。这一阶段的非均衡发展战略推动了沿海地区发展，为推进改革开放和建立社会主义市场经济体制积累了宝贵经验，但也造成了沿海地区与内地经济发展差距的不断拉大，以及区域产业结构的严重失衡。

（2）第二阶段：促进欠发达地区发展阶段

为消除区域发展不平衡，促进欠发达地区发展。1999年9月，党的十五届四中全会正式提出实施西部大开发战略，2000年1月，国务院决定成立西部地区开发领导小组，西部大开发战略正式启动实施。2003年10月，中共中央、国务院发布《关于实施东北地区等老工业基地振兴战略的若干意见》，对振兴东北老工业基地作出重大战略部署。2006年4月，中共中央、国务院出台的《关于促进中部地区崛起的若干意见》，提出了促进中部地区崛起的多项政策意见。

在西部大开发、东北振兴、中部崛起三大战略的作用下，欠发达地区的经济社会发展速度明显加快，但限于当时发展阶段的需求和认识上的不足，三大战略的规划实施对生态环境保护的考虑不够，当三大战略推进到一定程度后，生态环境瓶颈逐渐显露，制约着三大战略的深化实施。

西部大开发战略。西部大开发战略实施以来，经济社会发展速度明显加快，人民生活水平得到显著提高；基础设施逐步完善，生态环境建设取得积极成果；对外开放水平不断提高，多层次区域合作格局逐步形成；整体经济实力和区域地位得到提升，正逐渐形成一批具有一定竞争力的特色优势产业，为西部地区的进一步发展奠定了良好基础。但在西部大开发过程中，大量东部产业西移，一些地方政府为了获得短期的经济利益，不惜以牺牲环境为代价，纵容污染项目上马，给西部的自然环境和居民生活环境造成了严重的污染，加上西部地区大多生态系统较为脆弱，这为西部地区的可持续发展埋下隐患。

东北振兴战略。东北振兴战略实施以来，东北地区经济结构进一步优化，自主创新能力显著提升，对外开放水平有所提高，基础设施条件得到改善，城乡面貌发生重大变化；优势产业不断壮大，并成为主导区域经济发展的重要支柱，产业结构已向集约化、高级化和精深加工转变；地区产业结构趋于合理，生产要素进一步向优势产业集中，企业生产效率普遍提高，市场竞争力有所增强。但同时，一些深层次问题还没有得到根本解决。例如，一些资源型城市没有注重资源的可持续，依旧延续了惯有的"快车道"开采模式，造成了部分资源型城市资源逐渐枯竭，已开采量已然远大于未开采的数量，并带来一系列连锁反应，例如生态环境破坏、资源型城市资源枯竭导致经济下滑、下岗职工的出现等问题。更重要的是，资源的消耗与环境污染必然会使城市丧失今后可持续发展的基础。

中部崛起战略。中部崛起战略实施以来，经济增长方式由数量粗放型向质量效益型转变，开放进一步扩大，积极承接海外和沿海的产业转移，区域资源整合与经济合作不断加快，能源、原材料、装备制造业、农业和农产品加工业都获得较快发展，经济和社会增长速度有所加快。但是，中部地区仍面临着诸多制约长远发展的矛盾和问题，资源枯竭和环境破坏严重，资源产业可持续发展能力差，过分依赖资源开发的增长模式尚未转变。

（3）第三阶段：区域协调发展阶段

进入21世纪以来，全国各地区经济实现普遍增长，地区间经济增长速度差距扩大的趋势得到缓解，但过去的区域发展战略红利也逐渐消失，对中国国家战略区域调整提出了新的需求和挑战。2013

年 5 月，习近平总书记提出北京、天津应谱写社会主义现代化"双城记"，并提出推动京津冀协同发展。2013 年 9 月和 10 月，习近平总书记分别提出建设"新丝绸之路经济带"和"21 世纪海上丝绸之路"的战略构想，强调相关各国要打造互利共赢的"利益共同体"和共同发展繁荣的"命运共同体"。2014 年 3 月，李克强总理在第十二届全国人民代表大会第二次会议上所作的《政府工作报告》指出，"要谋划区域发展新棋局，由东向西、由沿海向内地，沿大江大河和陆路交通干线，推进梯度发展。依托黄金水道，建设长江经济带"。这是长江经济带首次出现在政府工作报告中，标志着建设长江经济带已然上升为国家战略。2014 年 12 月，习近平总书记在部署 2015 年经济工作时指出，"要重点实施'一带一路'建设、京津冀协同发展、长江经济带三大战略，争取明年有个良好开局"。至此，"一带一路"建设、京津冀协同发展、长江经济带三大国家级战略区域布局完成。

2.2　四大板块经济社会发展及生态环境保护的总体态势与要求分析

2.2.1　经济的空间分布

表 3-1-1 统计了 2001—2017 年东、中、西、东北部这四大板块的 GDP 总量与 GDP 增速。由表 3-1-1 可以看出，2001—2017 年，四大板块的经济总量增长与全国基本保持一致，但也存在较大差异。

表 3-1-1　2001—2017 年四大板块的 GDP 总量与增速

年份	GDP 总量/亿元				GDP 增速/%			
	东部	中部	西部	东北部	东部	中部	西部	东北部
2001	56 360	21 531	18 248	10 627	10.47	8.79	9.57	9.07
2002	62 831	23 522	20 081	11 587	11.48	9.25	10.04	9.03
2003	73 281	26 348	22 955	12 955	16.71	13.76	13.81	13.70
2004	88 433	32 088	27 585	15 134	20.68	21.78	20.17	16.82
2005	109 925	37 230	33 493	17 141	18.42	17.76	17.10	17.85
2006	128 593	43 218	39 527	19 715	16.97	16.08	17.69	16.02
2007	152 346	52 041	47 864	23 373	18.72	21.11	21.19	18.70
2008	177 580	63 188	58 257	28 196	16.56	21.42	21.71	20.63
2009	196 674	70 578	66 973	31 078	9.01	10.21	7.06	9.40
2010	232 031	86 109	81 408	37 493	17.98	22.01	21.55	20.64
2011	271 355	104 474	100 235	45 378	16.95	21.33	23.13	21.03
2012	295 892	116 278	113 905	50 477	9.04	11.30	13.64	11.24
2013	322 259	127 306	126 003	54 442	8.91	9.48	10.62	7.85
2014	350 101	138 680	135 369	57 469	7.80	8.42	6.63	5.03
2015	372 983	146 950	145 019	57 816	6.54	5.96	7.13	0.60
2016	410 186	160 646	156 828	52 410	7.74	7.68	8.51	−0.80
2017	447 835	176 487	168 562	54 256	6.94	7.82	8.11	3.52

数据来源：根据《中国城市统计年鉴》（2002—2018 年）整理获得。

从经济总量看，2001 年，东、中、西、东北部对全国 GDP 的贡献率分别为 52.79%、20.17%、17.09% 和 9.95%，东部地区贡献了中国经济总量的一半以上，其次是中部地区，再次是西部地区，最后是东北地区。当然，不能单纯从这个贡献比重评估每个区域的经济发展，因为每个区域内所涵盖的省市个数是不同的,但这并不影响我们通过年份之间的动态变化分析四大板块的经济发展。2017年,东、中、西、东北部对全国 GDP 的贡献率分别为 52.86%、20.83%、19.90%和 6.40%。四大板块的贡献率排名顺序没有变化,东部地区仍然贡献了中国经济总量的一半以上,东、中、西部三个板块的贡献率都有不同程度的提升,尤其是西部地区,贡献率由 17.09%提高至 19.90%。相反,东北部地区的经济贡献率则由 9.95%下降至 6.40%,出现了滑坡。

从经济增速看,2001 年,东、中、西、东北部的 GDP 增速分别为 10.47%、8.79%、9.57%和 9.07%,东部地区的经济增速显著高于其他三个地区,西部地区和东北部地区的经济增速紧随其后,中部地区的 GDP 增速是四大板块中最低的。2017 年,在全国增速调整的趋势下,各地区 GDP 增速也纷纷回落,但回落的同时也呈现出异质性。东、中、西、东北部的 GDP 增速分别为 6.94%、7.82%、8.11%和 3.52%,西部成为全国经济增速最快的区域,其次是中部地区,东部地区的经济增速与全国平均水平持平,东北部地区的经济增速是最慢的。

四大板块的 GDP 总量与增速数据表明,21 世纪以来,东部地区始终是中国经济发展的主要贡献区域,但近些年来,经济增速逐年放缓。中部地区和西部地区对全国经济总量的贡献率逐年提升,经济增速也保持相对较高水平。相比之下,东北部地区经济总量对全国的贡献逐年下降,经济增速也明显回落。

表 3-1-2 统计了 2001—2017 年东、中、西、东北部这四大板块的人均 GDP,人均 GDP 这个指标较为全面,充分考虑了经济总量和人口总量,反映了一个地区的经济发展的综合情况。可以看出,2001 年,四大板块人均 GDP 由高到低排名分别为东部、东北部、中部和西部,东部地区的人均 GDP 遥遥领先,中部和西部地区的人均 GDP 相对接近。随后的十几年中,四大板块的人均 GDP 都逐年增加,但增长幅度呈现出较大差异,这直接体现在 2017 年四大板块人均 GDP 的差异。2017 年,东部地区的人均 GDP 为 9.04 万元,其次是东北部地区,人均 GDP 为 5.01 万元,再次是中部地区,人均 GDP 为 4.76 万元,西部地区的人均 GDP 为 4.56 万元,是最低的。比较 2001 年和 2017 年两年四大板块的差异,东部地区人均 GDP 始终处于领先地位,东北部地区人均 GDP 的增长速度十分缓慢,与中西部地区的差距越来越少,中部地区的人均 GDP 增长势头较为稳健。

表 3-1-2 2001—2017 年四大板块的人均 GDP 　　　　　　　　　　　单位:万元

年份	东部平均	中部平均	西部平均	东北部平均	全国平均
2001	1.63	0.59	0.53	0.97	0.93
2002	1.54	0.65	0.58	1.05	0.95
2003	2.07	0.75	0.67	1.17	1.16
2004	2.45	0.90	0.80	1.37	1.38
2005	2.74	1.06	0.98	1.56	1.59
2006	3.13	1.23	1.15	1.79	1.82
2007	3.63	1.47	1.38	2.12	2.15
2008	4.15	1.78	1.68	2.55	2.54
2009	4.56	1.98	1.93	2.81	2.82
2010	5.08	2.42	2.35	3.37	3.31
2011	5.79	2.93	2.88	4.07	3.92
2012	6.25	3.25	3.24	4.53	4.32
2013	6.73	3.53	3.56	4.88	4.67

年份	东部平均	中部平均	西部平均	东北部平均	全国平均
2014	7.16	3.81	3.88	5.15	5.00
2015	7.65	4.00	4.04	5.20	5.22
2016	8.36	4.34	4.32	4.84	5.46
2017	9.04	4.76	4.56	5.01	5.84

数据来源：根据《中国城市统计年鉴》（2002—2018 年）整理获得。

2.2.2　人口的空间分布

表 3-1-3 统计了 2001—2017 年东、中、西、东北部这四大板块的人口总量和增速。从人口总量看，2001 年，东、中、西、东北部地区在全国人口总量的占比分别为 34.5%、28.3%、28.7% 和 8.4%。东部地区的人口总量占比最多，其次是西部地区，再次是中部地区，最后是东北地区。由于每个区域内所涵盖的省市个数是不同的，因此不能单纯从这个占比分析人口变化，但这并不影响我们通过年份之间的动态变化分析四大板块的人口变动情况。

表 3-1-3　2001—2017 年四大板块的总人口与人口增速

年份	人口总量/万人				人口增速/%			
	东部	中部	西部	东北部	东部	中部	西部	东北部
2001	43 728	35 912	36 447	10 696	4.19	6.27	8.42	2.67
2002	44 028	36 084	36 691	10 715	4.11	5.76	8.08	2.36
2003	44 411	36 310	36 923	10 729	3.82	5.53	7.43	1.57
2004	45 034	36 511	37 127	10 743	4.40	5.45	7.29	1.50
2005	46 388	35 202	35 976	10 757	4.46	5.58	7.23	2.07
2006	46 906	35 251	36 157	10 817	4.58	5.58	7.09	2.05
2007	47 476	35 293	36 298	10 852	4.94	5.50	7.09	2.17
2008	47 965	35 466	36 522	10 874	4.94	5.46	6.86	1.65
2009	48 443	35 604	36 730	10 885	5.05	5.64	6.78	1.66
2010	50 664	35 697	36 069	10 955	4.95	5.90	6.64	1.59
2011	51 063	35 791	36 222	10 966	4.80	5.76	6.49	0.58
2012	51 461	35 927	36 428	10 973	5.29	5.94	6.61	0.41
2013	51 819	36 085	36 637	10 976	4.87	5.99	6.49	0.36
2014	52 169	36 262	36 839	10 976	5.41	6.04	6.61	0.52
2015	52 519	36 489	37 133	10 947	4.73	5.94	6.51	−0.23
2016	52 951	36 709	37 414	10 910	4.36	6.15	6.83	−0.24
2017	53 364	36 900	37 695	10 875	6.16	6.54	7.09	−0.20

数据来源：根据《中国城市统计年鉴》（2002—2018 年）整理获得。

2017 年，东、中、西、东北部地区在全国人口总量的占比分别为 38.4%、26.6%、27.1% 和 7.8%，四大板块的占比排名顺序没有变化，东部地区依然是人口总量占全国人口总量比重最大的地区，并且比重增大。中、西、东北部三个板块的人口总量占全国人口总量的比重减小。

从人口增速看，2001 年，东、中、西、东北部地区的人口增速分别为 4.19%、6.27%、8.42% 和 2.67%，西部地区的人口增速显著高于其他三个地区，其次是中部地区，再次是东部地区，最后是东北部地区。2017 年,东、中、西、东北部地区的人口增速分别为 6.16%、6.54%、7.09% 和 -0.20%,四大板块的人口增长速度排名顺序没有变化,并且东北部地区的人口自 2015 年起出现负增长,人口总量减少。

四大板块的人口总量人口增长速度数据表明,2001—2017 年,东北部地区人口总量最少,增速也最缓慢;西部地区人口总量较多,人口增长速度最快;中部地区人口总量较少,人口增速较快;东部地区人口总量最多,人口增长速度较西部地区和中部地区缓慢。因此,从人口的空间分布看,东部地区来自人口的生活污染压力最大,其次是西部地区和中部地区。

2.2.3 污染的空间分布

表 3-1-4 统计了 2003—2017 年东、中、西、东北部这四大板块的人口总量和增速,可以看出,2003—2017 年,四大板块的工业废水排放总量变化与全国基本保持一致,但也存在较大差异。2003 年,东、中、西、东北部对全国 GDP 的贡献率分别为 47.93%、23.18%、20.91% 和 7.98%,东部地区贡献了中国工业废水排放总量的接近一半,其次是中部地区,再次是西部地区,最后是东北地区。当然,不能单纯从这个贡献比重评估每个区域的污染状况,因为每个区域内所涵盖的省市个数是不同的,但这并不影响我们通过年份之间的动态变化分析四大板块的经济发展。2017 年,东、中、西、东北部对全国 GDP 的贡献率分别为 48%、22%、23% 和 7%,四大板块的贡献率没有发生太大变化。

表 3-1-4　2003—2017 年四大板块的工业废水排放量　　　　　　　　　　单位:万 t

年份	东部	中部	西部	东北部	四大板块结构
2003	974 517	471 322	425 225	162 185	48∶23∶21∶8
2004	1 042 486	476 537	438 698	166 407	49∶22∶21∶8
2005	1 139 688	482 287	471 055	184 972	50∶21∶21∶8
2006	1 138 768	492 526	463 427	169 914	50∶22∶20∶8
2007	1 244 707	501 465	500 759	167 346	52∶21∶21∶7
2008	1 171 403	492 553	492 922	153 179	51∶21∶21∶7
2009	1 123 889	499 618	430 852	141 133	51∶23∶20∶6
2010	1 173 173	513 693	426 614	140 884	53∶23∶19∶6
2011	1 165 061	518 444	368 891	165 469	53∶23∶17∶7
2012	1 056 292	500 917	368 172	167 663	50∶24∶18∶8
2013	1 050 098	481 828	349 073	164 372	51∶24∶17∶8
2014	991 049	468 589	326 379	165 577	51∶24∶17∶8
2015	962 831	467 459	329 133	148 902	50∶24∶17∶8
2016	3 830 748	1 576 648	1 575 425	463 610	51∶21∶21∶6
2017	3 383 009	1 540 621	1 575 425	497 556	48∶22∶23∶7

数据来源:2003—2015 年的数据为工业废水排放量,是根据《中国城市统计年鉴》(2002—2016 年)整理获得的,2016—2017 年的数据为废水排放总量,是根据《中国统计年鉴》(2017—2018 年)整理获得。

图 3-1-3 进一步比较了 2003—2017 年四大板块的工业废水排放量占比情况,可以看出,工业废水排放量占比情况为:东部>西部>中部>东北部。从变化趋势看,东部、东北部的工业废水占比基本稳定,中部的工业废水占比略有下降,西部的工业废水占比明显上升。

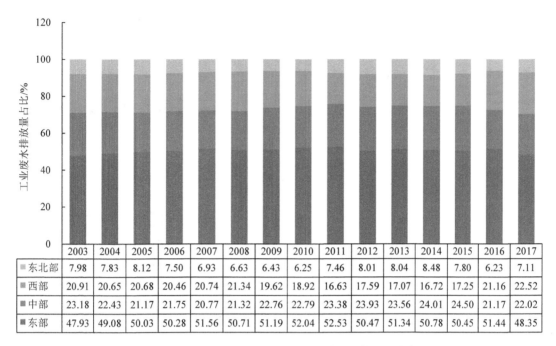

图 3-1-3 2003—2017 年四大板块工业废水排放量占比变化

表 3-1-5 统计了 2003—2017 年东、中、西、东北部这四大板块的工业 SO_2 排放量，2003 年，东、中、西、东北部的工业 SO_2 排放量占全国的比重分别为 39%、23%、31% 和 7%，东部地区的排放量占比高于其他三个地区，其次是西部地区和中部地区，东北部地区的工业 SO_2 排放量占比是最低的。随后十几年中，东部地区的工业 SO_2 排放量占比逐年下降，中部地区和西部地区的占比有所上升，东北部地区的占比没有太大变化。

表 3-1-5 2003—2017 年四大板块的工业 SO_2 排放量 　　　　　　　　　　单位：万 t

年份	东部	中部	西部	东北部	四大板块结构
2003	590	356	482	103	39∶23∶31∶7
2004	659	428	545	109	38∶25∶31∶6
2005	716	497	607	162	36∶25∶31∶8
2006	699	497	599	165	36∶25∶31∶8
2007	682	479	606	169	35∶25∶31∶9
2008	612	456	573	172	34∶25∶32∶9
2009	549	429	533	162	33∶26∶32∶10
2010	581	421	542	149	34∶25∶32∶9
2011	620	476	620	161	33∶25∶33∶9
2012	585	420	551	157	34∶25∶32∶9
2013	551	423	523	155	33∶26∶32∶9
2014	525	403	511	148	33∶25∶32∶9
2015	462	370	442	139	33∶26∶31∶10
2016	350	229	420	103	32∶21∶38∶9
2017	246	175	370	85	28∶20∶48∶10

数据来源：2003—2015 年的数据为工业 SO_2 排放量，是根据《中国城市统计年鉴》（2002—2016 年）整理获得的，2016—2017 年的数据为 SO_2 排放总量，是根据《中国统计年鉴》（2017—2018 年）整理获得。

图 3-1-4 进一步比较了 2003—2017 年四大板块的工业 SO_2 排放量占比情况。

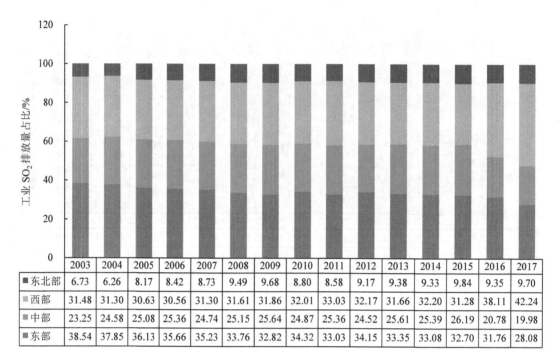

	2003	2004	2005	2006	2007	2008	2009	2010	2011	2012	2013	2014	2015	2016	2017
■东北部	6.73	6.26	8.17	8.42	8.73	9.49	9.68	8.80	8.58	9.17	9.38	9.33	9.84	9.35	9.70
■西部	31.48	31.30	30.63	30.56	31.30	31.61	31.86	32.01	33.03	32.17	31.66	32.20	31.28	38.11	42.24
■中部	23.25	24.58	25.08	25.36	24.74	25.15	25.64	24.87	25.36	24.52	25.61	25.39	26.19	20.78	19.98
■东部	38.54	37.85	36.13	35.66	35.23	33.76	32.82	34.32	33.03	34.15	33.35	33.08	32.70	31.76	28.08

图 3-1-4　2003—2017 年四大板块工业 SO_2 排放量占比变化

2.3　京津冀地区经济社会发展及生态环境保护的总体态势与要求分析

2.3.1　经济的空间分布

表 3-1-6 统计了 2001—2017 年京津冀城市群中各城市的 GDP，总体来看，京津冀城市群的 GDP 呈增长趋势。并且，越是 GDP 高的城市，增长速度越快。也正是因为这种差异化的增长速度，导致各城市之间的 GDP 差距越来越大，呈现出一定程度的两极分化。2001 年，北京的 GDP 是最高的，比天津的 GDP 多 1 006 亿元，比河北衡水的 GDP 多 2 513.2 亿元。2017 年，北京与天津的差值为 9 466 亿元，与秦皇岛市差值为 17 043 亿元。差值额逐渐增大，城市内部经济发展严重不均衡。2017 年唐山 GDP 总量突破 7 000 亿元，共计 7 106.1 亿元，同比增长 6.5%。省会石家庄排名第二，GDP 总量 6 003.5 亿元，同比增长 7.3%。两城 GDP 总量共计 13 109.6 亿元，占比 36.5%。值得注意的是，2016 年石家庄 GDP 总量仅比唐山少 427 亿元，但是 2017 年经济差距扩大至 645 亿元。

沧州、邯郸、保定 GDP 总量均超 3 000 亿元，其中邯郸反超保定。2017 年邯郸和保定 GDP 总量分别为 3 666.3 亿元和 3 227.3 亿元，其中邯郸 GDP 总量比保定高出 439 亿元。邢台 GDP 突破 2 000 亿元，承德经济反超张家口，GDP 总量比张家口高出 63 亿元。从 GDP 增速来看，2017 年仅唐山和保定 GDP 增速低于全省平均水平，但是 GDP 增速高于 7% 的城市仅有 5 个，分别为石家庄、秦皇岛、衡水、邯郸、承德。其中石家庄和秦皇岛 GDP 增速最高，均为 7.3%。

2001—2017 年京津冀城市群中各城市的人均 GDP，各城市的人均 GDP 呈现出逐年提高的趋势，其中，北京市和天津市的人均 GDP 增长速度最快（表 3-1-7）。河北省各城市的人均 GDP 均远低于北京和天津，经济发展水平具有一定差距。2017 年，北京市以 128 994 元的人均 GDP 位列第一，各城市的人均 GDP 都出现了明显提升，部分城市之间的差距也在缩小。2017 年，唐山市的人均 GDP 由 2016 年的 81 239 万元增长到 90 597 万元，增长幅度最大。但京津冀各城市的人均 GDP 也存在着两极分化的特点。河北省内城市显著低于北京市、天津市这样的一、二线城市。京津冀地区要想加快一体化进程，必须要缩小北京市、天津市与河北省内城市的 GDP 和人均 GDP 的差距。

表 3-1-6　2001—2017 年京津冀地区的 GDP 总量　　　　单位：亿元

年份	北京市	天津市	石家庄市	唐山市	秦皇岛市	邯郸市	邢台市	保定市	张家口市	承德市	沧州市	廊坊市	衡水市
2001	2 846	1 840	1 085	1 006	307	592	406	747	258	182	487	413	322.8
2002	3 213	2 051	1 187	1 102	336	653	439	823	278	200	531	460	349
2003	3 663	2 448	1 378	1 295	387	763	515	925	320	235	629	529	397
2004	4 283	2 932	1 633	1 626	453	936	636	1 111	400	301	774	605	474
2005	6 886	3 698	1 787	2 028	491	1 157	681	1 072	416	360	1 131	621	520
2006	7 870	4 359	2 027	2 362	552	1 359	791	1 200	484	428	1 282	730	547
2007	9 353	5 050	2 361	2 779	684	1 608	891	1 375	566	554	1 465	884	558
2008	10 488	6 354	2 838	3 561	809	1 990	989	1 581	720	760	1 716	1 051	634
2009	12 153	7 522	3 001	3 813	805	2 015	1 056	1 056	800	760	1 801	1 147	652
2010	14 114	9 224	3 401	4 469	930	2 362	1 212	2 050	966	889	2 203	1 351	782
2011	16 252	11 307	4 083	5 442	1 070	2 789	1 429	2 450	1 119	1 104	2 585	1 611	929
2012	17 879	12 894	4 500	5 862	1 139	3 024	1 532	2 721	2 721	1 182	2 812	1 794	1 011
2013	19 501	14 370	4 864	6 121	1 169	3 062	1 605	2 904	1 317	1 272	3 013	1 943	1 070
2014	21 331	15 727	5 170	6 225	1 200	3 080	1 647	3 035	1 349	1 343	3 133	2 176	1 149
2015	23 015	16 538	5 441	6 103	1 250	3 145	1 765	3 000	1 364	1 359	3 321	2 474	1 220
2016	25 669	17 885	5 928	6 355	1 349	3 337	1 976	3 477	1 466	1 439	3 545	2 706	1 420
2017	28 015	18 549	6 461	7 106	1 506	3 666	2 236	3 227	1 556	1 617	3 816	2 881	1 550

数据来源：根据《中国城市统计年鉴》（2002—2018 年）整理获得。

表 3-1-7　2001—2017 年京津冀地区的人均 GDP　　　　单位：元

年份	北京市	天津市	石家庄市	唐山市	秦皇岛市	邯郸市	邢台市	保定市	张家口市	承德市	沧州市	廊坊市	衡水市
2001	25 542	20 155	12 157	14 379	11 450	7 032.05	6 155	7 058	5 742	5 143	7 258	10 881	7 863.6
2002	28 449	22 380	13 187	15 715	12 463	7 710	6 632	7 723	6 190	5 608	8 065	12 015	8 497
2003	32 061	26 532	15 188	18 387	14 236	8 934	7 731	8 614	7 102	6 555	9 496	13 704	9 628
2004	37 058	31 550	17 871	22 965	16 515	10 887	9 491	10 261	8 889	8 352	11 659	15 566	11 450
2005	45 444	35 783	19 277	28 006	17 171	13 410	10 041	10 020	9 947	10 723	16 581	15 727	12 344
2006	50 467	41 163	21 000	32 429	19 745	15 642	11 598	11 146	11 580	12 688	18 658	18 327	12 944
2007	58 204	46 122	24 243	37 765	23 330	18 406	12 978	12 703	13 520	16 377	21 205	21 917	13 132
2008	63 029	55 473	28 923	48 054	27 481	22 651	14 315	14 518	17 134	21 048	24 665	25 757	14 843
2009	70 452	62 574	30 428	51 179	27 110	22 779	15 174	15 770	18 948	22 198	25 719	27 904	15 192
2010	75 943	72 994	33 915	59 389	31 182	26 143	17 189	18 451	22 517	25 699	31 091	31 844	18 076
2011	81 658	85 213	39 919	71 565	35 691	30 270	20 027	21 796	25 649	31 705	36 053	36 773	21 334
2012	87 475	93 173	43 552	76 643	37 804	32 650	21 361	24 053	28 139	33 791	38 949	40 598	23 101
2013	148 181	143 129	48 491	82 831	39 889	30 800	21 030	24 951	28 201	33 653	39 960	46 046	23 889
2014	99 995	105 231	48 970	80 450	39 282	32 943	22 758	26 501	30 540	38 128	42 676	48 407	26 022

年份	北京市	天津市	石家庄市	唐山市	秦皇岛市	邯郸市	邢台市	保定市	张家口市	承德市	沧州市	廊坊市	衡水市
2015	106 497	107 960	51 043	78 398	40 746	33 450	33 450	29 067	30 840	38 505	44 819	54 460	27 543
2016	118 198	115 053	55 177	81 239	81 239	35 265	27 038	29 992	33 142	40 741	47 425	58 972	31 955
2017	128 994	118 944	59 910	90 597	48 665	38 622	30 552	30 778	35 154	45 829	50 855	62 418	34 809

数据来源：根据《中国城市统计年鉴》（2002—2018 年）整理获得。

2.3.2　人口的空间分布

表 3-1-8 统计了 2001—2017 年京津冀城市群中 13 个城市的人口总量，可以看出，各城市的人口呈现出增长缓慢趋势。不过，2017 年，京津冀城市群中的大多数城市人口没有增长。天津、邢台和廊坊这三个城市的人口数量还在增长，秦皇岛市和衡水市的人口数量基本持平，其余城市的人口数量均在减少，其中，北京市的总人口由 2016 年的 1 363 万人下降至 2017 年的 1 359 万人，石家庄的人口由 2016 年的 1 038 万人下降至 2017 年的 973 万人，是人口减少较为明显的两个城市。

表 3-1-9 统计了 2001—2017 年京津冀城市群中 13 个城市的人口密度，可以看出，北京和天津的人口密度都逐年下降，河北所辖的各城市人口密度变动趋势不一致。其中，石家庄、邢台、承德、衡水和沧州人口密度有所下降，唐山和秦皇岛人口密度基本保持不变，邯郸、保定、张家口的人口密度有所提高。人口密度的变化一方面反映出城市扩张的速度，另一方面反映出城市人口的变动，而这些都与污染的空间分布密切相关。

表 3-1-8　2001—2017 年京津冀地区的总人口　　　　　　　单位：万人

年份	北京市	天津市	石家庄市	唐山市	秦皇岛市	邯郸市	邢台市	保定市	张家口市	承德市	沧州市	廊坊市	衡水市
2001	1 122	914	896	700	268	844	661	1 062	449	355	674	382	411
2002	1 136	919	904	703	270	850	664	1 070	451	358	677	384	411
2003	1 149	926	911	706	273	857	667	1 077	450	359	680	387	413
2004	1 163	933	918	710	276	863	672	1 088	450	361	679	390	414
2005	1 181	939	927	715	279	871	675	1 092	450	361	685	392	418
2006	1 198	949	940	719	281	884	683	1 106	454	364	691	396	423
2007	1 213	959	955	725	283	896	695	1 123	457	367	700	402	427
2008	1 300	969	966	729	286	928	706	1 142	460	369	710	408	433
2009	1 246	980	977	734	287	943	719	1 155	462	372	718	413	436
2010	1 258	985	989	735	288	964	732	1 161	466	373	731	419	440
2011	1 278	996	997	737	290	980	737	1 161	467	374	735	425	442
2012	1 298	993	1 005	742	291	993	748	1 172	468	377	744	433	442
2013	1 316	1 004	1 003	739	293	994	763	1 164	467	378	754	422	448
2014	1 333	1 017	1 025	753	295	1 030	773	1 197	469	381	768	450	453
2015	1 345	1 027	1 029	755	296	1 050	780	1 202	469	382	774	461	452
2016	1 363	1 044	1 038	760	298	1 055	788	1 207	470	383	780	470	455
2017	1 359	1 050	973	755	298	1 051	790	1 199	465	380	778	474	454

数据来源：根据《中国城市统计年鉴》（2002—2018 年）整理获得。

表 3-1-9　2001—2017 年京津冀地区的人口密度　　　　　　　单位：万人/ km²

年份	北京市	天津市	石家庄市	唐山市	秦皇岛市	邯郸市	邢台市	保定市	张家口市	承德市	沧州市	廊坊市	衡水市
2001	1.27	1.76	1.71	1.38	0.95	1.39	1.41	1.22	1.10	1.18	1.38	2.11	1.52
2002	1.06	1.66	1.74	1.93	0.94	1.38	1.30	1.23	1.11	1.11	1.40	1.69	1.60
2003	0.91	1.56	1.50	1.58	0.92	1.37	1.18	1.22	1.11	1.14	1.37	1.66	1.42
2004	0.92	1.53	1.40	1.59	0.94	1.36	1.10	1.03	1.12	1.14	1.40	1.70	1.27
2005	0.89	1.45	1.37	1.57	0.94	1.38	1.48	1.03	1.12	1.21	1.35	1.59	1.29
2006	0.92	1.44	1.32	1.44	0.95	1.41	1.14	1.05	1.14	0.61	1.19	1.43	1.05
2007	0.89	1.37	1.27	1.45	0.93	1.40	0.83	1.03	1.15	0.64	1.19	1.46	1.07
2008	0.88	1.24	1.26	1.43	0.94	1.41	0.84	0.82	1.11	0.62	1.18	1.43	0.70
2009	0.87	1.21	1.21	1.37	0.93	1.36	0.88	0.81	1.09	0.63	1.21	1.37	0.71
2010	1.00	1.17	1.20	1.31	0.97	1.33	1.02	0.80	1.07	0.58	1.17	1.36	1.12
2011	0.98	1.15	1.17	1.31	0.95	1.27	1.00	0.81	1.05	0.55	0.90	1.33	1.08
2012	0.97	1.13	1.14	1.32	0.92	1.27	1.18	0.77	1.05	0.52	0.88	1.28	1.10
2013	0.95	1.12	1.16	1.22	0.91	1.15	1.10	0.74	0.99	0.52	0.83	1.27	0.89
2014	0.97	1.13	1.88	1.32	0.92	1.44	1.11	0.77	1.05	0.52	0.85	1.30	1.18
2015	0.96	1.18	1.48	1.34	1.07	1.38	0.98	1.24	1.06	0.51	0.77	1.29	1.22
2016	0.96	1.04	1.49	1.04	1.11	2.22	0.99	1.52	1.52	0.51	0.77	1.26	1.25
2017	0.94	0.97	1.46	1.34	1.07	2.15	0.86	1.49	1.73	0.48	0.69	1.26	1.28

数据来源：根据《中国城市统计年鉴》（2002—2018 年）整理获得。

2.3.3　污染的空间分布

表 3-1-10 统计了 2003—2017 年京津冀城市群中各城市的工业废水排放量，可以看出，各城市的工业废水排放量在逐年减少，尤其是石家庄、保定和唐山，这三个城市的排放量出现了锐减。2017 年，13 个城市工业废水排水总量按照由高到低的顺序排列，排名前三位的城市分别为天津、唐山和北京，除了天津的工业废水排放量仍然多于 1 万 t 以外，其余城市的排放总量均低于 1 万 t。动态地看，河北省所辖城市的工业废水排放量减少最为明显，各城市的排放量均有较大幅度减少。相比而言，天津的工业废水排放量较高，且减少速度缓慢，说明天津工业废水的治理效果不够明显。

表 3-1-11 统计了 2003—2017 年京津冀城市群中各城市的工业 SO_2 排放量，按照工业 SO_2 排放的幅度由高到低排列，分别为北京（减排 96.67%）、衡水（减排 95.20%）、张家口（减排 90.91%）、保定（减排 85.08%）、石家庄（减排 82.74%）、天津（减排 81.62%）、邢台（减排 78.34%）、秦皇岛（减排 68.50%）、廊坊（减排 67.53%）、邯郸（减排 67.11%）、沧州（减排 53.33%）、唐山（减排 52.14%）、承德（减排 37.94%）。可见，大部分城市的工业 SO_2 排放量下降幅度很大，这也正是近些年来京津冀大气环境好转的主要原因所在。

表 3-1-10　2003—2017 年京津冀地区的工业废水排放量　　　　　　单位：万 t

年份	北京市	天津市	石家庄市	唐山市	秦皇岛市	邯郸市	邢台市	保定市	张家口市	承德市	沧州市	廊坊市	衡水市
2003	1.31	2.16	1.92	2.39	0.39	1.17	0.68	1.56	0.57	0.22	0.55	0.84	0.40
2004	1.31	2.26	2.59	2.71	2.71	1.22	0.78	1.64	0.60	0.91	0.71	0.62	0.45
2005	1.28	3.01	2.42	2.87	0.56	1.22	1.22	1.54	0.64	0.65	0.71	0.48	0.43
2006	1.02	2.30	2.42	2.87	2.87	1.24	0.92	1.61	0.77	0.71	0.75	0.55	0.66

年份	北京市	天津市	石家庄市	唐山市	秦皇岛市	邯郸市	邢台市	保定市	张家口市	承德市	沧州市	廊坊市	衡水市
2007	0.91	2.14	2.57	2.66	0.57	1.23	0.93	1.33	0.60	0.76	0.69	0.55	0.47
2008	0.84	2.04	2.10	2.94	0.48	0.99	1.00	1.25	0.69	0.80	0.70	0.57	0.63
2009	0.87	1.94	1.90	2.00	0.51	0.77	0.87	1.34	0.98	0.61	0.81	0.60	0.56
2010	0.82	1.97	1.93	1.82	1.82	0.77	0.93	1.79	0.70	0.63	0.69	0.67	0.65
2011	0.86	1.98	2.56	1.73	0.64	0.72	1.49	1.64	0.56	0.17	1.14	0.73	0.48
2012	0.92	1.91	3.11	1.94	0.61	0.59	1.48	1.58	0.63	0.14	1.17	0.56	0.47
2013	0.95	1.87	2.78	1.26	0.62	0.71	1.43	1.43	0.60	0.16	0.89	0.51	0.57
2014	0.92	1.90	2.40	1.40	0.63	0.64	1.43	1.42	0.62	0.16	0.95	0.51	0.50
2015	0.90	1.90	2.20	1.19	0.73	0.61	1.20	1.09	0.46	0.14	0.89	0.45	0.46
2016	0.85	1.80	1.30	1.33	0.39	0.48	0.93	0.74	0.35	0.14	0.45	0.45	0.22
2017	0.85	1.81	0.84	0.94	0.23	0.27	0.58	0.65	0.20	0.14	0.31	0.20	0.06

数据来源:根据《中国城市统计年鉴》(2004—2018年)整理获得。

表 3-1-11　2003—2017 年京津冀地区的工业 SO$_2$ 排放量　　　　单位:万 t

年份	北京市	天津市	石家庄市	唐山市	秦皇岛市	邯郸市	邢台市	保定市	张家口市	承德市	沧州市	廊坊市	衡水市
2003	11.40	23.01	21.20	25.03	6.00	17.91	10.94	5.63	16.06	5.64	2.70	3.48	4.17
2004	11.40	20.14	18.62	27.91	5.25	18.67	12.06	5.37	16.30	5.61	2.44	4.41	4.15
2005	10.55	24.12	18.15	29.65	5.27	19.23	1.94	6.81	15.25	6.81	3.32	4.33	6.81
2006	9.38	23.23	20.99	29.60	5.28	19.83	13.05	7.02	15.62	6.67	2.77	4.83	6.90
2007	8.29	22.48	19.72	28.71	5.50	19.10	12.19	6.71	15.99	8.68	2.68	4.31	5.84
2008	5.78	20.98	17.10	27.21	4.84	16.88	10.83	6.03	13.29	8.39	2.56	3.42	5.32
2009	5.99	17.30	14.35	24.37	4.51	16.01	10.04	5.84	11.47	7.64	2.39	3.24	4.41
2010	5.68	21.76	13.79	23.81	4.47	16.18	9.61	5.40	9.30	7.13	2.58	3.23	3.91
2011	6.13	22.19	19.68	33.19	7.56	22.03	10.65	8.73	9.55	8.74	4.36	4.88	3.43
2012	5.93	21.55	18.00	31.31	7.17	20.30	10.00	7.53	8.30	8.34	4.48	5.11	3.42
2013	5.20	20.78	18.15	28.28	7.25	18.50	9.18	7.93	7.24	7.24	4.07	4.86	3.30
2014	4.03	19.54	15.60	25.08	6.55	14.59	9.09	6.47	7.59	7.20	3.98	4.63	3.31
2015	2.21	15.46	11.37	21.47	4.67	11.02	7.60	4.99	6.19	5.54	3.27	3.90	2.99
2016	10.26	5.45	8.58	12.54	2.41	7.15	6.10	2.80	2.02	4.79	2.18	2.37	0.96
2017	0.38	4.23	3.66	11.98	1.89	5.89	2.37	0.84	1.46	3.50	1.26	1.13	0.20

数据来源:根据《中国城市统计年鉴》(2004—2018年)整理获得。

2.4　长江经济带经济社会发展及生态环境保护的总体态势与要求分析

2.4.1　经济的空间分布

　　表 3-1-12 统计了 2001—2017 年长江经济带的 GDP 总量,2001—2017 年,长江经济带的经济总量增长稳健,但不同省市增长速度差异较大。从经济总量看,2001 年,长江经济带的 GDP 总量为43 143 亿元,上海、江苏、浙江、安徽、江西、湖北、湖南、重庆、四川、贵州、云南对长江经济带经济增长的贡献率分别为11.5%、21.8%、17.2%、7.0%、4.7%、9.8%、9.0%、4.1%、10.1%、1.6%和3.2%。其中,江苏对长江经济带的经济总量贡献最大,其次是浙江、上海、四川、湖北、湖南、安徽、江西、重庆、云南,最后是贵州。

2017 年，长江经济带的 GDP 总量为 370 996 亿元，上海、江苏、浙江、安徽、江西、湖北、湖南、重庆、四川、贵州、云南的经济贡献率分别为 8.3%、23.1%、14.0%、7.3%、5.4%、9.6%、9.1%、5.2%、10.0%、3.6%、4.4%。可见，与 2001 年相比，各省（市）贡献率排名顺序没有变化，江苏省仍然贡献最多。贵州省的贡献率提升幅度最大，由 2001 年的 1.6% 提升至 2017 年的 3.6%。浙江省和上海市的经济贡献率出现下滑，浙江省的贡献率由 2001 年的 17.2% 下降至 2017 年的 14.0%，上海市的贡献率由 2001 年的 11.5% 下降至 2017 年的 8.3%。总体来看，江苏省始终是长江经济带发展的主要贡献区域，浙江省、上海市和四川省和湖北省贡献也较大，但浙江、上海和湖北的经济贡献率出现了下降。安徽、江西、湖北、湖南、重庆、贵州和云南的经济贡献率均有提升，其中，贵州和云南虽然经济贡献率占比较小，但提升幅度较大。

表 3-1-13 统计了 2001—2017 年长江经济带各省（市）的人均 GDP，可以看出，2001—2017 年，长江经济带各省（市）的人均 GDP 均呈现出增长趋势，但也是存在差异的。2001 年，长江经济带各省（市）中人均 GDP 最高的是上海（37 828 元/人），其次是浙江、江苏、湖北、湖南、重庆、四川、安徽、江西、云南，其中，浙江和江苏的人均 GDP 均超过 10 000 元，人均 GDP 最低的是贵州，仅为 2 895 元。

2017 年，长江经济带各省市的人均 GDP 均超过 3 万元。最高人均 GDP 仍然为上海，为 126 634 元，其次是江苏和浙江，人均 GDP 最低的是云南（34 221 元）。从增长幅度看，2001—2017 年，人均 GDP 增长幅度最大的是贵州，实现了 1 211.1% 的人均 GDP 增长，增长幅度最小的是上海，增长幅度为 234.8%。

表 3-1-12　2001—2017 年长江经济带的 GDP 总量　　　　　　　　单位：亿元

年份	上海	江苏	浙江	安徽	江西	湖北	湖南	重庆	四川	贵州	云南
2001	4 951	9 398	7 431	3 007	2 043	4 241	3 901	1 750	4 341	709	1 360
2002	5 409	10 668	8 470	3 283	2 286	4 610	4 287	1 971	4 817	784	1 488
2003	6 251	12 748	9 974	3 662	2 643	5 077	4 680	2 251	5 435	884	1 780
2004	7 450	15 531	11 943	4 506	3 131	5 870	5 636	2 665	6 500	1 045	2 079
2005	9 154	18 244	13 470	5 388	3 984	6 023	6 481	3 070	7 085	1 247	2 419
2006	10 366	21 582	15 715	6 324	4 677	6 903	7 483	3 492	8 249	1 445	2 800
2007	12 189	25 533	18 652	7 537	5 574	8 274	9 106	4 123	10 087	1 681	3 313
2008	13 698	26 948	11 461	7 549	5 086	9 308	10 231	5 097	11 983	2 019	3 800
2009	15 046	34 741	22 865	10 412	7 652	12 000	13 195	6 530	13 536	2 375	4 380
2010	17 166	41 850	27 034	12 801	9 431	14 626	16 052	7 926	16 403	2 764	5 112
2011	19 196	49 513	31 729	15 655	11 521	18 462	19 826	10 011	20 283	4 500	6 133
2012	20 182	55 758	34 604	17 625	12 947	21 503	22 608	11 410	23 447	5 457	7 289
2013	21 602	61 243	37 477	19 435	14 341	24 180	25 131	12 657	25 901	6 559	8 276
2014	23 568	66 814	40 472	21 249	15 754	26 730	27 627	14 263	28 299	7 849	8 922
2015	25 123	71 936	43 038	22 542	16 853	28 771	29 929	15 717	30 252	9 118	9 429
2016	28 179	78 275	47 324	24 659	18 500	31 360	32 707	17 741	32 838	10 059	10 194
2017	30 633	85 870	51 768	27 018	20 006	35 478	33 902	19 425	36 980	13 540	16 376

数据来源：根据《中国城市统计年鉴》（2002—2018 年）整理获得。

表 3-1-13　2001—2017 年长江经济带的人均 GDP　　　　　　　单位：元

年份	上海	江苏	浙江	安徽	江西	湖北	湖南	重庆	四川	贵州	云南
2001	37 828	12 922	14 655	5 221	5 221	7 813	6 054	5 654	5 250	2 895	4 866
2002	40 646	14 391	16 838	5 817	5 829	8 319	6 565	6 347	5 766	3 153	5 179
2003	46 718	16 809	20 147	6 455	6 678	9 011	7 554	7 209	6 418	3 603	5 662
2004	55 307	20 705	23 942	7 768	8 189	10 500	9 117	9 608	8 113	4 215	6 733
2005	51 474	25 523	27 619	11 395	10 617	11 091	10 646	10 982	8 845	7 834	8 044
2006	57 695	31 441	32 151	13 373	12 417	12 639	12 143	12 457	10 396	9 074	9 067
2007	66 367	36 888	37 945	16 090	15 153	15 083	14 752	14 660	12 500	10 525	10 582
2008	73 124	42 916	43 047	19 118	18 569	18 941	18 080	18 025	15 040	12 442	12 589
2009	78 989	49 623	42 605	21 204	20 807	22 128	20 736	22 920	16 071	14 490	13 711
2010	76 074	51 175	49 717	26 653	25 758	26 877	24 756	27 596	20 498	20 428	16 346
2011	82 560	62 290	59 249	25 659	26 150	34 197	29 880	34 500	26 133	16 413	19 265
2012	85 373	68 347	63 374	28 792	28 800	38 572	33 480	38 914	29 608	19 710	22 195
2013	80 402	75 354	68 805	32 001	31 930	42 826	36 943	43 223	32 617	23 151	25 322
2014	97 370	81 874	73 002	34 425	34 674	47 145	40 127	47 850	35 128	26 437	27 264
2015	103 796	87 995	77 644	35 997	36 724	50 654	42 754	52 321	36 775	29 847	28 806
2016	116 562	94 727	94 727	41 494	47 454	55 202	47 970	57 902	39 311	38 989	31 781
2017	126 634	107 150	92 057	43 401	43 424	60 199	49 558	63 442	44 651	37 956	34 221

数据来源：根据《中国城市统计年鉴》（2002—2018 年）整理获得。

2.4.2　人口的空间分布

表 3-1-14 统计了 2001—2017 年长江经济带各省市的人口数量，可以看出，2001—2017 年，长江经济带的人口分布情况没有发生太大变化，所有省（市）人口数量均逐渐增长，但不同省（市）之间存在一些差别。

表 3-1-14　2001—2017 年长江经济带的总人口　　　　　　　单位：万人

年份	上海	江苏	浙江	安徽	江西	湖北	湖南	重庆	四川	贵州	云南
2001	1 327	7 097	4 519	6 325	4 211	5 132	6 312	3 097	7 867	1 566	1 979
2002	1 334	7 127	4 535	6 339	4 231	5 151	6 341	3 113	7 900	1 583	2 113
2003	1 341	7 164	4 551	6 380	4 305	5 173	6 368	3 130	7 938	1 601	2 597
2004	1 352	7 206	4 577	6 460	4 363	5 171	6 398	3 144	7 994	1 622	2 638
2005	1 360	7 252	4 602	6 515	4 389	5 171	6 440	3 169	8 036	1 630	2 666
2006	1 368	7 317	4 629	6 593	4 458	5 224	6 495	3 198	8 104	1 648	2 677
2007	1 378	7 354	4 659	6 673	4 525	5 261	6 536	3 235	8 175	1 675	2 710
2008	1 391	7 388	4 687	6 740	4 584	5 296	6 589	3 257	8 256	1 691	2 749
2009	1 400	7 419	4 716	6 794	4 643	5 324	6 634	3 275	8 310	1 710	2 785
2010	1 412	7 466	4 747	6 826	4 695	5 329	6 802	3 303	8 326	1 720	2 886
2011	141	7 514	4 771	6 876	4 752	5 332	6 861	3 329	8 371	3 030	2 854
2012	1 426	7 553	4 799	6 902	4 803	5 327	6 888	3 343	8 398	3 037	2 840
2013	1 432	7 616	4 826	6 928	4 819	5 333	6 852	3 358	8 424.	3 068	2 861
2014	1 438	7 684	4 859	6 935	4 923	5 324	6 916	3 375	8 448	3 101	2 878

年份	上海	江苏	浙江	安徽	江西	湖北	湖南	重庆	四川	贵州	云南
2015	1 443	7 717	4 873	6 949	4 914	5 307	6 946	3 371	8 397	3 156	2 884
2016	1 450	7 777	4 910	7 027	4 955	5 323	7 012	3 392	8 423	3 201	2 910
2017	1 455	7 794	4 958	7 059	4 990	5 315	7 000	3 390	8 392	3 219	2 940

数据来源:根据《中国城市统计年鉴》(2002—2018 年)整理获得。

从人口总量看,2001 年长江经济带总人口为 49 432 万人,上海、江苏、浙江、安徽、江西、湖北、湖南、重庆、四川、贵州、云南人口总量分别占该长江经济带的 2.7%、14.4%、9.1%、12.8%、8.5%、10.4%、12.8%、6.3%、15.9%、3.2%、4.0%。人口最多的地区为四川,其次为江苏、安徽和湖南,人口最少的地区为上海。当然,人口数量和地区面积有关。2017 年,长江经济带总人口为 56 512 万人,各省(市)人口总量分别占长江经济带的 2.6%、13.8%、8.8%、12.5%、8.8%、9.4%、12.4%、6.0%、14.8%、5.7%、5.2%,其中,江苏、贵州、云南人口占比提升,尤其是贵州由占比 3.2% 提升至 5.7%,其余各省(市)人口占长江经济带总人口比重均有少量下降,其中四川下降 1.1%。从人口增长比例来看,2001—2017 年长江经济带总人口增长为 14.3%,四川人口增长仅为 6.7%,而贵州为 105.6%,由 2001 年的 1 566 万人增长至 2017 年的 3 219 万人。

2.4.3 污染的空间分布

表 3-1-15 统计了 2003—2017 年长江经济带工业废水排放量,可以看出,2003—2017 年工业废水排放总体呈现先增加后减少的趋势。其中,2005 年工业废水排放整体达到最高峰,为 1 101 076 万 t,2017 年减少至最低值,为 534 639 万 t。不同省(市)之间工业废水排放基本呈波动中下降趋势,但是情况差异较大。例如,四川省的工业废水排放量在 2015 年出现波峰,先增长了 29.57%,2016 年下降了 59.70%。

表 3-1-15　2003—2017 年长江经济带的工业废水排放量　　　　　　　　　　单位:万 t

年份	上海	江苏	浙江	安徽	江西	湖北	湖南	重庆	四川	贵州	云南
2003	61 112	247 360	170 691	63 542	50 206	92 935	121 884	81 973	116 580	13 018	19 412
2004	56 359	261 697	165 283	62 960	55 091	93 730	117 284	83 031	112 825	11 473	21 434
2005	51 097	295 019	192 427	65 272	54 190	87 187	121 143	84 885	118 130	10 765	20 961
2006	48 336	287 191	199 474	68 687	64 112	87 490	99 378	85 347	102 155	10 004	22 088
2007	47 570	275 117	201 131	72 087	69 700	85 990	99 514	67 243	110 214	8 595	18 580
2008	44 120	257 535	200 374	67 095	71 509	88 281	94 853	67 027	105 277	7 724	18 006
2009	41 192	251 905	203 674	73 399	66 711	86 716	94 920	65 684	94 904	8 931	18 164
2010	36 696	262 031	216 068	70 976	72 481	88 192	93 658	45 180	88 742	9 214	17 911
2011	44 626	248 480	182 426	70 644	75 815	96 157	99 498	33 954	69 240	15 297	28 851
2012	47 700	236 095	175 297	67 262	72 544	87 070	92 568	30 611	65 622	18 222	32 029
2013	45 400	220 558	188 380	74 559	68 230	77 354	89 707	33 450	61 993	17 924	31 210
2014	43 939	204 888	150 137	69 580	64 841	78 183	79 515	34 968	59 821	21 945	27 997
2015	46 900	204 917	147 353	71 436	76 913	76 394	74 660	35 524	77 513	20 689	31 722
2016	36 599	182 058	129 913	49 118	54 786	45 754	47 548	25 875	31 236	10 021	31 779
2017	31 586	151 184	122 916	43 009	37 346	42 085	33 421	19 304	29 448	11 092	13 248

数据来源:根据《中国城市统计年鉴》(2004—2018 年)整理获得。

从长江经济带各省市工业废水排放量看，江苏 2003 年的排放量最大，为 247 360 t，占 2003 年长江经济带工业废水排放总量 23.81%，之后依次是浙江、湖南、四川、湖北、重庆、安徽、上海、江西、云南，分别占 16.43%、11.73%、11.22%、8.95%、7.89%、6.12%、5.88%、4.83%、1.87%。工业废水排放量最小的是贵州，为 13 018 万 t，占 1.25%。2017 年工业废水排放量最大的仍然为江苏，排放量为 151 184 万 t，占 2017 年长江经济带工业废水排放总量 28.28%，之后依次是浙江、安徽、湖北、江西、湖南、上海、四川、重庆、云南，分别占 22.99%、8.04%、7.87%、6.99%、6.25%、5.91%、5.51%、3.61%、2.48%。工业废水排放量最小的省仍然为贵州省，排放量为 11 092 万 t，占 2.07%。其中，与 2003 年相比，2017 年重庆市工业废水排放量减少了 77.26%，为工业废水治理最显著的城市。

表 3-1-16 统计了 2003—2017 年长江经济带各省市 SO_2 排放量，可以看出，2003—2017 年，长江经济带 SO_2 排放总量经历了先增加后减少的过程。其中，2005 年 SO_2 排放总量到达峰值，为 736.41 万 t，经过逐年改善，2017 年 SO_2 排放总量减少至 192.34 万 t。其中，2016 年的 SO_2 排放总量由 2015 年的 514.93 万 t 锐减 48.3% 至 266.19 万 t。

表 3-1-16　2003—2017 年长江经济带的工业 SO_2 排放量　　　　单位：t

年份	上海	江苏	浙江	安徽	江西	湖北	湖南	重庆	四川	贵州	云南
2003	30.07	100.51	70.72	39.87	28.63	44.25	51.96	59.97	100.54	40.08	15.91
2004	34.95	114.11	78.41	43.23	44.41	55.12	69.63	64.11	107.33	41.33	16.23
2005	37.52	130.95	83.11	51.65	54.39	58.49	73.82	68.32	110.86	47.87	19.43
2006	37.43	119.14	82.80	50.79	56.50	61.09	74.74	67.29	94.60	36.22	23.22
2007	36.44	107.08	74.56	47.88	55.04	58.45	73.42	68.29	98.76	34.41	22.95
2008	29.80	100.59	65.36	50.23	50.74	55.35	67.61	62.72	83.87	37.08	22.14
2009	23.93	91.56	62.14	48.68	49.04	50.61	63.98	58.61	85.68	32.12	23.96
2010	22.15	120.77	54.83	48.39	46.91	48.84	60.37	57.27	85.95	38.76	30.94
2011	21.01	101.51	64.70	48.37	56.62	56.59	73.70	53.13	77.29	74.73	70.58
2012	24.01	95.92	60.45	46.96	55.57	52.25	48.82	50.98	76.67	66.66	41.24
2013	17.29	90.90	58.47	45.04	54.35	50.38	58.08	49.44	69.03	64.54	41.16
2014	15.54	87.02	56.01	47.43	51.74	41.12	55.04	47.48	65.71	57.18	35.53
2015	10.49	81.44	52.60	42.00	51.57	44.96	51.15	42.68	57.16	45.04	35.84
2016	6.74	52.32	24.53	23.02	24.57	17.25	27.36	17.40	21.93	19.08	31.99
2017	1.27	35.40	18.06	18.94	18.59	10.87	14.64	13.99	16.33	22.58	21.67

数据来源：根据《中国城市统计年鉴》（2004—2018 年）整理获得。

从长江经济带各省市 SO_2 排放量看，2003 年四川 SO_2 排放量最大，为 100.54 万 t，占长江经济带 SO_2 排放量 17%，之后依次是江苏、浙江、重庆、湖南、湖北、贵州、安徽、上海、江西，其排放量分别占 17.25%、12.14%、10.30%、8.92%、7.60%、6.88%、6.84%、5.16%、4.91%，云南 SO_2 排放量最少，为 15.91 t，占长江经济带 SO_2 排放量 2.73%。2017 年江苏 SO_2 排放量最大，为 35.4 万 t，占长江经济带排放总量 18.40%，随后依次是贵州、云南、安徽、江西、浙江、四川、湖南、重庆、湖北，其排放量依次占 11.74%、11.27%、9.85%、9.67%、9.39%、8.49%、7.61%、7.27%、5.65%，SO_2 排放量最小的为上海，为 1.27 t，占 0.66%。从排放量最多的 2005 年，至 2017 年，上海 SO_2 排放量减少了 96.62%，城市的积极治理起到了显著的效果。

2.5 粤港澳大湾区内地九市经济社会发展及生态环境保护的总体态势与要求分析

2.5.1 经济的空间分布

表 3-1-17 统计了 2001—2017 年粤港澳大湾区内广东省内 9 市的 GDP 总量。由表 3-1-17 可以看出，2001—2017 年，粤港澳大湾区广东省内的经济总量大体上呈上升趋势，但各城市间也存在较大差异。从经济总量来看，2001 年，广州、深圳和佛山分别以 2 686 亿元、1 954 亿元、1 104 亿元的 GDP 总量位于粤港澳大湾区广东省内的前列，贡献了约 67% 的经济总量，远远超过了其他城市的总和。2017 年，上述三个城市依然位列前三，但深圳市以 22 490 亿元的 GDP 超过了广州市。可见，粤港澳大湾区广东省内经济发展第一梯队中的城市变化不大，但各城市之间的 GDP 差距越来越大，出现了两极分化，城市之间发展不均衡。从经济增速来看，深圳的增速最快，发展最强，使得它在 2017 年的经济总量超过了深圳。另外，江门、肇庆和惠州的 GDP 在 2017 年均有所下滑。

表 3-1-17 2001—2017 年粤港澳大湾区 9 市的 GDP 总量 　　　　单位：亿元

年份	广州市	深圳市	珠海市	佛山市	江门市	肇庆市	惠州市	东莞市	中山市
2001	2 686	1 954	367	1 104	615	411	480	579	363
2002	3 001	2 257	406	1 176	661	450	525	673	416
2003	3 497	2 895	473	1 382	730	466	591	948	501
2004	4 116	3 423	546	1 656	835	549	685	1 155	610
2005	5 154	4 951	635	2 383	805	451	803	2 182	880
2006	6 074	5 814	748	2 928	942	516	935	2 627	1 036
2007	7 109	6 802	896	3 605	1 107	592	1 105	3 152	1 238
2008	8 216	7 807	992	4 333	1 281	716	1 290	3 703	1 409
2009	9 138	8 201	1 039	4 821	1 341	862	1 415	3 764	1 566
2010	10 748	9 582	1 209	5 652	1 570	1 086	1 730	4 246	1 851
2011	12 423	11 506	1 405	6 580	1 831	1 324	2 093	4 735	2 193
2012	13 551	12 950	1 504	6 613	1 880	1 462	2 368	5 010	2 441
2013	15 420	14 500	1 662	7 010	2 000	1 660	2 678	5 490	2 639
2014	16 707	16 002	1 867	7 442	2 083	1 845	3 000	5 881	2 823
2015	18 100	17 503	2 025	8 004	2 240	1 970	3 140	6 275	3 010
2016	19 547	19 493	2 226	8 630	2 419	2 084	3 412	6 828	3 203
2017	21 503	22 490	2 675	9 399	2 690	2 110	3 831	7 582	3 430

数据来源：根据《中国城市统计年鉴》（2002—2018 年）整理获得。

表 3-1-18 统计了 2001—2017 年粤港澳大湾区 9 市的人均 GDP，可以看出，2001—2017 年，各城市的人均 GDP 基本呈现出增长趋势。2001 年，深圳以 15.21 万元的人均 GDP 位列第一，虽然广州的 GDP 总量高于深圳，但人均 GDP 却远远落后。2017 年，各城市的人均 GDP 都出现了明显提升，部分城市之间的差距也在缩小。广州的人均 GDP 由 3.8 万元增长到 15.07 万元，肇庆的人均 GDP 由 1.06 万元增加到 5.15 万元。但大湾区 9 市内各城市的人均 GDP 也存在着两极分化的特点。江门等三线城市显著低于广州、深圳等这样的一、二线城市，生活水平仍存在一定差距。综合来看，大湾区 9 市经济发展迅速，无论总量还是人均，都有着不同幅度的提升。名列前茅的城市依然具有较好的发展前景，但各城市的经济基础和发展条件不同，经济空间分布不均匀。

表 3-1-18　2001—2017 年粤港澳大湾区 9 市的人均 GDP　　　　单位：万元

年份	广州市	深圳市	珠海市	佛山市	江门市	肇庆市	惠州市	东莞市	中山市
2001	3.80	15.21	4.89	3.30	1.62	1.06	1.72	3.78	2.70
2002	4.19	4.64	3.27	3.49	1.73	1.15	1.86	4.34	3.07
2003	4.84	5.45	5.89	4.04	1.91	1.19	2.08	6.02	3.66
2004	5.63	5.93	6.50	4.75	2.19	1.39	2.36	7.20	4.40
2005	6.93	6.08	4.53	4.13	1.96	1.23	2.19	3.33	3.62
2006	6.31	6.95	5.22	5.02	2.29	1.40	2.50	3.95	4.21
2007	7.18	7.96	6.17	6.12	2.69	1.59	2.89	4.60	4.95
2008	8.12	8.98	6.76	7.30	3.10	1.90	3.31	5.33	5.61
2009	8.91	9.28	6.99	8.07	3.21	2.24	3.58	5.66	6.23
2010	10.36	10.69	8.07	9.40	3.73	2.78	4.34	6.64	7.33
2011	9.76	11.04	8.98	9.12	4.11	3.36	4.53	5.75	7.00
2012	10.59	12.32	9.55	9.13	4.20	3.69	5.09	5.88	7.75
2013	18.53	46.77	15.25	18.35	5.09	3.86	7.81	—	—
2014	12.85	14.95	11.65	10.16	4.62	4.58	6.37	7.06	8.87
2015	13.62	15.80	12.47	10.83	4.96	4.87	6.62	7.56	9.40
2016	14.19	16.74	13.45	11.59	5.34	5.12	7.16	8.27	9.95
2017	15.07	18.35	15.55	12.43	5.91	5.15	8.02	—	10.57

注：一表示年鉴中数据缺失，为了保证数据的连续性和可比性，这里没有通过其他途径补充数据。

数据来源：根据《中国城市统计年鉴》（2002—2018 年）整理获得。

2.5.2　人口的空间分布

表 3-1-19 统计了 2001—2017 年粤港澳大湾区广东省内 9 市的人口总量，可以看出，2001—2017 年，粤港澳大湾区广东省内 9 个广东城市的人口总量缓慢增长，但各市仍存在较大差异。从人口总量看，2001 年，广州以 713 万人的人口远远领先于其他城市，成为粤港澳大湾区广东省内的人口大市。其次，肇庆、江门和佛山的人口都在 300 万左右。珠海以 76 万人的人口位列最后。横向对比可知，这些城市的人口总量的差距很大，最多和最少的人口总量相差近十倍。2017 年，广州依然以 898 万人的人口总量位列第一，深圳的总人口达到 435 万人。2016 年，深圳的总人口为 385 万人，2017 年人口快速增长，其增速约为 13%，是 9 个城市中人口增长速度最快的。除深圳外，其余城市的人口增长率均在 0.5%～5%，与深圳相差较大。人口增长速度最慢的是江门，2001—2017 年，江门的人口仅增长了 15 万人。综合来看，大湾区 9 市的人口总量均有不同幅度的提升，但每个城市的人口基础不同，增长状况也存在较大差距，导致人口的空间分布不均。

表 3-1-19　2001—2017 年粤港澳大湾区 9 市的总人口　　　　单位：万人

年份	广州市	深圳市	珠海市	佛山市	江门市	肇庆市	惠州市	东莞市	中山市
2001	713	132	76	336	381	389	280	154	135
2002	721	139	79	339	381	391	283	156	136
2003	725	151	82	344	382	393	283	159	138
2004	738	165	86	351	386	394	293	162	139
2005	751	182	90	354	386	396	298	656	141

年份	广州市	深圳市	珠海市	佛山市	江门市	肇庆市	惠州市	东莞市	中山市
2006	761	197	93	358	387	405	306	168	142
2007	773	212	96	361	388	408	313	171	145
2008	784	228	99	364	390	410	319	175	146
2009	795	246	103	368	392	414	324	179	248
2010	806	260	105	371	392	422	337	182	149
2011	815	268	106	375	394	427	343	185	151
2012	822	288	107	378	392	428	342	187	152
2013	832	311	109	382	393	430	343	189	154
2014	842	332	110	386	393	434	349	191	156
2015	854	355	112	389	391	438	357	195	159
2016	870	385	115	400	394	444	364	201	161
2017	898	435	119	420	396	446	369	211	170

数据来源：根据《中国城市统计年鉴》（2002—2018 年）整理获得。

2.5.3 污染的空间分布

表 3-1-20 统计了 2003—2017 年粤港澳大湾区广东省内 9 市的工业废水排放量，2003 年，东莞市和广州市的工业废水排放量超过 2 万 t，远远超过其他城市。工业废水排放量的变化可以大致分为两个时期，2012 年之前，各城市的工业废水排放总量均呈上升趋势。2012 年以后，除深圳外，其他城市的工业废水排放总量明显下降。但从 2015 年开始，深圳的工业废水排放总量也出现了下降趋势，从 1.91 万 t 降到 0.80 万 t，减排效果明显。可以看出，大湾区 9 市的工业废水排放减排效果明显，各个城市的工业废水排放量均有较大幅度的减少。

表 3-1-20　2003—2017 年粤港澳大湾区 9 市工业废水排放量　　　　　　　　　单位：万 t

年份	广州市	深圳市	珠海市	佛山市	江门市	肇庆市	惠州市	东莞市	中山市
2003	2.12	0.54	0.25	1.10	1.09	0.66	0.34	2.34	0.70
2004	2.16	0.65	0.27	1.79	0.98	0.68	0.40	2.25	0.63
2005	2.02	0.64	0.28	2.49	1.20	0.72	0.44	2.19	0.84
2006	2.04	0.63	0.34	2.25	1.21	0.74	0.62	2.41	0.95
2007	2.11	0.92	0.54	2.90	1.44	1.05	0.87	9.13	1.45
2008	2.11	0.83	0.69	2.63	1.39	1.04	0.72	3.34	1.41
2009	2.60	0.81	0.59	2.51	1.14	0.92	0.58	3.00	1.26
2010	2.60	0.90	0.61	2.67	1.15	0.88	0.60	3.00	1.14
2011	2.46	1.16	0.57	2.07	1.56	1.02	0.68	2.82	0.95
2012	—	1.19	0.55	2.04	1.44	1.26	0.83	0.83	0.86
2013	2.26	1.20	0.55	1.48	1.18	1.02	0.83	2.35	0.89
2014	1.92	1.21	0.49	1.64	1.73	1.01	0.85	2.84	0.81
2015	1.86	1.91	0.59	1.63	1.41	0.81	0.86	2.04	0.75
2016	1.93	1.09	0.44	1.41	—	0.66	0.61	1.72	—
2017	—	0.80	—	—	0.97	0.64	—	—	0.70

注：—表示年鉴中数据缺失，为了保证数据的连续性和可比性，这里没有通过其他途径补充数据。

数据来源：根据《中国城市统计年鉴》（2004—2018 年）整理获得。

表 3-1-21 统计了 2003—2017 年粤港澳大湾区 9 市的工业 SO_2 排放量,可以看出,2003 年,广州、佛山和东莞等城市的工业 SO_2 排放总量较高,2017 年,排放量大幅度下降。不过,惠州的工业 SO_2 排放量在 2003—2011 年不减反增。其余几个城市的工业 SO_2 排放在逐年减少。除惠州外,大湾区 9 市的大部分城市对于工业 SO_2 排放量的治理已经有很大成效,尤其是广州、深圳。不过,需要注意的是,惠州的工业 SO_2 排放量虽然在近期已开始减少,但仍需加强治理。

表 3-1-21　2003—2017 年粤港澳大湾区 9 市工业 SO_2 排放量　　　　单位:万 t

年份	广州市	深圳市	珠海市	佛山市	江门市	肇庆市	惠州市	东莞市	中山市
2003	17.87	4.08	3.24	11.82	2.40	2.27	0.79	18.20	2.22
2004	18.11	4.36	3.74	12.60	3.56	0.23	0.75	19.75	3.44
2005	14.50	4.35	3.03	14.89	3.71	2.33	0.74	17.52	3.17
2006	12.48	4.24	2.95	13.37	3.71	2.34	1.22	13.84	2.74
2007	10.09	3.80	3.21	13.26	5.43	3.05	1.65	11.97	3.50
2008	—	3.39	3.63	12.41	5.17	2.92	3.26	10.82	3.37
2009	8.61	3.13	3.47	10.23	4.81	2.91	3.56	9.40	3.29
2010	—	3.26	3.56	9.91	4.47	3.14	3.31	9.99	4.61
2011	6.59	0.49	3.21	8.93	5.95	2.77	3.69	13.24	2.23
2012	—	0.98	3.02	8.46	—	2.92	3.55	3.55	2.74
2013	6.33	0.82	2.27	7.94	5.79	2.96	3.00	11.21	2.25
2014	5.65	0.81	2.07	7.20	5.20	3.10	2.89	10.67	2.23
2015	4.78	0.41	2.19	6.71	4.56	3.09	2.87	8.49	2.44
2016	2.07	0.47	0.37	3.43	—	1.99	1.99	6.76	—
2017	—	0.13	—	—	1.19	2.08	—	—	0.32

注:—表示年鉴中数据缺失,为了保证数据的连续性和可比性,这里没有通过其他途径补充数据。

数据来源:根据《中国城市统计年鉴》(2004—2018 年)整理获得。

3 "十四五"国家重点区域战略布局可能出现的新动态及其对生态环境保护的新要求研究

3.1 "一带一路"沿线城市生态环境保护的现状分析

3.1.1 "一带一路"沿线城市的经济空间分布

表 3-1-22 统计了 2001—2017 年"一带一路"西安、兰州、西宁、重庆、成都、郑州、武汉、长沙、南昌、合肥 10 个节点城市的 GDP 总量,可以看出,2001—2017 年,"一带一路"沿线省(市)经济总量呈现增长态势,但各省(市)间存在较大差异。从经济总量看,2001 年,重庆、成都、武汉分别以 1 750 亿元、1 492 亿元、1 348 亿元的 GDP 总量处于"一带一路"沿线省(市)经济发展的前沿,远远领先于其他城市,贡献了"一带一路"沿线城市经济总量的一半以上。其次是郑州、西安、长沙,这三个城市的 GDP 总量分别为 828 亿元、734 亿元、728 亿元,再次是南昌、合肥、兰州,最后是西宁。通过年份之间的动态变化进一步分析各个区域的经济发展,2017 年,重庆、武汉、

成都分别以 19 425 亿元、13 410 亿元、13 889 亿元仍处于第一梯队,贡献了"一带一路"经济总量的一半以上,并且贡献率在提升。其次是长沙、郑州、西安,这三个城市经济总量分别为 10 210 亿元、10 143 亿元、7 472 亿元,长沙的经济发展较另外两城市较快,再次是合肥、南昌,最后是兰州、西宁。

表 3-1-22 2001—2017 年"一带一路"10 个节点城市的 GDP 总量　　　单位:亿元

年份	西安市	兰州市	西宁市	重庆市	成都市	郑州市	武汉市	长沙市	南昌市	合肥市
2001	734	349	104	1 750	1 492	828	1 348	728	486	363
2002	824	387	121	1 971	1 667	928	1 493	813	552	413
2003	942	440	145	2 251	1 871	1 102	1 662	929	641	485
2004	1 096	505	175	2 665	2 186	1 378	1 956	1 134	770	590
2005	1 270	567	238	3 070	2 371	1 661	2 238	1 520	1 008	854
2006	1 474	638	282	3 492	2 750	2 013	2 591	1 799	1 184	1 074
2007	1 764	733	342	4 123	3 324	2 487	3 142	2 190	1 390	1 335
2008	2 190	846	422	5 097	3 901	3 004	3 960	3 001	1 660	1 665
2009	2 724	926	501	6 530	4 503	3 309	4 621	3 745	1 838	2 102
2010	3 241	1 100	628	7 926	5 551	4 041	5 566	4 547	2 200	2 702
2011	3 864	1 360	771	10 011	6 855	4 980	6 762	5 619	2 689	3 637
2012	4 366	1 564	851	11 410	8 139	5 550	8 004	6 400	3 001	4 164
2013	4 884	1 776	978	12 657	9 109	6 202	9 051	7 153	3 336	4 673
2014	5 493	2 001	1 066	14 263	10 057	6 777	10 069	7 825	3 668	5 181
2015	5 801	2 096	1 132	15 717	10 801	7 312	10 906	8 510	4 000	5 660
2016	6 257	2 264	1 248	17 741	12 170	8 114	11 913	9 357	4 355	6 274
2017	7 472	2 524	1 285	19 425	13 889	10 143	13 410	10 210	4 820	7 003

数据来源:根据《中国城市统计年鉴》(2002—2018 年)整理获得。

表 3-1-23 统计了 2001—2017 年"一带一路"沿线 10 个节点城市的人均 GDP,2001 年,除合肥、重庆、西宁外,"一带一路"沿线 10 个节点城市均突破了 1 万元,合肥、重庆、西宁这三个城市的人均 GDP 明显低于其他地区。重庆的经济总量与人均经济总量排名差距巨大,因此,不能单独比较经济总量衡量城市经济发展。2017 年,各城市的人均 GDP 均明显提升,长沙、武汉、郑州的人均 GDP 都达到了 10 万元。其中,郑州的人均 GDP 增长幅度突出,经济发展快速,西宁的人均 GDP 增长缓慢,是人均 GDP 最低的城市。

表 3-1-23 2001—2017 年"一带一路"10 个节点城市的人均 GDP　　　单位:万元

年份	西安市	兰州市	西宁市	重庆市	成都市	郑州市	武汉市	长沙市	南昌市	合肥市
2001	1.06	1.19	0.53	0.57	1.47	1.31	1.79	1.24	1.11	0.83
2002	1.18	1.26	0.60	0.63	1.63	1.44	1.98	1.37	1.26	0.93
2003	1.22	1.45	0.71	0.81	1.81	1.71	2.15	1.48	1.44	1.07
2004	1.41	1.65	0.85	0.96	2.08	2.12	2.50	1.80	1.72	1.34
2005	1.59	1.83	1.14	1.10	1.96	2.55	2.62	2.40	2.24	1.90
2006	1.81	2.04	1.33	1.25	2.52	2.94	2.99	2.80	2.61	2.32
2007	2.13	2.23	1.60	1.47	2.65	3.41	3.56	3.37	3.05	2.81
2008	2.63	2.56	1.95	1.80	3.09	4.06	4.43	4.58	3.61	3.45

年份	西安市	兰州市	西宁市	重庆市	成都市	郑州市	武汉市	长沙市	南昌市	合肥市
2009	3.24	2.79	2.29	2.29	3.52	4.42	5.11	5.66	3.97	4.15
2010	3.83	3.40	2.84	2.76	4.85	4.99	5.90	6.64	4.38	5.48
2011	4.55	3.76	3.47	3.45	4.88	5.69	6.83	7.95	5.30	4.86
2012	5.12	4.32	3.80	3.89	5.76	6.21	7.95	8.99	5.87	5.52
2013	6.05	4.81	4.31	3.77	7.67	6.75	11.01	10.79	6.54	6.56
2014	6.38	5.48	4.68	4.79	7.00	7.30	9.8	10.77	7.04	6.77
2015	6.69	5.70	4.92	5.23	7.43	7.72	10.41	11.54	7.59	7.31
2016	7.14	6.12	5.38	5.79	7.70	8.41	11.1	12.41	8.16	8.01
2017	7.84	6.79	5.44	6.34	8.69	10.13	12.38	13.12	8.90	8.85

数据来源:根据《中国城市统计年鉴》(2002—2018年)整理获得。

3.1.2 "一带一路"沿线城市的人口空间分布

表3-1-24统计了2001—2017年"一带一路"沿线10个节点城市的人口总量,2001—2017年,"一带一路"沿线主要城市的人口总量呈现增长态势,但各城市间存在较大差异。从人口总量看,2001年,重庆、成都分别以3 098万、1 020万的人口总量远远领先于其他城市。其次是武汉、郑州、西安、长沙,这四个城市的人口总量均突破了500万,再次是南昌、合肥,总人口分别为440万人、442万人,最后是兰州、西宁,这两个城市的人口总量均在300万人以下。横向对比可知,每个城市的人口总量差距很大。纵向对比,2017年,重庆、成都的总人口最多,分别为3 390万人、1 435万人,处于第一梯队,与2001年相比,两个城市的人口增幅都在400万人左右,人口总量有明显增长。其次是西安、郑州、武汉、长沙、合肥,这五个城市的人口总量均超过700万人,再次是南昌,最后是兰州、西宁,排名次序变化不大。从人口增速看,合肥市的人口增长速度最突出,人口增长量达到301万人,人口增长量最少的是西宁市,2001—2017年仅增长了6万人。综合来看,"一带一路"沿线省(市)人口总量均有不同幅度的提升,但每个城市的人口基础不同,增长状况也存在较大差距,导致人口的空间分布不平均。

表3-1-24 2001—2017年"一带一路"10个节点城市的人口总量   单位:万人

年份	西安市	兰州市	西宁市	重庆市	成都市	郑州市	武汉市	长沙市	南昌市	合肥市
2001	695	297	200	3 098	1 020	639	758	587	440	442
2002	703	301	202	3 114	1 028	649	768	595	449	448
2003	717	304	205	3 130	1 044	661	781	602	451	457
2004	725	308	207	3 144	1 060	671	786	610	461	445
2005	742	312	210	3 169	1 082	680	801	621	475	456
2006	753	314	213	3 199	1 103	692	819	631	484	470
2007	764	319	215	3 235	1 112	707	828	637	491	479
2008	772	322	218	3 257	1 125	720	833	645	495	487
2009	782	324	194	3 276	1 140	731	836	652	497	491
2010	783	324	221	3 303	1 149	963	837	652	502	495
2011	792	323	223	3 330	1 163	1 010	827	657	505	706
2012	796	322	199	3 343	1 173	1 073	822	661	508	711
2013	807	369	227	3 358	1 188	919	822	663	510	712

年份	西安市	兰州市	西宁市	重庆市	成都市	郑州市	武汉市	长沙市	南昌市	合肥市
2014	815	375	203	3 375	1 211	938	827	671	518	713
2015	816	322	201	3 372	1 228	810	829	680	520	718
2016	825	324	203	3 392	1 399	827	834	696	523	730
2017	906	326	206	3 390	1 435	842	854	709	525	743

数据来源：根据《中国城市统计年鉴》（2002—2018年）整理获得。

3.1.3 "一带一路"沿线城市的污染空间分布

表3-1-25统计了2003—2017年"一带一路"沿线10个节点城市的工业废水排放量，2003年，重庆、成都、武汉的工业废水排放量是最高的，分别是81 973万t、32 601万t、34 577万t。其次是西安、郑州，这两个城市的工业废水排放分别为11 247万t、10 852万t，再次是南昌、合肥、兰州、长沙，最后是西宁。这些城市工业废水排放量的排名与GDP排序基本一致，说明工业废水排放量与经济空间分布有很大联系。2017年，重庆、武汉的工业废水排放量是最高的，分别为19 304万t、11 931万t，远超其他城市，重庆市的工业废水排放量下降幅度较大，共下降了70 000万t。工业废水排放量较多的有成都、郑州，这两个城市的工业废水排放量分别为8 319万t、8 243万t，再次是西安、合肥、长沙、南昌、兰州，最后是西宁。

表3-1-25　2003—2017年"一带一路"10个节点城市的工业废水排放量　　单位：万t

年份	西安市	兰州市	西宁市	重庆市	成都市	郑州市	武汉市	长沙市	南昌市	合肥市
2003	11 247	5 144	2 065	81 973	32 601	10 852	34 577	4 006	6 988	6 994
2004	12 579	4 655	1 979	83 031	32 965	10 311	33 975	4 047	6 062	6 112
2005	16 969	4 352	4 343	84 885	32 517	11 640	26 001	4 065	7 486	6 462
2006	16 389	4 255	4 180	85 347	23 599	13 120	24 822	4 073	9 942	5 502
2007	19 069	3 725	4 358	67 243	24 247	13 013	22 811	4 377	10 475	5 054
2008	18 304	3 737	4 139	67 027	21 005	12 700	22 483	4 162	10 118	2 093
2009	13 168	2 945	4 387	65 684	24 553	11 240	22 532	3 726	10 118	2 036
2010	13 840	2 529	4 052	45 180	12 558	13 484	22 465	4 336	10 536	3 290
2011	13 840	4 091	3 144	33 954	12 904	16 282	23 304	4 010	9 367	5 978
2012	10 224	4 800	3 185	30 611	11 780	14 041	20 704	3 777	10 929	5 971
2013	8 973	4 910	2 798	33 450	10 524	11 837	14 700	4 049	10 602	6 018
2014	6 340	4 563	2 555	34 968	10 064	14 704	17 097	4 397	8 656	6 920
2015	5 204	4 138	2 200	35 524	11 454	19 394	15 452	5 102	10 016	5 335
2016	4 030	3 342	1 775	25 875	9 262	7 966	12 623	4 287	10 258	5 130
2017	4 448	3 528	1 478	19 304	8 319	8 243	11 931	4 066	3 861	4 389

数据来源：根据《中国城市统计年鉴》（2004—2018年）整理获得。

表3-1-26统计了2003—2017年"一带一路"沿线10个节点城市的工业SO_2排放量，2003年，重庆市的工业SO_2排放量为59.97万t，是沿线主要城市中排放量最高的，其总量远超其他城市。其次是成都、武汉，这两个城市的排放量分别为13.8万t、11.11万t，再次是郑州、西安、兰州、长沙、西宁，最后是南昌、合肥，排放量分别为3.32万t、2.44万t。可以看出，工业SO_2排放量的排序与经济总量的排序也是基本一致的，但与工业废水排放量的排序存在差异。2017年，重庆的工业SO_2排放量为13.99万t，在下降约46万t的情况下，仍然是沿线主要城市中排放量最大的。其次是

兰州、西宁、郑州，这三个城市的工业 SO_2 排放量分别为 2.01 万 t、2.41 万 t、2.45 万 t，再次是成都、南昌、武汉，最后是合肥、长沙、西安，这几个城市的排放量均低于 1 万 t。

表 3-1-26　2003—2017 年"一带一路"10 个节点城市的工业 SO_2 排放量　　单位：万 t

年份	西安市	兰州市	西宁市	重庆市	成都市	郑州市	武汉市	长沙市	南昌市	合肥市
2003	7.17	5.92	4.45	59.97	13.8	7.81	11.11	5.45	3.32	2.44
2004	9.05	5.4	4.01	64.11	14.04	10.93	12.86	5.51	3.41	2.39
2005	9.43	6.09	6.89	68.32	11.83	16.1	13.34	5.29	2.70	2.43
2006	9.17	6.99	7.28	67.29	8.73	15.43	13.26	4.83	3.28	2.72
2007	9.82	6.4	6.94	68.29	11.92	15.28	12.83	4.95	2.71	2.47
2008	9.66	7.19	6.75	62.72	10.71	13.45	12.37	6.01	2.25	2.75
2009	8.29	7.07	7.04	58.61	9.30	11.22	11.46	5.21	2.25	3.05
2010	8.15	6.98	7.29	57.27	6.19	11.69	8.73	5.47	3.06	3.2
2011	8.15	9.27	7.24	53.13	5.26	15.8	10.85	2.6	3.5	4.95
2012	8.31	7.02	7.14	50.98	5.67	14.12	10.01	2.12	4.35	4.56
2013	6.47	7.21	7.18	49.44	5.2	10.61	9.76	2.12	4.08	4.15
2014	6.26	6.76	6.68	47.48	5.08	12.09	8.45	1.96	3.7	4.24
2015	3.87	6.12	5.77	42.68	3.72	10.65	7.5	1.6	3.04	4.08
2016	0.49	1.92	2.30	17.4	1.73	3.49	1.79	0.66	1.38	0.9
2017	0.39	2.01	2.41	13.99	1.12	2.45	1.41	0.35	1.21	0.94

数据来源：根据《中国城市统计年鉴》（2004—2018 年）整理获得。

图 3-1-5 比较了 2003—2017 年"一带一路"10 个节点城市的工业废水排放量，可以看出，2003 年各节点城市的工业废水排放情况为：重庆>成都>武汉>西安>郑州>南昌>合肥>兰州>长沙>西宁，2017 年各节点城市的工业废水排放情况为：重庆>武汉>成都>郑州>长沙>合肥>南昌>西安>兰州>西宁。

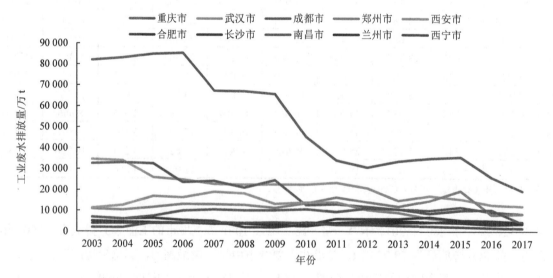

图 3-1-5　2003—2017 年"一带一路"10 个节点城市的工业废水排放量

图 3-1-6 比较了 2003—2017 年"一带一路"10 个节点城市的工业 SO_2 排放量，可以看出，2003 年各节点城市的 SO_2 排放情况为：重庆>成都>武汉>郑州>西安>兰州>长沙>西宁>南昌>合

肥，2017 年各节点城市的 SO_2 排放情况为：重庆＞兰州＞西宁＞郑州＞成都＞南昌＞武汉＞合肥＞长沙＞西安。

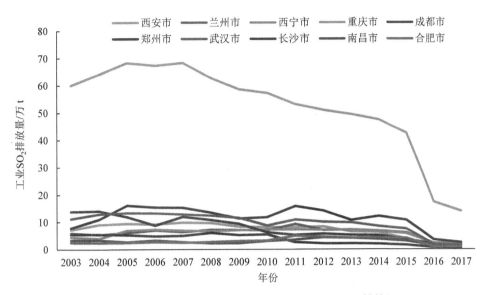

图 3-1-6　2003—2017 年重要节点城市的工业 SO_2 排放量

3.2　"一带一路"倡议对生态环境保护提出了新要求

自 2013 年 9 月习近平主席访问中亚四国期间首次提出共建"丝绸之路经济带"战略构想以来，"一带一路"战略、京津冀协同发展战略、长江经济带战略已经成为我国优化经济发展空间格局的三大战略。共建"一带一路"不仅是经济繁荣之路也是绿色发展之路，可以缓解我国产能过剩，也有利于完善共建国家的基础设施建设。中国作为共建国家最大的外商直接投资（FDI）来源国之一，而 FDI 不仅是简单的货币流动，而主要是资源要素的整合。一方面，FDI 使共建国家不断获取资本的同时，还能获得相关的先进技术、管理和制度，使共建国家积累人力资本，优化产业结构；另一方面，FDI 也可能引发污染转移，一些污染密集型产业可能由于国内污染成本较高而转移至其他国家。在这样的背景下，能否在"一带一路"倡议实施前做好环境保护规划，实施中做好落实环境保护措施，是决定"一带一路"倡议实施可持续性的关键所在，也是避免走"先污染后治理"老路的题中之义。

因此，"一带一路"生态环境保护尤为重要。《全国生态环境保护"十三五"规划》中专设一节，列出"十三五"时期推进"一带一路"绿色化建设的重点任务。"一带一路"建设的目标是为了造福沿线区域民众，除经济利益外，也包括环境福祉，从这个角度看，"一带一路"的建设必须走生态文明和绿色发展之路。"一带一路"倡议有助于扩大内需，化解国内产能过剩的窘境。但这不是一次简单的"产能倾销"，如果按照当前生产工艺生产，很有可能造成重复建设，形成新一轮的产能过剩，排放更多的污染。这会对"一带一路"沿线的 18 个省（市）与 65 个国家的环境质量和群众健康造成极大危害，这样的"一带一路"不是绿色可持续的，是对粗放式工业化发展模式的简单复制。与习近平主席在 2019 年在第二届"一带一路"国际合作高峰论坛开幕式主题演讲的"绿色"与高质量发展的主旨是相悖的，也是不可持续的。"一带一路"输出的过剩产能不应是黑色的，在经济增长的背后饱含污染之殇和生命之泪；"一带一路"输出的过剩产能应该是绿色的，绝不能让解决过剩产能演变为更多过剩产能，进而派生更多环境污染。

"一带一路"沿线包含18个省（市）以及65个国家，每个国家的经济发展状况不同，对环境质量的追求不同。这些国家中，既有人均GDP过1万美元的经济强国，也不乏人均GDP不足1 000美元的经济弱国。一些国家对环境质量改善与人民群众健康的追求已经胜过GDP增长，而另一些国家却还挣扎在生存与否的边缘，为增加GDP不惜付出一切。经济发展阶段不同，对经济发展与环境保护的诉求不同，这些国家难以在经济增长与环境保护的权衡方面达成共识。因此，能否与处于不同发展阶段的沿线各国达成可持续发展共识，协调经济强国与经济弱国的环境保护，实现无差异的、非歧视的"一带一路"环境管理，对"一带一路"沿线的小国、弱国的可持续发展关系重大，对我国自身的生态文明建设也十分关键。"一带一路"环境管理不仅面临国际协调难的问题，还要防范国内各省的污染升级。目前，国家公布的"一带一路"沿线18个省（市）中，大部分省（市）已经为"一带一路"竞相规划、争取政策，生怕搭不上"一带一路"的头班车。例如，陕西提出打造丝绸之路经济带的新起点和桥头堡，新疆提出打造丝绸之路经济带的主力军和排头兵，甘肃提出建设丝绸之路经济带的黄金段，广西提出打造21世纪海上丝绸之路的新门户和新枢纽，除此之外，丝绸之路经济带沿线的青海、宁夏、重庆、四川、云南、河南以及21世纪海上丝绸之路沿线的福建、江苏、浙江、广东、山东、海南等省份也都结合自身特点优势提出了建设"一带一路"的规划方案。然而，正如中国前几轮产能过剩一样，这样的争政策、抢项目，极有可能酿成新一轮重复建设和污染升级。如何实现全国一盘棋，协调"一带一路"沿线各省（市）的利益关系，避免重蹈钢铁行业、水泥行业重复建设与产能过剩的覆辙，拒绝以往牺牲环境换取政绩的增长模式，这些问题都对"一带一路"环境管理提出了巨大挑战。

另外，"一带一路"沿线省（市）面临的环境问题大不相同，这也决定"一带一路"环境管理要更加艰难与复杂。首先，"一带"沿线省（市）大多是生态脆弱区，例如青海、西藏、宁夏，它们承担着全国生态涵养的重要功能，环境基础设施建设也不完善，这些地区在"一带一路"建设中到底应当承担怎样的角色，是坚持生态涵养，还是投身建设？其次，"一路"沿线省（市）大多是环境超载区，例如上海、广东、浙江，它们已经在过去几十年的压缩式发展中欠下许多环保旧账，是先还旧账，还是再欠新账？这些问题对"一带一路"环境保护工作提出了新要求。

因此，"一带一路"沿线国家和我国各省（市）错综复杂的经济社会环境，要想解决历史环境问题，规避未来环境风险，需要从如下几个方面入手：

第一，加强环保科普教育，争取达成环保共识，消除"一带一路"的环保顾虑。如前所述，"一带一路"沿线各国的发展阶段各异，一些工业化水平较低的中亚、中东地区即将面临"一带一路"建设带来的新环境问题，而一些工业化水平较高的地区则面临新老环境问题的叠加。对于前者，中国有责任、有义务帮助它们走可持续发展的富裕道路，而不是如某些发达国家一样，将这些小国、穷国当成污染避难所。对于后者，中国有信心、有耐心与之达成共识，建立经济强国与经济弱国的环境管理桥梁，共同建设"一带一路"的生态文明。

第二，建立"丝路环保基金"，核算各国排污贡献，按比例缴纳环保公积金。我们生活在同一片蓝天下，在保护环境上，没有任何一个国家可以独善其身。不论是高收入国家，还是低收入国家，都有责任在发展经济的同时，改善环境质量。然而，并不是每个国家都有能力将更多的资金投入到环境基础设施建设与污染综合治理上，污染问题更不会等这些国家有了充足资金后才产生与爆发。因此，建议成立"丝路环保基金"，主要用于"一带一路"沿线欠发达国家的环境基础设施建设与环境突发事件处理。基金来源方面，可以借鉴企业公积金与公益金的处理方式，按各国污染排放总量核算排污贡献。排污贡献越高，缴纳比例越高，排污贡献越低，缴纳比例越低。这样做不仅能够帮助暂时没有能力处理环境污染问题的欠发达国家既保证温饱，又顾及环保；还能激励并约束"一带一路"共建国家采取科学的发展方式，降低环境污染，实现可持续发展。

第三，开展城市环境总体规划，实施差异化、精细化、动态化、空间化的环境管理。"一带一路"倡议对于我国沿线省份来说的确是一次前所未有的机遇，也被一些欠发达地区视为救命稻草。然而，越是急于发展，就越不能急于求成。对于"一带一路"沿线各省市，应当结合其资源环境特点，在"一带一路"建设中合理定位，积极开展城市环境总体规划工作，以规划定目标，以目标圈空间，以空间助协调，以协调保环境，通过差异化、精细化、动态化、空间化的环境管理打造世界绿色增长极。

古丝绸之路是沿线各国人民经历千辛万苦，以极大的毅力和勇气共同走出来的。新时代背景下，我们有责任、有能力、也有信心，排除千难万险，以科学的观念与方法，共同建设绿色、和谐、繁荣的"一带一路"生态家园。

4 国家重点战略区域关键生态环境问题识别：基于城市基础数据的分析

4.1 识别方法

本研究的视角是城市经济、人口与污染的空间异化分布，因此借鉴城市经济学、西方经济学中判断规模分布的常用方法，分别估算中国城市层面的经济、人口与污染分布情况，然后进一步比较三种要素的分布差异。具体的，本研究借鉴衡量企业规模的常用方法来衡量城市的经济、人口、污染规模分布。对于企业规模分布的刻画，最常用的指标就是帕累托指数（Pareto Exponent）。根据 Pareto 分布的表达式，城市分布函数可以表示为：

$$P_r(S_i > s) = As^{-k} \tag{3-1-1}$$

式中，S_i 表示城市 i 的规模（分别为经济、人口、污染规模）；A 表示参数，k 表示城市规模分布的 Pareto 指数；$P_r(S_i > s)$ 表示城市 i 的规模大于临界值 s 的概率。

对式（3-1-1）等号两边取对数，得到：

$$\ln[P_r(S_i > s)] = \ln A - k \ln s \tag{3-1-2}$$

在上式中，城市 i 的规模大于 s 的概率 $P_r(S_i > s)$ 等价于该城市在按照规模降序排列之后的位次 R_i 与城市个数 N 的比值，据此，可建立如下测算城市规模分布 Pareto 指数的计算模型：

$$\ln(R_{it}/N_t) = \alpha - k \ln S_{it} + \varepsilon_{it} \tag{3-1-3}$$

式中，$\alpha = \ln A$ 表示常数项；ε_{it} 为随机误差项。

估计参数 $\hat{k}$ 就是 Pareto 指数，其经济学含义为：如果 $\hat{k}<1$ 则说明在该区域中，大城市发展得很好，而中小城市发展得相对不充分，此时城市规模分布表现得相对不均匀；$\hat{k}$ 越小则意味着城市规模分布的不均匀程度就越强，越是偏离 Zipf 分布；如果 $\hat{k}$ 越接近于 1，则说明城市的规模分布越均匀，即与 Zipf 分布越接近；$\hat{k}>1$ 则说明在该区域内，城市规模比较分散，大城市规模不是很突出，中小城市较为发达。同时，R^2 较高时，说明双对数曲线回归的效果良好。

在大样本的情况下，$\hat{k}$ 以 100% 的概率趋近于 k 的真实值。但 OLS 估计存在如下缺陷：在小样本的情况下估计结果是有偏的;此外,实证研究中对城市按规模大小进行排序再回归导致误差项之间具有自相关性,违背了经典回归中误差项相互独立的假设,从而使幂律指数标准误和标准误方差的估计值存在偏差。

对此解决方法是:使用蒙特卡罗模拟方法,进行多次模拟实验,在大样本条件下渐进近似得到偏差的期望值和估计量的真实标准误;在小样本条件下,也可采取一种简单的方法来消除偏差,即将因变量(位序 i 的对数)改成($i-1/2$)的对数:

$$\ln(i-1/2) = A - k \ln S_i \tag{3-1-4}$$

经实证研究证明,1/2 是最优的位移量(Shift),可以最大限度地减小估计偏差。由于分区域研究空间分布的帕累托指数,样本量较少,本研究利用适用小样本估算方法,分别估算区域经济、人口以及污染空间分布的 Pareto 指数。但由于样本量较少,计算出来的 Pareto 指数可能偏大,但其时间变化趋势依然有借鉴意义。因此本研究着重分析 Pareto 指数的时间变化趋势。

4.2 京津冀地区生态环境的空间问题识别

4.2.1 经济空间分布的 Pareto 指数

本部分利用 2001—2017 年京津冀 13 个城市的 GDP 数据,采用计算小样本 Pareto 指数的方法计算得出京津冀城市经济空间分布的 Pareto 指数,计算结果参见表 3-1-27。总的来看,从 2001 年起京津冀城市经济空间分布的 Pareto 指数大致呈递减趋势,从 2001 年的 1.134 降低到 2017 年的 0.965,表明京津冀城市经济空间分布越来越集中,大城市经济增速较快,中小城市经济没有得到充分发展,仍有较大发展空间。结论背后的政策因素可能起到主导作用,分别来看,北京作为京津冀城市群的核心城市之一,凭借作为首都独特的政策环境优势,一直以来都汇聚了大量的人力、物力和财力,政治、经济较为发达。天津作为我国四个直辖市之一,又是北方最大的沿海城市,经济发展优势可见一斑。石家庄作为河北省省会,得到很多政策支持且拥有重要的交通枢纽,经济增速较高。唐山是一座工业城市,煤炭、钢铁资源丰富,经济较为发达。而其他城市经济发展一直处于较低的水平,整个京津冀地区经济发展空间差异性显著,经济发展较不平衡。但 2009—2017 年,帕累托指数仅从 0.985 降至 0.965,下降速度显著降低,说明区域经济差距扩大的速度在降低。这一时期,该地区中小城市得到充足的发展,形成了以北京和天津为核心,不断辐射带动周边城市,且辐射作用越来越大,周边中小城市发展速度不断提高,区域经济空间分布越来越均匀。同时,各个年份估算结果的 R^2 都在 0.9 以上,说明帕累托分布很好地描述了京津冀城市经济空间分布,且各回归系数在 1%的显著性水平下高度显著。

表 3-1-27　2001—2017 年京津冀经济空间分布的 Pareto 指数

年份	GDP 总量			
	Pareto 指数	T 值	R^2	样本量
2001	1.134	13.82	0.946	13
2002	1.122	14.17	0.948	13
2003	1.120	13.86	0.946	13
2004	1.135	13.71	0.945	13

年份	GDP 总量			
	Pareto 指数	T 值	R^2	样本量
2005	1.034	17.84	0.967	13
2006	1.029	18.02	0.967	13
2007	1.031	18.76	0.970	13
2008	1.038	18.25	0.968	13
2009	0.985	18.85	0.970	13
2010	0.996	17.48	0.965	13
2011	0.991	16.21	0.960	13
2012	1.010	14.13	0.948	13
2013	0.965	15.34	0.955	13
2014	0.954	15.26	0.955	13
2015	0.951	15.51	0.956	13
2016	0.953	15.42	0.956	13
2017	0.965	17.21	0.964	13

4.2.2 人口空间分布的 Pareto 指数

利用 2001—2017 年京津冀 13 个城市人口数据，采用计算小样本 Pareto 指数的方法计算出京津冀城市人口空间分布的 Pareto 指数，计算结果参见表 3-1-28。由表可知，京津冀城市人口空间分布的 Pareto 指数不断降低，由 2001 年的 1.719 降至 2017 年的 1.656，降低幅度较小。说明人口从中小城市迁移至大城市的趋势较小，区域人口分布相对分散，但总体呈现人口集聚的趋势。可能的原因是，该区域的核心城市是北京和天津，由于存在政策因素，人口迁移至首都北京的难度愈来愈大。2015 年以来，习近平总书记提出疏解北京"非首都功能"，强调要坚持和强化首都核心功能，调整和弱化不适宜首都的功能，把一些功能转移到河北、天津去。进一步降低北京的人口密度，实现区域协调发展。虽然政策因素在一定程度上阻碍了人口移动，但核心城市本身具有的便利性依然会吸引周边城市人口源源不断地迁入，总体呈现出人口不断集聚的现象。

表 3-1-28   2001—2017 年京津冀人口空间分布的 Pareto 指数

年份	总人口数			
	Pareto 指数	T 值	R^2	样本量
2001	1.719	5.47	0.731	13
2002	1.719	5.52	0.735	13
2003	1.719	5.56	0.738	13
2004	1.720	5.62	0.742	13
2005	1.718	5.66	0.745	13
2006	1.713	5.67	0.745	13
2007	1.703	5.64	0.743	13
2008	1.691	5.92	0.761	13
2009	1.678	5.56	0.738	13
2010	1.666	5.49	0.732	13
2011	1.662	5.50	0.734	13

年份	总人口数			
	Pareto 指数	T 值	R^2	样本量
2012	1.658	5.52	0.735	13
2013	1.653	5.54	0.736	13
2014	1.642	5.48	0.732	13
2015	1.636	5.48	0.732	13
2016	1.632	5.48	0.732	13
2017	1.656	5.61	0.741	13

4.2.3　污染空间分布的 Pareto 指数

根据 2003—2017 年京津冀 13 个城市工业 SO_2 排放量和工业废水排放量，运用小样本 Pareto 指数的计算方法，得出京津冀地区的污染空间分布的 Pareto 指数，结果分别参见表 3-1-29 和表 3-1-30。

表 3-1-29　2003—2017 年京津冀工业 SO_2 空间分布的 Pareto 指数

年份	二氧化硫排放量			
	Pareto 指数	T 值	R^2	样本量
2003	1.053	5.89	0.759	13
2004	1.059	5.97	0.764	13
2005	1.006	6.54	0.796	13
2006	1.157	6.6	0.798	13
2007	1.153	6.53	0.795	13
2008	1.152	7.21	0.825	13
2009	1.198	7.25	0.827	13
2010	1.196	8.3	0.862	13
2011	1.242	8.61	0.871	13
2012	1.302	9.51	0.891	13
2013	1.287	8.78	0.875	13
2014	1.358	9.87	0.899	13
2015	1.314	10.61	0.911	13
2016	1.086	6.4	0.789	13
2017	0.743	6.52	0.795	13

表 3-1-30　2003—2017 年京津冀工业废水空间分布的 Pareto 指数

年份	工业废水排放量			
	Pareto 指数	T 值	R^2	样本量
2003	1.101	6.18	0.777	13
2004	1.298	6.34	0.785	13
2005	1.274	8.11	0.857	13
2006	1.424	7.46	0.835	13
2007	1.475	9.78	0.897	13
2008	1.629	13.28	0.941	13
2009	1.780	8.27	0.861	13
2010	1.644	5.67	0.745	13

年份	工业废水排放量			
	Pareto 指数	T 值	R^2	样本量
2011	1.073	5.21	0.712	13
2012	0.981	5.48	0.732	13
2013	1.122	5.77	0.752	13
2014	1.102	5.27	0.716	13
2015	1.091	5.27	0.716	13
2016	1.120	6.56	0.796	13
2017	0.885	6.68	0.802	13

由表 3-1-29 可知，2003—2017 年，该地区工业 SO_2 空间分布的 Pareto 指数呈现先升高后降低的趋势，说明该地区 SO_2 空间分布先呈现出大中小城市污染分布较分散的状态，后呈现出愈来愈集中的趋势。可能的原因有河北省是全国钢铁厂最多的省份，而钢铁行业是 SO_2 排放的主要源头之一。且一些污染较高的行业不断从北京和天津不断转移至周边地区，河北省钢铁厂呈现"多点开花"的趋势。我国钢铁行业从 20 世纪 90 年代后期出现产能过剩的现象，为了抑制产能过剩，政府出台了很多政策，但收效甚微。主要的原因是小钢厂屡禁不止，行业集中度较低。2015 年之前，该区域工业 SO_2 空间分布的 Pareto 指数不断增加，说明 2003—2015 年，工业 SO_2 的空间分布不断趋于分散，说明相关抑制产能过剩的政策没有达到预期的效果。2015 年 4 月，有关部门审议并通过了《京津冀协同发展规划纲要》，国家及京津冀地方政府也出台了一系列政策和措施，取得了较明显成效。因此，2015年之后，该区域工业 SO_2 空间分布的 Pareto 指数不断降低，说明 SO_2 排放空间分布越来越集中，合并钢铁厂，取缔非法小钢厂的政策起到了一定的作用，钢铁行业不断趋于集中。同时，各个年份估算结果的 R^2 在 0.7 以上，说明拟合效果较好。且回归系数在 1% 的水平下显著。

与工业 SO_2 空间分布类似，由表 3-1-30 可知，工业废水空间分布的 Pareto 指数也是呈现先增加后降低的趋势，说明该区域工业废水空间分布呈现先趋于分散后趋于集中的过程。可能的原因与工业 SO_2 类似，这里就不再赘述。

4.2.4　主要空间问题

图 3-1-7 比较了 2003—2017 年京津冀地区经济、人口和污染空间分布的 Pareto 指数。

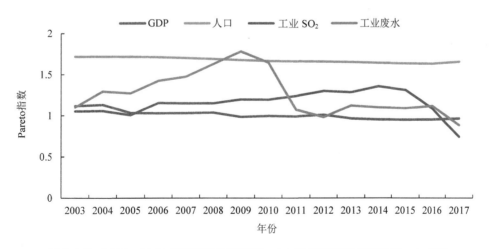

图 3-1-7　2003—2017 年京津冀地区经济、人口和污染空间分布的 Pareto 指数

由以上分析可知，京津冀地区经济、人口以及污染的空间分布呈现出不同的特点。首先，经济的空间分布呈现出不断集中的趋势，但集中趋势不断变缓。人口的空间分布也呈现出不断集中的趋势，且集中趋势也在变缓。而污染的空间分布呈现出先分散后集中的趋势。说明人口与经济的发展趋势一致，经济发展一定程度上代表了人口流动的方向，由于存在一定的政策阻碍，人口集中的趋势不是特别明显。污染的空间分布与经济发展和人口迁移存在一定的相关性，但由于区域差距较大，整个区域呈现出一种"众星捧月"的状态，北京和天津是整个区域发展的核心。发展呈现出先全力发展核心城市，后由核心城市带动周边城市发展的状态。而现阶段经济、人口呈微弱的集中趋势，污染空间分布也由不断分散趋于集中，说明京津冀协同发展战略获得一定的成效。

京津冀区域协同发展虽初见成效，但还存在一定的问题。一是区域间经济差距依然很大，河北省其他城市与北京、天津这两个超大城市存在很大的差距，人口、资源不断涌向这两个超大城市，而河北省其他城市经济发展水平与二者存在很大的差距。二是"疏散非首都功能"使污染较严重的厂商转移至周边城市，导致污染空间分布越来越集中。经济和人口集中在两座大城市，而污染行业集中于周边城市。这在一定程度上说明区域发展的不平等。环境污染依然是不容忽视的重要问题，人口大量涌进两个超大城市，使"大城市病"问题也很突出。

4.3　长江经济带生态环境的空间问题识别

4.3.1　经济空间分布的 Pareto 指数

本部分利用 2001—2017 年长江经济带 11 个省（市）的 GDP 数据，采用计算小样本 Pareto 指数的方法计算得出长江经济带各省市经济空间分布的 Pareto 指数，计算结果参见表 3-1-31。

表 3-1-31　2001—2017 年长江经济带经济空间分布的 Pareto 指数

年份	GDP 总量			
	Pareto 指数	T 值	R^2	样本量
2001	1.056	5.43	0.766	11
2002	1.056	5.57	0.775	11
2003	1.062	5.91	0.795	11
2004	1.053	5.95	0.797	11
2005	1.079	6.21	0.811	11
2006	1.077	6.29	0.815	11
2007	1.064	6.12	0.806	11
2008	1.167	6.01	0.801	11
2009	1.095	5.81	0.789	11
2010	1.075	5.54	0.773	11
2011	1.203	6.12	0.806	11
2012	1.260	6.53	0.826	11
2013	1.314	6.91	0.841	11
2014	1.355	7.12	0.849	11
2015	1.387	7.37	0.858	11
2016	1.387	7.18	0.851	11
2017	1.662	10.64	0.926	11

由表 1-31 可知，2001—2017 年长江经济带 11 个省（市）GDP 空间分布的 Pareto 指数为上升的变化趋势，从 2001 年的 1.056 上升到了 2017 年的 1.662，说明长江经济带 11 个省（市）GDP 的空间分布越来越分散。之所以出现这种变化趋势，原因在于长江经济带 11 个省（市）的 GDP 在 2001—2017 年均发生了较为显著的增长，但初期 GDP 较低的省（市）（如重庆、贵州、云南）具有较高的 GDP 增速，初期 GDP 较高的江苏、浙江等省的 GDP 增速相对较低，导致长江经济带各省（市）的 GDP 差距呈现了缩小的变化趋势，长江经济带 11 个省（市）GDP 的集中度越来越低，因而 2001—2017 年长江经济带 11 个省（市）GDP 空间分布的 Pareto 指数表现出了上升的变化趋势。同时，各个年份估算结果的 R^2 都在 0.76 以上且随着时间的推移表现出了上升的变化趋势，说明帕累托分布很好地描述了 2001—2017 年长江经济带各省（市）的经济空间分布，且各回归系数在 1%的显著性水平下高度显著。

4.3.2　人口空间分布的 Pareto 指数

本部分利用 2001—2017 年长江经济带 11 个省（市）的人口数据，采用计算小样本 Pareto 指数的方法计算得出长江经济带各省（市）人口空间分布的 Pareto 指数，计算结果参见表 3-1-32。

表 3-1-32　2001—2017 年长江经济带人口空间分布的 Pareto 指数

年份	总人口数			
	Pareto 指数	T 值	R^2	样本量
2001	1.198	4.20	0.663	11
2002	1.214	4.22	0.664	11
2003	1.245	4.17	0.659	11
2004	1.249	4.17	0.659	11
2005	1.250	4.17	0.659	11
2006	1.247	4.16	0.658	11
2007	1.250	4.16	0.658	11
2008	1.252	4.16	0.658	11
2009	1.253	4.15	0.657	11
2010	1.251	4.09	0.651	11
2011	1.470	4.14	0.338	11
2012	1.405	4.16	0.658	11
2013	1.410	4.17	0.659	11
2014	1.406	4.14	0.656	11
2015	1.408	4.11	0.653	11
2016	1.405	4.09	0.650	11
2017	1.406	4.05	0.646	11

由表 1-32 可知，2001—2017 年长江经济带 11 个省（市）人口空间分布的 Pareto 指数为上升的变化趋势，从 2001 年的 1.198 上升到了 2017 年的 1.406。这说明长江经济带 11 个省（市）的人口空间分布表现出了越来越分散，即人口集中度表现出了下降的变化趋势。之所以表现出此特征，主要原因在于初期贵州和云南的人口相对较少，其余 9 个省（市）的人口规模相对较大，然而贵州和云南的人口在 2001—2017 年具有相对更高的增速。贵州人口数量由 2001 年的 1 566 万人快速上升

到了 2017 年的 3 219 万人，人口增加了大约 105.6%，云南人口数量从 2001 年的 1 979 万人快速上升到了 2017 年的 2 940 万人，人口大约增加了 48.5%。其余省（市）的人口增速相对较慢，如江苏省的人口数量由 2001 年的 7 097 万人上升到了 2017 年的 7 794 万人，人口增加了大约 9.8%，浙江人口数量从 2001 年的 4 519 万人上升到了 2017 年的 4 958 万人，人口大约增长了 9.7%。由此可知，2001—2017 年长江经济带 11 个省（市）人口空间分布的集中度之所以表现出了下降趋势，是由于初期人口规模较低的贵州和云南具有更高的人口增速，与其他 9 个省（市）的人口规模差距缩小，从而造成了区域间人口分布的集中度的下降。同时，各个年份估算结果的 R^2 几乎都在 0.65 以上，说明帕累托分布很好地描述了 2001—2017 年长江经济带各省（市）的人口空间分布，且回归系数几乎均在 1%的显著性水平下高度显著。

4.3.3　污染空间分布的 Pareto 指数

根据 2003—2017 年长江经济带 11 个省（市）二氧化硫排放量和工业废水排放量，运用小样本 Pareto 指数的计算方法，得出长江经济带地区污染空间分布的 Pareto 指数，结果分别参见表 3-1-33 和表 3-1-34。

表 3-1-33　2003—2017 年长江经济带二氧化硫空间分布的 Pareto 指数

年份	二氧化硫排放量			
	Pareto 指数	T 值	R^2	样本量
2003	1.483	5.87	0.793	11
2004	1.433	5.04	0.739	11
2005	1.541	5.37	0.762	11
2006	1.722	5.69	0.783	11
2007	1.721	5.33	0.760	11
2008	1.794	5.19	0.749	11
2009	1.745	5.07	0.741	11
2010	1.874	7.60	0.865	11
2011	1.705	3.37	0.558	11
2012	2.251	5.33	0.759	11
2013	1.677	3.53	0.580	11
2014	1.607	3.54	0.582	11
2015	1.224	2.78	0.462	11
2016	1.551	4.66	0.707	11
2017	0.675	2.42	0.395	11

表 3-1-34　2003—2017 年长江经济带工业废水空间分布的 Pareto 指数

年份	工业废水排放量			
	Pareto 指数	T 值	R^2	样本量
2003	0.895	4.85	0.723	11
2004	0.882	4.82	0.721	11
2005	0.847	5.18	0.749	11
2006	0.841	4.86	0.724	11

年份	工业废水排放量			
	Pareto 指数	T 值	R^2	样本量
2007	0.785	4.59	0.700	11
2008	0.762	4.39	0.682	11
2009	0.800	4.58	0.700	11
2010	0.810	5.13	0.745	11
2011	1.041	6.73	0.834	11
2012	1.139	7.54	0.863	11
2013	1.144	7.28	0.855	11
2014	1.295	8.42	0.887	11
2015	1.266	6.62	0.830	11
2016	1.095	7.00	0.845	11
2017	1.078	8.28	0.884	11

由表 3-1-33 可知，2003—2017 年长江经济带 11 个省（市）二氧化硫排放量空间分布的 Pareto 指数为先上升后下降的变化趋势，从 2003 年的 1.483 上升到了 2012 年的 2.251，之后又下降到了 2017 年的 0.675。这说明长江经济带 11 个省（市）二氧化硫排放空间分布的集中度表现出了先下降后上升的变化趋势。这是由于在 2012 年之前，部分初期二氧化硫排放较低的省市在到 2012 年具有较高的二氧化硫排放增速，初期二氧化硫排放较高的省市（如江苏、浙江）在 2003—2012 年具有下降或较为稳定的变化趋势，由此导致 2003—2012 年长江经济带二氧化硫排放的空间集中度呈现出了下降趋势，即长江经济带 11 省（市）二氧化硫排放的空间差距有所减小。然而，2012 年以后长江经济带 11 省（市）的二氧化硫排放呈现了较为明显的下降，由于下降速度存在一些差异，导致长江经济带 11 省（市）二氧化硫排放的空间集中度又有所上升。可能的原因是，2012 年以后我国经济增长速度不断放缓，国家将发展重点从重"量"转至重"质"，并不断强调环境保护的重要性。同时，各个年份估算结果的 R^2 几乎都在 0.55 以上，说明帕累托分布很好地描述了长江经济带各省（市）二氧化硫排放的空间分布，且回归系数几乎均在 1%的显著性水平下高度显著，只有 2015 年和 2017 年的 R^2 与显著性相对较低，但 R^2 也维持在 0.39 以上，回归系数也在 5%的水平下显著。

由表 3-1-34 可知，2003—2017 年长江经济带 11 省（市）工业废水排放空间分布的 Pareto 指数为先下降后上升的变化趋势，从 2003 年的 0.895 下降到了 2008 年的 0.762，之后又上升到了 2017 年的 1.078。这说明长江经济带 11 省（市）工业废水排放空间集中度表现出了先上升后下降的变化趋势。这是由于初期工业废水排放较低省市的工业废水排放在 2008 年之前整体表现出了更快的下降趋势，2008 年之后的工业废水排放整体为下降趋势，其中 2008 年工业废水排放较高的省（市）下降速度更快，导致长江经济带 11 省（市）之间工业废水排放的空间分布又变得更为均匀。同时，各个年份估算结果的 R^2 几乎都在 0.7 以上，说明帕累托分布很好地描述了 2001—2017 年长江经济带各省市工业废水排放的空间分布，且回归系数均在 1%的显著性水平下高度显著。

4.3.4 主要空间问题

图 3-1-8 比较了 2003—2017 年长江经济带经济、人口和污染空间分布的 Pareto 指数。

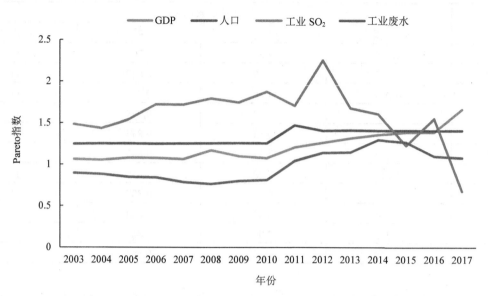

图 3-1-8   2003—2017 年长江经济带经济、人口和污染空间分布的 Pareto 指数

由以上分析可知,长江经济带 11 个省(市)经济、人口以及污染的空间分布呈现出不同的特点。首先,长江经济带 11 个省(市)GDP 有较为稳定的增长且空间分布越来越分散。其次,长江经济带 11 个省(市)的人口也有较为稳定的增长且空间分布也表现出了越来越分散的趋势。最后,二氧化硫排放的空间集中度在 2003—2012 年为下降的趋势,之后又表现出上升的变化趋势,工业废水排放空间集中度在 2008 年之前为上升趋势,之后为下降的趋势。另外,通过比较可以发现,长江经济带二氧化硫排放的下降速度相对快于工业废水排放。

长江经济带 11 省(市)经济和人口规模趋于协同,区域协同发展也初见成效,但也存在一定的问题。虽然近年来长江经济带各省(市)的工业废水和二氧化硫排放为下降趋势,但目前来看,多数省(市)的工业废水排放量和二氧化硫排放仍然很高,有较大的减排空间。其中,江苏和浙江在工业废水排放量上远高于长江经济带其他省(市)。

4.4 粤港澳大湾区生态环境的空间问题识别

4.4.1 经济空间分布的 Pareto 指数

本部分利用 2001—2017 年粤港澳大湾区广东省内 9 个城市 GDP 数据,采用计算小样本 Pareto 指数的方法计算得出粤港澳城市经济空间分布的 Pareto 指数,计算结果参见表 3-1-35。

表 3-1-35   2001—2017 年粤港澳大湾区广东省内经济空间分布的 Pareto 指数

年份	GDP 总量			
	Pareto 指数	T 值	R^2	样本量
2001	1.198	11.5	0.950	9
2002	1.190	11.07	0.946	9
2003	1.140	10.1	0.936	9
2004	1.134	9.96	0.934	9
2005	0.937	6.62	0.862	9

年份	GDP 总量			
	Pareto 指数	T 值	R^2	样本量
2006	0.924	6.46	0.856	9
2007	0.916	6.29	0.850	9
2008	0.914	6.24	0.847	9
2009	0.939	6.75	0.867	9
2010	0.959	6.98	0.874	9
2011	0.969	7.03	0.876	9
2012	0.973	7.24	0.882	9
2013	0.972	7.48	0.889	9
2014	0.976	7.52	0.890	9
2015	0.969	7.49	0.889	9
2016	0.959	7.35	0.885	9
2017	0.954	7.67	0.894	9

由表 3-1-35 可知，从 2001 年起粤港澳城市经济空间分布的 Pareto 指数大致呈递减趋势，从 2001 年的 1.198 降低到 2017 年的 0.954，表明粤港澳大湾区广东省内城市经济空间分布越来越集中。通过比较粤港澳大湾区 9 个城市的 GDP 数据可知，2001—2017 年，广州、深圳和佛山的 GDP 增长量最高，粤港澳大湾区的 GDP 也越来越多地集中在广州、深圳和佛山，这三座城市的 GDP 在粤港澳大湾区广东省内也占据了相当大的比重。这表明粤港澳大湾区广东省内城市群作为全国最发达的经济区域之一，虽然经济发展较快，广东省经济水平长期位列全国第一，但粤港澳大湾区广东省内的经济却主要集中在广州、深圳和佛山等几个大城市，区域经济集中度也越来越高。同时，各年份的 R^2 均在 0.85 以上，表明回归拟合效果较好，同时各年份的 Pareto 指数均在 1%的水平下显著。

4.4.2　人口空间分布的 Pareto 指数

本部分利用 2001—2017 年粤港澳大湾区广东省内 9 个城市的人口数据，采用计算小样本 Pareto 指数的方法计算得出粤港澳城市人口空间分布的 Pareto 指数，计算结果参见表 3-1-36。

表 3-1-36　2001—2017 年粤港澳大湾区广东省内人口空间分布的 Pareto 指数

年份	总人口数			
	Pareto 指数	T 值	R^2	样本量
2001	1.179	5.89	0.832	9
2002	1.201	5.99	0.837	9
2003	1.231	6.07	0.840	9
2004	1.253	6.07	0.840	9
2005	1.146	4.84	0.770	9
2006	1.300	6.25	0.848	9
2007	1.318	6.24	0.848	9
2008	1.332	6.19	0.845	9
2009	1.428	5.58	0.817	9
2010	1.346	5.97	0.836	9
2011	1.345	5.89	0.832	9
2012	1.343	5.72	0.824	9

年份	总人口数			
	Pareto 指数	T 值	R^2	样本量
2013	1.340	5.52	0.813	9
2014	1.328	5.29	0.800	9
2015	1.321	5.07	0.786	9
2016	1.311	4.90	0.774	9
2017	1.316	4.86	0.771	9

由表 3-1-36 可知,从 2001 年起粤港澳城市人口空间分布的 Pareto 指数大致呈先上升后下降的趋势,先从 2001 年的 1.179 上升到了 2009 年 1.428,之后又下降到了 2017 年的 1.316。这表明粤港澳大湾区广东省内城市的人口空间分布在 2001—2009 年越来越分散,但是从 2009 年以后又变得也越来越集中。这说明粤港澳的人口分布在 2009 年前后呈现了明显的变化。可能的原因是中国在 2009 年前后达到或跨过了人口红利的转折点,2009 年以前内地许多省份的劳动力流向广东各城市务工,各城市的外来务工人口有了较快速度的上升。但 2009 年以后人口红利的逐步丧失,内陆很多省份的农村剩余劳动力相对不再富有,加之很多来粤务工劳动力返乡工作,如郑州富士康的成立导致很多豫籍劳动力选择从广东返回到郑州工作,造成了粤港澳各城市的人口分布发生了较为显著的转折。但另一方面,广州和深圳等大城市的吸引力仍然存在,导致了近年来粤港澳各城市的人口分布越来越集中。同时,各年份的 R^2 均在 0.77 以上,表明回归拟合效果较好,同时各年份的 Pareto 指数均在 1% 的水平下显著。

4.4.3　污染空间分布的 Pareto 指数

本部分利用 2003—2017 年粤港澳大湾区广东省内 9 个城市的二氧化硫和工业废水的排放数据,采用计算小样本 Pareto 指数的方法计算得出粤港澳城市污染物排放空间分布的 Pareto 指数,计算结果分别如表 3-1-37 和表 3-1-38 所示。

表 3-1-37　2003—2017 年粤港澳大湾区广东省内工业二氧化硫空间分布的 Pareto 指数

年份	二氧化硫排放量			
	Pareto 指数	T 值	R^2	样本量
2003	0.765	5.61	0.818	9
2004	0.511	3.81	0.675	9
2005	0.763	4.71	0.760	9
2006	0.929	5.16	0.792	9
2007	1.160	5.82	0.829	9
2008	1.499	7.36	0.900	8
2009	1.621	6.21	0.846	9
2010	1.755	6.50	0.876	8
2011	0.789	3.99	0.695	9
2012	1.222	3.80	0.743	7
2013	1.001	4.96	0.779	9
2014	1.045	5.18	0.793	9
2015	0.804	3.29	0.607	9
2016	0.757	4.10	0.771	7
2017	0.627	3.47	0.858	4

表 3-1-38　2003—2017 年粤港澳大湾区工业废水空间分布的 Pareto 指数

年份	工业废水排放量			
	Pareto 指数	T 值	R^2	样本量
2003	1.104	6.15	0.844	9
2004	1.090	5.34	0.803	9
2005	1.071	5.17	0.792	9
2006	1.197	5.17	0.792	9
2007	1.085	17.44	0.977	9
2008	1.514	8.15	0.905	9
2009	1.313	6.05	0.84	9
2010	1.315	5.81	0.828	9
2011	1.490	6.19	0.845	9
2012	2.089	6.8	0.885	8
2013	1.796	6.38	0.853	9
2014	1.559	6.08	0.841	9
2015	1.620	4.16	0.712	9
2016	1.399	4.36	0.792	7
2017	4.675	12.82	0.988	4

由表 3-1-37 可知，粤港澳大湾区广东省内 9 个城市二氧化硫排放的 Pareto 指数为先上升后下降的变化趋势，先从 2003 年的 0.765 上升到了 2010 年的 1.755，后来又下降到了 2017 年的 0.627。这说明粤港澳大湾区广东省内 9 个城市的二氧化硫排放空间分布表现出了先分散后集中的变化趋势。原因在于粤港澳大湾区广东省内 9 个城市的二氧化硫排放在 2010 年之前几乎均表现为上升的趋势，二氧化硫排放的空间分布也相对越来越均匀。在 2010 年以后，多数城市的二氧化硫排放开始呈现了下降的变化趋势，然而，深圳等少量城市的二氧化硫排放没有呈现下降的变化趋势或者下降速度相对缓慢，造成了粤港澳大湾区广东省内 9 个城市的二氧化硫排放的空间分布又呈现了越来越高的集中度。同时，各年份的 R^2 均在 0.6 以上，表明回归拟合效果相对较好，同时各年份的 Pareto 指数几乎均在 1% 的水平下显著。

由表 3-1-38 可知，粤港澳大湾区广东省内 9 个城市工业废水排放的 Pareto 指数整体为上升的变化趋势，从 2003 年的 1.104 上升到了 2017 年的 4.675，说明粤港澳大湾区广东省内 9 个城市的工业废水排放空间分布表现出了越来越分散的变化趋势。可能的原因是国家对工业废水的排放管制相对更为严格，粤港澳大湾区广东省内 9 个城市工业废水排放几乎均呈现了下降的变化趋势，粤港澳大湾区广东省内 9 个城市工业废水排放量基本朝向同一个趋势发展，城市间工业废水的排放量差距也相对越来越小，导致粤港澳大湾区广东省内 9 个城市工业废水排放的空间集中度越来越低，即空间分布越来越分散。同时，各年份的 R^2 均在 0.7 以上，表明回归拟合效果相对较好，同时各年份的 Pareto 指数均在 1% 的水平下显著。

4.4.4　主要空间问题

图 3-1-9 比较了 2003—2017 年粤港澳大湾区广东省内经济、人口和污染空间分布的 Pareto 指数。

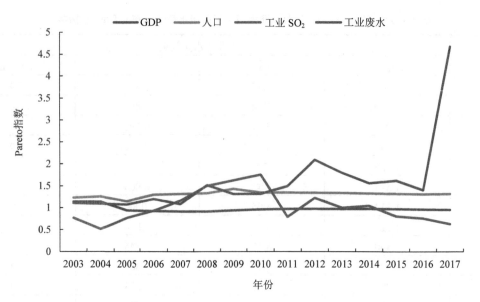

图 3-1-9   2003—2017 年粤港澳大湾区广东省内经济、人口和污染空间分布的 Pareto 指数

由上述分析可知，粤港澳大湾区广东省内 9 个城市经济、人口和污染物排放空间分布的变化趋势呈现了明显的差异。首先，粤港澳大湾区广东省内 9 个城市经济的空间分布呈现了越来越集中的趋势，经济越来越集中于广州、深圳和佛山。其次，粤港澳大湾区广东省内 9 个城市人口的空间分布在 2009 年之前为越来越分散的变化趋势，但随着人口红利的消失，粤港澳大湾区广东省内 9 个城市人口的空间分布越来越集中。最后，粤港澳大湾区广东省内 9 个城市的 SO_2 排放的空间分布为先分散而后来越来越集中的变化趋势，是由于少量城市的 SO_2 排放没有呈现显著下降或下降速度相对缓慢，而各城市工业废水排放均越来越少导致工业废水排放的空间分布越来越分散的变化趋势。

由上述结论可知，粤港澳大湾区广东省内 9 个城市的经济发展虽然在全国处于高水平，但经济的发展也越来越集中在广州、深圳和佛山等大城市，区域发展呈现了较大的不均衡，说明需要采取相关政策促进粤港澳大湾区广东省内 9 个城市的均衡发展。粤港澳大湾区广东省内 9 个城市的人口分布也呈现了越来越集中的变化趋势，这是由于人口红利消失带来的，各城市也需要加快产业结构转型以应对外来务工劳动力减少带来的影响。

另外，虽然工业废水排放整体呈现了下降的变化趋势，工业废水排放状况得到了显著改善，但仍有少数城市工业 SO_2 排放较高，造成粤港澳大湾区广东省内 9 个城市工业 SO_2 排放的集中度越来越高，因此少数城市工业 SO_2 的排放也是需要管制的重要方向。

4.5   "一带一路"沿线省（市）生态环境的空间问题识别

4.5.1   经济空间分布的 Pareto 指数

本部分利用 2001—2017 年"一带一路"沿线 10 个节点城市 GDP 数据，采用计算小样本 Pareto 指数的方法计算得出"一带一路"沿线城市经济空间分布的 Pareto 指数，计算结果参见表 3-1-39。总的来看，从 2001 年起"一带一路"沿线 10 个节点城市经济空间分布的 Pareto 指数大致呈先上升后下降的变化趋势，从 2001 年的 0.895 上升到了 2005 年的 0.991，之后又下降到了 2017 年的 0.885。2001—2017 年的 Pareto 指数一直小于 1，表明"一带一路"沿线 10 个节点城市中大城市的经济发展相对较好，经济发展相对比较集中。虽然在 2001—2005 年的经济集中程度有所缓解，但 2005 年以后"一带一路"沿线 10 个节点城市经济空间分布越来越集中。这也说明"一带一路"沿线中大城市经济增速较快，中小城市经济没有得到充分发展，仍有较大发展空间。背后可能的原因是，虽然"一带一路"倡议的实施能够促进"一带一路"沿线城市经济的增长，但对大城市的投资和经济增长的促进作用更大，使城市间的经济差距扩大。同时，各个年份估算结果的 R^2 几乎都在 0.65 以上，说明帕累托分布很好地描述了"一带一路"沿线 10 个节点城市经济空间分布，且各回归系数在 1%的显著性水平下高度显著。

表 3-1-39 2001—2017 年"一带一路"沿线 10 个节点城市经济空间分布的 Pareto 指数

年份	GDP 总量			
	Pareto 指数	T 值	R^2	样本量
2001	0.895	4.16	0.684	10
2002	0.912	4.23	0.691	10
2003	0.933	4.28	0.696	10
2004	0.936	4.27	0.695	10
2005	0.991	4.10	0.678	10
2006	0.986	3.96	0.662	10
2007	0.975	3.89	0.654	10
2008	0.953	3.78	0.641	10
2009	0.947	3.97	0.663	10
2010	0.952	3.97	0.663	10
2011	0.950	3.97	0.663	10
2012	0.936	3.99	0.665	10
2013	0.947	4.01	0.667	10
2014	0.946	4.04	0.671	10
2015	0.935	4.06	0.673	10
2016	0.932	4.14	0.682	10
2017	0.885	3.85	0.650	10

4.5.2 人口空间分布的 Pareto 指数

本部分利用 2001—2017 年"一带一路"沿线 10 个节点城市的人口数据，采用计算小样本 Pareto 指数的方法计算得出"一带一路"沿线城市经济空间分布的 Pareto 指数，计算结果参见表 3-1-40。由表 3-1-40 可知，2001—2017 年"一带一路"沿线 10 个节点城市人口空间分布的 Pareto 指数为下降的变化趋势，从 2001 年的 1.189 下降到了 2017 年的 1.115。这说明"一带一路"沿线 10 个节点城市中，人口从中小城市迁移至大城市的趋势较小，区域人口分布相对分散，但总体呈现人口集聚的趋势。即"一带一路"沿线 10 个节点城市人口空间分布较为分散，但有向大城市集聚的趋势。可能的原因是"一带一路"倡议针对较多地区，但每个省（市）都有各自的经济中心，对外来人口的吸引力更强，"一带一路"倡议的实施则加强了各地区中心城市对外来人口的吸引力。同时，各个年份估算结果的 R^2 为下降的变化趋势，但也都在 0.85 以上，说明帕累托分布很好地描述了"一带一路"沿线城市人口空间分布，且各回归系数在 1%的显著性水平下高度显著。

表 3-1-40　2001—2017 年"一带一路"沿线 10 个节点城市人口空间分布的 Pareto 指数

年份	总人口数			
	Pareto 指数	T 值	R^2	样本量
2001	1.189	9.85	0.924	10
2002	1.191	9.72	0.922	10
2003	1.193	9.74	0.922	10
2004	1.194	9.84	0.924	10
2005	1.196	9.73	0.922	10
2006	1.196	9.63	0.921	10
2007	1.196	9.50	0.919	10
2008	1.198	9.43	0.917	10
2009	1.151	8.42	0.899	10
2010	1.181	9.22	0.914	10
2011	1.172	7.83	0.884	10
2012	1.121	7.19	0.866	10
2013	1.206	7.93	0.887	10
2014	1.158	7.25	0.868	10
2015	1.126	6.89	0.856	10
2016	1.115	7.06	0.862	10
2017	1.115	7.16	0.865	10

4.5.3　污染空间分布的 Pareto 指数

根据 2003—2017 年"一带一路"沿线 10 个节点城市工业 SO_2 排放量和工业废水排放量，运用小样本 Pareto 指数的计算方法，得出"一带一路"沿线 10 个节点城市的污染空间分布的 Pareto 指数，结果分别参见表 3-1-41 和表 3-1-42。

表 1-41　2003—2017 年"一带一路"沿线 10 个节点城市工业 SO_2 空间分布的 Pareto 指数

年份	二氧化硫排放量			
	Pareto 指数	T 值	R^2	样本量
2003	1.007	15.16	0.966	10
2004	0.952	12.5	0.951	10
2005	0.920	10.56	0.933	10
2006	0.983	12.1	0.948	10
2007	0.922	10.01	0.926	10
2008	0.938	8.08	0.891	10
2009	0.982	8.12	0.892	10
2010	1.074	9.44	0.918	10
2011	1.056	14.41	0.963	10
2012	1.052	10.77	0.935	10
2013	1.060	9.57	0.92	10
2014	1.050	10.42	0.931	10
2015	1.014	12.14	0.948	10
2016	0.894	11.17	0.94	10
2017	0.835	8.67	0.904	10

表 3-1-42　2003—2017 年"一带一路"沿线 10 个节点城市工业废水排放空间分布的 Pareto 指数

年份	工业废水排放量			
	Pareto 指数	T 值	R^2	样本量
2003	0.783	9.47	0.918	10
2004	0.764	9.72	0.922	10
2005	0.881	14.16	0.962	10
2006	0.894	11.56	0.943	10
2007	0.913	8.95	0.909	10
2008	0.805	7.51	0.876	10
2009	0.796	8.44	0.899	10
2010	0.924	7.34	0.871	10
2011	1.054	6.94	0.858	10
2012	1.157	7.31	0.87	10
2013	1.212	8.1	0.891	10
2014	1.160	10.14	0.928	10
2015	1.041	8.34	0.897	10
2016	1.124	7.9	0.886	10
2017	1.170	7.01	0.86	10

由表 3-1-41 可知,"一带一路"沿线 10 个节点城市工业 SO_2 排放的 Pareto 指数为先下降后上升再下降的趋势,由 2003 年的 1.007 下降到了 2007 年的 0.922,之后上升到了 2010 年的 1.074,然后又下降到了 2017 年的 0.835。这表明"一带一路"沿线 10 个节点城市 SO_2 排放的空间布局表现出了先集中后发散再集中的趋势。近年来"一带一路"沿线地区 SO_2 排放的空间布局表现为越来越集中,这说明"一带一路"沿线 10 个节点城市的经济集中度越来越高,也伴随着 SO_2 排放越来越集中的特征。这也说明了伴随着经济发展,污染物 SO_2 排放也有了较快的上升,在经济发展中也需要对 SO_2 的排放给予更多的重视,实现经济更加高质量的发展。同时,各个年份估算结果的 R^2 几乎都在 0.9 以上,说明帕累托分布很好地描述了"一带一路"沿线城市污染物 SO_2 排放的空间分布,且各回归系数在 1% 的显著性水平下高度显著。

由表 3-1-42 可知,"一带一路"沿线城市工业废水排放的 Pareto 指数为上升趋势,从 2003 年的 0.783 上升到了 2017 年的 1.170。表明初期"一带一路"沿线 10 个节点城市工业废水排放的集中度较高,主要集中在少数地区。但近年来"一带一路"沿线 10 个节点城市工业废水排放的集中度逐渐下降,越来越分散。同时,各个年份估算结果的 R^2 都在 0.85 以上,说明帕累托分布很好地描述了"一带一路"沿线 10 个节点城市污染物工业废水排放的空间分布,且各回归系数在 1% 的显著性水平下高度显著。由此可知,虽然近年来"一带一路"沿线 10 个节点城市 SO_2 排放的空间布局较为集中,但工业废水排放却表现出了相反的趋势,这也在一定程度上说明了中小城市工业废水的排放相对提高更快。

4.5.4　主要空间问题

图 3-1-10 比较了 2003—2017 年"一带一路"沿线 10 个节点城市经济、人口和污染空间分布的 Pareto 指数。

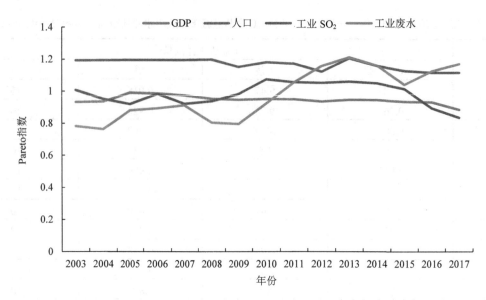

图 3-1-10　2003—2017 年"一带一路"沿线 10 个节点城市经济、人口和污染空间分布的 Pareto 指数

由以上分析可知，"一带一路"沿线 10 个节点城市经济、人口和污染物排放的空间布局呈现出明显的差异。首先，"一带一路"沿线 10 个节点城市经济的空间布局较为集中，并且随着时间的推移，经济的集中度也越来越高。其次，"一带一路"沿线 10 个节点城市人口的空间分布相对集中度并不高，但随着时间的推移，人口的集中度呈上升的趋势。最后，近年来 SO_2 排放较为集中且集中度越来越高，而工业废水排放较为发散且集中度也越来越低。

上述空间布局特征的趋势说明"一带一路"沿线 10 个节点城市的经济、人口和 SO_2 排放的空间布局均呈现了集中度越来越高的特征，经济、人口和污染物 SO_2 排放的集中度表现出了一致的趋势。然而"一带一路"沿线 10 个节点城市污染物工业废水的排放则表现出越来越分散。这说明"一带一路"倡议虽然能够促进沿线地区的经济增长，但也带来了一些问题。首先，经济和人口集中度的提高不利于各地区经济的均衡发展，导致地区间的经济发展越来越不均衡。其次，伴随着经济的集聚，污染物 SO_2 排放的集中度也越来越高，因此在大城市的经济发展过程中污染物 SO_2 的排放是非常值得重视的。另外，工业废水排放的集中度越来越低，表明在城市发展尤其是中小城市中工业废水排放是尤为重要的。

5　基于生态环境分区管治的"十四五"重点战略区域环境政策建议

5.1　京津冀地区生态环境分区管治的政策建议

从经济和人口的角度看，京津冀地区的主要经济总量和人口都分布在核心城市北京和天津，呈现出核状分布。然而，从污染的角度看，无论是水污染还是大气污染，主要污染物都分布在两个区域，一是石家庄、邢台、邯郸区域，二是天津、唐山区域，呈现出两极式分布。并且，这个分布与经济、人口的空间部分只有部分重合，这就是京津冀经济、人口、污染空间分布的不平衡与分异性，也是"十四五"期间京津冀生态环境分区管治需要关注的重点。面对这些问题，京津冀地区生态环境分区管治的政策建议如下：

第一，充分考虑北京首都功能疏解对京津冀其他城市的影响，加快环境基础设施建设，警惕区域生活污染的加剧。重点关注"石家庄—邢台—邯郸"污染带和"天津—唐山—承德"污染带，避免污染带的扩大和渗透。

第二，综合利用人口和产业政策，扩大除北京、天津外，其他城市的规模，以便利用城市发展对治污减排的规模效应；加强京津冀地区城市之间的分工协作、沟通交流，形成均衡发展的城市群。规划发展工业园区、产业园区、经济开发区等空间经济发展战略，充分利用治污减排的规模效应，提高治污设施的运转效率，加大生产技术的研发力度，进而实现经济与环境的协同发展。

第三，完善政绩考核和问责制度。一是将资源消耗、环境破坏、生态效益等指标纳入京津冀地区经济社会发展评价体系，强化评价指标约束。二是完善自然资源资产产权和用途管制制度，建立健全领导干部问责制。

此外，雄安新区作为北京非首都功能疏解集中承载地，也是推动京津冀协同发展的关键区域。雄安新区是一张白纸，可以避免走"边污染、边治理"的老路，没有太多的污染存量问题，一切重新开始。正因为它是一张白纸，推动区域流域协同治理，全面提升生态环境质量，将雄安新区建设成为新时代的生态文明典范城市，是高标准高质量建设雄安新区的必然要求。"十四五"期间，雄安新区的生态环境分区管治应当注意：

抓住空间管控的主线，从空间来，将人口、资源、经济、生态等要素按照合理的空间布局方式，提出得当的空间管控措施，到空间去，实现雄安新区空间利用效率的最大化。坚持"生产空间—生活空间—生态空间"三位一体协同发展，实现生产空间集约高效、生活空间宜居适度、生态空间蓝绿交织。从共建、共治、共管、共享入手，以共建为前提，共治为基础，共管为手段，用共建保共治，共治促共管，实现共享目标，将雄安新区打造成生态文明的全国样板。

切实增强雄安自信，在生态环境保护排头兵上树标杆、寻突破。破除思维惯性，认识和尊重经济、自然、社会三大规律，提高工作的科学性，进一步解放思想、转变观念。使人口和经济发展的规模、结构、空间布局同资源环境承载能力相适应，寻求适合于各个地方的合理的发展方式和发展路径。

着力拓展区位和空间潜力，在功能疏解上树标杆、寻突破。一方面着力拓展区位和空间潜力，成为京津两地功能疏解的有力推手，另一方面强化环境规制，用环境标尺决定哪些产业和功能可以疏解进雄安新区，哪些产业和功能绝不放行。

深入挖掘得天独厚的自然生态禀赋，在美丽雄安建设上树标杆、寻突破。合理调减耕地规模，适当增加生态用地比重。调整种植结构，适度退出保护地周边耕地和土壤污染严重区耕地。以主要交通干线、河流水系等绿色廊道为骨架、以村镇为组团，用大网格宽林带建设成片森林和恢复连片湿地，整体构建环首都生态圈，提供宜居环境。

大力弘扬新时期环保精神，在加快治理上树标杆、寻突破。树立系统思维，从全过程入手，构建"源头控制、过程监管、末端治理"同步进行的环境管理链条。健全监管体系、增强监管力量、提高监管效率。继续保持高压态势，突出整治重点区域和重点对象。切实强化企业主体责任，扎实推进企业诚信体系建设。加强立法修法，建立系统完备、高效有力的环境法制体系。

加快补齐公共产品供给、政府服务的"短板"，在软环境上树标杆、寻突破。首先，杜绝隐性的等级制，打破区域划分的藩篱，让每一寸土地、每一个公民都平等享受环境基础设施与环境公共服务。其次，充分考虑雄安新区长期以来的人口与经济发展趋势，留足发展空间。最后，提高环境基本公共服务的供给质量,既增加供给数量,又提高供给质量。

总结提升社会治理创新的经验和做法,在推进治理体系和治理能力现代化上树标杆、寻突破。一方面,环境治理能力必须与雄安新区的经济社会发展水平相匹配。另一方面,环境治理能力必须与人民群众需求相匹配。

5.2　长江经济带生态环境分区管治的政策建议

长江经济带沿线的 11 个省(市),不仅是经济共同体,还是生态共同体,更是息息相关的利益共同体。只有优化沿江产业布局,发展循环经济、低碳、生态经济,推进环境基础设施建设,完善农村环境保护,加大环境监管力度,才能共建长江绿色生态走廊,才能实现江水共长天一色。因此,为保护长江经济带生态环境,本研究提出以下几个方面的政策建议:

1)将长江经济带确立为中国绿色发展先行区、示范带,以此推动经济与环境的协调互促,走提质增效、绿色发展的路子。全面考虑长江经济带在全国生态文明建设中的先行地位,科学考察长江经济带对周边地区生态环境的辐射影响,精确考量长江经济带内部各省份、各流域区段经济与环境的互动作用。同时,拓展长三角区域大气污染防治协作机制的治理范围,将更多的长三角城市涵盖在内,以降低长三角地区大气污染的负面空间效应;并以长江经济带中各个城市群为区块,扩大城市群中核心大城市的城市规模,带动周边城市进一步发展。

2)引导沿江产业的有序转移,加快沿江产业的分工协作,既要消除长江经济带内部的区域差异,又不能转移高污染产业。通过知识扩散、学习效应、产业转移,实施创新驱动发展战略,优化沿江产业布局,合理引导产业转移,促进长江经济带发展提质增效升级。

3)强化沿江生态保护和修复,明确水资源开发利用红线,既要充分利用长江流域的黄金水道,又要谨防长江成为沿江城市的下水道。进一步加强长江经济带的生态系统修复和综合治理,明确长江水资源开发利用和用水效率控制红线,建立区域联动的长江流域环境污染共同防治体系,有效利用生态环境容量的有限性和空间差异性制约污染密集型产业发展和布局,以环境管理助推长江经济带的绿色工业化、绿色城镇化与绿色农业现代化。

4)创新长江流域环境治理体制,创新区域环境管理协调机制,以环保机制创新推动环保体制创新,以环保体制创新倒逼企业污染减排。建立生态保护应急机制,形成跨行政区的水体污染联防联控;促进区段间、城市间生态保护合作,区分环境管理底线与上限,实施环境组合管理,将激励机制引入环境管理,确定长江经济带动态环境容量,实时调整污染流量。

5)加强与"一带一路"环境管理的协调与对接。一方面认真审视"一带一路"倡议覆盖的上海、浙江、重庆和云南四省(市)在国家空间发展战略中的定位与作用,避免功能冲突与顾此失彼。另一方面加强与"一带一路"倡议之间的衔接互动,提升长江经济带的环境管理效能。同时,集中全力,加大投资,重点治理云南、贵州、重庆、四川等地的突出污染问题。

5.3　粤港澳大湾区生态环境分区管治的政策建议

粤港澳湾大湾区,依托区位优势,发挥中心城市及城市群带动和辐射作用,成为引领我国经济发展的重要引擎。同时其环境问题也不容小觑,为了有效解决粤港澳湾区目前的生态环境问题,规避未来可能的生态环境问题,实现粤港澳湾区的绿色发展,本研究提出以下政策建议:

1)统筹陆地与海洋保护,把海洋环境保护与陆源污染防治结合起来,控制陆源污染,提高海洋污染防治综合能力，促进流域、沿海陆域和海洋生态环境保护良性互动，实现湾区生态环境保护政策、规划、标准和监测、执法、监督的"合众统一"。

2）生活环境基本公共服务的共享机制避免回波。在湾区环境基本公共服务的提供过程中，加大统筹安排，从人的角度出发，按照人民的需求提供相应的基本公共服务，而不是按照财政能力提供可能的基本公共服务。

3）建立生态环境保护工作创新和容错机制，为湾区的创新者和创业者吃下"定心丸"，营造出敢于干事又有担当的良好氛围，让他们有动力、无顾虑地创新湾区生态环境保护工作。

4）大力开展绿色金融，拓展湾区环保投资来源。一方面，通过现有的金融工具的改革和创新，对财政政策类型和绿色金融发展资金的募集探索可行途径；另一方面，通过现有的财政收入的管理和分配制度改革，重新配置财政资金的使用效率和方向。

5）完善治水治污系统，抓住 EKC 拐点的好时机。按照湾区不同开发特点、生态环境现状等情况，将水资源利用、防洪、治污、生态修复作为系统整体共同推进。遵循陆海统筹、协作联动的思路，加大投入力度，突出重点、分步实施，系统开展水污染综合治理。

5.4 "一带一路"沿线省（市）生态环境分区管治的政策建议

改革开放 40 多年后的今天，不论是东部沿海地区，还是西部欠发达地区，在国家大力的精准扶贫政策推动下，即将步入小康社会，温饱已经不再是首要问题，如何提高人们的幸福感成为发展的核心任务。"一带一路"沿线省（市）面临的环境问题大不相同，这也决定"一带一路"沿线省（市）环境管理要更加艰难与复杂，这就要求各省（市）充分考虑自身的发展需求，结合产业优势、资源优势和生态环境现状，制定出差异化的环境政策。

1）就"一带"沿线省（区、市）而言，大多处于生态脆弱区，例如青海、西藏、宁夏，它们承担着全国生态涵养的重要功能，环境基础设施建设也不完善，这些地区在"一带一路"中到底应当承担怎样的角色，是坚持生态涵养，还是投身建设"一带一路"，对于这些地区来说的确是一次前所未有的机遇，也被一些地区视为救命稻草。然而，越是急于发展，就越不能急于求成。对于"一带"沿线各省（区、市），应当结合其资源环境特点，找到合理定位，以规划定目标，以目标圈空间，以空间助协调，以协调保环境，通过差异化、精细化、动态化、空间化的环境管理打造世界绿色增长极。

2）就"一路"沿线省（市）而言，大多是环境超载区，例如上海、广东、浙江，它们已经在过去几十年的压缩式发展中欠下许多环保旧账，要还旧账，少欠新账，甚至不欠新账。一要好好总结改革开放 40 多年来的成功经验，让这些经验成为可复制、可粘贴的模板，但更要好好归纳 40 多年来在生态环境保护方面教训，让这些教训成为可规避、可跳跃的陷阱。二要加强生态修复工程，对已经破坏和正在破坏的生态系统予以修复，在这方面的投入，要算长远账、子孙账，将几十年快速发展欠下的旧账还清。三要积极开拓新的发展方式，不需要因为绿色发展而原地踏步，而是要让其真正成为驱动模式创新、技术创新、路径创新的内生动力，为其他省（市）的未来发展探索新道路。四要创新环境治理的新理论、新思想、新方法、新手段，探索差异化、精细化、动态化、空间化的环境治理模式，成为"一带一路"绿色发展的试验田。

参考文献

[1] 鲍超，梁广林，张萧. 我国城市群环境分区管治的主要问题与对策建议[J]. 环境保护，2015，43（23）：35-38.

[2] 陈雯，孙伟. 为什么要加强环境分区管治？[J]. 环境经济，2016（z1）：65-65.

[3] 黄宝荣，张慧智，李颖明. 环境管理分区：理论基础及其与环境功能分区的关系[J]. 生态经济，2010（9）：161-165，187.

[4] 纪涛，杜雯翠，江河. 推进城镇、农业、生态空间的科学分区和管治的思考[J]. 环境保护，2017，45（21）：70-71.

[5] 贾妮莎，雷宏振. 中国 OFDI 与"一带一路"沿线国家产业升级——影响机制与实证检验[J]. 经济科学，2019，（1）：44-56.

[6] 李维意，赵英杰. 雄安新区空间发展的三种形态探析[J]. 国家治理，2018，185（17）：30-39.

[7] 王传辉，吴立，王心源，等. 基于遥感和 GIS 的巢湖流域生态功能分区研究[J]. 生态学报，2013，33（18）：5808-5817.

[8] 王晶晶，迟妍妍，许开鹏，等. 京津冀地区生态分区管控研究[J]. 环境保护，2017，45（12）：48-51.

[9] 王录仓，李巍，刘海龙. 基于城乡一体化的生态功能分区与空间管制——以甘南州合作市为例[J]. 生态经济，2012（2）：35-38.

[10] 王乾，冯长春. 城市规模的分布及演进特征——基于 18 个国家统计数据的实证研究[J]. 经济地理，2019（9）.

[11] 王晓，张璇，胡秋红，等. "多规合一"的空间管治分区体系构建[J]. 中国环境管理，2016，8（3）：21-24.

[12] 许开鹏，王晶晶，迟妍妍，等. 基于主体功能区的环境红线管控体系初探[J]. 环境保护，2015，43（23）：31-34.

[13] Gabaix X，Ioannides Y M. Rank-1/2：A Simple Way to Improve the OLS Estimation of Tail Exponents[J]. Journal of Business & Economic Statistics，2011，29（1）.

[14] Gabaix X，Ioannides Y M. The Evolution of City Size Distributions[J]. Handbook of Regional and Urban Economics，2004，4.

本专题执笔人：范庆泉（首都经济贸易大学）、李新、储成君、秦昌波、关杨

完成时间：2019 年 12 月

专题 2　基于绿色发展要求的绿色供应链管理研究

1　绿色发展与绿色供应链环境管理研究综述

1.1　绿色供应链管理理论的相关研究

1.1.1　绿色供应链管理的内涵研究

绿色供应链的研究最早始于绿色采购，1996 年密歇根州立大学（Michigan State University）的制造研究协会进行了一项"环境负责制造"（ERM）研究，正式提出了"绿色供应链"（green supply chain，GSC）的概念，认为其是一种综合考虑环境影响和资源效率的现代管理模式。随后，诸多研究者从不同视角对绿色供应链的内涵进行了界定。

（1）环境保护视角

首先，基于可持续发展理念，汪应洛等建立了绿色供应链的概念模型，认为共生原理、循环原理、替代转换原理与系统开放原理是实施绿色供应链管理应该遵循的基本原理[1-3]。其次，从环境活动视角出发，蒋洪伟等认为绿色供应链管理是在供应链管理的基础上增加环境保护意识，其主要内容包括绿色设计、绿色材料选择、绿色制造工艺、绿色回收、绿色包装、绿色消费等六个方面[4]；但斌、朱庆华等认为绿色供应链管理是在供应链中考虑和强化环境因素，通过与上下游企业的合作以及企业内各部门的沟通，实现整体环境效益和经济效益最优化[5-7]。

（2）供应链过程视角

绿色供应链管理从社会和企业的可持续发展出发，以绿色制造理论和供应链管理技术为基础，涉及供应商、生产商、销售商和用户等多个主体，其目的是使得产品从物料获取、加工、包装、仓储、运输、使用到报废处理的各环节都能有机协同，从而保证整条供应链在环境管理方面的协调统一，对环境造成最小副作用的同时实现资源效率最优。

1.1.2　绿色供应链管理的驱动因素研究

（1）政府层面

政策法规作为驱动因素对绿色设计有显著的正向影响；一方面，企业决定采取绿色供应链管理通常源自违规处罚、罚款威胁等政策制度压力；另一方面，制度压力也会促使企业去采取积极的环保措施，形成合作关系，并且为了环境得到更大的改善，会探索出更多的合法方式。

（2）客户层面

Christmann 等发现，为了提高企业的环保业绩，销售给国外客户是开展绿色供应链管理的主要驱动因素;客户需求是制造业开展绿色供应链管理的重要推动力,制造商可以通过协调或监测供应商的环境绩效,在供应链上游转移环境要求来应对客户的压力[8-13]。

(3)企业层面

绿色供应链管理的实施对企业的环境效应和经济效应都有积极的作用。在绿色供应链效益评价时应结合低碳经济理念,评价指标体系也会因此更具有时代色彩,体现经济、生态、环境和社会的平衡发展。

1.2 绿色供应链管理绩效评价的相关研究

1.2.1 绿色供应链的实施绩效

绿色供应链管理的实施对企业绩效有积极的作用,主要体现在提高产品质量、降低废品率、利用环境管理体系控制污染等方面,具体表现为环境效应、经济效应和运营效应等。

(1)环境效应

企业的环境效应是指通过环境方面的管理得到的结果,通常用于法律及客户要求的符合性,以及为了达到环境合规性的成本等指标来衡量。绿色供应链管理的实践企业一般都会降低对环境的影响,减少污染物的排放,如废气、废水、固体废物等,保护自然资源,环境事故率也大大降低,有利于经营活动的改善。

(2)经济效应

企业实施绿色供应链管理存在积极和消极两方面作用:从积极方面来看,企业减少了能源和水消耗的支出,降低了废弃物的处理和费用,提高了重复利用率和循环使用率,减少了产品和包装的降解,同时提高了边际利润;从消极方面来看,公司为生产环境友好产品增加了生产、市场方面的投资,运营成本上升,员工培训费用提高,因采购环境友好原材料的支出也会增加。

(3)运营效应

企业实施绿色供应链管理,降低了废品率,增进了产品和服务的质量,增加了有生产率的原材料的使用,达到了产品缺陷率最小化的目标,同时企业还改进了客户抱怨记录,以及分析和解决问题的质量。

1.2.2 绿色供应链绩效评价的主要测度

国内外学者主要从企业、社会以及资源环境等维度构建了评价指标,对绿色供应链的实施绩效进行评测和监督。

(1)供应链企业维度

在财务层面,企业总收益、再制造产品收益、绿色产品收益、企业总成本、环境投入成本等因素被纳入评价指标体系的设计。在运营层面,绿色科技采用、绿色产品设计、绿色产品质量、绿色材料使用、货物订单的经济性、物流效率、物流模式、交货时间、供应链生命周期评估、服务质量等因素被纳入评价指标体系的设计。

(2)社会维度

在员工层面,学者主要评价了员工生产效率、员工满意度、员工受培训程度、员工就业机会等因素的作用。在消费者层面,学者主要讨论了消费者满意度、绿色消费者保留度、绿色消费者市场渗透度的作用。在公共群体层面，学者主要讨论了企业绿色形象、企业获得公共咨询的机会、公共关系的提高、社区支持计划、社区满意程度、社会公共安全程度等因素的作用。

（3）资源环境维度

在自然资源类评价指标中，主要将水资源使用、诸如化石燃料等非再生资源的消耗、可循环资源使用、有毒有害物质使用、土地使用、包装使用等指标作为评价测度。在能源类评价指标中，学者主要将非再生能源、可再生能源、能源使用效率等指标作为评价测度。

污染物排放层面，主要将空气排放物、液体排放物、固体排放物等三废作为评价的维度。在空气排放物指标中，主要将一氧化碳、二氧化碳、甲烷等含碳气体的排放量、温室气体总体影响效果等指标作为供应链企业对于能源消耗的评价测度。在液体排放物指标中，主要将液体废弃物排放、废水排放作为评价测度。在固体排放物指标中，主要将固体废物产生、有毒有害产生、逆向物流作为评价测度。

1.3　绿色供应链管理的实践研究——国内外经验比较

近几年国内外企业逐步开展绿色供应链管理工作，取得了良好的经济和社会效益。现将国内外知名企业开展绿色供应链的实践经验进行对比研究（见表 3-2-1～表 3-2-5），以期为绿色发展背景下绿色供应链管理的绩效评价体系构建作以铺垫[14-27]。

表 3-2-1　国内外绿色设计经验比较

绿色供应链管理环节	国内经验			国际经验		
	实践做法	具体案例	典型企业	实践做法	具体案例	典型企业
绿色设计	产品设计优化	车身轻量设计和动力系统改进，降低燃油消耗	北京汽车长安汽车	产品设计优化	提高产品中可再生、可循环利用原材料的使用比例，严格限制有害物质使用	飞利浦（荷兰）
		设计开发高度浓缩洗衣凝珠，减少洗衣液用量和耗水量	纳爱斯		增加粉煤灰或炉渣、石灰石等物质使用，降低二氧化碳排放50%以上；采用超高性能纤维混凝土降低热传导性，节能约35%	拉法基（法国）
		设计绿色配方，采用椰油、玉米淀粉等生物降解性原材料，减少各类活性剂和助剂的使用	开米			
	全生命周期设计	利用钢铁产品生命周期评价系统，发现高性能电工钢等产品虽然在生产阶段能耗增加，但是在使用阶段节能降耗效果显著，仍属于绿色产品	包头钢铁	全生命周期设计	依靠大数据分析团队，建立了环境经济投入产出全生命期分析（EIO-LCA）模型，实现最佳的绿色设计	通用（美国）
		利用物质数据库、能效数据库、废旧产品回收利用数据库等，建立产品全生命周期的资源环境影响数据库，优化绿色设计与制造方案	美的华为		利用数字化双胞胎综合方案，结合工艺流程软件和数据分析，从产品、研发、生产管理、数字化应用等方面为客户提供产品整个生命周期状况的绿色数字化解决方案	西门子（德国）
		利用包装产品全生命周期评价系统，综合分析包装产品在不同阶段的环境负荷参数与环境影响数据，设计易折叠、无胶带多功能快递包装纸箱，减少资源能源消耗和污染物排放	大胜达包装		惠普采用 ISO 14040/14044 和 ISO 14025 设定的通用生命周期评估（LCA）标准量化产品和解决方案的环境特性及影响，使用国际电工委员会技术报告计算产品碳足迹	惠普（美国）

表 3-2-2　国内外绿色供应商管理经验比较

绿色供应链管理环节	国内经验			国际经验		
	实践做法	具体案例	典型企业	实践做法	具体案例	典型企业
绿色供应商管理	严格准入标准	推动供应商导入"全物质声明"、《有害物质检测报告》,进行供应商有害物质管控	联想北汽	严格准入标准	发行了《佳能绿色采购标准书》,同时以世界范围内最严格的标准作为管理标准	佳能(日本)
		采用公众环境研究中心全国企业环境表现数据库筛选供应商	华为	供应审核制度	通过建立计分卡评价供应商社会和环境责任绩效,包括审计评分、产品和材料合规性、环境管理、矿物采购和劳动力管理	惠普(美国)
	供应商绩效评估	全面评估供应商环境表现期望,并通过正式合约和独立的第三方审核来直接核实供应商尽职调查结果	联想	大数据分析系统	利用大数据分析提升供应商能效和生产效率,加强合作并促进企业竞争力的共同提高	通用(美国)
		采用蔚蓝地图数据库定期检索重点供应商的环境表现,推动供应商自我管理;对供应商进行风险评估和分类管理	华为	供应商管理系统	通过供应商管理系统,强化对于一级供应商及其二级供应商的评价;此外,同时对零部件和材料的化学物质信息进行实时管理	佳能(日本)
	供应商管理系统	建立供应商关系管理系统,实时向供应商发布环保信息,实现数据双向流动	北汽	供应商绿色培训	举办供应商环保峰会分享企业实践	惠普(美国)佳能(日本)通用(美国)
	供应商绿色培训	举办相关会议,宣贯企业环境政策与目标与指标,推动供应商合规发展	联想北汽	—	—	—

表 3-2-3　国内外绿色生产经验比较

绿色供应链管理环节	国内经验			国际经验		
	实践做法	具体案例	典型企业	实践做法	具体案例	典型企业
绿色生产	绿色技术创新	创新采用低温锡膏绿色制造工艺,减少二氧化碳的排放,消除锡膏中铅的使用	联想	绿色技术创新	引进封闭再生利用系统,促进制造工程中水的净化与再利用	佳能(日本)
		采用云计算实现双活数据中心,解决多系统信息孤岛、重要数据共享的难题,大幅提升效率,降低耗电量,减少二氧化碳排放			采用新技术开发产品,降低能耗、产品重量以及有毒有害物质	飞利浦(荷兰)

绿色供应链管理环节	国内经验			国际经验		
	实践做法	具体案例	典型企业	实践做法	具体案例	典型企业
绿色生产	节能工艺改造	采用绿色工艺技术改善车内空气质量；提升燃烧效率和高效治理技术应用，减少尾气排放	北京汽车 长安汽车	节能工艺改造	对空压机、照明设备、洗净机废液回收设备进行改造，实现资源重复利用的同时，降低能源的消耗	佳能（日本）
		改造空压机、热回收、阵列工艺、彩膜工艺等节水绿色工艺技术，开展节能节水行动	京东方显示技术			
	可再生能源使用	安装本地可再生能源发电装置，利用光伏太阳能发电，减少碳排放	联想			

表 3-2-4　国内外绿色物流经验比较

绿色供应链管理环节	国内经验			国际经验		
	实践做法	具体案例	典型企业	实践做法	具体案例	典型企业
绿色物流	改变运输方式	积极采用铁路运输和海洋运输，降低碳排	联想	改变运输方式	由空运改用海运，降低温室气体排放	惠普（美国）
	优化物流工具	开发空运轻型托盘，实现手机制造商从木托盘向使用轻型胶合板托盘转变			对于 20 kg 以下的货物不再采取公路运输，而是通过外包快递公司进行运输	佳能（日本）
	绿色包装	轻量化包装，可再生材料包装，取消纸版用户手册	联想	提高运输效率	整合运输将产品直接发送至客户或者距离最近的分销中心，增加运输密度，减少空中和海洋运输总里程，减少对环境的影响	惠普（美国）
		包装大规格化、轻量化计划，减少塑料、原纸等耗材消耗，节约运输和仓储空间	纳爱斯		在全球范围内实施"集装箱轮转使用"措施，大大增加了海上运输时的集装箱装载率，减少了运输时的环境负荷	佳能（日本）
		减少覆膜生产工艺使用，降低塑料、胶水以及溶剂用量	家化联合	绿色包装	采用小型化和轻量化产品包装	佳能（日本）
		采用无毒无害、可降解、易回收利用的绿色包装，从源头推动包装绿色化和循环利用	劲嘉集团		采用绿色技术降低 25% 的产品包装重量	飞利浦（荷兰）

表 3-2-5　国内外绿色回收经验比较

绿色供应链管理环节	国内经验			国际经验		
	实践做法	具体案例	典型企业	实践做法	具体案例	典型企业
绿色回收	多渠道回收	在全球范围内为消费者和客户提供包括资产回收服务（ARS）在内的多种回收渠道，并进一步地进行无害化处理	联想	多渠道回收	开展惠普全球伙伴计划，在全球范围内回收、再利用硬件和耗材	惠普（美国）

绿色供应链管理环节	国内经验			国际经验		
	实践做法	具体案例	典型企业	实践做法	具体案例	典型企业
绿色回收	回收指导	发布《北汽股份汽车拆解指导手册编制规范》和《北汽股份汽车拆解指导手册编制发布程序》,指导回收拆解企业高效、安全完成拆解作业,科学、环保地处理废弃物	北汽	绿色再利用	采用绿色加工技术再利用硬件和耗材	惠普(美国)
	回收信息系统	建立车用材料数据收集分析管理平台,收集整车零部件材料信息,实现对汽车产品禁限用物质、可回收利用率及可再利用率的落地管控	北汽	审计监督	通过第三方审计,确保再利用产品符合绿色政策和标准	惠普(美国)
				回收奖励机制	开展墨盒回收换礼活动,增强消费者环保意识	佳能(日本)

注:表内数据来源于工信部网站整理。

2 基于绿色发展要求的绿色供应链管理绩效评估体系

目前,关于循环经济、低碳经济、供应链管理方面的理论和方法学体系已经较为完善,但关于绿色供应链管理的绩效评估尚处于起步和探索阶段。循环经济的研究和实践,始于20世纪60年代,杜邦化学公司采用的减量化(reduce)、再使用(reuse)、再循环(recycle)的"3R"原则进行制造的方法,成为企业层面最典型的实践应用之一。循环经济注重生产、流通、消费全过程的资源节约,更多地体现在建立一种良性的资源循环利用的模式。2003年由英国提出的低碳经济,以低能耗、低污染、低排放为特征,其关注的核心在于建立新的产业结构和能源结构,以最少的温室气体排放,获得最大的社会产出[28]。

供应链的"绿色化"是绿色供应链管理的趋势和目标所在,它是在循环经济"3R"原则基础上,将过程管理与低碳技术有机融合,通过绿色制造(含绿色设计、绿色生产、绿色包装等)、绿色采购、绿色物流(含顺向和逆向物流)、绿色营销和绿色使用等供应链上各环节的有效低碳或脱碳,实现企业、产业、区域等多层面的绿色发展。事实上,绿色供应链的管理绩效,可以理解为通过计划、组织、指挥、协调、控制等管理职能,基于供应链环节优化(simplification)、过程低碳(decarbonization)、资源循环(recyclable)的SDR综合措施,促进供应链实现"绿色化"的程度。具体体现在,以减少供应链环节继而降低能源消耗和污染排放为核心的简约化(simplification)、以供应链各环节的清洁生产继而减少碳排放的脱碳化(decarbonization),以及通过供应链后端资源的回收再利用等实现从"摇篮到摇篮"闭环供应链的可循环化(recyclable)。据此,可构建起基于绿色发展要求的绿色供应链管理绩效评估体系,见图3-2-1。

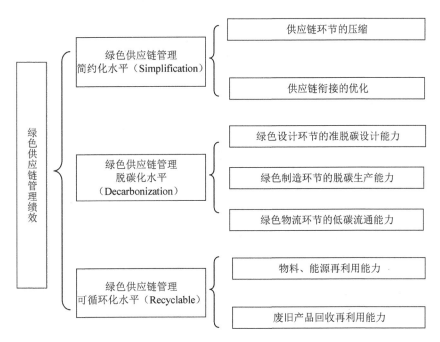

图 3-2-1　绿色供应链管理绩效评估体系

2.1　绿色供应链管理简约化水平评估

提高供应链绿色能力的重要途径之一就是简化供应链的结构，压缩供应链长度，减少产品从企业端到客户端之间的环节，进而降低能源的消耗以及污染的排放。比如，节点企业可以利用网络平台将产品直接销售给消费者，从而减少零售环节增加的能耗。同时，企业可以利用大数据技术，对环节之间的流程进行优化，提高环节之间的协同性，增加衔接能力，减少衔接的小环节。

2.1.1　供应链环节的压缩——网络渠道销售能力

供应链节点企业可以建立直销渠道，利用信息网络平台直接将产品销售给消费者，将"制造商→零售商→消费者"的传统销售环节简化为"制造商→消费者"，如图 3-2-2 所示。通过减少零售商的介入，降低制造商到零售商环节、零售商到消费者环节中间所产生的资源和能源消耗，提高供应链的绿色水平，供应链节点企业的该项能力可以通过直销渠道销售产品占比、网络销售建设水平等指标来反映。

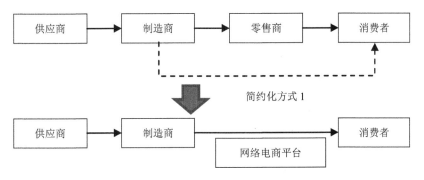

图 3-2-2　供应链管理简约化方式 1：压缩供应链环节

2.1.2　供应链环节衔接的优化——渠道智慧化能力

节点企业可以利用大数据、区块链、人工智能等技术，通过历史运营数据对供应链各个环节的流程进行分析，优化各个环节之间的程序（图3-2-3），以降低不同环节之间由于协同衔接所产生的资源能源消耗，提高整体供应链的响应速度和灵敏度。

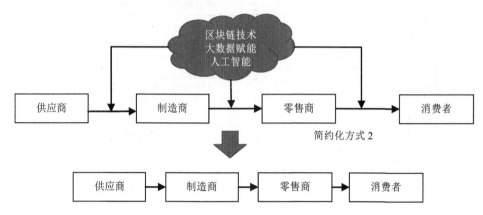

图 3-2-3　供应链管理简约化方式 2：精简供应链衔接环节

2.2　绿色供应链管理脱碳化水平评估

2.2.1　绿色设计环节——准脱碳设计能力

在工业品的生产供应链中，80%的资源消耗及环境影响都取决于设计阶段，在产品的生产制造之前要从产品材料的选择、生产和加工流程的确定，产品包装材料的选定，直到运输等都要考虑资源消耗和对环境的影响，以寻找和采用尽可能合理和优化的结构和方案，使得碳排放以及环境污染的影响降到最低。

2.2.2　绿色制造环节——脱碳生产能力

在产品的制造阶段，采用绿色材料，以绿色工艺、绿色技术、清洁生产技术等进行严格、科学的管理，使废弃物最少，并尽可能使废弃物资源化、无害化，同时，降低、消除生产制造过程中碳的排放。从而使企业经济效益和社会效益达到最优。

2.2.3　绿色物流环节——低碳流通能力

利用先进的物流技术规划和实施运输、仓储、装卸搬运、流通加工、包装、配送等作业流程的物流活动。包括企业是否设计了高效的物流运输网络、采用低碳的运输方式、绿色的环保运输包装等。

2.3　绿色供应链管理可循环化水平评估

2.3.1　物料、能源循环再利用能力

物料、能源循环再利用能力包括在生产制造过程中，对原材料的再利用，对水、电等能源的再

循环使用，使用清洁能源能等。该能力表示企业在生产制造过程中，关于原材料、能源的再利用程度。

2.3.2　废旧产品回收再利用能力

企业可以采用产品回收电子标签、物联网、大数据和云计算等技术手段建立可核查、可溯源的绿色回收体系。生产企业可直接主导或者与专业从事废旧产品回收利用的企业或机构合作开展回收、处理与再利用，搭建拆解、回收信息发布平台，实现废旧产品在生产企业、消费者、回收企业、拆解企业间的有效流通。

3　基于绿色发展要求的造纸行业绿色供应链管理绩效评估实证研究

3.1　造纸产业发展现状

3.1.1　造纸原料生产和消费状况

由于 GDP 增长、人口增速、生活质量提高等因素的影响，我国纸产品的消费需求日益增长，促使纸产品产量不断上升。纸浆方面，木浆和废纸浆产量和消耗量基本呈上升趋势，非木浆相反，如图 3-2-4 所示。

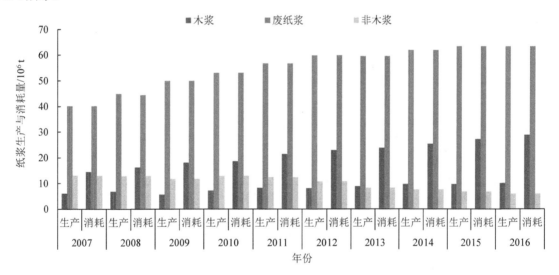

图 3-2-4　我国纸浆生产与消耗量情况

注：数据来源于《我国造纸年鉴 2007—2016》。

从图 3-2-4 可以看出，2007—2016 年废纸浆产量在纸浆中始终占比最高，2016 年高达 79.86%。受 2008 年经济危机的影响，木浆产量在 2009 年有所下降，后逐渐上升，年均复合增长率为 5.80%。由于非木浆单位制浆能耗较木浆和废纸浆来说最高，为推动造纸行业绿色可持续发展，纸浆原料结构逐渐调整，自"十二五"规划中期起，木浆产量高于非木浆，非木浆产量逐渐下降。2007—2016 年，木浆的消耗量直线上升，年均复合增长率为 7.91%，废纸浆和非木浆消耗量的发展趋势与其产量相同，三种纸浆的消耗比例由 2007 年的 21.42%、59.34%、19.23%调整至 2016 年的 29.37%、

64.60%、6.03%。《我国造纸协会关于造纸工业"十三五"发展意见》中预计 2020 年三种纸浆的消耗比例改善应分别达到 28.60%、65.00%、6.40%，相对来说，三种纸浆消耗比例的调整已基本提前达成目标。统计期内每年木浆消耗量均高于其产量，且差距逐渐拉大，数据显示近年来我国木浆总消耗量中 60% 以上来自进口，并呈增长趋势，国产木浆目前无法满足国内消耗需求。尽管每年非木浆和废纸浆产量和消费量基本持平，但由于我国废纸回收率较低，因此废纸浆消耗量中也有 36% 以上来自进口废纸。

我国已成为全球废纸回收量最大的国家。表 3-2-6 显示，我国废纸回收率历史最高点为 48.10%，而美国废纸回收率已达到 66.90%，日本、德国等基本在 70% 以上，韩国更高达 85% 以上；再整体来看，自 2005 年全球平均废纸回收率已超过 50%，2016 年达到 58.60%。对比来讲，我国的废纸回收率一直处于世界中下水平，仍存在较大的提高空间。

表 3-2-6 世界主要产纸国家的废纸回收情况

年份	中国		美国		日本	
	回收量/10^6 t	回收率/%	回收量/10^6 t	回收率/%	回收量/10^6 t	回收率/%
2007	27.65	37.90	47.59	54.40	23.04	73.70
2008	31.28	39.40	47.59	58.30	22.75	75.10
2009	34.24	40.00	50.04	63.40	21.76	79.70
2010	40.16	43.80	46.86	63.00	21.62	77.50
2011	43.48	44.60	47.80	66.10	21.37	76.20
2012	44.73	44.50	46.26	64.40	21.67	78.00
2013	44.51	45.50	45.80	63.80	21.80	79.80
2014	48.41	48.10	46.42	65.00	21.68	79.30
2015	48.41	46.80	47.31	66.70	21.20	79.20
2016	49.64	47.60	47.37	66.90	21.13	79.90

年份	德国		韩国		全球	
	回收量/10^6 t	回收率/%	回收量/10^6 t	回收率/%	回收量/10^6 t	回收率/%
2007	15.36	72.90	8.00	89.10	208.00	52.80
2008	15.62	76.70	7.53	85.00	216.00	54.00
2009	15.40	84.80	7.72	91.60	209.70	56.60
2010	15.39	77.70	8.09	86.00	223.40	56.60
2011	15.27	77.20	8.39	87.80	228.18	57.20
2012	15.29	77.60	8.66	94.60	230.39	57.40
2013	15.36	78.70	9.17	96.00	232.86	57.70
2014	15.09	75.70	8.41	88.00	236.51	58.00
2015	15.31	74.40	8.35	86.20	240.69	58.60
2016	15.36	76.00	8.34	84.50	241.19	58.60

数据来源：《我国造纸年鉴 2007—2016：纤维原料》和《世界造纸工业概况（2007—2016）》。

3.1.2 我国纸及纸板生产与消费状况

纸及纸板方面，至 2016 年，我国纸及纸板产量和消费量已连续 8 年位于全球首位。2007—2016 年我国纸和纸板产量从 73.50×10^6 t 增长到 108.55×10^6 t，年均复合增长率为 4.43%，占全球产量比例由 18.64%上升到 26.42%。相比产量处于先下降后逐渐呈现平稳状态的美国、日本、德国和韩国，近十年来我国纸和纸板产量越来越高，增速较快，见图 3-2-5。其消费量也基本处于上升阶段，年均复合增长率为 4.05%，2016 年超过亚洲纸及纸板总消费量的 50%。

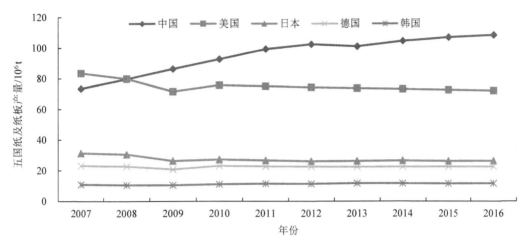

图 3-2-5　世界产纸前五国纸及纸板产量

在我国纸及纸板生产布局与集中度上，近五年超过 75%的纸及纸板产自东部 11 个省（区、市），约 16%来自中部地区，具体主要省（区、市）的纸及纸板产量情况如图 3-2-6 所示（中国造纸协会，2008—2017）。

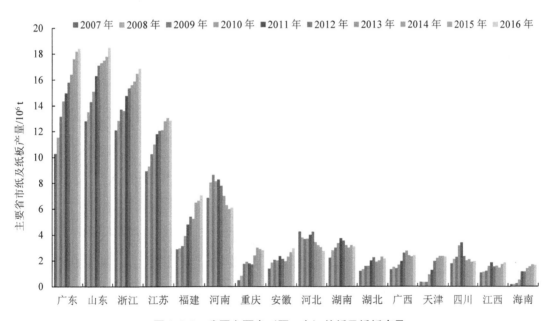

图 3-2-6　我国主要省（区、市）的纸及纸板产量

图 3-2-6 显示了我国 16 个主要省（区、市）2007—2016 年纸及纸板的产量，每年产量合计基本占我国纸及纸板总产量的 95%以上，2011 年起 16 个省（区、市）产量均超过 100 万 t。其中广东、山东、浙江、江苏、福建、天津和海南纸及纸板产量大幅上升，2007 年广东、山东和浙江已突破产量 1 000 万 t，三省的产量同期均超过韩国纸及纸板总产量，2009 年江苏产量突破 1 000 万 t。广东作为我国的经济强省，是造纸工业最发达的省份之一，也是纸及纸板产量增长最快的省份，从 2007

年的 $10.29×10^6$ t 增长到 2016 年的 $18.40×10^6$ t，年均复合增长率为 6.67%；山东作为我国造纸大省，纸及纸板产量的增长速度虽不及广东省，但其产量基本位于全国第一。而河南、河北、湖南和四川从"十二五"规划期开始下降趋势明显，主要原因包括一方面部分省份如四川离海岸口较远，进口运输成本高，造成生产成本高，导致产量下降；另一方面部分省份如河南造纸原料资源缺乏，以稻麦草为主，原料结构不合理，环境问题突出，当地造纸企业逐渐淘汰，产量下降。特殊情况是，2010—2011 年这些省份纸及纸板产量增长幅度较大，尤其是四川，主要原因在于 2009 年废纸进口价格下降，均价从 2008 年 229.60 美元/t 下降到 2009 年的 138.00 美元/t，进口运输成本较低，导致产量短期增长。其余省（区、市）重庆、安徽、湖北、广西和江西呈小幅度的波动增长。

3.2 绿色供应链视角下纸产品全生命周期碳排放结果

3.2.1 研究边界和 CO_2 排放源确定

3.2.1.1 研究边界

本研究立足消费责任视角对纸产品全生命周期的碳排放进行估算，旨在全面、系统地量化并分析纸产品各阶段的碳排放情况，发现全生命周期中碳排放量大的关键环节和影响要素，为纸产品绿色发展提供数据支持和信息参考，为便于研究，本研究定义消费责任视角下纸产品全生命周期碳排放核算的系统边界如图 3-2-7 所示。

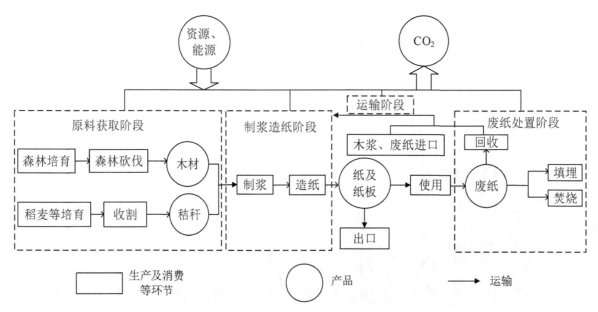

图 3-2-7 基于消费侧的纸产品全生命周期碳排放核算边界

系统边界是系统和环境的分界面，纸产品全生命周期碳排放系统环境包括资源、能源输入和 CO_2 输出，系统内将纸产品的全生命周期主要分为四个阶段：原料获取阶段、制浆造纸阶段、运输阶段和废纸处置阶段。由于数据获取问题，纸及纸板在国内消费产生的 CO_2 无法核算，不纳入核算系统内。再者，消费者责任视角下，基于谁消费谁承担原则，部分从我国出口的纸及纸板产生的 CO_2 排放量（包括生产、运输等）由进口国承担，核算过程中这部分应予以减去；另外我国进口的主要是木浆和废纸半成品，在国内仍需加工，这部分木浆和废纸进口产生的 CO_2 排放量分摊到制浆造纸阶段和运输阶段，纳入核算系统内。

3.2.1.2　各阶段 CO_2 排放源确定

（1）原料获取阶段

为推进造纸工业的绿色发展，我国造纸原料结构逐渐改善，目前以废纸浆为主，其次是木浆，非木浆消耗占比最低。非木浆源于国内生产，废纸浆和木浆来自国内生产及国外进口，种原料生产或进口产生的 CO_2 排放核算界定见表 3-2-7。

表 3-2-7　三种原料来源及 CO_2 排放核算界定

原料	来源	备注
木浆	国内木材采运	国外进口的木材主要用于家具制造等，很少部分用于制浆造纸，因此这部分进口木材运输产生的 CO_2 忽略不计。林木种植过程中产生的 CO_2 可以被自身光合作用吸收，因此不计算林木种植碳排放量，只计算国内采运木材用于制浆造纸而产生 CO_2 排放量
	国外木浆进口	国外进口的木浆主要涉及运输距离及运输量，因此进口木浆产生的 CO_2 列入运输阶段进行计算
非木浆	国内生产	非木浆中，稻麦草浆一直占比最高，因此主要计算稻麦草浆原料获取过程的 CO_2 排放量，再根据稻麦草浆的占比，估算出非木浆原料获取过程的 CO_2 排放量
废纸浆	国内废纸回收	国内废纸回收及国外废纸进口均主要涉及运输，因此列入运输阶段计算 CO_2 排放量
	国外废纸进口	

参照表 3-2-7，纸产品原料获取阶段主要核算获取木浆和非木浆原料过程中排放的 CO_2 即木材采运和稻麦草浆原料获取过程中产生的 CO_2 排放量。

（2）制浆造纸阶段

制浆造纸阶段是纸浆加工生产成纸及纸板的过程，整个阶段中涉及的 CO_2 排放包括燃料燃烧排放、化学分解排放、电力和热力消费排放，见图 3-2-8。

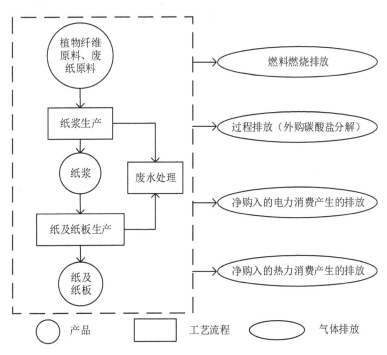

图 3-2-8　制浆造纸阶段 CO_2 排放源

图 3-2-8 中，制浆造纸阶段的研究边界是参考《我国造纸及纸制品生产企业温室气体排放核算方法与报告指南（试行）》中的造纸及纸制品业温室气体排放的核算边界，因此本研究制浆造纸阶段的碳排放量即为我国造纸及纸制品业的碳排放量。

（3）运输阶段

纸产品全生命周期中多数环节涉及运输，比较复杂，不同之处在于核算边界。本研究从全生命周期角度将纸产品运输阶段又划分为原料输入、生产、产品输出等主要过程，见图 3-2-9。

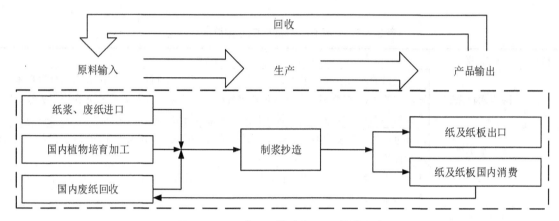

图 3-2-9　纸产品运输阶段 CO_2 排放界定

原料输入运输包括纸浆原料从国内产地或国外进口运输至制浆造纸企业、使用后的废纸回收运输至制浆造纸企业循环使用；产品输出运输涉及产成品纸及纸板从生产企业运输至纸产品供应商、经销商、个人消费者或出口运输至其他国家。在消费者责任原则下，纸及纸板出口运输产生的 CO_2 应由纸及纸板进口国承担，这部分碳排放量不纳入纸产品运输阶段内；由于数据的可获取性，产品输出运输至消费者而产生的 CO_2 排放量难以计算；生产过程中涉及车间运输忽略不计。基于以上情况，纸产品运输阶段主要计算原料输入运输过程中产生的 CO_2 排放量。

（4）废纸处置阶段

我国废纸处置主要有填埋、焚烧和回收三种途径。废纸回收与利用是造纸工业资源消费—产品—再生资源闭环物质流动模式的重要环节，回收与运输密不可分，产生的 CO_2 计入运输阶段；为便于估算，本书假定露天、无固定集中点进行填埋或焚烧废纸，填埋过程中不考虑沼气回收，因此废纸处置阶段计算废纸填埋或焚烧过程中释放的 CO_2。

3.2.2　各阶段 CO_2 排放量核算方法及数据来源

3.2.2.1　原料获取阶段 CO_2 排放量核算方法

（1）木材采运过程

木浆原料的获取涉及伐木造材、集材、运材至木材贮存场等木材采运过程，伐木造材是指油锯立木并打枝剥皮，便于集材；集材可通过手扶拖拉机、手板车、土滑道、索道和人力担筒等方式；之后运材至木材贮存场，可通过农用车或汽车。为保护植被土壤并便于计算，集材、运材分别选择机械索道集材、汽车运材的最优作业方式，则木材采运中主要产生 CO_2 的环节包括消耗柴油伐木打枝剥皮造材及机械索道集材、汽车消耗汽油运材。该过程 CO_2 排放量的核算基于《国家温室气体排放清单指南》的碳排放系数法，公式如下。

伐木造材作业:

$$C_h = e_d \times E_h = e_d \times W_h \times W_{ah} \qquad (3\text{-}2\text{-}1)$$

式(3-2-1)中,C_h 是伐木造材作业活动的 CO_2 排放量,10^6 t;E_h 是伐木造材能源消耗量,10^6 t;W_h 是造纸伐木量,m^3;W_h 是伐木作业油锯平均耗油量,t/m^3。

由于目前我国伐木造纸、集材、运材主要消耗柴油,因此 e_d 为柴油的碳排放系数(tCO₂/t)。

机械索道集材作业:

$$C_m = e_d \times E_m = e_d \times W_m \times W_{am} \times L_m \qquad (3\text{-}2\text{-}2)$$

式(3-2-2)中,C_m 是索道集材作业活动的 CO_2 排放量,10^6 t;E_m 是索道集材能源消耗量,10^6 t;W_m 是集材量,m^3;W_{am} 是机械索道集材平均耗油量,t/(m^3·km);L_m 是索道长度,km。

运材作业:

$$C_l = e_d \times E_l = e_d \times W_l \times W_{at} \times L_l \qquad (3\text{-}2\text{-}3)$$

式(3-2-3)中,C_l 是汽车运材作业活动的 CO_2 排放量,10^6 t;E_l 是运材能源消耗量,10^6 t;W_l 是运材量,m^3;W_{al} 是运材平均耗油量,t/(m^3·km);L_l 是运材距离,km。

假定集材和运材过程中木材无损坏,即 $W_h = W_m = W_l$。则根据式(3-2-1)~式(3-2-3)估算出木浆原料获取阶段 CO_2 排放量 $C_w = C_h + C_m + C_l$。

(2)稻麦草浆原料获取过程

我国秸秆资源化利用的途径随着经济及技术水平的提高而不断发展,逐渐扩展到"肥料化、饲料化、基料化、燃料化、原料化"五大类,稻麦草浆就是水稻秸秆原料化利用的重要途径之一,水稻种植从翻耕、灌溉、播种、施肥、打药到收割、稻草秸秆收集,最终用于制浆,该过程排放的 CO_2 包括:①使用农用化学品(化肥、农药)产生的 CO_2;②灌溉耗电、使用农用机械翻耕收割等消耗柴油产生的 CO_2,但关键前提是明确稻麦草浆产量、秸秆资源量、水稻产量等相互之间的关系。稻麦草浆与秸秆资源量之间的参数关系参考台湾纸业龙头永丰余企业单位稻麦草浆产量消耗的秸秆资源量;秸秆资源量可分为秸秆可利用资源量和秸秆可收集资源量,由于造纸秸秆一般需进行风干等步骤后利用,两者与造纸秸秆可利用系数相关;秸秆可收集资源量与秸秆理论生产量及秸秆可回收系数相关,由于农田地貌、耕作方式、秸秆还田、留茬高度等因素的影响,秸秆可收集资源量一般小于秸秆理论生产量。而秸秆理论生产量与水稻产量之间的关系有众多学者进行了研究,其中草谷比(秸秆系数)法适用范围最广,即通过农作物秸秆产量和经济产量(水稻等)之比,来确定秸秆产量与水稻产量之间的关系。最终相互关系梳理见图3-2-10。

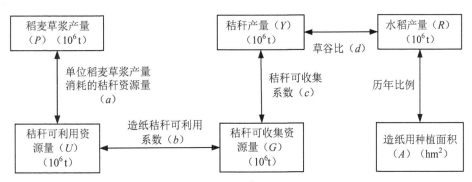

图 3-2-10 稻麦草浆产量、秸秆资源量、水稻产量相互之间的关系

根据图 3-2-10 有以下公式：

$$P = \frac{U}{a} \tag{3-2-4}$$

$$U = b \times G \tag{3-2-5}$$

$$G = c \times Y \tag{3-2-6}$$

$$Y = d \times R \tag{3-2-7}$$

根据式（3-2-4）～式（3-2-7）用稻麦草浆产量推出水稻产量，再参考我国历年水稻总产量与种植总面积的比例，最终确定用于造纸的水稻种植面积（A），之后核算水稻从播种到收割产生的 CO_2 排放量，公式如下：

$$C_n = n^{-1} \times \sum_{i=1}^{i} AR_i \times c_i \times A \tag{3-2-8}$$

式（3-2-8）中，C_n 是非木浆原料获取阶段的 CO_2 排放量，10^6 t，n 是稻麦草浆产量占非木浆总产量的比例，%；AR_i 是每公顷水稻种植面积第 i 种农资投入，t/hm²，kW·h/hm²，根据《我国农村统计年鉴》的统计情况，农资投入包括氮肥、磷肥、钾肥、复合肥、除草剂、杀虫剂、杀菌剂、柴油、农膜、水稻种子和电力；c_i 是第 i 种农资投入的碳排放系数，tCO₂/t，tCO₂/kW·h。

最后纸产品原料获取阶段的 CO_2 排放量 $C_A = C_w + C_n$。

3.2.2.2　制浆造纸阶段 CO_2 排放量核算方法

制浆造纸阶段主要是能源消耗产生碳排放，本研究采用碳排放系数法，根据制浆造纸阶段的能源消费量与能源的碳排放系数计算 CO_2 排放量，公式为：

$$C_B = \sum c_j = \sum_{j=1}^{j} e_j \times f_j \tag{3-2-9}$$

式（3-2-9）中，C_B 为制浆造纸阶段碳排放量，10^6 t；c_j 是该阶段消耗各种能源的碳排放量，10^6 t；e_j 是各种能源消耗实物量，10^6 t，m³，kW·h，根据《我国统计年鉴》统计口径，制浆造纸阶段消耗的能源包括煤炭、焦炭、原油、汽油、煤油、柴油、燃料油、天然气和电力；f_j 是各能源的碳排放系数，tCO₂/t，tCO₂/m³，tCO₂/kW·h。

3.2.2.3　运输阶段 CO_2 排放量核算方法

目前关于交通运输 CO_2 排放量的核算方法主要有两种：一是依据世界银行提出的 ASIF 方法，将运输 CO_2 排放量分解为活动水平、交通方式构成、各种运输方式能源强度和不同燃料组成，该方法需获取运输过程中的各种能源的消耗数据；二是借鉴 STIRPAT 因素分解模型的思想，构建运输过程碳排放量的 STIRFDT 分解模型（The European Chemical Industry Council，2011）。由于纸产品运输过程中各种能源的消耗数据难以收集，因此借鉴第二种方法，构建纸产品运输过程能源消耗量的核算模型，再结合碳排放系数法，核算纸产品运输过程 CO_2 消耗量，公式如下：

$$I = \sum F \times \frac{K}{F} \times \frac{E_i}{K} \tag{3-2-10}$$

式（3-2-10）中，I 为纸产品运输过程中的能源消耗总量，10^6 t；F 为纸产品货运量，10^6 t；K 为纸产品周转量，10^6 t·km；$\dfrac{K}{F}$ 则为纸产品运输距离，km，以 D 表示；E_i 为纸产品运输过程中第 i 种能源的消耗量，10^6 t；$\dfrac{E_i}{K}$ 则为每 10^6 t 纸产品运输 1 km 的各种能源消耗量，t/10^6 t·km，体现运输方式的能源利用效率，与技术有关，以 T 表示，由此得到纸产品运输过程能源消耗量的 IFDT 分解模型。

结合碳排放系数法，则纸产品运输过程 CO_2 排放量的核算公式为：

$$C_{\mathrm{T}} = \sum F \times \frac{K}{F} \times \frac{E_i}{K} \times \mu_i = \sum F \times \frac{K}{F} \times \frac{E_i \times \mu_i}{K} = F \times D \times \frac{C}{K} = \sum F \times D \times \varphi_j \tag{3-2-11}$$

式（3-2-11）中，C_{T} 为纸产品运输过程 CO_2 排放总量，10^6 t；μ_j 为各能源的碳排放系数；$\dfrac{C}{K}$ 为每 10^6 t 纸产品运输 1 km 的 CO_2 排放量，$tCO_2/10^6$ t·km，即运输方式的碳排放系数，以 ϕ_j 表示；j 为第 j 种运输方式。

为便于计算，设定各运输方式的 ϕ_j 不变。

（1）进口造纸原料运输过程的 CO_2 排放量核算方法

本书将造纸原料进口的运输距离以我国主要港口为中转点分成两部分，第一部分是从造纸原料出口国运输至我国主要港口的国际距离，第二部分是从我国主要港口运输至纸和纸板主产省份的国内距离。由于我国进口的纸浆和废纸两种造纸原料来源国不完全一致且较多，为便于核算，只设定我国最大的港口上海港为国际距离中的目的地，以造纸原料出口国最大的港口为起始地，这两地之间的实际水运距离即为造纸原料进口的国际距离。而对于国内距离，依据现实情况设定青岛港、天津港、上海港、厦门港和深圳港为造纸原料进口的主要港口，各纸和纸板主产省份遵循就近且唯一原则，从最近的港口且只从这个港口进口纸浆和废纸。因此主要港口到纸和纸板主产省份的省会城市之间的实际距离为国内距离。综上，进口造纸原料运输过程中的 CO_2 排放量核算公式如下：

$$C_1 = \sum_{\alpha=1}^{\alpha} F_p \times D_\alpha \times \phi_1 + \sum_{\beta=1}^{\beta} F_{\mathrm{w}} \times D_\beta \times \phi_1 + (F_p + F_{\mathrm{w}}) \times D_{\mathrm{N}} \times \phi_2 \tag{3-2-12}$$

式（3-2-12）中，C_1 为造纸原料进口运输的 CO_2 排放总量，10^6 t；F_p、F_{w} 分别为纸浆、废纸的进口量，10^6 t；两者之和为造纸原料进口总量，10^6 t；D_α、D_β 分别为第 α 个纸浆出口国、第 β 个废纸出口国最大港口与上海港的水运距离，km；ϕ_1 为水路运输方式碳排放系数，$tCO_2/10^6$ t·km，由于纸和纸板主产省份从各主要港口运输纸浆和废纸量的具体数据难以获取，因此 D_{N} 为所有主要港口到纸和纸板主产省份的省会之间实际距离的平均距离，km，依据平均距离设定该运输过程以铁路运输为主；ϕ_2 为铁路运输方式碳排放系数。

（2）国内废纸回收运输过程的 CO_2 排放量核算方法

纸及纸板、纸制品几乎涉及每个人的生活、教育等方面，在我国区域内，消费市场是全国各地，废纸一般来源于我国 31 个省（区、市）（未统计我国香港、澳门和台湾）。回收的废纸运输至 16 个纸及纸板主产省份，运输路线复杂且无规律，因此本书设定 31 个省（区、市）回收的废纸也遵循就近且唯一的原则，即只运输至最近的一个纸及纸板主产省份，以这两地省会间的实际距离作为废纸回收的运输距离，运输方式也以铁路运输为主，则国内废纸回收运输过程的 CO_2 排放量核算公式为：

$$C_z = F_w \times D_w \times \phi_2 \qquad (3\text{-}2\text{-}13)$$

式（3-2-13）中，C_z 为国内废纸回收运输产生的 CO_2 排放量，10^6 t；同样由于各省（区、市）运往纸及纸板主产地的废纸量具体数据无法获取，因此 F_w 为废纸回收总量，10^6 t；D_w 为所有回收的废纸来源地与纸及纸板主要生产地省会间实际距离的平均距离，km。

3.2.2.4　废纸处置阶段 CO_2 排放量核算方法

废纸处置阶段 CO_2 排放量主要来源于废纸露天填埋及焚烧产生的碳排放，对于废纸处理的温室气体排放研究较少，多数着重研究了废纸属性大类城市废弃物或垃圾处理的温室气体排放，是仅次于能源活动、工业生产活动的重要排放源。本书对废弃物处置产生的 CO_2 排放量的核算方法主要有质量平衡法和一阶衰减法，两者比较情况见表 3-2-8。

表 3-2-8　废弃物处理的温室气体排放核算方法比较

核算指南	废弃物处理的温室气体排放源	核算方法	数据要求	备注
省级温室气体清单编制指南（试行）（2011）	固体废弃物填埋、焚烧、生活污水及工业废水处理	质量平衡法	活动水平时间点数据、排放因子数据	质量平衡法可以核算某一年份废弃物处理的温室气体排放；一阶衰减法考虑到废弃物分解的时间延迟性，核算时间序列上废弃物处理的温室气体排放，可以保证时间序列的一致性，核算的年度排放数值误差更小
IPCC2006	固体废弃物填埋、生物处理、焚化和露天燃烧、废水处理等	一阶衰减法（FOD）	活动水平时间序列数据、排放因子数据	

借鉴废弃物处置碳排放量的核算方法，为保证时间序列与方法、数据集的一致性及减小核算误差，本书废纸露天填埋和焚烧产生的碳排放量估算采用一阶衰减法。

（1）露天填埋

露天填埋主要释放 CH_4，估算时将 CH_4 排放量折算成 CO_2 排放量，核算公式如下：

$$C_J = MSW_m \times DOC \times DOC_f \times MCF \times F \times \frac{16}{12} \qquad (3\text{-}2\text{-}14)$$

$$C_d = MSW_m \times DOC \times DOC_f \times (1 - MCF \times F) \times \frac{44}{12} \qquad (3\text{-}2\text{-}15)$$

式（3-2-14）、式（3-2-15）中，MSW_m 是废纸填埋量，10^6 t；DOC 是可分解的有机碳的比例，%，每千克填埋废纸中含碳量；DOC_f 是可分解的 DOC 比例，%；MCF 是有氧分解的 CH_4 修正因子，%；F 为垃圾填埋气体中 CH_4 的比例，%；$\frac{16}{12}$ 是 CH_4/C 分子量比率；$\frac{44}{12}$ 是 CO_2/C 分子量比率。

（2）露天焚烧

露天燃烧废纸设定是完全燃烧，极少产生 CO，释放的气体主要是 CO_2，则该环节 CO_2 排放量核算公式如下：

$$C_v = MSW_s \times CF \times FCF \times OF \times \frac{44}{12} \tag{3-2-16}$$

式（3-2-16）中，MSW_s 是废纸焚烧量，10^6 t；CF 是废纸碳含量，%；FCF 是废纸化石碳比例，%；OF 是氧化因子。

3.2.2.5　出口纸及纸板碳排放量核算方法

消费者责任视角下，我国出口的纸及纸板生产等过程中排放的 CO_2 应由进口国承担，不计入我国纸产品全生命周期碳排放量中。这部分纸及纸板的碳排放量核算公式如下：

$$C_O = U_c \times P_B \tag{3-2-17}$$

式（3-2-17）中，C_O 是出口的纸及纸板碳排放量，10^6 t；U_c 是生产单位纸及纸板的碳排放量，tCO_2/t；P_B 是我国纸及纸板出口量，10^6 t。

3.2.2.6　数据清单及来源

（1）原料获取阶段

木浆获取过程中造纸伐木量相当于造纸用材量，该数据源于《我国林业统计年鉴》（2007—2016）（全国主要木材竹材产量），由于 2007 年《我国林业统计年鉴》才开始统计我国造纸用材量，而 2016 年之后能源消耗等部分数据还未更新，因此本书研究时间跨度是 2007—2016 年。伐木造材、集材、运材的平均耗油量参考周媛等研究成果中的数据[31]，索道长度及运材距离采用张正雄等对南方人工林进行实地调研的数据[32]。

非木浆获取过程中，非木浆及稻麦草浆产量数据源于《我国造纸工业年度报告》（2007—2016）（2008—2017）；2007—2016 年我国水稻总产量及种植总面积数据来源于《我国农村统计年鉴》（2007—2016）（主要农产品种植养殖面积与产量）；水稻种植培育直至收割过程中各种农资投入情况统计见《全国农产品成本与收益资料汇编（2007—2016）》。

（2）制浆造纸阶段

该阶段 2007—2016 年能源消耗量数据来源于《我国统计年鉴》（2009—2018），能源类型根据我国能源年鉴划分为煤炭、焦炭、原油、汽油、煤油、柴油、燃料油、天然气和电力九类，各种能源碳排放系数采用《省级温室气体清单编制指南（试行）》（2011）中的数据，其中电力碳排放系数是根据清单中我国六大区域及海南省的单位供电平均二氧化碳排放量的均值所得。

（3）运输阶段

2007—2016 年纸浆和废纸进口量、进口国别数据来源于全球贸易数据库。由于 2007—2016 年出口纸浆或废纸至我国的国家众多，而部分国家出口量较小，因此本书选取出口量排在前列且出口量之和占我国纸浆或废纸进口总量 95%以上的纸浆或废纸出口国作为我国造纸原料主要进口国。这些进口国最大港口与我国上海港之间的距离参考国际货物交易所网站上的水运距离数据。纸和纸板主产省份参考《我国造纸工业年度报告》（2007—2016），选取山东、浙江、广东及江苏等 16 个省（市），这 16 个省（市）纸和纸板的产量总和在核算期内均占我国纸和纸板总产量的 95%以上。主要港口与纸和纸板主产地省会城市及废纸回收运输中省会城市之间的实际距离数据参考百度地图。废纸回收量数据来源于《我国造纸年鉴》（2007—2016）（2008—2017），各运输方式的碳排放系数参考欧洲化学工业协会发布的 "European Communities Trade Mark Association. Guidelines for Measuring and

Managing CO$_2$ Emission from Freight Transport Operations"（2011）。

（4）废纸处置阶段

该阶段首先需明确 2007—2016 年废纸回收量、废纸填埋量及废纸焚烧量，但我国目前关于废纸回收、填埋与焚烧的占比关系可供参考的文献较少，因此本书从数据可获得角度，考虑将我国 2007—2016 年生活垃圾填埋和焚烧分别占生活垃圾处理总量的比重，作为废纸填埋率及焚烧率，由此得出废纸填埋量和焚烧量。2007—2016 年我国生活垃圾处理量数据来源于《我国城市建设统计年鉴》（2007—2016）（全国城市市容环境卫生分组资料）。核算过程中利用的 DOC$_f$ 等数据参数参考《国家温室气体排放清单指南》（2006）及《省级温室气体清单编制指南（试行）》（2011）。

纸产品全生命周期碳排放核算中使用的数据参数清单及数值汇总见表 3-2-9。

表 3-2-9　纸产品全生命周期碳排放相关数据参数汇总

数据参数	数值	数据参数	数值
造纸秸秆可利用系数/（t/t）	0.450 0	煤炭碳排放系数/（tCO$_2$/t）	1.900 3
秸秆可收集系数/（t/t）	0.830 0	焦炭碳排放系数/（tCO$_2$/t）	2.860 4
草谷比/（t/t）	1.040 0	原油碳排放系数/（tCO$_2$/t）	3.020 2
农膜碳排放系数/（tCO$_2$/t）	22.720 0	汽油碳排放系数/（tCO$_2$/t）	2.925 1
水稻种子碳排放系数/（tCO$_2$/t）	1.840 0	煤油碳排放系数/（tCO$_2$/t）	3.017 9
氮肥碳排放系数/（tCO$_2$/t）	1.530 0	柴油碳排放系数/（tCO$_2$/t）	3.095 9
磷肥碳排放系数/（tCO$_2$/t）	1.630 0	燃料油碳排放系数/（tCO$_2$/t）	3.170 5
钾肥碳排放系数/（tCO$_2$/t）	0.650 0	天然气碳排放系数/（tCO$_2$/m^3）	0.002 2
复合肥碳排放系数/（tCO$_2$/t）	1.770 0	电力碳排放系数/［tCO$_2$/（kW·h）］	0.001 0
除草剂碳排放系数/（tCO$_2$/t）	10.150 0	铁路运输碳排放系数/（t/t·km）	0.022 0
杀虫剂碳排放系数/（tCO$_2$/t）	16.610 0	水路运输碳排放系数/（t/t·km）	0.014 0
杀菌剂碳排放系数（tCO$_2$/t）	10.570 0	DOC$_f$	50%
DOC	40%	F	50%
MCF	50%	FCF	90%
CF	50%	OF	100%

3.2.3　原料获取阶段碳排放量核算结果分析

原料获取部分，获取非木浆产生的碳排放量远远高于获取木浆产生的碳排放，这也指明了造纸原料结构改善的方向，我国目前也正在逐渐减少使用非木浆造纸，因此非木浆获取产生的碳排放呈大幅下降态势，见表 3-2-10。

表 3-2-10　原料获取阶段碳排放量　　　　　　　　　　　　　　　单位：10^6 t

年份	2007	2008	2009	2010	2011	2012	2013	2014	2015	2016
木材采运	0.20	0.25	0.23	0.24	0.28	0.32	0.68	0.40	0.50	0.73
非木浆获取	14.78	14.52	13.35	14.84	14.71	12.87	10.08	8.59	7.73	6.76
原料获取阶段	14.98	14.76	13.57	15.07	14.99	13.19	10.74	8.98	8.22	7.47

从核算结果来看，2007—2016 年木浆获取碳排放量小幅上升，非木浆相反，由于非木浆碳排放始终占比最大，2016 年占比高达 90.53%，所以原料获取阶段的碳排放总量随着非木浆获取碳排放量的下降而持续下降。特殊情况是，2010 年原料获取阶段碳排放上升，这主要是 2010 年进口木浆及进口废纸价格持续高位运行，导致进口量同比下降，国内非木浆需求量上升，因此 2010 年非木浆获取的碳排放量上升，原料获取阶段随之上升。

具体的木材采运方面，运材碳排放量最高，其次是集材，最低的是造材；非木浆获取方面，农药、化肥等农资投入的碳排放情况见图 3-2-11。

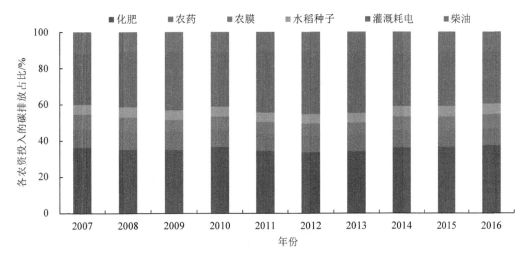

图 3-2-11 用于造纸的水稻种植各项农资投入的碳排放占比

由图 3-2-11 可知，水稻种植中碳排放量明显较高的是化肥投入和灌溉耗电，化肥约占 35%，灌溉耗电约占 30%，柴油和农药投入排放的 CO_2 均占 10% 左右，柴油略高于农药投入。以上农资投入碳排放量占种植总排放量的 85% 以上，农膜和水稻种子投入排放较低。由于我国非木浆产量呈下降趋势，需求下降，总体来说，各项农资投入产生的碳排放量逐渐减少。

3.2.4 制浆造纸阶段碳排放量核算结果分析

制浆造纸阶段主要是化石燃料消耗排放 CO_2，根据核算结果，煤炭、电力是该阶段主要消耗的能源，消耗情况见图 3-2-12。

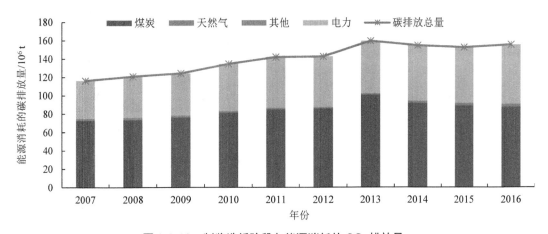

图 3-2-12 制浆造纸阶段各能源消耗的 CO_2 排放量

由图 3-2-12 看出，2007—2016 年，占能源消耗总量 75%以上的煤炭占制浆造纸阶段 CO_2 排放的比重最高，基本保持在 60%左右，且处于上升趋势。由于进入 2013 年，我国煤炭价格指数先是缓慢下滑，夏季之后呈陡然下降趋势，致使制浆造纸阶段煤炭消耗量增长幅度较大，2013 年该阶段碳排放量上升尤为明显，直至"十二五"规划后期才缓慢下降。其次是电力，其 CO_2 排放占比均在 35%以上，从 2007 年的 $41.57×10^6$ t 增长到 2016 年的 $64.48×10^6$ t，年均复合增长率为 4.99%，高于煤炭的 2.08%，始终处于增长状态。两者的 CO_2 排放量之和占整个制浆造纸阶段 CO_2 排放总量的 95%以上，而天然气和其他能源的 CO_2 排放占比之和仅在 4%以下。而据欧洲纸业联盟（Confederation of European Paper Industries，CEPI）（2017）数据显示，2016 年欧洲造纸工业生物质能源消耗已达到 58.82%，天然气消耗约占 33.43%，而煤炭只占 3.96%，其中荷兰造纸工业 2009 年起天然气能源消耗已经约占 97%。相比来说，制浆造纸阶段的能源消费结构仍以煤炭为主，天然气、生物质能源利用率低，能源消费结构不合理，急需调整改善[33-35]。

再从整体来看，制浆造纸阶段的 CO_2 排放量从 2007 年的 $116.43×10^6$ t 上升到 2016 年的 $155.42×10^6$ t，年均复合增长率为 3.26%，略低于我国 CO_2 排放总量的年均复合增长率 3.79%。而英国 2014 年该阶段的碳排放量相比 2008 年已降低 42%；巴西在 2010 年已经基本实现制浆造纸阶段的温室气体零排放。可见，与欧洲国家造纸工业的碳排放量相比，我国制浆造纸生产过程的 CO_2 排放量仍呈增高趋势。因此我国造纸机纸制品业作为能源密集型行业，高能耗、高排放的现实情况仍要求该行业及相关生产环节的节能减排的力度不断加大。

3.2.5 运输阶段碳排放量核算结果分析

消费责任视角下，纸产品运输阶段核算造纸原料输入产生的碳排放量，主要包括木浆、废纸进口及国内废纸回收，估算结果如图 3-2-13 所示。

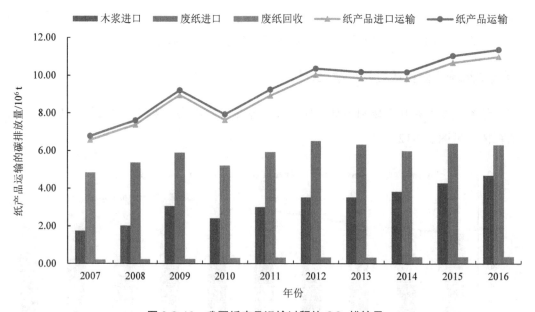

图 3-2-13 我国纸产品运输过程的 CO_2 排放量

图 3-2-13 中，造纸原料进口运输 CO_2 排放量包括主要木浆、废纸出口国最大港口运输至我国，再由国内各主要港口将造纸原料运输至纸和纸板主要生产省（区、市）而产生的 CO_2 排放量。总体

来看，2007—2016 年，造纸原料进口运输的 CO_2 排放总量上升幅度较大，2015 年已超过 1 000 万 t，只有 2010 年由于国际纸浆和废纸价格高涨，造纸原料进口量减少，运输的碳排放量明显下降。其中废纸进口运输至我国的 CO_2 排放量历年最高，从 2007 年的 4.83×10^6 t 上升到 2016 年的 6.30×10^6 t。由于 2010 年国内纸浆产量上升，2014 年国内废纸回收率又达到较高水平，因此这两年废纸进口量降低，导致废纸进口运输至我国的 CO_2 排放量及造纸原料进口运输的 CO_2 排放总量下降。木浆进口运输至我国的 CO_2 排放量平缓增长，2016 年达 4.69×10^6 t，年均复合增长率约 11.65%。对比木浆和废纸进口运输的 CO_2 排放量，两者差距逐渐缩小，主要由于我国一方面废纸回收率逐渐上升，废纸进口量出现波动性下降；另一方面由于林木资源紧张，木浆对外依存度居高不下，且暂时难以改善，因此木浆进口运输的 CO_2 排放量未来仍可能继续上升。

2007—2016 年，随着纸和纸板消费量及废纸回收率的提高，我国废纸回收量逐渐增加，废纸回收率从 37.90% 提高到 47.60%，每年约提高 1%。在核算期内，国内废纸回收运输 CO_2 排放量基本呈缓慢上升的趋势，从 2007 年的 0.20×10^6 t 上升到 2016 年的 0.37×10^6 t。相比造纸原料进口运输，国内废纸回收运输距离短，回收量也低于同期的纸浆和废纸的进口量之和，导致其 CO_2 排放量远低于同期造纸原料进口运输的 CO_2 排放量。

总体来说，2007—2016 年，纸产品全生命周期运输过程的 CO_2 排放总量从 6.78×10^6 t 增加到 11.36×10^6 t，同期占我国交通运输部门 CO_2 排放量的 1.00%～1.50%（国家统计局，2017）。除 2010 年下降幅度较大外，其余年份基本呈增长状态，且 2011 年后排放量均在 1 000 万 t 以上。2010 年由于造纸原料进口量减少，纸产品全生命周期运输过程的 CO_2 达最低排放水平，为 7.93×10^6 t。另外，2007—2016 年，废纸回收运输的 CO_2 排放量仅占纸产品生命周期运输过程 CO_2 排放总量的 2.50%～4.00%，而造纸原料进口运输 CO_2 排放量长期占 95% 以上。由此看出，造纸原料进口的高度依赖性是纸产品全生命周期运输过程 CO_2 排放量增加的主要原因之一。

3.2.6 废纸处置阶段碳排放量核算结果分析

根据 2007—2016 年全国生活垃圾卫生填埋率及焚烧率，结合我国纸及纸板历年消费量估算出废纸填埋量和焚烧量，继而核算出纸产品生命周期中废纸填埋和废纸焚烧环节释放的 CO_2 量，结果见表 3-2-11。

表 3-2-11　废纸处置阶段碳排放量　　　　　　单位：10^6 t

年份	纸及纸板消费量	废纸填埋量	废纸焚烧量	废纸填埋碳排放量	废纸焚烧碳排放量	废纸处置阶段碳排放量
2007	72.90	36.76	6.88	20.22	11.36	31.58
2008	79.35	39.30	7.32	21.62	12.08	33.70
2009	85.69	40.78	9.27	22.43	15.29	37.71
2010	91.73	40.17	9.70	22.09	16.00	38.09
2011	97.52	41.54	10.73	22.85	17.70	40.55
2012	100.48	40.46	13.79	22.25	22.76	45.01
2013	97.82	36.34	16.05	19.99	26.48	46.46
2014	100.71	34.26	16.99	18.84	28.04	46.88
2015	103.52	35.11	18.88	19.31	31.15	50.46
2016	104.19	32.93	20.48	18.11	33.78	51.90

从目前全国生活垃圾无害化处理情况来看，处理总量逐年大幅度上升，焚烧量的发展趋势与其相似，而卫生填埋量增长非常缓慢，表现出生活垃圾的填埋率明显下降，而焚烧率持续上升，因而2007—2016年，废纸焚烧量不断增长，但仍较低于废纸填埋量。表3-2-11中，废纸填埋与焚烧的碳排放量的变化趋势相反，焚烧碳排放量呈上升、填埋呈下降态势，且废纸焚烧的碳排放自2013年超过废纸填埋的碳排放量，年均复合增长率高达12.8%。废纸处置阶段的碳排放总量也随之增长，年均复合增长率为5.68%。相比来看，单位废纸填埋的碳排放量约为0.55 t，而单位废纸焚烧的碳排放量远高于填埋方式，约为1.65 t，因此无论从保护环境还是减少碳排放角度，废纸填埋相较于焚烧更有利于纸产品的绿色低碳发展。

3.2.7　出口纸及纸板碳排放量结果分析

消费者责任视角下，出口的纸及纸板产生的CO_2排放量应从纸产品全生命周期碳排放量中减去。

近年来，随着经济及贸易的发展，我国纸及纸板产品过剩及国外消费需求，其出口量逐年增长，2016年出口量位列亚洲第一。表3-2-12中，单位纸及纸板碳排放量基本呈波动性下滑，而出口的纸及纸板的碳排放量呈增长趋势，2014年碳排放量超过1 000万t，2015年由于纸及纸板出口量减少而碳排放量有所下降，同比下降8.68%，2016年上升至$10.50×10^6$ t，同比增长12.51%，增长速率高于下降速率。由此可见，出口纸及纸板一方面促进了经济的发展，另一方面也增加了其他国家向我国转移排放的CO_2。

表3-2-12　出口纸及纸板的碳排放量

年份	纸及纸板出口量/ 10^6 t	生产单位纸和纸板的碳排放量/ (tCO_2/t)	出口的纸及纸板碳排放量/ 10^6 t
2007	4.61	1.58	7.30
2008	4.03	1.52	6.11
2009	4.05	1.44	5.83
2010	4.33	1.45	6.29
2011	5.09	1.43	7.28
2012	5.13	1.39	7.14
2013	6.11	1.58	9.63
2014	6.81	1.48	10.05
2015	6.45	1.42	9.18
2016	7.33	1.43	10.50

3.2.8　核算结果综合分析

综合以上各阶段的核算结果，最终估算出我国纸产品全生命周期的碳排放量。

由图3-2-14可以看出，2007—2016年，纸产品全生命周期碳排放总量平缓上升，2013年上升明显主要是由于制浆造纸阶段煤炭消耗量增长率较高。从组成碳排放总量的构成来看，纸产品全生命周期中，只有原料获取阶段的碳排放量呈下降趋势，而制浆造纸、运输、废纸处理和出口的纸及纸板阶段的碳排放量整体呈增长趋势，年均复合增长率分别为3.27%、5.91%、5.68%和3.20%，运输阶段增长最快。各阶段的碳排放量从大到小的顺序依次是制浆造纸阶段（平均占比约71.45%）＞废纸处置阶段（21.41%）＞原料处置阶段（6.39%）＞运输阶段（4.76%）＞出口的纸及纸板（4.02%），制浆造纸和废纸处置阶段占比最高，超过 90%，是纸产品全生命周期碳排放的主要来源。出口纸及纸板的碳排放量增长意味着国外向我国转移的碳排放量逐渐增长，这不仅增加了我国的节能减排压力，更加剧了我国造纸及纸制品业造纸原料缺乏和纸及纸板产量过剩之间的矛盾。

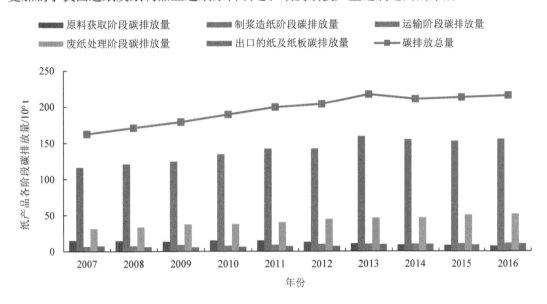

图 3-2-14 纸产品全生命周期的碳排放量

4 绿色发展背景下提升绿色供应链管理水平的政策建议

4.1 法律法规层面

4.1.1 建立健全绿色供应链管理的法律法规

一方面，通过明确的法律法规，下游企业可以依据法律法规，判断上游企业是否履行了环境保护责任；另一方面，相关法律规定的绿色采购、税收减免等激励措施，在一定程度上调动了企业参与绿色供应链管理工作的积极性。虽然目前国家已经出台了大量与绿色设计、绿色生产、绿色采购、绿色物流、绿色消费及回收利用等相关的规定，但是散见于《中华人民共和国环境保护法》《中华人民共和国清洁生产促进法》《中华人民共和国循环经济促进法》《中华人民共和国大气污染防治法》和《中华人民共和国水污染防治法》等法律法规中，且不成体系、不够系统。因此，应该出台专门指导企业开展绿色供应链管理工作的法律，以明确绿色背景下供应链参与主体的权责，更好地实施绿色供应链发展。

4.1.2 完善行业绿色供应链管理的政策条例

近些年国家出台了《关于积极推进供应链创新与应用的指导意见》《绿色制造工程实施指南（2016—2020 年）》《关于开展绿色制造体系建设的通知》和《环境保护部推进绿色制造工程工作方案》等一系列有助于推动绿色供应链管理工作的相关政策。

然而具体到行业，目前只有物流行业、电子信息行业、汽车行业等出台了明确的有关绿色供应链政策及管理办法，比如《包装行业高新技术研发资金管理办法》《电子废物污染环境防治管理办法》《废弃电器电子产品回收处理管理条例》《报废汽车回收管理办法》等。不同行业供应链在绿色管理的不同环节存在诸多不同，比如农林产品供应链、建筑行业供应链等，因此不仅需要针对传统高耗能产业制定相应的绿色供应链管理办法，管理部门也需要落实到具体行业，根据不同行业供应链绿色管理的特点，因地制宜地出台相应的政策及管理办法。

4.2 激励机制层面

4.2.1 供需两端发力、明晰激励客体权责

由于缺少一些稳定性、普适性的绿色金融政策，难以调动广大企业参与绿色供应链管理工作的热情。从激励客体出发，目前政府发现有三种补贴机制，对制造商进行激励，对消费者进行激励，对回收商进行激励，政府应该根据不同客体的特点选择适当的激励机制。

首先，从供给侧发力出发，建议给予绿色生产企业相应的经济激励，特别是加大税收减免以及放低绿色信贷、绿色债券审批门槛，使企业可以在环保工作中受益，以此提高绿色产品的供给水平。其次，从消费侧发力。积极营造绿色消费氛围，重点以绿色产品消费带动绿色采购，出台一部统领各类市场主体绿色采购活动的《绿色采购法》，对于政府采购要着重提要求和规范采购程序，对于其他类型主体的采购着重进行引导和激励。各个激励机制都有各自的特点，政府应该根据不同的商品类型选择适当的补贴机制。最后，建立高效率的回收机制，强化回收商与消费者之间的联系。目前，消费者手里面有很多的废弃产品，但由于回收商给的回收价格没有达到消费者心目中的理想价格，没有将产品卖给回收商。此时制造商应该设立自己的回收平台，或给予回收商一些补贴和激励，增加产品的回收率。

4.2.2 分地区、分行业优化实行激励机制

基于绿色要求和经济利益驱动，供应链上游企业为与下游企业保持稳定的供应关系，往往会加强相关投入，反映在下游企业原材料或零部件购置价格及终端产品价格上。对此，国家采取了一系列激励措施，加强了对绿色供应链管理优秀企业以及拟开展绿色供应链管理企业的支持。然而，目前出台的相关激励措施往往呈现出"一刀切"的奖励方案，从某种程度上削弱了企业开展绿色供应链管理的动机。相关部门应该根据区域差异、行业差异对企业进行不同额度及方式的激励。

第一，需要关注企业所在区域。由于区域经济水平和消费水平差异，相同额度的奖励会导致不同企业的绿色管理动机，即有可能出现企业得到了绿色补贴，仍然会出现开展绿色供应链管理不如不开展绿色供应链管理的情况。因此，需要根据不同区域的经济水平和消费水平，给予实施绿色供应链管理的企业以及购买绿色产品的消费者不同额度的绿色奖励，以促进绿色供应链管理的实施。

第二，需要关注企业所在行业。不同行业所在企业进行绿色供应链管理的成本和收益不尽相同，政府对其所进行的管控和监督也不一样。比如，对传统的高耗能、高污染、高排放产业，由于是治理重点，相关企业得到的绿色奖励以及环境惩罚也相对较高，而对于其他产业而言，若仍采用相同的奖励策略，则会削弱相关企业进行绿色供应链管理的积极性，因此，需要根据不同行业的特点设计绿色奖励策略。

第三，需要采用不同奖励方式。绿色供应链管理技术涉及整个链条上的企业，单个企业或几个企业很难靠自己的研发和自身的技术积累实现整个绿色供应链的运作，政府通常会采用财政、信贷、税收、政府采购等调控措施对企业实施绿色管理进行激励和扶持。然而，不同类型产品的生命周期不同，不同类型企业所处的发展阶段不同，其进行绿色供应链管理改造所需要的支持也有所不同。因此，可以由企业被动接受奖励的方式逐步转变为企业主动选择奖励方式的形式，由政府提供财政、信贷、税收、政府采购等不同类型的奖励方式，企业根据所处的实际运营环境选择相应的奖励方式，开展绿色供应链管理。

4.3　企业运营层面

4.3.1　龙头企业引领，由点带面推进行业绿色管理

国家虽然出台了一系列鼓励企业开展绿色供应链管理工作的政策措施，积极绿色管理营造氛围，但是国内企业普遍对于绿色管理的认知度不高。在实践中，主动延伸企业社会责任、积极从事绿色供应链管理工作的企业数量较少，导致绿色管理在国内推进工作难度较大。世界自然基金会研究表明，在全球 15 种大宗商品的交易中，生产约 10 亿家，其中 300～500 家供应链企业控制着大约 70%的市场。在这些龙头制造企业、大型零售商、大型购物平台开展此项工作的成效最为显著。

因此，有必要抓好重点企业，集中整合各方资源力量，同时依靠龙头企业在行业内的影响力，以点带面，以系统集成方式带动产业链上下游企业、第三方机构共同完善绿色供应链管理体系。

4.3.2　强化绿色供应链上下游企业间的协作能力

通常而言，企业开展绿色供应链管理的前提是建立一套完善的制度体系，该体系建设，不仅需要制定管理制度，设置管理机构或配备管理人员，还需要完善信息管理平台及其他相关配套。更为重要的是，这些要素需要形成有机协调的体系，以确保在实践中有效实施。就企业而言，打造绿色供应链管理体系，会涉及公司战略、管理制度、绿色采购、供应商管理以及信息平台建设等方方面面的内容，会跨越生产、采购、环保及销售等多个部门，也会增加企业额外开支。

一方面，供应链中的核心企业可以为其他企业提供相应的理论培训或技术支持，以提高整条供应链的环境管理能力，保证供应链的绿色可持续发展。另一方面，供应链上下游企业可以构建"绿色"管理的企业联盟，加强行业内或行业间的互动和协作，充分吸收和利用核心企业的知识、经验开发产品、流程及相关绿色技术，共同研究开发新的环保项目，利用信息和利益共享的方式，促进标准和意识同步，进而达到"绿色管理"的目的。

4.3.3　进一步提升绿色供应链企业的信息化水平

搭建供应链绿色信息管理平台要求合理确定供应链的长度，缩短物流、信息流和资金流的流程，减少供应链管理的中间环节。供应链的长度越大，合作企业就越多，制造、环保、质量和交货时间等方面的协调难度也越大，物流、信息流和资金流在供应链中流动的时间也越长，信息的传递不可避免地产生"牛鞭效应"，同时也影响到供应链对市场的快速响应。一般来说，供应链合作企业的个数与地域范围很大程度上取决于企业信息化程度和供应链中企业的协作程度。如果信息化程度高、协作时间长，则可适当增加供应链的长度。合理的供应链长度，有利于各成员之间密切合作，采用

绿色材料以实现"源头减少"，实施绿色营销以倡导消费观念，实现绿色物流以减少运输废物。各成员之间充分沟通、信息共享、通力合作，共同搭建绿色管理平台实施绿色供应链管理，改善和保护社会生态环境，实现经济和社会可持续发展，这一战略计划的实施必将树立企业良好的社会形象，提高企业声誉和产品竞争力，最终取得经济效益和社会效益双丰收。

参考文献

[1] 汪应洛，王能民，孙林岩. 绿色供应链管理的基本原理[J]. 中国工程学报，2003，5（11）：82-87.

[2] Webbl. Green Purchasing：Forcing a new link in the supply chainp[J]. Resource，1994（6）.

[3] Handfield R B. Green Supply Chain：Best Practices From the Furniture Industry[J]. Proceedings—Annual Meeting of the Decision Science Institute，1996（3）：1295-1297.

[4] 蒋洪伟，韩文秀. 绿色供应链管理：企业经营管理的趋势[J]. 中国人口·资源与环境，2000（04）.

[5] 但斌，刘飞. 绿色供应链及其体系结构研究[J]. 中国机械工程，2000，11（11）：1232-1234.

[6] 朱庆华. 基于绿色供应链的绿色物流模式探讨[J]. 中国物流与采购，2016，（23）：67.

[7] Davidson W N，Worrell D L. Regulatory Pressure and Environmental Management Infrastructure and Practices[J]. Business and Society，2001.

[8] P. Christmann et al. Globalization and the environment：Determinants of firm self-regulation in China Journal of International Business Studies[J]. Social Science Electronic Publishing，2001.

[9] 周晓美，潘夏霖. 绿色供应链管理与企业运作绩效关系的实证统计研究[J]. 物流技术，2014，33（05）：395-397.

[10] 生艳梅，孙丹，周永占，等. 低碳视角下绿色供应链绩效评价指标体系构建[J]. 辽宁工程技术大学学报（社会科学版），2014，01（16）：25-27.

[11] Dias-Angelo F，Jabbour C，Calderaro J A. Greening the work force in Brazilian hotels：The role of environmental training[J]. Work，2014，49（3）：347-56.

[12] Laosirihongthong Tritos，Adebanjo D，Tan K C. Green supply chain management practices and performance[J]. Industrial Management & Data Systems，2013，113（8）：1088-1109.

[13] Giovanni P D，Vinzi V E. Covariance versus component-based estimations of performance in green supply chain[J]. International Journal of Production Economics，2012，135（2）：907-916.

[14] 韩志新. 基于成熟度的绿色供应链管理绩效评价[J]. 统计与决策，2010（1）：173-174.

[15] Ahi P，Searcy C. A Comparative Literature Analysis of Definitions for Green and Sustainable Supply Chain Management[J]. Journal if Cleaner Production，2013，52：329-341.

[16] 孙楚绿，慕静. 产品环境足迹的供应链绿色采购政策分析——欧盟的实践与启示[J]. 天津大学学报：社会科学版，2017，19（1）：5.

[17] Sarkis J，Dhavale D G. Supplier selection for sustainable operations：A triple-bottom-line approach using a Bayesian framework[J]. International Journal of Production Economics，2015，166：177-191.

[18] Fahimnia B，Davarzani H，Eshragh A. Planning of complex supply chains：A performance comparison of three meta-heuristic algorithms[J]. Computers & Operations Research，2015，89（01）：241-252.

[19] Fabbe-Costes N，Jahre M，Roussat C. Supply chain integration：the role of logistics service providers[J]. International Journal of Productivity and Performance Management，2009，58（1）：71-91.

[20] Rao P，Holt D. Do green supply chain lead to competitiveness and economic performance[J]. International Journal of Operation and Production Management，2005，25（9），898-916.

[21] Schmidt M，Schwegler R. A recursive ecological indicator system for the supply chain of a company[J]. Journal of Cleaner Production，2008，16（15）：1658-1664.

[22] Srivastava Samir K. Green supply-chain management: a state-of-the-art literature review[J]. International Journal of Management Reviews, 2007, 9: 53-80.

[23] Tachizawa, E. M., Wong, C. Y. Towards a theory of multi-tier sustainable supply chains: a systematic literature review[J]. Supply Chain Management: An International Journal, 2014, 19 (5/6): 643-663.

[24] Gimenez C, Tachizawa E M. Extending sustainability to suppliers: a systematic literature review[J]. Supply Chain Management An International Journal, 2012, 17 (5): 531-543.

[25] Hervani A., Helms M., Sarkis J. Performance Measurement for Green Supply Chain Management[J]. Benchmarking: An International Journal, 2005, 12 (4): 330-353.

[26] Ali Jamshidi, Meor Othman Hamzah, Mohamad Yusri Aman. Effects of Sasobit Content on the Rheological Characteristics of Unaged and Aged Asphalt Binders at High and Intermediate Temperatures[J]. Materials Research, 2012 (15): 628-638.

[27] 郑季良. 论产业集聚生态效应及其培育[J]. 科技进步与对策, 2008 (4): 51-54.

[28] Veleva V, Hart M, Greiner T, et al. Indicators for measuring environmental sustainability: a case study of the pharmaceutical industry[J]. Benchmarking: A International Journal, 2003 (10), 107.

[29] 全球贸易数据库[EB/OL]. https://comtrade.un.org/data, 2007—2016.

[30] 国际货物交易所网站[EB/OL]. https://www.searates.com, 2007—2016.

[31] 周媛, 郑丽凤, 周年新, 等. 基于行业标准的木材生产作业系统碳排放[J]. 北华大学学报（自然科学版）, 2014, 6 (15): 817-820.

[32] 张正雄, 周新年, 赵尘, 等. 南方林区人工林生态采运作业模式选优[J]. 林业科学, 2008, 44 (5): 128-134.

[33] 王晓菲, 崔兆杰, 于斐. 不同原料制浆系统温室效应碳排放当量的分析[J]. 中国学术期刊电子出版社, 2013, 3 (32): 1-5.

[34] 石祖梁, 贾涛, 王亚静, 等. 我国农作物秸秆综合利用现状及焚烧碳排放估算[J]. 中国农业资源与区划, 2017, 38 (9): 32-37.

[35] Laurijssen J, Faaij A, Worrell E, Energy Conversion Strategies in the European Paper Industry-A Case Study in Three Countries[J]. Applied Energy, 2012, 98 (5): 102-113.

本专题执笔人：杨加猛（南京林业大学）、董战峰、魏尉、季小霞、程翠云、陈帅、沈文

完成时间：2020 年 12 月

专题 3　"十四五"交通运输结构调整战略研究

"十三五"时期以来，我国交通运输事业快速发展，汽车产销量和交通运输量保持增长态势，各种运输方式的服务能力大幅提升，有力支撑了经济社会快速发展和人民群众生产生活需要。但长期以来，由于我国不同运输方式间衔接不畅，综合运输系统内部结构性矛盾突出，公路运输货运比例过高，铁路和水路运输低排放、高能效的优势未能得到充分发挥。目前，交通运输行业已成为我国大气污染物重要排放源之一，调整运输结构已成为行业支撑打赢蓝天保卫战的重要环节和重点任务。运输结构调整工作是一项复杂的系统性工程，应该进一步着眼长远阶段，进一步明确"十四五"时期运输结构调整工作思路、重点任务和相关政策措施，有效指导"十四五"重点工作开展。

1　我国交通运输现状

1.1　交通运输结构现状

1.1.1　客运总体情况

2018 年，全国完成营业性客运量 179.38 亿人，比上年下降 3.0%，旅客周转量 34 217.43 亿人·km，增长 4.3%。其中，铁路完成旅客发送量 33.75 亿人（比上年增长 9.4%）、旅客周转量 14 146.58 亿人·km（增长 5.1%），动车组发送旅客 20.05 亿人（增长 16.8%）；公路完成营业性客运量 136.72 亿人（比上年下降 6.2%）、旅客周转量 9 279.68 亿人·km（下降 5.0%）；水路全年完成客运量 2.80 亿人（比上年下降 1.1%），旅客周转量 79.57 亿人·km（增长 2.5%）；民航全年完成旅客运输量 6.12 亿人（比上年增长 10.9%），旅客周转量 10 711.59 亿人·km（增长 12.6%）（图 3-3-1～图 3-3-2）。

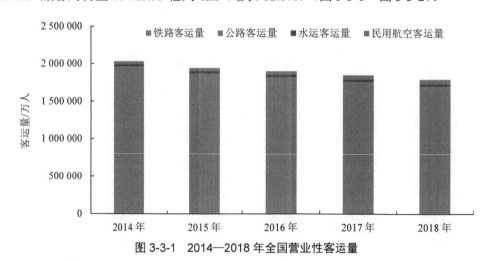

图 3-3-1　2014—2018 年全国营业性客运量

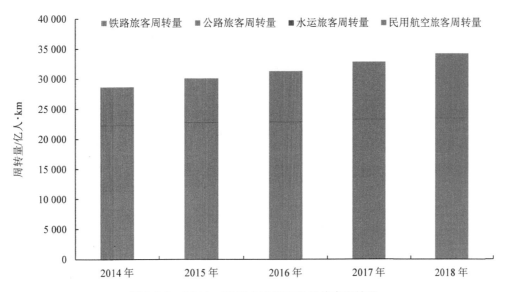

图 3-3-2　2014—2018 年全国营业性旅客周转量

2018 年，全年完成城市客运量 1 262.24 亿人，比上年下降 0.9%。其中，公共汽电车完成客运量 697.00 亿人（下降 3.6%），公共汽电车运营里程 346.10 亿 km（下降 2.6%）；轨道交通完成客运量 212.77 亿人（增长 15.4%），运营车运营 35.26 亿 km（增长 18.6%）；巡游出租车完成客运量 351.67 亿人（下降 3.8%）；客运轮渡完成客运量 0.80 亿人（下降 3.1%）。

1.1.2　货运总体情况

据统计，2018 年全国公路、铁路、水路、航空、管道 5 种运输方式完成货物运输总量 515 亿 t，较 2009 年增长 82.38%，完成货物运输周转量 20.47 万亿 t·km，较 2009 年增长 67.6%，历年全国各种运输方式货运量及货物周转量数据如表 3-3-1 和表 3-3-2 所示。其中，全年规模以上港口完成货物吞吐量 133 亿 t、完成集装箱吞吐量 24 955 万标准箱，分别较 2009 年增长 179.7%和 106.5%。快递业务量超过 507 亿件，大约为 2009 年的 27 倍。我国货运总量、港口货物吞吐量及集装箱吞吐量、快递业务量指标多年来高居世界首位，且基本呈逐年增长趋势。

表 3-3-1　各运输方式货运量变化情况

运输方式		2009 年	2010 年	2011 年	2012 年	2013 年	2014 年	2015 年	2016 年	2017 年	2018 年
铁路	货运量/亿 t	33.33	36.43	39.33	39.04	39.67	38.13	33.58	33.32	36.89	40.26
	占比/%	11.80	11.24	10.64	9.52	9.68	9.15	8.04	7.60	7.68	7.81
公路	货运量/亿 t	212.78	244.81	282.01	318.85	307.66	311.33	315.00	334.13	368.69	395.69
	占比/%	75.32	75.51	76.28	77.76	75.06	74.71	75.43	76.17	76.73	76.79
水运	货运量/亿 t	31.90	37.89	42.60	45.87	55.98	59.83	61.36	63.82	66.78	70.27
	占比/%	11.29	11.69	11.52	11.19	13.66	14.36	14.69	14.55	13.90	13.64
航空	货运量/亿 t	0.04	0.06	0.06	0.05	0.06	0.06	0.06	0.07	0.07	0.07
	占比/%	0.01	0.02	0.02	0.01	0.01	0.01	0.01	0.02	0.01	0.01
管道	货运量/亿 t	4.46	5.00	5.71	6.23	6.52	7.38	7.59	7.34	8.06	8.98
	占比/%	1.58	1.54	1.54	1.52	1.59	1.77	1.82	1.67	1.68	1.74

表 3-3-2 各运输方式货物周转量变化情况

运输方式		2009 年	2010 年	2011 年	2012 年	2013 年	2014 年	2015 年	2016 年	2017 年	2018 年
铁路	货物周转量/亿 t·km	25 239	27 644	29 466	29 187	29 174	27 530	23 754	23 792	26 962	28 821
	占比/%	20.67	19.49	18.49	16.79	17.36	15.15	13.32	12.75	13.66	14.08
公路	货物周转量/亿 t·km	37 189	43 390	51 375	59 535	55 738	56 847	57 956	61 080	66 772	71 249
	占比/%	30.45	30.59	32.25	34.25	33.17	31.29	32.49	32.73	33.83	34.81
水运	货物周转量/亿 t·km	57 557	68 428	75 424	81 708	79 436	92 775	91 772	97 339	98 611	99 053
	占比/%	47.13	48.24	47.34	47.01	47.28	51.07	51.45	52.16	49.96	48.39
航空	货物周转量/亿 t·km	126	179	174	164	170	188	208	222	244	263
	占比/%	0.10	0.13	0.11	0.09	0.10	0.10	0.12	0.12	0.12	0.13
管道	货物周转量/亿 t·km	2 022	2 197	2 885	3 211	3 496	4 328	4 665	4 196	4 784	5 301
	占比/%	1.66	1.55	1.81	1.85	2.08	2.38	2.62	2.25	2.42	2.59

从历年各运输方式货物运输量占比上来看，公路运输仍然占据绝对主导地位，公路分担率维持在 70%以上；水路分担率较稳定，持续维持在 10%以上，总体上呈现略微上升趋势；铁路持续保持较低水平，且占比逐渐走低，由 2009 年的 11.80%降低到 2016 年的 7.60%，2017 年开始推进运输结构调整工作后，占比略微上升，2017 年、2018 年分别上升到 7.68%和 7.81%（图 3-3-3）。

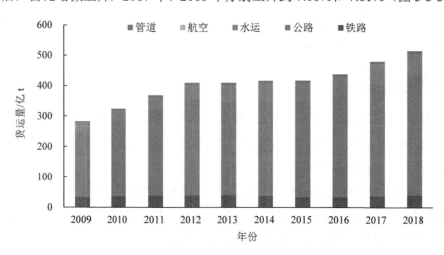

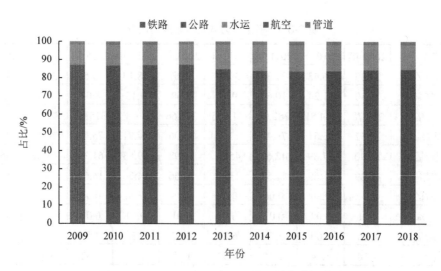

图 3-3-3 2009—2018 年货运量及结构变化趋势

从各运输方式货物周转量看，水路运输货物周转总量比例相对较稳定，在 45% 和 55% 之间随机小幅波动，2018 年为 48.4%；公路货物周转量占比总体变化不大，在 30% 至 35% 之间波动，2018 年为 34.8%；铁路货物周转量占比相对较低，且占比逐渐走低，由 2009 年 20.67% 降低到 2016 年的 12.75%，2017 年开始推进运输结构调整工作后，占比略微上升，2017 年、2018 年分别上升到 13.66% 和 14.08%；航空运输和管道运输由于载运货物容量和载运工具的特殊性，2009—2018 年在货物周转量上的贡献微乎其微，普及率和应用率很低，均在 3% 以下（图 3-3-4）。

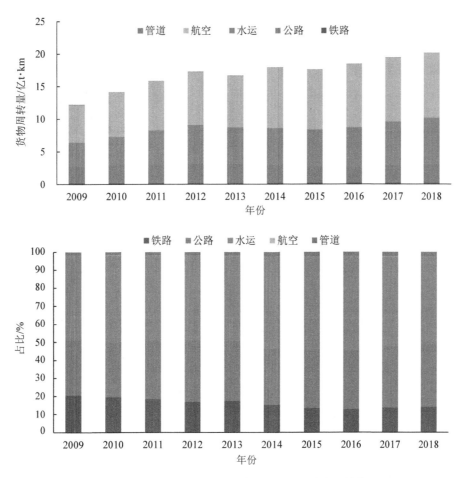

图 3-3-4　2009—2018 年货物周转量及结构变化趋势

由此可见，水路、公路、铁路是我国货物运输中最重要的三种运输方式，承担着 97% 以上的货运量和货物周转量。其中，水路运输货运量占比不高，但货物周转量占比较高，表明其在长途运输中发挥着重要作用；铁路运输货运量占比虽然持续走低，但货物周转量占比仍不可忽视，表明其在长途运输中也起到一定的作用；此外，公路的经济运距要低于铁路和水路的经济运距，在中、短途和集疏运货物运输中占据重要的地位。自 2017 年开始推进运输结构调整工作后，铁路货运量、货物周转量均开始止跌回升，政策效果明显。

从各省份货运量结构来看（图 3-3-5 和表 3-3-3），除长三角、珠三角地区及沿海个别省份外，其余省份货物运输都以公路为主，占比 70% 以上。其中，山东省公路货运量最高，2018 年全年为 31.28 亿 t，约为全国货物运输总量的 7.91%，其次是广东省和安徽省，西藏自治区公路货运量最低。就铁路运输而言，山西、内蒙古、陕西三个煤炭大省的铁路货运量居全国所有省份的前三位，说明这三个省份煤炭运输以铁路为主。此外,珠三角、长三角地区所在省份凭借其良好的水运条件,承担全国约70%的水路货运量。

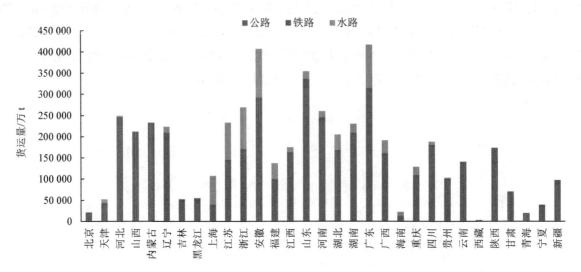

图 3-3-5　2018 年各省份货运量

表 3-3-3　2018 年各省份运输结构情况

省份	各交通方式货运量占比/%			各交通方式货物周转量占比/%		
	公路	铁路	水运	公路	铁路	水运
北京	97.14	2.86	0.00	16.19	83.81	0.00
天津	66.47	17.71	15.82	18.04	22.75	59.21
河北	90.80	7.86	1.34	61.63	34.83	3.54
山西	59.68	40.31	0.01	42.49	57.50	0.00
内蒙古	68.82	31.18	0.00	53.35	46.65	0.00
辽宁	84.95	8.82	6.23	29.59	11.12	59.30
吉林	89.19	10.77	0.04	69.76	30.23	0.01
黑龙江	77.81	20.58	1.61	50.62	49.00	0.38
上海	37.01	0.45	62.54	1.06	0.03	98.91
江苏	59.72	2.65	37.63	28.37	3.38	68.25
浙江	61.89	1.61	36.50	17.02	1.92	81.06
安徽	69.78	1.98	28.24	46.19	6.11	47.70
福建	70.52	2.57	26.91	16.86	1.93	81.21
江西	90.45	2.96	6.59	83.03	11.72	5.26
山东	88.36	6.57	5.07	68.24	13.50	18.26
河南	90.50	4.03	5.48	65.62	23.01	11.38
湖北	79.85	2.32	17.83	44.27	13.03	42.69
湖南	88.88	1.94	9.18	71.01	18.53	10.46
广东	73.19	2.23	24.58	13.73	0.95	85.32
广西	80.45	3.75	15.80	53.84	14.25	31.92
海南	54.68	4.85	40.47	9.65	1.94	88.41
重庆	83.32	1.53	15.15	32.04	5.74	62.22
四川	92.50	3.84	3.66	61.61	29.23	9.17
贵州	92.99	5.38	1.63	63.77	33.72	2.51

省份	各交通方式货运量占比/%			各交通方式货物周转量占比/%		
	公路	铁路	水运	公路	铁路	水运
云南	96.20	3.31	0.49	75.52	23.60	0.88
西藏	97.12	2.88	0.00	77.86	22.14	0.00
陕西	75.51	24.38	0.10	57.18	42.81	0.01
甘肃	91.31	8.65	0.04	42.87	57.12	0.00
青海	82.97	17.03	0.00	50.01	49.99	0.00
宁夏	81.60	18.40	0.00	63.44	36.56	0.00
新疆	87.21	12.79	0.00	59.45	40.55	0.00

从各省份货物周转量看（图3-3-6和表3-3-3），公路运输不再处于明显占优的地位，一些省份虽然公路货运量占比较高，但公路货物周转量占比却较低，如北京、天津、福建等省（市），而水路货运量和水路货物周转量则呈现与之相反的变化趋势，这进一步说明了公路更倾向于承担短距离运输，水路更适合于中长途大宗货物运输以及国际货物运输。此外，从各种运输方式货运量及货物周转量的变化情况来看，两者并非同比增长，在运输结构调整时应充分考虑这一因素，选取更加全面、客观的评价指标。

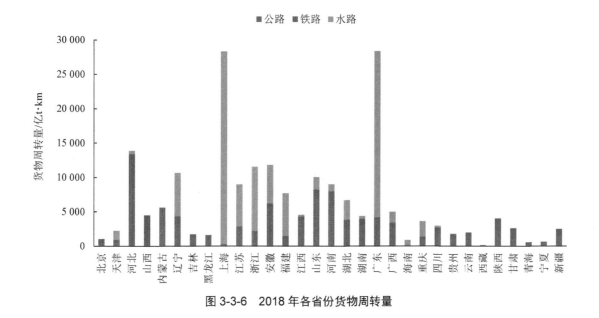

图 3-3-6　2018 年各省份货物周转量

1.1.3　长三角地区货物运输现状

长三角地区是我国经济最具活力、开放程度最高、创新能力最强的区域之一。长江三角洲区域一体化是国家重大发展战略区域，长三角地区是"一带一路"桥头堡和长江经济带战略支撑带，也是我国大气污染防治和运输结构调整的三大重点区域之一。长三角地区货物运输中水路运输占比较高，2018年上海、江苏、浙江、安徽水路货运量在综合运输体系中的占比分别达到62.5%、37.6%、36.5%、28.2%，远远高于全国14.1%的水平，且呈逐年上升趋势。从货物周转量占比来看，上海、江苏、浙江、安徽水路货运量占比分别高达98.9%、68.3%、81.1%、47.7%。各港口水水中转比例较高，上海港、宁波—舟山港、南京港、连云港港的水运集疏运比例分别达到了76.5%、77.5%、86.4%

和 67.4%，其他沿海沿江的规模以上港口通过水运集疏运的比例也均超过了 50%，区域港口集疏运主要通过水运实现。2018 年长三角地区各省份运输结构情况如表 3-3-4 所示。

表 3-3-4　2018 年长三角地区各省份运输结构情况

省份	各交通方式货运量占比/%			各交通方式货物周转量占比/%		
	公路	铁路	水运	公路	铁路	水运
上海	37.01	0.45	62.54	1.06	0.03	98.91
江苏	59.72	2.65	37.63	28.37	3.38	68.25
浙江	61.89	1.61	36.50	17.02	1.92	81.06
安徽	69.78	1.98	28.24	46.19	6.11	47.70

长三角地区货物运输特点主要体现在三个方面：一是水路运输占比较高。水运运量在综合运输体系中的占比分别达到 57.8%、36.6%和 35.7%，远远高于全国 14.1%的水平，主要由于长三角地区港口条件优越，水网发达，同时又处于长江黄金水道的龙头，发展水运具备天然优势。二是铁路占比极低。铁路运量占比仅有 1.2%、2.5%和 1.5%，主要原因是铁路、水运均在运输大宗货物长距离运输上具有比较优势，而长三角地区水运通达性好，水运发达，铁路的比较优势在本地区不能得到充分体现。三是港口水水中转比例较高。上海港、宁波—舟山港、南京港、连云港港的水运集疏运比例分别达到了 76.5%、77.5%、86.4%和 67.4%，其他沿海沿江规模以上的港口通过水运集疏运的比例也均超过了 50%，区域港口集疏运主要通过水运实现。

从长三角地区铁路运输情况来看，中国铁路上海局集团有限公司全局营业里程约 1 万 km，除 3 400 km 的高铁客运专线外，其他均为客货混线，目前主要拥有京沪一通道、京沪二通道、沪昆通道、东陇海通道等主要货运干线通道。中国铁路上海局集团有限公司 2017 年完成货物发送 1.86 亿 t，大宗 14 286.5 万 t，白货 4 338.9 万 t，货物到达 2.13 亿 t，货物周转量 1 265 亿 t·km。发送的主要品类为煤炭、金属矿石、集装箱等，其中煤炭 8 296.5 万 t，金属矿石 4 418.8 万 t，集装箱 1 690 万 t。到达的主要品类为煤炭、焦炭、金属矿石、集装箱等，其中煤炭 11 276.3 万 t，焦炭 1 319.5 万 t，金属矿石 1 179.6 万 t，集装箱 1 936.7 万 t。上海局大宗发运主要为煤炭、金属矿石。煤炭以管内运输为主，八矿煤炭主供管内电厂、钢厂等重点企业，部分煤炭发往江西、湖北等地区电厂。金属矿石主要发往浙江、陕西、河南、湖北等地区钢厂，通过连云港港、宁波港、温州港等港口上岸以水转铁方式运输。其中煤炭中长期合同 103 条，协议量 4 680 万 t，"点到点"跨局直达列车开行五根线条，年运量 322 万 t，金属矿石跨局直达列车开行 16 个线条，主要集中在连云港港、宁波港和南京港，年运量 2 960 万 t。

1.2　机动车及工程机械现状

1.2.1　机动车保有量现状

2018 年，全国机动车保有量达到 3.27 亿辆，其中汽车 2.4 亿辆（新能源汽车 261 万辆）。机动车包括汽车（微型客车、小型客车、中型客车、大型客车、微型货车、轻型货车、中型货车、重型货车）、低速汽车、摩托车，不含挂车、上路行驶的拖拉机等，其中汽车占比 75.2%，低速汽车占比 2.6%，摩托车占比 22.2%（图 3-3-7）。

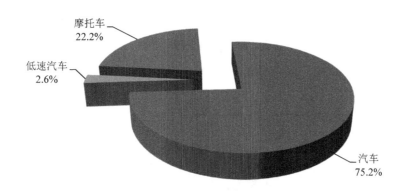

图 3-3-7　2018 年全国机动车保有量构成

按车型划分，客车 20 551.9 万辆，占 88.9%，其中：微型客车 188 万辆，小型客车 20 129.9 万辆，中型客车 75.5 万辆，大型客车 158.5 万辆；货车 2 569.9 万辆，占 11.1%，其中：微型货车 5.3 万辆，轻型货车 1 728.7 万辆，中型货车 124.7 万辆，重型货车 711.2 万辆（图 3-3-8）。

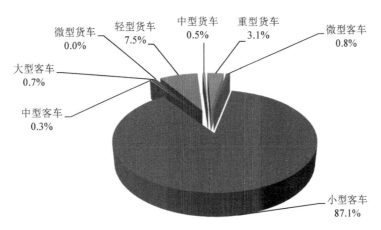

图 3-3-8　不同车型保有量构成

按燃料划分，汽油车 20 507 万辆，占 88.7%；柴油车 2 103 万辆，占 9.1%；燃气车 54.6 万辆，占 0.2%；新能源车 261 万辆，占 1.1%；其他燃料车 196.3 万辆，占 0.9%（图 3-3-9）。

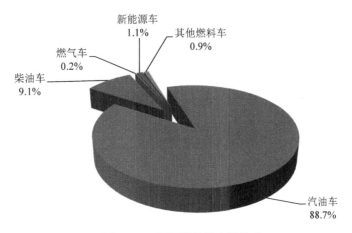

图 3-3-9　不同燃料保有量构成

按排放阶段划分，国一前标准汽车 18.9 万辆，占 0.1%；国一标准汽车 667.8 万辆，占 2.9%；国二标准汽车 1 020.2 万辆，占 4.5%；国三标准汽车 4 319 万辆，占 19.1%；国四标准汽车 9 639.3 万辆，占 42.5%；国五及以上标准汽车 6 999.3 万辆，占 30.9%（图 3-3-10）。

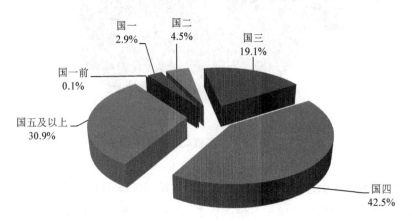

图 3-3-10　不同排放阶段保有量构成

新能源汽车占比过低，目前仅 1%，微型客车、小型客车、微型货车、轻型货车、中型货车、低速汽车、摩托车等适合逐步替换为新能源，总计数量 2.98 亿辆，未来空间巨大。国三前标准汽车是"十四五"淘汰重点，合计数量 6 025.9 万辆，占比 26.6%。

2018 年全国汽车保有量较大的省份集中在东部地区，其中保有量前五位的省份依次为山东、广东、江苏、浙江和河北，分别为 2 128 万辆、2 116 万辆、1 777.2 万辆、1 533.1 万辆和 1 529 万辆。这些省份是未来新能源替代、保有量控制的重点区域，其中江苏、浙江、广东对新能源接受度较高，又是适合新能源的南部温暖地区，是新能源替代的重点，山东是老旧车淘汰的重点。

柴油货车是关注重点。2018 年柴油货车保有量 1 818 万辆，占汽车保有量的 7.9%。其中微型柴油货车 0.2 万辆；轻型柴油货车 1 009.4 万辆，占 55.5；中型柴油货车 123 万辆，占 6.8%；重型柴油货车 685.4 万辆，占 37.7%（图 3-3-11）。

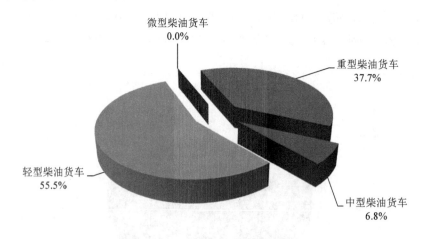

图 3-3-11　不同车型柴油货车保有量构成

按排放标准阶段分，国二及以前排放标准的柴油货车 11.3 万辆，占 0.6%；国三阶段 829.9 万辆，占 45.6%；国四阶段 683.2 万辆，占 37.6%；国五阶段 293.6 万辆，占 16.2%（图 3-3-12）。

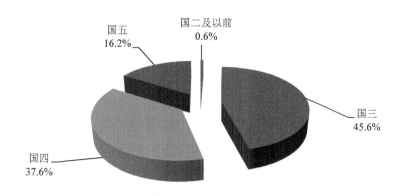

图 3-3-12　不同排放标准柴油货车保有量构成

1.2.2　工程机械保有量现状

2010—2018 年，工程机械保有量由 430 万台增加到 760 万台，年均增长 7.4%；农业机械柴油总动力由 74 597.1 万 kW 增加到 78 168.9 万 kW；船舶保有量由 17.8 万艘降低至 13.7 万艘，年均下降 3.2%；飞机起降由 553.2 万架次增加到 1 108.8 万架次，年均增长 9.1%（表 3-3-5）。

表 3-3-5　非道路移动源保有量及活动水平

年份	工程机械保有量/万台	农业机械保有量/万台	农业机械柴油总动力/万 kW	机动渔船保有量/万艘	船舶保有量/万艘	铁路机车拥有量/万台	飞机起降架次/万架次
2010	430.0	4 795.4	74 597.1	247.6	17.8	1.9	553.2
2011	525.5	4 983.7	78 536.3	301.6	17.9	2.0	598.0
2012	584.8	5 112.8	82 365.0	348.8	17.9	2.0	660.3
2013	636.5	5 099.1	84 541.0	374.0	17.3	2.1	731.5
2014	677.6	5 158.2	86 717.0	399.3	17.2	2.1	793.3
2015	690.8	5 205.1	89 783.8	416.3	16.6	2.1	856.6
2016	700.0	3 960.0	75 220.0	433.3	16.0	2.1	923.8
2017	720.0	4 020.0	76 776.3	460.0	14.5	2.1	1 024.9
2018	760.0	4 025.0	78 168.9	490.0	13.7	2.1	1 108.8

（1）工程机械

2018 年，挖掘机 173.9 万台，占 26.2%；推土机 6.8 万台，占 1%；装载机 148.1 万台，占 22.4%；叉车 314.3 万台，占 47.4%；压路机 15.4 万台，占 2.3%；摊铺机 2.3 万台，占 0.3%；平地机 2.3 万台，占 0.4%。按排放标准划分，国一前标准机械 125.7 万台，占 18.9%；国一标准机械 97.9 万台，占 14.8%；国二标准机械 259.3 万台，占 39.1%；国三标准机械 180.2 万台，占 27.2%。

（2）农业机械总动力

2018 年，大中型拖拉机总动力 21 532.7 万 kW，占 27.5%；小型拖拉机 15 729.5 万 kW，占 20.1%；联合收割机 11 613.7 万 kW，占 14.9%；排灌机械 6 822.7 万 kW，占 8.7%；渔船 1 849.6 万 kW，占 2.4%；其他机械 20 620.6 万 kW，占 26.4%。按排放标准划分，国一前标准的农业机械动力 13 342 万 kW，占 17.1%；国二标准 45 840.2 万 kW，占 58.6%；国三标准 8 766.5 万 kW，占 11.2%。

1.3 交通运输排放现状

1.3.1 移动源排放现状

2018 年，全国移动源排放 CO、HC（VOCs）、NO_x、PM、SO_2 分别为 931.2 万 t、274.6 万 t、1 190.2 万 t、40.8 万 t、56.4 万 t。其中，机动车排放各项污染物占移动源排放总量的 85.7%、83.6%、59.1%、26.8%；非道路移动源占 14.3%、16.4%、40.9%、73.2%。机动车是移动源 CO、VOCs、NO_x 排放的主要来源，农业机械、工程机械、船舶对移动源 NO_x 和 PM 排放贡献不容忽视。

NO_x 排放位居前五的省份是山东、河北、河南、江苏、广东，排放占比分别为 9.15%、8.96%、7.96%、5.58%、5.33%；PM 排放位居前五的省份是山东、河北、河南、湖南、四川，排放占比分别为 9.26%、7.75%、5.68%、5.12%、4.97%；VOCs 排放量占比前五的省份是山东、广东、河南、河北、江苏，排放占比分别为 8.67%、7.27%、6.85%、6.73%、6.61%。浙江保有量居前，排放量占比较低。

1.3.2 机动车排放量现状

2018 年，全国机动车尾气排放 CO、VOCs、NO_x、PM 分别为 798.1 万 t、128.6 万 t、703.2 万 t、10.9 万 t；蒸发排放 100.8 万 t。其中，汽车尾气排放分别为 693.6 万 t、94.3 万 t、641.3 万 t、7.4 万 t，蒸发排放 75.8 万 t。

按车型划分，客车 CO、VOCs、NO_x、PM 排放量占汽车排放总量的 70.4%、58.2%、16.9%、10.5%；货车 CO、VOCs、NO_x、PM 排放量占 29.6%、41.8%、83.1%、89.5%。

汽油车 CO、VOCs、NO_x 排放量分别占汽车排放总量的 79.4%、61.9%、4.9%。柴油车 CO、VOCs、NO_x、PM 排放量分别占 19.4%、24.5%、90%、99% 以上。

客车 CO、VOCs，货车 NO_x 和 PM 占比较高。汽油车 CO、VOCs，柴油车 NO_x、PM 占比较高。其中柴油货车排放 CO、VOCs、NO_x、PM 分别为 122 万 t、20.8 万 t、506.3 万 t、6.6 万 t，分别占机动车排放总量的 17.6%、22%、79%、89.5%，是机动车减排的关键。

1.3.3 非道路移动机械排放现状

2018 年，非道路移动源排放的 CO、VOCs、NO_x、PM、SO_2 分别为 133.2 万 t、45.1 万 t、487 万 t、29.9 万 t。其中，工程机械排放分别占 19.2%、29.6%、33.6%、28.5%，农业机械分别占 26%、49.8%、37%、35.2%，船舶分别占 19.4%、17.9%、25%、34.7%，铁路内燃机车分别占 1.5%、1.6%、2.7%、1.6%。农业机械 VOCs、工程机械 NO_x、船舶 PM 占比较高。

1.4 油品及尿素现状

从 2020 年起，我国汽柴油的年消费量稳步增长，2005 年增速达到高峰，此后增速放缓。汽柴油含硫量逐年下降，达标率逐年提高，汽油杜绝硫含量超标，柴油达标率逐年上升，但有所反复。柴油车油箱柴油达标率远小于加油站柴油，劣质油品仍通过不明渠道销售，黑加油站仍然存在。

中国内燃机工业协会统计的主要车用尿素生产企业 2019 年尿素生产总产量 355.4 万 t，销售量 177.2 万 t。根据柴油车保有量及新增注册量，并考虑 SCR 的装配比例，预计 2019 年国四及以上柴油车的车用尿素水溶液年需求量为 638.7 万 t，与产销量差距较大。车用尿素溶液覆盖率及品质不容乐观，京津冀尿素销售加油站覆盖率为 61.76%，长三角仅为 22.88%。对唐山、天津、廊坊、保定、邢台抽测的 14 个车用尿素全部不达标，汾渭平原 14 个尿素样品达标率仅为 21.4%，京津冀及周边地区 16 个不同品牌样品合格率仅为 31.25%，不合格指标通常为尿素含量、折光率、缩二脲和钙离子。

2 不同运输方式技术经济现状和比较优势分析

2.1 不同运输方式基础设施现状及适用范围

2.1.1 铁路运输

铁路运输是一种现代陆地运输方式。它使用机动车牵引车辆，用以载运旅客和货物，从而实现人和物的位移。2014—2018 年，全国铁路营业里程持续增长。2018 年年末全国铁路营业里程达到 13.1 万 km，比上年增长 3.1%，其中高铁营业里程 2.9 万 km 以上（图 3-3-13）。全国铁路路网密度 136.0 km/万 km²，增加 3.7 km/万 km²。

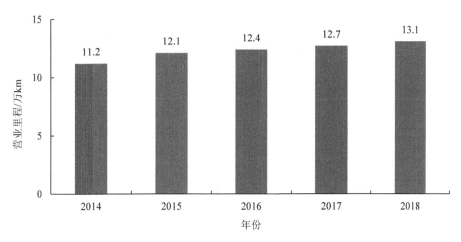

图 3-3-13　2014—2018 年全国铁路营业里程

铁路运输的主要优势包括：

1）运输速度快。铁路是运行速度最快的陆上运输方式，高速列车一般 300 km/h 左右，普通货物列车一般为 80 km/h 左右。

2）适应性强。铁路运输安全可靠、通用性强、到发时间准确、连续性和时效性高，几乎不受地理、气候和昼夜等影响，客货运皆宜。

3）运输能力大。铁路是陆上运输方式中最大容量运输方式，适宜大宗和中长距离货物运输。

4）运输成本较低。就各种运输方式的单位运输成本而言，各国和各地区的情况不同，但总的趋势是铁路仅高于水路，但比公路和航空运输低很多。

5）生态环保。除水路运输方式外，铁路运输对生态环境的影响比公路和民航运输小得多，能耗也很低，特别是磁浮式列车和电气化铁路对生态环境的影响更小。

铁路运输的主要劣势包括：

1）投资成本大。据不完全统计，目前我国修建 1 km 时速 160 km 的双线铁路，需要投资 8 000 万元以上，并消耗大量钢材、水泥等材料，部分线路高速铁路的投资甚至高达数亿元每公里。

2）短途运输单位成本高。铁路始发和终到作业成本高，在其总成本中所占比例大，且与运距成反比。因此，短途单位运输成本比公路运输成本高。

3）机动性较差。由于受轨道限制，一般需要其他运输方式支持配合，才能完成货物的集疏运。

在陆地面积较大的国家或地区，铁路特别是高速铁路与其他运输方式相比，更具有优势；在陆地面积较小的国家或地区，也有较强的竞争优势。铁路的运距比较长，货运经济运距一般在 400 km 以上。铁路适合中、长距离的货物运输，特别是大宗货物如煤炭、矿石、建材、粮食等。在能源比较缺乏的地区或国家，铁路更是一种最好的运输方式选择。但铁路建设投资大，回收期长，一条铁路线路全年客货运量达到规模时，修建铁路才具有经济意义。

2.1.2　公路运输

2014—2018 年，全国公路总里程和全国公路密度持续平稳增长。2018 年年末全国公路总里程 484.65 万 km，比上年增加 7.31 万 km。公路密度 50.48 km/10^2 km^2，增加 0.76 km/10^2 km^2。

2018 年年末全国四级及以上等级公路里程 446.59 万 km，比上年增加 12.73 万 km，占公路总里程的 92.1%，提高 1.3 个百分点。其中，二级及以上等级公路里程 64.78 万 km，比上年增加 2.56 万 km，占公路总里程的 13.34%，提高 0.3 个百分点。高速公路里程 14.26 万 km，比上年增加 0.61 万 km；高速公路车道里程 63.33 万 km，增加 2.90 万 km。国家高速公路里程 10.55 万 km，增加 0.33 万 km。等外公路的公路里程 38.07 万 km，比上年减少 5.42 万 km。

公路运输的主要优势包括：

1）机动性强。公路运输可"门对门"直达运输，灵活性和适应性强。作为其他运输方式的辅助工具，能为铁路、水路和航空等集疏运货流。

2）送达速度快。汽车运输中间作业环节少、"门到门"直达运输，送达较快，能缩短货物在途时间。

3）容易修建且初始投资较少。公路投资较小、建设周期和投资回收期都较短，修建同等长度和能力的公路与铁路相比，公路工期和造价分别为铁路的 1/3～1/2 和 1/4～1/3，投资回收期为 1/4～1/3。

4）技术容易改造。无论基础设施还是移动设备，与其他运输方式相比，公路运输技术相对易于改造。

公路运输的主要劣势包括：

1）单位运载量小、劳动生产率低。汽车平均运载量比铁路车辆和水运船舶小很多；但所耗用的人力多，劳动生产率低。

2）运输成本高、对生态环保影响大。车辆和线路折旧快且费用高，中长途运输成本大；公路运输消耗大量燃料，单位能耗大，在我国是铁路单位能耗的 10 倍左右，对生态环境污染严重。

3）安全性、舒适性较低。与其他运输方式相比，公路运输的安全性、舒适性都相对较差。

根据公路运输方式的优缺点可知，公路的经济运距要低于铁路和水路的经济运距，较适宜承担中、短途货物运输；公路运输的对象主要以工业品和中短途货物为主，中短途鲜活、高值轻质物品运输优势明显；公路作为补充和衔接其他运输方式的工具，能到达铁路、水路和民航等运输方式不能到达的地区，担负铁路、水路和民航起终点的集疏运；在没有铁路和水路的地区或国际政治需要，公路也可担负长途干线运输任务。

2.1.3　水路运输

2014—2018 年全国内河航道通航里程已基本保持稳定，维持在 12.7 万 km 左右。2018 年等级航道里程 6.64 万 km，占总里程的 52.3%，三级及以上航道里程 1.35 万 km，占总里程的 10.6%（图 3-3-14）。

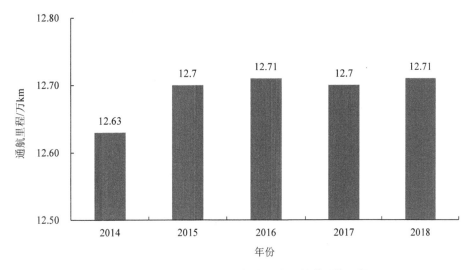

图 3-3-14　2014—2018 年全国内河航道通航里程

各水系内河航道通航里程分别为：长江水系 64 848 km，珠江水系 16 477 km，黄河水系 3 533 km，黑龙江水系 8 211 km，京杭运河 1 438 km，闽江水系 1 973 km，淮河水系 17 504 km。

2018 年，全国港口生产用码头泊位数有所减少，而万吨级及以上泊位数有所增长。2018 年年末全国港口拥有生产用码头泊位 23 919 个，比上年减少 3 659 个。全国港口拥有万吨级及以上泊位 2 444 个，比上年增加 78 个。其中，沿海港口万吨级及以上泊位 2 007 个，增加 59 个；内河港口万吨级及以上泊位 437 个，增加 19 个。全国万吨级及以上泊位中，专业化泊位 1 297 个，比上年增加 43 个；通用散货泊位 531 个，增加 18 个；通用件杂货泊位 396 个，增加 8 个。1 297 个专业化泊位中，以集装箱泊位和煤炭泊位两者最多，合计占比达到 51%，其余 5 种合计 49%。

水路运输的主要优势包括：

1）运载能力大。水路运输比其他陆上运输有较大的载运量，内河驳船运载量一般相当于普通列车的 3～5 倍，最大的矿石船可达 28 万 t，超巨型船舶可达 50 万 t。

2）线路投资少。水路运输利用天然航道，线路投资最省。江河、湖泊、海洋为水运提供了天然、廉价的航道，只要稍加治理，就可建立一些轮船泊位和装卸设备。据估计，内河航道单位基建成本只有公路的 1/10，铁路的 1/100 左右；治理航道每千米投资只有公路的 1/10～1/5；内河航道的建设还可与兴修水利和电站相结合。

3）运输成本低。由于线路投资小、运载量大和运距长，单位运输费用低。内河航运成本分别是铁路和公路运输的 1/5 和 1/35 左右，海运成本分别为铁路和公路运输的 1/8 和 1/53 左右。

4）劳动生产率高。由于船舶载运能力大，而所需劳动力相对较少，因此水路运输的劳动生产率相对较高，大约是铁路运输企业劳动生产率的 6.25 倍。

5）占地少、节能环保，有利于节约资源和可持续发展。

水路运输的主要劣势包括：

1）适应性很差。水路运输受自然环境条件的限制很大，因此运输灵活性较差。水路运网的分布是自然形成的结果，有些航道的走向与生产力布局不一致，有效利用率不高。有些受河道和港湾通航条件的限制，无法保证全年通航。

2）运输速度很低。船舶在水中行驶的阻力很大，技术速度很低，且在港湾停泊的时间长，送达速度很慢，海洋船行驶速度一般是 30～50 km/h，内河船舶行驶速度则更慢一些，是各种运输方式中速度最慢的一种。

水路（内河、沿海和远洋）运输以中长途距离货物运输为主，运输的对象主要是石油、煤炭、矿石和建材等对时间要求不太强的大宗廉价散货，运输长大重件货物时，与其他运输方式相比具有明显优势，远洋运输是世界各国国际贸易的主要运输方式。

2.1.4 民航运输

2018 年年末共有颁证民用航空机场 235 个，其中定期航班通航机场 233 个，定期航班通航城市 230 个。年旅客吞吐量达到 100 万人次以上的通航机场有 95 个，年旅客吞吐量达到 1 000 万人次以上的有 37 个。年货邮吞吐量达到 10 000 t 以上的有 53 个。各项指标均较 2017 年有所增加。

民航运输的主要优势包括：

1）速度快。民航是各种运输方式中速度最快的，飞行时速一般在 1 000 km 左右。

2）机动灵活性强。航空运输是在 3 维空间进行，几乎不受地理条件的限制，可实现两地间直线运输，路径最短，并可到达其他运输方式不能到的地方。在国防和处理突发事件等方面具有明显优势。

3）安全舒适。随着大量最新科技用于民航运输方式中，航行的安全性、舒适性和服务品质不断提高，民航安全性是目前各种运输方式中较高的。

民航运输的主要劣势包括：

1）单位运输成本高。由于飞机运载量小，目前大型飞机载重量也只有 40～70 t；而机场建设、飞机制造和维修费用成本大，且燃料消耗和运营费用高；单位运输成本是公路运输单位成本的 7 倍左右，铁路的 18.6 倍左右，水路的 146 倍左右，是各种运输方式中单位成本最高的。

2）能耗高、噪声污染严重。民航是各种运输方式中单位能耗最高的，且起飞和降落时产生高噪声、污染严重。

3）易受气候条件限制，且速度快的优势难以在短途运输中发挥。

民航运输适用于时间性强的小批量中长途货运以及特殊目的的运输。随着交通科技进步，民航运输单位成本下降以及人民生活水平提高，其适用范围也将会进一步扩大。

2.1.5 管道运输

管道运输的主要优势包括：

1）运量大、连续性好。管道可一年四季昼夜不停地连续均匀输送，我国口径 0.72 m 的原油干线管道，年输送能力超过 2 000 万 t。

2）占地少、不受气候影响。除泵站占用少量土地外，管道埋于地下，几乎不占用土地，且不受气候限制。

3）安全性高、节能环保。管道埋于地下，安全性高；且能耗低，几乎不产生噪声和漏油现象等污染环境。

4）投资省、工期短和成本低。修建 1 km 口径 0.72 m 的管道只需 1 000 万元左右，且建设工期短。美国管道运输单位成本只有铁路的 21%、公路的 5%左右，是各种运输方式中单位运输成本最低的。

管道运输的主要劣势包括：

1）适应性差。管线一经确定，无调节余地，灵活性差。

2）运输弹性小。运量不稳定时，其优点很难发挥，没有液态或气态货物需要运输时，管道只能报废，管道货运量比重目前还很小。

管道运输是一种专用运输，只适应于长期定点定向、运量大且稳定的液体或气体运输，合理运输范围很窄。

综上所述，各种运输方式的技术经济特性与各层次种类的运输需求间有不同的符合度（表 3-3-6），各运输需求者会自主选择认为最适合的运输方式，从而影响运输结构的构成。

表 3-3-6　各种运输方式的技术经济特性对比

运输方式	优点	缺点	运输对象
铁路	1．运输能力强，运输成本较低； 2．不受气候和季节的影响，班线到发时间准确； 3．能耗低，污染物排放小	1．覆盖范围受路网限制，一般情况下，全程运输时间较长； 2．运输组织管理相对封闭，企业市场服务意识相对较低； 3．全程运价比公路高，中短途运输更加突出； 4．中转次数较多，货损率偏高	1．煤炭、矿石、粮食、建材等大宗货物运输； 2．中长距离货物运输，如 300～500 km； 3．适合于大宗货物、集装箱中长途运输
公路	1．可实现门到门直达运输，送达速度快，灵活性和适应性强； 2．企业市场服务意识强，能满足多样化运输需求； 3．容易修建且初始投资较少，对地方经济发展带动作用明显	1．市场高度分散，"小、散、乱、弱"特征明显，行业管理相对较弱； 2．能耗及排放较高，环境影响明显； 3．交通事故率较高，对道路损坏影响明显，社会外部性成本较高	1．300 km 以内中短距离干线运输，以及"最后一公里"运输； 2．零担等小批次、多样化货物运输； 3．对运输时限要求较高的货物运输； 4．铁路、水运能力不足、覆盖不到的地区货物运输
水路	1．运载能力最大； 2．基础设施投资少，运输成本最低； 3．能耗及排放低	1．适应性差，受航道等自然条件限制； 2．速度慢，时效性差； 3．不能实现门到门运输，需其他运输方式配合	1．长距离干线运输； 2．大宗货物、散装货物和集装箱运输； 3．国家间货物运输
航空	1．速度最快； 2．机动灵活性强，不受路网限制	1．成本最高； 2．运量较小； 3．空气和噪声污染严重	1．中长途及贵重货物运输，保鲜货物运输； 2．时效性要求高的货物运输
管道	1．运量大、成本低； 2．占地少、不受气候影响； 3．安全性高、节能环保	1．适应性差，仅适用少部分货类运输； 2．灵活性差，受管网限制，一般情况下仅能运输一类货物	适合于长期稳定的流体、气体及浆化固体货物运输

2.2   不同运输方式能耗及碳排放对比分析

从世界范围来看，交通运输业的能源消耗约占全球能源消耗总量的1/3，而欧盟交通运输业能耗的占比更高。目前，欧洲道路交通的能源消耗量要高于工业，约占交通运输业能源消耗总量的80%，且其所占比重还在持续升高。同时，欧盟交通运输产生的温室气体占欧洲温室气体总排放量的1/4，并且其排放量还在持续增长。美国交通运输部门能耗占美国总能耗的29%，其中汽油的使用在能源消耗结构中占比最高约为55%。日本交通运输能耗占总能耗的24.5%，交通运输部门CO_2排放约占日本总排放的20%，其中汽车排放约占运输部门CO_2排放的90%。

近年来我国铁路的货运市场份额一直处于下降态势，我国铁路货运能力的不足特别是煤炭货运能力的不足，客观上使很多运输需求转移到能耗和排放高的公路运输上。公路货运单耗高、能源消耗总量大、排放污染物多，公路占交通总能耗（包括公路、铁路和水运）的85%，铁路作为单耗低、能源消耗总量小、污染物排放少的交通运输方式，占交通总能耗比重的7.65%。水运作为单耗低、能源消耗总量小、污染物排放较高的交通运输方式，占交通总能耗比重的7.33%。由于数据源的限制，本节重点分析铁路、公路、水路三种方式的能耗及排放。

2.2.1   各种交通运输方式单位能耗分析

根据中国交通运输业统计公报、铁路统计公报相关数据，计算得出铁路、公路和水运运输方式2012—2017年的货运单耗，见图3-3-15。可以看出，从各种运输方式来看，铁路单位货物运输能耗波动下降；公路单位货物运输能耗在2014年呈现小幅上扬后缓慢下降；水运单位货物运输能耗也呈现逐年下降趋势，2015年小幅上扬，单耗自2012年下降29%，下降幅度较大。从单耗变动看，水运降幅最大，公路次之，铁路维持在低位变动。从单耗绝对值看，根据2017年的数据，如果以水运单耗为1，则水运、铁路和公路的单耗之比为1∶2.3∶9.8，公路单耗远高于水运和铁路。

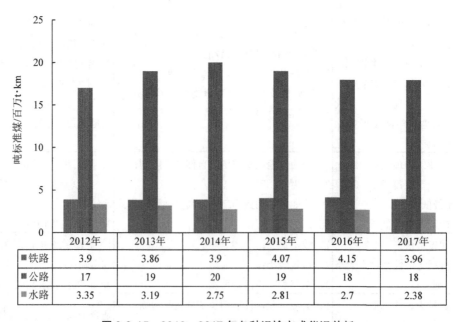

	2012年	2013年	2014年	2015年	2016年	2017年
■铁路	3.9	3.86	3.9	4.07	4.15	3.96
■公路	17	19	20	19	18	18
■水路	3.35	3.19	2.75	2.81	2.7	2.38

图3-3-15   2012—2017年各种运输方式货运单耗

2.2.2　各种运输方式吨千米碳排放分析

经测算，2017 年铁路、公路和水运 CO_2 排放总量分别为 2 657.85 万 t、29 530.36 万 t 和 2 545.33 万 t。除以货运周转量后，得到铁路、公路、水运单位碳排放分别为 0.086 6 t 碳/（万 t·km）、0.504 7 t 碳/（万 t·km）和 0.062 9 t 碳/（万 t·km）。

2017 年，铁路产生 CO_2 排放量占三种交通运输方式的 7.65%，公路占比达 85.02%，水运占比达 7.33%，2012—2017 年，铁路产生的 CO_2 大幅低于公路（图 3-3-16）。

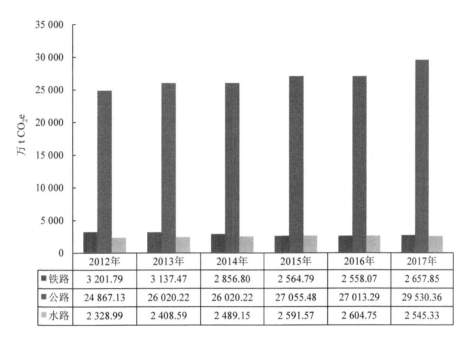

	2012年	2013年	2014年	2015年	2016年	2017年
■ 铁路	3 201.79	3 137.47	2 856.80	2 564.79	2 558.07	2 657.85
■ 公路	24 867.13	26 020.22	26 020.22	27 055.48	27 013.29	29 530.36
□ 水路	2 328.99	2 408.59	2 489.15	2 591.57	2 604.75	2 545.33

图 3-3-16　2012—2017 年各种运输方式货运 CO_2 排放量

2.3　运输结构演变的主要影响因素

根据运输结构演变的系统描述，影响运输结构演变的因素从外部来看，主要是社会经济环境的变化引起需求结构的变化，从内部来看，主要是科技进步引起各种运输方式技术经济特点的变化。另外，政府宏观调控作为他组织力对运输结构进行调节，也影响着运输结构的变化。

2.3.1　社会经济发展对运输结构的影响分析

综合运输系统存在的根本原因源自外部社会经济环境提出的运输要求。各种运输方式在满足这些运输需求时，由其各自的技术经济特性而表现出对各种运输需求的不同程度的符合度，并导致不同的运输需求往往寻求其最佳的运输方式，从而形成了一定的运输结构。当然，各种运输方式在满足外界运输需求时，往往还要受到客观条件的制约，如自然、地理、政策等因素影响。在各种运输方式的技术特性保持基本稳定的情况下，运输结构演变的原因主要来自外部环境，主要有产业结构、生产力布局变化、能源结构变化等因素的影响。

产业结构影响着运输需求的变化，运输需求的变化会通过运输市场传导到各种运输方式的活动中来，从而影响运输结构的变化。从世界各国产业结构发展的历程来看，呈现的主要趋势是产业结构由"一、二、三"向"三、二、一"转变。改革开放以来，我国三次产业结构发生了显著变化，第一产业比重明显下降，第二产业比重相对稳定，第三产业比重显著增长，也符合这一发展趋势（表3-3-7）。

表 3-3-7　我国三次产业 GDP 结构变化趋势

指标	1978 年	2000 年	2017 年
第一产业占比/%	27.69	14.68	7.92
第二产业占比/%	47.71	45.54	40.46
第三产业占比/%	24.60	39.79	51.63

就货运运输而言，随着经济的发展，产业结构的不断升级，货运需求结构发生巨大的变化：第一产业比重下降，大宗货物运输强度降低；第二产业产品结构优化，高科技含量、高附加值、高档次产品增加，运输需求弹性很大，对运输服务的质量要求相应较高；第三产业弹性较低，但对运输服务的质量要求很高。产业结构的变化必然会引起货物运输结构的变化。

随着生产力布局的变化，使得原有需要依靠某种运输方式才能完成的运输或者对其需求程度减小，或者由其他运输方式替代，从而使原有的稳定的运输结构被打破，促使运输结构的重新调整，最终与新的运输需求结构相适应。以冶金工业布局变化来说，冶金工业消耗大量原料、燃料和水资源，在通常情况下，由于原料、燃料往往分属异地，再加上市场的异地性，从而产生了大宗散货运输。随着经济的发展，冶金工业特别是钢铁工业的布局，经历了一个从燃料地到原料地，再到消费地的布局变化过程。这种变化使冶金工业的运输需求呈减少趋势。由于冶金工业的原料、燃料主要依据铁路、内河和沿海运输，且占这三种运输方式较大的承运量份额，因此运输需求的下降必然会影响这三种运输方式货类的运输量。

能源消耗在交通运输成本中占有很大的比重，因此能源状况在一定程度上影响着各种运输方式的选择。世界发达国家早先在运输方式上倾向于选择公路运输。但随着几次石油危机的出现，逐渐倾向于选择铁路来替代公路。此外，不同的能源适宜不同的运输方式来运输，随着能源结构的不断调整，运输需求结构也会发生相应运输结构的变化。

2.3.2　科技进步对运输结构的影响分析

科技进步引起各种运输方式技术经济特性发生重大变化，从而对运输结构产生重大影响和导致重大变化。直接影响表现为：一种先进的新运输方式诞生，导致综合运输系统构成要素增加，导致运输结构重大变化，但新运输方式诞生若干时期后，对运输结构的影响作用将逐渐减少，且并不能完全取代原有的运输方式。此外，既有运输方式的技术经济特性因科技进步得以改良，运输速度和单位运载能力大大提高，服务品质和经济特性得以改善，能满足各种运输需求。间接影响表现为：因科技进步导致有关产业和部门的出现和发展，引起运输需求结构重大变化，引导运输结构发生相应变化。例如，随着科技进步和基础设施的不断改进，本来只适合于原油、成品油输运的管道运输有可能用于输运煤炭、矿石等固态货物，将使铁路、水路和管道运输现有的分工发生变化；再如，随着汽车制造技术进步，车型、路况、吨位和制冷技术的改善将会提高公路汽车运输的速度，降低运输成本以及提高运输质量，有可能使公路运输在高价值、鲜活易腐货物的中、长途运输上与铁路运输竞争等，导致运输结构发生重大变化。

2.3.3　宏观调控对运输结构的影响分析

综合运输系统是由人参与的系统，其各运输方式不可避免地要受到人为因素的影响，特别是政府的调控。经济政策是调整运输结构的手段，它根据需求的变动而对某种运输方式给予扶持或限制，政府制定的经济政策直接或间接地对运输方式产生重大影响。其影响主要通过货币政策、财政政策和运输政策影响运输结构变化。经济政策的合理与否，直接影响着运输结构的合理化。其中投资政策是调整运输结构最直接的手段，运价、信贷和税金是联动的经济杠杆，对运输结构的调整也起着巨大的作用。美国在 19 世纪六七十年代，为发展经济、加速铁路建设，除吸收大量外资外，联邦政府还大量赠与铁路建设所需土地，授予"土地征用权"，提供低息或无息贷款，减免捐税，财政补贴等一系列优惠措施；社会无偿拨给的土地共达 1.3 亿亩[①]。在铁路建设高潮年代，美国联邦、州和地方政府对铁路资助的总额达 12 820 亿美元；20 世纪以来特别是 50 年代以后，由联邦政府和州政府出资建设了庞大的公路系统，仅 6.8 万 km 的州际高速公路的投资就超过 1 000 亿美元。

从中观角度而言，国家的运输政策会导致各种运输方式在综合运输体系中所占比例、发展快慢、地区分布、运输能力以及产出结构的不同。如日本的公路和水运在综合运输系统中所占的比重较大，这不仅与日本的自然条件有关，还与日本政府所采取的政策有很大关系。20 世纪 50 年代以后，日本将交通运输发展的重点转移到高速公路和现代化港口的建设上，1953—1958 年，公路和港口的投资占公共投资的 19.2%，1959—1963 年，当运力出现紧张时达到 47%。尤其是日本政府高度重视港口海运业的发展，视港口海运业为日本经济的生命线，并通过立法形式从政策上予以资助。

各国政府都从本国实际出发，采取各种经济杠杆，调整运输结构，以适应整个国民经济的发展。对我国而言，进入 20 世纪 90 年代，运输结构最显著的变化是公路在运输市场中的比重大幅度上升，铁路在运输市场中的比重迅速下降，这与国家加大公路建设投资并且推进以市场化为取向的交通运输改革密不可分。

3　"十三五"交通运输结构调整措施效果分析

3.1　机动车措施效果分析

3.1.1　采取的主要措施

按照党中央、国务院有关决策部署，我国陆续发布《大气污染防治行动计划》《打赢蓝天保卫战三年行动计划》《柴油货车污染防治攻坚战行动计划》。其中，机动车污染防治措施主要包括：

（1）实施更严格机动车排放标准

自 2017 年 1 月 1 日，全国实施轻型汽油车国五排放标准；2017 年 7 月 1 日，全国实施重型柴油车国五排放标准；2018 年 1 月 1 日，全国实施轻型柴油车国五排放标准。重点地区于 2019 年 7 月 1 日提前实施国六阶段排放标准。

---

① 1 亩=1/15 hm²。

（2）加快淘汰老旧车

推进老旧车辆淘汰报废。采取经济补偿、限制使用、加强监管执法等措施，促进加快淘汰国三及以下排放标准的柴油货车、采用稀薄燃烧技术或"油改气"的老旧燃气车辆。2020 年年底前，京津冀及周边地区、汾渭平原加快淘汰国三及以下排放标准营运柴油货车 100 万辆以上。

（3）新能源和清洁能源汽车推广使用

加快推进城市建成区新增和更新的公交、环卫、邮政、出租、通勤、轻型物流配送车辆采用新能源或清洁能源汽车，重点区域使用比例达到 80%。

（4）加大对机动车达标监管力度

严厉打击生产、进口、销售不达标车辆违法行为。在生产、进口、销售环节加强对新生产机动车环保达标监管，抽查核验新生产销售车辆的车载诊断系统（OBD）、污染控制装置、环保信息随车清单等，抽测部分车型的道路实际排放情况。建立完善监管执法模式。推行生态环境部门检测取证、公安交管部门实施处罚、交通运输部门监督维修的联合监管执法模式。加大路检路查力度。各地在重点路段对柴油车开展常态化的路检路查，重点检查柴油货车污染控制装置、OBD、尾气排放达标情况，具备条件的抽查柴油和车用尿素质量及使用情况。强化入户监督抽测。对于物流园、工业园、货物集散地、公交场站等车辆停放集中的重点场所，以及物流货运、工矿企业、长途客运、环卫、邮政、旅游、维修等重点单位，按"双随机"模式开展定期和不定期监督抽测。

（5）车用油品质量提升和监管

自 2017 年 1 月 1 日，全国实施车用汽柴油国五标准；2017 年 7 月 1 日，全国全面实施国四标准普通柴油，2017 年 11 月 1 日，全国全面实施国五标准普通柴油；2019 年 1 月 1 日起，全国全面供应符合国六标准的车用汽柴油，实现车用柴油、普通柴油、部分船舶用油"三油并轨"。各地开展对油品生产、销售和储存环节开展常态化监督检查，清除无证无照经营的黑加油站点、流动加油罐车专项整治行动，严厉打击生产、销售、储存和使用不合格油品。

（6）提升铁路货运量

推进中长距离大宗货物、集装箱运输从公路转向铁路。到 2020 年年底，全国铁路货运量比 2017 年增长 30%，初步实现中长距离大宗货物主要通过铁路或水路进行运输。

3.1.2 减排效果评估

根据主要污染物总量减排，2016—2019 年，我国新注册机动车和汽车分别为 11 049 万辆、9 576 万辆，注销机动车和汽车分别为 3 277 万辆、1 200 万辆。

（1）实施更严格机动车排放标准减排量

2016—2019 年，由于实施国五阶段排放标准，使 CO、HC、NO_x、PM 排放量可分别减排 12.2 万 t、5.2 万 t、58.2 万 t、0.2 万 t；由于实施国六阶段排放标准，使 CO、HC、NO_x、PM 排放量可分别减排 11.4 万 t、2.0 万 t、3.5 万 t、0.01 万 t。

（2）加快淘汰老旧车减排量

2016—2019 年，由于老旧机动车加速淘汰，造成 CO、HC、NO_x、PM 排放量可分别减排 297.3 万 t、50.4 万 t、175.2 万 t、7.4 万 t。

（3）新能源车推广减排量

2016 年我国推广使用新能源汽车 50.7 万辆，2017 年 77.7 万辆，2018 年 125.6 万辆，2019 年

120.6 万辆，已连续五年产销量居世界第一。2016—2019 年，由于新能源汽车推广使用，使 CO、HC、NO$_x$、PM 排放量可分别减排 10.5 万 t、2.5 万 t、1.0 万 t、0.03 万 t。

（4）加大对机动车达标监管力度减排量

主要针对柴油车，不达标柴油车为达标柴油车的 2～3 倍。由于柴油车达标率提升幅度无法确定，暂不予考虑。

（5）车用油品质量提升减排量

研究表明，车用油品由国四升级到国五，NO$_x$、PM 排放量可减排 2%、4%；车用油品由国五升级到国六的减排效果评估尚不明确，暂不考虑。由于车用油品质量提升，使 NO$_x$、PM 排放量可分别减排 12.7 万 t、0.14 万 t。由于车用油品达标率提升幅度无法确定，暂不予考虑车用油品质量监管产生的减排量。

（6）提升铁路货运量减排量

我国 2017 年起开始启动运输结构调整，2011—2016 年，铁路货运量年均降低 3%，按此趋势，到 2019 年铁路货运量为 30.4 万 t，2019 年实际为 43.2 万 t，铁路货运量增量为 12.8 万 t，使 CO、HC、NO$_x$、PM 排放量可分别减排 6.6 万 t、1.3 万 t、16.4 万 t、0.2 万 t。

综上，机动车达标监管和车用油品达标监管未评估，加速淘汰老旧车措施减排量最高，其次分别为实施更严格排放标准减排量、提升铁路货运量减排量、车用油品提升、新能源车推广使用，但这些减排措施产生的减排量目前仅够冲抵车辆增加导致的新增排放量。

3.2　运输结构调整措施效果分析

2018 年，国务院办公厅印发《推进运输结构调整三年行动计划（2018—2020 年）》后，交通运输部联合相关部门印发《贯彻落实国务院办公厅〈推进运输结构调整三年行动计划（2018—2020 年）〉的通知》，制定了京津冀及周边地区运输结构调整示范区建设实施方案。国家发展改革委会同相关部门印发《关于加快推进铁路专用线建设的指导意见》，着力解决铁路运输"最后一公里"问题。自然资源部将铁路专用线纳入占用永久基本农田用地受理范围，解决用地审批难题。各省（区、市）加快组织编制实施方案，全国 31 个省（区、市）人民政府和新疆生产建设兵团均制定印发了运输结构调整工作实施方案。各地积极出台有关支持政策，江苏省、唐山市等设立专项资金，对相关企业进行补助支持，北京、河北、山东等省（市）建立了运输结构调整动态监测体系和联动工作机制。

大宗货物运输"公转铁"成效显著。2019 年全国铁路货物发送量完成 43.2 亿 t，比 2017 年增长 6.31 亿 t，基本完成前两年目标；水路货运量累计完成 74.7 亿 t，较 2017 年增长 7.9 亿 t，超额完成前两年目标。2019 年环渤海地区、山东省、长三角地区沿海主要港口和唐山港、黄骅港等 17 个港口的煤炭集港已改由铁路和水路运输，矿石、焦炭等大宗货物铁路和水路疏港提高至 52%，比 2017 年增长 5.1%。铁水联运规模和占比不断提高，2019 年全国港口完成集装箱铁水联运量 515.5 万标箱，同比增长 14.2%，天津等 7 个重点港口集装箱铁水联运量同比增长 25.5%。京津冀及周边地区 8 省（区、市）143 条专用线建设项目已建成 25 条。

3.3　船舶与港口措施效果分析

（1）船舶排放控制区政策效果显著

为深入贯彻落实党的十八大提出的加快推进生态文明建设的要求，履行《中华人民共和国大气污染防治法》相关任务要求，回应社会对船舶大气污染影响的关注，2015 年年底，交通运输部印发《珠三角、长三角、环渤海（京津冀）水域船舶排放控制区实施方案》，在全国设立三个船舶排放控制区，进入排放控制区的船舶应当使用硫含量不大于 0.5% 的船用燃油。方案实施后，排放控制区内港口城市的硫氧化物浓度较以前有了明显降低，2016—2018 年减少排放 25.2 万 t SO_2 和 2.8 万 t 颗粒物，环境效益十分显著。2018 年年底，为持续实施大气污染防治行动，打赢蓝天保卫战，交通运输部对控制区方案进行了评估及调整升级，印发了《船舶大气污染物排放控制区实施方案》，扩大了排放控制区地理范围至全国沿海，将长江干线（云南水富至江苏浏河）和西江干线（广西南宁至广东肇庆）水域纳入内河排放控制区，提高了硫氧化物和颗粒物控制要求，提出了氮氧化物和挥发性有机物控制要求，通过控氮助推船舶使用岸电。方案实施情况良好，2019 年全国海船 SO_2 排放量相比 2015 年降低了 82%。

（2）我国港口船舶新能源和清洁能源应用进展显著

有关部门先后印发《港口岸电布局方案》《关于加快长江干线推进靠港船舶使用岸电和推广液化天然气船舶应用的指导意见》《关于进一步共同推进船舶靠港使用岸电工作的通知》，大力推动靠港船舶使用岸电。积极推进水运行业应用液化天然气（LNG），开展试点示范，利用船舶标准化资金对内河 LNG 动力船建设进行补贴。截至 2019 年年底，共安排奖励资金 7.4 亿元，支持了三批共 245 个靠港船舶使用岸电项目，全国已建成港口岸电设施 5 400 余套，覆盖泊位 7 000 多个。建成内河船舶 LNG 加注站 20 个，4 个已投入运营，建成 LNG 动力船舶 280 余艘。

4　交通运输结构及环境管理存在的问题

（1）缺少与经济发展相适应的货物运输结构

各种运输方式发展不平衡，运输结构性矛盾依然突出。大宗货物中长距离铁路和水路运输占比仍然不高，公路运输量仍然较大，尽管 2019 年铁路运输量达到 43.2 亿 t，连续两年运量增长，在综合运输量中占比提升，但公路运输量占比仍达到 73%，对局部地区大气环境污染带来明显影响。综合运输组织化水平不高，铁水联运、水水中转、空铁联运等仍有较大的提升空间，全国港口集装箱铁水联运比例平均只有 2% 左右，与国际先进港口存在明显差距。传统道路货运"小、散、乱、弱"局面仍未得到根本改变，85.5% 的道路货运企业拥有车辆数不足 10 辆。规模化、集约化、清洁化道路运输方式尚未真正建立。

随着社会经济的持续增长，我国社会物流总额也逐渐增加。2015 年起，国家加大了对我国物流行业的扶持力度，我国社会物流总额增速加快，据中国物流与采购联合会于 2019 年 3 月发布的《2018 年全国物流运行情况通报》统计数据显示，2018 年，我国社会物流总额达 283 万亿元，较 2017 年增长 12.0%。物流行业需求的增长，直接体现在我国货运量的变化上，2018 年，全国货运量为 514.6 亿 t，其中公路运输 395.9 亿 t，占比达到了 76.9%。

预计到 2024 年，我国社会物流总额将超过 430 万亿元。"十四五"期间物流需求还将进一步增长，随之而来的货运车辆保有量也将进一步增加。尤其是我国货运车辆主要集中分布于长三角、环渤海、珠三角三大沿海城市群地区，其活跃车辆份额占比总和超过 45%，有将近一半活跃车辆分布在这些区域，已经形成较为明显的规模性地区集中运输，这将对未来"十四五"交通运输减排带来较大压力。

（2）新车 NO_x 和 VOCs 控制水平没有明显提升

从 2013 年开始，重型车陆续实施了国四和国五两个阶段的排放标准，由于标准只针对发动机提出排放限值和测试方法，对整车 NO_x 排放的测试和考核存在局限性，同时在用车 NO_x 排放检测手段缺乏，造成实际道路 NO_x 排放远远高于实验室认证水平。考虑到 SCR 装置，若不能正常工作，占 NO_x 排放总量 70% 的重型车排放未取得实效。对于采用了 SCR 技术，但未采用 EGR 技术的发动机，通过不添加反应剂模拟 SCR 不能正常工作的状态，结果表明 NO_x 排放将严重超标。

另外，对于大量的汽油车，由于从国三阶段开始蒸发排放控制水平就没有提升，且缺乏在用阶段排放检测手段，因此蒸发排放 VOCs 也没有得到有效控制。

（3）非道路移动机械达标监管制度不完善

非道路移动源排放监管的法律制度不完备。非道路移动源保有量大、涉及面广、管理部门多，但环境管理未明确归口管理部门。尤其是在用环节，其他部门在日常排放管理中未明确管理职责，部分地方缺乏非道路移动机械的管理条例，导致对违规非道路移动源处罚困难。

非道路移动机械相关配套监管机制不健全。目前非道路移动机械超标严重，企业不能充分保证在用机械的符合性，部分地方非道路移动机械未按要求进行信息公开。

标准体系落后，新生产铁路机车排放标准正在制定，《非道路移动机械用小型点燃式发动机排气污染物排放限值与测量方法》（GB 26133—2010）在修订之中；在用非道路移动源仅有柴油机械烟度排放标准，对于 NO_x 没有相应的管控标准。在用柴油机械的烟度排放标准适用的机械功率上限为 560 kW，对于 560 kW 以上的机械尚没有在用烟度排放标准。

（4）达标监管能力不足

我国车辆管控体系中，生产、使用、检测、维修、治理中均存在不同程度的监管能力不足。新车生产一致性、耐久性水平差；使用环节使用强度高、劣化快、超限超载、使用劣质油品和尿素等，修改发动机参数等加剧超标行为发生。对于超标车辆识别，存在识别率低、速度慢等问题。缺少油品现场快速检测、判定的技术、装备和标准。非道路移动机械多年没有在用排放标准，且没有强制报废制度，排放基本处于监管失控状态。对于船舶污染控制，现行登船抽检燃油及文书检查模式远无法满足监管需求。

5　"十四五"交通运输结构调整目标指标及重点任务措施

5.1　"十四五"交通结构调整目标指标

综合考虑环境质量改善需求、社会经济发展、运输需求、车队结构变化、机动车及非道路移动设施产业发展、末端设施技术发展、排放标准升级等因素，建立包括移动源减排目标、新能源汽车占比、水路铁路集装箱运输比例等运输结构调整指标、大宗货物公转铁公转水、铁路专用线接入比例、企业清洁运输方式占比、机动车路检路查监管覆盖率、排放、油品及尿素达标率、非道路移动机械标准制定和更新、老旧机动车及船舶淘汰、环境治理体系能力建设指标等的指标体系。

5.1.1　"十四五"相关预测参数确定

1）GDP：年均增长 5.5%。

2）运输量：低方案公路、铁路、水路（不含远洋）、民航、管道货运量增速分别为 3.5%、4.6%、3.6%、4.0%、2.5%；中方案增速分别为 3.1%、5.4%、4.0%、4.8%、2.5%；高方案增速分别为 2.8%、

6.4%、4.4%、5.7%、3.0%。

3）乘用车：年均销售量 1 850 万辆；商用车：年均销量 220 万辆。

4）车辆结构："十四五"末期国六车辆 8 600 万辆，占汽车保有量的 24%；新能源车 1 800 万辆，2025 年新能源车销售占比达到 20%。

5）达标能力："十四五"末期汽油车达标率 95%，柴油车达标率 95%。

6）工程机械：2021—2025 年，年均销量 86 万台；到 2025 年，工程机械保有量 750 万台，为 2018 年的 1.5 倍。

7）农机机械：2025 年农机化率达到 75%；到 2025 年，农业机械总动力将达到 11.5 亿 kW，农业机械柴油总动力 9.3 亿 kW。

5.1.2 移动源主要措施指标

在现状分析基础上，给出移动源污染物减排目标、车队结构调整目标（不同排放阶段占比）、运输结构调整目标以及环境治理体系能力建设目标。

在排放量削减目标下，给出移动源主要措施任务。包括新车减排任务、交通运输结构调整任务、非道路源减排任务等。基本做到以目标定任务，措施可落实，目标可考核。

到 2025 年，运输结构、交通出行结构、营运车辆结构显著改善，移动源主要污染物排放总量明显下降，重点区域城市空气 NO_2 和 O_3 浓度逐步降低，移动源排放监管能力和水平大幅提升，移动源现状化环境管理体系初步形成。

（1）移动源主要污染物总量减排要求

2025 年，移动源氮氧化物比 2020 年减排 15%，挥发性有机物比 2020 年减排 10%。

（2）营运车辆结构调整目标

2025 年，营运车辆中，基本淘汰国四及以下阶段车辆，国六阶段车辆占比达到 30%。

（3）运输结构调整目标

2025 年，煤炭、矿石等大宗货物中长距离运输以铁路、水路为主的格局基本形成，铁路、水运承担货运周转量比例比 2020 年提高 1 个百分点，沿海主要港口集装箱铁水联运比例达到 3.5% 及以上，沿海港口大宗货物公路集疏运比例降至 20% 左右，大中城市绿色出行比例达到 75% 及以上。

（4）重点行业清洁方式运输方式比例要求

2025 年，电力、钢铁、焦化行业清洁方式运输比例达到 80% 及以上。

（5）船舶大气污染控制的主要目标

2025 年，沿海水域船舶硫氧化物减排率达到 20%、氮氧化物减排率达到 10%、颗粒物减排率达到 10%；重点内河水域清洁船舶比例达到 12%；环渤海、长三角、珠三角和长江西江干线的船舶排放监测监管覆盖率达到 15%。

（6）港口大气污染控制的主要目标

专业化干散货码头封闭化（全、半）或建设防风抑尘设施覆盖率 100%；规模以上港口内作业机械和车辆电动化和清洁能源动力化率 90%。

（7）环境治理体系能力建设目标

实施非道路移动机械使用登记管理制度，开发区域机动车、船、机械超标排放信息共享平台，建立交通污染监测网络，完善覆盖移动源全要素"油—路—车"的环境监管技术体系，显著提升绿色货运能力，初步形成移动源现状化环境管理体系。

5.1.3　柴油货车主要措施指标及攻坚思路

在移动源主要措施指标基础上，针对重点关注的柴油货车给出主要措施指标。到 2025 年，运输结构、车船结构清洁低碳程度明显提高，燃油质量持续改善，机动车船、工程机械、重点区域铁路内燃机车超标冒黑烟现象基本消除，全国柴油货车排放检测合格率超过 90%，全国柴油货车氮氧化物排放量下降 12%，新能源和国六排放标准货车保有量占比力争超过 40%，铁路货运量占比提升 0.5 个百分点。

坚持"车、油、路、企"统筹，在保障物流运输通畅前提下，以京津冀及周边地区、长三角地区、汾渭平原相关省（市）以及内蒙古自治区中西部城市为重点，以柴油货车和非道路移动机械为监管重点，聚焦煤炭、焦炭、矿石运输通道以及铁矿石疏港通道，持续深入打好柴油货车污染治理攻坚战。坚持源头防控，加大运输结构调整和车船清洁化推进力度；坚持过程防控，完善设计、生产、销售、使用、检验、维修和报废等全流程管控，突出重点用车企业清洁运输主体责任；坚持协同防控，加强政策系统性、协调性，建立完善信息共享机制，强化部门联合监管和执法。

5.2　推进"公转铁""公转水"

持续提升铁路货运能力。推进西部陆海新通道铁路东、中、西主通道，形成整体运输能力，提升铁路货运效能。强化专业运输通道，形成沿江、沿海等重点方向铁水联运通道，提升集装箱运输网络能力，有序发展双层集装箱运输。推进西部地区能源运输通道建设，完善北煤南运、西煤东运铁路煤炭运输体系。推进既有普速铁路通道能力紧张路段扩能提质，有序实施电气化改造，浩吉、唐呼、瓦日、朔黄等铁路线按最大能力保障运输需求。

加快铁路专用线建设。精准补齐工矿企业、港口、物流园区铁路专用线短板，提升"门到门"服务质量。新建及迁建煤炭、矿石、焦炭大宗货物年运量 150 万 t 以上的物流园区、工矿企业，原则上要接入铁路专用线或管道。在新建或改扩建集装箱、大宗干散货作业区时，原则上要同步建设进港铁路。重点推进唐山京唐、天津东疆、青岛董家口、宁波舟山北仑和梅山、上海外高桥、苏州太仓、深圳盐田等重要港区进港铁路建设，实现铁路装卸线与码头堆场无缝衔接、能力匹配，建设轨道货运京津冀、轨道货运长三角。到 2025 年沿海港口重要港区铁路进港率高于 70%。

提高铁路和水路货运量。"十四五"期间，全国铁路货运量增长 10%，水路货运量增长 12% 左右。推进多式联运、大宗货物"散改集"，集装箱铁水联运量年均增长 15% 以上。京津冀及周边、长三角地区、粤港澳大湾区等沿海主要港口利用集疏港铁路、水路、封闭式皮带廊道、新能源汽车运输铁矿石、焦炭大宗货物比例力争达到 80%。晋陕蒙新煤炭主产区出省（区）运距 500 km 以上的煤炭和焦炭铁路运输比例力争达到 90% 及以上。充分挖掘城市铁路站场和线路资源，创新"外集内配"等生产生活物资公铁联运模式。

5.3　柴油货车全面清洁化

推动车辆全面达标排放。加强对本地生产货车环保达标监管，核查车辆的 OBD、污染控制装置、环保信息随车清单、在线监控等，抽测部分车型的道路实际排放情况，基本实现系族全覆盖。严厉打击污染控制装置造假、屏蔽 OBD 功能、尾气排放不达标、不依法公开环保信息等行为，依法依规暂停或撤销相关企业车辆产品公告、油耗公告和强制性产品认证。督促生产（进口）企业及时实施排放召回。有序推进实施汽车排放检验和维护制度。加强重型货车路检路查,以及集中使用地和停放地的入户检查。

推进传统汽车清洁化。2023年全国实施轻型车和重型车国六b排放标准。严格执行机动车强制报废标准规定,符合强制报废情形的交报废机动车回收企业按规定回收拆解。发展机动车超低排放和近零排放技术体系,集成发动机后处理控制、智能监管等共性技术,实现规模化应用。

加快推动机动车新能源化发展。以公共领域用车为重点推进新能源化,国家生态文明试验区、大气污染防治重点区域新增或更新公交、出租、物流配送、轻型环卫等车辆中新能源汽车比例不低于80%。推广零排放重型货车,有序开展中重型货车氢燃料等示范和商业化运营,京津冀、长三角、珠三角研究开展零排放货车通道试点。

5.4　非道路移动源综合治理

推进非道路移动机械清洁发展。2022年实施非道路移动柴油机械第四阶段排放标准。因地制宜加快推进铁路货场、物流园区、港口、机场,以及火电、钢铁、煤炭、焦化、建材、矿山等工矿企业新增或更新的作业车辆和机械新能源化。鼓励新增或更新的3 t以下叉车基本实现新能源化。鼓励各地依据排放标准制定老旧非道路移动机械更新淘汰计划,推进淘汰国一及以下排放标准的工程机械(含按非道路排放标准生产的非道路用车),具备条件的可更换国四及以上排放标准的发动机。研究非道路移动机械污染防治管理办法。

强化非道路移动机械排放监管。各地每年对本地非道路移动机械和发动机生产企业进行排放检查,基本实现系族全覆盖。进口非道路移动机械和发动机应达到我国现行新生产设备排放标准。2025年,各地完成城区工程机械环保编码登记三级联网,做到应登尽登。强化非道路移动机械排放控制区管控,不符合排放要求的机械禁止在控制区内使用,重点区域城市制定年度抽查计划,重点核验信息公开、污染控制装置、编码登记、在线监控联网等,对部分机械进行排放测试,比例不得低于20%,基本消除工程机械冒黑烟现象。研究实施在用铁路内燃机车大气污染物排放标准。

推动港口船舶绿色发展。2022年实施船舶发动机第二阶段排放标准。提高轮渡船、短途旅游船、港作船等使用新能源和清洁能源比例,研究推动长江干线船舶电动化示范。依法淘汰高耗能高排放老旧船舶,鼓励具备条件的可采用对发动机升级改造(包括更换)或加装船舶尾气处理装置等方式进行深度治理。协同推进船舶受电设施和港口岸电设施改造,提高船舶靠港岸电使用率。

5.5　重点用车企业强化监管

推进重点行业企业清洁运输。火电、钢铁、煤炭、焦化、有色等行业大宗货物清洁方式运输比例达到70%左右,重点区域达到80%左右;重点区域推进建材(含砂石骨料)清洁方式运输。鼓励大型工矿企业开展零排放货物运输车队试点。鼓励工矿企业等用车单位与运输企业(个人)签订合作协议等方式实现清洁运输。企业按照重污染天气重点行业绩效分级技术指南要求,加强运输车辆管控,完善车辆使用记录,实现动态更新。鼓励未列入重点行业绩效分级管控的企业参照开展车辆管理,加大企业自我保障能力。

强化重点工矿企业移动源应急管控。京津冀及周边地区、汾渭平原、东北地区、天山北坡城市群全面制定移动源重污染天气应急管控方案,建立用车大户清单和货车白名单,实现动态管理。重污染天气预警期间,加大部门联合执法检查力度,开展柴油货车、工程机械等专项检查;按照国家相关标准和技术规范要求加强运输车辆、厂内车辆及非道路移动机械应急管控。

5.6 柴油货车联合执法

开展重点区域联合执法。京津冀三省（市）按照统一标准、统一措施、统一执法原则，依法依规开展移动源监管联防联控、联合执法，对煤炭、矿石、焦炭等大宗货物运输及集疏港货物运输开展联合管控。推进长三角地区集装箱多式联运、移动源联防联控和监管信息共享。山西和陕西等地开展重型货车联合监管行动，重点查处天然气货车超标排放及排放处理装置偷盗、拆除、倒卖问题。京津冀及周边、内蒙古中西部地区加强煤炭、焦炭、矿石、砂石骨料等运输的联合管控。珠三角、成渝双城经济圈、长江中游城市群等货车保有量大、货运量大的地区加大联合监管力度。

完善部门协同监管模式。完善生态环境部门监测取证、公安交管部门实施处罚、交通运输部门监督维修的联合监管模式，形成部门联合执法常态化路检路查工作机制。对柴油进口、生产、仓储、销售、运输、使用等全环节开展部门联合监管，全面清理整顿无证无照或证照不全的自建油罐、流动加油车（船）和黑加油站点，坚决打击非标油品。燃料生产企业应该按照国家标准规定生产合格的车船燃料。推动相关企业事业单位依法披露环境信息。研究实施降低企业和司机机动车、非道路移动机械防治负担的政策措施。推进数据信息共享和应用。严格实施汽车排放定期检验信息采集传输技术规范，各地检验信息实现按日上传至国家平台。推动非道路移动机械编码登记信息全国共享，实现一机一档，避免多地重复登记。建设重型柴油车和非道路移动机械远程在线监控平台，探索超标识别、定位、取证和执法的数字化监管模式。研究构建移动源现场快速检测方法、质控体系，提高执法装备标准化、信息化水平，切实提高执法效能。

5.7 移动源大气污染物与温室气体协同减排

制定移动源温室气体排放标准，加强与油耗标准及管理协同，统一测试方法、数据报送、信息公开、达标监管，简化型式检验程序。研究建立大气污染物、温室气体协同信息公开制度，联合开展新车生产一致性检查。研究建立基于平均、存储、交易机制的大气污染物和温室气体管理体系，建立燃料消耗量与新能源汽车积分、碳交易、排污权交易等协调机制，实现大气污染物排放、温室气体排放、燃料消耗量控制、新能源汽车发展协同管理。

本专题执笔人：钟悦之、黄志辉、刘胜强、何卓识、谭晓雨、宋媛媛
完成时间：2019 年 12 月

专题 4　能源发展与结构调整措施分析

1　"十三五"我国能源发展回顾

"十三五"期间，党中央和国务院提出了"创新、协调、绿色、开放、共享"的新发展理念，能源行业按照习近平总书记关于能源革命的重要论述、"十三五"国民经济和社会发展规划纲要总体要求、"十三五"能源专项规划、环境治理专项规划以及应对气候变化战略需求和《大气污染防治行动计划》（"大气十条"）等提出的各项具体措施，不断调整能源结构，增加清洁能源供应，保障了国民经济不断发展和人民生活水平不断提高目标下的能源增长基本需求，也为环境治理和气候治理作出了积极的贡献。

1.1　"十三五"能源发展工作成就

（1）能源消费和能源生产持续增长

2020 年全国能源消费量达到 49.8 亿 t 标煤，较 2015 年增加 6.4 亿 t，年均增长 1.2 亿 t；煤炭消费量为 40.5 亿 t，较 2015 年增加 5 000 万 t（表 3-4-1）；原油消费量达到 6.9 亿 t，较 2015 年增加 1.5 亿 t，平均每年增加超过 2 600 万 t；天然气消费量 3 340 亿 m³，较 2015 年增加 1 408 亿 m³，年均增加超过 200 亿 m³；全社会用电量达到 7.5 万亿 kW·h，比 2015 年增长超过 1.8 万亿 kW·h，年均增加超 3 000 亿 kW·h。[1-4]

表 3-4-1　"十三五"能源发展规划目标完成情况

类别	指标	单位	2015 年	2020 年目标	2020 年实际	属性
能源总量	一次能源生产量（标煤）	亿 t	36.2	40	40.8	预期
	电力装机总量	亿 kW	15.3	20	22	预期
	能源消费总量（标煤）	亿 t	43.4	<50	49.8	预期
	煤炭消费总量（原煤）	亿 t	39.6	41	40.5	预期
	全社会用电量	万亿 kW·h	5.69	6.8~7.2	7.5	预期
能源结构	非化石能源装机比重	%	35	39	44.5	预期
	非化石能源发电量比重	%	27	31	32.2	预期
	非化石能源消费比重	%	12	15	15.9	约束
	天然气消费比重	%	5.9	10	8.4	预期
	煤炭消费比重	%	64	58	56.8	约束
	电煤占煤炭消费比重	%	49	55	58.7	预期

类别	指标	单位	2015 年	2020 年目标	2020 年实际	属性
能源效率	单位国内生产总值能耗降低	%	—	〔15〕	〔13〕	约束
	煤电机组供电煤耗（标煤）	g/kW·h	318	<310	304.9	约束
	电网线损率	%	6.64	<6.5	5.6	预期
能源环保	单位国内生产总值二氧化碳排放降低	%	—	〔18〕	〔18.2〕	约束

注：〔 〕内为2015年至统计期末累计值。

数据来源：《能源发展"十三五"规划》《"十四五"现代能源体系规划》、国家统计局、电力工业统计资料汇编。

（2）各项约束性和指导性目标基本完成

《能源发展"十三五"规划》提出的约束性目标已经基本完成。2020 年，单位国内生产总值能耗较 2015 年降低 13%，完成规划目标任务的 87%；单位国内生产总值二氧化碳排放较 2015 年降低 18.2%，非化石能源消费占比达到 15.9%，煤炭消费比重下降到 56.8%，均完成目标任务。

"十三五"能源专项规划还提出一些指导性的目标，包括天然气消费占比提高到 10% 以上，风电和太阳能光伏发电装机分别不少于 2.1 亿 kW 和 1.05 亿 kW，煤电装机控制在 11 亿 kW 以内。2020 年的完成情况分别为：天然气消费占比 8.4%，与规划目标还有较大的差距；风电累计装机容量 2.8 亿 kW，光伏发电装机超过 2.5 亿 kW，完成"十三五"规划目标任务；煤电装机达到 10.8 亿 kW，完成了煤电装机控制在 11 亿 kW 以内的目标。

（3）能源生产和消费结构不断优化

"十三五"时期，我国能源结构不断优化，低碳转型成效显著，非化石能源消费比重达到 15.9%，煤炭消费比重下降至 56.8%，常规水电、风电、太阳能发电、核电装机容量分别达到 3.7 亿 kW、2.8 亿 kW、2.5 亿 kW、0.5 亿 kW，非化石能源发电装机容量稳居世界第一。2020 年煤电发电量 5.2 万亿 kW·h，电煤在全部煤炭消费中的占比已经达到 58.7%，较 2015 年的 49% 提高了 9.7 个百分点。北方地区清洁取暖率达到 65% 以上，其中大气污染防治重点区域完成散煤替代 2 500 万户，替代散煤超过 5 000 万 t，电能占终端用能比重持续提高。

（4）为环境治理和气候治理作出了积极贡献

"十三五"期间，能源行业通过"调整能源结构、减少煤炭消费、增加清洁能源供应"和能源清洁利用，为大气污染防治作出了积极的贡献。发电行业 6 000 kW 及以上电厂平均供电标煤耗从 2015 年的 315 g/kW·h 下降到 2020 年的 304.9 g/kW·h，下降 3.2%。截至 2020 年年底，全国具备改造条件的煤电机组基本完成了超低排放改造，超额完成了预期目标，全国超低排放机组装机容量已达 9.5 亿 kW，约占煤电总装机容量的 89%，我国已建成世界最大的清洁高效煤电体系。

此外，钢铁、建材等行业推行超低排放，北方地区推广清洁取暖工程，化石能源污染物排放大量减少。在能源消费持续增长的情况下，细颗粒物（$PM_{2.5}$）减排效果明显，大气质量持续改善。

1.2 "十三五"主要能源行业发展情况

"十三五"期间，为提高能源发展质量，国家对各个能源行业提出了发展目标，其中包括非化石能源消费比重提高至 15%、煤炭消费占比降低到 58% 以下的约束性目标，以及天然气消费比重提高到 10%、煤电装机容量控制在 11 亿 kW 以下等预期性目标。除了天然气占比目标尚未完成之外，其余目标均已完成。

（1）非化石能源

《能源发展"十三五"规划》提出 2020 年非化石能源消费占比提高到 15%，并作为约束性指标列入"十三五"国民经济和社会发展纲要。2019 年非化石能源占比达到 15.3%，提前一年完成目标，2020 年非化石能源占比达到 15.9%。

可再生能源方面，2020 年水电装机容量和发电量分别达到 3.7 亿 kW 和 13 553 亿 kW·h，分别较 2015 年增加 0.5 亿 kW 和 2 453 亿 kW·h；风电装机容量和发电量分别达到 2.8 亿 kW 和 4 665 亿 kW·h，分别较 2015 年增加 1.5 亿 kW 和 2 809 亿 kW·h；太阳能发电装机和发电量分别达到 2.5 亿 kW 和 2 611 亿 kW·h，分别较 2015 年增加 2.1 亿 kW 和 2 216 亿 kW·h。

2020 年，核电装机容量和发电量分别达到 0.5 亿 kW 和 3 662 亿 kW·h，分别较 2015 年增加 0.2 亿 kW 和 1 948 亿 kW·h。

对照"十三五"能源规划目标，非化石能源发展符合预期，2020 年非化石能源消费占比 15% 的要求顺利完成（表 3-4-2）。

表 3-4-2 "十三五"时期各类非化石能源发展情况

	年份	水电	风电	太阳能发电	核电
装机容量/ 万 kW	2015	31 954	13 075	4 218	2 717
	2020	37 028	28 165	25 356	4 989
发电量/ 亿 kW·h	2015	11 127	1 856	395	1 714
	2020	13 553	4 665	2 611	3 662

（2）天然气

按照《能源发展"十三五"规划》要求，2020 年天然气消费比重应不低于 10%。2020 年能源天然气消费量为 3 340 亿 m³，在一次能源消费结构中的比重为 8.4%，较规划目标低 1.6 个百分点。影响天然气增供的原因有两方面。一方面是对对外依存度的担忧。长期以来，我国天然气产量无法达到预期目标。2020 年国内天然气产量为 1 924.95 亿 m³，与《天然气发展"十三五"规划》提出的 2020 年国内天然气产量 2 070 亿 m³ 的目标存在缺口，与国务院 2018 年 9 月发布的《关于促进天然气协调稳定发展的若干意见》中提出的 2020 年年底前力争达到 2 000 亿 m³ 的目标也存在差距。[5,6] 随着天然气消费量的增加，2020 年我国天然气对外依存度达到 43%。另一方面，天然气消费价格比煤炭高出许多，因此扩大天然气的消费需要尽量扩大国内产量，并进一步降低成本。

（3）石油及炼化

2020 年我国原油产量 1.95 亿 t，同比增长 2%，原油产量连年下跌的趋势自 2019 年得以扭转，但较 2015 年仍减少 9%；原油进口量 5.4 亿 t，同比增长 6.7%，较 2015 年增加 61%，但石油对外依存度达到 73%。

经过 2015—2016 年的停滞后，我国炼油能力于 2017 年恢复增长，2018 年新增炼能扩张势头强劲，落后产能淘汰不及预期，总炼能增至 8.3 亿 t/a，2019 年提升至 8.6 亿 t/a，炼油能力进入新一轮的快速增长通道。然而，我国炼油能力过剩的趋势也愈加严重，2017 年全国炼厂开工率为 73.7%，2018 年为 72.9%，处于全球最低水平。2019 年我国乙烯产能突破 3 000 万 t/a。炼油行业的炼化一体化再加上乙烯产能的快速增长，使我国炼油能力过剩的态势进一步向下游发展，造成低端大宗石化品产能过剩。[7]

随着国内汽、柴、煤三大成品油消费增速放缓,炼油能力进入新一轮增长,成品油市场竞争将逐步升级扩大为国际市场竞争。石油炼化能力的不断增加,一方面扩大了我国石油的对外依存度,另一方面也加大了石化行业控制污染物排放的难度。

(4)煤炭与煤电

近十年来,我国煤炭的生产量、净进口量和消费量均经历了 2013 年达到峰值、逐年下降后再持续上升的趋势。2013 年,我国煤炭生产量达到 39.7 亿 t,2016 年降至 34.1 亿 t,2020 年回升至 39 亿 t;进出口方面,2013 年我国煤炭净进口量达到 3.2 亿 t,2015 年降至 2 亿 t,2020 年又上升到 3.1 亿 t;2013 年我国煤炭消费量为 42.4 亿 t,为近十年峰值,经历连续三年的下降和三年的上升后,2020 年消费量为 40.5 亿 t。

我国煤炭生产中心持续向内蒙古、陕西、山西等资源丰富的地区集中,西煤东调、北煤南运的格局更加突出。受运输结构调整、打赢蓝天保卫战等行动计划和政策的推动,我国铁路煤炭发运量持续上升,由"十三五"首年的 19 亿 t 增长至 2019 年的 24.6 亿 t,[8,9] 年均增长约 9%。我国煤炭资源与区域经济发展、生态环境容量的逆向性分布特征明显。中、西部地区煤炭资源丰富,但经济发展水平、能源需求低于东部发达地区。此外,我国部分煤炭资源富集地区的水资源严重短缺,生态环境脆弱,环境承载能力不强,不合理开发利用会对环境带来巨大的压力。

近年来,煤电在我国电力装机和发电量中的比重不断下降,2020 年在电力装机中的占比达到 49%,在发电量中的占比为 61%。"十三五"以来,虽然比重持续下降,但煤电的装机容量和发电量仍在持续上升。从 2015—2020 年各类电源装机容量的增量来看,2015 年、2016 年、2019 年煤电装机的增量超过其他任何一种电源;2017 年、2018 年煤电发电量激增,增量超过其他电源增长之和,2019 年的增量也位列各类电源之首;2020 年风电新增发电装机容量超过煤电,但燃煤依然位列第二,与新增能源需求主要由清洁能源满足的发展目标还有较大差距。"十三五"规划提出煤电装机力争控制在 11 亿 kW 以内。截至 2020 年年底,煤电装机达到 10.8 亿 kW,顺利完成"十三五"总量控制目标。

1.3 存在的问题

"十三五"期间能源发展虽然取得了很多成果,但与"创新、协调、绿色、开放、共享"的新发展理念仍有一定差距,能源转型缓慢。具体表现在以下几点。

(1)调结构、减煤炭工作力度仍需进一步加大

为了治理大气污染,习近平总书记多次强调"调整能源结构、减少煤炭消费,增加清洁能源供应"。"十三五"期间,煤炭消费量止跌回升,原油消费量增加 1.5 亿 t,2020 年天然气消费占比只完成规划目标的 84%。尤其是高污染和高排放的煤炭消费先降后增,呈现整个"十三五"期间煤炭消费逐年增加的趋势,2020 年煤炭消费达到 40.5 亿 t,较 2015 年增加 5 000 万 t,煤炭消费总量没有延续 2013—2017 年"大气十条"实施期间的下降势头。

国家发展改革委、环境保护部、国家能源局于 2014 年 9 月发布《煤电节能减排升级与改造行动计划(2014—2020 年)》,提出 2020 年电煤占煤炭消费的比重提高到 60% 以上,《能源发展"十三五"规划》将该指标调整为 55%。从实际完成情况看,2020 年电煤占煤炭消费比重达到 58.7%,完成"十三五"目标,但是与 60% 的目标还有一定差距(图 3-4-1)。

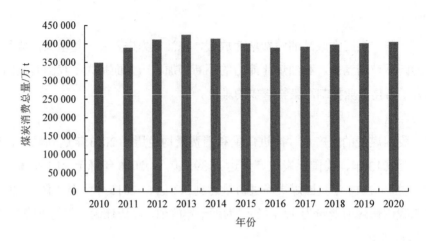

图 3-4-1　2010—2020 年我国煤炭消费总量

数据来源：国家统计局。

（2）能源效益持续下降

能源消费弹性系数和电力消费弹性系数是表征能源利用效率的重要指标，反映了能源、电力消费增长对经济增长的影响（图 3-4-2）。"十三五"期间我国能源和电力消费弹性系数水平呈现增长趋势，可以看出我国的能源效率提升和产业结构调整在贯彻绿色发展理念方面仍有一定的提升空间，需要进一步优化和提升。

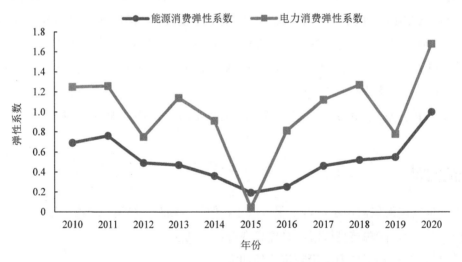

图 3-4-2　我国历年能源、电力消费弹性系数

数据来源：国家统计局。

（3）区域之间发展不平衡

国家虽然制定了非化石能源消费比重、煤炭消费比重、单位 GDP 能耗降低和单位 GDP 二氧化碳排放降低等五项约束性指标，但是对于非化石能源占比的约束性指标和天然气占比的预期性指标没有规定明确的分解方案，导致这些紧约束和软约束的目标没有严格地落实，各地完成情况差异较大。

（4）协同治理有待改善

在"大气十条"的推动下，国家发展改革委、国家能源局和环境保护部于 2014 年发布《能源行业加强大气污染防治工作方案》，提出大气污染的源头治理措施。通过严格执行减煤和调整能源结构，环境治理与应对气候变化协同推进成绩显著，2013—2016 年大气环境质量持续改善，二氧化碳排放增长放缓。但是 2017 年之后虽然大气污染情况虽然持续改善，但二氧化碳排放恢复快速增长，大气污染治理与碳排放系统治理有待改善。

2 国内外环境、能源与气候协同治理的经验

能源的清洁化和低碳化是实现环境治理和应对气候变化协同效应的重要途径，也是能源革命的重要方向。美国、欧盟、日本等主要发达国家和地区的能源发展经验，可以为我国协同推进能源革命、环境治理和气候治理过程中提出何种目标、采取哪些行动和措施提供借鉴。

2.1 大气污染治理推动了能源的清洁化

2.1.1 减煤是全球治理大气污染的最重要措施

大部分发达国家在石油时代之前都经历了以煤为主的时期，但煤炭的开发利用一方面带来了 SO_2、NO_x 等污染物的大量排放，造成部分地区污染严重，另一方面也加剧了水资源等自然资源的稀缺状况。从 20 世纪 50 年代开始，世界主要发达国家意识到能源消费带来的环境问题，通过主动变革减少煤炭消费，实现了能源系统的清洁化，到 60 年代初基本完成了煤炭向油气时代的过渡，煤炭在一次能源消费中的比重显著下降，并大幅提升化石能源的清洁化水平，有效实现了大气质量改善。尤其是英国减少煤炭消费、治理大气污染的经验值得我国借鉴，图 3-4-3 是英国煤炭消费一次能源消费占比下降的历史回顾。[10]

图 3-4-3 煤炭在英国一次能源消费中的比重

数据来源：英国商业、能源和产业战略部。

2.1.2 臭氧是煤烟型污染解决后的控制重点

从发达国家的工业化发展经验来看，在煤烟型污染问题解决之后，臭氧（O_3）等污染问题变得突出。NO_x 和挥发性有机物（VOCs）是 O_3 形成的前体物，控制二者的排放是能源清洁化的新阶段，

化石燃料燃烧、石油化工、炼焦、汽柴油在移动源中的使用以及生物质的燃烧等能源消费活动都是VOCs 的主要来源。欧盟许多国家制定了燃油车辆退出的日程表,荷兰等部分欧盟国家已经开始控制天然气消费,美国国家环保局（EPA）根据不同的行业制定了控制技术指南,例如管线泄漏问题是石化企业最难控制的污染源,EPA 编制了《泄漏检测与修复:最佳技术指南》,建立了完善的 VOCs泄漏检测方法和散逸排放评估体系。除了对 VOCs 进行源头控制外,还通过燃烧、催化等方式使其转化为对环境无害的 CO_2 和 H_2O。EPA 也发布了相应的选择控制技术,记录了不同行业控制 NO_x排放的技术以及相应的成本。这些控制技术分别从源头和末端削减 NO_x 排放,例如对于发电厂而言,控制技术措施包括延长吸收 NO_x 路径、更改催化还原手段等。这些措施为我国下一步大气污染的治理提供了思路。

2.2 应对气候变化推动了能源的低碳化

2.2.1 《巴黎协定》决定了全球走低排放之路

随着气候系统的变暖和其负面影响的逐步凸显,各国充分意识到气候变化对可持续发展带来的挑战。在能源清洁化基本完成后,以发达国家为主导的世界各国将关注点投向气候变化问题。20 世纪 90 年代起,应对气候变化成为全球性政治议题,1992 年签署的《联合国气候变化框架公约》、1997 年签署的《京都议定书》和 2015 年签署的《巴黎协定》作为全球可持续发展的客观要求,成为加速能源革命的新推手。根据《巴黎协定》提出的将 21 世纪全球平均气温上升幅度控制在 2℃以内的目标,2050 年全球碳排放需要比 2010 年减少 40%～70%,在本世纪下半叶实现零排放。

2.2.2 欧盟实现温室气体和大气污染物协同减排

所有欧盟国家的低碳发展也把常规污染物的治理纳入其中。能源活动的 CO_2 减排是各国减排的最重要路径之一,清洁低碳转型和控制能源消费总量都被作为长期减排的战略重点。能源清洁低碳转型的主要措施包括推动终端能源消费电气化、电力行业脱碳化以及在难以电气化的行业推广其他低碳能源。控制能源消费总量方面则主要通过提升各行业的能效、发展工业循环经济模式、能源需求侧管理等方式实现。欧洲自开始执行低碳发展战略起,空气质量也进一步提高。[11] 其经验表明,能源低碳化的本质是减少化石能源消费,从根本上杜绝了化石能源燃烧引起的 SO_2、NO_x、VOCs、粉尘等污染物的排放,从而起到应对气候变化和大气污染防治的协同效果。

2.2.3 推动能源的低碳转型是世界各国的共识

减少 CO_2 等温室气体的排放,不仅是为了应对气候变化,也是解决大气污染问题的重要措施。为落实减排承诺,各国纷纷制定能源低碳转型战略,提出更高的能效目标,制定更加积极的低碳政策,推动可再生能源发展,逐步摆脱对化石能源的依赖,加大温室气体减排力度。主要经验包括:一是将低碳化概念融入国家经济和社会发展战略中,加速推动国家的低碳转型,通过强有力的应对气候变化政策倒逼能源政策。北欧各国、英国等许多国家均将能源、环境和气候协调至能源气候部门进行管理。二是大幅度提高能源利用效率和发展可再生能源,减少对化石能源的依赖,脱煤仍是首选。英国、北欧各国以及德国都提出了燃煤电厂退出的时间表,英国已经在 2019 年进入了零煤电时代。

2.3　人工智能时代能源朝向智能化发展

2.3.1　万物互联时代要求能源的数字化

万物互联的理念已成为全球新一轮科技革命与产业变革的重要驱动力。历经概念兴起驱动、示范应用引领、技术显著进步和产业逐步成熟，万物互联正加快转化为现实科技生产力，将重塑生产组织方式，与制造技术、新能源、新材料等领域融合，步入产业大变革前夜，迎来大发展时代。这一时代的本质变化就是通过数字化和智能化实现万物互联，能源是支撑这一变革的重要基础，其自身的数字化和智能化成为一种必然。

2.3.2　数字化和智能化的载体是电气化

随着全球能源体系清洁化、低碳化转型的推进，电力系统向新能源的适应性变革已经成为能源体系低碳转型的核心，全球能源消费的电气化水平不断提高成为未来能源发展的重要特征。电力在全球能源消费中的比重正在不断增加，电力在能源体系中的作用变得日益重要。国际能源署的展望显示，在延续当前已实施和承诺政策的情景下，2018—2040 年全球电力需求的年平均增速为 2.1%，是能源需求增速的两倍。在此情景下，2040 年电力需求较 2018 年增长 58%，电力在终端能源消费中的比重将由 2018 年的 19%提升至 24%。而在可持续发展情景下，2040 年电力在全球终端能源消费中的比重将提高至 31%。[12] 电气化水平的不断提高带来能源体系的智能化、数字化发展趋势。当前，加强能源系统与信息技术的结合，开展能源体系智能化、数字化转型的相关研究和示范成为各国能源政策新的关注点。

2.3.3　电气化是能源清洁化、低碳化和智能化的纽带

能源智能化的本质是能源的数字化和电气化，能源的电气化则是能源的清洁化、低碳化和智能化的纽带。电是最清洁的终端用能方式，而无论是核电还是可再生能源，非化石能源的主要能源产品是清洁低碳的电力。如果解决了发电侧的清洁化和低碳化，并构建以电力消费为主体的终端能源服务体系，就可以从根本上实现构建清洁低碳、安全高效的能源体系的目标。而这种高比例电能消费的用能方式，又给氢能、储能等技术带来了发展空间。同时，非化石能源和其他配套技术的不断进步，又可以减少对化石能源的依赖。由于技术的可复制性，技术主导下的能源体系可以告别对化石能源的资源依赖，做到真正的能源自主，实现真正意义上的能源独立和能源安全。

2.4　国内能源、环境和气候协同治理的经验

2.4.1　大气污染治理推动能源结构持续优化

2013 年 9 月，为了切实改善空气质量，国务院颁布了《大气污染防治行动计划》（"大气十条"），加快调整能源结构、控制煤炭消费总量、增加清洁能源供应被作为源头治理的重要手段，并从环境保护的角度提出到 2017 年煤炭占能源消费总量的比重降低到 65%以下。同时提出建立京津冀、长三角区域大气污染防治协作机制，随后又将京津冀地区扩大至京津冀大气污染传输通道 "2+26" 城市，进一步完善京津冀、长三角、汾渭平原地区污染防治协作机制，稳步推进成渝、东北、长江中游城

市群等其他跨区域大气污染防治联防联控。2018 年 6 月，国务院发布《打赢蓝天保卫战三年行动计划》，提出主要大气污染物与温室气体协同减排，建立完善区域大气污染防治协作机制。[13-15]

"大气十条"实施 5 年来，空气质量改善目标全面完成，同时也推动了能源结构的不断优化，尤其是煤炭占比大幅度下降。2017 年我国煤炭消费占比超额完成"大气十条"的目标近 5 个百分点。2020 年煤炭占比降低 60%以下（图 3-4-4），能源结构调整对大气污染防治作出了重要贡献，大气污染治理也推动了能源结构的持续优化。

图 3-4-4 2013—2020 年全国煤炭消费占比与 PM2.5 浓度变化趋势

数据来源：国家统计局、生态环境部。

虽然 $PM_{2.5}$ 治理取得较好的成效，但是与发达国家的浓度相比仍有很大差距。同时 O_3 污染日益凸显，京津冀及周边地区、长三角、汾渭平原、苏皖鲁豫交界地区的 11 个省（市）95 个城市 O_3 超标天数占全国 70%左右。[16] 作为 O_3 形成的前体物，VOCs 的排放需要进行严格控制。化石燃料燃烧、石油化工、炼焦、汽柴油在移动源中的使用以及生物质的燃烧等能源消费活动都是 VOCs 的主要来源，其中石油化工和炼焦的单位 VOCs 排放都处于较高水平，因此原料型化石能源应用和移动源燃油排放应该成为下一阶段大气污染源头治理在能源领域的重点。

2.4.2 重点领域协同治理需与能源转型同步

煤电行业。随着电力行业超低排放改造和节能改造提前超额完成目标，我国已建成全球最大的清洁煤电供应体系，电煤在煤炭消费中的比重已达到 58.7%。煤电行业超低排放改造的经验和成效也有助于推动钢铁等行业的减排升级。自燃煤发电实施超低排放改造以后，钢铁行业成为我国工业领域 SO_2、NO_x 和 PM 等污染物的主要排放源。我国主要钢铁产能分布在京津冀及周边地区、长三角、汾渭平原等地区，与大气污染防治的重点地区重合度高。2019 年 4 月，生态环境部、国家发展改革委等五部委发布《关于推进实施钢铁行业超低排放的意见》，明确推进钢铁企业超低排放改造，并对大宗物料产品的清洁运输提出要求。该意见指出，到 2020 年年底前，重点区域钢铁企业力争 60%左右产能完成超低排放改造，到 2025 年年底前，重点区域钢铁企业超低排放改造基本完成，全国力争 80%以上产能完成改造。[17]

但不容否认，即使这些行业全部实现超低排放，也仍是全国最大的大气污染源，更是最大的二氧化碳排放源。煤电、钢铁、建材以及化工四大行业在全国二氧化碳排放量中的比重超过 70%。[18] 这些行业不仅要实现常规污染物的减排，也要实现二氧化碳的排放控制，协同治理尤为重要。

石油化工。在近年来的大气污染防治工作中，O_3 成为许多地区的首要污染物。VOCs 是形成 O_3 污染的重要前体物，而石油化工行业是 VOCs 的主要排放源之一。2017 年 9 月，环境保护部、国家发展改革委等六部委发布《"十三五"挥发性有机物污染防治工作方案》，重点推进石化等重点行业和机动车、油品储运销等交通源 VOCs 污染防治，重点地区严格限制石化等高 VOCs 排放建设项目，并且做到 VOCs 与 NO_x 协同减排，实现环境质量持续改善。[19]

"十三五"期间我国石油化工行业发展迅速，VOCs 排放量呈上升趋势。近年来几个大型石化项目陆续获批建设，如果对其排放的 VOCs 不加以严格控制，将会给当地的 O_3 和 $PM_{2.5}$ 污染控制增加难度。值得注意的是，2019 年全球新增乙烯产能达 1 180 万 t/a，总产能上升至 1.9 亿 t/a，同比增长 6.7%，创近 20 年来增幅之最。2019 年我国乙烯产量达 2 052.3 万 t，同比增长 10.2%。然而，市场供需转弱导致行业效益明显下滑。2019 年乙烯价格整体维持震荡下跌态势，年均价同比下跌 27.6%，最低点跌至 10 年以来最低水平。预计 2020 年全球乙烯产能继续扩张，同比增加 1 000 万 t/a，总产能突破 2 亿 t/a。我国石化扩能仍将继续，基础石化原料新增产能占全球 65% 以上，聚烯烃等产品将面临高库存压力。在新冠疫情导致全球供需进一步失衡的预期下，国内乙烯开工率或将回落，行业景气度进一步下降。[20]

石化产能和产量的扩张一方面提高了我国石油对外依存度，另一方面加大了大气污染防治和二氧化碳减排的压力，更重要的是产能过剩导致的效益下滑，成为石化行业面临的最大难题。

煤化工。2017 年，国家能源局发布《煤炭深加工产业示范"十三五"规划》，指出适度发展煤炭深加工产业，既是国家能源战略技术储备和产能储备的需要，也是推进煤炭清洁高效利用和保障国家能源安全的重要举措。"十三五"期间，要以技术升级示范为主线，以国家能源战略技术储备和产能储备为重点，严控产能，有序推进，并将资源和环境承载力作为产业发展的前提，严控能源消费总量和强度。[21]

国家从保障能源安全的角度出发，核准建设了一批现代煤化工项目。但是受到低油价的周期性影响等因素，存在核而不建、建不达产的情况。据统计，2017 年全国煤制油总产能 921 万 t/a，总产量 322.7 万 t，产能利用率 35.0%；煤制天然气总产能 51.05 亿 m^3/a，总产量 26.3 亿 m^3，产能利用率 51.5%；煤（甲醇）制烯烃产能达到 1 242 万 t/a，产量约 634.6 万 t，产能利用率 79.9%；煤制乙二醇产能达到 270 万 t/a，产量 153.6 万 t，产能利用率 56.9%。[22] 现代煤化工行业对大气污染和 CO_2 控制尚未形成全国范围的影响，但是，煤化工产品主要的能源消耗、水资源消耗和大气污染物排放均集中在生产环节，局部影响明显。我国现代煤化工示范项目多集中在宁夏宁东、内蒙古鄂尔多斯、陕西榆林（能源"金三角"地区）和新疆准东等地，必然面临当地水资源短缺、环境承载力弱的问题。目前部分煤化工聚集区已经形成以煤化工项目为主体的污染带，需要引起各个方面重视。

同时，从全面协同治理的角度考虑，现代煤化工更需审慎发展。以煤制天然气为例，其在终端替代燃煤锅炉和乘用车汽油、柴油等方面会有减排 SO_2、NO_x 的优势，但现代煤化工项目的 CO_2 排放主要来自工艺过程和动力单元，排放量大。在未来，CO_2 排放将是煤化工发展最大的制约因素。[23,24]

综上所述，世界各国以及我国珠三角区域的经验表明，环境和气候治理可以与能源转型协同进行。在大气污染防治的初级阶段，可以通过能源的清洁化（诸如减煤增气和化石能源的清洁利用）实现大气污染物减排的同时，实现 CO_2 减排。进入环境治理的高级阶段，可以通过能源的低碳化实现能源系统的超低排放。能源数字化和智能化的本质是电气化，大幅度提高电能在终端用能中的比例，可以进一步提升能源的清洁化和低碳化，从而实现环境治理和应对气候变化的多重目标。同时，能源清洁化、低碳化和智能化又推动了能源系统告别资源依赖，走向技术依赖，实现真正的能源独立与能源安全，因此实现能源、环境和气候的协同治理是国家治理现代化水平的重要标志。

3 "十四五"能源行业主要发展目标

影响能源供需平衡有诸多因素，一方面是经济发展和人民生活水平的不断改善对能源需求的总体水平，另一方面是环境治理和应对气候变化对能源消费水平的约束和能源供应条件的约束。

3.1 经济因素影响

从经济发展看，"十三五"期间，国际环境日趋复杂，单边主义、贸易保护主义盛行，蔓延全球的新冠疫情给未来的经济发展蒙上阴影。2021 年 3 月 5 日，《中华人民共和国国民经济和社会发展第十四个五年规划和 2035 年远景目标纲要（草案）》发布，对"十四五"GDP 并没有提出定量的预期性目标，明确 GDP 增速维持在合理区间，各年度视情提出。"十四五"受中美贸易战等外部形势影响，经济增速下行压力增大，对能源发展也带来了一定的不确定性。但是我国工业化、城镇化进程尚未完成，经济发展将由数量型推动转变为质量型推动，在新型基础设施建设、工业产品生产和居民生活消费等多方面因素拉动下，预计"十四五"能源需求仍将持续增长。由于我国总体处于工业化中后期和城镇化发展的快速推进期，人均用电水平较发达国家仍然偏低，预计"十四五"期间电力需求增长空间仍然较大。

3.2 环境因素影响

从环境治理看，除了"大气十条"、《打赢蓝天保卫战三年行动计划》等对部分地区能源结构优化和能源的清洁利用有明确的要求之外，环境治理领域尚无针对能源结构优化的量化要求。但是考虑到煤电机组超低排放改造、居民生活散煤替代等措施的潜力有限，在不约束能源消费总量的前提下，若不进一步调整能源结构，严格合理控制煤炭消费增长，合理控制油气消费，我国 2025 年 CO_2 排放量将有可能逼近 110 亿 t，对 2030 年前碳达峰目标实现造成不利影响，同时对 2035 年环境质量实现根本性好转造成阻碍，实现单位 GDP 二氧化碳排放较 2005 年下降 65%的目标将变得十分困难。因此，除特殊地区之外，我国应该从环境治理和应对气候变化的角度考虑，对能源结构调整提出明确的要求并提出约束性目标，为我国 2030 年前实现碳达峰目标奠定基础。

3.3 主要能源发展目标的设定

在确保国民经济健康发展和人民生活水平不断提高的前提下，依据能源供需和环境治理与应对气候变化的需要，在"十三五"的基础上，设定能源发展目标。

能源保障目标：2025 年，国内能源年综合生产能力达到 46 亿 t 标煤以上，原油年产量回升并稳定在 2 亿 t 水平，天然气年产量达到 2 300 亿 m³，发电总装机容量达到 30 亿 kW 左右。2025 年，常规水电装机容量达到 3.8 亿 kW 左右，核电运行装机容量达到 7 000 万 kW 左右。

能源低碳目标：单位 GDP 二氧化碳排放五年累计下降 18%。到 2025 年，非化石能源消费比重提高到 20%左右，非化石能源发电量比重达到 39%左右，电气化水平持续提升，电能占终端用能比重达到 30% 左右。

能源效率目标：到 2025 年，单位 GDP 能耗五年累计下降 13.5%。电力协调运行能力不断加强。

综上所述，"十四五"期间，能源发展目标共计 9 项，其中，约束性目标包括能源综合生产能力、单位 GDP 二氧化碳排放降低、单位 GDP 能耗降低 3 项；预期性目标原油产量、天然气产量，电力装机总量、非化石能源消费比重、非化石能源发电量比重、电能占终端用能比重 6 项（表 3-4-3）。

表 3-4-3 "十四五"时期能源发展主要目标

类别	指标	单位	2025 年	属性
能源保障	能源综合生产能力（标煤）	亿 t	46	约束性
	原油产量	亿 t	2	预期性
	天然气产量	亿 m^3	2 300	预期性
	电力装机总量	亿 kW	30	预期性
能源低碳	单位 GDP 二氧化碳排放降低	%	〔18〕	约束性
	非化石能源消费比重	%	20 左右	预期性
	非化石能源发电量比重	%	39 左右	预期性
	电能占终端用能比重	%	30 左右	预期性
能源效率	单位 GDP 能耗降低	%	〔13.5〕	约束性

注：〔 〕内为五年累计值。

4 "十四五"能源结构调整重点任务

4.1 大力提高能源利用效率

我国单位 GDP 能耗高于全球平均水平，与发达国家和地区仍有较大差距。大幅提高能源利用效率既是推动高质量发展转型的重要抓手，也是防止能源消费过快增长的重要手段，还是改善环境质量和减排温室气体的重要措施。"十四五"期间实现能源效率的提高，是经济高质量转型成功的标志。"十四五"期间，实现单位 GDP 能耗五年累计下降 13.5%。

4.1.1 大幅提高工业系统的能源效率

在工业发展过程中坚持效率优先的原则，"十四五"期间，通过加快推进工业与服务业融合发展、工业结构高端化发展、传统产业集约化发展和制造形态与模式的创新发展，加速工业领域发展的质量变革、效率变革、动力变革，实现工业能源消费和温室气体排放的率先达峰。

4.1.2 大幅提升城乡建筑的能源利用效率水平

充分考虑我国国情、不同气候区气象条件、建筑特点、生活习惯，因地制宜推进建筑领域节能减排技术，加强重点领域关键环节的科研攻关和项目研发。以释放节能潜力为核心构建和完善相关政策体系，建立市场化推动模式，充分发挥各类市场主体在提升新建和既有建筑能效水平和推动绿色建筑发展方面的积极性，大幅提高城乡建筑的能源利用效率水平，减缓建筑领域能源消费的过快增长。鼓励既有和新建建筑安装分布式能源设施，成为能源生产者和消费者联合体，提高建筑物能源自给率。

4.1.3 大幅降低交通设施的化石能源消费水平

优化交通能源结构，促进交通动力系统能源多元化、清洁化、高效化。大力推进新能源和清洁能源车辆推广应用，促进公路货运节能减排，推动城市公共交通工具和城市物流配送车辆全部实现电动化、新能源化和清洁化；大力发展新能源和清洁能源船舶，加快充电、加氢、加气等配套基础设施建设；加快推进铁路电气化进程；大力推动以生物燃料和电能为动力的民用航空发展，减少交通领域的化石能源，特别是石油的消费水平。

4.2 严格控制化石能源消费总量

控制化石能源消费总量，尤其是煤炭和石油消费量是保障能源供应安全、改善环境质量和实现应对气候变化的重要任务措施之一。煤炭和石油既是高污染能源也是高碳能源，其消费既是最主要的大气污染源也是最主要的温室气体排放源，源头治理是减排最重要、最关键、最有效的手段，也是协同效应最有效的手段，可以有效防止为了治理大气污染而加大应对气候变化的压力。

4.2.1 实施煤炭消费总量控制

要立足以煤为主的基本国情，坚持先立后破，严格合理控制煤炭消费增长。从制度上巩固"十三五"煤炭去产能成果，严禁新增产能和防范已化解的过剩产能复产。调整产业合理布局，在生态承载能力允许范围内，引导高耗能行业向可再生能源丰富的地区转移。通过影响投资导向、调整进出口政策等手段减少不必要的生产规模。充分发挥市场化手段，通过减量、替代、清洁三个途径，巩固散煤治理成果，继续推行农村清洁取暖，实施电代煤、气代煤、集中供热等，在深度发掘节能、节电潜力的基础上，进一步明确高耗煤行业的能源替代技术，大幅提高工业领域的电气化率和天然气利用水平，通过最先进的绿色发展指标促进高耗煤行业节煤、节电、减碳和转型发展。促进全国、区域、重点省份煤控目标的落地实施，通过环境保护和应对气候变化的约束性指标，推动高耗煤行业的绿色低碳转型升级。"十四五"期间，实现京津冀及周边地区、长三角地区煤炭消费量分别下降10%、5%左右，汾渭平原煤炭消费量实现负增长。

4.2.2 严格控制石油消费的过快增长

当前，我国石油对外依存度已经超过70%，有必要控制石油消费的过快增长。"十四五"期间，除了加速发展电动汽车等移动源的石油替代技术之外，还要适当控制石化行业的过快发展，通过淘汰石化行业的落后产能，控制高耗能石化产品出口等措施，逐步降低石油消费，同时，保持石油产量稳中有升，力争回升到2亿t水平并较长时间稳产。

4.2.3 适度控制煤电的发展规模

"十三五"后期，在稳增长的形势下，新建了一批煤电项目，煤电装机大幅增加。截至2020年年底，我国煤电装机容量已非常接近"十三五"规划制定的11亿kW红线。"十四五"期间，做好煤电定位，发挥煤电支撑性调节性作用，在非化石能源发电可以基本满足电力增长需求的形势下，统筹电力保供和减污降碳，根据发展需要合理布局煤电规模，加快推进煤电由主体性电源向提供可靠容量、调峰调频等辅助服务的基础保障性和系统调节性电源转型，充分发挥现有煤电机组应急调峰能力，有序推进支撑性、调节性电源建设。把煤电的发展集中在"上大压小、提质增效、提高灵活性"的轨道上，为高比例非化石能源发展铺路。

4.3 大幅提高非化石能源比例

大幅提高非化石能源消费比重，既是能源高质量发展的需要，也是环境治理和应对气候变化的客观要求，同时也是在控制煤炭和石油消费总量的前提下，保障能源供应安全的重要举措，其目的是加快构建清洁低碳、安全高效的能源体系，推动经济的高质量发展转型。目前，我国的非化石能源技术有了厚积薄发的基础，风能和太阳能资源非常丰富，且形成了完备的产业基础，已经初步具备成为主力能源的经济竞争力。从"十三五"的发展经验看，可再生能源的快速发展超出预期，配合核电的适度发展，有能力大幅提高非化石能源在能源消费中的比重。同时非化石能源占比的提高，尤其是实现对化石能源的存量替代，有助于能源供应安全和经济的高质量转型，推动能源由资源依赖向技术依赖过渡。

4.3.1 安全适度发展核电

核电技术是国之重器的重要组成部分，在确保安全的条件下，积极有序发展核电，不仅有助于提高我国非化石能源的比重，取得优化能源结构、保护环境和减排温室气体的多重效益，还有助于保持核工业的稳定健康发展。2025 年核电累计装机容量达到 7 000 万 kW 左右。

4.3.2 推动太阳能、风能高质量发展

由于我国核电、水电、生物质发电受到各种因素的制约，"十四五"期间非化石能源增加比重主要为太阳能和风能。我国拥有丰富的太阳能和风能资源，都具有数十亿千瓦装机和数万亿千瓦时电量的开发潜力，同时太阳能发电和风电已经具备与其他发电电源相竞争的成本优势。"十四五"期间，应把高比例发展太阳能发电和风电作为能源高质量发展的重要内容，推动风电、太阳能发电成为清洁能源增长主力，优先推进东中南部地区风电、光伏发电就近开发和消纳，积极推进东南沿海地区海上风电集群化开发。

4.3.3 加快非化石能源辅助技术的发展

储能技术和氢能利用技术是高比例发展可再生能源的重要支撑，也是实现分布式能源发展的重要技术。"十四五"期间，应大力发展储能、氢能等非化石能源的辅助技术，为高比例发展非化石能源提供技术支持。

4.3.4 发挥电网配置资源的作用

我国可再生能源发展离不开电网的支持。"十四五"期间，电网发展要从单纯的电力输送向优化资源配置转移，消除网间壁垒，大力发展特高压，解决好电从远方来的问题；大力发展智能电网和电力物联网，扩大电力的综合能源服务，解决好电从身边来的问题。

4.4 大力推动能源与环境、气候协同治理

国内外的经验都证明，能源、环境、气候可以协同治理、相互推进，建议国家在吸收国际先进经验的同时，总结珠三角地区能源结构优化与环境治理的低碳发展经验，扩大协同治理的理念和范围。努力控制高污染的能源使用，对煤炭和石油消费进行总量管理，达到控制化石能源消费总量、减少环境污染和温室气体排放的多重效益。

4.4.1 研究能源消费与环境容量相适应的发展模式

根据总理基金项目研究的结论，我国大气污染严重的地区，污染物排放量严重超过当地环境容量。从"十四五"开始，应研究能源消费与环境容量相适应的发展模式，为高污染的发展模式釜底抽薪。将能源与环境协同治理扩大为能源、环境、气候协同治理，提出全国及重点区域煤炭总量控制目标，实施 CO_2 总量控制，通过特高压技术，实现清洁电力资源的跨区域配置，通过能源结构优化推动大气环境不断改善和温室气体排放控制，同时用环境和应对气候变化的约束性指标，倒逼能源转型和结构调整，实现能源、环境和应对气候变化的三赢。

4.4.2 实施京津冀与长三角协同治理

京津冀和长三角作为大气污染防治的重点区域，"十四五"期间，开展京津冀和长三角能源环境协同治理的试验试点。加大内蒙古、宁夏、甘肃等西部地区风电、太阳能等清洁能源发电输出，输入至山东、江苏、上海、浙江、安徽等大气污染防治重点区域，通过清洁电力使用，减少煤炭消费、提高非化石能源占比，实现大气污染防治和温室气体减排的协同目标。严格控制区域内煤炭消费总量，2025 年京津冀及周边地区、长三角地区煤炭消费量分别下降10%、5%左右。京津冀及周边地区和长三角地区减少煤炭消费的措施主要包括持续推进供给侧结构性改革、淘汰落后产能、燃煤发电节能改造、重点行业和耗煤设施提高能效、清洁能源替代等。清洁能源替代方面，京津冀及周边地区和长三角地区陆上风电、海上风电、太阳能光伏发电技术可开发潜力约为 16 亿 kW，[25] 可再生能源电力替代潜力较大。京津冀及周边地区和长三角地区是我国多条跨省跨区输电通道的落点，现有输电通道消纳新能源的潜力仍然很大（表 3-4-4）。

表 3-4-4　2019 年部分特高压线路输送可再生能源电量情况[26]

线路名称	年输送量/亿 kW·h	可再生能源/亿 kW·h	可再生能源占比/%
榆横至潍坊特高压	191	0	0
锡盟送山东	54	0	0
皖电东送	295	0	0
蒙西—天津南	95	0	0
复奉直流	302	302	100.0
锦苏直流	366	366	100.0
天中直流	415	208	50.2
宾金直流	341	340	99.9
灵绍直流	415	109	26.3
雁淮直流	253	2	0.8
锡泰直流	119	0	0

线路名称	年输送量/亿 kW·h	可再生能源/亿 kW·h	可再生能源占比/%
昭沂直流	166	60	36.1
鲁固直流	236	93	39.3
吉泉直流	147	33	22.3

来源：国家能源局。

4.4.3　实施西南西北与两湖协同治理

将川渝协同治理扩大至西南西北协同治理，以重庆为中心，建设连接西南西北、西部中部的能源通道，把云南、四川、青海、甘肃、陕西的可再生能源资源优势转为经济优势，为河南、湖北、湖南提供优质的清洁能源，促进以上地区煤炭消费下降、增加清洁能源供应和提高非化石能源消费占比，实现能源消费与污染物、碳排放脱钩，促进能源增长而大气污染物和 CO_2 排放逐步下降的良性循环，解决未来成渝都市圈、长株潭和武汉都市圈环境容量与能源消费增长不相适应的矛盾。

4.4.4　树立珠三角协同治理的典型

总结珠三角能源结构优化与环境治理即低碳发展的经验，将环境协同治理扩大为能源环境协同治理。对珠三角大气质量提出更高的要求，在全国树立 2035 年乃至 2050 年的标杆区域，能源结构向发达国家看齐，煤炭消费占比在 2025 年降至 30%以下，大幅提高运输工具电动化水平，逐步降低传统燃油汽车在新车产销和汽车保有量中的占比，在逐步优化能源结构的同时，通过发展核电、海上风电以及太阳能等措施，大幅提高能源自给程度，树立能源环境气候协同治理的样板。

5　重大政策建议

"十四五"是我国高质量发展的开局之期，也是构建清洁低碳、安全高效能源体系的开局之时，能源发展不仅要保障规划期内国民经济的健康发展和人民生活水平的提高，还要为 2035 年现代化国家初步建成、2050 年实现国家的全面现代化奠定基础，这些都需要重大的政策基础和制度支撑，具体的重大政策建议如下：

（1）制定能源环境气候协同治理的制度规范

国内外的经验都证明，实施能源、气候、环境协同治理可以相互支持、事半功倍。建议国家把能源、气候、环境协同治理作为提高国家治理水平的重要制度，把影响环境质量和温室气体减排的能源品种的消费总量和比重纳入能源环境治理的范畴，能源发展规划与环境治理规划、应对气候变化规划相衔接。

（2）尽快制定并颁布"能源法"

"能源法"是能源发展的根本法。中华人民共和国成立 70 多年来，特别是改革开放 40 多年来，能源发展积累了一整套制度、政策和机制，需要由法律的形式固定下来，能源行业内部也有许多问题需要协调。随着国家治理现代化进程的加速，制定一部能源大法规范国家的能源治理，协调能源行业内部的各种关系和矛盾，十分必要。建议国家将能源法的出台列入"十四五"立法计划，并把保障环境和气候安全作为重要内容写入法律，争取规划期内颁布并实施，为能源环境气候协同治理提供法律保障。

（3）倡导非化石能源优先发展

国家曾在 2005 年和 2015 年分别提出可再生能源和非化石能源占比的要求，并作为约束性指标予以落实。建议"十四五"期间，能源行业实施非化石能源优先发展的原则，新增的能源需求主要由非化石能源来满足，各地能源供需平衡首先考虑本地可再生能源优先发展问题，有条件的地区和行业要实现非化石能源对化石能源的总量替代。在资金保障、税收优惠、土地供应等方面对非化石能源给予政策扶持，将优先发展落到实处。

（4）公平承担非化石能源发展的区域责任

"十四五"期间，建议国家把非化石能源占比的指标划分落实到各省（区、市），倡导同舟共济、协同发展，通过能源资源的优化配置，把我国西部丰富的可再生能源资源优势转化为经济优势，清除非化石能源发展的省间壁垒，体现公平但有区别的责任和各自能力的原则，全国共同完成非化石能源比重的重任，共同构建清洁低碳、安全高效的能源体系。

（5）严格控制超低排放行业的产能和产量扩展

许多行业，尤其是煤电、钢铁和水泥行业，都把超低排放作为产能扩张的护身符，但是必须清醒地认识到，超低排放是对应于国家常规污染物现行排放标准的排放水平，其排放量仍在全国排放总量中占比高。"十四五"期间，进一步提高空气质量的治理措施，尤其是"散乱污"治理工作基本完成之后，水泥、钢铁、焦化等"超低排放"行业将成为治理的难点。更为重要的是，这些超低排放并没有同步考虑 CO_2 排放控制的问题，减污降碳控制手段不足。因此"十四五"期间，国家应对超低排放行业的产能和产量扩张实行严格控制，防止造成进一步的技术锁定、高碳锁定和投资浪费，推进减污减碳协同增效。

参考文献

[1] 国家统计局. 中华人民共和国 2020 年国民经济和社会发展统计公报[R].

[2] 国家统计局能源统计司. 中国能源统计年鉴 2021[M]. 北京：中国统计出版社，2022.

[3] 中国电力企业联合会. 2020 年电力工业统计资料汇编[M]. 北京：中国统计出版社，2022.

[4] 国家发展和改革委员会. 能源发展"十三五"规划[A/OL].

[5] 国家发展和改革委员会. 关于印发石油天然气发展"十三五"规划的通知[A].

[6] 国务院. 关于促进天然气协调稳定发展的若干意见：国发〔2018〕31 号[A].

[7] 中国石油经济技术研究院. 中国石油经济技术研究院发布《2019 年国内外油气行业发展报告》[EB].

[8] 中国煤炭工业协会. 2019 煤炭行业发展年度报告[R]. 2020.

[9] 中国煤炭工业协会. 2017 煤炭行业发展年度报告[R]. 2018.

[10] IEA. CO₂ emissions statistics[EB].

[11] European Environment Agency. Emissions of the main air pollutants in Europe[EB].

[12] IEA. World Energy Outlook 2019[R].

[13] 国务院. 关于印发大气污染防治行动计划的通知（国发〔2013〕37 号）[A].

[14] 环境保护部，国家发展和改革委员会，财政部，等. 关于印发《京津冀及周边地区 2017 年大气污染防治工作方案》的通知[A].

[15] 国务院. 关于印发打赢蓝天保卫战三年行动计划的通知（国发〔2018〕22 号）[A].

[16] 王宏亮，何连生，卢佳新. 臭氧及挥发性有机物综合治理知识问答[M]. 北京：中国环境出版集团，2020.

[17] 生态环境部，国家发展和改革委员会，工业和信息化部，等. 关于推进实施钢铁行业超低排放的意见（环大气

〔2019〕35 号）[A/OL].（2019-04-28）[2020-05-23]. http://www.mee.gov.cn/xxgk2018/xxgk/xxgk03/201904/t20190429_701463.html.

[18] 国家应对气候变化战略研究和国际合作中心．"十三五"主要部门和重点行业二氧化碳排放控制目标建议[R].

[19] 环境保护部，国家发展和改革委员会，财政部，等．关于印发《"十三五"挥发性有机物污染防治工作方案》的通知（环大气〔2017〕121 号）[A].

[20] 人民网．《中国油气产业发展分析与展望报告蓝皮书（2019—2020）》发布[EB].

[21] 国家能源局．煤炭深加工产业示范"十三五"规划[A].

[22] 中国煤炭加工利用协会．现代煤化工"十三五"煤控中期评估及后期展望[R].

[23] 中国煤炭加工利用协会．现代煤化工"十三五"煤控中期评估及后期展望[R].

[24] 李俊峰，杨秀，田川．煤制天然气技术环境与经济指标分析[R].

[25] 王仲颖，高虎，单国瑞，等．中国可再生能源展望2016[M]. 北京，科学出版社，2017.

[26] 国家能源局．2019 年度全国可再生能源电力发展监测评价报告[R].

本专题执笔人：王慧丽、张泽宸、陈潇君、李丹、李俊峰

完成时间：2022 年 7 月

第四篇

减污降碳协同控制和大气环境改善

专题1 "十四五"应对气候变化形势与基本思路

气候变化是21世纪人类面临的严峻挑战，我国高度重视应对气候变化工作。党的十八大以来，习近平总书记多次强调，气候变化是人类社会面临的重大非传统安全，应对气候变化是人类共同的事业，不是别人要我们做，而是我们自己要做，是我国可持续发展的内在要求，要实施积极应对气候变化国家战略，百分之百承担自己的义务也是负责任大国应尽的国际义务。积极应对气候变化、有效控制温室气体、走绿色低碳发展道路，不仅是推动我国经济高质量发展、保障国家安全、加快生态文明建设的必然要求，也是推动各国共同发展、深度参与全球治理、打造人类命运共同体的责任担当。

"十三五"期间，党中央、国务院高度重视应对气候变化工作，把推进绿色低碳发展作为生态文明建设的重要内容，积极采取强有力的政策行动，有效控制温室气体排放，增强适应气候变化能力，推动应对气候变化各项工作取得重大进展。提前三年完成碳强度目标，造林护林任务超额完成，碳排放权交易市场建设扎实推进，通过大力发展服务业、加快化解过剩产能、积极发展战略性新兴产业等方式调整产业结构，在农业、水资源、林业、海洋、气象、防震减灾救灾以及加强适应气候变化能力建设进一步增强，应对气候变化体制机制进一步完善。"十三五"期间，我国继续积极推进全球气候治理进程。党的十八大以来，我国对外勇担发展中大国责任，积极参与国际气候谈判，推动《巴黎协定》达成并生效，加大南南合作力度，引领全球气候治理。

"十四五"时期又面临新时代、新阶段，新矛盾、新问题，新机遇、新挑战，新目标、新任务等一系列新情况，具有新的时代特征和继往开来的里程碑意义。

1 应对气候变化国际形势

自20世纪80年代起，国际社会一直在努力推动构建公平合理、合作共赢的全球气候治理形势，致力于寻找公平合理地控制温室气体排放、解决气候变化问题的途径，并取得了重要进展。先后签订《联合国气候变化框架公约》（以下简称《公约》）和《京都议定书》，《公约》明确规定，作为历史上和目前全球温室气体的最大排放源，发达国家应承担率先减排和向发展中国家提供资金技术支持的责任和义务，《京都议定书》中也确定了发达国家承担量化的减排指标。2015年在法国巴黎召开的《公约》第21次缔约方大会，通过了具有里程碑意义的《巴黎协定》，规定了全球温升幅度的限制和温室气体减排的长期目标，即到21世纪末将全球平均温度升高控制在工业革命前2℃之内，并努力控制在1.5℃之内。全球温室气体排放需尽快达峰，到21世纪下半叶实现源排放与碳汇之间的平衡，即实现净零排放。巴黎会议不仅在减缓、适应、资金、技术等方面做出了安排，确定了各国以"国家自主贡献"（NDCs）形式做出承诺，还建立了全球盘点机制，旨在未来强化全球行动力度。全球应对气候变化已经走过了30多年的历程，气候变化科学认识不断深化推动国际合作持续前行，公众应对气候变化意识不断增强成为各国采取切实行动的民意基础。面对关乎全人类生存和发展及子孙后代福祉的重大全球性挑战，建立一个公平合理、合作共赢、普遍参与的全球应对气候变化形势，对于实现应对气候变化目标至关重要。

1.1 全球应对气候变化挑战愈加严峻

1.1.1 应对气候变化刻不容缓

《全球升温 1.5℃特别报告》唤起国际社会对气候危机紧迫性的政治重视。2018 年 10 月 8 日，联合国政府间气候变化专门委员会（IPCC）第 48 次全会发布《全球升温 1.5℃特别报告》，报告主要内容如下：受人类活动影响，全球平均温度比工业化前已上升 1℃，照此趋势，气温升幅将在 2030—2052 年达到 1.5℃，相较于全球温升 2℃情景而言，升温 1.5℃对自然和人类的负面影响更小，气温显著上升将对陆地和海洋生态系统、人类健康、食品和水安全、经济社会发展等造成诸多风险和影响。2030 年全球碳排放必须比 2020 年减少 45%，2050 年达到全球"净零"排放。为此，需要大幅减排二氧化碳、甲烷、黑炭等温室气体，并借助"碳移除"等减排技术，推动能源、土地、城市、基础设施和工业等领域系统转型。但根据目前各国应对气候变化"国家自主贡献"行动目标，2030 年全球碳排放将达到 520 亿～580 亿 t 当量，21 世纪末全球升温将达到 3℃，远远无法实现控制升温 1.5℃的目标。要实现 1.5℃目标，必须加大减缓和适应力度，加快转型和创新，强化协同效应，加强国际合作，包括对发展中国家提供资金、技术、能力建设等支持，动员民间社会、私营部门等推动气候行动。

2022 年，IPCC 发布了第六次评估报告（AR6），基于最新的观测和模式结果，系统评估了人类活动对大气和地表、冰冻圈、海洋、生物圈以及气候变率模态的影响。报告得出结论：自工业化以来，人类的影响已经使得大气、海洋和陆地变暖。气候系统各圈层发生了广泛而迅速的变化，人类排放的温室气体已经对气候系统造成了明显的影响。[1] 全球减缓气候变化和适应的行动刻不容缓，任何延迟都将关上机会之窗，让人们的未来变得不再宜居，不再具有可持续性。

报告的工作主要分为三个方面：第一工作组（WG1）研究了物理科学基础；第二工作组（WG2）研究了影响、适应和脆弱性；第三工作组（WG3）侧重于减缓气候变化。第一工作组《气候变化 2021：自然科学基础》报告显示，自 1850—1900 年以来，全球地表平均温度已上升约 1℃，并指出从未来 20 年的平均温度变化来看，全球温升预计将达到或超过 1.5℃。该评估基于改进的观测数据集，对历史变暖进行了评估，并且在科学理解气候系统对人类活动造成的温室气体排放响应方面取得了进展。该报告对未来几十年内超过 1.5℃的全球升温水平的可能性进行了新的估计，指出除非立即、迅速和大规模地减少温室气体排放，否则将升温限制在接近 1.5℃或甚至是 2℃将是无法实现的。孙颖[2]解读了报告中关于人类活动对气候系统影响的主要结论，包括了人类活动对大气和地表、冰冻圈、海洋、生物圈以及气候变率的影响。比如，人类活动引起的温室气体是全球（几乎确定）和大多数大陆（很可能）极端冷事件和极端暖事件变化的主要原因。近几十年来，人类活动的影响，特别是温室气体强迫，很可能是全球陆地观测到的强降水加剧的主要驱动因子。具有高信度的是，模式可以重现陆地极端降水的大尺度空间分布特征。第二工作组报告《气候变化 2022：影响、适应和脆弱性》总结了 8 类代表性关键风险（包括低海拔沿岸、陆地和海洋生态系统、关键基础设施、生活标准、粮食安全、水安全以及和平和迁移性风险），它们之间都存在着非常复杂的相互作用，让管理这些风险愈发困难。报告阐述了当前和未来气候变化影响和风险、适应措施、气候韧性发展等内容，揭示了气候、生态系统和生物多样性以及人类社会之间的相互依存关系，特别关注陆地、海洋、沿海和淡水生态系统，城市、农村和基础设施，以及工业和社会系统转型的重要性和紧迫性等。第三工作组报告《气候变化 2022：减缓气候变化》较为全面地归纳和总结了第五次评估报告（AR5）发布以来国际科学界在减缓气候变化领域取得的新进展，阐述了全球温室气体排放状况、将全球变暖限制在不同水平下的减排路径、气候变化减缓和适应行动与可持续发展之间的协同等内容，揭示了为实现不同温升控制水平全行业实施温室气体深度减排，特别是能源系统减排的重要性和迫切性。同时，强调在可持续发展、公平和消除贫困的背景下开展气候变化减缓行动更容易被接受、更持久和更有效。

1.1.2　美国在应对气候变化上的态度反复增加了不确定性

面对如此严峻的国际形势，作为全球 GDP 第一的国家——美国在应对气候变化事情上的态度一直在反复。自 20 世纪 90 年代宣布合作应对气候变化之后，美国的气候政策几经调整。由于每届政府对待环境的态度大相径庭，这种不确定性也影响了全球应对气候变化的进程。

根据国家温室气体排放清单，美国 2020 年温室气体排放量为 5 981.4 Mt CO_2e，分别比 2019 年和 1990 年减少 8.98% 和 7.32%，其中交通运输业排放量 2020 年比 2019 年下降 13.3%，电力行业排放量 2020 年比 2019 年下降 10.4%。美国碳排放于 2005 年达峰后，虽有涨有降，但整体呈下降态势。根据美国能源部能源信息管理署（EIA）2022 年 3 月发布的《2022 年能源展望报告》，美国现行能源政策无法保障 2035 年实现 100% 清洁电力的目标，进而可能影响美国 2050 年碳中和进程。而回顾美国的气候变化政策，可以发现，美国国内政治变化常影响其国际承诺，导致在气候问题上的态度反复无常。[3]

美国气候变化政策的特征主要有：从地位上看，美国气候变化政策经历了从一般性程度上升到战略性高度的过程；从内容上看，美国气候变化政策是变化性与延续性相结合的产物；从政府首脑来看，其党派属性对气候变化政策影响重大。在布什任期内，IPCC 发表了第一次评估报告，老布什呼吁要加强对全球气候变暖问题的进一步研究。1992 年 10 月 24 日，布什政府制定了《1992 年能源政策法》，然而，该政策颁布之后不久，老布什就结束了其任期，该法案的内容也并未得到实施。[4]

1993 年 6 月，克林顿政府举行了"白宫全球气候变化研讨会"，并提出了《美国气候行动方案》[5]，明确设定了"将 2000 年的排放量回归到 1990 年水平上"的目标，同时也提出了实现这一目标的近 50 个行动计划。1995 年，IPCC 第二次研究报告公布，美国国家气候变化研究委员会对该报告进行了评价并表示认可。1997 年 2 月 13 日，2 000 位美国经济学家签署发表《经济学家关于气候变化的声明》，[6] 认为全球气候变化有重要的环境、经济、社会、地缘政治等方面的危险，需要采取预防性措施加以应对。

在国际层面，克林顿政府参与了《联合国气候变化框架公约》1995—2000 年举办的共 5 次缔约方会议（即第 2 次至第 6 次），努力改变美国之前在气候问题上的无为做法。1996 年 7 月，美国国务院副国务卿沃斯在日内瓦召开的第 2 次缔约方会议上发表讲话时指出："科学要求我们采取紧急的行动。美国将采取灵活的和成本有效的并且以市场为基础的解决方案……我们将制定越来越具体化的减排目标，让谈判集中到那些现实的和可以取得的成果上。"尽管其中并未包括具体的减排目标和时间表，但这标志着美国开始同意制定具有约束力的减排目标。正是克林顿政府转变立场，才促成了《日内瓦部长宣言》的达成，为《京都议定书》的出台扫清了障碍，使国际气候谈判向前迈出了关键的一步。

小布什政府在国际层面处理气候问题时显得相对消极，但在国内层面并未漠视温室气体减排问题，相反积极推行一系列减排措施。[7] 2002年2月14日，美国政府宣布实行洁净天空行动计划和全球气候变化行动，前者打算分两个阶段削减电厂排放出一氧化氮、二氧化硫和汞等三种污染最厉害的气体，削减比例达到70%；后者则提出其温室气体减量目标，即2012年将美国温室气体密集度（每单位GDP的温室气体排放量）较2002年减少18%。为了实现这些目标，小布什还提出了一系列科技与国际合作方案，其中包括气候变化技术计划、气候变化科学计划以及多边或双边国际合作。

奥巴马则积极推进了气候变化政策。2009年，《美国清洁能源与安全法案》通过，该法案引入了温室气体"总量控制与排放交易"机制，承诺到2020年美国的温室气体排放量比2005年降低17%，到2050年降低83%。[8] 美国的减排措施主要是在国内减少石油消费，鼓励清洁能源和低碳能源发展、国际上积极参与气候变化问题上的多边或双边合作。2015年美国的《清洁电力计划》提出，到2030年美国现有发电厂碳排放目标将在2005年基础上减少32%，比之前政府拟定的减排目标提高9%，美国国家环保局为各州设定总体减排目标。各州可灵活选择实现减排目标的途径。此外，各州在制定和实施计划时可以采取市场机制、建立可再生能源标准和能效标准、加速老旧电厂退役、改进输电和储能设备等措施，各州可以选择单独行动，也可以与其他州采取联合行动。此外，2014年习近平主席与奥巴马批准了《中美气候变化联合声明》，这是中美气候合作的成功案例。

然而，2017年6月，时任总统特朗普宣布退出《巴黎协定》，停止向联合国绿色气候基金提供捐助。特朗普指出，美国将寻求磋商，以按照对美国"公平"的条件重新加入《巴黎协定》，或达成全新的协定。此外，他还取消了《清洁电力计划》，原案被法院取消。美国国家环保局制定了监管范围较窄版本的《可负担的清洁能源计划》。美国至今依然是累积排放量世界第一、人均排放量居世界前列的国家，因此，美国是气候变化问题的第一责任国，理应带头减排温室气体。但美国始终认为，碳减排会影响本国经济发展，这是美国退出《京都议定书》和《巴黎协定》的主要理由。

2021年，拜登就任总统首日签署行政令，宣布美国将重新加入应对气候变化的《巴黎协定》。回顾美国的气候政策可以发现，美国一方面想在碳减排问题上保持国际话语权，另一方面又不愿牺牲自身利益，履行减排责任，反而希望利用气候问题牵制中国发展。同时，美国国内政治的不确定性导致其在气候变化及相关问题上的国际承诺也带有不确定性。

美国国内政策的不确定性和两面性，给国际气候合作，包括中美合作，平添了许多不确定性和艰巨性。中美作为温室气体排放量最大的两个国家，如果能携手致力于削减温室气体排放，将产生巨大的正面效应。

1.1.3 俄乌战争加速应对气候变化危机

自2022年开年以来，全球多地高温、干旱、暴雨等极端事件频发，给自然生态环境、经济社会、生产秩序、民众生命健康带来严重威胁。尤其是上半年发生俄乌战争，引起全球巨大的能源危机，当今全球气候变化已从未来挑战变为现实而紧迫的气候危机，改变刻不容缓，行动需在当下。

2022年2月24日，乌克兰管理部门宣布关闭全国领空，乌克兰总统泽连斯基表示，乌克兰全境将进入战时状态，首都基辅地铁免费开放，地铁站将作为防空洞使用，俄军开始对乌军东部部队和其他地区的军事指挥中心、机场进行炮击。俄罗斯在全球能源格局中的地位极高，俄罗斯的战争势必会影响全球的能源供给。2021 年，俄罗斯出口石油约为 2.636 亿 t，天然气约为 2 413 亿 m³，分别占全球石油和天然气总出口量的 12.8%和 19.8%。从石油和天然气出口流向来看，欧洲国家和中国对于俄罗斯的能源依赖程度较高，尤其是欧洲。乌克兰局势的升级在全球范围内引起了能源危机问题，使得对俄罗斯有极大能源需求的欧洲国家在短期内处境艰难，天然气能源价格上涨，这会导致煤炭消费量增加，从而增加碳排放。

此外，全球能源供给和需求的变化也影响着全球各大碳交易市场的动荡，这进一步又会影响全球各地对于气候变化的应对措施。俄乌冲突爆发以后，欧洲碳价开始一路暴跌。[9] 理论上来说，能源价格上升导致企业排放成本变高，因此，碳价和气价是正相关关系。但俄乌冲突导致欧洲天然气价格一路走高的同时，带来了碳价的短期骤降，其背后原因主要来源于三个方面，即市场恐慌导致技术性抛售、流动性需求削减头寸和预期需求下降。

类似于股票市场，因为战争导致了市场参与者恐慌式抛售。由于不断升级的俄乌冲突使得悲观情绪笼罩欧洲碳市场，投资者纷纷减仓和大幅甩卖碳配额。不过，从现代的多次局部战争给股票市场带来的影响来看，这样的恐慌抛售是短期的，长期变化趋势仍然受长期供给和需求的变化而变化。此外，过高的能源价格给化石能源企业带来了原材料购买的经济损失，增加了工业企业的成本。原材料和能源价格的剧烈增加同样也给企业带来更高的生产成本，市场对于未来经济发展的悲观预期会导致企业降低生产量，从而碳排放减少，碳价下跌。而且，受到局势变化和经济下行压力的影响，企业需要出售碳配额增加现金流，以应对生产经营方面可能会面临的问题，而当市场大量抛售碳配额、购买量不及出售量时，碳价的下跌无法避免。下跌的碳价导致企业减排的动力减弱，从而也会成为全球应对气候变化行动实施的阻碍。

1.2 应对气候变化全球在行动

1.2.1 应对气候变化更加重视落实

典型国家和地区虽然积极制定相关政策推动重点排放部门的减排，提出有雄心的减排目标和计划，但是整体减排效果不明显。2022 年，欧盟通过气候变化新协议，从 2035 年起，逐步淘汰化石燃料新车的销售，到 2035 年，所有新的小汽车和厢式小货车须达到 CO_2 零排放的目标。北约秘书长斯托尔滕贝格宣布了北约首个应对气候变化的目标：北约计划到 2030 年实现减少 40%的碳排放量的目标，到 2050 年实现碳中和；德国联邦议院提出到 2030 年德国可再生能源发电在电力消费中的占比将至少提高到 80%；中国发布了《中国应对气候变化的政策与行动 2022 年度报告》，提出中国应对气候变化新部署、积极减缓气候变化、主动适应气候变化、完善政策体系和支撑保障、积极参与应对气候变化全球治理 5 个方面未来要求和目标。但根据 2022 年 10 月 27 日，联合国环境规划署发布《2022 年排放差距报告》中指出，随着气候变化加剧，世界仍然没有可靠的路径实现 1.5℃的《巴黎协定》气候目标。尽管所有国家在 COP 26 上决定加强国家自主贡献，但进展一直严重不足。2022 年提交的国家自主贡献只减少了 500 Mt CO_2e，不到 2030 年预计的全球排放量的 1%。《2022 年排放差距报告》指出，全球范围内，只有所有部门紧急转型，才能有助于避免加速的气候灾难。全球各个国家也在 2022 年相继出台或更新一系列碳达峰、碳中和行动计划。

后《巴黎协定》时代缔约方大会以落实已达成的应对气候变化相关协议为目标。为期两周的联合国第 26 届气候大会（COP 26 峰会）2021 年 11 月 13 日晚上落幕，近 200 个国家达成一份名为《格拉斯哥气候公约》的联合公报。缔约方也批准了建立全球碳市场框架的规则。经过激烈争论和各种妥协、让步，COP 26 终于在当地时间 11 月 13 日晚达成《格拉斯哥气候公约》。《格拉斯哥气候公约》有史以来首次明确表述减少使用煤炭的计划，并承诺为发展中国家提供更多资金帮助它们适应气候变化。与会各国同意 2022 年底提交更雄心勃勃的碳减排目标及更高的气候融资承诺，定期审评减排计划，增加对发展中国家的财政援助。会议期间，百余国代表就减少甲烷排放、停止森林砍伐达成协议，部分国家就停止使用煤炭作出承诺，掌控着 130 万亿美元资产的 450 家金融机构声明支持"清洁技术"和能源转型。中国和美国发表《中美关于在 21 世纪 20 年代强化气候行动的格拉斯哥联合宣言》，承诺未来 10 年加强气候合作，并就一系列问题商定了步骤，包括甲烷排放、脱碳、向清洁能源过渡。第 27 届联合国气候变化大会（UNFCCC COP 27）将于 2022 年 11 月 9—18 日在沙姆沙伊赫举行，各方希望在 COP 27 上达成共识，通过推动气候投融资、加强国际合作，维持应对气候变化在国际事务中的优先地位等，促进具体行动计划落地生根，呼吁各方各国将此前为应对气候变化所做的承诺从口头落实到行动上。

1.2.2　全球典型国家和地区提出碳中和目标

实现碳中和是应对气候变化、控制全球温升的必然选择。目前，世界大多数国家都提出了各自的碳中和目标与计划，并在写入法律、提出政策、承诺和提议等不同程度进行宣示。

提出碳中和目标的国家和地区，承诺 2050 年实现碳中和的居多，如欧盟、美国、英国、加拿大、日本、新西兰、南非等。部分国家将碳中和实现时间提前到 2030—2040 年，如马尔代夫将实现碳中和年份设定在 2030 年，芬兰为 2035 年，冰岛和奥地利为 2040 年，德国和瑞典为 2045 年。还有一些国家已经实现碳中和，如苏里南和不丹已经分别于 2014 年和 2018 年实现了碳中和目标，进入负排放时代。发展中国家多计划在 2060 年实现碳中和，如中国（2060 年前）和巴西（2060 年）承诺将在 21 世纪后半叶年实现碳中和。从发达国家的经验看，碳达峰到碳中和平均用时达到 48 年。越来越多的国家开始将"碳中和"转变为国家战略，并提出了未来愿景。

此外，不同国家碳中和政策状态或级别也不同，从写入本国法律、提出政策、承诺和提议等不同程度的宣示。加拿大、丹麦、欧盟、法国、匈牙利、德国、新西兰、日本、瑞典和英国等国家和地区将碳中和写入法律。中国、智利、芬兰、新加坡、奥地利、乌克兰等国将实现"碳中和"作为目标并做出政策宣示。阿根廷、巴西、哥伦比亚、南非等国提出了碳中和承诺。部分国家的碳中和目标还在提议中。[10, 11]

2　应对气候变化国内总体形势

2.1　"十三五"气候变化总体情况描述

在以习近平同志为核心的党中央坚强领导下，《"十三五"国民经济和社会发展规划纲要》明确将"生产方式和生活方式绿色、低碳水平上升"列为生态环境质量总体改善主要目标的首位，《中共中央　国务院关于加快推进生态文明建设的意见》明确将低碳发展作为生态文明建设的重要途径。"十三五"以来，我国实施《国家应对气候变化规划（2014—2020 年）》，落实《"十三五"控制温室气体排放工作方案》，向联合国交存《巴黎协定》批准文书，引导应对气候变化国际合作，成为全球生态文明建设的重要参与者、贡献者、引领者。

（1）超额完成碳强度目标

2009 年，我国提出到 2020 年单位国内生产总值 CO_2 排放比 2005 年下降 40%～45%、非化石能源占一次能源消费比重达到 15%左右、森林面积和蓄积量分别比 2005 年增加 4 000 万 hm^2 和 13 亿 m^3 的目标；2018 年年末，我国碳强度比 2005 年下降 45.8%，已超过 2020 年碳强度下降 40%～45%的目标，碳排放快速增长的局面得到初步扭转，全国温室气体排放总量增长速度有所减缓；增加非化石能源占一次能源消费的比重达到 13.8%；根据第八次全国森林资源清查结果，我国森林蓄积量达到 151 亿 m^3。这为实现我国 2030 年气候行动目标奠定了坚实基础。"十三五"后半期，我国碳强度仍持续下降，非化石能源占一次能源消费比重、森林面积和蓄积量稳步上升。

（2）碳排放权交易市场建设扎实推进

建设全国碳排放权交易市场是利用市场机制控制和减少温室气体排放的一项重要举措。2011 年起，我国在北京、天津、上海、广东等省（市）启动了碳排放权交易试点工作。2017 年 12 月，我国正式启动全国碳排放交易体系。2019 年 2 月，生态环境部公示《碳排放权交易管理条例》，并加大与有关部门协调工作力度，积极推进该条例尽快出台。研究制定了"碳排放报告管理办法""碳排放核查机构管理办法""碳排放配额总量设定和分配技术指南"等管理细则，积极构建我国碳市场法律法规体系。持续开展全国碳市场碳排放 MRV，进一步强化监测计划的技术要求和备案管理，并实施以监测计划为基础的核查，以期提升排放核查数据质量。

（3）继续积极推进全球气候治理进程

"十三五"期间，我国推动各方尽快完成促进《巴黎协定》全面、平衡、有效实施，推动和引导建立公平合理、合作共赢的全球气候治理体系。实施细则的补充和完善，推动实现《巴黎协定》高水平履约。建立透明度报告和审评审议的国内履约工作机制。百分百履行我国应对气候变化的义务，高质量、高标准做好国家自主贡献、适应、资金、技术、能力建设、全球盘点等履约工作。加强气候变化南南合作，完善气候变化南南合作工作机制，积极传播和分享我国生态文明发展理念和节能降碳工作经验，为全球应对气候变化提供"中国方案"。加快建立中国应对气候变化南南合作基金，搭建多元、高效、创新的合作平台，打造中国气候变化南南合作品牌。实施"一带一路"应对气候变化南南合作计划，助力"一带一路"倡议实施。创新气候变化南南合作模式，探索"第三方市场合作""南南北合作"，共同推进可持续发展，共建清洁美丽世界，携手构建人类命运共同体。

2.2　"十四五"期间国内应对气候变化面临的形势和挑战

展望"十四五"，中国特色社会主义进入新时代。党的十九大报告明确提出在绿色低碳等领域培育新增长点、形成新动能，明确要求加快建立绿色生产和消费的法律制度和政策导向，建立健全绿色低碳循环发展的经济体系，推进能源生产和消费革命，构建清洁低碳、安全高效的能源体系，倡导简约适度、绿色低碳的生活方式，为实现美丽中国、"两个一百年"奋斗目标和中华民族伟大复兴的中国梦做出更大贡献。新时代中国引领全球气候治理的初心和使命，就是"十四五"期间要继续高举应对气候变化国际合作大旗，一方面推动国内绿色低碳发展，为生态文明建设和实现美丽中国目标作出贡献，另一方面既维护国家发展利益，提升在国际气候事务全球气候治理中的规则制定权影响力和话语权，又在维护发展中国家定位的同时树立负责任大国形象，推动构建人类命运共同体，为维护全球生态安全做出新贡献。

中国特色社会主义进入新时代，推动绿色低碳发展、加强生态文明建设已成为党和国家的核心要务，应对气候变化和控制温室气体排放工作将迎来重大机遇，低碳发展对经济社会发展的引领作用将越发凸显。党中央、国务院在生态文明建设、经济发展新常态和新型城镇化建设等相关方面都对低碳发展进行了部署，为全国推动低碳发展提供了重大战略契机和协同发展平台。

3　全面开启应对气候变化新征程

3.1　应对气候变化在我国现代化建设战略全局中的地位显著提升

应对气候变化在我国现代化建设战略全局中的地位显著提升。以习近平同志为核心的党中央高度重视应对气候变化工作，要求实施积极应对气候变化国家战略。印发《中共中央　国务院关于完整准确全面贯彻新发展理念做好碳达峰碳中和工作的意见》和《2030年前碳达峰行动方案》，将碳达峰、碳中和纳入生态文明建设整体布局和经济社会发展全局，促进经济社会发展全面绿色转型。党中央重大决策部署全面提升了应对气候变化在我国现代化建设战略全局中的地位。

3.2　应对气候变化在构建人类命运共同体中的作用更加凸显

当前，国际格局加速演变，新冠疫情触发对人与自然关系的深刻反思。应对气候变化是全人类共同的事业，以人类命运共同体理念引领全球气候治理的未来更受关注。我国坚持将应对气候变化作为构建人类命运共同体的重要载体，坚持多边主义，坚持共同但有区别的责任原则、公平原则和各自能力原则，推动和引导建立公平合理、合作共赢的全球气候治理体系，维护应对全球气候变化的共同努力，为子孙后代保护好共同的地球家园。

3.3　全面加强应对气候变化任务艰巨

实现碳达峰碳中和目标，对我国应对气候变化工作提出了更高的要求。当前，我国正处在转变发展方式、优化经济结构、转换增长动力的关键时期，我国应对气候变化工作还存在思想认识不足、政策工具不足、手段措施不足、基础能力不足等困难和挑战。全社会应对气候变化意识亟待提高，应对气候变化治理能力亟待全面加强，相关法律法规、标准体系、政策制度以及人才队伍等都亟须建立完善。

面对应对气候变化新形势和新任务，要加快形成气候治理新体系，开创气候治理新局面，推动应对气候变化工作迈上新台阶，加快经济社会发展全面绿色转型。

4　"十四五"应对气候变化的目标体系

4.1　"十四五"应对气候变化总体目标

到2025年，单位国内生产总值二氧化碳排放比2005年下降53%～55%，到"十四五"末期，二氧化碳排放总量控制在124亿t以内，二氧化碳排放增量相比2020年控制在15亿t以内，氢氟碳化物、甲烷、氧化亚氮、全氟化碳、六氟化硫等非二氧化碳温室气体控排力度进一步加大，温室气体排放总量得到有效控制。重点工业行业二氧化碳排放达到峰值，部分省（区、市）二氧化碳排放争取达到峰值，支持部分省（区、市）率先开展温室气体排放总量控制。全国碳排放交易体系建成运行并逐步完善，市场覆盖范围不断扩大。低碳试点示范工作深入推进，发挥对区域绿色低碳发展的引领和推动作用。低碳发展与污染防治的协同作用不断强化，大气污染控制重点区域的低碳转型取得明显成效。统计核算、报告和评价考核体系基本完善，低碳技术创新能力不断增强，公众低碳意识进一步提升。

适应气候变化能力显著提升，重点领域和生态脆弱地区适应气候变化能力显著增强，科学防范和应对气候风险和灾害能力显著提升，预测预警和防灾减灾体系基本完善，适应气候变化示范工程取得进展。

引领应对气候变化国际合作，促进《巴黎协定》全面、平衡、有效实施，推动和引导建立公平合理、合作共赢的全球气候治理体系，彰显我国负责任大国形象，推动构建人类命运共同体。

4.2 "十四五"应对气候变化碳强度目标测算

"十四五"二氧化碳排放量和强度测算上，采用如下两种方法进行估算：

方法一：排放因子估算法

（1）能源活动的 CO_2 排放量预测

根据发改委《中长期能源发展战略规划纲要（2035）》（征求意见稿），预计到 2025 年，一次能源消费总量为 56 亿～57 亿 t 标煤，其中煤炭占一次能源消费总量比例为 51%～52%，排放 CO_2 77.2 亿～80.12 亿 t，石油占一次能源消费总量比例为 17%～18%，排放 CO_2 20.51 亿～22.10 亿 t；天然气占 11%～12%，排放 CO_2 10.01 亿～11.12 亿 t。

（2）工业过程 CO_2 排放量预测

按照目前水泥、钢铁产量变化情况来推算，预测到"十四五"期末，我国水泥产量将下降达到 20 亿 t 以下，钢铁产量预计在 12 亿 t 左右，工业过程中预计产生 CO_2 排放量为 10.38 亿 t。

综上，根据国家信息通报数据，能源消费和工业过程占 CO_2 排放总量的 99%，2025 年 CO_2 排放量预计为 119 亿～125 亿 t。

根据国家统计局数据，2005 年 GDP18.73 亿元，CO_2 排放量约 59.76 亿 t。按照 GDP 的增速每年在 5.5%、5%、4.5%，建立 3 种不同的排放情景（表 4-1-1）。

表 4-1-1 不同情景下 CO_2 排放强度

GDP 增速/%	CO_2 排放总量/亿 t	CO_2 排放强度较 2005 年下降率/%
5.5		52～55
5	119～125	50～53
4.5		48～51

综上，2025 年 CO_2 排放强度较 2005 年下降率预计为 48%～55%。

方法二：能源消费弹性

按照 2019—2025 年 GDP 的增速每年在 5.5%、5%、4.5%，2005—2017 年能源消费弹性平均值为 0.51，2010—2017 年的能源消费弹性系数平均值为 0.42，结合国内专家的预测，"十四五"期间能源消费弹性系数控制在 0.35、0.39、0.43，建立 9 种不同的排放情景，在 2018 年全国碳排放强度比 2005 年下降 45.8%的基础上，对 2025 年 CO_2 排放强度较 2005 年下降率进行预测。

5　"十四五"应对气候变化重点任务

5.1　积极减缓气候变化

5.1.1　优化能源结构

严格控制化石能源消费。严格合理控制煤炭消费增长，大力推动煤炭清洁高效利用，有序实施减量替代，大力推进煤电节能降碳改造、灵活性改造、供热改造"三改联动"。合理划定禁止散烧区域，积极有序推进散煤替代，分区域逐步减少煤炭散烧。有序减少非发电用煤比例，重点削减中小型燃煤锅炉、工业窑炉、民用散煤。严控煤电项目，推动煤电向基础保障性和系统调节性电源并重转型。保持石油消费处于合理区间，严格控制新增炼油产能，控制成品油出口，逐渐降低石油消费需求比重。因地制宜建设天然气调峰电站。

积极发展非化石能源。在沙漠、戈壁、荒漠等地区加大力度规划建设以大型风光电基地为基础、以其周边清洁高效先进节能的煤电为支撑、以稳定安全可靠的特高压输变电线路为载体的新能源供给消纳体系。基于生态基础和条件，在保护好生态的基础上，结合区域资源环境条件，推进东中南部地区风电、光伏发电就近开发和消纳，积极推动沿海地区海上风电集群化开发，推动西南河谷地区风光带建设，加快推进"三北"地区新能源基地建设。推动智能光伏创新发展和行业应用。统筹水电开发和生态保护，积极安全有序发展核电。推进生物质能多元化利用，稳步发展城镇生活垃圾焚烧发电，有序发展农林生物质发电和沼气发电，因地制宜发展生物质能清洁供暖，推动生物质燃料规模化、产业化、集约化快速发展。统筹规划建设生物天然气工程，促进先进生物液体燃料产业化发展。持续推动地热能高质量开发利用。

加快建设新型电力系统。逐步提升电力系统中新能源占比，加强系统灵活调节电源建设。大力提升电力系统综合调节能力，加快灵活调节电源建设，引导自备电厂、传统高载能工业负荷、工商业可中断负荷、电动汽车充电网络、虚拟电厂等参与系统调节，建设坚强智能电网，提升电网安全保障水平。积极发展"新能源+储能"、源网荷储一体化和多能互补，支持分布式新能源合理配置储能系统。加快完善电价市场化机制，引导用户优化用电模式，探索发展优化终端需求的新模式新业态，大力提升电力需求侧响应能力。推进绿色电力交易试点工作，推动绿色电力在交易组织、电网调度、价格形成机制等方面体现优先地位，为市场主体提供功能健全、友好易用的绿色电力交易服务，完善电价市场化机制，引导用户优化用电模式。加快推进配电网改造升级，发展以消纳新能源为主的微电网，提高配电网的承载力和灵活性。促进人工智能、大数据、物联网、先进信息通信等与电力系统深度融合，加快关键技术研发应用。

5.1.2　促进节能提效

持续提升能源利用效率。落实节约优先方针，实施全面节约战略，完善能源消费强度和总量双控制度，严格实施节能评估审查制度，加快形成能源节约型社会。实施节能重点工程，持续推进工业、建筑、交通运输、公共机构等重点领域节能，提升数据中心、新型通信等信息化基础设施能效水平。全面推进清洁生产，加强资源综合利用。

坚决遏制"两高一低"项目盲目发展。新建项目不再新建自备燃煤机组。严格落实产能置换要求，提高钢铁、水泥、电解铝等行业产能减量置换比例，将传统煤化工、石化化工行业纳入产能置换管理，原则上不再审批未纳入国家产业规划的现代煤化工项目。对产能尚未饱和的行业，按照国家布局和审批备案等要求，对标国际先进水平提高准入门槛；对能耗量较大的新兴产业，支持引导企业应用绿色低碳技术，提高能效水平。深入挖潜存量项目，加快淘汰落后产能，通过改造升级挖掘节能减排潜力。强化常态化监管，坚决拿下不符合要求的"两高"项目。

5.1.3　控制非二氧化碳温室气体排放

控制能源领域非二氧化碳排放。研究制定更为严格的煤层气（煤矿瓦斯）排放标准，并强化标准执行。积极推进煤矿瓦斯抽采规模化矿区建设，引导煤炭企业主动控制甲烷排放。加强油气系统甲烷控制技术产业化及推广应用，提高利用效率和监测技术水平，推行油气勘探开发一体化，严格控制勘探开发过程气体放空，鼓励企业因地制宜开展伴生气与放空气回收利用。制修订煤炭和油气行业企业温室气体排放核算和报告标准，鼓励地方和企业开展甲烷减排行动。

控制工业生产过程非二氧化碳温室气体排放。通过产业结构调整、原料替代、过程削减和末端处理等手段，积极控制工业生产过程非二氧化碳温室气体排放。制定实施氧化亚氮和含氟气体排放控制措施，改进己二酸、硝酸和氟化工行业生产工艺，加强化工尾气收集和处理，显著减少氧化亚氮和含氟气体排放，逐步建立健全电力系统六氟化硫管控政策，加强六氟化硫的回收和利用。积极推进氢氟碳化物和六氟化硫替代技术研发和推广应用。

控制农业领域非二氧化碳温室气体排放。推进畜禽粪污资源化利用，推进标准化规模养殖和畜禽粪污资源化利用，建设大中型沼气工程，控制畜禽养殖温室气体排放。加强农机农艺结合，优化耕作环节，实行少耕、免耕、精准作业和高效栽培，深入实施化肥减量行动，推广测土配方施肥，加强秸秆综合利用，增施有机肥等，减少农田氧化亚氮排放。实施稻田甲烷排放控制，选育高产低排放良种，因地制宜推广稻田节水灌溉技术，有效控制农田甲烷排放。

控制废弃物处理领域非二氧化碳温室气体排放。积极推进生活垃圾减量化和资源化，因地制宜建立分类投放、分类收集、分类运输、分类处理的垃圾处理系统。进一步加大废弃物无害化处理设施建设力度，提高垃圾焚烧处理固体废物的比例，推进焚烧设施建设。加强工业废水、生活污水及垃圾填埋的甲烷排放控制和回收利用。规范废电冰箱、空调等含有制冷剂的废弃电器电子产品规范处理，加强含氟气体产品处置过程中相应气体排放控制和转化、回收、再生利用、销毁处置。

5.1.4　提升生态系统碳汇能力

巩固生态系统碳汇能力。强化国土空间规划和用途管控，统筹布局农业、生态、城镇等功能空间，合理优化主体功能区布局，构建绿色低碳导向的国土空间开发保护新格局。严守生态保护红线，完成自然保护地整合优化，减少人类活动对自然空间的占用，稳定现有森林、草原、湿地、海洋、土壤、冻土、岩溶等固碳作用。强化森林资源保护，实施森林质量精准提升工程，提高森林质量和稳定性，严格保护耕地，保护农田土壤碳汇功能。严格控制新增建设用地规模，推动城乡存量建设用地盘活利用。加强退化土地修复治理，实施历史遗留矿山生态修复工程。

加强生态系统碳汇科技支撑。研发和推广一批生态系统增汇、生物碳移除和利用等关键技术，加强新型陆海碳通量监测技术、碳汇能力评估技术研发，开展森林增汇减排、木竹替代、林业生物质产品应用、高效固碳树种草种藻种选育繁育、红树林与海草床修复、岩溶增汇等技术攻关。因地制宜地对潜在增汇技术措施的有效性、可行性和经济性进行论证，形成有效的技术模式。加强生态系统碳汇基础研究，建立衔接国际规则、符合中国实际的生态系统碳汇分类、调查与监测评估、计量方法与参数、核算与报告等标准规范体系。深度参与温室气体（汇）清单指南等国际规则、标准制定和完善。加强生态系统碳汇能力观测、监测管理能力建设。

5.1.5　推动减污降碳提质增效

推动政策和制度协同。锚定美丽中国建设和碳达峰碳中和目标，把实现减污降碳协同增效作为促进经济社会发展全面绿色转型的总抓手，协同推进温室气体排放控制与污染物减排相关目标与任务，更好地发挥应对气候变化对生态文明建设和环境污染治理的协同促进作用。制定减污降碳协同增效政策，建立减污降碳协同增效体系，全面提高环境治理综合效能，实现环境效益、气候效益、经济效益多赢。制定完善的协同治理机制，推动在统一政策规划标准制定、统一监测评估、统一监督执法、统一督察问责等方面取得实质性进展，推动减污降碳协同增效，实现生态环境质量改善由量变到质变。

推动减污降碳协同治理实践。深入推进打好污染防治攻坚战，协同推进污染物和二氧化碳减排，统筹和加强应对气候变化与生态环境保护相关工作，把降碳作为源头治理的"牛鼻子"，构建减污降碳一体谋划、一体部署、一体推进、一体考核的制度机制，逐步形成体现减污降碳协同增效要求的生态环境考核体系。加强消耗臭氧层物质与含氟气体生产、使用及进出口专项统计调查。探索在钢铁、建材、有色等重点排放行业企业，开展大气污染物和温室气体协同管控试点示范。在区域、城市、园区、企业层面鼓励减污降碳先行先试、探索创新，形成一批可复制、可推广的典型经验。

5.1.6　深化试点示范

深化既有国家低碳省区和城市试点工作，切实发挥好低碳城市试点对加快经济社会全面绿色低碳转型的作用。基于国家三批低碳试点城市的实际进展、成效与亮点，研究提出国家低碳城市评价指标体系。持续推进低碳社区改造建设，打造生态环境友好、碳排放量低、资源节约、优选绿色出行、可再生资源有效利用的绿色低碳社区。推动典型区域和重点领域适应气候变化试点，探索运用基于自然的解决方案适应气候变化。以煤电、煤化工、钢铁、石化化工等行业为重点，开展全流程CCUS示范工程建设。在强化国家低碳试点总结评估基础上做好复制推广。加强国家低碳试点城市经验交流、总结和评估。做好典型经验交流及宣介工作。

5.2　主动适应气候变化

5.2.1　加强气候变化监测预警和风险管理

逐步建立极端气候事件和灾害精密监测、精准预报预警体系。建设面对地球气候系统的精密监测体系。构建支撑极端气候事件和灾害精准预报、核心技术自主可控的数值模式体系，建立风险预警和应急处理机制，发展多部门应用、多手段共享的国家突发预警信息发布体系，构建无缝隙网格极端气候事件和灾害预报产品体系。提升综合防灾减灾能力。加强全球气候变化对自然灾害孕育、发生、发展及其影响机理研究，牢固树立灾害风险管理和综合减灾理念。开展常态灾害隐患排查与周期性综合风险普查，动态开展风险评估，更新自然灾害风险区划和综合防治区划，强化与相关领域规划等的融合。健全自然灾害防治体系，提升重特大灾害风险防控能力。完善应急响应机制，不断优化灾害应急响应救援扁平化组织指挥模式、防范救援救灾一体化运作模式。立足"全灾种、大应急"，全面提升国家综合性消防救援队伍的正规化、专业化、职业化水平。加大先进适用装备配备力度，提高极端天气气候事件下综合救援能力。

5.2.2 提升自然生态系统适应气候变化能力

优化水资源管理。加强重要生态保护区、水源涵养区、江河源头区生态保护，推进生态脆弱河流和洞庭湖、鄱阳湖等重点湖泊生态修复。稳妥推动重点骨干工程建设，重点开展南水北调后续工程、引江济淮等重大工程建设。加强中小型水库等稳定水源工程建设和水源保护，继续开展工程性缺水地区重点水源建设。实施国家节水行动，推进海水淡化利用和污水资源化利用。以长江、黄河上中游和东北黑土区、西南岩溶区为重点，加快推进国家水土保持重点工程建设。

提高陆地和海洋生态系统稳定性。提高林草生态系统的质量和稳定性、气候适应性与韧性，依法坚持采伐限额和凭证采伐制度，严格控制森林资源消耗。加强湿地保护和修复，提高湿地生态系统质量和稳定性。实施山水林田湖草沙一体化保护和修复工程，坚持系统观念，从生态系统整体性出发，统筹推进山水林田湖草沙系统治理、综合治理、源头治理，切实提高生态系统质量和稳定性。持续稳定改善海洋与海岸带生态安全。推进海洋自然保护地建设。开展红树林、海草床、盐沼、珊瑚礁、沙丘和海岛等沿海气候脆弱生态系统保护及适应成效监测与评估。提升海岸带及沿岸地区防灾御灾能力。统筹海洋生态环境保护规划、海洋和海岸带生态修复规划，开展海洋生态保护修复。加强海洋生态环境治理，全面推进海洋生态环境持续改善。

5.2.3 强化经济社会系统适应气候变化能力

保障农业与粮食安全。运用现代信息技术改进农情监测网络，建立健全农业灾害预警与防治体系。构建农业防灾减灾技术体系。在气候变化影响的典型敏感脆弱区开展种植业适应气候变化技术示范，在典型气候区开展气候智慧型农业的试点示范，初步构建气候智慧型农作物种植技术体系。发展节水农业和旱作农业。加强粮食与农业生物多样性保护，培育高光效、耐高温、抗寒、耐旱、耐盐碱、抗病虫害的作物品种。发展气候特色农产品种植，打造优质气候友好型低碳农产品品牌。引导畜禽和水产养殖业合理发展。

提高城市生命线气候防护能力和应急保障水平。加强重点城市地区的气候变化风险评估，提高给排水、电力、燃气、供暖、交通、通信等生命线系统及重大工程项目的抗风险能力、应急能力及灾害恢复力，提升极端天气精细化预报及系统应急能力。合理规划和完善城市河网水系，改善城市建筑布局，缓解城市热岛效应；改造原有排水系统，增强城市排涝能力，构建和完善城市排水防涝和集群区域防洪减灾工程布局；逐步扩大城市绿地和水体面积，充分截蓄雨洪，明确排水出路，减轻城市内涝。加强沿海城市化地区应对海平面上升的措施。科学编制城市规划，使城市群与周围腹地的资源环境实现优化配置。

推动重大工程韧性建设，将气候风险管理纳入重大工程管理全生命周期，保障重大工程安全性、稳定性、可靠性和耐久性。重点突破公共交通、水利水电工程、能源基础设施、城市及农村基础设施适应气候变化的关键技术，如地下电缆代替架空线技术、城市内涝系统化治理、发展微电网等。

加强气候变化健康风险评估和应急管理体系建设。开展不同地区气候变化健康风险评估工作，明确气候变化健康风险以及脆弱人群特征。健全公共卫生应急管理体系建设，制定和完善应对极端天气事件和气候危机的应急预案。

5.2.4 提升生态安全地区气候韧性

保护东北森林带动植物资源多样性。加强高温、干旱、大风、雷电等林火致灾因素和寒潮低温天气的监测预警，充分利用航空航天遥感、雷电监测等高科技手段，及时提供监测预警信息，排除火灾、冻害隐患。加强森林火险与虫鼠害监测预警，加强林草种质资源保护，改善林分结构，促进森林正向演替。增强森林火灾、冻害防控力度；选用耐火树种营造防火隔离带，提高森林防火道路网密度，完善森林防火设施设备。加强森林抚育经营，调整森林结构，提高森林质量，增强森林生态系统稳定性、适应性和抗逆性。

夯实北方防沙带生态屏障。控制生态脆弱地区的人口规模，制止滥开垦、滥放牧、滥樵采，对暂不具备治理条件的连片沙化土地逐步实行封禁保护；建设锁边防风固沙生态林带，营建固沙网格，因地制宜发展沙产业。西北地区利用暖湿化适度扩大绿洲。农牧交错带推广旱作节水、精种高产、轮作轮牧与保护性耕作。加快沙化土地和退耕地植被恢复，营造防沙林，保护沙区现有植被，综合治理退化草原，综合运用生物和工程措施科学治理沙化土地。

加强黄土高原、川滇生态屏障区生态保护和修复。加强对长期气候变化、水文条件等问题的科学研究，把握黄河流域气候变化演变趋势以及灾害规律。巩固黄土高原水土保持与小流域综合治理成果，开展黄土高原水土流失综合治理、秦岭生态保护和修复、贺兰山生态保护和修复、黄河下游生态保护和修复。加大坡改梯和淤地坝工程建设力度，推广集雨补灌、保墒耕作等土壤增湿措施。川滇高原山地实行草原封育禁牧；若尔盖草原湿地和甘南黄河水源补给区采取严格的湿地面积管控措施，适度发展生态旅游。完善流域水沙调控与水资源优化配置，推进水资源节约集约利用。严控超采地下水，保护恢复重要湿地，确保必要生态流量与水沙平衡。全面推动全流域协调和跨产业衔接，适时、适度开发自然资源。

加强青藏高原生态屏障区重点保护。加强高原气候与生态监测能力建设，提高灾害监测预警与应急能力。加强冰雪冻土生态保护和监测，治理退化草原和湿地，以草定畜，促进草原植被恢复。开展人工增雨，涵养水源。加强森林资源管护和防护林建设，加强高原野生动植物栖息地保护，预留生态廊道，保护草原生态文化。

实施南方丘陵山地带综合整治。加大封山育林和抚育经营。强化山区地质灾害监测预警，综合开展防治工程，加快山区避险设施建设。加强森林资源保护经营和质量精准提升，推进河湖湿地保护修复，加快石漠化综合治理。实施退耕还林，生态破坏严重、不宜居住的地区实行生态移民。兴建水利拦蓄工程，建设山区避险设施，强化山洪与地质灾害监测预警，减轻汛期洪水与季节性干旱威胁。精细化调整农田种植布局，发展特色立体农业与生态旅游。

维护长江重点生态区生态系统安全。加强长江中上游水土保持与中游退田还湖力度，推进干支流骨干水库与堤防工程建设，加强蓄滞洪区的建设管理，减轻洪涝灾害损失。开展横断山区水源涵养与生物多样性保护、长江上中游岩溶地区石漠化综合治理、大巴山区生物多样性保护与生态修复、武陵山区生物多样性保护、三峡库区生态综合治理、鄱阳湖、洞庭湖等河湖湿地保护和恢复、大别山—黄山水土保护与生态修复。提高极端降水和水文事件监测预警能力和重大水利工程水资源调度与优化配置能力，加强自然保护区管理，开展川滇森林及生物多样性受气候变化影响的观测研究，保护修复珍稀濒危生物栖息地。促进城市发展与山脉水系相融合，推进生态环境系统性、整体性保护。

5.3　完善政策体系和支撑保障

5.3.1　推动立法和标准体系制定

加快推进应对气候变化立法进程。推动应对气候变化立法，在国土空间开发、生态环境保护、资源能源利用、城乡建设等领域法律法规制定修订过程中，推动增加应对气候变化相关内容。积极推进"碳排放权交易管理暂行条例"立法进程，努力完善全国碳市场的立法保障；研究制定碳中和专项法律，鼓励有条件的地方在应对气候变化领域制定地方性法规。

建立健全应对气候变化技术标准体系。制定建立健全碳达峰碳中和标准计量体系实施方案，明确标准体系的总体框架、工作重点、标准项目，加快构建包括应对气候变化减缓类、适应类、监测评估类和通用基础类标准的应对气候变化标准体系框架。加强森林、草原、农田、湿地、海洋碳汇等相关政策和标准建设，提升生态系统碳汇能力。研究建立企业碳排放信息披露制度，制定气候投融资相关标准。积极参与国际低碳、碳汇技术、可持续报告等标准与合格评定体系制定，做好国际国内标准衔接。

加快建立温室气体排放管理技术规范。加强有关温室气体排放核算方法、企业的温室气体排放因子计算与监测方法等规范化研究，提升基础数据质量控制技术，提高温室气体排放管理技术规范的先进性、科学性和有效性。针对重点领域、重点行业和排放主体，完善重点行业企业温室气体排放核算方法与报告技术规范，碳排放核查技术规范，制定温室气体排放管理技术规范。

加快制定重点行业温室气体排放标准。加快更新节能标准，修订一批能耗限额、产品设备能效强制性国家标准和工程建设标准，提高节能降碳要求。完善工业绿色低碳标准体系，制定重点行业和产品温室气体排放标准，完善低碳产品标准标识制度。研究出台生活消费类产品低碳评价标准，研究新车碳排放标准。研究制定碳捕集利用与封存等相关技术标准及评估评价标准。探索开展移动源大气污染物和温室气体排放协同控制相关标准研究。

5.3.2　完善经济政策

落实应对气候变化财税、价格政策。支持应对气候变化战略规划、专项行动、重大工程项目、试点示范、统计核算等重点任务。加大自然灾害防治体系建设补助资金等现有资金渠道支持开展气候风险排查、气候灾害治理的力度，推进实施公共基础设施安全加固和风险防范、灾害防治能力提升工程。落实环境保护、节能节水、资源综合利用、新能源车船以及促进新能源和可再生能源发展的税收优惠政策。研究支持碳减排相关税收政策。完善促进绿色低碳发展的价格政策。健全促进可再生能源规模化发展的价格机制。深化电力、油气市场化改革，加强电力辅助服务市场建设，探索建立市场化容量补偿机制。持续完善高耗能行业阶梯电价等绿色电价机制，扩大实施范围、加大实施力度，完善城市公共交通票价政策和补贴政策、停车差别化收费政策、生活垃圾处理收费政策、供热分户计量收费政策等，倡导形成绿色低碳生活新风尚。

实施金融支持绿色低碳发展的政策。运用碳减排支持工具，引导金融机构加大对绿色低碳领域的支持力度，持续完善金融机构绿色金融评价，强化对金融机构的激励约束。加大对气候相关领域投融资支持。以应对气候变化为导向，实施积极的环境经济政策，推动形成合理的碳定价，鼓励企业和机构在投资活动中充分考量未来市场碳价格带来的影响，引导社会资本加大对气候相关领域的资金支持；提升绿色金融标准的国际化水平，支持建立与国际标准相衔接的国家气候投融资项目库；开展以应对气候变化为目的，强化各类资金有序投入的政策环境，为重点的气候投融资试点探索差异化投融资模式、组织形式、服务方式和管理制度创新模式。

5.3.3 积极稳妥推进全国碳市场建设

健全全国碳市场制度、技术和监管体系。研究构建全国碳市场配额总量管理制度，研究制定全国碳市场配额总量设定与分配方案。健全配额初始分配制度，制定和完善重点排放行业配额分配方法，开展有偿分配并逐步提高有偿分配比例。强化碳排放报告、核查制度，加强全国碳市场数据质量管理，完善碳排放核算、监测、报告和核查工作机制。完善全国碳市场履约管理制度，做好配额清缴管理工作。探索推进环境权益类市场政策协同增效，研究碳排放权交易制度与用能权交易制度、绿色电力证书交易制度等环境权益类市场机制协同发展的可行性，加强统筹融合。做好现有试点碳市场和全国碳市场的衔接。制修订、完善重点行业企业温室气体排放核算方法与报告指南等技术规范。进一步完善相关数据报送系统，不断提高全国碳市场数据管理信息化水平，利用信息化、智能化技术手段增强监管部门识别相关问题的能力，提高数据分析水平，对企业异常数据进行预警，及时提醒督促有关企业自证和整改。依托统一的公共资源交易平台体系，完善分类统一的技术标准和数据规范，促进平台互联互通和信息充分共享，持续加强全国碳排放权注册登记管理，推动建立全国碳排放权注册登记机构和交易机构。推进"碳排放管理员"职业队伍建设，加快碳交易相关人才培育及服务业发展。推动建立生态环境系统"上下联动"、其他部门分工负责的全国碳市场监管机制。建立全国碳市场数据质量监督执法常态化工作机制，加强碳市场数据质量监督执法队伍能力建设，将每年一次的碳排放核查与日常"双随机、一公开"监督检查工作相结合。加大对违法违规主体的执法力度，坚持严控严查严罚，坚决打击碳排放报告数据造假等违法行为。

完善温室气体自愿减排交易机制，探索碳普惠机制等创新模式。修订《温室气体自愿减排交易管理暂行办法》，完善以国家温室气体自愿减排交易机制为基础的碳排放权抵消机制，将具有生态、社会等多种效益的林业、可再生能源、甲烷利用等领域温室气体自愿减排项目纳入全国碳排放权交易市场，提高全社会开展碳减排活动的积极性。完善国家温室气体自愿减排方法学等配套技术规范体系，加强第三方审定与核查机构管理，强化对自愿减排项目数据质量和实施情况的监管。健全温室气体自愿减排交易管理机制，组织建设全国统一的自愿减排注册登记系统和交易系统。探索碳普惠机制等创新模式。鼓励开展碳普惠机制的研究和实践，激发个人和家庭的绿色低碳消费理念和节能减碳行为，引导全社会共同实现绿色低碳发展。

5.3.4 加快温室气体统计核算监测体系建设

强化温室气体排放统计、监测、核算和报告工作。建立温室气体排放计量体系，开展温室气体排放在线计量监测等关键计量技术研究。定期开展温室气体基础统计和调查，加强统计和调查数据质量评估。构建"天空地海"一体化的温室气体监测，统筹温室气体监测、生态系统碳源汇监测、生态系统质量稳定性监测，加强温室气体浓度反演温室气体排放量的模型以及生态系统固碳模型算法研究和应用，开展全国和区域尺度的二氧化碳源汇评估研究。建立国家温室气体清单编制和报告常态化工作机制。完善国家和省级行政区域碳排放年度核算方法和报告制度，构建国家、地方、企业三级温室气体排放核算、监测、报告与核查工作体系。持续开展国家和地方碳排放形势分析，加强地方温室气体清单质量管理。

5.3.5 强化科技创新支撑

加强应对气候变化重大基础科学研究。针对我国应对气候变化的关键共性基础科学问题，强化基础理论、基础方法研究。积极开展气候变化成因及其适应、气候变化分析评估情景模拟与风险预估、全球气候变化和温室气体排放大数据与图谱集（库）、陆地和海洋生态系统碳汇、二氧化碳移除与利用、非二氧化碳温室气体监测及减排、气候变化经济学等领域基础科学研究。加强开展温室气体排放控制目标与协同推动经济高质量发展和生态环境高水平保护重大理论、支撑技术以及战略规划和政策法规研究。积极参与政府间气候变化专门委员会评估报告相关研究。

加大绿色低碳前沿技术研发创新。围绕超高效光伏电池、新型绿色氢能与利用、新型储能和先进输配电、二氧化碳捕集、利用与封存、基性超基性矿化固碳技术、生态系统稳定增加碳汇等绿色低碳前沿技术，部署实施一批国家重点研发创新项目和重大工程。围绕能源、工业、交通、建筑等重点领域，持续开展能源系统深度脱碳、低碳和零碳工业流程再造，以及新能源载运装备、绿色交通、低碳建材等低碳零碳技术攻关。持续开展能源、工业、农业等领域非二氧化碳温室气体控排、工艺替代、回收利用等技术的研发与创新。

5.3.6 加强人才培养和能力建设

将应对气候变化教育纳入国民教育体系，在基础教育、成人教育、高等教育中丰富气候变化普及与教育内容，推动应对气候变化知识进校园，普及并提升学生应对气候变化科学知识。探索开展形式多样的气候变化课堂教育及实践活动，加强气候变化类学科建设和研究基地建设，满足广大人民群众对气候变化科学认知的需求，培育全社会绿色低碳发展价值观。强化应对气候变化培训工作。开设应对气候变化网络学院必修课，组织开展地方生态环境主管部门及相关部门工作人员培训班。稳步推进碳排放管理员等相关职业标准制定和评价等工作，指导开展相关从业人员教育培训。加强大中型企业碳排放管理人员的培训，强化企业应对气候变化社会责任意识，不断提高企业碳排放管理水平。

5.3.7 开展绿色低碳全民行动

倡导全民绿色低碳生活。积极探索低碳购物、低碳饮食、低碳出行、低碳办公等新模式新业态新方式，推动购物消费、居家生活、旅游休闲、交通出行等消费场景数字化与低碳化融合。推动生产端加快向绿色低碳产品生产转型，积极搭建更畅通的流通渠道和平台，鼓励支持在消费场所张贴低碳消费标语标识，引导消费者优先采购低碳产品。减少一次性塑料制品使用，推行无纸化办公等行为。开展反对浪费行动，重点开展反食品浪费行动、反过度包装行动和反过度消费行动。提倡节约粮食，推行"光盘行动"。倡导低碳居住，推广普及节能低碳产品与器具。

加大公众参与力度。建立公众参与的激励机制，完善应对气候变化相关信息发布渠道和制度，搭建企业碳排放信息披露平台，进一步明确公众参与的情形、方式、程序和内容，丰富公众参与的形式与环节，规范公众参与行为要求及保障措施，探索建立公众参与机制。拓宽公众参与和监督渠道，规范公众的知情权和监督权，健全举报、听证、舆论和公众监督等制度。

5.4 参与和引领全球气候治理

5.4.1 推动多双边气候变化谈判

积极参与气候变化多双边磋商与对话交流。在《联合国气候变化框架公约》原则指导下，有效发挥气候行动部长级会议、"基础四国"气候变化部长级会议平台作用，积极参与和引领二十国集团等多边机制、联合国相关条约和机构、多边平台下的各层级气候磋商，推动各方就谈判和国际合作重点问题广泛交换意见，凝聚积极应对全球气候变化政治共识。深度参与并推动联合国政府间气候变化专门委员会相关活动，客观反映全球气候变化科学研究进展和政策建议。加强碳边境调节机制相关研究。

5.4.2 强化应对气候变化务实合作

落实好中俄、中美、中欧、中法、中韩等双边气候变化合作文件和机制，推动中日韩、中国-东盟、澜沧江-湄公河、中非等重要区域环境与气候合作机制，加强气候变化战略政策对话和交流，开展气候友好技术和解决方案研发与应用务实合作。积极借鉴和引进国际先进气候友好技术和成功经验，加强重点领域和行业对外合作。加强与国际组织合作。深化与联合国相关机构、政府间组织、国际行业组织等多边机构的合作，建立长期性、机制性的气候变化合作关系。积极参与世界银行、国际能源署、国际可再生能源署气候变化领域相关活动，加强对话交流与务实合作。

深化南南合作行动。积极落实应对气候变化南南合作"十百千"倡议和"一带一路"应对气候变化南南合作计划，争取更多资源，扩大合作范围和领域，创新性设计减缓和适应气候变化项目，推动援助物资生产、运输和交付，稳步推进在建低碳示范区建设实施工作，探索开发新的南南合作低碳示范区项目，丰富能力建设培训形式和内容，继续开展能力建设培训。同时，立足发展中国家切实需求，在力所能及的范围内加大对包括非洲国家、小岛屿国家、最不发达国家在内的其他发展中国家应对气候变化领域的支持。

参考文献

[1] IPCC，2021．Climate change2021：the physical science basis[R]//Masson-Delmotte V，Zhai P，Pirani A，et al. Contribution of Working Group I the Sixth Assessment Report of the Intergovernmental Panel on Climate Change.

[2] 孙颖．人类活动对气候系统的影响——解读 IPCC 第六次评估报告第一工作组报告第三章[J]．大气科学学报，2021．

[3] 田丹宇．美国气候治理进程受阻及其影响[J]．世界环境，2022（4）：4．

[4] 张莉．美国气候变化政策演变特征和奥巴马政府气候变化政策走向[J]．国际展望，2011（1）：20．

[5] U. S. Department of Energy，The Climate Change Action Plan：Technical Supplement，Washington，D.C.：DOE/PO-0011.March，1994．

[6] Economist' Statementon Climate Change，http://dieoff.org/page105.htm.

[7] Bush Speech on Global Climate Change[EB/OL]，http://usinfo.org/wf-archive/2001/010611/epf103.htm.

[8] John M. Broder，"House Passes Billto Address Threat of Climate Change"，The Times.

[9] 孙源希. 俄乌冲突对能源格局和应对气候变化的影响分析 http://iigf.cufe.edu.cn/info/1012/5792.htm.

[10] BP. Statistical Review of World Energy，2022. https://www.bp.com/en/global/corporate/energy-economics/statistical-review-of-world-energy.html.

[11] Net Zero Tracker，net zero emissions race[EB/OL]. https://eciu.net/netzerotracker [2022-06-10].

本专题执笔人：庞凌云、曹丽斌、张哲

完成时间：2022 年 12 月

专题2 "十四五"及中长期碳排放情景分析

1 研究背景

2020年9月22日，习近平主席在第七十五届联合国大会一般性辩论上宣示，中国将提高国家自主贡献力度，采取更加有力的政策和措施，二氧化碳排放力争于2030年前达到峰值，努力争取2060年前实现碳中和。实现碳达峰、碳中和是中国深思熟虑作出的重大战略决策，推进"双碳"工作是破解资源环境约束突出问题、实现可持续发展的迫切需要，是顺应技术进步趋势、推动经济结构转型升级的迫切需要，是满足人民群众日益增长的优美生态环境需求、促进人与自然和谐共生的迫切需要，是主动担当大国责任、推动构建人类命运共同体的迫切需要。中国将碳达峰、碳中和纳入经济社会发展全局，坚持系统观念，统筹发展和减排、整体和局部、短期和中长期的关系，以经济社会发展全面绿色转型为引领，以能源绿色低碳发展为关键，加快形成节约资源和保护环境的产业结构、生产方式、生活方式、空间格局，坚定不移走生态优先、绿色低碳的高质量发展道路。[1-3]

中国已为"双碳"战略的提出以及未来目标的实现打下了坚实的基础。首先，经济发展方式持续转型为碳达峰工作奠定较好基础。我国已经进入新发展阶段，经济发展由高速增长逐步向高质量发展转变。工业化进入中后期，第二产业在国民经济发展中的比重以及高排放重工业在二产中的比重稳步下降。"十一五""十二五"期间全国GDP年均增速分别为11.2%和7.9%，"十三五"时期下降至5.7%。第二产业增加值占比由2010年的47%下降至2015年的41%，2020年进一步下降至38%。经济发展方式的转型带动我国的碳排放增速日益趋缓，年均排放增速由"十五"的12.5%、"十一五"的6.1%降为"十二五"的3.3%、"十三五"的1.7%。第二个重要基础是我国可再生能源发展迅速。近年来新能源产业蓬勃发展，风电、光伏装机大幅提升，新能源产业供给能力大幅提高。"十三五"以来我国新增风电和光伏装机保持在全球的40%以上，同时利用我国巨大市场优势推动技术进步，转变"赛道"，抢占技术和市场制高点。2020年全球风电整机商10强中中国企业占7席，全球20强光伏企业中国企业占15席。一次电力及其他能源占能源总量的比重由2010年的9.4%上升至2015年的12.0%，2020年进一步上升至16.6%，煤炭、石油、天然气等化石能源在全国能源消费量中的占比持续下降。第三个重要基础是生态文明的理念成为社会共识，碳排放控制制度框架初步建立。2012年党的十八大报告强调，要把生态文明建设放在突出地位，融入经济建设、政治建设、文化建设、社会建设各方面和全过程。随着生态文明建设不断推进，绿色低碳发展理念日益深入人心，生态环境治理体系不断完善，减污降碳协同增效格局初步形成。与此同时，中国应对气候变化工作经历了从被动参与到主动引领的发展阶段，应对气候变化管理机构逐步健全、政策框架逐步完备、制度建设不断创新，应对气候变化规划逐步纳入经济社会发展总体战略。2009年11月，中国正式对外宣布控制温室气体排放的行动目标，到2020年单位国内生产总值CO_2排放比2005年下降40%～

45%，并将其作为约束性指标纳入国民经济和社会发展中长期规划；《"十三五"控制温室气体排放工作方案》提出，到 2020 年单位国内生产总值 CO_2 排放比 2015 年下降 18%，碳排放总量得到有效控制，推动我国 CO_2 排放 2030 年前后达到峰值并争取尽早达峰。"十三五"期间，国家实施碳排放强度控制，并且将控制目标分解到各省，纳入各地经济社会发展综合评价体系和干部政绩考核体系。同时 2011 年我国就开始碳市场机制探索，北京、天津、上海、重庆、湖北、广东和深圳等 7 省（市）开展碳排放权交易试点，探索不同特点地区碳市场建设途径和制度体系。碳排放强度控制、碳排放交易试点等工作为碳达峰提供了一些制度框架基础，这些管控制度和考核体系推动各省加强统计核算等基础能力建设和组织管理制度，为实施碳达峰控制提供了初步的制度框架。

实现 2030 年前碳排放达峰、2060 年前碳中和的目标所面临的形势依然严峻，需要持续付出艰苦的努力。首先从客观来看，欧盟、美国和日本等发达国家和地区已在 20 世纪末期完成工业化进程，高能耗产业已退出或转移至其他发展中国家，经济增长与能源需求基本脱钩，分别已于 1987 年、2007 年和 2008 年前后实现碳排放总量达峰。与欧美发达国家（地区）相比，中国碳排放体量较大，2020 年约 100 亿 t 的碳排放总量大约是美国与欧盟的排放量之和。中国仍处于工业化中后期，城镇化进程持续推进，一次能源消费量仍处于增长阶段，碳排放总量继续增长。与此同时，中国的碳达峰是在 2060 年前碳中和目标统筹考虑下的达峰，发达国家提出的从碳达峰到实现碳中和的时间普遍在 40～60 年，中国从碳达峰到实现碳中和只有 30 年的时间，分别远低于欧盟、美国、日本的约 70 年、43 年和 45 年，社会经济完成低碳转型的加速度更大，达峰后每年碳排放量降低的任务也更艰巨。因此实现碳达峰目标的同时需兼顾碳中和目标的约束，不仅要达峰，且要避免"攀高峰"，给未来的碳中和打下坚实基础。[2-7] 我国经济产业偏重、能源偏煤、效率偏低，多年来形成的高碳路径依赖存在较大惯性，碳排放锁定效应问题非常突出。[8-10] 钢铁、水泥等大量制造业在国际产业链中还处于中低端，存在生产管理粗放、化石燃料用量大、单位产品能耗高、产品附加值低、资源回收利用体系不健全等问题。短期内产业结构转型面临自主创新不足、关键技术"卡脖子"、能源资源利用率低、生产要素成本上升等挑战。此外，我国社会经济现代化、城镇化等进程远未结束，无法沿袭发达国家自然达峰和减排的模式，而是要在经济社会发展速度较快的过程中实现碳达峰、碳中和。这意味着需要转变经济发展方式，抛弃依赖投资高碳项目刺激经济的模式，实现高质量发展。不少地方和行业尚未做好低碳发展的准备，对于传统高碳发展的路径依赖仍然存在，在体制机制、人才建设、投融资等方面保障尚不完善。

在中央财经委员会第九次会议、中共中央政治局第二十九次集体学习时，习近平总书记提出要把碳达峰、碳中和纳入生态文明建设整体布局，拿出抓铁有痕、踏石留印的劲头，明确时间表、路线图、施工图。开展碳排放达峰路径研究，研究时间表、路线图、施工图，进一步对中国中长期碳排放变化情况进行展望，是支撑我国实现 2030 年前碳达峰目标的基础性研究工作。从国际经验来看，开展碳排放路径研究是落实碳达峰、碳中和工作顶层设计的需要，也是全面落实和系统部署国家承诺和远景目标的必然选择。在碳达峰阶段，发达国家历史变化趋势显示，电力、工业等重点行业碳排放下降是其碳达峰的主要主动因素。欧盟（28 国）碳排放于 1987 年达峰，电力（含供热）和工业领域碳排放的稳定下降是保证碳达峰和碳减排的根本。美国电力行业达峰并开始显著下降是促使其全国 2007 年碳排放整体达峰的主要因素。碳中和阶段，研究重点行业和领域排放路径，出台各阶段减排目标，使得近期的减排行动能够为 2050 年目标奠定基础，是欧盟、日本等国家和地区落实2050 年碳中和战略的主脉络。从国内需求来看，深入分析"十四五"及中长期碳排放达峰路径，是实施减污降碳协同增效，推动产业结构调整和重点行业绿色低碳发展，最终实现经济社会全面绿色转型的基础性工作。我国的高碳能源结构和高碳产业结构决定了我国的二氧化碳排放与大气污染物排放等具有同根、同源、同过程的显著特征，研究对减污降碳协同增效一体谋划、一体部署、一体推进、一体考核，进而推进产业结构转型升级、建设清洁低碳的现代能源体系、构建低碳绿色的交通运输体系，推动区域绿色低碳协调发展，实现经济社会全面绿色转型。从现实基础来看，对于未来碳排放进行情景分析，建立国家碳达峰指导路径，是实现碳排放分区管控、落实行业减排责任和建立企业碳排放配额管理机制的重要基础，也是国家实施碳排放总量控制、完善碳市场机制的重要支撑。碳达峰涉及国民经济社会发展、行业技术进步、产业链上下游供需关系、产品结构产量变化、能源结构以及国内外进出口变化等诸多因素，以此为基础提出重点行业和领域碳排放达峰措施、总量控制目标和减排路径，并分解到每个行业的企业中，构建以减排任务量为载体的差异化重点领域总量控制体系，有利于自上而下实现碳排放管控。此外，行业和领域碳达峰路径的制定，将为企业技术研发和创新建立相对清晰稳定的行业发展预期，有利于刺激企业积极投身突破和创新。

"十四五"期间是我国实现2030年前碳达峰目标的关键期和窗口期，本部分采用自上而下和自下而上相结合的方式，在摸清全国碳排放现状及排放构成的基础上，以满足社会经济高质量稳定发展需求和国家碳达峰、碳中和双重目标为约束，以合计贡献了我国碳排放（不含港澳台地区数据）90%以上的重点行业及领域为对象，开展自下而上的碳排放情景分析。通过上下路径反复迭代、行业间耦合优化，打通宏观路径与微观措施的联动和双向反馈，最终形成我国"十四五"及中长期碳达峰路径，为国家碳达峰路径设计提供技术支撑。

2　研究方法

2.1　碳达峰、碳中和定义

碳排放达峰是指二氧化碳排放（以年为单位）在一段时间内达到峰值，之后进入平台期并可能在一定范围内波动，然后进入平稳下降阶段。[11-13]由于经济因素、极端气象自然因素等，视情况可以适度允许在平台期内出现碳排放上升的情况，但不能超过峰值碳排放量。常规情况下，碳排放达峰分为自然达峰和政策驱动达峰两大类，[14]社会经济状态短期内发生巨大变化也可能导致一个国家碳排放达峰。政策驱动型的碳达峰路径主要包含碳排放达峰时间、峰值水平、支撑实现碳达峰目标的主要措施以及配套政策体系（图4-2-1）。不同于社会发展到一定阶段而实现的碳排放自然达峰，我国碳达峰是在2060年前碳中和目标的约束下的碳达峰，既要保证完成碳达峰年份约束目标，又要控制峰值，确保高质量达峰，为顺利实现碳中和目标做准备。在2060年政策驱动型碳达峰通过采取一系列控制措施和配套政策，推动达峰年提前、降低排放峰值，进而减缓从达峰后至中和前的快速减排需求，并能够降低累计碳排放，同时合理的措施规划能避免部分基础设施建设所导致的锁定碳排放。[15]2018年IPCC发表的《温升1.5℃报告》（*Global Warming of 1.5℃*）中，对"二氧化碳净零排放"（net-zero）即"碳中和"（carbon neutrality）进行了重新定义，净零排放（net-zero）的含义为人为二氧化碳排放量与二氧化碳移除量相平衡的状态。即碳中和是指国家、区域、公司、团体、个人等在一定时间（一般是1年）内直接和间接排放的碳排放量，与其通过植树造林、CCUS等方式清除的碳排放相互抵消，实现碳排放"净零排放"。

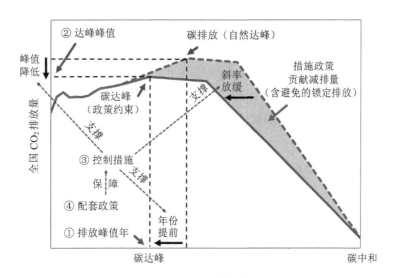

图 4-2-1　碳中和约束下的政策驱动型碳达峰路径基本内涵示意

2.2　碳排放路径研究方法

对未来碳排放情景分析与路径研究是预测排放变化情况、评估措施实施成效、推动实现国家碳达峰、碳中和愿景的基础性工作。联合国政府间气候变化专门委员会（Intergovernmental Panel on Climate Change，IPCC）基于全球升温控制和排放特征，结合社会经济发展情景，提出了气候变化约束下的全球共享社会经济路径（IPCC shared socio-economic pathways，IPCC-SSPs），阐述全球社会经济发展的可能状态和演变趋势。[16-19] IPCC-SSPs 已经获得了广泛的应用，在 IPCC 各类评估报告、《联合国气候变化框架公约》（UNFCCC）谈判和各国政府气候决策，以及对于未来经济社会发展、人口迁移、植被覆盖、气温/降水变化等研究中发挥了支撑作用。[20-24] 国际能源署（International Energy Agency，IEA）主要使用 World Energy Model 模型来研究全球能源和排放路径，开展了对可持续发展情景（Sustainable Development Scenario，SDS）等 3 种情景和路径的分析。自 1993 年以来，国际能源署对中长期能源需求进行预测的主要工具之一，是一个反映能源市场功能的大规模数学模型，可在不同情景下逐部门、逐地区进行能源预测。经多年发展，现包含 6 个主要模块：终端能源需求（覆盖居民、服务、农业、工业、交通运输和非能源使用），电力和热力，炼油/石化产品和其他转换部门，化石燃料供应，二氧化碳排放，以及投资预测。[25, 26] 欧盟结合自上而下行业模型（FORecasting Energy Consumption Analysis and Simulation Tool，FORECAST）与技术发展，开展欧盟排放情景和路径研究。FORECAST 模型是一种考虑技术动态和社会经济驱动因素的模拟方法，对欧盟温室气体排放途径所使用的模型套件进行了补充。由于我国碳排放总量尚未达峰，对于中长期碳达峰路径的研究以及对于远期碳中和路径的研究是研究热点。部分研究充分分析发达国家和地区碳排放历史变化趋势以及达峰前后碳排放变化情形，结合社会经济变化趋势对于中国的碳排放路径进行对比分析；[27, 28] 一些研究基于长时间序列的排放数据或者大量数据多要素综合分析，使用综合模型（STIRPAT 模型、Kaya 公式、脱钩系数法、LMDI 分解模型、投入产出 I-O 模型、CGE 模型等）分析碳排放的影响因素，通过自上而下的综合评估模型或自下而上的技术模型分析提出了我国能源[29-32]、工业[33-38]、交通[39, 40]、建筑[41, 42] 等不同领域的排放达峰路径。此外，一些研究从区域视角分析了碳达峰方案或开展城市碳达峰评估。[43-46]

2.3 CAEP-CP 碳排放路径研究方法

以重点行业和领域为切入点，开展碳中和约束下的我国碳排放路径研究，明确"十四五"及中长期目标、措施和政策，是支撑我国制定碳达峰行动方案的基础性工作。针对当前我国碳达峰路径的研究较少开展自上而下和自下而上的耦合分析，自上而下的宏观分析很难在微观层面支撑精细化管理和调控，自下而上的研究方法，由于缺乏宏观约束，难以实现行业间的耦合协同，单个行业研究也无法考虑行业间的联动，难以与国家总体碳排放路径相协调。基于此，生态环境部环境规划院开发基于重点行业/领域的碳达峰情景分析与路径研究方法（CAEP-CP-Sectors），重点解决两种排放路径模型的耦合问题，以满足社会经济高质量稳定发展需求和实现碳达峰、碳中和目标愿景为基本要求，以重点行业/领域碳达峰路径研究为基础，通过耦合自上而下宏观路径研究结果，进行大量情景分析，综合研判提出未来碳排放发展趋势（图 4-2-2）。

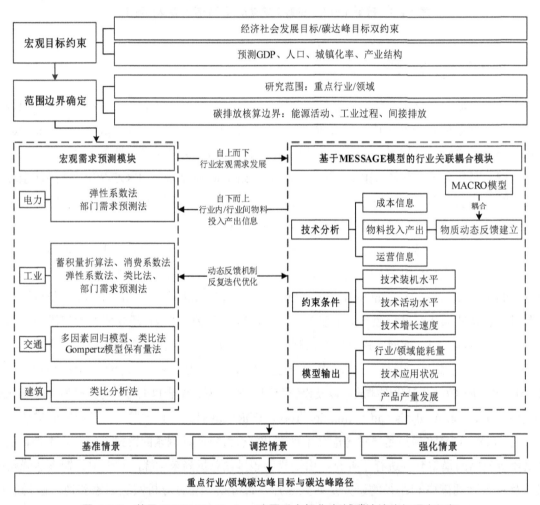

图 4-2-2　基于 CAEP-CP-Sectors 我国重点行业/领域碳达峰路径研究框架

CAEP-CP-Sectors 研究框架包含四大模块，分别是宏观目标约束、范围和边界确定、宏观需求预测和行业耦合分析反馈模块。与之前针对行业/领域碳达峰路径的研究方法相比，CAEP-CP-Sectors 综合考虑区域宏观发展目标、行业自身排放特征、行业历史排放趋势和行业间上下游产业关联等因素，通过建立经济社会发展与碳排放目标双约束，改进对行业未来发展需求与碳排放总量的预测。

通过分析各行业关键排放环节、重点用能设备，明确行业特定的研究范围与碳排放核算边界，核算行业排放现状并保持未来排放量预测数据口径的长期一致性。通过调研行业之间上下游产业关联，建立各行业耦合反馈机制，反映某行业波动对相关产业发展的影响，避免孤立研究单一行业发展路径，提高对重点行业/领域碳达峰路径研究的准确性。具体而言，首先在区域经济社会发展与碳达峰目标的双约束下，对未来人口、经济城镇化率、产业结构等经济社会发展指标进行宏观预测。同时，立足区域产业结构与发展现状选取高能耗、高碳排放行业作为重点行业/领域，并确定碳排放核算对象与核算边界。其次，基于宏观发展目标约束与经济社会发展预测结果，统筹重点行业/领域自身发展规律与先进技术变革，在充分考虑国民经济社会发展需求、行业发展技术特点、国内外进出口变化等基础上，对重点行业/领域发展规模与需求进行宏观预测；此外，基于以技术为核心的 MESSAGE 模型建立动态反馈机制，通过分析产业链上下游供需关系，建立行业内、行业间能量流、物质流耦合关系，通过不断迭代优化确立各行业/领域未来发展需求并建立不同发展情景。分析行业控碳技术手段和关键举措，综合研判提出重点行业/领域达峰目标与路径。[47]

3 碳排放情景分析

3.1 碳排放现状分析

根据中国 CO_2 排放路径模型（CAEP-CP）分析，2020 年中国能源活动与工业过程 CO_2 排放总量合计约为 115 亿 t，其中，由于煤炭、石油、天然气能化石燃料燃烧产生的能源活动排放约 101 亿 t，水泥生产过程中碳酸钙分解、钢铁生产过程中熔剂使用与炼钢降碳，以及电石、合成氨等生产过程所排放的 CO_2 约 14 亿 t。2020 年全国 CO_2 直接排放与能源活动排放构成分别如图 4-2-3 与图 4-2-4 所示。电力行业（包括热电联产供热）、钢铁、水泥、铝冶炼、石化化工、煤化工等重点行业及交通、建筑领域碳排放合计占我国总排放量（不含港澳台地区数据）的 91%左右。若只聚焦能源活动排放，上述重点行业排放占比在 92%以上，是我国碳排放总量的绝对主体，也是影响未来碳排放变化的关键。

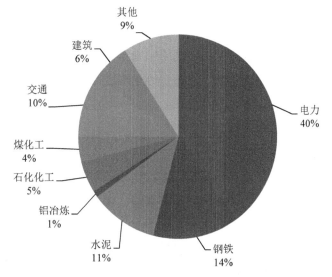

图 4-2-3　2020 年中国能源活动与工业过程二氧化碳排放总量构成

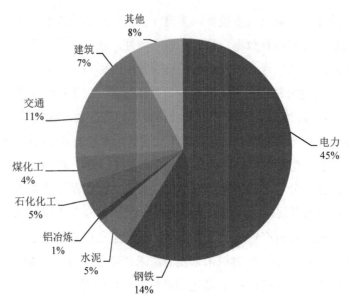

图 4-2-4　2020 年中国能源活动碳排放总量构成

电力行业综合考虑电源结构，碳排放涵盖包括燃煤、燃气、燃油火电厂（含企业自备电厂）化石燃料燃烧碳排放；钢铁行业基于生产工艺环节，碳排放核算包括球团用煤、烧结用煤、高炉喷煤、高炉用焦、电炉/转炉少部分化石能源消费产生的碳排放，以及熔剂使用、炼钢降碳工业过程排放；水泥行业基于生产工艺环节，碳排放涵盖包括生料预热、熟料煅烧阶段燃料燃烧碳排放，以及碳酸盐分解产生的工业过程排放；根据《国民经济行业分类》（GB/T 4754—2017），石化化工行业分为5 大类，其中石油和天然气开采业、石油煤炭及其他燃料加工业、化学原料及化学制品制造业的能源消费之和占全石化化工能源消费总量的 95%，是石化化工行业能源消费和碳排放的主体，因此，选取上述五类子行业作为石化化工行业研究范围，碳排放涵盖研究范围内化石燃料燃烧碳排放，以及电石、合成氨生产过程中工业过程排放；煤化工包括传统煤化工和现代煤化工，传统煤化工分为煤制合成氨、焦化、煤制甲醇，现代煤化工包括煤直接液化、煤间接液化、煤制天然气、煤制烯烃和煤制乙二醇等，碳排放涵盖传统煤化工与现代煤化工各子行业化石燃料燃烧碳排放，以及合成氨工业过程排放；铝冶炼碳排放涵盖包括氧化铝、电解铝生产过程中化石燃料燃烧碳排放，以及电解铝生产过程中碳阳极消耗产生的工业过程排放；交通领域涵盖公铁水航不同运输方式，碳排放包括内燃机乘用车、商用车、铁路列车、水运船舶和民用航空器在使用环节化石燃料燃烧碳排放；建筑领域基于用能活动，核算范围包括居民生活、服务业等建筑运行过程中由于供暖、炊事等活动化石燃料燃烧碳排放。

3.2　社会经济发展预测

中长期目标约束主要包括社会经济发展需求和碳达峰、碳中和目标，对于 GDP、人口、城镇化率、三产结构等社会经济发展需求预测基于历史趋势并结合主流研究机构判断，作为对于碳排放情景分析及碳排放路径预测的基础。

我国已经进入全面建成小康社会、开启全面建设社会主义现代化建设新征程、转向高质量发展的新阶段。经济实力、科技实力、综合国力和人民生活水平已跃上新的大台阶，经济社会发展有诸多有利条件，但国际环境不稳定不确定性明显增加，新冠疫情影响广泛深远，国内经济发展面临不平衡不充分问题依然突出。预期"十四五"及中长期我国经济社会仍将保持平稳发展，经济发展质量将持续提升，产业结构优化升级。"十三五"时期，我国经济总体实现了规划期保持中高速增长的目标，2016—2019 年 GDP 年均实际增速为 6.7%，但由于新冠疫情暴发导致经济增速大幅放缓，2020年全年 GDP 增速为 2.3%。"十三五"时期面对复杂多变的国际局势，我国经济运行保持在合理区间，仍是全球经济增长表现最好的主要经济体，经济显现出持续恢复的势头，展现出我国经济发展的强大韧性。疫情对中国经济的冲击是短期的、总体可控的，我国经济长期向好的趋势和基本面没有根本改变，据国内外权威研究机构预测，考虑疫情对中国经济增长的影响，预计"十四五"期间我国GDP 年均增速在 4.7%～5.0%、"十五五"增长在 4.5%左右、"十六五"在 4.0%左右。

我国人口发展已经进入关键转折期，少子化和人口预期寿命的不断提高，人口自然增长率长期低于预期、人口老龄化程度不断加深、劳动力老化程度加重等问题凸显。"十三五"末人口老龄化水平比"十二五"末高 2%，预计 2022 年前后中国人口老龄化水平将达到 14%，进入老龄社会。"十三五"期间我国劳动力年龄人口年均下降 0.6%左右，也是中国经济增长速度放缓的重要原因之一。我国人口发展既符合世界一般性规律，又具有自身特点。年龄结构带来的人口问题日益凸显，人口峰值临近，老龄化加剧、低生育率等问题形势仍将持续。"十四五"规划提出"推动实现适度生育水平"以及"健全婴幼儿发展政策"，预计推出放开三孩生育+逐步鼓励的人口政策组合。近年来我国新出生人口数量持续下行，若无政策调整，"十四五"期间不排除出现人口负增长的可能性。预计"十四五"期间，我国人口将保持微增态势，人口峰值将在 2030 年前到来，2029 年前后人口总量将达 14.3亿人左右的峰值拐点，到 2035 年，人口规模将保持在 14.3 亿左右。

2021—2035 年是产业结构调整升级快速推进的时期。预计国内疫情防控有力，国际关系趋于缓和，贸易逐渐恢复，中长期产业将向价值链中高端跃升；现代农业和生态农业将成为我国普遍的农业发展模式，高端制造业和绿色制造业成为工业发展的重要支柱，消费型服务业和知识型服务业成为中国经济增长的重要引擎。预计到 2025 年，三次产业结构调整为 6.9：33.1：60.0，第三产业比重稳步上升，逐步成为经济发展的主导产业；服务于制造业和进出口贸易的生产性服务业迈向产业链的中高端。到 2030 年调整为 6.2：30.3：63.5，2035 年调整为 5.4：28.1：66.5 左右，跻身创新型国家前列。

2019 年我国常住人口城镇化率为 60.6%，城镇化进程总体进入到后期阶段。当前至 2035 年是我国城镇化迈向成熟期关键阶段，城镇化仍将是高质量发展的主要推动力与标志，城镇化进程将表现出集约型、多样化、可持续、智慧型、和谐型等特征。中西部地区将处于城镇化加速时期，是城镇化主要动力板块，东部和东北地区进入城镇化减速期。"十四五"时期，预计我国将更加强调城市群、都市圈战略，避免大中小城市均衡发展的平均用力，核心城市群预计将成为投资发展重要抓手，京津冀协同发展、粤港澳大湾区、长三角一体化以及成渝双城经济圈预计均将有所部署，共同构成驱动中国发展的组合动力。预计 2025 年和 2030 年，我国常住人口城镇化率分别将达到 65%和 69%左右，2035 年达到 72%左右。人口集聚发展特征将更加明显，人口由农村向城镇转移的趋势将减弱，由一般地区向沿江、沿海、铁路沿线地区聚集趋势将增强，重点经济区和城市群地区人口集聚度将明显加大。

3.3　碳排放情景分析

基于自主开发的重点行业/领域的碳达峰情景分析与路径研究方法（CAEP-CP-Sectors），对我国重点行业开展全口径、分阶段的发展情景与碳排放趋势分析。研究的基准年为 2020 年，时间跨度为

2021—2035 年。

如图 4-2-5 所示，在高排放情景下，CO_2 直接排放量（能源活动加工业过程排放）在"十四五"期间将以年均 1.8%的增长率继续增长，2027 年前后碳排放量达到约 122 亿 t 的峰值，较 2020 年增长约 7 亿 t。达峰后保持 2~3 年峰值平台期，年均降幅在 5 000 万 t 以下，2030 年后碳排放量以年均 1.0%的降幅持续下降。

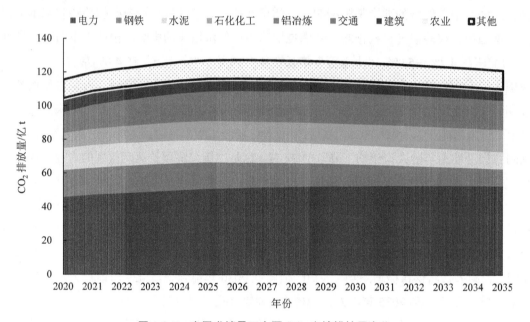

图 4-2-5 高需求情景下全国 CO_2 直接排放量变化

如图 4-2-6 所示，在低排放情景下，CO_2 直接排放量（能源活动加工业过程排放）在"十四五"期间将以年均 1.1%的增长率继续增长，2027 年前后碳排放量达到约 126 亿 t 的峰值，较 2020 年增长约 11 亿 t。达峰后保持 2 年峰值平台期，年均降幅在 5 000 万 t 以下，2030 年后碳排放量以年均 1.4%的降幅持续下降。

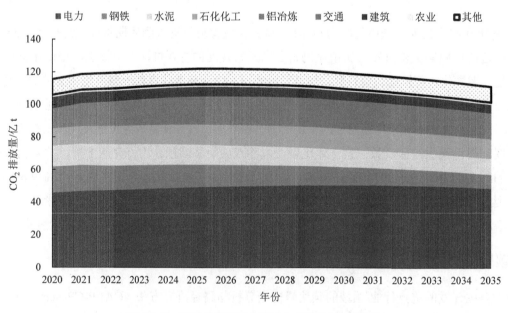

图 4-2-6 低需求情景下全国 CO_2 直接排放量变化

3.4 碳达峰路径分析

3.4.1 碳排放达峰路线图

"十四五"将是"控增量、促转型"的关键时期，决定了 2030 年前碳达峰的形势。结合不同情景下我国"十四五"及中长期碳排放总量情景分析，在积极采取降碳减污措施的情况下，我国 CO_2 排放量有望于 2027 年前后达峰，峰值较 2020 年增加 7 亿 t 左右。为确保我国碳排放在 2030 年前实现碳达峰目标完成，需要采取有力措施，推动实现不同行业与领域梯次达峰，工业领域将在"十四五"期间整体达峰，达峰后碳排放实现稳定下降；受需求刚性增长影响，短时间内电力、交通、建筑领域碳排放仍将保持增长态势，采取有力控碳措施后，有望于 2030 年前后实现达峰，达峰后保持 2~4 年平台期。由于各行业达峰不同步，全国碳排放总量达峰后仍将保持 3~4 年的峰值平台期，在峰值平台期间，我国年均降碳仅为几千万吨的水平，仅相当于几个重大建设项目的碳排放量，因此需要全面加强碳排放管理，尤其是总量控制等政策制度创新，警惕因重大项目集中建设布局而导致达峰延迟或反复冲高的现象。

"十四五"是实现碳排放达峰的关键期，工业领域达峰态势决定了我国碳排放达峰的时间和峰值，只有工业领域（不含电力）"十四五"期间总体达峰，才能够保障我国 2030 年前碳达峰目标的顺利实现。预计工业领域碳排放整体于 2024 年达峰。2024 年前，工业领域钢铁、水泥、铝冶炼、石化化工、煤化工 5 个重点行业碳排放总量预计将较 2020 年小幅增长，钢铁、水泥行业在"十四五"前、中期达峰，铝冶炼和煤化工行业在"十四五"后期达峰，社会经济发展预计对石化化工行业产品的需求仍有较大增长空间，石化化工行业预计在"十五五"末期达峰。

随着工业化、城镇化、信息化加快推进以及居民生活水平的进一步提升，我国电力消费在一定时期内将刚性增长。据初步测算，电力将是我国未来十年能源增长的主体，占 70%~80%，其增长主要集中在居民生活、5G 基站及大数据等新型基础设施、其他服务业等方面，分别占增量的 33%、16%、24%，与国计民生直接相关，是支撑我国经济转型升级和高质量发展以及未来居民生活水平提高的重要保障，全社会用电量在 2035 年前将保持增长态势。结合电源结构优化等措施，预计电力行业 CO_2 排放将于 2031 年前后达峰，峰值较 2020 年增加 5 亿~6 亿 t。若不含热电联产供热排放，电力行业发电部分碳排放预计 2028 年达峰，峰值较 2020 年增加 3 亿~4 亿 t。2020 年我国发电结构中，煤电、气电、水电、核电、生物质发电、风电、太阳能发电占比分别为 61%、3%、18%、5%、2%、6%、3%，其中煤电占比最高，但持续呈现下降态势。在该研究提出的碳达峰路径下，"十四五"期间煤电发电量占比将降至 53%，"十五五"期间进一步降至 45%。提速风、光新能源发展是实现 2030 年前碳达峰的必然选择，新增用电需求主要由可再生能源来满足。

受客货运需求持续增长的影响，预计交通运输领域碳排放量将于 2028 年达峰，峰值较 2019 年增加 4 亿~5 亿 t，旅客运输碳排放较货物运输提前达峰，随着疫情的有效控制，航空运输是交通领域碳排放的主体，在 2030 年前将持续增长。我国建筑领域直接排放量已达峰，包含间接排放量的建筑碳排放总量预计于 2029 年达峰。

基于研究结果，进一步分析能源消费结构变化情况。在经济增速一定的情况下，碳排放达峰时间与峰值大小主要取决于"十四五""十五五"期间的节能力度和可再生能源发展速度。"十四五""十五五""十六五"能源强度下降率分别为 13.5%、13.5% 和 13%，2025 年、2030 年和 2035 年能源结构分别为:非化石能源占比分别提高到 20%、26.5%和 33%;煤炭占比分别下降到 50.1%、43.6%和 37.1%,石油占比分别为 18%、16.5%和 15%,天然气占比分别为 11.9%、13.4%和 14.9%。

3.4.2 排放贡献及措施建议

各行业/领域碳直接排放变化对我国碳排放总量变化的影响如图 4-2-7 所示。到达峰年交通领域和电力行业的排放增量将是我国排放增加的主要推动力,2030 年前交通和电力行业的排放量预计将分别较 2020 年增加 5 亿 t 和 4 亿 t 左右,此外,石化化工行业的碳排放量预计也将增加 1 亿 t 左右。研究结果表明,钢铁行业碳排放达峰后的排放下降最为明显,至达峰年,其直接排放量预计将下降 3 亿 t 左右。建筑领域和水泥行业的直接排放也将分别下降 1 亿 t 和 0.8 亿 t 左右,钢铁、水泥、建筑 3 个行业/领域的减排是实现 2030 年前碳排放达峰的重要推手。

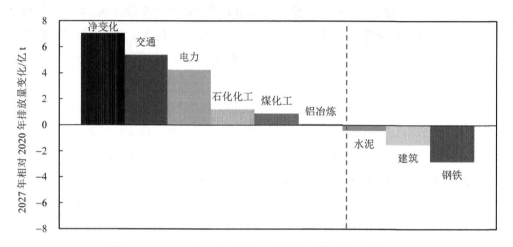

图 4-2-7 2020 年至达峰年各重点行业/领域直接排放变化

精准有效的控制措施是支撑我国碳排放高质量达峰的重要驱动力,基于各行业/领域达峰措施分析结果,形成以下 6 项措施建议。①全面构建新型电力体系,全面提速非化石能源发展,确保风电、太阳能发电成为满足电力增长需求的主体,到 2030 年我国风电和光伏发电装机总量在 17 亿 kW·h 左右;②加强重点行业产能调控管理,坚决遏制"两高"项目盲目扩张,提高重点行业产能减量置换比例,将石化化工和传统煤化工行业纳入产能置换管理,控制成品油出口规模,严格控制甲醇作为燃料使用;③加快构建低碳循环工业体系,加大废钢废铝资源回收利用,完善资源分级分类体系,推动 2025 年炼钢废钢比提升到 15% 以上,2030 年再生铝比例达到 30%及以上,加大水泥行业综合利用固体废物力度,提高行业原料和燃料替代比例;④推进工业领域节能降耗,加严重点行业单位能耗限额标准,推动实现"十四五"期间单位工业增加值能耗下降 18%以上;⑤加快形成绿色低碳运输方式,全面提速新能源车发展,实现 2030 年新能源车销售占比提高到 40%以上,以大宗货物"公转铁""公转水"和发展中短途新能源车辆及管道运输为核心优化调整交通运输结构,持续提升燃油车队能效水平,加快老旧车辆淘汰,同时实现 2030 年新生产燃油乘用车和商用车单车碳排放强度相对 2020 年分别降低 25%和 20%;⑥建筑领域能效提升与用能结构优化并举,出台建筑节能与可再生能源利用通用规范,推动实现城镇新建建筑节能标准每 5 年提升 30%,加快老旧建筑节能改造,到 2035 年,分别完成既有公共建筑、老旧小区改造 33 亿 m² 和 30 亿 m²,节能效果分别较 2020 年至少分别提升 20%、50%,持续推进北方地区清洁取暖,到 2035 年,基本实现农村地区散煤清零,推广建筑可再生能源利用。

参考文献

[1] 中华人民共和国国务院新闻办公室. 中国应对气候变化的政策与行动[M]. 北京：人民出版社，2021.

[2] 张晓娣. 正确认识把握我国碳达峰碳中和的系统谋划和总体部署——新发展阶段党中央双碳相关精神及思路的阐释[J]. 上海经济研究，2022（2）：14-33.

[3] 习近平在中共中央政治局第六次集体学习时强调 坚持节约资源和保护环境基本国策 努力走向社会主义生态文明新时代[J]. 环境经济，2013（6）：6.

[4] 刘彬. 中国实现碳达峰和碳中和目标的基础、挑战和政策路径[J]. 价格月刊，2021（11）：87-94.

[5] 王金南，蔡博峰. 打好碳达峰碳中和这场硬仗[J]. 中国信息化，2022（6）：5-8.

[6] 蔡博峰，曹丽斌，雷宇，等. 中国碳中和目标下的二氧化碳排放路径[J]. 中国人口·资源与环境，2021，31（1）：7-14.

[7] 庄贵阳. 我国实现"双碳"目标面临的挑战及对策[J]. 人民论坛，2021（18）：50-53.

[8] 杨玲萍，吕涛. 我国碳锁定原因分析及解锁策略[J]. 工业技术经济，2011，30（4）：151-157.

[9] 牛鸿蕾，刘志勇. 中国碳锁定效应的测度指标体系构建与实证分析[J]. 生态经济，2021，37（2）：22-27.

[10] Karen C. Seto，Steven J. Davis，Ronald B. Mitchell，et al. Carbon Lock-In：Types，Causes，and Policy Implications[J]. Annual Review of Environment and Resources，2016，41（1）.

[11] 王金南，严刚. 加快实现碳排放达峰 推动经济高质量发展[N]. 经济日报，2021-01-04.

[12] 张立，万昕，蒋含颖，等. 二氧化碳排放达峰期、平台期及下降期定量判断方法研究[J]. 环境工程，2021，39（10）：1-7.

[13] 蒋含颖，段祎然，张哲，等. 基于统计学的中国典型大城市 CO_2 排放达峰研究[J]. 气候变化研究进展，2021，17（2）：131-139.

[14] 庄贵阳，窦晓铭，魏鸣昕. 碳达峰碳中和的学理阐释与路径分析[J]. 兰州大学学报（社会科学版），2022，50（1）：57-68.

[15] 严刚，郑逸璇，王雪松，等. 基于重点行业/领域的我国碳排放达峰路径研究[J]. 环境科学研究，2022，35（2）：309-319.

[16] 周天军，陈梓明，陈晓龙，等. IPCC AR6 报告解读：未来的全球气候——基于情景的预估和近期信息[J]. 气候变化研究进展，2021，17（6）：652-663.

[17] IPCC. AR5 Climate Change 2014：Impacts，adaptation，and vulnerability：Contribution of working group II to the Fifth Assessment Report of the intergovernmental panel on climate change[M]. Cambridge：Cambridge University Press. 2014.

[18] IPCC. AR5 climate change 2014：Mitigation of climate change：Contribution of working group III to the Fifth Assessment Report of the intergovernmental panel on climate Change[M]. Cambridge：Cambridge University Press，2014.

[19] Pedersen JTS，Vuuren DV，Gupta J，et al. IPCC emission scenarios：How did critiques affect their quality and relevance 1990–2022[J]. Global Environmental Change，2022，75，102538.

[20] 向竣文，张利平，邓瑶，等. 基于 CMIP6 的中国主要地区极端气温/降水模拟能力评估及未来情景预估[J]. 武汉大学学报（工学版），2021，54（1）：46-57，81.

[21] 姜彤，王艳君，袁佳双，等. "一带一路"沿线国家 2020—2060 年人口经济发展情景预测[J]. 气候变化研究进展，2018，14（2）：155-164.

[22] 刘昌新，张海玲，吴静. 基于 SSPs 情景的中国极端降水影响评估[J]. 环境保护，2021，49（8）：29-34.

[23] 郑丁乾，常世彦，蔡闻佳，等. 温升 2℃/1.5℃情景下世界主要区域 BECCS 发展潜力评估分析[J]. 全球能源互联网，2020，3（4）：351-362.

[24] 范泽孟. 基于 SSP-RCP 不同情景的京津冀地区土地覆被变化模拟[J]. 地理学报，2022，77（1）：228-244.

[25] IEA（International Energy Agency），2020. World energy outlook 2020[R/OL]. Accessed on June 29，2021. https://www.iea.org/reports/world-energy-outlook-2020.

[26] IEA（International Energy Agency），2020. World energy model[R/OL]. Accessed on June 29，2021. https://www.iea.org/reports/world-energy-model.

[27] 唐杰，温照傑，王东，等. OECD 国家碳排放达峰过程及对我国的借鉴意义[J]. 深圳社会科学，2021，4（4）：28-37.

[28] 杨儒浦，冯相昭，赵梦雪，等. 欧洲碳中和实现路径探讨及其对中国的启示[J]. 环境与可持续发展，2021，46（3）：45-52.

[29] 余碧莹，赵光普，安润颖，等. 碳中和目标下中国碳排放路径研究[J]. 北京理工大学学报（社会科学版），2021，23（2）：17-24.

[30] 张璐，龚乾厅. "双碳"背景下我国能源消费战略推进的路径选择[J]. 南京工业大学学报（社会科学版），2022，21（2）：12-23，111.

[31] 朱法华，王玉山，徐振，等. 中国电力行业碳达峰、碳中和的发展路径研究[J]. 电力科技与环保，2021，37（3）：9-16.

[32] 王丽娟，张剑，王雪松，等. 中国电力行业二氧化碳排放达峰路径研究[J]. 环境科学研究，2022，35（2）：329-338. DOI：10.13198/j.issn.1001-6929.2021.11.24.

[33] 王勇，毕莹，王恩东. 中国工业碳排放达峰的情景预测与减排潜力评估[J]. 中国人口·资源与环境，2017，27（10）：131-140.

[34] 汪旭颖，李冰，吕晨，等. 中国钢铁行业二氧化碳排放达峰路径研究[J]. 环境科学研究，2022，35（2）：339-346.

[35] 贺晋瑜，何捷，王郁涛，等. 中国水泥行业二氧化碳排放达峰路径研究[J]. 环境科学研究，2022，35（2）：347-355. DOI：10.13198/j.issn.1001-6929.2021.11.19.

[36] 庞凌云，翁慧，常靖，等. 中国石化化工行业二氧化碳排放达峰路径研究[J]. 环境科学研究，2022，35（2）：356-367. DOI：10.13198/j.issn.1001-6929.2021.11.26.

[37] 王丽娟，邵朱强，熊慧，等. 中国铝冶炼行业二氧化碳排放达峰路径研究[J]. 环境科学研究，2022，35（2）：377-384. DOI：10.13198/j.issn.1001-6929.2021.11.18.

[38] 金玲，郝成亮，吴立新，等. 中国煤化工行业二氧化碳排放达峰路径研究[J]. 环境科学研究，2022，35（2）：368-376. DOI：10.13198/j.issn.1001-6929.2021.11.08.

[39] 黄志辉，纪亮，尹洁，等. 中国道路交通二氧化碳排放达峰路径研究[J]. 环境科学研究，2022，35（2）：385-393.

[40] 张希良，黄晓丹，张达，等. 碳中和目标下的能源经济转型路径与政策研究[J]. 管理世界，2022，38（1）：35-66.

[41] 洪竞科，李沅潮，郭偲悦. 全产业链视角下建筑碳排放路径模拟：基于 RICE-LEAP 模型[J]. 中国环境科学，2022，42（9）：4389-4398.

[42] 袁闪闪，陈潇君，杜艳春，等. 中国建筑领域 CO_2 排放达峰路径研究[J]. 环境科学研究，2022，35（2）：394-404.

[43] 曹丽斌，李明煜，张立，等. 长三角城市群 CO_2 排放达峰影响研究[J]. 环境工程，2020，38（11）：33-38.

[44] Wu F，Huang NY，Liu GJ，et al. Pathway optimization of China's carbon emission reduction and its provincial allocation under temperature control threshold[J]. Journal of Environmental Management，2020，271：111034.

[45] 郭芳，王灿，张诗卉. 中国城市碳达峰趋势的聚类分析[J]. 中国环境管理，2021，13（1）：40-48.

[46] 李惠民，张西，张哲瑜，等. 北京市碳排放达峰路径及政策启示[J]. 环境保护，2020，48（5）：24-31.

[47] 蔡博峰，吕晨，董金池，等. 重点行业/领域碳达峰路径研究方法[J]. 环境科学研究，2022，35（2）：320-328.

本专题执笔人：吕晨、郑逸璇

完成时间：2022 年 12 月

专题 3　重点行业和领域碳排放趋势分析

1　引言

习近平主席在第七十五届联合国大会一般性辩论上做出的"二氧化碳排放力争于 2030 年前达到峰值，努力争取 2060 年前实现碳中和"的重要宣示，是党中央经过深思熟虑作出的重大战略决策部署，事关中华民族永续发展和构建人类命运共同体，也是一场广泛而深刻的经济社会变革。

本研究采取自下而上和自上而下相结合的方式，借鉴 IPCC 路径情景方法学和发达国家碳排放控制经验，基于排放机理模型、统计学模型等，结合文献分析、数据挖掘、专家研判、重点省份调研、典型企业现场调研等，以社会经济稳步高质量发展为背景，在充分考虑国民经济社会发展需求、行业发展技术特点、产业链上下游供需关系、国内外进出口变化等基础上，以全国 2030 年前实现碳排放达峰为约束，以分行业分领域碳达峰情景分析为基础，以技术可达性、措施和成本可行性为条件，通过反复迭代优化，深入分析预测 2021—2035 年行业发展规模和先进技术发展前景，研究电力、钢铁、水泥、铝冶炼、石化、化工、煤化工等重点行业和交通、建筑领域碳排放变化趋势，为"十四五"生态环境保护规划和 2030 年前碳达峰提供支撑。

2　电力行业发展与碳排放分析

2.1　电力行业发展现状

2.1.1　电力生产现状

2020 年电力装机容量达 22.0 亿 kW，发电量达 7.6 万亿 kW·h（图 4-3-1），电力消费占全球总量的 28% 左右。我国电源结构以煤电为主，2020 年煤电装机容量 10.8 亿 kW、发电量 4.6 万亿 kW·h，占全行业比重分别为 49%、61%（图 4-3-2），煤电发电量约占全球煤电发电量的 50%。

我国非化石能源发电比重持续上升。非化石能源发电主要包括水电、风电、太阳能发电、核电、生物质发电、余压发电、地热发电、海洋发电等，具有低碳排放的特点，替代高碳属性的化石能源发电具有显著的降碳效应。我国电源结构总体呈"水火二元化"特征，非化石能源发电主要为水电。2000 年以后，我国水电、核电保持稳步增长，新能源发电实现快速增长，生物质发电、余压发电等有所发展。截至 2020 年年底，全国全口径非化石能源发电装机容量达 98 566 万 kW，占比达到 44.8%，较 2000 年提高 19.2 个百分点，比 2010 年提高 18.1 个百分点。2020 年，我国非化石能源发电量为 25 830 亿 kW·h，占比由 2010 年的 19% 上升至 34%。有力支撑了我国非化石能源消费占一次能源消费比重到 2020 年达到 15%的约束性指标的实现（图 4-3-2）。

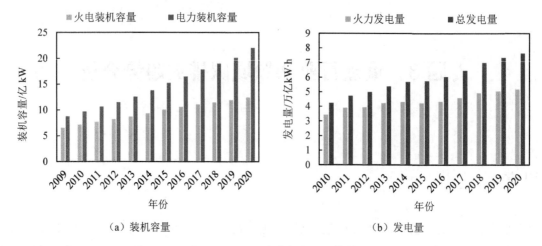

图 4-3-1 我国电力行业发展趋势

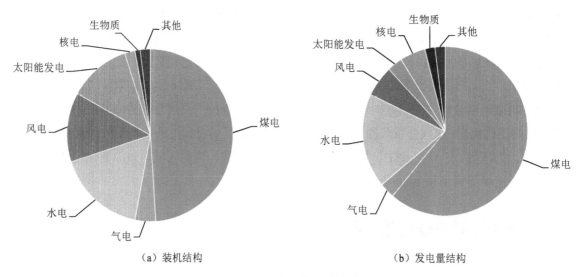

图 4-3-2 2020 年我国不同电源结构装机及发电情况

2.1.2 电力消费弹性系数

电力消费弹性系数是指一段时间内电力消费增长速度与国民生产总值增长速度的比值，用以评价电力与经济发展之间的总体关系。它与工业发展阶段密切相关，1991—1999 年，我国产业结构以轻工业为主，电力弹性系数平均为 0.7；2000—2009 年，经济发展步入重化工业化阶段，电力弹性系数平均为 1.1；2010—2019 年，工业化进入中后期阶段，电力弹性系数下降至 1 以下，如表 4-3-1 所示。

表 4-3-1 不同经济周期的电力消费弹性系数

年份	经济年均增速/%	电力消费平均增速/%	电力消费弹性系数
1991—1999	10.6	7.8	0.74
2000—2009	10.3	11.7	1.14
2010—2019	7.7	7.1	0.91

从国际经验来看，法国、日本、德国、英国、美国、韩国等发达国家在工业化中后期，电力消费弹性系数一般小于 1，从用电结构来看，我国与日本、韩国类似，主要集中于工业部门。在人均GDP 1 万～1.4 万美元、人均 GDP 1.4 万～1.8 万美元、人均 GDP 1.8 万～2.2 万美元时，日本、韩国的电力消费弹性系数分别在 0.7～1.8、0.3～0.5、0.6～0.8。

2.1.3 各部门电力消费

2020 年，全社会用电量达 75 214 亿 kW·h，第一产业、第二产业、第三产业和城乡居民生活用电量占全社会用电量的比重分别为 1.1%、68.2%、16.1% 和 14.6%。"十三五"时期全社会用电量年均增速为 5.7%。与 2010 年相比，第三产业和城乡居民生活用电量占比分别提高 5.4 个百分点和 2.4个百分点，其中信息传输、软件和信息技术服务业用电量持续高速增长；第二产业用电量占比降低6.7 个百分点。

我国全社会用电部门主要集中于工业、居民生活、服务业等部门。工业是我国最主要的用电部门。2020 年工业部门用电量 5.0 万亿 kW·h，占全社会用电量的 67%，其中，有色金属冶炼和压延加工业、黑色金属冶炼和压延加工业、化学原料和化学制品制造业、非金属矿物制品业等为代表的高耗能制造业是最主要的耗电部门，四大行业合计用电量占工业部门总用电量的 42%。居民生活是除工业行业外的第二大用电领域。2020 年，我国居民生活用电量 1.1 万亿 kW·h，占全社会总用电量的15%，人均居民生活用电量约 788 kW·h/a（图 4-3-3）。

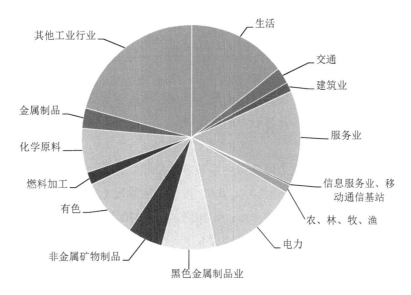

图 4-3-3 2020 年全社会用电情况

2.2 电力行业碳排放现状

我国电力行业 CO_2 排放量逐渐增长（图 4-3-4），2020 年排放量占全国能源总排放的 45% 左右。从排放结构来看，CO_2 排放以煤炭排放为主，燃煤、燃气、燃油 CO_2 排放量分别占电力行业总排放的 97.7%、2.3% 和 0.01%。

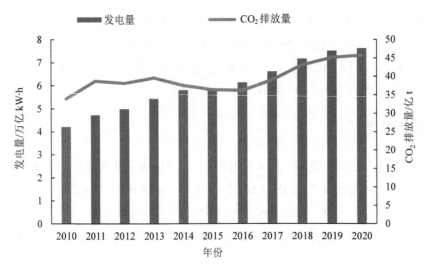

图 4-3-4 2010—2020 年我国发电量与 CO_2 排放量

2.3 电力行业未来碳排放趋势分析

本研究对电力行业开展全口径、分阶段的发展情景与碳排放趋势分析。研究范围包括煤电、气电、水电、核电、生物质、风电、光伏发电等各种电源结构,碳排放核算范围包括燃煤、燃气、燃油等火电厂(含企业自备电厂)化石燃料燃烧(含热电联产供热部分燃料消耗)产生的 CO_2 排放。研究的基准年为 2020 年,时间跨度是 2021—2035 年。

2.3.1 电力需求预测

电力需求与社会经济发展、各部门用电需求密切相关。本研究分别采用弹性系数、部门需求预测和能源规划预测等 3 种方法,开展电力需求预测。

(1)弹性系数法

类比经济结构相似的国家电力消费弹性系数发展规律,预计"十四五""十五五""十六五"期间我国电力消费弹性系数分别为 0.8、0.7、0.6;按照相应阶段 GDP 增速 5.5%、5.0%、4.2%计算,电力消费增速分别为 4.4%、3.5%、2.5%,到 2025 年、2030 年、2035 年全社会用电量将分别达到 9.5 万亿 kW·h、11.2 万亿 kW·h、12.7 万亿 kW·h。

(2)部门需求预测法

高耗能行业用电需求通过对接有色、钢铁、水泥、化工等高耗能行业发展情景,根据各行业不同阶段产量预测结果,采用产品单耗法预测各行业 2025 年、2030 年、2035 年用电需求。其他工业行业根据 2010—2020 年金属制品、纺织、电子设备制造、橡胶塑料等 13 个主要工业行业产品产量、产品单耗的变化趋势,综合考虑未来产业发展形势及能效提升等因素,采用产品单耗法预测各行业用电需求。电力、热力、燃气及水生产供应业(简称电力与热力供应业)的用电量主要来自发电厂自用电、线路损失及抽水蓄能耗电等,根据全社会总用电量变化趋势进行预测。除上述行业外的其他工业行业用电需求根据 2014—2019 年用电量历史趋势进行预测。居民生活用电需求根据 2002—2020 年我国人均居民生活用电量与人均 GDP 的相关关系、综合考虑新型城镇化和乡村振兴发展战略,参比发达国家主要城市人均用电水平,按照 2025 年我国人均居民生活用电量达到

1 100 kW·h/a（天津、浙江目前水平）、2030 年达到 1 600 kW·h/a（上海目前水平）、2035 年 2 000 kW·h/a（略高于北京目前水平），分别预测 2025 年、2030 年、2035 年居民生活用电需求。三产服务业用电需求综合考虑 5G 基站、大数据中心建设规模及能效变化等因素，预测 2025 年、2030 年、2035 年新型基础设施的用电需求。交通运输领域用电主要包括电气化铁路、电动汽车、水上运输业、航空运输业等。按照《新能源汽车产业发展规划（2021—2035 年）》提出的"到 2025 年，新能源汽车销量达汽车销售总量 20%""纯电动乘用车新车平均电耗降至百公里 12.0 kW·h"，以及未来铁路电气化率基本达到 100% 的目标，分别预测 2025 年、2030 年、2035 年用电需求。其他部门用电量根据 2014—2019 年增长趋势，采用趋势外推法进行预测。综上，根据部门需求预测法，到 2025 年、2030 年、2035 年全社会用电量将分别达到 9.5 万亿 kW·h、11.0 万亿 kW·h、12.5 万亿 kW·h。

（3）能源规划预测

根据国家发改委《中长期能源发展战略规划纲要（2021—2035 年）》征求意见稿的发展情景，我国"十四五""十五五""十六五"电力需求增速分别为 4%、3.4%、2.2%，据此测算 2025 年、2030 年、2035 年全社会用电量分别为 9.3 万亿 kW·h、11.0 万亿 kW·h、12.2 万亿 kW·h。

综合上述三种方法结果，预计到 2025 年、2030 年、2035 年，全社会用电量将分别达到 9.3 万亿～9.5 万亿 kW·h、11.0 万亿～11.2 万亿 kW·h、12.2 万亿～12.7 万亿 kW·h。工业部门、居民生活、5G 基站和大数据中心等将是我国电力增长的主要推动因素，分别占"十四五"期间新增用电量的 27%、25% 和 22%，"十五五"期间新增用电量的 17%、41% 和 7%，"十六五"新增用电量的 14%、37% 和 6%。

根据以上 3 种方法的预测结果，电力需求按照高、低 2 个情景开展分析，分别为高需求情景和低需求情景，相应的用电需求如图 4-3-5 所示。

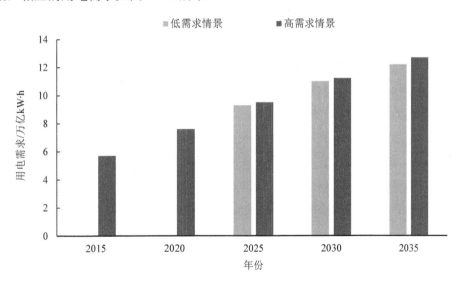

图 4-3-5　用电需求预测情景

2.3.2　电源结构分析

将电源结构分为非化石能源与化石能源两大类，坚持非化石能源优先发展，分别分析发展情景。首先基于可开发资源量、电源项目建设周期、能源价格等方面因素，确定水电、核电、生物质发电规模,再统筹考虑非化石能源消费比例等,确定风电、光伏发电规模。

化石能源结构分析中,首先根据天然气资源情况和分布式调峰需求,确定气电发展规模;然后根据全社会用电需求,减掉非化石能源可支撑电量和气电规模,确定不同情景下的煤电发电量。

(1)水电

我国水电发展规模由水电可开发资源量和水电项目建设条件决定。除雅鲁藏布江上游外,我国其他流域常规水电资源可开发规模为 4.2 亿 kW 左右。根据项目建设进度估算,到 2025 年、2030 年、2035 年,常规水电开发规模将分别达到 3.9 亿 kW、4.1 亿 kW、4.2 亿 kW。

(2)核电

我国核电发展规模主要取决于核电设备生产和项目建设能力。按照现有项目的建设周期,2025 年装机容量将达到 0.7 亿 kW;"十五五"和"十六五"根据技术装备与施工能力,按每年最大开工规模计(8 台、1 000 万 kW),到 2030 年、2035 年核电装机将分别达到 1.2 亿 kW、1.7 亿 kW。

(3)生物质发电

我国生物质发电主要受燃料价格和收储能力制约。"十四五""十五五""十六五"期间将加快发展,预计年均增长 400 万 kW、800 万 kW 和 600 万 kW;到 2025 年、2030 年、2035 年生物质装机容量将分别达到 0.5 亿 kW、0.9 亿 kW 和 1.2 亿 kW。

(4)天然气发电

天然气发电受天然气供应能力与气价制约。在统筹考虑碳达峰、碳中和等要求下,按照"十四五""十五五"年均增长 1 000 万 kW、"十六五"年均增长 600 万 kW 考虑,预计到 2025 年、2030 年、2035 年气电装机将分别达到 1.5 亿 kW、2.0 亿 kW、2.3 亿 kW。

(5)风电和光伏发电

在水电、核电、生物质和燃气发电规模受可开发资源量、装备生产和项目建设能力、燃料供应等因素制约的前提下,风电、光伏发电的发展规模不仅成为提升非化石能源发电比例的重要内容,也是电力行业实现碳达峰的关键。

依据上述电源结构分析,分别设定了低、中、高 3 个风光发展情景,分析不同风电和光伏发电装机对煤电发展和电力行业碳达峰的影响。

低风光情景。按 2030 年风电光伏发电总装机达到 12 亿 kW 计,2021—2030 年风光装机容量年均增长 6 650 万 kW。据此推算,在上述水电、核电、生物质发电条件下,2025 年、2030 年,非化石能源占能源消费总量比重分别为 19.1%、22.9%,不能满足 2030 年非化石能源占比达到 25% 的承诺(能源消费总量采用中长期能源规划数据,2025 年、2030 年、2035 年分别为 56 亿 t、60 亿 t、64 亿 t 标煤)。

中风光情景。"十四五""十五五""十六五"风电光伏总装机规模分别按年均增长 1 亿~1.1 亿 kW、1.1 亿~1.2 亿 kW、1.2 亿~1.3 亿 kW 进行预测,预计到 2025 年、2030 年和 2035 年,风电和光伏发电装机总容量将达到 10.6 亿 kW、16.4 亿 kW 和 22.7 亿 kW,非化石能源消费量占能源消费总量比例分别为 21.0%、26.7% 和 31.4%,与 2030 年非化石能源占比达到 25% 的承诺保持一致。

高风光情景。"十四五""十五五""十六五"风电光伏总装机规模分别按年均增长 1 亿~1.2 亿 kW、1.2 亿~1.4 亿 kW 和 1.4 亿~1.6 亿 kW 进行预测,预计到 2025 年、2030 年和 2035 年,装机容量将分别达到 10.9 亿 kW、17.5 亿 kW、25.1 亿 kW,非化石能源占能源消费总量比重相应提高到 21.2%、27.5% 和 33.1%。

将电力需求预测 2 个情景与电源结构 3 个情景进行组合，形成 6 个发电情景，分别为低需求低风光情景、低需求中风光情景、低需求高风光情景、高需求低风光情景、高需求中风光情景和高需求高风光情景。

2.3.3　化石能源消费量预测

考虑到技术进步和发电机组上大压小等措施，预计到 2025 年、2030 年、2035 年，发电标煤耗分别为 286 g/（kW·h）、280 g/（kW·h）、275 g/（kW·h），天然气发电耗气量为 0.2 m³/（kW·h）。同时，在研究中考虑了热电联产供热增加的耗煤量，采用趋势外推法进行预测。综合考虑发电和供热燃料消耗情况，"十四五""十五五""十六五"期末，煤炭消费量约为 16.6 亿～17.3 亿 t、16.6 亿～18.6 亿 t、16.0 亿～19.1 亿 t 标煤。

2.3.4　碳排放预测

根据化石能源消费量，参照《中国发电企业温室气体排放核算方法与报告指南（试行）》（发改办气候〔2013〕2526 号）中煤、天然气的碳排放因子，测算 CO_2 排放量，分析不同情景的 CO_2 排放变化趋势。分情景 CO_2 排放量变化趋势及达峰年份、达峰排放量如图 4-3-6 所示。电力行业低需求中风光、低需求高风光、高需求中风光、高需求高风光 4 种情景，仅考虑发电，达峰时间为 2025—2029 年，峰值为 42.6 亿～44.9 亿 t；考虑供热，达峰时间为 2028—2033 年，峰值为 49.4 亿～52.8 亿 t。

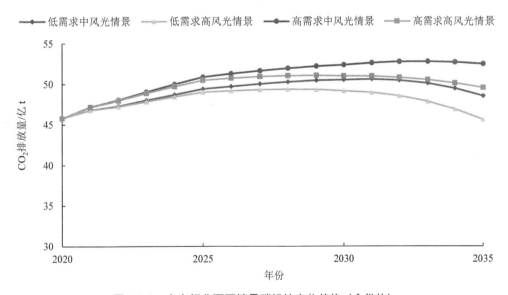

图 4-3-6　电力行业不同情景碳排放变化趋势（含供热）

3　钢铁行业发展与碳排放分析

3.1　钢铁行业发展现状

钢铁行业是我国国民经济和社会发展的重要基础产业，在现代化建设进程中发挥了不可替代的支撑作用。2010—2020 年,我国粗钢和生铁产量总体呈增长趋势,年均增速分别为 5.9%和 4.5%,2020 年产量分别达到 10.7 亿 t 和 8.9 亿 t,分别占全球总产量的 57%和 63%;钢材出口量从 4 256 万 t 增加到 5 367 万 t,进口量从 1 643 万 t 增加到 2 023 万 t,净出口量在 2 613 万 t(2010 年)至 9 962 万 t(2015 年)。从单位 GDP 钢材消费系数来看,2010—2020 年,我国逐年钢材消费系数在 0.16 万 t/亿元至 0.22 万 t/亿元之间波动。

分阶段来看,"十二五"期间,全国粗钢产量从 6.7 亿 t 增长至 8.0 亿 t,年均增幅为 4.1%(图 4-3-7),期间单位 GDP 钢材消费系数年均下降 4.5%;"十二五"是 2000—2020 年全国粗钢产量增幅最低的时期,2015 年全国粗钢产量同比下降 2.2%。"十三五"期间,全国粗钢产量从 8.1 亿 t 增长至 10.7 亿 t,年均增幅为 7.2%,对应单位 GDP 钢材消费系数年均增速为 2.5%。

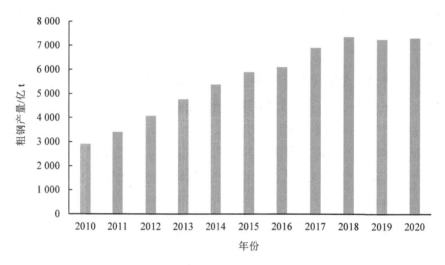

图 4-3-7　我国粗钢年产量

从钢铁生产方式来看,我国钢铁生产工艺以长流程炼钢为主,对铁矿石资源以及煤炭、焦炭等能源高度依赖,导致资源能源消耗突出。当前,我国电炉钢产量占粗钢比例仅为 10%,相较于美国 70%、欧盟 40%、韩国 33%、全球平均 28%的电炉钢比例存在较大差距。炼钢废钢比仅为 22%,也显著低于美国(70%)、欧盟(55%)、日本(34%)等发达国家和地区水平。

从钢材消费结构来看,我国钢铁行业的下游消费部门主要包括房屋建设、机械、汽车、基础设施建设、家电等,其中,房屋建设、机械以及汽车制造是我国最主要的钢材消费领域,合计钢材消费量约占全国总量 70%,是决定我国未来钢铁产量需求的重要部门。

3.2　钢铁行业碳排放现状

按照燃料燃烧排放、工业生产过程排放等直接排放以及净购入使用的电力、热力等间接排放为测算边界,基于全国第二次污染源普查数据和环境统计数据,2020 年我国钢铁行业 CO_2 排放总量为 18.1 亿 t,其中直接排放为 16.0 亿 t,间接排放为 2.1 亿 t。直接排放中,化石燃料燃烧排放为 14.5 亿 t,熔剂使用(碳酸钙分解)排放 0.4 亿 t,炼钢降碳排放 1.1 亿 t;间接排放为净购入电力导致的排放。

3.3　钢铁行业未来碳排放趋势分析

为系统研判钢铁行业发展趋势、碳排放达峰时间、峰值以及达峰实现路径，本研究构建了包含需求预测模块、控制情景模块以及排放分析模块的研究框架，对不同阶段钢铁行业发展情景和碳排放变化趋势进行预测分析，用以支撑钢铁行业碳排放达峰行动方案的制定。

3.3.1　产量预测

产量预测包括粗钢产量和废钢资源量两部分。粗钢产量预测采用消费系数法和分部门预测法两种方法，同时考虑出口需求等外部因素变化情况，对 2020—2035 年逐年粗钢产量进行综合预测，形成两个市场消费需求情景（高需求情景、低需求情景）。其中，消费系数法（高需求情景）立足于我国工业化发展所处阶段，综合参照"十二五"和"十三五"期间我国单位 GDP 钢材消费系数变化情况，对未来钢材消费量及粗钢产量开展预测；分部门预测法（低需求情景）按照房屋建筑、机械、汽车、基建、家电等分类对钢材消费需求分别开展预测。其次，在上述两个市场需求情景的基础上，从产能产量控制、产品替代、标准提升、进出口调节等角度考虑产量强化控制政策的影响，建立对应的产量强化政策情景（高需求-强化政策情景、低需求-强化政策情景），对相应情景下的粗钢产量进行预测。根据上述方法测算，我国钢需求当前已在高位徘徊，预计"十四五"时期达峰，之后逐步下降，但 2030 年前总体仍将保持较高水平。其中，高需求情景和高需求-强化政策情景下，预计粗钢产量 2025 年达峰；低需求情景下，预计粗钢产量 2021 年达峰；低需求-强化政策情景下，预计粗钢产量 2020 年达峰（图 4-3-8）。

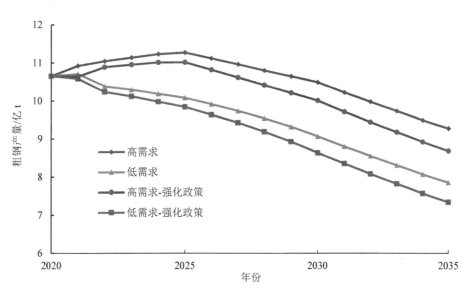

图 4-3-8　不同情景下的我国粗钢产量预测结果

废钢资源量采用社会钢铁蓄积量折算法，基于历史钢铁蓄积量、钢铁产品生命周期以及废钢进口形势综合判断，对 2021—2035 年废钢资源产生量进行预测。预计到 2025 年、2030 年我国废钢资源供给量将分别达 3.0 亿 t 和 3.6 亿 t 左右，是 2020 年的 1.2 倍和 1.5 倍（图 4-3-9）。

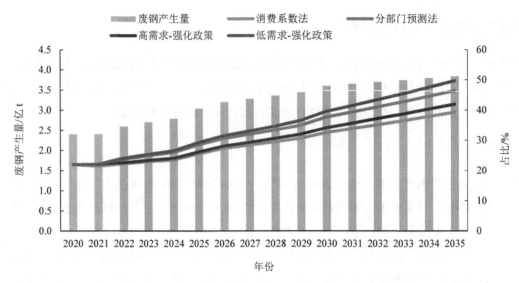

图 4-3-9　2020—2035 年废钢产生量及炼钢废钢比预测

3.3.2　控制情景设置

综合考虑粗钢产量以及废钢可用资源量，结合资源基础、技术成熟度、经济可行性等因素，从加大废钢资源利用、推进电炉短流程炼钢、提高系统能效水平等方面筛选可行措施，并确定不同产量情景下 2021—2030 年炼钢废钢比、电炉钢比例、高炉燃料比、余热余能自发电率等相关参数取值。

3.3.3　排放分析

排放分析模块基于产量和废钢资源量预测结果以及控制情景设定，对不同情景下的碳排放变化趋势进行测算，分析各类措施的潜在减碳贡献，为行业碳排放达峰形势判定和关键举措以及配套政策措施的识别提供数据基础。根据本研究确定的碳排放核算边界和计算方法，对不同控制情景下的碳排放趋势进行评估。不同情景下的碳排放趋势评估结果见图 4-3-10。

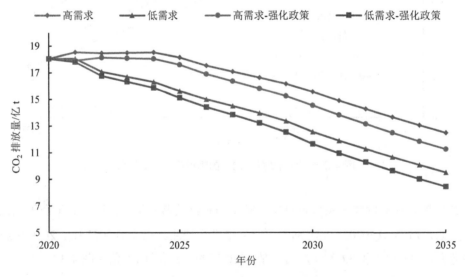

图 4-3-10　钢铁行业不同情景碳排放变化趋势

在高需求情景（消费系数法）下，钢铁行业 CO_2 排放在 2021—2024 年处于峰值平台期，直接排放量和总排放量分别在 2021 年和 2024 年达峰，峰值分别为 16.4 亿 t 和 18.5 亿 t；之后进入下降通道，到 2025 年 CO_2 直接排放量比峰值减少 0.3 亿 t，CO_2 总排放量比峰值减少 0.4 亿 t。

在低需求情景（分部门预测法）下，钢铁行业 CO_2 直接排放量和总排放量均将在 2021 年前后达峰，峰值分别为 16.0 亿 t 和 18.1 亿 t；之后逐步下降，到 2025 年，CO_2 直接排放量比峰值减少 2.2 亿 t，CO_2 总排放量比峰值减少 2.4 亿 t。

在高需求-强化政策情景下，钢铁行业 CO_2 直接排放量和总排放量均将在 2022 年达峰，峰值分别为 16.1 亿 t 和 18.1 亿 t；之后缓慢下降，到 2025 年 CO_2 直接排放量比峰值减少 0.5 亿 t，CO_2 总排放量比峰值减少 0.5 亿 t。

在低需求-强化政策情景下，钢铁行业 CO_2 直接排放量和总排放量均在 2020 年达峰，峰值分别为 16.0 亿 t 和 18.1 亿 t；之后逐步下降，到 2025 年 CO_2 直接排放量比峰值减少 2.6 亿 t，CO_2 总排放量比峰值减少 2.9 亿 t。

4 水泥行业发展与碳排放分析

4.1 水泥行业发展现状

我国水泥产量已连续 35 年稳居世界第一，目前产量约占世界水泥总产量的 57%。2014 年我国水泥产量达到阶段性高点 24.8 亿 t，2015—2020 年基本在 22 亿～24 亿 t 波动。近年来，我国水泥产品结构发生了变化，高标号水泥使用比例增长，在水泥消费量进入平台期的同时，水泥熟料消费量仍持续增加。2020 年全国水泥熟料产量创历史新高达到 15.8 亿 t，较 2010 年增长约 37.1%，总体呈年均 3% 的增长态势（图 4-3-11）。

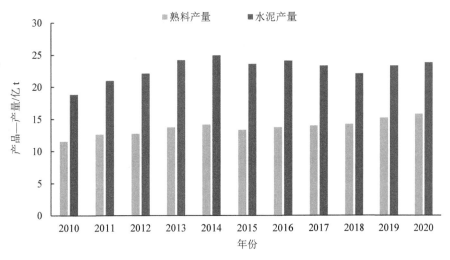

图 4-3-11　2010—2020 年中国水泥与水泥熟料产量

2017 年以前我国一直是水泥出口远高于进口的国家，水泥和水泥熟料进口量一直保持在 300 万 t 以下。自 2018 年以来，水泥行业实施"错峰生产""停窑限产"等政策措施，造成了水泥区域性、阶段性短缺和价格高位运行，为水泥产能过剩的东南亚国家向中国出口水泥创造了契机。2019 年我国水泥和水泥熟料进口量达到 2 475 万 t，其中水泥熟料进口量 2 274 万 t；2020 年水泥熟料进口规模进一步上升至 3 400 万 t，占全国水泥熟料消费量的 2.1%。

4.2　水泥行业碳排放现状

水泥生产能耗包括热耗和电耗两部分，能源结构以煤炭为主。煤炭占水泥生产能耗 80%～85%，电力消耗折合标煤占 12% 左右，其他燃料占 1%～2%。根据 900 余条水泥熟料生产线实际运行情况分析，正常运行的生产线熟料综合能耗在 98～136 kgce/t [*]。2019 年已有 26 家水泥企业熟料综合能耗达到 100 kgce/t 及以下的世界先进水平；但也存在部分能耗较高的企业亟须改造，综合考虑窑系统余热发电折算的影响，目前仍有 20% 左右的水泥熟料产能达不到《水泥单位产品能源消耗限额》（GB 16780—2012）中现有企业可比熟料综合煤耗限定值。

水泥生产过程中的 CO_2 排放来源主要包括：工业生产过程的 CO_2 直接排放、燃料燃烧的 CO_2 直接排放和外购电力消耗引起的 CO_2 间接排放。其中，工业生产过程 CO_2 排放约占 60%，主要是石灰质原料在熟料煅烧过程中受热分解产生的，燃料燃烧排放约占 35%，外购电力消耗的排放最小。

2010—2014 年排放量由 10.6 亿 t 增加至 12.9 亿 t，年均增长 5.2%；2015 年排放量有所回落，之后又持续增加，到 2020 年达到 13.7 亿 t。2020 年全国水泥熟料直接排放 13.0 亿 t，占到全国碳排放总量的 12%（包括工业过程排放），其中工业过程碳排放 8.3 亿 t，能源活动的碳排放 4.7 亿 t（图 4-3-12）。

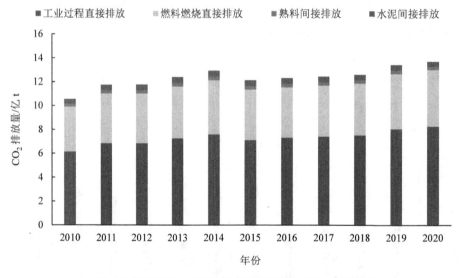

图 4-3-12　2010—2020 年中国水泥行业 CO_2 排放情况

4.3　水泥行业未来碳排放趋势分析

4.3.1　水泥熟料及水泥产量预测

（1）多因素拟合+类比分析法

依据对城镇化率、人均 GDP、固定资产形成总额、三次产业结构和固定资产投资结构发展趋势

---

[*] kgce 是能源消耗量，用标煤表示。kgce/t 的意思是 kg 标煤/t；tce/t 的意思是 t 标煤/t。以下同。

的分析，采用多因素拟合分析模型，预测"十四五"时期我国水泥熟料消费量；研究借鉴发达国家
（地区）水泥消费峰值后的变化趋势，结合我国国情，对中长期水泥熟料消费量进行预测。

多因素拟合分析模型：影响水泥熟料消费量的主要因素包括：城镇化率、人均GDP、固定资产
形成总额、三次产业结构、固定资产投资结构等。分析水泥熟料消费量与上述影响因素的相关关系，
采用层次分析法确定各因素在预测水泥熟料消费量时的权重，建立多因素拟合分析模型，如下：

$$Y = \sum_{n=1}^{5} A_n f(X_n) = 0.2 f(X_1) + 0.26 f(X_2) + 0.32 f(X_3) + 0.1 f(X_4) + 0.12 f(X_5)$$

式中：Y——熟料消费量；

　　　A_n——模型赋权；

　　　X_n——影响因素与水泥熟料消费量的相关关系。

影响因素趋势分析：①固定资产形成总额。虽然受投资结构优化的影响，中国经济增长中投资
拉动因素趋于弱化，但固定资本形成总额上行的趋势将保持不变，且有动力保持中等增速。据此预
测2025年、2030年和2035年我国固定资产形成总额。②固定资产投资结构。制造业、房地产和基
础设施是固定资产投资的三大领域，其中房地产和基础设施投资与水泥消费量关联密切。在人口增
长、经济发展、城市化进程、乡村振兴等因素推动下，"十四五"期间我国对新建房屋的刚性需求仍
可支撑年均26亿m²以上的建设规模，"十四五"之后，随着住房保障体系的逐步完善和基本住房需
求的饱和，房地产投资的比重将下降。未来基建领域放大投资仍将是稳定经济增长的重要举措之一，
预计2021—2035年，我国基础设施投资占固定资产投资总额的比重将维持在30%～35%（图4-3-13）。
此外，人均GDP、城镇化率、三次产业结构发展趋势与第三章对经济发展、产业结构和人口及城镇
化发展形势的预测相同。

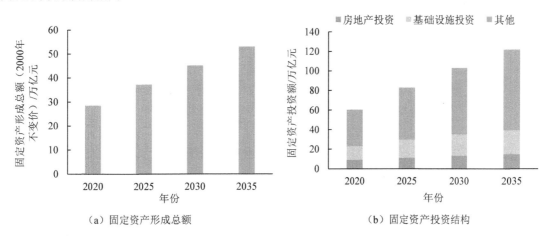

（a）固定资产形成总额　　　　　　　　　　（b）固定资产投资结构

图4-3-13　水泥熟料消费量影响因素的预测

水泥消费峰值后变化趋势：国内外发达国家和地区年人均水泥消费量达到饱和后，消费量呈缓
慢减少趋势，直至达到基本稳定的状态。英国、法国、日本等国家和地区水泥消费量的统计表明，
峰值后第一个五年内人均水泥消费量平均值比较一致，为峰值的82.8%左右，离散度仅为6.6%；第
二个五年样本国家人均水泥消费量平均为峰值的73.2%。从中长期来看，"十四五"之后，我国经济
进入平稳阶段，经历一个规划周期的建设高峰，投资需求在"十五五"时期将趋于平缓，水泥市场
需求下降。类比发达国家（地区）水泥消费量变化情况，同时考虑我国经济增长中投资贡献率高、

政策引导性投资影响大等因素,预计 2030 年我国人均水泥熟料消费量将保持在消费峰值的 86%以上,2035 年人均水泥熟料消费量约为峰值的 80%。

(2)需求预测法

从水泥需求构成来看,房地产和基础设施建设在水泥需求中占主要部分。其中,在"十四五"及今后较长时期内,投资趋势存在最大不确定性的是房地产业,其投资走势对水泥需求的影响起主要作用。

目前我国全社会房屋竣工面积在 25 亿 m² 左右,其中,房地产业房屋竣工面积约 10 亿 m²,占全社会房屋竣工面积的 40%左右。在城镇化建设刚性需求的带动下,预计未来我国房地产业对住房建设的覆盖面将继续扩大,到 2035 年,房地产业房屋竣工面积预计可达到全社会房屋竣工面积的 50%以上。坚持"房住不炒"的定位,在房地产政策平稳持续的条件下,预计未来我国房地产业房屋竣工面积可保持在现状水平。基于"十四五""十五五""十六五"期间全社会房屋竣工面积,依据单位面积房屋建设的水泥消费量,对我国 2021—2035 年水泥熟料和水泥消费量进行预测。

(3)水泥熟料及水泥产量预测结果

预测结果显示,中国水泥熟料消费量在"十四五"期间仍将有一定上升空间,"十四五"期间将保持在峰值平台期,之后开始下降。考虑到水泥区域性、阶段性供应紧张和价格高位运行的问题将在较长时期内存在,且随着东南亚国家水泥产能继续扩张,对中国的出口动力可能进一步增强,预测我国水泥熟料进口量将不低于现状。据此测算 2021—2035 年我国水泥熟料及水泥产量,结果见图 4-3-14。

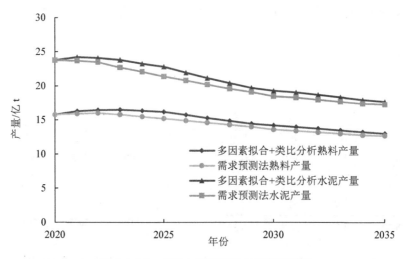

图 4-3-14   中国水泥熟料和水泥产量预测

4.3.2   单位产品能耗分析

水泥熟料和水泥产品的能耗是影响水泥行业碳排放的主要因素之一。以 2018—2019 年水泥企业熟料煤耗调研数据为基础,依据《水泥单位产品能源消耗限额》(GB 16780),"十四五""十五五""十六五"期间,分别对单位熟料煤耗大于 112 kgce/t、109 kgce/t 和 105 kgce/t 的生产线进行淘汰或技术改造,据此估算,2025 年、2030 年、2035 年水泥行业平均单位熟料煤耗。同时,依据熟料电耗、水泥电耗的变化趋势,参考《水泥单位产品能源消耗限额》,对重点年份单位熟料电耗、单位水泥电耗进行预测，预测结果见图 4-3-15。

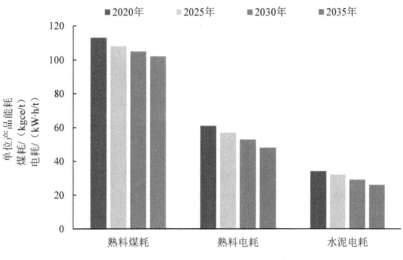

图 4-3-15 单位产品能耗估算

4.3.3 碳排放分析

基于水泥熟料及水泥产量的预测，并考虑结构调整、节能技术改造等措施，设置水泥行业 CO_2 排放情景，测算 CO_2 排放量。高需求情景采用多因素拟合+类比分析法的产量预测数据，考虑结构调整、节能技术改造等措施，水泥行业碳排放将在 2023 年达峰，峰值量为 14.2 亿 t，能源活动碳排放也将在 2023 年达峰，峰值量为 4.9 亿 t；低需求情景采用需求预测法的产量预测数据，考虑结构调整、节能技术改造等措施，水泥行业碳排放将在 2022 年达峰，峰值量为 13.8 亿 t，能源活动碳排放也将在 2022 年达峰，峰值量为 4.8 亿 t。两种情景下，2021—2035 年水泥行业二氧化碳排放趋势见图 4-3-16。

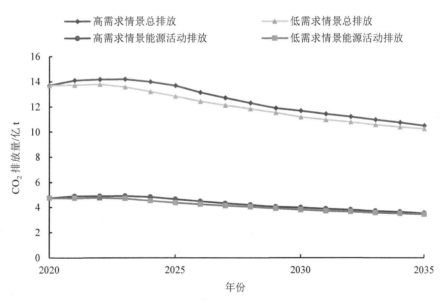

图 4-3-16 水泥行业不同情景碳排放趋势

5 铝冶炼发展与碳排放分析

5.1 铝冶炼发展与碳排放现状

我国对电解铝产能实施总量控制，设定产能天花板约 4 500 万 t/a，要求项目建设须实施等量或减量置换。2020 年，我国电解铝产量 3 708 万 t，2010—2020 年，年复合增长率为 8.6%。我国是全球最大的电解铝生产国，产量占全球总产量的 57%。电解铝产能主要以低的电力成本为核心进行布局。2019 年之前，"煤—电—铝"一体化为主要特征，主要分布在山东、新疆、内蒙古、甘肃等地区。从 2019 年开始，转变为围绕清洁能源发展"水—电—铝"，正在向云南等地进行新一轮产能转移。

再生铝为铝工业重要组成部分，2020 年产量 730 万 t，2010—2020 年复合增长率为 6.2%。从再生铝总量来看，约占全球的 40%，总量较高；但再生铝占铝供应比重约为 17%，低于美国（40%）、日本（30%），且保级回收水平较低，尚有较大发展潜力。再生铝生产主要使用天然气，2020 年再生铝能源消耗为 82.5 万 t 标煤。

氧化铝是电解铝生产原料，2020 年产量 7 313 万 t，占全球总量的 54%。2010—2020 年，氧化铝产量年复合增长率为 9.7%。氧化铝生产主要使用煤气（天然气）、电力和蒸汽，2020 年氧化铝行业一次能源消耗量为 2 618 万 t 标煤（图 4-3-17）。

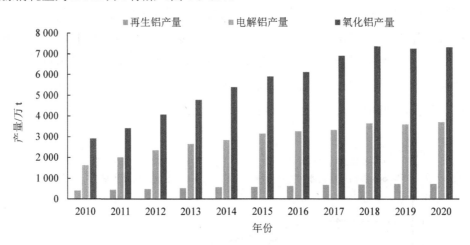

图 4-3-17　中国铝冶炼各行业产量统计

2020 年我国电解铝产量 3 708 万 t，全年用电量 5 022 亿 kW·h，占全社会用电量的 6.7%。我国电解铝行业的供电模式分为自备电厂供电和购买网电两种类型，其中自备电厂的输电方式又分为自建局域电网和并网运行两种类型。2019 年年底运行产能中，自备电占比 65.2%，网电占比 34.8%。其中，自备电全部为火电，按照各区域电网的发电结构进行划分，可得出中国电解铝行业的能源结构为：火电占比 88.1%，非化石能源占比 11.9%，使用非化石能源的电解铝运行产能为 430 万 t/a。

5.2 铝冶炼行业碳排放现状

铝冶炼行业的二氧化碳排放来源主要包括：外购电力消耗引起的二氧化碳间接排放、工业过程的二氧化碳直接排放和燃料燃烧的二氧化碳直接排放。其中，外购电力消耗的间接排放约占 74.8%、工业过程二氧化碳排放约占到 10.9%，能源排放约占 14.3%。

2020 年我国铝冶炼行业二氧化碳排放量为 5 亿 t，其中电力排放 3.7 亿 t、一次能源排放 0.7 亿 t，炭阳极排放 0.5 亿 t。从 3 类细分行业来看，电解铝碳排放量 4.2 亿 t，占铝行业总排放的 84.0%，其中自备电排放 2.7 亿 t、网电排放 1.0 亿 t、炭阳极消耗排放 0.5 亿 t。氧化铝排放合计 0.8 亿 t，占铝冶炼总排放的 16.0%，其中一次能源排放 0.7 亿 t，电力排放 0.1 亿 t。再生铝一次能源二氧化碳排放 0.01 亿 t。以上合计，2020 年电解铝行业二氧化碳总排放量为 5.0 亿 t。其中，电力排放 3.7 亿 t，一次能源排放 0.7 亿 t，炭阳极排放 0.6 亿 t（图 4-3-18）。

图 4-3-18　铝冶炼行业 CO_2 排放量

5.3　铝冶炼行业未来碳排放趋势分析

5.3.1　铝需求总量预测

铝需求量与社会经济发展，建筑、交通等领域用量以及进出口需求等密切相关。本研究采用中国有色金属工业协会 2019 年开展的"中国铝工业发展战略研究"子课题"铝消费预测研究"，基于矿产资源需求生命周期理论的数学模型、自下而上的部门法，以及弹性系数法等研究方法，最后采用专家打分法进行了综合判断，同时考虑出口需求等外部因素变化情况，综合预测 2021—2035 年逐年铝需求量。结果显示，我国人均铝消费进入增长趋缓区间，预计将于 2024 年前后达到峰值平台，峰值区间为 30.6~36.4 kg，结合人口预测，国内消费量的峰值区间为 4 348 万~5 172 万 t。综合未锻轧铝及铝合金和铝材出口量的判断，得出铝消费总量的峰值区间为 4 858 万~5 682 万 t。发达国家的发展历程表明，消费峰值平台将持续数十年的时间。

5.3.2　铝冶炼行业产品产量预测

本研究中铝冶炼行业主要产品包括电解铝、氧化铝、再生铝等全链条铝冶炼相关产品。基于国内旧废铝、国内新废铝、进口废铝等几个方面综合判断，逐年预测再生铝产量；电解铝产量为铝需求总量减掉再生铝产量、未锻轧铝及铝合金和铝材净进口量，其中未锻轧铝及铝合金和铝材净进出口量根据出口政策、历史趋势综合判断得出；氧化铝需求量主要取决于电解铝生产需求，综合考虑进口量等外部因素，逐年确定 2021—2035 年氧化铝产量。

再生铝原料由国内旧废铝、国内新废铝、进口废铝等几个方面组成。鉴于铝消费领域十分分散，回收周期不一，国内旧废铝以 2005—2015 年国内消费量的移动平均乘以系数进行测算；新废铝由当年铝消费量乘以系数进行测算；进口废铝则主要根据进口政策进行预测。同时参考发达国家再生铝在铝供应当中的比重进行测算，到 2025 年、2030 年、2035 年，再生铝产量分别为 1 152 万 t、1 786 万 t、2 126 万 t。

电解铝产量预测基于铝需求总量、再生铝产量预测，同时结合对今后未锻轧铝及铝合金、铝材进口量和出口量的判断，可反推出电解铝产量。通过对历史数据、进出口政策、国际贸易局势的综合分析，认为未锻轧铝及铝合金和铝材的进、出口量分别保持在 50 万 t 和 500 万 t 左右的规模。预计电解铝产量呈现先增后降的趋势，2020—2024 年的 5 年间，中国电解铝产量年均增长 100 万 t 以上，随后随着国内铝消费量达到峰值平台区及废铝替代的扩大，电解铝产量将趋于下降。到 2025 年、2030 年、2035 年电解铝产量分别达到 4 082 万 t、3 500 万 t、3 136 万 t 左右。根据上述分析，电解铝产量在 2024 年前后达到峰值，峰值区间为 3 708 万～4 532 万 t，随后在再生铝的替代之下进入下降通道。

5.3.3   能源消费预测

电解铝生产中能源消耗主要为电力，炭阳极主要用作还原剂。综合考虑技术进步发展趋势、短流程铝冶炼推广率等节能降耗措施，确定不同阶段铝锭综合电耗水平及其对应的电力消费量；炭阳极消耗主要根据 2019 年单位电解铝炭阳极消耗水平和电解铝产量确定。氧化铝生产中能源消费主要包括煤气、天然气等一次能源；电力、热力等二次能源。再生铝能源消耗主要为天然气。氧化铝和再生铝能耗下降空间不大，能源消耗均由 2019 年单位产品能源消耗量及产品产量计算获得。预计到 2025 年、2030 年、2035 年铝冶炼行业能源消费量结果如图 4-3-19 所示。

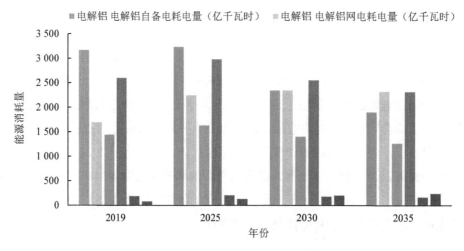

图 4-3-19   能源及炭阳极消耗量预测

5.3.4   碳排放分析

根据电力消耗量、煤炭和天然气等一次能源消耗量、炭阳极消耗以及对应的碳排放系数，测算铝冶炼行业各类排放。其中电解铝网电、自备电单位用电量排放系数来自电力行业相应排放系数预测值。经计算，在低需求情景下，铝冶炼行业 CO_2 排放量达峰年份为 2024 年，达峰排放量为 5.3 亿 t；在高需求情景下，铝冶炼行业 CO_2 排放量达峰年份为 2024 年，达峰排放量为 5.9 亿 t（图 4-3-20）。

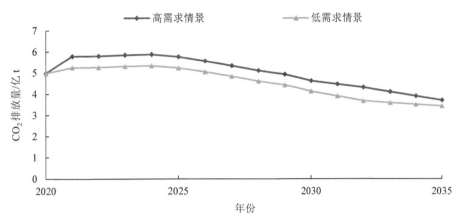

图 4-3-20　铝冶炼行业不同情景碳排放变化趋势

6　石化化工行业发展与碳排放分析

6.1　石化化工行业发展和碳排放现状

石化和化工行业可划分为三大行业，分别是油气开采行业、石化行业、化工行业。根据三大行业的不同特点，对影响碳排放的关键要素进行识别和设定，结合经济社会发展情况判断行业基本发展趋势。其中石化行业重点产品碳排放预测不包括煤制烯烃，化工行业不包括合成氨、煤制甲醇、煤液化、煤制天然气和煤制乙二醇等煤化工产品。

行业能源消费量集中度高。"十三五"期间石油和天然气开采业、石油煤炭及其他燃料加工业、化学原料及化学制品制造业的能源消费量占全行业能源消费总量比例基本稳定在 95%左右。其中，化学原料及化学制品制造业能源消费量约占全行业能源消费总量的 55.2%，2010—2020 年约增长 53.9%；石油、煤炭及其他燃料加工业的能源消费量约占全行业能源消费的 34.7%，2010—2020 年约增长 98.9%；石油和天然气开采业能源消费量约占全行业能源消费量的 5.3%，能源消费量先增后减，2020 年能源消费量仍比峰值年 2014 年低 1.7%（图 4-3-21）。

图 4-3-21　2010—2020 年石化和化工五大子行业能源消费情况

重点产品碳排放量在全行业中占比高。根据国家统计局能源统计数据和环境统计数据测算，2020 年石化和化工行业碳排放总量为 9.2 亿 t CO_2，其中直接排放 5.6 亿 t CO_2，电力排放 3.6 亿 t CO_2。其中，油气开采、原油加工、烯烃（石油基）、对二甲苯、磷酸一铵、磷酸二铵、烧碱、纯碱、电石等重点产品碳排放量 7.5 亿 t CO_2，占全行业碳排放总量的 82.2%。

6.1.1　油气开采行业

2020 年油气开采行业能源消费总量约 3 628 万 t 标煤，我国石油消费量为 7.36 亿 t 标油，进口石油 5.42 亿 t 标油，天然气消费量为 3 254 亿 m^3，进口天然气 1 416.8 亿 m^3，石油和天然气对外依存度分别为 74% 和 42%，均创下历史新高。

2020 年石油开采行业能源消费中，电力能耗占原油开采能耗总量的 40.6%，除电力外的能源消费结构为煤炭 6.0%、原油 2.8%、天然气 91.3%；天然气开采能源消费中，电力能耗占天然气开采能耗总量的 26.0%，除电力外能源消费全部为天然气。

6.1.2　石化行业

1）炼油。2020 年，我国原油加工能力达到 8.81 亿 t/a，原油加工量 6.71 亿 t，受疫情影响 2020 年成品油产量较 2019 年下降 8% 左右，约 3.31 亿 t，"十三五"期间成品油收率参考 2016—2019 年数据，约 60%。

2）乙烯。2020 年乙烯产能增至 3 458 万 t/a，当量消费量约为 5 900 万 t，当量自给率为 53.5%，乙烯供应依然存在较大缺口。其中聚乙烯是乙烯最大的下游衍生物，"十三五"期间，我国聚乙烯市场年均消费增幅达到 9.8%。54% 的聚乙烯用于生产用来制造购物袋、包装薄膜等一次性塑料制品的薄膜，随着快递及外卖行业的驱动，聚乙烯是近年来拉动国内乙烯消费快速增长的核心领域，是国内乙烯当量缺口的主要集中领域。

3）丙烯。我国是全球最大的丙烯生产国和消费国，2020 年国内丙烯产能 4 600 万 t，产量 3 680 万 t，当量消费量 4 400 万 t，当量自给率达到 83.6%。丙烯及其下游衍生物的生产、消费与国民经济的发展密切相关，与 GDP 增速相当。2020 年国内丙烯消费增速将放缓至 4.02% 左右。

4）对二甲苯（PX）。2015—2018 年，国内 PX 产能基本无明显变化，2019—2020 年，随着恒力石化、浙江石化等大型装置进入集中投放期，2020 年 PX 产能达到 2 600 万 t/a，PX 产量为 2 020 万 t，自给率达到 65.2%。

2020 年，石化行业碳排放总量为 7.1 亿 t，其中电力排放 1.9 亿 t，占石化行业碳排放总量的 27.1%。2010—2020 年，石化行业碳排放量随着行业的快速发展保持上升趋势，"十二五"期间，石化行业碳排放量年均增速 10.0%，"十三五"期间年均增速 9.9%，2019—2020 年，由于大型炼化一体化项目集中投产，石化行业碳排放量年均增速高达 13.2%。

6.1.3　化工行业

"十三五"期间化工行业重点耗能产品电石、烧碱、磷酸一铵和磷酸二铵等产能已经过剩。2020 年化工行业能源消费中，电力能耗占化工能耗总量的 51.0%，除电力外的能源消费结构为煤炭 78.4%、原油 0.3%、焦炭 5.0%、天然气 16.3%。2020 年化工行业碳排放总量为 1.25 亿 t CO_2，化工行业碳排放已于 2015 年出现局部峰值，之后行业进入平台期，整体趋于平缓。

2020 年化工行业能源消费中，电力能耗占化工能耗总量的 51.0%，除电力外的能源消费结构为煤炭 78.4%、原油 0.3%、焦炭 5.0%、天然气 16.3%，据此计算化工行业历史碳排放量。2020 年化工行业碳排放总量为 1.8 亿 t CO_2，化工行业碳排放已于 2015 年出现局部峰值，之后行业进入平台期，整体趋于平缓。虽然"十四五"期间部分重点产品产量略有增长，但随着技术的进步、能效提升，化工行业碳排放量整体仍将呈现下降趋势。

6.2 石化化工行业未来碳排放趋势分析

石化和化工行业产业链交织，产品众多，子行业关联性强。考虑到石化和化工行业中有若干产业链上的重点产品，可以决定全行业的总体走势，因此采用的总体研究思路如下，第一步：对于 2010—2020 年的全行业历史碳排放量，使用分小类子行业的能源消费量进行测算，再加上若干产品的工业过程排放量而得出；同时，测算产业链上的重点产品的历史碳排放量；找出重点产品的历史碳排放量和全行业历史碳排放总量之间的关系。第二步：研究预测重点产品 2021—2035 年的发展趋势，测算未来 15 年中重点产品的碳排放总量；然后预测未来 15 年全行业碳排放总量。

6.2.1 情景设置

基准情景。分别从消费侧、供给侧预测未来 15 年重点产品量；其中，消费侧预测分别用历史增长趋势法、国内外人均消费量法，然后互相印证并加权平均得出消费侧的产品量；供给侧预测分别用重大项目建设法、对外依存度自然增长法，然后互相印证并加权平均得出供给侧的产品量；对比消费侧和供给侧两个方面的预测情况，得出基准情景的重点产品量；最后，计算重点产品碳排放量，进而外推得出全行业碳排放量。

控排情景。在基准情景基础上增加控排条件，分别从消费侧、供给侧预测未来 15 年重点产品量；预测方法与基准情景相同；控排条件包括单位产品碳排放强度控制、增长率控制、对外依存度调节、资源回收和分类梯级利用加强等。在控排情景下，提出实现石化和化工行业碳排放达峰的主要路径和措施。

（1）石油开采行业碳排放情景

未来 15 年，我国稳油、增气、控煤和力推非化石能源的能源供给格局将持续。"十四五"期间石油和天然气开采业仍以"稳油增气"为主要发展目标。

在需求侧，2025 年我国石油消费量将增长至 7.3 亿 t，天然气消费量将增长至 4 500 亿 m³，国内油气供应保障任务十分艰巨。"十四五"期间石油需求年均增速显著放缓，约为 1.5%，而在能源结构优化、环保政策、降低用户用气成本、重点工业领域"煤改气"等多项政策的推进下，天然气需求将持续增长，年均增速约为 7.1%。

在供给侧，原油和天然气产量依据行业发展趋势进行预测。预计 2025 年石油产量将微增至 2.1 亿 t 左右，2030 年石油产量增长至 2.2 亿 t 左右，并保持稳定至 2035 年前后。预计 2025 年、2030 年、2035 年天然气产量将分别增长至 2 600 亿 m³、3 000 亿 m³ 和 3 200 亿 m³ 左右。

基准情景下，假设未来油气开采业能源消费结构不变；控排情景下，由于电气化水平的提升，2025 年、2030 年和 2035 年石油开采和天然气开采的电力消耗占比分别比 2020 年提高 5%、10% 和 15%，除电力外其他能源消费结构保持不变，据此测算出基准情景和控排情景下 2021—2015 年油气开采行业的能源消费量及碳排放量。

（2）石化行业碳排放情景

1）炼油：根据《交通领域二氧化碳排放达峰方案研究报告》预测，2025 年交通领域成品油消费量约 3.79 亿 t。根据已规划在建的主要炼化项目情况，以及淘汰 200 万 t/a 以下的低效产能等情况，预计 2025 年原油加工量为 7.6 亿 t。综合考虑新兴一体化炼厂成品油收率仅 45%左右，基准情景下，"十五五"期间成品油收率降至 50%左右，开工率提升至 85%左右，成品油出口量和进口量仍然维持 4 500 万 t/a 和 480 万 t/a 水平，2028 年原油加工量和炼油能力将分别达到 8.6 亿 t/a 和 10.1 亿 t/a。综合考虑碳减排目标、成品油消费需求、结构调整压减成品油收率等因素，原油加工量和炼油能力在 2028 年水平上不再增长。结合单位原油加工综合能耗历史下降趋势和未来能效提升空间，"十四五""十五五"和"十六五"期间，单位原油加工量碳排放分别累计下降 5%、4%、3%左右。

2）乙烯：采用消费系数法和类比法，结合经济社会发展趋势判断，对我国乙烯当量消费需求进行预测。消费系数法：2020 年我国乙烯当量自给率仅有 50%左右，供应不足及结构性短缺并存，未来还有较大增长空间。综合考虑乙烯下游的聚乙烯需求增长趋势以及"十二五""十三五"期间单位 GDP 乙烯当量消费系数变化趋势，对未来乙烯消费量进行预测。"十四五""十五五"和"十六五"期间单位 GDP 乙烯当量消费弹性系数 0.90、0.80、0.75。类比法：2020 年我国人均乙烯当量消费为 42 kg/人，仅为美国人均乙烯当量消费水平的 50%，相当于美国 20 世纪七八十年代水平。若 2025 年、2030 年和 2035 年我国人均乙烯当量消费量分别达到 52 kg/人、62 kg/人和 67 kg/人，计算未来乙烯消费量。同时考虑国内已规划在建的项目情况，预计 2025 年乙烯产能达到 6 300 万 t/a。"十三五"期间，乙烯开工率约 90%，未来开工率仍保持 90%水平，2025 年乙烯当量自给率达到 76%。基准情景下，为满足国内消费需求，乙烯产能仍将继续增长，2030 年和 2035 年乙烯当量自给率分别提高至 85%和 90%，结合乙烯单位产品综合能耗历史下降趋势和未来能效提升空间，"十四五""十五五"和"十六五"期间，乙烯单位产品碳排放分别累计下降 4%、3%、2.5%。综合以上几种方法对乙烯当量消费量进行预测，测算得出 2025 年、2030 年和 2035 年石油基乙烯当量消费量分别为 4 820 万 t、6 642 万 t 和 8 054 万 t，碳排放分别为 12 209 万 t、16 299 万 t 和 19 273 万 t。

控排情景下，2030 年乙烯当量自给率提高至 80%，乙烯产量为 6 200 万 t，在碳达峰目标约束下，2030 年后乙烯产量保持该水平不再增长。综合考虑油价下跌、投资规模大、碳减排及环保约束加强等因素影响，控排情景下乙烯产量在达到 6 200 万 t/a 后不再增长，对应 2025 年、2030 年和 2035 年石油基乙烯产量分别为 4 820 万 t、6 200 万 t 和 6 200 万 t，对于碳排放量为 12 209 万 t、15 214 万 t 和 14 836 万 t。同时，通过减少低质包装塑料产能，限制包装塑料出口，提高包装用废塑料回收比例，预计到 2030 年和 2035 年废弃塑料回收利用体系分别增加 1 000 万 t/a、1 500 万 t/a 高水平回收和处理能力。

3）丙烯：基准情景下，"十五五"和"十六五"期间，为满足国内消费需求，丙烯产量仍将继续增长，2025 年和 2035 年丙烯当量自给率分达到 99%和 100%，2025 年、2030 年和 2035 年对应的丙烯（石油基）产量将分别为 4 250 万 t、5 317 万 t 和 6 184 万 t，CO_2 排放量为 3 778 万 t、4 588 万 t、5 213 万 t。

控排情景下，根据前期已规划的丙烯项目，预计丙烯新增产能在 2028 年前后全部建成投产，届时丙烯（石油基）产量将达到 6 100 万 t/a，丙烯当量自给率达到 98%左右。控排情境下，丙烯产量保持 6 100 万 t/a 水平不再增长，对应丙烯 2025 年、2030 年和 2035 年 CO_2 排放量分别为 4 534 万 t、5 264 万 t 和 5 142 万 t。

4）对二甲苯（PX）：基准情景下，根据前期已规划的 PX 项目，预计 PX 新增产能在"十五五"期间全部建成投产，届时 PX 产量将到 4 550 万 t/a，PX 自给率达到 100%左右，未来保持自然增长趋势。控排情景下，PX 产量保持 4 550 万 t/a 水平不再增长，对应 2025 年、2030 年和 2035 年 PX 碳排放量分别为 8 096 万 t、9 536 万 t 和 9 313 万 t。

（3）化工行业碳排放情景

根据前述历史数据测算，化工行业碳排放已于 2015 年前后达到峰值，随后呈现缓慢下降趋势，综合考虑在建和拟投产项目、产品需求的缩减，以及落后产能淘汰、节能技术推广等措施，预测电石、烧碱、磷酸一铵和磷酸二铵等化工重点产品的单位碳排放下降率，据此测算碳排放量。其中重点产品的碳排放量约占化工行业总排放量的 79.3%，以此类推测算化工行业碳排放量。

6.2.2　碳排放分析

石化和化工行业 CO_2 排放情景预测结果见图 4-3-22。基准情景下，石化和化工行业碳排放持续增长，2035 年达到 13.5 亿 t CO_2 左右；控排情景下预计在 2029 年前后达峰，峰值约为 11.8 亿 t CO_2，其中化工行业碳排放已于"十三五"期间达峰，未来将继续呈现缓慢下降趋势，油气开采行业、石化行业碳排放将在 2030 年前后达峰。

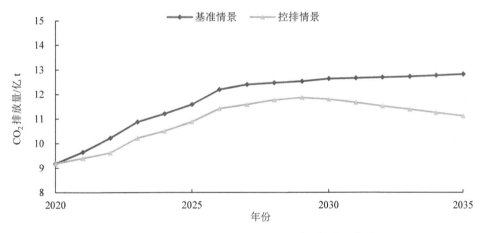

图 4-3-22　石化和化工行业不同情景碳排放变化趋势

7　煤化工行业发展与碳排放分析

7.1　煤化工行业发展现状

7.1.1　合成氨产业

2010 年以来，我国合成氨产能整体呈先升后降趋势，2010 年产能为 5 800 万 t，到 2015 年达到产能峰值 7 532 万 t，随后开始下降，2019 年产能下降到 6 637 万 t（图 4-3-23）。"十三五"期间合成氨产能下降的主要原因是合成氨及下游氮肥行业受产能过剩、优惠政策取消、环保治理升级等多重压力的影响，落后产能加速退出。合成氨产量总体呈平稳趋势，2010 年产量为 4 963 万 t，随后逐渐增加，2014 年达到产量峰值 6 198 万 t 后逐步降低，2019 年产量降为 5 758 万 t。从进出口情况看，2019 年合成氨进口量 105 万 t，出口量 0.2 万 t，净进口量为 104.8 万 t。我国合成氨原料路线以煤为主、以天然气为辅。2019 年，煤制合成氨的产能占总产能的 75% 左右，以天然气为原料的合成氨产能占 22%，其余 3% 以焦炉气为原料。煤制合成氨的单位产品碳排放系数是天然气路线的 1.2 倍左右。2019 年我国煤制合成氨产品产量为 4 318 万 t，现有企业单位产品碳排放系数约为 3.3 t CO_2/t，2019 年煤制合成氨二氧化碳排放量为 14 159 万 t，占煤化工行业总排放量的 26%。

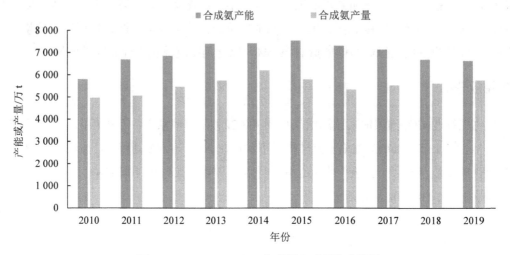

图 4-3-23　2010—2019 年我国合成氨生产情况

7.1.2　煤焦化行业

2010 年以来，我国焦炭产能和产量整体呈平稳趋势，2020 年我国焦炭产量 4.7 亿 t，焦炭产能 6.3 亿 t（图 4-3-24）。从进出口情况看，2010 年以来我国焦炭出口量始终大于进口量，净出口量占总产量维持在 2% 左右，2019 年焦炭出口量 652 万 t，进口量 52 万 t，净出口量 600 万 t。从产能分布情况看，主产区山西、河北、山东三省焦炭产能占 40% 以上。2019 年我国焦化产品产量为 47 126 万 t，单位产品碳排放系数约为 0.24 tCO_2/t，2019 年焦化行业二氧化碳排放量为 11 499 万 t，占煤化工行业总排放量的 21%。

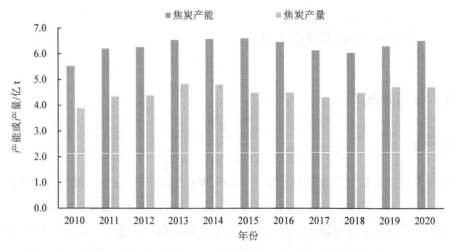

图 4-3-24　2010—2020 年我国焦炭产能和产量变化情况

7.1.3　甲醇行业

2012—2019 年我国甲醇产量从 2 706 万 t 增长到 4 200 万 t，增长了 55%（图 4-3-25）。其中，以煤、焦炉气和天然气为原料的甲醇产量占总产量的比例分别为 75%、15% 和 10%。我国煤制甲醇主要分布在内蒙古、陕西、山东、山西和宁夏等省（区）。2019 年煤制甲醇产量为 3 133 万 t，按现有企业单位产品碳排放系数约为 3.2 t CO_2/t 计算，2019 年煤制甲醇行业二氧化碳排放量为 9 960 万 t，占煤化工行业总排放量的 19%。

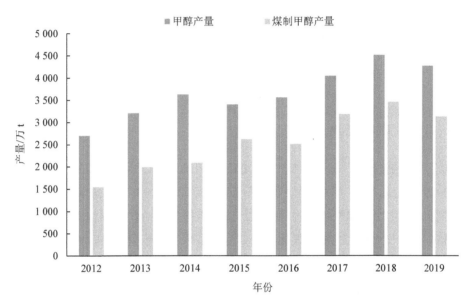

图 4-3-25　2012—2019 年我国甲醇产量变化情况

7.1.4　现代煤化工

截至 2019 年年底，我国已建成现代煤化工示范及产业化推广项目 53 个，其中煤制油 9 个，产能 921 万 t/a，全年产量 745.6 万 t；煤制天然气 4 个，产能 51.05 亿 m^3/a，产量 43.82 亿 m^3；煤制烯烃项目 17 个，产能 1 090 万 t/a，产量 908.2 万 t；煤制乙二醇项目 23 个，产能 478 万 t/a，产量 316 万 t。

7.2　煤化工行业碳排放现状

2019 年传统煤化工二氧化碳排放量 3.6 亿 t，现代煤化工 1.8 亿 t，总排放量为 5.4 亿 t。其中原料煤及供热排放 4.7 亿 t，占行业总排放量的 88%；电力排放 0.7 亿 t，占行业总排放量的 12%。从煤化工二氧化碳排放子行业构成看，84% 的碳排放集中在煤制合成氨、煤焦化、煤制甲醇和煤制烯烃 4 个子行业，碳排放量占行业总排放量比例分别为 26%、21%、19% 和 18%（图 4-3-26）。从碳排放强度看，现代煤化工单位产品碳排放系数为 4.8～10.8 t CO_2/t，其中煤制烯烃工艺过程最长，单位产品碳排放系数最大。

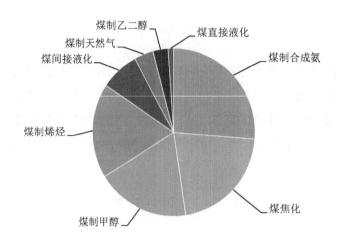

图 4-3-26　2019 年煤化工各子行业 CO₂ 排放量占比

7.3　煤化工行业未来碳排放趋势分析

根据煤化工各子行业的不同特点，对子行业 CO₂ 排放的影响因素进行识别，结合经济社会发展趋势判断，以 2019 年为基准年，对我国煤化工各子行业 2021—2035 年发展趋势进行预测，在此基础上考虑提高能效、优化燃料和原料结构等措施，预测碳排放量。传统煤化工发展受下游产品市场需求影响，因此采用需求预测法；现代煤化工主要为大型项目和示范项目，审批权在国家层面，项目建设、达产的周期较长，通常为五年以上，因此现代煤化工采用项目法预测，分类统计试运行、在建和核准项目，以此为依据测算现代煤化工发展趋势。

7.3.1　合成氨发展分析

消费市场对合成氨的需求主要来自农业和工业两大方面，其中 2019 年农业消费量占合成氨消费量 67%左右，采用需求法预测，根据农业和工业领域对合成氨需求量进行行业发展预测。农业领域综合考虑未来我国人口增长情况、粮食需求、化肥肥效提高和有机肥替代等因素，预测氮肥消费量变化趋势。工业领域主要考虑环保脱硝剂用量等因素进行预测。

在农业消费领域，预计 2021—2025 年氮肥消费量基本保持不变，2025—2035 年消费量降速在 1%。在工业消费领域，合成氨在车用尿素和电厂脱硫脱硝领域需求量将持续增长，预计 2021—2025 年，合成氨在工业领域消费量年均增速在 3%；2025—2035 年工业领域需求量年均增速在 2%以下。在合成氨产业未来向资源地转移的趋势下，未来一段时间其生产原料结构不变，煤制合成氨占比 75%、天然气制合成氨占比 25%，预计 2025 年煤制合成氨产量约为 4 500 万 t，2030 年约为 4 500 万 t，2035 年约为 4 425 万 t。

7.3.2　煤焦化发展分析

焦炭下游消费市场主要是用于钢铁行业冶金焦，采用需求预测法，综合考虑下游钢铁行业对冶金焦需求量、炼铁技术进步和节能减排措施等因素，预测 2025 年、2030 年、2035 年国内焦炭产量。

根据钢铁行业二氧化碳排放达峰研究的高需求高废钢情景预测结果，2025 年生铁需求量在 8.7 亿 t，2030 年需求量为 6.8 亿 t，2035 年在 5.3 亿 t。结合重点钢铁企业吨铁平均综合焦比 490 kg，并考虑节能技术进步，吨铁平均综合焦比将逐年下降，预测我国 2025 年、2030 年和 2035 年焦炭需求量分别约为 4.93 亿 t、3.95 亿 t 和 3.19 亿 t。

7.3.3　煤制甲醇发展分析

甲醇下游消费市场主要是醇醚燃料、传统消费领域、甲醇制烯烃，采用需求预测方法，通过预测甲醇在这三个领域的需求量，预测 2025 年、2030 年、2035 年国内甲醇的发展。

甲醇在醇醚燃料和传统消费领域，未来市场需求将保持相对稳定，不会出现大幅度的增长。甲醇制烯烃领域，烯烃的市场需求量将持续增长，预计 "十四五""十五五""十六五"增长速率分别为 15%、15% 和 10%，假设甲醇制烯烃保持相同增速，按照生产 1 t 烯烃需要 3 t 甲醇计算，预计 2025 年、2030 年和 2035 年甲醇制烯烃领域的甲醇需求量分别为 1 950 万 t、2 200 万 t 和 2 450 万 t。

煤制甲醇产量分一般控制和强化控制两个情景预测：

一般控制情景：根据 2019 年以煤为原料的甲醇产量约占甲醇总产量的 75% 计算，在未来我国甲醇净进口量维持不变的条件下，2025 年煤制甲醇产量约为 3 863 万 t，2030 年煤制甲醇产量约为 4 125 万 t，2035 年煤制甲醇产量约为 4 388 万 t。

强化控制情景：甲醇行业受碳减排压力影响，优化原料结构，降低单位产品碳排放高的煤制甲醇产量占比，逐步提高单位产品碳排放低的天然气制甲醇产量占比。预计到 2025 年，以煤为原料甲醇产量占比仍保持在 75% 左右，2030 年降至 70% 左右，2035 年降至 65%。相应的 2025 年、2030 年和 2035 年煤制甲醇产量分别为 3 863 万 t、3 850 万 t 和 3 803 万 t。

7.3.4　现代煤化工发展分析

现代煤化工行业情景预测包括一般控制和强化控制两个情景。一般控制情景按试运行、在建和核准项目正常投产测算。强化控制情景按试运行和在建项目正常投产，核准项目按照各子行业不同投产比例进行测算。

采用项目法统计现代煤化工已投产、试运行、在建和核准项目。煤直接液化处于核准阶段项目 1 个，产能 150 万 t。煤间接液化处于在建阶段项目 2 个，产能 300 万 t；处于核准阶段项目 3 个，产能 580 万 t。煤制天然气处于在建阶段项目 4 个，产能 82.6 亿 m³；处于核准阶段项目 9 个，产能 297.35 亿 m³。煤制烯烃目前核准、在建、建成和试运行的项目大约有 11 个，其中建成和试运行产能 170 万 t、在建 360 万 t、核准 80 万 t。煤制乙二醇目前核准、在建和试运行的项目大约有 20 个，其中试运行产能 305 万 t，在建 270 万 t，核准 305 万 t。

7.3.5　碳排放分析

基于煤化工行业产品产量和碳排放强度的预测，得出不同情景下煤化工行业 CO_2 排放总量。一般控制情景下，煤化工的 CO_2 排放量逐渐递增，预计 2025 年、2030 年、2035 年 CO_2 排放量分别为 6.3 亿 t、6.8 亿 t 和 7.1 亿 t。强化控制情景下，预计煤化工行业在 2025 年达到碳排放峰值 6.3 亿 t，之后碳排放量逐年下降，2030 年和 2035 年 CO_2 排放量分别为 6.26 亿 t 和 5.8 亿 t。其中，传统煤化工行业预计在 2025 年达到碳排放峰值 3.8 亿 t，现代煤化工预计在 2030 年达到碳排放峰值 2.8 亿 t。煤化工行业二氧化碳排放预测结果见图 4-3-27。

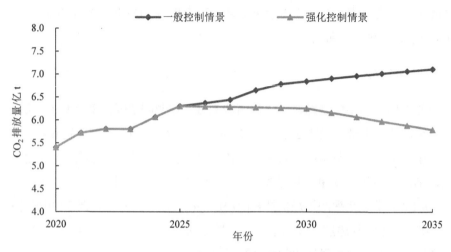

图 4-3-27　煤化工行业不同情景碳排放变化趋势

8　交通领域发展与碳排放分析

8.1　交通领域发展现状

8.1.1　机动车保有量

全国汽车产销量连续 13 年居世界首位，2020 年产销量分别为 2 522.5 万辆和 2 531.1 万辆。汽车保有量在 2019 年达 2.6 亿辆。新能源汽车产销量连续 6 年位居世界第一，近 3 年产销量均超过 100 万辆。2019 年新能源汽车保有量 381 万辆，占世界保有量的 50% 以上。

乘用车涵盖轿车、微型客车以及不超过 9 座的轻型客车。"十三五"期间我国乘用车产销量一直保持在 2 000 万辆以上，2017 年产销量分别为 2 481 万辆和 2 472 万辆，达到我国历史最高，2018 年后开始回落，2019 年基本与 2015 年产销规模持平。2020 年由于我国疫情防控措施及时有效，汽车产业快速恢复，乘用车产销量均在 2 000 万辆左右。新能源乘用车在我国新能源汽车市场占主体地位，2020 年产销分别为 124.7 万辆和 124.6 万辆。2019 年年底新能源乘用车保有量为 280 万辆，占我国新能源汽车保有量的 73.5%。

商用车产销量基本稳定，保有量增速低于乘用车。商用车指所有载货汽车和 9 座以上的客车。2014 年以来，我国商用车年产销量基本维持在 400 万辆左右，总体呈上升趋势。2020 年受国三汽车淘汰、治超加严以及基建投资等因素的拉动，全年产销呈现大幅增长并首超 500 万辆。2015—2018 年新能源商用车产销量持续增长，2019 年受新能源补贴退坡的政策影响，产销量下降近 30%。2020 年，新能源商用车产销量分别为 12.0 万辆和 12.1 万辆，同比下降 20.0% 和 16.9%。新能源商用车保有量由 2015 年的 16 万辆增长至 2019 年的 68 万辆。

摩托车产销量与保有量逐年降低。摩托车产量和销量在 2011 年分别达到 2 700 万辆和 2 693 万辆的峰值。此后，受汽车和电动自行车数量增长的冲击，国内传统摩托车消费市场在逐渐缩小，2020 年，摩托车产销量分别降至 1 702.4 万辆和 1 706.7 万辆。摩托车保有量与产销量趋势基本保持一致，2009—2019 年呈先增后减的趋势，截至 2019 年年底，摩托车保有量降为 6 765.6 万辆。

8.1.2　船舶保有量

水上运输船舶持续提档升级，向大型化、专业化趋势发展。2019 年，全国拥有水上运输船舶近 13 万艘，其中内河运输船舶 12.0 万艘、净载重量 13 090.1 万 t、载客量 62.7 万客位、集装箱箱位 39.2 万 TEU，沿海运输船舶 1.0 万艘、净载重量 7 080 万 t、载客量 23.5 万客位、集装箱箱位 63.3 万 TEU。

8.1.3　铁路列车保有量

铁路电动列车占比逐年提高。从 2007 年开始，铁路内燃机车保有量逐年下滑，2013 年内燃机车保有量首次低于电力机车，占比为 48%。2019 年全国铁路机车保有量为 2.2 万台，其中内燃机车保有量约 8 000 台，保有量占比为 37%。

8.1.4　民航飞机保有量

航空运输业高速发展。我国民航运输业近 15 年来一直保持较高速发展趋势，尤其是旅客运输量，年均增长 10% 以上。2019 年我国共有运输航空公司 62 家，颁证运输机场 238 个，民航飞机保有量为 3 818 架。

8.1.5　营业性周转量现状

我国货运周转量整体呈现迅速增长趋势。2019 年我国货运周转量达到 14 万亿 t·km，相比 2009 年增长了 1.7 倍。其中公路运输占比最大，公路货运周转量由 3.7 万亿 t·km 增加到 6.0 万亿 t·km，2019 年占比达到 42.6%。水路货运量呈上升趋势，2019 年内河运输完成货运周转量 1.6 万亿 t·km，沿海运输完成 3.4 万亿 t·km，水路货运量占比达 35.6%。铁路货运周转量由 2009 年的 2.5 万亿 t·km 增加到 2019 年的 3.0 万亿 t·km，占总货运周转量的 21.6%。航空货运周转量占比最小，2019 年民航完成货运周转量 263 亿 t·km（图 4-3-28）。

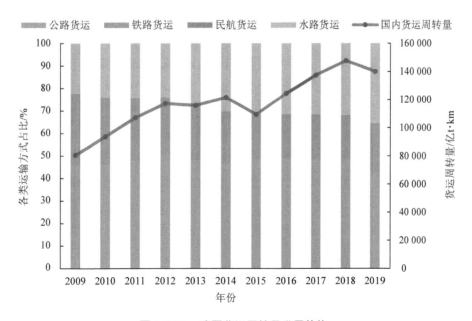

图 4-3-28　我国货运周转量发展趋势

我国客运周转量同样呈现逐年增长趋势,且客运周转量逐步由公路向铁路和民航转移。2019 年我国客运周转量达到 3.5 万亿人·km,较 2009 年上涨 42%。其中,公路客运周转量大幅减少,由 2009 年的 13 511.4 亿人·km 下降到 2019 年的 8 857.1 亿人·km,客运占比从 54.4%下降至 25.1%。高铁的迅速发展导致铁路客运周转量呈现逐年上涨的趋势,铁路客运周转量由 2009 年的 7 878.9 亿人·km 增加到 2019 年的 14 706.6 亿人·km,占比由 31.7%上升至 41.6%。民航客运周转量增长最快,民航客运周转量从 2009 年 3 375 亿人·km 增加至 2019 年 11 705 亿人·km,年均增速高达 13.0%。水路运输客运周转量占比最小,2019 年完成客运周转量 80.2 亿人·km(图 4-3-29)。

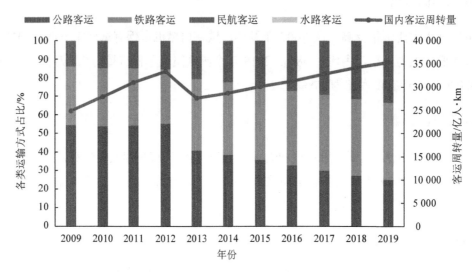

图 4-3-29 我国客运周转量发展趋势

8.1.6 交通燃料消耗量

2001—2018 年,我国交通汽油消费量快速增加,由 2001 年的 0.4 亿 t 增加到 2018 年的 1.3 亿 t,年均增长 7.4%。柴油消费量由 2001 年的 0.3 亿 t 快速增加到 2014 年的 1.1 亿 t,年均增长 9.4%,2014 年后基本持平。航空煤油消费量高速增长,由 2001 年的 560 万 t 增加到 2018 年的 3 460 万 t,年均增长 10.6%。燃料油消费量由 2001 年的 860 万 t 增加到 2018 年的 1 800 万 t,年均增长 4.2%。

交通替代燃料消耗量逐渐提升,依据中国石油规划总院统计数据,2019 年中国各类车用替代燃料合计替代汽柴油约 3 600 万 t,约占汽柴油总消费量的 14%。其中包括电力、氢能、天然气、生物质液体燃料等对汽柴油的替代。

8.2 交通领域碳排放现状

2019 年我国交通领域 CO_2 排放量为 11.6 亿 t,其中,乘用车 3.7 亿 t、商用车 5.9 亿 t、摩托车 0.25 亿 t、水运 0.75 亿 t、航空 0.9 亿 t、铁路 0.1 亿 t。分别占交通排放总量的 31.7%、50.7%、2.2%、6.4%、8.1%和 0.9%,公路排放约占总排放量的 84.5%,是交通领域最大的排放源。

8.3 交通领域未来碳排放趋势分析

本研究将交通需求分为高增长和低增长两个情景。交通需求包括货运需求总量、客运需求总量、乘用车保有量、商用车保有量等四个方面。同时减排措施主要包括运输结构调整、新能源销售占比、能效提升等，分为常规措施和强化措施两种情景。将需求增长和减排措施相结合，形成交通领域四种发展情景，即高增长常规措施情景、高增长强化措施情景、低增长常规措施情景和低增长强化措施情景，分别开展未来二氧化碳排放情景预测分析。

8.3.1　需求增长情景

随着我国经济社会的高速发展，货运需求不断上涨。2020—2035 年，我国经济社会仍将快速发展，工业化和城镇化进程持续推进，旅游、访友、商业等居民出行活动愈加频繁，导致我国货物和旅客运输需求仍将保持增长趋势。

高增长情景中，到 2035 年货运周转量将达到 26.9 万亿 t·km，年均增长 3.4%；客运周转量将达到 4.8 亿人·km，年均增长 2.5%。低增长情景中，到 2035 年货运周转量将达到 24.3 万亿 t·km，年均增长 2.7%；客运周转量将达到 4.6 亿人·km，年均增长 2.2%。

8.3.2　车辆保有量预测结果

汽车保有量与人均 GDP 密切相关，千人乘用车保有量呈现出"缓、急、缓"的 S 形发展趋势。在人均 GDP 较低的阶段，乘用车保有量增长速度较为缓慢。在 1 万至 2.5 万美元区间，保有量高速增长。人均 GDP 超过 2.5 万美元后，汽车普及率趋于饱和状态，导致保有量增长速度再次放缓。基于国际上广泛使用的 Gompertz 模型预测乘用车保有量。结果显示到 2025 年，我国人均 GDP 将达到 1.35 万美元/人，人口 14.25 亿，低增长和高增长情景下千人乘用车保有量分别为 227 辆、239 辆；到 2030 年，我国人均 GDP 将达到 1.72 万美元/人，人口 14.3 亿，低增长和高增长情景下千人乘用车保有量分别为 270 辆、299 辆；到 2035 年，我国人均 GDP 将达到 2.10 万美元/人，人口 14.3 亿，低增长和高增长情景下千人乘用车保有量分别为 296 辆、340 辆。

在人均 GDP 达到 2.5 万美元之前，商用车保有量一直呈近似线性增加的趋势，在人均 GDP 达到 2.5 万美元后，商用车保有量出现了下降或者加速增长的趋势。商用客车使用增长率进行预测，商用货车利用 2002—2019 年保有量和货运量的线性函数进行预测。结果显示 2019—2035 年高增长常规措施情景下商用车保有量由 3 016 万辆增加到 5 713 万辆，年均增长 5.1%；高增长强化措施情景下商用车保有量由 3 016 万辆增加到 5 656 万辆，年均增长 5.0%；低增长常规措施情景下商用车保有量由 3 016 万辆增加到 5 417 万辆，年均增长 3.7%；低增长强化措施情景下商用车保有量由 3 016 万辆增加到 5 236 万辆，年均增长 3.5%。

8.3.3　减排措施情景分析

（1）运输结构预测

常规措施情景：基于现有运输结构，依据现行"公转铁""公转水"政策，参考《十四五优化调整运输结构行动计划》，对政策趋势进行趋势外推，设定"十四五"期间铁路和水路货运量分别提升 6.5 亿 t、2 亿 t；"十五五"期间铁路和水路货运量分别提升 9 亿 t、8 亿 t；"十六五"期间铁路和水路货运量分别提升 5 亿 t、6 亿 t。

强化措施情景：基于空气质量改善需求，"十四五"期间铁路和水路货运量分别提升 15 亿 t、20 亿 t，"十五五"期间铁路和水路货运量分别提升 9 亿 t、8 亿 t，"十六五"期间铁路和水路货运量分别提升 5 亿 t、6 亿 t；同时，设定"十四五"期间 0.5%的航空旅客周转转向铁路，"十五五"期间

1%的航空旅客周转量转向铁路、1%的小汽车出行量转向公交,"十六五"期间 2%的航空旅客周转量转向铁路、3%的小汽车出行量转向公交车。

（2）能源结构预测

新能源乘用车:根据国务院办公厅发布的《新能源产业发展规划（2021—2035 年）》,到 2025 年年底前新能源车销售占比达到20%,2035 年纯电动汽车成为新销售车辆的主流,公共领域用车全面电动化。根据《节能与新能源汽车技术路线图 2.0》,新能源车销售占比 2025 年达到20%,2030 年达到40%,2035 年达到50%。因此常规措施情景设定新能源乘用车新车销售占比 2025 年、2030 年、2035 年分别为20%、30%、50%;强化措施情景设定新能源乘用车新车销售占比 2025 年、2030 年、2035 年分别为20%、40%、60%。

新能源商用车:根据《新能源产业发展规划（2021—2035 年）》,到 2025 年年底前公共领域用车全面新能源化。《节能与新能源汽车技术路线图 2.0》预测 2025 年、2030 年和 2035 年新能源商用客车销售占比为30%、40%、50%,新能源商用货车销售占比为12%、17%、20%。清华大学团队预测燃料电池车以商用车为主,2025 年推广 5 万～10 万辆,2030—2035 年应用 80 万～100 万辆。因此常规措施情景下设定新能源出租车、公交车、中大型客车、微轻型货车、中重型货车销售占比 2025 年分别为55%、80%、6%、10%、6%;2030 年分别为95%、95%、10%、15%、8%;2035 年分别为95%、95%、15%、20%、10%。强化措施情景下设定新能源出租车、公交车、中大型客车、微轻型货车、中重型货车销售占比 2025 年分别为55%、80%、10%、15%、6%;2030 年分别为95%、95%、20%、20%、10%;2035 年分别为95%、95%、30%、30%、15%。

电力机车预测:随着铁路电气化水平不断提升,电力机车比重将进一步提升。除保证铁路部门风险防控所需的一定比例的内燃机车外,推动铁路机车尽快实现全面电动化。参考铁路科学研究院的研究结果,设定常规措施情景与强化措施情景均设定"十四五"期间电力机车比率达到70%,"十五五"期间达到75%,"十六五"期间达到80%。

（3）能效预测

燃油乘用车能效预测:根据《节能与新能源汽车技术路线图 2.0》,并使用实际油耗对公告油耗进行修正。常规措施情景与强化措施情景均设定 2025 年、2030 年和 2035 年内燃汽车（含混合动力车）分别比 2020 年新车能耗降低 9%、21%、34%。

燃油商用车能效预测:根据《节能与新能源汽车技术路线图 2.0》,并使用实际油耗对公告油耗进行修正。考虑到商用车下一阶段燃油消耗标准及油耗减排技术的不确定性,对于商用车能效设置常规措施和强化措施两种情景。常规措施情景下 2025 年、2030 年、2035 年商用客车（含混合动力车）新车能耗分别比 2020 年降低 10%、15%、20%,商用货车（含混合动力车）新车能耗分别比 2020 年降低 8%、10%、15%。强化措施情景下 2025 年、2030 年、2035 年商用车（含混合动力车）新车能耗分别比 2020 年降低 10%、18%、25%。

船舶、铁路、航空器能效预测:分别参考船级社、铁路科学研究院、中国民航科学技术研究院的研究结果,在常规措施情景与强化措施情景下,均设定"十四五""十五五"和"十六五"期间船舶发动机能效分别提升 1%、1.5%和 4%;铁路内燃机车能效分别提升 3%、4%和 5%;航空器发动机能效分别提升 1%、2%和 4%。

8.3.4　碳排放情景分析

综合交通发展趋势，考虑运输结构调整、能源结构优化、能效提升等各项减排措施实施情况，预测交通领域在四种情景下的 CO_2 排放量变化趋势。不同情景的分析结果表明，交通领域 CO_2 排放将于"十五五"期间达峰，峰值区间为 14.8 亿～16.7 亿 t，"十四五"交通领域碳排放还将继续增长（图 4-3-30）。

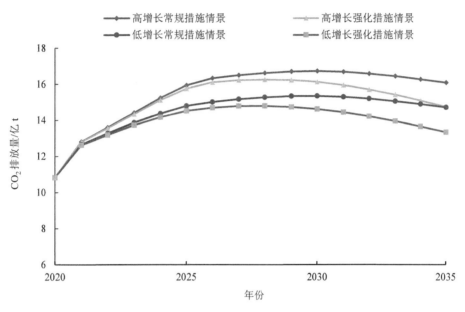

图 4-3-30　不同情景下交通 CO_2 排放趋势

9　建筑领域发展与碳排放分析

9.1　建筑领域发展现状

9.1.1　建筑规模

我国建筑面积总量和人均建筑面积不断增加。2010—2020 年，我国建筑面积总量基本保持年均 3%～5% 的增速，2020 年达到 688 亿 m^2，其中，城镇居住建筑、城镇公共建筑、农村建筑面积分别为 287 亿 m^2、127 亿 m^2 和 274 亿 m^2，占比分别为 41.7%、18.5% 和 39.8%。同时，城镇和农村人均建筑面积均逐年上升，2020 年，我国城镇人均居住建筑面积为 33.2 m^2，城镇人均公共建筑面积为 14.7 m^2，农村人均建筑面积为 50.6 m^2。受城镇化进程影响，过去 10 年农村建筑面积增幅较小，城镇居住建筑和公共建筑是建筑规模主要增长领域（图 4-3-31）。

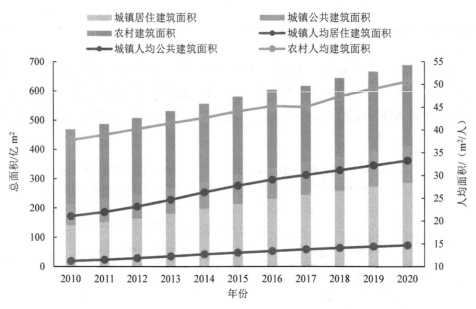

图 4-3-31　2010—2020 年我国不同类型建筑总面积和人均面积

9.1.2　用能强度

我国建筑总能耗和用能强度呈增长趋势。2020 年,我国建筑总能耗为 7.7 亿 t 标煤,其中,城镇居住建筑能耗为 2.0 亿 t 标煤,占当年能耗总量的 25.9%;城镇公共建筑能耗 2.5 亿 t 标煤,占比 32.6%;农村建筑能耗 1.5 亿 t 标煤,占比 19.5%;北方城镇集中供暖能耗 1.7 亿 t 标煤,占比 22.1%。如图 4-3-32 所示,2010—2020 年,我国建筑总能耗逐年递增,由 4.1 亿 t 标煤增至 7.7 亿 t 标煤,增长 87.8%,其中,城镇居住建筑、城镇公共建筑、农村建筑和北方城镇集中供暖用能分别增长 90.8%、84%、44.1% 和 146%。2010—2020 年,我国建筑用能强度波动上升,由 8.8 kg 标煤/m² 增至 11.2 kg 标煤/m²,增长 27.3%。

图 4-3-32　2010—2020 年我国建筑用能强度情况

9.1.3　用能结构

建筑领域能源消费以电力、煤炭和天然气为主。2020 年，我国建筑领域能源总消费量为 7.7 亿 t 标煤，其中，电力消费量 2.9 亿 t 标煤，占比 38%；煤炭消费量 2.2 亿 t，占比 28%；天然气消费量 1.5 亿 t 标煤，占比 20%；液化石油气消费量 0.59 亿 t，占比 8%；生物质、地热等其他能源消费量 0.45 亿 t，占比 6%（图 4-3-33）。

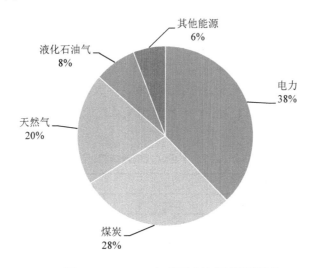

图 4-3-33　2020 年我国建筑领域用能结构

北方城镇集中供暖能源消费以煤炭、天然气和电力为主，分别占 75%、24% 和 1%。其中，燃煤热电联产占煤炭消费量的 66%，集中供热锅炉占 34%。未来随着电力、可再生能源、天然气等替代燃煤锅炉，集中供暖煤炭消费量将进一步下降。

城镇居住建筑用能以电力、天然气和液化石油气为主。根据能源统计基本分类，除集中供暖用能以外，城镇居住建筑用能包括居民生活用能和小区燃煤锅炉、小区燃气锅炉、户式燃气炉、户式燃煤炉、空调分散供暖、直接电加热等供暖用能。2020 年，城镇居住建筑能源消费量为 2.0 亿 t 标煤，其中，电力、天然气、液化石油气、煤炭分别占 39.7%、34.5%、21.5% 和 3.2%。2010—2020年，城镇居住建筑用能结构不断优化，2020 年电力、天然气、液化石油气、煤炭消费量分别为 2010年的 2.1 倍、2.2 倍、2.1 倍和 0.5 倍。

城镇公共建筑用能以电力、天然气和煤炭为主。城镇公共建筑用能主要包括空调、照明、插座、电梯、炊事、各种服务设施等产生的能源消耗，以及公共建筑自有燃煤锅炉、燃气锅炉等的能源消耗。2020 年，城镇公共建筑能源消费量为 2.6 亿 t 标煤，其中，电力、天然气、煤炭、其他能源分别占 58.4%、18.1%、15.8% 和 6.6%；扣除取暖用能后，电力消费用能占比为 93.3%。2010 年以来，城镇公共建筑用能清洁化水平不断提高，新增用能基本以电力和天然气为主，2020 年电力、天然气消费量分别达到 2010 年的 2.7 倍和 2.6 倍；煤炭消费量减少 25%。

农村建筑用能以电力、煤炭等为主。农村建筑用能主要包括村民生活用能、取暖用能和农村公共建筑用能。2020 年，农村建筑能源消费量为 1.5 亿 t 标煤，其中，电力、煤炭、液化石油气、生物质等其他能源分别占 41.8%、30%、9.6% 和 17.8%；扣除取暖用能外，2020 年电力消费占 65.5%。2010—2020 年，随着农村收入水平提升、电力普及率提高、家电使用量增加，电力能源消费量较 2010

年增长 140%；2016 年以来，随着空气污染治理和北方地区清洁取暖工作的深入推进，农村地区煤炭消费量有所下降，由 2016 年的 0.61 亿 t 标煤降到 0.45 亿 t 标煤，降幅 26.2%；用气量有所上升，由 21.7 万 t 标煤增长到 111.1 万 t 标煤，增长 4.1 倍。

可再生能源建筑在城镇得到较快发展。截至 2018 年年底，城镇太阳能光热应用建筑面积近 50 亿 m^2，浅层地热能应用建筑面积 5.26 亿 m^2，太阳能光电在建筑上应用装机容量超 3.5 万 MW，形成年常规能源替代量约 7 000 万 t 标煤。

9.2 建筑领域碳排放现状

2020 年我国建筑领域 CO_2 排放量为 21.7 亿 t，其中，供暖、炊事等活动化石燃料燃烧直接排放 6.9 亿 t（其中，集中供热锅炉排放 1.7 亿 t），占建筑领域总排放的 31.8%；外购热力、电力间接排放 14.8 亿 t（其中，热电联产供暖排放 2.4 亿 t），占建筑领域总排放的 68.2%（表 4-3-2）。

表 4-3-2　2020 年建筑领域碳排放情况

分类	CO_2 排放量/亿 t		
	总量	直接排放	间接排放
合计	21.7	6.9	14.8
1. 北方城镇集中供暖	4.1	1.7	2.4
其中：热电联产供暖	2.4	—	2.4
集中供热锅炉	1.7	1.7	—
2. 城镇居住建筑（不含北方城镇集中供暖）	5.3	2	3.3
3. 城镇公共建筑（不含北方城镇集中供暖）	8.2	1.8	6.4
4. 农村建筑	4.1	1.4	2.7

9.3 建筑领域未来碳排放趋势分析

9.3.1 建筑规模预测

针对城镇居住建筑、城镇公共建筑、农村建筑三种类型，考虑民众不断提升的居住舒适度需求，对影响人均建筑面积的关键因素进行识别，采用类比分析法分情景预测我国不同类型建筑的发展趋势。

类比发达国家，我国未来城镇人均居住建筑面积峰值预计在 40 m^2 左右。国际经验表明，经济发达国家人均住房建筑面积基本在 35～70 m^2。类比法国、德国、日本等发达国家不同阶段城镇人均居住建筑面积水平，结合我国居住模式和建筑面积增速减缓趋势，以及中央坚持"房住不炒""不把房地产作为短期刺激经济的手段"定位，未来十五年我国城镇人均居住建筑面积与发达国家差距进一步缩小，预计 2035 年我国城镇人均居住建筑面积峰值在 40 m^2 左右。

我国未来城镇人均公共建筑面积预计达到 18 m^2 左右。公共建筑主要服务于公共活动，从类型上分为办公、商场、酒店、医院、学校、交通枢纽、体育场馆等。在我国既有公共建筑中，人均办公建筑面积已经较为合理，但人均商场、医院、学校的面积还相对较低。随着电子商务发展，商场规模增长空间有限，医院、学校、交通枢纽、文体建筑以及社区活动场所等建筑规模还有增长空间。

到 2035 年，我国城镇人均公共建筑面积仍有一定增长，与发达国家的差距将不断缩小，预计将达到 18 m²/人左右。

随着城镇化进程进一步推进，大量农村人口转移到城市，部分农村住宅被弃置，综合不同课题组研究结论，预计 2035 年，农村建筑总面积将控制在 240 亿 m² 左右，农村人均建筑面积在 60 m² 左右。

将上述建筑面积预测结果作为适度增长情景，到 2035 年，城镇人均居住建筑面积达到 40 m²，城镇人均公共建筑面积达到 18 m²，农村人均建筑面积达到 60 m²。结合未来人口及城镇化率，预测不同时期建筑规模，2025 年、2030 年、2035 年建筑总规模将分别达到 744 亿 m²、792 亿 m² 和 838 亿 m²。

以适度增长情景为参照，考虑到我国经济持续发展、城镇化进程快速推进以及房地产投资等带来的建筑面积增长不确定性，设置建筑面积快速增长情景，到 2035 年，城镇人均居住建筑面积为 44 m²，城镇人均公共建筑面积为 19 m²，农村人均建筑面积为 67 m²。2025 年、2030 年、2035 年建筑总规模将分别达到 772 亿 m²、848 亿 m² 和 922 亿 m²。

9.3.2　建筑能耗预测

考虑到新建建筑节能标准、既有建筑节能改造是影响用能强度的关键因素，基于这两项政策推行力度大小，并考虑超低能耗建筑发展和居民生活水平提升带来的用能需求增加等因素，分常规节能和强化节能两种情景测算建筑领域能耗总量。主要考虑如下：

对于新建建筑节能标准提升。建筑节能工作从 20 世纪 80 年代初开始，新建建筑通过制定并执行建筑节能标准实现能耗水平降低，每 10 年较之前提升约 30%，已完成节能率 30%、50% 到 65% 三步走的跨越。根据住建部工作规划，2021 年计划出台全文强制建筑节能标准，全国各气候区建筑将统一执行 75% 标准。依据 80 年代以来新建建筑节能标准每十年较之前提升约 30% 的工作节奏和力度，在常规节能情景中，城镇居住建筑、公共建筑节能标准"十四五""十六五"期间分别提升 30%、30%，"十五五"保持与"十四五"不变，到 2025 年、2030 年、2035 年节能率分别达到 75%、75% 和 83% 左右；在强化节能情景中，城镇居住建筑、公共建筑节能标准在"十四五""十五五""十六五"期间分别提升 30%、30% 和 30%，到 2025 年、2030 年、2035 年节能率达到 75%、83% 和 87% 左右。

对于既有建筑节能改造。既有建筑节能改造工作资金需求量大，目前改造规模较小，"十二五"期间每年约改造 1.4 亿 m²；"十三五"期间由于缺少中央财政资金支持，国家层面的改造工作基本处于停滞状态。考虑到既有建筑改造对建筑节能的重要性，在常规节能情景中，城镇居住建筑的改造力度，主要根据住建部既有建筑节能改造工作计划进行设定，平均每年改造 1.7 亿 m²；城镇公共建筑改造力度，主要根据未来公建节能降耗的总体形势要求设定，平均每年改造 1.9 亿 m²；农村建筑改造力度，主要根据"十三五"清洁取暖农房改造进度推算结果，并结合未来清洁取暖工作设定，平均每年改造 0.34 亿 m²。在强化节能情景中，改造力度有所增大，城镇居住建筑平均每年节能改造 2 亿 m²，城镇公共建筑平均每年节能改造 2.2 亿 m²；农村建筑平均每年节能改造 0.4 亿 m²。

对于近零能耗建筑发展。我国已发布实施《近零能耗建筑技术标准》（GB/T 51350），提出超低能耗建筑、近零能耗建筑、零能耗建筑"三步"能效提升路线，目前已累计建设完成超低能耗建筑超过 1 000 万 m²。结合国家鼓励超低能耗建筑发展形势,预测未来超低能耗建筑面积还将大幅增长。在常规和强化节能情景中统一考虑,"十四五""十五五""十六五"新增城镇居住建筑中超低能耗建筑面积分别达到 1.0 亿 m²、4.0 亿 m²、20.0 亿 m²,公共建筑中超低能耗建筑面积分别达到 0.2 亿 m²、1.0 亿 m²、5.0 亿 m²。

对于居民生活水平提升带来的用能需求增加。居民生活水平提升会带来新的用能需求,预计城镇居住建筑和农村建筑用能强度将会快速上升。公共建筑方面,由于大体量公共建筑占比将显著增加,空调、通风、照明和电梯等用能强度远高于普通公共建筑,将带动公共建筑能耗强度继续增长。根据全国电力行业报告,预测由生活水平提高带来的电力需求增长量,"十四五""十五五""十六五"期间,生活水平提升带来的城镇居住建筑用能需求将分别增加 50%、40% 和 20%;城镇公共建筑用能需求将分别增加 40%、30%、15%;农村建筑用能需求将分别增加 40%、30%、15%。

综合考虑上述节能措施和新增生活用能需求,建筑面积适度增长常规节能、建筑面积适度增长强化节能、建筑面积快速增长常规节能、建筑面积快速增长强化节能等四种情景下的能源消耗增长趋势如图 4-3-34 所示。可以看出,建筑面积快速增长情景下的能源消耗量均高于适度增长情景下的能源消耗量,未来控制建筑面积合理增长将成为降低建筑能耗的关键措施;在建筑面积适度增长情景下,采取强化节能措施较采取常规节能措施 2025 年、2030 年、2035 年将分别减少 144 万 t、946 万 t 和 1 453 万 t 标煤消耗;在建筑面积快速增长情景下,采取强化节能措施较采取常规节能措施 2025 年、2030 年、2035 年将分别减少 144 万 t、1 147 万 t 和 1 803 万 t 标煤消耗。

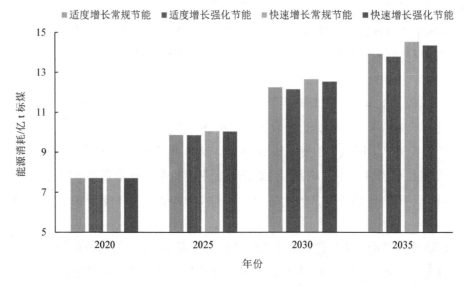

图 4-3-34 不同情景下我国 2025 年、2030 年、2035 年建筑领域能源消费量

9.3.3 建筑用能分析预测

考虑取暖用能低碳化、居民生活和公共建筑用能电气化以及加大可再生能源利用等发展变化趋势,调整优化既有建筑和新建建筑用能结构,分析不同类型建筑用能结构变化情况。

对于既有建筑用能结构调整。当前,供暖及农村炊事活动中仍存有较大量燃煤,是既有建筑用能结构调整的主要对象。首先,北方城镇集中供暖用煤包括燃煤热电联产、超低排放燃煤锅炉以及燃煤炉具等,"十四五""十五五"将推动城镇地区燃煤锅炉和民用散煤由热电联产、工业余热、热泵、燃气壁挂炉等替代。其次，全力推进农村地区取暖、炊事用煤由电力、天然气、生物质等替代，到"十六五"末力争实现农村地区无煤化。在考虑各种能源品种及其不同用能方式热效率差异基础上，既有建筑用能中燃煤替代方式及分阶段替代量如图 4-3-35 所示。其中，"十四五""十五五""十六五"时期燃煤替代量分别达到 4 900 万 t、4 800 万 t 和 1 300 万 t 标煤左右。

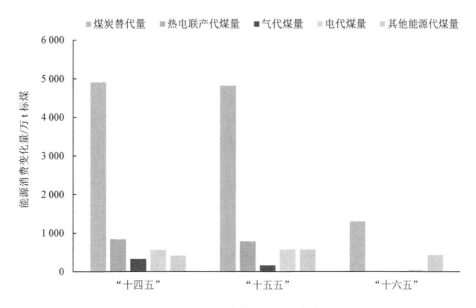

图 4-3-35　我国既有建筑燃煤替代方式与替代量

对于新建建筑用能结构。建筑供暖用能将不断提高工业余热及太阳能、地热、核能等新能源和可再生能源占比，大力发展热泵等节能高效供暖方式，不再新增燃煤锅炉；其他用能以电为主，生活热水充分利用太阳能光热，炊事用能使用少量天然气。不同情景下新建建筑用能结构如图 4-3-36 所示。

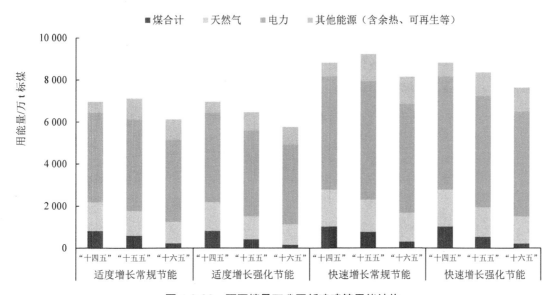

图 4-3-36　不同情景下我国新建建筑用能结构

同时，建筑应充分利用各类屋顶和墙面发展分布式光伏发电，特别是在太阳能资源较丰富的农村地区，加快推进农房屋顶光伏发电。根据建筑光伏发展面积预测建筑光伏发电量，常规情景下，

"十四五""十五五""十六五"分别增加光伏发电量 750 亿 kW·h、1 500 亿 kW·h、1 800 亿 kW·h；强化情景下，分别增加 1 050 亿 kW·h、1 650 亿 kW·h、2 250 亿 kW·h。

综合考虑既有建筑、新建建筑用能结构优化调整和可再生能源建筑推进情况，煤炭、液化石油气、天然气占比下降，电力、其他能源（含余热、可再生能源等）占比上升，不同情景下 2025 年、2030 年、2035 年用能结构预测结果如图 4-3-37 所示。

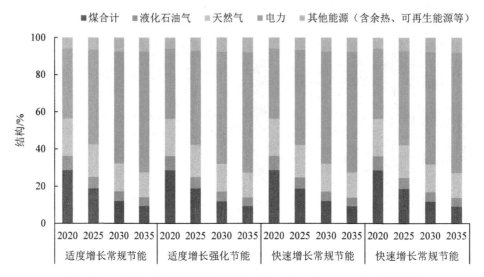

图 4-3-37　建筑领域不同情景下 2025 年、2030 年、2035 年用能结构

9.3.4　碳排放情景分析

根据建筑规模、建筑能耗、用能结构预测结果，分析 2025 年、2030 年、2035 年建筑运行阶段煤炭、天然气、液化石油气、电力等消费量，基于不同能源消费的碳排放因子，计算建筑领域不同情景的碳排放量，结果如图 4-3-38 所示。在不同情景下，建筑领域碳达峰时间在 2029—2030 年，达峰排放量在 28.1 亿～29.2 亿 t，达峰后有 2～3 年的平台期，其中直接排放量在 2020 年以后持续下降。为落实国家 2030 年前实现 CO_2 排放达峰要求，推动建筑领域以较低峰值尽早达峰，推荐采用适度增长强化节能情景作为达峰情景。

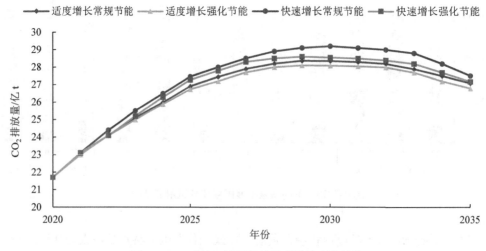

图 4-3-38　建筑领域不同情景碳排放变化趋势

参考文献

[1] 王铮，朱永彬，王丽娟．中国碳排放控制策略研究[M]．北京：科学出版社，2013．

[2] 林伯强．"十三五"时期中国电力发展成就及"十四五"展望[J]．中国电业，2020（12）：22-23．

[3] 王圣．我国"十四五"煤电发展趋势及环保重点分析[J]．环境保护，2020，48（Z2）：61-64．

[4] 《中国钢铁工业年鉴》委员会．中国钢铁工业年鉴 1990—2018[M]．《中国钢铁工业年鉴》编辑部，1991—2019．

[5] Yin，X. and Chen，W. Trends and development of steel demand in china: a bottom–up analysis[J]. Resources Policy，2013，38（4），407-415.

[6] 国家统计局．中国统计年鉴 1990—2020[M]．北京：中国统计出版社，1991-2021．

[7] 何捷，李叶青，萧瑛，等．水泥窑协同处置生活垃圾的碳减排效应分析[J]．中国水泥，2014（9）：69-71．

[8] 贺永德．现代煤化工技术手册[M]．北京：化学工业出版社，2019．

[9] 蒋云峰，邓蜀平，刘永．独立焦化生产碳排放因子探讨[J]．现代化工，2015，35（9）：10-15．

[10] 刘淑娟，高全胜，符敬慧．中国水泥主要应用领域分析及未来需求趋势预测[J]．建材发展导向，2012，10（4）：17-19．

[11] 阮立军．中国现代煤化工"十三五"期间煤控进展及未来展望[J]．中国能源，2019，41（9）：29-32．

[12] 佘欣未，蒋显全，谭小东，等．中国铝产业的发展现状及展望[J]．中国有色金属学报，2020，30（4）：709-718．

[13] 佟贺丰，崔源声，屈慰双，等．基于系统动力学的我国水泥行业 CO₂ 排放情景分析[J]．中国软科学，2010（3）：40-50．

[14] 佟庆，魏欣，秦旭映，等．我国水泥和钢铁行业突破性低碳技术研究[J]．上海节能，2020：380-385．

[15] 王彦超，蒋春来，贺晋瑜，等．京津冀及周边地区水泥工业大气污染控制分析[J]．中国环境科学，2018，38（10）：3683-3688．

[16] 王玉，张宏，董凌．不同结构类型建筑全生命周期碳排放比较[J]．建筑与文化，2015（2）：110-111．

[17] 王钰，温倩，尚建壮，等．传统化工行业"十三五"回顾和"十四五"发展展望（一）[J]．化学工业，2020，38（4）：15-26．

[18] 魏宁，刘胜男，李小春．中国煤化工行业开展 CO₂ 强化深部咸水开采技术的潜力评价[J]．气候变化研究进展，2021，17（1）：70-78．

[19] 韩红梅，朱彬彬，龚华俊，等．现代煤化工行业"十三五"回顾和"十四五"发展展望（一）[J]．化学工业，2020，38（4）：27-30．

[20] 韩红梅．煤化工生产和消费过程的碳利用分析[J]．煤化工，2020，48（1）：1-4，14．

[21] 温倩．合成氨行业发展情况及未来走势分析[J]．肥料与健康，2020，47（2）：6-13．

[22] 杨富强，熊慧，宋仁伯．我国再生铝产业现状及发展方向[J]．新材料产业，2019（8）：10-14．

[23] 张维，周小兵，范玉宏．电解铝行业用电的影响因素分析[J]．电力需求侧管理，2011，13（4）：30-33．

[24] 张媛媛，王永刚，田亚峻．典型现代煤化工过程的二氧化碳排放比较[J]．化工进展，2016，35（12）：4060-4064．

[25] 中国石化集团经济技术研究院．2021 中国能源化工产业发展报告[M]．北京：中国石化出版社，2020．

[26] 中国石油和化学工业联合会．山东隆众信息技术有限公司．中国石化市场产能预警报告（2020）[M]．北京：化学工业出版社，2020．

[27] 冯相昭，蔡博峰．中国道路交通系统的碳减排政策综述[J]．中国人口·资源与环境，2012，22（8）：10-15．

[28] 吕晨，李艳霞，杨楠，等．道路机动车温室气体排放评估与情景分析：以北京市为例[J]．环境工程，2020，38（11）：25-32．

[29] 马冬，尹航，丁焰，等．基于大数据的中国在用车排放状况研究[J]．环境污染与防治，2016，38（7）：42-48，55．

[30] 清华大学建筑节能研究中心．中国建筑节能年度发展研究报告 2020[M]．北京：中国建筑工业出版社，2020．

[31]　张书华，付林. 优先利用分布式能源及工业余热的多能互补供热模式[J]. 分布式能源，2018，3（1）：64-68.

[32]　张时聪，徐伟，孙德宇. 建筑物碳排放计算方法的确定与应用范围的研究[J]. 建筑科学，2013，29（2）：35-41.

本专题执笔人：曹丽斌、王丽娟、汪旭颖、贺晋瑜、庞凌云、金玲、吕晨、杜艳春

完成时间：2021 年 12 月

专题4 大气环境治理与温室气体协同控制研究

我国正处于深入打好污染防治攻坚战、持续改善环境质量、建设美丽中国的关键时期[1]；同时也处于积极部署谋划实现 2030 年前碳达峰目标和 2060 年前碳中和愿景的开局阶段。常规大气污染物与温室气体排放具有高度同根同源同过程特征，化石能源消费、工业生产、交通运输、居民生活等均是大气污染物与温室气体排放的主要来源。[2] 我国当前以煤为主的能源结构、以重化工为主的产业结构、以公路为主的运输结构是推动空气质量持续改善、实现美丽中国目标以及碳达峰碳中和目标的共同挑战。[3] 因此，面对大气环境质量改善与温室气体减排的双重压力与迫切需求，亟待推进大气环境治理与温室气体协同控制，实现减污降碳协同增效。

1 大气环境治理与温室气体协同控制的背景

1.1 开展协同管理的国际经验

1.1.1 国际协同控制的制度体系

从国际实践经验来看，以应对气候变化、防范环境健康风险为核心的环境管理模式已成为主要发达国家的现实选择，其中美国、欧盟、澳大利亚、日本等主要发达国家和地区已将温室气体纳入污染物范畴，将环境质量目标与减缓、适应气候变化挂钩，积极推进多污染物的综合协同控制，实施统一的环境监管。欧美等主要经济体都将温室气体排放控制纳入环境综合管理体系中，在温室气体排放监测和统计基础上，以政策评估的形式为国家决策提供支持，实现从国家层面统筹协调、统一监管、多部门共同参与的管理模式。

在欧洲，欧洲委员会负责制定温室气体与空气污染控制目标，并将控制要求分解到各欧盟成员国，欧盟环境总司下的气候变化与空气司是政策的主要执行者，主要负责气候战略、谈判、清洁空气与交通、工业排放与臭氧层保护，欧洲气候变化与空气质量管理框架如图 4-4-1 所示。美国国家环保局（EPA）空气和辐射管理部门中大气项目管理办公室依据《空气清洁法案》，负责清洁空气市场和气候变化工作，包括温室气体的监测和温室气体排放清单的编制和发布等职能，2007 年 12 月开始推行国家强制性温室气体报告登记制度（图 4-4-2）；各州根据 EPA 制定的空气质量标准，制定并开展州实施计划（SIP）来落实标准要求。州实施计划是美国空气污染控制法律制度的关键环节，被批准的州实施计划不但可以作为州的法律执行，还可以作为联邦的法律强制执行。如果某个州的州执行计划未获得 EPA 的批准或未能完成州执行计划设定的任务，EPA 可以在该州颁布并实施联邦执行计划，帮助其达到和维持《国家环境空气质量标准》的要求。

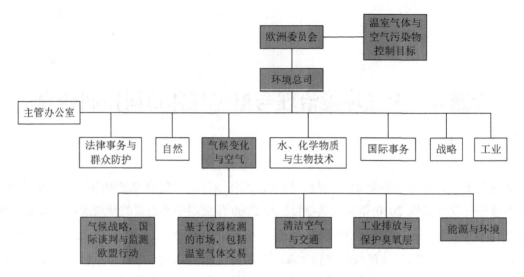

图 4-4-1　欧洲气候变化与空气质量管理框架

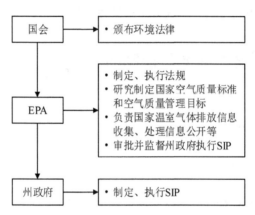

图 4-4-2　美国大气污染物和温室气体管理制度

1.1.2　基于协同效益的规划方法研究

（1）协同效益量化评估模型

大气污染物和温室气体的控制政策涉及能源、经济与环境三部分综合平衡协调发展，因此协同效益的研究方法多是基于涵盖上述子系统的不同模型的政策情景分析。这类研究的基本步骤为：计算基准情景和不同政策情景下的温室气体排放量、大气污染物排放量或浓度，估算和比较所造成的影响，对影响进行量化或货币化。其关键在于通过耦合能源/温室气体—大气污染物排放—影响评价模型对温室气体和大气污染物减排量或浓度进行定量估算。

当前研究中，大气污染物的量化主要是通过结合大气污染物核算模型和空气质量模型来实现，常见的模型包括 CMAQ 空气质量模型和 WRF-CMAQ 气象化学耦合模型、空气污染排放试验和政策分析模型（APEEP）等。温室气体估算模型主要分为两类：一类是自上而下的能源模型，主要包括可计算一般均衡模型（CGE）、线性规划、投入产出模型（I-O）等，此类模型适于探讨在一定程度上影响市场资源配置的经济型政策，如能源税、碳税、碳排放交易等，对技术变动的敏感性不够；另一类是自下而上的能源技术模型，主要包括能源需求预测模型（LEAP 或 GREET）、能源系统优化模型（POLES 或 MESSAGE）、能源技术环境影响分析模型（MARKAL 或 TIMES）等，此类模型适于分析行政-命令型政策，如淘汰落后产能、设定行业准入、各类行业标准等技术发展、产业结构调整政策，但无法反映宏观经济的反馈作用，因此可能会过高估计技术效应。此外，越来越多的研究应用综合评估模型，如 GAINS、GCAM、AIM、IMAGE 等模型同时模拟未来情景下的温室气体与大气污染物排放。一些研究通过纳入健康影响评价和费效评估模型延伸上述研究链条，从而评估温室气体与污染物协同减排带来的健康效益和经济效益。

（2）以协同效益为判别标准的多种规划方案比选

欧美发达国家与部分新兴经济体国家在编制城市/区域空气质量管理规划或温室气体减排计划时，多设计综合、一体化措施，并且基于模型和情景分析工具以协同效益为判别标准进行多种规划方案比选。为了便于规划制定者决策选择，不同国家设立了不同判别标准，如综合判别标准（即以最小成本获取最大协同效益）、常规大气污染物或温室气体协同减排量、空气质量改善的健康效益、常规污染因子的辐射驱动效应等。部分典型案例如表 4-4-1 所示。

表 4-4-1　国际基于协同效益的多种规划方案比选案例

判别标准	规划/行动方案	评估方式
综合	首尔空气质量管理计划	对大气污染控制措施的温室气体减排效果，以及温室气体控制措施的大气污染物减排效果分别进行评估，并对各措施成本进行估算，在此基础上，运用线性规划的方法选择出最优的综合情景方案
健康效益	欧盟气候与能源一体化政策	基于常规大气污染物协同减排而产生的健康效益，对欧盟第六次环境行动目标实现的贡献进行方案的评估、比较、筛选
常规大气污染因子辐射驱动效应（RF）	欧盟 CAFÉ 计划	在制定空气污染控制战略时，运用 RAINS 模型，采用 IIASA 给出的科学方法，对不同污染控制情景方案的辐射平衡的净效益进行评价，在综合考虑了控制方案对健康、生态、社会、经济、气候变化等多方面影响的前提下，最终确定控制目标与相应举措
协同减排量	英国低碳转变计划（LCTP）	运用 UK MARKAL-ED 模型，优化了交通、电力、居民生活、道路交通和工业五个部门的减排措施，将应对气候变化与改善空气质量两大目标有机结合，形成修订方案

1.1.3　国际协同控制的政策手段

（1）"一证双管"式排污许可证

大气排污许可证是美国为有效防治空气污染和控制温室气体排放采取的一项重要环境管理制度。美国国家环境局发布"裁减规则"（Tailoring Rule）要求各州环保局通过在主要新源达标区发放 PSD（Prevention of Significant Deterioration Permitting）许可证的形式实行"一证双管"，实现对温室气体和大气污染物的排放限制，符合排放门槛的大型固定源都要取得排污许可证才能排放 CO_2。PSD 审核是新源审查最重要的一个过程，它要求达标区域的新建或改扩建重大污染源必须取得，其目的主要是：①在经济增长的情况下，保护现有空气资源，确保环境空气质量达标，也就是防止新污染源的建设造成空气质量发生显著变化，确保建成后的区域环境质量不超过国家空气质量标准；②保护公众健康和人民福祉不受影响，例如保护和改善敏感区（国家公园、野生动物保护地）的空气质量，具体指标反映在新污染源对能见度的影响等。

PSD 许可证核发依据是按污染源的排放潜能（指污染源全年连续运行 8 760 小时的最大排放量）是否达到设定的门槛值来决定。受 PSD 管制的污染物主要有 6 种指标污染物（指与国家空气质量标准相关的一氧化碳、挥发性有机物、氮氧化物、二氧化硫、铅、细颗粒物等）、6 种温室气体（二氧化碳、甲烷、氧化亚氮、氢氟碳化合物、全氟碳化合物及六氟化硫等）及 187 种有害污染物等（表 4-4-2）。PSD 审核的主要内容包括最佳可行技术（BACT）分析、空气质量影响分析、敏感区环境影响分析，对生态、土壤等其他环境的影响分析等。PSD 审核许可证可以由 EPA、州或者地方审批机构颁发。[4]

表 4-4-2 PSD 许可证实施要求

	受管制的污染物	门槛值	主要环保要求
PSD 许可证	6 种指标污染物、6 种温室气体及其他污染物（硫酸雾、硫化氢及氟化氢等）	新建项目排放潜能达到 250 t（化工厂等 28 个特别部门为 100 t），或者 CO_2 排放当量达到 7.5 万 t。改建项目的 NO_x 或 SO_2 排放潜能达到 40 t/a 等	采用最佳可行技术；开展空气质量分析以评估在空气质量增量方面的影响

（2）"市场导向"与"命令-控制"相结合的协同监管手段

欧盟根据温室气体排放源的不同将监管方式分为两类：一是对较大的固定排放源，运用碳排放权交易制度进行总量控制的市场手段加以管制；二是对于其他排放源，依旧使用与大气污染防治相同的"命令-控制"手段加以管控，目的在于"确保碳排放权交易所实现的碳减排目标不会因为其他领域的碳排放增加而冲抵"。[5] 欧盟对温室气体管控的主要制度包括：一是以上述及的碳排放许可制度；二是温室气体排放标准，欧盟一般"在交通运输、大型燃烧工厂、固定工业排放源等领域颁布二氧化碳等温室气体排放标准，作为控制温室气体排放管理的技术性规范"；三是温室气体报告制度，欧盟在《污染物排放释放和转移登记条例》要求报告 CO_2 等温室气体排放量。

1.2 我国协同控制面临的主要问题与挑战

（1）规划目标管理体系差异巨大

目前常规大气污染物和温室气体减排管理的目标设定、目标分配、年度分解、进度管理等都基于不同的思路和管理体系，在管理对象和管理进度方面存在较大差异。在大气污染控制方面，我国建立了以空气质量改善为核心的管理体系，国家制定环境空气质量标准，并确定国家层面空气质量改善目标。各级政府是改善地方环境质量的第一责任主体，对辖区实现国家环境质量改善目标负总责，制定规划，采取措施，控制或者逐步削减大气污染物的排放量，使大气环境质量达到规定标准并逐步改善。在温室气体控制方面，我国主要实施分类指导的碳排放强度控制，国家分类确定省级碳排放控制目标，提出温室气体排放控制要求，但在城市、企业层面并无强制性要求，多以自愿承诺形式开展温室气体排放控制工作。为了实现常规大气污染物和温室气体的协同管理，首先需要在规划目标管理体系上实现统筹，研究如何设定温室气体与大气污染协同控制目标指标，按照国家、省、城市、行业（企业）不同层级，设置自上而下的目标分解机制与考核模式，明确企业、政府、公众、市场各方责任，通过"四元"共治来实现两者协同管理。

（2）规划任务措施协调性不足

在大气污染防治方面，主要以大气环境质量改善为核心，建立了由空气质量目标、污染物减排战略、主要任务、政策措施等方面组成的架构，并未考虑温室气体减排的目标；在温室气体减排方面，也没有考虑为了实现温室气体减排目标，以及相应的手段和措施对大气环境的影响。为了实现常规大气污染物和温室气体的协同管理，需要在综合评估协同减排效应的基础上设计综合、一体化措施，将应对气候变化与改善空气质量两大目标有机结合。

（3）应对气候变化法律基础薄弱

我国大气污染控制是法律规定强制执行，由上至下层层分解落实目标任务，《中华人民共和国大气污染防治法》是我国管控常规大气污染物的法律基础；控制温室气体排放是为履行国家承诺，国家对各省级人民政府开展目标考核，我国上位法尚未明确温室气体控排的地位，温控缺乏明确的法律依据，也缺乏稳定性和强制实施保障等法律所具有的特征。因此，与大气污染防治相比，温室气体排放控制工作的强制性、力度较弱。

（4）现有管理制度衔接存在较大难度

在目前我国的固定污染源大气环境管理体系中，排污许可制是依法规范企事业单位排污行为的基础性环境管理制度。排污许可证综合了排污单位应当执行的污染物排放标准、环境影响评价的批复要求、总量控制要求、自行监测要求等各项法律法规及环境管理规范性文件规定的内容，是规范固定污染源的常规污染物排放种类、排放浓度、排放量、污染防治、监测监控等环境管理要素的基础性、支柱型制度。而碳排放交易作为国内应对气候变化的核心工作，目前覆盖的行业范围也是以固定排放源为主，温室气体排放核算、MRV 制度建设与排污许可、环境统计、环境监测、评价考核、环境执法等业务工作交集颇多，理论上可为协同监管提供诸多选择。不过，由于碳交易与排污许可制度的制度架构、监管思路、核算方法、测量报告等方面存在较大差异，可直接实现统一管理的环节有限，两项制度的协同推进亟须机制创新、科学评估。[6]

此外，长期以来，生态环境部门在大气污染防治方面做了大量工作，对大气污染物的监测、核算、统计、监督、执法等方面已经形成了完整的工作体系。而温室气体排放控制仍未纳入国家统计体系，仅针对重点年份开展排放核算，并未形成年度统计制度，在统计标准建设方面也相对滞后。合理有效整合环境统计制度和碳排放统计核算将有利于提高数据的真实性、准确性，降低管理成本。

2 大气环境治理与温室气体协同控制思路

常规大气污染物与温室气体排放同根同源，我国当前以煤为主的能源结构、以重化工为主的产业结构、以公路为主的运输结构是推动空气质量持续改善、实现美丽中国目标以及碳达峰碳中和目标（以下简称"双碳"目标）的共同挑战。[3] 美丽中国目标与"双碳"目标相辅相成、互相支撑。一方面，通过持续深入推进大气污染治理、实现 2035 年大气环境质量根本改善来助推高质量达峰、降低碳达峰峰值；另一方面，以"双碳"目标倒逼结构调整，深化源头防控等治本措施，进一步推进空气质量持续改善。通过在目标指标、管控区域、控制对象、措施任务、政策工具 5 个方面的协同，可以推动大气环境治理与温室气体协同控制，实现减污降碳协同增效（图 4-4-3）。[7]

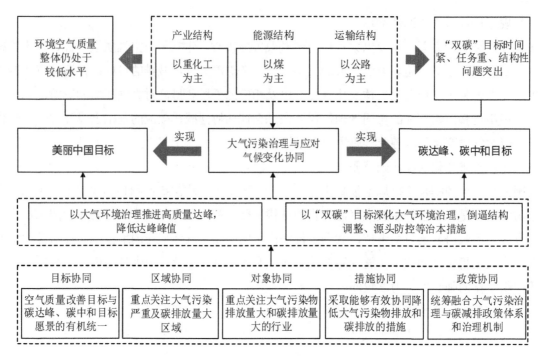

图 4-4-3　大气环境治理与温室气体协同控制的研究思路

2.1　规划目标协同

党的十九大提出"到 2035 年,生态环境根本好转,美丽中国目标基本实现"的国家战略目标。同时,中国政府也明确提出了"2030 年前实现碳达峰、2060 年前实现碳中和"的重大战略决策。就大气环境改善和气候变化应对这两方面而言,如何锚定美丽中国建设与"双碳"目标,针对关键时间节点,提出对应的协同目标,实现空气质量改善目标与"双碳"目标愿景的有机统一和充分衔接,是未来大气环境管理和气候变化应对顶层设计中直接面临的问题。

2.2　技术路径协同

在实现空气质量改善与双碳两方面目标的技术路径制定过程中,要综合考虑三方面协同,一是管控区域协同,优先关注大气污染物和 CO_2 排放量均较高的"双高"区域;二是控制对象协同,要重点关注大气污染物和 CO_2 排放量均较高的"双高"行业;三是任务措施协同,采取能够有效协同降低大气污染物和 CO_2 排放的措施,强化源头控制,优先选择协同率高的治理技术。

在管控区域方面,由于能源使用等人为活动是大气污染物与温室气体排放的共同根源,所以我国的大气环境污染水平与碳排放在空间分布上具有高度一致性。经济发达、人口稠密、能源消费量大的区域往往是空气质量较差同时碳排放量巨大的区域。[8] 这些地区兼具高污染水平和高人口密度,通常会对人群造成相对更高的环境风险。[9] 因此,从实现宏观目标的角度而言,在重点区域推动协同控制,不但对于改善全国整体大气环境质量以及降低碳排放量具有显著意义,同时也将对保护人群健康,提升全体国民福祉产生更高的效益,取得事半功倍的效果,实现协同增效。

在控制对象方面,能源消费、工业生产、居民生活、交通运输等均是大气污染物及温室气体的重要来源。[2] 各部门能源结构、能源消费方式、生产工艺、污染控制技术路径等均存在明显差别,导致主要污染物种类、污染物排放强度和排放量、碳排放强度和排放量也差异显著。在推进协同治理过程中，应重点关注大气污染物排放和碳排放"双高"的重点部门和行业，采取结构调整等源头治理措施，实现协同减排增效。同时，考虑到不同部门/行业碳排放进入大气后呈均一性，碳排放环境影响一致，因此从协同增效的角度来看，应更关注大气环境质量改善需求，识别降碳环境边际效益较大的部门和行业作为协同控制重点（图 4-4-4）。

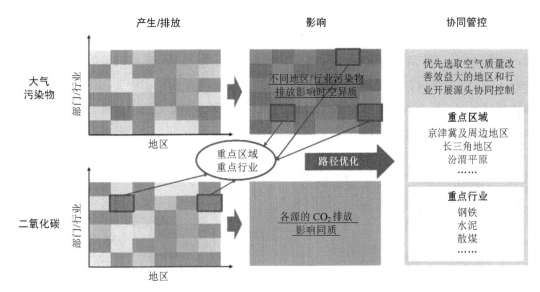

图 4-4-4　以大气环境质量改善目标优化协同管控思路示意

注：图中网格颜色仅示意排放量及影响水平大小差异，不指代具体数值；深色方框网格表示其排放及环境影响水平较大。

　　在措施任务方面，将大气污染物与温室气体的共同来源作为协同控制的重要落脚点，推动落实可协同减污降碳的控制措施；特别地，应以推进节能降耗、开发可再生能源、优化产业结构、发展循环经济、推动形成绿色生产生活方式等根本性、源头性、结构性措施作为主要抓手，实现减污与降碳源头减排相协同。同时，应将碳排放指标纳入污染治理技术的评价体系，在确定大气污染治理技术时，要同步考虑治理技术的协同控碳效果，优化选择治污技术路线，避免片面追求治污效果而导致大量碳排放，增强污染治理与碳排放控制的协调性。

2.3　管理体系协同

　　在政策工具方面，需要强化顶层设计，以全局性、系统化的视角统筹谋划战略规划、政策法规、制度体系等，打通大气污染治理和气候变化应对的相关体制机制，建立减污降碳协同政策体系。多年的大气污染防治攻坚战使我国在减污方面已建立了较为完善的制度和政策体系，宜在现有减污政策体系中强化统筹气候变化应对相关工作要求，以减污制度体系作为实现降碳目标落地的重要载体，同时作为构建减污降碳协同政策体系的基础。

3　大气环境治理与温室气体协同控制的目标指标

3.1　协同控制目标制定思路

　　IPCC 评估报告 AR3 和 AR4 对于协同效应的研究结果表明，能源需求、经济增长、技术变革、生活方式和人口变化等协同效应的影响因素中，能源需求是其中最主要的因素。已有研究表明，低碳政策对中国空气质量长期持续改善起到决定性作用，碳中和情景下，低碳能源转型对 2060 年中国 $PM_{2.5}$ 浓度改善的贡献可达到 80%左右。[10] 因此，能源结构优化是协同减排大气污染物和温室气体的关键。要实现大气污染物与温室气体减排目标的统筹，应设定相匹配的能源情景和能源目标，在一致的能源发展情景下制定可达的环境空气质量改善目标和温室气体控制目标。以"双碳"目标下的中长期 CO_2 排放路径为约束，设定能源消费情景；基于能源消费路径，综合考虑末端治理技术减排潜力，测算不同污染物的排放趋势；利用空气质量模型，模拟空气质量改善效果，提出"双碳"排放路径下的空气质量目标预期。同时，基于"2035 年基本建成美丽中国"和环境空气质量改善的国家总体战略要求，提出我国中长期空气质量改善目标预期。锚定美丽中国建设与"双碳"目标，结合以上两种目标预期结果，提出"双碳"目标下的空气质量协同目标（图 4-4-5）。

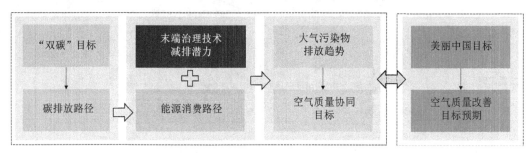

图 4-4-5　碳减排路径下的空气质量协同目标制定的技术方法

3.2 "双碳"目标下的空气质量协同目标

3.2.1 美丽中国下的空气质量目标预期

党的十九大提出"到 2035 年，生态环境根本好转，美丽中国目标基本实现"。采用国际对标法，通过对标欧美等发达国家（地区）在同等经济发展水平下的历史空气质量状况和世界卫生组织空气质量指导值（AQGs），结合《大气污染防治行动计划》（以下简称"大气十条"）实施以来我国不同城市空气质量改善幅度分析，对美丽中国目标下的中长期空气质量提出预期。"十四五"规划提出，到 2035 年我国人均国内生产总值达到中等发达国家水平，即略高于 2 万美元，基于与欧美国家经济发展与空气质量改善历程的对标分析，发达国家人均 GDP 2 万～2.2 万美元时 $PM_{2.5}$ 浓度为 20～30 $\mu g/m^3$。同时，空气质量改善目标的制定需要从保护公众健康的角度，对标世界卫生组织 AQGs，预计到 2035 年我国迈入中等发达国家行列时，宜以 25 $\mu g/m^3$ 作为全国 $PM_{2.5}$ 浓度目标，达到欧盟现行 $PM_{2.5}$ 浓度标准和 WHO 过渡时期第二阶段目标。

参考发达国家 O_3 污染变化趋势，美国 O_3 污染水平在过去 40 年间下降了约 35%，其中 VOCs 和 NO_x 排放分别下降了 46%和 67%，有效推动了 O_3 浓度下降。基于美国的 O_3 污染改善趋势，可预期未来 15 年如果我国 NO_x 和 VOCs 减排 40%左右，我国全国 O_3 年评价指标可能下降 10%左右。因 O_3 污染受气象条件年际波动影响显著，在此以 2018—2020 年 O_3 年度指标均值（142 $\mu g/m^3$）为基准展望 2035 年，可以预期届时全国 O_3 日最大 8 小时浓度第 90 百分位数的平均值为 129 $\mu g/m^3$ 左右。

3.2.2 碳减排路径下的空气质量目标预期

生态环境部环境规划院结合"自上而下"（基于中国中长期排放和强度目标并参考 IPCC-SSPs 排放情景）和"自下而上"（基于中国高空间分辨率排放网格数据库 CHRED 50 km 网格分部门排放）两种方法，建立环境规划院版中国 2020—2060 年 CO_2 排放路径（CAEP-CP 1.0），结果显示，中国 CO_2 排放在 2027 年达到峰值（约 106 亿 t），2035 年排放约为 102 亿 t，2035—2050 年快速下降，2060 年排放量约为 6 亿 t。在此基础上，结合国家能源发展规划、相关研究报告，提出中国能源消费情景（表 4-4-3，表 4-4-4）。[11]

表 4-4-3 CAEP-CP 1.0 二氧化碳排放分析[11]

年份	IPCC-SSP1 情景/亿 t	CAEP-CP 1.0/亿 t
2020	108	99
2025	103	103
2027—2028	—	106
2030	97	105
2035	80	102
2050	39	39
2060	19	6

表 4-4-4 CAEP-CP 1.0 对应的能源消费量[11]

年份	能源占比/%				能源消费量（用于燃烧）			
	煤炭	石油	天然气	非化石能源	能源消费量（标煤）/亿 t	煤炭/亿 t	石油/亿 t	天然气/亿 m³
2020	57	19	8	16	49.6	39.5	6.5	2 980.8
2025	52	18	10	20	54.8	39.9	6.8	4 123.6
2030	47	17	12	24	60.3	39.7	7.0	5 444.6
2035	39	15	17	30	62.9	34.4	6.5	8 044.1
2050	6	15	13	66	63.2	5.3	6.5	6 179.3
2060	0	1	5	94	63.5	0.0	0.3	2 387.9

基于环境规划院碳排放路径（CAEP-CP 1.0），在碳减排政策和末端治理措施协同推动下，通过 WRF-CAMx 模型模拟碳达峰、碳中和情景下全国 $PM_{2.5}$ 年均浓度 2030 年、2035 年、2060 年分别为 27 µg/m³、23 µg/m³ 和 11 µg/m³，O_3 日最大 8 小时第 90 百分位数浓度 2030 年、2035 年、2060 年分别为 129 µg/m³、123 µg/m³ 和 93 µg/m³。[10]

3.2.3 空气质量协同目标

综合美丽中国下的空气质量目标预期和基于"双碳"排放路径反算两种方法，提出"双碳"目标下我国中长期空气质量协同目标，2035 年 $PM_{2.5}$ 年均浓度目标为小于 25 µg/m³，O_3 最大 8 小时第 90 百分位数浓度目标为 126 µg/m³ 左右。据此推算，在未来三个五年计划中，全国 $PM_{2.5}$ 年均浓度在每一阶段下降 10% 左右，O_3 日最大 8 小时浓度第 90 百分位数在每一阶段下降 4% 左右，即可完成预期目标。"十四五"末期全国 $PM_{2.5}$ 平均浓度预期为 30 μg/m³ 左右，O_3 日最大 8 小时浓度第 90 百分位数的平均值预期为 136 μg/m³ 左右。

3.3 协同控制目标分配机制

空气质量控制目标分配采用国家层面确定国家空气质量改善目标，省、城市层级综合考虑空气质量现状和历史改善趋势，自上而下层层分解的分配方式；对于京津冀及周边地区、长三角地区、汾渭平原等大气污染防治重点区域，进一步提高控制要求，目标严于非重点区域。对于碳排放目标分配，当前主要实施的是分类指导的碳排放强度控制，国家分类确定省级碳排放强度目标。考虑到我国将逐步开展 CO_2 总量控制工作，国家《"十三五"控制温室气体排放工作方案》中已明确指出"在部分发达省市研究探索开展碳排放总量控制"，"十四五"协同控制目标分配机制建议针对重点区域和非重点区域采取差异化的控制思路，重点区域即筛选"十四五"CO_2 总量控制重点区域和大气污染防治重点区域的交集作为协同控制的重点区域，在此区域的省份既分配更为严格的空气质量改善强化目标，同时实施碳排放总量控制和强度控制双重目标；对于非重点区域，仍旧采用碳强度作为约束目标。

3.3.1 空气质量目标分配

借鉴发达国家空气质量改善历程和"大气十条"实施以来我国各城市空气质量改善幅度的分析，按照持续改善、分类指导、重点强化的原则，基于城市 $PM_{2.5}$ 污染程度分类确定 $PM_{2.5}$ 年均浓度下降比例，设计我国城市 $PM_{2.5}$ 浓度改善情景。具体方法为：①借鉴发达国家 $PM_{2.5}$ 浓度改善经验和我国城市历史改善情况，并基于城市 $PM_{2.5}$ 污染程度分类确定 $PM_{2.5}$ 年均浓度下降比例；②在分类改善基础上，考虑到京津冀及周边地区、长三角地区、汾渭平原等重点区域将作为大气污染防治的主战场，在大气污染防治措施、资金投入等方面将持续加大力度，有望加快改善进程，对重点区域强化改善要求。

为消除气象条件波动的影响，借鉴美国、欧洲等国家经验，利用大气污染物浓度的 3 年滑动平均值来确定空气质量目标。基于 $PM_{2.5}$ 年均浓度改善情景采用自下而上的计算方法，以地级及以上城市为基本单元，按城市上一年 $PM_{2.5}$ 污染程度分类确定 $PM_{2.5}$ 年均浓度下降比例，逐年计算城市 $PM_{2.5}$ 浓度目标，并以此为基础，计算省（区、市）、重点区域和全国 2025 年、2030 年和 2035 年 $PM_{2.5}$ 年均浓度改善目标，在判别是否能够实现国家中长期空气质量协同目标的基础上确定最终的分地区目标。各重点区域中长期空气质量改善目标建议如表 4-4-5 所示。

表 4-4-5 全国及重点区域中长期 $PM_{2.5}$ 改善预期   单位：μg/m³

区域	2025 年	2030 年	2035 年
全国	30	28	25
京津冀及周边地区	44	37	31
汾渭平原	41	36	31
长三角地区	31	30	27

3.3.2 碳排放目标分配

综合 Cox-Stuart 趋势检验结果、中国各省市基准碳排放发展趋势及各省市脱钩系数变化等条件分析，综合考虑各省经济发展阶段，对"十四五"期间各省碳排放目标采用三种管控模式，分别是存量控制型、增量控制型和弹性增量控制型，有针对性地开展 CO_2 排放目标责任考核。存量控制型采用 CO_2 绝对总量控制，绝对总量值为约束性目标，此类省份的碳排放强度较低，前些年减排强度较大，剩余的减排空间相对有限；增量控制型采用 CO_2 绝对总量和排放强度双重控制，其中绝对总量为预期性目标，强度目标为约束性指标，此类省份碳排放发展趋势已处于平台期，GDP 与 CO_2 呈现弱脱钩状态；弹性增量控制型继续采用"十三五"期间 CO_2 排放强度控制方式，此类省份 CO_2 排放仍呈现持续增长趋势，是碳排放控制的重点区域。基于筛选原则，北京、上海和天津 3 个直辖市 CO_2 排放总量有所下降，作为"十四五"CO_2 总量控制重点区域；江苏、浙江、福建、广东、山东、辽宁、吉林、安徽、江西、河南、湖北、湖南、重庆、四川、云南 15 个省（市）作为"十四五"CO_2 总量控制和排放强度双重控制重点区域；其余 13 个省份"十四五"期间 CO_2 仍以排放强度控制（表 4-4-6）。

表 4-4-6　"十四五"碳排放控制目标分配机制

管控模式	"十四五"碳排放控制目标分配方式	指标类型	省（区、市）	合计
存量控制型	绝对总量	约束性	北京、天津、上海	3
增量控制型	排放强度	绝对总量为预期性，排放强度为约束性	江苏、浙江、广东、福建、山东、云南、辽宁、吉林、安徽、江西、河南、湖北、湖南、重庆、四川	15
弹性增量控制型	排放强度	约束性	海南、陕西、新疆、河北、甘肃、贵州、西藏、青海、山西、黑龙江、广西、内蒙古、宁夏	13

4　大气环境治理与温室气体协同控制的技术路径

大气环境治理与温室气体协同控制的技术路径主要包括管控区域协同、控制对象协同、任务措施协同三个方面。从区域层面来看，应着重关注大气污染严重的地区，这些地区通常也是碳排放量大的区域。从行业和部门层面来看，重化工业、交通运输、民用等均是大气污染物和 CO_2 排放的主要来源，应作为协同治理的重点予以关注。从任务措施来看，要强化源头控制，优先选择协同率高的治理技术。从中长期来看，协同路线图应科学研判不同历史时期减污与降碳的主要驱动力，系统谋划协同减排路径。

4.1　重点协同区域识别

大气污染物与 CO_2 排放具有高度同源性，空间聚集性强。目前影响我国环境空气质量的 NO_x、$PM_{2.5}$、VOCs 等大气污染物的排放与 CO_2 排放均主要集中在京津冀及周边地区、长三角、汾渭平原、成渝地区等经济发达、人口稠密的城市群。基于清华大学中国多尺度污染物排放清单模型（MEIC）

网格数据分析表明[12]：2017 年，全国 CO_2 排放量排名前 5%的网格（空间分辨率为 0.25°的网格）合计贡献了全国 CO_2 排放总量的 68%、NO_x 排放的 60%、一次 $PM_{2.5}$ 排放的 46%和 VOCs 排放的 57%。大气污染物排放与 CO_2 排放在空间上均表现出集聚效应，且二者热点网格呈现高度一致性，这些热点地区主要分布在省会（自治区首府）等大中城市以及重点城市群。与污染物排放相似，中国的 $PM_{2.5}$ 污染和 O_3 污染也呈现明显的区域性特征，且大气重污染区域与 CO_2 排放重点区域高度重叠。鉴于此，应聚焦重点地区和热点网格，根据大气环境污染程度与温室气体排放强度筛选"双高"热点区域及网格，重点推动热点区域能源结构调整和产业布局优化，采取针对性措施，实现大气环境质量和温室气体排放控制协同向好；同时应充分考虑污染的空间异质性，以大气环境质量为约束谋划碳减排的差异化空间管控方案，全国统筹优化产业、能源转型空间布局，重点降碳任务措施指标向大气污染防治重点区域倾斜，强化实施力度。

4.2 重点部门协同治理思路

图 4-4-6 为 2017 年主要大气污染物和 CO_2 排放部门构成。工业是对污染物和 CO_2 排放贡献均最大的部门，其 NO_x、一次 $PM_{2.5}$、VOCs、CO_2 排放量占全国比重分别达 42%、46%、67%、42%。电力部门得益于持续污染治理，对污染物排放贡献逐渐降低，[2] 但 CO_2 排放贡献仍高达 40%。此外，民用部门和交通部门也同样对大气污染物和碳排放均有重要贡献。整体而言，在识别重点管控对象时，应聚焦大气污染物排放量大的高碳行业。

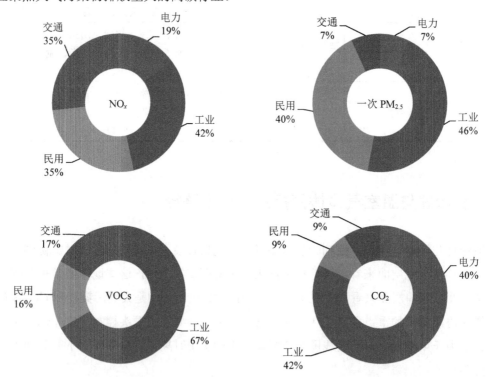

图 4-4-6　2017 年重点部门主要大气污染物和 CO_2 排放贡献

数据来源：污染物清单来自清华大学 MEIC 清单结果[12]，CO_2 排放数据来自生态环境部环境规划院碳情速报研究结果[16]。

基于协同度（单位碳排放的大气污染物排放强度）评估不同部门大气污染治理与温室气体控制的协同效果，如图 4-4-7 所示。工业作为对大气污染物和 CO_2 排放贡献均最大的部门，是推进减污降碳的重点，应着力构建高效低碳循环工业体系，严控"两高"项目盲目发展，大力推进钢铁、水泥等重点工业行业节能降耗，加强再生资源回收利用率，从源头减少生产过程能源、资源消耗以及相关污染物和 CO_2 排放，实现大气污染物与 CO_2 协同减排。交通部门对大气污染物和 CO_2 排放均有重要贡献，特别是对 NO_x 和 VOCs 排放贡献显著，对 $PM_{2.5}$ 和 O_3 污染协同治理有重要影响，且单位碳排放的大气污染物排放强度最大，在所有部门中呈现最高的减污降碳协同度；考虑到未来需求增长预期，交通部门能源消费预计将进一步增加，是下一步协同治理的关键部门，[14, 15] 应以交通运输结构和车队结构的调整优化为核心抓手，全面提速新能源车发展、持续推动燃油车队清洁化低碳化、积极构建绿色低碳出行体系。电力部门是当前全国主要的 CO_2 排放部门，但受减污政策持续推动，其对大气污染物排放贡献逐渐降低，单位碳排放的大气污染物排放强度仅为交通部门的约 1/10，协同减排效益有限，因此电力部门应以降碳为主牵引，全面提速非化石能源发展，构建电力体系新格局，从源头实现协同减污降碳。[13] 能效提升与用能结构优化并举是民用部门协同推进减污降碳的核心手段，协同度测算结果表明散煤治理的协同减排效益仅次于交通部门，应加快生活取暖散煤和供暖燃煤锅炉替代；此外，还应以标准引领推动新建建筑低碳化发展，按照宜改则改原则提升既有建筑节能水平。

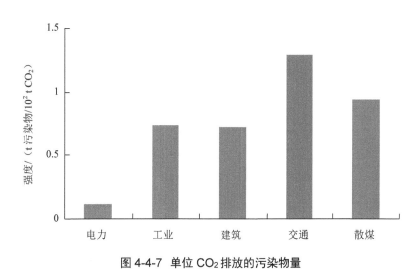

图 4-4-7 单位 CO_2 排放的污染物量

4.3 重点协同任务措施筛选

4.3.1 协同效应评估方法

建立大气环境治理与温室气体协同控制可量化评价方法，是衡量协同效果的重要考量。用"协同效应系数"表示一定区域实施污染物减排措施时，减排单位局地污染物的同时减少的温室气体减排量。"协同效应系数"的具体计算是对于给定的污染物减排措施，用温室气体减排量除以局地污染物的比值。即：

$$协同效应系数 = \frac{温室气体（GHG）减排量}{局地污染物减排量}$$

较大的协同效应系数意味着减排单位局地污染物的同时产生的温室气体减排量较大，也就说明该区域实施的污染物减排措施协同效应较好。从协同效应的角度出发，协同效应系数可以是衡量某项污染物减排措施或技术优劣的一项指标。协同效应系数可以比较同一区域不同污染物减排措施的协同效果，例如某一区域结构调整措施和工程减排措施的协同效应，也可比较不同区域同一污染物减排措施的协同效果。

4.3.2 大气污染防治重点措施的协同减排效果评估

对"大气十条"、《打赢蓝天保卫战三年行动计划》（以下简称"三年行动计划"）重点任务措施的 CO_2 减排量进行测算评估。"大气十条"实施期间，全国累计 CO_2 协同减排 9.2 亿 t，其中各类结构调整措施累计减少碳排放 10 亿 t，末端治理措施累计增加碳排放 8 500 万 t。"大气十条"的相关措施中对全国 CO_2 协同减排效果最明显的措施是落后产能淘汰、燃煤锅炉综合整治和民用能源清洁化，分别贡献了总减排量的 40%、31% 和 12%。"三年行动计划"实施期间，全国累计 CO_2 协同减排 4.9 亿 t，其中各类结构调整措施累计减少碳排放 5.1 亿 t，末端治理措施累计增加碳排放 1 600 万 t；"三年行动计划"的相关措施中对全国 CO_2 协同减排效果最明显的措施是落后产能淘汰、散乱污企业清理整治和农村清洁取暖，分别减排了 1.34 亿 t、1.30 亿 t 和 1.16 亿 t CO_2，贡献了总减排量的 26%、26% 和 23%。与"大气十条"阶段相比，"三年行动计划"执行期间落后产能淘汰、燃煤锅炉整治和移动源排放管控等措施的 CO_2 协同减排幅度明显收窄；散乱污企业清理整治的协同减排贡献显著提高（图 4-4-8）。

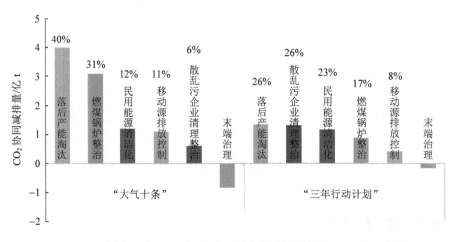

图 4-4-8 "大气十条"及"三年行动计划"主要措施的 CO_2 协同减排量

综合大气污染减排和温室气体减排贡献评估来看，能源、产业和交通结构调整等措施可协同减少 CO_2 排放，而末端治理措施（如电厂超低排放改造和非电行业治理等）会增加 CO_2 排放。具体来看，落后产能淘汰、散乱污企业清理整治等产业结构调整措施，民用能源清洁化、燃煤锅炉整治等能源结构调整措施，以及老旧车淘汰、公转铁等运输结构调整措施的 CO_2 协同减排效果明显。考虑到工业污染治理中的超低排放、提标改造等末端治理措施会增加 CO_2 排放，不具备协同减排效果，且末端治理的减排空间正在逐步压缩，减排难度日益增加，因此，需要谨慎选择、合理组合污染控制措施，将末端治理发挥最大的效用。

4.3.3　协同减排的重点任务措施

大气污染防治措施的选择应充分考虑减污降碳协同减排效果较好的关键领域和重点任务。其中，以结构调整为核心的源头控制措施是实现大气污染物与温室气体协同减排最有效的手段。源头控制是通过强化能源结构、产业结构和交通结构调整优化，推动社会经济发展全面绿色转型，从源头上减少大气污染物和温室气体排放。此外，为实现 $PM_{2.5}$ 和臭氧污染协同控制，"十四五"期间需重点强化 VOCs 和氮氧化物减排，应以石化、化工、涂装、医药、包装印刷和油品储运销等行业领域为重点，以原辅材料和产品源头替代为根本，高效推进 VOCs 综合治理。在 VOCs 和氮氧化物末端治理技术的选择上，要统筹考虑污染治理效果和协同控碳效果，在系统评价各类污染控制技术减污降碳协同效益的基础上，择优选择合理的技术路线。

（1）加快生产方式绿色转型

严格控制高耗能高排放项目盲目发展，严格落实产业规划、产业政策、"三线一单"、规划环评，以及产能置换、煤炭消费减量替代、污染物排放区域削减等相关要求。重点区域严禁新增钢铁、焦化、炼油、电解铝、水泥、平板玻璃等产能，提高重点行业产能减量置换比例。加大高污染高碳排行业落后产能淘汰和过剩产能压减力度。推进重点行业绿色低碳化改造。大力推进钢铁、焦化、烧结一体化布局，发展电炉短流程炼钢，加快钢化联产、氧气高炉、富氢冶金等低碳技术的研发应用。提高短流程电解铝比例，推动电解槽余热回收等节能技术应用。推进绿色低碳技术创新和产业发展，加快发展战略性新兴产业、高技术产业、现代服务业。

（2）构建清洁低碳能源体系

统筹推进化石能源压减和非化石能源发展。实施可再生能源替代行动，大力发展风电、太阳能、生物质能、地热能、海洋能等可再生能源，积极稳妥发展核电，因地制宜推进水电、抽水蓄能电站开发，加快绿色氢能发展。严格控制化石能源消费，全面实施煤炭消费减量替代，"十四五"时期严控煤炭消费增长，"十五五"时期逐步减少。全面禁止新建自备燃煤机组，重点区域严格控制燃煤机组新增装机规模。持续推进清洁能源替代煤炭，大力削减中小型燃煤锅炉、工业炉窑、民用散煤与农业等非电力用煤，持续推进北方地区清洁取暖。持续推进工业、建筑、交通运输、公共机构等重点领域节能和提高能效。

（3）建设绿色低碳交通运输体系

优化调整运输结构。加快大宗货物和中长途货物运输"公转铁""公转水"，大力发展铁路专用线，加强铁路专用线和联运转运衔接设施建设。短距离运输优先采用封闭式皮带廊道或新能源车辆。重点区域直辖市、省会城市采取"外集内配"的城市物流公铁联运方式。推进大宗货物"散改集"。沿海港口矿石疏港原则上采用铁路、水路或管廊运输。加快新能源汽车发展，推动电动、氢燃料电池等清洁零排放汽车示范应用，公共领域用车全面电动化。有序推进充电桩、换电站、加氢站等基础设施建设。全面实施轻型车和重型车国六 b 排放标准，大力推进老旧机动车提前淘汰更新。全面实施船舶第二阶段和非道路移动柴油机械第四阶段排放标准，全国基本淘汰使用 20 年以上的内河航运船舶、国一及以下排放标准的非道路移动机械。推动新能源和清洁能源船舶发展。提高港口岸电和机场桥电使用率。优先发展公共交通等绿色出行方式。

（4）优化含 VOCs 原辅材料和产品源头替代

严格控制生产和使用高 VOCs 含量溶剂型涂料、油墨、胶黏剂、清洗剂等建设项目，重点区域原则上不再新建。现有高 VOCs 含量产品生产企业要加快调整产品结构，提高水性、高固体分、无溶剂、粉末等低 VOCs 含量产品的比重，加大低 VOCs 含量原辅材料的源头替代力度。严格执行涂料、油墨、胶黏剂、清洗剂 VOCs 含量限值标准。

（5）推进重点行业污染深度治理和协同减碳

统筹考虑重点行业大气污染深度治理与低碳节能，挖掘系统性和结构性减排空间。对电力、钢铁、水泥等行业超低排放改造的碳排放协同控制效果进行定量化评价，将碳排放影响评价纳入超低排放评价指标，实现有组织排放、无组织排放和清洁运输全环节全生命周期的协同控制。推进重点行业提标改造和深度治理，优先选择能耗和物耗低的技术路线，推进工业烟气协同碳减排技术创新。推进大气污染治理设备节能降耗，提高设备自动化智能化运行水平，根据工况及时自动调整运行情况，减少脱硫剂、脱硝剂消耗和污染治理设施能耗。

4.4 大气环境治理与温室气体协同控制路线图

4.4.1 中长期协同路线图

基于生态环境部环境规划院研究成果，[10] 如图 4-4-9 所示，在 2030 年实现碳达峰目标之前，需要坚持以美丽中国目标和碳达峰目标为双牵引，持续强化大气污染治理措施，特别是挥发性有机物（VOCs）排放相关的源头替代等措施，实现 $PM_{2.5}$ 和 O_3 污染协同控制以及与碳减排的协同；这一阶段，减污目标将推动中国获得额外的降碳收益。[17] 2035 年以后，随着大气污染物末端治理技术进一步减排的潜力逐步收窄，根本性的结构调整等降碳措施将成为 CO_2 与大气污染物协同减排的核心牵引，降碳措施将主导减污的进程。

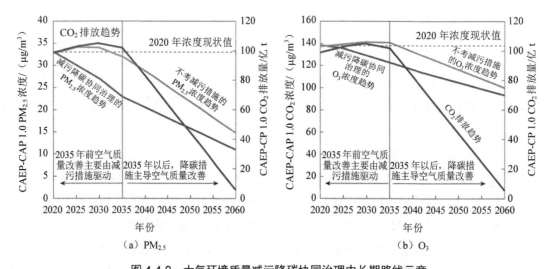

图 4-4-9   大气环境质量减污降碳协同治理中长期路线示意

4.4.2 "十四五"分区域协同控制重点

由于不同省份经济社会发展水平、能源消费状况、空气质量和 CO_2 排放所处阶段存在较大差异，各省份"十四五"期间对空气质量改善和碳排放约束的需求力度不同。以下将通过探究不同省份空气质量改善与碳排放控制的关系，明确"十四五"不同省份协同控制的重点。

结合 3.2.2 节中相关研究方法，综合考虑各省经济社会发展水平、能源消费水平和 CO_2 历史排放量等，将"十四五"期间不同省份对 CO_2 排放约束的需求力度分为三种类型：①碳排放弱约束型，此类省份往年碳减排强度较大，碳排放强度较低，CO_2 历史排放量已进入达峰期，剩余的减排空间相对有限；②碳排放强约束型，此类省份 CO_2 排放仍呈现持续增长趋势，是碳排放控制的重点区域；③碳排放中约束型，此类省份碳排放发展趋势已处于平台期，GDP 与 CO_2 呈现弱脱钩状态（表 4-4-7）。

表 4-4-7　各省"十四五" CO_2 排放约束的需求力度

	省（区、市）
碳排放弱约束型	北京、天津、上海
碳排放中约束型	江苏、浙江、广东、福建、山东、云南、辽宁、吉林、安徽、江西、河南、湖北、湖南、重庆、四川
碳排放强约束型	海南、陕西、新疆、河北、甘肃、贵州、西藏、青海、山西、黑龙江、广西、内蒙古、宁夏

基于"十四五"期间对不同地区 $PM_{2.5}$ 浓度改善幅度要求，将不同省份对空气质量改善约束的需求力度分为三种类型：①空气质量改善弱约束型，此类省份 $PM_{2.5}$ 浓度已达标，考虑到与 2035 年基本建成美丽中国的目标衔接，要求空气质量持续改善，$PM_{2.5}$ 浓度降幅在 5%以内；②空气质量改善强约束型，此类省份多位于京津冀及周边地区、长三角、汾渭平原等重点区域，作为大气污染防治的主战场，在大气污染防治措施、资金投入等方面持续加大力度，提高控制要求，$PM_{2.5}$ 浓度降幅在 15%左右；③空气质量改善中约束型，对于其他省份，综合考虑 $PM_{2.5}$ 现状污染程度和历史改善趋势，$PM_{2.5}$ 浓度降幅在 10%左右（表 4-4-8）。

表 4-4-8　各省"十四五"空气质量改善约束的需求力度

	省（区、市）
空气质量改善弱约束型	海南、云南、西藏、福建、贵州、青海、内蒙古、广东、黑龙江、甘肃
空气质量改善中约束型	重庆、湖北、辽宁、湖南、上海、江西、四川、浙江、宁夏、吉林、广西、新疆
空气质量改善强约束型	北京、江苏、河南、天津、安徽、山东、山西、河北、陕西

综合分析表 4-7 和表 4-8 中不同省份"十四五"期间对空气质量改善和碳排放约束的需求力度，将不同省份分为三种类型：①碳排放控制主导型，此类省份空气质量已处于较高水平，末端治理空间和减排潜力非常有限，"十四五"应以碳排放控制为主要约束推动能源结构的深度调整，从而促进空气质量的进一步提升；②空气质量改善主导型，此类省份在"十四五"期间仍应以空气质量改善为核心工作，以空气质量目标为约束"倒逼"结构调整，从而推动大气污染物和碳排放的协同减排；③空气质量改善与碳排放控制协同促进型，此类省份"十四五"期间应协同推进空气质量改善与碳排放控制，以能源目标为约束，实现大气污染和应对气候变化的协同控制（表 4-4-9）。

表 4-4-9　各省"十四五"空气质量改善与碳排放控制的关系

	省（区、市）
碳排放控制主导型	海南、广东、福建、云南、新疆、甘肃、贵州、西藏、青海、黑龙江、广西、内蒙古、宁夏
空气质量改善主导型	北京、天津、上海、江苏、山东、安徽、河南
空气质量改善与碳排放控制协同促进型	浙江、辽宁、吉林、江西、湖北、湖南、重庆、四川、陕西、河北、山西

5　大气环境治理与温室气体协同控制的管理制度

当前，我国应对气候变化治理体系是以强度管理为核心，结合规划、目标分解、产业政策、排放权交易市场等手段；囿于强制性环境管理规制的缺失，在推动结构调整、落实碳源管理等方面的约束力明显不足。因此，应以现行较为成熟的大气污染治理制度体系为重要载体，构建大气环境治理与温室气体协同控制管理制度。

5.1　建立协同目标规划体系

目标规划协同与否是决定整个协同政策体系能否真正发挥效益的关键。协同设定大气环境质量、污染控制、能源消费与温室气体减排目标，要做到多方面统筹协调，步调一致，建议进一步完善我国经济社会发展主要指标体系，在当前绿色生态指标体系中增加综合性指标，表征地区大气环境质量改善和应对气候变化的协调性与协同效益。此外，在协同目标的约束下，如何最大化协同减排效应是制定管控战略、明确管控领域、设计一体化任务和措施过程中应当关注的重点，针对大气污染物与温室气体排放的重点领域，应同步设计减排技术路径，尤其是对于增碳的污染治理技术工艺选择，应当充分论证，满足污染排放标准的同时，尽量做到节能降耗，从而真正实现应对气候变化与改善大气环境质量的有机结合。

5.2　建立协同法规标准体系

立法是明晰权责主体、确立管理目标、建立管理机制、落实监督执法的根本，因此，实现政策协同的前提是首先完成法规标准层面的协同。一是在现有的环境基本法中补充应对气候变化的规定，现阶段要考虑到我国传统环境问题尚未完全解决的基本国情，秉持统筹协调、分类管理的基本原则，树立协同管理的思想理念，明确减污降碳的权责边界、提出协同管理的制度体系。二是将温室气体管理纳入《中华人民共和国大气污染防治法》《中华人民共和国环境影响评价法》《排污许可管理条例》等法规，为协同管理制度体系建设提供法制依据。三是在现行标准体系中体现应对气候变化与保护生态环境的综合效益，制修订环境空气质量标准、排放标准、燃料使用与控制标准、绿色产品与技术性能标准，形成融合温室气体管控的新型生态环境标准体系，特别是同源排放的工业企业，要逐步建立起治污与控碳相协调的排放标准、技术标准和监测标准。

5.3　建立协同监测统计体系

加强污染物与温室气体减排的统一监测、统一核算、统一考核。基于已经建立的较为系统的排放源环境监测体系，选择试点地区，建设基于排放源的温室气体排放监测体系，针对监测技术和设备、监测技术规范和管理制度、监测数据管理平台、监测应用和监测示范进行全面深入探索。将企业级温室气体排放清单纳入环境统计体系，将环境统计重点控制排污企业扩大到涵盖温室气体报告重点单位，排放指标增加 CO_2 排放相关指标；同时提高统计的时间精度等，实现与 CO_2 统计的整合。充分发挥环境监测、统计核算方面的基础设施能力和人员队伍建设等方面的资源优势，不再重复相关资源设置，避免国家资源的浪费。企业数据核查方面，各部门加强联动，即同一时间、同一队伍赴同一企业进行检查，以提高行政效能。

5.4　建立协同评价管理体系

环境影响评价制度是从决策源头预防环境污染和生态破坏，推动经济社会发展全面绿色转型的基础性生态环境制度。环境影响评价覆盖生产、排放和治理全过程，不仅评价能源活动，可同时针对能源消耗、污染防治、降碳措施等进行综合评估并提出针对性减排要求；将碳排放影响评价纳入环评制度可真正实现减污降碳、协同治理。环评制度不局限微观管理，它是由"三线一单"、规划环评和项目环评构成的全链条源头防控体系，且具备与应对气候变化相适应的标准规范。"三线一单"提供系统性生态环境空间管控规则；规划环评从决策源头优化发展定位、规模、布局、结构和资源环境利用效率，明确区域社会经济低碳绿色发展目标和路径；项目环评在建设项目环境准入方面明确减污降碳的具体要求，配套完备的监管、考核及平台。因此，环评制度在落实源头防控、严控新增排放方面具有天然制度优势，欧美等发达国家已广泛开展将温室气体排放评价和气候变化影响评价纳入环境影响评价的制度实践。

以"三线一单"引导行业准入，强化环境目标与气候目标的双约束。在"三线一单"地市方案细化落地和动态更新管理工作中，突出减污降碳协同管控思路，全面落实碳达峰方案等工作要求，将国家对电力、石化、化工、钢铁、建材、有色等重点领域的碳减排政策，充分落实到生态环境分区管控方案和生态环境准入清单编制过程中，引导重点地区、重点领域绿色低碳清洁化发展。探索构建省级"三线一单"碳排放上线管控，纳入资源利用上线，实施相对独立管理的技术模式和落地应用模式，研究建立由碳排放总量和强度构成的碳排放上线目标，划定碳源、碳汇管理兼顾的碳排放分区分类格局。

以规划环评推动落实碳排放控制要求，坚决防止高碳行业盲目扩张。将碳排放纳入规划环评，从决策源头严把高碳产业准入；推动重点区域、重点行业规划锚定绿色低碳转型及高质量发展战略目标，推动能源结构优化、行业绿色低碳发展等目标和路径融入规划决策。

借助项目环评准入门槛，提升建设项目清洁低碳水平。在项目环评中引入碳排放影响评价，充分结合地区碳达峰目标，评估建设项目碳排放水平、明确资源能源利用要求、强化清洁生产标准，根据行业碳达峰行动路径与各地区工作安排，结合"三线一单"、规划环评中的碳排放管控要求，从原燃料清洁替代、节能降耗技术、余热余能利用、清洁运输方式等方面提出针对性的降碳措施与控制要求，最大限度降低新增项目碳排放强度，推动提升行业清洁低碳水平。严格高碳过剩行业建设项目环评审批，落实清洁能源替代、区域等量或减量替代、产能置换等要求。

推动碳排放管理与排污许可制度的统筹融合，将 CO_2 排放控制指标纳入排污许可制度，实施综合、一体化、协同的管理战略。组织开展重点行业综合排放许可管理试点，以电力、石化、化工、建材、钢铁、有色等行业为重点，重点地区率先将 CO_2 纳入许可证实施同步管理，逐步扩展非二指标、非重点行业。明确纳入排污许可的碳排放固定源范围，以现有的《排污许可分类管理名录》为基础，考虑碳排放的行业特征，全面梳理并分析 CO_2 产生和排放情况，按照行业分别进行由大到小排序，将总产生量和总排放量约占 80% 的行业筛选出来，作为重点污染源纳入到许可管理体系，对《固定污染源排污许可管理名录》进行优化调整。建设固定源环境信息平台，实现全国环境影响评价管理信息系统、全国排污许可证管理信息平台、固定源温室气体排放数据报送系统的集成统一。

参考文献

[1] 中华人民共和国中央人民政府. 中华人民共和国国民经济和社会发展第十四个五年规划和 2035 年远景目标纲要. 2021.

[2] Zheng B，Tong D，Li M，et al. Trends in China's anthropogenic emissions since 2010 as the consequence of clean air actions[J]. Atmospheric chemistry and physics，2018；18（19）：14095-14111.

[3] 雷宇，严刚. 关于"十四五"大气环境管理重点的思考[J]. 中国环境管理，2020；12（4）：35-39.

[4] 谢放尖，李文青，王庆九. 美国大气排污许可证制度初探[J]. 环境与可持续发展，2015；40（6）：124-127.

[5] 李艳芳，张忠利. 欧盟温室气体排放法律规制及其特点[J]. 中国地质大学学报（社会科学版），2014；14（5）：54-60.

[6] 冯相昭，王敏，梁启迪. 机构改革新形势下加强污染物与温室气体协同控制的对策研究[J]. 环境与可持续发展，2020；45（1）：146-149.

[7] 郑逸璇，宋晓晖，周佳，等. 减污降碳协同增效的关键路径与政策研究[J]. 中国环境管理，2021；13（5）：45-51.

[8] Li Y M，Cui Y F，Cai B F，et al. Spatial characteristics of CO_2 emissions and $PM_{2.5}$ concentrations in China based on gridded data[J]. Applied energy，2020，266：114852.

[9] Van Donkelaar A，Martin R V，Brauer M，et al. Use of satellite observations for long-term exposure assessment of global concentrations of fine particulate matter[J]. Environmental health perspectives，2015；123（2）：135-143.

[10] Shi X R，Zheng Y X，Lei Y，et al. Air quality benefits of achieving carbon neutrality in China[J]. Science of the Total Environment，2021，795：148784.

[11] 蔡博峰，曹丽斌，雷宇，等. 中国碳中和目标下的二氧化碳排放路径[J]. 中国人口・资源与环境，2021，31（1）：7-14.

[12] 清华大学 MEIC 团队. 中国多尺度排放清单模型. meicmodel.org.

[13] 朱法华，王玉山，徐振，等. 中国电力行业碳达峰、碳中和的发展路径研究[J]. 电力科技与环保，2021，37（3）：9-16.

[14] Liang X Y，Zhang S J，Wu Y，et al. Air quality and health benefits from fleet electrification in China[J]. Nature sustainability，2019，2（10）：962-971.

[15] Pan X Z，Wang H L，Wang L N，et al. Decarbonization of China's transportation sector：in light of national mitigation toward the Paris Agreement goals[J]. Energy，2018，155：853-864.

[16] 生态环境部环境规划院. 中国碳情速报研究[R]. 北京：生态环境部环境规划院，2020.

[17] Xing J，Lu X，Wang S X，et al. The quest for improved air quality may push China to continue its CO_2 reduction beyond the Paris Commitment[J]. Proceedings of the national academy of sciences of the United States of America，2020；117（47）：29535-29542.

本专题执笔人：冯悦怡、郑逸璇、曹丽斌、宁淼、雷宇

完成时间：2021 年 12 月

专题 5 "十四五"空气质量改善基本思路与重点任务研究

1 全国大气环境质量现状与挑战

1.1 大气环境改善进展和质量现状

1.1.1 "大气十条"以来空气质量改善情况

"大气十条"实施以来,我国大气污染防治领域实现了一系列历史性的变革,在大气环境管理机制、结构调整、重大减排工程等方面实施了一系列重大举措,大气环境质量改善明显。

（1）全国环境空气质量总体明显改善

2018 年,全国 338 个地级及以上城市可吸入颗粒物（PM_{10}）、二氧化硫（SO_2）、二氧化氮（NO_2）年均浓度较 2013 年分别下降 26%、60%、9%,达到 71 μg/m³、14 μg/m³、29 μg/m³,SO_2 全面达标,NO_2、PM_{10} 达标比例分别为 84.9%、56.8%;细颗粒物（$PM_{2.5}$）年均浓度为 39 μg/m³,较 2015 年下降 22%,$PM_{2.5}$ 达标城市比例为 43.8%。酸雨区占国土区的面积比例由 2013 年的 10.6% 下降至 2016 年的 7.2%,酸雨污染程度已降低到 20 世纪 90 年代水平。2018 年相比 2015 年,338 个城市优良天数比例上升 2.6 个百分点,达到 79.3%;重污染天数比例下降 1.8 个百分点,达到 1.4%。

（2）重点区域环境空气质量改善尤为突出

相比于 2013 年,2018 年京津冀、长三角和珠三角区域 $PM_{2.5}$ 年均浓度平均下降 48%、34% 和 32%,分别达到 55 μg/m³、44 μg/m³ 和 32 μg/m³,京津冀 $PM_{2.5}$ 年均浓度下降尤为明显。此外,京津冀、长三角和珠三角区域 PM_{10} 年均浓度平均分别下降 44%、31% 和 27%,为全国平均水平的 1.70 倍、1.20 倍、1.04 倍;SO_2 年均浓度平均分别下降 73%、62% 和 55%,为全国平均水平的 1.24 倍、1.06 倍、0.93 倍;NO_2 年均浓度平均分别下降 16%、15% 和 14%,为全国平均水平的 1.82 倍、1.66 倍、1.56 倍。相比于 2013 年,京津冀、长三角、珠三角区域优良天数比例分别增加 21 个百分点、11 个百分点和 9 个百分点,京津冀区域优良天数比例增幅达到 74 个城市平均水平的 1.38 倍;京津冀区域重污染天数比例由 2013 年的 21% 降低至 2018 年的 5% 左右,向中长期基本消除重污染天气迈出坚实一步（图 4-5-1～图 4-5-3）。

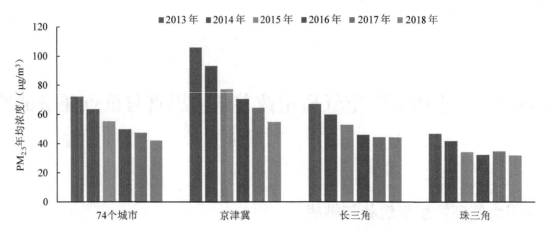

图 4-5-1　2013—2018 年我国重点区域和重点城市 PM_{2.5}年均浓度改善情况

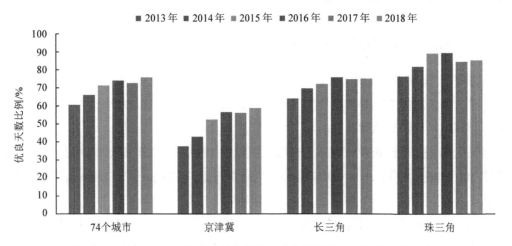

图 4-5-2　2013—2018 年我国重点区域和重点城市优良天数比例增加情况

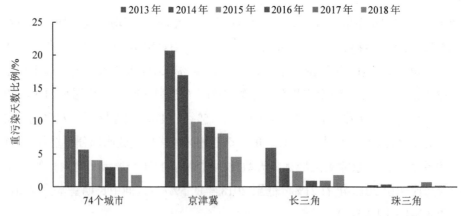

图 4-5-3　2013—2018 年我国重点区域和重点城市重污染天数比例下降情况

1.1.2　全国空气质量现状

2018 年，全国 338 个地级及以上城市中，有 121 个城市环境空气质量达标，占全部城市数的

35.8%。全国 SO_2、NO_2、CO 平均浓度、O_3 日最大 8 小时平均第 90 百分位数浓度低于国家空气质量标准二级限值要求；$PM_{2.5}$ 和 PM_{10} 平均浓度超标分别超标 11.4% 和 1.4%。虽然全国常规污染物平均浓度已接近达标，但重点区域的空气质量仍较为严重。

2018 年，京津冀及周边地区 "2+26" 城市 $PM_{2.5}$ 年均浓度为 60 $\mu g/m^3$，PM_{10} 年均浓度为 109 $\mu g/m^3$，SO_2 年均浓度为 20 $\mu g/m^3$，NO_2 年均浓度为 43 $\mu g/m^3$，O_3 日最大 8 小时平均第 90 百分位浓度为 199 $\mu g/m^3$，CO 日均值第 95 百分位数为 2.2 mg/m^3。区域内，所有城市的 $PM_{2.5}$、PM_{10}、O_3 年均浓度均未达到国家空气质量标准二级限值要求。"2+26" 城市优良天数比例平均为 52.2%，轻度与中度污染分别为 31.7% 和 10.8%，重度和严重污染分别为 4.7% 和 0.6%。

2018 年，长三角地区 $PM_{2.5}$ 年均浓度为 44 $\mu g/m^3$，PM_{10} 年均浓度为 70 $\mu g/m^3$，SO_2 年均浓度为 11 $\mu g/m^3$，NO_2 年均浓度为 35 $\mu g/m^3$，O_3 日最大 8 小时平均第 90 百分位浓度为 167 $\mu g/m^3$，CO 日均值第 95 百分位数为 1.3 mg/m^3。在区域内呈现 "北高南低" 的空间分布特征，苏北、皖北污染较重，$PM_{2.5}$ 浓度明显高于区域平均水平，是其他区域的 1.3 倍；季节性差异明显，特别是秋冬季重污染天气频发，2017 年 $PM_{2.5}$ 浓度是其他季节的 1.6 倍。长三角地区优良天数比例平均为 75.2%，轻度与中度污染分别为 18.7% 和 4.3%，重度污染为 1.8%，严重污染仅在安徽的淮北、芜湖、亳州市分别出现 1 天、1 天和 2 天。

2018 年，汾渭平原城市 $PM_{2.5}$ 年均浓度为 58 $\mu g/m^3$，PM_{10} 年均浓度为 106 $\mu g/m^3$，SO_2 年均浓度为 24 $\mu g/m^3$，NO_2 年均浓度为 43 $\mu g/m^3$，O_3 日最大 8 小时平均第 90 百分位浓度为 180 $\mu g/m^3$，CO 日均值第 95 百分位数为 2.3 mg/m^3。区域内，所有城市的 $PM_{2.5}$、PM_{10} 年均浓度均未达到国家空气质量标准二级限值要求。汾渭平原城市优良天数比例平均为 57.3%，轻度与中度污染分别为 30.5% 和 8.1%，重度和严重污染分别为 3.6% 和 0.6%。

2018 年，成渝地区 $PM_{2.5}$ 年均浓度为 43 $\mu g/m^3$，PM_{10} 年均浓度为 69 $\mu g/m^3$，SO_2 年均浓度为 10 $\mu g/m^3$，NO_2 年均浓度为 34 $\mu g/m^3$，O_3 日最大 8 小时平均第 90 百分位浓度为 152 $\mu g/m^3$，CO 日均值第 95 百分位数为 1.3 mg/m^3。成渝地区优良天数比例平均为 80.1%，轻度与中度污染分别为 16.2% 和 2.9%，重度污染为 0.8%，区域内未出现严重污染。

1.2　大气污染问题与成因

（1）颗粒物浓度偏高，秋冬季污染严重

颗粒物是影响城市环境空气质量的首要污染物，超标城市多，超标幅度大。56.2% 的城市 $PM_{2.5}$ 年均浓度超标，有 64 个城市超标在 50% 以上，北京市 $PM_{2.5}$ 仍超标 45.7%；43.2% 的城市 PM_{10} 年均浓度超标，其中超标 50% 以上的占 9.8%。$PM_{2.5}$ 季节特征明显，秋冬季与夏秋季浓度比值普遍在 1.6～2.2 倍之间，北方季节差异更显著。颗粒物污染浓度居高不下，有内因也有外因影响。

首先大气污染物排放量仍处高位是大气污染严重的内因。全国 SO_2、NO_x、烟粉尘排放量均位于千万吨级水平或以上，远超过环境承载能力。SO_2、NO_x、VOCs 排放量位居世界前列，排放总量为面积相近的美国排放量的 1.8～5.5 倍。对大气氨排放未开展有效控制，据估算排放量为千万吨级。从 $PM_{2.5}$ 组分占比来看，有机物（OM）占比相对较高，其次是硫酸盐、硝酸盐、铵盐，表明除燃烧等直接排放的一次颗粒物以外，在大气中由气态污染物转化形成的二次颗粒物也不容忽视。

在有不利气象条件影响下，秋冬季污染更为严重。在大气污染物排放量居高的情况下，气象条件是大气污染，特别是重污染形成和累积的必要外部条件。在西风带背景下中国 "三阶梯" 大地形易形成不利于污染物扩散的气候条件，同时冬季大气边界层较其他季节高度低、层结稳定，易导致重污染形成累积。北方加之冬季采暖需求导致大气污染物排放又有所增加，冬季仅因气象条件不利导致 $PM_{2.5}$ 浓度较其他季节上升约 40% 以上，秋冬季污染更为严重。

此外扬尘、风沙等防治力度不足，城市粗颗粒占比呈增长趋势。相比 2015 年，2018 年全国 PM_{10} 年均浓度下降 18.4%。但是 78 个城市 PM_{10} 浓度不降反升，大部分城市位于山西、内蒙古、安徽、云南、陕西、甘肃、宁夏、新疆等地；其中部分城市呈现 PM_{10} 浓度上升、$PM_{2.5}$ 浓度下降的现象。粗颗粒占比增高，与近年来部分城市对以扬尘、风沙为代表的粗颗粒防治力度不够有直接关系。

（2）O_3 浓度呈现增高趋势，NO_2 浓度下降不明显

2015—2018 年，O_3 浓度总体呈上升趋势。相比 2015 年，2018 年 338 个城市 O_3 日最大 8 小时平均浓度第 90 百分位数上升了 12.7%；"2+26"、长三角、汾渭平原、成渝地区分别上升了 26.1%、18.7%、35.4% 和 9.1%。O_3 浓度超标城市由 54 个增加到 117 个。全国 NO_2 年均浓度为 29 $\mu g/m^3$，较 2015 年（30 $\mu g/m^3$）下降 3.3%，但是 124 城市 NO_2 浓度不降反升，分布在 25 个省份。全国 51 个城市 NO_2 年均浓度超过国家二级标准，主要位于"2+26"城市、长三角、汾渭平原等重点地区。

O_3 是 NO_x 和 VOCs 等前体物在大气中发生反应形成的二次污染物。NO_x 和 VOCs 污染防控近年来有所进展，但是 NO_x、VOCs 减排力度尚不平衡。NO_x 与 VOCs 未能协同控制是导致目前 O_3 浓度不降反升的根本原因。

首先，VOCs 排放量和单位面积 VOCs 排放强度巨大。当前阶段我国 VOCs 污染控制基础仍比较薄弱，相对于 NO_x、SO_2、烟粉尘的污染管控，VOCs 污染控制措施的针对性和有效性仍不足，全国及重点区域 VOCs 排放量仍在增长，特别是溶剂使用源、工业排放源增长最为明显。

其次，以电力为代表的工业高架源 NO_x 排放得到有效控制，移动源和低架源排放尚未获得明显的控制效果。NO_2 柱浓度逐年降低，但地面 NO_2 浓度下降趋势不明显，表明电力、水泥等高架源排放控制效果比较显著，而移动源和低架源排放控制尚不到位。城市机动车和非道路移动源的保有量和活动量均呈现快速增长趋势，不仅增加了 NO_x 排放，还增加了 VOCs 排放，机动车已成为大中型城市 $PM_{2.5}$、O_3 污染的重要来源。

（3）SO_2 与 CO 控制取得了显著成效，仍需进一步下降

近年来 SO_2 浓度呈显著下降趋势，CO 总体上呈下降趋势，2018 年全部地级及以上城市 SO_2 年均浓度已低于国家空气质量二级标准限值，仅有 1 个城市 CO 浓度不达标。表明各地对燃煤污染控制效果取得明显成效。

虽然大气中 SO_2 浓度得到控制，但是 $PM_{2.5}$ 组分中硫酸盐仍占据显著位置，从发达国家经验来看，为进一步降低 $PM_{2.5}$ 浓度，依然需要持续减少 SO_2 排放量。

（4）区域性大气污染问题突出，$PM_{2.5}$ 浓度季节性差异显著

2018 年，京津冀及周边地区、汾渭平原、长三角区域是我国 $PM_{2.5}$ 浓度较高的区域。京津冀及周边地区"2+26"城市虽然 $PM_{2.5}$ 浓度显著降低，但仍为全国浓度最高的区域，$PM_{2.5}$ 平均浓度为 60 $\mu g/m^3$，超标 71.6%；汾渭平原近年来 $PM_{2.5}$ 浓度不降反升，大气污染问题逐渐凸显，污染程度仅次于"2+26"城市，$PM_{2.5}$ 平均浓度为 58 $\mu g/m^3$，超标 66.8%。长三角区域 41 个城市 $PM_{2.5}$ 年均浓度平均为 44 $\mu g/m^3$，超标 26.3%。秋冬季 $PM_{2.5}$ 浓度普遍远高于春夏季，京津冀及周边、长三角、汾渭平原冬季 $PM_{2.5}$ 浓度分别是春夏季浓度的 1.68 倍、1.62 倍、2.09 倍。此外，区域性 O_3 污染逐步显现，"2+26"城市、长三角、汾渭平原共 80 个城市中有 67 个超标。区域重污染天气频发，"2+26"城市、

汾渭平原城市重污染天数是全国平均值的 2.6 倍。

造成区域大气污染严重的重要原因是结构不合理，包括产业结构、能源结构及交通结构。此外区域气象条件也是另一关键原因。

首先，产业结构偏重、能源结构以煤为主、交通结构依赖公路，结构亟须优化调整。京津冀及周边地区"2+26"城市钢铁、电解铝、平板玻璃等产量占全国 30%左右，长三角主要工业产品产量占全国 20%左右，汾渭平原集中分布焦炭、电解铝等行业。能源结构总体以煤为主，京津冀及周边 7 个城市煤炭消费量超过 4 000 万 t。燃煤使用分散低效，排放量大，冬季期间，京津冀及周边、汾渭平原散煤消耗量分别占煤炭消费总量的 17%、15%，排放量占燃煤排放量的 40%以上。京津冀区域年货运总量 84.4%依靠公路运输，高速公路密度 3.5 km/百 km²，是全国平均水平的 3.2 倍。京津冀地区的钢铁、水泥企业和大型物流园区主要依靠公路运输完成大宗原材料和产成品的运输。

其次，不利气象条件使得区域季节性大气污染特征显著。中国区域大气污染分布走势与大地形有着密切联系，PM$_{2.5}$浓度季节变化差异有着显著区域分布特征。京津冀是季节性差异最为显著的区域，特别是在冬季大气污染尤为严重，一方面是冬季燃煤取暖排放幅度增加，另一方面是不利的大气扩散条件，由于受西风带及太行山背风坡地形影响，京津冀平原易形成地形低压，山西高原、河北南部、河南南部等排放的污染物经由输送通道，在太行山前汇聚，引发大气重污染过程。汾渭平原晋中、临汾、运城处在河谷地带，西靠吕梁山，东边山地，地势西高东低，而常年主导风向为东北风，冬季静风率达 45%，不利于污染物扩散，使得汾渭平原冬季大气污染形势严峻。

1.3　大气环境持续改善的主要挑战

我国大气污染防治工作已经进入攻坚期和深水区，随着末端治理减排边际成本的升高和减排空间的收窄，摆脱以末端治理为主的传统污染减排路径，开辟新的减排领域、挖掘结构减排潜力是改善空气质量的必然选择。然而，未来深入推进产业、能源、运输、用地等方面的结构调整仍存在诸多困难。在"大气十条"实施后期，部分城市采取强化控制措施，空气质量改善成果尚不稳定，存在较大反弹风险，大气污染防治工作任重道远。转变发展方式难以一蹴而就，传统的思维方式、行为方式、利益格局和驱动模式有待——突破，需要一定的时间和过程。

（1）产业结构与布局亟待调整

目前我国重化工业在国民经济中所占比例仍然较高，粗钢、水泥产量分别占世界总产量的 50%、60%左右。京津冀及周边地区、长三角等区域重化工业高度聚集，环境承载能力已达极限；占国土面积 7.2%的京津冀及周边地区生产了全国产量 43%的钢铁、47%的焦炭、38%的电解铝、33%的平板玻璃、19%的水泥，消耗了全国 33%的煤炭，单位面积污染物排放强度是全国平均水平的 4 倍左右；长三角区域石化行业产品产量占全国的 29%；陕西关中、新疆乌昌石等地形不利于污染物扩散的地区，新布局了大量的煤电、煤化工等重化产业。近年来，产业结构调整力度加大，但粗钢、水泥等重化产品产量仍维持高位，各种化工产品产量持续上升，偏重的产业结构未实现根本性改变。实践表明，针对钢铁、水泥等重点工业行业采取停限产措施，是"2+26"城市秋冬季大气污染攻坚行动取得成效的关键性措施，其本质上为季节性产业结构调整。有关研究表明，要从根本上解决京津冀大气污染，钢铁产能要压缩一半以上。

（2）能源清洁化利用水平偏低

目前，我国煤炭消费量占一次能源消费总量的比重达到 60%左右，煤炭占终端能源消费比重高出世界平均水平 10 个百分点，大量煤炭在小锅炉、小窑炉以及家庭生活中散烧使用。北方地区达到超低排放的燃煤热电联产集中供暖面积仅占总采暖面积的 17%，散烧煤（含低效小锅炉用煤）取暖约 2 亿 t 标煤，污染治理水平低下，大气污染问题突出。长期以来，北方地区供热缺乏对煤炭、天然气、电、可再生能源等多种能源形式供热的统筹规划，导致供热布局不科学、区域优化困难。受历史上计划经济下的供暖模式影响，供暖行业投资运行主要依靠补贴，市场化机制不足，部分供热区域热源无法相互调节，热电联产供热范围内小锅炉关停缓慢的情况比较普遍。清洁能源供应存在短板，储气调峰设施不足，采暖季天然气供不应求。集中供热管网、天然气管网、配电网等基础设施难以满足清洁能源供暖的需求，尤其是农村地区燃气管网条件普遍较差，部分地区配电网网架较弱。天然气、电采暖成本普遍高于燃煤，若无政府补贴，居民采暖实施清洁能源替代燃煤后，每个采暖季支出将增加 80%左右，亟待理顺清洁能源供暖价格形成机制。

（3）工业企业治理仍有待加强

工业企业总体达标形势不容乐观，重点企业达标率堪忧，2016 年，纳入国家重点监控的涉气企业中有近 10%的企业超标排放；量大面广的"散乱污"企业工艺落后、治污设施简陋、污染问题突出，在京津冀区域强化督查的 1.2 万家"散乱污"企业当中，存在突出环境问题、超标排放的企业占 67%。VOCs 排放长期以来未得到有效监管，企业无污染防治设施或污染防治设施不具备达标排放能力的现象较为普遍。此外，工业企业无组织排放控制较为滞后，现有排放标准对无组织排放控制要求过于笼统，难以形成有效约束；企业控制无组织排放的措施及管理水平参差不齐，多数大型钢铁联合企业的无组织废气量可达 30%～40%，部分小型企业或管理水平低的企业可达 80%以上，一些涉 VOCs 的企业无组织逸散排放量更高达 90%。

（4）交通运输结构严重依赖公路柴油运输

铁路和公路运费倒挂以及铁路末端送货体系不完善、服务保障短板突出等，导致我国交通运输结构长期以来严重依赖公路运输。据统计，2016 年公路运输分别占全社会客运量和货运量的 81%、78%，其中，约 75%的大型客车、95%的重型货车为柴油车，成为交通领域 NOₓ、PM 排放居高不下的主要原因。此外，柴油车超标排放问题较为突出，个别企业甚至违法生产不达标柴油车；在用车不添加尿素、屏蔽后处理装置情况屡屡发生，上路行驶车辆超标问题突出；油品和车用尿素质量监管亟待加强，车用柴油、普通柴油、船用轻质燃料油并存，增加了监管难度；非道路移动机械种类繁多，底数及分布均难以摸清，监管难度巨大。由于车、油监管职责分散，尚未理顺部门协作机制，车辆、环保配置、维修、道路交通量信息等共享机制不畅通等原因，移动源排放达标监管有效性大打折扣。

（5）城乡面源污染控制基础薄弱

近年来，扬尘污染得到有效控制，但长效机制尚未建立，一旦监管压力减弱，极易造成扬尘污染控制成效反弹。2016 年，我国涂料产量达到 1 900 万 t，而我国溶剂型涂料产品 VOCs 含量限值标准极为宽松，普遍高出欧美水平 50%左右，其消费产生的 VOCs 排放约 800 万 t。在秸秆焚烧控制方面，东北三省秸秆年产生量约 2.4 亿 t，由于在秸秆收集、储存、运输和综合利用等方面缺乏有效经济激励政策，且处理秸秆的时间窗口短，还田和综合利用难度大，包括农民生活自用燃料在内的秸秆利用率仅为 60%左右，大面积露天焚烧现象在 10 月秋收后集中出现。此外，我国对农业种植、畜禽养殖大气氨减排技术措施的开发、应用方面均较为薄弱，尚无明确的控制技术路线。

（6）重污染天气应对水平有待提升

重污染天气预测预报能力需进一步提高，现有六大区域预报中心重污染预报时间尺度和精细化程度有待改善；大部分省级预报机构尚不具备城市尺度预报能力，难以有效支撑重污染天气应对工作。预警分级标准修订尚未覆盖全国，目前仅"2+26"城市统一修订了预警分级标准，其他区域尚需根据当地污染特征进行修订。重污染应急预案的制定和执行存在诸多问题。全国大部分地区重污染应急措施还仅是以健康提示和防护为主，缺乏实质性应急减排措施，无法真正发挥污染削峰作用；应急措施执行率有待提高，应急管控企业依然存在"督查来就关、走就开"的现象，现有管理手段对企业行为的约束不足。

（7）大气污染联防联控力度不足

近年来，针对多地出现的区域性大气污染问题，在京津冀及周边地区、长三角区域开展了联防联控，取得一定成效。但尚未建立全国性的区域联防联控机制，各地大气污染防治仍各自为政，缺乏解决跨界大气污染问题的手段；部分地方政府之间虽签署协作协议，但还停留在口头上、纸面上，没有真正转化为共同行动。造成上述现象的根源在于，一是区域协调机构的权威性不足，导致行政主体各自为政，相互掣肘；二是已有环境法律法规尚未明确区域大气污染防治的主体和权责，区域协作难以保障执行落地；三是区域统一规划、统一准入、统一标准、信息共享及应急联动等联防联控措施制度化程度较低，削弱了执行效力；四是推进区域联防联控的措施手段比较单一，强制性行政手段居多，缺少经济调节性、鼓励性政策，社会参与度也不够。

2 大气环境质量改善基本思路与目标

2.1 基本思路

通过实施《大气污染防治行动计划》和《打赢蓝天保卫战三年行动计划》，我国大气环境质量有了明显改善，PM$_{2.5}$浓度显著下降，重污染天数显著减少。然而，我国大气环境质量与有效保护人体健康的差距仍然较大，PM$_{2.5}$仍然是对人体健康影响最大的大气污染物。

"十四五"期间，应当保持战略定力，聚焦PM$_{2.5}$这一重点持续发力，同时协同控制臭氧等大气污染问题，推进空气质量达标城市稳步增长，区域大气污染有效缓解；协同推进大气环境质量改善和温室气体减排工作，通过推进能源结构调整、强化黑炭等有较强致暖效应的大气污染物排放控制等手段，在改善大气环境质量的同时取得更大的温室气体减排成绩。

"十四五"目标设置上要充分考虑美丽中国建设要求。"十四五"规划要为美丽中国建设起好步、开好局，环境治理存在边际效益递减的规律，因此"十四五"目标设置，在充分考虑可行可达的基础上，尤其需要考虑美丽中国建设进程，积极作为。

2.2 空气质量改善目标

2.2.1 地级及以上城市PM$_{2.5}$浓度下降比例

（1）"十三五"进展与完成预判

2015年，261个地级及以上城市PM$_{2.5}$年均浓度未达标，占比77.5%，未达标地级及以上城市

PM$_{2.5}$平均浓度 52 μg/m³。2019 年，261 个未达标地级及以上城市 PM$_{2.5}$平均浓度为 40 μg/m³，比 2015 年下降 24.6%。假设到 2020 年，PM$_{2.5}$未达标城市全部按照"十三五"目标要求浓度下降，且 2020 年 PM$_{2.5}$未达标地级及以上城市浓度同比下降 2%。预判到 2020 年，全国 PM$_{2.5}$未达标地级及以上城市（261 城市）平均浓度 38 μg/m³ 左右，相比 2015 年浓度下降 26.9%。超额完成"十三五"PM$_{2.5}$未达标地级及以上城市浓度下降 18%的目标要求。

（2）"十四五"改善目标

结合我国 2013 年以来 PM$_{2.5}$浓度下降趋势和欧美发达国家 PM$_{2.5}$浓度下降趋势，要求城市 PM$_{2.5}$浓度越高，污染控制的力度越大，PM$_{2.5}$浓度下降幅度越高；PM$_{2.5}$已达标城市，持续改善。京津冀及周边地区、长三角地区、汾渭平原等重点区域 PM$_{2.5}$年均浓度下降比例设定强化要求，浓度下降比例高出其他地区 0.5 个百分点（表 4-5-1）。

表 4-5-1 城市 PM$_{2.5}$年均浓度改善情景

分类	重点区域	其他地区	目标
已达标	持续改善	持续改善	持续改善
超标城市	年均降低 2.5%左右	年均降低 2%左右	每 5 年下降 10%～12%

此情景下，预判到 2020 年，全国地级及以上城市 PM$_{2.5}$浓度为 33 μg/m³，到 2025 年，全国地级及以上城市 PM$_{2.5}$浓度为 30 μg/m³，下降比例约为 10%。

到 2035 年，全国环境空气质量根本好转。预计全国地级及以上城市环境空气质量基本达标，达标城市比例在 85%～90%，全国 PM$_{2.5}$平均浓度下降至 25 μg/m³ 以下，达到世界卫生组织第二阶段标准。按照 2020 年 PM$_{2.5}$平均浓度预测值 33 μg/m³ 左右测算，未来 15 年 PM$_{2.5}$年均浓度需要累计下降 30%以上，考虑到减排潜力逐渐减少，改善难度加大，"十四五"时期 PM$_{2.5}$年均浓度需要下降 10%左右，下降到 30～31 μg/m³。

考虑美丽中国建设目标，到 2035 年，全国环境空气质量根本好转。预计全国地级及以上城市环境空气质量基本达标，达标城市比例在 85%～90%，全国 PM$_{2.5}$平均浓度下降至 25 μg/m³ 以下，达到世界卫生组织第二阶段标准。按照 2020 年 PM$_{2.5}$平均浓度预测值 33 μg/m³ 左右测算，未来 15 年 PM$_{2.5}$年均浓度需要累计下降 30%以上，考虑到减排潜力逐渐减少，改善难度加大，"十四五"时期 PM$_{2.5}$年均浓度需要下降 10%左右，下降到 30～31 μg/m³。展望 2030 年 PM$_{2.5}$浓度可达到 28 μg/m³ 左右。2035 年进一步降低，PM$_{2.5}$浓度达到 25 μg/m³ 左右。

结合美丽中国战略目标倒排进度，以及上述情景方案测算结果，建议"十四五"目标为："全国地级及以上城市 PM$_{2.5}$浓度下降 10%左右。"

2.2.2 地级及以上城市空气质量优良天数比例

（1）"十三五"进展与完成预判

2015 年全国优良天数比例为 81.2%，2019 年，全国优良天数比例 82%。考虑 PM$_{2.5}$浓度继续下降趋势，根据 PM$_{2.5}$年均浓度与优良天数之间的线性相关关系，计算优良天数比例的预期值，即 PM$_{2.5}$年均浓度下降 1 μg/m³，优良天数增加 2.5 天。假设臭氧浓度持平，预判 2020 年全国优良天数比例在 86.5%左右，预计可完成"十三五"优良天数比率提升 3.3 个百分点的目标要求。

（2）"十四五"改善目标

到 2020 年，假设完成"十三五"优良天数比例目标，优良天数比例为 86.5%。

2015—2019 年，全国 O_3 日最大 8 小时第 90 百分位浓度提高了 25 $\mu g/m^3$，升高比例接近 20%。在"十四五"将推进 $PM_{2.5}$ 与 O_3 协同控制，大幅加强 NO_x 和挥发性有机物防控减排力度，"十四五"期间努力实现 O_3 快速上升的势头得到遏制，全国 O_3 污染水平有所下降。综合考虑"十四五"期间 $PM_{2.5}$ 污染防控的持续强化，以及 O_3 污染防控的进一步深化，建议到 2025 年，全国优良天数比例为 87.5%，相比 2020 年提高 1 个百分点。

2.3　污染物总量控制目标

在第二次全国污染源普查和排污许可证制度全面实施等基础上，可以发挥总量控制制度在推动重点行业提标改造、重大环保工程、区域与行业综合治理等方面的作用，建议继续保留主要污染物排放总量控制指标。针对重点行业和重点工程，开展排放总量控制，通过实施重点工程，实现可监测、可统计、可核证的减排。针对超标超载地区、污染负荷重绩效低的行业，加大总量控制力度。考虑到目前主要污染物排放情况，建议对氮氧化物、VOCs 实施全国总量控制，SO_2 不再纳入全国总量控制范畴。

2.3.1　NO_x

1）现状与基数。根据 2018 年总量核算结果，全国 NO_x 排放量为 1 607.4 万 t，其中机动车排放量为 575.3 万 t。"十四五"时期，固定污染源 NO_x 排放量将以第二次全国污染源普查结果作为基数。

2）总体思路。"十四五"仍将 NO_x 作为约束性指标纳入总量控制体系，与排污许可证充分衔接，在全国范围内实施固定污染源总量控制。

3）实施思路。"十四五"时期，固定污染源 NO_x 排放总量控制，以推进钢铁、水泥、焦化等行业超低排放改造及其他行业污染综合治理为主，充分挖掘重点行业的减排潜力。

2.3.2　VOCs

1）现状与基数。2015 年，我国人为源 VOCs 排放量约为 2 503 万 t，工业源 VOCs 排放量占 43%。"十四五"时期以第二次全国污染源普查结果作为固定污染源 VOCs 排放量基数。

2）总体思路。深化"十三五"成果，以重点行业、重点区域为着力点，以点带面，在全国范围依托排污许可实施 VOCs 行业约束性总量控制。

3）行业范围。主要包括：石化、煤化工、化工（主要包括制药、农药、涂料、油墨、胶黏剂、化学助剂、日用化工、橡胶制品、塑料制品等子行业）、包装印刷、工业涂装（主要涉及汽车、家具、集装箱、电子产品、工程机械、卷材、船舶、钢结构等制造行业）等。

4）实施思路。通过分析纳入排污许可管理的 VOCs 排放行业污染防治现状、测算减排潜力，国家层面确定分行业排放总量控制约束性目标，各行业企业的总量指标以许可排放量的形式通过排污许可管理进行落实。实际排放量的核算直接对接排污许可证管理中认定的实际排放量，依托排污许可管理实施总量考核。

3 大气环境质量改善重点任务

3.1 持续推进四大结构调整，促进社会经济绿色发展

3.1.1 产业结构与布局调整

结构调整是推动我国经济由高速增长向高质量发展的重要手段，也是从根本上解决区域大气污染问题的关键。我国产业层次整体偏低，工业比重偏高，结构偏重，产业布局不合理。2017 年，我国经济总量约占全球的 15%，但钢铁、水泥产量的比重分别约占全球的 45% 和 56%，消费一次能源量约占全球的 23%。全国各种主要大气污染物排放量均处于千万吨级别，远高于环境容量。产业布局不合理，重化工行业主要集中在东部地区，如河北省是全国钢铁和玻璃生产大省，粗钢产量约占全国总产量的 24%，平板玻璃产量约占全国总产量的 15%，均为全国第一。山东火电装机全国第二、水泥产量全国第三、平板玻璃产量全国第四。河南砖瓦产量全国第一，水泥产量全国第二，火电装机容量全国第六，这些高耗能产业中虽然有部分企业工艺先进，但是仍有大量落后工艺，污染排放压力巨大，是造成我国区域大气污染的重要原因。

（1）控制燃煤发电机组增长速度

2017 年我国电力行业燃煤机组装机容量约 10 亿 kW，发电量 4.3 万亿 kW·h，考虑到"十三五"期间停建和缓建煤电 1.5 亿 kW 将被推迟到"十四五"投产，初步判断 2021 年、2022 年将为投产小高峰，之后 3 年每年新增容量将稳定在 0.3 亿 kW，预计在"十四五"末煤电装机将控制 12 亿 kW 之内，发电量控制在 5.5 万亿 kW·h 之内，煤电装机及发电量较"十三五"将有所增长。从污染物排放来看，2017 年电力行业 SO_2、NO_x、PM 排放量分别为 157 万 t、185 万 t、74 万 t，占工业排放总量的比重分别为 27%、29%、13%，是 SO_2、NO_x 排放量最大的行业。截至 2018 年年底，电力行业燃煤机组超低排放改造已完成 8.1 亿 kW，占煤电总装机的 80%，主要分布在山东、江苏、内蒙古、山西、河北等地区。目前，燃煤机组超低排放改造后，SO_2、NO_x、PM 排放浓度分别不高于 35 mg/m^3、50 mg/m^3、10 mg/m^3，"十四五"期间减排潜力非常有限。

（2）推进钢铁行业转型升级和超低排放

2017 年钢铁产能为 10.4 亿 t，粗钢产量达 8.7 亿 t；2018 年中国粗钢产量创历史新高，达 9.3 亿 t，增速为近 3 年最高。按照"十三五"粗钢产量变化情况及国家钢铁产业结构调整升级策略推算，预计我国粗钢产量已经进入平台期。从污染物排放来看，钢铁行业工艺流程长、产污环节多，污染物排放量大，2017 年钢铁行业 SO_2、NO_x 和 PM 排放量分别为 80 万 t、100 万 t、172 万 t，占工业排放总量的 14%、16%、30% 左右，是 SO_2 排放第二大、PM 排放最大的行业。从产能构成和布局来看，钢铁行业仍是先进与落后产能并存，目前烧结还有 4.6 万 m^2 落后产能，主要分布在河北、山西、山东、河南等省份。"十二五"以来，钢铁行业大力实施除尘改造和烧结烟气脱硫等大气污染治理工程，吨钢二氧化硫、吨钢烟粉尘排放量分别下降了 50% 和 32%，但氮氧化物未采取措施、治理水平低，颗粒物无组织排放严重，与日本、德国、韩国等发达国家相比，我国钢铁行业控制水平仍有较大差距，尤其是占颗粒物排放 50% 以上的无组织排放，吨钢颗粒物无组织排放量较发达国家高出一倍以上。"十四五"时期，重点区域严禁新增钢铁产能，严格执行钢铁行业产能置换办法；重点区域城市

钢铁企业要切实采取彻底关停、转型发展、就地改造、域外搬迁等方式进行转型升级，禁止落后淘汰产能向中西部地区转移；对于列入去产能计划的钢铁企业，需一并退出配套的烧结、焦炉、高炉等设备。

（3）推进水泥行业产能削减，启动建材行业超低排放

2017 年我国水泥产能 33.3 亿 t，水泥产量达到 23.3 亿 t，同比下降 0.3%，水泥产量已于 2016 年达峰，按照 2017 年、2018 年水泥产量变化情况来推算，预测到"十四五"末，我国水泥产量可能下降至 20 亿 t 以下。从污染物排放来看，水泥窑系统集中了 70% 的颗粒物有组织排放和几乎全部气态污染物，2017 年全国水泥行业 SO_2、NO_x、PM 排放量分别为 19.9 万 t、105.8 万 t、80.9 万 t，占工业排放总量的 3%、17%、14% 左右。从产能构成和布局来看，目前水泥行业还有约 5 700 万 t 熟料落后产能，主要分布在云南、甘肃、河南、宁夏等省（区）。从当前控制情况来看，吨熟料 NO_x 排放为 0.8～0.9 kg，吨熟料 PM 排放约为 0.03 kg，与发达国家控制水平基本相当。"十四五"时期，重点区域严禁新增水泥产能，严格执行水泥行业产能置换实施办法，生态环境敏感区、城市建成区内水泥企业将实施环保搬迁改造，禁止落后淘汰产能向中西部地区转移；重点开展水泥行业超低排放改造，预计改造后 NO_x 排放强度约为 0.5 kg/t 熟料，PM 排放强度为 0.01 kg/t 熟料，可分别减排 NO_x、PM 27 万 t、40 万 t。在水泥行业的带动下，其他建材行业，包括平板玻璃、陶瓷、砖瓦等，也可以在"十四五"期间逐步启动超低排放改造工作，在减少污染物排放的同时优化行业结构，推动绿色转型发展。

（4）保持石化行业平稳发展

2017 年石化化工行业生产整体保持平稳，乙烯产量 1 821.4 万 t，增长 2.4%；硫酸产量 8 694.2 万 t，增长 1.7%；烧碱产量 3 365.2 万 t，增长 5.4%；电石产量 2 447.3 万 t，减少 1.7%；纯苯产量 833.5 万 t，增长 3.7%；甲醇产量 4 528.8 万 t，增长 7.1%；合成材料产量 1.5 亿 t，增长 6.6%；轮胎产量 9.26 亿条，增长 5.4%；化肥总产量 6 065.2 万 t，下降 2.6%。从污染物排放来看，2017 年全国石化行业 SO_2、NO_x、PM 排放量分别为 51 万 t、52 万 t、37 万 t，占工业排放总量的 9%、8%、6% 左右，排放情况仅次于电力、钢铁、水泥等行业。"十四五"时期，重点区域禁止新增化工园区，加大现有化工园区整治力度；生态环境敏感区、城市建成区内化工企业将实施环保搬迁改造，禁止落后淘汰产能向中西部地区转移。

（5）强化工业炉窑治理

除了以上重点行业外，工业炉窑也是当前我国工业行业大气污染治理的薄弱环节，它涉及种类多、应用范围广，很多使用于"散乱污"企业中，大气污染治理相对滞后。京津冀及周边地区源解析结果表明，$PM_{2.5}$ 污染来源中工业炉窑占比达到 20% 左右，实施工业炉窑升级改造和深度治理是打赢蓝天保卫战关键之举，也是推动制造业高质量发展、推进供给侧结构性改革的重要抓手。因此，"十四五"时期需要对工业炉窑实施综合整治，采取严格钢铁、焦化、电解铝、铸造、水泥等行业新（改、扩）建项目准入，加大落后产能和不达标工业炉窑淘汰力度，对以煤、石油焦、渣油、重油等为燃料的工业炉窑进行清洁燃料替代，推动有色金属冶炼、铸造、再生有色金属、氮肥、陶瓷等涉工业炉窑企业的综合整治，开展涉工业炉窑类产业集群的综合整治等措施。

（6）全面推进工业 VOCs 防治

VOCs 是形成 $PM_{2.5}$ 和 O_3 的重要前体物。京津冀及周边地区源解析结果表明，当前阶段有机物是 $PM_{2.5}$ 的最主要组分，占比可达 20%～40%，其中，二次有机气溶胶占有机物组分比例为 30%～

50%，主要来自 VOCs 的转化生成。同时，我国 O_3 污染问题日益显现，O_3 浓度呈上升趋势，尤其是夏秋季已成为部分城市的首要污染物，VOCs 是现阶段重点区域 O_3 生成的主控因子。目前，我国印发了《"十三五"挥发性有机物污染防治工作方案》，出台炼油、石化、储油库、加油站等行业排放标准，一些地区制定地方排放标准，开展重点行业 VOCs 综合整治，加强统计、监测、监控等基础能力建设，取得一些进展，但仍存在一些突出问题。一是源头控制力度不够，工业涂料中水性、粉末等低 VOCs 含量涂料的使用比例低于 20%，远低于发达国家 60%～80%的水平；二是无组织排放问题突出，我国工业 VOCs 排放中无组织排放占比达 60%以上，但目前量大面广的企业未采取有效管控措施，尤其是中小企业管理水平差，收集效率低，逸散问题突出；三是治污设施简易低效，在一些地区，低温等离子体、光氧化等低效技术甚至达 80%以上，治理效果差，一些企业由于设计不规范、系统匹配不强等原因，即使选择了高效治理技术，也未取得明显治污效果；四是运行管理不规范，企业普遍存在管理制度不健全、人员技术能力不足等问题，缺乏有效规范的操作规程；五是监测监控不到位，企业自行监测质量普遍不高，监测点位不合理、采样方式不规范、监测时段代表性不强等问题突出，监测数据可信度低。"十四五"期间，需要针对以上不足开展工作。强化源头替代，通过加快有机溶剂产品质量标准制修订、强化源头替代政策引导，重点在工业涂装、印刷等行业推广实施。全面加强无组织排放控制，主要是含 VOCs 物料储存、含 VOCs 物料转移和输送、设备与管线组件 VOCs 泄漏、敞开液面 VOCs 逸散以及工艺过程等无组织排放五类源的管控。推进建设适宜高效的治污设施，引导和要求企业依据排放废气的浓度、组分、风量，温度、湿度、压力，以及生产工况等，合理选择治理工艺技术，提高治理设施建设质量，确保稳定达标排放。实施精细化管理，在实施总挥发性有机物控制的基础上，突出活性强的特征污染物减排，兼顾恶臭污染物和有毒有害物质控制，提高 VOCs 治理的精准性、针对性和有效性。

3.1.2　能源结构调整与清洁能源革命

我国能源消费总量大，化石能源占比高，带来的空气污染与温室气体排放问题突出。2018 年，我国能源消费总量为 46.4 亿 t 标煤，占全球能源消费量的 20%以上，其中煤、石油、天然气消费量分别占全国能源消费总量的 59%、19%和 8%，煤炭消费占比高出世界平均水平 1 倍以上。根据《中国能源统计年鉴 2017》，发电、供热、炼焦等煤炭加工转换过程分别占煤炭消费总量的 48%、7%和 16%，其他工业设施、居民生活、商业等终端消费占煤炭消费总量的 25%，大量散煤在小锅炉、小窑炉及家庭生活等领域使用。我国北方地区燃煤取暖面积占 80%以上，居民取暖用煤年消耗约 4 亿 t 标煤，其中散烧煤（含低效小锅炉用煤）约 2 亿 t 标煤，主要分布在农村地区，每吨散煤的大气污染物排放强度是电力行业的 10 倍以上。

电力、钢铁、建材、工业锅炉、民用燃煤等涉煤排放源，以及石化、移动源等石油及其制品的主要消费部门，是大气污染物排放的主要来源。根据"2+26"城市大气细颗粒物源解析结果，工业（含工业锅炉）、电力供热和民用燃煤对"2+26"城市 $PM_{2.5}$ 浓度贡献率分别为 34%、15%和 14%。北京、上海、济南、深圳等部分城市机动车排放已成为 $PM_{2.5}$ 的首要来源，占比在 20%～50%。从大气污染防治和温室气体排放控制要求出发，都需要削减煤炭消费量，尤其是民用散煤、小锅炉以及工业炉窑的煤炭消费量。

初步判断，"十四五"时期我国单位 GDP 能耗下降将维持在 15%左右，产业结构和能源消费结构向双优化方向发展，能源利用效率提高。能源消费增速放缓，进入"中低增速期"，工业能源消费增长基本达到"峰值平台期"，服务业、居民生活能源消费将加快增长。随着风能、太阳能等可再生能源发电成本逐渐接近燃煤发电，燃煤机组发电小时数增加以及天然气供应量增加，预计"十四五"时期新增能源消费需求将主要由电（可再生能源发电和实施超低排放标准的煤电）、天然气供应满足。

"十四五"期间，需要继续优化能源结构，坚决控制煤炭消费总量，提高能源利用效率，降低煤炭在能源消费中的比重，大幅提高新能源和可再生能源比重。推动煤炭清洁高效利用，继续推进北方地区清洁取暖，削减居民散煤和小型燃煤锅炉、窑炉消费量，提高电煤比例。

打造绿色能源消费结构。为保障社会经济持续发展的能源供应，同时减少大气污染物和温室气体排放，要加快构建清洁低碳安全高效的能源体系。重点控制煤炭消费总量和石油消费增量，鼓励可再生能源消费。大气污染防治重点区域实施煤炭减量替代，扩大天然气替代规模。全国煤炭消费总量略有下降，到 2025 年，全国煤炭占能源消费总量的比重降低到 50% 左右，油品消费占比维持在 20% 以下，可再生能源与天然气消费占比提高到 30% 左右。优化天然气使用方向，优先满足清洁取暖等民生需求。适度发展核电，优化发展布局。因地制宜提升建筑领域节能减排水平，提高新建建筑中超低能耗和零排放建筑比例，推动分布式能源多元化、规模化应用。

继续推动民用散煤替代。在建筑节能保温改造的基础上推行清洁能源替代民用散煤。提高工业余热、热电联产、太阳能等在供热中的占比，实现多种清洁能源综合利用。继续推动大气污染重点地区和北方平原地区清洁能源替代散煤，城区、县城居民的采暖用煤由工业余热、实施超低排放的燃煤热电联产和燃煤锅炉替代，农村居民采暖用煤可由电及可再生能源、天然气、生物质替代，其中东北地区农村以生物质能替代为主，其他地区以电能替代为主。

推进煤炭清洁化利用。继续削减小型燃煤锅炉、小型工业窑炉的煤炭消费量，鼓励使用电、天然气等清洁能源或由周边电厂供热，降低煤炭在终端分散利用比例。进一步提高电煤占煤炭消费比例，大型燃煤锅炉和燃煤机组继续推行超低排放。到"十三五"期末，目前已通过审批但暂时缓建的煤电机组将逐步建成投运，煤电发展将进入转型期，纯凝气燃煤机组容量基本不增长，新增电力需求主要由可再生能源发电和现有煤电机组提高利用小时数满足。

3.1.3　交通运输结构调整

随着固定污染源大气污染防治深入推进，交通领域大气污染物排放对大气污染的贡献比重逐渐增加，北京、深圳等城市移动源排放在 $PM_{2.5}$ 浓度的本地占比中甚至接近 50%。交通运输结构的优化是减少污染物排放的重要方面，"十四五"时期，应以公转铁、多式联运、轻型超低排放车为重点，加快调整优化交通运输结构，以完善绿色综合交通体系，推进构建"车—油—路"一体的轻型车超低排放控制体系，构建柴油货车、非道路移动机械源、港口码头、航空航天等新重点移动污染源治理体系。

（1）大幅提升铁路货运比例，大力推进海铁联运，推动铁路货运重点项目建设

2017 年，我国货物运输总量是 479.4 亿 t，其中公路、铁路、水运占比分别是 76.8%、13.9%、7.7%；货运周转量是 196 130.4 亿 t·km，其中水运、公路、铁路占比分别是 49.7%、34%、13.7%。全社会货运量中，与美国相比，公路占比约高出 10 个百分点、铁路占比约低 2 个百分点；全社会货运周转量中，与美国相比，公路占比约高出 4 个百分点、铁路占比约低 10 个百分点。绝大部分省份公路承担了货运主要份额，北京、河北、山东、辽宁、河南货物高度依赖公路运输，公路货运量占

比均超过 80%，河南、北京高达 90% 以上。预计"十四五"期间，我国货物运输总量将达到 500 亿 t，铁路运量达到 48 亿 t，铁路占比仍不到 1/10，公路依然占比最高。"十四五"期间，全面加快货运铁路干线和专用线建设。改革铁路货物运输机制，优化组织模式，深化市场化改革，以煤炭、焦炭、铁矿石、电解铝、集装箱、砂石骨料等物料为重点货品，以集疏港、大型工矿企业和物流园区为关键环节，推动重要物流通道干线铁路建设及铁路专用线建设。依托铁路物流基地、公路港、沿海和内河港口等，推进多式联运型和干支衔接型货运枢纽（物流园区）建设。建设城市绿色物流体系。重要城市群构建绿色出行服务系统，提高居民绿色出行比例。中心城市尽快建成高密度城市轨道交通网，实现轨道交通与客运枢纽无缝衔接。

（2）构建"车—油—路"一体的轻型车超低排放控制体系

2018 年，全国机动车保有量 3.27 亿辆，其中汽车 2.4 亿辆，比 2017 年增加 2 285 万辆，增长 10.51%。其中，私家车（私人小微型载客汽车）持续快速增长，2018 年保有量达 1.89 亿辆，近五年年均增长 1 952 万辆。新能源汽车保有量 261 万辆，占汽车总量 1.09%，与 2017 年相比，增加 107 万 t，增长 70.00%；近五年新能源汽车保有量年均增加 50 万辆，呈加快增长趋势；其中，纯电动汽车保有量占新能源汽车总量的 81.06%。北京、成都、重庆、上海、苏州、郑州、深圳、西安等 8 个城市超 300 万辆，天津、武汉、东莞 3 个城市接近 300 万辆。PM$_{2.5}$ 源解析结果表明，北京、上海、广州、深圳、杭州等大型城市，机动车贡献比例第一。预计"十四五"期间，我国机动车保有量将超过 3 亿辆，新能源汽车将达到 500 万辆。建议在"十四五"期间，加快完善综合交通运输体系，优先发展城市公交，推动电动车、磁悬浮列车等新技术以及生物质能、太阳能等新能源在交通运输行业的发展，大力发展低碳物流。进一步提高重型商用车燃料消耗量限值标准，推动实施新车碳排放标准，制定燃料中立的超低排放标准。加速老旧轻型车淘汰，强化出租车队排放控制。加强新能源汽车在空气污染严重地区推广力度，突出抓好公交、出租、市政车辆、城市物流等行业及政府机关的新能源汽车示范应用工作。加快加气站、充电站（桩）等配套设施建设，满足新能源和清洁能源汽车发展需求。加强民营加油站的进油渠道管理。地方工商、质检和生态环境部门应联合开展市场检查行动，对高速公路、国省道沿线加油站的油品和车用尿素质量进行检查。组织公安、环保等部门对黑加油站点开展专项打击行动，取缔非法加油站点。

（3）强化柴油货车污染防控

柴油货车是中国货物道路运输的主要运输工具，在国民经济和社会发展中发挥着难以替代的重要作用。近年来，随着柴油货车保有量和货物运输量的快速增加，柴油货车污染问题凸显。2017 年柴油货车保有量占全国汽车保有量的 7.8%，其氮氧化物和颗粒物的排放量却分别占汽车排放总量的 57.3% 和 77.8%。建立全覆盖的重型货车在线监控网络。规划建设全国重型货车污染在线监控平台，实现全覆盖、全天候的排放监控功能。根据非道路柴油机自身特点，合理制定并推广应用机内与机外净化技术体系，加强工程机械、农用机械等非道路移动机械污染排放。

（4）加强港口船舶污染防治

全国内河航道通航里程 12.70 万 km，等级航道 6.62 万 km，占总里程的 52.1%，其中三级及以上航道 1.25 万 km，占总里程 9.8%。2017 年末全国港口完成货物吞吐量 140.07 亿 t，旅客吞吐量 1.85 亿人，拥有水上运输船舶 14.49 万艘，万吨级及以上泊位 2 366 个。按货物吞吐量计算，世界十大港口中有七个在中国，2017 年宁波—舟山港货物吞吐量突破 10 亿 t，连续 9 年位居世界第一。船舶排放 NO$_x$ 和 PM 分别占移动源排放的 10% 和 12%。上海、深圳、香港等港口城市大气源解析研究显示，船舶港口排放已成为重要的排放源之一。综合运用政策法规、标准规范、经济激励、试点示范等手段，推广靠岸船舶使用岸电技术。考虑船舶类型、航行水域、船舶空间、使用燃油类型等因素，研究和推广经济高效的船舶尾气脱硫脱硝技术。推进珠三角、长三角、环渤海（京津冀）船舶排放控制区大气污染物排放管控，完善相关配套设施建设，强化排放控制要求，保障低硫燃油市场供应，加大违法查处力度。

（5）开展飞机污染防治

2018年，我国定期航班通航机场233个，全年旅客吞吐量超过12.6亿人次，京津冀、长三角、粤港澳大湾区旅客吞吐量占全国总量的40%；完成货邮吞吐量1 674.0万t，北京、上海、广州三大城市机场货邮吞吐量占全国总量的48.8%；完成飞机起降1 108.8万架次。一架大型客机起降一次就要消耗航空燃油4 t，估算下来相当于600辆小汽车一天的排放。"十四五"期间，编制动态更新的机场大气污染源排放清单，建立机场及周边地区大气环境质量监测网络、监测方法与评价体系。加强飞机污染控制，优先选择低排放机型，提高空中管理效率，减少因飞机延迟导致的污染物排放；全面使用桥载电源。建设机场绿色综合交通，以轨道等大容量公共交通优先、多种交通方式融合的机场对外集疏运交通体系。

（6）推进非道路移动机械等污染防治

截至2017年年底，中国工程机械主要产品保有量约为720万台。据测算，2017年非道路移动源 SO_2、HC、NO_x 和PM排放总量达到790.8万t。"十四五"期间，加快车船和非道路移动机械结构升级，建立和完善非道路移动源环境监管制度。积极引导港口企业加快淘汰老旧高排放港作机械。鼓励通过"油改气""油改电"、报废更新等措施，加快淘汰不满足我国第三阶段非道路移动机械用柴油机排气污染物排放限值的港作燃油机械。

3.1.4　优化农业投入结构

农业生产过程的大气氨排放和相关的秸秆燃烧排放对大气污染有重要影响。"十四五"期间，应当在坚持保障国家粮食安全、农产品安全的前提下，将调整化肥农药结构、提高利用效率作为主要措施，畜禽粪污资源化利用、秸秆多元化处理、农膜回收等，减少农业污染。

（1）控制农业源氨排放

NH_3 排入大气后与 SO_2 转化形成的硫酸和 NO_x 转化形成的硝酸发生化学反应，生成硫酸铵与硝酸铵二次无机颗粒物，合计占 $PM_{2.5}$ 年均浓度的30%左右。在重污染天气里，二次铵盐增长具有爆发效应，硫酸铵、硝酸铵浓度增长速度远高于有机碳等其他污染物的浓度增长速度，重污染过程中硫酸铵、硝酸铵在 $PM_{2.5}$ 中所占的比重可高达80%。我国 NH_3 排放大约为1 000万t，超过欧洲与美国 NH_3 排放的总和，排放源主要来自牲畜养殖、化肥施用、工业生产、人体呼吸排汗和排泄等。排放行业相对集中，约90%为畜禽养殖与农业排放。中国区域各省氨排放主要集中在河南、山东、河北、四川及江苏各省，均为中国重要的农业产区。我国化肥施用量近7 000万t，相当于美国、印度的总和，约占全球化肥施用总量的1/3。化肥利用率较低，不到40%。近年来，化肥施用量已实现零增长，未来提高化肥利用效率是控制化肥污染的重要措施，据估算，化肥利用率提高2.6个百分点，减少的化肥投入相当于减少氮排放近60万t、节省130万t燃煤或90万 m^3 天然气。"十四五"期间，以土地面积决定养殖规模，形成种养一体的农业生产联合体。采用封闭式负压养殖，减少养殖业氨排放。改善种植业肥料结构，加速低挥发性氮肥产品的研发和应用，适当推广硝酸铵钙、氮溶液和脲酶抑制剂等，优化施肥方式，推广应用机械深施和水肥一体化技术，以此减少农田氨排放。

（2）强化秸秆禁烧监管

在政策的积极支持和推动下，我国农作物秸秆综合利用效果显著。目前秸秆综合利用率超82%，秸秆利用方式多种多样，基本形成了以肥料化利用为主，饲料化、燃料化稳步推进，基料化、原料化为辅的综合利用格局。尽管如此，我国仍然每年有近2亿t的农作物秸秆被就地焚烧，造成了极大的资源浪费和环境污染。卫星遥感巡查监测结果显示，东北地区（黑龙江、吉林和辽宁）2017年秸秆焚烧火点数同比2016年增加了近一倍，占全国总数的80%，东北地区在秋收春耕季节常因秸秆焚烧造成大面积重污染天气。此外由于技术、资金等因素限制，我国秸秆资源化利用单一且效率较低。建议按照政府引导、市场运作、多元利用、疏堵结合的原则，建立高效的秸秆收集体系和专业化储运网络，进一步提升秸秆肥料化、饲料化、燃料化、基料化和原料化利用产业化水平，进一步落实地方政府职责，将禁烧与限烧相结合，不断提高禁烧监管水平，加大秸秆禁烧力度；在京津冀及周边区域内，实现秸秆全量化利用，基本消除秸秆露天焚烧现象。

3.2   完善大气环境管理体系，推进大气环境质量改善

以降低PM$_{2.5}$污染为空气质量改善的核心目标，推动O$_3$污染的协同控制。以质量改善目标引领大气污染防治布局，以京津冀及周边地区、长三角、汾渭平原为重点区域强化投入，带动全国空气质量总体改善。将攻坚战和持久战统筹结合，在攻坚战方面，着力完成北方地区清洁取暖、非电行业超低排放、工业窑炉全面治理等方面的工作，基本建成较为完善的大气环境监测和污染源监管网络；在持久战方面，全力推进能源结构、产业结构、交通结构、用地结构的优化调整，构建推动城市空气质量持续改善和污染排放主体持续减排的市场机制和经济政策体系，完善空气质量管理体系，为空气质量的长期持续改善提供坚实支撑。

以大工程带动大减排，实施非电行业超低排放改造工程，推动钢铁、水泥、焦化等重点行业实施超低排放改造，实现有组织排放超低化、无组织排放系统化、运输方式清洁化、厂区环境社区化。完善"天地车人"一体化的机动车排放监控体系，持续推进机动车遥感监测能力建设，各地根据工作需要在柴油车通行主要路段建设遥感监测点位，并实行国家-省-市三级联网。积极推进重型柴油车远程在线监控系统建设，具备条件的重型柴油车必须安装远程在线监控并与生态环境部联网。构建全国互联互通、共建共享的机动车环境监管平台。

3.2.1   完善大气环境质量管理体系

（1）适时推进《环境空气质量标准》评估和修订

2018年我国城市空气质量达标比例35.8%，"十四五"末达标城市比例将达到55%及以上。随着全国大部分城市达到现行环境空气质量标准，在"十四五"期间推动环境空气质量标准的评估和修订工作，进一步推动我国环境空气质量标准接近世界卫生组织指南和发达国家水平，保障人民身体健康。鼓励已达标城市进一步推进大气环境质量改善工作，争取一些区域和城市空气质量率先达到世界卫生组织指南第二阶段标准。

（2）建立"天-空-地"一体化的大气环境监测网络

进一步完善环境空气质量监测网络，增强"国家-省-市-县"等不同层级监测网络的互联和数据整合。推动建立颗粒物组分观测网、光化学观测网、大气沉降观测网等地面观测网络，为空气质量

的长期持续改善提供观测数据支持。推进重点区域外其他区域空气质量预测预报能力建设，为大气重污染应对提供充分技术支持，力争"十四五"末期基本消除重污染。

（3）进一步完善污染物排放总量控制制度

"十四五"以改善环境质量为核心，继续实行重点污染物排放总量控制制度，将 NO_x、VOCs 纳入总量控制体系，SO_2 不再纳入全国总量控制范畴。进一步完善企事业单位污染物排放总量控制制度，强化总量控制这一手段在固定污染源排放控制中的重要作用，依托排污许可证实施管理；非固定污染源总量控制主要以工程和管理任务为载体，以结构调整为主线，在不同地区因地制宜进行推进。

3.2.2 加快城市空气质量达标进程

（1）推进实施城市大气环境质量达标规划

每年依据上年环境空气质量监测数据，更新未达标城市名单，并向社会公布。各省级人民政府依据国家改善大气环境质量的相关要求，确定其行政区域内未达标城市大气环境质量达标期限。大气环境质量未达标的直辖市和设区城市人民政府要组织编制限期达标规划，明确大气环境质量达标的路线图和重点任务，并向社会公开。

（2）加强城市扬尘污染治理

扬尘污染是城市大气污染的重要来源之一，2018 年 5 月北京市发布了新一轮的 $PM_{2.5}$ 来源解析最新研究成果，本地 $PM_{2.5}$ 的产生中 16%来自扬尘，是排在移动源（45%）之后的第二大来源。城市扬尘管理得怎么样，会直接反映到降尘量的多少上，降尘量与工地、道路、堆场等尘源的对应关系非常明确。降尘在一定程度上反映了空气质量状况，也体现着一个城市的洁净程度和精细化管理水平。发展绿色施工，建立扬尘控制责任制度，推进装配式建筑等建筑方式。建筑施工工地要做到工地周边围挡、物料堆放覆盖、土方开挖湿法作业、路面硬化、出入车辆清洗、渣土车辆密闭运输"六个百分之百"，安装在线监测和视频监控设备，并与当地有关主管部门联网。大力推进道路清扫保洁机械化作业，提高道路机械化清扫率。严格渣土运输车辆规范化管理。实施重点区域降尘考核。

3.2.3 进一步完善区域联防联控机制

京津冀及周边地区：该区域大气污染呈现典型的区域性、复合型特征，$PM_{2.5}$ 污染严重，O_3 成为仅次于颗粒物的主要污染物。此外，季节性污染突出，秋冬季重污染天气频发。应紧密围绕首要污染物 $PM_{2.5}$ 及重污染天气频发的突出问题，推进 $PM_{2.5}$ 与 O_3 的协同控制，以空气质量改善目标为约束，立足于能源结构、产业结构和交通运输结构调整，大力推进清洁取暖、压减钢铁建材焦炭等产能、提高铁路运输比例，巩固"散乱污"企业综合整治成果，率先实施钢铁建材等行业超低排放改造，加强柴油货车污染治理，强化重污染天气应对，实施秋冬季错峰生产和错峰运输。加强企业无组织排放的控制和城市扬尘管理。到 2025 年，力争京津冀及周边 $PM_{2.5}$ 区域平均浓度下降至 42 $\mu g/m^3$ 以下，北京市 $PM_{2.5}$ 浓度下降至 35 $\mu g/m^3$ 以下。

长三角区域：该区域复合型大气污染十分突出，应以苏北、皖北为重点开展大气污染防治工作。强化细颗粒物和臭氧协同控制，全面推进产业结构、能源结构、运输结构和用地结构调整优化；深入实施"散乱污"企业综合整治，压减化工钢铁建材等过剩产能，加快燃煤和生物质锅炉淘汰整治，推进城市建成区散煤清零，持续开展工业企业治污设施提标改造，加强船舶和港口污染防治，严厉打击黑加油站点，实施 VOCs、工业炉窑、柴油货车专项行动。力争到 2025 年，长三角区域 $PM_{2.5}$

浓度下降至 34 μg/m³ 以下，超过半数城市实现 PM2.5 浓度达标。

汾渭平原：该区域已经成为全国空气污染最严重的区域之一，应加强区域联防联控，突出 PM2.5 污染防控，兼顾 SO2 污染控制。加大燃煤小锅炉淘汰力度；大力推进冬季集中供暖，加大农村散煤替代力度。加大焦化、钢铁行业落后产能淘汰力度，推进企业兼并重组，提高产业集中度；严控焦化、钢铁、电解铝等产能过剩行业新增产能；在焦化企业安装在线视频监控，严控无组织排放；加大"散乱污"企业综合整治力度。有效统筹铁路局以及其他企业所属铁路，充分释放提升蒙冀、瓦日铁路及有关企业铁路线运能；加大过境柴油货车环保达标监管力度，加快推进遥感监测设施建设。全面加大错峰生产力度，细化错峰生产、错峰运输等措施。力争到 2025 年，汾渭平原 PM2.5 浓度下降至 40 μg/m³ 以下。

珠三角区域：该区域二次细颗粒物在 PM2.5 中的占比不断升高，O3 污染在高位波动或有上升的趋势，区域复合型污染特征十分突出，未来应实施 PM2.5 与 O3 协同控制，以"佛山—广州—江门—肇庆"等重点控制区，加快能源结构调整、污染产业淘汰以及黄标车淘汰的进程；继续加大 VOCs 等大气污染源的监管力度与面源治理力度；开展区域大气污染防治的立法工作，从制度体系与机制创新等方面完善区域大气污染联防联控示范区建设，并探索粤港澳合作新机制。在"十四五"期间，珠三角各市（区）空气质量全面稳定达到国家空气质量二级标准，臭氧浓度进入下降通道，到 2025 年，区域各城市 PM2.5 年均浓度下降至 20 μg/m³ 左右。

其他区域和城市群：推进成渝地区、长江中游、东北、乌鲁木齐周边等区域建立区域大气污染联防联控机制，因地制宜推进污染控制工作。成渝地区和长江中游的区域机制以轻中度污染的区域协调管控为主要目标，东北的区域机制以控制秸秆大面积焚烧为主要工作，乌鲁木齐周边以新疆维吾尔自治区和新疆生产建设兵团实现"五统一"为重点。

参考文献

[1] 环境保护部. 2015 中国生态环境状况公报[R]. 2016.
[2] 环境保护部. 中国机动车环境管理年报（2017）[R]. 2017.
[3] 生态环境部. 2018 中国生态环境状况公报[R]. 2019.
[4] 生态环境部. 中国空气质量改善报告（2013—2018 年）[R]. 2019.
[5] 环境保护部. 环境保护部通报京津冀及周边地区 大气污染防治强化督查情况 "散乱污"企业污染问题突出[OL]. http://www.mee.gov.cn/gkml/sthjbgw/qt/201704/t20170415411594.htm. 2017.

本专题执笔人：孙亚梅、陈潇君、王彦超、郑伟、宁淼、雷宇
完成时间：2019 年 12 月

专题6 重点行业大气污染特征和防治政策研究

1 重点行业现状

本研究主要对焦化、建材、有色金属和铸造行业进行研究。据估算，上述行业 SO_2 排放占比分别为 7.1%、44.0%、21.7%和 0.1%；NO_x 排放占比分别为 11.7%、68.8%、5.1%、和 11.7%；颗粒物排放占比分别为 12.6%、56.4%、9.3%和 1.8%。

1.1 焦化行业

1.1.1 产能结构及区域分布

（1）产能和产量及分布

焦炭产量总体相对稳定，产能利用率略有回升，但产能仍过剩。2019 年我国焦炭产量 4.7 亿 t，占世界的 65%以上。近年来焦炭产量与产能利用率变化情况见图 4-6-1。

焦化产能向煤炭和钢铁主产区聚集，重点区域焦化产能占比高。我国焦炭产量主要集中在山西、河北、山东、陕西、河南和内蒙古，这 6 个省份共计占比达到全国产量的 60%左右（图 4-6-2）。

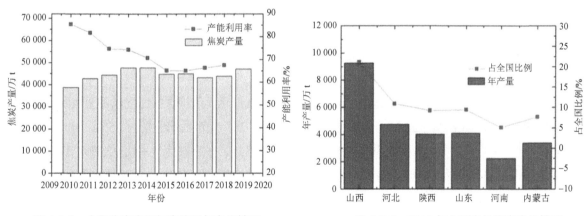

图 4-6-1 全国焦炭产量与产能历年变化情况   图 4-6-2 2018 年主要省份焦炭产量情况

据统计，京津冀及其周边区域（"2+26"城市）中 17 个城市有焦化产能，2018 年"2+26"城市焦化产能为 2.0 亿 t，全国占比为 29%，焦炭产量为 9 911 万 t，全国占比为 22.6%。其中，以唐山、邯郸、长治、太原、安阳五城市产量最高，分别占"2+26"城市焦炭产量的 22.43%、15.37%、14.10%、11.28%、9.23%，5 个城市总产量占全国焦炭产量的 16.35%。

（2）焦化企业类型情况

"十三五"期间，我国焦化企业通过自我发展或联合重组基本形成了以大型独立焦化企业和钢铁联合焦化企业为主体、中小焦化企业并存的产业发展格局；其中独立焦化企业数量和产能占比分别达到 78%、73%，大部分集中在山西、河北、山东和内蒙古 4 个省（区），行业布局向山西、内蒙古、陕西等煤炭主产区和河北、江苏、山东、辽宁等钢铁主产区聚集。

1.1.2 工艺装备水平

焦炉以常规焦炉为主，装备逐步趋向大型化。我国炼焦炉型以常规焦炉为主，占比达 86%，其次是半焦炭化炉，占比 11%，热回收焦炉占比最少，仅 3%。截至 2017 年年底，我国焦化生产企业 500 余家。炭化室高≥5.5 m 捣固焦炉和≥6.0 m 顶装等大型焦炉产能约占全国常规机焦炉产能的 59%，全国炭化室高度 4.3 m 焦炉产能占比约为 41%。其中，"2+26"城市 4.3 m 及以下的焦炉产能占全国 4.3 m 焦炉产能的比例 50%，汾渭平原 4.3 m 及以下的焦炉产能占全国 4.3 m 焦炉产能的比例 17%。"2+26"城市 4.3 m 及以下的焦炉产能占区域焦化产能比例约 56%。

1.1.3 大气污染排放与控制现状

（1）污染排放情况

根据源排放清单统计结果，2018 年，"2+26"城市焦化行业 SO_2、NO_x、PM_{10}、$PM_{2.5}$、VOCs 总排放量分别为 4.12 万 t、9.29 万 t、6.16 万 t、4.15 万 t、19.10 万 t，分别占区域工业源排放量的 12.1%、17.2%、6.3%、7.3%、17.8%，污染物排放及贡献仅次于钢铁行业。

（2）污染控制现状

重点区域已全面执行 PM、SO_2、NO_x、VOCs 特别排放限值（其中，PM、SO_2、NO_x 分别为 15 mg/m³、30 mg/m³、150 mg/m³），河北全面执行地方超低排放限值（其中，PM、SO_2、NO_x 分别为 10 mg/m³、30 mg/m³、130 mg/m³）。非重点区域范围内，内蒙古、四川、宁夏部分城市（银川等）、湖北部分城市（武汉等）全面启动执行 PM、SO_2、NO_x、VOCs 特别排放限值，湖南启动执行颗粒物特别排放限值。非重点区域范围其他省市仍执行《炼焦化学工业污染物排放标准》（GB 16171—2012）。

炼焦行业大气污染主要来源于装煤、出焦、熄焦、煤气净化、焦炉煤气燃烧以及无组织排放等环节。焦炉烟气脱硫、脱硝技术分别以湿法、SCR 为主，"2+26"城市占比分别为 75%、54%。除尘技术以袋式除尘为主，"2+26"城市备煤、物料转运及焦炭筛分工序袋式除尘占比 92.7%，装煤、推焦袋式除尘地面站占比高达 89.6%。无组织排放治理方面，"2+26"城市焦化企业普遍采用防风抑尘网、全封闭料棚、筒仓密闭技术、喷淋抑尘、干雾抑尘及源头控制产尘技术等，无组织排放治理总体水平较高，非重点区域无组织排放治理技术水平低。

1.2 建材行业

建材工业作为国民经济支柱产业，产业规模大。"十二五"期间规模以上工业增加值年均增速在 10% 以上，"十三五"期间增量减缓但总量得到保持。2018 年，水泥产量 21.8 亿 t，平板玻璃产量 8.7 亿重量箱，建筑陶瓷产量 90.1 亿 m²，规模以上建材工业增加值占全部工业比重达 8% 左右。建材工业企业数量众多，污染物排放总量高，其废气排放量约占全国工业废气排放总量的 18%。

1.2.1　水泥行业

（1）产能结构与区域分布

我国水泥产量自 1985 年以来一直稳居世界第一位。2019 年我国水泥产量 23.3 亿 t，熟料产量 15.2 亿 t，熟料产能 20 亿 t，是近 5 年以来增长最快的一年。水泥熟料产能位于前三的省份为安徽、山东和四川，产能均大于 1 亿 t，水泥熟料生产线总数位于前三的省份为云南、四川和山东（图 4-6-3、图 4-6-4）。

"2+26"城市水泥熟料总产能 1.78 亿 t/a，占六省市产能的 48.2%，占全国产能的 9.8%。"2+26"城市中 23 个城市有水泥窑，其中唐山、石家庄、新乡、郑州、淄博均为熟料产能超过 1 000 万 t 的城市，是水泥行业重点管控的城市（图 4-6-5、图 4-6-6）。

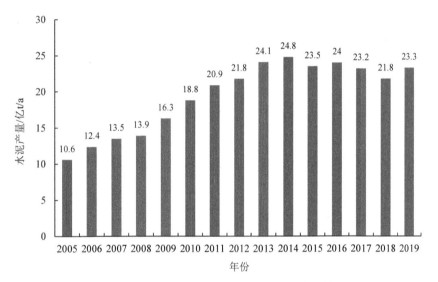

图 4-6-3　2005—2019 年我国水泥产量变化情况

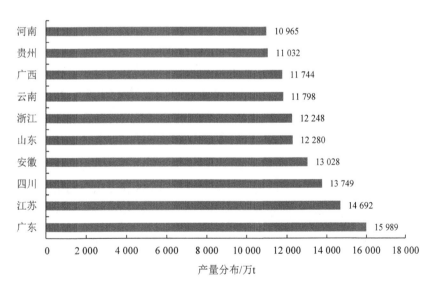

图 4-6-4　2018 年我国水泥产量前十位分布情况

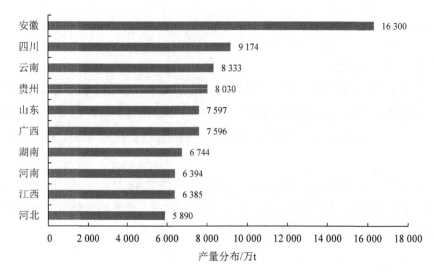

图 4-6-5   2018 年我国熟料产量前十位分布情况

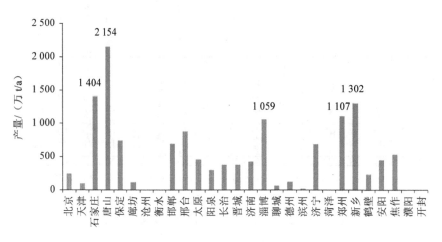

图 4-6-6   "2+26"城市熟料产量

（2）工艺装备水平

水泥行业经过产能高速发展期后，新型干法水泥工艺比重已经接近 100%，且单线规模结构逐年上升，2018 年，我国有新型干法熟料生产线 1 681 条，单线规模结构逐年上升，平均规模已提升至 3 424 t/d，日产 5 000 t 及以上的熟料线产能已经占全国的 56.5%，日产 2 000～5 000 t 的占 38.9%，日产 2 000 t 以下仅占 4.6%。

"2+26"城市是我国水泥产品消耗的重点地区，也是水泥生产的主要基地之一。根据中国水泥协会资料统计，2018 年"2+26"城市有 115 家水泥熟料企业（158 条窑），平均产能 3 629 t/d，略高于全国平均规模。其中，小于 2 000 t/d 的生产线有 18 条，总产能 659 万 t/a；2 000 t/d 的生产线有 10 条，总产能 620 万 t/a，2 500 t/d 的生产线有 82 条，总产能 6 355 万 t/a。

（3）行业能源结构与消耗

水泥行业的能源消耗占全国工业总能源消费量的 7.5%左右，占整个建材行业能源消耗的 73%左右。水泥行业的能源结构以燃煤为主，占水泥生产所消耗能源的 86%左右，电力消耗折合标煤所占比例 11%左右，其他燃料占 1%～2%。水泥工业能源消耗总量在 2 亿 t 标煤左右。随着行业生产技术水平不断发展提高，在水泥产量持续攀升的情况下，行业总能源消费量有所增加，但是单位熟料和单位水泥的生产综合能源消费量从 2005 年以来呈持续下降趋势。

（4）污染排放与控制现状

水泥生产工艺流程一般包括：原材料的采运、原材料（能源）的贮存和制备、熟料煅烧、水泥粉磨和贮存、包装和发送。窑系统是最主要的废气污染源，排放大量的 PM、NO_x、SO_2。

水泥窑污染物产生浓度：PM 产生浓度范围为 $80 \sim 100$ mg/m³，NO_x 产生浓度在 $600 \sim 1\,000$ mg/m³。而 SO_2 产生浓度范围波动较大，部分企业产生浓度数据已达标，最低的在 20 mg/m³ 以下；高的初始浓度数据可达到 $1\,000$ mg/m³ 以上，如河南登电水泥有限公司。

水泥窑污染物排放情况：95%以上水泥企业 PM 治理后排放浓度普遍不大于 20 mg/m³，20%水泥企业 PM 治理后排放浓度普遍不大于 10 mg/m³。80%的企业 SO_2 因工艺特点无须配备脱硫设施，排放浓度达到 50 mg/m³ 以下，如果使用低硫煤和低硫原料，SO_2 可低于 20 mg/m³；少部分企业因为原料问题采用湿法脱硫和复合法脱硫措施，也能实现排放浓度 50 mg/m³ 以下。NO_x 排放方面，重点地区 95%以上企业采用低氮燃烧、分级燃烧和 SNCR 技术的组合，实现 NO_x 排放浓度不超过 200 mg/m³，河南 3 家水泥企业采用低氮燃烧、分级燃烧和 SNCR 技术组合，末端同时配备了 SCR 脱硝技术，稳定实现 NO_x 排放浓度不超过 50 mg/m³。

水泥窑污染物控制技术：

PM：水泥窑窑头和窑尾目前使用的除尘技术主要是袋式除尘、静电除尘以及电袋复合除尘，其中部分重点区域因排放限值要求高，采用高效袋式除尘器（覆膜滤料、经优化处理的滤料、降低过滤风速等）、高效静电除尘器（高频电源、脉冲电源、三相电源等）、电袋复合除尘器。其他通风生产设备、扬尘点几乎全部采用袋式除尘器。

NO_x：水泥窑熟料煅烧过程氮氧化物的产生有两个主要来源，热力型和燃料型 NO_x，以热力型 NO_x 为主，其中 NO 约占 95%，NO_2 约占 5%，可采取 NO_x 燃烧过程控制和末端烟气脱硝技术的组合。燃烧过程控制可通过低氮燃烧器、分解炉分级燃烧等方式减少 NO_x 的产生，烟气脱硝可采用 SNCR、SCR 等技术减少 NO_x 的排放。

SO_2：水泥工业 SO_2 排放浓度普遍不高，目前单独上烟气脱硫装置的水泥企业数量较少。在南方部分地区，个别水泥生产的大宗原料石灰石中硫含量存较高，造成水泥窑尾烟气 SO_2 时有超标现象，如果超标不多，可通过提高窑磨同步运行实现达标排放，如果浓度过高，可采用湿法脱硫、干法脱硫和复合法脱硫等技术。

1.2.2　玻璃行业

（1）产能结构及区域分布

我国玻璃行业分属于建材（平板玻璃、玻璃纤维、平板玻璃深加工等）、轻工（日用玻璃）和电子（电子玻璃）等行业，玻璃品种繁多，生产工艺环节多，但主要生产工艺类似，主要污染环节都是玻璃熔窑，其中平板玻璃产能占全部玻璃行业的 80%以上，其排放的大气污染物也占玻璃行业的 80%以上，是玻璃行业重点管控的子行业。我国平板玻璃行业快速发展至今已连续 28 年居世界第一，产量约占全球总产量的 60%。

2018 年年底，我国平板玻璃总产能约 14.9 亿重量箱，其中浮法玻璃生产线 368 条，年生产能力 13.1 亿重量箱，占平板玻璃总产能的 88%，主要分布在华北、华东和中南地区；我国光伏压延玻璃产能 1.8 亿重量箱，占平板玻璃产能的 12%，主要分布在华东。

2019 年"2+26"城市涉及的六省市平板玻璃产能 4.9 亿重量箱，占全国总产能的 36.3%，产量约 3.2 亿重量箱，占全国总产量的 34.1%，其中河北产量最高，为全国的 19.4%。"2+26"城市中 12 个城市有平板玻璃生产线，其中平板玻璃产能主要集中在邢台市，其产能约占全国的 16.3%，主要生产工艺、规模与全国类似。

根据玻璃协会 2019 年资料，汾渭平原平板玻璃生产线共 14 条，产能 0.7 亿重量箱，占全国总产能的 3.5%；长三角地区有平板玻璃生产线 42 条，产能 2.6 亿重量箱，占全国总产能的 13.5%。三个重点地区平板玻璃产能占全国总产能的 50%以上。

（2）工艺装备水平

我国平板玻璃浮法生产工艺是目前的主流工艺，占比超过 90%，尚有少量的压延玻璃和极少的格法玻璃生产线。从生产线的规模结构来看，平板玻璃生产线熔窑呈现大型化的趋势。玻璃协会 2019 年统计的平板玻璃企业，500～1 000 t/d 熔化量的大中型玻璃熔窑数量已经占到了 74%，成为主力窑型，最大规模熔窑已达到 1 300 t/d。

（3）行业能源结构与消耗

平板玻璃生产使用的燃料主要包括天然气、重油、煤气、石油焦、煤焦油等种类，主要三种燃料的使用比例大致是：天然气约 33%，煤气（焦炉煤气和发生炉煤气）20%，石油焦 30%。分地区来看，华北、西北依托丰富的煤炭资源以煤制气、天然气为主要燃料，华东和华南以混合油、天然气为燃料，华中则多采用石油焦和天然气。

（4）污染排放与控制现状

玻璃行业主要大气污染物为 NO_x、SO_2 和 PM。其中，NO_x、SO_2 全部来自玻璃熔窑排放，约 50% 的 PM 排放也来自玻璃熔窑。由于玻璃生产工艺的特殊性，熔窑烟气温度高，产生的热力型 NO_x 浓度高，脱硝难度大；原料成分复杂、烟尘黏性高，增加了颗粒物脱除的难度；玻璃窑炉周期性换火还会造成 PM、SO_2、NO_x 浓度产生较大的波动，这对脱硫脱硝系统的烟气适应性提出了较高的要求。据测算，2018 年玻璃行业 NO_x 排放量 14.4 万 t，SO_2 排放量 9.8 万 t，PM 排放量 2.2 万 t。

污染治理要求方面。目前平板玻璃行业执行《平板玻璃工业大气污染物排放标准》（GB 26453—2011），玻璃熔窑颗粒物、SO_2、NO_x 限值分别为 50 mg/m³、400 mg/m³ 和 700 mg/m³。随着标准从严、排污许可证实施以及全国性的大气防治攻坚工作的开展，政策要求越来越严格，不少省份如河北、广东、江苏、河南、安徽、湖北等制定和执行高于国标要求地方标准，在促进玻璃行业达标排放方面发挥了重要作用。2020 年 3 月，河北发布了《平板玻璃工业大气污染物超低排放标准》，提出玻璃熔窑烟气中 PM、SO_2、NO_x 排放限值分别为 10 mg/m³、50 mg/m³、200 mg/m³，同时增加了氨逃逸控制指标限值为 8 mg/m³。此外，加强了对大气污染物无组织排放管控要求，厂界 PM 排放限值由现行的 1.0 mg/m³ 变为 0.5 mg/m³，同时增加了无组织排放氨逃逸控制指标限值为 1.0 mg/m³。

治理技术方面。目前玻璃行业普遍采用的治理技术包括：

PM：玻璃熔化工序产生烟气中颗粒物治理一般采取静电除尘、湿式电除尘或袋式除尘技术。通常在脱硝前采取静电除尘，对熔窑烟气进行预收尘处理，在湿法脱硫后采取湿式电除尘，在半干法脱硫后采取袋式除尘。配料工序产生的颗粒物治理一般采取袋式除尘技术或滤筒除尘技术。

SO_2：玻璃熔化工序烟气的脱硫技术包括湿法和半干法两大类。湿法脱硫技术包括石灰/石-石膏法和钠碱法；半干法脱硫技术包括旋转喷雾干燥脱硫技术（SDA 技术）、烟气循环流化床脱硫技术

（CFB-FGD 技术）和新型脱硫除尘一体化技术（NID 技术）。

NO_x：玻璃熔化工序产生烟气的脱硝技术主要为 SCR 脱硝技术。平板玻璃大气污染治理过程通常需要先经过余热利用过程，以满足静电除尘器、SCR 脱硝反应器和脱硫反应器的工作温度要求。

1.2.3　陶瓷行业

（1）产能结构及区域分布

我国是陶瓷生产大国，建筑卫生陶瓷的产量均居世界第一，建筑陶瓷占全部陶瓷产量的 90% 以上。2018 年，我国规模以上建筑陶瓷企业 1 265 家，建筑陶瓷产量 90.1 亿 m^2；规模以上卫生陶瓷企业 379 家，卫生陶瓷产量约 2.3 亿件。

我国建筑陶瓷生产线传统集中产区有广东佛山、福建晋江、山东淄博；新兴产区有四川夹江、江西高安、辽宁法库、湖北当阳、河南内黄。卫生陶瓷传统集中产区有河北唐山、广东潮州、广东佛山；新兴产区有河南长葛、湖北宜昌。

（2）工艺装备水平

我国建筑陶瓷单线规模基本在 0.5 万～5 万 m^2/d，以 2 万 m^2/d 为主流生产线。卫生陶瓷隧道窑生产线单线规模基本在 50 万～150 万件/a，以 100 万件/a 为主流生产线，日用陶瓷烧成用梭式窑数量众多，采用间歇式生产方式，单线年产一般在 5 万件以下。

（3）行业能源结构与消耗

陶瓷行业能源结构中以燃料为主、电力为辅。陶瓷行业主要燃料种类有原煤（以及洗精煤、水煤浆）、煤制气（发生炉煤气）、天然气、焦炉煤气、燃油及液化石油气等，其中建筑陶瓷煤制气、天然气分别占 61% 和 34%，液化气、焦炉煤气等占 5%。卫生陶瓷行业因产品品质的要求高，使用天然气的厂家比率在 95% 以上。在建筑卫生陶瓷工业中，燃料和电力的占比分别约为 90% 和 10%。燃料用于湿法制粉、窑炉烧成和坯体干燥，由于产品不同，单位产品综合能源消费量差距极大，一般在 400～800 kgce/t。集中煤制气在技术、管理、投入及成本等诸多因素影响下，没有得到成熟应用。

（4）污染排放与控制现状

从全行业看，建筑陶瓷在环保设施及管理上，走在全国前列，尤其是长三角、珠三角环保要求较严格地区，优秀企业的环保设施较为齐全，脱硫、除尘效果明显，大多数陶瓷企业 PM、SO_2、NO_x 可以达到现行排放标准。在其他区域，山东淄博、临沂等地大气污染治理力度大，多种工艺路线投产运行，取得一定效果。

PM：陶瓷行业喷雾干燥塔烟气 PM 控制技术主要采用袋式除尘，此外还有静电除尘、机械除尘（主要做预处理）等有少量应用。对于陶瓷窑烟气 PM 控制，由于其初始浓度不高，一般通过湿法脱硫协同去除，仅少数企业安装了袋式除尘器。考虑到湿法脱硫后烟气夹带雾滴中会有 PM，可在脱硫吸收塔增加除雾设施或水洗喷淋系统。对重点地区执行特别排放限值，可采用袋式除尘，以及在湿法脱硫后增加湿式电除尘。袋式除尘技术净化效率高，PM 能稳定控制在 20 mg/m^3 以下。目前已有陶瓷企业开始采取湿式电除尘，PM 可控制在 10 mg/m^3 以下。

SO_2：主要采用湿法脱硫技术，其中简易湿法应用最为普遍，石灰/石-石膏法和双碱法等工艺也有应用。陶瓷行业目前应用的石灰/石-石膏法、双碱法等脱硫效率一般高于 90%，SO_2 排放浓度大多能控制在 50 mg/m^3 以下。采用规范化设计的湿法脱硫设备，脱硫效率高于 95%，SO_2 排放浓度可控制在 30 mg/m³ 以下。

NO$_x$：目前国内陶瓷行业喷雾干燥塔烟气脱硝主要采用选择性非催化还原技术（SNCR），也有企业采用湿法多污染物协同控制技术。喷雾干燥塔在热风炉烟气 800～1100℃的合适区段，采取 SNCR 技术，脱硝效率可超过 50%，NO$_x$ 排放浓度可控制在 100 mg/m³ 以下。

1.2.4　砖瓦行业

（1）产能结构及区域分布

我国烧结砖瓦工业作为墙体材料行业的主体，是工程建设不可或缺的材料。我国砖瓦总产量居世界第一位，约占全球产能的 60%。2018 年我国有砖瓦生产企业约 3.5 万家，年生产烧结制品约 8 100 亿块，其中黏土实心砖约 2 500 亿块；空心制品 2 500 多亿块（折标砖）；各种利废（煤矸石、粉煤灰和各种废渣）和环保新型墙体材料产品得到快速发展，年产近 3 000 亿块（折标砖）；烧结瓦 400 亿片。其中，年产 6 000 万块以上的企业约占 16%（5 000 多家），年产 3 000 万～6 000 万块的企业占 42%（1.5 万多家），年产 3 000 万块以下的企业占 42%（1.5 万多家）。年产 6 000 万块以上的大中型企业在逐年增加，年产 3 000 万以下的小型企业呈逐年下降趋势。

（2）工艺装备水平

烧结砖瓦企业相对落后，单个企业污染物排放量不高，但整个行业企业众多、产能巨大，污染物排放总量相对较高。

目前 3.5 万家砖瓦企业中，隧道窑数量约占行业的 50%，产能占行业的 60%，产品产量占行业的 75%；工艺落后的轮窑企业数量约占行业的 50%，产能占 40%，产品产量约占 25%。轮窑主要分布在西北、西南等非重点区域，而重点区域特别是京津冀及周边六个省（市）已几乎全部淘汰。

（3）行业能源结构与消耗

我国烧结砖普遍采用内燃烧技术，燃料主要使用含有一定热值且价格低廉的固体废物如煤矸石、粉煤灰、炉渣、生物质等，部分使用燃煤，少量高档烧结砖使用天然气；烧结瓦企业燃料主要使用煤制气、焦炉煤气或天然气。随着清洁能源应用技术的广泛推广、环保要求的不断提升、高品质产品的发展，天然气等清洁能源应用比例在逐步提高。

（4）污染排放与控制现状

砖瓦行业废气治理技术类型及工艺组合形式较多，其中有组织排放废气种类少且处理技术较为成熟，主要包括砖瓦企业产尘点除尘技术和砖瓦窑烟囱废气治理技术。对于在生产过程中原料制备、成型、包装等产尘点的除尘技术通常采用袋式除尘；对于砖瓦窑废气中的 PM，通常采用湿式除尘、电除尘、湿电除尘等除尘技术；对于废气中的 SO$_2$，通常采用湿法脱硫，包括简易湿法、双碱法、钠碱法、石灰/石-石膏法等；对于废气中的 NO$_x$，主要治理方法是优化调整生产工艺，配合使用湿式化法、臭氧脱硝和 SNCR 等烟气脱硝技术；对于烟囱废气中的氟化物，目前国内还没有成熟的单独治理控制技术，一般通过烟气脱硫过程中与碱发生反应得到协同治理。

砖瓦行业无组织排放源主要可分为原辅料制备、成型干燥设施及其他方面，根据企业生产工序及设施所处区域不同，与其相配套的无组织排放控制技术措施类型较多，技术应用现状较为成熟，但在实际执行过程中也存在防护设施建设不规范、环境管理要求落实不到位等实际问题。通过砖瓦企业现场走访及无组织排放管控现状调研，问题主要集中在企业内部环境管理能力建设和外部监管方面。

1.2.5　石灰行业

（1）产能结构及区域分布

我国石灰产业处于长期盲目发展，低水平重复建设问题极其突出，企业小而散，生产脏、乱、差现象普遍，无组织排放严重。与石灰行业关联度较高的产业是钢铁、化工、建材与建筑以及轻工、农业、环保等。其中高活性工业用石灰主要用于钢铁、电石、有色、化工等工业领域，年产量在逐年增加，建筑用石灰逐渐呈逐渐减少趋势。2018 年石灰产量约 2.7 亿 t，占世界总产量的 70%。我国石灰产业主要分布于河北、山东、广东、广西、浙江、福建、四川、江苏、江西、湖南等多个省份（表 4-6-1）。

表 4-6-1　2017—2018 年我国石灰产量及主要用途　　　　　　　单位：万 t

序号	行业	2017 年	2018 年
1	钢铁	9 900	9 500
2	电石	2 400	2 700
3	有色（氧化铝）	1 500	1 700
4	轻工	1 300	1 500
5	建筑建材	9 800	10 500
6	环保	800	1 100
	产量合计	25 700	27 000

（2）工艺装备水平

我国石灰窑普遍企业规模小，窑炉类型多，平均生产规模不足 10 万 t/a，既有工艺先进的回转窑、套筒窑、双膛窑、梁式窑等，还有大量普通的机械竖窑，也有大量相对落后的其他各类窑型。年产量超过 100 万 t 的企业不足 20 家，而且 80% 以上为钢铁行业或氯碱化工行业附属工厂，近年来许多省份关停了大部分技术落后的石灰窑，年产量 10 万 t 以下的石灰企业已大幅度减少。石灰企业产能情况见表 4-6-2。

表 4-6-2　2017 年中国石灰企业产能分布情况统计

产能范围/（万 t/a）	企业数量/个	占产能比例/%	企业比例/%
>100	<25	<15	<1
50～100	<150	<20	<4
10～50	<500	<35	<20
<10	>2000	>30	>75

（3）行业能源结构与消耗

石灰窑主要能源：混烧窑燃料包括焦炭、焦粉、煤等固体燃料，气烧窑主要燃料包括高炉煤气、焦炉煤气、电石炉炉气、发生炉煤气、天然气等。

石灰产业属于高耗能、高排放行业，年耗标煤 3 500 万 t 以上，是我国生产工艺过程 CO_2 排放大户，对环境造成很大影响，在钢铁联合企业或电石企业，由于有独特条件石灰窑燃料多为自身生产的混合煤气或者是电石炉气，气烧窑居多。

（4）污染排放与控制现状

由于石灰本身具有脱硫作用，石灰产品用户一般会对产品指标中硫（S）的成分做出具体要求，因而石灰生产企业会从源头选用含硫量较低的石灰石原料和燃料，所以石灰窑排放的尾气中 SO_2 含量一般较低，另外由于石灰分解温度较低，绝大部分石灰窑无须额外增加脱硝设备降低 NO_x 浓度即可满足排放要求，目前我国引进的先进窑型均没有单独布置脱硫脱硝设备。

当前阶段石灰制造业主要污染物是 PM 排放问题，目前基本上都配套有以袋式除尘器为主的污染物治理设施，此外在物料储存、运输过程中的无组织排放问题突出，还需要大力加强控制和提升动态管理水平，随着其他工业行业污染治理深度的不断推进，石灰企业 NO_x 问题越来越受到关注。

1.2.6　耐火材料

（1）产能结构及区域分布

2019 年我国耐火材料制品产量 2 431 万 t。主要分布在河南、辽宁、山东、浙江、河北、江苏、山西、北京等 8 省（市），其中，河南、山东、河北、山西、北京等 5 省（市）产量占全国产量的 61%，特别是河南省产量占全国产量 43%，河南、山东发展为铝硅系耐火材料的主产区，辽宁为镁质耐火材料的生产基地。

（2）工艺装备水平

耐火材料生产包括耐火原料生产和耐火制品生产。全国耐材行业 90%左右企业安装了脱硫脱硝装置。装备水平较先进的企业，压机基本是国产或进口的液压机，窑炉主要是节能的以天然气、电为能源的隧道窑。其他水平的企业，装备水平和环保治理和前面的企业差别不是太大，压机以液压机为主，也有部分电动螺旋压机，少数有摩擦压砖机，窑炉以清洁能源为主的隧道窑，有个别企业以燃煤或重油为燃料。

（3）行业能源结构与消耗

耐火原料生产和制品生产主要燃料/能源有电、天然气、煤层气、煤制气、重油、焦炭、煤等。其中，行业内领先水平的企业窑炉主要是节能的天然气、电为能源的隧道窑，也有个别以燃煤或重油为燃料。

（4）污染排放与控制现状

PM：主要来自原料贮存、破粉碎、筛分、物料输送、配料、混炼、成型、烧成、产品出窑、加工、包装（不定形制品）等工序；除尘可采用袋式除尘、静电除尘、电袋除尘或湿式电除尘等除尘设施。

SO_2、NO_x：主要来自窑炉烧成工序和高温热处理（干燥）工序等；脱硫采用石灰/石-石膏法、半干法/干法、双碱法等脱硫工艺（用于含硫黏结剂制品）；脱硝采用 SCR/SNCR 等脱硝工艺（干燥窑、热处理窑除外）。

VOCs：主要来自以树脂类为结合剂制品热处理（干燥）工序等；VOCs 治理技术采用高温焚烧、活性炭吸附+催化氧化等。

1.3　有色金属冶炼行业

2000—2018 年，我国主要有色金属产量和消费量年均增长率分别达到 13.3%和 13.8%，远远超过全球同期 4.1%的产量增幅和 4.0%的消费增幅。

1.3.1 产能分布及生产工艺、装备水平

（1）铝冶炼行业

1）电解铝产能产量、分布与生产工艺装备水平

2018 年电解铝产能下降至 3 986 万 t，但比 2015 年仍上升了 0.5%。从分布来看，主要分布在 17 个省份，其中排名前三位的是山东、新疆和内蒙古，其产量分别为 903 万 t、622 万 t 和 431 万 t，在全国中的占比为 25.2%、17.4% 和 12.0%。

电解铝行业整体工艺装备水平较先进。截至 2018 年，电解铝合规建成产能达到 4 070 万 t/a，其中 400 kA 及以上的电解槽已成为铝电解生产的主流。2018 年，200 kA 及以上占总能力的 98.8%；300 kA 及以上占总能力的 84.1%；400 kA 及以上占总能力的 68.2%；500 kA 及以上占总能力的 31.7%。

2）氧化铝产能产量、分布与生产工艺装备水平

2018 年全国总产能 8 100 万 t，产量 7 253 万 t，产能利用率提升至 90%。分省（区）来看，氧化铝主要分布在山东、山西、河南、广西、贵州、云南等 10 个省份，其中排名前三位产量 5 749.37 万 t，占全国的 79.3%。

国内生产氧化铝的技术主要有烧结法、拜耳法（包括选矿拜耳法）、联合法三种。其中，70% 以上产能采用拜耳法，其余 30% 为能耗较高的烧结法、联合法。

（2）铜冶炼行业

1）精铜产能产量与分布

2018 年，电解精铜冶炼能力 1 146 万 t。国内精铜产量持续增长，2010—2018 年，国内精铜产量由 454.0 万 t 增加至 902.4 万 t，年均增速为 11%，2018 年矿产精铜 668.1 万 t，再生精铜 234.3 万 t。从分布来看，主要分布于山东、安徽、江西、甘肃、云南、湖北和广西 7 个省份，接近全国产能 70%。京津冀及周边占 24.2%，汾渭平原占 1.8%。

2）生产工艺装备水平

铜冶炼方法包括火法冶炼和湿法冶炼。火法炼铜占全国铜产量的 95% 以上。我国应用较广泛的铜冶炼工艺主要有 5 种：闪速熔炼-闪速吹炼（16% 产能）、闪速熔炼-转炉吹炼（31% 产能）、富氧顶吹熔炼（奥斯麦特炉、艾萨炉）-转炉吹炼（28% 产能）、富氧底吹熔炼-转炉吹炼（11% 产能）、双侧吹熔炼-转炉吹炼（14% 产能）。

（3）铅冶炼行业

1）精铅产能产量与分布

截至 2018 年年底，全国矿产粗铅产能 394.6 万 t，电解精铅冶炼产能 684.6 万 t。精铅产量 494.29 万 t，其中矿产精铅 269.7 万 t，再生精铅 224.6 t，占总精铅产量的 45.5%。从全国分地区产量看，河南、湖南、安徽、云南和江苏 5 个省份是全国主要的精铅产区，占全国总产量的 80% 以上。安徽、湖北和江苏是再生铅主要省份。

2）生产工艺装备水平

铅冶炼有火法冶炼和湿法冶炼。我国铅冶炼工艺几乎全部为火法。火法炼铅以直接炼铅法为主，采用较多的是富氧底吹（顶吹）熔炼-鼓风炉还原炼铅工艺（水口山法、艾萨法、奥斯麦特法）（43% 产能），富氧底吹（顶吹、侧吹）-液态高铅渣直接还原工艺（48% 产能）、闪速炼铅工艺（基夫赛特法、铅富氧闪速熔炼法）（9% 产能）。

（4）锌冶炼行业

1）锌产能产量与分布

2018 年，锌产量 560.7 万 t，其中再生锌产量 52.3 万 t，占 10.6%。锌产能产量主要分布在内蒙古、湖南、云南和陕西 4 省（区），产能占总产能的 70%。再生铅主要分布在安徽界首、湖北襄阳、江苏徐州和河南济源、安阳等城市，再生锌主要分布在河北唐山，云南个旧、文山，湖南湘西、郴州，四川汉源等区域。重点区域京津冀及周边、汾渭平原，约占全国总产能的 18.5%。

2）生产工艺装备水平

炼锌方法分为火法炼锌和湿法炼锌两大类。湿法炼锌是锌冶炼的主流工艺，占总产量的 85% 以上。

1.3.2　行业能源结构与消耗

有色冶炼行业铝工业是主要能耗，占总能耗的 88.5%，其中氧化铝原煤耗约 948 万 t，主要用于煤气发生炉。

1.3.3　污染控制技术与排放

（1）污染减排技术

有组织排放治理技术：重点因子脱硫主要包括干法、半干法及湿法工艺，脱硝主要包括氧化法、非催化还原法及催化还原法工艺，除尘主要包括电除尘、袋除尘及湿法除尘等。

无组织排放治理技术：原料场主要采取的抑尘措施包括防风抑尘网、全封闭料棚、筒仓等。其他易产尘点位采用抽风除尘或抑尘的方式优化作业环境。而抑尘技术可简单分为传统喷淋抑尘及干雾抑尘、源头控制起尘技术等。

（2）行业应用现状

有色行业污染减排技术应用情况见表 4-6-3。

表 4-6-3　有色行业治理技术应用情况

类别	环节	普遍采用技术
脱硫	氧化铝燃煤熔盐炉、碳素煅烧炉、焙烧炉	石灰-石膏湿法、双碱法
	原生铅锌、铜，再生铅、铝、铜冶炼的熔炼炉、还原炉等	石灰-石膏法、有机溶液循环吸收法、金属氧化物吸收法、氨法、双碱法
脱硝	—	氧化法、SNCR
除尘	铝工业	电除尘、袋式除尘、旋风除尘
	原生铅锌、原生铜	电除尘、袋式除尘、湿法除尘
	再生铅、再生铝、再生铜	袋式除尘、湿法除尘
无组织治理	—	封闭、露天原料库，洒水抑尘

（3）行业达标情况与污染物排放

颗粒物特别排放达标稳定性仍需提高，部分废气污染物存在超标风险。非重点区域，电解铝废气颗粒物为布袋除尘，颗粒物浓度控制在 20～50 mg/m³，满足排放限值要求。氧化铝烧成窑、焙烧窑除尘主要采用静电除尘。重点区域，部分电解铝增设脱硫，二氧化硫浓度可控制在 35 mg/m³ 以下，部分氧化铝企业实施了电袋或覆膜滤料袋式除尘改造。铜、铅、锌等冶炼烟气经袋式或静电除尘，颗粒物浓度普遍在 30 mg/m³。重点区域"2+26"城市，冶炼制酸尾气、环境集烟脱硫后增加烧结板、湿法电除尘等二次除尘，环境集烟将普通袋式除尘更换为脉冲覆膜袋式除尘，颗粒物浓度基本控制在 10 mg/m³，但小时浓度有波动性，难以稳定达标排放。汾渭平原特别排放限值达标比例为 30%～40%。

SO₂ 基本可达标。非重点区域，电解铝 SO₂ 主要通过采用低硫阳极，排放浓度基本控制在 200 mg/m³ 以下。氧化铝炉窑未开展脱硫脱硝。铜、铅、锌等冶炼烟气制酸、环境集烟，SO₂ 浓度普遍在 300 mg/m³，满足 400 mg/m³ 达标排放。重点区域"2+26"城市，电解铝采用低硫阳极，排放浓度基本控制在 100 mg/m³ 以下，部分企业实施了脱硫，浓度达到 35 mg/m³。铜、铅、锌冶炼烟气制酸尾气增设了脱硫，SO₂ 浓度可控制在 100 mg/m³。汾渭平原特别排放限值达标比例为 30%～40%。

NOₓ 达标率较低。非重点区域，普遍没有设置脱硝设施。重点区域"2+26"城市，实施了 SNCR、臭氧等脱硝，NOₓ 基本可达到 100 mg/m³，小时浓度波动较大，超标风险较高。重点区域"2+26"城市、汾渭平原特别排放限值达标比例分别为 60%～70%、20%。

酸雾超标普遍。电解铝氟化物采用铝干法吸附和布袋除尘工艺技术，达到标准排放限值要求。铜、铅、锌冶炼烟气制酸尾气硫酸雾，通常采用尾气脱硫协同处理，难以稳定达到限值要求。湿法冶炼产生的硫酸雾、氯化氢、氯气等通常采用填料吸收塔、湍流洗涤塔等协同净化处理。

根据产能和污染控制情况测算，有色冶炼各行业污染物排放量占比，NOₓ 排放氧化铝占比达到 36%，SO₂ 排放电解铝占比达到 66%，铅冶炼占比颗粒物排放达到 44%。因此实施电解铝超低排放提标改造、重点地区氧化铝实施特别排放提标改造十分必要。

1.4 铸造行业

1.4.1 产能分布及生产工艺、装备水平

据我国铸造协会统计报告显示，自 2000 年起我国铸件产量一直居全球首位，2018 年产量达 4 935 万 t，约占全球铸件产量近 44%，已成为名副其实的铸造大国。

铸件材质主要分铸铁、铸钢和有色铸造合金三大类，占比分别为 71.7%、11.7% 和 14.5%。据中国铸造协会专家提供的数据，我国铸造企业数量目前约有 2.6 万家，其中"2+26"城市的铸造企业共 2 438 家，铸造产能占全国的 25%。我国铸造生产企业主要分布在河北、江苏、山东、山西、河南、浙江、辽宁和广东等地区。"2+26"城市与汾渭平原，铸造企业主要集中在沧州、淄博、唐山、晋中、保定等城市。

铸造行业涉及工业炉窑的工序主要为金属熔炼（化），涉及的炉型包括电炉、燃气炉、冲天炉和电弧炉，4 种炉型分别占铸造行业总熔化量的 66.0%、15.5%、12.4% 和 6.2%。铸造行业炉窑以先进的感应电炉为主，但环保设施较差的冲天炉还是以小吨位为主，50% 以上的熔炼冲天炉在 5 t 以下，主要分布在河北、山西、山东等铸铁件产量大省。

截至 2018 年，符合《铸造用生铁企业规范条件》的铸造用生铁企业共有 113 家，铸造工艺的高炉共有 150 座，总容积为 33 699 m³。其中，配套"短流程"铸造工艺且容积小于 200 m³ 以下的高炉共有 34 座，总容积 3 456 m³。容积在 200～400 m³ 的高铁共有 98 座，容积合计 22 020 m³，占比 65.34%。容积大于 500 m³ 的仅有 4 座，容积合计 2 514 m³，占比 7.46%（表 4-6-4）。

表 4-6-4　铸造用生铁高炉装备水平表

高炉容积	小于 200 m³ 配套"短流程"铸造工艺	200~300 m³	300~400 m³	400~500 m³	>500 m³
座数	34	62	36	14	4
总容积	3 456	11 190	10 830	5 700	2 514
占比/%	10.26	33.21	32.14	16.91	7.46

1.4.2　行业能源结构与消耗

铸造行业涉及的能源主要有电、天然气和焦炭。据铸协不完全统计，每年全国铸造生产消耗的焦炭、电、天然气等能源折合标煤约 2 000 万 t，占机械工业总能耗的 25%~30%，我国铸造能耗约为铸造发达国家的 2 倍。

我国每生产 1 t 合格铸铁件的能耗为 550~700 kg 标煤，国外则为 300~400 kg 标煤，我国每生产 1 t 合格铸钢铁件的能耗为 800~1 000 kg 标煤，国外为 500~800 kg 标煤。

1.4.3　污染排放与控制现状

2018 年 3 月 2 日，环境保护部发布了《铸造工业大气污染物排放标准（征求意见稿）》，但标准至今尚未出台。为加强管控，各地出台了地方标准，各地执行的排放标准参差不齐，差异较大。

铸造行业生产过程中最主要的污染物为颗粒物，污染量较大。颗粒物污染来自冲大炉燃烧，电炉熔化、浇注、加工、造型、落砂、砂处理等多个环节铸造。使用冲天炉等直接燃烧类炉窑还可能产生 SO_2 和 NO_x。由于当前多数铸造企业使用的原料、辅料中都含有一定量的有机物，而铸造生产过程又多有高温条件，因此还有 VOCs 产生，这类污染量少、浓度低，因此存在一定的治理困难。此外，较多铸造企业有对铸件进行喷漆的表面涂装工部，会产生大量 VOCs 类污染物。特定工艺还可能产生特征污染物，例如消失模工艺的主要大气污染为浇注环节的 VOCs 污染。铸造除尘主要包括干法（布袋）、湿法工艺；脱硫主要为湿法工艺；脱硝低氮燃烧技术。

1.5　污染防治存在的问题和挑战

1.5.1　生产工艺装备水平有待提升

1）焦化行业：焦化行业落后产能占比高，产能结构仍需进一步优化。按照《产业结构调整指导目录》（2019 年本），炭化室高度小于 4.3 m 的焦炉（3.8 m 及以上捣固焦炉除外）为淘汰类工艺装备。截至 2017 年年底，全国炭化室高度 4.3 m 焦炉产能占比约为 41%。其中，"2+26"城市 4.3 m 及以下的焦炉产能占比约 56%，焦炭和钢铁产能比值从 2016 年的 0.74 降为 2018 年的 0.63，但仍然比正常值（0.4）高出近 60%。

2）建材行业：①水泥企业：落后产能淘汰已基本完成，目前绝大部分（>99%）都是回转窑（极少量特种水泥除外），产业政策无涉及淘汰落后产能，但整个行业产能过剩仍然严重。②平板玻璃：目前产能过剩严重，工信部于 2018 年印发《关于严肃产能置换严禁水泥平板玻璃行业新增产能的通知》（工信厅联原〔2018〕57 号）。目前行业主要需要继续严格落实产能等量或减量置换，严禁新增产能。③陶瓷企业：建筑陶瓷企业数量多，以煤为燃料的小型陶瓷企业面临淘汰。④砖瓦行业：落后产能淘汰任务繁重，目前约 50%的企业（产能达 40%）是轮窑，产业政策要求 2020 年年底前淘汰全部轮窑，因此对淘汰落后产能腾出的产能如何化解和防止新建砖瓦企业的无序发展是重点。⑤其他建材行业：石灰和耐火材料行业都存在着大量落后产能，特别是独立石灰窑企业落后产能比例较高，重点地区有大量闲置产能，相对比较落后但又未列入《建材行业淘汰落后产能指导目录（2019）》，增加了落后产能淘汰或置换的难度。

3）有色冶炼行业：有色冶炼行业氧化铝、电解铝，产能过剩严重，需要继续严格落实产能等量或减量置换。铅冶炼还原工序 20%采用落后的鼓风炉。锌冶炼氧化工序 10%为密闭鼓风炉（ISP），约 10%冶炼炉窑为竖罐，部分为小竖罐炉窑。再生铝、铜、铅、锌，部分为"散乱污"企业。引导达不到环保、能耗、质量、安全等标准的产能有序退出。

4）铸造行业：目前铸造行业有 12.4%的熔化量由设施较差的冲天炉所熔化，且以小吨位为主，50%以上的熔炼冲天炉在 5 t 以下，热风长炉龄水冷冲天炉占比小。

1.5.2　无组织排放控制措施落后污染问题突出

1）焦化行业：①部分企业湿法熄焦废水不能稳定达标，湿法熄焦塔循环废水并未处理，湿法熄焦产生的废气污染严重。多数独立（常规焦炉）焦化企业废水不能稳定达标，湿法熄焦塔循环废水并未处理，熄焦用水和熄焦循环水水质不满足《炼焦化学工业污染物排放标准》（GB 16171—2012）要求，湿法熄焦产生的废气污染严重，尤其是非重点区域焦化企业废水稳定达标率低。半焦（兰炭）企业焦化废水普遍没有生化处理，直接用于炉内熄焦，熄焦水质（包括熄焦水封用水）不满足《炼焦化学工业污染物排放标准》要求。②焦炉无组织废气逸散问题突出。部分常规（机）焦炉炉门、炉顶密封不严，无炉头烟收集措施，焦炉炉体无组织黄/黑烟废气逸散明显。部分兰炭企业焦炉顶部加料室废气逸散明显，烘焦工序未采取密闭措施，废气未收集和治理。③VOCs 及恶臭无组织排放污染严重。"2+26"城市已全面启动化产 VOCs 的收集与治理，但化产单元全流程多点位的无组织VOCs 废气并未高效收集，部分企业关键点位如焦油氨水澄清槽等直排情况普遍；企业槽、罐、管网的泄漏检测与修复（LDAR）工作未全面开展，跑冒滴漏仍普遍存在；尚未全面启动生化污水单元的密闭与恶臭废气的收集与治理，如重点区域部分常规（机）焦化企业及非重点区域焦化企业（常规机焦炉、半焦（兰炭）炉）尚未开展相关治理工作；多数企业不满足《挥发性有机物无组织排放控制标准》（GB 37822—2019）要求。④无组织颗粒物与扬尘排放问题突出。非重点区域，焦化企业普遍料场（煤场、焦场）未全密闭，物料破碎、输送及转运环节无粉尘收集与除尘措施。

2）建材行业：①水泥行业。在物料输送方面，目前水泥企业对皮带转运点的无组织排放都比较重视，大部分装有除尘设施，只有极少部分考虑到自身规划及资金等问题还未及时装备除尘设备。在物料均化和储存方面：50%以上的企业采用了封闭、半封闭的措施对原燃料储存中的无组织排放进行了控制。但还有 40%左右的企业原燃料或部分原燃料是露天堆放的。在道路硬化方面，部分企业对厂区道路进行了铺装，未铺装道路占比较小。②砖瓦行业。a. 破碎及制备成型：各种原料燃料的破碎筛分过程未在封闭厂房中进行，没有集尘和除尘设施。b. 干燥与焙烧：干燥室、焙烧窑烟气经收集并通过烟气治理设施处理后从排气筒排放；窑顶外加煤开放式贮存，窑顶投煤孔数量多，不操作时没有关闭；窑、窑车及周边清扫不及时、积尘多。c. 除尘灰：除尘器灰仓出口未密封，除尘灰直接卸落到未封闭地面；在除尘灰装车过程中未使用加湿系统，对运输车辆未进行苫盖等。③石灰行业。企业小而散，生产脏、乱、差现象普遍，尤其在物料储存、运输过程中的无组织排放问题突出。

3）有色冶炼行业：①贮料、备料、转运和冶炼炉窑等工序的烟气泄漏逸散，部分企业贮料未采用全封闭厂房，转运多采用皮带廊道，往往需设置中途转运点，增加无组织排放点。②冶炼炉窑开口较多，进料、进气、出渣、包子/溜槽转运等工序逸散烟气量大，虽然大多企业均设置集气、除尘、脱硫设施，但受限于企业内部管理水平和排放标准基准烟气量，环境集烟风量和集气效率均难以满足无组织控制要求，造成无组织污染问题突出。③电解精炼、湿法冶炼浸出等产生的酸雾，大多通过车间通风排放，易造成周边空气污染。

4）铸造行业：大部分中小型铸造企业仅对加热熔化工序产生的废气进行收集和处理，但对于浇注、混砂、清除砂模、废砂粉碎等工序都未进行无组织收集。铸造行业涉及无组织节点繁多，管理水平差，导致铸造行业无组织排放严重。①物料储存与运输产生的无组织。粉状物料、粒状、块状物料未按要求储存。粉状、粒状等易散发粉尘的物料厂内转移、输送未采取密闭或覆盖等抑尘措施。②来自铸造生产过程。铸造生产的工序多，无组织排放节点多，冲天炉和电炉加料工序、炉后原辅材料料仓配料、上料、炉外精炼等金属液处理工序、炉外精炼等金属液处理工序、落砂、清理（去除浇冒口、铲飞边毛刺、抛丸等）、砂处理等工序都涉及颗粒物的无组织排放。喷漆工序涉及 VOCs 的无组织排放，我国许多铸造行业对于 VOCs 的治理尚未开展，喷漆工序大部分为半封闭车间。

1.5.3　特别排放限值存在超标风险

1）焦化行业。①特排及超低排放控制技术的稳定性仍需提高，部分废气污染物存在超标风险。根据全国焦化行业在线监测联网数据显示，焦炉烟气中 PM 和 SO_2 的达标率高，而 NO_x 的达标率相对较低。根据相关监测数据发现，装煤环节废气 SO_2、苯并[a]芘，干熄焦烟气、管式炉 SO_2、化产工序 VOCs、污水处理单元逸散恶臭等污染物排放超标。②化产 VOCs 及焦化废水逸散恶臭废气的治理尚未全面开展，现有控制措施简易，达标率低。重点区域焦化企业已启动化产 VOCs 及焦化废水逸散恶臭废气收集与治理，但多采用单一简易液体洗涤/活性炭吸附/光氧化等技术，达标率低。部分重点区域焦化废水逸散恶臭废气的治理工作尚未开展。全国其他非重点区域焦化企业化产 VOCs 及焦化废水逸散恶臭废气的治理尚未开展，尤其是半焦（兰炭）企业。

2）建材行业：水泥行业国标特别排放限值 NO_x 为 320 mg/m³，实际调研大部分水泥企业排放浓度已低于该限值，对重点地区水泥企业已起不到限值加严的作用。对于石灰窑、耐火窑等建材行业，目前仍执行《工业炉窑大气污染物排放标准》（GB 9078—1996），该标准颗粒物和 SO_2 排放限值宽松，没有 NO_x 排放限值要求。

3）有色冶炼行业：有色冶炼行业废气 PM、SO_2、NO_x、硫酸雾特别排放限值难以稳定达标，特别是 NO_x，小时超标风险高。

1.5.4　监管体系不完善

（1）标准体系不完善

1）焦化行业：①焦化企业焦炉烟气基准含氧量未在全行业范围内明确和统一。重点区域超低排放钢铁焦化联合企业已统一执行焦炉烟气基准含氧量8%，而针对独立焦化企业，重点区域山西、安徽、江苏、浙江及全国其他非重点区域焦化企业仍未明确焦炉烟气基准含氧量。②关于焦化行业装煤、推焦工序废气的污染物排放限值的修订问题。装煤工序现有装煤地面站对苯并[a]芘的协同去除效率低，污染物排放总量大。现行排放标准宽松，对装煤工序废气中的污染物仅有排放限值规定，无基准废气量指标的限定。即使执行特别或超低排放限值，也可通过加大系统风量，引入大量稀释空气起到降低浓度的效果。③熄焦废水水质与熄焦塔循环废水水质标准亟须修订与明确。目前，我国重点区域已执行大气污染物特别排放限值，而与湿法熄焦水质相关的废水污染特别排放限值并没有同步启动执行，相关的熄焦用水及熄焦塔循环水质成分、监测点位、监测方式及监测频率亟须进一步明确。④无组织排放标准亟须修订。焦化企业工艺复杂、流程长、无组织排放源多，无组织排放污染严重。现有行业标准《炼焦化学工业污染物排放标准》（GB 16171—2012）和《挥发性有机物无组织排放控制标准》（GB 37822—2019）或存在排放限值宽松，或特征污染物种类有限，或监测点位范围有限（仅厂界、炉顶或仅厂区内）。尤其是半焦（兰炭）企业污染主要是无组织排放污染，缺少针对性的行业无组织控制标准，不利于引导焦化行业精细化无组织排放管控。

2）有色金属冶炼行业：有色金属冶炼行业的铜、铅、锌冶炼行业排放标准限定基准烟气量、炉窑基准过量空气系数 1.7 等与生产实际（烟气含氧量）不匹配。脱硝技术案例不多，未出台相应的污染防治可行技术指南。

3）铸造行业：2018 年 3 月 2 日，环境保护部发布了《铸造工业大气污染物排放标准（征求意见稿）》，但该标准至今尚未出台。各地地方标准的污染物排放限值存在差异。

（2）监控体系需进一步健全

1）焦化行业：①焦化行业在线监测能力亟须加强。部分企业没有分布式控制系统（DCS），存在自动监控设施数据缺失、长时间掉线等异常情况。部分工序有组织排放在线监测能力亟须加强，如焦化行业化产工序 VOCs、污水处理单元逸散恶臭废气，这些有组织排放点的 VOCs 在线监测能力落后，行业普遍没有安装在线监测设备，VOCs 监管效能低。此外，焦化污水与熄焦废水水质的监测能力建设落后，企业普遍不具备在线监测能力，或者没实现联网运行。二是有组织排放口在线监测设备的比对、校核缺乏有效监管，在线监测的数据质量可靠性差。三是行业企业无组织排放监测监控体系普遍未建立。由于焦化行业流程长、无组织排放点位多、排放量大，亟须依靠焦化企业全流程的无组织监测监控体系能力建设。目前，多数企业料场出入口、焦炉炉体等易产尘点，未安装高清视频监控设施；在厂区内主要产尘点周边、运输道路两侧未布设空气质量监测微站点；在化产区及污水处理单元缺少无组织 VOCs 与恶臭在线监测设施。

2）铸造行业：冲天炉、生产铅基及铅青铜铸件的燃气炉或感应电炉或其他熔炼（化）设备未安装自动监控设施，排气筒未安装烟气排放连续监测系统（CEMS），相关废气治理设施未配套分布式控制系统（DCS）；重点地区熔炼等烟尘外溢严重的车间外未设置 24 小时视频监控。

此外，部分重点污染源自动监控体系不完善。部分排气口高度超过 45 m 的高架源未纳入重点排污单位名录，部分企业未安装烟气排放自动监控设施。焦化、水泥、平板玻璃、陶瓷、氮肥、有色金属冶炼、再生有色金属行业的部分企业，未严格按照排污许可管理规定安装和运行自动监控设施。部分企业没有分布式控制系统（DCS）。部分企业自动监控设施数据缺失、长时间掉线等异常情况。

2　重点行业大气污染防治政策

2.1　严格控制新建项目

2.1.1　焦化行业

淘汰落后产能，优化焦化产业结构。根据国家产业结构调整政策，京津冀及周边区域实施"以钢定焦"，炼焦产能与钢铁产能比达到 0.4 左右。重点区域严禁新增焦化产能；加快城市建成区焦化企业搬迁改造或关闭退出，推动实施一批焦化重污染企业搬迁工程。加快炉龄较长（运行寿命超过 10 年）、炉况较差、规模较小、炭化室高度 4.3 m 及以下焦炉的落后产能淘汰、产能置换工作，优化产业结构。鼓励通过产能置换，新建现代化大焦炉，严控新建焦炉项目标准，提高行业准入门槛。建议新建项目捣固焦炉须达到炭化室高度 6 m 及以上，顶装焦炉须达到炭化室高度 6.98 m 及以上，新建兰炭项目焦炉单炉产能≥10 万 t/a 及以上。

2.1.2　建材行业

国务院办公厅印发《关于促进建材工业稳增长调结构增效益的指导意见》（国办发〔2016〕34 号），就今后一段时期化解水泥、平板玻璃行业过剩产能，加快建材工业转型升级，促进建材企业降本增效实现脱困发展作出具体部署。

重点区域严禁新增平板玻璃、水泥等产能；新建平板玻璃、水泥等行业实施等量或减量置换，新建项目必须并进入产业园区，配套建设国内先进水平及以上的高效环保治理设施。

严格建设项目环境准入，提高行业准入门槛；水泥和玻璃行业属于产能严重过剩行业，重点地区严禁新增产能，对于等量或减量置换的新建项目必须进入产业园区。陶瓷行业，新建建筑陶瓷（不包括建筑琉璃制品）生产线规模应在 150 万 m²/a 以上，新建隧道窑卫生陶瓷生产线规模应在 60 万件/a 及以上。砖瓦行业，新建项目应采用隧道窑生产，除陕西、青海、甘肃、新疆、西藏、宁夏六个省份外，其他省市不允许建设黏土空心砖生产线；新建烧结砖及烧结空心砌块生产线规模应在 6 000 万块标砖/a 及以上。

2.1.3　有色金属冶炼行业

依据国家产业发展和转移指导、行业准入条件要求，严格控制新建涉工业炉窑项目，严把新建项目准入关。新建涉工业炉窑的建设项目，原则上要入园区，配套建设高效除尘、脱硫、脱硝等污染治理设施。重点区域严格控制涉工业炉窑建设项目，严禁新增焦化、电解铝、铸造、水泥和平板玻璃等产能；严格执行水泥、平板玻璃等行业产能置换实施办法；原则上禁止新建燃料类煤气发生炉（园区现有企业统一建设的清洁煤制气中心除外）。

2.1.4　铸造行业

根据工信部、发展改革委和生态环境部联合印发的《关于重点区域严禁新增铸造产能的通知》，严禁新增铸造产能建设项目；对确有必要新建或改造升级的高端铸造建设项目，原则上应使用天然气或电等清洁能源，所有产生颗粒物或 VOCs 的工序应配备高效收集和处理装置；物料储存、输送等环节，在保障安全生产的前提下，应采取密闭、封闭等有效措施控制无组织排放。重点区域新建或改造升级的高端铸造建设项目必须严格实施等量或减量置换；鼓励有条件的重点区域、地区建设绿色铸造产业园，减少排放；同时引导铸造产能向环境承载能力强的非重点区域转移。

2.2　推进工艺装备清洁化转型

2.2.1　有色金属冶炼行业

铜冶炼 65% 的转炉吹炼，有条件的升级改造为闪速、底吹、侧吹等先进工艺。铅冶炼鼓风炉占总产能的 20%，加快淘汰。锌冶炼密闭鼓风炉（ISP）约占总产能的 10%，有条件的进行清洁化改造，竖罐约占总产能 10% 的为小竖罐，需加快淘汰。

2.2.2　铸造行业

加快推动 10 t/h 及以下铸造企业冲天炉改为电炉。采用热风长炉龄水冷冲天炉。淘汰黏土砂干型/芯、油砂制芯、油砂制七〇型/芯等落后铸造工艺；淘汰黏土砂批量铸件生产企业的手工造型；淘汰水玻璃熔模精密铸造企业壳硬化中氯化铵硬化工艺；禁止铝合金、锌合金等有色金属熔炼采用六氯乙烷等有毒有害的精炼剂。新建熔模精密铸造项目禁止使用水玻璃熔模精密铸造工艺。禁止使用国家明令淘汰的生产装备，如：无芯工频感应电炉、0.25 t 及以上无磁轭的铝壳中频感应电炉。淘汰熔化率小于 5 t/h 的冲天炉。禁止新建企业使用燃油加热熔化炉。

2.3　优化工业布局

2.3.1　焦化行业

根据《产业发展与转移指导目录》（2018 年本），重点区域山东省（济南市、淄博市、济宁市、德州市、聊城市、滨州市、菏泽市）、非重点区域江西省（南昌市、新余市、吉安市、九江市）逐步调整退出独立焦化产业。

2.3.2　建材行业

（1）水泥行业

分时段分区域淘汰 2 500 t/d 及以下新型干法熟料生产线。建议 "2+26" 城市于 2021 年年底前淘汰 2 500 t/d 及以下新型干法熟料生产线（不包括开展协同处置生产线），汾渭平原、长三角地区和晋冀鲁豫四省其他城市于 2022 年年底前完成淘汰任务，其他地区于 2025 年年底前完成淘汰任务。

重点地区水泥熟料压减过产量和转型发展。2 500 t 以上熟料生产线实施压产一部分，转型一部分，转型服务于城市基础功能的危险废物、生活垃圾、污泥等固体废物处置设施。

支持利用新型干法水泥窑协同处置生活垃圾、城市污泥、污染土壤和危险废物等。我国开展协同处置废物的水泥企业越来越多，但分布不均匀，部分产能较小生产工艺和管理水平相对差的企业开展协同处置废物，而大量技术先进污染治理设施好的企业未参与协同处置固体废物，不利于水泥行业的绿色发展。以地级城市为单位，利用水泥窑积极开展协同处置各种废物，2025 年年底前开展协同处置废物水泥窑的数量占比在 20%及以上。

（2）玻璃行业

淘汰平拉工艺平板玻璃生产线（含格法）。2022 年年底前，全国完成淘汰完成拉工艺平板玻璃生产线（含格法）。

分时段分区域淘汰 500 t/d 及以下建筑玻璃生产线。"2+26"城市于 2021 年年底前淘汰完成 500 t/d 及以下建筑玻璃生产线；汾渭平原、长三角地区和晋冀鲁豫四省其他城市于 2022 年年底前淘汰完成；其他地区 2025 年年底前淘汰完成。

重点地区平板玻璃生产线压减产量。严格控制长期处于停产状态，或环保不达标、普通平板玻璃产品生产线的复产。

（3）陶瓷行业

淘汰建筑和卫生陶瓷落后产能。"2+26"城市 2022 年年底前淘汰完成建筑陶瓷年产量小于 150 万 m²/a 以下的生产线，淘汰 60 万件/a 以下的隧道窑卫生陶瓷生产线。其他地区 2022 年年底前淘汰完成建筑陶瓷年产量小于 100 万 m²/a 以下的生产线，淘汰 20 万件/a 以下的隧道窑卫生陶瓷生产线。

重点地区通过工艺改进实现源头减排。建筑陶瓷提高干法制粉比例，"2+26"城市 2022 年年底前干法制粉比例高于 20%，2025 年年底前干法制粉比例高于 50%，其他地区 2025 年年底前干法制粉比例高于 20%。

（4）砖瓦行业

淘汰落后与产能置换。2020 年年底前，全国完成全部砖瓦轮窑以及立窑、无顶轮窑、马蹄窑等土窑的淘汰。重点地区产能置换按减量置换，其他地区产能置换按等量或减量置换。新建砖瓦隧道窑规模应在 6 000 万块/a 及以上。

重点地区淘汰 6 000 万块/a 以下隧道窑生产线。重点地区城市 2022 年年底前淘汰完成年产量小于 6 000 万块/a（折标砖）以下的生产线，其他地区城市 2022 年年底前淘汰完成年产量小于 3 000 万块/a（折标砖）的生产线。

重点地区通过工艺改进实现源头减排。重点地区城市砖瓦窑 2022 年年底前全部完成窑炉温度风量等优化控制，降低 NO_x 产生。

支持利用砖瓦窑协同处置固体废物。支持利用不低于 6 000 万块/a（含）新型烧结砖瓦生产线协同处置建筑垃圾、污水处理厂污泥等固体废物。

（5）石灰行业

淘汰落后产能。2021 年年底前，全国完成石灰土立窑等落后石灰窑的淘汰。

加大对工艺落后、节能减排不达标的石灰窑淘汰力度。重点地区城市 2022 年年底前淘汰完成年产量小于 10 万 t 的石灰窑，其他地区城市 2022 年年底前淘汰完成年产量小于 5 万 t 的石灰窑。

（6）耐火材料

淘汰落后产能和产品。2022 年年底前，重点地区完全淘汰燃煤倒焰窑耐火材料及原料制品生产线，淘汰全部含铬质耐火材料。

重点地区控制新增产能。重点地区严禁新增以煤为燃料的耐火材料生产线。新建项目应依托现有耐火材料生产企业，通过联合重组、"退城入园"等方式，提高生产集中度。

2.3.3　有色金属行业

统筹考虑区域环境承载能力、资源禀赋，按《产业发展与转移指导目录》（2018 年本），结合主体功能区划，京津冀、长三角、成渝等重点区域规划环境影响评价要求，加快产业布局调整。

有色行业。引导现有布局不合理产能向具有资源能源优势及环境承载力的地区有序转移，利用境外资源的氧化铝等粗加工项目在沿海地区布局；对不符合所在城市发展需求、改造难度大、竞争力弱的冶炼企业，要实施转型转产或退出；具备搬迁条件的企业，支持其退城入园，并在搬迁中实施环保升级改造。

加大涉工业炉窑类工业园区和产业集群的综合整治力度。

再生有色金属行业产业集群，再生铜天津市，山东临沂，浙江宁波、台州，广东清源，江西上饶、鹰潭等区域；再生铅河南济源安阳、江苏徐州、安徽界首、湖北襄阳等区域；再生锌河北唐山、湖南湘西郴州、四川汉源、云南个旧文山等区域，从生产工艺、产能规模、燃料类型、污染治理等方面，提升再生产业发展质量和环保治理水平。在珠三角、长三角、环渤海等区域建设绿色化、规模化、高值化再生金属利用示范基地。

2.3.4　铸造行业

根据《产业发展与转移指导目录》（2018 年本），北京、天津、上海、河北属于铸造产业退出的省份，有重点分阶段逐步将北京的铸造、锻造生产加工，天津的中低端铸造，河北的有色金属普通铸造，上海的中低端铸造和有色金属制造退出。山东、海南属于不再承接新铸造产能的省份，应严禁新增铸造产能建设项目。对于河南和山西（除属于重点地区的地区）、辽宁、安徽、内蒙古、宁夏、新疆、新疆生产建设兵团等可以承接铸造产业的省份（兵团），根据区域环境承载能力、资源禀赋，优先承接生产大型、精密、高端铸件的铸造企业，新建铸造企业应入园，并遵循清洁化生产和节能环保理念，配套建设高效除尘、脱硫、脱硝等污染治理设施。

2.4　推动实施深度治理

2.4.1　焦化行业

按照《关于推进实施钢铁行业超低排放的意见》（环大气〔2019〕35 号）要求，超低排放焦化企业焦炉烟囱 PM、SO_2、NO_x 排放限值分别为 10 mg/m³、30 mg/m³、150 mg/m³，装煤推焦 PM 满足为 10 mg/m³，干法熄焦 PM 和 SO_2 排放浓度限值分别为 10 mg/m³、50 mg/m³。典型超低排放技术体系见表 4-6-5。

表 4-6-5　焦化行业有组织"超低排放"技术体系

生产工序	生产设施	基准含氧量/%	超低排放标准/（mg/m³）			技术体系	
			PM	SO_2	NO_x		
焦化	焦炉烟囱	8	10	30	150	SCR+半干法/干法脱硫+袋式除尘，或 SCR+湿法脱硫+湿式电除尘	活性炭/焦脱硫脱硝一体化装置

生产工序	生产设施	基准含氧量/%	超低排放标准/（mg/m³）			技术体系	
			PM	SO₂	NO_x		
焦化	干熄焦	—	10	50	—	袋式除尘+引入焦炉烟气脱硫	袋式除尘+半干法/干法脱硫
	化产 VOCs	—	—	—	—	回压力平衡系统、洗涤+活性炭吸附、回焦炉焚烧	
	生化 VOCs	—	—	—	—	加盖密闭收集，等离子+活性炭吸附、生物法+活性炭吸附、回焦炉焚烧	
其他部分排放源		—	10	—	—	袋式除尘（覆膜）、滤筒除尘、湿电、塑烧板等	

2.4.2 水泥行业

重点地区水泥窑有序推进超低排放改造。重点地区水泥窑通过采取低氮燃烧、分级燃烧和烟气高效脱硝等技术改造实现超低排放。水泥窑 PM、SO₂、NO_x 排放浓度分别不高于 10 mg/m³、35 mg/m³、50 mg/m³。采取的污染治理技术路线为：

①水泥窑：低氮燃烧+SNCR 脱硝+袋式除尘+低温 SCR。

②水泥窑：低氮燃烧+SNCR 脱硝+预除尘+中高温 SCR+袋式除尘+（湿法/半干法脱硫）。

③水泥窑：低氮燃烧+SNCR 脱硝+复合脱硝剂+袋式除尘。

一般地区水泥窑实施深度控制要求。一般地区水泥窑通过采取低氮燃烧、分级燃烧和烟气脱硝等技术改造实现更为严格的排放控制要求。水泥窑 PM、SO₂、NO_x 排放浓度分别不高于 10 mg/m³、50 mg/m³、100 mg/m³。

2.4.3 平板玻璃

重点地区平板玻璃熔窑有序推进超低排放改造。重点地区玻璃窑通过"高温电除尘+SCR+湿法/半干法/干法脱硫+湿式电除尘/袋除尘"等改造技术实现超低排放。玻璃窑 PM、SO₂、NO_x 排放浓度分别不高于 10 mg/m³、50 mg/m³、200 mg/m³。采取的污染治理技术路线为：

①玻璃窑：静电除尘+高温 SCR+半干法脱硫+袋式除尘。

②玻璃窑：静电除尘+高温 SCR+湿法脱硫+湿式电除尘。

③玻璃窑：半干法脱硫+陶瓷滤芯除尘脱硝一体化。

一般地区玻璃窑实施深度控制要求。一般地区玻璃窑通过技术改造实现更为严格的排放控制要求。玻璃窑 PM、SO₂、NO_x 排放浓度分别不高于 20 mg/m³、100 mg/m³、300 mg/m³。

2.4.4 电解铝超低排放

电解铝烟气，采用氧化铝吸附、袋式除尘、湿法脱硫，或氧化铝吸附、布袋除尘、半干法脱硫、袋式除尘等技术路线。鼓励湿法脱硫后增设湿式电除尘。电解铝烟气 PM、SO₂、氟化物排放浓度分别不高于 10 mg/m³、35 mg/m³、1.0 mg/m³（表 4-6-6）。

表 4-6-6 水泥、玻璃、电解铝行业"超低排放"有组织排放技术体系

生产设施	超低排放标准/（mg/m³）			技术体系
	PM	SO₂	氟化物	
水泥窑	10	35	50	低氮燃烧+SNCR 脱硝+袋式除尘+低温 SCR
				低氮燃烧+SNCR 脱硝+预除尘+中高温 SCR+袋式除尘+（湿法/半干法脱硫）
				低氮燃烧+SNCR 脱硝+复合脱硝剂+袋式除尘
玻璃窑	10	50	200	静电除尘+高温 SCR+半干法脱硫+袋式除尘
				静电除尘+高温 SCR+湿法脱硫+湿式电除尘
				半干法脱硫+陶瓷滤芯除尘脱硝一体化
电解槽	10	35	1	氧化铝吸附+袋式除尘+湿法脱硫
				氧化铝吸附+布袋除尘+半干法脱硫+袋式除尘

2.5 优化能源结构和运输结构调整

加快燃料清洁低碳化替代。对以煤、石油焦、渣油、重油等为燃料的工业炉窑，加快使用清洁低碳能源以及利用工厂余热、电厂热力等进行替代。重点区域禁止掺烧高硫石油焦（硫含量大于 3%）。玻璃行业全面禁止掺烧高硫石油焦。

加大煤气发生炉淘汰力度。2020 年年底前，重点区域淘汰炉膛直径 3 m 以下燃料类煤气发生炉；集中使用煤气发生炉的工业园区，暂不具备改用天然气条件的，原则上应建设统一的清洁煤制气中心。

加快淘汰燃煤工业炉窑。重点区域取缔燃煤热风炉，基本淘汰热电联产供热管网覆盖范围内的燃煤加热、烘干炉（窑）。加快推动铸造（10 t/h 及以下）、岩棉等行业冲天炉改为电炉。

水泥行业。重点地区水泥窑加大对有热值固体废物协同处置量，包括危险废物、干化污泥、预处理生活垃圾及其他固体废物，到 2025 年，替代燃煤使用比例达到 5%。通过节能降耗技术改造等减少水泥熟料煤炭消耗量，到 2025 年，重点地区可比熟料综合煤耗（折标煤）低于 103 kgce/t，煤炭消耗总量在 2018 年基础上降低 5%。

玻璃行业。推广使用集中清洁煤气化燃料和天然气，逐步淘汰石油焦、重油等燃料的玻璃窑炉，禁止掺烧高硫石油焦（硫含量大于 3%）。到 2025 年，重点区域平板玻璃行业全部淘汰以石油焦、重油等为燃料的玻璃窑炉。提高余热利用比例减少能源消耗。重点地区 2022 年年底前全部采取余热综合利用措施，配备余热发电的生产线比例在 80%以上。

陶瓷行业。重点地区淘汰以煤为燃料的建筑和卫生陶瓷生产线。建筑和卫生陶瓷行业提高清洁煤气化比例，"2+26"城市 2022 年年底前发生炉煤气全部替换为天然气等清洁能源或集中清洁煤气化燃料，汾渭平原和长三角地区 2025 年年底前全部完成清洁燃料替代。

砖瓦行业。全国范围禁止高硫煤或煤矸石的使用（硫含量大于 3%），重点地区禁止高硫煤或煤矸石的使用（硫含量大于 2%）；重点地区城市砖瓦窑 2022 年年底前外投燃料全部使用天然气等清洁能源，禁止使用外燃煤。

石灰行业。提高钢铁企业石灰自给率，利用钢铁企业高炉煤气、焦炉煤气及其他余热气烧石灰窑，降低吨产品综合污染物排放水平。提高余热利用效率，减少能源消耗。

耐火材料行业。燃料清洁化实现源头减排：2022 年年底前，重点地区耐火行业窑炉全部改造为

以天然气等清洁能源或电为能源，淘汰全部发生炉煤气。

岩矿棉行业。"2+26"城市熔制工序采用冲天炉的，应使用低硫焦炭（硫含量小于 0.7%），其他工序使用天然气等清洁能源。

京津冀及周边地区大宗货物年货运量 150 万 t 及以上的，原则上全部修建铁路专用线；具有铁路专用线的，大宗货物铁路运输比例应达到 80%及以上。

参考文献

[1]　中华人民共和国环境保护部. 关于推进实施钢铁行业超低排放的意见[EB/OL]. https://www.mee.gov.cn/xxgk2018/xxgk/xxgk03/201904/t20190429_701463.html，2019-04-28.

[2]　环境保护部. 2015 年中国环境统计年报[M]. 北京：中国环境出版社，2016.

[3]　生态环境部. 2018 年中国生态环境统计年报[M]. 北京：中国环境出版集团，2021.

[4]　DB 13/2167—2020，河北省水泥工业大气污染物超低排放标准[S].

本专题执笔人：王彦超、郑伟、宁淼、石应杰、王红梅

完成时间：2021 年 12 月

专题 7　农业氨和秸秆排放控制思路研究

1　农业氨污染现状与排放控制思路

1.1　大气氨污染控制现状

近些年来，我国雾霾天气频发，引起社会各界的广泛关注。有研究发现，在细颗粒物（PM$_{2.5}$）形成过程中，气态氨（NH$_3$）扮演着重要角色，对雾霾的形成起着关键性作用。一方面，氨作为大气中唯一的碱性气体，是大气 PM$_{2.5}$ 形成的重要前体物，NH$_3$ 能与 SO$_2$ 和 NO$_x$ 等反应生成硫酸铵和硝酸铵等细粒子，是 PM$_{2.5}$ 关键性成分。另一方面，在 NH$_3$ 参与下细粒子的生成速度明显加快，当 NH$_3$ 充足时，NH$_3$ 的气相或者非均相反应会提高气态前体物的转化率和二次无机盐的生成率，引起硫酸盐、硝酸盐、铵盐等细粒子组分大幅度增加。

国内外权威研究表明，农业源 NH$_3$ 排放是大气中人为源 NH$_3$ 的主体，主要来源于农田施肥和畜禽养殖，据统计，我国 2015 年人为源 NH$_3$ 排放量为 990 万 t，其中畜禽养殖业是我国 NH$_3$ 排放最大的贡献源（约 55%），其次是含氮化肥的施用（约 30%），两者的 NH$_3$ 排放量占到排放总量的 80%～90%。

为加强 NH$_3$ 排放总量控制，美国 EPA 于 1997 年启动了 *National Ambient Air Quality Standards*（NAAQS）计划，欧盟成员国则联合中欧和东欧国家在远距离越境空气污染公约框架下，于 1999 年签署了以总量控制为主要目标的"哥德堡协定"，提出 SO$_2$、NO$_x$、NH$_3$ 和 VOCs 4 种污染物 2010 年的排放上限，旨在实施多污染物协同控制，这是最早的针对 NH$_3$ 排放总量控制的国际条约。2001 年，欧盟又颁布了《大气污染物国家排放限值指令》（2001/81/EC），并于 2006 年进行了修订，该指令直接确定了欧盟 NH$_3$ 的排放总量和各国分摊目标。欧美发达国家（地区）PM$_{2.5}$ 控制实践表明，在 SO$_2$、NO$_x$ 基本得到控制的情况下，通过对气态 NH$_3$ 排放进行同步削减，可以大幅度降低大气环境中细粒子浓度，实现环境空气质量的大幅提升。研究结果表明，如果在 SO$_2$ 和 NO$_x$ 减排 55% 的基础上，再减排 30% 的 NH$_3$，会使华北地区的 SNA（硫酸盐、硝酸盐、铵盐等，简称 SNA）浓度降低 22% 左右，比仅减排 SO$_2$ 和 NO$_x$ 时降低的浓度效果提升近两倍。尤其对于硝酸盐，减排 NH$_3$ 后使硝酸盐浓度降低比例从 8% 提高到 28%。

因此经过多年治理，我国在一定区域内 SO$_2$ 排放已得到有效控制，而 NO$_x$ 因机动车快速增长对空气质量影响比重逐步增大，现阶段对硫酸盐，特别是硝酸盐等细粒子具有显著促生作用的农业 NH$_3$ 排放，已成为区域空气质量尤其是重点区域进一步改善的制约因子。

《"十三五"生态环境保护规划》（2016 年）明确指出"开展大气氨排放控制试点"，"在环渤海京津冀、长三角、珠三角等重点区域，开展种植业和养殖业重点排放源氨防控研究与示范"。中共中央、国务院《关于全面加强生态环境保护坚决打好污染防治攻坚战的意见》（2018 年 6 月）明确指示"开展大气氨排放控制试点"。《打赢蓝天保卫战三年行动计划》（2018 年 7 月）明确要求"控制农业源氨排放。减少化肥农药使用量，增加有机肥使用量，实现化肥农药使用量负增长。强化畜禽粪污资源化利用，改善养殖场通风环境，提高畜禽粪污综合利用率，减少氨挥发排放。开展氨排放与控制技术研究"。

农业源氨排放是大气中人为源氨的主体，据研究，我国 2017 年人为源氨排放量为 998 万 t，从行业占比来看，畜牧养殖业和种植业排放占比较大，分别占大气氨排放总量的 49.9%和 30.1%；其次是交通源、农村生物质燃烧、化工生产、废弃物处理、土壤本底，分别占排放总量的 5.5%、3.4%、2.5%、2.3%和 2.2%；居民散煤、农村秸秆堆肥等其他行业的排放占比较少，约占排放总量的 4.1%。

根据全国第二次污染源普查数据，农业氨排放的区域分布上，排放总量最大的是山东，占全国总排放量的 9.6%，其次是河南和河北，分布占总排放量的 8.5 和 7%。排放量前 12 位的省份依次为山东、河南、河北、湖南、四川、云南、湖北、广西、江苏、安徽、广东和内蒙古，这 12 个省（区、市）排放的总量占总排放量的 65%左右。

1.2　畜禽养殖农业氨排放控制措施

1.2.1　畜禽养殖氨排放环节

从畜禽氨产生过程来看，氨主要来自畜禽饲养过程中产生大量的废弃物，包括粪尿，溢（洒）饲料，垫料，废水等，废弃物中所含的尿素可水解成为碳铵，并以氨的形式挥发至大气中。其中，畜禽粪尿被认为是氨的最主要的来源。从畜禽粪尿的产生、输送和储存处理、后续利用的流程来看，畜禽养殖过程中，氨主要来自圈舍、粪污存储处理、粪污还田 3 个排放环节。

圈舍环节氨排放影响因素主要有：饲喂（饲料成分、饲喂方式）、圈舍环境（温度、湿度/通风方式）、清粪方式（干清粪、水冲粪、垫草垫料）、地面结构（水泥实心地面、半漏缝地面、全漏缝地面）等。

粪污从圈舍清出后，进入粪污的存储处理环节。粪污形态（固态、液态、固液混合态）、存储设施的暴露面积、暴露设施内粪污存放周期、含氮物质削减率以及气象要素等是粪污的存处环节 NH_3 排放的主要影响因素。除气象要素外，其他因素主要受粪污的处理工艺影响。我国目前粪污的常用处理工艺主要有粪污储存、沼气工程、有机堆肥和深度处理等。畜禽粪便还田途径分直接利用与加工利用两种。我国粪肥多采用表面施肥方式。粪肥还田氨挥发还受到气象因素影响，主要有风速、温度、降水和日照等。

1.2.2　畜禽养殖氨排放控制措施梳理

我国畜禽养殖污染防治措施主要针对畜禽粪污对水体环境和土壤环境的污染提出的，目前还无直接针对畜禽养殖气态污染物的专门的防治措施。但是，针对畜禽养殖入水和入土污染物治理措施会直接或间接对氨排放有一定的削减作用。根据国内外畜禽养殖氨减排措施，构建 NH_3 减排措施清单，结果见表 4-7-1。

表 4-7-1 畜禽养殖 NH₃ 排放控制措施清单（基于已有研究梳理）

排放环节		减排措施		减排效果/%								
		编号	内容	猪	范围	平均	牛	范围	平均	鸡	范围	平均
圈舍	饲喂 Feeding	F1	低蛋白日粮	√	23~62	38.8	√	22~63	44.5			
		F2	饲料添加剂	√	10~50	34.7						
	结构与环境 Housing	H1	降温增湿	√	11~19	15	√	11~19	15.6			
		H2	调节通风量	√	10~50	30			20	√		50
		H3	提高清粪频率	√	20~70	40	√	54~93	41.6	√		70
		H4	减少粪污暴露面积	√	10~50	26.5						
		H5	水冲粪并增加槽沟坡度	√		30						
		H6	垫草垫料	√		50	√	6~45	20	√		35
		H7	装置吸收除臭	√	1~95	70.3				√		80
		H8	脲酶抑制剂添加				√	1~74	43.3			
		H9	化学添加剂				√	61~98	82.3			
		H10	褐煤施洒				√	28~66	41.3			
粪污存储处理	存储 Storage	S1 覆盖	S1-1 秸秆覆盖	√	0~89	59.2	√	40~70	55.3			
			S1-2 油脂覆盖	√	50~100	81.6						
			S1-3 塑料薄膜覆盖	√	74~100	94.6						
			S1-4 颗粒物覆盖	√	17~100	80.3						
		S2	酸化	√	0~84	52						
		S3	添加沸石	√		71				√		81
	处理 Processing	P1 堆肥	P1-1 堆肥	√	4~34	17.8						
			P1-2 堆肥覆盖	√	3~35	16	√	15~58	36.8			
			P1-3 堆肥添加剂	√	86~92	86.8	√	17~38	28.3			
			P1-4 堆肥生物过滤器				√	81~100	91.2			
		P2	沼气发酵	√		86	√		76			
		P3	固液分离	√	40~80	55						
		P4	干燥处理							√		61
粪污还田	液态还田 Application	A1	酸化粪肥	√	49.4~92.3	54.6	√	30~98	65			
		A2	添加硝化抑制剂	√	0~17	4.5						
		A3	粪肥稀释	√	25~50	32						
		A4	粪污混施	√	33~90	61.3						
		A5	粪肥注施	√	70~99	93.6	√		80	√		70
		A6	软管带施	√	40~80	62						
	固还田态 Application	A7	固肥添加剂				√	1~98	55.9			
		A8	固体混施	√	44~94	78.8	√	35~85	62.1			
		A9	覆土深施	√		26	√					

1.3 种植业氨排放控制措施

1.3.1 种植业氨排放主要来源

种植业是人为源氨排放的重要来源，种植业氨排放占全球人为源氨排放的 16.67%。广义上讲，种植业氨排放源主要为土壤背景、固氮植物、秸秆堆肥、含氮化肥施用。土壤背景中 NH_3 排放主要来自土壤腐殖质的降解过程。固氮植物通过根部与叶片对含氮无机化合物进行吸收并固定氮,该过程会向大气环境中排放氨。秸秆堆肥过程中废弃的农作物秸秆在一定的温度、湿度、碳氮比等条件下,利用细菌、放线苗、真菌等微生物降解作用使可被生物降解的有机物转化为稳定的腐殖质,腐殖质在被生物降解过程中进而会排放出大量的 NH_3。研究表明,土壤背景、固氮植物、秸秆堆肥产生的 NH_3 占种植业氨排放总量的 15%左右,种植业 85%的 NH_3 排放是来自含氮化肥的施用。本研究种植业 NH_3 排放主要是农田施肥 NH_3 排放。

种植业施用的含氮化肥包括尿素、碳铵、硝铵、硝酸铵钙、硫胺、液态氮肥、复合肥等。由于尿素在脲酶的作用下易水解生成碳酸铵、碳酸氢铵和氢氧化铵,而碳酸铵、碳酸氢铵和氢氧化铵都极易水解最终产生 NH_3,因而尿素和碳铵类氮肥使用过程中氨挥发率很高。目前发达国家施用较多的是硝酸铵钙、硝酸铵、氨溶液和硫酸铵等氮肥品种。我国施用的氮肥品种还以尿素和碳酸氢铵为主,另外有少量的硝酸铵、氯化铵等。由于我国尿素类氮肥施用量远大于碳铵类氮肥,尿素施用成为种植业 NH_3 排放的一个主要来源,约占农田施肥 NH_3 排放总量的 64.3%。

对于种植业,1—3 月,我国农耕活动较少,尚未进入施肥阶段,加之温度较低,此期间氨排放水平较低;从 4 月开始,我国大部分的区域开始春播,大量的化肥用于基肥,导致氨排放持续升高;随着农作物生长,在播种后 1～2 个月时间内,农民开始大量施用追肥,加之温度攀升,使氨排放量逐步增加且排放高值一直延续至 8 月。冬季(12 月至次年 2 月)是氨排放量最少的时期,仅占全年 NH_3 排放量的 10%左右。

1.3.2　种植业氨排放控制措施清单

从氮肥的类型、施用强度和施肥方式三方面控制种植业 NH_3 的减排。各地区的地域条件及经济发展有差异性,所以在不同的地区可根据实际情况进行合理的减排措施,既能节省化肥的用量,同时也能减少 NH_3 的排放,以减少对环境的污染,还能提高作物的产量。种植业各环节 NH_3 减排措施对比分析见表 4-7-2。

表 4-7-2　种植业氨排放减排措施及对比分析

关键节点	主要减排技术	减排效果及评价		
		减排效果及评价	国家技术推广及适用地区	费用评价及排序
氮肥类型	技术 1:施用硝酸铵、硝酸铵钙和硫硝酸铵等氮肥① 技术 2:施用复合肥② 技术 3:施用液态氮肥③ 技术 4:施用有机肥④ 技术 5:施用缓控释氮肥⑤ 技术 6:添加脲酶抑制剂⑥	①施用硝酸铵、硝酸铵钙和硫硝酸铵分别减少氨挥发 21.3%～22.5%、3.2%～25%和 8.3%～20% ②可减少 19.28%～44.2%的 NH_3 排放 ③能够减少 14.8% NH_3 排放 ④可减少 15.3%～58.92%的 NH_3 排放 ⑤可减少 13.8%～28.57%的 NH_3 排放 ⑥可减少 10%～53.7%的 NH_3 排放	①国家推广该措施,适当全国地区②地方推广措施 ③国家提倡该措施,多地进行推广运用,主要用于降水量较少的地区 ④全国均可使用,施用方便 ⑤地方推广措施,以提高氮肥的吸收 ⑥地方推荐使用,主要用于水资源较好的地区	④成本低,便于施用 ③成本较低,不含有害的中间产物和最终分解产物 ①②相比尿素价格较贵 ⑤这种氮肥成本过高,并且薄膜会在土壤中难以消解,造成污染 ⑥增加氮肥以外的成本

关键节点	主要减排技术	减排效果及评价		
		减排效果及评价	国家技术推广及适用地区	费用评价及排序
施用强度	控制单位面积氮肥的施用量	单位面积施氮量超过 112.50 kg/hm² 时，减少施氮量 22%～44%可降低 NH₃ 挥发损失 20.2%～35.3%	国家提倡该措施，东部地区严重超过国家规定的施用标准	能减少氮肥的施用，节约成本
施用方式	技术 1：覆土深施① 技术 2：灌溉施肥技术② 技术 3：添加辅助剂③ 技术 4：测土配方施肥④	①相对于表施减少 NH₃ 排放 39.54% ②相对于不灌溉的能减少 44.33%的 NH₃ 排放 ③添加保水剂的施用减少 NH₃ 挥发 8.97%～72.4%,添加杀藻剂减少 9.7%的 NH₃ 挥发 ④可减少 NH₃ 排放 4.84%～11.85%	①国家提倡该措施，以提高氮肥的吸收 ②地方推广措施，需要与水混合施用 ③部分地区使用 ④地方推广措施，适当种植密集的地区	④增加技术成本 ③添加辅助剂增加了生产成本 ①劳动力成本增加 ②增加水的费用

1.4 我国农业 NH₃ 排放控制面临的问题

（1）国家政策、标准、指南等针对农业 NH₃ 减排缺乏针对性指引

伴随着畜牧业的快速发展，畜禽养殖污染治理问题逐步上升到政策层面。但是还无明确农业氨控制政策文件，主要是在农业污染防治中有所体现。现行的相关标准、技术政策、指南等对农业 NH₃ 排放控制的针对性不强。现行的相关标准如《畜禽养殖业污染物排放标准》（GB 18596—2001），技术政策如《中华人民共和国水污染防治法》《中华人民共和国畜牧法》《中华人民共和国土壤污染防治法》《畜禽规模养殖场粪污资源化利用设施建设规范（试行）》（农办牧〔2018〕2 号）、《水污染防治行动计划》（国发〔2015〕17 号）、《全国农业可持续发展规划（2015—2030 年）》（农计发〔2015〕145 号）、《关于打好农业面源污染防治攻坚战的实施意见》（农科教发〔2015〕1 号）、《关于促进南方水网地区生猪养殖布局调整优化的指导意见》（农牧发〔2015〕11 号）、《关于推进农业废弃物资源化利用试点的方案》（农计发〔2016〕90 号）、《关于加快推进畜禽养殖废弃物资源化利用的意见》（国办发〔2017〕48 号）等，指南如《畜禽养殖业污染防治技术规范》（HJ/T 81—2001）、《畜禽养殖业污染治理工程技术规范》（HJ 497—2009）、《畜禽养殖业污染防治技术政策》（环发〔2010〕151 号）等，主要基于水污染物削减，对畜禽养殖场的建设、废弃物堆放、处理和排放及施肥提出了相应要求。目前，几乎没有针对农业氨排放防治管理、排放标准及中长期控制目标。

地方遵循国家政策规划目标，如《"十三五"生态环境保护规划》（国发〔2016〕65 号）、《全国农业可持续发展规划（2015—2030 年）》（农计发〔2015〕145 号）、《关于打好农业面源污染防治攻坚战的实施意见》（农科教发〔2015〕1 号）、《关于促进南方水网地区生猪养殖布局调整优化的指导意见》（农牧发〔2015〕11 号）、《全国农业现代化规划（2016—2020 年）》（国发〔2016〕58 号）等相关内容，普遍照搬化肥减量化利用、有机肥替代以及畜禽养殖废弃物循环利用的控制目标作为农业氨控制工程措施，过于宏观，可操作性不足。

目前推行的以化学需氧量和氨氮减排为核心的减排政策未能实现气水协同控制。以长三角地区为例，该区域畜禽养殖模式大多为圈舍（干清粪）养殖模式，但干清粪方式较原先的水冲粪会显著增加氨排放，以生猪为例，干清粪平均排放系数 [11.85 g/（头·d）] 较水冲粪 [7.85 g/（头·d）] 圈舍

氨增排 51%，而圈舍往往是养殖场氨排放主要排放源（70%～80%），在《畜禽场环境质量及卫生控制规范》（NY/T 1167—2006）等环境标准文件中也强调在舍内增加 NH_3 等恶臭气体的控制措施。通过调查也发现推广气水协同高效处理措施是实现畜禽养殖 NH_3 排放的有效途径。若在长三角地区推广圈舍实施封闭式/干清粪改造，同时开展粪污深度处理，可实现国家推广模式下气水协同高效处理，预计可实现 NH_3 减排 7.40 万 t，较现状降低 56.58%。

（2）农业氨排放管理、防控基础薄弱，严重影响区域大气统防统控效果

在重点区域大气污染攻坚行动方案中，重点污染源快速监测、来源解析、污染影响分析、防控以及应急处置等已形成完备体系，而农业氨排放具有特殊性，其来源贡献特别是重污染天气并不清楚，天地一体化区域农业源氨排放快速监测手段尚未构建，高频度高分辨率农业氨排放清单尚未建立，农业氨减排措施环境效应、经济效应、协同效应分析等基础研究工作薄弱，严重影响了区域大气统防统控效果。

（3）农业种植生产经营方式落后

全球最大 NH_3 排放的国家（区域）分别为中国、欧盟和美国，中国 NH_3 排放总量分别是欧盟、美国的 4 倍和 4.1 倍。我国相较于欧美，精细化较低，几乎无针对性控氨措施。我国畜禽养殖生产方式较为粗放，圈舍清粪效率低下，粪污长时间堆积是造成圈舍 NH_3 释放的主要原因。在圈舍中，NH_3 排放主要来自暂时堆积于圈舍内粪尿释放。以 2017 年畜禽养殖量居前列的河南、山东和河北为例，生猪人工干清粪占比为 80%～83%，奶牛为 34%～66%，肉牛为 76%～90%，蛋鸡为 37%～46%，肉鸡为 61%～74%。人工作业具有低时效性，新鲜粪尿未能得到及时清理，在舍内堆积后具有极大的释放速率和潜势，导致了圈舍成为 NH_3 排放的主要来源。

我国是世界第一大氮肥消费国，氮肥用量占全球氮肥用量的 30%。美国和欧盟农业氮肥施用强度分别为 69 kg/hm² 和 124 kg/hm²，我国农业施氮量平均为 150～250 kg/hm²，远高于国际公认的安全施用上限，其中，以中东部和东南部地区施肥强度最大，平均高达 350 kg/hm²。从田间管理来看，氮肥的深施有效减少了表层土的铵氮（或氨氮）浓度，其与表施相比可有效减少 64%氨挥发。此外，机械化施肥水平低。由于缺乏深施和混施机械，特别缺乏追肥的深施机械，中国小规模分散管理的小片农田，目前大约 60%的氮肥人工表施。无法精准控制施肥量，往往造成过量施肥的现象。我国大部分施肥方式为表施，如北方地区冬小麦表施方式下的尿素氨挥发损失率最高达 46.08%。测土配方减少施肥量、增加覆土施肥比例等农业推广政策对种植业氨减排效果较好。氮肥品种单一，基本都是铵态氮和产铵态氮肥料（如尿素）。铵态氮肥在中国北方碱性土壤上极易以氨的形态挥发到大气中。

（4）种植业和养殖业间氮素循环途径不畅

我国种植业和养殖业间氮素循环途径的断裂与破碎化严重，我国畜禽粪尿养分还田率仅有 30%～50%，既引起了养殖区氮素高量盈余与 NH_3 排放，又使得种植区必须依靠大量的化肥氮素投入以维持稳产和高产，最终导致了整个农业系统的氮素大量盈余和效率低下，导致 NH_3 排放大量增加。

1.5　农业氨排放控制思路

1.5.1　制定全国农业氨排放高分辨率清单，构建农业氨排放污染分级分区监管体系

针对大气氨排放行业开展摸底调查工作，建立并不断完善大气氨源高分辨率排放清单，摸清大

气氨重点排放源。开展大气环境氨的调查性监测试点，掌握大气环境中氨的浓度水平、季节变化和区域分布的时空特征。并对技术措施的适用性进行评估，制定分区控制策略与路线图，形成农业氨排放污染分级分区监管体系。

1.5.2　制定畜禽氨排放标准，将畜禽氨排放逐步纳入固定污染源环境管理体系

建议将农业氨纳入国家环境保护标准管理体系，制定农田、圈舍、粪污处理设施等畜禽养殖氨排放节点监测技术规范，修订《畜禽养殖业污染物排放标准》以及《畜禽养殖业污染防治技术规范》，基于气水污染协同控制原则，加入 NH_3 排放标准、NH_3 减排技术措施等内容，将农业氨排放控制纳入国家环境保护标准管理体系。

相对于种植业氨的面源排放特征，随着我国畜禽养殖业规模化快速发展，其生产自动化、规范化程度也越来越高，如大型全封闭、自动机械通风的畜禽舍，全封闭的畜禽粪便传送管道、蓄便池等，其氨排放已具有一定的点源排放特征，这使得在实现末端氨处理的基础上，准确核算畜禽养殖场氨排放总量成为可能，《畜禽养殖行业排污许可证申请与核发技术规范》已颁布实施，建议规模畜禽养殖纳入固定源管理核发排污许可证，将畜禽养殖业氨排放逐步纳入固定污染源环境管理体系。

在重点区域重污染天气，利用卫星遥感、激光雷达技术等手段，建设畜禽养殖氨排放快速观测手段，快速动态实时反映畜禽养殖氨排放状况，将畜禽养殖场氨减排措施纳入区域应急预案，养殖场应减少粪尿清除、堆肥的翻堆、农田施用，增加饲舍水冲频率、存储粪尿的覆盖、加强开放养殖场的喷淋等，以实现畜禽养殖氨应急减排。

1.5.3　重点发展农业氨排放污染高效控制技术，开展综合试点

继续推动种植业、畜禽养殖业在既有环境友好型生产方式的基础上，重点突破基于优化施肥方式与肥料类型的农田高效控氨减排关键技术，优化肥料品种，降低铵态、酰胺态氮肥比例，扩大非铵态氮肥比例，增加包膜肥料等缓释型肥料、水溶肥料用量，积极推广测土配方施肥、水肥一体化和有机肥替代化肥技术，减少氮肥施用。控制化肥施用总量并改善施肥模式是种植业氨排放减排有效手段，提高机械施肥比例，强化氮肥深施，推广水肥一体化技术。应通过激励性手段鼓励农民改善施肥模式。

在现阶段应在充分梳理畜禽养殖氨减排技术及现行畜禽养殖政策、规范的基础上，在大型规模化养殖场力推二者相衔接的控氨工程技术。进一步提高畜禽养殖规模化水平，在规模化养殖场推行筛选的氨处理技术，形成畜牧业氨减排推广技术体系，在国家大气污染防治重点区域如京津冀及周边、长三角、汾渭平原地区等全面开展定点观测和综合示范，详见表 4-7-3。"十四五"期间，推广应用低蛋白含量的饲料品种，从源头上削减氨挥发量；鼓励农村地区实施畜禽规模化养殖，开展密闭负压养殖试点；推进畜禽粪便生物处理技术，建设氨排放净化装置。开展"种养一体"试点，根据种植业规模和土壤环境容量确定养殖规模。

表 4-7-3　重点区域规模养殖氨排放控制（圈舍、粪污储存处理）技术推荐

环节	技术	技术简介	依据规范名称	依据内容
圈舍	粪污喷淋与抑制剂投加处理技术	针对蛋鸡、肉鸡、奶牛、肉牛圈舍，通过喷淋系统向舍内粪污喷淋清水或酸性淋洗液；向舍内粪污投（铺）放吸附剂，降低舍内氨气挥发	《规模畜禽养殖污染防治最佳可行技术指南》（试行）（HJ-BAT-10）	3.1.4.2　向养殖场区和粪污处理厂（站）投放或喷洒化学除臭剂防止臭气的产生
			《畜禽场环境质量及卫生控制规范》（NY/T 1167）	6.2.1.3　在粪便中添加各种具有吸附功能的添加剂，减少有害气体产生
			《规模畜禽养殖污染防治最佳可行技术指南》（试行）（HJ-BAT-10）	10.2　向粪便或舍内投（铺）放吸附剂减少臭气的散发。可采用沸石、锯末、膨润土以及秸秆、泥炭等含纤维素和木质素较多的材料
	粪尿分离与机械化快速清粪技术	对具备粪污存储处理条件的养殖场，粪便、尿液分离后加快输送至后续处理设施。生猪圈舍内采用斜坡漏缝地板，板下粪尿分离，机械自动刮粪；蛋鸡、肉鸡圈舍采用机械传输带及时清粪；奶牛、肉牛圈舍采用机械刮板及时清粪	《畜禽养殖业污染防治技术规范》（HJ/T 81）	4.3　新建、改建、扩建的畜禽养殖场应采取干法清粪工艺，采取有效措施将粪及时、单独清出，不可与尿、污水混合排出，并将产生的粪渣及时运至贮存或处理场所，实现日产日清
			《畜禽养殖业污染防治技术政策》（环发〔2010〕151 号）	五.（四）加强圈舍通风、建设绿化隔离带、及时清理畜禽养殖废弃物等手段，减少恶臭气体的污染
			《畜禽养殖业污染治理工程技术规范》（HJ 497）	10.1.2　加强舍内通风、采用节水型饮水器、及时清粪、绿化等措施抑制或减少恶臭气体的产生
圈舍	尾气净化和过滤收集处理技术	针对生猪、蛋鸡、肉鸡等封闭式圈舍，充分考虑区域气候条件的基础上，在圈舍通风系统终端对尾气进行净化和过滤收集，采用化学固定剂、物理固定剂、生物固定剂喷淋吸收固定处理	《规模猪场建设》（GB/T 17824.1—2008）	10.2.5　夏季公猪舍宜采用湿帘机械通风方式降温
			《畜禽养殖业污染治理工程技术规范》（HJ 497）	10.1.2　养殖场区应通过控制饲养密度、加强舍内通风
			《畜禽场环境质量及卫生控制规范》（NY/T 1167）	6.2.1.1　采取科学的通风换气方法，保证气流均匀，及时排出舍内的有害气体
			《畜禽场环境质量及卫生控制规范》（NY/T 1167）	6.2.2.4　适当进行通风换气，并在通风口设置过滤帘，保证舍内温度及时排出、减少颗粒物及有害气体
粪污	粪污输送、存储及处理设施封闭处理技术	舍外固液分离设施应进行喷淋处理，粪污封闭输送，对贮存池、调节池、沼液池、氧化塘等粪污贮存、处理设施覆盖处理，高产气池气体回收处理	《畜禽养殖业污染治理工程技术规范》（HJ 497）	10.1.3　粪污处理各工艺单元宜设计为封闭形式，减少恶臭对周围环境的污染 10.1.4　密闭化的粪污处理厂（站）宜建恶臭集中处理设施
	粪污处理设施固铵减排处理技术	封闭式好氧堆肥处理工艺，针对生猪、奶牛、肉牛粪污，采用复合膜盖材料进行覆盖好氧堆肥，针对蛋鸡、肉鸡粪污，采用罐式反应器堆肥发酵；针对采用厌氧发酵沼气发电工艺的养殖场，在沼气提纯过程中实施硫化氢、氨协同回收处理	畜禽粪便无害化处理技术规范（NY/T 1168）	9.2　畜禽固体粪便宜采用密闭仓式堆肥等技术进行无害化处理

1.5.4　优化区域布局，实现种植业和养殖业基于能量和物质流最优化的空间耦合

我国农业空间分布不均匀，规模化畜牧业多集中于东部沿海大城市周围，而这些区域种植业一般以蔬菜和果树等经济作物为主，由于经济作物氮素携出量低，且有机肥多已过量施用，因此消纳有机肥的潜力较小。与之相比，粮食作物氮素输出量大，但其集中种植区与畜禽养殖集中区不匹配，无法实现养殖业和饲料生产基地间的氮素高效循环与流动。应充分利用补贴、减税等经济手段和排污许可等手段，推动种植业和畜牧业空间分布上的耦合，增加直接还田利用比例，降低养殖业粪污存储时间，减少粪尿加工和储藏过程中氨挥发和缩短有机肥运输距离，提高效率、降低成本，实现能量和物质流最优化配置。

2　秸秆排放控制思路

2.1　秸秆污染控制现状

秸秆是收获后的农作物留下的植物遗体的总称，常见的有水稻、麦类、玉米、薯类、油料、棉花、甘蔗和其他农作物在收获籽实后的剩余部分。每到农作物收获季节，各地便开始处理农作物秸秆，而焚烧即是其处理的主要方式。焚烧秸秆不仅会造成空气污染、引发火灾，还会破坏土壤结构，使得农田质量下降，已经成为社会公害之一。

中国是世界第一秸秆大国，秸秆中蕴藏着巨大的养分资源，作物吸收的养分将近有一半要留在秸秆中，由于人们的认识不足和秸秆综合利用成本高等原因，我国的秸秆表现为过剩，造成秸秆的焚烧污染环境和资源浪费的现象。秸秆作为能源比重下降导致大量的秸秆被焚烧，同时带来了环境污染和经济损失。同时，秸秆燃烧的灰分没有全部的还田，造成大量的养分浪费，尤其是灰分中的钾，对弥补中国农田中化肥钾投入的不足有着深远的意义。

随着我国农业综合生产水平的持续提高，我国秸秆总产量巨大。1991—2015年，秸秆产生量由6.24亿t增加到10.41亿t，年均增长2.7%。2017年以来，全国秸秆每年产量7亿~9亿t。我国秸秆种类主要是玉米、水稻、小麦、油料作物、豆类、棉秆等。其中玉米、水稻总占比超过50%，为57.6%（图4-7-1）。

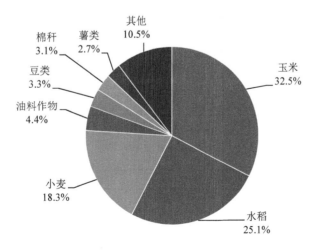

图 4-7-1　我国秸秆种类分布

从地理区域上看，华东、华北、华中地区秸秆量占比之和超过了50%，分别占比是23.2%、19.1%、16.7%。

2.2　我国秸秆综合利用措施

2014年，国家发改委和农业部编制的《秸秆综合利用技术目录》发布，提出了秸秆资源肥料化、饲料化、原料化、基料化和燃料化等"五料化"利用途径。2016年，农业部科技教育司会同农业部农业生态与资源保护总站组织遴选了秸秆"五料化"利用技术（表 4-7-4），发布了《关于推介发布秸秆"五料化"利用技术的通知》。

表 4-7-4　秸秆"五料化"利用技术

技术类别	技术名称	适宜秸秆	适宜区域
肥料化	直接还田	玉米秸、麦秸、稻秆、油菜秆、棉花秆等	全国大多数地区
	腐熟还田	稻秆、麦秸等	全国大多数地区
	生物反应堆	玉米秸、麦秸、稻秆、豆秸、蔬菜藤蔓等	全国大多数秸秆资源丰富地区
	堆沤还田	除重金属超标的农田秸秆外的所有秸秆	全国大多数秸秆资源丰富地区
饲料化	青（黄）贮	玉米秸、高粱秆等	全国大多数地区
	碱化/氨化	麦秸、稻秆等	堆垛法适于南方整年采用和北方气温较高的月份
	压块加工	稻秆以及豆秸、薯类藤蔓、向日葵秆（盘）等	全国大多数秸秆资源丰富地区
	揉搓丝化	玉米秸、豆秸、向日葵秆等	全国大多数地区
	微贮	麦秸、稻草、玉米、高粱、大豆、薯类、花生秧、甜菜、甘蔗、向日葵、油菜、玉米芯等	室外温度 10～40℃的地区，北方春、夏、秋三季，南方整年
燃料化	秸-沼-肥能源生态模式	玉米秸、麦秸、豆秸、花生秧、薯类茎秆、蔬菜藤蔓和尾菜等	全国各粮食主产区
	固化成型	玉米秸、稻秆、麦秸、棉秆、油菜秆、烟秆、稻壳等	粮食主产区或农产品加工厂附近、林业资源丰富的区域
	炭化	玉米秸、棉秆、油菜秆、烟秆、稻壳等	秸秆资源丰富地区
	纤维素乙醇生产	玉米秸、麦秸、稻秆、高粱秆等	秸秆资源丰富地区
	热解气化	玉米秸、麦秸、稻秆、稻壳、棉秆、油菜秆等	秸秆资源丰富地区
	直燃发电	玉米秸、麦秸、稻秆、稻壳、棉秆、油菜秆等	秸秆资源丰富地区
基料化	栽培草腐生菌类	稻秆、麦秸等禾本科秸秆	全国大部分地区的双孢蘑菇和草菇生产
	植物栽培基质	稻秆、麦秸等	全国大多数地区
	食用菌种植和栽培基质	稻秆、麦秸、玉米秸、玉米芯、豆秸、棉籽壳、棉秆、油菜秆、麻秆、花生秧、花生壳、向日葵秆等	全国大多数地区
原料化	人造板材	稻秆、麦秸、玉米秸、棉秆等	农作物秸秆资源量较大的区域
	复合材料	大部分秸秆均适用	全国大多数地区
	清洁制浆	麦秸、稻秆、棉秆、玉米秸等	全国大多数地区
	秸秆容器成型	水稻、小麦、玉米、甘蔗、高粱、棉花、大豆、油菜等	全国大多数地区
	木糖醇生产	玉米芯、棉籽壳等	全国大多数地区
	秸秆块墙体材料	小麦、水稻、玉米等	具有农作物秸秆收集能力的地区，如河南、山西西南部、安徽中北部、江苏北部、河北和甘肃等部分地区

秸秆综合利用技术清单与政策依据见表 4-7-5。

表 4-7-5 秸秆综合利用技术清单与政策依据

综合利用技术			技术依据	
技术种类	编号	内容	依据规范名称	依据内容
秸秆肥料化	1	旋耕还田模式	《农业部办公厅关于推介发布秸秆农用十大模式的通知》（农办科〔2017〕24 号）	三、黄淮海地区麦秸覆盖玉米秸旋耕还田模式：该模式基于黄淮海地区小麦—玉米轮作种植制度
	2	机械化粉碎和旋耕机作业	《农作物秸秆综合利用技术通则》（NY/T 3020—2016）	7.1.2 水稻秸秆粉碎还田。水稻收割机应加载切碎装置，水稻秸秆留茬高度应小于 15 cm，水稻秸秆粉碎长度为 10~15 cm，将粉碎的水稻秸秆均匀地净铺在农田里
秸秆肥料化	2	机械化粉碎和旋耕机作业	《农业部办公厅关于推介发布秸秆农用十大模式的通知》（农办科〔2017〕24 号）	五、长江流域稻麦秸秆粉碎旋耕还田模式：农作物秸秆通过机械化粉碎和旋耕机作业直接混埋还田，配套农机农艺相结合的方式，充分发挥秸秆还田在培肥地力和增产增收等方面的积极作用
	3	直接还田技术	《区域农作物秸秆全量处理利用技术导则》（农生态（生）〔2017〕9 号）	5.3.2 秸秆机械直接还田适宜于我国秸秆量大、茬口紧张的粮食主产区，包括秸秆翻压还田、秸秆混埋还田和秸秆覆盖还田
	3	直接还田技术	《关于加强农作物秸秆综合利用和禁烧工作的通知》（发改环资〔2013〕930 号）	三、加大政策支持力度：充分利用现有秸秆综合利用财政、税收、价格优惠激励政策，加大对农作物收获及秸秆还田收集一体化农机的补贴力度，提高还田和收集率
	4	保护性耕作	《关于编制秸秆综合利用规划的指导意见的通知》（发改环资〔2009〕378 号）	附件 1：2. 以秸秆覆盖留茬还田、就地覆盖或异地覆盖还田、免少耕播种施肥复式作业、轮作、病虫草害综合控制等为主要内容的先进农业技术
秸秆肥料化	5	秸秆堆沤还田	《区域农作物秸秆全量处理利用技术导则》（农生态（生）〔2017〕9 号）	5.3.4 适宜于靠近水源和秸秆运输方便的地方，通过将秸秆在田头进行堆积，加入氮肥或畜禽粪便等调节碳氮比、pH 值等，保持料堆含水率达 60%左右，堆高和堆宽达 2 m 左右时封堆腐熟
	5	秸秆堆沤还田	《关于编制秸秆综合利用规划的指导意见的通知》（发改环资〔2009〕378 号）	附件 1：2. 秸秆肥料化利用技术：堆沤还田主要是在田间地头挖积肥凼，将农作物秸秆成垛，添加适量的家畜粪尿或污泥等，调整碳氮比和水分，或者添加菌种和酶，使秸秆发酵生成有机肥。该项技术适用于秸秆产量丰富的粮食主产区和环境容量有限的地区进行推广，尤其是环境问题比较突出的城乡接合部
	6	生物反应堆技术	《区域农作物秸秆全量处理利用技术导则》（农生态（生）〔2017〕9 号）	5.3.5 秸秆生物反应堆技术适用于日光温室、大棚等设施作物与露地园艺作物栽培等，通过将秸秆置于土壤中，在微生物作用下，秸秆腐解为农作物提供各种营养物质和热量
	6	生物反应堆技术	《关于编制秸秆综合利用规划的指导意见的通知》（发改环资〔2009〕378 号）	附件 1：2. 将农作物秸秆加入一定比例的水和微生物菌种、催化剂等原料，发酵分解产生 CO_2。该技术方便简单，运行成本低廉，增产增收效果显著，适用于从事温室大棚瓜果、蔬菜等经济作物生产的农户应用

综合利用技术			技术依据	
技术种类	编号	内容	依据规范名称	依据内容
秸秆肥料化	7	生产有机肥	《农作物秸秆综合利用技术通则》（NY/T 3020—2016）	7.5.1 要按照有机肥登记审批的生产工艺和原料要求进行有机肥生产，经过一定周期发酵，达到均质化、无害化、腐殖化
			《区域农作物秸秆全量处理利用技术导则》（农生态（生）〔2017〕9号）	5.3.7 将秸秆粉碎到1～5 cm长，和畜禽粪便等其他含氮量较高的物料进行混合，调节原料的碳氮比达到25～30：1、含水率达到60%左右，通过接种菌种、堆制发酵制成有机肥料
	8	秸秆收集处理体系	《关于编制秸秆综合利用规划的指导意见的通知》（发改环资〔2009〕378号）	1．秸秆收集处理体系：为解决茬口紧的多熟农区秸秆收集、处理困难等问题，应加快建立秸秆收集和物流体系，推广农作物联合收获、粉碎、捡拾打捆全程机械化，对收获后留在田间的秸秆进行及时高效的处理
	9	覆盖还田模式	《农业部办公厅关于推介发布秸秆农用十大模式的通知》（正农办科〔2017〕24号）	四、黄土高原区少免耕秸秆覆盖还田模式（一）模式内涵：该模式是在作物收获后，将农作物秸秆及残茬覆盖地表，土地不进行耕翻，翌年采用免耕播种机进行播种或进行表土层耕作播种，同时定期进行轮耕或深松，以有效培肥地力，防止水土流失，降低生产成本，实现农业可持续发展
			《区域农作物秸秆全量处理利用技术导则》（农生态（生）〔2017〕9号）	5.3.6 主要指将秸秆收集后用于果园、茶园、苗圃、马铃薯种植等覆盖，协调土壤水肥气热状况，改善植物生长环境条件
秸秆饲料化	10	秸-饲-肥种养结合模式	《农业部办公厅关于推介发布秸秆农用十大模式的通知》（正农办科〔2017〕24号）	七、秸-饲-肥种养结合模式（一）模式名称："秸-饲-肥"种养结合模式是指农作物秸秆通过物理、化学、生物等处理方法，添加辅料和营养元素，制作成为营养齐全、适口性好的牲畜饲料。秸秆饲料经禽畜消化吸收后排出的粪便经过高温有氧堆肥、发酵等处理方式作为有机肥还田，从而实现种植业和养殖业的有机结合
	11	青（黄）贮技术	《区域农作物秸秆全量处理利用技术导则》（农生态（生）〔2017〕9号）	5.4 秸秆饲料化利用技术主要包括青贮（裹包）
			《关于编制秸秆综合利用规划的指导意见的通知》（发改环资〔2009〕378号）	附件1：3 青贮、微贮是指利用贮藏窖等，对秸秆进行密封贮藏，经过一定的物理、化学或生物方法处理制成饲料，饲喂牛、马、羊等大牲畜，并将其粪便还田，即过腹还田
			《农作物秸秆综合利用技术通则》（NY/T 3020—2016）	8.2 秸秆青贮技术 8.2.1 青贮饲料制作：应选用新鲜，青绿的玉米秸秆，将水分含量调整到适宜范围后，切碎，压实，在密闭缺氧条件下，通过乳酸菌发酵而成。可采用青贮窖、青贮池、青贮塔、袋装及裹包等方式进行青贮 8.2.3 青贮饲料饲喂：青贮窖启封后，应连续使用，直至用完。青贮饲料取出后当天喂完，不可堆放，避免二次发酵。给反刍动物饲喂青贮饲料时，要经过短期的过度适应，逐渐增加饲喂量；宜与其他粗饲料合理搭配；天冷时应防止冰冻

综合利用技术			技术依据	
技术种类	编号	内容	依据规范名称	依据内容
秸秆饲料化	12	碱化/氨化技术	《农作物秸秆综合利用技术通则》（NY/T 3020—2016）	8.3 秸秆氨化技术 利用氨水、液氨或尿素溶液等含氮物按一定比例喷洒在秸秆上，在密封的条件下经过一段时间处理
	13	压块加工技术	《农作物秸秆综合利用技术通则》（NY/T 3020—2016）	8.4 秸秆压块（颗粒）饲料技术 将秸秆经机械铡切或揉搓粉碎，根据动物营养需要，配混以必要的其他营养物质，经过高温、高压轧制而成。原料应选用当年收获、无霉变的秸秆。加工秸秆压块（颗粒）饲料感官上应色泽一致、无发酵、霉变、结块及异味。秸秆颗粒质量应符合 GB/T 16765 的要求。所选用的秸秆压块颗粒饲料压制机应符合 GB/T 26552 或 NY/I 1930 的要求
	14	揉搓丝化技术	《农作物秸秆综合利用技术通则》（NY/T 3020—2016）	8.5 秸秆揉搓丝化加工技术 将秸秆经机械揉搓加工成柔软的丝状物，选用的秸秆原料应无任何异味，无霉变。所选用的设备应符合 NY/T 509 的要求
			《关于编制秸秆综合利用规划的指导意见的通知》（发改环资〔2009〕378 号）	附件 1：3，揉搓丝化可有效改变秸秆的适口性和转化率。秸秆压块饲料便于长期保存和长距离运输
	15	秸秆微贮技术	《农作物秸秆综合利用技术通则》（NY/T 3020—2016）	包括水泥池微贮法、土层微贮法、塑料袋富内微贮法和大型窖微贮法等。将已接种相关功能微生物菌种的秸秆，置入容器（水泥地、土客、缸、塑料袋等）中或地面
秸秆燃料化	16	秸-沼-肥能源生态模式	《农业部办公厅关于推介发布秸秆农用十大模式的通知》（农办科〔2017〕24 号）	八、秸-沼-肥能源生态模式（一）模式内涵："秸-沼-肥"能源生态模式，是利用玉米、小麦等农作物秸秆制取沼气，通过管道或压缩装罐供应农村居民生活用能，或者提纯后制取"生物天然气"供车用或工业使用。秸秆制沼气后的沼渣、沼液可直接还田，也可经深加工制成含腐殖酸水溶肥、叶面肥或育苗基质等，应用于蔬菜、果树及粮食生产
			《农作物秸秆综合利用技术通则》（NY/T 3020—2016）	9.2 秸秆沼气工程宜采用完全混合式厌氧反应器、竖向推流式厌氧反应器、序批式固态厌氧反应器等工艺。反应器的设计应采用中、高温发酵，并能满足多种原料发酵需求。工艺设计应符合 NY/T 2142 的要求
			《区域农作物秸秆全量处理利用技术导则》（农生态（生）〔2017〕9 号）	5.6 秸秆燃料化利用途径主要包括固化成型、热解气化、沼气生产、直燃发电、炭化、纤维素乙醇生产、生物油生产等
	17	固化成型技术	《区域农作物秸秆全量处理利用技术导则》（农生态（生）〔2017〕9 号）	5.6 秸秆燃料化利用途径主要包括固化成型、热解气化、沼气生产、直燃发电、炭化、纤维素乙醇生产、生物油生产等
			《关于加强农作物秸秆综合利用和禁烧工作的通知》（发改环资〔2013〕930 号）	三、加大政策支持力度：研究建立秸秆还田或打捆收集补助机制，深入推动秸秆固化成型
			《关于编制秸秆综合利用规划的指导意见的通知》（发改环资〔2009〕378 号）	附件 1：4. 秸秆能源化利用技术：秸秆固化成型燃料是指在一定温度和压力作用下，将农作物秸秆压缩为棒状、块状或颗粒状等成型燃料，从而提高运输和贮存能力，改善秸秆燃烧性能，提高利用效率，扩大应用范围

| 综合利用技术 | | | 技术依据 | |
技术种类	编号	内容	依据规范名称	依据内容
秸秆燃料化	18	秸秆炭化技术	《区域农作物秸秆全量处理利用技术导则》(农生态(生)〔2017〕9号)	5.6 秸秆燃料化利用途径主要包括固化成型、热解气化、沼气生产、直燃发电、炭化、纤维素乙醇生产、生物油生产等
			《关于加强农作物秸秆综合利用和禁烧工作的通知》(发改环资〔2013〕930号)	三、加大政策支持力度:研究建立秸秆还田或打捆收集补助机制,深入推动秸秆炭化
			《关于编制秸秆综合利用规划的指导意见的通知》(发改环资〔2009〕378号)	6.秸秆炭化、活化技术:秸秆的炭化、活化技术是指利用秸秆为原料生产活性炭技术,因秸秆的软、硬不同,可分为两种生产加工方法
	19	秸秆活化技术	《关于编制秸秆综合利用规划的指导意见的通知》(发改环资〔2009〕378号)	6.秸秆炭化、活化技术:秸秆的炭化、活化技术是指利用秸秆为原料的生产活性炭技术,因秸秆的软、硬不同,可分为两种生产加工方法
	20	纤维素乙醇生产技术	《区域农作物秸秆全量处理利用技术导则》(农生态(生)〔2017〕9号)	5.6 秸秆燃料化利用途径主要包括固化成型、热解气化、沼气生产、直燃发电、炭化、纤维素乙醇生产、生物油生产等
	21	热解气化技术	《区域农作物秸秆全量处理利用技术导则》(农生态(生)〔2017〕9号)	5.6 秸秆燃料化利用途径主要包括固化成型、热解气化、沼气生产、直燃发电、炭化、纤维素乙醇生产、生物油生产等
			《关于编制秸秆综合利用规划的指导意见的通知》(发改环资〔2009〕378号)	附件1:4.秸秆能源化利用技术:秸秆热解气化是以农作物秸秆、稻壳、木屑、树枝以及农村有机废弃物等为原料,在气化炉中,缺氧的情况下进行燃烧,通过控制燃烧过程,使之产生含一氧化碳、氢气、甲烷等可燃气体作为农户的生活用能。该项技术主要适用于以自然村为单位进行建设
	22	直燃发电技术	《区域农作物秸秆全量处理利用技术导则》(农生态(生)〔2017〕9号)	5.6 秸秆燃料化利用途径主要包括固化成型、热解气化、沼气生产、直燃发电、炭化、纤维素乙醇生产、生物油生产等
			《关于编制秸秆综合利用规划的指导意见的通知》(发改环资〔2009〕378号)	附件1:4.秸秆能源化利用技术:秸秆直接燃烧发电技术是指秸秆在锅炉中直接燃烧,释放出来的热量通常用来产生高压蒸汽,蒸汽在汽轮机中膨胀做功,转化为机械能驱动发电机发电。该技术基本成熟,已经进入商业化应用阶段,适用于农场以及我国北方的平原地区等粮食主产区,便于原料的大规模收集
秸秆基料化	23	秸-菌-肥基质利用模式	《农业部办公厅关于推介发布秸秆农用十大模式的通知》(农办科〔2017〕24号)	九、秸-菌-肥基质利用模式(一)模式内涵:"秸-菌-肥"基质利用模式,是以农作物秸秆为主要原料,通过与其他原料混合或经高温发酵,配制而成食用菌栽培基质,食用菌采收结束后,菌糠再经高温堆肥处理后归还农田,是一种多级循环利用技术
	24	秸-炭-肥还田改土模式	《农业部办公厅关于推介发布秸秆农用十大模式的通知》(农办科〔2017〕24号)	十、秸-炭-肥还田改土模式(一)模式内涵:"秸-炭-肥"还田改土模式,是将农作物秸秆通过低温热裂解工艺转化为富含稳定有机质的生物炭,然后以生物炭为介质生产炭基肥料,并返回农田,以改善土壤结构及其他理化性状,增加土壤有机碳含量,实现秸秆在农业生产过程中的循环利用

综合利用技术			技术依据	
技术种类	编号	内容	依据规范名称	依据内容
秸秆基料化	25	食用菌种植和栽培基质技术	《区域农作物秸秆全量处理利用技术导则》（农生态（生）〔2017〕9号）	5.5　秸秆基料化利用技术主要包括秸秆食用菌种植技术和秸秆栽培基质技术（水稻育秧、蔬菜育苗、花卉苗木栽培等）
			《关于加强农作物秸秆综合利用和禁烧工作的通知》（发改环资〔2013〕930号）	三、加大政策支持力度：研究建立秸秆还田或打捆收集补助机制，深入推动食用菌生产
			《秸秆综合利用重点技术》	5.　秸秆生物转化食用菌技术 食用菌是真菌中能够形成大型子实体并能供人们食用的一种真菌，食用菌以其鲜美的味道、柔软的质地、丰富的营养和药用价值备受人们青睐
			《发展改革委、农业部关于印发编制秸秆综合利用规划的指导意见的通知》（发改环资〔2009〕378号）	附件1：5.秸秆生物转化食用菌技术；食用菌是真菌中能够形成大型子实体并能供人们食用的一种真菌，食用菌以其鲜美的味道、柔软的质地、丰富的营养和药用价值备受人们青睐
秸秆原料化	26	人造板材技术	《区域农作物秸秆全量处理利用技术导则》（农生态（生）〔2017〕9号）	5.7　秸秆原料化利用途径主要包括秸秆人造板材、秸秆清洁造纸、秸秆复合材料、秸秆木糖醇、秸秆块墙砖温室大棚、秸秆成型容器、秸秆编织等
			《秸秆综合利用重点技术》	7.　以秸秆为原料的加工业利用 秸秆纤维作为一种天然纤维素纤维，生物降解性好，可以作为工业原料，如纸浆原料、保温材料、包装材料、各类轻质板材的原料，可降解包装缓冲材料、编织用品等，或从中提取淀粉、木糖醇、糖醛等
			《秸秆"五料化"利用技术》	5.1　秸秆人造板材生产技术 （一）技术概述：秸秆人造板是以麦秸或稻秆等秸秆为原料，经切断、粉碎、干燥、分选、拌以异氰酸酯胶黏剂、铺装、预压、热压、后处理（包括冷却、裁边、养生等）和砂光、检测等各道工序制成的一种板材
	27	复合材料技术	《秸秆"五料化"利用技术》	5.2　秸秆复合材料生产技术 （一）技术概述：秸秆复合材料就是以可再生秸秆纤维为主要原料，配混一定比例的高分子聚合物基（塑料原料），通过物理、化学和生物工程等高技术手段，经特殊工艺处理后，加工成型的一种可逆性循环利用的多用途新型材料
			《区域农作物秸秆全量处理利用技术导则》（农生态（生）〔2017〕9号）	7.　以秸秆为原料的加工业利用：秸秆纤维作为一种天然纤维素纤维，生物降解性好，可以作为工业原料，如纸浆原料、保温材料、包装材料、各类轻质板材的原料，可降解包装缓冲材料、编织用品等，或从中提取淀粉、木糖醇、糖醛等
	28	清洁制浆技术	《秸秆"五料化"利用技术》	5.3.1　有机溶剂制浆技术 （一）技术概述：有机溶剂法提取木质素就是充分利用有机溶剂（或和少量催化剂共同作用下）良好的溶解性和易挥发性，达到分离、水解或溶解植物中的木质素，使得木质素与纤维素充分、高效分离的生产技术 5.3.2　生物制浆技术 （一）技术概述：生物制浆是利用微生物所具有的分解木素的能力，来除去制浆原料中的木素，使植物组织与纤维彼此分离成纸浆的过程。生物制浆包括生物化学制浆和生物机械制浆 5.3.3　DMC清洁制浆技术 （一）技术概述：在草料中加入DMC催化剂，使木质素状态发生改变，软化纤维，同时借助机械力的作用分离纤维；此过程中纤维和半纤维素无破坏，几乎全部保留

综合利用技术			技术依据	
技术种类	编号	内容	依据规范名称	依据内容
秸秆原料化	29	秸秆容器成型技术	《秸秆"五料化"利用技术》	5.5 秸秆容器成型技术 （一）技术概述：秸秆容器成型技术，就是利用粉碎后的小麦、水稻、玉米等农作物秸秆（或预处理）为主要原料，添加一定量的胶黏剂及其他助剂，在高速搅拌机中混合均匀，最后在秸秆容器成型机中压缩成型冷却固化的过程，形成不同形状或用途秸秆产品的技术
	30	木糖醇生产技术		5.7 秸秆原料化利用途径主要包括秸秆人造板材、秸秆清洁造纸、秸秆复合材料、秸秆木糖醇、秸秆块墙砖温室大棚、秸秆成型容器、秸秆编织等
	31	秸秆墙体材料	《区域农作物秸秆全量处理利用技术导则》（农生态（生）〔2017〕9 号）	5.4 秸秆块墙体日光温室构建技术 一种利用压缩成型的秸秆块作为日光温室墙体材料的农业设施
				5.7 秸秆原料化利用途径主要包括秸秆人造板材、秸秆清洁造纸、秸秆复合材料、秸秆木糖醇、秸秆块墙砖温室大棚、秸秆成型容器、秸秆编织等

2.3 秸秆禁烧和综合利用存在的问题

2.3.1 秸秆综合利用现状

进一步引导、鼓励和推进秸秆综合利用工作，防止秸秆焚烧产生环境污染，2015 年国家发改委、财政部、农业部、环境保护部联合印发《关于进一步加快推进农作物秸秆综合利用和禁烧工作的通知》，提出至 2020 年秸秆综合利用率达到 85% 的目标任务。各省、市、县也积极响应国家政策，制定了所在地区 2020 年秸秆综合利用率目标（表 4-7-6）。

表 4-7-6 2020 年全国 31 省（区、市）秸秆综合利用率目标

大区	省（区、市）	综合利用率/%
东北	黑龙江	80
	吉林	85
	辽宁	87
华北	北京	99
	天津	98
	山西	85
	河北	96
	内蒙古	85
华中	河南	89
	湖北	95
	湖南	85
华东	上海	95
	江苏	95
	浙江	95

大区	省（区、市）	综合利用率/%
华东	安徽	90
	福建	85
	江西	90
	山东	92
华南	广东	85
	广西	85
	海南	85
西北	甘肃	85
	宁夏	85
	青海	85
	陕西	85
	新疆	85
西南	贵州	80
	四川	90
	云南	85
	重庆	85
	西藏	85
全国		85

　　从区域分布来看，华北区和华东区综合利用率目标最高，除山西和福建两省外，其余各省份秸秆综合利用率目标均在90%以上；华中区和东北区各省秸秆综合利用率目标在90%左右，各省份之间差距较大；华南、西北、西南区综合利用率目标和全国持平，除四川省为90%外，其他省份均在85%。

　　进入"十三五"以来，秸秆综合利用工作稳步推进，围绕秸秆肥料化、饲料化、能源化、基料化、原料化和收储运体系建设等领域，秸秆综合利用率稳步提升，2016年秸秆综合利用率达81.68%；2017年，全国秸秆综合利用率超过83%，基本形成肥料化利用为主，饲料化、燃料化稳步推进，基料化、原料化为辅的综合利用格局；在2018年，全国秸秆综合利用率达到84%（图4-7-2）。同年原农业部提出力争到2020年，全国秸秆综合利用率达85%以上，其中，东北地区秸秆综合利用率达80%以上、新增秸秆利用能力2 700多万t。

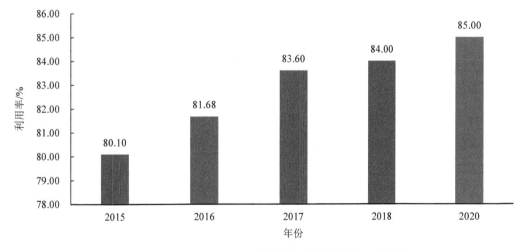

图4-7-2　2015—2018年秸秆综合利用目标完成情况

相比于 2015 年，秸秆综合利用模式组成变化不大，继续坚持秸秆肥料化、饲料化和燃料化三大利用方向，三者均有所增加。基料化和原料化略有降低，不断提升秸秆农用水平，见图 4-7-3。

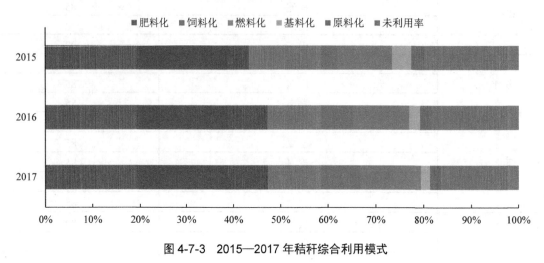

图 4-7-3　2015—2017 年秸秆综合利用模式

2.3.2　秸秆禁烧现状

随着宣传力度的加大、各项禁烧措施的有力开展、人员监管的完善以及政府的补贴政策，现如今全国大部分省份秸秆焚烧火点呈现下降趋势，但部分地区违法焚烧秸秆现象仍然屡禁不止，秸秆禁烧形势依然不容乐观，还需进一步加强管控并积极推进综合利用。据环境保护部卫星环境应用中心了解，环境卫星秸秆焚烧火点监测月报显示（不含云覆盖下火点），2016—2018 年，我国秸秆焚烧火点数分别为 7 656 个（2016 年）、10 987 个（2017 年）以及 7 647 个（2018 年）。

从时间分布来看：秸秆焚烧火点卫星遥感数据分析，秸秆焚烧存在明显的季节差异，主要集中在春季和秋季。2016 年焚烧火点数，春季秋季分别占比 63.35% 和 28.57%，其中春季集中在 3 月，秋季集中在 10 月；2017 年焚烧火点数，春季秋季分别占比 56.79% 和 34.75%，其中春季集中在 4 月，秋季集中在 10 月。这主要是我国地域上农作物的耕作制度所造成的，我国北方耕作制度是一年两熟或两年三熟（华北平原、黄土高原）或者一年一熟（东北平原地区），我国南方耕作制度是一年两熟到三熟，因此导致秸秆焚烧主要集中在春季和秋季。

从空间分布上来看，2016 年 4 月，全国共计监测到秸秆焚烧火点 1 625 个秸秆焚烧火点主要分布在东北的黑龙江、吉林、辽宁，西北的新疆，华北的内蒙古。具体来说，黑龙江、新疆、内蒙古、辽宁、吉林等 5 个省份，火点个数均超过 100，共计 1 346 个，占火点总个数的 83%。其中，黑龙江的火点个数最多，达到 771 个，远高于其他省份，占火点总个数的 47%；新疆次之，达到 167 个；内蒙古紧随其后，为 153 个；其他火点个数超过 100 的省份依次为辽宁 133 个、吉林 122 个。其余省份火点个数均小于 100 个，其中江西、湖南、河南、贵州、天津、江苏等 15 省均不足 10 个。重庆、青海未出现火点；2017 年 4 月，全国共计监测到秸秆焚烧火点数 3 744 个，秸秆焚烧火点主要集中在东北的黑龙江、吉林，西北的新疆，华北的内蒙古。具体来说，黑龙江、吉林、内蒙古、新疆等 4 个省份，火点数均超过 100，共计 3 667 个，占火点总个数的 98%。其中，黑龙江的火点个数最多，达到 2 894 个，远高于其他省份，占火点总个数的 77%；吉林次之，达到 405 个；接着是内蒙古，为 250 个；新疆随后，为 118 个。其余省份火点个数均少于 100 个，其中山西、云南、广西、陕西等 8 个省份火点数均不足 10 个。其余 16 个省份未出现火点。

总的来说，我国各地区秸秆露天焚烧火点数存在区域差异，各地区火点数从无到多不等。秸秆焚烧火点 2016 年 4 月和 2017 年 4 月在空间分布上主要集中在黑龙江、内蒙古、新疆这 3 个省份，秸秆露天焚烧现象相对来说比较多。

2.3.3　存在的问题

（1）综合利用控制政策缺乏顶层设计和整体规划，标准体系不协调

缺乏顶层设计和整体规划。目前我国秸秆综合利用标准由农业、机械、建筑等多个部门归口管理，已出台的国标、行标都比较零星分散，缺乏对秸秆利用过程标准体系的研究、规划和设计，更缺乏相应的综合利用环境管理标准。标准体系结构不协调。秸秆综合利用是一个整体的过程，其中又有 5 种不同的利用方式，但目前标准制修订却主要集中在秸秆燃料化利用领域，秸秆原料化和基料化利用的标准却明显不足，不能满足实际需要。即使在某一特定的利用方式领域，也存在严重不平衡现象，如秸秆收储运标准大部分都集中于某几种特定的秸秆打捆机械，对于秸秆收储运过程中使用到的其他机械技术标准和过程管理标准鲜有涉及。此外，缺乏区域秸秆还田适宜性的研究，技术规范不明确。由于各地在土壤类型、质地及气象条件、农作制度、地形地貌等方面存在差异，在秸秆还田量、还田时序、还田方法、还田时期等方面缺乏定性与定量的研究。

禁烧管理法规不健全，焚烧行为实施处罚的主体不够全面，秸秆禁烧的相关规范不科学，缺乏法律上的依据。

（2）秸秆综合利用关键技术研究薄弱存在技术瓶颈难以落地

秸秆综合利用基础研发基础薄弱，导致推荐技术系统性、规模化和集成化的一些关键性技术存在瓶颈无法突破。例如，在肥料化利用方面，秸秆生物腐熟技术效率低，腐熟过程中还存在养分丢失问题。在饲料化利用方面，秸秆青贮防霉、氨化技术需要与饲养管理、饲料搭配、畜种改良和疫病防控等技术进一步配套组合；秸秆揉搓、菌剂添加、包膜等一体化饲用收获设备供给能力严重不足。在燃料化利用方面，秸秆气化中的焦油处理、秸秆乙醇产业化生产效益不高等一些关键性技术难题尚未完全突破；秸秆固化、碳化生产设备产量低、能耗高、寿命短的问题依然存在。在原料化利用方面，秸秆复合材料、生产板材和清洁制浆等生产工艺需要进一步完善和改良。在基料化利用方面，秸秆育秧基质、育苗基料、动物垫床等关键技术和设备突破还不够。此外，受到地形、气候、运行成本、劳动力资源及成本的影响，秸秆综合利用推荐技术落地困难。

（3）利用技术单一，综合利用水平低下

在绝大部分地区，秸秆综合利用机械化虽然有了较大发展，但与秸秆资源利用的深度和广度开发需要相比，仍有较大差距。秸秆还田仍然是主要模式。综合利用水平低下导致秸秆浪费严重，不仅造成巨大的资源浪费，焚烧现象时有发生，污染环境。

（4）收储运问题突出

在绝大部分地区，秸秆收集难、运输难、储存难等问题都很突出，收储运体系不完善越来越成为制约秸秆产业化发展的关键性因素。收集秸秆成本较高，机械收集一次性投入成本巨大，作业季节性强，工作周期短，对购买者没有吸引力。随着秸秆综合利用，秸秆存储用地矛盾日益突出，土地租金高或土地指标缺等因素造成收储点建设困难。秸秆综合利用收益受到运输距离的严重制约，不适于长距离运输。

（5）以县域为单元的秸秆全量利用模式，缺乏基础数据支撑与政策保障体系

以县域为单元的秸秆全量利用模式被认为是破解秸秆禁烧和综合利用难题的有效方式，但是目前对县域单元的秸秆资源与可收集量、秸秆综合利用现状、维持地力的秸秆还田量、秸秆离田利用的比例等缺乏基础数据支撑，还无法实现秸秆产业和收储场地的合理布局，针对县域为单元的全量处理利用政策保障体系还不健全。

（6）秸秆综合利用方式不合理、作业实施不彻底导致的负面环境效应仍较为突出

在禁烧的压力下，虽然秸秆综合利用率在提高，但是目前推荐的综合利用方式受到经济、技术、地形等因素影响，普遍存在不合理和作业实施不彻底的现象，因此而导致的负面环境效应较为突出。

随着城市化水平提高，农村社会经济的发展，我国农村能源消费结构中的秸秆所占比例有所下降，但是受当地的资源条件和经济发展程度影响，华南和西南地区秸秆薪柴消费比例仍然很高，薪柴消费比例占秸秆燃料化总量的50%以上。秸秆薪柴的直接燃烧对区域环境空气质量造成潜在危害。

秸秆机械化粉碎直接还田是目前肥料化利用、解决秸秆焚烧问题的最主要、最有效的手段。但是存在如下问题，由于农作物收获留茬过高，秸秆机械还田难度较大；要达到理想的还田效果，需经过作物收获、秸秆粉碎抛洒、旋耕破茬、撒施腐熟剂、机械翻耕、圆盘耙耙平等多道工序，运行成本高；要实现肥力有效利用和防止进一步营养盐释放，需要对秸秆进行两次以上的粉（切）碎和旋耕，而且要与深松和定期深翻相结合，需要机具设备相配套。受制于技术、经济、设备和地形等因素，导致秸秆机械化粉碎直接还田实施不彻底，进而无法实现真正的秸秆深翻还田和高效作业，极大影响了后茬农作物播种和正常生长，同时在一定条件下导致 N、P、COD 等面源污染物释放，造成还田周边水体污染风险。

2.4 秸秆控制思路

2.4.1 进一步完善秸秆禁烧和综合利用管理法规和行业标准

应加快立法进程，进一步完善禁烧管理的相关法规，从法律上保障我国秸秆综合利用。提高秸秆禁烧的相关立法性文件的法律位阶，鼓励建立长效秸秆禁烧地方法规。为使秸秆禁烧区之外区域的秸秆焚烧管理有章可循，建议国家有关部门设定限烧区，以有效控制秸秆焚烧和最大程度地减轻烟气污染。

围绕构建秸秆利用过程标准体系，补充完善秸秆原料化和基料化利用的标准。制定相应的技术规范，指导区域秸秆还田适宜性的研究包括秸秆还田量、还田时序、还田方法、还田时期等。建议制定主要技术模式环境效应评价技术规范，为秸秆综合利用的质量提升提供保障。

2.4.2 制定全国县域尺度秸秆综合利用基础数据库，为推进以县域为单元的秸秆全量化利用模式奠定基础

基于第三次全国农业普查成果统计县域内秸秆类型及产生量、秸秆还田面积、秸秆收集面积、秸秆还田田块与收集田块、农作制度等基础信息，设计秸秆离田利用的比例关系，构建综合利用技术库，制定县域尺度秸秆综合利用基础数据库。合理布局秸秆产业和收储场地，健全秸秆全量处理利用的政策保障体系，为以县域为单元推进"区域统筹、整体推进"的秸秆全量化利用模式奠定基础。

2.4.3　在试点县域开展秸秆综合利用技术本土化改良，构建整县推进秸秆利用模式

针对各大区秸秆综合利用主要方式中的技术瓶颈，以县为单元在前期试点成果的基础上，加大技术研究投入，因地制宜对推荐技术进行本土化改良，以适应本地的地形、气候、农作物茬口关系特点。因地制宜地确定秸秆综合利用的结构和方式，探索秸秆还田、秸秆离田和终端产品应用的补贴标准，培育秸秆综合利用经营主体，构建工作措施、技术措施、政策措施相配套的整县推进秸秆利用模式，健全政府、企业与农民三者利益统一的联结机制，不断提升秸秆综合利用的市场化、产业化发展水平。

2.4.4　树立离田处理理念，构建收储运运行机制，有序推进秸秆产业化利用进程

加强政府引导协调，树立离田利用理念，充分借鉴推进秸秆还田利用的工作经验，尽早规划秸秆离田利用长远目标。在经济发达地区，加大秸秆收储运设备投入，提高区域内收储运设备自给率，逐步建立内外结合的稳固型秸秆收储运运行机制，打破秸秆收储运系统难题；调整秸秆综合利用资金扶持方向，逐步向秸秆离田处理倾斜，有序推进秸秆产业化利用进程。

参考文献

[1] Lu F，Liao W. Legislation，plans，and policies for prevention and control of air pollution in China：Achievements，challenges，and improvements[J]. Journal of Cleaner Production，2015，112：1549-1558.

[2] Ho K F. Chemical composition and bioreactivity of $PM_{2.5}$ during 2013 haze events in China[J]. Atmospheric Environment，2016，126：162-170.

[3] 钱晓雍，郭小品，林立，等. 国内外农业源 NH_3 排放影响 $PM_{2.5}$ 形成的研究方法探讨[J]. 农业环境科学学报，2013（10）：14-20.

[4] Wei L D J，Tan J，et al. Gas-to-particle conversion of atmospheric ammonia and sampling artifacts of ammonium in spring of Beijing [J]. Science China Earth Sciences，2014，58（3）：345-355.

[5] 韦莲芳，段谭，马永亮，等. 北京春季大气中氨的气粒相转化及颗粒态铵采样偏差研究 [J]. 中国科学：地球科学，2015（2）：216-226.

[6] Dedoussi I C，Barrett S R H. Air pollution and early deaths in the United States. Part II：Attribution of $PM_{2.5}$ exposure to emissions species，time，location and sector[J]. Atmospheric Environment，2014，99：610-617.

[7] Cui H C W，Dai W，et al. Source apportionment of $PM_{2.5}$ in Guangzhou combining observation data analysis and chemical transport model simulation [J]. Atmospheric Environment，2015，116：262-271.

[8] Wang J W S，Voorhees A S，et al. Assessment of short-term $PM_{2.5}$-related mortality due to different emission sources in the Yangtze River Delta，China [J]. Atmospheric Environment，2015，123：S135223101530131X.

[9] Turšič J B A，Podkrajšek B，et al. Influence of ammonia on sulfate formation under haze conditions[J]. Atmospheric Environment，2004，38（18）：2789-2795.

[10] Galloway J N，Dentener F J，Capone D G，et al. Nitrogen Cycles：Past，Present，and Future[J]. Biogeochemistry，2004，70（2）：153-226.

[11] Gao Z，Ma W，Zhu G，et al. Estimating farm-gate ammonia emissions from major animal production systems in China[J]. Atmospheric Environment，2013，79：20-28.

[12] 董文煊，邢佳，王书肖. 1994—2006 年中国人为源大气氨排放时空分布[J]. 环境科学，2010（7）：52-58.

[13] Cortus E L，Lemay S P，Barber E M，et al. A dynamic model of ammonia emission from urine puddles[J]. Biosystems Engineering，2008，99（3）：390-402.

[14] Blanesvidal，Hansen，M. N，Pedersen H B. Emissions of ammonia，methane and nitrous oxide from pig houses and slurry：Effects of rooting material，animal activity and ventilation flow[J]. Agriculture Ecosystems & Environment，2008，124（3）：237-244.

[15] Ni J Q，Heber A J，Diehl C A，et al. SE—Structures and Environment：Ammonia，Hydrogen Sulphide and Carbon Dioxide Release from Pig Manure in Under-floor Deep Pits[J]. Journal of Agricultural Engineering Research，2000，77（1）：53-66.

[16] 常志州，靳红梅，黄红英，等. 畜禽养殖场粪便清扫、堆积及处理单元氮损失率研究[J]. 农业环境科学学报，2013（5）：1068-1077.

[17] Kang N I，Ding W X，Cai Z C. Ammonia Volatilization from Soil as Affected by Long-term Application of Organic Manure and Chemical Fertilizers During Wheat Growing Season[J]. Journal of Agro-Environment Science，2009.

[18] 刘娟，柏兆海，曹玉博，等. 家畜圈舍粪尿表层酸化对氨气排放的影响[J]. 中国生态农业学报，2019（5）.

[19] 盛婧，孙国峰，郑建初. 典型粪污处理模式下规模养猪场农牧结合规模配置研究Ⅰ. 固液分离-液体厌氧发酵模式[J]. 中国生态农业学报，2015，23（2）：199-206.

[20] 王建彬，田林春，王倩倩，等. 谈利用营养调控减少猪粪尿中氮、磷对环境的污染[J]. 猪业科学，2009，26（2）：62-64.

[21] F.X. Philippe V R，J.Y. Dourmad，J.F. Cabaraux，et al. Food fibers in gestating sows：effects on nutrition，behaviour，performances and waste in the environment[J]. INRA Productions Animales，2008，21：277-290.

[22] Wang Y，Cho J H，Chen Y J，et al. The effect of probiotic BioPlus 2B® on growth performance，dry matter and nitrogen digestibility and slurry noxious gas emission in growing pigs[J]. Livestock Science，2009，120（1-2）：35-42.

[23] Ti C，Xia L，Chang S X，et al. Potential for mitigating global agricultural ammonia emission：A meta-analysis[J]. Environ Pollut，2019，245：141-148.

[24] Beusen A H W，Bouwman A F，Heuberger P S C，et al. Bottom-up uncertainty estimates of global ammonia emissions from global agricultural production systems[J]. Atmospheric Environment，2008，42（24）：6067-6077.

[25] Ni J Q，Heber A J，Diehl C A，et al. SE—Structures and Environment：Ammonia，Hydrogen Sulphide and Carbon Dioxide Release from Pig Manure in Under-floor Deep Pits[J]. Journal of Agricultural Engineering Research，2000，77（1）：53-66.

[26] Granier R，Guingand N，Massabie P. Influence of hygrometry，temperature and air flow rate on the evolution of ammonia levels[J]. Journée de la Recherche Porcine，1996，28（12）：209-216.

[27] Jeppsson K H. SE—Structures and Environment：Diurnal Variation in Ammonia，Carbon Dioxide and Water Vapour Emission from an Uninsulated，Deep Litter Building for Growing/Finishing Pigs[J]. Biosystems Engineering，2002，81（2）：213-223.

[28] Ni J Q，Heber A J，Diehl C A，et al. SE—Structures and Environment：Ammonia，Hydrogen Sulphide and Carbon Dioxide Release from Pig Manure in Under-floor Deep Pits[J]. Journal of Agricultural Engineering Research，2000，77（1）：53-66.

[29] Yasuda T，Kuroda K，Fukumoto Y，et al. Evaluation of full-scale biofilter with rockwool mixture treating ammonia gas from livestock manure composting[J]. Bioresource Technology，2009，100（4）：1568-1572.

[30] Groenestein C M，Faassen H G V. Volatilization of Ammonia，Nitrous Oxide and Nitric Oxide in Deep-litter Systems for Fattening Pigs[J]. Journal of Agricultural Engineering Research，1996，65（4）：269-274.

[31] Velthof G L，Nelemans J A，Oenema O，et al. Gaseous Nitrogen and Carbon Losses from Pig Manure Derived from Different Diets[J]. Journal of Environmental Quality，2005，34（2）：698-706.

[32] 张美双. NARSES 模型在我国种植业氮肥施用氨排放估算中的应用研究[J]. 安徽农业科学, 2009 (8): 3583-3586.

[33] 蒋朝晖, 曾清如, 方至, 等. 不同温度下施入尿素后土壤短期内 pH 的变化和氨气释放特性[J]. 土壤通报, 2004, 35 (3): 299-302.

[34] 朱兆良. 中国土壤氮素研究[J]. 土壤学报, 2008, 45 (5): 778-783.

[35] Stevenson F J, Dhariwal A P S. Distribution of Fixed Ammonium in Soils1[J]. Soil Science Society of America Journal, 1959, 23 (2).

[36] 中国科学院生物学部. 我国化肥面临的突出问题及建议[J]. 科技导报, 1997 (9): 35-36.

[37] 郝高建, 氮素化肥淋溶污染与控制方法的研究[D]. 陕西师范大学, 2005.

[38] 高鹏程, 张一平. 氨挥发与土壤水分散失关系的研究[J]. 西北农林科技大学学报, 2001, 29 (6): 22-26.

[39] Zhang Y, Luan S, Chen L, et al. Estimating the volatilization of ammonia from synthetic nitrogenous fertilizers used in China[J]. Journal of Environmental Management, 2011, 92 (3): 480-493.

[40] Li D. Emissions of NO and NH_3 from a Typical Vegetable-Land Soil after the Application of Chemical N Fertilizers in the Pearl River Delta[J]. PLoS One, 2013, 8 (3).

[41] Van Der Hoek K W. Estimating ammonia emission factors in Europe: Summary of the work of the UNECE ammonia expert panel[J]. Atmospheric Environment, 1998, 32 (3): 315-316.

[42] 张文学. 脲酶抑制剂与硝化抑制剂对稻田土壤氮素转化的影响[J]. 中国水稻科学, 2017 (4).

[43] 吕殿青, 同延安, 孙本华, 等. 氮肥施用对环境污染影响的研究[J]. 植物营养与肥料学报, 1998, 4 (1).

[44] 王珏, 巨晓棠, 张丽娟, 等. 华北平原小麦季氮肥氨挥发损失及影响因素研究[J]. 河北农业大学学报, 2009, 32 (3): 5-11.

[45] 曹兵, 李新慧, 张琳, 等. 冬小麦不同基肥施用方式对土壤氨挥发的影响[J]. 华北农学报, 2001, 16 (2): 83-86.

[46] 栾江, 仇焕广, 井月, 等. 我国化肥施用量持续增长的原因分解及趋势预测[J]. 自然资源学报, 2013, 28 (11): 1869-1878.

[47] 杜建军, 苟春林, 崔英德, 等. 保水剂对氮肥氨挥发和氮磷钾养分淋溶损失的影响[J]. 农业环境科学学报, 2007, 26 (4): 1296-1301.

[48] Peng S, Yang S. Ammonia volatilization and its influence factors of paddy field under water-saving irrigation[J]. Transactions of the Chinese Society of Agricultural Engineering, 2009, 25 (8): 35-39.

[49] 王阿婧, 张双, 瞿艳芝, 等. 氨排放清单编制的初步研究[J]. 湖北农业科学, 2016, 551 (2): 83-86.

[50] 彭焕伟, 沈亚欧. 畜禽生产中氨的危害及防治措施[J]. 饲料工业, 2005 (13).

[51] 黄春园, 刘颖, 刘英. 浅析我国复合肥的发展及市场预测[J]. 大氮肥, 2004, 27 (5): 289-291.

[52] Trang H M, Cole D E, Rubin L A, et al. Evidence that vitamin D3 increases serum 25-hydroxyvitamin D more efficiently than does vitamin D2[J]. American Journal of Clinical Nutrition, 1998, 68 (4): 854-858.

[53] 基于 MODIS 数据的山东省秸秆焚烧与空气质量关系探析[J]. 生态与农村环境学报, 2019 (9).

[54] 高利伟, 马林, 张卫峰, 等. 中国作物秸秆养分资源数量估算及其利用状况[J]. 农业工程学报, 2009, 25 (7): 173-179.

[55] 韩鲁佳, 闫巧娟, 刘向阳, 等. 中国农作物秸秆资源及其利用现状[J]. 农业工程学报, 2002 (3): 87-91.

[56] 王新杰, 胡俊梅. 农作物秸秆资源化利用的限制因素分析[J]. 科协论坛 (下半月), 2007 (11): 58-59.

[57] 邓宝奎. 农作物秸秆的利用中存在的问题与机械化还田技术[J]. 科技资讯, 2007 (25): 104.

[58] 王红彦, 王飞, 孙仁华, 等. 国外农作物秸秆利用政策法规综述及其经验启示[J]. 农业工程学报, 2016, 32 (16): 216-222.

[59] 解恒参, 赵晓倩. 农作物秸秆综合利用的研究进展综述[J]. 环境科学与管理, 2015, 40 (1): 86-90.

[60] 谢海燕. 农作物秸秆资源化利用的政策支持体系研究[D]. 南京林业大学, 2013.

[61] 陈超玲, 杨阳, 谢光辉. 我国秸秆资源管理政策发展研究[J]. 中国农业大学学报, 2016, 21 (8): 1-11.

[62] 霍丽丽, 赵立欣, 孟海波, 等. 中国农作物秸秆综合利用潜力研究[J]. 农业工程学报, 2019 (13): 218-224.

[63] 石祖梁, 王飞, 王久臣, 等. 我国农作物秸秆资源利用特征、技术模式及发展建议[J]. 中国农业科技导报, 2019, 21 (5): 8-16.

[64] 席江, 蒋鸿涛, 梅自力. 秸秆综合利用政策梳理和长效管理建议[J]. 中国沼气, 2019, 37 (2): 87-90.

[65] 李勇, 张磊, 曹鸿鹏, 等. 农作物秸秆综合利用现状及对策研究[J]. 吉林农业, 2018, 437 (20): 46.

本专题执笔人：刘伟、孙亚梅、刘波、白由路、韩宇捷、顾晓敏

完成时间：2019 年 12 月

第五篇

水生态环境和海洋生态环境改善

专题 1　三水统筹、陆海统筹改善流域海域生态环境

坚持山水林田湖草是一个生命共同体的理念，统筹水资源利用、水生态保护和水环境治理，污染减排与生态扩容两手发力，协同推进岸上和水里、陆域与海域保护与治理，"保好水""治差水"，持续推进水污染防治攻坚行动。坚持陆海统筹、河海联动，推动近岸海域生态环境质量持续改善。努力实现"清水绿岸、鱼翔浅底"的美丽河湖和"碧海蓝天，洁净沙滩"的美丽海洋。

1　统筹推进流域海域生态环境治理的思路

1.1　碧水保卫战阶段性目标任务圆满完成

我国地表水环境质量持续改善。 根据历年《中国环境状况公报》，经过 20 多年的不断努力，特别是"十三五"时期《水污染防治行动计划》（以下简称"水十条"）和水污染防治相关攻坚战行动计划的发布实施对水污染防治工作的强力推动，我国水环境质量显著改善（图 5-1-1），据统计，1995—2020 年，全国地表水 I～III 类比例从 27.4% 上升到 83.4%，劣 V 类比例从 36.5% 下降到 0.6%；其中，"十三五"期间 I～III 类比例提升了 17.4%，劣 V 类比例下降了 9.1%。

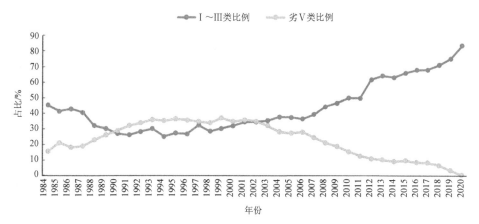

图 5-1-1　我国地表水环境质量变化趋势图

与《"十三五"生态环境保护规划》（国发〔2016〕65 号）提出的"2020 年全国地表水国控断面达到或好于 III 类水体比例大于 70%，劣 V 类水体比例小于 5%"的目标要求相比，I～III 类断面比例、劣 V 类断面比例这两项约束性指标均已提前完成"十三五"目标。长江流域、渤海入海河流劣 V 类国控断面全部消劣，长江干流首次全线达到 II 类水质。

与群众生活关系密切的小河小汊、城乡接合部水体等环境质量较差的黑臭水体，截至 2020 年 12 月，全国 295 个地级及以上城市（不含州、盟）共有黑臭水体 2 914 个，消除数量 2 863 个，消

除比例 98.2%，总体实现城市黑臭水体治理攻坚战目标。其中，重点城市（直辖市、省会城市、计划单列市）有黑臭水体 1 063 个，消除数量 1058 个，消除比例 99.5%；其他地级城市有黑臭水体 1 851个，消除数量 1 805 个，消除比例 97.5%。

2020 年，全国地级及以上城市在用集中式生活饮用水水源 902 个监测断面（点位）中，852 个全年均达标，占 94.5%。地表水水源监测断面（点位）598 个，584 个全年均达标，占 97.7%；14 个超标断面中，10 个为部分月份超标，4 个为全年均超标，主要超标指标为硫酸盐、高锰酸盐指数和总磷。地下水水源监测点位 304 个，268 个全年均达标，占 88.2%；36 个超标点位中，5 个为部分月份超标，31 个为全年均超标，主要超标指标为锰、铁和氨氮。

全国重点湖库水环境质量状况稳中向好，富营养化趋势得到一定程度遏制。2020 年，Ⅰ～Ⅲ类湖库比例为 76.8%，较 2015 年上升 7.4 个百分点；劣Ⅴ类湖库比例为 5.4%，较 2015 年下降 2.7 个百分点。主要污染指标为总磷、化学需氧量和高锰酸盐指数。2020 年开展营养状态监测的 110 个重要湖泊（水库）中，贫营养状态湖泊（水库）占 9.1%，中营养状态占 61.8%，轻度富营养状态占 23.6%，中度富营养状态占 4.5%，重度富营养状态占 0.9%。

全国近岸海域水质总体稳中向好，优良（一、二类）水质面积比例为 77.4%，同比上升 0.8 个百分点；劣四类为 9.4%，同比下降 2.3 个百分点。2020 年渤海近岸海域水质优良（一、二类水质）比例达到 82.3%，高于 73%的目标。沿海 11 个省（区、市）中，辽宁、河北、天津、山东、浙江、福建、广东和广西优良水质比例同比有所上升，劣四类水质比例有所下降；海南优良水质比例和劣四类水质比例均同比基本持平；上海优良水质比例同比有所下降；江苏优良水质比例同比明显下降。

1.2　流域海域统筹治理任重道远

海洋和陆地是一个生命共同体，两个生态系统共生共存。立足生态系统完整性，打破区域、流域和海域界限，改变陆海分割的管理模式，实行陆海统筹是解决陆海使用功能不协调、污染防治不统筹、生态保护修复不联动等问题的治本之策，符合系统保护生态环境的客观需要。

海洋和陆地作为地球上最大的两个生态系统，海洋是陆地生态系统维持平衡和稳定的生态屏障，陆地是海洋开发和保护的重要依托，入海河流水系、海岸带是陆海生态系统联络支撑的重要骨架。陆海生态系统的共生性决定了单独地开展陆域污染防治或者海域环境保护，难以消除环境污染和生态破坏的根本问题，必须坚持陆海统筹，准确把握陆域、流域、海域生态环境治理的整体性、系统性、联动性和协同性特征，实行从山顶到海洋总体布局，从源头有效控制陆源污染物入海排放，进行水陆同治、河海共治，突出抓好海岸线向海向陆两侧的生态空间管控、污染治理、生态保护修复及风险防控等。

1.2.1　海洋生态环境保护的形势依然严峻

半封闭海域等自然地理特征一定程度上决定了海洋治理的复杂性，海洋污染治理不仅是攻坚战也是持久战。受自然地理条件影响，重点海湾治理周期长。我国四大海域中渤海、黄海及南海均为半封闭海域，海洋生态系统整体上具有明显的地区性和封闭性特征，对沿岸原始生境条件的高度依赖性造成生态系统脆弱性明显，极易受陆域排污及开发建设行为造成生态系统受损。目前，海洋生态环境处于污染排放和环境风险的高峰期、生态退化和灾害频发的叠加期，累积性的海洋污染尚未得到根除，产业布局造成的结构性风险短时间内难以消除，陆域入海的污染尚未得到有效管控，受损滨海湿地恢复周期长，净化功能不能得到充分发挥，海洋生态环境质量短时期内要有明显改善，难度比较大。

《2019 年中国海洋生态环境状况公报》显示：全国近岸海域水质总体稳中向好，水质级别为一般，主要污染指标为无机氮和活性磷酸盐。优良（一、二类）水质海域面积比例为 76.6%，同比上升 5.3 个百分点；劣四类为 11.7%，同比下降 1.8 个百分点。全国 44 个主要海湾中有 13 个还存在劣四类水体，有 6 个海湾生态系统长期处于亚健康和不健康状态，污染严重的海域集中在沿海经济最发达及大江大河入海河口邻近海域，包括辽东湾、渤海湾、莱州湾、长江口、杭州湾、珠江口等。

1.2.2　陆域污染是近岸海域污染严重的主要原因

海洋污染问题表现在海洋，根源在陆地，是陆域开发建设过程中过度利用海洋环境容量与忽视海洋自净能力的体现，不仅损害海域使用者权益，也影响国家生态安全。资源、环境、生态和风险等问题共存、相互叠加、交互影响，是陆地和海洋生态环境保护面临的共性问题，而且，陆域的各种开发建设行为以及环境污染和生态破坏等最终都会在海洋上有所体现。根据《2019 年中国海洋生态环境状况公报》，448 个污水日排放量大于 100 m³ 的直排海污染源污水排放总量约为 801 089 万 t，再加上入海河流的通量，以及各大流域入海口的通量，是海域、陆域污染部分。

长期以来，中国沿海城市沿袭了黄土文明为主的发展理念，重陆域、轻海域，向海发展多停留在向海索取，包括围填海造地、油气开发等海洋工程建设以及利用海洋自净能力进行污染排放等。全国约 10% 的海湾受到严重污染，全国大陆自然岸线保有率不足 40%，17% 以上的岸段遭受侵蚀，约 42% 海岸带区域的资源环境超载，均与沿海陆域资源超载以及不合理的开发建设活动相关。

1.2.3　陆海统筹的生态环境治理格局尚未形成

1）有关法律对入海河流的要求较为原则。从当前各入海河流水质状况看，《中华人民共和国海洋环境保护法》要求"使入海河口的水质处于良好状态"过于笼统、对部分入海河流的可能要求过高、目标要求界定不清楚、在实际管理中操作性不强，导致对地方政府的治理要求不明确。而《中华人民共和国水污染防治法》对入海河流未作特别强调。虽然重点流域、"水十条"、渤海攻坚战行动计划等逐步强化了近岸海域和入海河流的治理要求，但流域和海域联动治理制度尚未形成，入海河流污染治理缺乏以海定陆倒逼机制。

2）海水水质标准与地表水环境质量标准不统一。"咸淡"环境质量标准存在衔接不统筹、河口区"左右为难"（表 5-1-1～表 5-1-3）。一是水质功能类别不一致，《地表水环境质量标准》划分为五类，《海水水质标准》根据海域的不同使用和保护目标，划分为四类。二是水质指标不统一，地表水以氨氮、总磷、总氮评价，其中总氮根据《地表水环境质量评价办法（试行）》（环办〔2011〕22 号）不参与评价，海水以无机氮和活性磷酸盐为指标。三是指标标准值不统一，达到《地表水环境质量标准》但无法保障达到《海水水质标准》。从 2018 年水质数据看，194 条入海河流总氮年均值浓度 4.85 mg/L，未达到地表水 V 类标准（2.0 mg/L），即使是四大海区的最小值也远超海水水质四类标准（无机氮 0.5 mg/L）。四是同一指标分析方法不同，氨氮、化学需氧量和石油类的分析方法不统一。

表 5-1-1 《地表水环境质量标准》总氮、总磷浓度 单位：mg/L

序号	项目	I 类	II 类	III 类	IV 类	V 类
1	总磷（以 P 计）	0.02(湖、库 0.01)	0.1（湖、库 0.025）	0.2（湖、库 0.05）	0.3（湖、库 0.1）	0.4（湖、库 0.2）
2	总氮(湖、库，以 N 计)	0.2	0.5	1.0	1.5	2.0

表 5-1-2 《海水水质标准》活性磷酸盐和无机氮浓度 单位：mg/L

序号	项目		第一类	第二类	第三类	第四类
1	活性磷酸盐（以 P 计）	≤	0.015	0.030	0.030	0.045
2	无机氮（以 N 计）	≤	0.2	0.3	0.4	0.5

表 5-1-3 2018 年 194 个入海河流总氮、总磷浓度状况

海区	总氮/（mg/L）			总磷/（mg/L）		
	平均值	最大值	最小值	平均值	最大值	最小值
渤海	7.805	83.300	1.546	0.180	0.619	0.037
东海	2.934	4.728	1.011	0.148	0.321	0.058
黄海	5.737	24.350	1.151	0.243	1.431	0.008
南海	2.889	17.275	0.880	0.199	1.941	0.036
全国平均	4.849	83.300	0.880	0.200	1.941	0.008

3）入海河流水质目标和近岸海域水质目标不统一。《水污染防治目标责任书》近岸海域水质根据一、二类比例进行考核，考核目标未落实到具体的点位。《水污染防治目标责任书》和渤海综合治理攻坚战行动计划的入海河流水质目标主要考虑努力可达原则，对 195 条入海河流按照"只能变好、不能变差"和消除劣 V 类的原则确定水质目标，基本未考虑近岸海域水质改善需求。总体上，入海河流水质目标和近岸海域水质目标的制定缺乏衔接。

4）流域污染防治和近岸海域污染防治任务不衔接。近岸海域海水主要超标指标为无机氮和活性磷酸盐，而地表水控制的主要指标为氨氮和化学需氧量，现有的污水处理技术往往是将氨氮转化为其他形态的氮，导致虽然陆源氨氮总量大幅削减，但入海的总氮排放量并未得到有效削减。入海污染物治理缺乏以海定陆机制，海洋固定源排污许可制度尚未建立。重点海域排污总量控制制度长期空转，未形成区域、流域和海域衔接联动的有效模式。

5）陆域与海域输入响应关系的基础性支撑不足。对陆域污染物入海通量进行合理的测算是海域污染控制的前提和基础，建立起入海通量与海域水环境间的响应关系，是合理制定海域污染防治对策的关键。目前在陆域通过《重点流域水污染防治规划（2016—2020 年）》"流域—水生态控制区—控制单元"三级分区管理体系，在控制单元层面已基本可以建立污染源-排污口-断面的输入响应关系，但对近岸海域，由于水文水动力学条件复杂，初步判断建立陆域污染与海域水质的输入响应关系难度非常大，目前还没有成熟的科学研究支撑。

6）机构改革的制度红利完全释放还有一定的滞后性。原国家海洋局的海洋环境保护职责划入新组建的生态环境部，海洋生态环境管理体系需要重建、优化和升级。进一步深化改革尚在持续推进过程中，高效运转、陆海统筹的海洋生态环境治理体系尚未建立，流域、区域和海域衔接联动的治理模式尚未完全形成，陆海污染治理的标准不统筹等问题尚未得到解决，区域间、部门间的联动机制尚待完善，改革带来的制度红利及治理效力完全释放尚有一定的时间。

1.3　推进流域海域生态环境治理思路研究

1.3.1　陆海统筹生态环境治理总体思路研究

立足生态环境部统一政策规划标准制定、统一监测评估、统一监督执法、统一督查问责四项职能，推进海洋生态环境保护系统化、科学化、法制化和责任化；重点推进五个统筹，即陆海规划统筹、陆海功能协调、陆海标准衔接、陆海治理同步、陆海督察考核执法协同；陆海统筹推进海洋生态环境保护的总体思路见图 5-1-2。

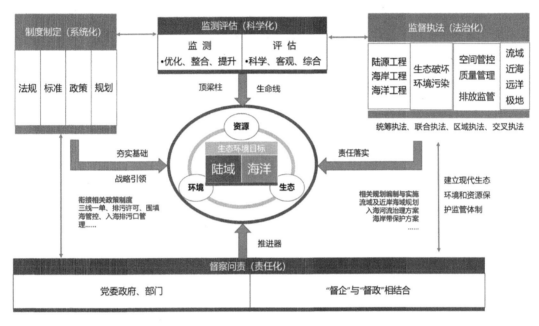

图 5-1-2　陆海统筹推进海洋生态环境保护的总体思路

1）鼓励在流域海区、省级以及地市层面，统筹编制和实施流域环境和近岸海域综合治理规划，强化入海污染物的联防联控，实现流域海洋保护规划目标、任务以及工程的统筹和衔接。坚持以海定陆，严控沿海省市海岸、海洋工程的开发建设行为，严格入海河流、排污口、直排海污染源的整治与监管，从源头减少入海污染物总量。

2）以海岸线两侧一定范围为基础，统筹海岸线两侧功能和需求，实现陆地主体功能区规划与海洋主体功能区规划有效衔接；坚持陆海统筹、以海定陆，研究划定海陆衔接的空间管控单元，优化功能布局及空间管控，明确陆海协同保护的范围、对象、目标指标以及用海方式的行为管控等。

3）加快修订和完善海洋环境质量标准和污染物入海排放标准。制定符合我国水生态环境背景特征和区域经济社会发展差异的水环境质量标准，科学确定符合当前经济社会发展状况的地表水和海水中的总氮、总磷等指标标准限值。开展河口区水质基准和标准研究，实现地表水和海水水质标准的有效衔接，制定能够满足水体使用功能并有效维护水体生态系统健康的河口水环境质量标准。

4）以美丽海湾建设为统领，统筹推进入海不达标河流、入海排污口及直排海污染源治理；坚持陆域海域、以海定陆原则，强化工业、农业、生活及航运污染等在达标基础上进行深度治理，推动区域间、部门间协同推动，使生态环境保护的各项措施同频共振，实现陆海治理同步、环境效益叠加。

5）整合中央生态环保督察与海洋督察，实现国土领域督察全覆盖。拓宽中央生态环保督察范围，督察领域涵盖海域使用管理、海岛开发保护、海洋生态环境保护以及权益维护等领域。发挥流域海域局生态环境监督管理职能，推动流域海域管理工作的统筹衔接。按照陆海统筹的管理思路，探索建立多要素、跨领域、全方位、立体化的综合监管体系，加强规划、标准、环评、监测、执法、应急等统一衔接，构建流域海域统筹、区域履责、协同推进的管理格局。

1.3.2　流域海域治理统筹推进的衔接重点

（1）陆海统筹目标指标体系的衔接

重点流域水生态环境保护"十四五"规划按照水环境、水生态、水资源"三水"统筹的思路确定地表水优良（达到或优于Ⅲ类）比例等指标；国家海洋生态环境保护"十四五"规划按照"污染防治、生态修复"并举的思路确定近岸海域和重点海湾优良水质比例等指标；近岸海域和重点海湾的海水质量与重点流域、入海河流等水质密切相关，根据海洋环境质量倒推确定流域和入海河流的水质目标时，既要考虑可达性，还要考虑可行性，不能盲目强调以海定陆，加严管理要求，也不能放松管理要求。建议结合海域、流域及入海河流现状水质及历年水质变化关联分析，对氮、磷等指标提出差异化的、逐步加严的管控目标要求。

（2）陆海统筹任务体系的衔接

近岸海域无机氮指标普遍超标，氮的来源比较复杂，包括涉氮行业排放、城镇生活污水排放、化肥农药流失、大气氮沉降等，氨氮、硝酸盐氮以及氮气等之间存在相互转化关系，总氮污染防控难度比较大。借鉴长江"三磷"专项排查整治行动经验做法，对化工、纺织、农副食品加工、造纸、城镇污水处理、农业源等行业及领域制定专项整治行动方案，减少入海氮污染通量，改善近岸海域水质。

（3）陆海统筹治理体系的衔接

按照《关于构建现代环境治理体系的指导意见》的要求，积极推进和构建党委领导、政府主导、企业主体、社会组织和公众共同参与的现代环境治理体系。加强流域海洋污染防治与生态保护修复的统筹谋划和顶层设计，推进规划、标准、环评、监测、执法、应急、督察、考核等领域的统筹衔接，建立陆海生态环境保护一体化设计和实施的工作机制，达到立治有体、施治有序的目的。

（4）陆海统筹法律体系的衔接

随着生态文明体制改革持续推进，海洋生态环境保护的一些法规制度和规定已不能满足新时期海洋生态环境保护工作的需要，迫切需要推进《中华人民共和国海洋环境保护法》及其配套法律法规制度的修订和完善，需要加强与《中华人民共和国环境保护法》《中华人民共和国水污染防治法》等法规制度的衔接，重点在流域和海域联动治理、污染防治和保护修复统筹监管、污染事故和生态灾害防范应急联合处置制度等领域进行修订和完善，筑牢依法治海的法律基础。

2　"十四五"流域水生态环境治理

美丽中国对水生态环境的要求不仅是良好的水质状况，而且还包含了充足的生态流量、健康的水生态，意味着需要保护和恢复能持续"提供优质生态产品"的完整的水生态系统。因此，"十四五"需要在"十三五"强化水环境质量目标管理、推进我国环境管理逐步由总量控制向环境质量目标管理转型的基础上，进一步向水生态系统功能恢复、进而实现良性循环的方向转变。立足我国水生态环境保护长期进程，"十四五"规划要承上启下，既要巩固碧水保卫战成果，同时又要服务美丽中国，努力实现水环境质量持续改善、水生态系统功能初步恢复，水环境、水生态、水资源统筹推进格局基本形成。

"十四五"水生态环境保护总体思路概括起来就是"一点两线""三水统筹"。其中，"一点"是指水生态环境质量状况；"两线"是指污染减排和生态扩容。单纯从水质来看，表征水环境指标浓度中的污染物量"分子"和水量"分母"需要同时控制，在强调控源减排的同时，也要强调生态流量保障；推而广之，水生态环境质量状况也同时受人类活动干扰和生态环境容量所制约，因此，需要污染减排和生态扩容同时发力。其中，"生态扩容"主要依赖于水生态保护和水资源管理。因此，自然地得到"三水统筹"的必要性，即水资源、水生态、水环境统筹保护。要充分发挥机构改革的效用和优势，要坚持山水林田湖草是一个生命共同体的科学理念，将"三水统筹"贯穿于全过程，按照"一点两线"框架性思路分析和解决重点流域水生态环境保护问题，系统推进工业、农业、生活、航运污染治理，河湖生态流量保障，生态系统保护修复和风险防控等任务。

2.1　实施流域空间管控

经历了"十三五"时期，我国流域治理的空间布局已逐步变得更为清晰。对于长江、黄河两条母亲河，习近平总书记更是高度关注、总体把脉、亲自部署。以习近平生态文明思想为根本遵循，大江大河生态环境保护修复思路更加明确。长江经济带"共抓大保护、不搞大开发"，沿江省市推进生态环境综合治理，促进经济社会发展全面绿色转型，力度大、规模广、影响深，生态环境保护发生了转折性变化，经济社会发展取得历史性成就。黄河流域共同抓好大保护，协同推进大治理，高水平保护和高质量发展的思想共识进一步凝聚。总体来讲，流域生态环境保护工作要坚持"山水林田湖草（海）"系统治理的理念，从生态系统整体性和流域系统性出发，要加强生态环境综合治理、系统治理、源头治理。

充分发挥机构改革的效用和优势，打通岸上水里，坚持水陆统筹、以水定岸。完善流域生态环境保护空间管控体系，有机融入国土空间开发保护新格局。"问题在水里，根子在岸上"。因此要为每一个保护治理的水体找到对应的陆域汇水空间，并按照"流域统筹、区域落实"的思路，落实行政辖区水生态环境保护责任。在"十三五"流域水生态环境分区基础上，即 1 784 个控制单元划分的基础上，进一步优化实施地表水生态环境质量目标管理，以保护水体生态环境功能、明晰各级行政辖区责任为目的，优化水功能区划与监督管理，以国控断面对应汇水范围为基础，推进分级、分类管理，建立责任管理体系；按照"十四五"3 646 个国控断面布设，将全国划分 3 442 个汇水范围。明确各级控制断面水质保护目标，逐一排查达标状况。未达到水质目标要求的地区，应依法制定并实施限期达标规划。

在汇水范围内，将入河排污口管理作为打通水陆的重要环节，实施入河排污口溯源整治，依托排污许可证信息，建立"水体—入河排污口—排污管线—污染源"联动管理的水污染物排放治理体系，落实企事业单位治污主体责任。

2.2　深化污染减排

从当前水环境质量看，虽然"十三五"水质改善成效显著，但我国水质不平衡、不协调问题突出。2020 年全国"十四五"国控断面中仍存在 1.9% 的劣 V 类断面，主要集中在海河、黄河、辽河、松花江等流域。另一方面总磷问题日益凸显。在水环境质量不断改善的同时，影响水质的主要污染指标发生了一定的变化。根据历年《中国环境状况公报》，2006 年全国主要污染指标为高锰酸盐指数、氨氮和石油类，2010 年转变为高锰酸盐指数、五日生化需氧量和氨氮，2015 年转变为化学需氧量、五日生化需氧量和总磷。2020 年，全国总磷指标定类因子占比最大，为 40.6%。十大流域中，黄河、松花江、淮河、海河、辽河耗氧型指标定类因子占比最大；长江、珠江、东南诸河、西北诸河、西南诸河总磷定类因子占比最大（图 5-1-3）。

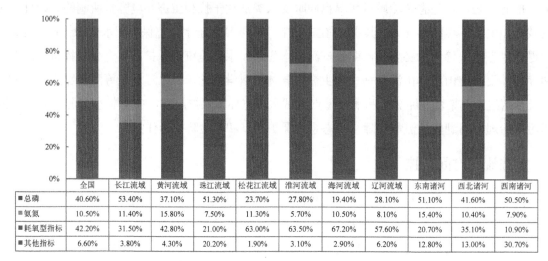

	全国	长江流域	黄河流域	珠江流域	松花江流域	淮河流域	海河流域	辽河流域	东南诸河	西北诸河	西南诸河
■总磷	40.60%	53.40%	37.10%	51.30%	23.70%	27.80%	19.40%	28.10%	51.10%	41.60%	50.50%
■氨氮	10.50%	11.40%	15.80%	7.50%	11.30%	5.70%	10.50%	8.10%	15.40%	10.40%	7.90%
■耗氧型指标	42.20%	31.50%	42.80%	21.00%	63.00%	63.50%	67.20%	57.60%	20.70%	35.10%	10.90%
■其他指标	6.60%	3.80%	4.30%	20.20%	1.90%	3.10%	2.90%	6.20%	12.80%	13.00%	30.70%

注：耗氧型定类因子指标包括化学需氧量、高锰酸盐指数、生化需氧量。

图 5-1-3   2020 年全国及十大流域断面定类因子占比情况

此外，在"十三五"地级及以上城市黑臭水体整治基础上，2020 年开展全国县级城市的黑臭水体排查工作，对管网质量等影响黑臭水体治理成效的主要瓶颈问题要予以重点解决。全国城镇生活污水集中收集率仅为 60%左右，城乡环境基础设施欠账仍然较多，特别是老城区、城中村以及城郊接合部等区域，污水收集能力不足，管网质量不高，大量污水处理厂进水污染物浓度偏低，汛期污水直排环境现象普遍存在；农村生活污水治理率不足 30%。

饮用水方面，饮用水水源水质超标时有发生，2020 年全国地级及以上城市在用集中式生活饮用水水源 902 个监测断面（点位）中，仍有 50 个断面未达标，其中地表水水源 14 个超标断面中，10 个为部分月份超标，4 个全年均超标，主要超标指标为硫酸盐、高锰酸盐指数和总磷；36 个地下水水源超标点位中，5 个为部分月份超标，31 个全年均超标，主要超标指标为锰、铁和氨氮。超标断面（点位）涉及 25 个水源地，其中为 21 个地下水型水源地，4 个为地表水型水源地。地下水型水源地主要受区域水文地质条件等因素影响超标，河流型和湖库型水源地受到上游来水以及周边人为活动影响超标。

根据《第二次全国污染源普查公报》，2017 年化学需氧量排放量 2 143.98 万 t，总氮 304.14 万 t，氨氮 96.34 万 t，远超环境容量。目前，我国水生态环境保护结构性、根源性、趋势性压力尚未根本缓解，"十四五"期间仍要以水生态环境质量改善为核心，深入打好污染防治攻坚战，突出精准治污、科学治污、依法治污，实现主要污染物排放总量持续减少，生态环境持续改善。具体如下。

（1）加强入河入海排污口排查整治

制定工作方案开展排污口排查溯源工作，逐一明确入河入海排污口责任主体。按照"取缔一批、合并一批、规范一批"要求，实施入河入海排污口分类整治。建立排污口整治销号制度，形成需要保留的排污口清单，开展日常监督管理。2025 年年底前，完成七大流域、近岸海域范围内所有排污口排查；基本完成七大流域干流及重要支流、重点湖泊、重点海湾排污口整治。

（2）狠抓工业污染防治

推动重点行业、重点区域绿色发展，指导地方制定差别化的流域性环境标准和管控要求。加强农副食品加工、化工、印染等行业综合治理，加快推进流域产业布局调整升级。实施工业污染源全面达标排放计划。推进玉米淀粉、糖醇生产、肉类及水产品加工企业、印染企业等清洁化改造。加大现有工业园区整治力度，全面推进工业园区污水处理设施建设和污水管网排查整治，推进工业集聚区朝着全过程控制、全链条绿色化方向迈进。

（3）推进城镇污水管网全覆盖

大力实施污水管网补短板工程，开展进水生化需氧量浓度低于 100 mg/L 污水处理厂收水范围内管网排查，实施管网混错接改造、破损修复。加快提升新区、新城、污水直排、污水处理厂长期超负荷运行等区域生活污水处理能力。鼓励城市开展初期雨水收集处理体系建设，建设人工湿地水质净化工程，对处理达标后的尾水进一步净化。污水处理厂出水用于绿化、农灌等用途的，合理确定管控要求达到相应污水再生利用标准。各地根据实际情况，因地制宜确定污水排放标准。推广污泥集中焚烧无害化处理。到 2025 年，基本实现地级及以上城市建成区污水"零直排"，污泥无害化处理处置率超过 90%。

（4）持续推进农业污染防治

在七大流域干流和重要支流氮磷超标河段、重点湖库、重要饮用水水源地等敏感区域，优先控制农业面源污染。鄱阳湖、洞庭湖等重点湖泊周边地区化肥农药使用量比 2020 年减少 12%以上。鼓励有条件地方先行先试，将规模化农田灌溉退水口纳入环境监管，开展规模化水产养殖退水治理。针对当前丰水期水质相对较差的问题，要按照"源头防控—过程防控—末端治理"思路，以农业面源污染影响突出的流域或区域为重点，建议由农业农村部门牵头、生态环境部门参与，完善农业农村污染防治政策制度。源头防控方面，推进有机肥替代化肥，推广秸秆还田、绿肥种植等技术，采用价格补贴补助方式提高有机肥施用比例。过程防控方面，推广"种养平衡""桑基鱼塘""截污建池，收运还田"等生态循环发展模式，"以用促治"，采用经济适用的生物转化处理工艺，推动畜禽养殖污水资源化利用；推广测土配方施肥，把无序施肥变为按需施肥、精准施肥，提高化肥利用率；对有机肥施用、对种养大户采用农牧结合、种养循环模式等给予奖补，加大补贴力度；对区域位置、人口居住集聚度的农村，采用单户处理、联户处理和纳入城镇污水管网等处理模式，推广工程、生态相结合的模块化工艺，推动农村生活污水就近就农就地资源化利用。末端治理方面，采取人工湿地、生态沟渠、污水净化塘、地表径流集蓄池等工程措施，净化农田排水及地表径流。针对城市和农村水生态环境治理不平衡不协调问题，"十四五"期间不仅要在地级、县级城市推进城镇污水管网全覆盖、治理城乡生活环境、基本消除城市黑臭水体，还要深入农村，因地制宜推进农村改厕、生活垃圾处理和污水治理，实施河湖水系综合整治，改善农村人居环境。

（5）加强船舶废水排放监管

推进沿海与内河港口码头船舶污染物接收、转运及处置设施建设，落实船舶污染物接收、转运、处置联合监管机制。400 总吨以下小型船舶生活污水采取船上储存、交岸接收的方式处置。强化长江、淮河等水上危险化学品运输环境风险防范，严厉打击化学品非法水上运输及油污水、化学品洗舱水等非法排放行为。到 2025 年，港口、船舶修造厂完成船舶含油污水、化学品洗舱水、生活污水和垃圾等污染物的接收设施建设，做好船、港、城转运及处置设施建设和衔接。

2.3 保障生态流量

我国人多水少,水资源时空分布不均,供需矛盾突出,部分河湖生态流量难以保障,河流断流、湖泊萎缩等问题依然严峻,成为当地生态环境顽疾。黄河、海河、淮河、辽河等流域水资源开发利用率远超 40%的生态警戒线,京津冀地区汛期超过 80%的河流存在干涸断流现象,干涸河道长度占比约 1/4。作为高耗水行业的煤化工,全国 80%的企业集中在黄河流域。2019 年,我国农田灌溉水有效利用系数 0.559、万元国内生产总值用水量和万元工业增加值用水量为 60.8 m^3 和 38.4 m^3,用水效率远低于先进国家水平。

据遥感监测,我国河流湖泊断流干涸或生态流量不足的现象普遍存在。根据《2018 年全国水利发展统计公报》,全国已建成流量为 5 m^3/s 及以上的水闸 104 403 座,其中大型水闸 897 座。依据生态环境部卫星环境应用中心《环境遥感监测专报》(表 5-1-4),2018 年秋季京津冀有卫星影像的 352 条河流中,292 条存在干涸断流现象,占河流总数的 83.0%,干涸河道长度为 5 413.63 km,占河道总长度的 24.4%。2018 年丰水期辽河流域有效影像覆盖的 265 条河流中有 183 条存在干涸断流现象,占河流总数的 69.1%;干涸河道长度为 3 573.75 km,占河道总长度的 17.7%。

表 5-1-4 京津冀地区和辽河流域存在干涸断流的河流统计

类别	京津冀地区(2018 年秋)		辽河流域(2018 年丰水期)	
	条数	长度/km	条数	长度/km
总监测河流	352	22 185.68	265	20 186.35
存在干涸断流现象的河流	292	5 413.63	183	3 573.75
占比/%	83	24.4	69.1	17.7

"十四五"期间,实施国家节水行动,优先保障生活用水,适度压减生产用水,增加生态用水。制定江河流域水量调度方案和调度计划,加强生态流量保障工程建设和运行管理,推进水资源和水环境监测数据共享,开展生态流量监测预警试点。缺水地区要逐步推进恢复断流河流"有水"。统筹实施南水北调工程和北方地区节约用水。根据水利部《关于做好河湖生态流量确定和保障工作的指导意见》(水资管〔2020〕67 号),到 2025 年,生态流量管理措施全面落实,长江、黄河、珠江、东南诸河及西南诸河干流及主要支流生态流量得到有力保障,淮河、松花江干流及主要支流生态流量保障程度显著提升,海河、辽河、西北内陆河被挤占的河湖生态用水逐步得到退还;重要湖泊生态水位得到有效维持。探索开展生态流量适应性管理。

污水再生利用率整体偏低,难以满足城市发展需求。污水再生利用是缓解水资源短缺的重要途径,但我国污水再生水利用率仅为 8.5%,远低于以色列等发达国家 70%的利用率。从各省(区、市)来看,除北京等地区规模化利用再生水外,天津、陕西、宁夏等大部分缺水地区再生水利用率均不足 20%。从各城市来看,约 85%的城市还未实现《"十三五"全国城镇污水处理及再生利用设施建设规划》中规定再生水利用率达到 15%的最低要求,其中有近 1/4 的城市尚未开展污水再生利用。我国污水资源丰富,污水处理厂尾水是污水资源化的重要来源。据统计,2018 年我国共有污水处理厂 8 200 座,全年处理水量 679.8 亿 m^3,其中生活污水量达 588.8 亿 m^3,如全部再生利用,可填补我国正常年份缺水量。但我国再生水利用率偏低,大量的污水资源尚未得到有效利用,发展潜力巨大。目前,我国再生水 27%用于工业、8%用于市政、65%用于景观环境,利用方式已从单个企业的内部循环延伸至行政区域，涵盖工农业生产、城市杂用、生态补水等。部分地区结合实际情况探索形成了"污染防治—生态保护—循环利用"相结合的区域再生水循环利用模式。

为此，"十四五"期间要加快推进区域再生水循环利用。建议以黄河、海河、淮河、辽河等流域、长江流域部分重要支流、重点湖泊为重点，选择水生态退化、水资源紧缺、水污染严重问题较为突出的典型城市开展区域再生水循环利用试点工程，实施污水再生利用设施、再生水输送管网、人工湿地水质净化工程等，推进提升污水再生利用水平。开展区域再生水循环利用试点。推动建设污染治理、循环利用、生态保护有机结合的综合治理体系。指导有条件的地方在重要排污口下游、支流入干流等流域关键节点因地制宜建设人工湿地水质净化等生态设施，对处理达标后的尾水和微污染河水进一步净化改善后，作为区域内生态、生产和生活补充用水，纳入区域水资源调配管理体系。选择黄河流域和京津冀地区等缺水地区开展区域再生水循环利用试点示范，推进"截、蓄、导、用"并举的区域再生水循环利用体系建设，建设一批示范工程。到 2025 年，地级及以上缺水城市污水资源化利用率超过 25%。

2.4　推进水生态保护修复

我国水生态破坏现象十分普遍。一方面，重点湖库暴发蓝藻水华风险较大。2015 年以来总磷与化学需氧量交替成为全国地表水首要污染物，2018 年全国总氮平均浓度比 2012 年上升 13.8%，2019 年比 2012 年上升 1.9%（图 5-1-4）。开展营养状态监测的重要湖泊（水库）中，2020 年富营养状态湖泊（水库）由 2016 年的 23.1%上升为 29.0%，太湖、巢湖、滇池最大水华面积比 2016 年分别增加57.9%、17.4%、85.9%。另一方面，水生态功能退化严重。受城镇开发建设、拖网捕捞、非生态型水利工程建设等不合理的生产、生活方式影响，我国河流、湖泊（水库）水生植被普遍遭到破坏，部分河流生物多样性锐减。2015 年发布的《中国生物多样性红色名录　脊椎动物卷》显示，中国受威胁鱼类 295 种，占总数的 20.3%；受威胁两栖动物 176 种，占总数的 43.1%。长江流域水生生物多样性正呈现逐年降低的趋势，上游受威胁鱼类种数占总数的 27.6%，白鳍豚已功能性灭绝，江豚面临极危态势；黄河流域水生生物资源量减少，北方铜鱼、黄河雅罗鱼等常见经济鱼类分布范围急剧缩小，甚至成为濒危物种。

图 5-1-4　全国总氮、总磷浓度变化趋势

发达国家历程表明,水环境治理是一个长期的过程,用时 30～40 年水质状况才有较大幅度改善,而部分污染严重水体治理时间可能需要更长时间。莱茵河经过 30 年左右的治理,2000 年干流水质 BOD_5 下降 2 mg/L 以下,氨氮下降到 0.1 mg/L,总磷下降到 0.16 mg/L,"以鲑鱼(大马哈鱼)为代表的土著鱼类重回莱茵河"。琵琶湖经过 35 年治理,将Ⅲ～Ⅳ类水恢复到Ⅱ类水质,消灭了 20 世纪 80～90 年代频频暴发的淡水赤潮与蓝藻水华现象。日本霞浦湖经 30 多年治理,德国波登湖经历了 26 年(1980 年左右到 2006 年)治理,基本处于社会公众可以接受水平之上。英国泰晤士河 20 世纪 80 年代,河流水质达到饮用水水源水质标准,已有 100 多种鱼和 350 多种无脊椎动物重新回到这里繁衍生息。在基本解决水质等污染问题基础上,欧盟在 2000 年《水框架指令》中,进一步明确了水生态目标要求和改善计划,提出到 2015 年基本恢复水生态状况,但从实践来看,水生态的恢复是一个长期过程,目前欧盟已经把目标推迟到 2027 年实现。参照发达国家治理进程,建议我国在进一步强化水质改善的同时,强化水资源、生态和水环境治理,实施河湖水生态保护修复,保障生态流量,达到欧盟 20 世纪初期水平。

"十四五"期间水生态保护修复措施具体有:坚持保护优先、自然恢复为主。加强源头治理,优先对水源涵养区、河湖生态缓冲带等产水、护水、净水的国土生态空间实施保护修复,开展植树造绿、水土保持,恢复河湖自然岸线;在重要河流干流、重要支流和重点湖库周边划定生态缓冲带,强化岸线用途管制。对不符合水源涵养区、河湖生态缓冲带等保护要求的生产生活活动进行清理整治。严格控制和有效化解主要干、支流涉危险化学品等项目环境风险,让这些生态空间把发展重点放到保护生态环境、提供生态产品上,构筑水生态安全屏障。让河流湖泊休养生息,保护和合理利用河湖水生生物资源,科学划定河湖禁捕、限捕区域,实施好长江十年禁渔,并探索实行重点水域合理期限内禁捕的禁渔期制度。因地制宜恢复水生植被,探索恢复土著鱼类和水生植物。推进受损水生态系统恢复,对水生生物生境、生物群落受损的河湖,开展天然生境和水生植被恢复,采取"三场"和洄游通道保护修复、增殖放流、生境替代保护等措施,有针对性地实施一批重大生态系统保护修复项目,重构健康的水域生态系统。实施国家水网工程,加大重点河湖保护和综合治理力度。鼓励各地在统一框架下制定地方符合流域特色的水生态监测评价指标和标准。建设一批美丽河湖,恢复水清岸绿的水生态系统。

3　"十四五"海洋生态环境保护治理

3.1　建立陆海统筹的生态环境治理体系

重陆地、轻海洋,流域、河口、近岸海域联防联控的思想不统一、目标指标不衔接、行动不一致等,是陆海生态环境治理效益不叠加、效益不突出的主要原因。长江口无机氮和活性磷酸盐指标高居不下,主要原因是长江每年有 9 000 多亿 m^3 水量入海,总氮含量始终超标,而长江流域水污染防治重点是化学需氧量、氨氮和总磷等污染指标,对总氮污染指标缺乏有效控制;黄河、海河、辽河以及渤海之间缺乏统筹联动,入海污染物联防联控的治理体系没有建立是渤海常年污染严重的主要原因之一。

"十四五"期间统筹建立从流域—河口—近岸海域相衔接的目标管理体系,以沿海地市和主要海湾河口等为基本单元,统筹推进污染防治、生态保护修复以及风险防范应急联动。建立和完善"湾长制"管理体系，强化与"河长制"管理体系衔接，落实海湾生态环境保护与治理的责任。加强沿海地区、入海河流流域及海湾（湾区）生态环境目标、政策标准衔接，实施区域流域海域污染防治和生态保护修复的责任衔接、协调联动和统一监管。以美丽海湾为统领，突出补短板、强弱项，全面提升海湾品质和生态服务功能，建设"水清滩净、鱼鸥翔集、人海和谐"的美丽海湾。建立健全"美丽海湾"规划、建设、监管、评估和宣传等管理制度，实施美丽海湾建设评估和考核奖励机制。

3.2　推进入海排污口的溯源整治和全链条管理

2018 年机构改革之前，受部门分割管理影响，入海排污口存在底数不清、管控力度薄弱、布局不合理、排放不达标等诸多环境问题。原国家海洋局海洋督察发现，大量排污口设置未执行相关法律和海洋功能区划的要求，未综合考虑区域水动力、环境承载力和生态敏感性的特点进行科学选划布局，存在设置不合理的入海排污口在海洋保护区、重要滨海湿地、重要渔业水域等生态敏感区域问题。自 2018 年 11 月《渤海综合治理攻坚战行动计划》印发以来，生态环境部会同有关部门和环渤海三省一市，聚焦核心目标任务，开展了入海排污口三级排查工作，按照"应查尽查"的原则，渤海共发现了 1.8 万余个入海排污口，为打好渤海攻坚战奠定了坚实的基础。

"十四五"要在总结渤海攻坚战入海排污口排查整治的经验做法基础上，继续在重污染海域积极开展各类入海排污口的全面排查，建立入海排污口动态台账和全国一张图，组织开展入海排污口溯源整治，并严格分类监管。坚持"水陆统筹、以水定岸"，逐步完善入河（海）排污口设置管理长效监管机制，推进"排污水体—入河（海）排污口—排污管线—污染源"全链条管理。2025 年年底前，建立省、市两级入海排污口监管平台，提升信息化管理水平，建立健全责任清晰、设置合理、管理规范的长效监管机制。

3.3　强化陆源海源污染的协同治理

近岸海域及部分海湾长期污染严重决定了以陆为主、陆海统筹开展陆域、海域、流域的整体保护、修复和治理将是一项长期而艰巨、任重而道远的任务。陆地上人类活动产生的污染物质通过直接排放、河流携带和大气沉降等方式输送到海洋，是海洋污染和生态退化的主要原因，海域水质状况与入海污染物总量基本呈现同步变化趋势，陆源营养盐对近岸海域的贡献占 70%以上。

"十四五"期间要坚持陆、岸、海协同治理，陆域持续开展入海河流消除劣V类行动，加强重污染海湾入海河流整治。沿海城市加强总氮排放控制，实施入海河流氮磷削减工程。推动近岸主要海湾的劣四类水质面积持续减少，实现海湾环境质量持续改善。加强岸线生态整治，提升大型港口环境治理水平，分批分类开展渔港码头环境综合整治；加强岸滩和海漂垃圾清理，沿海市县建立实施海上环卫机制。各海域要优化水产养殖布局，合理调控养殖种类、养殖强度和养殖密度，积极发展生态养殖，压缩围海养殖总量，推动海水养殖环保设施建设与清洁生产。严格管控海水养殖尾水排放，推行海水养殖尾水集中生态化处理，强化废弃物集中收储处置和资源化利用。加快推进辽东湾、渤海湾、莱州湾、大亚湾、北部湾等重点海湾海水养殖污染综合治理。开展海洋微塑料污染现状调查及对海洋生态环境、海洋生物和人类健康影响风险评估，实施南海海域海洋微塑料污染专项调查。

3.4　全面加强海洋生态保护修复和监管

80%的近岸海洋生态系统处于亚健康和不健康状态，自然岸线保有率不足 40%，关键自然资本存量锐减。长江口被联合国环境规划署列为极难恢复的永久性"近岸死区",珠江口、浙江近岸海域也被列为季节性"近岸死区"。海洋生态和生物多样性遭到破坏,典型海洋生态系统如滨海湿地、珊瑚礁、海草床等大量丧失,大规模、竞争性的围海造地已造成局部海域海洋生态系统的退化甚至丧失,沿海滩涂面积缩小、鱼类"三场"遭到破坏、海洋生物多样性和珍稀濒危物种日趋减少、自然岸线消失、迁徙鸟类停歇觅食地减少、海洋流场改变、海洋环境污染加剧等生态环境问题日益显现。

"十四五"期间,一是加强海洋生物多样性保护和重点河口海湾保护修复。开展海洋生物多样性调查和监测,建立健全海洋生物生态监测评估网络体系。划定海洋生物多样性优先保护区,对未纳入保护地体系的珍稀濒危海洋物种和关键海洋生态区开展抢救性保护。促进海洋生物资源恢复和生物多样性保护,加大"三场一通道"(产卵场、索饵场、越冬场和洄游通道)和重要渔业水域等保护力度,加强候鸟迁徙路线和栖息地保护。开展近岸主要海湾(湾区)等标志性关键物种及栖息地的调查、监测和保护,积极防控和整治外来物种入侵。坚持保护优先、自然恢复为主,通过退围还滩、退养还湿、退耕还湿工程,加强岸线岸滩修复、滨海湿地修复和生态扩容工程,推进重点海湾(湾区)红树林、珊瑚礁、海草床等受损海洋生态系统保护修复。

二是强化海洋生态保护监管。建立健全海洋生态保护红线监管制度,强化海洋自然保护地和生态空间等保护监管。严格围填海管控,落实自然岸线保有率制度,清理整治非法占用自然岸线、滩涂湿地等行为,开展生活和生产岸线整治与改造,强化对海洋生态修复恢复区的评估和监管,恢复修复岸线生态功能。到2025年自然岸线保有率不低于40%。

3.5 提升海洋生态监测执法监管能力

海洋生态环境治理体系是国家治理体系在海洋生态保护领域的重要体现。海洋治理体系需要的重构、整合、优化和升级。海洋生态环境保护工作涉及领域广、风险高、专业性较强、能力要求高、监管难度大,迫切需要在四个方面加强支撑:一是管理支撑,需要构建涉及陆源污染防治、海上工程防治、倾废监督管理、生态保护修复等多领域的管理体系、治理措施和协调机制;二是能力支撑,需要构建海洋环境监测、海洋应急处置等配套业务体系,具备船舶、码头等基本硬件条件;三是执法支撑,需要一支能在岸上、近岸、近海、远海等区域统筹实施监管执法的队伍;四是技术支撑,需要有一支统筹国际和国内、熟悉专业和管理的技术支撑队伍。

"十四五"期间建议从以下方面着手提升监管能力。

1)加强陆海统筹的海洋环境监测管理,建立全覆盖、立体化、高精度监测体系,实行海岸分段、海域划片、定期巡查、突击检查、督查到位、责任到人的监察模式。做好流域—河口—海域一体化的监测和对接,利用卫星遥感监测海岸线及生态系统变化状况,实现生态环境监测全覆盖。逐步建立区域重点污染源信息、水环境信息、重大项目环境影响评价信息披露机制,实现信息交换互通,同时强化区域间工作会商,及时就生态保护修复情况进行沟通协商,建成多级入海河口及直排口监控系统,并加大区域联合执法力度。建立海洋重大污染事件风险预警、应急响应、通报制度,建立区域潜在环境风险评估、预警及信息共享机制,完善区域突发海洋环境事件应急处置体系,构筑海上应急救助体系,建立健全海事、海洋、渔业和海上搜救力量之间的协调合作与应急通报制度。

2)按照统一规划、统一标准、统一开发、统一实施的原则,分级建设国家、海区和地方相衔接的海洋生态环境监督管理系统,形成集信息获取、传输、管理、分析、应用、服务、发布于一体的信息平台。集成海洋环境监测与评价、海洋污染监控与防治、海洋环境监督与保护、海洋生态保护与建设等业务子系统，整合海洋监测数据和最新的海洋基础数据，实现海洋生态环境保护信息的采集、传输和管理的数字化、智能化、可视化。同时按照"陆海统筹"管理理念，整合水源地水质、入海河流、入海排污口等实时数据资源，强化多部门和业务化在线协同，实现对海域生态环境全覆盖、立体化、常态化的监督管理。建立和完善严格监管所有入海污染物排放的环境保护管理制度，进行独立的海洋环境监管和行政执法。建立陆海统筹的生态环境保护修复和污染防治区域联动机制。

3.6　深度参与全球海洋治理

2019 年 10 月 15 日，习近平主席致 2019 中国海洋经济博览会的贺信中强调，海洋对人类社会生存和发展具有重要意义，海洋孕育了生命、联通了世界、促进了发展。海洋是高质量发展战略要地。要加快海洋科技创新步伐，提高海洋资源开发能力，培育壮大海洋战略性新兴产业。要促进海上互联互通和各领域务实合作，积极发展"蓝色伙伴关系"。要高度重视海洋生态文明建设，加强海洋环境污染防治，保护海洋生物多样性，实现海洋资源有序开发利用，为子孙后代留下一片碧海蓝天。"十四五"期间要切实履行海洋生态环境保护国际公约，积极参与全球海洋生态环境治理体系建设。积极参加联合国海洋大会，推动构建"蓝色伙伴关系"和"海上丝绸之路"交流合作，深化与联合国、国际政府间组织和非政府组织的交流与合作。围绕国际热点环境问题和新兴海洋环境问题，开展海洋温室气体、海洋微塑料、新型海洋污染物、西太平洋放射性监测等海洋专项监测，推进构建覆盖近岸近海并向极地大洋延伸的海洋生态环境监测体系，维护我国管辖海域、大洋、极地等海洋生态环境权益。2025 年年底前，海洋生态要素监测内容和指标体系基本成型，海洋微塑料等新型污染物专项监测成果接近或达到国际先进水平。

4　三水统筹、陆海统筹的制度与政策

4.1　建立三水统筹制度

以习近平生态文明思想为制度设计遵循，以"党政同责""一岗双责"为制度实施前提，以河湖长制为制度落实抓手，以生态环境监管为制度保障，系统设计三水统筹保护治理制度。一是突出"三水"内在关联，提高保护治理目标的一致性和措施的协同性，促进水环境质量持续改善，水生态系统功能逐步恢复，形成水资源、水生态、水环境统筹推进的新型治理格局。二是考虑"三水"各自特征，体现保护治理的差异，明确水资源利用上线、水环境质量底线、水生态保护红线等要求。

4.2　加强地表水-地下水污染协同防治

着眼于地表水与地下水交互影响，一方面要减少重污染河段侧渗和垂直补给对地下水的污染，另一方面要强化污染地下水排泄进入地表水的风险管控。特别是针对地表水、地下水共性污染因子，在完善环境本底研究基础上，加强总磷、重金属、硫酸盐、氟化物等污染物协同防治。

此外，一是要积极推动《地下水管理条例》制定，针对地下水生态环境监管体系进行顶层设计，进一步明确地下水目标责任制、调查评估、监测评价与考核、污染防治分区划分等基本制度要求。二是统筹建立区域"双源"的地下水环境监测体系，客观反映区域和"双源"周边的地下水质量变化趋势，为地下水质量目标的制定提供依据。三是科学制定区域"双源"地下水质量及任务考核目标,考核目标应能有效体现污染防治工作成效,满足监管需求,推动任务落实,坚决遏制地下水污染加剧趋势;区域尺度强化地表水-地下水协同防治,"双源"尺度强化土壤-地下水协同防治。四是进一步增加财政预算经费,优化和整合污染防治专业支撑队伍,提高专业人员素质和技能,满足当前地下水污染防治工作需求。

4.3 建立陆海统筹的污染防治联动机制

健全流域污染联防联控机制。编制实施重点流域水生态环境保护规划,实施差异化治理。完善流域协作制度,流域上下游各级政府各部门加强协调、定期会商,实施联合监测、联合执法、应急联动、信息共享。建立健全跨省流域上下游突发水污染事件联防联控机制,加强研判预警、拦污控污、信息通报、协同处置、纠纷调处、基础保障等工作,防范重大生态环境风险。加强重点饮用水水源地河流、重要跨界河流以及其他敏感水体风险防控,编制"一河一策一图"应急处置方案。鼓励流域、区域制定统一的污染防治法规标准。

按照"陆海统筹、以海定陆"原则,根据近岸海域水质改善要求,上溯落实沿海地市、入海河流流经地市、沿海省份及上游省份的共同保护海洋生态环境的责任,在干流沿线各省、市出境断面考核中增加分阶段加严的总氮等指标浓度限值,真正形成从山顶到海洋的保护机制。基于重污染海湾以及美丽海湾建设要求,拓展入海污染物排放总量控制范围,保障入海河流断面水质,探索"河海共治"的陆海统筹的污染防治联动机制。逐步完善入河(海)排污口设置管理长效监管机制,推进"排污水体—入河(海)排污口—排污管线—污染源"全链条管理,倒逼污染源治理,改善排海水体的环境质量。

4.4 健全海洋生态环境损害赔偿制度

按照"保护者受益、损害者赔偿"原则,根据沿海各省、市海洋生态环境质量和同比变化情况,建立涵盖海域水质补偿(赔偿)资金、入海污染物赔偿资金和海岸带生态系统保护补偿资金的生态补偿资金,实行达标奖励和未达标惩罚的激励约束机制,生态补偿资金主要用于入海陆源污染防控、海洋生态监测与调查、海洋生态保护修复、海洋生态环境监测监管能力建设等与海洋生态环境保护相关的支出。建立健全溢油、危险化学品泄漏等突发事故对海洋生态环境损害的鉴定评估技术与标准体系,完善相应配套文件。建立海洋环境生态损害赔偿强制责任保险制度,将沿海高风险企业纳入环境污染强制责任险企业名录,将海洋环境风险因素纳入承保前的环境风险评估,探索构建"风控-保险-理赔"全过程风险管理模式。探索建立海洋生态环境损害赔偿磋商协议与司法强制执行的衔接机制。

参考文献

[1] 徐敏,张涛,王东,等. 中国水污染防治 40 年回顾与展望[J]. 中国环境管理,2019,11(3):65-71.

[2] 赵越,王东,马乐宽,等. 实施以控制单元为空间基础的流域水污染防治[J]. 环境保护,2017,45(24):13-16.

[3] 生态环境部. 重点流域水生态环境保护"十四五"规划编制技术大纲[S]. 环办水体函〔2019〕937 号.

[4] 马乐宽,谢阳村,文宇立,等. 重点流域水生态环境保护"十四五"规划编制思路与重点[J]. 中国环境管理,2020,12(4):40-44.

[5]　生态环境部. 中国近岸海域生态环境质量状况公报[R]. 2010—2019.

[6]　生态环境部. 中国海洋生态环境质量状况公报[R]. 2020.

[7]　文宇立, 叶维丽, 刘晨峰, 等. "十三五"总氮、总磷总量控制政策建议[J]. 环境污染与防治, 2015, 37（3）：27-30.

[8]　张灿, 曹可, 赵建华. 海洋生态环境保护工作面临的机遇和挑战[J]. 环境保护, 2020, 48（7）：9-13.

[9]　黄小平, 张凌, 张景平, 等. 我国海湾开发利用存在的问题与保护策略[J]. 中国科学院院刊, 2016, 31（10）：1151-1156.

[10]　张志卫, 刘志军, 刘建辉. 我国海洋生态保护修复的关键问题和攻坚方向[J]. 海洋开发与管理, 2018（10）：26-30.

[11]　赵婧. 实施潮间带规划 保护空间资源和生态系统[N]. 中国自然资源报, 2020-03-10.

[12]　张震宇. 沿海地级及以上城市总氮排放总量控制的若干思考[J]. 环境保护科学, 2015, 41（6）：1-3.

[13]　姚瑞华, 张晓丽, 刘静, 等. 陆海统筹推动海洋生态环境保护的几点思考[J]. 环境保护, 2020, 48（7）：14-17.

[14]　吕晓君, 杜蕴慧, 宋鹭, 等. 基于"陆海统筹"理念的海岸带环境管理思考[J]. 环境保护, 2015, 43（22）：59-61.

[15]　姚瑞华, 王金南, 王东. 国家海洋生态环境保护"十四五"战略路线图分析[J]. 中国环境管理, 2020, 3：15-20.

本专题执笔人：王东、徐敏、姚瑞华、张涛、张晓丽

完成时间：2020 年 12 月

专题2 长江流域典型地区农业面源氮、磷流失规律及"十四五"防控对策研究

1 绪论

1.1 研究背景与意义

据联合国粮农组织（FAO）2016年公布的数据显示，我国是世界上最大的水稻生产国，其收获面积占全球收获面积的20%，产量占全球水稻产量的30%（FAO，2016）。据统计，水稻耗水量占农业用水总量的 60%～70%，所以水稻水分生产力关系着我国的水资源状况和粮食生产。而水稻的化肥用量也超过20%，稻田氮、磷流失对水体污染的贡献已越来越引起重视。同时，水稻生产过程处于雨热同期，泡田过程、晒田的主动排水、降雨引起的被动排水等特殊的水田管理，导致田面水与周边水体发生着紧密的循环交换过程。当施肥时间与灌溉或降水事件发生一致时，稻田水流失引起的邻近水体的富营养化等环境问题已受到越来越多的关注。更值得一提的是，我国长江流域农业面源污染突出，其中水稻贡献了全流域农业面源一半的负荷。同时，长江流域水稻主产区分布在水资源丰富的地区，导致水稻对邻近水体的污染路径短，一旦在施肥关键期发生氮、磷流失，对水体带来的环境污染问题将不容忽视。因此，揭示稻田流失发生过程机制，开展区域稻田氮、磷流失模拟研究，为优化稻田管理，形成粮食生产与环境友好相和谐的稻田生产体系奠定理论依据。

1.2 研究进展

1.2.1 稻田氮、磷径流流失规律

降雨及其引起的地表径流将导致农田化学养分，比如农药、盐分及作物养分从土壤表层以地表径流的形式输送到地表水，对地表水水质健康造成一定的威胁。与土壤中溶质运移不同的是，土壤表层养分到地表径流运输的过程由于很多复杂的过程是同时发生的，不能以经典的对流-弥散方程来模拟。土壤表层养分到地表径流运输这一过程包括：①由于浓度差导致的土壤表层溶质的扩散过程；②雨滴能量带来的土壤表层溶液的释放过程；③雨滴的溅蚀作用和沉积物在地表径流的侵蚀过程；④化学养分的吸附解析过程。农田化学养分从土壤表层以地表径流的形式流向水体的运输过程对于控制污染物的传输是关键过程。影响这一过程的因素包括降水、地势、土壤水动力学参数、初始土壤水分含量和土壤养分浓度及农艺管理措施。

（1）降雨

降雨对土壤表层溶质到地表径流运输这一过程的影响表现在增加地表径流量的同时，还对土壤表层产生垂向的机械作用。降雨强度和降雨能量的增加不仅提高土壤表层的溅蚀作用，而且促使土壤养分有效性增加。因此，随着降雨强度和雨滴带来的能量的增加，溶质输移到地表径流量会明显增加。降雨强度增加引起的径流速率的增加，将在一定程度上增加或降低地表径流污染物的浓度。

（2）地势

地势直接影响径流产生，包括坡角和坡长。坡角和坡长的增加将显著增加径流量，虽然在一定程度上会稀释径流中溶质浓度，但由于径流量的增加还是会显著增加溶质至径流的输移。

（3）土壤水动力学参数

土壤水动力学参数也影响着土壤溶质运移过程。土壤渗透性较小时，影响上层土壤向下的溶质运移。因此土壤渗透性较低时，土壤表层将会有更多的可溶性溶质运移到地表径流。溶解的化学养分的输移量与渗透速率成反比。渗透速率与土壤质地紧密相关，土壤质地为砂质土或粗砂质土时，同一条件下的溶质输移量小于黏质土或粉质土的。

（4）土壤初始条件

土壤初始含水量及土壤溶液初始浓度影响土壤溶质输移至地表径流过程。土壤初始含水量较大时，土壤达到饱和仅仅需要较少的降雨即可使土壤表层形成积水层，从而使径流产生提前。当土壤初始含水量较高时，土壤表层和径流水中的溶液浓度均较高。同样地，初始的土壤溶液浓度及形态均影响溶质从土壤到径流的输移。径流中的溶液浓度与土壤表层水中的溶液浓度成正比。降雨持续时间较长时，径流中的溶液浓度将远远低于土壤表层的溶液浓度[1-3]。土壤表层的溶质是地表径流负荷最主要的来源，这是由运输路径较短、扩散形式、对流形式或雨滴直接的溅蚀作用综合决定的。

（5）农艺措施

农艺措施包括耕作、地上部分覆盖程度、肥料的深施、土壤改良剂、作物轮作方式等，通过影响土壤的水动力条件，初始土壤含水量及溶液溶度及径流过程影响着土壤溶质至地表径流的输移过程。比如，作物沉积物一方面能提高渗透速率同时降低径流量，这能降低污染物的输移[4]。肥料的深施被证明是降低径流污染风险较为有效的方法。

1.2.2 稻田氮、磷径流流失模型

目前大多的田间试验研究聚焦在通过改善农艺措施来降低污染物负荷运移到地表水。高时间和空间分辨率的污染物浓度数据对于揭示土壤表层的溶质输移机理和模型的校准及验证是必要的。但由于复杂的物理化学过程和多变的边界条件，研究者较多依附于室内控制试验[5, 6]。目前现有的室内控制试验由于无法获得时间尺度上连续的观测数据，且室内试验又是小空间尺度，因此不能捕捉土壤表层溶质运移等过程的动态变化。借助于模型手段来研究土壤表层溶质输移至地表径流的过程伴随着这一过程的理论基础的发展而不断发展，这些模型整合了较好地理解这一物理过程机理的参数。同时，降雨强度、持续时间、土壤特性及养分含量对径流流失量有重要影响。随着氮径流和淋溶流失机理的揭示，更简单地用于过去及未来的时间与空间变化趋势及预测的径流和淋溶流失模型也应运而生。稻田流失模型有 SWAT、WNMM[7]、DNDC、PADDIMOD、ECM、HYPE、AnnAGNPS、APSIM 等。这些模型多是从国外引用来的包含了氮循环过程的综合模型，部分进行了特定试验区流失模块的验证及优化。由于较多应用于流域、区域尺度，且对径流和淋溶的流失量的模拟较多的输

入参数是年或日降雨量及降雨强度，忽视了降雨过程可能带来的其他物理作用。降雨对土壤养分溅蚀的作用机理应从物理过程作为研究的出发点。早有研究表明在降雨过程中，土壤在雨滴打击及径流冲刷作用下，形成一定厚度的扰动层。但由于垂向溶质运移持续的时间较短，在模型中较易被忽略。结合一定理论基础的过程模型模拟方法能有效地描述这个运输过程。现有的模型，基于其主要过程的原理，主要分为 4 类：混合层模型、界面的扩散过程控制模型、界面的扩散和降雨的离散过程模型及经验模型。

（1）混合层模型

混合层理论模型，假设土壤表层存在较薄的降水、径流与土壤水的混合层，对混合层的厚度和程度不同处理方式导致了混合层模型之间的差异。混合层理论广泛应用于模拟土壤溶质至径流的输移，但早期的混合层模型不考虑土壤下层溶质向混合层中的释放，且对流与弥散过程忽略不计[8-11]。混合层理论至今仍广泛应用于揭示径流流失过程中溶质浓度的变化。

（2）界面的扩散过程控制模型

界面的扩散过程控制模型[12, 13]认为土壤表层和径流之间存在一个界面，溶质在这个界面之间的运移遵循浓度差扩散原理。但该过程没有考虑降水的影响。

（3）界面的扩散和降雨的离散过程模型

界面的扩散和降雨的离散过程模型[5]包括沉积物携带的化学养分的运输和雨滴引起的溶解性化学养分的释放过程。在模拟界面过程中考虑了降水的离散过程，但需要进一步耦合降水的离散作用，同时需要优化溶质扩散部分中以浓度代替浓度差的现象。

（4）经验模型

经验模型是根据一些试验数据简化的数学回归模型，经验模型的原理与 Universal Soil Loss Equation（USLE）的原理一致。经验模型需要大量的试验数据验证及参数拟合，而没有得到广泛应用。

这些经典的物理过程至今仍在径流流失模型中广泛应用。而部分过程逐渐被细化，模型参数意义也更加物理化。

降水作用于土壤表层时，不仅有降水、土壤表层积水及径流的混合推流过程，而且降水的机械作用能一方面引起土壤颗粒分离，另一方面导致土壤孔隙水中养分也释放到水土界面。土壤颗粒分离—输移过程和土壤养分释放—输移过程同时发生，同时伴随着溶解—沉淀—吸附过程，形成复杂的径流流失过程。关于降水量带来的混合推流过程试验与模拟研究较多，而降水的机械能量带来的土壤颗粒分离—悬浮溶解—沉淀—吸附—输移过程的试验研究较少，模型研究多聚焦于土壤养分释放速率与混合层深度过程的模拟，而未综合体现整个土壤颗粒分离—悬浮溶解—沉淀—吸附—输移过程。

降雨引起的土壤养分释放速率等于土壤养分分离特性与降雨强度的乘积[10, 14-17]，然而 Gao 等人认为土壤水中养分释放速率不仅与土壤养分分离特性和降雨强度有关，还与土壤含水量成正比，与土壤容重成反比[5]。方程如下：

$$e_s = \frac{aP\theta}{\rho_s} C_s \qquad (5\text{-}2\text{-}1)$$

同时将降雨引起的表层土壤养分向混合层养分释放过程与深层土壤养分扩散过程耦合起来，将这一过程的模拟具有明确的物理意义。然而，Gao 等人（2004b）发现，由于养分释放与扩散过程之间的相互影响，不能将两者之间进行简单的过程叠加[6]。

相关研究细化了水-土界面养分释放过程，将雨滴大小、雨滴降落速度、单位时间单位面积降雨量（mm）、单位面积田面储水量将降雨带来的水土界面动态的压力扰动量化为压力水头，进一步定量了水土界面养分释放速率。水土界面养分释放速率还显著影响径流中硝态氮和氨态氮的浓度，且硝态氮对混合层深度的变化较敏感。

由此可见，降雨带来的水土界面养分释放与混合过程通过室内人工降雨模拟试验已逐步细化，而降雨带来的水土界面养分的释放过程占径流流失的比例并没有引起足够的重视，且在全球气候变化大背景下，极端降雨事件的频繁加剧将进一步增加水-土界面养分释放量对径流流失的贡献。

1.3　研究内容

（1）稻田氮、磷流失的发生机制、关键时段和关键过程等规律

针对长江流域氮、磷问题相对突出、面源污染防控相对薄弱的问题，以典型农业面源稻田为研究对象，在水稻主产区（湖北荆州）开展了极端降水条件下稻田氮、磷间歇性释放和流失的人工降水控制试验，对稻田氮、磷间歇性释放和流失开展高频观测试验。同时，在长江流域和其他区域建立了包括单季稻、双季稻和水旱轮作的 11 个观测站的常规条件稻田氮、磷流失的田间观测试验。系统梳理氮、磷流失观测数据，分析稻田氮、磷流失的发生机制、关键时段和关键过程等规律。

（2）建立稻田氮、磷流失过程模型，明确长江流域典型种植模式下稻田氮、磷流失底数及时空格局

以陆面模式（ORCHIDEE-CROP）为平台，利用基于水肥运移过程梯级观测网络数据，①提出了基于三基点的光合作用温度响应方程，氮、磷限制下光合产物分配模式，实现中国稻田作物生长模块的改良和优化[18]；②提出了基于多叉树递归遍历搜索算法的田-沟-塘汇流演算算法，解决从稻田到沟渠和周边水体的氮、磷水污染风险分析；③改进了基于物理的溶质运移，体现"水-土"界面氮、磷释放作用的径流方程；④改进了淋溶方程、Jayaweera-Mikkelsen 氨挥发、反硝化的地带性响应模式的稻田氮循环模块；⑤构建了基于粒子滤波的 ORCHIDEE-CROP 参数最优系统，提高了 3 种种植制度稻田水量平衡，作物生长与光合产物分配，氮、磷流失与淋溶的模拟精度，明确了 3 种种植制度的主要模型参数。

其中，针对稻田氮、磷流失过程做了较为细致的改进。根据降水带来的压力水头与水土界面氮、磷释放速率之间的关系，将影响压力水头的降雨强度、雨滴直径、雨滴下落速度作为计算氮、磷释放速率模型输入参数，同时考虑土壤特性、田面水水位等的影响，通过实测的净释放量与释放速率的比值反算出氮、磷释放的浓度，建立田面水浓度与水土界面氮、磷释放浓度的关系方程，从而模拟出总释放量。同时考虑吸附沉淀过程，建立吸附沉淀过程与流量的关系方程，从而得到净释放量的模拟。考虑降水、释放、田面水三者混合的径流流失模拟，即完成稻田氮、磷流失模块的改进，为开展区域尺度稻田氮、磷流失模拟提供基础理论与模型参数。同时根据生育期不同降雨强度条件下释放过程的高频观测进行模型验证。

（3）利用模型开展情景模拟，提出不同种植模式下稻田氮、磷流失防控对策和减排效果评估

运用改进后的稻田氮、磷流失过程模型，提出不同种植模式下稻田氮、磷流失防控对策和减排效果评估。其中措施包括广泛应用的施肥优化，即以产量为导向的推荐施肥率（RF）和前氮后移（LBFP），以及灌溉优化，即增加出水口高度（IR）和浅水湿灌溉（SWI），同时核算减排潜力。

1.4 研究区概况

试验区选择：选择湖北荆州观测站开展稻田人工降水控制试验（图 5-2-1）。该试验区为申请人搭建的全国农田全通量监测网络中的站点，具有良好的平台和研究基础。同时基于全国水稻主产区的分布、水肥消费和水稻典型种植模式，选择包括荆州站在内，东北、华中、华南稻区具有代表性的 6 个观测区开展同步观测用于验证和区域分析（表 5-2-1，图 5-2-2）。

图 5-2-1　人工降水控制试验平台（荆州）

表 5-2-1　6 个点位观测区概况

试验点	纬度（N）	经度（E）	种植制度	气温/℃	降水量/mm	日照/h	蒸发量/mm
方正	45.82	128.78	单季稻	3.8	600.8	2 269.4	1 127.6
盘锦	41.17	122.25	单季稻	9.5	655.3	2 681.7	1 511.6
安陆	31.33	113.67	稻-麦	16.3	1 101.1	1 921.2	1 428.2
巢湖	31.27	117.42	绿肥-稻-麦	16.4	1 124.5	1 897.6	1 364.0
荆州	30.35	112.15	稻-油	16.8	1 077.1	1 629.4	1 428.2
高安	28.25	115.12	双季稻	18.1	1 677.8	1 677.7	1 411.2

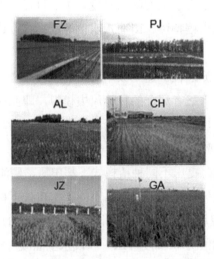

图 5-2-2　全国 6 个点稻田人工降水控制试验平台验证

湖北荆州观测站位于湖北省荆州市农业气象试验站（30°21'N，112°09'E），属于潮湿的季风气候，年平均温度为 16℃，年平均降水量为 1 095 mm，年均日照时数 1 718 h。过去 10 多年田间管理一直是水稻-油菜轮作。试验区面积为 900 m²（36 m × 25 m）。土壤类型为 Hydragric Anthrosol，黏土含量为 19.8%，表层土壤中的堆积密度为 1.1 g/m³（0～20 cm）。其他土壤性质如 pH 值、土壤有机碳和总氮含量分别为 8.1 g C/kg、7.9 g C/kg、1.2 g N/kg。试验区附近有国家级气象站。供试的品种为丰两优香一号，属籼型中熟杂交稻，产量在 9 000 kg/hm² 左右。水稻幼苗于 6 月初人工移栽，并于 9 月中下旬收获。水分管理为淹水泡田—晒田—间歇灌溉模式。在整个水稻生长季，灌溉量约为 1 000 mm，施氮量为 230.5 kg N/hm²，磷肥 26.6 kg P/hm²。复合肥（即尿素和硫酸铵的混合物）作为基肥于泡田期以 131.3 kg N/hm² 的分量加入，然后进行两次追肥，分别为分蘖肥（尿素 78.7 kg N/hm²）和穗肥（复合肥 20.9 kg N/hm²）。磷肥和钾肥也分别以 23.1 kg P/hm² 和 34.9 kg K/hm² 的比例在基肥中施用，和 3.6 kg P/hm² 和 5.5 kg K/hm² 在穗肥中施用。

控制试验设置与运行：荆州试验区搭建人工降水控制试验平台。基于历史小时降水资料分析三个试验点位的特征降水量，确定人工降雨量梯度为 20 mm、40 mm、60 mm、100 mm 和 160 mm，选择在水稻插秧期、分蘖期、抽穗期和成熟期开展人工降水试验。

小区布置在当地典型的水稻田块上，有长期（>5 年）的水稻种植历史，有良好的排灌功能。每个小区 2 m×3 m（或更大），相互间隔 0.5 m 以上。为了防止小区间串水，需用防渗膜（深至地下 10 cm 处）及塑料挡板（地上 10 cm 高）分割。小区之间拍实田埂并铺设栈桥，用于指标测定和样品采集，以及人工降水设备的移动，详见图 5-2-1。

1.5　稻田氮、磷流失过程试验观测

1.5.1　田间控制试验设置

控制试验拟采用人工降水控制系统（南林电子）。试验区共有 36 个小区，本次试验人工降雨不同处理进行了 20 次，各试验处理设置见表 5-2-2。按照降雨均匀度的原理均匀地布置喷头以去除降水区域中的盲点，使降雨均匀度系数达到 0.86。依据降雨面积 3.5 m×7.5 m（26.3 m²）设定降水高度 3 m。采用 3 种喷头组合（雨滴直径 1.5 mm、4.0 mm、6.0 mm，符合通用模拟降雨雨滴标准）并通过调节水泵压力，在 10～300 mm/h 的范围内模拟多梯度强度的降水。降水的强度和时长通过 DCS 全自动控制模式进行调节和监测。

表 5-2-2　人工降水控制试验处理设置

降水时期	降水强度/（mm/h）	降水时长/h	降水频次
插秧期	20	2	1
	40	2	1
	60	2	1
	100	2	1
	160	2	1
分蘖期	20	1	2
	40	1	1
	60	1、2	2、1

降水时期	降水强度/（mm/h）	降水时长/h	降水频次
分蘖期	100	1、2	2、2
	160	1	1
抽穗期	20	1、2	3、1
	40	2	1
	60	1、2	3、1
	100	1、2	4、1
	160	1、2	3、1
成熟期	20	1	2
	40	1	1
	60	1	1
	100	1	1
	160	1	1

1.5.2 试验指标监测与分析

间歇性释放过程试验监测与分析的指标如下：

1）降水量及降水中氮、磷浓度：每场次降水过程中采用采集桶人工收集降水样品，立即测定或立即冷冻至–4℃冰柜，尽快测定降水中的总氮、总磷。各水质成分分析方法参考《水和废水监测分析方法》（中国环境科学出版社出版，第四版，2006年）。

2）田面水位及田面水氮、磷浓度：在每个试验小区埋设钢尺，人工读取田面水位的变化，频次为 20 min。具体是在降雨发生之前采集初始田面水样品及测定初始田面水位，降雨开始之后每隔 20 min 采集田面水样品及测定田面水位，直到降水 2 h 结束时，详见图 5-2-3。

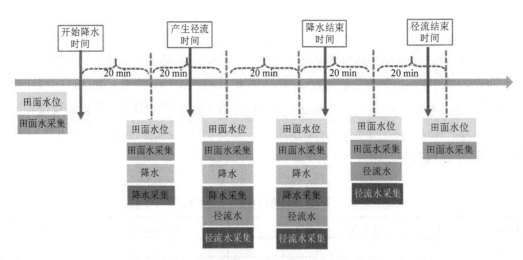

图 5-2-3　间歇性释放过程试验监测指标及频次

3）径流水位及径流水氮、磷浓度：在径流池中埋设水位钢尺，对径流水位的变化进行人工监测。从径流发生开始，每 20 min 进行一次径流水水样采集工作，尽快测定总氮、总磷，测定方法同降水水样指标测定。

4）间歇性释放过程影响因子：①浊度/悬浮固体：采用 ODEON 数字化便携式多参数水质分析

仪对降水及径流事件的间歇性释放过程进行田面水浊度/悬浮固体的实时监测，频次为 1 min。②水稻叶面积指数：采用叶面积仪对径流事件当天水稻叶面积指数进行测定。

1.5.3　净释放与释放输移实测值计算

通过田面水中氮、磷遵循质量守恒原理，根据监测时段前田面水水位、田面水氮、磷浓度、监测时段内降水量、降水中氮、磷浓度、监测时段内径流量、监测时段内径流水中氮、磷浓度、监测时段后田面水水位、田面水氮、磷浓度，得到净释放的计算公式如下：

$$C_{paddy}(t) \times H(t) + C_{runoff}(t) \times R(t) = C_{paddy}(t-1) \times H(t-1) + C_{pre}(t) \times P(t) + E_N(t) \times a \quad （5-2-2）$$

其中，$C_{paddy}(t)$，$C_{paddy}(t-1)$ 分别为 t、$t-1$ 时刻田面水氮、磷浓度；$H(t)$，$H(t-1)$ 为在 t、$t-1$ 时刻田面水位高度；$C_{runoff}(t)$ 为在 t 时径流水氮、磷浓度；$R(t)$ 为 $t-1$ 到 t 时刻单位时间内的径流量在单位面积上的水位高度；$C_{pre}(t)$ 为 t 时降水氮、磷浓度；$P(t)$ 为 $t-1$ 到 t 时刻单位时间内的降水量在单位面积上的水位高度；$E_N(t)$ 为 t 时刻土壤氮、磷净释放通量；a 为监测间隔的时间换算成为秒的系数。

通过假设不存在释放现象时，田面水氮、磷遵循的质量守恒原理，得到释放输移量的公式如下：

$$E_{TR}(t) = \begin{cases} 0 & t = 0 \\ E_N(t) - [C_{paddy}(t) - C'_{paddy}(t)] \times H(t) & t \geq 1 \end{cases} \quad （5-2-3）$$

其中，$E_{TR}(t)$ 为 t 时刻氮、磷释放输移通量；$C'_{paddy}(t)$ 为 t 时刻假设不考虑释放时计算出的田面水氮、磷浓度。

$$C'_{paddy}(t) = \dfrac{P(t) \times C_{pre}(t) + H(t-1) \times C_{paddy}(t-1)}{H(t) + \dfrac{R(t) \times C_{runoff}(t)}{C_{paddy}(t)}} \quad （5-2-4）$$

2　长江流域典型地区稻田氮、磷流失规律

2.1　稻田氮、磷流失的发生机制

2.1.1　氮、磷净释放及释放输移过程观测现象

我们分析了降雨引起的氮、磷净释放和输移过程现象及其对径流流失的贡献。总体来说，氮净释放（E_n）和释放输移量（E_{nt}）与降雨强度梯度呈现正相关关系。例如 160 mm/h 下的值大约是 20 mm/h 下值的 10 倍。E_n 和 E_{nt} 对降雨强度的响应因水稻生育期而异，其中较大的净释放和输移主要出现在插秧期和分蘖期。然而，对于磷，E_n 和 E_{nt} 对降雨强度的响应在不同生长阶段是相似的，与插秧期和抽穗期相比，分蘖期和成熟期净释放和释放输移量要小得多。

尽管不同水稻生长阶段之间存在一些差异，降雨引起的释放输移对氮素径流流失的贡献（E_{nt}/R）与其对降雨强度响应的相关性相近。插秧期的贡献比从 20 mm/h 降雨强度下的 12.5%增加到 160 mm/h 强度下的 25.8%，这一比例变化在分蘖期、抽穗期和成熟期分别为 2.5%～15.8%、7.2%～14.7%及 2.3%～12.5%。插秧期释放输移对磷素径流流失的贡献比同期氮的贡献要更大一些（10.9%～26.6%），

而在其余三个时期在 1.7%～24.7%之间变化。总体而言，我们的试验结果表明，降雨引起的水土界面释放是稻田氮、磷径流损失的关键因素。

　　场次内这一贡献随时间的变化趋势因不同降雨强度而异（图 5-2-4）。对氮而言，随着降雨事件持续时间的延长，贡献占比在增加，并在 100 min 后达到峰值，但当降雨强度增加时（≥60 mm/h），贡献呈现下降的趋势，从 15%～31%到 7%～15%。场次内释放对磷流失的贡献也具有相似的规律，但当降雨事件的持续时间发生变化时波动性更高。这种贡献与降雨持续时间的不同响应关系可能归因于氮或磷释放的潜力，即氮磷在土壤孔隙水中的最大储存量。降雨强度较小时水土界面的压力水头较低，释放量也较小，可能远低于其释放潜力。所以当降雨事件的时间增加时，累积的氮、磷释放将逐渐增加到潜力。之后，这一贡献占比将会小幅下降。而强度较大的降雨事件开始时水土界面即有较高的压力水头，这会导致短时间内大量的释放，因此这一贡献占比在降雨事件的后期会呈现不断下降的趋势。

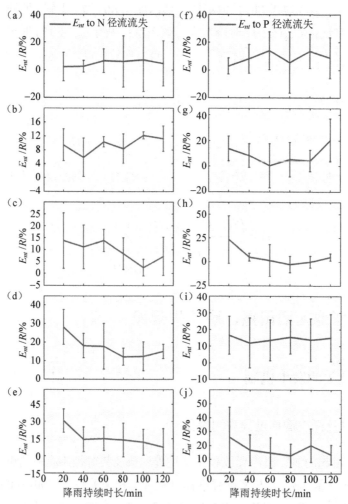

注：图中 a 和 f：20 mm/h；b 和 g：40 mm/h；c 和 h：60 mm/h；d 和 i：100 mm/h；e 和 j：160 mm/h
（a～e）的 E_{nt}/R 代表 N 释放输移对径流流失贡献占比；（f～j）的 E_{nt}/R 代表 P 释放输移对径流流失贡献占比。

图 5-2-4　降雨场次内释放输移对径流流失贡献的时间动态变化

2.1.2　氮、磷净释放及释放输移过程潜在调控因素

　　为了探究释放和输移过程的调控因素，我们收集了每次释放观测所对应的降雨强度、初始田面

水位、初始田面水浓度和田面水流速。通过相关分析，我们发现氮磷释放与降雨强度（对于氮，$r = 0.38$，$p < 0.000\ 1$，对于磷，$r = 0.48$，$p < 0.000\ 1$）、初始田面水浓度（对于氮，$r = 0.71$，$p < 0.000\ 1$，对于磷，$r = 0.68$，$p < 0.000\ 1$）和流速（对于氮，$r = 0.36$，$p < 0.000\ 1$，对于磷，$r = 0.38$，$p < 0.000\ 1$）表现显著正相关关系，但不与田面水位相关（对于氮，$r = -0.08$，$p < 0.293$；对于磷，$r = -0.08$，$p < 0.295$）。释放量也与降雨强度和田面水位之比高度相关（对于氮，$r = 0.43$，$p < 0.000\ 1$；对于磷，$r = 0.54$，$p < 0.000\ 1$），而这个参数体现了降雨引起的水土界面压力水头。总之我们的相关性分析体现了稻田氮磷释放的复杂性和动态变化，并且降雨强度和田面水浓度可以很好解释释放过程，这表明这两个因素在调控释放量大小中可能具有的重要作用。

此外，通过混合线性模型（表 5-2-3），我们证实了氮、磷释放与降雨强度、初始田面水浓度和流速呈正相关，而与田面水位呈负相关。田面水氮、磷浓度分别解释了释放量变化的 33.2% 和 31.0%，其次是降雨强度（对于氮，9.6%；对于磷，27.5%），而与田面水位和流速没有显著相关性。这并不意味着田面水位或流速在降雨引起的水土界面释放过程中没有作用，只是没有降雨强度和田面水浓度重要。我们还发现净释放与释放输移量高度相关（调整后 R^2 分别为 0.75 和 0.66）。因此，我们的结果表明，净释放、降水以及田面水一起在输移过程中扮演着重要的角色。

表 5-2-3　净释放和释放输移的潜在调控因素（混合线性模型）

参数	值	标准误差	2.5% 置信区间	97.5% 置信区间	自由度	p 值	解释率
（a）氮净释放							
降雨强度	2.57×10^{-4}	7.90×10^{-5}	1.16×10^{-4}	4.24×10^{-4}	181	0.000	9.6
田面水浓度	2.30×10^{-2}	1.79×10^{-3}	1.81×10^{-2}	2.55×10^{-2}	181	0.000	33.2
1/田面水位	6.23×10^{-2}	1.05×10^{-1}	-1.33×10^{-1}	2.74×10^{-1}	181	0.244	0.3
流速	1.41×10^{-1}	1.14×10^{-1}	-1.20×10^{-1}	3.28×10^{-1}	181	0.306	0.2
（截距）	-7.39×10^{-2}	1.91×10^{-2}	-1.15×10^{-1}	-4.15×10^{-2}	—	—	—
（b）磷净释放							
降雨强度	3.08×10^{-5}	5.57×10^{-6}	2.03×10^{-5}	4.19×10^{-5}	177	0.000	21.5
田面水浓度	2.22×10^{-2}	1.91×10^{-3}	1.75×10^{-2}	2.51×10^{-2}	177	0.000	31.0
1/田面水位	7.01×10^{-3}	9.23×10^{-3}	-7.00×10^{-3}	2.97×10^{-2}	177	0.375	0.2
流速	7.41×10^{-3}	8.16×10^{-3}	-2.21×10^{-2}	9.00×10^{-3}	177	0.392	0.2
（截距）	-4.36×10^{-3}	1.65×10^{-3}	-8.40×10^{-3}	-2.92×10^{-3}	—	—	—
（c）氮释放输移							
净释放	4.35×10^{-1}	1.39×10^{-2}	4.08×10^{-1}	4.63×10^{-1}	184	0.000	71.7
（截距）	-3.86×10^{-4}	1.16×10^{-3}	-3.31×10^{-3}	2.34×10^{-3}	—	—	—
（d）磷释放输移							
净释放	4.13×10^{-1}	2.10×10^{-2}	3.71×10^{-1}	4.54×10^{-1}	180	0.000	65.8
（截距）	4.24×10^{-5}	1.36×10^{-4}	-2.66×10^{-4}	3.44×10^{-4}	—	—	—

另外需要指出的是，我们的结果所揭示的释放随着降雨强度的增加而增加，证实了之前研究者通过室内试验所证实的关系[19]。然而令人惊讶的是，初始田面水浓度也会影响净释放值并且与水稻的生长阶段无关，这种线性关系被数值解所证实[6]。这一结果表明，在水土界面存在一种稳态交换动力学调控着田面水氮磷输入的分配。除此之外，我们结果表明田面水位和流速对净释放没有显著

的影响，而实际上这两个因素分别调控了压力水头和输移速率的大小。对此一个可能的解释是，由于在我们的降雨模拟试验中降雨强度较高，在大部分时间内，田面水位接近排水口且变化范围较小。同样，在试验条件下田面水流速变化范围也很窄，因为各小区大小和流量相同。

2.2　稻田氮、磷流失的形态特征和关键时期

2.2.1　形态特征

从氮、磷径流流失形态上分析，氮的流失形态全国稻区呈现一致性。可溶性总氮（TDN）是稻田氮径流流失的主要形态，占总氮流失的 73.3%～81.3%；可溶性无机氮在可溶性总氮中占有较高比例；硝态氮是可溶性无机氮流失的主要形态，占总氮流失的 28.8%～43.3%。可溶性总磷（TDP）是稻田磷径流流失的主要形态，占总磷流失的 53.5%～60.5%，平均 56.8%。

2.2.2　风险期

我们将氮、磷地表径流流失的关键期定义为：①径流流失浓度显著高于稻田来水（降雨、灌溉水）氮、磷浓度；②在相对较短时间内贡献了水稻季 50%以上的氮、磷流失量。在全国稻田面源污染监测网的基础上，我们对施肥后不同时间段内田面水的氮、磷浓度进行了分析，结果表明：不同水稻主产区稻田施肥后田面水中氮、磷浓度呈现出一致的变化规律。田面水中氮、磷浓度均在施肥后第 1 天达到峰值，随施肥天数的延长，浓度逐渐降低，施肥 5 d 后，氮、磷浓度均趋于稳定（图 5-2-5）。因此，施肥后 5 d 内是稻田田面水流失的风险时段，农业管理上，应尽量避免此时段内田面水的外流。对总磷监测的结果表明，磷肥施用对三大水稻主产区稻田总磷径流流失浓度影响不显著。长江流域稻区和东南沿海稻区磷肥施用后 7 d 内总磷流失负荷分别占各自水稻季磷径流流失负荷的 39.2% 和 39.1%。因此，在全国三大水稻主产区内，没有发现稻季磷素径流流失的关键时期（图 5-2-5）。

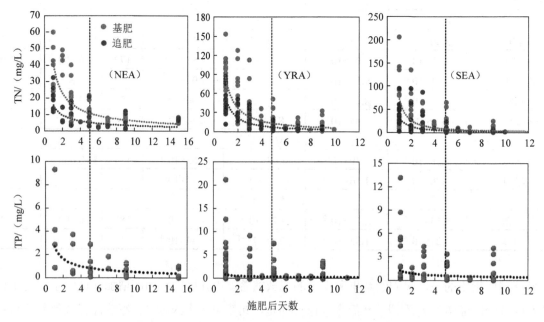

NEA：东北稻区；YRA：长江流域稻区；SEA：东南沿海稻区

图 5-2-5　不同水稻主产区基肥和追肥后田面水总氮、总磷浓度随施肥后天数的变化

2.2.3　关键时期

稻田地表径流造成的氮和磷损失的季节性分析通过量化施肥期和非施肥期的占比，中位值不超过35%（氮）和32%（磷）。模型模拟的累积分布函数分析表明，施肥期在总氮或磷流失占主导地位的概率分别小于31%和32%。在华北地区发生的比例和概率较小，主要在夏季经历了大多数极端降水事件。省级尺度的回归分析证实，氮和磷径流损失的季节性与极端降水出现的频率高度相关，氮的 R^2 为 0.63 ± 0.07，磷的 R^2 为 0.69 ± 0.09。单季稻或中稻在施肥期间氮和磷流失的比例与总量相似。特别是在华南地区，发现的比例和概率更大，在江西和福建省的价值和概率约为一半。相反，除湖北和安徽省外，早稻田地区的比例和概率值要低得多。对于晚稻，由于极端降水和施肥事件之间的同步性，施肥期与非施肥期氮、磷径流损失的贡献相当。总的来说，我们得出的结论是，受降雨季节分布的影响，中国稻田近60年的氮、磷径流在非施肥期占主导地位。

2.3　稻田氮、磷流失的控制因素

稻田氮、磷地表径流流失通常受多因素的影响，如降雨产流、施肥、土壤性质和人为排水等管理措施。将影响稻田氮、磷地表径流流失的因子分为自然因子（降雨产流）、人为因子（施肥）和土壤性质三大类，根据水稻主产区46个水稻径流监测点2014—2018年径流流失数据分析得出，三大类别的影响因子对水稻主产区氮、磷径流流失的总解释度分别达54.9%和51.4%。降雨量、降雨驱动的产流和氮肥施用是三大水稻主产区氮素径流流失的主要影响因子，对氮素径流流失的解释度分别为9.5%（$P=0.004$）、42.5%（$P=0.002$）和16.0%（$P=0.004$）。水稻主产区磷素径流流失的主要影响因子为降雨驱动的产流，其对磷素径流流失的解释度为40.4%（$P=0.002$）。

对不同水稻主产区分别研究的结果表明，径流量仍是东北稻区、长江流域稻区和东南沿海稻区氮素径流流失的主要影响因子，其对三大水稻主产区氮素径流流失的解释度分别为27.8%（$F=5.8$，$P=0.02$）；51.9%（$F=44.3$，$P=0.002$）和48.2%（$F=6.5$，$P=0.018$）。

影响东北稻区和长江流域稻区磷素径流流失的主要因子为径流量，其对两个水稻主产区磷素径流流失的解释度分别为39.4%（$F=9.8$，$P=0.01$）和34.7%（$F=15.4$，$P=0.002$）。径流量对东南沿海稻区磷素径流流失的解释度为33.1%（$F=3.5$，$P=0.092$），影响不显著。磷肥施用对东北稻区磷素径流流失的解释度为17.9%（$F=3.3$，$P=0.078$），但影响不显著。

3　稻田氮、磷流失过程模型开发与验证

3.1　模型改进与开发

本研究开发了一个新型的稻田径流模型（RPR）作为作物模型 ORCHIDEE-CROP 的一个模块，以模拟日尺度氮、磷径流量。同时针对作物生长的模拟过程，进行了水文循环，物候和碳分配的特定方程式的建模，这些方程式之前已针对中国水稻进行过校准。ORCHIDEE-CROP 模型也被广泛应用在区域尺度和全球尺度研究中。但是，早期的养分循环模块忽略了径流过程的影响（例如水位波动，养分吸收和从水-土界面释放）以及与农业管理实践和环境变量相互作用。为了解决这些问题，氮、磷从水-土界面释放的过程被引入到 RPR 模块中，作为对蓄满-径流模型的补充过程。此外，

此模块应用空间上精细化的衰减系数，以提高狄拉克（delta）函数在不同稻作区的田面水氮、磷浓度的可预测性。最后，农田管理方式，如灌溉（量，方式，时间，水位阈值）和施肥（量，类型，时间和方式）是根据技术的应用、农民的习惯和时间成本在全国范围的调查确定的。

RPR 模块中的三个主要部分包括水平衡、氮和磷径流通量，以及灌溉和施肥管理的模拟。PRP 模块由 17 个输入变量，6 个输出变量，33 个中间变量和 23 个参数组成。PRP 的主要输出包括污水水位、径流、污水中氮和磷的浓度以及相关的氮和磷径流量。值得注意的是，氮和磷的总量分别为溶解的有机和无机形式的氮和磷的总和。

水文过程最初是由 Guimberteau 等开发的。在本研究中，我们通过考虑当地稻田水分管理来更新水文过程。径流水深（R_w^t）计算如下：

$$R_w^t = P^t - \Delta H^{t-1} - I_c - SF^t - \Delta S^t \tag{5-2-5}$$

这里，

$$\Delta H^{t-1} = H_r - H_w^{t-1}$$

式中，P^t 是第 t 天的降水深度，mm/d；I_c 是最大的冠层截留量，mm/d；SF^t 是地下水通量，mm/d；ΔS^t 是土壤含水量的变化，mm/d；ΔH^{t-1} 是出水口高度（H_r）与降水前一天田面水深（H_w^{t-1}）的差值，后者是根据水平衡方程式计算的。

氮、磷径流通量（R_i^t，N：$i=1$，P：$i=2$）是基于过程模型蓄满-径流模型（晏维金等，1999）和水-土界面的 N 和 P 释放量估算的。稻田每单位面积的瞬时 N（或 P）径流通量（ΔR_i^t）估计为：

$$\Delta R_i^t = \Delta R_w^t \cdot \Delta C_{1i}^t + W \cdot C_r$$
$$= \Delta R_w^t \cdot \{[C_{1i}^{t-1} \cdot H_w^{t-1} + C_{Pi}^t \cdot (\Delta R_w^t + H_r - H_w^{t-1})] / (\Delta R_w^t + H_r)\} + W \cdot c_1 \cdot C_{1i}^{t-1} \tag{5-2-6}$$

其中，ΔR_w^t 为单位时间径流水深；ΔC_{1i}^t 代表瞬时径流 N 或 P 的浓度；假设降雨和田面混合均匀，C_r 是从水-土界面释放的 N 或 P 的浓度，mg N [or P]/L；C_{1i}^{t-1} 是降雨发生前一天（$t-1$）的田面水 N 或 P 浓度的平均值；C_{Pi}^t 是场次降雨的平均浓度，mg N [or P]/L；c_1 代表拟合系数；W 是水/土交换速度，cm/s，由 $W = kh_0\sqrt{\pi/aT}$ 得到，其中 k 是土壤的水力传导率，cm/s；h_0 是根据伯努利方程估算的压力水头，T 是压力持续时间，表达为降水强度的方程，并且 a 由包含 k 的方程计算得出。

需要指出的是，除 k 以外，所有输入变量均由观测值直接确定。

径流事件期间总的 N 和 P 径流损失量是瞬时 N 和 P 浓度对降雨持续时间（T_p，s）的积分：

$$R_i^t = \int_0^{T_p} \Delta R_i^t dt = R_w^t \cdot C_{Pi}^t + H_w^{t-1} \cdot \left(C_{1i}^{t-1} - C_{Pi}^t\right) \cdot \left(1 - e^{-R_w^t/H_r}\right) + c_1 \cdot C_{1i}^{t-1} \cdot W \cdot T_P \tag{5-2-7}$$

其中，氮（$i=1$）和磷（$i=2$）的日田面水浓度（C_{1i}^t）的估算建立在与灌溉水和降水均匀混合（C_{0i}^t）的假设上，同时也受施肥的影响：

$$C_{1i}^{t-1} = (P^{t-1} \cdot C_{Pi}^{t-1} + I^{t-1} \cdot C_{1i}^{t-1} + H_w^{t-2} \cdot \Sigma(b_i \cdot e^{-k_i \cdot D_F})) / (P^{t-1} + I^{t-1} + H_w^{t-2}) \tag{5-2-8}$$

其中 D_F 为施肥后天数（$D_F = 0$ 表示施肥当天），b_i 和 k_i 由下式得出：

$$b_i = \begin{cases} b_1 \cdot \ln\left(F_N \cdot F_{type}\right) / \ln\left(H_w^{t-2} + b_2\right), & \text{for } i=1 \text{ and } D_{FN} = 0 \\ C_{1i}^{t-2}, & \text{for others} \end{cases} \tag{5-2-9}$$

其中　F_N 为施肥率（kg N/hm²），F_{type} 为施肥类型，b_1-b_2 为拟合系数。

$$k_i = \begin{cases} k_1 \cdot \ln\left(D_{trans}^{D_{FN}=0} + k_2\right) + k_3, & \text{for } i = 1 \\ k_5 \cdot \left(C_{1P}^{t-1} \cdot \text{SOM/STP}\right)^{k_6}, & \text{for } i = 2 \end{cases} \qquad (5\text{-}2\text{-}10)$$

其中 $D_{trans}^{D_{FN}=0}$ 代表施肥当天为移栽后天数，k_1-k_3 为拟合系数；SOM 为表层土壤（0～10 cm）的有机质含量，g/kg；STP 代表表层土壤总磷含量，g/kg；k_5-k_6 为拟合系数。

计算 N 和 P 径流量需要考虑水分和施肥管理措施。在水稻生长季，灌溉后的最高田面水位等于可允许的最高水位（$\max\_H_w^t$），而最小值（$\min\_H_w^t$）是根据当地水管理或每个省的基于面对面问卷调查确定的。灌溉水深（I^t）可以计算如下：

$$I^t = \begin{cases} 0, & \text{for } H_w^t > \min\_H_w^t \\ \max\_H_w^t - H_w^t, & \text{for } H_w^t \leqslant \min\_H_w^t \text{ and } \max\_H_w^t - H_w^t \leqslant \max\_I^t \\ \max\_I^t, & \text{for } H_w^t \leqslant \min\_H_w^t \text{ and } H_r - H_w^t > \max\_I^t \end{cases} \qquad (5\text{-}2\text{-}11)$$

其中，$\max\_I^t$ 为一天的灌溉能力，取决于当地水分的可获得性，根据现场观察在 60～163 mm 范围内变化。当需要主动排水时，目标田面水水位设为零，排水引起的径流深度（R_w^t）等于田面水深（H_w^t）。施肥时间取决于水稻的物候特性，而该物候特性是由 ORCHIDEE-CROP 模型模拟的。施肥量、频率和比例是根据农民的做法确定的。

3.2　模型校准与验证

根据降水带来的压力水头与水土界面氮、磷释放速率之间的关系，将影响压力水头的降雨强度、雨滴直径、雨滴下落速度作为计算氮、磷释放速率模型输入参数，同时考虑土壤特性、田面水水位等的影响，通过实测的净释放量与释放速率的比值反算出氮、磷释放的浓度，建立田面水浓度与水土界面氮、磷释放浓度的关系方程，从而模拟出总释放量。同时考虑吸附沉淀过程，建立吸附沉淀过程与流量的关系方程，从而得到净释放量的模拟。实现了从降水引起的压力水头、压力周期、释放速率、吸附沉淀、混合溶解和释放输移的过程模拟，氮净释放通量的拟合效果较好，r^2 达到 0.66，氮释放输移也具有较为稳健的模型表现，r^2 为 0.56（图 5-2-6）。磷净释放和释放输移量拟合效果均较好（图 5-2-7）。同时考虑降水、释放、田面水三者混合的径流流失模拟，氮、磷径流流失的实测值与模拟值有很强的相关性，r^2 达到了 0.83 和 0.79。

分别在不同田间小区，在水稻生长季的这 4 个关键生育期开展了降水时长为 1 h，降雨强度也分别为 20 mm/h、40 mm/h、60 mm/h、100 mm/h、160 mm/h 的人工降雨控制试验，同时监测水土界面间歇性释放过程及径流流失，计算出净释放量和径流流失量，进行模型验证。模型验证结果（图 5-2-8、图 5-2-9）显示模型对于径流流失部分和释放部分的模拟效果较好，净释放的实测值和径流流失的实测值与模拟值之间有较强的相关性，但对释放输移部分的模拟效果由于释放通量较小时或为负值时，释放输移部分的拟合效果可进一步改进。

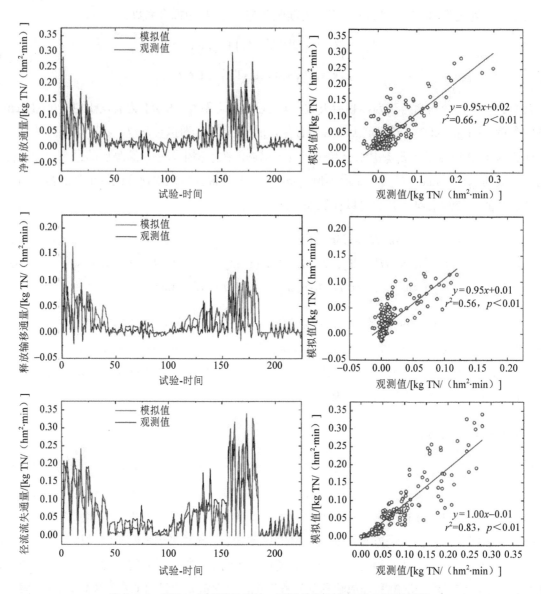

图 5-2-6　场次内氮净释放通量、释放输移及径流流失通量模拟

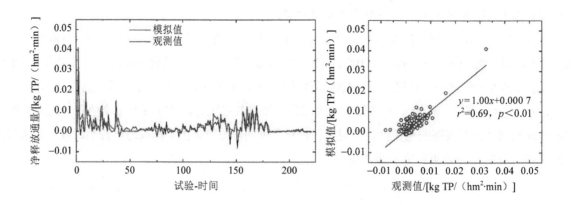

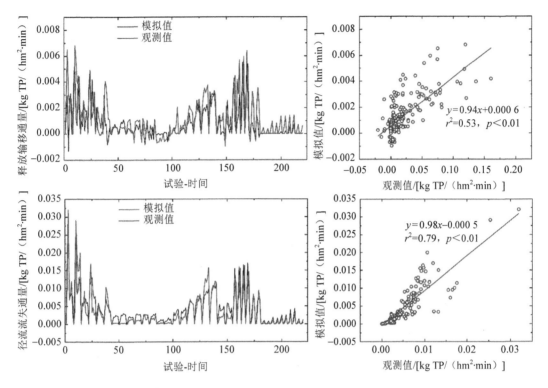

图 5-2-7 场次内磷净释放通量、释放输移及径流流失通量模拟

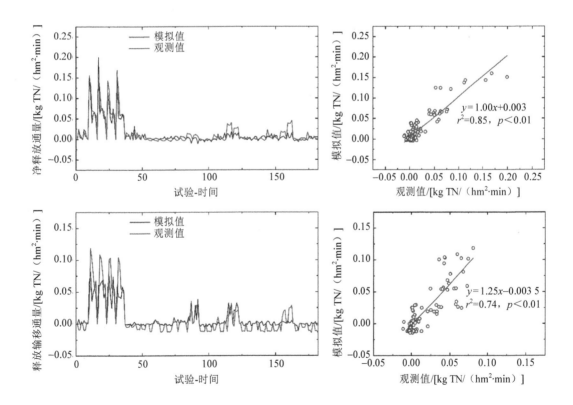

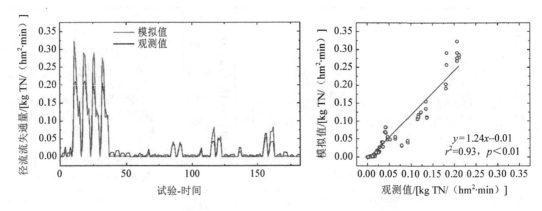

图 5-2-8　场次内氮净释放通量、释放输移及径流流失通量模拟验证

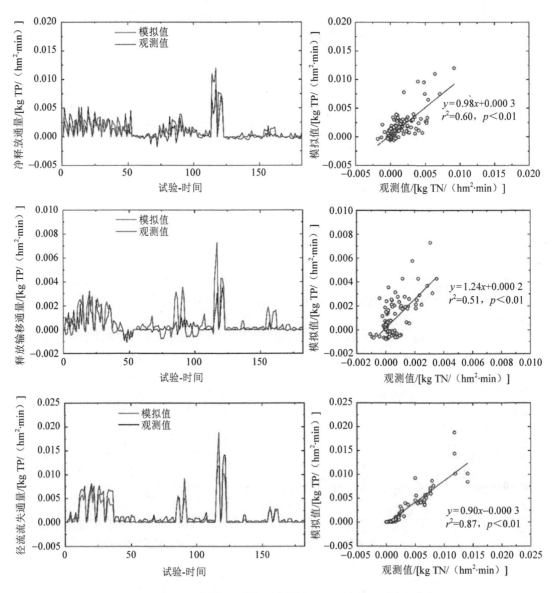

图 5-2-9　场次内磷净释放通量、释放输移及径流流失通量模拟验证

我们研究开发了基于物理的溶质运移模型，可以合理地量化降雨强度、田面水浓度、田面水位以及流速的影响，并通过在 20 min 间隔内进行的 224 次观测进行了很好的校准。同时通过其他 5 个用于现场观察的站点，这些观察数据用于模型验证。通过计算相关系数（R^2）和回归斜率（S）来评估该模型，对于氮分别为 0.69 和 0.87，而磷为 0.65 和 0.81。该模型在检测水稻不同生育期的输移与降雨强度之间的相关性方面也表现良好，氮的 R^2 为 0.68，S 为 0.85，磷的 R^2 为 0.64，S 为 0.82。该标定模型还很好地捕捉了降雨模拟实验中氮磷径流流失的时间变化，R^2 为 0.80～0.88，S 为 0.94～0.95。氮、磷径流流失估算的准确性通过 5 个点位观测结果得到进一步证实（$n=36$，BIAS = −7.3%～2.2%，NS>0.9）。事实证明，更新基于物理的溶质运移模型能够模拟降雨引起的释放动力学以及在稻田中初始条件变化的不同降雨事件期间的氮磷径流流失。在模型中，如果不考虑雨滴在土壤-水界面的释放，氮和磷的径流流失分别被低估了 35% 和 40%。在降雨强度较大的情况下，这种低估将进一步加剧。该结果表明了将降雨引起的释放纳入径流过程建模系统的重要性。

本研究通过计算百分比偏差（BIAS）和纳什系数（NS）来评估 RPR 模块。对于第一组六个地点的日田面水水位，BIAS 和 NS 分别介于−1.9%至 3.5%和 0.87 至 0.96 之间。该模块也能够很好地模拟田面水 N 和 P 浓度的日变化，对于 N，BIAS<11.0%，NS 介于 0.3～0.7，P 的 BIAS<15%和 NS 最高为 0.7。然而，我们发现了模拟田面水 P 浓度和观察到的 P 浓度之间的差异主要发生在 3 个站点（即 FZ、CH 和 AL）的水稻营养生长阶段。我们的 RPR 模块还很好地捕获了 6 个点和降雨模拟实验中观测到的具有较大时空差异的 N 和 P 径流损失（$n=91$），BIAS 为 6.2%～12.3%，NS>0.8。N 和 P 径流损失估算的准确性通过第二组的 5 个点位观测结果得到进一步证实（$n=36$，BIAS = −7.3%～2.2%，NS>0.9）。总体而言，RPR 模块被证明能够模拟不同气候和水文条件下每天的氮和磷径流损失。然而，如果忽略水-土界面的养分释放过程或 RPR 模块中衰减系数的空间差异，则第一组和第二组所有站点的 N 和 P 径流损失都被低估 −43%～−10%。

就我们所知，这是第一个提供数据受限的模型模拟中国稻田氮、磷径流损失的空间格局和缓解潜力的研究。该研究有两个主要的改进，一是开发了 RPR 模块以适应稻田径流机制，该机制包括水-土界面的 N 和 P 释放过程。该模块使用来自 11 个点的 127 个径流事件的现场观测数据进行了广泛验证，该数据覆盖了中国主要的水稻生产区。二是 RPR 模块以及长期降水数据集和基于调查的灌溉与施肥方案，能够成功估算全国氮和磷的径流损失。这些改进克服了以前基于个别点位观测或径流系数方法的局限性。

3.3 氮、磷释放过程对氮磷流失的贡献分析

校准后的模型进一步应用于评估中国 6 个典型地区稻田中降水引起的释放对氮、磷径流流失的贡献（表 5-2-5）。从中国国家气象信息中心（http://data.cma.cn/en）获取了 1961—2012 年的每小时降水数据，用于计算 95%分位数的阈值，作为每个地区降雨强度的模型输入（表 5-2-4）。华南地区的释放贡献（占氮、磷总径流流失的百分比）高于东北地区，但不同水稻生育阶段之间没有差异。对于氮，贡献比最高的是种植双季稻的高安站，主要是由于初始田面水氮浓度较高。荆州站的贡献占比随着水稻的生长阶段逐步升高，同时，安陆站有着类似的现象。而其他站点的贡献占比在22%～36%的范围内，主要是由于初始田面水浓度较低或是降雨强度较小。与氮相比，降水引起的释放对磷的径流流失贡献甚至更高。在荆州站，成熟期的释放贡献占比甚至达到 63%，这是初始田面水浓度较大导致的。高安早稻和晚稻的贡献占比分别高达 49%和 53%。因此，与降雨模拟实

验相比，基于物理模型的区域评估中，考虑降雨引起的释放对中国稻田氮磷径流流失的贡献也至关重要。

表 5-2-4　六点位观测区基本信息

试验点	生育期	形状/m	导水系数/ （cm/s）	初始田面 水位/cm	降雨 强度/mm	降雨氮、磷浓度/ （mg/L）	初始田面水浓度/ （mg/L）
荆州	插秧	25×6×0.09	0.000 76	7.11±1.68	91.2（36 h）	N：4.10 P：0.07	N：5.18±3.13 P：0.46±0.35
	分蘖			4.64±2.49	80.7 （9 h）	N：2.46 P：0.08	N：3.39±0.66 P：0.53±0.23
	抽穗			4.18±2.36	95.8 （11 h）	N：2.75 P：0.07	N：2.61±0.69 P：0.22±0.12
	成熟			4.18±2.74	75.4 （6 h）	N：2.51 P：0.07	N：2.38±0.28 P：0.14±0.10
高安	早稻插秧	15×4×0.10	0.001 125	6.34±0.90	54.2 （9 h）	N：1.77 P：0.10	N：30.13±16.75 P：0.08±0.06
	早稻分蘖			5.18±2.29	79.2 （24 h）	N：3.18 P：0.20	N：16.11±16.90 P：0.40±0.19
	早稻抽穗			6.59±1.55	128.3 （10 h）	N：1.58 P：0.08	N：2.20±1.61 P：0.10±0.02
	早稻成熟			1.00±1.36	105.8 （19 h）	N：2.99 P：0.15	N：2.84±1.11 P：0.37±0.10
	晚稻插秧			3.70±2.55	72.8 （8 h）	N：4.05 P：0.13	N：12.61±13.65 P：0.31±0.23
	晚稻分蘖			3.70±2.98	80.8 （10 h）	N：3.37 P：0.13	N：4.35±6.22 P：0.46±0.31
	晚稻抽穗			4.00±2.68	72.4 （13 h）	N：2.41 P：0.23	N：10.08±10.70 P：0.18±0.07
	晚稻成熟			1.47±0.31	58.9 （6 h）	N：4.99 P：0.15	N：2.09±0.00 P：0.14±0.00
巢湖	插秧	62×20×0.13	0.001 108	9.39±1.38	117 （12 h）	N：2.71 P：0.08	N：3.93±1.69 P：0.05±0.01
	分蘖			5.56±4.34	116.8 （31 h）	N：2.33 P：0.07	N：1.81±0.55 P：0.11±0.07
	抽穗			4.89±2.70	72 （6 h）	N：2.47 P：0.07	N：1.34±0.26 P：0.12±0.05
	成熟			3.49±3.92	65.5 （4 h）	N：2.47 P：0.07	N：1.34±0.21 P：0.12±0.03
安陆	插秧	59×55×0.10	0.001 14	7.08±2.30	133.7 （10 h）	N：5.13 P：0.38	N：7.73±8.51 P：0.23±0.17
	分蘖			7.31±3.51	140.5 （27 h）	N：1.18 P：0.07	N：1.22±0.62 P：0.11±0.15
	抽穗			5.02±3.98	138.9 （9 h）	N：2.49 P：0.44	N：1.77±0.95 P：0.46±0.17
	成熟			2.21±2.68	84.1 （15 h）	N：1.87 P：0.84	N：1.44±0.38 P：0.60±0.10

试验点	生育期	形状/m	导水系数/(cm/s)	初始田面水位/cm	降雨强度/mm	降雨氮、磷浓度/(mg/L)	初始田面水浓度/(mg/L)
盘锦	插秧	25×10×0.12	0.001 277	4.92±1.49	39.6(11 h)	N：7.07 P：0.69	N：12.41±13.97 P：0.92±0.44
	分蘖			8.15±1.59	79.5(9 h)	N：3.21 P：0.52	N：6.07±6.59 P：0.52±0.17
	抽穗			8.40±1.30	86.1(4 h)	N：5.74 P：0.44	N：2.78±0.49 P：0.55±0.13
	成熟			4.86±4.18	97(8 h)	N：6.51 P：0.84	N：2.01±0.39 P：0.46±0.69
方正	插秧	57×27×0.12	0.001 196	7.08±2.24	29.4(4 h)	N：8.83 P：0.20	N：8.83±9.66 P：0.20±0.08
	分蘖			7.45±2.95	37.2(5 h)	N：2.38 P：0.42	N：4.64±3.46 P：0.25±0.08
	抽穗			7.24±2.87	52.5(6 h)	N：2.07 P：0.19	N：1.82±0.57 P：0.17±0.03
	成熟			1.63±2.43	41.2(12 h)	N：2.21 P：0.32	N：1.75±0.55 P：0.15±0.04

注：表中形状数值为田块长、宽及排水口宽度。

表 5-2-5　不同站点和水稻生长阶段降水引起的释放对氮、磷径流流失的贡献　　　单位：%

流失贡献	指标	插秧期	分蘖期	抽穗期	成熟期
荆州	TN	31%	34	34	47
	TP	48%	52	53	63
高安（早稻）	TN	59%	45	36	31
	TP	49%	48	43	47
高安（晚稻）	TN	41%	37	43	0
	TP	46%	53	36	0
巢湖	TN	29%	24	0	0
	TP	27%	38	0	0
安陆	TN	37%	32	33	36
	TP	35%	44	46	41
盘锦	TN	0%	36	32	0
	TP	0%	37	52	0
方正	TN	0%	0	22	0
	TP	0%	0	27	0

4　我国稻田氮、磷流失底数及时空格局

开发的径流流失模型经过充分验证后，将并入 ORCHIDEE-CROP 模型中，以空间分辨率为 0.5° 模拟目前（2010—2017 年）国家的 N 和 P 径流损失。模拟是由一系列输入数据集（包括气候、土壤、土地覆盖、水稻播种日期、肥料施用率，以及施肥和灌溉方式）驱动的。为了量化氮和磷径流损失的概率，该模型是根据中国稻田的历史降水数据（1956—2017 年）得出的（表 5-2-6）。然后通过水稻种植系统和省份计算了氮和磷径流损失的中位数和四分位数（即 25% 和 75%）。估算是针对整个水稻生长期，施肥（即每次施肥后 7 d）和非施肥时期分别估算的。

同时，我们从各种来源收集输入的数据集，包括每小时降水数据在内的气候条件是从中国国家气象信息中心获得的（http://data.cma.cn/en；0.1°分辨率）。土壤地图来自世界土壤数据库 v1.2（1 km 分辨率）（FAO/IIASA/ISRIC/ISS-CAS/JRC，2012）。从国家统计局（http://www.stats.gov.cn/）获得省级尺度的单季稻、早稻和晚稻的播种面积。特定省份的肥料施用量数据来自《中国农产品成本与收入统计》。这些数据在从 Liu 等摘录的 2010 年的稻田地图上以 0.5°×0.5°的分辨率重新网格化[20]。每个网格单元中的每种特定水稻的移栽和收获日期从相关文章统一获得。

此外，本研究针对每个省份专门制定了当地的施肥和灌溉方案。这些是通过由来自 15 个省农业科学研究所的科学家进行的基于问卷调查的家庭调查收集的。调查工作由 330 名推广人员和 1 000 多名小农（例如，领先的农民和农民合作社）组成。在每次家庭访谈中，工作人员和农民至少提供了出水口高度、最大和最小田面水水位、水稻生长各阶段的施肥频率和分配比例以及每日灌溉能力和肥料类型等有关信息。调查结果的中位数将用于每个省内每个网格单元中的施肥和灌溉方案进行建模。值得注意的是，尽管这些变量受年际间气候变化的影响，但 RPR 模块是基于移植和收获日期不变的假设上[21]。

4.1 全国径流流失的估算及空间格局

在 RPR 模块通过充分的验证之后，我们对水稻生长季的氮和磷损失进行量化。表 5-2-6 表明，全国稻田的氮和磷径流损失分别为 272.6±101.2 Gg N/a 和 17.0±6.4 GgP/a（σ是考虑到径流随降水变化的标准差）。单季稻或中稻占氮损失的 44.5%±23.8%和磷损失的 48.6%±25.8%。早稻对双季稻系统的氮和磷的损失贡献最大（约 60%），其余部分由晚稻贡献。但是，这些估计与先前的研究不一致。例如，NPCP 的 N 和 P 径流损失结果[22]比我们的估计值大 43%（表 5-2-6）。Hou 等估算结果超过了我们全国的 N 径流损失 24%，而另外两个使用径流系数法的研究则低估了 36%至 27%。我们的估算值与这些先前研究之间的较大差异也体现在省级尺度上，这突出了 RPR 模块在区域估算中的优势。此外，未经改进的 RPR 模块将使稻田造成的全国 N 和 P 径流损失分别低估 38%和 12%（表 5-2-6）。

表 5-2-6　全国水稻生长季期间氮和磷径流损失的估算

方法	类型	污染物	总量	单季稻	早稻	晚稻
RPR 模型	过程模型	N	273±101	121±44 (44%±24%)	91±28 (34%±17%)	60±29 (22%±14%)
		P	17±6	8±3 (49%±26%)	5±2 (31%±17%)	4±2 (21%±13%)
HSPF 模型	过程模型	N	168±68	80±32 (47%±14%)	53±18 (32%±8%)	35±17 (21%±7%)
		P	15±6	7±3 (50%±12%)	5±2 (31%±8%)	3±2 (19%±7%)
NPCP$	系数法	N	390±56	152±32	118±9	121±9
		P	24±4	6±2	9±1	9±1
Hou et al. 2018$	系数法	N	338±46	—	N/A	N/A
Xia et al. 2018$	系数法	N	200±30	N/A	N/A	N/A
Cui et al. 2018$	系数法	N	174±26	N/A	N/A	N/A

表 5-2-6 中，径流损失描述为中位数±25%，单位为 N 或 P 的 Gg/a。括号内的值计算为一种稻作系统中 N 或 P 径流损失占总数的比例。此结果是在不包含土壤和水界面上氮和磷的释放以及空间明晰的衰减系数的情况下运行 RPR 模块得出的；这些研究将使用我们特定作物的省份肥料投入数据来运行先前每个研究中的统计方程。所有这些估计都包括肥料引起的径流损失和背景径流损失量。

氮和磷径流损失总量的近 60%发生在华南地区（例如，广东、湖南、四川、江西、广西）和江苏，主要是由于降水增加和出水口高度较低。径流强度（即氮或磷的径流损失除以播种面积）的平均值为 9.3±3.9 kg N/（hm²·a）和 0.6±0.3 kg P/（hm²·a），但空间分布与总量相差较大。高径流强度主要发生在沿海省份，辽宁和浙江除外。对于单季稻或中稻，氮和磷径流损失的最大排放者为江苏（23.1%）和四川（19.2%），其次是云贵高原（13.8%）、重庆（5.9%）和河南（5.7%）。早稻田的氮、磷流失量及强度的空间格局与总体相似，但江苏和四川的贡献可忽略不计（早稻田总数的<0.5%）。相比之下，沿海省份则以晚稻田的氮、磷流失量及强度为主。

尽管本研究能够很好地说明了氮和磷径流损失的模式以及相关应对措施的潜力，但仍有一定的局限性。首先，本研究仅考虑水稻的生长期，而不是全年径流量，或导致低估了氮和磷的径流损失。在休耕期，出水口的高度对于干燥土壤保持为零，因此土壤中过剩的氮和磷很容易从稻田中通过地表径流排出。其次，根据每个省的住户调查，将出水口的高度和稻田的面积确定为平均值，而不是使用高分辨率遥感直接测量。对出水口高度缺乏准确的估算会在径流过程建模中引入不确定性（例如，水-土界面的氮和磷释放量）。再次，在我们的模型模拟中，灌溉方案对水稻产量的影响仍然不确定，因为 ORCHIDEE-CROP 模型无法在极端水位和淹水持续时间下捕获水稻的耐性。最后，本研究未考虑其他应对措施，例如水稻品种的改良、肥料类型和施用方法的改变，这些措施也可能在减少氮和磷的径流损失中发挥重要作用。

然而，我们在这项研究中的发现可以帮助指导如何估算和控制稻田的面源污染。首先，应该对全国的灌溉和施肥方案以及减缓措施的适应性进行深入的调查研究。其次，建议使用先进的监测技术来检测稻田的布局（例如，出水口的高度、稻田田块面积）。这可以改善对氮、磷径流损失和减缓潜力的未来评估。再次，至关重要的是使用 RPR 嵌入 ORCHIDEE-CROP 模型来优化缓解策略，以减少氮和磷的径流损失而不损害水稻的产量。最后，控制先进的灌溉和施肥技术以及环境政策的法规和实施来降低对农民的培训成本，这是非常迫切且有效的。这些是中国农业可持续发展根本同时提出了巨大挑战。

4.2 径流的季节性分布

稻田地表径流造成的氮和磷损失的季节性分析通过量化施肥期和非施肥期的占比。稻田施肥期间氮磷损失的比例表现出较大的年际变化，但其中位值不超过 35%（氮）和 32%（磷）。模型模拟的累积分布函数分析表明，施肥期在总氮或磷流失占主导地位的概率分别小于 31%和 32%。在华北地区发生的比例和概率较小，主要在夏季经历了大多数极端降水事件（即累积降水量超过 95%）。省级尺度的回归分析证实，氮和磷径流损失的季节性与极端降水出现的频率高度相关，氮的 R^2 为 0.63±0.07，磷的 R^2 为 0.69±0.09。

单季稻或中稻在施肥期间氮和磷流失的比例与总量相似。特别是在华南地区，发现的比例和概率更大，在江西和福建的价值和概率约为一半。相反，除湖北和安徽外，早稻田地区的比例和概率值要低得多。对于晚稻，由于极端降水和施肥事件之间的同步性，施肥期与非施肥期氮、磷径流损失的贡献相当。总的来说，我们得出的结论是，受降雨季节分布的影响，中国稻田的氮、磷径流在非施肥期占主导地位。

研究表明氮、磷径流损失在非施肥时期的重要性，占整个水稻生长季节总氮和总磷损失的 60% 以上。这似乎是直觉相悖的，因为施肥导致田面水浓度急剧增加，随后的一周时间内将逐渐下降。但是，施肥期间的极端降雨累积量比非施肥期间的累积降雨量低 90%±7%。施肥与极端降雨事件不同步出现导致氮和磷的径流在施肥期间很难发生。应该注意的是，氮、磷径流取决于降雨事件的强度、频率和时间。因此，施肥期是造成稻田氮、磷径流损失的高风险因素，而非施肥期通常在其数量上占主导地位。我们的结果进一步表明，地表径流的应对策略仍应针对整个水稻生长期，而不仅仅是在施肥期间，尽管这样会产生额外的成本。

5 不同种植模式下稻田氮、磷流失防控对策和减排效果评估

5.1 防控对策筛选及工况设置

中国稻田径流的四项缓解措施，包括广泛应用的施肥优化，即以产量为导向的推荐施肥率（RF）和前氮后移（LBFP），以及灌溉优化，即增加出水口高度（IR）和浅水湿灌溉（SWI）。根据全国测土配方施肥计划，RF 由当地土壤肥力和产量目标确定。LBFP 用于确定基肥、分蘖肥和穗肥的施用比例，STFF 测土配方施肥计划也建议使用 LBFP 以满足在分蘖期和抽穗期的高氮需求，并同时减少氨挥发等的损失。尽管出水口高度设定需要随水稻品种和排水条件的不同而变化，但 IR 被证明是减少氮和磷径流通量的最有效措施之一。先前的实验表明，当将出水口高度增加到 150 mm 时，水稻产量仍然可以保持稳定。我国节水灌溉技术标准（GB/T 50363—2018）也建议使用该阈值。因此，在各水稻种植系统中，出水口的高度都设置为各省份中的最高值，即单季稻 150 mm，水旱轮作 130 mm，双季稻为 95 mm 和 80 mm。此外，SWI 被确定为我国稻田中最适用的节水灌溉系统。与传统的灌溉技术相比，该灌溉方案设定了分蘖期后较低的最低水位。最后，为了说明应对措施的潜力，我们进行了两次方案评估。使用本地施肥和灌溉方案将第一种情况设置为对照，而第二种情况则是反事实模拟，仅使用一种应对措施。通过比较两种不同情况的结果，我们量化了每种应对措施的潜力以及几种措施相结合下的 N 和 P 径流损失量。

5.2 减排潜力评估

应对氮和磷径流损失的潜力因措施而异。水分管理的优化对减少氮和磷的径流损失具有明显的积极影响，而肥料管理的优化则可能产生正面或负面的影响，如在韩国。在全国范围内，当增加出水口高度（IR）时，稻田的总径流损失对 N 降低了（56.6±9.1）%，对 P 降低了 85.0%±14.1%，而当施用浅湿灌溉（SWI）时降低了（44.7±5.7）% 和（49.7±7.1）%。当使用推荐的肥料施用量时，氮和磷的径流损失仅分别降低了（−2.9±0.8）% 和（−3.1±1.4）%，这是因为全国土壤测试和配方的普及，肥料施用量的得到了显著的控制。选择前氮后移（LBFP）时，氮素径流损失保持相对稳定（即 2.1%±0.5%）。结合前三个有效的缓解措施（即 IR，SWI 和 RF），稻田的氮和磷径流损失分别减少了（88.1±14.3）% 和（89.9±15.0）%。此外，4 种缓解措施中的每一种在各水稻种植系统中都发挥了近似的效果，从而使氮的径流损失和磷的磷减少了 85%～95%。

首先，不同措施的潜力在省级范围内发现了更大的差异。例如，出水口高度的增加导致内陆省份的总氮和磷径流损失减少量比沿海省份多了一倍。在3种水稻种植系统中，IR潜力的空间分布也与之相似。其次，使用SWI的缓解潜力显示出较大的空间变异性，氮径流损失的变异系数为63.8%，磷径流损失的变异系数为62.7%。最后，使用推荐的施肥方案仅在湖北和安徽对减少氮素径流损失具有明显的正面作用，因为湖北和安徽目前的氮肥施用量比推荐值高约30%。

我们的研究结果还强调了水分管理优化的显著效果，而不是先前研究推荐施肥管理的优化，对于减少稻田中氮磷的地表径流量至关重要。首先，SWI可适用于中国90%的稻米产区。如果中国所有稻田都采用基于SWI的水分管理，则可以同时实现节水与减少径流量。其次，出水口高度的适当增加会减少现有的N和P径流损失达2/3以上。但是，中国小农耕作的成本和规模，很难在中国的稻田中广泛使用较高的出水口。每个家庭分配的稻田耕作面积通常由2000年年初或之前的家庭规模决定，但此后变化非常缓慢，尽管在过去几十年中农业生产率和城市化已明显改善。例如，长江流域和中国东南部的每户平均农场面积仅为26 m²，仅占东北地区的1.5%。为了尽可能节省空间，出水口通常较薄（<10 cm）且较低（<100 mm）。除了增加出水口的高度之外，进一步的政策还应寻求恢复稻田周围的传统沟塘系统的转型，这可使稻田中的氮磷通过地表径流流入地表水体之前就被沟塘内的动植物吸收、净化。

6 "十四五"战略建议

1）长江流域的稻田氮、磷流失不仅来自当季施肥的贡献，还有土壤残留通过"水-土界面"的释放输移过程的贡献，且后者的贡献在长江流域为30%～60%。因此，建议在"十四五"规划当中，在核算长江流域不同控制单元稻田氮、磷流失规模时，需要同时考虑当季施肥和上一季土壤残留的共同影响。

2）基于全国第一次污染源普查的系数法高估了长江流域甚至全国稻区的氮、磷流失负荷，比本研究大43%；这种高估的主要原因是长江流域稻田水肥管理进步，避开了径流发生的风险期，减少了径流发生的概率。因此，建议在"十四五"规划当中，需要适当调整稻田氮、磷径流流失系数。

3）长江流域是稻田氮、磷流失的核心区，贡献了全国50%的径流流失负荷；且与以往认识不同的是氮、磷径流流失主要发生在非施肥时期，占整个水稻生长季节总氮和总磷流失的60%以上，主要是因为长江流域处于东部季风区，施肥与极端降雨事件不同步出现，导致了氮和磷的径流在施肥期间难以发生。因此，建议在"十四五"规划当中，不仅需要防范施肥期的径流流失风险，还需要针对非施肥期提出相应的稻田氮、磷径流流失控制措施。

4）在减排措施方面，建议在"十四五"规划当中，重点关注如何完善稻田的水分管理，而不是一味地继续减少施肥强度，包括提高稻田本身或者稻田-沟渠-塘系统的蓄水能力，或者推广浅水湿灌溉。

参考文献

[1] Ingram J J，Woolhiser R M. Chemical transfer into overland flow，In：Proceedings of ASCE Symposium on Watershed

Management[J]. ASCE, New York, 1980: 40-53.

[2] Ahuja L R, Lehman O R. The extent and nature of rainfall soil interaction in the release of soluble chemicals to runoff[J]. Environ Qual, 1983, 12 (1): 34-40.

[3] Snyder J K, Woolhiser DA. Effects of infiltration on chemical-transport into overland flow[J]. Trans ASAE, 1985, 28 (5): 1450-1457.

[4] Ahuja A N. Sharpley, M Yamamoto, R G Menzel. The depth of rainfall‐runoff‐soil interaction as determined by 32P[J]. Water Resources Research, 1981, 4.

[5] Gao B, Walter M T, Steenhuis T S et al.. Rainfall induced chemical transport from soil to runoff: theory and experiments[J]. Journal of Hydrology, 2004, 2951 (4): 291-304.

[6] Gao B, Walter M T, Parlange J-Y et al.. Investigating Raindrop effects on transport of sediment and chemicals from soil to surface runoff[J]. Journal of Hydrology, 2005, 308 (1-4): 313-320.

[7] Li Y Y, Shao M A, Zhen J Y et al.. Experimental study on the impacts of rainfall intensity on phosphorus loss from loessial slope land[J]. Transactions of the Chinese Society of Agricultural Engineering, 2007, 23: 39-46.

[8] Frere M H, Ross J D, Lane L J. The nutrient submodel. In: Kniesel, W.G., (Ed.), A Field Scale Model for Chemicals, Runoff, and Erosion from Agricultural Management Systems[R]. USDA Conserv. Res. Report 26, USDA, Washington, DC, 1980: 65-87.

[9] Steenhuis T S, Walter M F. Closed form solution for pesticide loss in runoff water[J]. Trans. ASAE, 1980, 23: 615-628.

[10] Gao B, Walter M T, Steenhuis T S et al.. Investigating ponding depth and soil detachability for a mechanistic erosion model using a simple[J]. Journal of Hydrology, 2003, 2771 (2): 116-124.

[11] Shi Wenhai, Huang Mingbin and Wu Lianhai. Prediction of storm-based nutrient loss incorporating the estimated runoff and soil loss at a slope scale on the Loess Plateau[J]. Land Degradation & Development, 2018, 299: 2899-2910.

[12] Wallach R, van Genuchten M T. A physically based model for predicting solute transfer from soil solution to rainfall induced runoff water[J]. Water Resour. Res, 1990, 26 (9): 2119-2126.

[13] Wallach R, William A J, William F S. Transfer of chemical from soil solution to surface runoff: a diffusion-based soil model[J]. Soil Sci. Soc. Am, 1988, 52: 612-617.

[14] Rose C W. Developments in soil erosion and deposition models[J]. Adv. Soil Sci, 1985, 2: 1-63.

[15] Rose C W, Hogarth W L and Sander G C et al.. Modeling processes of soil erosion by water[J]. Trends Hydrol, 1994, 1: 443-451.

[16] Sharma P P, Gupta S C and Foster G R. Raindrop-induced soil detachment and sediment transport from interrill areas - Reply[J]. Soil Science Society of America Journal, 1996, 603: 953-954.

[17] Sharma P P, Gupta S C, Foster G R. Predicting soil detachment by raindrops[J]. Soil Sci. Soc. Am, 1993, 57: 674-680.

[18] Dong Y, Zhou F, Li J, et al.. Watershed-scale hydrological simulation model[M]. Yellow. Yellow River Conservancy Press, 2016.

[19] Ju H et al.. Spatial patterns of irrigation water withdrawals in China and implications for water saving[J]. Chin. Geogr. Sci, 2017, 27 (3): 362-373.

[20] Liu J Y, et al. Spatiotemporal characteristics, patterns, and causes of land-use changes in China since the late 1980s[J]. Geog. Sci, 2014, 24 (2): 195-210.

[21] Kim S M, Benham B L and Brannan K M et al.. Comparison of hydrologic calibration of HSPF using automatic and manual methods[J]. Water Resour. Res, 2007, 43 (1): 208-214.

[22] Döll P, Fiedler K, Zhang J. Global-scale analysis of river flow alterations due to water withdrawals and reservoirs[J]. Hydrology and Earth System Sciences, 2009, 110.

[23] Alcamo J et al.. Global estimates of water withdrawals and availability under current and future "business-as-usual"

conditions[J]. Hydrol. Sci.-Journal-des Sciences Hydrologiques，2003，48（3）：339-348.

[24] Anderson R G et al.. Using satellite-based estimates of evapotranspiration and groundwater changes to determine anthropogenic water fluxes in land surface models[J]. Geoscientific Model Dev，2015，8（10）：3021-3031.

[25] Biemans，H.，et al.. Impact of reservoirs on river discharge and irrigation water supply during the 20th century[J]. Water Resour. Res，2011，47（3）：3-15.

[26] Chai J. Study on the effect of shallow groundwater of the Dianchi Lake water quality[J]. Earth，2013，12（5）：34-42（in Chinese with English Abstract）.

[27] Coe M T，Foley J A. Human and natural impacts on the water resources of the Lake Chad basin[J]. Geophys. Res. Atmos，2001，106（D4）：3349-3356.

[28] Dargahi B，Setegn S G. Combined 3D hydrodynamic and watershed modelling of Lake Tana，Ethiopia[J]. Hydrol，2011，398（1-2）：44-64.

[29] Elliott J et al.. Constraints and potentials of future irrigation water availability on agricultural production under climate change[J]. Proc Natl Acad Sci USA，2014，111（9）：3239-3244.

[30] Fadlillah L N，Widyastuti M. Water balance and irrigation water pumping of Lake Merdada for potato farming in Dieng Highland，Indonesia[J]. Environ. Monit，2016，Assess.188（8）：448-455.

[31] Fekete B M et al.. Millennium Ecosystem Assessment scenario drivers（1970-2050）：climate and hydrological alterations[J]. Global Biogeochem. Cycles，2010，24（4）：1-12.

[32] Gronewold A D，Stow C A. Water loss from the great lakes[J]. Science，2014，343（6175）：1084-1085.

[33] Gundekar H G，Khodke U M，Sarkar S，Rai R K. Evaluation of pan coefficient for reference crop evapotranspiration for semi-arid region[J]. Irrig. Sci，2007，26（2）：169-175.

[34] Guo H C et al.. First flush effects of storm events of Baoxianghe River in Lake Dianchi Watershed[J]. Environ. Sci，2013，34（4）：1298-1307（in Chinese）.

[35] Haddeland I et al.. Global water resources affected by human interventions and climate change[J]. Proc. Natl. Acad. Sci. USA，2014，111（9）：3251-3260.

[36] Haddeland I，Skaugen T，Lettenmaier D P. Anthropogenic impacts on continental surface water fluxes[J]. Geophys. Res. Lett，2006，33（8）：153-172.

[37] Hanasaki N et al.. An integrated model for the assessment of global water resources-part 1：model description and input meteorological forcing[J]. Hydrol. EarthSyst. Sci，2008，12（4）：1007-1025.

[38] Havens K E，Fox D，Gornak S et al.. Aquatic vegetation and largemouth bass population responses to water-level variations in Lake Okeechobee，Florida（USA）[J]. Hydrobiologia，2005，539（1）：225-237.

[39] Hellsten S，Riihimiki J. Effects of lake water level regulation on the dynamics of littoral vegetation in northern Finland[J]. Hydrobiologia，1996，340（1-3）：85-92.

[40] Lu w，Dai c，Guo h. Land use scenario design and simulation based on Dyna-CLUE model in Dianchi Lake Watershed[J]. Geogr. Res，2015，34（9）：11-18.

[41] Lu Y et al.. Addressing China's grand challenge of achieving food security while ensuring environmental sustainability[J]. Environ. Sci，2015，1（1）：1-5.

[42] Min Q. Prediction of water surface evaporation using Penman formula[J]. Adv. Sci，2001.

本专题执笔人：周丰（北京大学）、吴亚丽、黄微尘

完成时间：2019 年 12 月

专题 3 "十四五"河口与近岸海域环境功能区衔接与目标研究

1 研究背景及目的

1.1 研究背景及现状

1.1.1 研究背景

自党的十八大将生态文明建设纳入中国特色社会主义事业"五位一体"总体布局以来，党中央颁布了《关于加快推进生态文明建设的意见》《生态文明体制改革总体方案》《生态文明建设目标评价考核办法》等系列重大政策文件，对加强生态环境保护、提升生态文明、建设美丽中国作出重大决策部署，并将生态文明和建设美丽中国的要求写入宪法，确立了习近平生态文明思想，生态文明建设不断拓展和深化，为持续深入加强生态环境保护提供了根本遵循和行动指南，同时也为做好新时代海洋生态环境保护工作提供了方向指引。

2013 年 7 月 30 日，习近平总书记在十八届中央政治局第八次集体学习时强调：要保护海洋生态环境，着力推动海洋开发方式向循环利用型转变。要下决心采取措施，全力遏制海洋生态环境不断恶化的趋势，让我国海洋生态环境有一个明显改观，让人民群众吃上绿色、安全、放心的海产品，享受到碧海蓝天、洁净沙滩。要把海洋生态文明建设纳入海洋开发总布局之中，坚持开发和保护并重、污染防治和生态修复并举，科学合理开发利用海洋资源，维护海洋自然再生产能力。要从源头上有效控制陆源污染物入海排放，加快建立海洋生态补偿和生态损害赔偿制度，开展海洋修复工程，推进海洋自然保护区建设。

河口作为一个独特的自然地理系统，其首先是一个地理概念。早在 20 世纪 50 年代，随着河口与海岸研究的发展，许多科学家对河口下过定义，并不断对其进行修正，但迄今为止，并没有哪个定义得到学术界的公认。其中 Dionne 和 Pritchard 的河口定义较为受河口专家接受。Dionne 认为，河口是河流与海洋之间的通道，它向陆地延伸至潮水的上限[1]。Pritchard 则认为，河口是一个与开阔海洋自由相通的半封闭的海岸水体，其中的海水在一定程度上为陆地排出的淡水冲淡[2]。

从上述河口定义的提出可以看出咸淡水交汇与海洋潮汐是河口生态系统的基本生态特征，正是这两个基本特征导致了河口生态系统与其他生态系统的显著差异，并对其中的自然生态过程有显著的影响。

从生态学的角度而言，河口生态系统是位于河流、海洋和陆地之间的生态交错带上的特殊生态系统，是一个集淡水生态系统、海水生态系统、咸淡水混合生态系统、潮滩湿地生态系统、河口岛屿和沙洲湿地生态系统于一体的复杂系统，是地球四大圈层交会能流和物流的重要聚散地带。

河口地区生物资源丰富、水资源丰沛、土壤肥沃，通常具有发达的农业和渔业，是人类早期的文明中心之一。时至今日，许多河口区域依然是人类活动频繁、经济富裕、社会发达的地区。同时，河口作为海洋、陆地和河流三大生态系统的交汇处，是生态系统物流、能流和信息流的重要通道和密集区域。但随着人口的迅速增长和经济的高速发展，河口生态系统所受到的压力日益增大，资源衰竭、生态退化和环境污染等问题逐步显露并日益严重，已成为全球生态和环境问题研究的热点区域。鉴于河口生态系统的重要性，为了避免其生态环境进一步恶化，世界各地的政府都开始重视河口生态系统的保护和管理评价工作。近年来我国沿海经济快速发展，但是，单一的以经济发展为目标的资源开发利用模式导致资源和环境问题日益突出，伴随着污染物质的排放和大量自然资源的损耗，环境和生态系统均受到了空前的压力。河口地区普遍出现了环境恶化、资源退化和次生灾害加剧的趋势，主要表现在以下几个方面：

（1）河流泥沙淤积

河流入海物质受自然的和人为的原因而变动。由于人类活动的影响，我国主要河口与世界上其他许多河口一样都面临着入海泥沙显著较少的现象。[3,4] 河流泥沙淤积的主要原因是人为因素造成的植被破坏和恢复，主要有：流量调节（修建水库和人工引水）、河流整治（河岸堤防）和湿地滩涂围垦造地等水资源开发日益加剧，使河流入海沙量产生明显的变化，浅水滩涂湿地资源不断减少，直接引起河口三角洲及其邻近海岸的冲淤演变，间接引起生态环境变化。[3,5-8]

（2）入海污染物增加

河流入海物质除了淡水径流及其携带的固体径流（即泥沙）外，还包括化学径流（即污染物和营养盐）。海洋污染主要是陆源排污，如渤海的主要污染物 N、P、COD 和石油类有 82%来源于陆地。[8-10]由于工业化和农田的施肥，城市在发展过程中排出了大量污水，入海化学径流也因人类活动而恶化。近海海域近 70%超过三类海水水质指标，导致赤潮频频发生。2007 年全海域发生 30 次的面积在 100 km^2 以上的赤潮，累计面积 10 253 km^2，赤潮高发区仍集中在东海海域，其赤潮发生次数和累计面积分别占全海域的 73%和 84%。[8,11-12]

（3）海平面上升

海平面上升对沿海地区社会经济、自然环境和生态系统有着重大影响。首先，海平面的上升会导致一些低洼的沿海地区被淹没，加强了的海洋动力因素向海滩推进，侵蚀海岸；其次，海平面的上升会使风暴潮强度加剧和频次增多，不仅危及沿海地区人民生命财产，还会使土地盐碱化。[13] 在中国，受海平面上升影响严重的地区主要是渤海湾地区、长江三角洲地区和珠江三角洲地区。海平面上升会使洪涝灾害加剧，沿海低地和海岸受到侵蚀，海岸线后退，滨海地区用水受到污染，农田盐碱化，潮差加大，波浪作用加强，减弱沿岸防护堤坝的能力，迫使设计者提高工程设计标准，增加工程项目经费投入，还将加剧河口的海水入侵，增加排污难度，破坏生态平衡，严重制约沿海经济的可持续发展。[14]

（4）河口和滨海湿地的消失

湿地是由水陆相互作用而形成的自然综合体，是自然界最富生物多样性的生态景观和人类最重要的生存环境之一。[15]目前，湿地生态系统是世界上受威胁最为严重的生态系统之一，[16]在自然因素和人类活动的影响下大面积的湿地被开发成为农田，自然湿地损失十分严重。[17,18]近年来随着我国沿海经济开发，大规模围填海、临港工业和港口码头的建设，滨海湿地已经严重萎缩、功能严重下降。2009 年：中国受监控近岸海洋生态系统为健康、亚健康和不健康的分别占 24%、52%和 24%；

与 20 世纪 50 年代相比，中国累计丧失滨海湿地 57%，红树林面积丧失 73%，珊瑚礁面积减少了 80%，海草场绝大部分消失，2/3 以上海岸遭受侵蚀，沙质海岸侵蚀岸线已逾 2 500 km。如果不尽快采取有力措施，比如建立生态红线加以保护、加大修复和重建的力度，我国的滨海湿地将遭受毁灭性破坏，并且短期内难以恢复。

（5）生物多样性急剧下降

河口地区有着巨大的入海水量、泥沙量和大量的营养物质，同时也要承载沿岸城市所产生的大量生产和生活污水，这些经河口入海的污染物对河口沿岸生态环境及近海海洋生态系统产生主要的影响。随着流域工农业的发展、流域及河口水域工程的频繁和经济活动的加剧，河口及邻近海域的生态环境发生明显的变化。河口海域面临的生态问题主要有[19]：①水质污染；②生境破碎化、栖息地片段化或单一化；③海洋生物群落结构趋向简单，表现为单种优势，生物多样性明显下降；④渔业资源衰退和渔场功能丧失。影响河口临近水域生物多样性的原因包括自然因素（径流量、河口海流和潮汐左右）和人为因素（排污、富营养化、水利工程、河口滩涂围垦等），自然因素对生物多样性的影响一般要经过漫长的过程，往往处于动态平衡中，近 20 年来的生物多样性的降低主要归咎于人类的开发活动。

在环境管理体系中，水质标准是环境保护法规的执法尺度之一，也是水环境质量评价、规划管理以及制订水体污染物排放标准的依据。我国现行标准中与河口环境管理有关的主要有《地表水环境质量标准》（GB 3838—2002）与《海水环境质量标准》（GB 3097—1997）在实施中从河海界限来看，沿海各地市确定河海界限的随意性较大，河海划界方案多种多样。确定河海界限后，界限向陆一侧使用《地表水环境质量标准》进行评价，向海一侧使用《海水水质标准》进行评价。两个标准对咸淡水混合的河口水域的适用性值得商榷，通常导致评价结果难以客观反映实际水质状况，甚至同一水体的评价结果截然不同，给河口水环境管理带来诸多不便。从地形地貌、水文动力学、生态系统特征等方面来看，入海河口都是有其自身显著特点的独特水体单元。不同大小、不同形态、不同地理区域的河口，甚至同一河口的不同河段，均会表现出显著不同的河口过程与生态响应。如何界定并表征这一水体单元，对入海河口进行科学合理的分类与分区，是对入海河口进行有效环境管理的基础之一。

1.1.2　国内外概况

1.1.2.1　国内河口水环境质量管理情况

我国水质标准的制定工作始于海水水质标准，在分析研究 1979 年以前国外水质基准、标准的基础上，结合我国当时国情制定了《海水水质标准》（GB 3097—1982），该标准自 1982 年颁布实施后，于 1997 年进行了第二次修订，即现行的《海水水质标准》（GB 3097—1997）。自 1983 年国家首次发布《地面水环境质量标准》（GB 3838—1983）以来，经历了 3 次修订，1988 年进行了第 1 次修订（GB 3838—1988），1999 年为第 2 次修订，标准名称改为《地表水环境质量标准》（GHZB1—1999），2002 年为第 3 次修订，即为现行的地表水质标准。主体内容方面，现行《地表水环境质量标准》（GB 3838—2002）包括"前言、适用范围、规范性引用文件、水域功能和标准分类、标准值、水质评价、水质监测、标准的实施与监督"8 个章节，另外，还有地表水环境质量标准基本项目标准限值、集中式生活饮用水地表水源地补充项目标准限值、集中式生活饮用水地表水源地特定项目标准限值、地表水环境质量标准基本项目分析方法、集中式生活饮用水地表水源地补充项目分析方法、集中式生活饮用水地表水源地特定项目分析方法 6 个附表。现行《海水水质标准》（GB 3097—1997）包括"主题内容与标准适用范围、引用标准、海水水质分类与标准、海水水质监测、混合区的规定"5 个章节，另外，还有海水水质标准、海水水质分析方法 2 个附表。水体功能类别方面，依据地表水水域环境功能和保护目标，按功能高低依次划分为 5 类，而海水划分为 4 类。环境功能在两大标准中既相互联系又相互区别，如地表水标准中，Ⅰ类水体主要适用于源头水、国家自然保护区；Ⅱ类水体主要适用于集中式生活饮用水地表水源地一级保护区，珍稀水生生物栖息地、鱼虾类产卵场、仔稚幼鱼的索饵场等。而海水标准中，一类水体适用于海洋渔业水域，海上自然保护区和珍稀濒危海洋生物保护区。可以发现，地表水中Ⅰ类"国家自然保护区"及Ⅱ类"珍稀水生生物栖息地"与海水中一类"海上自然保护区和珍稀濒危海洋生物保护区"在水质要求上并无太大差异，从理论上讲，现行地表水标准中Ⅰ类和Ⅱ类水体与现行海水水质标准一类水体在使用功能上是基本相同的，都是基于保护水生生物、生物资源为目标，为了保护地表水和海水生物所栖息的环境不受人类活动的干扰，水质应尽可能保持天然理想状态。此外，并未有足够的数据支持说明地表水Ⅰ类和Ⅱ类水体在本质上有明显的区别。项目设置方面，现行的《地表水环境质量标准》包括地表水环境质量标准基本项目、集中式生活饮用水地表水源地补充项目、集中式生活饮用水地表水源地特定项目。这里，基本项目用以维持水体生境健康，满足不同使用功能水环境质量的基本要求；主要反映当时水环境阶段性污染特征，突出当时水污染防治的重点，引导水环境质量改善方向，满足我国阶段性水环境管理与考核需要。而集中式生活饮用水地表水源地补充项目和特定项目，对具有集中式生活饮用水地表水源地功能的水域，设置此类项目保护人体健康。现行《海水水质标准》中水质项目只有一类，即海水水质标准项目，将营养盐、重金属、有机物、放射性核素等指标统一进行管理。标准值设置方面，现行的《地表水环境质量标准》主要依据是：Ⅰ类水域以美国水生生物慢性基准为依据；Ⅱ类水域以美国慢性基准和人体健康基准为依据，由于考虑了生物富集和生物链的影响，有"三致作用"的汞、镉等指标严于饮用水卫生标准；Ⅲ类水域，以美国水生生物慢性基准和人体健康基准为依据，对降解性污染物指标适当放宽；Ⅳ类、Ⅴ类在进一步放宽可降解性污染物指标的同时，应以美国水生生物急性基准为依据。因此，在Ⅳ类、Ⅴ类达标功能区内，不会发生公害和其他污染事故。现行的《海水水质标准》主要依据是：一类和二类均是从保护水生生物和人体健康角度出发，以水生生物的急慢性基准和人体健康基准为依据，同时考虑生物富集和生物链的影响，一类更加侧重水生生物的保护，二类侧重在非接触的人体健康基准；而三类设置原则与人体健康无关的水体使用功能，需经过常规净化可作使用，四类设置的原则为与人体健康无关的水体使用功能，且为了获得经济效益，牺牲局部环境效益，以不发生公害为管理目标。水质评价方面，现行的《地表水环境质量标准》规定，地表水环境质量评价根据应实现的水域功能类别，选取相应类别标准，进行单因子评价，评价结果应说明水质达标情况，超标的应说明超标项目和超标倍数。对于丰、平、枯水期特征明显的水域，分水期进行水质评价。集中式生活饮用水地表水源地水质评价的项目应包括基本项目、补充项目以及由县级以上人民政府环境保护行政主管部门选择确定的特定项目。现行的《海水水质标准》中并无此项要求，但在实际管理中同样是选取相应类别标准，进行单因子评价。入海河口及混合区方面，现行《地表水环境质量标准》中规定与近海水域相连的地表水河口水域根据水环境功能按本标准相应类别标准值进行管理，近海水功能区水域根据使用功能按《海水水质标准》相应类别标准值进行管理。现行《海水水质标准》规定污水集中排放形成的混合区，不得影响邻近功能区的水质和鱼类洄游通道。

1.1.2.2 国际河口水环境质量管理情况

21 世纪初以来,全球河口海岸带环境持续恶化,如何有效保护恢复河口海岸带已成为世界各沿海国家所共同面临的问题。大量涌现河口海岸带水环境基准、监测及评价计划,上升到国家战略地位,如奥斯陆-巴黎(OSPAR)协议、欧盟水框架指令、澳大利亚生态健康监测计划、美国河口计划、美国近岸海域环境质量状况评价项目等。[20]

河口边界划分明确河口边界是进行流域综合水环境管理的前提条件。在《欧盟过渡和海岸水体分类方法及参照条件导则》[28]建议几个特征确定河口与海水边界:①盐度梯度特征;②地形特征:如岬和岛屿;③模型及其他欧洲国家法规中定义的边界。两种方法确定河口与河流边界:淡水/咸水边界或潮汐影响的界限。美国联邦地理数据委员会于 2012 年发布的《近岸海域生态系统分类标准》[23]指出,"河口生态系统由盐度和地形所定义。该系统包括被潮汐所影响的河口水域,河口上游界限为受潮汐影响平均振幅最小的 0.06 m 处水域,下游界限为在平均低潮线时连接陆地向海最前缘的虚拟连线,它将河口水团环绕在内"。《昆士兰水质导则》[29]河口上边界通过以下特征进行界定:①昆士兰湿地计划制图中存在的岛屿;②约定俗成(被当局所认定)的界限;③能够阻挡盐水向上运动的坝;④盐生植物的生长边界;⑤盐水所能影响的上限以及研究区域水文研究所确定的边界。采用水质模型或盐度来确定河口下边界。如果上述两种方法都无法实现时,利用昆士兰湿地计划地图或者天文低潮以下 6 m 等深线进行界定。

河口水生态分区是制定基准、评价体系的重要单元,主要反映不同水体类型或相同水体类型不同区段背景差异。[30,31] 美国国家环境保护局(EPA)发布《河口海岸带水域:生物评价与生物基准技术指南》[32]指出,盐度是河口动植物分布的一个决定性因素,最著名的 Venice 系统基于盐度建立了 5 个河口区域;同时也提及 Bulgar 等在大西洋中部区域得出基于包含 316 个物种或生命阶段的 5 个河口盐度区域,这一生物地带分布与 Venice 系统类似,来源于河口生物的盐度分布。针对单个河口,美国佛罗里达州 23 个河口[31],其中 19 个进行了分区并已制定了基准,共划分为 89 个河口片段,使得分区后各个区域具有相似的物理化学生物特性,其平均盐度、地貌、物理特征(桥、沙洲等)、压力响应差异等是主要依据。此外,可将具有保护价值的生态系统类型(如湿地、海草床、红树林)或保护区进行二次分区。澳大利亚昆士兰州[29]将河口划分为河口上游、河口中游、河口下游/封闭海岸。美国在俄勒冈 Yaquina 河口中根据沉水植被、食物链对营养盐的响应,以及枯季氮源来源情况,划分为海洋主导区和河流主导区。[33]

河口水生态服务功能水环境管理中使用功能与基准制定紧密相关,是水质标准制定的基础。澳大利亚称为"环境价值"、美国称为"指定用途"、我国称为"使用功能"等,都是指对公众或个人有益的特殊环境价值或用途。对于河口水环境使用功能主要分为两大类,即水生态和人类使用功能,集中体现在水生生态保护、水产养殖、工业用途等。如美国俄勒冈州库伊纳河口岸感潮河段指定用途包括贝类生长、鱼类及水生生物、鲑鱼产卵地和渔业养殖区、家畜废水、水体接触性娱乐等。在《澳大利亚和新西兰淡水及海水水质导则》[30]中,明确了河口水环境使用功能主要分为两大类,即水生态和人类使用功能(表 5-3-1),通过设立水质保护目标值保护给定水体中所有的环境价值(或使用功能)。当水体中存在多种环境价值(或使用功能)时,将支持指标中最严格的基准值作为水质保护目标值,即用来保护所有识别的环境价值(或使用功能)。[29]

表 5-3-1　澳大利亚河口和地表水主要水环境功能和保护目标

河口水体功能和保护目标	具体项目	图标	河口	地表水
水生生态	海草、野生敏感水生动物		√	√
	鱼虾类洄游通道		√	√
	特殊生物物种栖息地（自然保护区）		√	√
人类使用功能	鱼虾养殖业		√	√
	野生鱼类、贝类的食物消费		√	√
	主要接触娱乐（如游泳）		√	√
	次级接触娱乐（如划船）		√	√
	视觉（非接触）娱乐		√	√
	饮用水供给		×	√
	农田灌溉		×	√
	畜牧用水		×	√
	农田用水		×	√
	发电等		√	√

注：人类使用功能是指与人体直接相关的或间接相关的使用功能。

河口水生态系统分级结构，国际上依据指标的不同而方法不同。总体而言，可以分为生态类指标和有毒有害物质类指标。生态类指标主要反映区域产业结构、气候环境、地理地质异质性及河口本身特征，如河口营养状态项目及水生态群落结构项目等；有毒有害物质类指标包括天然存在有毒有害物质、人工合成有毒有害物质等。一般来说，生态类指标的分级设置方法比较简单，主要依据合适的参照位点或状态选择不同分位数进行分级。而有毒有害物质标准值的分级设置方法主要有两种：①以物种保护度为主的分级方式，如加拿大目标在于长期保护任何地方100%的所有物种，欧洲和美国则旨在保护部分物种，通常为95%，在此基础上，采用双值法［慢性始效值（欧洲称之为AA-EQS，美国为CCC）和急性始效值（欧洲称之为MAC-EQS，美国为CMC）］进行管理。②澳大利亚则直接按照物种保护度99%（原始地区）、95%（受轻微影响的生态系统）或80%（受重大影响的生态系统）进行分级。[30]

河口水环境质量基准标准评价指标方面，美国、欧盟、澳大利亚等的水环境质量评价指标涉及物理、化学、生物等多方面内容，体现了水生态保护和生态完整性的理念。与此同时，在基于一些传统的水质指标的基础上，开始转向有机污染物研究，尤其是对新型有毒有害有机物的控制，[34]如欧盟的水环境质量标准（2008/105/EC）建立了33种优先物质和8种其他污染物。[34]评价阈值方面，就营养物和物理性指标来说，需进行生态分区且推荐的营养物浓度水平必须反映出地理和水体类型差异。[35] EPA发布的《河口海岸营养盐基准制定手册》[36]、《佛罗里达河口海岸水质标准》[31]、《Gulf河口的营养盐基准计算》[37]等提供了参照状态法、水质模型法、压力-响应统计法、营养盐数字终点法4种营养物基准值确定方法；欧盟发布了《欧盟过渡及海岸水体分类系统的方法及参照条件指导》，[38]而澳大利亚制定了Brisbane RiverEstuary等单个河口的水质管理目标值。[39]就有毒有害物质指标来说，包括咸淡水水质基准应用边界法、沿用海水水质基准值法、沿用海水水质标准法加外推系数法、取咸淡水水质基准最严值法四种做法。美国[40]及欧盟[34]分别在相关指导手册中将盐度1‰、10‰、5‰作为淡水和海水推荐的基准应用范围。就水生生物群落指标来说，常采用水生植物、鱼类、微生物、浮游生物及大型底栖无脊椎动物来指示生物环境的变化，包括多样性指数、生物指数、多参数法、多变量法、功能性方法。[41,42]与营养盐和物理性指标类似，建立参照环境对于确定指标阈值至关重要。

河口水环境质量评价方法，目前，国际上主要集中在5类河口水环境评价方法：①基于负荷-响应关系概念模型的营养状态评价法，如美国"河口富营养化评价法"、[43]爱尔兰河口海岸富营养评价法[44]、欧盟奥斯陆-巴塞纳综合评价法（OSPAR-COMPP）[45]和澳大利亚"距离评价法"，[46]将区域背景值或基准值作为评价标准成为国际上主要发展趋势。②由OECD和UNEP合作开发的压力状态-响应（PSR）指标结构模型是由压力、状态、响应三类指标组成，主要体现了人与生态系统各种因素之间的因果联系，强调经济运作及资源环境影响之间的联系。该方法也被应用于河流[47]、河口[48]等水生态健康评价。③基于群落水平的生物评价法，是评估非点源污染累积效应最有效方法，这些效应涉及生境退化、化学污染，能准确地将生物评价与生态完整性链接起来。[42]美国、欧盟、[45]澳大利亚[30]认为生物评价是"评估水生态系统的重要部分，是评估环境保护绩效和有关水质指标达标率成效的工具"，一些代表性的指数如AMBI、M-AMBI、[38] IBI[32]等陆续在全世界范围内指示河口海岸生态环境质量状况。④基于生态系统健康的水质-水生生物联合评价法，侧重考虑了水质与水生生物指标及联合评价方式，通常采用均值、权重系数，[50]或者取最低等级[34]作为评价结果。⑤综合生态状况评价法，如美国《国家近岸环境状况报告》，[51]评价指数包括水质指数、沉积物指数、底栖生物指数、沿海栖息地指数、鱼类组织指数 5 个部分，其中水质指标评价分区域由溶解无机氮、溶解无机磷、叶绿素 a、水体透明度和溶解氧 5 个评价因子构成。

河口生态系统恢复、保育及管理措施国际上，美国、澳大利亚、英国等都经历了河口生态系统退化到修复保护的发展历程。强调以自然恢复为主、人工修复为辅的技术手段；同时以管理为抓手，辅以规章制度硬约束是多数国家采取的做法，如美国的《河口恢复法案》。20 世纪 90 年代以前，美国生态恢复主要是以单个项目形式进行的。90 年代以后，生态恢复的实践从特定物种或单个生态系统或小尺度的生态恢复工程逐渐扩大到大尺度的生态恢复项目转变，如"旧金山湾潮滩湿地恢复设计指南""长岛湾生境恢复行动"等。[4]切萨皮克湾是北美最大的河口，2009 年 5 月 12 日奥巴马签署了 EO13508"切萨皮克湾流域保护与恢复计划"。[52]目前美国有 DOI 和 NOAA 两套生态环境资源损害评估程序，前者的生态环境资源损害评估程序包括预评估、评估计划、评估和后评估 4 个阶段，后者包括预评估、修复计划和修复实施 3 个阶段；欧盟的生态环境资源损害评估程序包括初始评估、确定和量化损害、确定和量化增益和确定补充和补偿性修复方案 4 个阶段。[53]在这些恢复及评估管理方案中，水生态系统及相应的服务功能相关的背景值、基准、标准往往为各项管理目标的依据（表 5-3-2）。

表 5-3-2　ANECC 五大地理区域营养盐触发值

地区	生态系统类型	ρ(Chla)/(μg/L)	ρ(TP)/(mg/L)	ρ(SRP)/(mg/L)	ρ(TN)/(mg/L)	ρ(NO$_x$)/(mg/L)	DO 饱和度/% 下限	DO 饱和度/% 上限	pH 下限	pH 上限	补充指标 浊度
澳大利亚东南部（新西兰）	淡水河流与湖库	5	10	5	350	10	90	110	6.5	8	120
	河口	4	30	5	300	15	80	110	7	8.5	0.510
	海水	1	25	10	120	5	90	110	8	8.4	
澳大利亚亚热带	淡水河流与湖库	3	10	5	350	10	90	120	6	8	2 200
	河口	2	20	5	250	30	80	120	7	8.5	120
	近岸海域	0.714	15	5	100	28	90	nd	8	8.4	
	离岸海域	0.509	10	25	100	14	90	nd	8.2	8.2	
澳大利亚西南部	淡水河流与湖库	35	10	5	350	10	90	nd	6.5	8	10 100
	河口	3	30	5	750	45		110	7.5	8.5	12
	近岸海域	0.7	20	5	230	5	90	—	8	8.4	
	离岸海域	0.3	20	5	230	5	90	—	8.2	8.2	
澳大利亚中南部（少雨）	淡水河流与湖库	nd	25	10	1 000	100	90	nd	6.5	9	1 000
	河口	5	100	10	1 000	100	90	nd	6.5	9	0.510
	海水	1	100	10	1 000	50	nd		8	8.5	

注：nd 表示无数据，—表示未应用。

1.2　海洋环境质量标准研究进展

1.2.1　澳大利亚

澳大利亚的水质目标具有很强的区域性,联邦政府不负责执行和实施具体的项目,仅司职管理职能,具体的项目实施则由各州和直辖区政府,以及当地政府、大学及研究组织负责(王菊英等,2010)。因此,澳大利亚政府仅在全国范围内按大区给出了水质的预设目标(default targets),政府鼓励州和直辖区、当地政府根据预设目标,综合考虑当地的情况制定适合于当地使用的水体标准。

1.2.1.1　河口及海洋环境的环境价值

澳大利亚国家水质管理策略(NWQMS)认为在确定水体水质目标时,政府和利益相关方需要首先确定他们保护水体的价值。他们需要确定该水体的水资源目前和未来的利用功能,即水体的环境价值。一旦水体的环境价值确定后,就可以设置可达的环境目标。水质目标受环境、社会和经济因素的影响,这些因素通常具有区域特征性,因此水质目标也应该具有区域性的特点。除此之外,水质目标还考虑到水体目前状况和未来变化趋势。对于河口、近海和远海海水来说具有 3 个方面的环境价值:水生生态系统保护、供养殖及人类食用的海产品生产和娱乐用水。

1.2.1.2　澳大利亚的预设水质目标

澳大利亚分 4 个大区域来制定河口与海洋水质预设目标,分别是:热带区、西南区、中南区和东南区。其中,热带区和东南区还分别以州为单位制定了各自的水质目标。具体的水质指标包括总氮、氮氧化物、总磷、活性磷酸盐、浊度和盐度,指标分河口、近海和远海。各项水质目标均可以在澳大利亚水质目标在线(Water Quality Online)网站上查得。

(1)水生生态系统保护的水质目标

表 5-3-3 用于水生生态系统保护的水质目标以澳大利亚西南区水质为例,所列水质目标适用于轻度、中度破坏的水生生态系统的保护。

表 5-3-3　西南区水生生态系统保护的河口和海水水质目标

分区	指标	河口	近海	远海
西南区	TN/(μg/L)	750	230	230
	氮氧化物(μg/L)	45	5	5
	TP/(μg/L)	30	冬季:40	冬季:40
			其他季节:20	其他季节:20
	活性磷酸盐(μg/L)	5	冬季:10	5
			其他季节:5	
	浊度	1~2NTU(注:河口用高值,远海用低值)		

(2)娱乐用水的水质目标

根据人体与水体的不同接触程度,将娱乐用水划分为直接接触、间接接触和观赏(无接触)三个类别来制定水质目标。澳大利亚四大洲及各不同州用于水生生态系统保护的水质目标都有各自不同的标准,而用于娱乐用水的水质标准在全国范围内采用的是统一的。

（3）海水养殖及食用海产品生产地的水质目标

制定用于海水养殖及食用海产品生产地的水质目标时不仅要考虑水质问题，也要考虑海产品消费者的食用安全和公众健康。此类水质目标在全国范围内也是采用统一的标准。

（4）区域水质目标

澳大利亚鼓励各地区或流域在国家设定的预设标准下制定适用于本区域或流域的水质目标。各区域或流域一般先建立一个管理机构，通过咨询过程获得水体的相关资料，然后确定水体的环境价值以及需要保护的程度。在明确水体的价值后，分析可能破坏水体环境价值的因素和破坏水质的污染。在此基础上，选择设定水质目标的指标，然后根据国家的预设目标确定各个指标的区域水质目标。若一个水体具有多项环境价值时，一般选择最严格的预设目标作为水质目标（通常是保护水生生态系统价值的水质目标）。除此之外，每项水质目标需要设定达到的时间表。

1.2.2　英国

英国主要在欧盟的水框架指令（WFD）框架下制定河口和近岸水物理、化学污染物评价标准。为了实施 WFD，需要确定受压力影响的生态系统保护的环境标准，同时需要回顾现有的环境标准以确定它们的实施能否有效地达到 WFD 的目标。在 WFD 框架下，英国目前制定了优先污染物、特殊污染物和物理与化学污染物 3 种类型的标准。其中，第一种标准遵循欧盟统一要求，第二种标准还在制定过程中，本节重点介绍已完成的第三种标准。

（1）溶解氧

由于氧的溶解性会随着盐度的上升而下降，因此水中溶解氧的浓度会随着盐度变化。该标准将溶解氧的变化程度设为每年 5%，即在 95%的情况下浓度需要达到的标准要求。具体标准值见表 5-3-4。

表 5-3-4　过渡和近岸水体溶解氧标准（UTKAG，2008）

等级	淡水 5-百分位数/（mg/L）	海水/（mg/L）	描述
高	7	5.7	保护鲑鱼的整个生命周期
较高	5～7	4.0～5.7	鲑鱼生活
中等	3～5	2.4～4.0	保护非鲑鱼类生物的整个生命周期
较差	2～3	1.6～2.4	非鲑鱼类生活，鲑鱼类生活的较差环境
差	2	1.6	无鲑鱼类生存，其他物质生存的临界条件

（2）水温

水温的标准值见表 5-3-5，该标准值适用于混合区边缘并且依据 98%的保证率。

表 5-3-5　水温标准（UTKAG，2008）

	温度/℃（98%保证率）			
	高	较高	中等	较差
冷水	20	23	28	30
温水	25	28	30	32

（3）氮

该标准使用冬季无机氮作为评价标准。其中，高和较高的标准限值根据的是为 OSPAR 评价所制定的标准限值；较高和中等的标准限值则是根据 OSPAR 的规定。然后，将这些标准限值对应盐度关系得出英国远岸、近岸、过渡水体的盐度标准化后的标准限值：参考标准（即高和较高间的范围）和临界标准（即较高和中等间的范围）。远岸的标准限值见表 5-3-6，近岸和过渡水体的标准限值见表 5-3-7。

表 5-3-6　英国远岸水体氮限值（UTKAG，2008）

海域范围	英国区域	参考或基线值（高）	OSPAR 限值（偏离参考值50%）（较高）
		冬季评价无机氮浓度/μM	
北海、爱尔兰海、英吉利海峡、凯尔特海	所有盐度大于 34 的远岸水体	10	15

注：μM（μmol/L），1 μM 氮相当于 62 μg/L 的硝酸盐或 14 μg/L 的氮。

表 5-3-7　英国近岸和过渡水体氮限值（UTKAG，2008）

区域	盐度	等级范围			
		溶解无机氮（冬季平均值：μmol/L）			
		高	较高	中等	差
近岸（盐度32）	30～34.5	12	18	27	40.5
过渡水体（盐度25）	<30	20	30	45	67.5

1.2.3　日本

日本制定了两种水质标准：保护人类健康的水质标准和保护生态环境的水质标准。目前，对于保护人类健康的水质标准已经规定了 26 项相关指标的标准值，基本适用于所有水体类型。保护生态环境水质标准根据水体类型而异，其中保护生态环境的海水水质标准可以分为三个类别：基本指标（表 5-3-8）、营养盐指标（表 5-3-9）和保护水生生物指标（表 5-3-10）。

表 5-3-8　日本海水水质基本指标标准值（MOE，2003）

水体使用		标准值				
		pH	化学需氧量/（mg/L）	溶解氧/（mg/L）	总大肠菌群数/（MPN/100 mL）	正己烷提取物（油类等）
A	渔业等级 1，游泳，自然环境保护以及等级 B-C 所列用途	7.8≤pH≤8.3	≤2	≥7.5	≤1 000	未检出
B	渔业等级 2，工业用水和等级 C 所列用途	7.8≤pH≤8.3	≤3	≥5	—	未检出
C	环境保护	7.8≤pH≤8.3	≤8	≥	-Q5 未检出	

注意：对于渔业等级 1 的养殖食用牡蛎的水体总大肠菌群数需小于等于 70MPN/100 mL。

备注：1. 自然环境保护：观光和其他环境。

　　　2. 渔业等级 1：保护红海狸、黄狮鱼和海藻等海产品以及渔业等级 2 的产品的水体；

　　　　渔业等级 2：保护鲻鱼和干海藻等海产品的水体。

　　　3. 环境保护：不破坏人类正常生活的限制（例如在沙滩散步）。

表 5-3-9　日本海水水质营养盐指标标准值（MOE，2003）

	水体使用	标准值	
		总氮/（mg/L）	总磷/（mg/L）
I	自然环境保护和等级 II-IV 所列功能（不包括渔业等级 2 和 3）	≤0.2	≤0.02
II	渔业等级 1，游泳和等级 III-IV 所列功能（不包括渔业等级 2 和 3）	≤0.3	≤0.03
III	渔业等级 2 和等级 IV 所列功能（不包括渔业等级 3）	≤0.6	≤0.05
IV	渔业等级 3，工业用水，海洋生物栖息地保护	≤1	≤0.09

注意：1. 标准值为年平均值。
　　　2. 标准值只适用于藻华可能发生的区域。
备注：1. 自然环境保护：观光保护和其他环境。
　　　2. 渔业等级 1：大量鱼类，包括底栖鱼类和甲壳类动物处于平衡和稳定的水体；
　　　　 渔业等级 2：海洋产品（主要是鱼类）生产水体，除了一些底栖鱼类和甲壳类动物；
　　　　 渔业等级 3：对海洋污染有特殊抵抗能力的海洋产品。
　　　3. 海洋生物栖息地保护：底栖生物能生存一年的水体。

表 5-3-10　日本海水水质保护水生生物指标标准值（MOE，2003）

水生生物栖息地状况的适应性		标准值
		总锌/（mg/L）
等级 A 生物体	水生生物生存的水体	≤0.02
特殊等级 A 生物体	等级 A 生物体生存的水体中，那些必须作为水生生物产卵或养育的水体	≤0.01

1.2.4　中国香港

香港海水水域共划分为 10 个水质管制区，每区皆有一套法定的水质指标，评价指标主要有：美观程度、溶解氧、营养物、非离子氨氮、大肠杆菌、酸碱值、盐度、温度、悬浮固体、毒物、叶绿素 a 等。以溶解氧为例（表 5-3-11）。

表 5-3-11　香港溶解氧海水水质标准（HKEPD，1987）

参数	水质指标	水质指标适用的管辖区/管制区部分
溶解氧（海床）	全年 90% 的取样次数中，溶解氧水平不少于 2 mg/L	除吐露港及赤门海峡水质管制区之外所有水质管制区的海洋水域
溶解氧（水深平均）	全年 90% 的取样次数中，溶解氧水平不少于 4 mg/L	除吐露港及赤门海峡水质管制区之外所有水质管制区的海洋水域
溶解氧（海床）	不少于 2 mg/L	吐露港及赤门海峡水质管制区海港分区
	不少于 3 mg/L	吐露港及赤门海峡水质管制区缓冲分区
	不少于 4 mg/L	吐露港及赤门海峡水质管制区海峡分区
溶解氧（水柱剩余部分）	不少于 4 mg/L	吐露港及赤门海峡水质管制区（整个管制区）
溶解氧（所有深度）	不少于 4 mg/L	吐露港及赤门海峡水质管制区海峡分区

1.2.5　美国

美国《清洁水法》规定的水质标准由指定用途、水质基准和反降级政策三部分组成，分基准和标准两个层次，其中关于水生生物、人体健康和营养物的水质基准由 EPA 公布，水质标准由国家环保局各州参照水质基准和本州的水体功能制定。

水质基准是指环境中污染物对特定对象（人或其他生物）不产生有害影响的最大剂量（无作用剂量）或浓度。目前，EPA 提出了保护水生生物的水质基准、保护人体健康的水质基准、防止水体富营养化的营养物基准和生物基准等。

其中，营养物基准是在各级生态分区的基础上，在各生态分区内统一制定的。《清洁水法》要求各州和被授权的印第安部落详细规定水体的适当用途，考虑用于公众供水、保护鱼类、贝类和野生生物以及用于娱乐、农业、工业和航行等功能的使用价值来确定对水域的合理利用。

反降级政策作为一项调整性政策，是水质标准体系重要组成部分，其目的是通过限制排放以及其他对水质有负面影响或威胁地表水制定用途的活动，维持和提高现有地表水质，以保证现有的有益用途得以充分保护。对于所有水体，应确保维护现有用途所需的水质水平（席北斗等，2011）。

1.2.6　中国

1.2.6.1　《海水水质标准》（GB 3097—1997）

《海水水质标准》规定了我国管辖范围内海域各类使用功能的水质要求。

（1）水质分类与标准

1）海水水质分类。该标准按照海域不同使用功能和保护目标将海水水质分为 4 类：第一类适用于海洋渔业水域，海上自然保护区和珍稀濒危海洋生物保护区；第二类适用于水产养殖区，海水浴场，人体直接接触海水的海上运动或娱乐区，以及与人类食用直接有关的工业用水区；第三类适用于一般工业用水区，滨海风景旅游区；第四类适用于海洋港口水域，海洋开发作业区。

2）海水水质标准。按照四类海水水质分类，规定了不同类别不同指标的海水水质标准。海水水质标准共给出了 35 项标准限值，包括：漂浮物质；色、臭、味；悬浮物质；大肠菌群；粪大肠菌群；病原体；水温；pH；溶解氧；化学需氧量；生化需氧量；无机氮；非离子氮；活性磷酸盐；汞；镉；铅；六价铬；总铬；砷；铜；锌；硒；镍；氰化物；硫化物；挥发性酚；石油类；六六六；滴滴涕；马拉硫磷；甲基对硫磷；苯并[a]芘；阴离子表面活性剂（以 LAS 计）；放射性核素。

（2）海水水质监测

该标准中还给出了海水水质监测样品的采集、贮存、运输、预处理和分析应参照的其他标准。

1.2.6.2　《海洋沉积物质量》（GB 18668—2002）

（1）海洋沉积物质量分类

该标准按照海域不同使用功能和保护目标将海洋沉积物质量分为三类，将《海水水质标准》中的前两类合并为第一类。

（2）《海洋沉积物质量》标准

按照三类海洋沉积物质量分类，规定了不同类别不同指标的海洋沉积物质量标准。海洋沉积物标准共给出了 18 项标准限值，包括：废弃物及其他，色、臭、结构，大肠菌群，粪大肠菌群，病原体，汞，镉，铅，锌，铜，铬，砷，有机碳，硫化物，石油类，六六六，滴滴涕，多氯联苯。海洋沉积物质量监测该标准中还给出了海洋沉积物质量监测样品的采集、预处理、制备、保存和分析应参照的其他标准。

1.2.7 海洋环境质量标准小结

各个国家制定海洋环境质量标准的方法有所不同，其根据分别是水体的使用功能、特定监测项目、标准适用水体的类型和具体的区域情况等。中国海水水质标准制定就是依据海域不同使用功能和保护目标，与中国海域功能区划一致。日本海水水质标准根据监测项目的特征分为两类，分布从保护人类健康和保护生态环境两个角度出发，在保护生态环境的指标中又考虑水体的使用功能来划分等级。英国海水水质标准的制定则根据不同指标而异，有的指标按水体类型划分（淡水或海水），有的指标则按照具体海域划分（如北海、爱尔兰海、英吉利海峡等），分类方法根据的是指标的特征。澳大利亚海水标准制定则综合考虑了水体的使用功能、具体的区域和水体类型，因此各个地区的水质标准与该地区所在的全国分区、水体的水质目标和水体类型（河口、近海或远海）有关。美国海水标准制定则考虑了水体的制定用途和水质基准，同时必须遵守反降级原则。

除此之外，外国海水水质标准还具有许多特点和值得我国借鉴的地方：①海水水质标准强调区域特征，根据不同海域的情况制定，这符合生态系统的特征，而且能够使监测和评价更加合理；②水质标准指标的标准值考虑保证率，不会造成"一刀切"的结果，既能保证结果的可靠性又能排除意外情况带来的影响；③英国在制定水质标准的过程中考虑了盐度对其他指标的影响，这符合海洋的化学特征；④澳大利亚在制定水质标准的过程中强调考虑水体目前状况，而在我国则是从水体目前的使用功能出发。在这种情况下，若目前水体的水质符合一类标准，而水体的使用功能定为二类则会导致水体水质下降；⑤EPA定期发布指导建议（指南）来帮助州和授权部落建立水质基准，使得美国水质基准和标准的制定过程具有充分的灵活性。

2 水环境功能区划与近岸海域功能区划面临的问题

目前，与河口水体相关的功能区划政策文件有：《水功能区划分标准》（GB/T 50594—2010）和《地表水环境功能区类别代码（试行）》（HJ 522—2009）依据 GB 3838—2002 确定各功能区水质保护标准等级；《近岸海域环境功能区划分技术规范》（HJ/T 82—2001）依据《海水水质标准》（GB 3097—1997）确定各功能区水质保护标准等级；《海洋功能区划技术导则》（GB/T 17108—2006）侧重了规范海域的使用用途；《全国生态功能区划》侧重了区域生态功能定位；《主体功能区划》侧重了产业准入、产业结构调整、区域经济发展模式、重大工程准入；水生态功能分区侧重设定了水生态管理、空间管控、物种保护三大类管理目标，为开展水生态资产评估和生态红线划定提供边界.而水生态分区是制定基准、评价体系的重要单元，主要反映不同水体类型或相同水体类型不同区段背景差异。

本研究以珠江流域为例，具体分析河口与近岸海域环境功能区衔接与目标研究。珠江流域地理位置在我国最南方、我国低纬地带，在东经 102°14′～115°53′、北纬 21°31′～26°49′，地处热带、亚热带，北靠五岭，南临南海，西部为云贵高原，中东部为桂粤中低山丘陵和盆地，东南部为三角洲冲积平原。流域面积约 45.37 万 km²，在我国境内为 4.21 万 km²，约占全国陆地总面积的 4.6%；另有少量面积在越南境内珠江流域北面以五岭及苗岭与长江流域分界；西南部以乌蒙山脉与红河流域的元江和长江流域的牛栏江为界；南部以云雾山、云开大山、六万大山、十万大山等与两广沿海诸河分界；东部以莲花山脉和武夷山脉与韩江流域分界；东南部为各水系汇入，注入珠江三角洲。珠江三角洲面积 26 820 km²，河网密布，水道纵横。注入珠江三角洲的主要河流有流溪河、潭江、深圳河等 10 多条。

2.1　我国现有水环境功能区划现状

2.1.1　水环境区划的政策背景及要求（珠江）

水环境功能区划的目的是贯彻《中华人民共和国水污染防治法》，从流域、区域范围内协调水资源的开发利用，依法和科学地管理水环境、控制水污染、保护水资源，促进社会经济可持续发展，按照《地表水环境质量标准》（GB 3838—2002），对主要江河、湖库划分地表水环境功能区。从划分主体上看，水环境功能区划的划分主体为生态环境部门；从划分依据上看，是《中华人民共和国水污染防治法》和《地表水环境质量标准》；从目的上看，水环境功能区划分目的是限制排污，指功能区是约束污染源向水体排污的限制条件，具有法律强制性；从分类上看，水环境功能区划分类及代码见表 5-3-12。

表 5-3-12　水环境功能区划分类及代码表

代码	地表水环境功能区类别名称	说明
10	自然保护区	对有代表性的自然生态系统、珍稀濒危野生动植物物种的天然集中分布区、有特殊意义的自然遗迹等保护对象所在的陆地水体，依法划出一定面积予以特殊保护和管理的区域
11	国家级自然保护区	在国内外有典型意义、在科学上有重大国际影响或者有特殊科学研究价值的自然保护区，列为国家级自然保护区 执行地表水环境质量 I 类标准
12	地方级自然保护区	除列为国家级自然保护区的外，其他具有典型意义或者重要科学研究价值的自然保护区列为地方自然保护区 执行地表水环境质量 I 类或 II 类标准
20	饮用水水源保护区	国家为防治饮用水水源地污染、保证水源地环境质量而划定，并要求加以特殊保护的一定面积的水域和陆域
21	一级保护区	保护区内水质主要是保证饮用水卫生的要求 水质不得低于地表水环境质量 II 类标准
22	二级保护区	在正常情况下满足水质要求，在出现污染饮用水源的突发情况下，保证有足够的采取紧急措施的时间和缓冲地带 水质不得低于地表水环境质量 III 类标准，并保证流入一级保护区的水质满足一级保护区水质标准的要求
23	准保护区	为了在保障水源水质的情况下兼顾地方经济的发展，通过对其提出一定的防护要求来保证饮用水水源地水质 水质标准应保证流入二级保护区的水质满足二级保护区水质标准的要求
30	渔业用水区	鱼、虾、蟹、贝类的产卵场、索饵场、越冬场、洄游通道和养殖鱼、虾、蟹、贝类、藻类等水生动植物的水域
31	珍贵鱼类保护区	执行地表水环境质量 II 类标准
32	一般鱼类用水区	执行地表水环境质量 III 类标准

代码	地表水环境功能区类别名称	说明
40	工业用水区	各工矿企业生产用水的集中取水点所在水域的指定范围，执行地表水环境质量Ⅳ类标准
50	农业用水区	灌溉农田、森林、草地的农用集中提水站所在水域的指定范围，执行地表水环境质量Ⅴ类标准
60	景观娱乐用水区	具有保护水生生态的基本条件、供人们观赏娱乐、人体非直接接触的水域天然浴场、游泳区等直接与人体接触的景观娱乐用水区执行地表水环境质量Ⅲ类标准 国家重点风景游览区及与人体非直接接触的景观娱乐水体执行地表水环境质量Ⅳ类标准 一般景观用水区执行地表水环境质量Ⅴ类标准
70	混合区	污水与清水逐渐混合、逐步稀释、逐步达到水环境功能区水质要求的水域混合区不执行地表水质量标准，是位于排放口与水环境功能区之间的劣Ⅴ类水域
80	过渡区	水质功能相差较大（两个或两个以上水质类别）的水环境功能区之间划定的、使相邻水域管理目标顺畅衔接的过渡水质类别区域执行相邻水环境功能区对应高低水质类别之间的中间类别水质标准
90	保留区	目前尚未开发或开发利用程度不高，为今后开发利用预留的水域保留区内的水质应维持现状不受破坏

地表水环境功能区划分的范围是：所有流域面积大于 100 km² 的河流以及小于 100 km² 的重要河流；所有中型以上水库、重要的小型水库以及主要城市湖泊。

地表水环境功能区划分的基本原则是确保社会经济可持续发展战略的实施。

划分水环境功能区的具体原则是：

①考虑水体现状、规划的使用功能和水环境质量的现状；

②优先保护集中式饮用水水源地；

③适应流域内经济和城镇发展规划的要求；

④水体环境功能区的划定，一般不低于水体现有的水质等级；

⑤兼顾上、下游地区利益；

⑥水体环境功能区划分的下端约束条件与《广东省近岸海域环境功能区划》（粤府办〔1999〕68号）相衔接；

⑦保证按省政府的要求跨行政区边界水质达标交接；

⑧水库的水环境质量一般要求达到地面水环境质量标准Ⅱ类，特殊情况不低于Ⅲ类；

⑨城市河段内河涌一般要求不低于Ⅴ类。

2.1.2　水环境功能区划现状（珠江）

广东省水环境功能区划（珠江流域）具体分区及水质现状及要求见表 5-3-13。

表 5-3-13　广东省水环境功能区划（珠江）

序号	功能现状	水系	河流	起点	终点	长度/km	水质现状	水质目标	行政区
100	饮工农	粤东沿海诸河	黄岗河	饶平上善镇上文	饶平黄岗河咸水线断面	32.8	Ⅱ	Ⅱ	潮州市
104	饮工农	粤东沿海诸河	黄岗河	饶平汤溪水库大坝	饶平汤溪水库尾	33.7	Ⅱ～Ⅲ	Ⅱ	潮州市

序号	功能现状	水系	河流	起点	终点	长度/km	水质现状	水质目标	行政区
39500	综	西江	黄岗河	德庆大河尾	封开渔涝独木桥	23	II	II	肇庆市
19600	饮工农航	东江	东江南支流	东莞石龙	东莞万江金泰	17	III	II	东莞市
20320	饮	珠三角河网	流溪河花干渠	花都梨园	花都新杨村	15.6	III	III	广州市
20330	农	珠三角河网	流溪河右灌渠	从化大坳坝	花都梨园	27	III	III	广州市
20340	农	珠三角河网	流溪河左灌渠	从化大坳坝	广州大陂	39	III	III	广州市
44622	工农渔	潭江	潭江	祥龙水厂吸水点下 1 km	沙冈区金山管区	7	—	III	江门市
44623	饮工农渔	潭江	潭江	沙冈区金山管区	大泽下	82	—	II	江门市
44624	饮工农渔	潭江	潭江	大泽下	崖门口	40	—	III	江门市
640	农航	韩江	韩江干流	三河镇	银江口（北铺）	17	III	III	梅州市
642	农航	韩江	韩江干流	银江口（北铺）	丰顺县潮州市交界处	69.3	II	II	梅州市
650	饮	韩江	韩江干流	丰顺县潮州市交界处	东溪前埔，西溪与汕头交界处	69.6	II	II	潮州市
670	饮	韩江	梅溪韩江支流	韩江交界断面	汕头交界断面	5	II	II	潮州市
6000	综	榕江	榕江南河	陆丰凤凰山	揭阳桥中	140	II	II	汕尾市 揭阳市
6020	综	榕江	榕江南河	侨中	灶浦镇新寨	7	II～III	III	揭阳市
6030	综	榕江	榕江南河	灶浦镇新寨	地都与汕头市区交界	37	III	III	揭阳市 汕头市
9300	农	粤东沿海诸河	黄江	五马归槽蜡烛山	海丰西闸	67	—	III	汕尾市
8800	饮农	粤东沿海诸洒	螺河	陆河市村	陆丰河二	60	II	II	汕尾市
8802	饮农	粤东沿海诸河	螺河	陆丰河二	陆丰烟港	42	III	III	汕尾市
8500	综	粤东沿海诸河	乌坎河	陆丰尖山仔	陆丰乌坎	48	III	III	汕尾市
9810	农景	粤东沿海诸河	茅洲河	燕川	入海口	10.3	劣V	IV	深圳市
47310	饮	漠阳江	漠阳江	阳春云廉洒面西南	漠阳江塱	48	I	I	阳江市
47320	饮	漠阳江	漠阳江	阳春河塱	阳春春城镇九头坡	75	II	II	阳江市
47322	饮农	漠阳江	漠阳江	阳春春城镇九头坡	马水镇	13	III	III	阳江市
47324	饮	漠阳江	漠阳江	马水镇	江城区尤鱼头桥下游 500 m	47	II	II	阳江市
47326	工农	漠阳江	漠阳江	江城区尤鱼头桥下游 500 m	阮东	11	III	III	阳江市
47328	工农	漠阳江	漠阳江	阳东中心洲	阳东白沙桥	5	II	II	阳江市
47329	工农	漠阳江	漠阳江	阳东白沙桥	阳东北津港	20	III	III	阳江市
50100	综	鉴江	鉴江干流	信宜樟充坑	信宜水厂下游 200 m	26	II	II	茂名市
50101	饮农	鉴江	鉴江干流	信宜水厂下游 200 m	高州下排后村	70.8	IV	III	茂名市

序号	功能现状	水系	河流	起点	终点	长度/km	水质现状	水质目标	行政区
50102	综	鉴江	鉴江干流	高州下排后村	高州平山桥	2	IV	III	茂名市
50103	饮农	鉴江	鉴江干流	高州平山桥	化州南盛水闸上2 km	35.4	IV	III	茂名市
50104	饮农	鉴江	鉴江干流	化州南盛水闸上2 km	化州南盛水闸	2	III	II	茂名市
50105	饮农	鉴江	鉴江干流	化州南盛水闸	化州南盛山尾	15.5	III	III	茂名市
50106	饮农	鉴江	鉴江干流	化州南盛山尾	化州东山潭塘	2	III	II	茂名市
50107	饮农	鉴江	鉴江干流	化州东山潭塘	化州江口门	37.5	IV	III	茂名市
50108	饮农	鉴江	鉴江干流	化州江口门	吴川广湛公路人民桥	46	II	II	湛江市
50109	饮农	鉴江	鉴江干流	吴川广湛公路人民桥	吴川沙角旋	20	III	III	湛江市
52800	饮	鉴江	袂花江	电白南峰坳顶	电白亨梓	51	II～III	II	茂名市
52802	饮	鉴江	袂花江	电白亨梓	鉴江塘口	37	III	III	茂名市
52804	饮	鉴江	袂花江	鉴江塘口	吴川梅菉镇	27	II	II	湛江市
56810	饮工农渔	九洲江	九洲江	鹤地水库大坝	廉江合江桥武陵河入江口	18	II	II	湛江市
56812	工农渔混	九洲江	九洲江	廉江合江桥武陵河入江口	营仔镇和安铺镇两处入海口	60	III	III	湛江市
21944	工农渔	珠三角河网	横门水道	中山大南尾	中山横门	12	III	III	中山市
44420	渔	西江	鸡啼门水道	斗门白石	斗门鸡啼门	20	III	III	珠海市
37000	饮工农	西江	西江	广西省界	珠海大桥上游1.5 km	350	II	II	肇庆云浮佛山江门中山珠海
37100	饮工农	西江	西江	珠海大桥上游1.5 km	珠海大桥下游4.5 km	6	II	III	中山、珠海

2.2　近岸海域环境功能区划现状

近岸海域环境功能区制定的依据是《中华人民共和国海洋环境保护法》，划分的依据是2001年颁布的《近岸海域环境功能区划分技术规范》。近岸海域环境功能区是环境保护行政主管部门根据海域水体的使用功能和地方经济发展的需要对海域环境划定的按水质分类管理的区域。

我国近岸海域环境功能区被划分为4类：第1类环境功能区适用于海洋渔业和海上自然保护区；第2类环境功能区适用于与人类食用直接有关的工业用水区、海水浴场及海上运动或娱乐区；第3类环境功能区适用于一般工业用水区、滨海风景旅游区；第4类环境功能区适用于港口水域、海洋开发作业区。从定义上来看，功能区划分的主要目标仍然为保护水体的使用功能。

从近岸海域环境功能区的保护目标和作用来看，它既是近岸海域自然生态系统特征的体现，也是海水使用用途的分类，更是进行海域污染防治的法律准绳。也就是说，近岸海域环境功能区兼具自然属性、社会属性和法律属性。

2.3　海洋功能区划

海洋功能区划分的法律基础是《中华人民共和国海域使用管理法》《中华人民共和国海洋环境保

护法》。根据 2007 年颁布的《全国海洋功能区划》，海洋功能区是根据海域区位、自然资源、环境条件和开发利用的要求，按照海洋功能标准，将海域划分为不同类型的功能区，目的是为海域使用管理和海洋环境保护工作提供科学依据，为国民经济和社会发展提供用海保障。

根据国家海洋局颁布的《全国海洋功能区划》，我国的海洋功能区被划分为 10 种类型：①港口航运区；②渔业资源利用和养护区；③矿产资源利用区；④旅游；⑤海水资源利用区；⑥海洋能利用区；⑦工程用海区；⑧海洋保护；⑨特殊利用区；⑩保留。因此，海洋功能区是以保护海洋的使用用途为主要目标的功能区划分。

2.4 区划衔接面临的问题

目前三个规划重叠情况较为严重，以两个较为典型的局部地区作具体说明。

以东莞虎门横门水道局部为例。上半部分（深色区域）为地表水环境功能区，功能现状为"工农渔"，水质目标为Ⅲ类，下半部分（浅色区域）为近岸海域环境功能区划，环境功能区适用于一般工业用水区、滨海风景旅游区，水质目标为"三类"，而虚线椭圆框为海洋功能区划，功能现状为"旅游休闲娱乐"，水质目标为"不劣于二类"（图 5-3-1）。

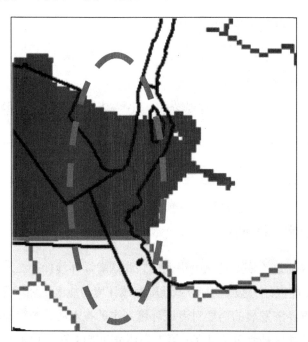

图 5-3-1 东莞虎门、横门水道局部海洋功能区划与水环境功能区划叠置图

而中山横门水道局部地区存在同样问题，上半部分外缘深色区域为地表水环境功能区，功能现状为"工农渔"，水质目标为三类，上半部分内侧为近岸海域环境功能区划，环境功能区适用于一般工业用水区、滨海风景旅游区，水质目标为"三类"，下半部分为近岸海域环境功能区划，第 2 类环境功能区适用于与人类食用直接有关的工业用水区、海水浴场及海上运动或娱乐区，水质目标为"二类"。倒"U"形实线框部分为海洋功能区划，功能现状为"港口航运区"，水质目标为"不劣于三类"（图 5-3-2）。

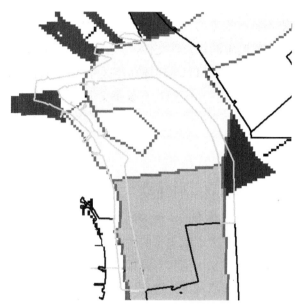

图 5-3-2　中山横门水道局部海洋功能区划与水环境功能区划叠置图

2.4.1　功能上的矛盾

从上面两个典型地区可以发现，这三个规划在对水域的功能规划上有冲突，虽然在地表水功能区划划定时已经考虑了与近岸海水环境功能区划的衔接问题，但是在三区交集处，截然不同的功能差异较大，无法调和。海洋功能区划的目的就是通过划定具有主导功能和使用范围的海域空间单元，明确在该海域空间单元的海洋开发利用类型和方向，来规制各涉海行业和部门在该海域空间单元进行开发利用的随意性和自主度，正确而客观、公正地协调各涉海行业和部门在开发利用海洋空间资源和物质资源等各类资源，实现海洋资源开发最高的整体效益。海洋功能区划的基本功能在于通过对海洋空间资源的科学配置与合理布局，来遏制海洋空间资源开发利用的无序状态。这是一种横向的规制。而近岸海域环境功能区划的目的则是通过近岸海域环境功能区的划分，明确各近岸海域环境功能区的环境保护目标，并以此来约束和限制开发利用活动中对该近岸海域环境功能区环境质量可能产生影响的环境损害和污染行为，以致当时国家主管部门国家环保总局在对《近岸海域环境功能区管理办法》的说明中，明确"划定近岸海域环境功能区的主要目的是实施《海水水质标准》，控制近岸海域环境污染和生态破坏，保护和改善近岸海域环境"。在实践中，它通常不会依据使用功能对海洋开发利用活动的类型做出限制，所限制的恰恰是海洋开发利用活动的强度。近岸海域环境功能区划的基本功能则是通过确立近岸海域环境功能区的环境保护目标，规范海洋开发利用行为，来遏制海洋开发利用活动的无度状态。这是一种纵向的规制。

2.4.2　范围上的矛盾

从法律范围上说，既然海洋功能区划制度是由法律所确立的，那么该项制度就具有最高的法律效力，适用于所有的涉海行业和部门，所有的海洋开发利用活动都必须予以严格遵守。而部门规章是由国务院各部、中国人民银行、审计署和具有行政管理职能的直属机构，根据法律和国务院的行政法规、决定和命令，在本部门的权限范围内，制定的法律规范性文件在本部门内具有普遍约束力。因此，制定部门规章的目的是职能部门为了履行某项法律赋予自己的管理职能，通常只适用于部门系统内部,对部门系统外部则不具有拘束力。近岸海域环境功能区划制度,就是生态环境主管部门为了执行海洋环境评价管理职能所制定的规范性文件,一般情况下只适用于生态环境管理系统内部。由此可见,海洋功能区划的适用范围比近岸海域环境功能区划的适用范围要大得多。

从空间范围上说,管理界限不清,三个区划互有重叠又未完全覆盖,无法进行空间上的"多区合一"。

2.4.3 环境保护要求上的矛盾

《地表水环境质量标准》和《海水水质标准》根据不同的使用功能和保护目标分别将目标水体分为 5 类和 4 类,无法简单地将两项水质标准的不同类别一一对接。此外,由于咸淡水生态系统的差异导致其使用功能的不同,从功能归属上也较难将两个水质标准予以衔接。同时两项标准之间存在水质指标设置不衔接、部分指标分析方法不同和部分指标标准限值衔接不科学等问题。针对河口这样特殊的陆海衔接区域,采用《海水水质标准》进行评价时,多数区域水质为劣四类,可见《海水水质标准》对陆海衔接区域要求比较高;而由于此类区域相对淡水盐度较高,亦不适用《地表水环境质量标准》。

3 地表水与近岸海域环境现状

3.1 地表水现状评价

3.1.1 评价方法

根据原国家环境保护部《地表水环境质量评价办法(试行)》(环办〔2011〕22 号)规定,地表水水质评价指标为《地表水环境质量标准》(GB 3838—2002)表 1 中除水温、总氮、粪大肠菌群以外的 21 项指标(pH、DO、高锰酸盐指数 COD_{Mn}、BOD_5、NH_3-N、TP、TN、铜、锌、氟化物、硒、砷、汞、镉、铬(六价)、铅、氰化物、挥发酚、石油类、阴离子表面活性剂、硫化物)。水温、总氮、粪大肠菌群作为参考指标单独评价(河流总氮除外)(表 5-3-14)。

表 5-3-14　GB 3838—2002:地表水环境质量标准基本项目标准限值　　　　单位:mg/L

序号	分类 标准值 项目		I 类	II 类	III 类	IV 类	V 类
1	水温/℃		人为造成的环境水温变化应限制在: 周平均最大温升≤1 周平均最大温降≤2				
2	pH 值(量纲一)		6~9				
3	溶解氧	≥	饱和率 90% (或 7.5)	6	5	3	2
4	高锰酸盐指数	≤	2	4	6	10	15
5	化学需氧量(COD)	≤	15	15	20	30	40
6	五日生化需氧量(BOD_5)	≤	3	3	4	6	10

序号	标准值 项目	分类	I 类	II 类	III 类	IV 类	V 类
7	氨氮（NH₃-N）	≤	0.15	0.5	1.0	1.5	2.0
8	总磷（以 P 计）	≤	0.02 (湖、库 0.01)	0.1 (湖、库 0.025)	0.2 (湖、库 0.05)	0.3 (湖、库 0.1)	0.4 (湖、库 0.2)
9	总氮（湖、库，以 N 计）	≤	0.2	0.5	1.0	1.5	2.0
10	铜	≤	0.01	1.0	1.0	1.0	1.0
11	锌	≤	0.05	1.0	1.0	2.0	2.0
12	氟化物（以 F⁻计）	≤	1.0	1.0	1.0	1.5	1.5
13	硒	≤	0.01	0.01	0.01	0.02	0.02
14	砷	≤	0.05	0.05	0.05	0.1	0.1
15	汞	≤	0.000 05	0.000 05	0.000 1	0.001	0.001
16	镉	≤	0.001	0.005	0.005	0.005	0.01
17	铬（六价）	≤	0.01	0.05	0.05	0.05	0.1
18	铅	≤	0.01	0.01	0.05	0.05	0.1
19	氰化物	≤	0.005	0.05	0.02	0.2	0.2
20	挥发酚	≤	0.002	0.002	0.005	0.01	0.1
21	石油类	≤	0.05	0.05	0.05	0.5	1.0
22	阴离子表面活性剂	≤	0.2	0.2	0.2	0.3	0.3
23	硫化物	≤	0.05	0.1	0.2	0.5	1.0
24	粪大肠菌群/（个/L）	≤	200	2 000	10 000	20 000	40 000

河流断面水质类别评价采用单因子评价法，即根据评价时段内该断面参评的指标中类别最高的一项来确定。描述断面的水质类别时，使用"符合"或"劣于"等词语。断面水质类别与水质定性评价分级的对应关系见表 5-3-15。

表 5-3-15　断面水质定性评价

水质类别	水质状况	表征颜色	水质功能类别
I～II 类水质	优	蓝色	饮用水水源地一级保护区、珍稀水生生物栖息地、鱼虾类产卵场、仔稚幼鱼的索饵场等
III 类水质	良好	绿色	饮用水水源地二级保护区、鱼虾类越冬场、洄游通道、水产养殖区、游泳区
IV 类水质	轻度污染	黄色	一般工业用水和人体非直接接触的娱乐用水
V 类水质	中度污染	橙色	农业用水及一般景观用水
劣 V 类水质	重度污染	红色	除调节局部气候外，使用功能较差

河流水质评价：当河流的断面总数少于 5 个时，计算河流所有断面各评价指标浓度算术平均值，然后按照"断面水质评价"方法评价，并按表 5-3-15 指出每个断面的水质类别和水质状况。

对断面（点位）、河流、湖泊不同时段的水质变化趋势分析，以断面（点位）的水质类别或河流、湖泊水质类别比例的变化为依据，按下述方法评价。

按水质状况等级变化评价：

①当水质状况等级不变时，则评价为无明显变化；

②当水质状况等级发生一级变化时，则评价为有所变化（好转或变差、下降）；

③当水质状况等级发生两级以上（含两级）变化时，则评价为明显变化（好转或变差、下降、恶化）。

按组合类别比例法评价：

设$\triangle G$为后时段与前时段Ⅰ～Ⅲ类水质百分点之差：$\triangle G=G2-G1$，$\triangle D$为后时段与前时段劣Ⅴ类水质百分点之差：$\triangle D=D2-D1$；

①当$\triangle G-\triangle D>0$时，水质变好；当$\triangle G-\triangle D<0$时，水质变差；

②当$|\triangle G-\triangle D|\leqslant10$时，则评价为无明显变化；

③当$10<|\triangle G-\triangle D|\leqslant20$时，则评价有所变化（好转或变差、下降）；

④当$|\triangle G-\triangle D|>20$时，则评价为明显变化（好转或变差、下降、恶化）。

3.1.2　评价结果

2018年第二季度，全省60个跨地级以上城市河流交界断面（含入海河口断面）总达标率为63.3%。其中，4月、5月、6月分别为63.3%、63.3%和63.3%。

重点整治河流水质状况：

2018年第二季度22条重点整治河流中，20条河流受重度污染，1条河流受中度污染，1条河流受轻度污染。按主要指标综合污染指数比较，水质污染严重的前5位依次是独水河、练江、石马河、茅洲河和石井河。

35个断面中，佛山水道罗沙为Ⅱ类，水质优；东莞运河樟村为Ⅲ类，水质良好；其他断面均受到不同程度的污染。按频次计，Ⅰ、Ⅱ类（优）断面占比为1.9%，Ⅲ类（良好）断面占比为3.8%，Ⅳ类（轻度污染）断面占比为5.8%，Ⅴ类（中度污染）断面占比为4.8%，劣Ⅴ类（重度污染）断面占比为83.7%。

3.2　近岸海域水质现状评价

2018年全省近岸海域水质总体优良，一类、二类、三类、四类和劣四类水质面积占比分别为66.5%、12.8%、5.1%、3.9%、11.7%，水质优良面积占比79.3%。冬季、春季、夏季和秋季水质优良面积占比分别为75.8%、84.0%、80.0%和77.5%；劣四类水质面积占比分别为14.6%、8.4%、11.2%和12.4%，主要分布在珠江口、汕头港、湛江港等局部海域，主要超标因子为无机氮和活性磷酸盐。

全省近岸海域功能区点位共67个，按照功能区点位水质目标评价，近岸海域功能区点位水质达标率为65.7%。13个沿海城市中惠州、汕尾、阳江、茂名、揭阳5个地级市水质达标率为100%。东莞、中山和江门3个地级市水质达标率为0。其他5个地级市水质达标率在25%～80%。

3.3　评价结果的差异

3.3.1　达标情况对比

本研究选取珠江流域5条入海河流入海断面及其对应的河口区海水水质评价结果及达标情况进行分析。

从选取的5个河口区评价结果来看，4条河流入海断面符合地表水水质达标，但近岸海域水质和海水水质均不达标；一条河流均不达标。3 条河流在同一点位，近岸海域水质和海水水质目标不相同（表 5-3-16～表 5-3-21）。

表 5-3-16　5 个河口及邻近海域地表水和海水水质要求

河口序号	地表水水质要求	地表水评价结果	近岸海域环境功能区划水质要求	海洋功能区划水质要求	海水水质评价结果
1	Ⅱ	Ⅱ	三类	三类	劣四类
2	Ⅱ	Ⅱ	三类	四类	劣四类
3	Ⅲ	Ⅳ	四类	三类	劣四类
4	Ⅲ	Ⅲ	二类	二类	劣四类
5	Ⅲ	Ⅳ	三类	二类	劣四类

表 5-3-17　河口 1 入海断面及其对应的河口区海水水质评价结果

河口水质评价项目	要素	海水水质评价项目	要素
综合水质类别	Ⅱ	综合等级	劣四类
pH	7.19	pH	8
电导率	19.76	盐度	18.38
溶解氧	7.38	溶解氧	6.07
高锰酸盐指数	1.9	化学需氧量	1.69
生化需氧量	1	活性磷酸盐氮	0.002
氨氮	0.015	亚硝酸盐氮	0.031
石油类	0.005	硝酸盐	0.46
挥发酚	0.000 4	氨氮	0.020 8
汞	0.000 005	无机氮	0.511 8
铅	0.000 045	石油类	0.022
化学需氧量	7	叶绿素	1.4
总氮	2.08	铜	0
总磷	0.08	汞	0.000 017
铜	0.001 1	镉	0
锌	0.000 35	铅	0.003 4
氟化物	0.15	砷	0
硒	0.000 2	锌	0
砷	0.002 63	总铬	0.003 1
镉	0.000 025	总氮	0.742
六价铬	0.012	总磷	0.028 2
氰化物	0.002	—	—
阴离子表面活性剂	0.025	—	—
硫化物	0.002 5	—	—
硝酸盐	1.77	—	—
亚硝酸盐	0.001 5	—	—
盐度	0.09	—	—

表 5-3-18   河口 2 入海断面及其对应的河口区海水水质评价结果

河口水质评价项目	评价结果	海水水质评价项目	评价结果
综合水质类别	Ⅱ	综合等级	劣四类
pH	7.22	pH	7.97
电导率	21.306	盐度	0.24
溶解氧	6.22	溶解氧	5.4
高锰酸盐指数	2	化学需氧量	1.67
生化需氧量	0.6	活性磷酸盐	0.005
氨氮	0.13	亚硝酸盐氮	0.047
石油类	0.005	硝酸盐氮	1.01
挥发酚	0.000 15	氨氮	0.011 5
汞	0.000 02	无机氮	1.068 5
铅	0.000 17	石油类	0.012
化学需氧量	4	叶绿素	2.5
总氮	2.03	阴离子表面活性剂	—
总磷	0.09	非离子氨	—
铜	0.002 24	生化需氧量	—
锌	0.004 5	大肠菌群	—
氟化物	0.147	粪大肠菌群	—
硒	0.000 2	总氮	—
砷	0.002 23	总磷	—
镉	0.000 025	悬浮物	—
六价铬	0.002	—	—
氰化物	0.002	—	—
阴离子表面活性剂	0.025	—	—
硫化物	0.002 5	—	—
硝酸盐	1.74	—	—
亚硝酸盐	0.047	—	—
盐度	0.1		

表 5-3-19   河口 3 入海断面及其对应的河口区海水水质评价结果

河口水质评价项目	评价结果	海水水质评价项目	评价结果
综合水质类	Ⅳ	综合等级	劣四类
pH	7.08	pH	8.04
电导率	15.6	盐度	28.72
溶解氧	4.33	溶解氧	5.8
高锰酸盐指数	6.5	化学需氧量	0.92
生化需氧量	2.4	活性磷酸盐	0.011
氨氮	0.3	亚硝酸盐氮	0.022
石油类	0.005	硝酸盐氮	0.124
挥发酚	0.000 15	氨氮	0.015
汞	0.000 04	无机氮	0.161
铅	0.001	石油类	0.03
化学需氧量	19	石油类	0.03
总氮	2.4	叶绿素	3.9

河口水质评价项目	评价结果	海水水质评价项目	评价结果
总磷	0.16	铜	0.000 9
铜	0.000 5	汞	0.000 028
锌	0.025	镉	0
氟化物	0.18	铅	0.001 1
硒	0.000 2	砷	0.000 7
砷	0.001 3	锌	0.006 5
镉	0.000 05	总铬	0.000 6
六价铬	0.002	总氮	1.73
氰化物	0.002	总磷	0.056
阴离子表面活性剂	0.025	—	—
硫化物	0.002 5	—	—
硝酸盐	1.8	—	—
亚硝酸盐	0.019	—	—
盐度	0	—	—

表 5-3-20　河口 1 入海断面及其对应的河口区海水水质评价结果

河口水质评价项目	评价结果	海水水质评价项目	评价结果
综合水质类	Ⅲ	综合等级	劣四类
pH	7.13	pH	7.82
电导率	15.966 67	盐度	22.96
溶解氧	5.45	溶解氧	6.37
高锰酸盐指数	4.6	化学需氧量	1.56
生化需氧量	1.3	活性磷酸盐	0.024
氨氮	0.32	亚硝酸盐氮	0.034
石油类	0.005	硝酸盐氮	0.368
挥发酚	0.000 7	氨氮	0.21
汞	0.000 02	无机氮	0.612
铅	0.001	石油类	0.024
化学需氧量	14	叶绿素	7.2
总氮	3.13	铜	0
总磷	0.16	汞	0.000 014
铜	0.000 5	镉	0
锌	0.025	铅	0.003 2
氟化物	0.21	砷	0.000 7
硒	0.000 2	锌	0.012 2
砷	0.000 783	总氮	0.732
镉	0.000 05	总磷	0.01
六价铬	0.002	悬浮物	—
氰化物	0.002	—	—
阴离子表面活性剂	0.025	—	—
硫化物	0.002 5	—	—
硝酸盐	2.34	—	—
亚硝酸盐	0.085	—	—
盐度	0	—	—

表 5-3-21　河口 5 入海断面及其对应的河口区海水水质评价结果

河口水质评价项目	评价结果	海水水质评价项目	评价结果
综合水质类	Ⅳ	综合等级	劣四类
pH	6.94	pH	8.09
电导率	18.433 33	盐度	25.9
溶解氧	3.49	溶解氧	8.01
高锰酸盐指数	2.7	化学需氧量	2.05
生化需氧量	2.6	活性磷酸盐	0.003
氨氮	0.88	亚硝酸盐氮	0.061
石油类	0.09	硝酸盐氮	0.564
挥发酚	0.001	氨氮	0.089
汞	0.000 02	无机氮	0.714
铅	0.000 045	石油类	0.017
化学需氧量	15	石油类	0.017
总氮	2.77	叶绿素	1.6
总磷	0.29	铜	0
铜	0.005 7	汞	0
锌	0.000 35	镉	0
氟化物	0.161	铅	0.002 1
硒	0.000 2	砷	0
砷	0.000 917	锌	0.003 1
镉	0.000 025	总氮	0.9
六价铬	0.02	总磷	0.009
氰化物	0.000 5	悬浮物	—
阴离子表面活性剂	0.025	—	—
硫化物	0.002 5	—	—
硝酸盐	1.69	—	—
亚硝酸盐	1.3	—	—
盐度	0.033 333	—	—
主要污染指标	石油类、总磷	—	—

3.3.2　差异分析

3.3.2.1　水质指标设置不衔接

《地表水环境质量标准》中基本项目共有 24 项,《海水水质标准》中基本项目共有 39 项。两项水质标准的参数类别虽基本一致,但在部分指标参数的设置上二者存在显著差异。

《地表水环境质量标准》中设置了"氨氮"和"总磷"的指标;"总氮"指标仅仅针对湖泊和水库,也就是说河流水质没有总氮的限值。《海水水质标准》中则设置了"无机氮""非离子氨"和"活性磷酸盐" 3 个指标。其中的关系为:"无机氮"包含"硝酸盐氮""亚硝酸盐氮"和"氨氮";"氨氮"包含"非离子氨"和"铵离子";"活性磷酸盐"属于"总磷"的一部分。

两标准之间氮、磷物质的指标设置完全不同,地表水和海水之间关于氮、磷物质的水质评价是两条线,无法直接比对和评价,严重制约了氮、磷等物质的陆海联防联控。

3.3.2.2 部分指标分析方法不同

由于淡水和海水的基质不同，部分指标的分析方法也必然存在差异。目前在我国近岸海域面临的富营养化、缺氧和石油类污染这三大环境问题上，《地表水环境质量标准》和《海水水质标准》中的相应指标（主要是氨氮、化学需氧量和石油类）的分析方法均不同。分析方法差异会导致监测数据的可比性差甚至不具可比性，造成海洋环境主要污染物的管理无法与河流入海断面控制相衔接。

（1）氨氮

《地表水环境质量标准》规定的纳氏试剂比色法和水杨酸分光光度法与《海水水质标准》规定的靛酚蓝法和次溴酸钠氧化法均为比色测定方法，但这些方法的显色剂、反应条件、有色络合物类型各不相同，各个方法的适用条件、检测限、检测范围等都具有一定的差异。海水中含有大量钙、镁、氯离子会干扰纳氏比色法和水杨酸法的显色反应，而靛酚蓝法和次溴酸钠氧化法也不适用于高浓度的样品测试。这就导致地表水和海水中氨氮的测试方法无法统一，评价结果因此存在差异。

（2）化学需氧量

《地表水环境质量标准》规定的重铬酸盐法与《海水水质标准》规定的碱性高锰酸钾法的氧化效率相差很大，重铬酸钾对水样中有机物的氧化率一般在90%左右，而碱性高锰酸钾法仅为40%左右，由于样品中有机物成分的不同，两种测试方法的结果差异可能更大。这就造成了陆域地表水主要控制的耗氧物质（化学需氧量）在海水中并非主要污染指标，两标准的指标分析方法不衔接，可能导致海洋环境中的耗氧物质管理不足，出现"欠保护"的现象。

（3）石油类

《地表水环境质量标准》规定的红外分光光度法是对样品中含有 CH_3、CH_2 和芳香环基团的 C—H 等具有伸缩振动谱带的物质的定量分析；《海水水质标准》中规定的紫外分光光度法是对样品中含有芳香和共轭基团的物质的定量分析，荧光分光光度法是对样品中芳香烃的物质的定量分析。由此可见，地表水标准的分析方法和海水标准的分析方法测定的是以样品中石油类（混合物）的不同组分代表石油类的最终测试结果，这也就必然造成两标准所指的"石油类"并非同一物质或混合物。

（4）部分指标标准限值衔接的科学性问题

由于两项水质标准在制定时缺少统筹考虑，针对同一指标的标准限值差异往往很大，两标准之间指标限值衔接的科学性考虑不足。尤其是对未纳入总量控制要求的水质指标，地表水（入海河流）水质达标，并无法保障近岸海域环境水质达标。

例如，对于"自然保护区"，在两标准中均应执行Ⅰ类/一类水质标准，在《地表水环境质量标准》中，铅和阴离子表面活性剂的限值分别为 0.1 mg/L 和 0.2 mg/L，而《海水水质标准》中，铅和阴离子表面活性剂的限值分别为 0.001 mg/L 和 0.03 mg/L，二者限值的差异分别为 10 倍和 7 倍。

对于"工业用水区"，在《地表水环境质量标准》中执行Ⅳ类水质标准，铅和锌的限值分别为 0.05 mg/L 和 2.0 mg/L；在《海水水质标准》中执行三类水质标准，铅和锌的限值分别为 0.01 mg/L 和 0.1 mg/L，二者限值的差异分别为 5 倍和 20 倍。

4 基于陆海统筹的河口区水环境保护与管理对策建议

我国近岸海域，尤其是河口、海湾海域，仍存在一定程度的水质超标现象，主要超标的是无机氮等营养物质。部分临海地方水质考核达标存在压力，即使采取积极的措施，入海河流水质达标甚至更好，部分河口区域仍有超标状况。

1）入海河口是半封闭的海岸水体，与海洋自由连通，由于水体运动的连续性，测验方法和分析技术的相似性，通常把河口和其邻近海岸水体综合起来研究，视河口区域为海岸带的组成部分。海水在河口区域被陆域来水冲淡，河口段的河流因素和海洋因素强弱交替、相互作用，有独特的性质，但河水与海水混合时空变化大、不稳定，是一个往复振荡的区域，河口范围难以界定。明确河口区域地表水以及海洋的管理界限。

2）河流径流量南北差异大，年内分布不均匀。由于气候影响，我国南北方河流径流量存在很大差异，南方河流水量丰富，汛期长。北方河流相对水量较小，汛期较短，渤海、北黄海区域入海河流冬季结冰，入海量极小，因冰雪融化有凌汛、春汛。河流径流量年际变化显著。根据《中国河流泥沙公报》（2016 年、2018 年），长江径流量差约 2 000 亿 m^3/a，变化幅度超过 20%；珠江径流量差约 1 000 亿 m^3/a，变化幅度超过 30%；黄河径流量年际差超过 1.5 倍。在河流水质状况保持相对稳定的状况下，入海污染物总量仍有较大差异。我国河口多为溺谷型河口，部分河口发育成三角洲，以砂质、淤泥质为主，河口湿地植被主要包括红树、芦苇、柽柳、碱蓬和米草等，湿地生态系统多样。复杂的河口区域环境、生态、气候特征，使得河口区域的本底状况存在很大差异。

水质管理目标制定已考虑与河口区域使用功能的衔接以及与环境保护管理目标衔接。

3）现在河流、海域的监测标准不统一，河流要求符合《地表水环境质量标准》（GB 3838），海水要求符合《海水水质标准》（GB 3097）。当前主要关注的环境指标，河流为 COD（铬法）、氨氮和总磷，海水为 COD（碱性锰法）、无机氮和活性磷酸盐。环境指标间没有成熟、科学的转换方法，建立独立的河口区域水质评价标准，指标选取存在困难。

加强水质基准研究，尽快启动修订水质标准基准是完全基于科学实验和客观记录由科学推导而得，具有为生态环境部门制定具有法律效力的水质标准提供最有用科学依据的特殊使命，因而水质基准的研究具有很强的科学性、系统性和连续性。应加强基于我国水生态系统特征的水质健康的基准研究，将现阶段已获得的研究成果进行科学整合，由国家层面统一组织开展系统性研究，构建起符合我国国情的水质基准制订方法学研究体系，为我国现行水质标准的制订和修订提供科学依据和方法指南。

我国现行的《地表水环境质量标准》和《海水水质标准》颁布至今均已超过 15 年，两项标准在我国水环境管理工作中发挥了重要的作用。然而，随着我国水环境质量状况的变化以及现阶段水环境管理目标的转变，现行两项标准已无法满足当前的环境保护和经济社会发展的需求。应尽快启动两项水质标准的修订工作，制定符合我国水生态环境背景特征和区域社会经济发展差异的水环境质量标准。并应充分考虑地表水和海水两项水质标准之间的统筹衔接，使其能够切实有效地为我国海洋环境管理工作和污染防治提供技术支撑。

从我国当前的环境状况分析可知，目前最突出的海洋环境问题是富营养化，因此营养盐指标的监测至关重要。其中，总氮、总磷作为表征水体富营养化程度的重要指标，已在国外的环境标准中得以成熟应用。我国现行《海水水质标准》中缺少总氮、总磷两个关键控制标准指标，《地表水环境质量标准》中仅有氨氮和总磷指标（总氮指标只针对湖、库），并且两项水质标准中营养盐参数均采用全国统一标准而未考虑区域背景差异，这给当前富营养化评价和营养物质的总量控制等工作带来了极大的不便。

　　因此，从海洋环境质量评价结果的实用性和有效性考虑，两项水质标准中均应设置总氮、总磷指标，以便进一步了解水体中不同形态氮和磷的相互关系、循环转化过程以及与富营养化或赤潮灾害的关系，并能更好地阐释近岸海域环境质量与陆源污染源之间的关系。充分考虑我国近岸海域区域特征，加强氮、磷营养物质在河口区的物理－化学－生物迁移转化过程研究，建立区域性营养物质的海水水质基准研究，科学制定符合当前社会经济发展状况的地表水和海水中的总氮、总磷等水质标准限值。

　　4）河口区域生态环境质量的焦点不只是河口的水质，可将整个河口的化学、物理、生物特性以及经济、娱乐和美学价值作为一个完整的系统考虑，保持其整体价值，以河口健康状态作为考核要素，定性与定量相结合的方式构建河口生态健康指标，制定考核目标。

参考文献

[1] 余兴光，刘正华，马志远，等. 九龙江河口生态环境状况与生态系统管理[M]. 北京：海洋出版社，2012.

[2] 刘春涛，刘秀洋，王璐. 辽河河口生态系统健康评价初步研究[J]. 海洋开发与管理，2009（3）：43-48.

[3] 陈吉余，陈沈良. 中国河口海岸面临的挑战[J]. 海洋地质动态，2002，18（1）：1-5.

[4] 陈吉余，陈沈良. 河口海岸环境变异和资源可持续利用[J]. 海洋地质与第四纪地质，2002（2）：1-7.

[5] 王晓燕，张长春，魏加华. 黄河水量统一调度实施前后河口三角洲生态环境变化研究[J]. 生态环境，2006，15（5）：1046-1051.

[6] 夏军，刘孟雨，贾绍凤. 华北地区水资源及水安全问题的思考与研究[J]. 自然资源学报，2004，19（5）：550-561.

[7] 汪健，杨艳艳，孟健，等. 钱塘江河口生态环境变化及对策[J]. 水利水电科技进展，2012，32（5）：1-5.

[8] 周晓蔚. 河口生态系统健康与水环境风险评价理论方法研究[D]. 北京：华北电力大学（北京），2008.

[9] 孟伟，刘征涛，范薇. 渤海主要河口污染特征研究[J]. 环境科学研究，2004，17（6）：66-69.

[10] 苏一兵，雷坤，孟伟. 陆域活动对渤海海岸带的影响[J]. 中国水利，2003，3：78-81.

[11] 白军红，邓伟. 中国河口环境问题及其可持续管理对策[J]. 水土保持通报，2001，21（6）：12-15

[12] 钮新强，徐建益，仲志余. 维护健康长江河口的对策研究[J]. 水电能源科学，2005，23（5）：15-18.

[13] 李文庆.VV-Ocean 海洋环境仿真与海洋数据动态可视化系统的研究与实现[D]. 青岛：中国海洋大学，2001.

[14] 张亚彪，孙昊，杨波. 我国近年海平面变化的研究和分析[J]. 天津航海：81-83.

[15] 陈宜瑜. 中国湿地[M]. 长春：吉林科学出版社，1995.

[16] Leml YAD, Kingsford RT, Thompson JR. Irrigated agriculture and wild life conservation：Conflict onaglobal scale[J]. Environment Management，2000，25：485-512.

[17] 高常军，周德民，栾兆擎，等. 湿地景观格局演变研究评述[J]. 长江流域资源与环境，2010，19（4）：460-464.

[18] 荣子容，马安青，王志凯，等. 辽河口湿地生态景观格局形成机制分析[J]. 中国海洋大学学报（自然科学版），2012：138-143.

[19] 王金辉，黄秀清，刘阿成，等. 长江口及临近水域的生物多样性变化趋势分析[J]. 海洋通报，2004，23（1）：32-39.

[20] 中华人民共和国环境保护法[OL]. 2015-04-25. http://www.gov.cn/zhengce/2014-04/25/content_2666434.htm.

[21] 国务院. 水污染防治行动计划[OL]. 2015-04-16. http://www.gov.cn/zhengce/content/2015-04/16/content_9613.htm.

[22] 国家环境保护总局. 近岸海域环境功能区管理办法[OL]. 1999-12-10. http://www.zhb.gov.cn/gkml/zj/jl/200910/t20091022_171814.htm.

[23] 国家环保总局. 地表水环境质量标准（GB 3838—2002）[OL].2002-0428. http://www.zhb.gov.cn/gkml/zj/wj/200910/t20091022_172098.htm.

[24] 国家环保总局. 海水水质标准（GB 3097—1997）[OL]. 1998-07-01. http://www.zhb.gov.cn/tech/hjbz/bzwb/shjbh/shjzlbz/199807/t19980701_66499.htm.

[25] 夏青，陈艳卿，刘宪兵. 水质基准与水质标准[M]. 北京：中国标准出版社，2004.

[26] Marine and Coastal Spatial Data Subcommittee. Coastal and marine ecological classification standard[R]. Virginia：Federal Geographic Data Committee，2012.

[27] 中国环境科学研究院. HJ/T 82—2001 近岸海域环境功能区划分技术规范（标准修订征求意见稿）[R]. 北京：环境保护部，2015.

[28] 欧阳玉蓉，王金坑，傅世锋. 河口区水质标准问题的探讨[J]. 环境保护科学，2011，37：53-55.

[29] NELLEMANN C，CORCORAN E，DUARTE C M，et al. Blue carbon report[R]. Norway：UNEP，FAO and IOC/UNESCO，2009.

[30] 王金南，吴悦颖，雷宇，等. 中国排污许可制定改革框架研究[J]. 环境保护，2016，44（3/4）：10-16.

[31] European Commission. Common implementation strategy for the water framework directive（2000/60/EC），Guidance document No. 27. Technical guidance for deriving environmental quality standards[R]. Copenhagen：European Commission，2000.

[32] Environmental Policy and Planning，Department of Environment and Heritage Protection. Queensland water quality guideline[R]. Queensland：State of Queensland，2013.

[33] Australian and New Zealand Environment and Conservation Council，Agriculture and Resource Management Council of Australia and New Zealand. Australian and New Zealand guidelines for fresh and marine water quality[R]. Canberra，ACT：Australian and New Zealand Environment and Conservation Council，2000.

[34] US Environmental Protection Agency. Water quality standards for the state of Florida's estuaries and coastal waters[R]. Washington DC：EPA Docket Center，2012.

[35] US Environmental Protection Agency. Estuarine and coastal marine waters：bioassessment and biocriteria technical guidance[R]. Washington DC：Office of Water，2000.

[36] US Environmental Protection Agency. An approach to developing nutrient criteria for pacific Northwest estuaries：a case study of Yaquina estuary，Oregon[R]. Washington DC：US EPA Office of Research and Development，2007.

[37] European Commission. Common Implementation strategy for the water framework directive（2000/60/ECtechnical guidance for deriving environmental quality standards [R]. Copenhagen：European Commission，2000.

[38] 夏青，陈艳卿，刘宪兵. 水质基准与水质标准[M]. 北京：中国标准出版社，2004.

[39] US Environmental Protection Agency. Nutrient criteria technical guidance manual estuarine and coastal marine waters[R]. Washington DC：Office of Water，2001.

[40] US Environmental Protection Agency. An approach for developing numeric nutrient criteria for a Gulf coast estuary[R]. Washington DC：Office of Research and Development，2008.

[41] European Commission. Guidance on typology，reference conditions and classification systems for transitional and coastal water[R]. Copenhagen：European Commission，2002.

[42] Department of Environment and Resource Management. Brisbane river estuary environmental values and water quality objectives [R]. Queensland：Department of Environment and Resource Management，2010.

[43] US Environmental Protection Agency. EPA national recommended water quality criteria[R]. Washington DC：Office of Water，2002.

[44] 刘录三，郑丙辉，汪星. 深水型（不可涉水）河流生物评估的概念及方法[M]. 北京：中国环境科学出版社，2011.

[45] 郑丙辉，刘录三，李黎. 溪流及浅河快速生物评价方案：着生藻类、大型底栖动物及鱼类[M]. 北京：中国环境科学出版社，2011.

[46] BRICKER S B，FERREIRA J G，SIMAS T. An integrated methodology for assessment of estuarine trophic status[J].

Ecological Modelling，2003，169（1）：39-60.

[47] IrelandEnvironmental Protection Agency. Water quality in Ireland 2001-2003 [R]. County Wexford：Environmental Protection Agency，2005.

[48] OSPAR Commission．OSPAR Integrated report 2003 on the eutrophication status of the OSPAR maritime area based upon the first application of the comprehensive procedure[R]. Paris：The Convention for the Protection of the Marine Environment of the North-East Atlantic，2003.

[49] Office of Environment and Heritage．Assessing estuary ecosystem health：sampling，data analysis and reporting protocols[R]. NSW：State of NSW and Office of Environment and Heritage，2013.

[50] 彭涛，王珍，赵乔，等. 基于压力状态响应模型的黄柏河生态系统健康[J]. 水资源保护，2016，32（5）：141-145.

[51] 叶属锋，刘星，丁德文. 长江口河口海域生态系统健康评价指标体系及其初步评价[J]. 海洋学报，2007，29（4）：128-136.

[52] University of Maryland Center for Environmental Science. Chesapeake bay report Card[R]．Maryland：IAN and EcoCheck，2011.

[53] EHMP. Ecosystem health monitoring program 2004-05 annual technical report[R]. Brisbane：Moreton Bay Waterways and Catchments Partnership，2006.

[54] US Environmental Protection Agency. National estuary program coastal condition report. Chapter 5：Gulf of Mexico national estuary program coastal condition，Sarasota bay estuary program[R]. Washington DC：US Environmental Protection Agency，2007.

[55] The Federal Leadership Committee for the Chesapeake Bay. Strategy for protecting and restoring the Chesapeake Bay watershed [R]. Washington DC：The White House，2016.

[56] 於方，张衍燊，徐伟攀.《生态环境损害鉴定评估技术指南　总纲》解读[J]. 环境保护，2016，44（20）：9-11.

本专题执笔人：梁斌（国家海洋环境监测中心）

完成时间：2019 年 12 月

第六篇

土壤污染防治和环境风险防控

专题 1 "十四五"土壤污染防治基本思路研究

1 我国土壤环境管理基础现状分析

党中央、国务院高度重视土壤环境保护工作。习近平总书记多次强调，要强化对水、大气、土壤等的污染防治力度，着力推进重金属污染和土壤污染综合治理。2013 年，习近平总书记在中央农村工作会议上强调，要把住生产环境安全关，治地治水，净化农产品产地环境，切断污染物进入农田的链条。对受污染严重的耕地、水等，要划定食用农产品生产禁止区域，进行集中修复。2016 年5 月，国务院印发《土壤污染防治行动计划》（以下简称"土十条"），为切实加强土壤污染防治、逐步改善土壤环境质量提供了基本依据。2017 年，习近平总书记在十八届中央政治局第四十一次集体学习时指出，要全面加强环境污染防治，开展土壤污染治理和修复。在党的十九大报告中，习近平总书记明确，要强化土壤污染管控和修复，加强农业面源污染防治。2018 年 5 月，在全国生态环境保护大会上，习近平总书记强调，要全面落实"土十条"，强化土壤污染管控和修复，有效防范风险，让老百姓吃得放心、住得安心。习近平总书记关于土壤污染防治的重要论述，为做好新时代土壤生态环境保护工作提供了强大的思想指引和根本遵循。

"十三五"期间，我国以落实"土十条"为核心，推动土壤污染防治工作落实，土壤环境管理"四梁八柱"制度体系基本建立，农用地和建设用地土壤污染风险得到基本管控，土壤污染防治工作取得积极进展。但是由于部分地区土壤污染问题突出、污染源头防控压力较大、土壤环境监管基础薄弱，土壤污染防治形势依然严峻。

1.1 我国土壤环境质量现状

1.1.1 土壤环境状况总体不容乐观

2005—2013 年，环境保护部会同国土资源部开展了首次全国土壤污染状况调查。调查结果表明，全国土壤环境状况总体不容乐观，部分地区土壤污染较重，耕地土壤环境质量堪忧，工矿业废弃地土壤环境问题突出。全国土壤总的超标率为 16.1%，其中轻微、轻度、中度和重度污染点位比例分别为 11.2%、2.3%、1.5%和 1.1%。污染类型以无机型为主，有机型次之，复合型污染比重较小，无机污染物超标点位数占全部超标点位的 82.8%。从污染分布情况看，南方土壤污染重于北方；长江三角洲、珠江三角洲、东北老工业基地等部分区域土壤污染问题较为突出，西南、中南地区土壤重金属超标范围较大；镉、汞、砷、铅 4 种无机污染物含量分布呈现从西北到东南、从东北到西南方向逐渐升高的态势。全国土壤污染状况详查结果表明，部分重有色金属矿区周边耕地土壤重金属污染问题突出，影响农用地土壤环境质量的主要污染物是镉等重金属。

1.1.2　部分地区耕地土壤污染问题突出

首次全国土壤污染状况调查结果显示，我国耕地、林地、草地、未利用地土壤点位超标率分别为19.4%、10.0%、10.4%、11.4%。其中，耕地轻微、轻度、中度和重度污染点位比例分别为13.7%、2.8%、1.8%和1.1%，主要污染物为镉、镍、铜、砷、汞、铅、滴滴涕和多环芳烃；林地轻微、轻度、中度和重度污染点位比例分别为 5.9%、1.6%、1.2%和 1.3%，主要污染物为砷、镉、六六六和滴滴涕。部分学者对我国土壤污染及其健康风险进行评估，结果表明，我国农田土壤的复合污染率为22.10%，严重污染水平的 1.23%，其中云南、湖南、安徽、河南、辽宁等部分地区污染严重、污染程度高；矿区周边土壤中砷、镉、镍、铅等重金属污染严重，安徽、福建、广东等省份矿区污染严重；近20年土壤中重金属的平均浓度未发生明显变化，但农田和城市土壤中镉含量分别是背景值的2 倍和 3 倍，工业区的重金属污染和相关风险高于农业区，东南部土壤环境风险高于西北部，与其他区域相比，矿区环境风险较高（图 6-1-1）。

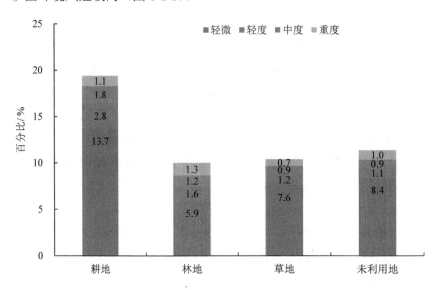

图 6-1-1　不同类型农用地土壤超标情况

1.1.3　历史遗留与新增污染地块问题突出

近年来工业化和城市化迅猛发展，早期大规模污水灌溉，数十年的生活和工业污水直排，有色、化工、石化、农药、钢铁等土壤重污染行业企业长期的土壤污染监管缺失，各地落后产能、整治"散乱污"企业、清退"十五小"、城镇人口密集区危化企业搬迁、长江经济带化工企业整治等经济发展转型升级的过程中，造成数以万计的疑似工业污染地块。相关科学研究表明，城市表层土壤中重金属等元素累积，特别是镉、汞潜在环境风险高。首次全国土壤污染状况调查结果显示，工矿企业用地及其周边土壤污染严重，在调查的地块中，重污染企业用地、工业废弃地、工业园区、固体废物集中处理处置场地、采油区、采矿区、污水灌溉区、干线公路两侧超标点位分别为36.3%、34.9%、29.4%、21.3%、23.6%、33.4%、26.4%、20.3%。从行业分布看，有色金属矿采选、有色金属冶炼、石油开采、石油加工、化工、焦化、电镀、制革等行业污染严重（图 6-1-2）。

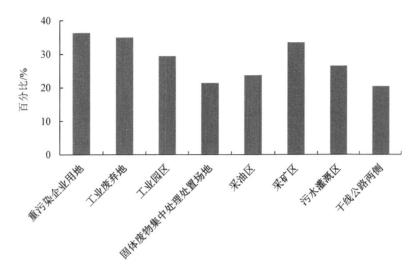

图 6-1-2　典型地块及其周边土壤污染状况

国家建立了建设用地土壤污染风险管控和修复名录制度。《中华人民共和国土壤污染防治法》实施后，各省（区、市）均建立建设用地土壤污染风险管控和修复名录。截至 2020 年年底，各省（区、市）累计公布需开展风险管控和修复的地块 900 余块，其中，部分地块经风险管控和修复达标后移出名录。从省（区、市）分布看，重庆、江苏、浙江地块数目较多；从区域分布看，京津冀、长江经济带、粤港澳大湾区、长三角、黄河流域地块占比分别为 14.8%、61.9%、4.5%、23.5%、16.5%（图 6-1-3）；从行业类型看，主要集中在化学原料和基础制造业、有色金属冶炼等行业。

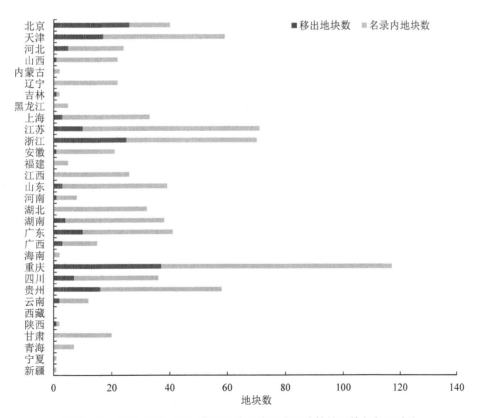

图 6-1-3　各省（区、市）建设用地土壤污染风险管控和修复名录地块

1.2 我国土壤污染防治工作进展

1.2.1 土壤污染防治制度体系基本建立

"十三五"期间，我国逐步完善土壤环境管理体制机制，生态环境部设立土壤生态环境司，各省级生态环境部门也基本成立相应机构。《中华人民共和国土壤污染防治法》经十三届全国人大常委会第五次会议通过，自2019年1月1日起施行；国家有关部门出台了污染地块、农用地、工矿用地土壤环境管理办法等部门规章，基本建立起我国土壤环境管理的法律法规基础。国家有关部门出台了农用地、建设用地土壤污染风险管控标准，土壤环境影响评价技术导则、污染地块风险管控和土壤修复效果评估技术导则、农用污泥污染物控制标准等标准规范，基本建立了我国土壤环境标准规范体系。建立全国土壤环境信息化管理平台，土壤环境信息化管理手段逐步得到广泛应用（图6-1-4）。

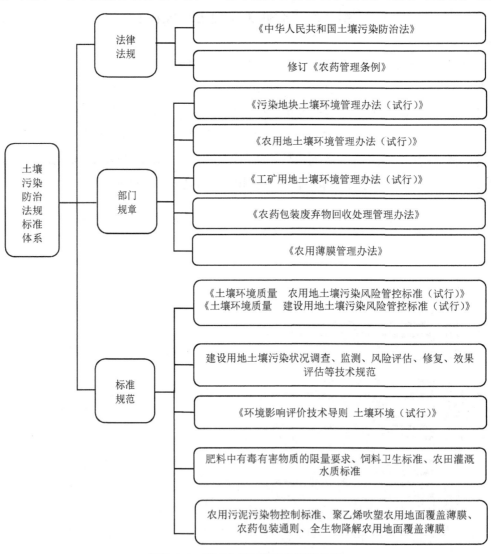

图 6-1-4 我国土壤污染防治制度体系

1.2.2 土壤污染状况基本摸清

生态环境、农业农村、自然资源等部门联合推进土壤污染状况详查工作，共布设 55.8 万个详查点位，完成全国 69.8 万份农用地样品的采集、分析测试、数据上报及各省份详查成果集成工作，初步查明农用地土壤污染的面积、分布及其对农产品质量的影响；完成重点行业企业用地土壤污染状况调查工作，对全国可能疑似造成土壤污染风险的企业进行了筛选，共 11.7 万家，确定了 1.3 万多家作为重点调查对象，完成重点行业企业用地调查工作，基本摸清全国土壤污染状况。落实《中华人民共和国土壤污染防治法》要求，建立土壤污染状况普查制度，每十年至少组织开展一次全国土壤污染状况普查。2017 年 12 月，环境保护部印发《"十三五"土壤环境监测总体方案》，基本建立了全国土壤环境监测网络，布设土壤环境监测国控点位近 8 万个，包括生态环境部建成的近 4 万个点位以及自然资源、农业农村部门所建的近 4 万个点位。

1.2.3 土壤污染源头防控力度不断加大

落实"土十条"及相关管理办法要求，全国共建立近 2 万家的土壤污染重点监管单位名录，督促企业落实土壤和地下水污染隐患排查、自行监测等要求。开展涉镉等重金属重点行业企业排查整治行动，"十三五"期间确定需开展整治的污染源共 1 800 余个，通过完善防渗漏措施、管道架空改造、污染预警等防控土壤和地下水污染。内蒙古、河南等 15 个省（区）矿产资源开发活动集中的区域执行重点污染物特别排放限值。住房和城乡建设部会同有关部门开展非正规垃圾堆放点排查整治工作，全国共排查出规模较大的非正规垃圾堆放点 2.6 万个，已全部完成整治。农业农村部以西北地区 100 个示范县为重点，启动农膜回收行动，当季回收率近 80%。组织开展未利用地非法排污专项环境执法行动，立案查处环境违法行为 551 起。通过第二次全国污染源普查，进一步查明重金属等污染源排放情况。浙江台州、湖北黄石、湖南常德等地探索了管线架空、防渗漏改造、信息化监管等防控措施。

1.2.4 农用地土壤环境分类管理积极推进

根据农用地土壤污染状况、产出农产品质量等，将农用地划分为优先保护类、安全利用类、严格管控类，建立全国农用地土壤环境质量分类管理清单，分类实施土壤环境管理。在湖南长株潭重金属污染区休耕 30 万亩，在湖南、河南、广东等省份推进农产品禁止生产区划分，湖南等省（区）推动重度污染耕地退耕还林还草。在广东佛冈等地区探索适合农产品产地特点的低成本修复技术模式。初步建立农用地安全利用与修复相关政策、标准、技术规范，原环境保护部、原农业部联合出台《农用地土壤环境管理办法（试行）》（环境保护部部令 第 46 号），农业农村部出台《轻中度污染耕地安全利用与治理修复推荐技术名录》（农办科〔2019〕14 号），部署受污染耕地安全利用工作。各地开展进行了实践探索，例如黄石出台农用地土壤钝化修复、安全利用、替代种植、效果评估等技术指南。

1.2.5 建设用地土壤污染风险得到严格管控

全国 30 个省份建立污染地块联动监管机制，省会城市均建立了污染地块名录。2017 年，环境保护部会同原国土资源部、住房和城乡建设部部署应用全国污染地块土壤环境管理信息系统，将关闭搬迁及用途变更为住宅、公共管理、公共服务用地等的重点行业企业土壤污染状况调查、详细调查、风险评估、风险管控和修复、效果评估等报告上传系统。落实《中华人民共和国土壤污染防治法》要求，各省均建立了建设用地土壤污染风险管控和修复名录。推动腾退土地土壤污染风险管控，将城镇人口密集区危险化学品生产企业搬迁改造腾退的地块纳入全国污染地块土壤环境管理信息系统。出台建设用地土壤污染风险标准，以及污染地块调查、风险评估、治理修复、效果评估等一系列技术规范。"土十条"实施以来，未发生污染地块再开发利用不当导致的人居环境安全事件。

1.2.6 土壤污染防治工作支撑体系初步建立

中央财政设立土壤污染防治专项资金，支持土壤污染状况调查、风险管控与修复等工作。"土十条"提出的 200 个土壤污染治理与修复技术应用试点按计划实施，初步总结一批典型技术案例；7 个国家级土壤污染综合防治先行区建设取得阶段性进展，探索形成一批制度体系、源头防控、风险管控与修复等典型模式。全国土壤环境信息平台正式上线启动并与各部门实现数据共享。科技支撑能力不断提升，"农业面源和重金属污染农田综合防治与修复技术研发""场地土壤污染成因与治理技术" 2 个重点专项陆续启动，"十三五"期间共支持 123 个项目开展土壤污染理论研究、技术研发和集成示范。土壤修复行业快速发展，从业单位从 2016 年的 1 000 余家快速增加到 2020 年的 2.3 万家，土壤修复行业规模持续扩大，资金投入量有了较大增长。根据中国招标投标网公开信息统计，启动项目数量从 2016 年的 456 个增加到 2020 年的 3 521 个，项目金额从 67.5 亿元增加到 142.7 亿元。

总体来看，"土十条"实施以来，按照"打基础、建体系、防风险、守底线"的总体思路，紧密围绕保障农产品质量安全和人居环境安全，土壤污染防治法规标准与规章制度从无到有、框架体系初步建立，为"十四五"土壤污染防治工作奠定较好基础。

1.3 我国土壤污染防治工作存在的问题

"土十条"发布实施以来，我国土壤环境管理工作扎实推进，但土壤污染防治工作起步较晚、工作基础依然薄弱，土壤污染防治任务十分艰巨。

1.3.1 土壤污染源头防控压力较大

近年来，随着污染防治力度不断加大，主要污染物排放量逐年下降，2020 年重点行业重点重金属排放量比 2013 年下降 10%以上，但是由于污染防控措施仍不完善，污染物排放仍处于高位。根据第二次污染源普查，2017 年全国水污染物中铅、汞、镉、铬和类金属砷 5 种重金属排放量达到 182.54 t，其中工业排放 176.40 t，占比 96.6%；排放量位居前 3 位的行业为有色金属矿采选业 32.17 t，金属制品业 26.06 t，有色金属冶炼和压延加工业 24.26 t，3 个行业合计占工业源重金属排放量的 46.76%。根据涉镉等重金属重点行业企业排查结果，特别是湖南、云南、江苏、河南、四川、黑龙江等省份需开展整治的污染源较多，有色金属采选、有色金属冶炼、化工、电镀、制革等行业部分企业问题突出。由于土壤污染具有累积性、历史遗留问题多且难以有效解决，特别是部分矿区污染源与农田交织，土壤污染源头防控压力仍然较高。现有污染源防控手段多是建立在水、气等污染物减排的基础上，以末端治理为主，目前尚无开展土壤污染隐患排查整治、实施土壤防渗漏改造等激励机制。同时，污染物排放与土壤污染之间的累积关系尚不十分清楚，有效预防措施不足。

1.3.2　部分地区土壤污染问题依然突出

由于长期工业化发展,各地落后产能淘汰、退城入园、"十五小"整治等腾退关闭大量企业,形成的污染地块数量将持续增加,全国污染地块系统中上传地块数量超 2.2 万块,特别是重庆、湖南、江苏、浙江、上海等省(市)污染地块较多。城镇人口密集区危险化学品生产企业搬迁改造、长江经济带化工污染整治等产业结构调整中腾退土地的环境风险管控压力较大。部分重有色金属矿采选与冶炼、化工、电镀、制革等重点行业企业周边耕地存在大量历史累积和遗留的重金属污染,"镉米""镉麦"事件仍有发生。有色金属矿采选及冶炼、黑色金属矿采选及冶炼等行业周边农用地土壤污染风险较高,涉镉等重金属重点行业企业与农田交织分布,没有足够的缓冲空间,企业污染排放对周边耕地土壤环境影响较大。

1.3.3　农用地精准施策实施安全利用技术水平不高

由于农用地土壤重金属污染过程复杂、土壤类型和农作物类型多样、缺少可复制、可推广的治理修复和安全利用模式及技术体系,安全利用类和严格管控类农用地面积总体较大,巩固和提升耕地安全利用成果依然艰巨。重点区域土壤污染溯源工作尚未全面展开,成为实施有效风险管控措施的重要瓶颈。有关研究表明,大气沉降是我国农田土壤中重金属元素的主要输入源之一,贡献率可达到 18%~95%,其中镉作为农用地土壤中的首要污染物,大气沉降的贡献率可达到 35%~77%。农用地土壤污染状况详查结果也显示,局部地区存在地质高背景影响。但是当前我国对于农用地土壤污染溯源与成因分析工作相对不足,不同区域大气沉降、畜禽粪便、污灌、农业面源等人为源影响情况不清,高背景值区土壤环境风险情况尚不完全掌握。在制定土壤环境风险管控方案时对大气沉降等贡献考虑不足,未将大气污染来源等纳入管控措施。

1.3.4　建设用地风险管控和修复工作有待完善

针对污染地块再开发利用准入机制,国家层面尚缺乏指导地方的具体的可操作细则,自然资源、城乡建设部门关于污染地块开发利用的前期相关数据,如城乡规划数据和"一书三证"信息如何共享,尚未达成一致意见。污染地块再开发利用准入管理和土地征收、收回、收购等环节监管,目前仍难以有效协调。污染地块土壤和地下水污染调查评估、管控和修复,周期往往相对较长,而地方政府急于对腾退土地进行再开发利用,可能导致污染地块违规开工建设甚至投入使用,影响人居环境安全。部分地区土壤和地下水污染状况调查水平不高,存在建设用地土壤与地下水污染及风险误判等问题。土壤和地下水污染绿色修复理念尚未普及。建设用地土壤污染调查、修复、开发和长期监测的全链条监管落实不到位,在调查环节需加强质量控制,以异位为主的修复方式对地块扰动较大,二次污染问题较为突出,特别是一些农药类和焦化类地块异味抑制措施未能有效落实;在污染地块修复后监管环节,缺乏后期管理和污染土壤资源化利用相关规范性要求。

1.3.5　土壤污染修复产业发展不足

随着"土十条"实施,我国土壤修复相关产业发展迅速,土壤修复行业规模持续扩大,资金投入量有了较大增长。但部分企业来源复杂、质量普遍不高,特别是调查评估、风险管控、治理修复企业良莠不齐,从已实施的项目看,污染土壤调查评估不规范、数据弄虚作假、修复不到位、过度修复等现象均不同程度存在。土壤修复市场投入机制尚未形成，修复资金来源渠道较为单一，目前仅有少数比较成熟的商业化土壤修复项目依托于房地产开发收益解决资金问题，但大部分土壤修复项目缺乏后续盈利点，特别是对于数量巨大但土地增值空间较小的工业污染地块和大部分农业污染地块。由于土壤污染责任追偿机制仍不健全，加之部分土壤污染责任主体是各类国有企业，生产和关停并转等历史问题复杂，责任划分难度较大和担责企业无力承担治理费用的问题并存。土壤污染修复技术匮乏，面临装备国产化水平低、二次污染、成本高、周期长、长期效果稳定性不明确等问题，特别是耕地污染治理修复缺乏易推广、成本低、效果好的适用技术。

1.3.6　环境监管能力依然薄弱

土壤污染风险管控和修复相关技术规范不够健全，尚未形成从耕地重金属现场排查到源头管控的方法体系和标准规范，建设用地土壤调查等质量控制、报告评审等要求需进一步细化。土壤生态环境监测能力薄弱，监测网络有待进一步完善，对于重点行业企业用地土壤污染状况调查等发现的高风险地块需纳入监测范围。土壤生态环境执法检查工作基础薄弱，生态环境与自然资源等部门开展污染地块违规开发专项执法等不足。突发环境事件应急专家、技术、设备、材料等缺乏。现代化手段在土壤污染源头防控、污染地块调查管控及修复监管、土壤污染防治决策支持和环境监管中应用不足。基层土壤生态环境管理机构不健全，人才队伍建设薄弱，对土壤污染风险管控和修复监管缺乏专业技术和经验，难以满足工作需要。

2　我国土壤环境管理形势分析

2.1　我国土壤环境管理战略路线图

根据中国科学院科技战略咨询研究院预测，结合经济社会发展规律，以常规监测指标衡量的土壤环境质量拐点在2040年前后，以基于公众感知的判断衡量的土壤质量拐点在2050年前后，基于新型非常规监测指标衡量的土壤环境质量拐点在2050年以后，这表明土壤环境质量短期内难以改善。同时根据资金投入-产出效益模型估算，对受污染耕地采取源头控制、风险管控、治理修复措施，其成本投入比约1∶10∶100，即对污染土壤采取风险管控措施的资金投入是治理与修复投入的1/10左右，采取以风险管控为主的措施，既可实现受污染土壤安全利用目标，又可大大降低资金投入成本，符合我国国情和现阶段经济技术发展水平。

因此，我国中长期土壤环境管理仍以风险管控为总体思路，坚持预防为主、保护优先、分类管理、风险管控、污染担责、公众参与的原则，逐步探索建成土壤污染预防体系、土壤生态保护体系、土壤资源永续利用体系，推进土壤环境质量改善和土壤生态系统良性循环，提供美丽土壤生态产品。建立土壤污染预防体系，首先建立土壤功能区制度，合理规划产业布局，完善工业园区和重点行业企业土壤污染防治基础设施，防止、减少土壤污染；建立土壤生态保护体系，保护未污染的耕地、林地、草地，保护饮用水水源地、自然保护地、未利用地；建立土壤资源永续利用体系，防治水土流失，治理土壤酸化、盐渍化、荒漠化土地，恢复改善土壤功能，促进土壤有效利用；提供美丽土壤生态产品，努力实现土壤生态系统良性循环，发挥土壤在水源涵养和碳循环中的关键作用，协同改善生态环境、应对气候变化。

2.2　我国土壤环境管理阶段初步判断

20 世纪 80 年代，我国开始关注矿区土壤、污灌和六六六、滴滴涕农药大量使用造成的耕地污染等问题，逐步将土壤污染防治纳入环境保护重点工作，开展了一系列基础调查，出台土壤污染防治相关管理政策，逐步建立了土壤污染风险管控体系。根据土壤污染防治政策研究进展，将中国土壤环境管理发展历程划分为四个阶段（图 1-5）。

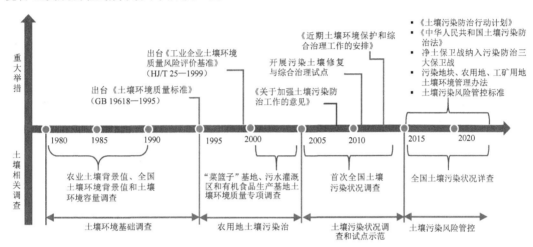

图 6-1-5　中国土壤环境管理发展历程

2.2.1　"六五"至"八五"时期：土壤环境基础调查

随着经济社会迅速发展，土壤污染问题越来越受到社会关注，我国 1979 年颁布的《中华人民共和国环境保护法（试行）》最早在立法中涉及保护土壤、防治污染的要求：推广综合防治和生物防治，合理利用污水灌溉，防止土壤和作物的污染。"六五""七五"期间，相关部门在国家科技攻关项目支持下开展了农业土壤背景值、全国土壤环境背景值和土壤环境容量等基础研究，编辑出版了《中国土壤元素背景值》和《土壤环境背景值图集》；在此基础上，制定了《土壤环境质量标准》（GB 15618—1995），填补了中国土壤环境质量标准的空白。此外，还颁布了《农用污泥中污染物控制标准》（GB 4284—1984）、《城镇垃圾农用控制标准》（GB 8172—1987）、《农用粉煤灰中污染物控制标准》（GB 8173—1987）等农用地土壤污染源防控技术标准。

2.2.2　"九五"至"十五"时期：农用地土壤污染治理

中国人口基数大，耕地面积小，对土壤环境关注的重点是提高土壤肥力、增加粮食产量。因此，该阶段土壤污染防治的重点仍然是农用地。《国家环境保护"十五"计划》提出了防止农作物污染、确保农产品安全的土壤污染防治具体措施，例如，开展全国土壤污染调查和污染防治示范，建立农产品安全检测和监管体系；土壤污染防治要求也零散出现在《基本农田保护条例》《中华人民共和国固体废物污染环境防治法》《农药管理条例》等相关法规中。针对农产品产地环境质量管理，2001年起，中国环境监测总站组织开展"菜篮子"基地、污水灌溉区和有机食品生产基地土壤环境质量专项调查工作，为农用地土壤污染治理提供了基础支撑。此外，开展了土壤污染防治与修复技术相关技术标准研究，发布实施《工业企业土壤环境质量风险评价基准》（HJ/T 25—1999），制定了一批土壤环境监测分析方法，有效提升了我国土壤环境管理水平。

2.2.3 "十一五"至"十二五"时期：土壤污染状况调查和试点示范

该阶段土壤污染防治逐渐成为环境保护工作的重点，相关政策部署相继出台，并开展了一系列土壤污染状况调查、治理试点示范等工作。2008 年，国家环境保护总局在北京召开第一次全国土壤污染防治工作会议，要求切实解决当前突出的土壤环境问题；同年 6 月，环境保护部印发《关于加强土壤污染防治工作的意见》，提出开展农用土壤环境监测评估与安全性划分、全国土壤污染状况调查、土壤修复与综合治理试点示范等具体任务。此后，《重金属污染综合防治"十二五"规划》《国务院关于加强环境保护重点工作的意见》《国家环境保护"十二五"规划》等均对土壤污染防治提出明确要求。2013 年，国务院办公厅印发《近期土壤环境保护和综合治理工作安排》，土壤污染防治工作逐步提上重要议事日程。

为掌握全国土壤污染状况，2005—2013 年，环境保护部、国土资源部联合开展了首次全国土壤污染状况调查，从国家尺度上初步摸清了土壤污染状况。"十二五"期间，开展了土壤环境质量例行监测试点，分别对污染企业周边、基本农田区（粮棉油）、蔬菜基地、集中式饮用水水源地和规模化畜禽养殖场周边开展监测。同时，在大中城市周边、重金属污染防治重点区域等开展土壤污染治理与修复试点示范。此外，原环境保护部组织开展了"污染土壤修复与综合治理试点"专项研究，国家"863 计划"支持开展了"典型工业污染场地土壤修复关键技术研究与综合示范"，实施了一批土壤污染治理与修复示范项目。

2.2.4 "十三五"时期：土壤污染风险管控

2016 年，国务院印发《土壤污染防治行动计划》，这是中国土壤环境管理领域的纲领性文件，对今后一个时期中国土壤污染防治工作作出了全面部署。2018 年，党中央印发《关于全面加强生态环境保护　坚决打好污染防治攻坚战的意见》，将净土保卫战纳入污染防治三大保卫战之一。2020 年 2 月，国家发展改革委印发《美丽中国建设评估指标体系及实施方案》，将土壤安全纳入美丽中国建设评估指标。根据国内外土壤污染防治经验，中国建立了以风险管控为核心的土壤污染防治体系：出台了《中华人民共和国土壤污染防治法》，填补了中国土壤污染防治领域法律空白；出台污染地块、农用地、工矿用地土壤环境管理办法等部门规章，土壤污染责任人认定办法，农用地、建设用地土壤污染风险管控标准，以及建设用地风险管控等系列技术导则，建立了"一法两标三部令"土壤污染防治法规标准体系；完成农用地土壤污染状况详查和重点行业企业用地土壤状况调查，基本掌握全国土壤污染底数；建成覆盖不同地区、不同类型的土壤环境监测网络，基本摸清了耕地污染的现状和空间分布。上述工作有力提升了我国受污染耕地安全利用和建设用地风险管控水平。

2.3 "十四五"土壤污染防治形势分析

2.3.1 新型城镇化发展推动污染地块再开发利用

根据国家信息中心预测，未来中国城镇化水平仍将较快推进，到 2020 年，中国城镇化率将达到 60.4%左右，到 2025 年，中国城镇化率将达到 64.6%左右。城镇化推进对土地资源产生巨大需求，同时，土地高效集约节约利用长效机制逐步建立，城镇化将从粗放发展向集约发展转变。因此，工矿企业关闭搬迁的地块将成为建设用地重要来源之一，污染地块再开发利用准入及长期监管也将成为土壤环境监管的重点。为实现土尽其用，降低土地开发成本，在编制土地利用总体规划、城市总体规划、控制性详细规划时，应根据地块土壤环境质量合理确定其用途。

2.3.2 产业结构持续升级推动土壤污染源头防控

根据国家信息中心预测，我国经济发展逐步由高碳型经济向低碳型经济转变、由资源消耗型向环境友好型转变；产业结构持续升级，第三产业比重继续呈稳步上升趋势，2025年第三产业比重将上升至59%左右。能源需求低速增长，能源科技创新进入活跃期，推动能源利用效率显著提升，能源生产和利用方式进一步向清洁化、低碳化发展。因此，产业结构将不断优化，土壤污染重点行业企业准入、退出机制将逐步完善，推动污染物持续减排；与此同时，也将产生大量退役工业企业地块，风险管控压力也将持续增加。

2.3.3 食品安全高度关注推动土壤污染防治

民以食为天，食以地为源，作为人类衣食之源的土壤直接影响食品安全，土壤污染防治是食品安全的源头保障和先决条件。由于当前农业的高投入、高消耗以及水污染、土壤污染等生态环境问题日益严重，有机农业、循环农业、生态农业、集约农业等相继兴起，发展大规模经营、大机械生产的现代农业和能源资源集约型、人力资源集约型的生态农业是中国农业发展的必然趋势。新时代下人民对美好生活需要包括更多优质生态产品供给，在土壤污染防治领域最基本的要求是提供安全的农产品。因此，今后一段时期土壤污染防治仍是人民美好生态环境需求的关注点。

2.3.4 重点重金属排放总量和排放强度呈下降趋势

根据行业协会预测，受我国经济增速放缓的影响，有色、铅酸电池、电镀、皮革等涉重金属重点行业呈增长趋势，涉重金属行业产业呈中低速发展态势。受到锂电池替代等原因，铅蓄电池行业增速会更加缓慢；铅、锌采选冶炼产能已小幅过剩，下游行业铅蓄电池行业增速过慢，铅、锌采选冶炼行业增速也会进一步降低；铜采选冶炼行业市场仍有一定缺口，增速较铅、锌采选冶炼行业更大；电镀行业在国民经济众多行业中分布广泛，增速总体与经济增速相关性较大，较为稳定。随着产业结构转型升级、重金属减排技术提升、企业环境管理水平提高、重点行业重金属污染排放总量控制政策、矿山恢复和废水"零排放"等绿色矿山制度实施，涉重行业逐步向产业化、规模化发展，污染物排放总量和强度总体呈下降趋势。但是部分区域涉重金属行业分布集中、历史遗留问题突出，短期内仍然难以彻底改变，重金属环境风险依然较高，累积性风险将逐渐凸显。由于重点行业仍呈增长态势，在实施各类减排工程的同时，增加的产能将带来重金属污染物排放量增加；产能增加集中的局部地区，重金属污染物排放量控制压力较大。

总体来看，"十四五"时期，随着经济转型升级，城市"退二进三"、城镇人口密集区危险化学品生产企业搬迁改造、落后产能淘汰等产生污染地块增多，加之各类污染物持续排放、历史遗留污染问题逐步显现、土壤污染风险管控和治理技术体系尚不完善等，土壤环境污染事件仍处于高发期，土壤污染防治形势依然严峻。

3 "十四五"土壤污染防治基本思路与重点任务

3.1 基本思路

3.1.1 总体考虑

"土十条"提出，到 2020 年，全国土壤污染加重趋势得到初步遏制，土壤环境质量总体保持稳定，农用地和建设用地土壤环境安全得到基本保障，土壤环境风险得到基本管控；到 2030 年，全国土壤环境质量稳中向好，农用地和建设用地土壤环境安全得到有效保障，土壤环境风险得到全面管控。因此，"十四五"的总体定位是落实"土十条"、贯彻《中华人民共和国土壤污染防治法》的 5 年，是巩固和提升土壤环境管理体系和治理能力的 5 年，是遏制土壤污染加重趋势、稳定土壤环境质量的关键 5 年，是开展美丽中国建设的第一个 5 年，是促进土壤环境质量全面改善、生态系统实现良性循环奠定基础的 5 年。

认真践行习近平生态文明思想，立足新发展阶段、贯彻新发展理念、构建新发展格局，本着稳中求进总基调、山水林田湖草沙系统治理和减污降碳协同效应的总要求，坚持保护优先、预防为主、风险管控，突出精准治污、科学治污、依法治污，全面贯彻《中华人民共和国土壤污染防治法》，响应人民对美好生态环境的期待，以保障农产品质量安全、人居环境安全为目标，以土壤污染状况详查结果为基础，以土壤污染防治重大政策创新为抓手，以重点区域、重点行业、重点污染物为着力点，以全面提升各级土壤环境监管能力为基础支撑，重落实、抓重点、见实效，有序推进土壤风险管控和修复，实施一批针对性源头预防、风险管控、治理修复优先行动，解决一批历史遗留突出环境问题，保障公众健康，保护和改善土壤生态环境，推进土壤资源可持续利用，确保国家和区域土壤环境安全，为建设美丽中国奠定坚实土壤基础。

3.1.2 基本原则

保护优先，预防为主。理顺源头预防压力传导机制，倒逼落实溯源、断源、减排措施，切断污染物进入土壤和地下水环境的途径。以污染溯源作为实施风险管控的基础性工作，推动污染成因分析和针对性防控。

系统治理，防控风险。打通地上和地下、城市和农村，协同水、大气、固体废物污染治理，系统实施生态修复与环境治理。坚决守住农产品质量、人居环境安全底线，健全"发现问题、解决问题"风险管控机制。

问题导向，精准施策。抓住重点区域、重点行业和重点污染物，聚焦突出环境问题，结合经济社会发展水平，因地制宜制定差异化土壤和地下水污染防治措施，分类施策、分阶段开展污染综合整治。

强化监管，依法治污。完善土壤和地下水污染防治法规和标准体系，加强生态环境执法能力建设。完善土壤环境监测网络，健全污染防治大数据平台，提升污染治理科学化、智慧化水平，强化科技支撑能力。

3.1.3 目标指标设计

"十四五"土壤污染防治目标指标要与"土十条"保持一定延续和提升，同时加强与国民经济和社会发展"十四五"规划纲要、生态环境保护"十四五"规划的衔接，从保障农产品质量安全、人居环境安全角度，确定"十四五"土壤污染防治目标，并设计定量化指标。

总体目标：到 2025 年，全国土壤和地下水环境质量总体保持稳定，受污染耕地和重点建设用地安全利用得到巩固提升。到 2035 年，全国土壤和地下水环境质量稳中向好，农用地和重点建设用地土壤环境安全得到有效保障，土壤环境风险得到全面管控。

主要指标：分为约束性指标和预期性指标，从受污染耕地安全利用和建设用地风险管控等方面设计，提出"十四五"期间保障土壤安全利用应达到的具体指标（表 6-1-1）。

表 6-1-1 "十四五"土壤污染防治规划主要指标

序号	指标名称	2020 年（现状值）	2025 年	指标属性
1	受污染耕地安全利用率	90%左右	93%左右	约束性
2	重点建设用地安全利用	—	有效保障	约束性

（1）受污染耕地安全利用率

受污染耕地安全利用率指已实现安全利用的受污染耕地面积占行政区域内受污染耕地总面积的比例，是"土十条"确定的安全利用指标之一。根据污染防治攻坚战考核结果，2020 年全国受污染耕地安全利用率达到 90%左右的指标。核算公式：

$$A = \frac{B+C}{D} \times 100\%$$

式中：A——某行政区域受污染耕地安全利用率；

B——采取了安全利用措施且实现农产品相关监测指标达标的安全利用类耕地面积；

C——采取了风险管控措施的严格管控类耕地面积；

D——该行政区域受污染耕地总面积，即安全利用类和严格管控耕地面积之和。

根据农用地土壤环境质量类别划分结果，为保障产出农产品质量安全，结合耕地安全利用和严格管控现状，到 2025 年受污染耕地安全利用率达到 93%左右。

（2）重点建设用地安全利用

重点建设用地安全利用是指"十四五"期间用途变更为住宅、公共管理与公共服务用地的所有地块，依法落实土壤污染风险管控和修复措施，未出现违法违规开发利用情况。该指标参考"土十条"确定的污染地块安全利用率指标。根据污染防治攻坚战考核结果，2020 年全国污染地块安全利用率达到 90%及以上。

重点建设用地安全利用实际数据依据《"十四五"重点建设用地安全利用指标核算方法》有关要求进行核算。原则上确保上述重点建设用地不出现违法违规开发利用情况；对违法违规开发利用的，依法督促整改到位，确保对人居环境安全不造成风险，守住保障"住得安心"底线。将"重点建设用地安全利用率"达到 100%，或者达到 95%以上且对存在违规开发利用的地块全部整改到位的，认定为实现"有效保障"。

3.2　重点任务

针对土壤污染防治工作面临的问题,"十四五"期间按照稳中求进的总体方略,以湖南等耕地重金属污染突出省份为重点,强化镉等重金属污染源头管控,巩固提升受污染耕地安全利用水平;以用途变更为"一住两公"(住宅、公共管理与公共服务用地)的地块为重点,严格准入管理,坚决杜绝违规开发利用;以土壤污染重点监管单位为重点,强化监管执法,防止新增土壤污染。

3.2.1　加强耕地污染源头控制

(1)严格控制涉重金属行业企业污染物排放

2023年起,在矿产资源开发活动集中区域、安全利用类和严格管控类耕地集中区域,执行《铅、锌工业污染物排放标准》(GB 25466—2010)、《铜、镍、钴工业污染物排放标准》(GB 25467—2010)、《无机化学工业污染物排放标准》(GB 31573—2015)中颗粒物和镉等重点重金属特别排放限值。依据《中华人民共和国大气污染防治法》《中华人民共和国水污染防治法》以及重点排污单位名录管理有关规定,将符合条件的排放镉等有毒有害大气、水污染物的企业纳入重点排污单位名录;纳入大气重点排污单位名录的涉镉等重金属排放企业,2023年年底前对大气污染物中的颗粒物按排污许可证规定实现自动监测,以监测数据核算颗粒物等排放量。开展涉镉等重金属行业企业排查整治"回头看",动态更新污染源整治清单。

(2)整治涉重金属矿区历史遗留固体废物

以湖南等矿产资源开发活动集中省份为重点,聚焦重有色金属、石煤、硫铁矿等矿区以及安全利用类和严格管控类耕地集中区域周边的矿区,全面排查无序堆存的历史遗留固体废物,制定整治方案,分阶段治理,逐步消除存量。优先整治周边及下游耕地土壤污染较重的矿区,有效切断污染物进入农田的链条。

(3)开展耕地土壤重金属污染成因排查

以土壤重金属污染问题突出区域为重点,兼顾粮食主产区,对影响土壤环境质量的输入输出因素开展长期观测。选择一批耕地镉等重金属污染问题突出的县(市、区),开展集中连片耕地土壤重金属污染途径识别和污染源头追溯,开展灌溉用水、底泥重金属、大气重金属沉降、农业投入品(复合肥和有机肥等)、畜禽粪污等重金属等监测,以及作物移除、地表径流、地下渗滤等土壤污染物输出因素,评估污染源管控成效。

3.2.2　防范工矿企业新增土壤污染

(1)严格建设项目土壤环境影响评价制度

对涉及有毒有害物质可能造成土壤污染的新(改、扩)建项目,依法进行环境影响评价,对建设项目建设期、运营期和服务期满后(可根据项目情况选择)对土壤环境理化特性可能造成的影响进行分析、预测和评估,提出并落实防腐蚀、防渗漏、防遗撒等土壤污染防治具体措施。

(2)强化重点监管单位监管

动态更新土壤污染重点监管单位名录,监督全面落实土壤污染防治义务,依法纳入排污许可管理。督查重点监管单位开展土壤和地下水污染隐患排查,编制土壤污染隐患重点场所、重点设施设备清单,对地下储罐、接地储罐、离地储罐等液体储存、散装液体转运与厂内运输、货物的储存和传输、生产和污染防治设施等开展排查。2025 年年底前，至少完成一轮土壤和地下水污染隐患排查整改。地方生态环境部门定期开展土壤污染重点监管单位周边土壤环境监测。

（3）推动实施绿色化改造

鼓励土壤污染重点监管单位因地制宜实施管道化、密闭化改造，重点区域防腐防渗改造，以及物料、污水管线架空建设和改造。聚焦重有色金属采选和冶炼、涉重金属无机化工等重点行业，鼓励企业实施清洁生产改造，进一步减少污染物排放。

3.2.3　深入实施耕地分类管理

（1）切实加大保护力度

依法将符合条件的优先保护类耕地划为永久基本农田，在永久基本农田集中区域，不得规划新建可能造成土壤污染的建设项目。加强农业投入品质量监管，从严查处向农田施用重金属不达标肥料等农业投入品的行为。在长江中下游等南方粮食主产区，实施强酸性土壤降酸改良工程。

（2）全面落实安全利用和严格管控措施

各省（区、市）制定"十四五"受污染耕地安全利用方案及年度工作计划，明确行政区域内安全利用类耕地和严格管控类耕地的具体管控措施，以县或设区的市为单位全面推进落实。分区分类建立完善安全利用技术库和农作物种植推荐清单，推广应用品种替代、水肥调控、生理阻隔、土壤调理等安全利用技术。鼓励对严格管控类耕地按规定采取调整种植结构、退耕还湿等措施。国家及安全利用类耕地集中的省（区、市），成立安全利用类耕地专家指导组，加强对地方工作指导。

（3）动态调整耕地土壤环境质量类别

根据土地利用变更、土壤和农产品协同监测结果等，动态调整耕地土壤环境质量类别，调整结果经省级人民政府审定后报送农业农村部、生态环境部，并将清单上传全国土壤环境信息平台。原则上禁止曾用于生产、使用、贮存、回收、处置有毒有害物质的工矿用地复垦为种植食用农产品的耕地。

（4）健全安全利用后期管理体系

针对已实现安全利用的受污染耕地，分别从农产品临田检测、超标粮食处置机制、农产品安全追溯体系等方面，提出后期管理具体要求，防止超标粮食进入口粮市场。研究农用地安全利用措施对土壤的影响，探索建立农用地安全利用长期监测基地，开展土壤、农产品长期监测，探索安全利用措施对土壤结构、功能等的影响。探索利用卫星遥感等技术开展严格管控类耕地种植结构调整等措施实施情况监测。

3.2.4　严格建设用地准入管理

（1）开展土壤污染状况调查评估

以用途变更为"一住两公"的地块为重点，依法开展土壤污染状况调查和风险评估。鼓励各地因地制宜适当提前开展土壤污染状况调查，化解建设用地土壤污染风险管控和修复与土地开发进度之间的矛盾。及时将注销、撤销排污许可证的企业用地纳入监管视野，防止腾退地块游离于监管之外。土壤污染重点监管单位生产经营用地的土壤污染状况调查报告应当依法作为不动产登记资料送交地方人民政府不动产登记机构，并报地方人民政府生态环境主管部门备案。强化土壤污染状况调查质量管理和监管，探索建立土壤污染状况调查评估等报告抽查机制。

（2）因地制宜严格污染地块用地准入

从事土地开发利用活动，应当采取有效措施，防止、减少土壤污染，并确保建设用地符合土壤环境质量要求。合理规划污染地块用途，从严管控农药、化工等行业中的重度污染地块规划用途，确需开发利用的，鼓励用于拓展生态空间。地方各级自然资源部门对列入建设用地土壤污染风险管控和修复名录的地块，不得作为住宅、公共管理与公共服务用地；不得办理土地征收、收回、收购、土地供应以及改变土地用途等手续。依法应当开展土壤污染状况调查或风险评估而未开展或尚未完成的地块，以及未达到土壤污染风险评估报告确定的风险管控、修复目标的地块，不得开工建设与风险管控、修复无关的项目。鼓励设区的市因地制宜制定建设用地土壤污染联动监管具体办法或措施，细化准入管理要求。

探索污染地块"环境修复+开发建设"模式，以开发建设时序为导向，合理设计环境修复时序，鼓励结合地块受让方对地块再开发规划和建筑工程设计方案制定风险管控和修复策略，将土壤污染风险管控和修复活动与供地、再开发活动同步，提升开发时效，并有效降低开发费用。鼓励各地开展试点，选择典型项目，将基坑回填与后期地下空间浇筑同步，制定土壤修复分布评估等相关技术规范，有效缩短建设用地再开发利用前期工作时间。

（3）开展重点行业污染地块风险管控和修复示范工程

启动城镇人口密集区危险化学品生产企业搬迁改造、化工污染整治腾退地块等专项排查，建立和完善建设用地土壤污染风险管控和修复名录。以化工、有色金属矿采选及冶炼等为重点，清除遗留固体废物，落实风险管控措施，探索建立重点行业污染地块风险管控技术模式。针对大型化工行业污染地块，结合城市景观设计、市政工程管理、再开发利用，探索形成不同土地利用模式下的风险管控与修复技术、管理、工程评估、资金筹措等综合管控策略，在全国实施一批典型案例，强化全过程规范化监管和修复工程引领示范作用，加大重点区域和重点行业推广应用。

（4）优化土地开发和使用时序

涉及成片污染地块分期分批开发的，以及污染地块周边土地开发的，要优化开发时序，防止污染土壤及其后续风险管控和修复影响周边拟入住敏感人群。原则上，居住、学校、养老机构等用地应在毗邻地块土壤污染风险管控和修复完成后再投入使用。

（5）强化部门信息共享和联动监管

建立完善污染地块数据库及信息平台，共享疑似污染地块及污染地块空间信息。生态环境部门、自然资源部门应及时共享疑似污染地块、污染地块有关信息，用途变更为"一住两公"的地块信息，土壤污染重点监管单位生产经营用地用途变更或土地使用权收回、转让信息。将疑似污染地块、污染地块空间信息叠加至国土空间规划"一张图"。推动利用卫星遥感等手段开展非现场检查。

3.2.5 有序推进建设用地土壤污染风险管控与修复

（1）明确风险管控与修复重点

以用途变更为"一住两公"的污染地块为重点，依法开展风险管控与修复。以重点地区危险化学品生产企业搬迁改造、长江经济带化工污染整治等专项行动遗留地块为重点，对暂不开发利用的，加强风险管控。以化工等行业企业为重点，鼓励采用原位风险管控或修复技术，探索在产企业边生产边管控土壤污染风险模式。鼓励绿色低碳修复。探索污染土壤"修复工厂"模式。

（2）强化风险管控与修复活动监管。鼓励地方先行先试，探索建立污染土壤转运联单制度，防止转运污染土壤非法处置。严控农药类等污染地块风险管控和修复过程中产生的异味等二次污染。针对采取风险管控措施的地块，强化后期管理。严格效果评估，确保实现土壤污染风险管控与修复目标。

（3）加强从业单位和个人信用管理。依法将从事土壤污染状况调查和土壤污染风险评估、风险管控、修复、风险管控效果评估、修复效果评估、后期管理等活动的单位和个人的执业情况和违法行为记入信用记录，纳入全国信用信息共享平台，并通过"信用中国"网站、国家企业信用信息公示系统向社会公布。鼓励社会选择水平高、信用好的单位，推动从业单位提高水平和能力。

3.2.6　开展土壤污染防治试点示范

（1）开展耕地安全利用重点县建设

在长江中下游、西南、华南等区域，开展一批耕地安全利用重点县建设，推动区域受污染耕地安全利用示范。探索农用地土壤污染防治"一地一策"，根据农用地土壤污染状况详查结果，对农用地污染面积排名前 100 的县（市、区），精准开展农用地土壤污染源头管控和安全利用。相关县（市、区）制定受污染农用地安全利用与修复综合管控方案，推动实施污染源头综合防控、农用地安全利用与修复、效果评估等工作。建立重点区域技术帮扶制度，采用驻点跟踪、指导的方式，定期开展技术帮扶和指导，集中各方力量解决区域突出农用地土壤污染问题。

（2）继续推进土壤污染防治先行区建设

在长江经济带、粤港澳大湾区、长三角、黄河流域等区域，继续推进土壤污染防治先行区建设，在重有色金属矿区或冶炼集中区域耕地土壤污染源头预防、土壤污染重点监管单位土壤污染源头预防、巩固提升受污染耕地安全利用、污染地块准入管理和联合监管、土壤污染状况调查质量监督检查、土壤污染防治执法监督、土壤污染防治信息化治理水平提升等方面先行先试，探索形成建设用地源头预防、治理修复与风险管控、部门联合监管等为一体的土壤污染风险管控模式。

3.2.7　完善土壤环境监管体系

（1）健全土壤污染防治法规标准体系

以《中华人民共和国土壤污染防治法》贯彻落实为抓手，健全土壤污染防治法规标准体系。修订铅锌、铜工业污染物排放标准，进一步严格颗粒物排放控制要求。制定土壤污染重点监管单位自行监测、重点监管单位周边土壤监测、土壤气监测等技术规范。制定水质镉等重金属在线监测系统技术要求。完善土壤污染风险管控和修复标准规范。研究制修订相关排污许可申请与核发技术规范，完善土壤与地下水污染防治相关要求。研究出台农用地钝化、替代种植、农艺调控等相关技术规范。探索和完善土壤污染趋势分析评估方法，完善土壤污染风险管控和修复项目管理政策。鼓励各地因地制宜开展地方土壤环境标准规范研究制定。

（2）持续摸清土壤污染底数

根据农用地土壤污染状况详查和重点行业企业调查结果，开展典型行业企业用地及周边土壤污染状况调查，进一步摸清土壤污染情况。完善土壤环境监测网，优化调整土壤环境监测点位，强化农产品产地土壤和农产品协同监测，鼓励各地因地制宜建立土壤环境监测网络。开展土壤生态调查试点。以湖南等地区为重点，探索建立大气重金属沉降监测网。

（3）推动全国土壤环境监管数据利用

整合自然资源、农业农村、生态环境土壤监测网络，统一监测方法和标准，构建基于土壤类型、污染类型、区域特性和土地功能的多维度、多尺度和全过程的土壤环境基础信息系统。依托生态环境大数据平台，完善基于大数据、5G技术的土壤环境信息平台，推动各级生态环境、自然资源、农业农村等部门数据共享和利用。基于土壤污染、产业发展、土地利用等多源数据，完善土壤环境质量形势研判功能，探索建立工业产业调整、退城入园等过程中的土壤环境预防机制和再开发利用监管机制，实现重点行业企业规划布局、退出、调查评估、风险管控与修复、再开发利用准入等实时监管。

（4）加强生态环境监管执法

将土壤作为环境治理体系和治理能力现代化建设的重要内容，全面提升各级土壤环境监管执法能力。依法开展土壤、地下水和农业农村生态环境保护行政执法。严厉打击固体废物特别是危险废物非法倾倒或填埋，以及利用渗井、渗坑、裂隙、溶洞等逃避监管的方式向地下排放污染物等行为，对涉嫌污染环境犯罪的，及时移送公安机关。落实生态环境损害赔偿制度，按要求开展污染土壤和地下水的生态环境损害调查评估。提升执法水平，组织开展监管执法工作培训。加强土壤环境监管机构组建和基础能力建设，提高人员队伍软硬件条件。定期开展污染地块违规开发、未利用地环境监管等专项环境执法。创新监管手段和机制，探索使用卫星遥感、大数据等实用高效的高科技手段，加强违规开发和污染防治的监管工作，构建市、县两级一线执法监管标准体系。强化部门联动，建立各职能部门土壤污染防治责任清单，加强相关部门、各级政府土壤环境信息共享及应用。

4 "十四五"土壤污染防治支撑体系研究

4.1 强化土壤污染防治产业与科技支撑

开展土壤污染趋势研判、生态系统土壤保护修复、污染源解析等专项研究。开展有关土壤污染物生态毒理、污染物在土壤中迁移转化规律、土壤污染风险评估涉及的模型和关键暴露参数等基础研究。推动开展镉等重金属大气污染物排放自动监测设备、土壤气采样设备的研发。开展耕地土壤污染累积变化趋势方法研究。推进土壤污染风险管控和修复共性关键技术、设备研发及应用。加强土壤、地下水等环境标准样品研制。开展污染土壤绿色技术研发和示范，探索建立适合我国国情的土壤污染绿色可持续风险管控的制度保障、全过程各环节绿色可持续风险管控与修复效果评估指标体系和技术方法。推动土壤修复产业有序发展，完善多元化投融资机制，因地制宜探索通过政府购买服务、第三方治理、政府和社会资本合作（PPP）、事后补贴等形式，吸引社会资本主动投资参与耕地污染治理修复。

4.2 建立绩效考评制度

建立执法检查、环保督察、评估考核、信息通报等评估考核体系。将污染地块风险管控和治理修复纳入中央生态环保督察、统筹强化督查等，督查各地落实污染地块管控责任；结合建设用地供后开发利用全程监管等工作，联合自然资源等部门，适时开展污染地块风险管控和治理修复动态巡查、现场核查、专项督查等。建立建设用地安全利用考评机制，定期对各省（区、市）污染地块安全利用和风险管控成效进行评估。强化目标考核与结果应用，建立奖惩机制，将土壤污染防治作为污染防治攻坚战考核的重要内容。

4.3　部门协调联动推进土壤污染防治

推动多部门土壤环境信息共享及应用，通过土壤详查和监测网建设，系统掌握土壤环境风险情况。重点围绕高风险区域、行业、污染物，布设调查点位、确定调查精度、明确调查方法，使调查结果能够为开展土壤环境风险评价、等级划分和风险管控方案制定提供科学依据。同时，明确农用地、在产企业用地、关闭搬迁企业用地风险管控技术要求，实现"边调查、边风险管控"。依托全国土壤环境质量监测网建设，在农用地布设基础点，在高风险工矿企业周边布设风险监控点，及时掌握各地和重点区域土壤环境风险水平和变化趋势，为风险评估和预警提供依据。落实各部门土壤污染监管责任，将土壤污染状况调查报告作为不动产登记资料送交地方人民政府不动产登记机构，并报地方生态环境主管部门备案，推动实现污染地块空间信息与国土空间规划等"一张图"管理。

4.4　加强制度政策创新

密切结合"土十条"推进落实，围绕国家和地方各级土壤环境管理体系建设，按照全过程风险管控的思路，将风险管控理念全面融入各项土壤环境管理工作中，以保障农产品质量和人居环境安全为目标导向，探索土壤污染风险管控制度体系建设，全面提升土壤环境风险管控的系统化、科学化、法治化、精细化和信息化水平。

探索建立土壤污染监测预警制度。强化排放持久性、生物富集性、对人体健康危害大的污染物的污染源追踪与解析。结合国家土壤环境质量监测网络以及农业农村、自然资源等相关部门监测网，利用土壤环境信息化管理平台，加强粮食主产区、城镇建成区、集中式饮用水水源地、矿产资源开发影响区等土壤环境监测预警。建立土壤环境重点监管企业监测异常报警机制，提高污染物超标排放信息追踪与报警能力，重点加强有色金属冶炼、化工等工业园区土壤环境风险预警与处置能力。在涉及重金属、持久性有机污染物等环境风险较大的行业，逐步推行污染源自动监控，实现对特征污染物的有效监控。定期开展土壤污染形势研判，系统研究土壤中污染物的时空演化规律与累积效应，并对其潜在的发展趋势进行预测。

探索建立土壤资源保护制度。加强对土壤资源的保护和合理利用，支持推进实施耕作层土壤剥离再利用。开发建设中剥离的表土进行单独收集和存放，符合条件的表土应当优先用于土地复垦、土壤改良、造地和绿化等。试点推进耕作层土壤剥离再利用项目建设，探索再利用于中低产田提质改造潜力的可行性与准确性。禁止将重金属污染物或者其他有毒有害物质含量超标的工业固体废物、生活垃圾或者污染土壤用于土地复垦。对于受污染的耕地或建设用地表层土壤剥离时，对其进行土壤污染风险评价，充分考虑耕地质量和污染风险合理确定土壤用途。

探索建立农用地网格化管理制度。在县级尺度上，主要围绕重金属污染农用地安全利用区划、农用地一级地类（耕地、园地、林地、草地等）间的转换方案等方面开展研究，并在永久基本农田划定、耕地质量监测、表土剥离与再利用、耕地占补平衡、未利用地开发、"多规合一"等管理工作中予以应用，在县级尺度对农用地进行分类管理。在乡级尺度上，主要围绕农作物种植制度、农用地二级地类（水田、旱地、水浇地、茶园、果园）间的转换等方面开展研究，并开展成果在农作物种植适宜区划分、土地整治项目、污染土壤修复治理等管理工作中的应用，在乡级尺度对农用地进行分类管理。在地块尺度上，主要围绕农作物种植结构调整、土地整治项目规划设计等方面开展研究，开展成果在建立农作物种植结构调整示范区、污染土壤修复治理等管理工作中的应用，在地块尺度对农用地进行分类管理。

5 重大工程

5.1 土壤污染源头管控项目

土壤污染源头管控项目涉及土壤污染隐患排查，管道、储罐、防腐防渗、生产工艺和污染治理设施升级改造，固废综合治理，土壤和地下水污染防治等工作。"十四五"期间，以化工、有色金属行业企业为重点，实施一批土壤污染源头管控项目。主要包括：

1）企业绿色化改造项目，因地制宜实施管道化、密闭化改造，重点区域防腐防渗改造，以及物料、污水管线架空建设和改造。

2）涉镉企业提标改造，聚焦重有色金属采选和冶炼、涉重金属无机化工等重点行业，鼓励企业实施清洁生产改造，进一步减少污染物排放。

3）涉重金属矿区历史遗留固体废物整治。聚焦重有色金属、石煤、硫铁矿等矿区以及安全利用类和严格管控类耕地集中区域周边的矿区，全面排查无序堆存的历史遗留固体废物，制定整治方案，分阶段治理，逐步消除存量。

5.2 受污染耕地安全利用示范

根据农用地土壤污染状况详查结果，在土壤污染面积较大的 100 个县推进农用地安全利用示范。

1）示范县要制定受污染耕地安全利用和严格管控方案并组织实施。对安全利用类耕地，因地制宜选用安全利用类治理措施，主要包括低吸收品种替代、叶面阻控调节、土壤酸度调节、水肥调控及土壤重金属钝化剂施用等。对于土壤重金属污染严重、农产品重金属超标问题突出的严格管控类耕地，以管控生产为目标，实施用途管制，侧重于土壤修复和种植结构调整，按照国家计划经批准后进行退耕还林还草等风险管控措施。对需退耕的重度污染耕地属于永久基本农田的，会同有关部门以实际退耕面积核减有关区县的耕地保有量和永久基本农田保护面积，在国土空间规划修编时予以调整。

2）开展耕地土壤和农产品协同监测与评价。在受污染耕地安全利用示范区内要建立综合效果监测点，按每 150～1 500 亩建立 1 个综合效果监测点，及时采集实施前耕层混合土壤样品，待农产品收获后分别混合土样和稻米样进行重金属污染物检测。依据国家相关标准指南，动态更新耕地土壤环境质量类别。

3）开展示范区安全利用效果评价。推动项目实施区安全利用类技术措施落地情况的跟踪及效果评估。建立健全受污染耕地安全利用效果评价机制，委托第三方评估机构，按照《耕地污染治理效果评价准则》（NY/T 3343—2018）对耕地安全利用示范区效果进行评估，并逐步推广。

5.3 土壤污染防治先行区建设

综合考虑不同地域、不同问题、不同发展水平等因素，在长江经济带、粤港澳大湾区、长三角、黄河流域等区域，继续推进土壤污染防治先行区建设，探索形成源头预防、治理修复与风险管控、部门联合监管等为一体的土壤污染风险管控模式。先行先试内容包括：

1）重有色金属矿区或冶炼集中区域耕地土壤污染源头预防。推进土壤污染源头综合防控，解决一批影响土壤环境质量的水、大气、固体废物等突出污染问题，降低污染物向耕地土壤输入。主要措施包括开展企业提标改造，执行颗粒物的大气污染物特别排放限值，全面排查和整治重有色金属矿区历史遗留废物，土壤生态环境长期观测与评价。

2）重点监管单位土壤污染源头预防。针对土壤污染重点监管单位，以防范企业新增土壤污染为目的，督促指导企业落实土壤污染隐患排查制度，开展隐患排查工作，制定并实施整改方案，采取设施设备提标改造或者完善管理等措施，最大限度降低土壤和地下水的污染隐患。探索建立土壤污染重点监管单位名录退出机制。开展在产企业土壤污染风险管控和修复试点。

3）巩固和提升受污染耕地安全利用。根据农用地土壤环境质量类别划分结果，制定受污染耕地安全利用方案，结合当地主要作物品种、土壤类型、土壤污染物及污染程度等因地制宜实施安全利用措施，建立完善安全利用技术库和农作物种植推荐清单。依据农产品协同监测及评价结果，开展农产品严格管控区划定并退出特定农产品生产。开展耕地土壤污染成因分析，制定污染源管控方案，科学评估、精准管控污染来源。

4）探索建设用地准入管理。以用途变更为住宅、公共管理和公共服务用地的地块为核心，有序推进风险管控和修复，确保土地开发利用符合土壤环境质量要求。因地制宜制定建设用地土壤污染联动监管具体办法或措施，将土壤污染风险管控和修复要求纳入用地规划和供地管理。合理确定涉及污染地块的土地开发时序，防止受污染土壤及其后续风险管控和修复影响周边敏感人群。严格落实建设用地土壤污染风险管控和修复名录制度。探索"环境修复+开发建设"模式。

5）土壤污染状况调查质量监督检查。建立土壤污染状况调查质量监督检查工作机制和制度，结合调查地块用地历史，规划用途和敏感程度等，针对土壤污染状况调查的关键环节，采取一种或多种形式开展监督检查。加强土壤污染状况调查相关活动和从业单位监管。

6）土壤污染防治执法监督。依法将土壤污染重点监管单位，土壤污染状况风险管控、修复活动，纳入日常执法检查内容，开展"双随机、一公开"执法检查。开展生态环境、公安联合执法，提升问题发现机制。对建设用地违规开发利用、重点监管单位拆除污染防治、污染土壤转移等开展专项执法。制定土壤污染防治法执法手册。

7）土壤污染防治信息化治理水平提升。完善并动态更新依法应当开展土壤污染状况调查的地块空间信息，纳入国土空间规划"一张图"管理，为合理规划土地用途，实施建设用地准入管理提供信息支撑。对土壤污染调查过程实施信息化监管，调查单位实时记录并上传调查关键环节的时间、地点、空间和影像。探索对土壤污染风险管控、修复活动现场实施信息化智慧监管。

参考文献

[1]　环境保护部，国土资源部. 全国土壤污染状况调查公报[R]. 2014.

[2]　生态环境部. 2020 年中国生态环境状况公报[R]. 北京，2021.

[3]　生态环境部. 生态环境部 11 月例行新闻发布会实录[EB/OL]. 2019-11-29. http://www.mee.gov.cn/xxgk2018/xxgk/xxgk15/201911/t20191129_744897.html.

[4] Zeng Siyan，Ma Jing，Yang Yongjun，et al. Spatial assessment of farmland soil pollution and its potential human health risks in China[J]. Science of The Total Environment，2019，687：642-653.

[5] Yang Zhongping，Li Xuyong，Wang Yao，et al. Trace element contamination in urban topsoil in China during 2000–2009 and 2010–2019：Pollution assessment and spatiotemporal analysis[J]. Science of The Total Environment，2021，758：143647.

[6] Li Zhiyuan，Ma Zongwei，Tsering Jan van der Kuijp，et al. A review of soil heavy metal pollution from mines in China：Pollution and health risk assessment[J]. Science of The Total Environment，2014，s 468-469：843-853.

[7] Yang Qianqi，Li Zhiyuan，Lu Xiaoning，et al. A review of soil heavy metal pollution from industrial and agricultural regions in China：Pollution and risk assessment[J]. Science of the Total Environment，2018，642（15）：690-700.

[8] Yuan Xuehong，Xue Nandong，Han Zhiguang. A meta-analysis of heavy metals pollution in farmland and urban soils in China over the past 20 years[J]. Journal of Environmental Sciences，2021，101：217-226.

[9] 孙宁，徐怒潮，李静文，等. 2020 年我国土壤修复行业发展概况及"十四五"时期行业发展态势展望[J]. 环境工程学报，2021，15（9）：2858-2867.

[10] 生态环境部，国家统计局，农业农村部. 第二次全国污染源普查公报[R]. 2020.

[11] 陈雅丽，翁莉萍，马杰，等. 近十年中国土壤重金属污染源解析研究进展[J]. 农业环境科学学报，2019，38（10）：2219-2238.

[12] 章家恩. 土壤生态健康与食物安全[J]. 云南地理环境研究，2004，16（4）：1-4.

[13] 李小方，邓欢，黄益宗，等. 土壤生态系统稳定性研究进展[J]. 生态学报，2009，29（12）：6712-6722.

本专题执笔人：刘瑞平、宋志晓、魏楠、卢然

完成时间：2021 年 7 月

专题2 "十四五"农村环境保护基本思路与重点任务研究

"十四五"时期，是农村污染治理向纵深推进的攻坚时期，是全面建成小康社会进而深入实施乡村振兴战略的重要时期，也是到2035年农村生态环境根本好转、生态宜居的美丽乡村基本实现的关键时期，要聚焦农业农村突出环境问题，加快推进农村人居环境持续改善和农业面源污染防治，推动生态宜居的美丽乡村取得阶段进展，让农民群众有更多的获得感、幸福感和安全感。

1 农村环境保护形势

1.1 "十三五"工作进展

"十三五"期间，党中央、国务院高度重视农村环境保护工作，将其纳入国家重要议事日程予以推进；各地区各部门认真贯彻落实党中央、国务院有关乡村振兴战略和农村人居环境整治的决策部署，加强领导、强化协作、积极创新、狠抓落实，取得了新的进展和成效。

1.1.1 农村环境保护上升为国家战略

改善农村人居环境，是以习近平同志为核心的党中央从战略和全局高度作出的一项重大决策，是实施乡村振兴战略的重点任务，事关全面建成小康社会，事关广大农民根本福祉，事关农村社会文明和谐。习近平总书记多次强调，"中国要强，农业必须强；中国要美，农村必须美；中国要富，农民必须富"。"进一步推广浙江好的经验做法，因地制宜、精准施策，不搞'政绩工程''形象工程'，一件事情接着一件事情办，一年接着一年干，建设好生态宜居的美丽乡村"。"搞新农村建设要注意生态环境保护，注意乡土味道，体现农村特点，保留乡村风貌，不能照搬城镇建设那一套，搞得城市不像城市，农村不像农村"。"农村环境整治这个事，不管是发达地区还是欠发达地区都要搞，但标准可以有高有低"等。中共中央办公厅、国务院办公厅印发了《国家乡村振兴战略规划（2018—2022年）》《农村人居环境整治三年行动方案》《关于创新体制机制推进农业绿色发展的意见》等文件，将农业农村污染治理作为七场标志性攻坚战之一予以推进。这些重要的指示批示和文件，是习近平总书记关于"三农"工作重要论述中有关农村环境保护的重要组成部分，为"十四五"做好农村环境保护工作提供了基本遵循和行动指南。

1.1.2 农村人居环境改善成效显著

截至2018年11月底，中央财政累计安排农村环保专项资金495亿元，完成近16万个村庄环境综合整治，建成生活污水处理设施50.8万套。整治后的村庄人居环境明显改善，约2.3亿农村人口受益。其中，2015—2017年，专项资金共支持4.2万个村庄完成环境整治，6 723万人受益；拆除农村饮用水水源地排污口 919 处，设置饮用水水源地隔离防护设施 1 124 km，饮用水水源保护区标志 3.2 万个，完成农村饮用水水源地环境整治 7.8 万个；建成农村生活污水处理设施 4.5 万套，农村生活垃圾收集设施 573.7 万个、垃圾中转设施 14.2 万个、垃圾处理设施 9 100 套；畜禽养殖污染防治设施 1.3 万套。2016 年年末，全国对生活污水进行处理的行政村比例达到 22%，对生活垃圾进行治理的行政村比例达到 65%（图 6-2-1）。整治后的村庄环境"脏乱差"问题得到有效解决，环境面貌焕然一新。通过实施"以奖促治"政策，带动相关部门和地方加大农村环境整治力度。

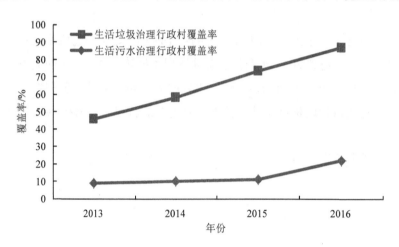

图 6-2-1　全国农村生活污水垃圾治理行政村覆盖率

1.1.3　农业面源污染势头初步得到遏制

（1）化肥农药农膜等农业投入品逐渐减少

自 2015 年以来，农业部（现农业农村部）开展了"到 2020 年化肥农药使用量零增长行动"，取得了明显成效。数据显示，2017 年，农药用量连续三年减少，化肥用量连续两年减少（图 6-2-2、图 6-2-3），化肥利用率达到 37.8%，比 2015 年提升 2.6%，农药利用率达到 38.8%，比 2015 年提升 2.2%。自 2016 年以来，农业部会同财政部设立秸秆利用综合专项，投入资金 38 亿元，补助支持 240 个县开展秸秆综合利用，加大秸秆还田、离田等机具补贴力度；2017 年共安排秸秆粉碎还田机、捡拾打捆机购置补贴 4.6 亿元。截至 2017 年年底，我国农用塑料薄膜使用量达到 252.8 万 t，较 2000 年 133.5 万 t 上涨了 89.4%，而相较于 2016 年 260.3 万 t，下降 2.9%（图 6-2-4）。其中地膜使用量 143.7 万 t，地膜覆盖面积 18 657.2 hm²。实施农业清洁生产示范项目，在 229 个县开展地膜综合利用试点示范，新增地膜回收面积 6 000 多万亩。

（2）畜禽养殖废弃物资源化利用不断推进

2017 年 7 月，农业部制定了《畜禽粪污资源化利用行动方案（2017—2020 年）》，要求各地深入开展畜禽粪污资源化利用行动，加快推进畜牧业绿色发展。截至目前，已有 300 个畜牧大县整县推进畜禽粪污资源化利用，4 省市开展整省推进，5 个地级市开展整市推进。1978 年以来我国畜禽养殖业一直呈现稳步发展趋势。2017 年生猪的存栏量及出栏量均居世界第一位，约占世界总量的一半。家禽生产、牛羊肉生产基本保持平稳。肉类和禽蛋产量长期稳居世界第一位，人均肉类消费量达到中等发达国家水平、人均禽蛋消费量达到发达国家水平。"十四五"时期，我国牲畜年末存栏量将保持稳中有降的发展势头，其中，生猪年末存栏量降幅相对较为明显；而禽蛋产量呈现缓慢的升势（图 6-2-5）。

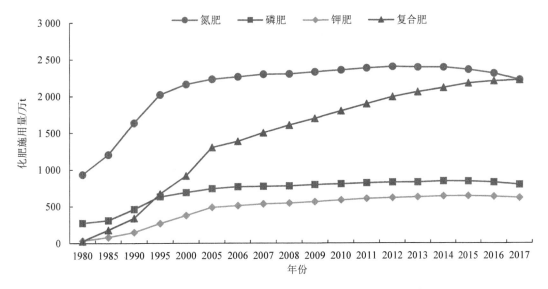

图 6-2-2　氮肥、磷肥、钾肥、复合肥施用量（1980—2017 年）

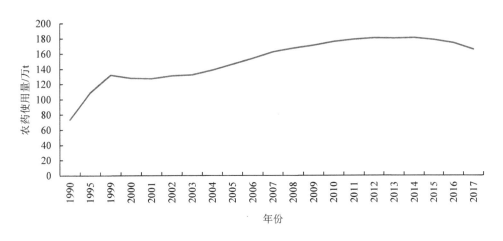

图 6-2-3　我国农药使用量（1990—2017 年）

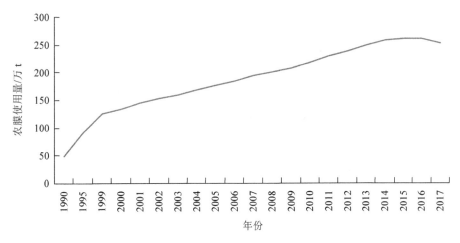

图 6-2-4　我国农膜使用量（1990—2017 年）

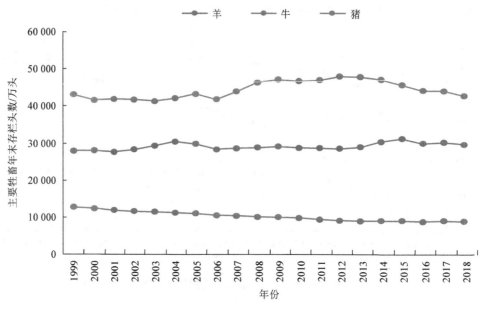

图 6-2-5　主要牲畜年末存栏量

1.1.4　农业农村环境保护制度不断完善

国家先后出台了一系列农村环保政策和技术文件。原环境保护部、财政部联合印发了《全国农村环境综合整治"十三五"规划》；生态环境部、农业农村部印发了《农业农村污染治理攻坚战行动计划》；生态环境部、住房和城乡建设部印发了《关于加快制定地方农村生活污水处理排放标准的通知》；农业农村部、生态环境部印发了《畜禽养殖废弃物资源化利用工作考核办法（试行）》；生态环境部会同水利部、农业农村部印发了《关于推进农村黑臭水体治理工作的指导意见》；生态环境部印发了《农村生活污水处理设施水污染物排放控制工作指南（试行）》；农业农村部牵头印发了《农业绿色发展技术导则（2018—2030 年）》《农业农村部关于深入推进生态环境保护工作的意见》《关于做好农业生态环境监测工作的通知》；中央农办等九部门联合印发了《关于推进农村生活污水治理的指导意见》等。各地逐步建立农村环保工作机制，积极探索因地制宜的长效运行模式，保障"以奖促治"政策的逐步推进和各项治理任务的顺利实施。

1.1.5　农业农村环境治理实现统一监管

落实《深化党和国家机构改革方案》，完成生态环境部组建，全面履行监督指导农业面源污染治理职责，实现农业农村环境治理统一监管。生态环境部组建土壤与农业农村生态环境监管技术中心，全面加强农业农村环境污染治理技术支撑工作。基层环保机构和队伍得到加强，全国乡镇环保机构和人员持续增加；部分地区初步形成了县、乡镇级环保机构对农村环境保护齐抓共管的工作格局。推进环境监测、执法、宣传"三下乡"。开展农村集中式饮用水水源地保护、生活垃圾和污水处理、秸秆焚烧、畜禽养殖污染防治等专项执法检查行动。采取多种形式宣传农村环保政策、工作进展和典型经验，普及农村环保知识，农民环保意识得到提升。

1.2　存在的主要问题

1.2.1　农村农业污染量大面广

一是农村生活污染排放量较大，污染物贡献率较高。据测算，农村生活污水及主要污染物排放量在全国总量中均占据较大比例，据前瞻产业研究院相关研究，2016 年，我国农村生活污水排放量达 202 万 t，占全国废水排放总量的 28.4%，2010—2016 年复合增速超过 10%，预测到 2020 年可达到 300 万 t，废水中化学需氧量（COD_{Cr}）、氨氮（NH_3-N）排放量分别为 1 068.6 万 t、72.6 万 t，分别占全国排放总量的比例为 48.1%、31.6%（图 6-2-6）。农村生活垃圾产生量高，但处置率低，2016 年，全国 214 个大、中城市生活垃圾产生量约 1.89 亿 t，处置量 1.87 亿 t，处置率达 99%，农村垃圾每年产生量约 1.5 亿 t，约为 214 个大、中城市垃圾产生量的 80%，而处理率仅为 60% 左右。二是畜禽污染形势依然严峻。农村畜禽粪污产生量约 38 亿 t/a，40%（约 15.2 亿 t/a）未有效处理利用，污染严重。三是化肥农药投入品仍较大。我国化肥利用率仅为 35.2%，尤其是果园和设施蔬菜化肥过量施用现象较为突出。农药使用量稳定在 30 万 t（有效成分）左右，农药利用率为 36.6%。四是当地农膜回收率尚不足 2/3，农田"白色污染"问题日益凸显。五是秸秆资源化利用水平有待提高。目前，仍有约 20% 的秸秆未被利用，未被利用的秸秆，随意丢弃或露天焚烧，既污染了环境，又浪费了资源。

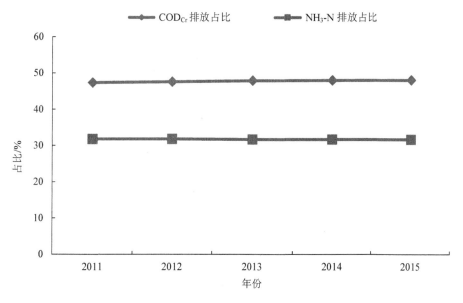

图 6-2-6　2011—2015 年农村废水中污染物排放量占比情况

1.2.2　农村环境基础设施严重滞后

一是与城市、县城相比，农村环境基础设施建设严重滞后。2016 年年末，全国城市生活污水、生活垃圾处理率分别为 93.4%、98.5%，全国县城生活污水、生活垃圾处理率分别为 87.4%、93.0%。农村生活污水处理率仅为 22%，分别低于城市、县城 71.4 个百分点、65.4 个百分点，农村生活垃圾处理率为 65%，分别低于城市、县城 33.5 个百分点、28.0 个百分点（图 6-2-7）。农村环境基础设施建设，尤其是农村污水治理，与城市、县城的差距很大，亟待改善。二是区域工作进展不平衡。据住建部数据统计，截至 2016 年年底，东、中、西部对生活污水进行处理的行政村数分别为 5.5 万个、2.5 万个和 2.1 万个，行政村污水治理覆盖率分别为 28.2%、14.8%、13.6%，对生活垃圾进行处理的行政村数分别为 16.0 万个、8.9 万个和 8.7 万个，行政村生活垃圾处理覆盖率分别为 82.1%、51.9%、55.5%，东部地区高于全国平均水平，中西部地区均低于全国平均水平（表 6-2-1，图 6-2-8，图 6-2-9）。三是环境设施建设投入缺口较大。截至 2016 年年底，未对生活污水处理的行政村 42.4 万个，未对生活垃圾处理的行政村 18.8 万个。参照各地农村环境综合整治项目建设投资情况，单个行政村生活垃圾处理设施投资约为 30 万元，生活污水处理设施投资约 70 万元。按此测算，实现全部行政村污水和垃圾处理设施全覆盖，分别需投入 2 968 亿元和 564 亿元，合计 3 532 亿元。据统计，每年中央和地方农村环境整治投入合计不足 400 亿元，与实现农村生活污水垃圾处理设施全覆盖资金需求缺口较大。

表 6-2-1   我国东中西部农村生活污水垃圾治理情况

区域分布	行政村数/个	对生活污水进行处理的行政村		对生活垃圾进行处理的行政村	
		数量/个	占比/%	数量/个	占比/%
东部地区	195 468	55 111	28.2	160 428	82.1
中部地区	172 128	25 472	14.8	89 353	51.9
西部地区	158 564	21 498	13.6	87 929	55.5
全国	526 160	102 081	19.4	337 710	64.2

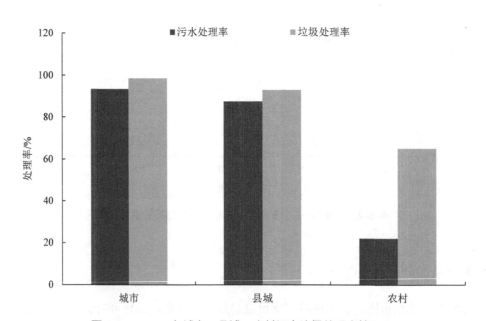

图 6-2-7   2016 年城市、县城、农村污水垃圾处理率情况

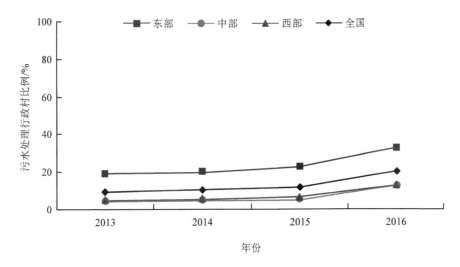

图 6-2-8　2013—2016 年东中西部地区进行生活污水处理的行政村比例

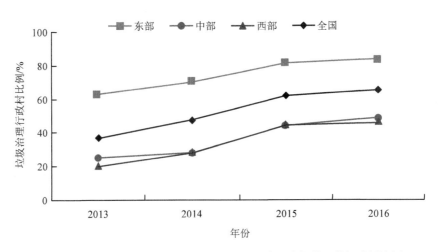

图 6-2-9　2013—2016 年东中西部地区开展生活垃圾处理的行政村比例

1.2.3　农村环保体制机制仍有待完善

一是工作责任有待进一步压实。一些地方还没有把农村环保工作真正纳入重要议事日程；在不少基层"重城市、轻农村，重点源、轻面源，重建设、轻管理"的观念还普遍存在；一些地方农村环保工作主动性不强，"等、靠、要"思想严重，工作部署不清晰，责任主体不落实，治理措施不具体。二是村民参与环境整治内生动力不够。各地在推进农村环保工作中，主要依靠政府行政推动，农民群众主体作用未得到充分发挥，村民参与环境治理责任感不强，缺乏内生动力。三是农村环境整治市场机制不完善。与城镇环境保护相比，农村环境保护具有分散、繁杂、无序等特点，现阶段治理技术和市场商业模式不成熟，投资回报机制不健全，吸引社会资本参与积极性不高。四是长效运营机制尚未建立。据相关媒体报道，由于运营资金短缺、管网配套不同步、专业技术人员缺乏等因素，农村生活污水处理设施"晒太阳"问题比较突出（表 6-2-2）。

表 6-2-2   农村生活污水处理设施"晒太阳"问题有关新闻报道

报道媒体	时间	有关内容
《新华网》	2013 年 12 月	河南发布了 2011—2012 年度农村环境连片综合整治资金审计结果。数据显示,在抽查的 2011 年已完工的 248 套污水处理系统中,103 套闲置,139 套不能正常运行,能正常运行的只有 6 套
《中国科学报》	2016 年 3 月	北京市房山区长沟镇 2003 年投资 500 万元的污水处理设施,到 2009 年还未运行;海淀区日处理能力 3 000 m³ 的间歇式活性污泥法生活污水处理厂,村镇无力运行;怀柔区 14 个乡镇 284 个行政村建成的污水处理设施,无力运行
《长江云》	2017 年 8 月	目前湖北全省 883 个乡镇中,已经建成乡镇生活污水处理厂 153 座,日处理能力为 55.8 万 m³,管网长度 1 558 km。已建的 153 座乡镇污水处理厂中,仅有 73 座能够达标稳定运行,占比约为 47.7%;能够运行但出水水质不能达标的 48 座,约占 31.4%;运行不正常、时断时续的 32 座,约占 20.9%
《周口日报》	2017 年 11 月	河南省周口市某县,28 处农村污水处理设施建成后,不复验、不启动,任其闲置、锈蚀、荒废,致使巨额投资的工程仅 1 处能正常运营
《经济参考报》	2018 年 4 月	2017 年第四季度国家重大政策措施落实情况跟踪审计结果显示,江苏省 7 个县(市、区)在农村环境综合整治项目中建设 195 个污水处理设施,其中有 146 个闲置,涉及投资 10 449.77 万元,真正运行率还不到 10%
《水工业市场杂志》	2018 年 8 月	截至 2014 年 5 月,江苏宜兴建有独立式农村生活污水处理设施工程的共 343 个,能收集到污水并正常运行的只有 17 个,正常运行比例仅达到 5%
中国之声《新闻纵横》	2018 年 10 月	湖北省赤壁市赤壁镇、赵李桥镇和官塘驿镇三座污水处理厂建设时管网没有同步建设,导致政府现在花费巨资为"空转"买单。从 2017 年 3 月到 2018 年 4 月一年左右的时间里,赤壁市政府支付这三家污水处理厂的污水处理费用高达 437 万余元

1.2.4   农村农业环境保护监管能力不足

一是村庄环境监管能力不足。大多数乡镇没有环境保护机构和人员编制,人员力量配备明显不足,也缺少必要的监管执法手段,难以对农村环境保护实施有效监管。同时,农村环境监测体系未能全面建立,无法对已建成污染治理设施运转情况实施常态化监测和规范化的监管。二是生态环境部门农业面源污染监测尚处于空白。生态环境监测评估是生态环境部四大职能之一,新机构改革后,农业面源污染监测存在管理支撑单位未调整到位、监测网络空白、制度方法不健全等问题,履行监督指导农业面源污染防治能力不足。

1.3   面临的机遇与挑战

1.3.1   有利条件

1)国家高度重视农村环境保护工作。改善农村人居环境,是实施乡村振兴战略的重点任务,事关全面建成小康社会,事关广大农民根本福祉,事关农村社会文明和谐。习近平总书记对于农村环境保护工作作出一系列指示批示,这些重要的指示批示为"十四五"做好农村环境保护工作提供了基本遵循和行动指南。

2)持续开展 10 多年的农村环境综合整治示范工程,积累了类型多样的生活污水治理技术和模式,为下一步深入推进农村人居环境整治提供技术支撑、经验做法。

3)我国综合实力不断增强,宏观经济和积极财政政策支持农村农业污染治理,体制机制改革红利也将惠及农村人居环境整治。

1.3.2　面临挑战

（1）农村人居环境整治工作形势依然严峻

受城乡二元制结构影响，未来我国农村环境形势依然严峻，农村环境整治工作压力大。"十二五"时期，中国人口城乡结构发生重大变化。常住人口城镇化率从 2010 年的 49.95%提升至 2015 年的56.1%。根据《国家人口发展规划（2016—2030 年）》，到 2030 年，中国常住人口城镇化率要达到 70%，乡村常住人口达到 4.35 亿元。2015 年我国已完成整治村庄 83 874 个村庄，根据《全国农村环境综合整治"十三五"规划》，到 2020 年，需要完成 216 571 个村庄，仍有约 32.5 万个村庄尚未完成整治（图 6-2-10～图 6-2-12）。

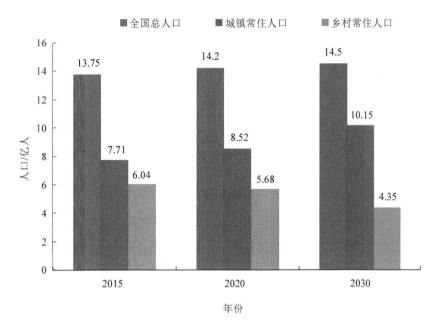

图 6-2-10　全国城镇化情况与乡村人口增长趋势

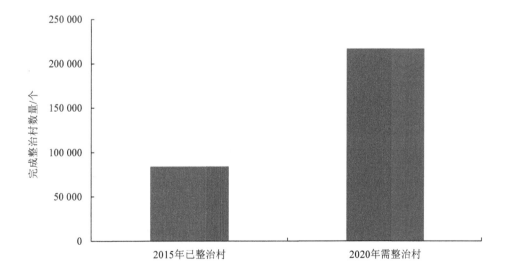

图 6-2-11　全国农村环境综合整治现状与规划目标

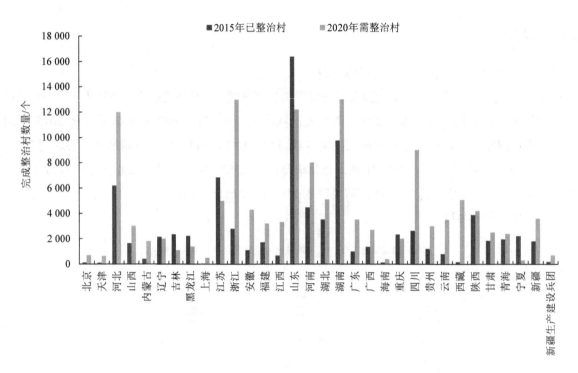

图 6-2-12　各地农村环境综合现状与规划年情况

（2）农业面源污染防治压力日趋加大

2015 年，全国总人口 13.75 亿人，粮食产量 6.21 亿 t，化肥施用量 6 022.6 万 t。随着全国人口总数的增加，粮食产量逐年增长，化肥施用量也随之加大；人口对粮食供给的压力持续存在，农业面源污染治理愈加有挑战性（图 6-2-13、图 6-2-14）。

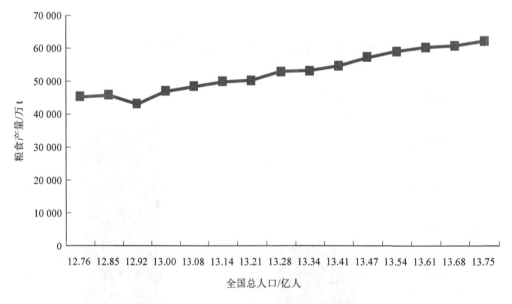

图 6-2-13　全国人口数量与粮食产量相关性

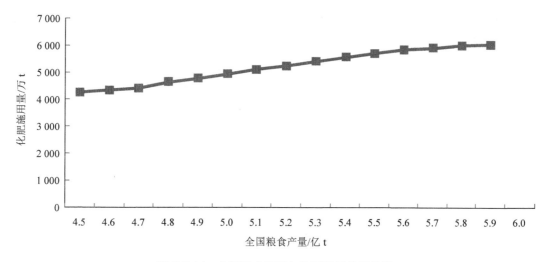

图 6-2-14　全国粮食产量与化肥施用量相关性

（3）农村环境保护仍面临较大压力

我国工业化、城镇化、农业现代化的任务尚未完成，农村环境保护仍面临巨大压力。随着人们对美好生活、优质生态产品追求的不断提升，农村人居环境面临"新账"和"旧账"都要还的压力；人口总量的持续增加，势必会加大粮食生产需求的压力，进而加重农业面源污染防治的压力；产业结构和布局的优化，又会带来污染"上山下乡"的风险。

"十四五"期间，农村环境保护机遇与挑战并存，必须要善于抓住机遇，沉着应对挑战，以踏石留印、抓铁有痕的劲头，加快补齐农村环境保护短板，建设生态宜居的美丽乡村。

2　指导思想、基本原则和主要目标

2.1　指导思想

以习近平生态文明思想为指导，按照国家乡村振兴战略的总要求，以改善农村生态环境质量为核心，以改善农村人居环境和保障农产品质量为出发点，推广浙江"千村示范、万村整治"经验，聚焦农民群众最关心、最现实、最急需解决的农村农业突出环境问题，坚持"政府主导、村民主体"双轮驱动的原则，强化污染治理、循环利用和生态保护 3 个方面，重点推进农村饮用水水源保护、农村生活污水垃圾治理、农业面源污染防治、农村黑臭水体整治和农村环境监管体系 5 项内容，建立健全统筹城乡污染治理体制机制，培育和发展农村农业污染治理市场主体，提升农村农业污染监管能力，提高农民生态文明意识，为实现乡村生态振兴、美丽宜居乡村打下坚实基础。

2.2　基本原则

1）生态优先、绿色发展。编制实施国土空间规划，严格生态保护红线管控，统筹农村生产、生活和生态空间，优化种植和养殖生产布局、规模和结构，强化环境监管，推动农业绿色发展，从源头减少农业面源污染。

2）因地制宜、分类指导。根据地理、民俗、经济水平和农民期盼，科学确定本地区整治目标任务，既尽力而为又量力而行，集中力量解决突出问题，做到干净整洁有序。有条件的地区可进一步提升环境质量，条件不具备的地区可按照实施乡村振兴战略的总体部署持续推进，不搞"一刀切"。

3）村民主体，激发动力。坚持相信群众、依靠群众，尊重农民意愿，把群众认同、群众参与、群众满意作为基本要求，建立政府、村集体、村民等各方共谋、共建、共管、共评、共享机制，动员村民自觉行动，主动投身，发挥村规民约作用，培养主人翁意识，提升村民参与农村农业污染治理的自觉性、积极性、主动性。

4）建管并重，长效运行。坚持先建机制、后建工程，合理确定投融资模式和运行管护方式，推进投融资体制机制和建设管护机制创新，探索规模化、专业化、社会化运营机制，实现有专项经费保障、有专门人员管护、有专门规章制度管理，确保设施长期稳定运行。

5）县级主抓、多方参与。坚持在省委、市委领导下，县（市、区）抓落实，强化县级党委和政府主体责任，明确县（市、区）、乡镇主要负责同志为"一线总指挥"，做好部署动员、督促指导、检查验收等工作。鼓励群团组织、社会力量等参与其中。

2.3 主要目标

"十四五"规划目标设置方面，要在全面建成小康社会、全面打赢农业农村污染治理攻坚战的基础上，进一步实现农村人居环境显著改善，生态宜居的美丽乡村取得阶段进展。

到 2025 年，农村生态环境明显好转，生态宜居的美丽乡村取得阶段进展，农村污染治理工作体制机制建立健全，农村环境监管明显加强，农村居民参与农村环境保护的积极性和主动性显著增强，农村环境与经济、社会协调发展。

主要指标：

——新增完成 15 万～20 万个行政村的环境综合整治，约 2/3 的行政村环境综合整治实现全覆盖；

——开展生活垃圾处理的行政村比例 100%，生活垃圾分类收集处理行政村比例达到 60% 及以上；

——开展生活污水治理的行政村比例不低于 60%，已建设施正常运维率不低于 85% 以上，农村生活污水乱排乱放基本得到有效管控；

——畜禽粪污综合利用率达 85% 左右，规模化养殖场畜禽粪污基本资源化利用，实现生态消纳或达标排放；

——测土配方施肥技术覆盖率达到 95% 及以上，主要农作物病虫害专业化统防统治覆盖率达到 45% 及以上；

——秸秆综合利用率达到 90% 及以上，农膜回收率 85% 以上。

3 主要任务

3.1 加强农村饮用水水源保护

3.1.1 加快农村饮用水水源调查评估和保护区划定

县级及以上地方人民政府要结合当地实际情况，组织有关部门开展农村饮用水水源环境状况调查评估和保护区的划定。农村饮用水水源保护区的边界要设立地理界标、警示标志或宣传牌。将饮用水水源保护要求和村民应承担的保护责任纳入村规民约。

3.1.2　加强农村饮用水水质监测

县级及以上地方人民政府组织相关部门监测和评估本行政区域内饮用水水源、供水单位供水、用户水龙头出水的水质等饮用水安全状况。实施从源头到水龙头的全过程控制，落实水源保护、工程建设、水质监测检测"三同时"制度。供水人口在 10 000 人或日供水 1 000 t 以上的饮用水水源每季度监测一次。各地按照国家相关标准，结合本地水质本底状况确定监测项目并组织实施。县级及以上地方人民政府有关部门，应当向社会公开饮用水安全状况信息。

3.1.3　开展农村饮用水水源环境风险排查整治

以供水人口在 10 000 人或日供水 1 000 t 以上的饮用水水源保护区为重点，对可能影响农村饮用水水源环境安全的化工、造纸、冶炼、制药等风险源和生活污水垃圾、畜禽养殖等风险源进行排查。对水质不达标的水源，采取水源更换、集中供水、污染治理等措施，确保农村饮水安全。

3.2　推进农村生活污水垃圾治理

3.2.1　农村生活污水治理

"十四五"时期，农村生活污水治理仍然是农村人居环境最突出的短板，面临着思想认识和资金投入不到位、工作进展不平衡、管护机制不健全等问题。按照"因地制宜、尊重习惯，应治尽治、利用为先，就地就近、生态循环，梯次推进、建管并重，发动农户、效果长远"的基本思路，从亿万农民群众的愿望和需求出发，按照实施乡村振兴战略的总要求，立足我国农村实际，以污水减量化、分类就地处理、循环利用为导向，加强统筹规划，突出重点区域，选择适宜模式，完善标准体系，强化管护机制，善作善成、久久为功，走出一条具有中国特色的农村生活污水治理之路。

1) 全面摸清现状。对农村生活污水的产生总量和比例构成、村庄污水无序排放、水体污染等现状进行调查，梳理现有处理设施数量、布局、运行等治理情况，分析村庄周边环境特别是水环境生态容量，以县域为单位建立现状基础台账。

2) 科学编制行动方案。以县域为单位编制农村生活污水治理规划或方案，也可纳入县域农村人居环境整治规划或方案统筹考虑，充分考虑已有工作基础，合理确定目标任务、治理方式、区域布局、建设时序、资金保障等。顺应村庄演变趋势，把集聚提升类、特色保护类、城郊融合类村庄作为治理重点。优先治理南水北调东线中线水源地及其输水沿线、京津冀、长江经济带、珠三角地区、环渤海区域及水质需改善的控制单位范围内的村庄。注重农村生活污水治理与生活垃圾治理、厕所革命等统筹规划、有效衔接。

3) 合理选择技术模式。因地制宜采用污染治理与资源利用相结合、工程措施与生态措施相结合、集中与分散相结合的建设模式和处理工艺。有条件的地区推进城镇污水处理设施和服务向城镇近郊的农村延伸，离城镇生活污水管网较远、人口密集且不具备利用条件的村庄，可建设集中处理设施实现达标排放。人口较少的村庄，以卫生厕所改造为重点推进农村生活污水治理，在杜绝化粪池出水直排基础上，就地就近实现农田利用。重点生态功能区、饮用水水源保护区严禁农村生活污水未经处理直接排放。积极推广低成本、低能耗、易维护、高效率的污水处理技术，鼓励具备条件的地区采用以渔净水、人工湿地、氧化塘等生态处理模式。开展典型示范，培育一批农村生活污水治理示范县、示范村，总结推广一批适合不同村庄规模、不同经济条件、不同地理位置的典型模式。

4）促进生产生活用水循环利用。探索将高标准农田建设、农田水利建设与农村生活污水治理相结合，统一规划、一体设计，在确保农业用水安全的前提下，实现农业农村水资源的良性循环。鼓励通过栽植水生植物和建设植物隔离带，对农田沟渠、塘堰等灌排系统进行生态化改造。鼓励农户利用房前屋后小菜园、小果园、小花园等，实现就地回用。畅通厕所粪污经无害化处理后就地就近还田渠道，鼓励各地探索堆肥等方式，推动厕所粪污资源化利用。

5）加快标准制修订。认真梳理标准制修订情况，构建完善农村生活污水治理标准体系。根据农村不同区位条件、排放去向、利用方式和人居环境改善需求，按照分区分级、宽严相济、回用优先、注重实效、便于监管的原则，抓紧制修订本地区农村生活污水处理排放标准。加快研究制定农村生活污水治理设施标准，规范污水治理设施设计、施工、运行管护等。编制适合本地区的农村生活污水治理技术导则或规范，强化技术指导。

6）完善建设和管护机制。坚持以用为本、建管并重，在规划设计阶段统筹考虑工程建设和运行维护，做到同步设计、同步建设、同步落实。做好工程设计，严把材料质量关，采用地方政府主管、第三方监理、群众代表监督等方式，加强施工监管、档案管理和竣工验收。简化农村生活污水处理设施建设项目审批和招标程序，保障项目建设进度。落实农村生活污水处理用电用地支持政策。明确农村生活污水治理设施产权归属和运行管护责任单位，推动建立有制度、有标准、有队伍、有经费、有督查的运行管护机制。鼓励专业化、市场化建设和运行管理，有条件的地区推行城乡污水处理统一规划、统一建设、统一运行、统一管理。鼓励有条件的地区探索建立污水处理受益农户付费制度，提高农户自觉参与的积极性。划分好政府和村民有关生活污水治理事权。政府发挥引导作用，做好规划编制、政策支持、试点示范等，解决单靠一家一户、一村一镇难以解决的问题。明确村民维护公共环境责任，庭院内部、房前屋后环境整治由农户自己负责，村内公共空间整治以村民自治组织或村集体经济组织为主。

7）统筹推进农村厕所革命。统筹考虑农村生活污水治理和厕所革命，具备条件的地区一体化推进、同步设计、同步建设、同步运营。东部地区、中西部城市近郊区以及其他环境容量较小地区村庄，加快推进户用卫生厕所建设和改造，同步实施厕所粪污治理。其他地区按照群众接受、经济适用、维护方便、不污染公共水体要求，普及不同水平的卫生厕所。引导农村新建住房配套建设无害化卫生厕所，人口规模较大村庄配套建设公共厕所。

3.2.2　农村生活垃圾分类收集处置

根据住建部要求，到2020年农村生活垃圾处理率预计达90%以上，但未全面开展农村生活垃圾分类收集处置。"十四五"期间，要落实习近平总书记关于"加快建立分类投放、分类收集、分类运输、分类处理的垃圾处置系统"的指示精神，按照实施乡村振兴战略的要求，扎实推进农村生活垃圾分类处理，建立和完善农村生活垃圾分类处理体系。

（1）建立健全分类处理体系

加快从"户集、村收、乡镇运、县处理"的传统集中处理模式向建立"分类投放、分类收集、分类运输、分类处理"的有效处理系统转变。建立农户分类体系，完善农户源头分类可操作、能评估、有奖惩的模式；建立分类收集体系，根据分类收集要求，改造现有收集站（点），配置垃圾分类收集容器，避免垃圾分类投放后重新混合收集；建立分类运输体系，设计垃圾运输路线，健全生活垃圾分类相衔接的收运网络，配置满足分类清运要求的垃圾收运车辆；建立分类处理体系，根据本地的人口和垃圾量优化和布局垃圾处理设施。离城区处理设施较近的村（社区），产生的生活垃圾纳入城区处理体系，分类和处理标准由当地按相关规定执行。

离城区处理设施较远的村（社区），不便纳入城区处理体系的，原则上纳入农村生活垃圾资源化处理站（点）体系；探索建立海岛、山区、平原等不同地区农村生活垃圾分类处理体系，明确村庄垃圾处置方式和相关垃圾去向。农村建筑垃圾、工业固体废物、医疗废弃物、农村面源污染物等进入相关责任部门处置体系。

（2）加快推进设施体系建设

根据村庄分布、经济条件等因素确定农村生活垃圾收运和处理方式，原则上所有行政村都要建设垃圾集中收集点，配备收集车辆；逐步改造或停用露天垃圾池等敞开式收集场所、设施，鼓励村民自备垃圾收集容器。原则上每个乡镇都应建有垃圾转运站，相邻乡镇可共建共享。逐步提高转运设施及环卫机具的卫生水平，普及密闭运输车辆，有条件的应配置压缩式运输车，建立与垃圾清运体系相配套、可共享的再生资源回收体系。优先利用城镇处理设施处理农村生活垃圾，城镇现有处理设施容量不足时应及时新建、改建或扩建；选择符合农村实际和环保要求、成熟可靠的终端处理工艺，推行卫生化的填埋、焚烧、堆肥或沼气处理等方式，禁止露天焚烧垃圾，逐步取缔二次污染严重的简易填埋设施以及小型焚烧炉等。边远村庄垃圾尽量就地减量、处理，不具备处理条件的应妥善储存、定期外运处理。制定垃圾设施建设方案，完善环卫保洁设施管理办法，建立健全农村生活垃圾资源化处理站（点）管理办法等制度，以可靠的机制来保障分类处理设施运行规范化、常态化。

（3）推进农村生活垃圾的资源化利用

发挥供销合作社等机构在再生资源回收利用网络方面的优势，加强农村垃圾分类回收利用链的建设，培育一批资源回收，资源生产加工再生龙头企业。根据农村生活类、产业类、服务消费类和公共机构类等再生资源的特点，分类建立不同模式的再生资源回收体系。合理布局回收网点，推广垃圾资源化利用"兑换超市"，推行智能回收及网购送货回收包装物等方式回收再生资源。构建便民利民的回收网络，推动再生资源循环利用，鼓励出台地方性政策措施，扶持再生资源回收利用企业加快发展，引导资源回收和垃圾处理两网融合，优先支持供销社再生资源利用平台对生活垃圾资源化处理站（点）、农村垃圾处理静脉园建设和运行。推进农村生活垃圾的肥料化利用，把农村生活垃圾中的有机物，转化成农业生产中需要的肥料，比如一些地方采取了阳光堆肥房的做法。发动相关科研单位加强对这方面技术的研发和集成，找出简便、经济、适用的资源化利用方式。

（4）探索建立激励与约束相结合的机制

指导各地组织开展形式多样、生动活泼的宣传活动，探索建立垃圾分类超市、分类积分制等，培养和激励农民推进生活垃圾分类。总结不同地区农村生活垃圾分类的模式，进一步总结推广典型模式。为全国其他地区提供可学习、可借鉴的样板。通过在座各个媒体和其他相关媒体，进一步对农村生活垃圾分类进行宣传报道，提高农民群众的分类意识，养成绿色的生活方式。

强化制度标准执行，扎实推进运行体系建设。加强分类处理的制度标准执行，以制度标准规范源头分类。建立源头追溯制度，督促农户做好垃圾分类，提高分类投放准确率。加强处理设施的网络化建设，建立源头分类减量可评估，中端收集运输可计量，末端处理在线可监测数据系统。建立分类处理信息统计上报、部门协作配合、考评奖惩等机制,调动工作积极性。建立和完善农村生活垃圾处理技术标准,制定回收利用、设施建设、项目验收等管理办法。

3.3　强化农业面源污染防治

3.3.1　畜禽和水产养殖污染治理

（1）畜禽养殖粪污资源化利用

到 2020 年,预计全国畜禽粪污综合利用率达到 75%及以上,所有规模养殖场粪污处理设施装备配套率达到 95%及以上。"十四五"期间,加强畜禽粪污资源化利用。坚持政府支持、企业主体、市场化运作的方针,坚持源头减量、过程控制、末端利用的治理路径,全面推进畜禽养殖废弃物资源化利用。推动畜禽养殖密集区域实施"种养结合""截污建池、收运还田"等模式,实现低成本市场化粪污治理和资源化。

大力推动畜禽清洁养殖,加强标准化精细化管理,促进废弃物源头减量。打通有机肥还田渠道,增强农村沼气和生物天然气市场竞争力,加快培育发展畜禽养殖废弃物资源化利用产业。严格落实畜禽规模养殖环评制度,强化污染监管,落实养殖场主体责任,倒逼畜禽养殖废弃物资源化利用。加大政策支持保障力度,创造良好市场环境,帮助企业形成可持续的商业模式和盈利模式。

明确中央农村环境整治专项资金需支持具有区域公共服务属性的畜禽粪污资源化利用和污染防治设施建设。开展所有养殖场（小区、户）粪污直排专项执法活动,逐步杜绝各类畜禽养殖单元粪污直排现象。

为解决好一些地区考核指标与环境质量"脱钩"的问题,建议在考核畜禽粪污综合利用率和规模养殖场粪污处理设施装备配套率的同时,将流域控制单元断面水质改善情况作为以畜禽养殖污染问题突出地区的考核指标,督促所辖地区政府扛起主体责任。

（2）水产养殖污染治理

加强水产养殖污染防治和水生生态保护。优化水产养殖空间布局,依法科学划定禁止养殖区、限制养殖区和养殖区。推进水产生态健康养殖,积极发展大水面生态增养殖、工厂化循环水养殖、池塘工程化循环水养殖、连片池塘尾水集中处理模式等健康养殖方式,推进稻渔综合种养等生态循环农业。推动出台水产养殖尾水排放标准,加快推进养殖节水减排。

发展不投饵滤食性、草食性鱼类增养殖,实现以渔控草、以渔抑藻、以渔净水。严控河流、近岸海域投饵网箱养殖。大力推进水生生物保护行动,修复水生生态环境,加强水域环境监测。

3.3.2　种植业面源污染防治

（1）化肥和农药减量增效

持续推进化肥、农药减量增效。深入推进测土配方施肥和农作物病虫害统防统治与全程绿色防控,提高农民科学施肥用药意识和技能,推动化肥、农药使用量实现负增长。集成推广化肥机械深施、种肥同播、水肥一体等绿色高效技术,应用生态调控、生物防治、理化诱控等绿色防控技术。

制修订并严格执行化肥农药等农业投入品质量标准,严格控制高毒高风险农药使用,研发推广高效缓控释肥料、高效低毒低残留农药、生物肥料、生物农药等新型产品和先进施肥施药机械。

加快培育社会化服务组织,开展统配统施、统防统治等服务。协同推进果菜茶有机肥替代化肥示范县和果菜茶病虫害全程绿色防控示范县建设，发挥种植大户、家庭农场、专业合作社等新型农业经营主体的示范作用，带动绿色高效技术更大范围应用。

（2）秸秆和农膜废弃物资源化利用

秸秆废弃物资源化利用。切实加强秸秆禁烧管控，强化地方各级政府秸秆禁烧主体责任。重点区域建立网格化监管制度，在夏收和秋收阶段加大监管力度。东北地区要针对秋冬季秸秆集中焚烧问题，制定专项工作方案，加强科学有序疏导。严防因秸秆露天焚烧造成区域性重污染天气。坚持疏堵结合，加大政策支持力度，整县推进秸秆全量化综合利用，优先开展就地还田。在秸秆综合利用领域尽快取得一批突破性科研成果，加强示范推广。到2025年，全国秸秆综合利用率达到90%及以上。

农膜回收。在重点用膜地区，整县推进农膜回收利用，推广地膜减量增效技术，做好地膜回收利用示范县建设。加大地膜国家标准宣传贯彻力度，从源头保障地膜可回收性。完善废旧地膜等回收处理制度，试点"谁生产、谁回收"的地膜生产者责任延伸制度，实现地膜生产企业统一供膜、统一回收。加大研发力度，争取在降解地膜应用配套技术、高强度地膜替代产品、地膜回收机械、地膜综合利用技术等方面尽快取得一批突破性科研成果。

3.3.3　国家有机食品生产基地创建

开展已公告国家有机食品生产基地动态管理，强化创建质量和品牌优势。适时修订国家有机食品生产基地创建指标和管理办法。深入开展新一轮国家有机食品生产基地创建。在长江经济带等水污染防治重点区域，传统农区、现代农业产业示范区、自然保护区水源保护区等环境敏感区，开展国家有机食品生产基地建设示范集群创建，形成规模效益，降低农业面源污染，改善农田土壤质地。

3.4　示范带动农村黑臭水体整治

以房前屋后河塘沟渠和群众反映强烈的黑臭水体为重点，狠抓污水垃圾、畜禽粪污、农业面源和内源污染治理。选择通过典型区域开展试点示范，深入实践，总结凝练，形成模式，以点带面推进农村黑臭水体治理。

3.4.1　推进农村黑臭水体综合治理

在实地调查和环境监测基础上，确定污染源和污染状况，综合分析黑臭水体的污染成因，采取控源截污、清淤疏浚、水体净化等措施进行综合治理。控源截污方面，根据实际情况，统筹推进农村黑臭水体治理与农村生活污水、畜禽粪污、水产养殖污染、种植业面源污染、改厕等治理工作，强化治理措施衔接整合，从源头控制水体黑臭。清淤疏浚方面，综合评估农村黑臭水体水质和底泥状况，合理制定清淤疏浚方案。加强淤泥清理、排放、运输、处置的全过程管理，避免产生二次污染。水体净化方面，依照村庄规划，对拟搬迁撤并空心村和过于分散、条件恶劣、生态脆弱的村庄，鼓励通过生态净化消除农村黑臭水体。通过推进退耕还林还草还湿、退田还河还湖和水源涵养林建设，采用生态净化手段，促进农村水生态系统健康良性发展。因地制宜推进水体水系连通，增强渠道、河道、池塘等水体流动性及自净能力。

3.4.2　开展农村黑臭水体治理试点示范

各地择优推荐试点示范区名单（以县为单元），并提交治理实施方案。根据各地农村自然条件、经济发展水平、污染成因、前期工作基础等方面，筛选农村黑臭水体治理试点示范县。组织确定试点示范区名单，并定期调度农村黑臭水体治理工作进展。开展试点示范督促指导，适时组织实施试点示范评估。到2025年，形成一批可复制、可推广的农村黑臭水体治理模式，加快推进农村黑臭水体治理工作。

3.4.3 建立农村黑臭水体治理长效机制

推动河湖长制体系向村级延伸。明确农村黑臭水体河长、湖长，健全河湖长制常态化管理。构建农村黑臭水体治理监管体系，建立健全监测机制。生态环境部门在有基础、有条件的地区开展水质监测工作。建立村民参与机制，发挥村民主体地位，将农村黑臭水体治理要求纳入村规民约，调动乡贤能人参与黑臭水体治理工作积极性。强化运维管理机制，健全农村黑臭水体治理设施第三方运维机制，鼓励专业化、市场化治理和运行管护。

3.5 构建"政府监管、村民自治"管理体系

3.5.1 加强农村环境监管能力

强化农业农村生态环境监管执法。创新监管手段，运用卫星遥感、大数据、App等技术装备，充分利用乡村治安网格化管理平台，及时发现农业农村环境问题。鼓励公众监督，对农村地区生态破坏和环境污染事件进行举报。结合第二次全国污染源普查和相关部门已开展的污染源调查统计工作，建立农业农村生态环境管理信息平台。构建农业农村生态环境监测体系，结合现有环境监测网络和农村环境质量试点监测工作，加强对农村集中式饮用水水源、日处理能力20 t及以上的农村生活污水处理设施出水和畜禽规模养殖场排污口的水质监测。纳入国家重点生态功能区中央转移支付支持范围的县域，应设置或增加农村环境质量监测点位，其他有条件的地区可适当设置或增加农村环境质量监测点位。结合省以下生态环境机构监测监察执法垂直管理制度改革，加强农村生态环境保护工作，建立重心下移、力量下沉、保障下倾的农业农村生态环境监管执法工作机制。落实乡镇生态环境保护职责，明确承担农业农村生态环境保护工作的机构和人员，确保责有人负、事有人干。

3.5.2 强化农业面源污染监测能力

1）做好农产品产地土壤环境监测。根据农产品产地土壤环境状况、土壤背景值等情况，开展土壤和农产品协同监测，及时掌握全国范围及重点区域农产品产地土壤环境总体状况、潜在风险及变化趋势。

2）做好农田氮、磷流失监测。依据农田氮、磷污染的发生规律和地形、气候等情况，开展农田氮、磷流失监测，分析不同种植模式下区域主推耕作方式和施肥措施等对农田氮、磷流失的影响。

3）做好农田地膜残留监测。综合考虑覆膜作物、覆膜年限、回收方式等情况，开展地膜残留监测，摸清农田地膜残留量和回收情况。

4）做好畜禽养殖污染监测。通过畜禽规模养殖场直联直报信息系统，统计规模以上养殖场生产、设施改造和资源化利用情况。

3.5.3 激发村民参与环境治理内生动力

合理划分政府村民责任。政府发挥引导作用，做好规划编制、政策支持、试点示范等，解决单

靠一家一户、一村一镇难以解决的问题。完善公开监督机制，建立项目信息公开制度，引导村民积极参与项目建设和管理，推动决策民主化，保障农民知情权、参与权和监督权。也可设立公开电话或投诉信箱等，接受村民咨询、举报，对反映的问题及时进行核查和回应。明确村民维护公共环境责任，庭院内部、房前屋后环境整治由农户自己负责，村内公共空间整治以村民自治组织或村集体经济组织为主。充分发挥村民自治的作用，动员广大村民积极主动实行自我管理、自我教育、自我服务，用自己的双手创造幸福美好的生活，共同改善村居环境，建设美丽家园。

试点示范带动村民参与。以垃圾分类收集、畜禽粪污资源化利用和防治、秸秆农膜回收处理、化肥农药减量增效等为主题，结合当前正在开展的试点示范工作，如农村环境综合整治、整县推进畜禽粪污治理、果菜茶有机肥替代化肥示范等，总结和推广一批激发村民环境整治内生动力的示范县、示范村、示范户，发挥以点带面、辐射带动作用。引导有条件的地区将农村环境整治与特色产业、休闲农业、乡村旅游、美丽乡村、森林乡村等有机结合，把村民增收致富与激发村民内生动力结合起来，实现农村产业融合发展与人居环境改善互促互进，提升农民群众生活品质，为农民建设幸福家园和美丽乡村注入动力。

完善激励与约束机制。完善激励约束并举机制，通过"门前三包"、垃圾分类积分制、"先建后补""多干多补"等措施，调动基层和农民积极性。建立完善村规民约，将垃圾分类收集、节约用水、村庄环境卫生、古树名木保护等要求纳入村规民约，通过群众评议等方式褒扬乡村新风。建立村民自治制度，鼓励各地建立健全村庄公共环境保洁制度，通过"民事民治、民事民办、民事民议"的方式，推动形成民建、民管、民享的长效机制，在村庄环境整治中培育自治，在村民自治中给村民带来了看得见的实惠。鼓励有条件的地区探索建立污水垃圾处理农户缴费制度，综合考虑污染防治形势、经济社会承受能力、农村居民意愿等因素，合理确定缴费水平和标准。

强化宣教引导。充分利用报刊、广播、电视等新闻媒体和网络新媒体，加强宣传教育工作，提高村民的环保意识，改变乱扔垃圾、乱排污水等影响环境的不良生活习惯；鼓励农民自觉践行绿色生活、绿色消费，形成低碳节约、保护环境的社会风尚。鼓励多方力量参与，建立政府和村民等各方共谋、共建、共管、共评、共享机制，动员村民投身美丽家园建设。发挥好基层党组织核心作用，强化党员意识、标杆意识，带领农民群众推进移风易俗、改进生活方式、提高生活质量。充分发挥村民理事会的作用。在整治村成立由村干部、老党员、家族带头人、外出乡贤和农村致富能手等人员组成的村民理事会，通过村民理事会做群众工作，号召村民主动参与。

4 保障措施建议

4.1 加强组织领导

落实地方主体责任。借鉴浙江"千村示范、万村整治"工程经验，坚持高位推动，党政"一把手"亲自抓，"五级书记"一起抓的做法，完善中央统筹、省负总责、市县落实的工作推进机制。建立目标责任制，目标任务逐级分解，切实把地方政府农村环境保护责任落到实处。

加强部门协作。通过责任清单进一步明晰生态环境部、农业农村部、住房和城乡建设部等部门在农村环境保护中的权责，明晰各部门在农村环境保护中的事权和监管权。农业农村部门牵头管理农业生产造成的面源污染、农业废弃物综合利用、无害化处理等事项。住建部门牵头管理农村污水、垃圾处理等事项。生态环境部门进一步加强农村环境监管。

4.2 加大资金投入

加大中央财政支持力度。不断深化"以奖促治"政策，根据农村农业污染治理资金需求，加大中央农村环境整治资金支持力度，以尽快补齐农村农业污染治理突出短板；聚焦农村生活污水垃圾、黑臭水体治理等突出环境问题，加强"十四五"中央农村环境整治专项资金项目库建设。

加强资金整合。对农村环境整治资金、重点生态保护修复治理专项资金、水污染防治专项、农村饮水安全资金、沼气推广补助资金、小型农田水利设施建设补助资金、测土配方施肥补助资金、高标准基本农田建设补助资金等相关财政涉农资金开展统筹整合使用，集中资源，形成合力，切实改善农村人居环境。

优化财政资金使用方式。进一步明晰中央政府和地方政府在农村环境保护中的事权和支出责任，加强中央财政资金引导作用。加大财政资金投入，优先支持采用 PPP 模式和创新试点示范项目。按照《财政部关于印发〈农村环境整治资金管理办法〉的通知》，强化政府财政资金的引导和撬动作用，采取以奖代补、先建后补、直接投资、投资补助、资本金注入、运营补贴、购买服务等方式支持农村环境治理，实现从买工程向买服务、买效果转变，切实提高资金使用效益和引导作用。

创新投融资方式。完善农村农业污染治理市场投资回报机制。建立政府主导、村民参与、社会支持的多元化投入机制。采用地方政府投一点、村集体出一点、农民拿一点的筹资方式，筹集农村环境治理资金。鼓励社会资本参与农村环境治理设施建设和运行维护。加大扶持引导力度。加大金融支持力度，制定完善土地、电价、税收和收费等优惠政策。

探索建立缴费制度与费用分摊机制。建立财政补贴、村集体与农户缴费相结合的费用分摊机制。在有条件的地区实行污水垃圾处理农户缴费制度、畜禽养殖污染治理缴费制度等，保障社会资本获得合理收益。结合经济社会承受能力、农村居民意愿等合理确定缴费水平和标准。已由自来水公司收取的农村污水处理费要返还用于农村污水处理设施运行。

4.3 强化科技支撑

加强技术研发与推广。鼓励农村生活污水治理技术、垃圾资源化技术、沼液沼渣综合利用技术、秸秆发电、秸秆气化等综合利用技术研发与推广，在不适宜集中开展污染治理的地区，研发环保、经济、实用的小型或家庭式治污技术和设备，积极推进科研成果转化，集成、筛选一批实用技术。财政专项资金加强对农村环境治理先进技术研发与示范推广的倾斜。通过组织现场学习、专题培训以及拍摄专题宣传短片等方式，推广农村环保实用技术和装备。

4.4 引导社会参与

积极培育农村环境治理市场主体。强化农村环境治理的市场化、专业化和产业化导向，推进农村环境治理市场开放，培育一批农村环境治理市场龙头企业。提高行业准入门槛，建立相关配套政策，防止环保企业低价恶性竞争。建立环保企业信用评价制度，引导公众参与及信息公开，对违约失信的环保企业纳入黑名单进行动态管理。

鼓励采用 PPP 模式。拓宽社会资本参与农村环境治理的领域和范围，在农村生活污水处理、生活垃圾收运处置、农村饮用水水源地保护、农业废弃物资源化利用、农业面源污染治理等领域大力推进 PPP 模式，实行农村环境治理设施建管一体化，通过市场机制吸引社会资本合作，增强专业力量，提高农村环境公共产品供给质量和效率。

4.5　严格监督考核

强化主体责任。将农村污染治理工作纳入本省（区、市）生态环境质量改善的考核范围，作为本省（区、市）党委和政府目标责任考核、市县干部政绩考核的重要内容。将农村污染治理突出问题纳入中央生态环保督察范畴，对污染问题严重、治理工作推进不力的地区进行严肃问责。

加强城乡一体环境监管能力建设。建立农村环境监测制度和监测技术体系，出台农村环境监测相关技术规范，开展农村空气质量、饮用水水源地水质、村镇河流（水库）水质、农村土壤环境质量、农村养殖业和面源污染等专项监测。逐步建立覆盖农村地区的环境监测网络，以县为单位配置农村环境空气和水质移动监测车，定期开展流动监测。建立生态环境部门、农业农村部门等环境监测信息共享机制。

强化管理机构与人员队伍建设。结合省以下环保机构监测监察执法垂直管理制度改革，强化基层环境监管执法力量，具备条件的乡镇及工业聚集区充实专业人员力量。鼓励各地根据实际情况，在农村地区设立相应的环境监管机构，探索符合地方实际的人员配置模式。建立村庄保洁制度，将村庄保洁与公益岗位设置相结合，建立村庄保洁队伍，增加贫困农户的经济收入。

参考文献

[1]　《中共中央　国务院关于实施乡村振兴战略的意见》（中发〔2018〕1 号）.

[2]　中共中央办公厅　国务院办公厅印发《农村人居环境整治三年行动方案》[EB/OL].（2018-02-05）[2019-10-27].
　　　https://www.gov.cn/gongbao/content/2018/content_5266237.htm

[3]　《国务院办公厅关于创新农村基础设施投融资体制机制的指导意见》（国办发〔2017〕17 号）.

[4]　《生态环境部、农业农村部关于印发农业农村污染治理攻坚战行动计划的通知》（环土壤〔2018〕143 号）.

[5]　《全国农业可持续发展规划（2015—2030 年）》（农计发〔2015〕145 号）.

[6]　《农业部关于打好农业面源污染防治攻坚战的实施意见》（农科教发〔2015〕1 号）.

[7]　《住房城乡建设部等部门关于全面推进农村垃圾治理的指导意见》（建村〔2015〕170 号）.

[8]　中共中央办公厅　国务院办公厅印发《关于创新体制机制推进农业绿色发展的意见》[EB/OL].（2017-09-30）
　　　[2019-10-27]. https://www.gov.cn/zhengce/2017-09/30/content_5228960.htm.

[9]　农业部办公厅关于印发《重点流域农业面源污染综合治理示范工程建设规划（2016—2020 年）》的通知（农办科〔2017〕16 号）.

[10]　《中央农村工作领导小组办公室　农业农村部　生态环境部　住房城乡建设部　水利部　科技部　国家发展改革委　财政部　银保监会关于关于推进农村生活污水治理的指导意见》（中农发〔2019〕14 号）.

[11]　浙江省"千村示范、万村整治"工作协调小组办公室关于印发《浙江省农村生活垃圾分类处理工作"三步走"实施方案》的通知（浙村整建办〔2018〕5 号）.

[12]　《住房城乡建设部等部门关于全面推进农村垃圾治理的指导意见》（建村〔2015〕170 号）.

本专题执笔人：王波、王夏晖、郑利杰、张笑千

完成时间：2019 年 12 月

专题 3 "十四五"地下水污染防治工作基本思路

1 地下水污染防治的必要性

地下水作为一种较为稳定和调蓄能力较强的水资源,是重要的战略储备资源。根据 2011—2018 年《中国水资源公报》,我国地下水资源量约占我国水资源量的三成,2012—2015 年全国地下水资源量同比变化均为下降趋势,2016 年以来有明显回升(图 6-3-1)。

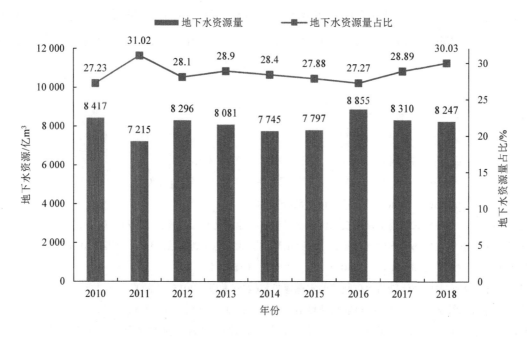

图 6-3-1　2011—2018 年全国地下水资源量及占比

地下水为我国北方地区重要供水水源。根据 2011—2018 年《中国水资源公报》,我国地下水源供水量约占全国总供水量的二成(图 6-3-2)。以 2018 年为例,北方六区(松花江区、辽河区、海河区、黄河区、淮河区、西北诸河区)地下水供水量为 877.3 亿 m³,占全国地下水供水量的 89.9%,占北方六区总供水量的 32.4%;南方四区(长江区、东南诸河区、珠江区、西南诸河区)地下水供水量为 99.1 亿 m³,占地下水供水量的 10.1%,占南方四区总供水量的 3.0%。自水利部门实施地下水超采治理以来,地下水源供水量占比逐年呈下降趋势,华北等重点超采区治理成效显著。

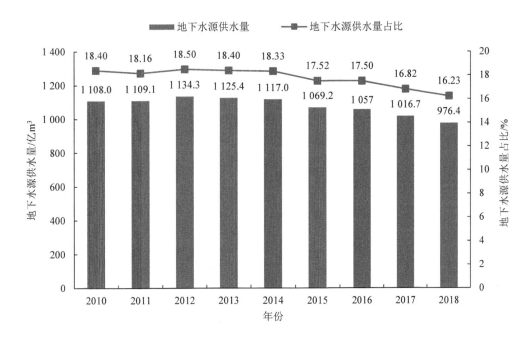

图 6-3-2　2011—2018 年全国地下水源供水量及占比

党中央、国务院高度重视地下水污染防治工作。国家先后实施《全国地下水污染防治规划（2011—2020 年）》（以下简称《规划》）、《水污染防治行动计划》（以下简称"水十条"）、《土壤污染防治行动计划》等，并将《规划》重点任务纳入污染防治攻坚战，有力推进了地下水污染防治工作。国务院各有关部门、各地方以习近平生态文明思想为指导，坚决贯彻党中央、国务院决策部署，深入推进地下水污染防治各项工作。

2　地下水环境质量现状

2.1　地下水饮用水水源环境现状

城镇集中式地下水饮用水水源水质总体稳定。根据 2013—2019 年生态环境状况公报，全国 338 个地级及以上城镇集中式饮用水水源监测断面（点位）中全年均达标的比例基本维持在 90%左右，2013—2019 年达标比例分别为 92.7%、89.3%、90.3%、90.4%、90.50%、92.5%、92.0%。其中，2015—2019 年地下水水源监测断面（点位）达标比例分别为 86.6%、85.0%、85.1%、85.1%、84.9%，主要超标指标为锰、铁和硫酸盐。

2.2　区域地下水环境质量现状

区域地下水水质极差比例得到控制，但较差比例有所抬升。根据 2011—2019 年环境状况公报①，国家级地下水水质监测点中，地下水极差/V类的比例基本控制在 15%左右，仅 2015 年和 2019 年度

① 据 2010—2019 年中国环境状况公报、中国生态环境状况公报，全国 4 110 个、4 727 个、4 929 个、4 778 个、4 896 个、5 118 个、6 124 个、5 100 个、10 168 个、10 168 个地下水水质监测点中，V类（极差）的比例分别为 16.8%、14.7%、16.8%、15.7%、16.4%、18.8%、14.7%、14.8%、15.5%、18.8%，以上数据来源于自然资源部国家地下水监测工程。

极差/Ⅴ类的比例达到18.8%；较差/Ⅳ类比例逐年抬升，至2018年和2019年，Ⅳ类地下水水质监测点占比已分别增加到70.7%和66.9%（图6-3-3），地下水环境保护形势相当严峻。超标指标为锰、铁、总硬度、溶解性总固体、氯化物、氨氮和硫酸盐等。

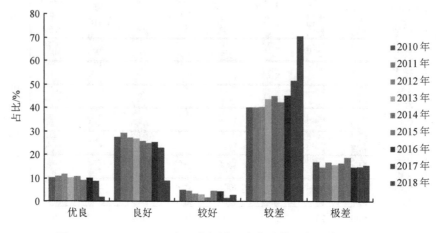

图6-3-3   2011—2018年国家级地下水水质监测点环境质量占比

2.3   污染源周边地下水环境现状

我国地下水污染源点多面广，部分污染源周边地下水污染突出。基于生态环境部2011—2017年全国地下水基础环境状况调查评估工作，开展了400余个典型地下水污染源周边地下水环境详细调查，结果表明，我国典型地下水污染源周边地下水环境状况堪忧，不同类型污染源周边地下水污染情况存在差异。据不完全统计，重点工业污染源周边地下水污染较重，58.2%的工业企业周边存在特征指标超标现象，主要污染指标为氯代烃、苯系物、石油类及重金属类；42.6%的生活垃圾填埋场周边存在特征指标超标现象，非正规垃圾填埋场污染尤为突出；42.9%的矿山周边存在特征指标超标现象，其中，重金属和类金属矿地下水污染较重，煤矿和采石场周边地下水污染较轻；11.2%的加油站周边地下水特征污染物超标，但六成重点调查加油站地下水特征污染指标检出，存在地下水污染风险。

3   地下水污染防治存在的主要问题

3.1   地下水污染防治工作上位法支撑不足

长期以来，我国将地下水的污染防治工作纳入水环境管理体系，《中华人民共和国水污染防治法》《水污染防治行动计划》均对地下水污染防治提出相关要求。但由于相关法律法规制定均在监督防治地下水污染的职责划入生态环境部之前，涉及地下水的污染防治工作内容在相关法律法规制定过程中，考虑不足，其中《中华人民共和国水污染防治法》涉及地下水污染防治9条，《中华人民共和国土壤污染防治法》涉及地下水污染防治8条。尤其是对地下水目标责任制、考核评估、调查评估、监测、污染防治分区划分等基本制度缺乏明确规定，不能满足当前地下水污染防治工作的总体要求。

3.2　地下水环境监测体系亟待建立

地下水监测体系建设是地下水环境监管的基础。自然资源部和水利部联合开展的国家地下水监测工程，针对区域地下水环境质量进行定期监测，反映我国区域地下水环境质量状况。机构改革后，生态环境部将地下水污染防治工作纳入土壤生态环境监管体系，地下水污染防治更多从地块尺度围绕地下水饮用水水源、地下水污染源（以下简称"双源"）开展，围绕"双源"的地下水环境监测体系亟待建立①。我国仍未形成统一的地下水环境监测信息共享机制，影响部际间的信息数据共享。

3.3　目标考核与污染防治工作有待统筹

目前，区域地下水质量监测数据是生态环境部门开展地下水质量考核、评估的主要抓手，"水十条"考核确定的 1 170 个地下水考核点位主要来源于自然资源部门的区域地下水质量监测数据，根据2016—2019 年考核结果，地下水质量极差的分别为 10.1%、10.3%、10.9%、10.7%，虽然完成了"全国地下水质量极差的比例控制在 15%左右"的目标，但从 2011—2019 年环境状况公报可以看出，国家级地下水水质监测点中较差/Ⅳ类比例逐年抬升，地下水污染仍存在恶化趋势。由于地下水污染隐蔽性、延迟性、复杂性等特点，区域尺度地下水质量目标与围绕"双源"开展的地下水污染防治工作不相适应，无法完全反映地方开展地下水污染防工作的成效。

3.4　地下水污染防治资金投入严重不足

2011 年，国务院印发《全国地下水污染防治规划（2011—2020 年）》，规划总投资为 346.6 亿元。据 2017 年《规划》中期评估统计，已落实资金共计 44.9 亿元，资金到位率仅为 13.0%。其中，地方投资 40.2 亿元，中央投资主要为《全国地下水基础环境状况调查评估项目》资金 2.7 亿元和《污染调查项目》资金 2 亿元（原国土部门下达）。2017 年，财政部组织对《全国地下水基础环境状况调查评估项目》进行预算评审，提出"省级地下水调查应充分利用国内现有资源通过收集资料方式开展评估工作""国土资源部门开展地下水监测，环境保护部门不需要开展监测井建设等工作"等建议，财政预算经费由 2017 年 3 000 余万元削减至 2018 年的 700 余万元。2018 年，国务院机构改革，将监督防治地下水污染职责划入新组建的生态环境部，地下水污染防治相关财政经费仍削减为 300 余万元，生态环境部门地下水污染防治工作基础薄弱，专业力量不足，当前资金投入难以满足新形势下地下水污染防治工作的需求。

4　"十四五"地下水污染防治工作思路

4.1　积极推动地下水管理条例出台

根据地下水污染的特点，应强调"预防为主，防治结合"的工作原则，推进地下水管理条例的出台，完成针对地下水生态环境监管体系的顶层设计，进一步明确地下水目标责任制、考核评估、调查评估、监测、风险管控和污染防治分区划分等基本制度要求。

---

① 《水污染防治法》第 40 条明确要求，化学品生产企业以及工业集聚区、矿山开采区、尾矿库、危险废物处置场、垃圾填埋场等的运营、管理单位，应当采取防渗漏等措施，并建设地下水水质监测井进行监测，防止地下水污染。

4.2 统筹建立区域"双源"的地下水环境监测体系

建立健全区域-"双源"相协调的地下水环境监测体系,区域地下水环境监测体系以国家地下水监测工程为基础,注重评估区域地下水环境质量状况;"双源"地下水环境监测体系以"双源"周边地下水水质监测井为基础,注重评估"双源"周边的地下水环境质量状况。通过对区域和"双源"地下水环境监测,客观反映区域和"双源"周边的地下水质量变化趋势,为地下水质量目标的制定提供依据。

4.3 科学制定区域"双源"地下水考核目标,强化"三协同"

根据区域和"双源"地下水质量状况和监管需求,设定合理的区域和"双源"地下水质量及任务考核目标,考核目标应能有效体现污染防治工作成效,满足监管需求,推动任务落实,坚决遏制地下水污染加剧趋势。区域层面实施"地表水-地下水"统筹,实现水污染防治与地下水污染防治的协同,地块层面推进"土壤-地下水"统筹,将地下水污染防治工作成效与"双源"周边地下水环境质量挂钩,通过地下水环境质量反映工作成效。

4.4 加大资金投入,拓展资金渠道

设立地下水污染防治专项资金。结合已建立的地下水污染防治项目中央储备库,建议将水污染防治、土壤污染防治资金中划转部分资金设立地下水污染防治专项资金,用于保证地下水污染防治中央储备库项目的正常开展,保障地下水污染防治试点工作的顺利进行,实现专款专用,有的放矢。

实施治理修复向土地价值的转化。具有土地利用价值的污染源,如城市中心垃圾填埋场等,应考虑将治理主体转移至土地购买方,一是通过降低土地使用权转让成本的方式,节约了政府地下水污染修复治理成本;二是由于治理主体和使用主体为同一主体,最大限度确保工程质量。

加大财政资金投入,拓展投融资渠道。通过加大财政资金投入,优化和整合污染防治专业支撑队伍,提高专业人员素质和技能。在政府投入之外,可通过PPP等环境治理投融资模式,减轻政府财政负担,同时有助于地下水污染防治资金使用将逐步转变为效果导向。

本专题执笔人:陈坚、李璐、殷乐宜、牛浩博、赵航
完成时间:2019 年 12 月

专题4　"十四五"重金属、固体废物污染防治与化学品环境管理基本思路研究

1　重金属污染防治基本思路

1.1　重金属污染防治现状与问题

1.1.1　重金属污染防治工作进展

（1）开展涉重金属重点行业全口径排查

为加强重金属污染防控，2018 年生态环境部发布的《关于加强涉重金属行业污染防控的意见》（以下简称《意见》）提出要全面排查涉重金属重点行业企业，建立全口径涉重金属重点行业企业清单。涉重金属重点行业包括重有色金属矿（含伴生矿）采选业（铜、铅锌、镍钴、锡、锑和汞矿采选业等）、重有色金属冶炼业（铜、铅锌、镍钴、锡、锑和汞冶炼等）、铅蓄电池制造业、皮革及其制品业（皮革鞣制加工等）、化学原料及化学制品制造业（电石法聚氯乙烯行业、铬盐行业等）、电镀行业。2018 年 7 月以来，各地陆续开展全口径排查工作，截至 2019 年 10 月共排查全口径企业 13 994 家，清单建立后，将对清单企业实施减排措施和工程，以及总量控制等管控措施。

（2）推进重金属污染"治旧"

研究制定重金属减排评估细则。"十三五"期间，重金属重点行业排放量控制有效衔接固定源排污许可制度，探索建立企事业单位重金属污染物排放总量控制制度。对重点行业企业减排实施分类管理和评估，将重金属污染物减排目标任务分解落实到重点行业企业，实现企业重金属污染物许可排放量下降。2019 年 4 月《重点重金属排放量控制目标完成情况评估细则（试行）》发布实施，各省已按照细则开展排放量核算。

分解落实减排指标措施。通过签订《土壤污染防治目标责任书》的方式，各省（区、市）将重金属减排任务分解到市（区、州）或县（市、区），督促实施减排工程。截至 2018 年年底，28 个省（区、市）对减排工程进行了汇总梳理，初步建立减排工程项目清单，减排工程项目共 1 105 个。其中 22 个省（区、市）自行测算了重金属减排量，共减排 610 t。

实施重金属污染物特别排放限值。各地落实"土十条"要求，对矿产资源开发活动集中区域，严格落实重点重金属污染物特别排放限值，推动企业升级改造，减少重金属污染物排放。截至 2018 年年底，内蒙古、江西、河南、湖北、湖南、广东、广西、四川、贵州、云南、陕西、甘肃、新疆等 13 个省（区），均已按要求出台了执行重点污染物特别排放限值的政策文件，划定了执行区域、行

业，涉及 4 个设区市和 63 个县级行政区。京津冀"2+26"、河北、青海等其他地区也出台了涉及部分涉重金属重点行业执行特别排放限值的政策规定。

完善重金属环境管理政策标准。生态环境部联合有关部委发布《优先控制化学品名录（第一批）》《有毒有害大气污染物名录（2018 年)》《有毒有害水污染物名录（第一批）》，将镉、汞、砷、铅、铬 5 种重点重金属及其化合物纳入名录，加强风险管控。推进《铅、锌工业污染物排放标准》（GB 25466—2010）修改单制定工作，增加废水总铊与废气无组织排放控制要求。原环境保护部陆续制定发布了有色金属冶炼、电镀、制革、电池等行业排污许可技术规范，截至 2018 年年底，4 554 家重点行业企业核发了排污许可证。

（3）严格重金属污染"控新"

北京将六大重点行业列入《北京市新增产业的禁止和限制目录（2018 年版）》；湖南出台了《湖南省有色金属产业"十三五"规划》，要求严格执行有色金属冶炼行业环境准入，新建工业项目必须入园管理；广西加速涉重金属企业"退城进园"，优化产业空间布局；浙江省明确了"重点涉重行业建设项目按各重金属污染物新增量与削减量不低于 1∶1.2 比例替代，其余涉重建设项目按 1∶1 比例替代"的总量控制要求；辽宁涉重金属重点行业总量指标审核实行分项控制、减量置换或总量替换、全省调剂、污染严控原则。截至 2018 年年底，全国审批新、改、扩建涉重金属重点行业建设项目 219 个。

（4）加强重点行业企业污染整治

生态环境部联合农业农村部、财政部、国家粮食储备局下发了《关于印发〈涉镉等重金属重点行业企业排查整治方案〉》，全面启动涉镉等重金属行业企业排查整治三年行动。全国共排查 13 514 家涉镉等重金属行业企业，确定需整治企业 1 849 家。2018 年 11 月，生态环境部印发《关于加强重点地区铊污染事件防范工作的通知》，部署江西、陕西等 10 个省份铊污染防范工作。江苏发布了《钢铁工业废水中铊污染物排放标准》，组织开展特征污染物日常监测，部署涉铊行业达标整治；四川对涉铊污染企业开展全面调查；贵州安排专项资金，组织开展黔西南州兴仁市回龙镇灶矾山历史遗留铊污染综合治理工作。福建、湖南、山东、广西等省（区）结合本省（区）实际，开展了铅锌矿山、尾矿库、有色冶炼行业及涉重金属工业园区重金属污染集中整治，消除环境安全隐患。

（5）强化涉重金属重点企业执法监管

各省（区、市）均开展了涉重金属重点行业企业重金属污染物监督性监测，并督促企业开展自行监测，浙江、吉林、广西等省（区）将监测结果向社会公开。上海试点推进一类水污染排放企业在车间处理设施排放口和总排口安装相应的一类水污染物自动监控设施或固定污染源水质自动采样系统。北京、上海、江苏、安徽等地出台了环境违法行为举报奖励办法，将涉重金属违法行为列入重点奖励举报内容，鼓励公众参与环境违法行为监督。

（6）落实重金属污染防治责任

中央生态环保督察"回头看"将重金属污染防治情况纳入云南、贵州等省（区、市）督察范围，督促相关地方政府切实整改发现的问题，落实生态环境保护主体责任。广东、广西、云南、山东等 4 个省（区）制定了重金属污染防控专项规划，27 个省（区、市）出台了重金属污染防控工作方案。浙江将重金属减排工作纳入"美丽浙江"和省市环保局长目标责任制考核；重庆将重金属污染防治重点工作纳入市委、市政府年度环保目标任务，作为区县政府实绩考核的重要内容；湖北将重金属相关工作评估和考核结果作为领导班子和领导干部综合考核评价、自然资源资产离任审计的重要依据。

1.1.2　重金属污染防治工作存在的问题

（1）标准规范不健全

硫铁矿等化学矿采选、有色金属废渣再生利用等缺少行业排放标准。有色采选缺少行业排污证申请与核发技术规范。重金属在线监测缺少安装、运行、验收技术规范。现行涉重金属重点行业排放标准存在管控污染物缺失或指标设置不合理问题，排放标准存在问题导致后续监测、排污许可等一系列环境管理手段出现漏洞。

（2）工作基础仍薄弱

铅、镉等重金属及其化合物作为工业产品，重金属污染物排放贯穿其生产、使用、废弃、回收利用等过程。此外，重金属元素在地壳中分布广泛，火电厂、钢铁、化学矿采选、无机酸等行业使用伴生重金属原辅料，存在重金属污染物随意排放。近年来不同含铊废水、物料导致的地表水铊污染时有发生，对铊污染状况了解明显不足。目前尚不掌握全链条的涉重行业企业及污染状况，或会导致环境管理缺位。

（3）环境管理水平不高

涉重行业环境管理注重废水、废气固定源排放管控，生产全过程污染管控不足。有色冶炼等行业企业重金属无组织排放普遍存在且环境影响大，现行排放标准以厂界浓度要求难以反映防控情况、无组织排放车间浓度要求、排放总量核算体系等缺失，管控手段薄弱。区域环境质量监测点位不能准确和及时反映区域、流域重金属污染排放和环境质量变化趋势。

（4）行业环境问题突出

我国有色金属产业大多处于产业链低端，以原材料生产或简单加工为主，废水、废气重金属污染物排放强度大，生产遗留尾矿、废石、矿井和冶炼渣等数量多分布广，污染周边河流、底泥、土壤、地下水的环境风险隐患高。废铅酸蓄电池、钢厂烟灰等含重金属废物回收流通环节管理粗放。东部部分地区环境管理加严，金属表面处理、钢丝绳等行业的电镀工序、铅浴工序存在转移到中西部现象。普通电镀生产门槛低、工艺简单，易出现电镀散乱污企业，2015年以来媒体新闻报道的115家电镀企业违法事件中，63%为电镀散乱污企业非法排污。

（5）环境风险隐患较大

我国在长期的矿产开采、加工以及工业化进程中累积形成重金属污染逐渐显现，涉重金属环境污染事件每年均有发生。2010年以来，全国先后发生多起铊污染事件，涉及铅锌采选、原生和再生铅锌冶炼、钢铁等行业，涉及企业高铊原料使用、未配套建设含铊废水处理设施、违法排污、含铊固体废物管理不善、事故性排放等多方面原因，媒体曝光的涉重金属事件也屡见不鲜。国控断面重金属污染物超标情况时有发生，环境风险隐患较大。

1.2　"十四五"重金属污染防治总体思路

1.2.1　形势分析

重金属污染防治是个长期而艰巨的任务，《重金属污染综合防治"十二五"规划》的制定和实施是我国重金属污染防治的起步阶段，基本遏制了重金属污染事件的高发态势，初步形成了围绕重点元素、重点行业和重点区域管控的重金属环境管理体系。2016年，国家先后发布《土壤污染防治行动计划》《"十三五"生态环境保护规划》，继续把加强重点行业重金属污染治理、持续降低重金属污染物排放作为重要任务。2018 年生态环境部印发《意见》，进一步明确了下阶段重金属污染防控的总体要求和工作部署，持续推动重金属污染防控工作。

经过近些年努力，我国部分区域和重点行业重金属污染综合整治取得一定成效，环境风险得到初步遏制，法规标准完善和基础信息采集等工作基础逐步加强。但我国第二产业采矿业、制造业的多个行业均涉及重金属排放，量大面广，涉重行业污染防治水平不均衡性显著，血铅、镉米（麦）、饮用水水源地铊超标等高度敏感环境问题仍时有发生，形势依然不容乐观。

1.2.2　总体思路

"十四五"期间，以防控重金属环境与健康风险为目标，以固定源排污许可制度为抓手，聚焦重点重金属污染物、重点行业、重点区域，持续深入推进重金属污染防控，不断提升重金属监管能力、污染治理能力和风险防控能力。

重点防控的重金属包括镉、汞、砷、铅、铬，兼顾防控铊、锑。

重点防控的行业包括重有色金属矿（含伴生矿）采选业（铜、铅锌、镍钴、锡、锑和汞矿采选业等）、重有色金属冶炼业（铜、铅锌、镍钴、锡、锑和汞冶炼等，含再生冶炼）、铅蓄电池制造业、皮革及其制品业（皮革鞣制加工等）、化学原料及化学制品制造业（电石法聚氯乙烯行业、铬盐行业等）、电镀行业。

1.3　"十四五"重金属污染防治重点任务

1.3.1　完善重金属污染防治标准规范

研究制定硫铁矿等化学矿采选、含有色金属废渣再生利用等行业排放标准，有色采选行业排污许可证申请与核发技术规范，以及重金属在线监测安装、运行、验收技术规范。研究标准发布至今环境管理需求和企业环境管理水平变化，修订铅锌、铜镍钴、再生冶炼、电镀等行业排放标准。

1.3.2　建立重金属污染物固定源排放制度

衔接固定源排污许可制度，逐步摸清我国涉重行业企业清单与重金属排放情况，鼓励涉重行业企业使用成熟适用的环保改造技术，探索重金属污染物排污权交易。研究探索按照区域环境质量状况实施重金属每日最大许可排放总量控制模式，对于环境中重金属超标以及风险隐患突出的区域，严格涉重金属行业企业重金属排放量目标管理，在向排污单位核发或换发排污许可证时应减少其许可排放量，或停止发放新的排污许可证。通过固定源排放控制，实现基于从环境质量需求出发的涉重企业布局优化。

1.3.3　提升涉重金属环境管理水平

强化涉重金属企业各环节环境管理。加强企业生产全过程污染管控，强化除固定源排放外，排查各重点行业对水、气、土环境质量影响的风险点并逐步消除，实现水、气、土、固、重金属污染协同控制。深化废气无组织排放管控，建立针对性的浓度和总量管控要求，引导企业开展无组织排放收集治理。加强涉重金属废物再利用各环节污染管控。

加强涉重行业企业监管监督。加强涉重行业企业与重金属历史遗留问题密集地区环境质量监测体系建设，逐步建立基于环境风险防控的监测预警制度。加强涉重金属废水、废气在线监测技术研发与运用。跟踪涉重产业转移承接地的行业环境管理情况，防止新增涉重金属散乱污。

1.3.4　严格重点行业企业环境准入

完善并继续推进重金属污染物排放总量控制制度，以全口径涉重金属重点行业企业清单为基础，严格落实新建涉重金属重点行业企业重金属排放量"等量替换""减量替换"。优化涉重金属行业的空间布局，鼓励各省推进电镀、皮革、电池等行业企业入园管理，将企业入园进区与调整产业结构、清洁生产、工艺提升改造相结合，淘汰落后产能，加强园区管理水平。

1.3.5　实施涉重金属重点行业整治提升

开展有色行业综合整治。推动有色等产业升级与技术革新，实施减排改造工程，加强达标排放管理。加强企业生产全过程污染管控，强化除固定源排放外，原料堆放、固体废物堆放、地面冲洗等环节污染管控，加强尾矿库、矿井涌水等污染治理，实现有色行业水气土固重金属污染协同控制。在有色冶炼集中区域，实行有色行业提标改造，一区一策，降低有色行业集中区域重金属污染物排放强度。

加强电镀行业执法检查与监管。开展电镀行业综合整治，排查取缔非法电镀企业，园区外电镀企业实行纳管排污。以江苏省太湖流域电镀行业环保整治为示范，在全国范围内打造电镀企业绿色化发展样板企业、样板园区，带动全国电镀行业治理升级改造。

实施涉铊行业排查整治。铊广谱伴生且具亲硫特性，以钢铁、有色等含脱硫或尾气制酸的主要行业企业为重点，开展废水、废气、废渣铊污染状况排查，基本摸清我国主要涉铊行业污染状况，从源头控制、提升工艺设备水平、强化污染防控和提高管理水平等方面着手，有效管控铊污染物排放，降低环境风险。

1.3.6　推进涉重金属历史遗留问题解决

跟踪衔接各类专项治理、排查工作，梳理分析排查无主有色尾矿库、无主有色矿坑隆口、无主采选冶废渣等历史遗留重金属污染和重金属风险隐患，摸清污染分布、污染问题严重程度和风险水平。集中力量优先解决风险隐患突出的历史遗留重金属污染问题，短时难以彻底解决的，实施风险管控。以湖南、广西、河南、云南、贵州等省（区）为重点，开展有色冶炼含砷废渣排查治理。

2　固体废物污染防治基本思路

2.1　固体废物污染防治现状

2.1.1　危险废物

危险废物是列入国家危险废物名录或根据国家规定的危险废物鉴别标准和鉴别方法认定的具有危险特性的固体废物，按来源不同，可分为工业危险废物、医疗废物和社会源危险废物等三大类。

其中,工业源、社会源危险废物来源广泛、种类较多,废铅蓄电池、废矿物油是目前广受关注的社会源危险废物。

2.1.1.1　工业危险废物

（1）环境管理现状

我国危险废物管理制度包括名录制度、标识制度、管理计划和申报登记制度、转移联单管理制度、许可证制度、应急预案制度、事故报告制度、经营情况记录与报告制度及许可证颁发情况上报制度等。"十三五"时期以来,国家不断健全危险废物制度体系,修订《中华人民共和国固体废物污染环境防治法》、修订《国家危险废物名录》《危险废物经营许可管理办法》《危险废物转移联单管理办法》,同时针对典型危险废物利用处置技术的污染防治发布了一系列政策文件。2019 年 10 月,生态环境部印发《关于提升危险废物环境监管能力、利用处置能力和环境风险防范能力的指导意见》,为今后一段时期的危险废物环境管理工作指明了方向。

（2）产生及利用处置现状

2017 年,我国危险废物产生量为 6 936.9 万 t,其中综合利用 4 043.42 万 t,处置 2 551.56 万 t,贮存 870.87 万 t（含往年贮存）。近几年我国危险废物产生量仍呈现较快上升趋势,2016 年、2017 年产生量较上年分别增长 36.7%、27.6%（图 6-4-1）。从产生类别看,工业危险废物主要包括废碱、废酸、石棉废物、有色金属冶炼废物、无机氰化物废物等;从产生行业看,工业危险废物产生量位居前列的行业包括化工原料制造、有色金属冶炼、非金属矿采选、有色金属矿采选等;从产生分布看,工业危险废物产生量排在前五位的省份依次是山东、江苏、湖南、浙江、内蒙古。

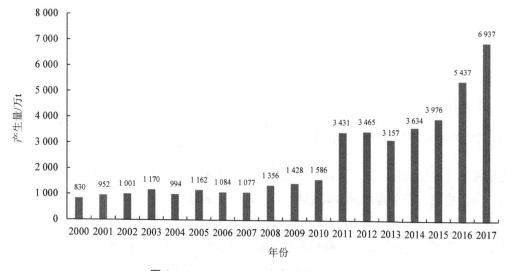

图 6-4-1　2000—2017 年危险废物产生情况

数据来源:中国统计年鉴。

2006—2018 年,全国危险废物经营许可证发放数量和核准经营规模均有较大幅度提升。截至 2018 年年底,全国各省（区、市）颁发的危险废物（含医疗废物）经营许可证共 3 220 份,全国危险废物经营单位核准收集和利用处置能力达到 10 212 万 t/a（含收集能力 1 201 万 t/a）,实际收集和利用处置量为 2 697 万 t（含收集 57 万 t）（图 6-4-2）。近几年危险废物集中处置能力尤其是填埋处置能力提升较为明显,2018 年全国焚烧核准经营规模、填埋场容量分别较 2015 年增加 146%、265%。2011—2016 年工业危险废物利用处置情况见图 6-4-3,工业危险废物综合利用处置率较为平稳,处于

74.8%～81.2%。

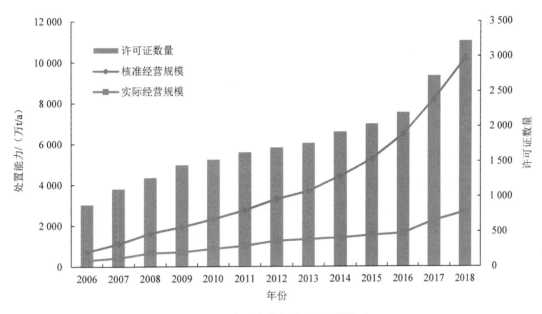

图 6-4-2　危险废物集中利用处置能力

数据来源：生态环境部。

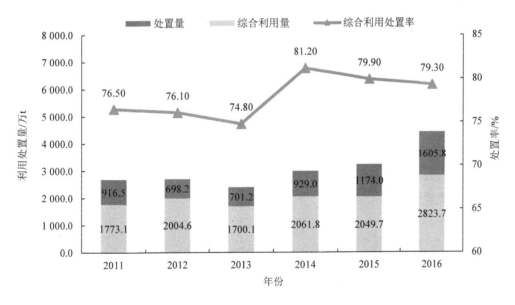

图 6-4-3　工业危险废物利用处置情况

数据来源：环境统计年报。

2.1.1.2　医疗废物

（1）环境管理现状

目前医疗废物焚烧处置的污染控制主要依据《生活垃圾焚烧污染控制标准》（GB 18485—2014）及《危险废物焚烧污染控制标准》（GB 18484—2001）中的相关要求。为强化医疗废物环境管理，生态环境部"十三五"期间组织制定《医疗废物处理处置污染控制标准（征求意见稿）》，正在修订《医疗废物分类目录》《医疗废物集中处置技术规范》《医疗废物集中焚烧处置工程建设技术规范》《医疗废物高温蒸汽集中处理工程技术规范》《医疗废物化学消毒集中处理工程技术规范》《医疗废物微波消毒集中处理工程技术规范》。

（2）产生及处理处置现状

2018 年，我国 200 个大、中城市医疗废物产生量 81.7 万 t，处置量 81.6 万 t。产生量位居前五的省份为广东、浙江、江苏、上海和四川。医疗废物常用处理方法分为焚烧技术和非焚烧技术两大类，目前我国采用焚烧技术和非焚烧技术的医疗废物处置设施数量各占一半。我国于 2004 年 11 月实施《控制持久性有机污染物的斯德哥尔摩国际公约》之后，3～5 t/d 的中小型处理设施基本采用非焚烧技术，服务于大型城市的医疗废物处置设施仍主要采用焚烧处理技术。截至 2018 年，全国各省（区、市）共颁发 407 份危险废物经营许可证用于处置医疗废物（383 份为单独处置医疗废物设施，24 份为同时处置危险废物和医疗废物设施），医疗废物核准经营规模为 129 万 t/a。医疗废物处理处置设施负荷率高，2018 年整体负荷率为 76.0%，超过 1/3 的城市负荷率在 90% 以上，1/5 的医疗废物处置设施处于满负荷或超负荷运行状态。

2.1.1.3 废铅蓄电池

（1）环境管理现状

2016 年 12 月，国务院印发《生产者责任延伸制度推行方案》（国办发〔2016〕99 号），确定对铅酸蓄电池、电器电子等 4 类产品实施生产者责任延伸制度。2019 年 1 月，生态环境部联合八部委印发《废铅蓄电池污染防治行动方案》（环办固体〔2019〕3 号），提出建立规范有序的废铅蓄电池收集处理体系，要求到 2020 年，铅蓄电池生产企业实现废铅蓄电池规范收集率达到 40%，到 2025 年，废铅蓄电池规范收集率达到 70%。根据同步出台的《铅蓄电池生产企业集中收集和跨区域转运制度试点工作方案》，北京、天津、河北、辽宁、上海、江苏、浙江、安徽、福建、江西、山东、河南、湖北、海南、重庆、四川、甘肃、青海、宁夏、新疆等省（区、市）将开展铅蓄电池生产企业集中收集和跨区域转运制度试点工作。为推进方案实施，出台了《废铅酸蓄电池回收技术规范》（GB/T 37281—2019），《废铅蓄电池处理污染控制技术规范》《废铅蓄定危险废物经营许可证审查指南》等技术管理文件正在制定并有望于"十三五"期间出台。

（2）产生及利用处置现状

根据行业相关数据，我国 2018 年产生的废铅酸蓄电池数量大约在 600 万 t，而且呈现逐年增加的趋势，而目前较为规范的回收率大约在 30%，环境风险隐患突出。

2.1.2 一般工业固体废物

（1）环境管理现状

我国一般工业固体废物环境管理相关要求主要基于《中华人民共和国固体废物污染环境防治法》《中华人民共和国清洁生产促进法》《中华人民共和国循环经济促进法》制定。国家发展改革委先后制定了《粉煤灰综合利用管理办法》《煤矸石综合利用管理办法》，促进典型工业固体废物综合利用，原环境保护部制定出台了《一般工业固体废物贮存、处置场污染控制标准》（GB 18599—2001）（正在修订），规范一般工业固体废物贮存处置行为。

2017 年，国家发展改革委等十四部门联合发布《循环发展引领行动》（发改环资〔2017〕751 号），明确提出推动大宗工业固体废物综合利用，建设工业固体废物综合利用产业基地，大力推进多种工业固体废物协同利用。2019 年 1 月，国家发展改革委、工信部联合发布《关于推进大宗固体废物综合利用产业集聚发展的通知》（发改办环资〔2019〕44 号），提出到 2020 年，建设 50 个大宗固体废弃物综合利用基地、50 个工业资源综合利用基地，基地废弃物综合利用率达到 75%及以上。2019 年10 月，财政部、国家税务总局发布《关于资源综合利用增值税政策的公告》，加大了对磷石膏、废玻璃等固体废物综合利用产品的增值税优惠力度。

（2）产生及利用处置现状

我国一般工业固体废物产生量近年来趋于平稳，由于第二产业总量庞大，"十二五"期间工业固体废物产生量维持在 32 亿 t 左右（图 6-4-4）。一般工业固体废物产生量排在前 5 位的省份依次是内蒙古、江苏、山东、四川和陕西。2006—2016 年，一般工业固体废物的综合利用率基本维持在 60%～65%的水平，与 73%的规划目标仍存在一定差距。受物质特性、技术条件，地理位置等影响，不同类别一般工业固体废物的综合利用情况差异较大。具有较高资源提取价值的冶炼渣综合利用率达到90%及以上，其次是适宜制备建材的炉渣、粉煤灰、脱硫石膏等，可达到 80%及以上，产生量最大的尾矿综合利用情况较差，综合利用率不足 30%，造成大量堆存，目前全国有 9 000 余座尾矿库。

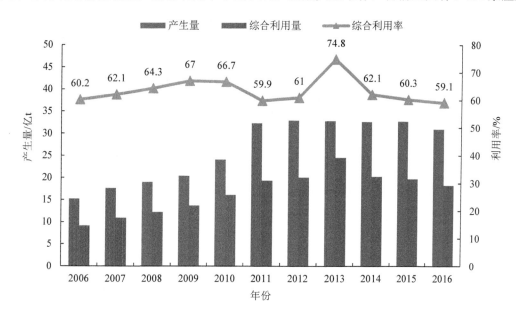

图 6-4-4　一般工业固体废物产生及利用情况

数据来源：环境统计年报。

从产生来源看，煤炭、钢铁、有色金属工业对工业固体废物产生量的贡献率高达 75.5%。其中，煤炭开采、消费活动对工业固体废物产生量的贡献率占到 37.3%，其次是铁矿采选和钢铁冶炼占26.7%、有色金属矿采选和冶炼占 11.5%。从产生类别看，尾矿、煤矸石、粉煤灰、冶炼渣、矿渣、脱硫石膏六大类废物产生量占总量的 80%。其中，铁尾矿和粉煤灰是产生量最大的两类废物，2014年产生量分别占到总产生量的 17.%和 14.1%。从区域分布看，一般工业固体废物产生情况日益向西部资源能源输出地区集中，2017 年一般工业固体废物产生量排名前十位的城市中有九个为西部城市（表 6-4-1）。从产生强度看，全国单位工业增加值的工业固体废物产生强度呈下降趋势，由 2004 年的 1.85 t/万元降低到 2014 年的 1.5 t/万元，西部地区产生强度较高，2014 年按第二产业增加值计算的工业固体废物产生强度约为全国水平的 1.5 倍，是东部地区的 3 倍。

表 6-4-1　2017 年一般工业固体废物产生量排名前十的城市

序号	城市	产生量/万 t
1	内蒙古自治区鄂尔多斯市	7 471.9
2	四川省攀枝花	5 340.1
3	内蒙古自治区包头市	4 169.6
4	内蒙古自治区呼伦贝尔市	3 550.4
5	云南省昆明市	3 021.6
6	陕西省渭南市	2 743.1
7	江苏省苏州市	2 656.2
8	陕西省榆林市	2 459.4
9	山西省太原市	2 440.7
10	广西壮族自治区百色市	2 403.9
	合计	36 256.9

2.1.3　生活垃圾

（1）环境管理现状

1）建立健全生活垃圾分类制度。2017 年 3 月 18 日，国务院办公厅转发发改委、住建部《生活垃圾分类制度实施方案》（国办发〔2017〕26 号），提出到 2020 年年底，基本建立垃圾分类相关法律法规和标准体系，形成可复制、可推广的生活垃圾分类模式。直辖市、省会城市、计划单列市和第一批生活垃圾分类示范城市等 46 个城市将率先开展生活垃圾强制分类。2017 年 6 月 6 日，住建部办公厅发布《关于开展第一批农村生活垃圾分类和资源化利用示范工作的通知》，确定全国 100 个县（市、区）开展第一批农村生活垃圾分类的资源化利用示范工作。2017 年 9 月 4 日，八部委联合下发《关于在医疗机构推进生活垃圾分类管理的通知》（国卫办医发〔2017〕30 号），明确医疗机构内生活垃圾和医疗废物的分类管理要求。

2）加快生活垃圾焚烧设施建设。2016 年 10 月，四部委联合发布《关于进一步加强城市生活垃圾焚烧处理工作的意见》（建城〔2017〕227 号），明确要加强城市生活垃圾焚烧处理设施的规划建设管理工作，提高生活垃圾处理水平。《"十三五"城镇生活垃圾无害化处理设施建设规划》要求，到 2020 年垃圾焚烧能力占无害化总能力的比例达到 50%，东部地区达到 60%。广西、浙江、湖南等省份相继出台《广西城镇生活垃圾焚烧发电项目建设规划修编（2016—2020 年）》《浙江省生活垃圾焚烧发电中长期专项规划（2019—2030 年）》《湖南省生活垃圾焚烧发电中长期专项规划（2019—2030 年）》等，规划建设了一批生活垃圾焚烧发电项目。在各项政策推动下，我国垃圾焚烧处理规模"十三五"期间得到迅速壮大。

3）实施垃圾焚烧设施达标排放计划。2016 年 12 月，环境保护部发布《关于实施工业污染源全面达标排放计划的通知》，要求垃圾焚烧行业落实"装、树、联"任务，2017 年年底前达标计划实施取得明显成效。2017 年 4 月 20 日，环境保护部发布《关于生活垃圾焚烧厂安装污染物排放自动监控设备和联网有关事项的通知》（环办环监〔2017〕33 号），督促垃圾焚烧企业安装自动监控设备并公开实时监控数据。2017 年 5 月 3 日，住建部发布《关于开展生活垃圾焚烧处理设施集中整治工作的通知》（建办城〔2017〕334 号），相关工作的开展促使焚烧设施运营管理水平有所提升。2020 年 1 月 1 日，由生态环境部印发的《生活垃圾焚烧发电厂自动监测数据应用管理规定》开始施行，国家将对生活垃圾焚烧设施进行更为科学、有效的监管。

　　4）开展水泥窑协同处置试点示范。我国水泥窑协同处置生活垃圾始于 2010 年前后，2015 年工信部等六部委联合开展了水泥窑协同处置生活垃圾试点及评估工作，确定了 6 家水泥窑协同处置生活垃圾试点企业。2016 年，工信部和财政部筛选出贵州省的 8 个水泥窑协同处置生活垃圾项目作为 2016 年水泥窑协同处置固体废物试点示范项目，拨付专项资金支持建设。目前已建成项目约 40 项，规划建设项目近 50 项。水泥窑协同处置生活污泥始于 2008 年，目前已建成水泥窑协同处置生活污泥项目约 100 个。

　　（2）产生及处理现状

　　2017 年全国生活垃圾清运量为 21 520.9 万 t，无害化处理量为 21 034.2 万 t。近年来，生活垃圾清运量及无害化处理量呈逐年上升趋势，生活垃圾无害化处理率近年来显著提高，由 2011 年的 79.8% 增长至 2017 年的 97.7%（图 6-4-5）。城市生活垃圾产生量排在前五位的省份依次是广东、江苏、山东、浙江和四川（图 6-4-6）。

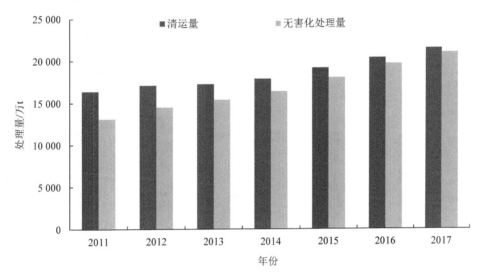

图 6-4-5　2011—2017 年生活垃圾清运量与无害化处理量

数据来源：住房和城乡建设部官网。

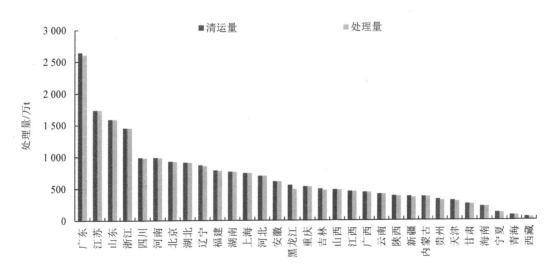

图 6-4-6　2017 年各省生活垃圾清运量及无害化处理量

数据来源：住房和城乡建设部官网。

随着电子商务的兴起，我国快递业务量从 2012 年的 57 亿件增长至 2018 年的 507.1 亿件，由此产生的快递垃圾产生量快速攀升，在我国特大城市中，快递包装垃圾增量已占到生活垃圾增量的 90%以上。相关统计数据显示，2016 年全国快递共消耗约 32 亿条编织袋、约 68 亿个塑料袋、37 亿个包装箱以及 3.3 亿卷胶带。按业内每个包装箱 0.2 kg 的标准保守计算，2018 年产生的快递垃圾量为 1 014.2 万 t。然而，快递垃圾的总体回收率不足 20%，给生活垃圾处理设施造成较大压力。

从处理方式来看，卫生填埋仍然最为常用的生活垃圾处理方式，2017 年，生活垃圾卫生填埋处理量占总处理量 57.2%。与此同时，生活垃圾焚烧能力增长迅速，全国生活垃圾焚烧比例从 2012 年的不足 10%增长到 2017 年的 40.2%。截至 2017 年年底，全国 28 个省（区、市）投产垃圾焚烧发电项目 339 个，并网装机容量 725 万 kW，约占生物质发电总装机的 49%，年上网电量 375 亿 kW·h，年垃圾处理量约 10 118 万 t（图 6-4-7）。生活垃圾焚烧设施主要集中在东部沿海省份，浙江省 2018 年生活垃圾焚烧比例为 65%，部分城市已建成多座生活垃圾焚烧厂。然而，与发达国家相比，我国的垃圾焚烧处理比例仍然较低。结合各地已出台的垃圾处理设施规划，还将有一批生活垃圾焚烧设施于"十三五"期间投产，垃圾焚烧处理能力和处理比例还将进一步提升。

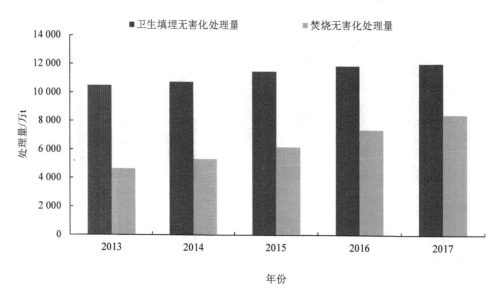

图 6-4-7　2013—2017 年各省生活垃圾卫生填埋和焚烧处理状况

数据来源：住房和城乡建设部官网。

2.1.4　塑料垃圾

（1）环境管理现状

我国曾于 2007 年发布"限塑令"，但已不能适应当前形势需求，塑料垃圾污染治理近年来得到高度重视。"洋垃圾"禁令实施后，我国于 2018 年 1 月 1 日起停止对生活源废塑料的进口。2018 年 12 月 17 日，生态环境部部长李干杰主持召开生态环境部常务会议研究"白色污染"综合治理工作。2019 年 9 月 9 日，中央全面深化改革委员会第十次会议审议通过了《关于进一步加强塑料污染治理的意见》，对塑料制品的生产、销售、使用、回收、利用等环节提出了更为具体的要求。

"十三五"时期以来，国家采取了一系列措施，协同推进"白色污染"治理。生产阶段，2019 年 10 月国家发展改革委出台的《产业结构调整指导目录（2019 年本）》将一次性发泡塑料餐具、一次性塑料棉签、含塑料微珠的日化用品、厚度低于 0.025 mm 的超薄型塑料袋、厚度低于 0.01 mm 的聚乙烯农用地膜等列为淘汰类产品，新修订的《聚乙烯吹塑农用地面覆盖薄膜》（GB 13735—2017）将地膜厚度下限由 0.008 mm 提高到 0.01 mm。消费阶段，2017 年 10 月国家邮政局委等 10 部门印发《关于协同推进快递业绿色包装工作的指导意见》，商务部推动制订《电子商务绿色包装材料技术和管理规范》《流通领域绿色包装通用规范》，减少塑料使用。在回收阶段，2017 年 3 月国务院办公厅印发《生活垃圾分类制度实施方案》（国办发〔2017〕26 号），将废塑料列为主要可回收物，《土壤污染防治行动计划》对农膜的回收利用提出了明确要求，农业部制定了《农膜回收行动方案》并在部分地区启动实施。2020 年 1 月，国家发展改革委、生态环境部联合印发《关于进一步加强塑料污染治理的意见》（发改环资〔2020〕80 号），提出有序禁止、限制部分塑料制品的生产、销售和使用，积极推广替代产品，规范塑料废弃物回收利用，建立健全塑料制品生产、流通、使用、回收处置等环节的管理制度，有力有序有效治理塑料污染。

（2）产生及处置现状

目前我国的塑料垃圾主要来自日常生活中塑料袋、塑料瓶、塑料餐盒等包装的大量一次性使用。塑料垃圾占城市生活垃圾的比重为 12%～20%，在北京、上海、江苏、浙江、广东等经济发达地区，其比重高达 20%。据估算，我国生活源塑料垃圾产生量约每年 4 000 万 t。来自快递、外卖行业的塑料垃圾增速较快，2018 年快递业共消耗编织袋约 53 亿条、塑料袋约 245 亿个、胶带约 430 亿 m。然而，快递包装回收率不足 20%，外卖餐盒由于分布零散且沾染油污，回收率极低。

农业生产中超薄塑料薄膜的应用也成为塑料垃圾的重要来源。据统计，近年来农用塑料薄膜消耗量约每年 260 万 t，其中农用地膜使用量约每年 145 万 t，超薄地膜易破易碎，回收率较低。2018 年 5 月 1 日起，农用地膜厚度下限执行 0.01 mm 的强制标准，回收率近年来有所提升，目前仍然不足 2/3，但存在一定上升空间。

塑料垃圾大多进入生活垃圾末端处置设施，处置方式以填埋为主，焚烧处置量及处置比例近年来逐年上升。塑料垃圾由于密度小、体积大，填埋处置需要占用大量土地空间，并且塑料垃圾的降解约需 500 年，远大于垃圾填埋场的使用寿命，其中含有的邻苯二甲酸脂类等有毒有害添加剂的溶出将造成二次污染。目前生活垃圾中含有较大比例塑料垃圾，PVC 等塑料垃圾中富含的有机氯为二恶英的形成提供原料，同时氯元素将促进重金属的挥发，导致烟气和飞灰中二恶英、重金属等有毒有害物质含量增加，焚烧设施运营单位需要付出巨大代价以达到污染排放标准要求。

2.2　固体废物污染防治主要问题

2.2.1　固体废物处理处置能力不足

（1）危险废物

危险废物利用处置能力呈现结构性失调、地区不均衡现象，局部地区废矿物油、有色金属冶炼废物、废铅蓄电池等单一危险废物利用设施能力过剩，综合性危险废物处置能力长期缺乏。2018 年全国危险废物经营单位核准收集和利用处置能力达到 10 212 万 t/a（含收集能力 1 200 万 t/a），实际收集和利用处置量仅为 2 697 万 t（含收集 57 万 t），负荷率仅为 26.4%。全国有 20 个危险废物焚烧设施运行负荷率超过 100%，部分地区填埋能力紧张。

（2）一般工业固体废物

2016 年，我国一般工业固体废物综合利用率为 59.1%，受废物性质、技术条件、地理位置等、不同类别的一般工业固体废物的综合利用情况差别较大，冶炼渣、炉渣、粉煤灰等综合利用率可达到九成左右，产生量最大的尾矿（占总量 27%）综合利用率不足 30%，部分第 II 类工业固体废物环境风险较高，尚不具备资源化技术条件，目前赤泥综合利用率仅为 5%、电解锰渣仅为 1%。国家统计局数据显示，2013 年以来我国一般工业固体废物贮存量持续增长，加之长期粗放发展遗留的未处理工业固体废物，目前已累计堆存工业固体废物 280 亿 t，全国尾矿库近万座，工业固体废物贮存占用大量土地资源，污染治理成本也成为经济发展的沉重负担。

（3）生活垃圾

伴随城镇化的快速推进，城市生活垃圾快速增长，垃圾处理设施难以满足需求，部分城市陷入"垃圾围城"困境。尤其近年来快递、外卖等新业态的崛起，贡献了相当一部分生活垃圾产生量，部分特大城市快递垃圾的增量已占到生活垃圾增量的约 90%。同时，我国生活垃圾分类工作经历了十多年探索，收效不甚理想。目前仅有浙江、上海、北京等少数城市明确了生活垃圾分类投放标准，全国绝大部分城市分类设施尚不完善，末端处理系统未能与分类回收系统建立良好衔接。农村生活垃圾收运处理体系尚不完善。

2.2.2　危险废物环境风险隐患突出

1）超期及不规范贮存现象较为普遍。由于危险废物利用处置能力长期不足，危险废物超期贮存现象较为常见。同时，"清废行动"及监督检查中发现，贵州黔西南州兴仁市、广东阳江市等地固体废物环境监管严重缺失，危险废物露天存放问题突出，此外，危险废物标识不清、混合储存等问题较为常见。

2）利用处置设施运营管理水平较低。2015 年，全国抽查危险废物经营单位 323 家，抽查合格率仅为 79.1%。根据 2014 年开展的部分危险废物处置设施运行情况调查，约 26% 的设施二噁英超标排放。水泥窑协同处置设施运营管理经验欠缺，医疗废物焚烧设施普遍难以实现稳定达标排放。每年有一半以上危险废物由产生单位自行利用处置，监管较为薄弱。

3）危险废物违法倾倒处置事件频发。长期供需失衡局面和高额利润诱惑下，不法分子铤而走险。据统计，40% 的涉嫌环境污染犯罪案件涉及危险废物，其中非法转移、处置危险废物案件约占 20%。"十三五"期间，江苏靖江养猪场地下填埋危废案、浙江海宁非法处置危废案、湖南宁乡跨省非法处置危废案、青岛新天地违法处置危废案等涉及危险废物环境违法案件引发关注。

2.2.3　固体废物环境管理基础薄弱

1）管理制度尚不完善。相关法律法规缺乏对危险废物污染者终身责任追究制度的规定，危险废物经营许可证审批分级不尽合理、类型涵盖不全、转移审批不合理。

2）队伍建设严重滞后。仍有部分省（市）生态环境部门未设置独立的固体废物管理处，地级市虽然设置了固体废物管理机构，但人员配置和经费支持状况难以担负起固体废物环境监督管理职责，基层环境管理人员往往一人身兼数职，专业知识和能力参差不齐。

3）管理手段较为落后。由于危险废物涉及行业较多，危险废物申报登记制度执行效果不佳，部分危险废物的产生、利用、贮存、处置情况还未纳入统计，现有统计数据并不能反映危险废物污染与治理的实际状况。固体废物管理信息系统建设工作推进较为缓慢，全国固体废物管理信息系统与省级系统匹配性不佳，物联网技术和信息化手段在固体废物管理方面的应用仍有较大的上升空间。

2.3 "十四五"固体废物污染防治总体思路

2.3.1 工作基础

"十三五"期间开展的一系列相关工作，为"十四五"固体废物污染防治工作的开展打下了坚实基础：

1）顶层设计和制度层面不断优化。对《中华人民共和国固体废物污染环境防治法》进行第四次、第五次修订。完善《国家危险废物名录》《危险废物经营许可管理办法》《危险废物转移管理办法》等，修订《危险废物鉴别标准通则》《危险废物鉴别技术规范》等技术文件。开展固体废物排污许可管理探索，将固体废物纳入排污许可证管理提上议程。试点推行生产者责任延伸制度，率先对电器电子、汽车、铅酸蓄电池和包装物等 4 类产品实施生产者责任延伸制度。推动固体废物污染治理市场化治理模式形成和绿色价格机制建立。

2）固体废物治理实践逐步深化。依托第二次全国污染源普查及固体废物信息管理系统运行，将进一步摸清固体废物的产生、贮存、利用、处置等信息。国务院办公厅印发《"无废城市"建设试点工作方案》（国办发〔2018〕128 号），启动"无废城市"试点建设工作，从城市维度协同推进固体废物源头减量、资源利用及无害处置。以危险废物、"洋垃圾"、生活垃圾、塑料垃圾等为重点，国家出台了一系列技术管理文件。山西、浙江、河南、广西、海南、重庆、四川、陕西、新疆等 9 省（区、市）出台了危险废物处置设施规划或指导性文件，河北、辽宁、安徽等省份出台了危险废物污染防治规划，结合各地实际需求，规划建设一批危险废物利用处置项目。

3）管理队伍和能力建设持续强化。2018 年，生态环境部首次设置固体废物与化学品司，担负全国固体废物污染防治的监督管理，组织实施危险废物经营许可及出口核准、固体废物进口许可等环境管理制度，队伍建设得到强化。全国固体废物信息管理系统建成并投入使用，包括危险废物经营许可证、废物进口管理、固体废物产生源管理、危险废物转移联单管理、危险废物出口核准管理、危险废物应急辅助支持等六个子系统，固体废物管理工作数据的申报、审核、汇总、上报将逐步实现信息化，大大提高管理效能。

4）打击违法犯罪力度不断加大。2016 年 12 月，最高人民法院、最高人民检察院修订发布《关于办理环境污染刑事案件适用法律若干问题的解释》（法释〔2016〕29 号），进一步提高打击固体废物环境违法行为的实操性。2018 年 5 月，生态环境部启动"清废行动 2018"，组成 150 个督查组进驻长江经济带 11 省（市），对固体废物倾倒情况进行全面摸排核实。2018 年 5 月 22 日，生态环境部印发《关于坚决遏制固体废物非法转移和倾倒进一步加强危险废物全过程监管的通知》（环办土壤函〔2018〕266 号），对防控固体废物环境风险提出进一步要求。2019 年 4 月启动新一轮打击固体废物环境违法行为专项行动，对发现的突出问题进行挂牌督办。

2.3.2 形势分析

"十四五"期间，固体废物污染防治工作将顺应经济社会发展新阶段区域化、精细化、信息化的趋势，着力提升固体废物环境监管能力、利用处置能力和环境风险防范能力。

1）区域环境污染联防联治机制的建立和运行。2019 年 2 月，国务院印发《粤港澳大湾区发展规划纲要》提出，加强危险废物区域协同处理处置能力建设，强化跨境转移监管。2019 年 12 月，国务院印发《长江三角洲区域一体化发展规划纲要》提出，加强固体废物、危险废物污染联防联治及协同监管，目前《长三角危险废物联防联治实施方案》正在编制。《关于提升危险废物环境监管能力、利用处置能力和环境风险防范能力的指导意见》（环固体〔2019〕92 号）提出，长三角、珠三角、京津冀和长江经济带其他地区等应当开展危险废物集中处置区域合作，跨省域协同规划、共享危险废物集中处置能力。环境污染联防联治机制包括规划建设区域固体废物利用处置设施、建立跨区域固体废物处置补偿机制、联动管理联合执法等内容，将统筹社会资源分配，调动地方政府积极性，大大缓解危险废物非法跨界转移、倾倒等区域突出环境问题。

2）固体废物环境管理体系的持续健全和深化。《中华人民共和国固体废物污染环境防治法》《国家危险废物名录》等一系列"十三五"期间出台的法律、法规、标准、规范，将在"十四五"得到贯彻落实。工业危险废物、医疗废物、生活垃圾、一般工业固体废物、塑料垃圾等重点固体废物精细管理和协同治理将稳步推开。"无废城市"作为深化固体废物环境的重要载体，"十四五"期间试点范围将进一步扩大，内容也将进一步深化。

3）信息化手段在环境治理中的广泛深入运用。目前全国固体废物管理信息系统已建成投用，另有 25 个省级生态环境部门建设了省级固体废物管理系统，40 余个地市建设了市级固体废物管理系统。各级固体废物管理信息系统的建设和应用汇集了危险废物、一般工业固体废物等固体废物产生、转移、贮存、利用、处置、进口、出口、事故应急等相关信息，为生态环境部门准确摸清固体废物底数提供了抓手，有助于精准施策重点污染源管理、环境风险管控等工作。

2.3.3 规划思路

以防范固体废物环境风险为底线，以"无废城市"建设为载体，以排污许可管理为契机，健全固体废物管理制度，提升固体废物利用处置能力，强化固体废物监管能力，重点解决产量高、风险高、社会关注度高的"三高"固体废物环境问题，分区、分类、分级推进相关工作，持续提升固体废物环境管理水平。

2.3.4 规划目标

到 2025 年年底，固体废物管理制度体系基本健全；固体废物利用处置能力基本匹配需求，布局趋于合理；固体废物全过程监管体系初步建立；固体废物污染防治信息化管理手段得到广泛应用；城市和区域固体废物综合管理水平显著提升；固体废物风险防范能力显著提升，固体废物非法转移和倾倒高发态势得到有效遏制。

2.4 "十四五"固体废物污染防治重点任务

2.4.1 健全固体废物法规标准体系

制定《固体废物污染防治行动计划》，统筹推进各类固体废物污染防治工作。建立固体废物排污许可制度，统筹协调排污许可管理和危险废物经营许可管理相关工作。动态修订《国家危险废物名录》及豁免管理清单，研究建立危险废物排除清单。研究修订《危险废物经营许可证管理办法》《危险废物转移联单管理办法》。修订水泥窑协同处置固体废物污染控制标准，制定燃煤锅炉、炼铁高炉等工业窑炉协同处置固体废物污染控制标准。制定重点类别危险废物经营许可证审查指南。鼓励有条件的地区结合本地实际情况制定固体废物资源化利用污染控制标准或技术规范。加强进口废物管理制度，完善固体废物鉴别标准体系，建立再生资源成品标准体系。

2.4.2　优化固体废物利用处置能力

（1）提升固体废物利用处置能力

各省级生态环境部门应摸清本行政区主导产业危险废物产生特征，科学制定并实施危险废物集中处置设施建设规划，推动地方政府将危险废物集中处置设施纳入当地公共基础设施统筹建设，到2025年年底，处置能力与本省实际需求基本匹配。鼓励石油开采、石化、化工、有色等产业基地、大型企业集团根据需要自行配套建设高标准的危险废物利用处置设施。鼓励化工等工业园区单独或联合配套建设危险废物集中贮存、预处理和处置设施。支持大型企业集团跨区域统筹布局，集团内部共享危险废物利用处置设施。加强废酸、废盐、生活垃圾焚烧飞灰等危险废物利用处置能力建设。

制定医疗废物集中处置设施建设规划，建立集中处置为主、分散处置为辅的医疗废物处置模式，充分考虑突发疫情情况下医疗废物的应急处置。因地制宜推行成本可行、风险可控的农村及边远地区医疗废物处理处置模式，不具备集中处置条件的地区，应配套自建符合要求的医疗废物处置设施，鼓励发展移动式医疗废物处置设施，服务偏远地区。各地根据实际需求在突发公共卫生事件集中救治定点医院等医院内部设置小型医疗废物处理设施。

（2）统筹固体废物利用处置设施

在长三角、珠三角、京津冀、长江经济带其他地区和黄河流域开展固体废物处置区域合作，跨省（市）域协同规划、共享处置能力。对含多氯联苯废物等要特殊处置的危险废物、含汞废物等具有地域分布特征的危险废物，实行全国统筹和相对集中布局。建立省域内医疗废物协同应急处置机制，保障突发疫情、处置设施检修期间等医疗废物应急处置能力。

积极推动工业固体废物、生活垃圾、建筑垃圾、农业废弃物等各类固体废物处置设施的共建共享，根据各地实际，建立不同类型固体废物处置设施调剂协调机制，提高设施利用效率。引导和规范工业窑炉协同处置危险废物，在危险废物处置能力有缺口的地方，优先选择工艺水平先进、管理水平较高的水泥企业开展协同处置。鼓励其他工业窑炉协同处置危险废物试点示范。推动工业窑炉协同处置生活垃圾、生活污泥、污染土壤等固体废物。

（3）健全危险废物收集转运网络

鼓励省级生态环境部门选择典型区域、典型企业和典型危险废物类别，组织开展危险废物集中收集贮存转运试点。落实生产者责任延伸制，引导铅酸蓄电池生产企业建立产品全生命周期追溯系统，推动有条件的生产企业依托销售网点回收其产品使用过程产生的危险废物及废弃产品，开展铅蓄电池生产企业集中收集和跨区域转运制度试点工作，依托矿物油生产企业开展废矿物油收集网络建设试点。

2.4.3　强化固体废物环境风险防控

（1）加强工业固体废物环境管理

根据各地实际，开展重点行业工业固体废物污染治理现状调查。以煤炭、钢铁、黑色金属矿采选、有色金属矿采选、非金属矿采选等工业固体废物产生量大的行业为重点，实施固体废物排污许可管理，提出产生量和产生强度要求，倒逼工艺改造和技术升级。重点行业工业固体废物本地无法就近处置的项目，建设项目环境影响评价审批应从严把关。在重点行业工业固体废物堆存量较大且周边生态环境质量受到严重影响的区域，实行固体废物"以消定产"。

（2）强化重点领域环境风险防控

省级生态环境部门组织开展危险废物利用处置设施绩效评估，根据评估结果实施分级管理。开展尾矿库环境风险隐患排查，严格新改扩建尾矿库环境准入，建立尾矿库分级、分类环境管理模式。深入排查化工园区环境风险隐患，督促落实化工园区环境保护主体责任和"一园一策"危险废物利用处置要求。新建园区要科学评估园区内企业危险废物产生种类和数量，保障危险废物利用处置能力。鼓励有条件的化工园区建立危险废物智能化可追溯管控平台，实现园区内危险废物全程管控。

（3）提升固体废物应急响应能力

深入推进跨区域、跨部门协同应急处置突发环境事件及其处理过程中产生的固体废物，完善现场指挥与协调制度以及信息报告和公开机制。加强突发环境事件及其处理过程中产生的危险废物应急处置的管理队伍、专家队伍建设，将危险废物利用处置龙头企业纳入突发环境事件应急处置工作体系。

提升医疗废物应急处置能力，统筹危险废物焚烧、生活垃圾焚烧、工业炉窑等设施用于医疗废物应急处置，优先采用危险废物焚烧设施作为处置能力补充。配置备用医疗废物处理处置设施、备用转运车辆、移动式医疗废物处理设施等，用于医疗废物应急处置。强化疫情期间医疗废物分类指导，对感染性废物根据危险特性进行分级管理。加强医疗废物收集、贮存、转运环节风险管控。

2.4.4　加大固体废物环境监管力度

（1）强化危险废物全过程监管

严格危险废物经营许可证审批，建立危险废物经营许可证审批与环境影响评价文件审批的有效衔接机制。新建项目要严格执行《建设项目危险废物环境影响评价指南》及《危险废物处置工程技术导则》。加大涉危险废物重点行业建设项目环境影响评价文件的技术校核抽查比例。优化危险废物跨省转移审批手续、明确审批时限、运行电子联单，为危险废物跨区域转移利用提供便利。

（2）加强危险废物监管能力建设

加强省、市、县三级固体废物环境管理队伍建设，固体废物产生量大或拥有危险废物集中处置设施的市级环保部门，应设置专门固体废物管理机构或人员队伍。充分利用网络平台、培训基地，加强固体废物管理、环境影响评价、环境监测、环境执法等人员技术培训与交流。各地应当保障固体废物管理信息系统运维人员和经费，确保全国危险废物信息管理联网运行和网络信息安全。鼓励有条件的地区在重点单位的重点环节和关键节点推行应用视频监控、电子标签等集成智能监控手段，实现对危险废物全过程跟踪管理。

（3）加强固体废物环境监管执法

借助环保大数据，依托物联网、卫星遥感等手段，进一步摸清重点危险废物产生、贮存、利用、处置等信息，提高打击精准程度。将危险废物日常环境监管纳入生态环境执法"双随机、一公开"内容。分批、分期开展重点行业危险废物专项整治，联合公安机关严厉打击和查处危险废物严重违法行为。以医疗废物、废酸、废铅蓄电池、废矿物油等危险废物为重点，持续开展打击固体废物环境违法犯罪活动。持续推进危险废物、医疗废物、生活垃圾焚烧设施自动监控及信息公开，实现执法监管常态化。

2.4.5 推进"无废社会"建设进程

（1）深化"无废城市"建设

总结首批"11+5"个"无废城市"试点经验，提炼具有典型示范作用的固体废物综合管理制度、政策，总结成熟、可推广的工业、农业无废产业链模式。在全国梯次推开"无废城市"建设，推进省级层面、区域层面固体废物协同综合管理，在长三角、珠三角等经济快速发展区域全面推行"无废城市"建设。将建立塑料垃圾全流程管理体系作为"无废城市"建设的重要内容。选取一批滨海旅游城市开展海洋垃圾治理模式探索。

（2）创新农村固废治理模式

统筹农村生活、生产废弃物收集、转运、利用、处置，建立健全符合农村实际、方式多样、环境友好的固体废物治理模式。完善农村生活垃圾收运处理体系，推行适合农村特点的垃圾就地分类和资源化利用方式。推进秸秆综合利用规模化、产业化，建立秸秆收储运体系。组织超薄地膜联合执法行动，开展废旧农膜专项整治，细化落实补贴政策，到 2025 年农膜回收率达到 85% 及以上。统筹农药包装废弃物、废旧农膜、生活源危险废物等固体废物回收网点建设。合理选择改厕模式，推进厕所革命。推行厕所粪污、畜禽粪污等一并处理的农村有机废物资源化模式。

（3）开展"无废细胞"创建行动

构建"无废景区""无废航班""无废商场""无废学校"场景模式。加大绿色生活方式宣传引导，鼓励公众积极开展垃圾分类，主动购买可回收、可降解包装产品，拒绝一次性用品，抵制过度包装。完善环境保护公众参与制度，将与日常生活密切相关固体废物污染防治信息纳入《政府信息主动公开基本目录》。将垃圾分类、减塑限塑相关内容列入公益亲子活动、中小学生教学计划。依托资源综合利用企业、固体废物处置企业建立一批宣传教育基地。将垃圾减量和分类状况作为绿色家庭、绿色学校、绿色社区、绿色商场创建的重要依据。推动电商、快递、外卖行业利用信息化、大数据等技术手段，为包装"减塑"。配套建设垃圾分类回收设施、直饮水等公共设施。

2.4.6 完善固体废物治理支撑体系

（1）拓宽固体废物治理资金来源

采取投资补助、以奖代补、贷款贴息等多种方式，加大财政资金对固体废物污染防治领域投入力度，有条件的地方设立固体废物污染防治基金。将固体废物污染防治纳入国家绿色发展基金支持范围。完善绿色金融政策体系，丰富绿色金融支持政策工具箱。依法合规探索采用第三方治理或政府和社会资本合作（PPP）等模式，引导社会资金参与固体废物污染防治。

（2）健全固体废物经济政策制度

充分应用税收、价格政策等经济手段，配合行政手段发挥协同增效作用。适时修订《中华人民共和国环境保护税法》，扩大固体废物税目，提高固体废物税额，调整固体废物征收依据。配合财政、税务部门调整《资源综合利用产品和劳务增值税优惠目录》，推动完善固体废物资源化利用税收优惠政策。完善危险废物处置、生活垃圾处理收费政策，依据废物性质、分类状况、处理难度等制定差别化收费标准。探索建立固体废物跨区域转移处置的生态补偿机制，促进固体废物区域内的合理流动。依法将危险废物产生单位和危险废物经营单位纳入环境污染强制责任保险投保范围。

（3）推动固体废物环境管理创新

探索开展危险废物"点对点"定向利用的危险废物经营许可豁免管理试点。绩效评估结果为优的危险废物产生单位自建的利用处置设施利用处置完自产危险废物后尚有余量的，可申请对同类型企业经营服务。研究制定危险废物鉴别单位管理办法，鼓励科研院所、规范化检测机构开展危险废物鉴别。

（4）强化固体废物治理科技支撑

建设区域性危险废物和化学品测试分析、环境风险评估与污染控制技术实验室，强化危险废物环境风险评估、污染控制技术等基础研究。通过国家、省级科技计划项目统筹支持生态设计、绿色回收、再生原料检测、生物降解塑料、焚烧飞灰利用等固体废物治理共性关键技术研发。加强国际合作和产学研协同创新，做好实用技术在绿色产品替代、回收网络构建、废物资源利用等方面的应用、推广。

3 化学品环境管理基本思路

3.1 化学品环境管理现状与问题

3.1.1 化学品环境管理现状

"十三五"期间，优先控制化学品名录体系逐步建立，2017 年 12 月，环境保护部会同工业和信息化部、卫生计生委制定了《优先控制化学品名录（第一批）》，包含 22 种（类）化学物质；2019 年 1 月，生态环境部发布《有毒有害大气污染物名录（2018）》，包含 11 种（类）污染物；2019 年 7 月，生态环境部发布《有毒有害水污染物名录（第一批）》，包含 10 种（类）污染物。化学品环境管理制度、风险评估技术体系与支撑能力稳步推进；2019 年 8 月印发《化学品环境与健康风险评估技术方法框架性指南（试行）》。2018 年 12 月，生态环境部发布《化学物质环境风险管理国家战略（征求意见稿）》。2019 年 1 月、11 月发布《化学物质环境风险评估与管控条例（征求意见稿）》《优先控制化学品名录（第二批）（征求意见稿）》。

3.1.2 化学品环境管理存在的问题

1）我国化学物质环境管理立法相对滞后。尚未对化学品评估与风险防控立法，相关工作仍在推进中，目前正在实施的化学品风险管理制度主要局限在"新化学物质环境管理登记"和"有毒化学品进出口环境管理登记"两项核心内容，风险防控工作处于初步阶段。

2）化学品分级管理推进较为缓慢。《中国现有化学物质名录》记录了 4 万余种（类）化学品，其中 2 828 种（类）被列入《危险化学物质名录》（2017 版）。《优先控制化学品名录（第一批）》《有毒有害大气污染物名录（2018）》《有毒有害水污染物名录（第一批）》涵盖化学物质种类较少。较为忽视对化学品生产、使用环节的管理。

3）化学品环境风险评估能力不足。我国现阶段化学品风险评估基础薄弱，环境监测技术缺乏、能力不足，科研机构和人才队伍缺乏，环境中化学物质的迁移转归研究基础薄弱，化学品环境风险评估缺乏方法和数据支撑。

3.2 "十四五"化学品环境管理总体思路

3.2.1 规划思路

以风险评估和风险管控"两个体系"为核心，以新化学物质管理和现有化学物质管理为"两条主线"，重点关注固有危害大、具有持久性、生物累积性或在环境中可能长期存在并可能对生态环境和人体健康造成较大风险的化学物质及其风险评估与管控，按照"一品一策"原则，建立健全化学物质法律法规和制度体系，提升化学物质环境风险评估与管理能力，最大限度减少有毒有害化学物质的生产、使用和排放。

3.2.2 规划目标

坚持"风险防范、生态安全"方针，到"十四五"时期末，基本建立化学物质环境风险法规标准体系和技术体系，制定化学物质环境管理计划（CMP）并完成化学物质危害筛查和风险评估阶段任务，优先控制化学物质的环境风险得到有效防控。

3.3 "十四五"化学品环境管理重点任务

1）推动化学物质管理纳入现行管理制度。推进《化学物质环境风险评估与管控条例》制定和颁布进程，动态修订《新化学物质环境管理办法》，推动化学品分级管控措施落地，动态更新《有毒有害大气污染物名录》《有毒有害水污染物名录》。强化化学品管理与气、水、土环境保护制度的衔接，制定完善优先控制化学物质相关排放标准及相关要求。

2）开展化学物质风险评估和分级管控。制定化学物质危害筛查与风险评估行动计划，完成现有化学物质的危害筛查，系统推进化学物质的危害筛查和环境风险评估，力争到"十四五"时期末完成现有化学物质的危害筛查。科学调整新化学物质管理类别划分标准，通过新化学物质申报和筛查识别体系，重点防控环境中可能长期存在并可能对生态环境和公众健康造成较大风险的新化学物质。

3）推动有毒有害化学物质的限制与淘汰。加强有毒有害化学物质生产、使用及贸易管控，持续开展有毒有害化学物质的限制淘汰，推动有毒有害化学物质的减量降耗，加强产品中有毒有害化学物质风险管控。做好有毒有害化学物质环境管理制度和排污许可管理等制度的衔接。

4）推动化学物质环境公约履约进程。严格履行《关于持久性有机污染物的斯德哥尔摩公约》《关于汞的水俣公约》等化学物质国际公约，落实公约管控化学物质的禁用、限值、减排、进出口管理等履约要求，持续开展履约成效评估，加强履约执法能力建设，开展履约成果宣传。积极参与化学物质领域国际交流和国际合作。

五是提升技术支撑和监管能力。完善风险评估技术标准体系，培养化学物质风险评估、风险管控、国际履约、执法监管等领域专业化人才队伍建设，建设化学品毒理学数据库。

本专题执笔人：卢然、张筝、伍思扬、王宁、贾智彬

完成时间：2019 年 12 月

专题5 "十四五"环境风险防控基本思路与重点任务研究

1 环境风险防控形势与问题

1.1 突发环境事件多发频发，次生事件比重高、难防控

1.1.1 突发环境事件数量多、频率高、区域集中

近 10 年来，全国突发环境事件数量呈明显下降趋势，但仍处于高发期，累计发生 3 600 余起，约为每天 1 起，其中，重大突发环境事件 20 余起，较大事件 70 余起。突发环境事件多发频发区域较为集中，广东、山东、长三角地区、甘陕川地区、两湖地区等区域事件数量占到全国总数的 65%。

水环境受体敏感性高，突发水环境事件风险突出。长江、黄河、珠江、淮河、海河、松花江、辽河等重点流域，大量工业企业沿江河而建，一旦发生突发环境事件，将对流域水环境造成严重影响，影响流域饮用水安全。生态环境部（原环境保护部）近 10 年调度的突发环境事件中，涉水事件占事件总数的一半以上。以长江流域为例，近 10 年发生突发水环境事件百余起。长江中下游的长三角等区域由于流域、区域特殊的区位优势、资源禀赋和市场需求，高风险工业活动分布密集，水环境敏感性高，环境风险也较高。"十四五"期间，结构性、布局性问题仍然存在，突发环境事件仍将处于高发态势，涉水突发环境事件仍将高发。

1.1.2 次生事件比重大、防控难

近年来生产安全、交通运输事故次生突发环境事件平均占比已超过 85%，有的年份甚至超过 90%。生产安全事故、交通运输事故具有点多面广、事发突然等特征，使得次生突发环境事件防范难、控制难、处置难（图 6-5-1）。例如，黑龙江伊春鹿鸣矿业有限公司"3·28"尾矿库泄漏事故，尾矿库泄漏尾砂污染依吉密河、呼兰河 340 km，危及松花江，如果处置不慎，又将是一起"松花江污染事件"。随着工业化、城镇化持续推进，我国人口、生产要素更加集聚，生产生活空间高度交织融合，生产安全、交通运输等事故次生突发环境事件的防控、应对难度在持续加大。

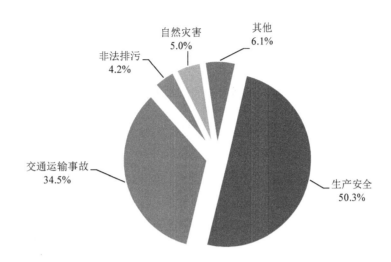

图 6-5-1　2016—2021 年生态环境部调度突发环境事件诱因占比

1.2　结构性风险体量庞大，布局性风险隐患将长期存在

1.2.1　突发环境事件风险源数量大

据统计[①]，全国现有突发环境事件固定风险源超过 77 万个，其中涉危涉重风险源超过 68 万个，占比近 90%。高风险生产活动频密，全国现有危化品企业约 21 万家，[②]危险货物运输车辆 37.3 万辆，危险货物年运输量超过 18 亿 t，[③] 油气管道里程已达 16.5 万 km。[④]未来一段时期内，我国生产要素循环流转和生产、分配、流通、消费各环节有机衔接将持续深化，环境风险源数量和生产活力持续增长，这种大体量结构性风险将持续存在。

1.2.2　突发环境事件风险源分布集中

我国沿江、沿河区域高环境风险行业企业集聚，全国三级及以上河流沿线 5 km 范围内重点突发环境事件风险企业超过 9 万家，沿线 10 km 范围内近 16 万家。[⑤] 高风险工业活动区域与人群聚集区密集交织，约 1.1 亿人居住在高风险企业周边 1 km 范围内，约 1.4 亿人居住在交通干道 50 m 范围内。[⑥] 这种布局性风险隐患短时间内难以得到根本扭转，环境风险形势依然严峻。

1.2.3　跨境河流数量多、状况复杂，水污染风险大

我国有跨国界河流 40 余条，其中 15 条主要跨界河流流经中国、俄罗斯、蒙古国、朝鲜、哈萨克斯坦、缅甸、老挝、泰国、柬埔寨、越南、印度、孟加拉国、巴基斯坦等 10 余个国家。跨界河流数量多，水文、地形状况复杂，一旦发生突发环境事件，容易造成跨境水污染，可能引发国际纠纷。例如 2005 年松花江污染事件、2016 年伊犁州 218 国道柴油罐车泄漏突发环境事件等。在跨界河流

① 综合环境、污染源等统计数据，突发环境事件固定风险源包括排污单位、尾矿库、加油站、固废/垃圾填埋场等。
② 数据来源：应急管理部（2019）. https://m.thepaper.cn/baijiahao_4467275.
③ 数据来源：交通运输部（2019）. https://www.sohu.com/a/357116074_362042.
④ 数据来源：北京日报（2021）. https://ie.bjd.com.cn/a/202105/16/AP6 a102c4e4b054f0ea8faa2f.html.
⑤ 基于突发环境事件固定风险源数据，三级以上河流周边 10 km 范围内，采用 ArcGIS 筛选得出。
⑥ 数据来源：环境保护部（2014）. http://politics.people.com.cn/n/2014/0314/c70731-24641623.html.

多、跨界河流干支流企业分布多的情况下，跨界水污染风险形势同样严峻。

专栏 6-5-1 伊犁州 218 国道柴油罐车泄漏突发环境事件

新疆主要有 3 条跨境河流，为伊犁河、额尔齐斯河和额敏河，分别位于伊犁州、阿勒泰地区和塔城地区，最终均流入哈萨克斯坦境内。新疆跨境河流区域面积大、流速较快、河道较宽，应急处置难度大，一旦发生突发环境事件，急需在短时间内派出大量人力、物力开展应急监测和拦截处置工作。

2016 年 11 月 7 日 11 时 20 分，218 国道新疆维吾尔自治区伊犁州段一辆柴油运输车侧翻，导致约 30 t 柴油泄漏至伊犁河主要支流巩乃斯河，威胁到下游伊犁河水质安全。事发地距中哈交界断面约 187 km，污染物出境浓度一旦超标，势必造成跨界污染。

事情发生后，国务院领导作出重要批示，环境保护部高度重视，立即组织召开部长专题会研究落实，并先后派出两批工作组及专家赶赴现场，指导督促地方做好事件应急处置工作。通过精准部署调度、科学布点监测、有效拦截处置等措施，最终实现了污染物出境浓度控制在标准之内，确保了跨境河流的水环境安全，未造成跨界污染。

此次事故原因是在转弯路段车速较快紧急制动后发生侧翻，罐体碰到路边岩石破裂导致罐体柴油泄漏，通过砂石渗漏到巩乃斯河中。通过地方政府大力、果断处置，伊犁河跨界断面石油类浓度虽然达到临界值，未出现超标，但产生的直接损失超过 1 100 万元，因此初步认定此次事件是一起因道路交通事故引发的较大突发水污染事件。

1.3 历史遗留问题凸显，新兴污染风险挑战大

1.3.1 以尾矿库重金属污染为代表的历史遗留问题不断显现

全国共有 1.1 万余座尾矿库，其中，三级及以上河流周边 10 km 范围内共有近 1 400 座尾矿库，水源地周边 10 km 范围内共有近千座尾矿库，合计占比超过 20%，水源地等敏感目标的风险防控与供水保障压力大。2006—2021 年，全国共发生 40 余起尾矿库事故次生突发环境事件，大多因尾矿库本质安全问题所引起，部分事件造成河道重金属污染，影响饮水安全，事件应急处置过程复杂，代价巨大。当前我国尾矿库总量居高不下，部分尾矿库安全生产问题突出，尾矿库溃坝、泄漏事故时有发生，未来以尾矿库重金属污染为代表的突发环境事件风险不容忽视。

1.3.2 新型污染给环境应急处置带来巨大挑战

近年来各类技术、工艺、产品的创新发展加快，但应急处置技术的发展与之不相匹配。例如，2021 年安徽宣城市区自来水异味事件中，涉及多种有机污染物，有明显异味，现有应急技术方法很难检测、捕捉目标污染物，最后通过嗅辨专家的协助才得以确定污染物。全球气候变化导致自然灾害风险加剧，暴雨、干旱诱发事件可能性不断加大，例如，2021 年郑州"7·20"特大暴雨在短时间内诱发了 4 起突发环境事件。此外，新污染物可能带来的未知风险亟待重视，我国是化学品生产和使用大国，现有化学物质 4.5 万余种，每年还新增上千种新化学物质，大量有毒有害化学物质的生产和使用带来的污染风险尚不明确，相关的环境应急工作基础和能力还比较薄弱。

1.4 环境风险预警防控体系薄弱，环境风险应对被动

1.4.1 重点流域、重要水源地环境风险预警与防控体系不健全

监控、预警是有效应对环境风险的重要基础，现阶段我国尚无有毒有害水污染物名录，水质监测依然以常规污染物为主，无法客观、全面反映水环境风险状况，涉有毒有害水污染物的企业、行业、区域等管控重点不明确。风险防控设施是突发环境事件处置的关键工具，广西龙江河镉污染事件处置过程中梯级电站发挥了重要作用，甘肃陇星锑业尾矿库泄漏事件、南阳西峡淇河污染事件等事件处置过程中临时建设的截留设施使污染态势得到有效控制。我国重点流域、重要饮用水水源地环境风险预警和防控体系建设尚处于起步阶段，水质预警和风险防控工程缺乏导致水环境风险防控和突发环境事件应急响应较为被动。因此，未来一定时期内，重点流域、重要水源地环境风险预警与防控体系建设应成为环境风险防控和应急体系建设的一项重点工作。

1.4.2 化工园区和重点化工企业有毒有害气体环境风险预警体系建设不完善

我国化工园区或以化工为主导行业的园区超过 500 家，随着化工企业入园率的不断提高，园区化工企业和环境风险物质集聚效应也不断加大，由于危险化学品存储、转运、使用量大且生产工艺复杂，事故风险高，有毒有害气体一旦出现泄漏或人为排放极易危及周边人群。目前，青海、河北、山东、广东、宁夏、江苏等地一些化工园区开展了有毒有害气体预警体系建设试点，但多数化工园区和重点化工企业尚未建立。此外，我国现有的有毒有害大气污染物名录仅包括 11 种污染物，同时园区和企业的有毒有害气体预警体系仍主要集中在特征污染物的在线监测监控阶段，集成监控、预测、评估、预警以及处置方案"一体化""智能化"的预警系统较少，事故快速预测模拟和预警响应决策能力不足，成为制约化工园区和重点化工企业涉有毒有害气体环境风险防控和应急处置的短板（图 6-5-2）。

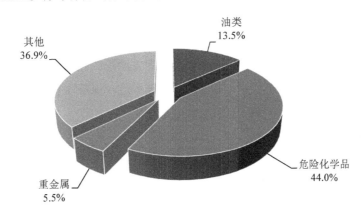

图 6-5-2　2012—2021 年生态环境部调度的突发环境事件涉污染物类型占比

1.5 能力建设不平衡、不充分，难以适应事件高发复杂态势

1.5.1 环境应急预案体系不健全

自 2010 年制定实施《突发环境事件应急预案管理暂行办法》以来，大部分省（区、市）都制定

实施了配套文件,对突发环境事件应急预案编制、评估、备案、培训与演练提出更加具体的要求。各地以此为抓手,不断加大对突发环境事件应急预案的监督管理,预案体系进一步健全,预案编制质量和实施效果进一步提高。

自国务院颁布《国家突发公共事件总体应急预案》《国家突发环境事件应急预案》《突发环境事件应急管理办法》《企业事业单位突发环境事件应急预案备案管理办法(试行)》后,企业事业单位环境应急预案编制率与备案率得到大幅提升。

然而,重点行业突发环境事件应急预案编制、评估管理制度和技术方法不完善,预案的针对性和可操作性不足。企业事业单位在预案编制中更注重事中应急响应,忽略了事前环境风险防范和事后修复与损害赔偿。由于缺乏前端的风险识别与评估,不能够准确判断重点的突发环境事件,进而不能够针对事件提出现场处置方案和应急响应程序,应急预案的重点失之偏颇。政府环境应急预案管理滞后,缺乏配套制度规范,预案编制技术方法处于空白状态,区域、流域环境应急预案以及生态环境部门环境应急预案缺乏科学的环境风险评估、应急预案评估机制与方法,应急预案较为原则、照搬照抄、重点不突出、质量参差不齐、可行性欠缺。

此外,预案的法律效力不足,企业事业单位环境应急预案、政府部门应急预案、区域流域环境应急预案的特点未能体现,各级、各部门预案较为独立,与发达国家相比,我国各级环境应急预案缺乏有效衔接。通过国内外经验学习可以发现,意大利非常重视环境应急预案的管理,要求企业制定内部预案,重点关注企业危险(风险)识别与分析,地方行政公署制定外部预案,强调环境敏感目标的保护,内部预案与外部预案衔接紧密,共同构成应急预案体系。

我国的突发环境事件应急预案虽已形成了脉络清晰的国家—省—市—县四级纵向体系,但各层级预案同质化现象突出,预案横向构成繁杂、纵横交错,除综合类的环境应急预案外,还有重污染天气、饮用水水源地污染、重金属污染、危险化学品泄漏污染等其他十几种不同类型的环境应急预案。当前的环境应急预案体系缺少统筹规划,各级、各类预案之间缺乏有效衔接。部分地区基层预案缺失,部分地区预案修订滞后,未及时开展系统的区域风险评估和应急资源调查,与辖区环境风险水平和应急形势需求不符。环境应急预案体系难以适应愈加复杂的环境风险和事件应急态势。另外,我国的突发环境事件应急预案在信息公开和预案培训方面形式化问题突出,不足以保障公民知情权,公众也不具备环境应急的能力。预案编制的市场化不足,规范性有待提高。

1.5.2　环境应急人员队伍力量不足

近年来,我国环境应急人员队伍建设取得了很大进展。地方各级生态环境部门逐步建立环境应急管理机构,截至2021年年底,省级层面全国共有20个省(区、市)设有省级专职环境应急管理机构,其中13个省(区、市)具有专职行政机构(四川、甘肃、福建既有"应急处"也有"应急中心"),10个省(区、市)设有事业单位(应急中心);地市层面全国231个地市级行政单位设立了环境应急管理专职机构,江苏、四川、甘肃等地基本实现了地市级专职机构全覆盖。各地持续推进环境应急专家库建设,截至2021年年底,地方环境应急专家库共有各类专家近2 800人。此外各地环境应急救援队伍建设取得进展,全国除青海、黑龙江外,各地共组建专兼职环境应急救援队伍1 000余支,约1.7万人。

部分地区尚未设立环境应急管理机构。据统计,目前全国一半以上省(区、市)未设置环境应急行政管理机构,10省(区、市)未设立省级专职环境应急管理机构,8个省(区、市)设立的环境应急管理机构为事业性质（应急中心）。全国 1/3 地市没有环境应急管理专职机构（图 6-5-3）。

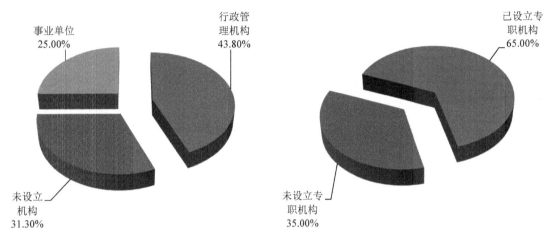

省级环境应急管理机构设立情况 　　　　　　　市级环境应急管理机构设立情况

图 6-5-3 全国省市两级专职环境应急机构设立情况

　　各地环境应急管理专职人员数量不足。省级生态环境部门环境应急管理专职人员数量少，截至 2021 年年底，全国共有 260 余人，除江西、四川、甘肃等 10 个省（区、市）较多（超过 10 人）外，其他省（区、市）均存在不同程度的短缺，海南、新疆、辽宁等省（区）仅有 2 人，西藏、青海没有专职人员。地市级生态环境部门环境应急管理专职人员短缺，天津、内蒙古、海南、宁夏、青海、云南、西藏等省（区、市）没有地市级专职人员（表 6-5-1）。

表 6-5-1 各省专职环境应急机构及专职人员总体情况

序号	省份	环境应急管理机构设立情况			环境应急管理人员数量		序号	省份	环境应急管理机构设立情况			环境应急管理人员数量	
		省级		市级机构数/地市行政区数	省级	市级			省级		市级机构数/地市行政区数	省级	市级
		应急中心	应急处						应急中心	应急处			
1	江苏	√		13/13	23	220	17	河南		√	17/17	5	56
2	重庆			4/38	10	17	18	广东			7/21	4	34
3	四川	√	√	21/21	16	118	19	宁夏	√		2/5	3	1
4	浙江	√		5/11	6	22	20	云南		√	2/16	24	8
5	甘肃	√	√	12/14	17	41	21	河北			7/11	2	44
6	陕西		√	5/10	5	45	22	海南		√	1/4	2	4
7	贵州	√		9/9	10	32	23	湖南			14/14	5	84
8	福建	√	√	7/9	22	14	24	湖北		√	13/13	3	39
9	辽宁		√	7/14	2	28	25	江西	√		8/11	49	23
10	山东		√	12/16	6	34	26	黑龙江		√	5/13	10	23
11	北京			0/16	5		27	兵团	√		0/1	7	
12	山西		√	11/11	14	78	28	新疆			5/14	2	42
13	广西	√		13/14	14	29	29	吉林	√		4/9	10	18
14	上海		√	5/16	5	11	30	内蒙古		√	1/12	4	4
15	安徽			4/16	3	27	31	西藏			2/7		6
16	天津			0/16	4		32	青海			1/8		3

1.5.3　突发环境事件情景复杂，应急处置技术尚不成体系，现场处置对经验依赖性高

突发环境事件具有很强的不确定性，事件发生的时间、地点以及污染物的种类、泄漏量状况复杂，不同时间和地点的天气、地形地貌、水文条件差异巨大，不同污染物的处置方式也千差万别，即使是同一种污染物，在不同情景下发生的事件也没有统一的处置方式。由于目前环境应急处置技术尚不成体系，对一些情况复杂、难以处置的事件，现场的污染趋势研判、污染处置措施等对专家经验依赖性很高。在事件情况复杂，专家难以及时到位或研判有误的情况下，将影响事件的快速有效处置。

2　"十三五"主要工作进展

"十三五"期间，全国深入贯彻习近平生态文明思想，认真落实习近平总书记关于生态环境保护和应急管理的重要指示精神，及时、妥善处置了 1 300 多起各类突发环境事件，其中重大突发环境事件 8 起，积极有序地开展了新冠肺炎疫情防控相关环保工作，坚决守住了生态安全底线。"十三五"期间，横向到边、纵向到底的环境应急预案体系基本健全，上下游联防联控机制初步建立，环境应急物资信息管理取得重大进展，专家队伍、救援队伍建设逐步规范，环境应急指挥平台初步搭建，环境应急管理制度建设积极推进，现代化环境应急治理体系和治理能力具有了较好的工作基础。"十三五"期间，还总结实践经验提炼形成"南阳实践"，编制应急响应模板，科学化、规范化管理取得突破，为打赢打好污染防治攻坚战、严守生态安全底线做出积极贡献，圆满完成"十三五"重点工作任务。

2.1　妥善处置全部突发环境事件，有效维护了生态环境安全

习近平总书记指出，把人民群众生命安全和身体健康放在第一位，像保护自己的眼睛一样保护生态环境，坚持底线思维，防范化解环境风险。贯彻落实这些重要指示要求，着力降低突发环境事件数量，同时尽最大努力控制事件影响，担负起守好生态安全底线的重任。

"十三五"期间，严格执行 365 天、24 小时应急值守，通过网络搜巡、"12369"举报热线、微信举报以及大数据舆情推送，第一时间主动发现问题。严格执行"五个第一时间"和"三个不放过"。一旦发生污染事件，严格执行"第一时间报告""第一时间赶赴现场""第一时间开展监测""第一时间向社会发布信息""第一时间组织开展调查"，迅速查明原因并采取有效措施，控制事态发展。事件发生后，严格落实"事件原因没有查清不放过，事件责任者没有严肃处理不放过，整改措施没有落实不放过"。通过持续开展典型案例研究和警示教育，举一反三吸取经验教训。事件处置效率显著提高，如重大突发水环境事件平均应急处置时间减少约 21%，从"十二五"期间平均每起 9.7 天缩短到"十三五"时期的 7.7 天。

"十三五"时期以来，全国共发生突发环境事件 1 300 多起，比"十二五"时期下降 49%，其中重大事件 8 起，下降 65%，无特别重大事件发生，较大事件 25 起，下降 50%。妥善处置了江苏响水天嘉宜公司"3·21"爆炸事故、陕西省宁强县汉中锌业铜矿排污致嘉陵江四川广元段铊污染事件、河南省南阳市西峡县淇河污染事件、黑龙江伊春鹿鸣矿业"3·28"尾矿库泄漏事故次生突发环境事件、新疆伊犁 218 国道邻甲酚罐车泄漏事故等一批重大及敏感突发环境事件，努力将事件影响降到

最低，有效保障了人民群众生命财产和生态安全。

此外，圆满通过抗击新冠疫情环境应急大考。2020 年春节以来，新冠疫情给人民生命安全和身体健康带来严重威胁，疫情医疗废物、医疗污水也给生态环境保护工作带来巨大挑战。全国生态环境部门迅速行动，深入贯彻落实习近平总书记重要指示批示精神，围绕"全国所有医疗机构及设施环境监管与服务 100%全覆盖，医疗废物、医疗污水及时有效收集和处理处置 100%全落实"的"两个 100%"目标，抓紧、抓实、抓细相关环保工作。通过共同努力，全国医疗废物处置能力增加近30%，医疗污水得到有效处置，全国的生态环境质量没有受到疫情防控的影响，守住了"战疫"最后一道防线。

2.2　创新防控措施和协调机制，强化了生态环境风险应对准备

习近平总书记指出，健全风险防范化解机制，坚持从源头上防范化解重大风险，真正把问题解决在萌芽之时、成灾之前，做好应对任何形式生态环境风险的准备，实施精准治理。为贯彻落实这些重要指示要求，针对环境应急的重点领域和关键环节开展务实性探索创新。

环境应急预案管理体系基本健全。全国省级、市级政府环境应急预案编制率达到 100%，县（区）达到 95%以上；"十三五"期间省级政府预案已完成全部新一轮修编，市级基本完成，县级完成 60%以上。推动企业应急预案备案管理，全国重点企业预案备案数已达 8 万多家，其中，长江经济带、黄河流域和环渤海 3 万多家涉危涉重企业环境应急预案备案 100%全覆盖。

开展"南阳实践"并推广经验做法，扎实做好突发水环境事件的应急准备。根据河南淇河污染事件中丹江口库区上游处置实践经验，以丹江口水库为目标，总结出以空间换时间的"南阳实践"，完成 34 条河流应急响应"一河一策一图"，编制《突发水污染事件以空间换时间的应急处置技术方法》，并在河北、广东、山东、新疆等地推广。

"南阳实践"的经验做法在一些事件处置中发挥了至关重要的作用。如 2020 年 8 月，发生的陕西榆林靖边县长庆油田第四采油厂输油管线破裂致油水混合液泄漏后，迅速关闭下游六闸六坝，并进行应急处置，全力保障了王瑶水库水质安全。2020 年 11 月，新疆伊犁 218 国道邻甲酚罐车泄漏事故发生后，当地政府在巩乃斯河依托 5 道分水闸对受污染河水进行分流，在特克斯河调配水库增加水量降解污染物，确保了超标污染水体未进入伊犁河。

开展环境风险预警体系建设试点。批复河北、辽宁等 9 省（区、市）16 个化工园区开展有毒有害气体环境风险预警体系建设试点，天津、上海等 15 个省（区、市）开展了省级试点，以试点探索建立大气环境应急预警机制。基于对饮用水水源地保护的实际需求，超过 150 个饮用水水源地建设了基于生物、理化等不同技术手段的水源地水质预警系统，推进水应急预警机制建立。

深入推进跨区域、跨部门突发环境事件应急协调机制。为推动建立跨省流域上下游突发水污染事件联防联控机制，2020 年 1 月，经国务院同意，生态环境部、水利部联合印发了《跨省流域上下游突发水污染事件联防联控指导意见》，指导上下游地方政府建立跨省流域突发水污染事件联防联控机制，明确建立协作制度、加强研判预警、科学拦污控污、强化信息通报、实施联合监测、协同污染处置、做好纠纷调处和落实基础保障等 8 项重点工作任务，目前省（区、市）级联防联控机制合作协议已实现全覆盖，部分地方开展了联合演练等工作。此外，新疆、上海、江苏等地推动建立了交通运输突发环境事件预警机制。

2.3　进一步完善环境应急法制，环境应急规范化建设取得新进展

习近平总书记指出，坚持依法管理，运用法治思维和法治方式提高应急管理的法治化、规范化水平。为贯彻落实这些重要指示要求，积极配合全国人大修订相关环保法律法规并认真组织实施，生态环境部为配套做好相关法律实施，共编制、印发30余个环境应急相关规范性、指导性文件，对突发环境事件风险控制、风险预警、应急准备、应急处置以及调查评估全过程进行规范、指导。

环境应急法制建设进一步完善。"十三五"期间，全国人大修订了《中华人民共和国大气污染防治法》和《中华人民共和国水污染防治法》。其中，《中华人民共和国大气污染防治法》第九十七条对造成大气污染的突发环境事件进行了专门规定，《中华人民共和国水污染防治法》第六章对水污染事故处置进行了专门规定。这是继修订实施《中华人民共和国环境保护法》第四十七条对突发环境事件应对进行专门规定之后的又一次重大突破。至此，突发环境事件应对已经纳入我国最主要的生态环境法律体系，为依法应急提供了法律遵循。

突发环境事件应急预案管理初步规范。制定《行政区域突发环境事件风险评估推荐方法》《环境应急资源调查指南（试行）》，规范环境应急准备。印发了《集中式地表水饮用水水源地突发环境事件应急预案编制指南（试行）》《关于加强重点地区铊污染事件防范工作的通知》，对重点环境应急领域进行指导。印发《生态环境部新冠肺炎疫情控制应急预案（试行）》，规范了疫情防控相关环保工作。

企业事业单位环境应急制度框架基本形成。印发了《企业事业单位突发环境事件应急预案备案管理办法（试行）》《企业事业单位突发环境事件应急预案评审工作指南（试行）》《企业突发环境事件风险评估指南（试行）》《企业突发环境事件风险分级方法》《关于企业事业单位突发环境事件应急预案管理工作情况的通报》，企业环境应急准备工作基本做到有章可循。印发了《企业突发环境事件隐患排查和治理工作指南（试行）》，指导企业强化环境风险日常管控。

突发环境事件应急处置进一步规范。制定了《环境保护部突发环境事件应急响应工作办法》，组织编制了应急处置工作模板，推进环境应急响应规范化。印发了《关于加强生态环境应急监测工作的意见》《重大突发水污染事件应急监测工作规程》，修订《突发环境事件应急监测技术规范》，指导地方科学、有序开展应急监测工作。

突发环境事件损失评估进一步规范。印发了《突发环境事件应急处置阶段直接经济损失评估工作程序规定》《突发环境事件应急处置阶段直接经济损失核定细则》，进一步明确突发环境事件损害评估工作流程。

2.4　加强环境应急能力建设，提升了突发环境事件应对水平

习近平总书记指出，把生态环境风险纳入常态化管理，系统构建全过程、多层级生态环境风险防范体系，着力提升突发环境事件应急处置能力。为贯彻落实这些重要指示要求，围绕环境应急能力建设补短板、强弱项，不断加强应急预案管理、应急队伍及信息化建设，推动落实各个方面、各个环节的责任和措施，加强环境应急能力，提高生态环境风险防范水平。

环境应急力量呈现新变化，专业化水平逐步提高。生态环境部组建了第一届生态环境应急专家组，各省均建立环境应急专家库，全国应急专家库近3 000人。约78%的省（区、市）建有专职生态环境应急机构，江苏、广东、重庆、辽宁、陕西等10余个省（区、市）依托社会力量建设了环境

应急救援队伍。组织 6 期全国环境应急管理培训班，完成对全国地市级局长的环境应急轮训，每年组织突发环境事件信息报告工作培训班。全国各地省级生态环境部门共组织近 200 次环境应急演练，提升了信息报告、应急监测、污染处置等规范化和技术水平。

环境应急信息化建设取得新进展。建设环境应急指挥平台，初步实现环境应急相关数据整合和业务协同，形成"一张图"突发水污染事件分析研判模式，为环境应急指挥决策提供信息化支撑；组织开发物资储备信息库和应急处置技术库，汇总分析了全国 3 000 余个环境应急物资储备库环境应急物资信息，以及针对 5 类污染物的 50 种应急处置技术信息，切实支撑现场应急处置工作。

重点行业企业环境应急能力得到加强。企业能够在规范文件指导下自行开展环境隐患排查治理。企业风险应急防控设施不断完善。根据第二次全国污染源普查数据，截流措施、事故废水收集措施、清净废水系统风险防控措施、雨水排水系统风险防控措施、生产废水处理系统风险防控措施满足相关环保要求的重点企业比例分别达到 74%、73%、86%、72%、87%。

2.5　小结

总体来看，"十三五"期间是我国环境应急管理转型升级发展的重要阶段，制度建设日趋成熟，实战能力不断提升，基础工作不断夯实，较好地完成了生态环境保护规划和污染防治攻坚战提出的有关风险评估、预案管理、应急协调机制以及应急处置等工作任务。这主要归因于：

1）习近平生态文明思想的指引。以习近平同志为核心的党中央创造性提出总体国家安全观，明确将生态安全纳入国家安全体系之中。习近平总书记指出，生态安全是国家安全的重要组成部分，要建立健全以生态系统良性循环和环境风险有效防控为重点的生态安全体系，把生态环境风险纳入常态化管理，系统构建全过程、多层级生态环境风险防范体系，着力提升突发环境事件应急处置能力。这极大提升了各级党委、政府、各有关部门和全社会对环境应急的重视，在日常工作中加强风险防范，在事件发生后能够迅速行动起来。"十三五"期间，习近平总书记对环境应急先后作出 9 次重要批示。

2）中国的制度优势和体制优势。党的集中统一领导，是应对突发环境事件的"拳头"，能够快速形成上下一盘棋、集中力量办大事，具有非常强的组织动员能力。通过自上而下的强大组织网络，在应对重特大突发环境事件的关键时刻，能够确保"一盘棋"，把中央的决策部署迅速传达至基层，迅速发动各界力量开展环境应急处置。如响水"3·21"特别重大爆炸事故、伊春鹿鸣矿业"3·28"尾矿库泄漏事故次生突发环境事件等应急处置中，快速形成共识，国家、地方同心协力，部门合作顺畅，企业及社会组织积极参与应急处置，形成巨大应急合力。

3）充分发扬生态环境保护铁军精神。习近平总书记在第八次全国生态环境保护大会上强调，要建设一支政治强、本领高、作风硬、敢担当，特别能吃苦、特别能战斗、特别能奉献的生态环境保护铁军。近些年，各级生态环境部门的同志在重特大和敏感突发环境事件的应对上，充分发扬铁军精神，坚持 365 天、24 小时应急值守，一旦发生突发环境事件，无论后半夜还是节假日，无论是洪水地震还是冰天雪地，第一时间赶赴现场，连续作战、紧急处置。这种铁军精神是我们取得事件应急处置胜利的法宝。

3　基本思路与目标

3.1　基本思路

党的十八大以来,我国的生态环境保护和生态文明建设受到了空前的关注和重视。2018年召开的中国共产党第十九次全国代表大会报告指出,要加快生态文明体制改革,加强生态环境保护,到2020年全面建成小康社会;到2035年实现生态环境根本好转,基本实现美丽中国建设;到2050年建成富强民主文明和谐美丽的社会主义现代化强国,实现国家治理体系和治理能力现代化。习近平总书记在2018年全国生态环境保护大会上要求将环境风险有效防控作为生态安全体系的重点,对生态环境风险实施常态化管理,系统构建针对全过程、涵盖多层次生态环境风险防范体系。党的十九届四中全会审议通过的《中共中央关于坚持和完善中国特色社会主义制度　推进国家治理体系和治理能力现代化若干重大问题的决定》中指出,要建立公共安全隐患排查和安全预防控制体系,构建统一指挥、专常兼备、反应灵敏、上下联动的应急管理体制,健全源头预防、过程控制、损害赔偿、责任追究的生态环境保护体系。当前,我国的污染防治、生态环境保护及生态文明建设正处于压力叠加、万众期许的关键期和攻坚期,严峻的环境风险形势与公众的可接受环境风险水平之间以及与国家发展总体战略要求之间的差距已经成为我国小康社会、生态文明及美丽中国建设的制约因素。此外,环境问题已经成为影响国家安全的重要因素之一。

在生态文明体制改革、建设美丽中国及维护国家安全的背景下,我国的环境风险管理战略应从我国经济社会发展和生态环境保护实际为出发点,以解决突出的环境突发性风险和累积性风险问题为目标,针对环境风险管理的全过程和多层级进行顶层设计。回溯生态环境保护的根本,环境风险管理应以保护和改善环境、保障公共健康、建设美丽中国、推进生态文明建设、促进经济社会可持续发展为基本遵循,坚持以人为本、风险防范、优先管控的基本原则,在重点区域和重点领域,针对重点污染物逐步实现环境风险常态化管理,逐步构建全过程、多层次生态环境风险防范体系,逐步转变环境管理模式,将以质量改善为核心逐渐过渡到以风险可接受为导向和以风险管控为核心,最终实现生态环境风险常态化管理。

（1）严格源头防控,守护生态环境安全底线

以环境污染治理工作为抓手,按照转方式、调结构、优布局、降风险的思路,从源头降低突发和累积性环境风险。从后端（重污染天气、重金属、POPs及污染场地等）治理倒逼产业结构和布局调整,降低资源能源消耗量和污染物排放量。充分考虑环境风险因素,精准限制和淘汰高风险产业,降低结构性风险。合理布局工业发展和城市建设,减少由于生产力布局和资源配置不合理造成环境风险。加强清洁生产和循环经济的治污减排作用,升级改造技术工艺,优化管理措施,从源头和生产全过程降低企业污染物产生量。强化对治污设施的过程监管,实现治污设施技术经济可行的稳定达标,创新环境服务模式和业态。完善预防为主的企业环境安全管理体系,提升生产工艺设备的"本质安全"水平,防止"次生"突发环境事件发生。

（2）精准突出重点,转变风险管理导向

根据各类环境风险水平分布特征,按照"由高到低""由点到面"的原则,率先解决长江经济带、京津冀等地区突发性和累积性水、大气环境风险突出的问题,在探索和示范的基础上逐步扩展到珠

三角、东北、中西部等其他环境风险较高地区，最终实现以环境健康和生态安全为导向的环境风险常态化管理。重点加强重金属、化学品、危险废物、持久性有机物等相关行业全过程环境风险管理。转变环境管理导向，将以质量改善为核心逐渐过渡到以风险可接受为导向和以风险管控为核心。在重点区域、领域开展生态环境风险评估，摸清风险底数，实施精准管控。加强环境风险防范与应急管理标准、规范、指南等制度"供给"，实现履责"有章可循""有据可依"。完善环境刑事责任追究和民事赔偿法律法规，强化对违法违规的严惩和威慑作用，"倒逼"企业加强环境风险防控，增强主体责任意识。

（3）逐步转变模式，实现环境风险常态化管理

确立以风险可接受为导向和以风险管控为核心的环境风险管理模式，健全以环境风险管控为导向的特征污染物排放标准、环境质量标准、监测技术规范体系，完善行业准入标准。完善有毒有害污染物特别是新兴污染物的风险防控机制。综合采取法律、行政、经济等多种手段引导和督促企业落实主体责任，转变主要依托行政手段的管理模式，构建清晰明确的企业、政府和公众的环境风险治理体系。

"十四五"是我国全面小康社会的巩固期，也是美丽中国和生态文明建设的关键五年，关系"两个一百年"奋斗目标的实现，环境应急工作面临复杂严峻形势的同时，也面临更高的要求、更严的标准。在这个形势和背景下，为适应新的要求、迎接新的挑战，"十四五"时期，深入贯彻落实习近平生态文明思想，坚持总体国家安全观，以降低事件总数、控制事件影响，基本实现环境应急管理体系和能力现代化为目标，按照"提气降碳强生态，增水固土防风险"的总部署，以强化环境应急能力建设为关键抓手，着力问题精准、时间精准、对象精准、区域精准、措施精准，推动从被动应对向主动防范转变，做到应急准备实、发现问题早、赶赴现场快、指导应对科学、响应处置规范、调查处理严肃，在守好生态环境安全底线中发挥兜底作用。

"十四五"期间，着力构建"12369"环境风险防控体系，具体思路如下：

一条主线。即系统构建全过程、多层级的环境风险防控体系。针对有毒有害污染物，构建事前、事中、事后全过程和国家、省、市、县多层级主体"立体化"环境风险防控体系。

两个焦点。即补短板、强能力。针对事前准备、事中预警和处置以及部分区域防控和应急能力与风险水平不匹配等突出问题，补齐关键环节及重点区域、重点领域短板，优化产业结构和布局，提高技术水平，进一步健全环境应急体系，以关键"点"、重点"线"带动应对处置能力全面加强。

三项重点。即重点行业、重点区域、重点领域。其中，重点行业主要包括涉危、涉重行业重大环境风险企业，重点区域主要包括化工集中区、临水区域、人口集中区，重点领域主要包括环境健康、危险化学品、重金属、危险废物等领域。

六大片区。即长三角、环渤海、甘陕、两广、两湖、成渝地区。针对突发环境事件高发、环境风险源集中且隐患突出的"热点片区"，以应急预案、防控工程以及预警体系等为抓手，优化加强资源配置，提高联合防控和协同处置能力，有效防范和妥善应对突发环境事件。

九个着力点。即重点饮用水水源地环境风险防控工程、七大流域环境风险地图、化工园区和重点化工企业有毒有害气体环境风险预警体系、跨国界河流环境风险评估和防控应急体系建设、陆海统筹环境风险区划与防控、环境应急实训基地建设、重大突发环境事件应急处置案例库和技术库、"立体化"环境应急预案体系、环境风险防控和应急社会共治。

3.2　主要目标

2025 年总体目标：统一、高效、分级负责环境应急管理体制基本完善；联防联控机制基本健全；环境应急法治建设取得突破；各方面应急准备更加充分；国家环境应急信息化水平和科技支撑保障能力显著提高；地方环境应急能力全方位推进；社会共治取得新进展。防范次生突发环境事件能力和控制大灾巨灾对生态环境影响能力显著增强，能够有效管控突发生态环境事件。

2035 年远景目标：环境应急体制、机制、法治建设更加成熟，科学、精准、智能环境应急能力和水平显著提高，实现与美丽中国建设相匹配的环境应急管理体系和能力现代化。能够全面管控突发生态环境事件。

4　重点任务

4.1　树牢底线思维，加强应急准备能力

4.1.1　推广"南阳实践"经验

国家层面以北京等大城市水源地、南水北调工程，东北、西北和西南三大片区主要出境河流，环渤海、粤港澳大湾区主要入海河流为重点，地方层面以涉及饮用水水源地等敏感目标的河流为重点，推广"南阳实践"经验，深入分析试点流域水环境风险状况，按照"找空间、定方案、抓演练"的思路，调查梳理流域内可用于截流、导流、储存受污染水体的坑、塘、库、坝、洼地、湿地、河道等构建筑物及场所，以及便于投药、稀释等应急处置的水电站、水闸、桥梁等设施，绘制"一河一策一图"，编制试点流域突发水环境事件应急应对方案，并将成果信息化，提升我国应对重特大突发水环境事件能力。

4.1.2　完善环境应急物资装备储备体系

构建横向、纵向联通共享的环境应急物资信息系统。推进部委之间信息共享，充分利用国家应急物资储备库中的通用物资信息，针对性补齐环境应急物资信息，提升国家层面应急响应物资基础。鼓励引导省、市、县、乡镇级政府根据区域突发环境事件特征，分级、分类储备应急物资装备。打通国家、省、市、县、乡镇、企业六级环境应急物资信息通道。实施环境应急物资动态管理。

建设国家战略环境应急物资储备库。在中央事权的跨国境河重点区域、南水北调水源地建设国家级环境应急物资装备储备库，或者依托中央应急物资储备库补充环境应急物资储备，形成区域性物资装备储备核心节点。

4.1.3　深化上下游联防联控与统筹协调机制建设

继续推进《关于建立跨省流域上下游突发水污染事件联防联控机制的指导意见》，在各省签订协议的基础上，逐步推进联防联控机制纵向延伸。推进相邻地市建立完善联防联控机制，落实信息共享、预案联通、演练联调、应对联动的立体联防联控机制格局。发挥各流域监督管理局职能，以长江、黄河等河流为重点，建立流域各省联防联控机制，从流域层面分析风险水平和应急能力差距，

针对性补齐短板，提高大江大河生态安全保障能力。

4.1.4 进一步推进部门联动

借助修订《国家突发事件应急预案》契机，理顺与应急管理部、交通运输部、发展改革委等部门的职责关系，融入国家总体应急能力建设体系，强化部门间在信息共享、监测预警、应急救援、应急物资保障、事故风险防范等工作的衔接和沟通。

4.1.5 优化预案体系和质量

以《国家突发环境事件应急预案》修订为抓手，以预案电子备案系统和预案范例库建设为手段，优化预案体系结构，提高预案质量。加快补齐流域预案和工业园区等重点领域预案短板。加强预案评估、实战演练，提高预案针对性、可操作性。

4.2 加强源头管控，强化环境风险防范化解能力

4.2.1 强化企业环境应急准备和响应能力，源头减少突发环境事件发生

督促企业在环境风险评估和应急资源调查的基础上，及时修编并备案突发环境事件应急预案，构建突发环境事件及其后果情景，提升预案针对性和可操作性。加强企业环境应急预案备案监督管理，推荐环境应急预案范例，通过范例示范，切实推动提升企业环境应急预案质量。企业加强预案评估，定期组织开展环境应急演练和培训，不断提升应急准备和响应能力。

4.2.2 推动交通运输事故次生突发环境事件应急管理

加强与交通、公安等部门沟通协作，选择高风险区域开展交通运输事故次生突发环境事件风险防控试点示范，推进优化调整危化品运输路线，尽量避开饮用水水源地、重要河流、湖、库等环境敏感目标，在事故高发路段、桥梁及关键途径等建设必要的风险防控措施，完善物资装备储备。加强交通运输环境风险联防联控，联合开展应急培训和演练。

4.2.3 实施分区分类指导，遏制重点区域突发环境事件高发频发态势

针对各省突发环境事件风险特征，分类指导应急应对。重点提升陕西、四川、湖南、湖北、广东、江苏等事件高发区域突发环境事件风险防范水平和应急应对综合能力，加强宁夏、青海、新疆等应急管理能力相对滞后区域人员队伍和信息化建设，建立健全环渤海、长三角、大湾区等涉海洋事件高风险区域监控预警和处置能力建设。建立健全国家、省、市三级环境应急形势分析工作机制，开展半年、年度周期性以及汛期、重要活动等临时性环境应急形势分析研判，对高风险区域、领域及时进行提示预警和应急应对措施指导。

4.3 夯实基础，完善应急技术和人才支撑能力

4.3.1 建设生态环境应急研究所

依托生态环境部华南环境科学研究所建立生态环境应急研究所，开展环境应急政策理论、水与

大气环境应急技术与装备、海洋环境应急技术与装备等基础研究与应用实践，提升应用基础理论和共性关键技术装备能力，为生态环境应急管理提供技术支持。

4.3.2 支持建设国家生态安全保障重点实验室

支持生态环境应急研究所建设国家应急技术实验室，开展环境应急领域重大技术基础研究，基于大数据、5G、AI 等技术开展"环境风险防控—监控预警—辅助决策"智慧应急体系研究，丰富和完善应急处置技术库，补齐应急处置技术不足短板，提升环境应急智慧化、信息化水平。充分利用国家环境保护生态环境损害鉴定与恢复重点实验室，为环境应急和事故调查工作提供科技支撑。

4.3.3 建设国家综合性环境应急实训基地

根据突发环境事件风险区域分布特征，结合物资装备储备、区域辐射范围等，在江苏南京、广东东莞、四川成都等地先期建设 3～5 个国家综合性环境应急实训基地，具备警示教育、培训演练、技术和物资装备研发、监控预警、应急处置以及污染修复等产业发展等功能，全面提升环境应急专业水平。

4.3.4 加快环境应急人才培养

将环境应急作为单独业务领域，国家层面加强选拔培养领军人物，在应急管理、应急处置、应急监测预警、应急宏观政策等方面培养选拔高端人才。推动相关培训单位将环境应急管理作为单独领域设计培训课程，强化对政府领导干部培训。推进大专院校增加"环境应急管理"学科，培养专业人才。

4.4 推动智慧应急建设，提升应急信息化决策支撑能力

4.4.1 健全国家环境应急指挥平台

在现有环境应急支撑平台的基础上，持续整合信息形成环境应急基础数据库。以饮用水水源地、大江大河、跨境断面、人口集聚区为重点，统筹重点源监控与水环境质量控制断面监测、空气环境质量监测等，依托国家生态环境信息基础资源，建设突发环境事件预测预警系统。基于远程视频、大数据计算以及空间分析等手段，集基础数据库、预测预警系统，建设集数据分析、远程调度、专家支持以及动态展示于一体的应急决策指挥和响应平台。打通国家、省、市、县四级和现场人员信息通道，可以开展全天候、多层级远程会商研判指挥。

4.4.2 动态更新环境应急数据

以突发水环境事件为重点，整合"南阳实践"等工作成果，充分利用环境统计、污染源普查以及专项调查等各类数据，逐步摸清流域工业企业、交通运输、管道输送等各类环境风险源和敏感目标分布情况，绘制全国环境风险地图，按年度定期和专项工作不定期进行更新，系统分析环境应急形势。将风险地图纳入国家环境应急指挥平台，应急状况下，快速转化为应急作战地图，为精准管控和科学应急提供支撑。

4.5　工作重心下移，提升基层环境应急能力

4.5.1　推动地方环境应急能力建设

开展"以案为鉴　提升环境应急能力"活动，增强地方环境风险防控责任意识，提高地方环境应急管理水平。研究制定环境应急能力建设指导性文件，推进基层环境应急能力不断提升。出台突发环境事件应急响应工作手册，指导地方规范突发环境事件应急应对。

4.5.2　探索推动建立环境应急专员制度

解决环境应急管理队伍不稳定不专业问题，探索推进省级、市级和重点县生态环境部门建立环境应急专员制度，协助地方政府、部门理顺应急处置工作流程，保障信息沟通顺畅，提高物资、队伍调动效率，确保跨区域、跨流域突发环境事件科学妥善处置。"十四五"期间，选择长江流域、黄河流域部分地区开展试点。

4.5.3　探索建立环境应急专项资金制度

破解环境应急资金保障难题，一方面向财政部门申请设立环境应急专项资金账户，联合财政部门制定专项资金管理办法，建立稳定规范的资金渠道，保障资金来源。另一方面充分利用市场机制，设立环境应急基金，通过政府注资、风险企业筹措等方式形成资金池，用于环境应急专项工作。

4.6　坚持依法应急，社会共治，提升法治建设能力

4.6.1　开展环境应急管理条例研究工作

根据机构改革职责定位，结合《中华人民共和国突发事件应对法》修订和突发环境事件应急实践经验等工作，组织开展生态环境应急管理条例研究工作，研究从法律层面明确生态环境部门、政府相关部门、企业以及社会公众在环境应急准备、监测预警、响应处置、损害评估赔偿、生态恢复等重点环节的职责定位，理顺综合应急与专业应急、不同层级应急之间的关系，加强各类事故、事件风险防控和应急响应的协调性。

4.6.2　建立健全环境风险信息披露交流机制

依托"12369"环保举报平台，加强生态环境舆情信息挖掘分析、新闻发布以及舆情引导，及时、有效对公众迫切关注的环境风险问题作出响应；探索建立突发环境事件舆论风险和生态环境群体性事件预警工作机制；加强公众参与环境应急管理、应急救援的引导和组织，提升公众的参与意愿和参与专业化水准。

参考文献

[1]　李干杰. 全力打好污染防治攻坚战[J]. 行政管理改革，2018（1）：22-27.

[2]　王金南. 加强新污染物治理　统筹推动有毒有害化学物质环境风险管理[J]. 中国环境监察，2022（4）：44-46.

[3] 王金南，曹国志，曹东，等. 国家环境风险防控与管理体系框架构建[J]. 中国环境科学，2013，33（1）：186-191.

[4] Guozhi Cao，Lei Yang，Lingxuan Liu, et al. Environmental Incidents in China：Lessons From 2006to 2015[J]. Science of the Total Environment，2018，633：1165-1172.

[5] Guozhi Cao，Yue Gao，Jinnan Wang，et al. Spatially resolved risk assessment of environmental incidents in China[J]. Journal of Cleaner Production，2019，219：856-864.

[6] 曹国志，於方. 生态安全治理新格局[M]. 北京：国家行政学院出版社，2018，3.

[7] 曹国志，贾倩，王鲲鹏，等. 构建高效的环境风险防范体系[J]. 环境经济，2016（ZB）：53-58.

[8] 李望忠，师新新. 坚守绿色展馆建设，共建美丽中国[J]. 环境保护，2017，45（21）：86.

[9] 梁栋，彭其韬，彭荫来. 关于企业环境风险物质几个问题的讨论[J]. 环境与发展，2017，29（3）：276-277.

[10] 边归国. 我国企业突发环境应急预案编制的研究[J]. 中国环境管理，2013，5（4）：36-42.

[11] 王蕾，汪贞，刘济宁，等. 化学品管理法规浅析[J]. 中国环境管理，2017，9（5）：41-46.

[12] 朱华桂，曾向东. 监测预警体系建设与突发事件应急管理——以江苏为例[J]. 江苏社会科学，2007（3）：231-236.

[13] 袁鹏，宋永会. 突发环境事件风险防控与应急管理的建议[J]. 环境保护，2017，45（5）：23-25.

[14] 李敏，李琴，赵丽娜，等. 我国土壤环境保护标准体系优化研究与建议[J]. 环境科学研究，2016，29（12）：1799-1810.

[15] 王华，郭红燕，黄德生. 我国环境信息公开现状、问题与对策[J]. 中国环境管理，2016，8（1）：83-91.

[16] 李仓敏，田宇，胡俊杰，等. 化工园区有毒有害化学品环境风险及管理建议[J]. 环境与可持续发展，2018，43（6）：168-170.

[17] 黄锡生，史玉成. 中国环境法律体系的架构与完善[J]. 当代法学，2014，28（1）：120-128.

[18] 王金南，刘倩，齐霁，等. 加快建立生态环境损害赔偿制度体系[J]. 环境保护，2016，44（2）：26-29.

[19] 姜木枝，黄桂花. 政府生态环境损害责任终身追究制的逻辑起点和理论解析[J]. 重庆交通大学学报（社会科学版），2015，15（3）：26-29.

[20] 於方，齐霁，田超. "环境有价 损害担责 应赔尽赔"理念初步建立 ——生态环境损害赔偿制度改革全面试行两周年回顾[N]. 中国环境报，2019-12-13.

本专题执笔人：曹国志、徐泽升、周夏飞、王鲲鹏

完成时间：2021 年 9 月

第七篇

生态保护修复和监督管理

专题 1 "十四五"生态保护基本思路与重点任务研究

1 "十四五"期间生态保护形势

1.1 生态状况及其变化

党的十八大以来，我国自然生态保护工作成效显著，生态系统格局整体稳定，生态退化的趋势得到遏制，生态系统质量呈现改善趋势，生态系统功能不断增强。

1.1.1 全国生态系统格局现状及变化

2015 年，全国八大类生态系统以草地、森林、农田和荒漠等四种类型的生态系统为主，约占国土陆地面积的 82.7%。自然生态空间约占国土陆地面积的 78.0%，主要由森林、灌丛、草地、湿地和荒漠等生态系统构成。农业空间约占国土陆地面积的 18.9%，主要是农田生态系统。城镇空间约占国土陆地面积的 3.1%，主要是城镇建设用地（图 7-1-1）。

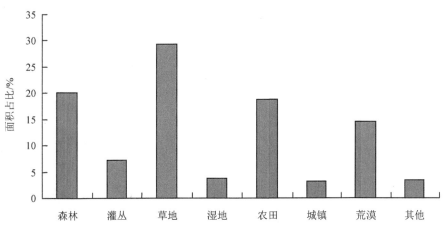

图 7-1-1　全国生态系统类型及其面积占比（2015 年）

2000—2015 年，全国约有 3.5%陆域国土面积的生态系统发生了变化，表现为森林、湿地、荒漠和城镇生态系统面积总体增加，灌丛、草地和农田生态系统持续减少。与 2000—2010 年的 10 年间相比，近 5 年生态系统变化的年均强度为 0.28%，略高了 0.07 个百分点。从生态系统类型来看，城镇面积持续增加，年均增幅略微变大，年均增幅由 2.8%增加为 3.2%；湖库湿地生态系统持续增加，沼泽湿地生态系统由减少趋势转为增加趋势；灌丛、草地和农田面积持续减少，灌丛和草地年均减幅分别高出 0.46 个百分点和 0.51 个百分点；农田年均减幅增加了 0.04 个百分点（图 7-1-2）。整体来看，城镇扩张、农田开垦和生态保护恢复仍然是生态系统变化的主要驱动因素，但是变化强度的空间分布发生显著变化；城镇扩张从大城市向中小城市转变，生态保护与修复引起的生态系统变化强度由集中分布变为分散分布，农田开垦主要发生在天山南北和东北三江平原地区。

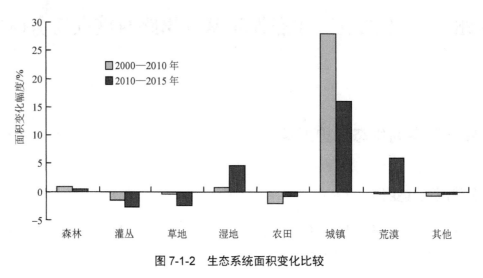

图 7-1-2   生态系统面积变化比较

1.1.2   全国生态系统质量现状及变化

2015 年，全国森林、灌丛和草地等三种自然生态系统的优、良等级面积占比为 **26.2%**，主要分布在东北北部和西部大小兴安岭、东部长白山地区、新疆天山山间盆地、青藏高原东南部以及云南大部等地区。

2010—2015 年，自然生态系统质量总体改善，自然生态系统优、良等级的面积占比增加 6.4 个百分点（图 7-1-3），极重要区和较重要区面积增加约 27 万 km²，水土流失、土地沙化、石漠化等退化区域面积均有明显减少。我国植被增加量为地球变绿做出重要贡献，美国宇航局（NASA）的卫星监测数据显示，过去 17 年间，中国植被增加量占到全球植被总增加量的 25%。

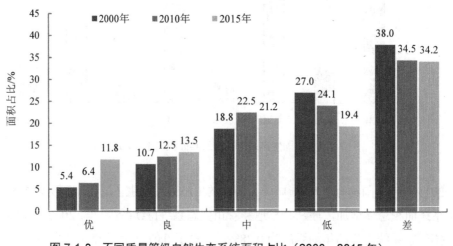

图 7-1-3   不同质量等级自然生态系统面积占比（2000—2015 年）

2000—2015 年的 15 年间，全国森林、灌丛和草地生态系统质量总体改善，优、良等级的生态系统面积占比由 16.1% 增加至 25.3%。与 2000—2010 年的 10 年间相比，近 5 年优、良等级生态系统面积占比的平均每年增幅为 1.28 个百分点，比前 10 年的年均增幅高出 1.0 个百分点。其中，优、良等级草地生态系统面积占比的年均增幅高出 1.1 个百分点，优、良等级森林生态系统面积占比的年均增幅高出 1.0 个百分点，优、良等级灌丛生态系统面积占比的年均增幅高出 0.5 个百分点。

1.1.3　全国生态系统服务功能及变化

2015 年，全国生态系统服务功能极重要和较重要等级区域的面积占陆地国土面积的 57.0%，一般重要和中等重要等级区域的面积占陆地国土面积的 43.0%。其中，占陆地国土面积 35.9% 的极重要区域提供了全国一半以上的生态系统服务功能。水源涵养、土壤保持、防风固沙和生物多样性保护的极重要区分别占全国国土面积的 18.1%、7.5%、5.0% 和 34.6%。

2000—2015 年的 15 年，生态系统服务功能总体增强。与 2000—2010 年的 10 年相比，土壤保持服务功能持续增强，近 5 年的年均增幅比前 10 年高出 0.03 个百分点。防风固沙服务功能增强趋势减缓，近 5 年的年均增幅比前 10 年低 1.2 个百分点。重要区域物种生境质量持续改善，部分区域自然栖息地减少速度放缓，近 5 年的年均降幅比前 10 年低 0.28 个百分点。水源涵养服务功能基本稳定。

1.2　工作进展

党的十八大以来，各地区、各部门认真贯彻党中央、国务院决策部署，积极施策、强化监管，努力遏制生态恶化趋势，自然生态保护工作取得积极进展。

1.2.1　生态保护体制与制度逐渐完善

（1）生态保护监管体制改革稳步推进

2018 年 8 月，生态环境部"三定"方案印发，明确了生态环境部门"拟订并组织实施生态保护修复监管政策、法规和标准，指导协调和监督生态保护修复工作，组织编制生态保护规划""统一行使生态和城乡各类污染排放监管与行政执法"等职责，设置自然生态保护、水生态环境、海洋生态环境、土壤生态环境以及生态环境监测、生态环境执法等监管部门，首次统一了山水林田湖草海所有生态系统、所有生态环境要素的污染排放监管与行政执法的职责，基本形成系统完善、相互配合的自然生态监管体系。2018 年 12 月，中共中央办公厅、国务院办公厅印发《关于深化生态环境保护综合行政执法改革的指导意见》，整合有关部门相关污染防治和生态保护执法职责，组建生态环境保护综合执法队伍，依法统一行使污染防治、生态保护等执法职能。

（2）生态保护监管制度体系不断完善

党的十八大以来，党中央、国务院实施 50 余项生态文明相关重大改革举措，出台近 90 份生态文明体制改革文件，生态文明制度体系的"四梁八柱"日益完善。2018 年生态文明正式写入宪法，实现了生态制度的宪法安排以及生态权利的宪法保障。划定并严守生态保护红线写入新修订的《中华人民共和国环境保护法》，以生态保护红线为底线的国土生态空间管控制度初步建立。制定《国家公园生态保护监督暂行办法》《国家公园生态环境和自然资源监测指标与技术体系》，积极推进以国家公园为主体的自然保护地体系建设，初步形成以遥感监测为技术手段的"绿盾"自然保护区监督核查制度。生态安全纳入国家安全体系，党政领导干部生态环境损害责任追究和生态环境损害赔偿等制度逐步落实，生态保护监管制度化、规范化、法治化建设不断增强。

1.2.2 重要生态空间保护基础进一步夯实

（1）划定并严守生态保护红线

一是全国生态保护红线划定基本完成。为贯彻落实中共中央办公厅、国务院办公厅《关于划定并严守生态保护红线的若干意见》，生态环境部、国家发展改革委组织各地抓紧推进生态保护红线划定工作。截至 2018 年年底，京津冀地区、长江经济带和宁夏回族自治区等 15 个省（区、市）生态保护红线划定方案获国务院批准并由省级政府发布实施，山西等 16 个省（区）的生态保护红线划定方案也已完成技术审查，为严守对国家生态安全"底线"奠定了坚实基础。全国陆域生态保护红线面积约占陆域国土面积的 28%。

二是加快制定生态保护红线配套管理政策。2018 年，生态环境部印发《生态保护红线勘界定标技术规程（试点试行）》，在全国 113 个市县开展勘界定标试点。加快构建并完善生态保护红线管控体系，推进国家生态保护红线监管平台建设。生态环境部会同自然资源部推动"三区三线"统筹协调落地，研究起草《生态保护红线管理办法》。

（2）持续优化自然保护区建设与管理

一是自然保护区面积与范围不断增加。截至 2018 年年底，全国已建成自然保护区 2 750 处，新建国家级自然保护区 28 个，国家级自然保护区总数达 474 个，自然保护区陆地面积约占全国陆地总面积的 14.83%。二是自然保护区专项执法检查取得积极成效。开展"绿盾 2017""绿盾 2018"国家级自然保护区监督检查专项行动，覆盖 469 个国家级自然保护区、847 个省级自然保护区，占自然保护区总面积的 91.3%；共调查处理问题线索 5 万多个，其中涉及采石场、工矿用地、核心区缓冲区旅游设施和水电设施等四类重点问题 8 000 多个，63.5%以上的重点问题完成整改，实现了问题整改率的上升和国家级自然保护区内新增人类活动问题点位和面积的双下降；严厉查处了秦岭北麓、重庆缙云山、鄱阳湖、安徽扬子鳄等一批涉及自然保护区的典型违法违规活动。三是有序推进自然保护区科学考察，重点开展自然保护区内本底现状调查。

（3）加强重点生态功能区保护与管理

2017 年，财政部制定印发《中央对地方重点生态功能区转移支付办法》（财预〔2017〕126 号），规范了专项资金转移支付分配、使用和管理等要求。同时，较"十二五"期末，重点生态功能区所在县（市、区）数量由 436 个增加到 676 个，占国土面积比例由 41%提高至 53%，转移支付范围有所提升；转移支付资金总量从 2008 年的 61 亿元增加到 2018 年的 721 亿元，转移支付资金规模增长明显。中央财政资金在维护国家生态安全、推进生态文明建设、加大生态扶贫投入等方面发挥的积极引导作用进一步加强。

（4）以国家公园为主体的自然保护地体系逐步建立

2017 年 9 月，中共中央办公厅、国务院办公厅印发《建立国家公园体制总体方案》，以加强自然生态系统原真性、完整性保护为基础，以实现国家所有、全民共享、世代传承为目标，通过青海省三江源等 10 个地区试点，按照山水林田湖草一体化管理保护的原则，对国家公园范围内的自然保护区、国际和国家重要湿地、重要饮用水水源地保护区、水产种质资源保护区、风景名胜区、自然遗产地等各类保护地进行功能重组、优化组合，实行集中统一管理，探索构建统一规范高效的中国特色国家公园体制，建立分类科学、保护有力的自然保护地体系。

1.2.3 生物多样性保护工作扎实开展

积极发挥中国生物多样性保护国家委员会作用，联合相关部门统筹协调全国生物多样性保护工作。

一是持续实施《中国生物多样性保护战略与行动计划》(2011—2030 年)，深入开展"联合国生物多样性十年中国行动（2011—2020 年)"，启动实施生物多样性保护重大工程。

二是积极开展生物多样性保护优先区域本底调查，完成秦岭、太行山、横断山南段、鄱阳湖等12 个生物多样性保护优先区域生物多样性本底调查评估试点。开展以长江经济带、京津冀为重点的部分县域生物多样性和重点流域水生生物多样性综合调查。

三是完善生物多样性观测网络，开展生物多样性常态化监测，截至 2018 年年底，全国共建成749 个生物多样性观测样区，基本覆盖 32 个陆域生物多样性保护优先区域。

四是组织开展物种濒危状况评估，联合中科院编制发布《2018 年度中国生物物种名录》和《中国生物多样性红色名录》。联合农业农村部、水利部印发《重点流域水生生物多样性保护方案》。

五是实施濒危野生动植物抢救性保护，开展红豆杉、秤锤树、银缕梅、普陀鹅耳枥等 20 多种极小种群野生植物拯救保护及其生境的监测、恢复与改造工作。

六是加强生物安全管理工作，组织开展外来生物入侵风险及防控技术研究和转基因大豆、玉米、棉花种植的生态环境风险研究。防范生物安全风险，发布第四批自然生态系统外来入侵物种名单，完成 51 个国家级自然保护区外来入侵物种调查。

七是积极推进生物遗传资源获取与惠益分享管理立法工作，完成《生物遗传资源获取与惠益分享管理办法》草案。

八是积极履行《生物多样性公约》，成功获得 2020 年《生物多样性公约》第 15 次缔约方大会主办权，持续组织开展"5·22 国际生物多样性日"专题宣传活动。目前，我国各类陆域保护面积约占陆地国土面积的 18%，提前实现《生物多样性公约》提出的到 2020 年达到 17%的目标。

1.2.4 生态保护修复稳步推进

（1）各类生态系统保护工作持续推进

一是大力提升森林质量，启动森林质量精准提升示范项目 45 个，完成森林抚育面积 851.9 万 hm^2。二是保护重要草原生态系统，启动第二次全国草地资源清查；继续实施新一轮草原生态保护补助奖励政策，落实禁牧面积 8 000 万 hm^2、草畜平衡面积 1.7 亿 hm^2。三是保护重要湿地生态系统，截至 2018 年年底，全国共修复退化湿地面积 7.1 万 hm^2，湿地保护率达 52.2%；新增国家湿地公园试点64 处，全国国家湿地公园共 898 处；新指定国际重要湿地 8 处，全国国际重要湿地共 57 处。四是不断加强耕地保护，全面完成全国 15.5 亿亩永久基本农田划定工作。五是积极推进海洋生态保护修复，国务院印发《渤海综合治理攻坚行动计划》，统筹推进厦门等 18 个沿海城市"蓝色海湾"综合整治行动，推进实施"南红北柳""生态岛礁"等海洋生态修复工程，修复后具有生态功能的岸线约达 240 km。六是加强城市自然生态系统建设与人居环境改善，城市建成区绿化率 37.9%，人均公园绿地面积达 14.1 m^2。

（2）山水林田湖草生态保护修复工程试点稳步推进

为贯彻落实山水林田湖草生命共同体系统思想，加大受损破坏重要生态系统保护修复力度，2016年财政部、国土资源部、环境保护部共同启动山水林田湖草生态保护修复工程试点，分 3 批选取了全国 25 个生态功能重要、治理修复需求迫切的地区开展试点工作。三年来，中央财政累计拨付试点资金 330 亿元，地方落实配套资金约 700 亿元，全国开工实施工程项目 1 700 余个，为保护修复重要受损生态系统，探索整体保护、系统修复、区域统筹、综合治理的生态保护修复模式进行了有益尝试。2019 年，自然资源部启动全国重要生态系统保护和修复重大工程规划编制工作，研究制定全面推进重要生态系统保护修复工作的统筹部署。

（3）退化区域生态修复治理成效明显

2018 年，国土资源部、财政部印发《关于进一步做好中央支持土地整治重大工程有关工作的通知》，重点支持江西、云南、贵州、广西等 6 省（区），稳步推进国土综合整治。持续推进重点区域水土流失综合治理，近 3 年累计完成长江上中游、黄河中上游、西南岩溶区、东北黑土区、黄土高原区等重点区域水土流失综合治理面积达 16.92 km²。深入推进荒漠化石漠化治理，"十三五"时期以来，全国完成防沙治沙任务 707 万 hm²，新增封禁保护区 6 个，封禁保护面积达 166 万 hm²。加强矿山地质环境保护与生态修复，开展绿色矿冶发展示范区创建，组织开展国家级绿色矿山试点示范核查工作，推进矿山地质环境保证金改基金制度改革。

1.2.5　生态示范创建成效显著

生态环境部等有关部门积极推进生态示范创建工作。通过研究完善《国家生态文明建设示范市县指标（修订）》，逐步明确了涵盖生态制度、生态环境、生态空间、生态经济、生态生活、生态文化等六大领域的生态文明示范创建任务，为各地贯彻落实新发展理念，加快推进生态文明建设工作提供了有效指引。"十三五"时期以来，环境保护部（现生态环境部）分两批命名表彰 91 个国家生态文明建设示范县（市、区），以及 29 个"绿水青山就是金山银山"实践创新基地，初步形成点面结合、多层次推进、东中西部有序布局的建设体系。国家林业和草原局等有关部门也持续推进森林城市群、森林城市建设，截至 2018 年年底国家森林城市已达 166 个。塞罕坝模式、库布齐模式、浙江"千万工程"等典型生态保护模式不断涌现，为"十四五"时期生态保护工作奠定了良好基础。

1.3　存在的问题

1.3.1　面临的主要生态问题

从自然生态系统自身状况看，由于过去大规模、高强度的城镇化与工业化开发建设活动，客观上导致我国自然生态空间受挤占严重、部分区域生态退化问题依然突出、生态系统质量与功能低、生物多样性丧失严重，优质生态产品供给不足，人均森林、草地、湿地及公园绿地面积均低于世界平均水平。

（1）自然生态空间遭受挤占的形势依然严重

森林、灌丛、草地和湿地自然生态空间不断减少，"长江双肾"鄱阳湖、洞庭湖大面积萎缩，部分中小河流断流长度增加、周期加大。3%的国家级自然保护区受人类活动干扰；自然海岸线长度减少了 700 km。2015 年全国自然海岸线比例为 34.95%，比 2010 年减少 65.8 km，减幅 1.09%，人工岸线比 2010 年增加 501.3 km，增幅为 9.45%。长江经济带自然岸线开发强度大，自然岸线保有率仅为 44%，自然滩地长度保有率仅为 19.4%。京津冀地区自然岸线和滩涂湿地大幅萎缩，河流断流和湿地萎缩问题突出，全年存在断流现象的河流比例约为 70%。红树林减少速度惊人，冰川处在退缩状态。

（2）部分区域生态退化问题依然严重

2015 年全国水土流失面积 154.1 万 km²，约占国土陆地面积的 16.3%，重度和极重度侵蚀面积比例近 20%，局部区域水土流失问题仍在加剧，主要分布在黄土高原东部、青海东部、西藏东部和南部。全国沙化土地（包括天然沙漠）面积为 181.6 万 km²，占国土陆地面积的 19.2%，局部区域土地沙化问题仍在加剧，主要分布在内蒙古鄂尔多斯西北、羌塘高原、塔克拉玛干沙漠南缘。贵州、云南、广西、四川、湖南、广东、重庆及湖北等 8 省（区、市）石漠化总面积为 8 万多 km²。三江源、内蒙古中部、塔里木河流域等部分地区生态退化问题依然严重或呈加剧趋势，重点天然草原持续超载，局部地区"人、草、畜"矛盾突出。近些年，极端天气事件多发，生态破坏与生态功能弱，导致山洪、泥石流、滑坡等灾害增多。北方干旱半干旱地区、青藏高原、西南喀斯特地区等生态系统脆弱敏感，极易受到气候变化和人为活动的影响。

（3）生态系统质量与功能较低

次生生态系统多，原生生态系统少，生态系统质量总体不高。我国森林结构纯林化、生态系统低质化、生态功能低效化、自然景观人工化趋势加剧。全国人均森林面积和湿地面积只有世界平均水平的 1/5，森林单位面积蓄积量只有全球平均水平的 78%，纯林和过疏过密林分所占比例较大，森林年净生长量仅相当于林业发达国家的一半左右。根据全国生态状况遥感调查评估（2010—2015 年）结果，2015 年差等级的自然生态系统面积比例为 31.3%，其中，差等级的森林生态系统面积约 39.40 万 km²，占森林生态系统总面积的 20.6%；差等级的灌丛生态系统面积约 27.21 万 km²，占灌丛生态系统总面积的 40.4%；2010—2015 年仍有 7.8% 的自然生态系统质量变差，大兴安岭、西藏东南部等局部地区森林呈退化趋势。此外，我国人均占有草原资源面积仅为世界平均水平的一半，人均公园绿地面积远低于联合国提出的 60m² 的最佳人居环境标准。

（4）生物多样性加速下降趋势未得到有效遏制

我国高等植物的受威胁比例达 11%，特有高等植物受威胁比例高达 65.4%，脊椎动物受威胁比例达 21.4%；遗传资源丧失和流失严重，60%～70% 的野生稻分布点已经消失。外来入侵物种危害趋势不断加剧，生物遗传资源流失和生物安全风险防控形势严峻。

1.3.2　生态保护监管问题

总体上看，当前我国生态保护工作仍处于边保护、边破坏的阶段，部分地区生态破坏问题历史欠账突出，生态保护监管仍存在"政策标准、监管机制、监督执法"三大短板，生态保护统一监管的链条仍不完整，无法满足国家生态安全屏障建设提升、人居环境改善的深层次需求。具体如下：

（1）生态保护监管的法律法规和标准体系亟待完善

生态保护综合监管立法缺失，国家公园立法也处于空白，生态保护红线管控措施尚未出台，生物安全、生物遗传资源获取与惠益分享等领域也亟须加快推进立法进程，相关监管制度尚未建立。重要生态系统、生态保护红线、自然保护地等仍缺少成效评估考核等行业标准或国家标准。现行《自然保护区条例》已不能满足当前的管理需要。

（2）与改革要求相适应的体制机制尚需完善

生态保护的各部门协同监督工作机制仍不完善。自然资源、林业草原部门的空间用途管制和生态保护修复职责与生态环境部的生态监管职能间相对独立,协同制衡的生态保护监管机制尚未形成,生态保护综合监管能力不强,参与综合决策的体制机制也不健全。"职责独立、机构独立、程序独立"的国家生态监管执法体制还有待健全。

（3）生态保护监管能力有待提升

尚未建立天地一体化的生态监测网络与监控体系,缺乏对重要生态空间全覆盖式监管。调查评估主要以遥感手段为主,地面核查体系仍有欠缺,对区域生态状况及其存在问题主动精准发现能力不足。地方生态环境部门在生态保护监管的机构设置、技术、人员方面存在严重不足,导致执法力量薄弱,难以开展常态化监管。生态保护修复的非政府支出比例较低,2016年仅为19.1%,未真正做到"谁破坏、谁修复"。

1.4 机遇与挑战

"十四五"时期,我国生态保护工作将迎来机遇与挑战并存的重要历史时期。

1.4.1 重要机遇

当前,我国生态保护工作仍处于重要战略机遇期,"十四五"时期,自然生态保护工作面临的主要机遇体现在:

（1）党中央、国务院高度重视自然生态保护工作

习近平生态文明思想为生态文明建设和生态保护工作提供了强大思想保障和根本遵循,"绿水青山就是金山银山""山水林田湖草生命共同体"等新理念新思想新战略为"十四五"时期自然生态保护工作指出了明确方向。党的十八大以来,习近平总书记先后就甘肃祁连山、秦岭北麓等严重生态破坏事件作出重要指示批示,为推进自然生态保护工作提供了重要方向指引和根本政治保障。

（2）经济高质量发展有利于生态保护工作

"十四五"时期,高质量发展将提速,产业升级和结构调整深入推进,经济发展空间格局更加合理,资源利用效率、土地利用效率等将进一步提高,有利于降低经济社会发展对自然生态空间的挤占和破坏压力。

（3）体制机制改革红利惠及生态保护

国务院机构改革进一步划清了相关部门生态保护职责,明确了生态环境部自然生态监管者的责任,在生态保护领域的政策法规标准制定、监测评估、监查执法、督察问责等方面"四统一"职能得到确立和强化,为自然生态保护工作提供了改革红利。

1.4.2 未来挑战

"十四五"时期,生态保护工作面临的挑战主要体现在:

（1）城镇化仍将快速发展,城乡人居生态安全压力加大

"十四五"时期,我国城镇化由快速发展向稳定成熟迈进的冲刺阶段、城乡格局和城镇化发展格局定型的初始时期,也是城镇化发展与生态保护矛盾凸显的关键时期。这一时期,人口向东南沿海地区、主要大城市群集聚的态势将更加明显,现有的城市生态产品难以满足人口高度集聚引发的对人居生态环境改善更高、更迫切的需求,城市人居生态环境改善的压力进一步加大;同时,城乡生态环境的差异性将进一步加大,城乡生态保护水平参差不齐问题将更加突出,部分生态系统敏感

脆弱地区将面临更大威胁，生态破坏问题更易向偏远的山区农村转移，城乡人居生态安全面临更大压力。

（2）生态保护监管体制机制需要较长磨合期，难以快速应对未来日益繁重的监管需求

国家机构改革后，我国生态保护监管体制与制度正在逐渐建立，各部门生态保护的职责分工已经明确。但是目前多部门协同监督管理的工作机制仍未完全建立，"职责独立、机构独立、程序独立"的国家生态保护监管执法机制还有待健全，地方生态环境部门综合执法能力仍十分薄弱，生态保护统一监管的链条仍不完整，未来生态保护的日常监管工作仍需要较长的磨合期。"十四五"时期，我国生态保护红线、国家公园、自然保护区等各类自然保护地的管控要求将更加严格，同时随着城镇化不断发展、人类活动范围和强度将进一步加大，生态保护监管任务将日益繁重，面临更大压力。

（3）生态保护的成效仍不稳固，依然存在退化风险

当前我国自然生态系统的质量、功能与世界平均水平仍有较大差距，局部地区生态系统质量仍存在退化趋势，生态破坏行为时有发生，生态保护的成效仍不稳固。"十四五"时期，经济社会发展的不确定性显著提升，可能对国家和地方生态保护财政资金投入造成一定影响，部分地区可能再次出现大规模开发建设活动挤占生态空间的现象，面临生态退化风险。

（4）参与全球生态治理，保护生物多样性面临更高要求

我国正逐步走向世界舞台的中央，"十四五"时期将是我国在全球范围内引领《生物多样性公约》的关键时期，既要履行好国际公约履约职责，又要积极主动发挥负责任大国的示范引领作用，为全球生态系统保护贡献中国力量。

总体而言，我国生态保护工作取得积极进展，生态系统格局整体稳定，生态退化得到遏制，但生态保护成效仍不稳固，局部地区生态退化现象依然严重，生态破坏事件时有发生；生态系统质量呈现改善趋势，生态系统功能不断增强，但优质生态产品供给能力与人民群众优美生态环境需要之间仍有较大差距；生态保护的体制与制度正在逐渐建立完善，但生态保护统一监管的链条仍不完整，无法满足未来国家生态安全动态监测预警的战略需求。

"十四五"时期，国内外形势更加复杂、经济社会发展不确定性显著提升，我们要充分认清当前生态安全的严峻形势，以"等不起"的紧迫感、"慢不得"的危机感、"坐不住"的责任感，加强自然生态监管，强化科技运用，提高治理能力，推进自然生态保护工作一步一个脚印向前迈进。

2 总体思路与目标指标

2.1 规划定位

"十四五"期间，生态保护规划的定位应着眼于四个方面：

（1）全面贯彻落实习近平生态文明思想的顶层规划

按照习近平生态文明思想的历史观、自然观、发展观、民生观、系统观、法治观、行动观、全球观的指引，系统谋划新时代生态文明建设和自然生态保护的战略定位、指导思想、目标指标、重点任务、重大工程，适应中国由大到强，逐步走向世界舞台中央，引领全球生态保护、共建清洁美丽世界的顶层规划。

（2）启动美丽中国建设、开启第二个百年奋斗目标的起步规划

在 2020 年全面建成小康社会后，我国开启新时代中国特色社会主义新征程。在 2035 年实现生态环境根本改善、美丽中国目标基本实现的战略安排中，"十四五"处于新时代的开局五年，人民群众对优质生态产品的需求将日益增长。"十四五"时期，生态保护工作除了继续加大自然生态系统保护工作外，还要更注重人居生态保护与生态安全保障，更注重提供优质生态产品，给人民群众更好的生活环境。

（3）指导全国生态保护工作的国家级专项规划

根据《关于统一规划体系更好发挥国家发展规划战略导向作用的意见》（中发〔2018〕44 号），生态环境保护规划是国家级专项规划，是国家发展规划（即国民经济和社会发展规划）的重要组成部分。"十四五"生态保护规划重点在于落实"十四五"国家发展规划和生态环境保护国家级重点专项规划中涉及自然生态保护的战略任务，制定"十四五"期间全国自然生态保护工作的时间表和路线图。

（4）落实生态文明与生态保护体制改革，适应新的国家生态保护统一监管需求的实施规划

"十三五"期间，基本完成了生态文明建设和生态保护的顶层制度设计，完成了党和国家机构改革，确立了不同部门在生态保护领域的新边界、新职能、新制度。"十四五"时期，生态环境部将统一行使生态和城乡各类污染排放监管与行政执法职责。因此，"十四五"生态保护规划是贯彻落实国家生态保护体制改革要求，进一步强化生态保护统一监管责任，健全生态保护多部门协调联动机制，切实提高生态保护监管能力的实施规划。

2.2　总体思路

深入贯彻落实习近平生态文明思想，按照人与自然和谐共生、"山水林田湖草生命共同体"的理念，坚持保护优先、预防为主，以维护国家和区域生态安全为核心目标，加强生态保护修复，着力完善生物多样性保护体系，夯实维护生态安全的坚实基础；构建生态安全屏障优化提升体系，提升生态系统服务功能，增强宏观生态稳定性；构建人居生态安全保障体系，解决人民群众反映强烈的突出生态问题，提高优质生态产品供给能力；构建生态保护统一监管体系，建立"天、地、空一体化"监测监管与监督执法网络，全面遏制重要生态空间生态破坏行为（图 7-1-4）。

2.3　基本原则

（1）坚持系统贯彻落实习近平生态文明思想

以科学自然观、整体系统观为指导，以重大工程项目为抓手，按照人与自然和谐共生、"山水林田湖草生命共同体"的理念，坚持整体推进、重点突破，科学部署、有序推进重要生态系统的整体保护、系统修复、区域统筹、综合治理，筑牢并强化国家生态安全战略格局。

（2）坚持将生物多样性保护作为生态保护修复的主线

生物多样性是人类社会赖以生存和发展的基础，要不断加大生物多样性保护力度，提升生物多样性保护国家战略地位，以负责任大国的应有担当，引领全球生物多样性保护，积极构建人类命运共同体。始终将生物多样性保护作为生态保护修复的主线，维护遗传多样性、物种多样性、生态系统多样性等多层次保护目标，切实保障生态稳定性。

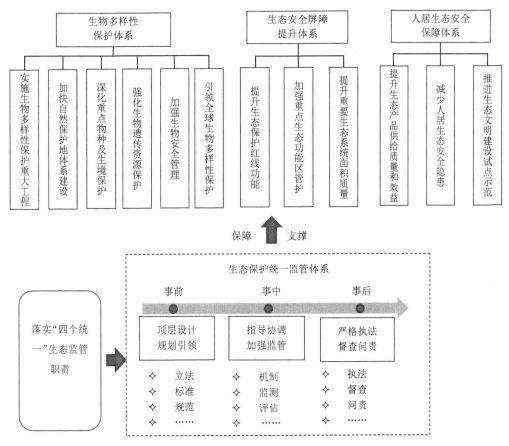

图 7-1-4　"十四五"国家生态保护总体思路框架

（3）坚持以维护国家生态安全为核心目标

严格落实生态空间管控，严守生态保护红线，加强重点生态功能区保护与管理，保护最重要的生态空间，提升重要生态系统质量与功能，不断优化提升国家生态安全屏障。

（4）坚持将生态保护统一监管作为根本保障

以严密法治观、全民行动观为原则，完善生态保护法律法规与标准体系，用最严格的制度、最严密的法治，切实加大生态保护监督管理力度，提高公众参与生态保护的积极性和自觉性。按照生态环境部"四个统一"监管职责要求，建立全面、严格、及时、有效的生态保护统一监管体系，加快构建陆海统筹、天地一体、信息共享的自然生态监测网络，及时发现和查处生态破坏行为，提高生态保护的精细化和信息化水平。

（5）坚持以提升优质生态产品供给能力为根本出发点

以深邃历史观、基本民生观为引领，以制度建设为抓手，牢固树立生态保护工作的大局观、长远观、整体观，以人民群众反映强烈的突出生态问题为导向，切实加大生态系统保护力度，改善提升人居生态环境，夯实国家生态安全基础。

2.4　目标指标

2.4.1　总体目标

到 2025 年，全国"天、地、空"城乡一体化的生态保护监测网络与监管平台基本建成，以提升生态系统服务功能、维护生态安全为核心的生态保护监管体制机制更加完善和高效。以国家公园为主体的自然保护地体系基本建立，破坏生态保护红线、自然保护地等重要生态空间的违法行为得到有效遏制。重要濒危物种的得到有效保护，外来入侵物种得到严格防范，生物多样性下降趋势得到有效缓解。生态文明建设示范市县、"绿水青山就是金山银山"实践创新基地等示范创建工作机制更加完善，为探索形成机制活、生态美、产业优、百姓富的绿色发展模式发挥积极作用。生态保护红线等关系国家生态安全的重要生态系统得到有效保护和修复，整体性、连通性明显提升，优质生态产品供给能力大幅提高，生态安全得到有效保障，生态文明建设水平迈上新台阶。

2.4.2 具体指标

具体指标按照生物多样性保护体系、生态安全屏障优化提升体系、人居生态安全保障体系、生态保护监管体系等 4 大类设计，细分为 26 项指标，如表 7-1-1 所示。其中，约束性指标 7 项，预期性指标 19 项。下一步将根据"十四五"生态保护规划研究进展情况及管理需求，进一步细化完善。

表 7-1-1 "十四五"生态保护领域目标指标体系

类型分类	序号	评价对象	具体指标	现状值 2018 年	目标值 2020 年	目标值 2025 年	指标类型
生物多样性保护体系	1		国家重点保护野生动植物物种和典型生态系统类型保护率（%）	—	95	98	预期性
	2		陆域自然保护地占陆域面积比例（%）		15.2	≥20	约束性
	3		海洋保护区占管辖海域面积比例（%）	—	5	5	约束性
	4		国家公园个数	—	—	25	预期性
生态安全屏障提升体系	5	生态空间	生态保护红线占国土空间面积的比例（%）		≥30	≥30	约束性
	6		自然保护地面积占国土空间面积的比例（%）	20	—	≥25	约束性
	7		新增重要生态区域生态破坏面积（km²）	—	0	0	约束性
	8	森林	森林覆盖率（%）	21.66	23.04	24	预期性
	9		森林蓄积量（亿 m³）	151	165	180	预期性
	10		森林抚育面积（km²）	—			预期性
生态安全屏障提升体系	11	草地	草原总面积（万 hm²）	39 283	39 500	≥39 500	预期性
	12		草原综合盖度（%）	54.6	56	—	预期性
	13	湿地	湿地保有量（万 hm²）	5 342	5 342	≥5 342	约束性
	14		新增湿地面积（km²）	—	800	1 500	预期性
	15	海洋	全国自然岸线保有率（%）	—	35	35	约束性
人居生态安全保障体系	16	城市	城镇建成区绿化覆盖率（%）		44.59	48	预期性
	17		人均公园绿地面积（m²）	—			预期性
	18	生态退化治理修复	新增沙化土地治理面积（万 hm²）	—	1 000	1 000	预期性
	19		新增水土流失综合治理面积（万 hm²）	—			预期性
	20		新增石漠化综合治理面积（万亩）	—			预期性
	21		历史遗留损毁土地复垦率（%）	—	45	65	预期性
生态保护监管体系	22		生态保护红线台账系统及综合监测网络体系建设情况	—	基本建立	完全建立	预期性
	23		国家生态监测站建设情况（个）	—	200	350	预期性
	24		生态保护监督执法人员队伍建设情况	—	基本建立	完全建立	预期性
	25		开展生态文明建设示范创建市级行政区的比例（%）			50	预期性
	26		国家生态保护修复财政支出情况（亿元）	—	4 000	6 000	预期性

3 规划重点任务

3.1 建立生态保护统一监管体系

当前，我国生态保护监管的基础仍较薄弱，生态监管的软、硬件都难以满足生态状况改善的要求。"十四五"时期，应通过强化生态保护工作的事前顶层设计、规划引领，事中监督检查、加强监管，事后严格执法、督查问责，建立全国生态保护工作统一监测、监管的全过程管理闭环。

3.1.1 建立全过程监管链条

（1）事前顶层设计、规划引领

加快生态保护立法和规章制定进程，加快实现生态保护领域全过程监管的制度化、法治化、规范化。优先加快研究制定生态保护红线监督管理、生态保护红线勘界定标、监管平台建设及保护成效评估等法规及政策文件。逐步完善生态系统状况调查评估、生态系统野外调查与观测、生物多样性调查评估预警等系列标准规范。到2025年，基本建立生态保护修复全过程监管制度体系。

（2）事中监督检查、加强监管

事中监管可按照重要生态空间、其他生态空间重点生态破坏问题、生态保护修复重大工程等三大类型分别实施监管，同时建立健全部门间协调联动的生态监管工作机制，确保生态保护责任落实。

加强以生态保护红线和自然保护地为重点的重要生态空间常态化生态监管，形成以例行监管为主，专项监管和专案监管为辅助的常态化监管方式。依托生态环境监测网络和生态保护红线监管平台，运用大数据、物联网、云计算等方式，通过例行监管及时发现违反法律法规和相关规定破坏生态环境的行为，建立问题台账和督办反馈机制。以国家级自然保护区和长江经济带自然保护地作为重点，继续开展"绿盾行动"，适时开展自然保护地监督、长江经济带、京津冀等重点区域和重大问题的专项监管。对涉及生态保护红线和自然保护地的领导批示、部门转办、举报信访、媒体披露等问题，设立专案进行监督，加强问题线索核准，强化问题分析通报，严格监督问题整改，确保整改措施落实到位。

加强其他生态空间重点生态破坏问题监督管理，严厉查处各类违规违建、矿产开发建设活动、城镇化工业化开发活动等对其他生态空间造成的生态破坏问题。

推动完善生态保护修复重大工程保护成效监管，制定天然林保护工程、退耕还林工程、风沙源治理工程、山水林田湖草生态保护修复工程等各类生态保护修复重大工程的成效评估考核指标体系、绩效评估办法，有效监督生态保护修复工程实施主体责任落实情况。

（3）事后严格执法、督查问责

健全生态环境损害赔偿和责任追究体系。尽快建立生态环境部门与自然资源、林业草原、农业农村等部门联动、会商机制，共同推进生态保护修复追责问责。健全生态损害赔偿制度，综合运用约谈、通报、行政处罚、移交司法等多种手段，对违反生态保护管控要求、造成生态破坏的责任主体依法实行责任追究。积极引导支持生态保护公益诉讼，维护公众生态权益。

3.1.2　开展生态系统动态评估

通过遥感与地面核查手段，定期开展生态系统格局、质量、功能和保护状况的综合评价，构建形成全国五年一评估、重点地区一年一评估、保护地半年一评估的多层次评估体系，及时掌握生态系统动态及主要问题。建立生态保护红线成效评估体系，开展生态保护红线绩效考核。

3.1.3　提升生态保护监管能力

（1）建立健全生态监测体系

充分运用在线监控、卫星遥感、无人机等科技手段，加快构建和完善陆海统筹、天地一体、上下协同的自然生态监测网络，强化实时监测、定期评估等，切实提升第一时间发现、第一时间处置的主动监管能力。

（2）建立完善监管数据平台

推动生态保护红线监管、保护地监管、生物多样性观测平台的融合统一，并逐步拓展为生态保护综合统一监管的大数据平台。推进国家级和省级生态保护数据互联互通，建立服务于国家和地方、多部门共享、动态更新的数据管理信息平台。

（3）加强生态保护监管人员队伍建设

强化科技和人才队伍支撑，加强直属事业单位科技研发能力，充分调动科研人员积极性、创造性。联合中科院、高校等研究机构，推动建立生态保护监管专家服务团队。联合企业等第三方机构，建立产学研深度融合的技术创新体系。创新人才培养机制，建立良好的选人用人机制。

（4）提高生态保护监管执法技术能力

不断完善执法装备，加强生态保护执法队伍执法技能培训，提高执法的规范性、高效性，到2025年基本建立完成较为完善的生态保护监督执法人员队伍，不断提高生态保护监管执法软硬件技术能力（图7-1-5）。

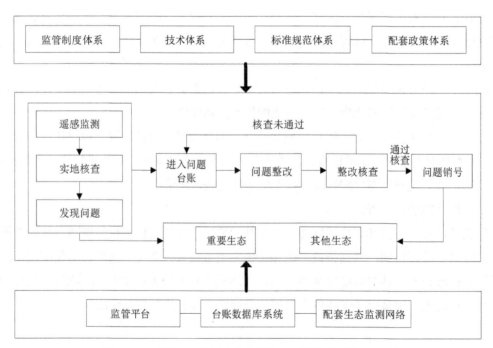

图7-1-5　"十四五"国家生态保护全过程监管链条示意图

3.2 加强生物多样性保护，筑牢国家生态安全的坚实基础

生物多样性是人类社会赖以生存和发展的基础。"十四五"时期，要进一步提升生物多样性保护国家战略地位，切实做好生物多样性就地、迁地保护，加强生物遗传资源管理和保护，提升生物安全管理水平，以负责任大国的应有担当，引领全球生物多样性保护。

3.2.1 继续实施生物多样性保护重大工程

推动国家生物多样性保护立法，支持生物多样性保护技术创新，制定并实施《中国生物多样性保护行动方案（2020—2030 年）》。推进生态系统、物种、遗传资源及相关传统知识的调查，彻底摸清我国生物多样性本底，准确评估各区域生物多样性丰富程度、威胁因素与保护状况。强化生物多样性综合观测站点和观测样区建设，开展常态化观测、监测、评价和预警。在各级国民经济和社会发展规划和各部门规划中，突出体现生物多样性保护相关内容并予以落实，将生物多样性相关内容纳入自然资源资产负债表。

3.2.2 深化重点物种及其生境保护

加大对国家重点保护和珍稀濒危野生动植物及其栖息地、原生境的保护修复力度。建立物种保护成效动态评估机制，加大对公众关注度低、急需保护的野生动植物及其生境的保护投入。全面提升珍稀濒危野生动植物救护、繁育和野化放归能力，严厉打击乱捕滥猎野生动物行为，建立国家重点保护物种动态评估制度。到 2025 年，国家重点保护物种和典型生态系统类型保护率达到 98%及以上。

3.2.3 强化生物遗传资源保护和科学利用

完善生物遗传资源及相关传统知识获取与惠益分享制度，加强科技助力，开展优良生物遗传资源发掘、整理、检测、培育、筛选和性状评价的研究和实践，强化对国家特有、珍稀濒危及具有重要价值的生物遗传资源的收集保存和科学利用。

3.2.4 加强生物安全管理

健全野生动物疫源疫病和植物病虫害应急反应体系，强化监测防护管理能力。完善转基因生物环境释放监管制度，提升转基因生物环境释放风险评价和环境影响评估能力。完善生物物种资源出入境管理制度，严控跨境网购中暗藏的生物安全风险，持续开展外来生物调查、入侵风险评估和监测预警，及时掌握外来入侵物种分布、危害入侵生境。发展生物、化学和生态等治理技术，积极防控外来有害物种。

3.2.5 引领全球生物多样性保护

以《生物多样性公约》第 15 次缔约方大会为契机，积极参与相关国际规则的制定，强化《生物多样性公约》及其《卡塔赫纳生物安全议定书》《名古屋议定书》等国际公约履约能力，引领国际交流合作，研究制定协同治理方案，积极参与解决生物多样性保护与气候变化、海洋污染等全球性挑战，树立全球生物多样性保护典范。

3.3　保护和维护生态系统多样性，优化提升国家生态安全屏障建设水平

"十三五"期末，全国生态保护红线将完成划定，国家生态安全屏障骨架基本构筑。"十四五"期间，应巩固保护修复成果，以维护生态系统多样性为核心，继续深化自然保护地、重点生态功能区、重要生态系统的保护修复，优化提升生态安全屏障建设水平，进一步增强生态稳定性，筑牢宏观生态安全格局。

3.3.1　完善以国家公园为主体的自然保护地体系

"十四五"期间，要按照国家有关要求，加快建立以国家公园为主体的自然保护地体系，开展国家自然保护地体系规划，全面启动国家公园建设工程；加快各类保护地的空间范围、保护目标、保护对象调整，实施自然保护地统一设置、分级管理、分区管控。理顺自然保护地管理体制。制定完善自然保护地法律、规章和相关技术标准。续建和新建一批国家公园，强化自然保护地规范化建设，增强保护地管理与周边地区经济社会可持续发展协调能力。

3.3.2　加强重点生态功能区管护

"十三五"时期以来，国家重点生态功能区范围不断扩大，转移支付资金规模增长明显。"十四五"时期，应加强重点生态功能区系统保护修复，遵循重点生态功能保护修复方案，优先在关系国家生态安全的区域，如青藏高原、黄土高原、云贵高原、秦巴山脉、祁连山脉、京津冀水源涵养区、内蒙古高原、河西走廊等地加快实施山水林田湖草一体化生态保护修复。进一步优化完善重点生态功能区转移支付制度，按照重点生态功能区县域内生态保护红线、自然保护区等保护面积及保护成效目标，进一步优化完善转移支付资金分配标准和方案。继续完善重点生态功能区成效评价考核制度。

3.3.3　深化重要生态系统保护恢复

"十四五"时期，应精准施策、分类管理，由侧重增加生态系统"面积"向"面积与质量并重"转变。加快实施《重要生态系统保护修复工程规划》。实施生态保护红线生态保护修复工程，严格保护优良生态系统，优先开展具有水源涵养、生物多样性保护功能的受损生态系统修复，持续提升生态保护红线生态功能。对于森林，应继续实施天然林保护、退耕还林还草还湿、国土绿化等工程，强化森林抚育更新，精准提升森林质量。对于草地，继续实施草原分区治理和草原生态保护与建设，完善草原生态保护补助奖励政策。对于湿地，应将全部国际和国家重要湿地纳入自然保护地体系，加快构建以江河源头、高原湿地、滨海湿地等为主体的保护格局，加大生态补水力度，扩大湿地面积，实行湿地资源总量管理。到 2025 年，力争森林覆盖率达到 24%左右，森林蓄积量达到 180 亿 m³ 及以上；草原综合植被覆盖度达到 60%，草原总面积不降低；湿地保有量不低于 5 342 万 hm²；重要江河湖泊、湿地水系基本连通。

3.4　增加优质生态产品供给，维护人居生态安全

人居生态安全与人民群众生产生活密切相关，关注度最高、影响面最广，改善人居生态，有利于提升人民群众幸福感、安全感和获得感。"十四五"时期，应以解决人居环境中突出生态问题为重

点，提高优质生态产品供给能力，扩大环境容量和生态空间，提升人居生态安全保障水平。

3.4.1　提升城乡生态产品供给质量和效益

一是从城镇布局、结构和绿地系统建设等方面提升生态产品供给能力。构建城市生态用地和生态网络体系，合理布局绿心、绿楔、绿环、绿廊等结构性绿地，建设开敞的城市自然空间。

二是推进"城市双修"，打造城镇田园与景观风貌，建设城市森林、城市绿地、城市绿道、亲水空间等。完善绿地建设，充分发挥绿地在保持水土、涵养水源、降温增湿、减霾滞尘、引风供氧等方面的生态作用。

三是增加城市生物栖息地规模，加强栖息地恢复及廊道建设，提升城市生物多样性的管护能力。

四是适度开发公众休闲、旅游观光、生态康养服务和产品。加快城乡绿道、郊野公园，发展森林城市，建设森林小镇，拓展绿色宜人的生态空间。

3.4.2　减少人居生态安全隐患

目前全国仍有水土流失面积 150 多万 km^2，沙化土地面积 180 多万 km^2，贵州、云南等 8 省份石漠化总面积为 8 万多 km^2。

（1）加大水土流失治理力度

我国水土流失面积 295 万 km^2，约占国土面积的 30%。加强西北黄土高原区、东北黑土区、西南岩溶区等重要江河源头区、重要水源地和水蚀风蚀交错区，以及革命老区、民族地区、边疆地区、贫困地区等重点区域水土流失防护。在水土流失严重区域开展以小流域为单元的山水田林路综合治理，实施清洁小流域建设，加强坡耕地、侵蚀沟及崩岗综合整治。建立健全水土保持监管体系，强化水土保持动态监测，提高水土保持信息化水平和综合监管能力。

（2）深入推进荒漠化治理

优先将主要风沙源区、风沙口、沙尘路径、沙化扩展活跃区和岩溶石漠化地区"一片两江"作为重点突破区域，以自然修复为主，生物措施与工程措施相结合，增加林草植被，推进沙化土地封禁保护，加强防沙治沙示范区建设，强化风沙源头和水源涵养区生态保护。

（3）开展石漠化治理

加大防治力度，扩大治理范围，提升治理水平。依法对脆弱的岩溶生态系统及现有林草植被实行严格保护，依托区域良好水热优势，逐步修复岩溶生态系统；继续推进各项重点生态治理工程，不断增加林草植被。

3.5　大力推进生态文明建设试点示范工作

持续推进国家生态文明建设示范市县、"绿水青山就是金山银山"实践创新基地和"中国生态文明奖"评选等示范创建工作，积极发掘美丽中国建设样板，大力推进美丽省、市、县建设。根据《国家生态文明建设示范市建设指标》《"绿水青山就是金山银山"实践创新基地建设管理规程（试行）》等文件进一步规范示范创建管理，切实提升示范创建的平台载体和典型引领作用。加快制定发布国家生态文明建设示范市县建设规划编制指南，规范各地生态文明建设示范创建工作，引导全面构建生态文明建设体系，为各地统筹推进"五位一体"总体布局、落实新发展理念实现有效引领和示范样板。积极探索"绿水青山"向"金山银山"转化的有效路径，探索以生态优先、绿色发展为导向的高质量发展新路子，总结可复制、可推广的转化模式。同时，严格评选程序管理，以中央生态环境保护督察和生态环境部相关督查、巡查工作成果为依据，以生态环境保护监督管理工作情况为基准，严把准入关口，完善核查、评估、命名、监督和退出机制。

4　规划重大工程

根据"十四五"时期生态保护规划重点任务措施，设计四大重点工程，分别是生态保护统一监管工程、生物多样性保护工程、国家生态安全屏障提升工程、人居生态安全保障工程。

4.1　生态保护监管工程

4.1.1　生态系统"天-地-空"一体化监测体系建设工程

该工程主要是为保障我国生态环境遥感监测业务体系、技术体系、监测能力、机构队伍建设等工作开展提供稳定可靠的经费支持。业务体系方面，重点开展环境质量、生态状况、污染源、应急、核安全、全球生态环境6类19项遥感监测业务，生产系列全国及全球性生态环境遥感监测产品；技术体系方面，重点开展生态环境遥感监测指标技术攻关和遥感监测技术标准规范研究；监测能力方面，一是加强无人机遥感监测能力建设，在全国布设至少120套生态环境无人机监测系统，弥补卫星遥感监测能力的不足；二是建设生态环境立体遥感监测网中的地面遥感真实性检验网络（至少150个真实性检验站点）；机构队伍方面，重点开展全国生态环境遥感应用基地、全国遥感技术研发联合中心等机构建设，以及全国生态环境遥感监测人才队伍培养。

4.1.2　国家生态保护红线和自然保护地监管工程

该工程主要是贯彻落实生态保护红线、自然保护地体系、国家公园监管的有关要求，重点开展人类活动监管、植被状况监管、生态功能监管、自然岸线保有率监管、环境质量状况监管等涉及重要生态空间的监管业务，在全国范围内布设一定数量的生态功能监测站点，以及结合勘界定标工作布设一批视频监控点位，并针对特殊敏感对象（如大货车、工程车等）运用物联网、云计算等方式实现特殊监管。

4.2　生物多样性保护工程

4.2.1　生物多样性本底调查工程

继续在生物多样性优先区开展生物多样性本底调查，准确评估各区域生物多样性丰富程度，明确重点保护野生动植物种群状况、受威胁因素与保护状况。

4.2.2　生物多样性综合观测工程

在生物多样性优先区和国家公园、自然保护区等建设一批生物多样性综合观测站点和观测样区，开展常态化观测、监测、评价和预警。

4.2.3　自然保护地建设工程

以国家公园为主体，自然保护区、自然公园为补充，加快建设自然保护地体系。加快调整各类保护地的范围、保护目标、保护对象，实施自然保护地统一设置、分级管理、分区管控。

4.2.4　野生动植物就地保护与迁地保护工程

在生物多样性优先区和国家公园、自然保护区等建设一批珍稀濒危野生动植物救护站、繁育站，加大野生动植物就地保护力度。加强重点保护野生动物廊道建设，对原始生境已不能满足栖息需求的野生动物实行迁地保护。

4.3　国家生态安全屏障提升工程

4.3.1　生态保护红线修复工程

在以水源涵养、生物多样性保护为主导功能的生态保护红线区域开展受损生态系统修复，优先在青藏高原、三江源、长江经济带、京津冀等重要区域开展生态保护红线修复工程试点，持续提升生态保护红线生态功能。

4.3.2　重要生态系统保护和修复工程

以国家重点生态功能区、生态保护红线、国家级自然保护地等关系国家生态安全区域为重点，加快推进青藏高原、东北森林区、"三北"荒漠化防治带、南方丘陵山地带、重要海岸带，以及长江和黄河流域的生态保护修复工程，进一步提高对长江经济带、京津冀、粤港澳大湾区和海南全面深化改革开放等国家重大发展战略区域的生态支撑。

4.3.3　天然林保护工程

全面停止国有天然林商业性采伐，协议停止集体和个人天然林商业性采伐。将天然林和可以培育成为天然林的未成林封育地、疏林地、灌木林地等全部划入天然林保护范围，对难以自然更新的林地通过人工造林恢复森林植被。

4.3.4　森林质量精准提升工程

加快推进森林经营，强化森林抚育、退化林修复等措施，精准提升大江大河源头、重点国有林区、国有林场和集体林区森林质量，促进培育健康稳定优质高效的森林生态系统。

4.3.5　湿地保护与恢复工程

对全国重点区域的自然湿地和具有重要生态价值的人工湿地，建立比较完善的湿地保护管理体系、科普宣教体系和监测评估体系，实行优先保护和修复，恢复原有湿地，扩大湿地面积。对长江经济带、京津冀、黄土高原和沿海防护带的国际重要湿地、湿地自然保护区和国家湿地公园，及其周边范围内非基本农田耕地实施退耕（牧）还湿、退养还滩。

4.3.6 草原生态保护修复工程

继续以西藏、内蒙古、新疆、四川、青海、甘肃等干旱、半干旱区为重点，实施草原生态保护奖励补助政策，继续开展退牧还草、围栏封禁，实施以草定畜、草畜平衡，不断提高草原资源利用效率。

4.4 人居生态安全保障工程

4.4.1 水土流失治理工程

继续加强西北黄土高原区、东北黑土区、西南岩溶区等重要江河源头区、重要水源地和水蚀风蚀交错区，以及革命老区、民族地区、边疆地区、贫困地区等重点区域水土流失防护和治理。在水土流失严重区域实施清洁小流域综合治理，加强坡耕地、侵蚀沟及崩岗综合整治。

4.4.2 防沙治沙工程

以北方防沙带和丝绸之路生态防护带西段为重点，加强防沙治沙综合示范区和沙化土地封禁保护区建设。继续实施京津风沙源治理、南方岩溶地区石漠化治理、沙化土地封禁保育、国家沙漠公园建设等。

4.4.3 城市公园绿地建设工程

建设城市生态用地和生态网络体系，增加城市绿心、绿楔、绿环、绿廊等结构性绿地。推进"城市双修"，打造城镇田园与景观风貌，建设城市森林、城市绿地、城市绿道、亲水空间，提高城市人居环境质量。

4.4.4 生态文明示范创建工程

继续推进生态文明示范创建与"绿水青山就是金山银山"理论创新实践基地建设，建立激励与约束并重的评选和考核机制，在提高地方创建积极性的同时，建立考核淘汰机制，进一步提高试点地区的示范效应。

本专题执笔人：张箫、朱振肖、于洋

完成时间：2019 年 12 月

专题 2　全国重要生态系统保护修复研究

1　"十四五"时期生态保护与修复形势分析

1.1　生态安全形势依然严峻

（1）森林草原生态系统稳定性差、功能不强

当前我国森林覆盖率仅 24.02%，虽呈逐步提高态势，但仍远低于全球 30.7%的平均水平，同时全国乔木纯林面积占乔木林比例 58.1%，全国乔木林质量指数 0.62，森林生态系统性不强，整体仍处于中等水平。天然草地资源仍处于下降态势，全国人均占有草原资源面积仅为世界平均水平的一半，草原生态系统整体仍较脆弱，中度和重度退化面积仍占 1/3 以上。全国沙化土地面积 1.72 亿 hm^2，水土流失面积 2.74 亿 hm^2，部分地区土地沙化、石漠化、冰川消融问题突出，生态系统水源涵养、防风固沙、水气净化等功能不强，难以有效实现生态增容。

（2）水生态系统健康恢复难度大

"十三五"时期，各地区水污染防治工作已取得明显成效，但是水生态环境改善仍停留在水质改善阶段，水生态系统健康和完整性的恢复严重滞后，水生生物多样性下降的趋势尚未根本扭转。同时，部分中小河流断流长度增加、周期加大，"长江双肾"鄱阳湖、洞庭湖等河湖湿地大面积萎缩，局部小流域水土流失问题依然突出，水资源不足、水生态破坏问题，已成为制约部分地区水生态环境质量改善的关键制约。

（3）生态空间受挤占破坏严重

《2010—2015 年全国生态状况变化遥感调查评估》结果显示，2000—2015 年，全国灌丛、草地等自然生态空间明显减少，减幅分别为 2.8%、2.4%。遥感监测结果显示，2018 年全国沿海 11 个省（区、市）的大陆自然岸线长度为 6 860.15 km，自然岸线比例仅 33%，分别比 2017 年下降了 23.14 km 和 0.2 个百分点，远低于《"十三五"生态环境保护规划》提出的维持在 35%以上的目标。特别是近年来连续暴发的祁连山、秦岭、三亚等地侵占破坏重要生态空间问题，充分显现出当前国土空间开发保护制度建设的严重滞后，以及生态保护监管执法力度的严重不足。

（4）生物多样性与生物安全维护形势严峻

生物遗传资源丧失、流失趋势尚未根本遏制。全国 34 450 种高等植物中，有 29.3%需重点关注和保护，其中受威胁的有 3 767 种；全国 4 357 种已知脊椎动物（除海洋鱼类）中，有 56.7%需重点关注和保护，其中受威胁的有 932 种；全国 9 302 种已知大型真菌中，有 70.3%需重点关注和保护，其中受威胁的有 97 种。草地贪夜蛾、非洲蝗虫等外来有害入侵物种隐患仍然存在，生物安全风险防控形势严峻。

1.2   生态保护修复体制机制尚未理顺

（1）法律标准体系亟待更新完善

生态保护综合性上位法缺失，国家公园、生态保护红线、自然保护地、生物安全、生态空间等专项领域，以及黄河流域、海岸带等重点领域立法仍处于空白，《自然保护区条例》等法律法规亟待更新。生态保护红线、自然保护地等保护成效评估缺少统一的标准，各部门制定的生态保护修复工程项目考核验收标准不一致。

（2）生态保护监管职能尚未理顺

缺乏以提高功能和质量为导向的生态保护综合决策机制，自然资源、林业草原部门的国土空间用途管制、生态保护修复职责，与生态环境部的生态环境监管执法职责在具体操作层面，仍有待衔接和界定。国土空间开发建设活动生态合理性缺乏有效评估和监督，自然保护地以外生态空间的监管严重缺失。尊重自然、顺应自然的理念，未能有效落实到生态工程层面，重数量、轻质量，伪生态、真破坏的问题依然存在，尚未形成山水林田湖草生命共同体一体化保护修复的工作格局。

1.3   生态保护修复监管能力亟待提升

生态调查评估与监测监管以遥感手段为主，各级生态环境部门生态监管职责不清、地面监测能力严重不足，生态环境综合执法队伍生态执法力量薄弱、边界不清，生态破坏问题屡禁不止、止而不治，"职责独立、机构独立、程序独立"的生态环境综合执法体系亟待完善。同时，各相关部门生态监测网络相对独立，监测信息无法实现共享共治，生态信息孤岛问题突出。

2   总体目标

到 2025 年，全国生态质量逐步改善，生态系统整体性、稳定性和服务功能得到提升，生态安全得到有效保障。生态治理能力和治理体系更加完备高效，相关部门监管职责逐步理顺，生态监测与监管执法能力得到大幅提升，生态保护修复与环境治理有效结合。生态保护红线和重要生态系统得到严格保护，以国家公园为主体的自然保护地体系基本建立，重要濒危物种得到有效保护，生物多样性下降趋势得到缓解。生态示范创建成效显著，形成一批生态产品价值实现、绿色高质量发展典范，推动生态文明建设水平迈上新台阶。

3   重点任务

针对当前突出生态问题，"十四五"时期，生态保护工作应深入贯彻习近平生态文明思想，落实山水林田湖草生命共同体治理理念，实践"绿水青山就是金山银山"的发展理念，坚持生态保护修复与环境治理"两手抓"的工作思路，以保障国家生态安全为核心，以"严保护、促修复、强监管、推示范、建机制"为主线，切实提高生态质量，满足人民群众对优质生态产品的需求。

3.1 严格保护生态系统与生物安全

（1）加强生态保护红线与自然保护地监管

制定出台生态保护红线监管办法，建立生态保护红线生态破坏问题"下达、平送、上报"机制，明确生态保护红线生态环境监管流程和监管指标。实现生态保护红线常态化执法监督检查，及时发现生态破坏行为，严肃处理相关个人和单位责任。开展生态保护红线保护成效评估考核，并将考核结果纳入生态文明建设目标评价考核体系，保障生态保护红线的优先地位。建立健全国家公园体制，完成自然保护地整合归并优化，初步建成以国家公园为主体的自然保护地体系，推进自然公园优化整合。制定实施自然保护地生态环境监管办法，实现自然保护地独立监管、全过程监管和属地监管。持续推进自然保护地"绿盾"强化监督，建立健全自然保护地生态环境问题台账管理、跟踪督促、整改销号等制度，严厉查处和坚决遏制各类违法违规问题。

（2）加大其他生态空间保护力度

加快推进自然资源统一确权登记，确定森林、草原、湿地、水域、岸线和海洋等各类自然生态空间的用途、权属和分布等情况，并定期组织开展动态监测。加快推进实施"三线一单"制度，按照允许、限制、禁止的产业和项目类型准入清单，严格管控生态空间。严格落实规划环评制度，加强对重大开发建设区域、规划、项目的生态影响评价审核。加快推进实施"三线一单"制度，明确生态空间允许、限制、禁止的产业和项目类型准入清单。开展河湖、海洋自然岸线生态破坏问题排查整治专项行动，修复受损岸线生态系统。

（3）强化生物多样性与生物安全维护

持续开展生物多样性本底调查、观测与评估，建设生物多样性基础数据库和信息共享平台。加强野生动物疫病疫源监测防控，取缔非法野生动物市场。加强野生动植物及其栖息地、原生境保护修复，完善优化就地保护网络，连通物种迁徙扩散生态廊道，建立野生动植物救护繁（培）育中心及野放（化）基地。编制实施全国生物遗传资源保护与利用规划，加强国家农作物、水产种质资源库（圃）、畜禽及野生动植物基因库建设，建立健全国家生物遗传资源出入境查验和检验体系。加强特有珍稀物种及其繁衍场所保护，开展古树名木抢救性保护。推进外来入侵物种管理法律法规、行政管理和执法监督三大体系建设，建立监测预警及风险管理机制。推进长江经济带、黄河流域等重点区域外来入侵物种防治，重点攻关松材线虫病等林业病虫害防治技术。健全国家生物安全管理体制机制，提升国家生物安全能力。重点管控转基因非法行为，开展转基因生物环境释放风险评估、跟踪监测和环境影响研究。建立健全自然教育体验网络，构建全社会共同参与生物多样性保护的行动体系。

3.2 促进生态环境综合修复

（1）提高森林生态系统服务功能

继续实施天然林资源保护、森林质量精准提升工程，构建以天然林为主体的健康稳定的森林生态系统，科学保育天然次生林，切实提高森林生态系统稳定性。推进青藏高原、黄土高原、川滇、长江流域及沿海地区等生态屏障区域防护林体系建设，继续加强"三北"防护林保育维护，引导东北森林带、南方丘陵山地带科学开展森林可持续经营，不断提高森林生态系统的水土保持与防风固沙能力，增加碳汇储量，有效应对和缓解全球气候变化。

（2）保育恢复草原生态系统

加强北方防沙带天然草原及青藏高原屏障区高寒草原保护修复，严格自然保护地草原禁牧封育政策。继续实施草原生态保护奖励补助政策，持续推进退牧还草、退耕还草工程，实行以草定畜、草畜平衡，不断提高草原资源利用效率。降低退化草地人为活动干扰强度，辅以必要的人工手段，恢复草原生态系统完整性，实现草原鼠害生态治理。加大以东北、华北、西北等北方防沙带为主的温带草原和天然草原的保护与改良力度。

（3）恢复河湖水生态系统健康

加强长江、黄河、南水北调水源地、鄱阳湖、洪泽湖等重要河流、湖泊保护修复和休养生息。实行湿地面积总量管控，设立国家公园、湿地自然保护区、湿地公园、水产种质资源保护区，严格河湖水域岸线和原始生境保护，推动建立小微湿地保护试点。严格落实重点河湖生态流量保障目标，开展中小河流水利设施生态化改造，建设河湖生态缓冲带，恢复河流纵向连通性，提升生态廊道功能。开展关键水生物种和外来物种监测评估，实施增殖放流和水生植物补植等措施，恢复水生生物多样性。

（4）提升敏感脆弱区水土保持功能

加强黄土高原、东北黑土区、西南岩溶区等重要江河源头区、重要水源地和水蚀交错区，以及革命老区、民族地区、边疆地区、贫困地区等重点区域水土流失防护和治理。在水土流失严重区域开展以小流域为单元的山水田林路综合治理，实施清洁小流域建设，加强坡耕地、侵蚀沟及崩岗综合整治。

（5）强化海洋生态系统屏障功能

严格海洋生态保护红线保护和监管，全面清理非法占用红线区的围填海项目。强化沿海各类自然保护地管理，选划建立一批海洋自然保护区和海洋特别保护区，保护滨海湿地、红树林、海草床、珊瑚礁以及海洋珍稀濒危生物物种及其生境。实施海洋伏季休渔制度，推动海洋牧场建设。加强海洋生态灾害防治与应急处置能力建设，巩固强化沿海省（区）海岸线防护林体系。

（6）增强城乡生态安全保障

以粤港澳大湾区、长江经济带、雄安新区、海南国际自贸港为优先，加强城乡生态保护修复，强化生态安全保障。开展城市绿色空间体系建设，合理布局绿心、绿楔、绿环、绿廊等城市结构性绿地，有效降低城市建设、道路扬尘污染。加强城市公园绿地、城郊生态绿地、绿化隔离地区、湿地公园、郊野公园等建设力度。增设城市自然保留地、保护性小区，完善中小型栖息地和生物迁徙廊道系统。积极吸引社会资金，加大城市山体、废弃工矿用地生态修复。实施城市河湖生态修复工程，因地制宜推进城市水网、蓝道和河湖岸线生态缓冲带建设，恢复提升城市生态功能。开展村庄绿化美化行动，保护和恢复山水林田湖草生态系统，建设绿色生态村庄。

3.3 切实强化生态监测监管执法能力

（1）建立国家生态状况监测体系

按照天地融合、资源共享、全面覆盖、服务监管的思路，整合构建国家生态状况监测网络，建立统一的生态监测、预警和信息发布机制，形成生态环境数据一本台账、一张网络、一个窗口。力争到2025年，联合建成300个左右，覆盖森林、草原、湿地、荒漠、水体、农田、城乡、海洋等典型生态系统和生态保护红线重点区域的生态综合监测站，协同提升地面观测、遥感验证和生物多样性监测能力。综合考虑不同类型生态系统结构、功能和不同区域生态环境突出问题的差异性，加快推进生态功能监测指标研究与能力建设。加强卫星遥感监测能力建设，提高全国生态状况调查与评估的精度和频次，实现全国生态保护红线区人类活动和重要生态系统每年一次遥感监测全覆盖，国家级自然保护区、国家公园、自然公园等重点自然保护地人类活动每年两次遥感监测全覆盖。

（2）建立国家生态数据资源平台

建设国家生态保护红线监管平台和生态遥感监测平台，建立生态状况监测数据集成共享机制，充分统筹、利用已有大数据平台、政务信息化平台和相关生态环境业务平台系统建设成果，整合各级生态环境、自然资源、林业草原、水利、农业农村、气象等行业主管部门的生态状况调查和监测数据，打破生态信息孤岛，统一发布全国生态状况信息。加强生态状况监测数据资源开发与应用，开展大数据关联分析，提高和拓展各级政府有关部门生态日常监管和突发事件快速响应能力。

（3）提高生态统一执法能力

深入贯彻中共中央办公厅、国务院办公厅《关于深化生态环境保护综合行政执法改革的指导意见》，以各级生态环境综合执法队伍为主体，按照《生态环境保护综合行政执法事项指导目录》和相关法律法规，及时主动发现和处置各类生态破坏行为，依法查处违法侵占森林、草原、湿地、河湖和海洋自然岸线等重要生态空间，破坏生态系统水源涵养、防风固沙和生物栖息等服务功能，以及危害生物安全和生物多样性等违法行为，增强生态保护监管执法的统一性、权威性和有效性。研究建立生态破坏违法行为黑名单机制，将违法性质恶劣、造成严重后果的单位或个人纳入社会信用体系"黑名单"，实施多部门联合惩戒。

3.4 推动深化生态文明示范引领

（1）总结推广生态示范创建经验和模式

深入总结国家生态文明建设示范市县、"绿水青山就是金山银山"实践创新基地建设等综合性示范创建，以及森林城市、水生态文明城市、低碳城市等单要素领域试点示范经验，建立创建信息集成和共享机制，推广成功经验和典型创建模式，提高示范创建效益。

（2）深化各类生态示范创建工作

持续推进国家生态文明建设示范市县创建和"绿水青山就是金山银山"实践创新基地建设，有效整合森林城市、水生态文明城市等单要素示范创建。从资金、项目、荣誉等方面，探索建立激励机制，鼓励地方先行先试开展美丽乡村、美丽城市、美丽省建设，自下而上创新生态示范新模式。优先推进长江、黄河等重点流域和京津冀、长三角、珠三角等重点区域集中连片生态示范创建工作。

（3）强化生态示范创建监督评估与奖惩机制

编制出台《生态文明示范市县建设规划编制指南》，规范和指导各地区示范创建工作。完善生态示范创建评估考核机制，建立生态文明示范区复核实施细则，定期开展成效评估和跟踪复查。健全生态示范创建奖惩机制，对创建过程中发生重大生态破坏事件、生态环境质量下降的地区取消创建资格或命名，对于产生明显综合效益的地区给予一定政策资金扶持。

3.5　建立完善生态保护管理机制

（1）制定完善生态保护法律法规体系

在《中华人民共和国环境保护法》修订过程中，进一步强化关于重要生态系统，以及生态系统面积、功能等方面的保护要求。研究制定"中华人民共和国生物安全法"，更新修订《自然保护区条例》《中华人民共和国野生动物保护法》，加快推进国家公园、生态保护红线、自然保护地、生态空间、河流及海洋自然岸线保护等重点领域立法进程，研究制定黄河、祁连山、秦岭、三江源等区域性保护法律法规，以及生态保护综合性法律法规，实现生态保护依法监管、依法治理。制定生态补偿条例，界定生态产权关系，明确补偿途径、补偿标准和补偿方式。出台生态产品交易相关法规条例，规范生态产品市场交易行为。

（2）健全生态保护领导责任体系

坚持党政同责、一岗双责，严格落实生态保护的党政主体责任和部门职责。全面实施河长制、湖长制、湾（滩）长制、林长制。推动领导干部自然资源资产离任审计实现省、市、县级全覆盖。将生态保护指标纳入地方发展规划、相关专项规划和生态文明建设目标评价考核制度，定期评估考核各地开发建设活动生态空间占用情况、国土空间开发建设格局合理性、生态保护修复工程实施成效等。对生态保护制度执行特别不到位、责任严重不落实或者存在重大生态环境破坏、重要生态空间明显减少、生态功能明显降低等典型问题，视严重程度，纳入中央生态环境保护督察、及时上报国务院。

（3）完善生态产品价值实现机制

综合考虑生态保护红线面积占比和生态保护成效等生态贡献因素，健全纵向的生态补偿制度。总结河南等地奖惩结合的生态保护补偿模式，探索建立生态产品价值与生态环境质量双挂钩的市场化、多元化横向生态保护补偿机制。建立统一的生态产品调查监测评估、价值核算标准体系，并探索将生态产品价值核算结果纳入国民经济核算体系，实现业务化核算与数据发布。建立统一规范的生态产品公共资源交易平台，完善用能权、用水权、排污权、林权和碳排放权等生态产权交易环境。积极创新土地出让、土地流转、废弃工矿用地生态治理等领域生态产品价值实现机制。总结推广与生态收益权挂钩的"生态银行"模式，不断深化绿色信贷、绿色债券、绿色保险等绿色金融产品和服务创新。

本专题执笔人：牟雪洁、黄金、柴慧霞

完成时间：2019 年 12 月

专题3　"十四五"生态保护监测评价指标体系研究

1　我国生态保护监测评价现状与问题

1.1　已有工作基础

目前，生态状况监测主要包括生态环境部开展的生态状况监测、中国科学院开展的生态系统研究性监测、科技部开展的国家生态系统观测、原林业部开展的国家森林生态系统定位研究监测、原国家海洋局开展的近岸海域典型生态系统健康状况及其变化趋势。

1.1.1　现有生态调查监测工作

（1）全国生态状况遥感调查评估

生态环境部和中国科学院联合开展的调查项目，由生态环境部卫星环境应用中心技术负责，生态环境部直属单位和中国科学院有关单位负责相应专题，全国各省站负责省级调查。包括第一次西部和中东部生态环境遥感调查项目、全国生态环境十年变化（2000—2010年）遥感调查与评估项目、全国生态环境变化调查评估（2010—2015年），以卫星遥感监测技术为主，重点开展全国生态系统格局、质量、功能、问题等现状及其变化，及时发现生态系统的时空变化规律和主要生态问题，找出原因、提出对策建议，服务于国家生态保护综合决策与管理。

（2）国家重点生态功能区县域生态环境质量监测评价与考核工作

国家重点生态功能区县域生态环境质量监测评价与考核工作以中国环境监测总站+卫星中心联合的形式开展，省站质控，县级环保监测和上报数据。自2009年起，基于天地一体化监测技术手段获取的自然生态和环境状况指标数据，结合生态环境监管指标数据，采用综合定量评价方法，评价县域生态保护成效，以生态环境质量动态变化作为评价转移支付资金使用效果的依据，连续7年用于中央财政转移支付资金额度调节，为国家生态环境管理提供重要技术支撑。该项工作建立了花钱问效、无效问责的中央财政转移支付资金绩效考核评价机制，开创了我国首个针对财政转移支付资金的专业化第三方绩效评价模式。

（3）生态系统生态地面监测与评价

为系统全面监测和评价生态系统结构、质量和功能状况，2010年中国环境监测总站开始探索生态系统地面定位监测，根据2010年环境保护部关于"建立卫星遥感监测和地面监测相结合的国家生态监测网络，开展生态质量监测与评估"的要求开始筹建地面站，2011年起每年开展工作。目前，已经在吉林长白山、海南五指山、四川龙门山、广西大明山、河北农牧交错区、内蒙古呼伦贝尔和锡林郭勒、青海三江源、新疆五大山地、甘肃甘南，太湖、洞庭湖、丹江口水库、浦阳江、辽河、雷州半岛红树林，以及深圳等区域，针对森林、草地、荒漠、湿地、城市等典型生态系统开展监测。

该工作采用现场监测和调查的方式获得生态系统物种多样性、群落结构、生产力以及地表水、空气和土壤环境质量等大量监测数据，全面分析监测区域森林、草地、湿地、荒漠、城市生态系统状况，弥补了生态遥感在生态系统结构和功能监测方面的不足，为下一步全面开展全国生态环境地面监测和综合评价工作提供了技术依据。

（4）生物多样性调查与监测

为落实《生物多样性公约》的相关规定，进一步加强我国的生物多样性保护工作，有效应对我国生物多样性保护面临的新问题、新挑战，环境保护部（现生态环境部）会同 20 多个部门和单位编制了《中国生物多样性保护战略与行动计划（2011—2030 年）》，2010 年进行了一次生物多样性调查，随后建立了以高校、研究院所、保护区、观鸟协会、自然博物馆、科技馆等为主的生态多样性调查网络，样区 749 个，样线和样方 1.1 万条，主要监测指标为鸟类、两栖动物、野生哺乳动物、蝴蝶等。

（5）海洋生态环境监测

海洋生态监测主要包括海洋环境质量监测、海洋生态监控区监测、陆源入海排污口监测、污染现状与趋势性监测、海洋生物多样性等，由国家海洋环境监测中心承担。2004 年国家海洋局在中国近岸海域部分生态脆弱区和敏感区建立生态监控区，监测区域 5.2 万 km^2。2014 年国家海洋环境监测中心在辽宁省盘锦市辽河口建立盘锦鸳鸯沟滨海湿地生态站并开展生态监测。

1.1.2　现有生态监测网络

（1）中国生态系统研究网络

1988 年中国科学院开始筹建中国生态系统研究网（CERN），由生态网络观测系统、单生态站观测系统和要素观测构成，CERN 主要站点有 44 个，包括农田站 15 个，森林站 12 个，草地站 2 个，沙漠站 6 个，湿地站 1 个，湖泊站 4 个，海湾站 3 个，城市站 1 个，主要对生态系统演变过程机理进行长期观测研究。

（2）国家生态系统观测研究网络

2005 年，科技部启动了国家生态系统观测研究网络台站（CNERN）建设任务，2011 年 CNERN 通过科技部、财政部认定。该网络主要站点有 54 个，平台依托中国科学院，包括农田站 18 个、森林站 17 个、草地与荒漠站 9 个、水域与湿地站 7 个、农业子网络 2 个、综合研究中心 1 个，其中 33 个为中国科学院 CERN 站点，CNERN 具备覆盖全国的分布式、网络化、大型科学观测和实验研究技术设施。

（3）中国陆地生态系统通量观测研究网络

中国陆地生态系统通量观测研究网络（ChinaFLUX）以中国科学院生态系统研究网络为依托，采用微气象学的涡度相关技术和箱式/气相色谱法等技术，对中国典型陆地生态系统与大气间 CO_2、水汽和能量通量的日、季节和年际变化进行长期观测研究的网络。截至目前，已有超过 22 个森林、草地和农田站。ChinaFLUX 主要结合野外植被、土壤生理生态学实验对碳、水及能量通量进行观测，研究我国陆地生态系统碳循环和碳收支水平。

（4）中国森林生态系统定位研究网络

从 20 世纪 50 年代末我国开始进行森林资源清查，2003 年林业部门正式成立中国森林生态系统定位研究网络（CFERN），目前 CFERN 已有 73 个森林生态站，覆盖了中国森林生态系统分布区，同时 CFERN 也在积极建设湿地生态监测网络和荒漠监测网络，到 2020 年 CFERN 计划建成森林生态站 99 个，湿地生态站 50 个，荒漠生态站 43 个。为了规范网络运行管理及监测标准化和规范化，CFERN 制定并实施了森林、湿地和荒漠方面的一系列标准规范。CFERN 站点覆盖了我国主要林区和森林生态系统，主要任务是开展森林生态系统的定位观测研究。

1.2 存在的问题

（1）国家生态监测网尚未形成

目前，我国生态监测职能分属于各个不同的管理部门，根据调研可知，生态监测支撑不同部门的管理需求，没有形成统一的国家生态监测网络。

（2）国家生态监测技术体系尚不健全

我国生态监测还没有形成面向国家生态管理的监测指标体系和评价方法，未形成统一的监测技术方法和完善的质控技术体系，监测范围和要素覆盖不全，监测与监管结合不紧密，难以满足生态文明建设需要。

（3）生态监测能力比较薄弱

相对于环境质量监测网，生态环境部生态监测能力较为薄弱。中西部省级监测站生态监测能力弱，大部分地市级监测站还不具备生态监测能力，全国生态监测技术人员不足。

（4）生态监测空间布局尚不完善

我国地域广大，生态系统类型繁多，生态环境问题复杂多样。现有的生态监测区数量、典型性和空间分布难以满足生态系统管理和生态文明建设的提供数据服务的需求，增加生态监测区的数量和优化生态监测区的空间布局势在必行。

2 生态监测评价总体思路与指标体系

2.1 生态监测特征

生态监测是指利用物理、化学、生物化学、生态学等技术手段，对生态环境中的各个要素、生物与环境之间的相互关系、生态系统结构和功能进行监控和测试，对人类活动影响下生态系统的变化的监测。生态监测不同于环境质量监测，生态学的理论及监测技术决定了它具有以下几个特点：

（1）综合性

生态监测是对个体生态、群落生态及相关的环境因素进行监测。涉及农、林、牧、副、渔等各个生产领域，监测手段涉及生物、地理、环境、生态、物理、化学、计算机等诸多学科，是多学科交叉的综合性监测技术。

（2）长期性

由于许多自然和人为活动对生态系统的影响都是一个复杂而长期的过程。只有通过长期的监测和多学科综合研究，才能揭示生态系统变化的过程、趋势及后果，从而为解决这些变化造成的各种问题提供科学的有效途径。

（3）复杂性

生态系统是一个具有复杂结构和功能的系统，系统内部具有负反馈的自我调节机制，对外界干扰具有一定的调节能力和时滞性。人为活动与自然干扰都会对生态系统产生影响,这两种影响常常很难准确区分。

(4)分散性

生态监测平台或生态监测站的设置相隔较远,监测网络的分散性很大。同时由于生态过程的缓慢性,生态监测的时间跨度也很大,所以通常采取周期性的间断监测。

(5)具有独特的时空尺度

根据生态监测的监测对象和内容。生态监测可分为宏观生态监测和微观生态监测两个。任何一类生态监测都应从这两个尺度上进行,即宏观监测以微观监测为基础,微观监测以宏观监测为主导。生态监测的宏观、微观尺度不能相互替代,二者相互补充才能真正反映生态系统在人为影响下的生物学反应。

地面监测通过野外长期定位监测,能够从微观尺度反映生态系统内部的结构、功能及其变化,具有真实、准确的特点。遥感监测和地面监测相结合,能够全面反映生态环境状况,因此辅助重点生态功能区县域考核和全国典型区生态状况评估,为我国履行生物多样性公约提供数据支持。

2.2 指标确定的原则

(1)代表性原则

现有生态有关的指标体系由大量指标组成,有些指标在指示意义上具有一定的重叠,所以基于现有监测案例,多方进行专家咨询,选择能够代表生态质量和功能的指标进行监测。

(2)科学性原则

生态指标的确定要遵循生态学的基本规律,指标具有明确的意义,是识别生态质量的主要因素,提供生态状况的核心信息,能够在时间和空间尺度上反映区域生态状况的现状及变化趋势。

(3)可操作性原则

与生态状况有关的因素众多,实际确定的指标可以采用现有成熟可靠的监测方法获取,确保监测数据准确可靠,具有系统的可分析性。

(4)长期性原则

生态系统具有保护和恢复自身结构和功能的相对稳定能力,因此对生态系统的监测应该是持续性的长期监测,因此指标选择时既要考虑当前可操作性,也要兼顾一定时期内生态系统的演变特征。

2.3 生态监测指标体系

生态监测的主要内容包括森林、草原、湿地、荒漠、水体、农田、城乡、海洋等典型生态系统的数量、质量、结构、服务功能的时空格局及其变化趋势。根据生态监测目标和目的,结合生态系统的组成、结构和功能的指标解析,以及全国生态监测与评价的监测实际经验,按照生态系统设定监测指标体系。建议国家生态监测网采用统一的监测指标体系,主要包括生态系统生物物种组成、生态系统结构组成、人类活动、生物物理与生物化学参数以及生态系统生境要素等五大方面。根据各生态系统特征,国家生态监测指标体系应分为通用指标和特征指标,通用指标是指原则上必须开展监测的指标,特征指标是指根据生态系统类型进行的监测指标。国家生态状况监测主要指标建议具体见表7-3-1。

表 7-3-1　国家生态状况监测主要建议指标

内　容	通用指标	特征指标	监测技术方法
生态系统群落组成	乔木层：基于每木调查：乔木物种、胸径、树高、冠幅；基于多个调查样方统计：优势树种、密度、平均高度、平均胸径；其他指标：乔木层郁闭度 灌木层：基于样方分种观测：物种名称、株数/多度、盖度、丛幅、灌丛高度；基于多个调查样方统计：物种数、优势种、平均高度、平均丛幅、群落盖度、叶面积指数 草本层：种名、优势种、群落盖度、株数/多度、高度、地上部分生物量（鲜重）、叶面积指数 河口、海湾、滨海湿地、湖泊湿地：底栖动物及浮游动植物：种类、数量、藻毒素、盖度、生物量、伴生生物 生物多样性：关键的鸟类、两栖动物、哺乳动物以及蝴蝶等	森林生态系统：地表凋落物干重 草地生态系统：老鼠、蝗虫等灾害情况（单位面积鼠洞）、地表生物结皮特征、优势种物候期 荒漠生态系统：地表生物结皮特征（厚度、类型）、土壤种子库、短命植物或一年生植物[种名、盖度、高度、地上生物量（干重、鲜重）、物候期] 湿地生态系统：迁徙鸟类	生态现场监测为主，卫星与无人机遥感监测为辅
生态系统结构组成	生态系统类型组成、面积和分布等		卫星遥感与无人机监测为主，现场验证为辅
人类活动	开发建设活动、保护恢复等		
生物物理与生物化学参数	总辐射、下行长波辐射、上行短波辐射、光合有效辐射、反照率、植被指数、生物量、地表湿度、地表温度、地表蒸散等	赤潮、绿潮	
生态系统生境要素　土壤	pH 值、有机质、阳离子交换量、盐基饱和度、总孔隙度、非毛管孔隙度、土壤层厚度、土壤机械组成、全氮、全磷、全钾、电导率、汞、铬、镉、砷、铅、六六六、滴滴涕、土壤最大持水量	土壤类型、土壤剖面特征、土壤含水量、土壤重金属全量、土壤动物种类组成	理化分析监测技术为主，卫星与无人机遥感监测为辅
海洋沉积物	重金属、石油类、硫化物、有机碳、粒度		理化分析监测技术为主
降雨及气象	降雨指标：降雨量、pH 值、电导率 气象指标：风速、风向、温度、湿度、气压、太阳总辐射	降雨：钙离子、镁离子、氯离子、钠离子、硫酸根离子、碳酸根离子 气象：紫外辐射、能见度	理化分析监测与气象观测为主，卫星与无人机监测为辅
水（地表水或地下水）	pH 值、总磷、总氮、氨氮、溶解氧、电导率、透明度、矿化度、化学需氧量、钙离子、镁离子、氯离子、钠离子、硫酸根离子、碳酸根离子、高锰酸盐指数、石油类、挥发酚、五日生化需氧量、汞、铅、电导率、矿化度	硝酸根离子、铵离子、钾离子、盐度、硝酸盐氮、亚硝酸盐氮、活性磷酸盐、石油类、悬浮物质、重金属（铜、锌、总铬、镉、砷）、叶绿素 a	理化分析监测为主，卫星与无人机遥感监测为辅
空气	二氧化硫、二氧化氮、一氧化碳、细颗粒物和颗粒物	二氧化碳、臭氧、甲烷、挥发性有机物	理化分析监测为主，卫星无人机监测为辅

（1）森林生态区监测内容及指标

森林生态区是指根据我国自然地理区划，寒温带针叶林、温带针阔叶混交林、暖温带落叶阔叶林、亚热带常绿阔叶林、暖性常绿针叶林、热带雨林和季雨林等森林分布为主的区域，监测以评价森林生态区生态状况为目标，设置样区、样方、径流场，监测森林生态的群落结构组成、地表凋落物、水源涵养能力、水土保持能力、生物多样性等。具体监测指标如表 7-3-2 所示。

表 7-3-2　森林生态区生态监测指标

类　型		指　标	频　次
群落结构组成	乔木层和灌木层	基于样方调查指标包括物种组成及数量、胸径、树高、郁闭度 基于样方统计指标包括优势树种、建群种大树和幼苗数、密度、平均高度、平均胸径、郁闭度	1 次/5a
凋落物	地表凋落物	厚度、组成	1 次/a
特征指标	水源涵养力	降雨地表径流量、pH 值、电导率、钙离子、镁离子、氯离子、钠离子、硫酸根离子、碳酸根离子、化学需氧量、高锰酸盐指数 降雨量、降雨时长 径流含沙量	实时
生态系统组成	有林地、疏林地、其他林地、灌木林地	生态类型、面积、分布等的现状及变化	5 次/a 现状 每年一次动态
人类活动	人类生产、生活以及开发建设活动	农田、道路、居住地、矿产资源开发等	1 次/a
生物多样性	大型哺乳动物	种类、数量	
	鸟类	种类、数量	

（2）草原生态区监测内容及指标

草原生态区是指根据我国自然地理区划，草甸草原、典型草原、荒漠草原和高寒草原分布为主的区域，监测以评价草地生态状况为目标，设置样区、样方，监测草地生态的群落结构组成、草原灾害、沙化、生物多样性、水土保持等。具体监测指标如表 7-3-3 所示。

表 7-3-3　草原生态区生态监测指标

类　型		指　标	频　次
群落结构组成	草本层	草地植被种类及数量、草地植被总盖度、优势种、建群种、地上生物量（鲜重）、土壤微生物、优势种物候期、地表生物结皮特征	1 次/a，8 月 1 日前后 1 周
退化指标	退化指标	老鼠、蝗虫等灾害情况（单位面积鼠洞） 退化草种巡测	1 次/a，8 月 1 日前后 1 周
特征指标	水源涵养能力 防风固沙能力	降雨地表径流量、pH 值、电导率、钙离子、镁离子、氯离子、钠离子、硫酸根离子、碳酸根离子、化学需氧量、高锰酸盐指数 降雨量、降雨时长 径流含沙量 土壤含水量	实时
生态系统组成	生态类型、面积、分布等现状及变化	高覆盖度草地、低覆盖度草地、中覆盖度草地	
人类活动	开发建设活动	农田、建设用地、矿产资源开发等	1 次/a
生物多样性	昆虫	蝴蝶等具有指示意义的物种种类和数量	每年 4—9 月，秦岭以北样区每年观测至少 4 次，秦岭以南样区每年观测至少 6 次，每次间隔 20 d 以上

（3）淡水水域及湿地监测内容及指标

淡水水域及湿地包括河流、湖泊、水库和冰川，淡水水域及湿地生态监测数据与营养盐监测一起评价水生态环境质量及健康状况。生态监测指标包括水生生物、底质及岸边带、综合毒性、水华等，具体监测指标如表 7-3-4 所示。

表 7-3-4 淡水水域及湿地生态区生态监测指标

类 型		指 标	频 次
水生生物	底栖动物	物种名称及数量、优势种、平均密度	春秋各一次 河流分析耐污指数或者 水质敏感种群
	浮游动物	物种名称及数量、优势种、平均密度	
	浮游植物	物种名称及数量、优势种、平均密度	
	水生植物	物种名称及数量、优势种	
	藻类	物种名称、数据、优势种	
	生物多样性	鱼种类、数量、优势种	
底质和岸边带	生态特征	岸边带用地类型、河道底质类型和状态（沙质、泥质、卵石状态）	
	人类活动	农田、建设用地、矿产资源开发、水电站位置个数和规模、人工养殖、挖沙、岸带及底质固化类型和面积等	每年一次
综合毒性	藻毒素、综合毒性	藻毒素、综合毒性、底泥有毒物质含量	每年一次
其他指标	其他水生态功能有关的指标	水深、水面积、水流速、水华、鸟类、爬行动物	每年一次

（4）海洋水域及海岸带湿地监测内容及指标

海洋水域及海岸带湿地包括河流入海口、海湾、滨海湿地，主要监测内容包括底栖动物和浮游动植物的种类、数量，鸟类、两栖动物等珍稀濒危生物状况，生物污染物残留状况，红树林、珊瑚礁、海草/海草床等重要生态系统生态状况、海岸线自然度状况、赤潮、绿潮、藻毒素发生状况等，以及人类活动监管，具体监测指标如表 7-3-5 所示。

表 7-3-5 海洋水域及海岸带湿地生态监测指标

类 型		指 标	频 次
水生生物	底栖生物	物种名称及数量、生物量	春秋各一次 河流分析耐污指数或者水质敏感群落分析
	浮游生物	物种名称及数量、生物量	
	指示物种和珍稀濒危物种	物种名称及数量	
典型生态系统	河口、海湾、滨海湿地、海岛、红树林、珊瑚礁、海草床	生物群落结构、栖息地生态健康状况、生物综合毒性	
海岸带	生态特征	岸边带用地类型、自然生态群落结构	
	人类活动	农田、建设用地、人工养殖、岸带固化等	每年一次
海洋沉积物	海洋沉积物	重金属、石油类、硫化物、有机碳、粒度	近岸海域监测频次 1 次/2a；近海海域 1 次/5a
赤潮、绿潮	赤潮、绿潮	类型、范围、藻毒素、综合毒性	4 月 1 日—9 月 30 日期间每天
其他指标	微塑料	微塑料	8—9 月 每年一次
	放射性	放射性	每年一次

（5）荒漠生态区监测内容及指标

荒漠生态区监测主要以评价荒漠生态系统的稳定性。主要监测地表生物结皮特征（如厚度、类型等）、一年生植物的种名、盖度、高度、地上生物量、沙丘状态、绿洲状态（范围、分布）以及地下水埋深和矿化度，具体监测指标如表 7-3-6 所示。

表 7-3-6　荒漠生态区生态监测指标

类　型		指　标	频　次
群落结构组成	草本层	草地植被种类及数量、草地植被总盖度、优势种、建群种、地上生物量（鲜重）、优势种物候期	1 次/a，8 月 1 日前后 1 周
退化指标	退化指标	老鼠、蝗虫等灾害情况（单位面积鼠洞）	
特征指标	防风固沙能力	地表生物结皮特征	
	地下水埋深	地下水埋深	
	植被覆盖度	植被覆盖度	
	植被覆盖类型	植被覆盖类型	
人类活动	开发建设活动	农田、建设用地、矿产资源开发等	1 次/a
生物多样性	土壤微生物	土壤微生物	与样方同期

（6）农田生态区监测内容

农田生态区监测指标，与土壤监测指标共同分析农田生态系统的生态状况，农田生态区监测指标主要包括影响农田生态状况的昆虫种类和数量，可以以蝴蝶作为指示物种，另外，农田牛态区还需要监测土壤动物和微生物，具体监测指标如表 7-3-7 所示。

表 7-3-7　农田生态区生态监测指标

类　型		指　标	频　次
生物多样性	授粉类昆虫，如蝴蝶、蜜蜂等	种类、数量	1 次/a，6 月中下旬
	两栖动物，如青蛙等	种类、数量	
	鸟类，本地鸟类及迁移鸟类	种类、数量	
	土壤动物、微生物	种类、数量	

（7）城乡生态区监测内容

城乡生态区监测主要以人为中心开展，监测指标包括不透水地表类型、面积和分布，绿地类型、分布、面积，湿地类型、分布和面积，蝴蝶、两栖动物、鸟类等生物多样性监测，同时，可以将花粉等致敏因子和细菌等空气致病微生物作为城市生态监测的选测指标，具体监测指标如表 7-3-8 所示。

表 7-3-8　城乡生态区生态监测指标

类　型		指　标	频　次
生态格局	不透水用地	不透水用地类型、面积和分布	1 次/a
	生态用地（草地、林地、湿地等）	生态用地类型、面积和分布	
生物多样性	蝴蝶	类型、数量	6 月中下旬
	两栖动物	类型、数量	
	鸟类	类型、数量	根据鸟类生活迁徙周期而定
人群敏感因子	致敏因子	花粉的种类、时间、密度	实时
	致病因子	蚊子	5—10 月，实时

2.4　生态考核建议指标

根据影响生态质量和功能的自然因素和人为因素，以及人类干扰生态环境的方式和生态考核目标，确定"十四五"期间生态可被考核的建议指标如下。

（1）重要生态类型变化指标

根据生态红线管控相关法律和法规，落实生态保护红线监管具体要求，即红线区生态功能不降低、面积不减少、性质不改变，根据这一目标，在"十四五"期间要严格实施生态保护红线国土空间用途管制，严禁随意改变用地性质与土地权属，红线保护面积只能增加，不能减少。为了确保这一目标的实现，在"十四五"期间，建议将每一个红线保护区的面积、生态类型性质作为生态考核指标，对区域生态保护效果进行考核。

（2）重要湿地（河流、湖泊、海岸）自然状况保持度

当前，我国河流、湖泊人为干扰严重，水电开发、河流渠道化、修建码头等严重影响了河流（湖、海）湿地生态系统纵向和横向的连通性，湿地自我修复能力降低，生物多样性降低，为了促进河流生态功能的恢复，建议"十四五"期间，将重要湿地（河湖岸带和海岸带）自然状况保持度作为一个正向指标进行考核，促进我国重要湿地生态修复和生态保护。

2.5　生态状况评价建议指标体系

结合《生态环境状况评价技术规范》（HJ 192—2015）应用实践、当前生态监测技术水平、生态监测现有数据基础以及专家建议，建议生态状况指数采用分区评价的方法，即根据地理区划、人类活动利用特征和国家主体功能区对全国采用综合分区，各区根据生态系统特征采用相应的评价系数。

方法一：在每个分区中，根据生态属性确定生态类型的重要值，根据每个分区生态类型的重要值和面积，确定区域生态状况值，可以根据区域生态状况值的变化确定区域生态状况指数的变化。

方法二：在每个分区中，根据区域生态特征确定生态类型的转换方向和生态类型转换权重，然后根据转换方向、转换权重、转换面积的乘积确定生态状况指数的变化值。

根据方法一确定的生态状况值和方法二确定的生态状况变化值确定生态状况评价指标体系。

生态状况评价指标体系建议在《生态环境状况评价技术规范》（HJ 192—2015）的基础上进行优化。修订原则主要有：①加强生态监测数据和环境质量监测数据的运用，综合评价生态环境质量；②将评价指标中数据时效性差和主观性影响较大的指标去掉，即水网密度指数和污染负荷指数；③将环境限制指数中水、气环境质量浓度值或评价值按照比例排名取值，同时增加土壤环境质量；④调整现有各指数的归一化取值方法，改为按照各评价单元的综合排名顺序取值；⑤去除环境质量因素，仅评价生态质量，从优化国家自然生态格局，保障现有自然生态格局稳中向好的目标，从提高区域、流域的角度，设置生态类型的权重系数。

（1）修订方案 1

方案 1 是综合利用生态和环境的现有监测数据，建立生态环境综合评价指数（表 7-3-9）。

表 7-3-9　各项评价指标及权重建议

指标	生物丰度指数	植被覆盖指数	土地胁迫指数	环境质量指数
权重（暂定）	0.35	0.25	0.15	0.25

生物丰度指数、植被覆盖指数沿用原有计算方法；土地胁迫指数以 LUCC 转换生态效益影响评价为主，根据全国生态类型分区评价，如：林地转为草地、农田、沙地、建设用地等，湿地转为农田、草地、沙地、建设用地等，草地退化为灌丛、农田、沙地，建设用地等，具体评价方法待研究确定。

环境质量指数，以现有水环境、大气环境、噪声环境和土壤环境质量的评价结果，按照县域单元对数据进行归并，按照监测浓度值排序，进行归一化。存在的问题：县级行政单元没有噪声监测值，因此无法进行按县评价；土壤监测值不是以年为周期进行，无法每年更新。

（2）修订方案 2

以自然生态质量评价为主。具体包括生物丰度指数、植被覆盖指数和生态胁迫指数（表 7-3-10）。

表 7-3-10　各项评价指标及权重建议

指标	生物丰度指数	植被覆盖指数	生态胁迫指数
权重（暂定）	0.35	0.30	0.35

生物丰度指数根据各生态类型的生态质量内涵，全国分区设定各类型的权重系数。建议全国按照自然地理区划，分 7 个区，为东北湿润、半湿润温带地区，华北湿润、半湿润暖温带地区，华中、华南湿润亚热带地区，华南湿润热带地区，内蒙古温带草原地区，西北温带暖温带荒漠地区，青藏高原区。按照优化自然生态格局，保障自然生态格局稳中向好的目标，分区设定权重系数。

植被覆盖指数沿用《生态环境状况评价技术规范》（HJ 192—2015）计算方法评价。

生态胁迫指数根据土地利用类型对生态质量的影响，全国分区设置各类型土地利用（经济林、耕地、建设用地等）的影响系数。全国分区建议：按照自然地理区划，分 7 个区，为东北湿润、半湿润温带地区，华北湿润、半湿润暖温带地区，华中、华南湿润亚热带地区，华南湿润热带地区，内蒙古温带草原地区，西北温带暖温带荒漠地区，青藏高原区。同时，在每区域内，按照减小、减缓人为活动对生态质量压力和影响的角度，按照土地利用的区位和类型进行双重权重设置。

3 "十四五"期间生态监测评价重点任务

3.1 统筹需要，构建生态状况监测网络

根据新时代生态环境保护和生态文明建设的需要，综合考虑生态环境部"监管"的职能定位和统一行使生态监管者职责的管理需求，坚持山水林田湖草生命共同体理念，遵循生态系统整体性规律，落实"全面设点"的总体要求，以生态环境部为主导，以生态状况评估为目标，按照统一的布设要求，会同有关部门构建覆盖我国主要生态类型的生态监测站网。

根据《生态环境监测规划纲要（2020—2035 年）》，按照"一站多点（样地、样区）"的布局模式，采用更新改造、提升扩容、共建共享和新建相结合的方式，力争到 2025 年，联合建成 300 个左右生态综合监测站，覆盖我国森林、草原、湿地、荒漠、水体、农田、城乡、海洋等典型生态系统和生态保护红线重点区域。建设的基本思路是在整合提升生态环境部现有生态站监测能力的基础上，按照分步实施的原则，开展与中科院 CERN 和科技部 CNERN 生态监测站点共建以及与国家林草局

等部门生态监测站点共享（图 7-3-1）。

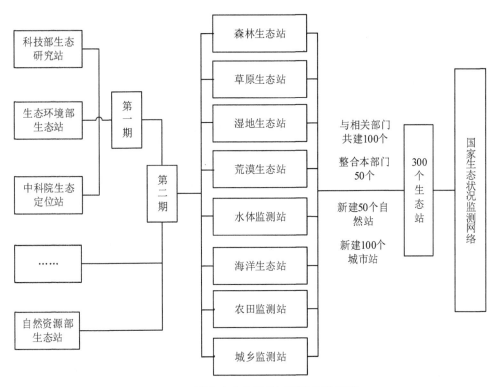

图 7-3-1 国家生态状况监测网络建设思路

新建生态站优先考虑依托国家环境质量监测网中有代表性的大气环境背景站、水环境监测站、土壤背景监测点等，增加生态状况监测内容，提升改造建成生态环境综合站。国家生态状况监测网络中的生态站采用一站多点的布局模式，例如草原生态站根据所处草原生态系统的草原类型（高寒草甸、高寒草原、温性草原、温性荒漠草原等）分别设置监测样地，布设监测样方。

根据全国生态监测与评价中我国林地、草地、荒漠、农田、湿地、城市等各类型生态用地面积，在不同生态系统中分别设置一定大小的网格进行生态质量监测布点，森林样地（样区）2 393 个，草原样地（样区）2 422 个，荒漠样地（样区）1 934 个，农田样地（样区）6 992 个，湿地样地（样区）4 063 个，城市样地（样区）4 688 个，总计 22 492 个样地（样区）。每个样地（样区）至少布设 3 个样方，每年监测样方数量 67 476 个。

3.2 系统设计，形成统一生态质量监测技术体系

（1）构建天空地一体化的生态状况监测技术体系

目前的生态状况监测存在一种思想上的误区。就是一提到生态状况监测，只想到卫星遥感监测，实际上生态监测需要卫星遥感、无人机、地面定位监测等多种综合监测技术手段的支撑，方能全面监测与评价生态系统的状况与变化。

卫星遥感监测技术的优势是客观、全面地监测各类生态系统的面积和分布，准确监控毁林开垦、草原开垦、采矿、违法修路以及其他建设活动等，不足在于不能监测生态系统生物组成、分布、功能和质量等内容。

无人机的优势是客观、灵活，可以准确监控毁林开垦、草原开垦、采矿、违法修路以及其他建

设活动等，分辨率高，不足在于监测费用高额，受航空管制、天气等因素限制，而且也很难监测生态系统生物组成、分布、功能和质量等内容。

地面定位监测的优势是客观、系统、全面地反映监测区域生态系统的生物物种组成和分布，生态系统功能指标，生态系统质量指标，其不足在于监测区是离散分布的，需要一定数量的监测区。

生态监测包括各类生态系统的面积、分布，防风固沙、土壤保持、水源涵养、生物多样性维持等生态系统功能，生态系统的物种组成，结构组成，生态系统健康状况等内容。基于此，生态监测要综合利用卫星遥感、无人机、地面定位等多种监测技术手段，博采众长，充分发挥各种监测手段的优势，为生态环境部履职尽责提供有力的支撑。

基于此，国家生态状况监测网要综合运用卫星遥感、无人机、地面定位观测、物理化学分析等多种监测分析技术，形成"天—空—地"一体化的现代生态监测技术体系。卫星与无人机遥感技术以监测生态系统结构和关键生态参数为主；生态现场观测技术主要监测生态系统的群落组成，分析生态系统的结构特征；物理化学分析技术主要是监测生境质量状况；分子生物学技术主要是监测生物多样性状况。

（2）构建覆盖生态监测全流程的标准技术体系

根据我国森林生态系统、草原生态系统、湿地生态系统、荒漠生态系统、水体生态系统、海洋生态系统、农田生态系统、城乡生态系统等的空间分布组成特点，在现有国家和行业生态监测观测标准基础上，广泛吸纳国际相关生态监测标准规范和先进技术，确立国家生态状况监测网络的监测内容，制定统一监测指标体系及技术标准，执行统一的生态监测方法、数据采集规程、质量控制和质量管理规定，确保生态监测数据的准确性和可比性。

根据生态环境部生态管理需求的生态信息特征及生态监测技术体系，建议生态状况监测与评价的标准体系包括生态状况监测类、生态信息标准化类和生态状况评价类三个方面。

1）生态监测类标准

生态监测类标准主要包括生态遥感监测和生态地面监测两大类。

生态遥感监测有关的标准规范建议主要有《生态遥感监测数据信息标准技术规范》《生态遥感监测数据质量精度评估技术规范》和《生态遥感监测野外校核技术规范》。

生态地面监测有关的标准规范根据生态系统类型，分别设置监测指标体系、样方（样地）布设以及指示种、优势种、外来入侵种等特定指标监测技术规范，以及生态地面监测站建设。

2）生态信息标准化类标准

主要是为了保障生态监测数据的规范化和信息化。主要包括生态遥感解译信息标准化技术规范、生态监测遥感影像信息标准化技术规范、生态监测野外核查信息标准化技术规范、森林（或草地、荒漠、湿地等）生态系统定位监测数据标准化编码系列规范。

3）生态状况评价类标准

生态状况评价类标准包括国家、区域和专题三个层面。国家层面包括生态状况整体评价，以现有生态环境状况评价技术规范为主体，进行优化和完善，区域级的生态监测评价以生态系统功能状况评价为主，具体包括现有《生态环境状况评价技术规范》《防风固沙生态功能区生态功能状况评价技术规范》《水源涵养生态功能区生态功能状况评价技术规范》《水土保持生态功能区生态功能状况评价技术规范》《生物多样性维护生态功能区生态功能状况评价技术规范》，专题类生态评价以生态系统专题评价为主，包括《城市生态环境状况评价技术规范》《森林生态系统类型自然保护区生态环境保护状况评价技术规范》《草原与草甸生态系统类型自然保护区生态环境保护状况评价技术规范》《荒漠生态系统类型自然保护区生态环境保护状况评价技术规范》《淡水水域湿地类型自然保护区生态环境保护状况评价技术规范》《近海与海岸湿地类型自然保护区生态环境保护状况评价技术规范》等。

（3）综合分析，提升生态状况监测网管理支撑能力

会同科技部、中国科学院及相关部委建立数据联网和共享机制，基于统一的质量控制和数据处理规范，定期完成生态监测数据的质量管理与综合分析评估，形成服务于生态状况评估、生态红线监管、重点生态功能区县域、生物多样性履约、空间生态环境评价等业务工作的生态系统状况及变化趋势、预警预测的数据产品，定期编制全国生态状况评估报告及各专题、要素生态质量报告。

建成生态监测数据实时联网移动端、生态监测基础数据库和信息系统，构建全国生态状况监测网络大数据系统，对监测数据产品进行统一管理和发布，实现全国生态监测数据产品的开放共享服务。

1）组织开展生态状况监测与评价，并发布生态状况

综合运用遥感与地面相结合的方式，对我国生态系统的类型、面积和分布及变化进行监测，地面调查在校核生态类型动态、现状的同时，需要核实河流岸边带滩地和阶地的土地利用及自然化程度、河流底质硬化程度、河流水量及季节性分配和断流情况、水电站和水坝的建设规模和数量、湖泊岸边带滩地的土地利用及自然化程度、水库的库容及使用情况等，评价并发布我国生态状况报告。同时，可以编写我国湿地生态评估等专题。

2）开展生态定期调查和评估

为系统掌握生态系统质量和功能变化状况，采用《全国生态环境十年变化（2000—2010年）遥感调查与评估项目》和《全国生态环境变化调查评估（2010—2015年）》的调查体系和评价方法，对全国生态系统格局、质量、功能、问题等的现状及其变化进行定期调查和评估，及时发现生态系统的时空变化规律和主要生态问题，找出原因、提出对策建议，服务于国家生态保护综合决策与管理。当前的评估以遥感监测数据为主，其他各类观测、监测数据结合程度不高，建议将生态遥感调查与评估项目扩展为生态调查与评估，综合结合中科院、科技部和生态环境部相关生态监测数据，每5～10年进行一次，根据各部门生态领域进行生态大数据整合分析，可由生态环境部牵头，参照英国和美国国家生态报告的运作模式，组织专家团队，系统整理和分析监测到的已有历史所有方面的数据，编写并发布中国生态系统状况评估和评价报告。

3）以生态功能为主，进行重要生态区保护考核。

在重要生态功能区等影响国家安全的重要生态区域，坚持尊重自然、保护自然为主的原则，坚持人与自然和谐共生，因此，在该区域要以维护生态系统功能、丰富生态产品、提高生态供给品质为目标，进行生态功能区的保护和考核。统筹采用卫星遥感、无人机航空遥感、环境监测、统计调查等多种技术构建的天-空-地协同的立体化绩效监测技术体系，对区域森林、草地、湿地、农田等生态类型进行全息监测，结果地面监测和环境要素监测评估区域的生态功能、生态结构、生态胁迫、环境质量和污染负荷等现状及变化趋势，将动态变化量作为生态功能区生态保护成效考核的依据。

4）以保护为宗旨，实施重点生态区人为活动监管

在自然保护区、生物多样性保护优先区域、国家公园、生态红线等重点生态区，进行生态系统的保护和修复，尊重自然和保护自然、坚决杜绝破坏自然生态的社会经济发展活动，以达到恢复自然、提升生态质量、提高生物多样性水平、确保国家生态安全的目标。具体包括：

a. 自然保护区。定期开展自然保护区人类活动遥感监测工作，重点区域加大监测频次，开展自

然保护区生态环境保护状况评估。强化监督执法，定期组织自然保护区专项执法检查，严肃查处违法违规活动，加强问责监督。提高自然保护区管理水平，强化自然保护区管护能力建设。

b. 生物多样性保护优先区域。以生物多样性保护优先区域为重点，开展生物多样性调查和评估，彻底摸清我国生物多样性家底。同时开展以遥感监测为主的生物生境的人类活动胁迫和自然生境的关键性因子，分析生物栖息地生境的变化。

c. 生态红线区。建立生态保护红线制度，将生态保护红线作为建立国土空间规划体系的基础，建立生态保护红线台账系统，识别受损生态系统类型和分布，定期组织开展生态保护红线评价，及时掌握生态保护红线生态功能状况及动态变化。

在具体实施过程中，人类活动监控以高精度遥感监测为主，地面核查为辅。质量和功能保持以样方、生物多样性、径流场等地面监测为主。可以针对红线区和自然保护地人为干扰程度和生态质量功能维持度进行专题评估，发布相关报告。

5）组织开展必要的生物多样性监测与评价

与现有生物多样性监测网络（以自然保护地和国家公园为主）联合，结合重点生态功能区生态考核监测与评价，在重点生态功能区和重要湿地开展重点生态功能区生物多样性监测与评价和重要湿地生物多样性监测与评价工作，该区域与我国生物多样性保护优先区域具有很好的重叠度，评价发布我国重点生态功能区生态保护状况报告。

本专题执笔人：罗海江（中国环境监测总站）
完成时间：2019 年 12 月

专题 4　生态产品价值实现与生态保护补偿机制研究

党的十九大报告明确提出"要提供更多优质生态产品以满足人民日益增长的优美生态环境需要""建立市场化、多元化生态补偿机制"。2022 年，党的二十大报告正式将"建立生态产品价值实现机制，完善生态保护补偿制度"纳入"推动绿色发展，促进人与自然和谐共生"的重要内容，明确了今后我国生态产品价值实现和生态保护补偿的工作方向。2021 年，中共中央办公厅、国务院办公厅先后印发《关于建立健全生态产品价值实现机制的意见》《关于深化生态保护补偿制度改革的意见》，清晰描绘了我国生态产品价值实现和生态保护补偿制度改革路线图，是指导未来 15 年我国生态产品价值实现和生态保护补偿工作的重要纲领性文件。当前，我国生态保护补偿制度框架日渐清晰和明朗，补偿范围不断扩大，补偿标准不断完善，补偿形式不断丰富，形成了单领域补偿与综合补偿齐头并进、省内补偿与跨省补偿有机联系、资金补偿与多元化补偿互为补充的具有中国特色的生态保护补偿模式，并逐步实践出政府主导、企业和社会各界参与、市场化运作、可持续的生态产品价值实现路径。

1　我国纵向生态保护补偿的实践进展

在党中央、国务院的高度重视下，国家有关部门依据部门分工，分别开展了森林、草原、湿地、荒漠、海洋、水流、耕地等重点领域和生态功能重要区域生态保护补偿工作，自 1998 年起，中央财政累计投入生态保护补偿领域资金近 2 万亿元，其中，重点生态功能区转移支付累计投入 7 888.9 亿元，森林领域累计投入 9 969.28 亿元，草原领域累计投入 1 884.04 亿元。2022 年中央财政首次安排荒漠生态保护补偿资金 1.1 亿元，在政府大量的资金支持下，我国生态保护补偿取得显著成效，实现了"两个覆盖"，生态保护补偿已基本覆盖生态功能重要区域和生态系统所有重要领域。

1.1　国家重点生态功能区转移支付

我国重点生态功能区转移支付政策是指中央财政在均衡性转移支付项下设立国家重点生态功能区转移支付，对属于国家重点生态功能区的区（县）给予的均衡性转移支付。2008 年，为推动地方政府加强生态环境保护和改善民生，中央财政在均衡性转移支付项下设立国家重点生态功能区转移支付，对属于国家重点生态功能区的区（县）给予均衡性转移支付。2009 年财政部正式印发《国家重点生态功能区转移支付（试点）办法》（财预〔2009〕433 号），明确了国家重点生态功能区转移支付的范围、资金分配办法、监督考评、激励约束措施等，正式建立国家重点生态功能区转移支付机制。10 多年来，该项政策设计不断优化完善，补助范围不断扩大，补助资金不断增加，到 2022 年，该项政策已经覆盖全国 31 个省（区、市）810 个县域，累计投入 7 800 余亿元，是迄今为止国家对重点生态功能区唯一的具有直接性、持续性和集中性的生态保护补偿政策。大规模的转移支付范围和大力度的转移支付资金有效保证了国家重点生态功能区生态产品的产出能力，对维护国家生态安全、平衡生态保护地区和生态受益地区之间的利益关系起到重要作用。

2009 年，转移支付范围主要包括：关系国家区域生态安全，并由中央主管部门制定保护规划确定的生态功能区；生态外溢性较强、生态环境保护较好的省区；国务院批准纳入转移支付范围的其他生态功能区域，随着政策的发展，转移支付范围不断优化调整。到 2022 年，范围调整为：重点生态县域，包括限制开发的国家重点生态功能区所属县（含县级市、市辖区、旗等，下同）以及新疆生产建设兵团相关团场；生态功能重要地区，包括未纳入限制开发区的京津冀有关县、海南省有关县、雄安新区和白洋淀周边县；长江经济带地区，包括长江经济带沿线 11 省（市）；巩固拓展脱贫攻坚成果同乡村振兴衔接地区，包括国家乡村振兴重点帮扶县及原"三区三州"等深度贫困地区，以及相关省所辖国家级禁止开发区域和南水北调工程相关地区（东线水源地、工程沿线部分地区和汉江中下游地区）以及其他生态功能重要的县（图 7-4-1）。

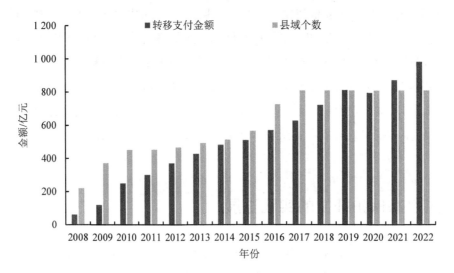

图 7-4-1　国家重点生态功能区转移支付进展情况

1.2　重点领域生态保护补偿

（1）森林生态效益补偿机制

我国的森林生态效益补偿制度经过了从行政手段进行规范到通过国家立法进行调整的发展历程。1998 年，国家森林生态补偿制度首次在《中华人民共和国森林法》被确立，2001 年，中央财政设立"森林生态效益补助资金"，在全国开展森林生态效益资金补助试点，经过 3 年试点，2004 年，财政部、国家林业局联合颁布《中央森林生态效益补偿基金管理办法》（财农〔2004〕169 号），正式建立森林生态效益补偿制度。补助标准不断提高，2010 年，非国有国家级公益林补偿补助标准由每年每亩 5 元提高到 10 元，2013 年提高到每年每亩 15 元，2019 年进一步提高到每年每亩 16 元；2015 年，国有国家级公益林补偿补助标准由每年每亩 5 元提高到 6 元，2016 年提高到每年每亩 8 元，2017 年进一步提高到每年每亩 10 元。2018 年，中央财政共安排森林生态效益补偿补助 178.34 亿元，用于 13.77 亿亩国家级公益林保护和管理。

（2）草原生态保护补助奖励政策

我国草原生态保护补偿是通过补助和奖励的政策手段达到减畜和草畜平衡的政策目标，最终在牧民收入不减少的条件下使草原退化得到减缓。2011 年，我国在内蒙古、新疆、西藏、青海、四川、甘肃、宁夏和云南 8 个主要草原牧区省（区），以及新疆生产建设兵团启动了草原生态保护补助奖励政策。补奖资金来源以国家财政为主，以地方配套为辅，共分为禁牧补助、草畜平衡奖励和绩效考核奖励三部分，其中，禁牧补助标准为每年每公顷 90 元，草畜平衡奖励标准为每年每公顷 22.5 元，牧草良种补贴标准为每年每公顷 150 元，牧业生产资料补贴为每年每户 500 元，补奖对象包括农牧户、草原管护员、政策落实单位，其中主要是农牧户。2016 年中央 1 号文件提出，实施新一轮草原生态保护补助奖励政策，政策覆盖范围由 2011 年第一轮的 8 个省份和新疆生产建设兵团扩展到了 13 个省份和新疆生产建设兵团，覆盖了中国全部的 268 个牧区、半牧区县。补奖标准调整为禁牧补助标准每年每公顷 112.5 元，草畜平衡奖励标准为每年每公顷 37.5 元，取消了牧业生产资料补贴。截至 2020 年年底，我国已累计投入中央财政资金 1 701.64 亿元用于草原生态保护补助奖励，共惠及 1 200 多万户农牧民，有 38.1 亿亩草原得到休养生息，全国重点天然草原牲畜超载率由 2010 年的 30%下降至 2020 年的 10.09%，是中华人民共和国成立以来我国草原牧区投入规模最大、覆盖面最广、受益农牧民最多的一项惠农惠牧惠草政策。2021 年，财政部、农业农村部和国家林业和草原局联合印发《第三轮草原生态保护补助奖励政策实施指导意见》（财农〔2021〕82 号），"十四五"时期继续在内蒙古等 13 个省（区）以及新疆生产建设兵团和北大荒农垦集团有限公司实施第三轮草原生态保护补助奖励政策。

（3）湿地生态效益补偿试点

2014 年中央 1 号文件指出要"完善森林、草原、湿地、水土保持等生态补偿制度""开展湿地生态效益补偿和退耕还湿试点"。为支持湿地保护与恢复，从 2014 年起，中央财政大幅度增加了湿地保护投入，国家林业局会同财政部启动了湿地生态效益补偿试点、退耕还湿试点，投入资金 6.4 亿元，把国家级湿地自然保护区和国际重要湿地列入了国家补偿范围，试点工作首先在 120 个国家级自然保护区中选取 21 处国家级自然保护区（其中 11 个国际重要湿地）开展，对因保护珍稀鸟类等野生动物的需要而给国际重要湿地、国家级湿地自然保护区及其周边范围内的耕地承包经营权人造成的经济损失给予适当的补偿。2020 年，财政部会同国家林草局联合印发《林业发展资金管理办法》，中央财政实行"大专项+任务清单"管理方式，林业改革发展资金切块下达到省，由地方自主确定湿地生态效益补偿范围、标准和对象等。

（4）耕地生态保护补偿探索

我国耕地保护政策大致经历了萌芽期（1978—1985 年）、初创期（1986—1997 年）、发展期（1998—2003 年）和完善期（2004 年至今）4 个发展历程。由于粮食生产需求，在 1978 年的《政府工作报告》里，开始重视耕地资源的利用问题。1982 年，中央 1 号文件《全国农村工作会议纪要》中提出耕地保护应作为国家政策。1994 年国务院下发了《基本农田保护条例》，开始在全国范围内实施以耕地保护为目标的基本农田保护制度。完善期是我国耕地政策转变的关键阶段，2004—2008 年，中央 1 号文件越来越重视对耕地的保护，耕地保护政策体系日趋完善。2015 年，财政部、农业部选择安徽、山东、湖南、四川和浙江等 5 个省开展农业"三项补贴"改革试点，原有的"三项补贴"（包括农作物良种补贴、种粮农民直接补贴和农资综合补贴）被合并为农业支持保护补贴，政策目标调整为支持耕地地力保护和粮食适度规模经营。2016 年中央 1 号文件《关于落实发展新理念加快农业现代化实现全面小康目标的若干意见》，提出大规模推进高标准农田建设，加大投入力度，整合建设资金，创新投融资机制，加快建设步伐，到 2020 年确保建成 8 亿亩、力争建成 10 亿亩集中连片、旱涝保收、稳产高产、生态友好的高标准农田。初步建立了质量、数量、生态"三位一体"的耕地保护政策体系。目前，全国约有 1/4 的省份在全省推进耕地保护补偿激励工作，为国家宏观层面的耕地生态保护补偿机制设计积累了大量的实践经验。

（5）荒漠生态保护补偿试点

我国是世界上荒漠化面积最大、受影响人口最多、风沙危害最重的国家之一，沙漠化土地总面积占国土面积的 27.2%。党的十八大以来，我国累计完成防沙治沙任务 2.82 亿亩，封禁保护沙化土地 2 658 万亩，全国一半以上可治理沙化土地得到治理，实现了由"沙进人退"到"绿进沙退"的历史性转变。2022 年，中央财政首次安排 1.1 亿元资金，支持 7 省（区）开展荒漠生态保护补偿试点，试点将重点开展强化沙化土地封禁保护区项目建设、防沙治沙示范带动、沙漠（石漠）公园建设、石漠化综合治理工程成效总结评估，科学推进荒漠化石漠化综合治理。

2　我国横向生态保护补偿的实践进展

2.1　我国横向生态保护补偿的总体情况

横向生态保护补偿是指为获得良好的生态环境质量，与生态功能重要区域关系密切的区域之间、企业、个人和社会组织之间，根据生态保护成本、发展机会成本和所提供的生态服务价值，由生态环境受益方向生态环境保护方进行的补偿，且利益相关方所在行政区域没有隶属关系。横向生态保护补偿主要应用于生态受益地区明确的情形，可由生态受益地区直接向生态保护地区进行财政转移支付，它是调节生态产品供给区域和受益区域环境保护责任和经济利益管理的重要手段。我国地域辽阔，生态系统服务提供者与受益者往往分属于不同行政区划和财政级次。但在较长一段时间内我国的生态保护补偿实践仅限于中央政府对全国、各级政府对辖区内生态保护行动的补偿。为促使受益者向生态产品的提供者支付合理费用，促进区域协调发展，我国不断探索推动生态关系密切但不具有行政隶属关系的地区间建立起横向生态保护补偿机制。

2010 年，新安江流域水环境补偿试点已作为全国首个跨省区域水环境补偿试点正式启动，为地区间横向生态补偿机制建设突破性探索。2013 年，党的十八届三中全会通过的《中共中央关于全面深化改革若干重大问题的决定》首提"推动地区间建立横向生态补偿制度"。2014 年、2015 年政府工作报告明确提出要建立并扩大上下游横向生态补偿机制试点。2015 年 6 月，中共中央、国务院印发的《关于加快推进生态文明建设的意见》提出"建立地区间横向生态保护补偿机制，引导生态受益地区与保护地区之间、流域上游与下游之间，通过资金补助、产业转移、人才培训、共建园区等方式实施补偿"。同年 9 月，中共中央、国务院《生态文明体制改革总体方案》（中发〔2015〕25 号）明确提出"完善生态补偿机制"，要求制定横向生态补偿机制办法，鼓励各地区开展生态补偿试点。《关于健全生态保护补偿机制的意见》（国办发〔2016〕31 号）指出要推进横向生态保护补偿。研究制定以地方补偿为主、中央财政给予支持的横向生态保护补偿机制办法。

我国各地区开展横向生态保护补偿实践已有多年经验，由于流域上下游地区的生态保护和受益联系相对明确，因此我国已经实施的横向生态保护补偿主要是跨界流域的生态保护补偿，目前取得了初步成效。

2.2 我国流域上下游横向生态保护补偿主要进展

目前，流域生态保护补偿有关条款已被纳入《中华人民共和国环境保护法》《中华人民共和国水污染防治法》《中华人民共和国水土保持法》等，成为我国法定制度。《关于健全生态保护补偿机制的意见》（国办发〔2016〕31号）、《关于加快建立流域上下游横向生态保护补偿机制的指导意见》（财建〔2016〕928号）、《关于建立健全生态产品价值实现机制的意见》（中办发〔2021〕24号）均明确提出要推进流域横向生态保护补偿制度建设，《支持引导黄河全流域建立横向生态补偿机制试点实施方案》（财资环〔2020〕20号）、《支持长江全流域建立横向生态保护补偿机制的实施方案》（财资环〔2021〕25号）等文件印发进一步明确了重点流域生态保护补偿机制建设的顶层设计。

在财政部、生态环境部等部门大力推动下，自2010年启动首个新安江流域水环境补偿试点以来，我国已在安徽、浙江、广东、福建、广西、江西、河北、天津、云南、贵州、四川、北京、湖北、湖南、重庆、江苏、河南、山东、甘肃19个省（区、市）15个流域（河段）探索开展跨省流域上下游横向生态保护补偿，31个省（区、市）均主动开展省内流域生态补偿机制建设。近年来，国家非常重视长江、黄河流域跨省流域上下游横向生态保护补偿机制建设，根据《中央财政促进长江经济带生态保护修复奖励政策实施方案》，中央财政于2017—2020年安排180亿元用以奖励长江经济带11个省（市）的生态补偿机制建设和生态保护修复，《支持引导黄河全流域建立横向生态补偿机制试点实施方案》中也安排了中央财政引导资金支持沿黄九省（区）探索建立横向生态补偿机制；2018年以来新签订协议的8个流域中，有5个属于长江流域，2个属于黄河流域。2021年，中央在水污染防治资金中分别安排长江、黄河全流域横向生态保护补偿机制引导资金20亿元、10亿元。目前，15个流域（河段）中，近七成的流域（河段）已实施至少一轮补偿协议，新安江已完成三轮协议，九洲江、引滦入津已签署第三轮协议，汀江—韩江流域、东江流域已完成两轮协议，潮白河、赤水河、滁河、酉水、渌水流域已完成第一轮协议；长江干流和濑溪河流域、黄河干流（豫鲁段）、黄河干流（川甘段）、长江干流鄂湘段（首期）正在实施首轮协议（表7-4-1）。补偿机制全面推动了流域生态环境保护工作，补偿资金主要用于协议要求的流域环境综合治理、水污染防治、水资源保护等领域项目；各地以建立水污染防治协作小组、开展联合监测和跨界水环境联合排查工作等形式，积极加强联防联控，推动补偿机制成为流域综合管理重要抓手。

现行的流域生态保护补偿政策仍以资金补偿为主要方式，流域上下游省级政府共同筹集补偿资金，中央财政提供引导资金。各流域补偿协议基本均要求补偿资金用于流域环境综合治理、水污染防治、水资源保护等方面。如九洲江流域的补偿资金须专项用于《粤桂九洲江流域水污染防治规划》确定的水污染防治工程任务；潮白河流域补偿实施方案要求涉及流域污水集中处理设施建设、农业农村污染防治、生态清洁小流域建设、"稻改旱"、水文及水环境监测能力建设、污染治理和生态修复技术研究、总体实施方案及年度计划编制、供水工程及饮用水水源地保护；东江流域第二轮补偿资金用于流域县实施废弃矿山综合治理、污染治理、水土流失、农村环境综合整治、绿化造林等一系列工程项目。部分地区对省级资金使用范围的拓展做了一定程度的突破，如新安江流域补偿第三轮协议规定补偿资金可用于产业结构调整、产业布局优化和生态保护补偿等方面，滁河流域补偿资金也可用于经济结构调整和产业优化升级等。

表 7-4-1　我国跨省流域生态保护补偿协议签订情况

序号	流域	涉及省份	首轮协议签订	协议实施期限	截至 2023 年 1 月现状
1	新安江流域	安徽、浙江	2011 年 11 月	第一轮：2012—2014 年 第二轮：2015—2017 年 第三轮：2018—2020 年 2021 年顺延：2021 年起	正谋划第四轮协议
2	九洲江流域	广西、广东	2016 年 3 月	第一轮：2015—2017 年 第二轮：2018—2020 年 第三轮：2021—2023 年	正实施第三轮协议
3	汀江—韩江	福建、广东	2016 年 3 月	第一轮：2016—2017 年 过渡期：2018 年 第二轮：2019—2021 年	已完成第二轮协议
4	东江流域	江西、广东	2016 年 10 月	第一轮：2016—2018 年 第二轮：2019—2021 年	已完成第二轮协议 正谋划第三轮协议
5	引滦入津	河北、天津	2017 年 6 月	第一轮：2016—2018 年 第二轮：2019—2021 年 第三轮：2011—2025 年起	正实施第三轮协议
6	赤水河流域	云南、贵州、四川	2018 年 2 月	第一轮：2018—2020 年 第二轮：2021—2025 年	正实施第二轮协议
7	潮白河流域	河北、北京	2018 年 11 月	第一轮：2018—2020 年	正谋划第二轮协议
8	滁河流域	安徽、江苏	2018 年 12 月	第一轮：2019—2020 年	正谋划第二轮协议
9	酉水流域	重庆、湖南	2019 年 1 月	第一轮：2018—2021 年	正谋划第二轮协议
10	渌水流域	江西、湖南	2019 年 8 月	第一轮：2019—2022 年	正谋划第二轮协议
11	长江干流和濑溪河流域	四川、重庆	2020 年 12 月	第一轮：2021—2023 年	正实施第一轮协议
12	黄河流域(河南—山东段)	河南、山东	2021 年 5 月	第一轮：2021—2022 年	正完成第一轮协议
13	黄河流域(四川—甘肃段)	四川、甘肃	2021 年 9 月	第一轮：2021—2022 年	正完成第一轮协议
14	长江流域（鄂湘段）	湖南、湖北	2023 年 1 月	第一轮：2022—2025 年	正实施第一轮协议

　　总体上看，流域生态保护补偿试点都取得了积极进展，跨界断面水环境质量稳中有升，流域上下游协同治理能力明显提高，有力推动了绿水青山和金山银山的有机统一，上下游地区"双赢"态势凸显。一是实施流域上下游横向生态保护补偿政策后，在跨界断面水质考核约束和补偿资金支持下，上游地区在流域污染治理、农村环境综合整治等方面重点发力，流域水环境质量稳中有升，生态环境质量持续改善，黄山市 2020 年度水质指数较 2019 年下降 5.61%，较 2016 年下降 24%，九洲江流域山角断面氨氮、总磷年均浓度下降 45% 和 30%，潮白河流域各考核断面特征污染物浓度较 2017 年参考目标值也有显著下降。二是上下游在积极沟通协商签订补偿协议的同时，以建立水污染防治协作小组、水污染突发环境事件联防联控机制，召开联席会议，共同编制水生态环境共同保护规划，开展联合监测和跨界水环境联合排查工作等形式，加强区域联动，支撑协议实施。三是补偿机制为生态产品供给地区的绿色发展提供了转型契机和资金保障，部分地区因地制宜实施"生态+"战略初见成效。黄山市重点发展全域旅游、精致农业和新兴产业，积极对接长三角消费升级大市场，统筹推进种养循环、农林牧业，培育壮大茶叶、徽菊、油茶、泉水鱼等特色农业产业基地，黄山泉水鱼成为我国首个纯渔业农业重要文化遗产，市场价格比普通鱼高出 3 倍，草鱼变"金鱼"带动近 4 000 名群众脱贫。承德市促进生态建设和旅游、农业、养殖等深度融合发展，成立"承德山水"品牌运

营公司，已入驻企业 166 家，2020 年向京津市场销售绿色优质农产品 48.1 亿元；注册成立塞罕坝生态开发集团，大力推进碳汇交易、高端生态旅游、生态有机农产品等，集团总资产达到 19.5 亿元。龙岩市大力推进钢铁、化工等传统产业改造提升，服务业产值近 20 年来首次超过二产，有色金属、文旅康养、建筑业产值突破千亿元。

3 我国市场化多元化生态保护补偿的实践进展

目前，我国生态保护补偿资金以中央和地方各级政府财政投入为主，补偿方式除了资金补偿外，市场化、多元化生态保护补偿还处于初步发展阶段。随着对生态保护补偿认识的深入，补偿范围日益扩大，资金规模持续加大，资金需求不断增加，以政府为主的财政资金补偿已经难以为继。用市场化、多元化手段推进生态保护补偿，形成与我国经济社会发展相适应的生态保护补偿机制已经迫在眉睫。

3.1 市场化多元化补偿政策体系不断健全

有关部门根据各自职责分工，出台了一系列政策文件支持水流、农业、森林等不同领域建立市场化多元化生态保护补偿机制，鼓励探索绿色金融、生态标识等多元补偿方式。《关于健全生态保护补偿机制的意见》（国办发〔2016〕31 号）提到了探索市场化补偿模式的一些具体路径，如积极开展碳汇交易、排污权交易、水权交易等。水利部印发了《水流产权确权试点方案》（水规计〔2016〕397 号），确定了 6 个水流产权确权交易试点。农业农村部先后印发了《建立以绿色生态为导向的农业补贴制度改革方案》《关于创新体制机制推进农业绿色发展的意见》，以农业可持续发展为切入点，对农业生态保护补偿做出了具体规定。原国土资源部印发了《关于扩大国有土地有偿使用范围的意见》（国土资规〔2016〕20 号），深化了国有土地资源有偿使用制度改革。原国家林业局先后印发了《国家林业局关于推进林业碳汇交易工作的指导意见》（林造发〔2014〕55 号）和《重点国有林区国有森林资源资产有偿使用试点方案》（林办资字〔2017〕109 号），加快国有森林资源有偿使用。人民银行、财政部等 7 部委联合印发《关于构建绿色金融体系的指导意见》，对于社会资本的投向提供了新方向，开辟了环境治理投资来源的新渠道。原国家质检总局、住房和城乡建设部、工业和信息化部、国家认监委、国家标准委联合印发《关于推动绿色建材产品标准、认证、标识工作的指导意见》（国质检认联〔2017〕544 号），拟在建材领域及浙江湖州等重点区域优先开展绿色产品认证试点。

2018 年 12 月，国家发改委、财政部、自然资源部、生态环境部、水利部、农业农村部、人民银行、市场监管总局、林草局 9 部门联合印发了《建立市场化、多元化生态保护补偿机制行动计划》（发改西部〔2018〕1960 号，以下简称《行动计划》），为我国施行市场化多元化生态保护补偿机制提供了有效指导和引导。《行动计划》明确了多元主体参与的方向，一是明确补偿主体的多元化，按照谁受益谁补偿的原则，明确了生态受益者、社会投资者对生态保护者的补偿，除了政府，还需要企业、社会组织和公众的共同参与。二是明确补偿方式的市场化，提出九大重点任务，是对以往"零碎化"的生态保护补偿方式进行"系统化"总结、提炼与创新。《行动计划》明确了生态保护补偿资金来源渠道，污染物减排补偿、水资源节约补偿、碳排放权抵消补偿实际上都是对发展权的补偿，生态保护补偿投融资机制有利于引导金融机构对生态保护地区的发展提供资金支持，进而吸引市场投资者参与生态产品的价值转化。

3.2　市场化多元化补偿工作全面推进

（1）环境与资源产权交易进程不断深入

自然资源有偿使用制度改革正有序推进。自然资源有偿使用实际上将土地、水、矿产、森林、草原等与人类社会经济发展有关的自然要素转化为能够被人类利用的价值，需要在一定的产权要求和市场条件下进行。国务院印发的《关于全民所有自然资源资产有偿使用制度改革的指导意见》，明确了自然资源六大领域改革的重点任务。当前，我国已经建立起比较系统的国有建设用地和矿产资源有偿使用制度，对使用者收取土地出让金或租金。在矿业权出让环节，将探矿权和采矿权价款调整为矿业权出让收益。草原、森林资源有偿使用改革也正在探索。各地积极落实国家部署要求，重庆、贵州、云南、浙江等地相继提出要在本地区建立健全全民所有自然资源的有偿使用制度。目前大部分地区已经针对土地建立了有偿使用和交易制度。

排污权、水权、碳排放权交易日益活跃。排污权、水权、碳排放权本质上都是发展权的问题，实际上都是生态受益地区对生态保护地区的放弃而给予的合理补偿。目前，全国共有 28 个省（区、市）开展排污权交易试点，其中大多数试点地区选取火电、钢铁、水泥、造纸、印染等重点行业作为交易行业，浙江、重庆等部分地区扩展到全行业范围。试点省份积极探索排污权抵押贷款、排污权租赁、刷卡排污等与绿色金融相结合的创新方式。我国水权交易起步较早，目前已经形成跨区域、行业间和用水户间、流域上下游间等多主体的区域水权交易、取水权交易、灌溉用水户水权交易等多形式的水权交易模式。2016 年 6 月 28 日，中国水权交易所正式开业运营，建立了全国统一的水权交易制度、交易系统和风险控制系统，运用市场机制和信息技术推动跨流域、跨区域、跨行业以及不同用水户间的水权交易。近年来，随着我国不断发挥投融资对气候行动的杠杆和支撑作用，碳排放权交易自 2011 年试点以来呈现出试点市场参与者、交易量不断增加，履约率不断提升的态势。2017 年 12 月，以国务院批准的《全国碳排放权交易市场建设方案（发电行业）》为标志，全国碳排放权交易市场正式启动运行。目前，中国已有 7 家主要的碳排放交易所，即广州碳排放权交易所、深圳排放权交易所、北京环境交易所、上海环境能源交易所、湖北碳排放权交易所、天津排放权交易所和重庆碳排放权交易所，从 2013 年到 2020 年，碳市场配额现货累计成交 4.45 亿 t，成交额 104.31 亿元，试点碳市场共覆盖电力、钢铁、水泥等 20 余个行业近 3 000 家重点排放单位。

（2）多元化补偿路径聚焦区域合作

面向区域合作的补偿机制是一种"造血型"补偿方式，通过将补偿资金转化为技术或产业项目形成造血机能与自我发展机制，使外部补偿转化为自我积累能力和自我发展能力。目前各地实践中比较成熟的做法有园区合作（异地开发）、对口协作、设立生态岗位等。浙江金华与磐安的园区合作是最早的园区合作探索，之后，浙江绍兴市也探索了类似做法，由环境容量资源相对丰富地区向环境敏感地区提供发展空间，建立"异地开发生态补偿试验区"，促进生产力合理布局，进一步增强环境敏感地区发展动能。南水北调中线工程受水区的北京、天津通过对口协作对丹江口库区及上游地区的湖北、河南、陕西等省进行补偿。青海在国家草原生态保护奖补配套资金的基础上，率先在三江源探索草原生态管护公益岗位试点，每 2 000 hm² 设置 1 名草原管护员，全省新增草原生态管护员 13 894 名。四川省阿坝州和成都市通过双方协商，在成都市郊区共同建设成阿工业园，阿坝州把现有工业企业迁入成阿工业园区，州内集中发展特色农业、旅游业、水电等产业，成都、阿坝按 6∶4 投入，共同开发经营，对园区内的招商引资、工业增加值、创汇、税收等主要经济指标，成都、阿坝按 4∶6 分享。

（3）绿色金融持续推动市场化补偿日益丰富

完善生态保护补偿融资机制有利于引导金融机构对生态保护地区的发展提供资金支持，将绿色金融领域的绿色发展基金、绿色债券等方式引入到生态保护补偿中来，通过收益优先保障机制吸引金融机构以及社会资本投入，更好地保障生态保护与修复的可持续性，提升区域生态系统服务价值。目前，三峡集团发行了目前我国最大规模的非金融企业绿色债券，中国节能发行了覆盖领域最广的绿色债券。湖北省长江产业投资集团有限公司注册成立了湖北省生态保护和绿色发展投资有限公司，重点投资跨区域、跨流域、示范性项目。天津市推广绿色租赁，拓展节能减排和环境治理产业融资租赁业务，开发推广清洁能源公交车、合同能源管理、水资源利用和保护等绿色租赁产品，探索出了金融租赁支持绿色产业发展的新途径。福建省绿色金融专营机构建设走在全国前列，兴业银行在全国率先建立绿色金融部；兴业信托率先在同行业设立绿色信托业务部门；同时多家银行设立绿色金融发展工作小组。运用金融手段可以最大限度地吸引社会资本参与生态环境保护，弥补生态保护补偿资金缺口。

4　我国生态产品价值实现的实践进展

近年来，在习近平生态文明思想的指导下，我国深入践行"绿水青山就是金山银山"理念，中央部署、部委落实、地方行动，合力探索实践政府主导、企业和社会各界参与、市场化运作、可持续的生态产品价值实现路径。

4.1　中央统一部署

先行示范方面，我国先后在福建、海南等地启动生态产品价值实现先行区、试验区建设，在贵州、浙江、江西、青海等省开展生态产品市场化先行试点，多维度探索生态产品价值实现的路径与模式。2016 年，《国家生态文明试验区（福建）实施方案》首次提出生态产品价值实现的理念，明确福建为生态产品价值实现的先行区，积极推动建立自然资源资产产权制度，推行生态产品市场化改革，建立完善多元化的生态保护补偿机制，加快构建更多体现生态产品价值、运用经济杠杆进行环境治理和生态保护的制度体系。2017 年，《关于完善主体功能区战略和制度的若干意见》明确，在贵州、浙江、江西、青海 4 个长江经济带沿线省份开展生态产品市场化先行试点，围绕科学评估核算生态产品价值、培育生态产品交易市场、创新生态产品资本化运作模式、建立政策制度保障体系等方面进行探索实践。2019 年，《国家生态文明试验区（海南）实施方案》定位海南为生态价值实现机制试验区，探索生态产品价值实现机制，增强自我造血功能和发展能力，实现生态文明建设、生态产业化、脱贫攻坚、乡村振兴协同推进，努力把绿水青山所蕴含的生态产品价值转化为金山银山。

机制建设方面，2021 年，《关于建立健全生态产品价值实现机制的意见》全面系统部署生态产品价值实现相关工作，国家层面统筹试点示范工作，选择跨流域、跨行政区域和省域范围内具备条件的地区，深入开展生态产品价值实现机制试点，重点在生态产品价值核算、供需精准对接、可持续经营开发、保护补偿、评估考核等方面开展实践探索。

市场建设方面，2022 年，《中共中央　国务院关于加快建设全国统一大市场的意见》将培育发展全国统一的生态环境市场作为一项重要任务，推动碳排放权、用水权、排污权、用能权等生态资源权益市场化交易。

4.2 部门加快落实

国家发展改革委、自然资源部、生态环境部等部门加快部署落实，多措并举，全力推动建立健全生态产品价值实现机制。

国家发展改革委将生态产品价值实现作为实现区域高质量发展的重要手段之一，统领全国开展生态产品价值实现机制的建设。2022年3月，国家发展改革委、国家统计局出台《生态产品总值核算规范（试行）》（发改基础〔2022〕481号），指导和规范基于行政区域单元的GEP核算工作，为推行GEP考核奠定工作基础。

自然资源部批复南平市、江阴市7个地区开展自然资源领域生态产品价值实现机制试点，先后印发3批《生态产品价值实现典型案例》，推出32个生态产品价值实现典型案例，指导各地结合本地区实际情况学习借鉴，加快推进生态产品价值实现工作。

生态环境部印发《"绿水青山就是金山银山"实践创新基地管理规程（试行）》，先后授牌命名六批共468个生态文明建设示范区以及187个"绿水青山就是金山银山"实践创新基地，以探索绿水青山转化为金山银山的路径模式为重点，着力推动各地将"绿水青山就是金山银山"的理念转换为实践行动，逐步探索形成了守绿换金、添绿增金、点绿成金、绿色资本四种转化路径，以及生态修复、生态农业、生态旅游、生态工业、生态+复合产业、生态市场、生态金融、生态补偿等8种转化模式。牵头制定《生态系统评估 生态系统生产总值（GEP）核算技术规范》，指导和规范陆地生态系统生产总值核算工作，为将生态效益纳入经济社会发展评价体系、完善发展成果考核评价体系提供重要支撑，为建立生态产品价值实现机制、区域生态补偿、自然资源资产离任审计、自然资源资产负债表编制等制度的实施提供科学依据。

财政部发布《关于建立健全长江经济带生态补偿与保护长效机制的指导意见》，国家发展改革委、财政部等9部门联合印发《建立市场化、多元化生态保护补偿机制行动计划》，财政部等3部门印发《支持引导黄河全流域建立横向生态补偿机制试点实施方案》，积极发挥财政在国家治理中的基础和重要支柱作用，以生态保护补偿机制政策为实践抓手，积极推进市场化、多元化生态保护补偿机制建设，积极稳妥发展生态产业，通过统筹一般性转移支付和相关专项转移支付资金，建立激励引导机制，加大生态补偿和保护的财政资金投入力度，引导社会投资者对生态保护者的补偿，有力推动"绿水青山"向"金山银山"的转化。

专栏7-4-1 "绿水青山就是金山银山"实践模式

模式一：生态修复——修复生态本底，厚积生态资本

以改善生态环境质量、提升生态资产、增值生态资本为主要任务和举措，适用于生态环境本底较差或生态环境敏感、脆弱的地区，如：河北塞罕坝机械林场、山西右玉县、内蒙古自治区库布齐亿利生态示范区等地区。

模式二：生态农业——推进农业生态化，激发乡村振兴活力

以资源循环利用和生态环境保护为重要前提，依托特色农业资源、农耕文化、人居环境，推动农业循环化、特色化、规模化、高端化，适用于生态环境良好、以农业为主导功能的地区，如：浙江安吉县、安徽岳西县、山东蒙阴县等地区。

模式三：生态旅游——盘活特色资源，发展"美丽经济"

依托良好的自然生态环境和独特的人文生态系统，开展生态体验、生态教育和生态认知活动，适用于生态环境优良，特色旅游资源丰富的地区，如：北京延庆区、湖北丹江口市、四川稻城县等地区。

模式四：生态工业——聚力转型发展，引领提质升级

以扩容提质和转型发展为核心，适用于生态环境容量较小、开发强度较高或山水林田湖草等特色资源占比较大的地区，如：江苏徐州市贾汪区、云南华坪县、宁夏石嘴山市大武口区等地区。

模式五："生态+"复合产业——延伸产业链条，促进业态融合

以产业链条纵向延伸促进生态业态融合发展为目标，推动大生态与大数据、大农业、大旅游、大健康产业等协同发展，适用于生态资源禀赋、产业基础较好、创新要素比较集聚的地区，如：吉林集安市、江西崇义县、江西浮梁县等。

模式六：生态市场——推进生态确权，拓展市场交易

以盘活生态资源、推动生态市场交易为目标，以构建市场化运作和市场交易体系为重点，探索建立以生态系统服务消耗量为依据的生态环境指标及产权交易机制，主要适用于生态资源丰富、制度建设完备的地区，如：安徽芜湖市湾沚区、福建永春县等地区。

模式七：生态金融——创新金融产品，服务"绿色产业"

以推进生态效益转化为经济效益，发展绿色金融为主要目标，将生态资源股权化、证券化、债券化、基金化，适用于生态环境优良、生态经济发达的地区，如：浙江淳安县。

模式八：生态补偿——享补偿红利，绘绿色底色

以建立健全生态补偿机制为主要路径和手段，适用于国家生态安全格局"两屏三带"上生态功能和地位重要，或经济社会发展水平较高的地区，如：湖南资兴市、西藏自治区隆子县等地区。

资料来源：生态环境部公众号。

4.3　地方积极探索实践

在贯彻落实中央和部委部署要求的同时，地方踊跃开展生态产品价值实现路径模式探索，促进生态产品价值实现和自然资本保值增值。主要有以下做法和举措：

一是实施山水林田湖草沙冰一体化保护修复，提升优质生态产品供给。例如，在京津冀水源涵养区、祁连山、长白山、长江三峡等生态功能重要区域，组织实施35个生态保护修复重大工程。在江苏、山东一些地区推进采煤塌陷区、矿区生态修复，把塌陷区建设成为湿地公园，把矿坑废墟转变为5A级景区。

二是探索创新生态环境导向的开发模式（EOD模式），促进区域生态产品价值转化。2021年4月，确定第一批36个试点项目，以生态保护和环境治理为基础，实施区域综合开发，实现生态环境资源化和产业化。

三是开展生态权益交易和生态补偿，让"好山好水"有了价值实现的途径。例如，新安江流域生态补偿，让生态受益地区以资金补偿、园区共建、产业扶持、技术培训等方式向生态保护地区购买生态产品。

四是积极开展优质生态资源的产业化经营、品牌化发展，将生态产品与各地独特的自然历史文化资源相结合，发展生态旅游、生态农业等绿色产业。例如，浙江省丽水市根植山水底蕴打造的"丽水山耕""丽水山居"等覆盖全区域、全品类、全产业链"山"字系品牌享誉全国。

近年来，生态产品产业已成为各地区域经济高质量发展的新增长点。江西推出"林农快贷"等林业金融产品，至 2020 年年末累计发放林权抵押贷款 252.79 亿元。浙江丽水从林权抵押贷款等金融改革切入，陆续推出"GEP 生态价值贷""两山贷""生态贷"等创新型贷款模式，至 2021 年 7 月末丽水全市农村产权抵（质）押贷款累计发放量超 530 亿元。2020 年，丽水农村居民人均可支配收入为 23 637 元，同比增长 7.8%，增幅位居浙江省第一。福建南平聚焦"一座山、一片叶、一根竹、一瓶水、一只鸡"等生态产业，构建五大生态产业链支撑体系。2021 年全市生产总值突破 2 000 亿元，其中五大生态产业链总产值达 1 829.23 亿元，人均生态产值超 6.8 万元，五大生态产业链构建了闽北绿色发展的"支点"。

总体来看，将生态作为一种经济已经成为各级政府的一种共识，地方政府通过把生态环境优势转化为生态农业、生态工业、生态旅游等生态经济优势，培育经济发展新增长点，有效推动当地生态资源资产与经济社会协同发展。

5　存在的问题

5.1　纵向生态保护补偿标准和领域有待完善

目前，中央对地方重点生态功能区转移支付应补助额以重点补助为主，禁止开发补助、引导性补助、生态护林员补助等生态保护专项补助项所占比例较少。在重点补助中，将生态保护红线笼统地作为生态因素考量，没有体现当地的生态类型和生态建设的困难程度，而实际上在不同类型的生态区域，生态本底差距较大，开展生态建设和保护的难度、资金需求等差异明显。在森林生态效益补偿标准中，对公益林的树种、林分和林龄结构等影响森林生态功能的因素考虑不足，在草原生态补奖标准中，对禁牧区与草畜平衡区、纯牧区与农牧交错区在草场状况、减畜任务、养殖牲畜数量等方面的差异体现不够。并且，森林和草原生态保护补偿的对象以开发利用自然资源为主，实施生态保护补偿政策需要当地居民放弃生产活动带来的利益，但生态保护补偿标准普遍偏低，难以弥补当地居民的机会成本损失，以及在森林、草原等生态资源保护活动的成本支出。从重点领域来看，水流和海洋等领域生态保护补偿以地方实践为主，国家水流和海洋生态保护补偿制度刚刚起步。

5.2　横向生态保护补偿激励路径需调整优化

我国以流域上下游横向生态保护补偿为主要形式的横向生态保护补偿机制建设还有一定的提升完善空间。一是政策目标和补偿基准有待细化完善。目前补偿协议一般将水质作为唯一标的，对水质改善起到了重要推动作用，但对水质已达到较好水平的地区或者源头地区，这样的补偿协议已不能充分发挥激励作用。二是基础数据支撑还不充分。补偿双方对补偿基准的分歧较大，生态产品供给地区认为其因完成流域保护任务付出的直接投入和机会成本应得到补偿，而受益地区往往只愿意对生态产品供给地区提供生态环境改善额外增量付出的直接投入进行补偿；而目前大部分地区生态环境和资源承载力底数不清，难以就此问题给出令补偿双方认可的权责关系界定方案。三是补偿资金来源和方式单一，补偿标准偏低。各地仍期盼中央财政继续加大引导资金支持力度。若中央资金持续退坡，受财力水平所限，长江、黄河源头及上游省份间的横向补偿资金额度极有可能处于较低水平，不足以支撑流域保护所需的资金规模；流域保护的多元化融资渠道还未完全建立，产业扶持、技术援助、人才支持、就业培训等政策、实物、技术及智力补偿手段尚未普及，流域保护仍然过于依赖政府以及政府财政资金，生态保护补偿项目实施资金保障压力较大。

5.3　市场化多元化补偿尚处于起步发展阶段

虽然有关部门积极探索开展多种形式市场化多元化生态保护补偿方式，生态环境部开展排污权交易，水利部开展水权交易等，但是一直比较碎片化，各部门尚未整合生态保护补偿资金和资源，不同领域或要素的市场化多元化补偿进展程度不一，有的比较完善，有的总体上还处于试点探索阶段。生态保护补偿交易市场的权利主体、相关产权、生态规划、市场规则都需要配套措施，但产权流转制度不完善，存在主体缺位、边界模糊等问题，未合理体现资源价值，市场交易成本较高，例如，在水权交易中水资源权属明确是首要前提，《中华人民共和国水法》确定水资源属于国家所有，而对于水资源使用权的初始分配方式及确定原则尚处在试点阶段，科学的水权未全面确定，一定程度上影响了水权交易的推进；交易平台发展不完善，排污权交易尚未建立全国的交易平台，全国碳排放权交易平台刚刚启动，市场信息不透明、不完善；市场准入、定价机制尚不健全，社会资本参与意愿低；生态保护项目投入资金较大、回报周期较长；没有形成支撑生态保护补偿市场化的配套措施体系，影响了生态保护补偿市场化的健康发展。

5.4　生态产品价值实现通道还需进一步打通

生态产品价值实现是推动生态优势转化为发展优势的一场深刻变革，党的十八大以来，我国积极探索生态产品价值实现路径与模式，生态产品价值实现机制不断深化，生态产品供给和价值实现链条日益完善。但同时也看到，我国生态产品价值实现仍然面临一些问题和挑战，还需突破现实困境，取得长足发展。

1）生态产品价值实现运行机制不畅。由于生态产品具有很强的纯公共物品和准公共物品特性，在很多情况下存在公共性和经营性兼顾，生态产品确权、价值评价、经营开发、保护补偿等要比传统的产品市场化难度更大、更加复杂，仍面临生态产品价值评价"度量难"、生态产品尤其是纯公共性和准公共性生态产品"交易难"、生态保护补偿赔偿"变现难"、绿色信贷"抵押难"等问题。例如，2007年起，财政部、生态环境部、国家发改委、水利部等部门先后在江苏、浙江、北京等省市启动排污权、碳排放权、水权、用能权交易试点，生态资源权益交易市场建设取得了初步进展，但仍存在交易价格差异大、交易市场不活跃、二级市场发育不成熟，以及各地因经济结构、交易规则、总量计算方法等不同导致无法进行跨区域交易、交易成本高等问题，亟须更加畅通、完善的运行机制，统一规范生态资源权益交易市场。

2）生态产品价值转化不够充分。各地探索创新形成了诸多成功有效的生态产品价值实现的路径模式，但总体来看，气候调节、土壤保持、废物处理、生物多样性保护等纯公共性生态产品价值实现路径较为单一，以生态补偿等行政手段为主，补偿资金主要依靠财政支付能力，补偿标准一般未完全体现生态产品价值。物质生产、水质净化、固碳、文化旅游等准公共性和经营性生态产品价值实现路径相对较为丰富，但经济效益不够显著，例如福建省南平市试点实施了各类生态产品价值实现路径，但其涉及的产业主要是偏初级的养殖业、农林牧渔产品加工业、旅游业等，对GDP增长的贡献程度仍较为薄弱。

3）生态产品价值实现保障政策体系不够系统。在生态产品生态价值转化为经济价值的过程中，仍面临生态产品产权确权难、优质生态产品供给相对不足、生态产品市场有效需求明显不足、生态产品交易体系不够健全、产业利益分配体系不够完善等问题。为提高生态产品供给能力、激活生态产品消费需求、推动生态产品交易、优化产业利益和产品价值分配，亟须明确生态产品的供给、需求和服务体系，构建覆盖生态产品生产、消费、交易、分配全生命周期的政策体系。

6   下一步重点任务

6.1   加大纵向生态保护补偿力度

1）推动生态保护补偿的法制化建设。加强生态保护补偿相关的法律系统性建设，明确法律关系主客体及权利义务，合理界定生态保护补偿范围及标准。不断修订完善环保法与单行法，使其相互衔接并增设可操作性条款，尽快出台"生态保护补偿条例"，同时鼓励各地因地制宜出台地方立法，科学设定补偿模式和补偿标准。各相关单行法和部门法在修编过程中，应适时调整和纳入新的有关生态保护补偿的规定，例如正在制定的"黄河保护法"中，建议明确黄河流域上中下游各方生态保护补偿的责任和权利、生态保护补偿标准依据等基本准则，为流域生态保护补偿提供刚性约束。

2）完善重点领域生态保护补偿制度。《关于深化生态保护补偿制度改革的意见》提出"综合考虑生态保护地区经济社会发展状况、生态保护成效等因素确定补偿水平，对不同要素的生态保护成本予以适度补偿"，这是对当前分类补偿制度的进一步完善，既充分体现了补偿标准以生态保护成本为依据的科学性，又充分考虑与当地经济社会发展水平，确保生态保护者得到合理补偿。建议进一步完善森林、草原、湿地、沙化土地和耕地生态保护补偿制度，综合考虑生态效益的外溢性、生态功能重要性、生态环境敏感性和脆弱性等因素制定差异化的补偿标准。探索建立基于生态产品价值核算结果与资金分配相挂钩的补偿机制，综合考虑生态产品价值核算的绝对值和增加值确定补偿资金分配依据，确立生态保护补偿动态目标。探索生态保护补偿资金整合使用机制，结合生态空间中并存的多元生态环境要素系统谋划，依法稳步推进不同渠道生态保护补偿资金统筹使用，以灵活有效的方式一体化推进生态保护补偿工作，提高生态保护整体效益。基于各地在水流、海洋等领域积累的生态保护补偿经验，在国家层面探索建立水流、海洋生态保护补偿制度。

3）优化重点区域生态保护补偿转移支付制度。《关于建立健全生态产品价值实现机制的意见》要求"中央和省级财政参照生态产品价值核算结果、生态保护红线面积等因素，完善重点生态功能区转移支付资金分配机制"。《关于深化生态保护补偿制度改革的意见》要求"根据生态效益外溢性、生态功能重要性、生态环境敏感性和脆弱性等特点，在重点生态功能区转移支付中实施差异化补偿""引入生态保护红线作为相关转移支付分配因素，加大对生态保护红线覆盖比例较高地区支持力度"。可见，转移支付资金分配机制应进一步体现生态产品质量与价值导向，建议综合考虑生态产品价值核算结果，增加有效引导激励生态产品价值保值增值的调整系数。建议按照生态价值对生态保护红线划分等级，赋予位于国家公园、自然保护区和自然公园等不同自然保护地类型的红线差异化的权重。根据《关于划定并严守生态保护红线的若干意见》，生态保护红线是指在生态空间范围内具有特殊重要生态功能、必须强制性严格保护的区域，是保障和维护国家生态安全的底线和生命线，通常包括具有重要水源涵养、生物多样性维护、水土保持、防风固沙、海岸生态稳定等功能的生态功能重要区域，以及水土流失、土地沙化、石漠化、盐渍化等生态环境敏感脆弱区域。目前全国生态保护红线划定工作已基本完成，其面积比例不低于陆域国土面积的 25%，覆盖了重点生态功能区、生态环境敏感区和脆弱区，覆盖了全国生物多样性分布的关键区域。《关于建立以国家公园为主体的自然保护地体系的指导意见》明确提出"将生态功能重要、生态环境敏感脆弱以及其他有必要严格保护的各类自然保护地纳入生态保护红线管控范围"。目前国家重点生态功能区转移支付政策已经将生态保护红线纳入补助系数，建议确定基于生态保护红线的差异化调整系数，可有效增加重点生态功能区、重要水系源头地区、自然保护地等生态功能重要区域的转移支付力度。

6.2　深化拓展横向生态保护补偿

根据《关于深化生态保护补偿制度改革的实施意见》等顶层设计对横向生态保护补偿机制建设的相关要求，在下一步工作中，要以破解流域上下游横向生态保护补偿机制的难点问题为重点，加快推进跨省流域上下游横向生态保护补偿机制的全覆盖，促进各地在补偿标的、权责界定、项目储备、资金使用和绩效评估等方面的优化提升，进一步加强财政资金的统筹使用，加强规范引导，探索生态产品经营开发模式，丰富生态产品价值实现路径，充分发挥跨省流域生态保护补偿机制的激励和引导作用。

1）加快推动流域上下游建立全覆盖、常态化的横向生态保护补偿机制。加快推动跨省流域上下游横向生态保护补偿机制在全国范围内全面建立，以长江、黄河流域为重点，督促新安江等十个已有补偿实践经验的流域持续续签协议。深化落实《支持引导黄河全流域建立横向生态补偿机制试点实施方案》《支持长江全流域建立横向生态保护补偿机制的实施方案》，尽快推动长江、黄河流域建立全流域的横向补偿机制，陕西、山西、河南、江苏、安徽、湖南、湖北、广东、广西等省级行政区已有一定的协商基础，可作为推进重点。新签订的协议期限可以考虑与流域生态环保等专项规划实施期限衔接，调整成以 5 年为一轮，并逐步成为长效化机制。

2）优化因地制宜政策目标，合理拓展补偿内容、科学制定补偿标准，推动补偿政策成为流域综合管理的重要手段。基于山水林田湖草沙生命共同体理念，加强基础研究，讨论是否可将生物多样性维护、水源涵养、水资源节约、空气质量改善等多种因素都纳入生态产品范畴并将其作为补偿资金核算的依据，推动补偿政策目标向"从水里到岸上""从河段到全域""从单一到多元"的综合性方向发展。财政部、生态环境部、水利部等业务主管部门尽快制定流域生态保护补偿标准的指导性文件，引导各流域在保证水资源、水环境、水生态"三水统筹"基本要求的前提下因地制宜设置补偿基准，与"十四五"时期流域综合管理对水生态保护的要求充分衔接，黄河流域优先考虑增加生态流量相关考核指标，长江流域与即将开展试点的水生态考核中水环境保护、水生境保护相关要求充分衔接。加强绩效评估在补偿资金分配的应用，推动补偿资金核算与上一阶段的绩效评估结果挂钩，对绩效评估结果好的地区给予激励性资金核算系数。

3）鼓励资金灵活使用，提高资金使用效率，推动流域生态补偿机制可持续发展。制定完善资金使用管理办法，加快对水污染防治中央项目储备库入库范围和审核频率的调整优化。上游地区做好项目储备。规范使用和统筹使用各类财政资金，将资金合理配置到重点领域和重点地区，推动补偿资金适当向日常维护、产业转型、地方发展机会成本补偿等方面延伸，鼓励各地探索将省级、市级流域横向补偿资金向一般性转移支付转变。进一步明确中央和省级财政在对江河源头等生态功能重要区域和脆弱区域的生态保护补偿事权中的支出责任，给予稳定、持续的补偿资金支持，继续对新建补偿机制的流域进行奖励，在下达资金时明确奖励资金规模，奖励资金区别于其他水污染防治资金，使用范围更加灵活，可不纳入水污染防治项目储备库管理，增加各地项目需求与资金管理要求的匹配度，提高资金使用金效益。

4）强化高位推动，加强技术支撑，提高流域治理能力。财政部会同生态环境部、水利部等部门研究发布"十四五"时期深化流域上下游横向生态补偿机制改革指导意见，明确"从水里到岸上""从河段到全域""从单一到多元"的发展方向，研究制定生态补偿标准核算、绩效评价等相关指南。积极协调相邻省份协商沟通，对下游地区起草补偿协议给予技术指导；加强技术帮扶，指导相关省份加快查清污染来源、摸清生态家底、合理增设监测点位，深化流域生态环境保护以及生态保护补偿有关技术方法研究。以黄河流域生态补偿综合管理平台为试点，加强流域内跨行政区监测、执法、应急的统筹协作，强化流域内各省市的数据上报、整合、共享和调度，开展流域生态补偿实施情况监督评估。引入第三方机构参与项目前期研究和补偿机制建设绩效评估。

5）鼓励市场化、多元化补偿机制的广泛应用，促进上下游良性互动。积极推广新安江上下游一体化发展、引滦入津流域共建智力补偿载体等多元化补偿方式，鼓励上下游在流域规划、环境标准、排污许可核发、河湖岸线保护利用等方面加强会商与合作，推广跨区域环境权益交易、产业园区共建、绿色信贷等资金补偿以外的补偿方式，以更低的投入实现生态环境保护与经济发展目标。发挥政府财政资金的引导作用和放大效应，撬动全社会共同参与生态保护补偿工作。建立推广市场化产业发展基金、流域生态保护补偿基金等绿色金融工具，以财政资金撬动社会资金，合规、合理、科学地吸引社会资金投向岸线整治、污水垃圾处理等有盈利可能的流域保护工作，以及支持上游地区的绿色产业和绿色项目，从而推动水生态产品价值实现。营造"利益共享、风险共担"的市场环境，以入股分红等形式吸引市场投资，拓宽生态产品变现渠道，对支持生态保护和绿色发展的经济行为予以政策保障和适当让利。鼓励市场化、多元化补偿机制的广泛应用，推动区域间资源共享、环境共治、机制共建，促进上下游良性互动。

6.3　完善市场化多元化生态保护补偿机制

2018 年 12 月，国家发展改革委、财政部、自然资源部、生态环境部等 9 部门联合印发了《建立市场化、多元化生态保护补偿机制行动计划》（发改西部〔2018〕1960 号），明确了我国市场化多元化生态保护补偿政策框架。2021 年中共中央办公厅 国务院办公厅印发的《关于深化生态保护补偿制度改革的意见》要求"合理界定生态环境权利，按照受益者付费的原则，通过市场化、多元化方式，促进生态保护者利益得到有效补偿，激发全社会参与生态保护的积极性"。

1）多元主体以多元方式参与生态保护补偿。以"三区三线"为依据，强化生态保护，推进生态综合补偿试点，确定生态保护补偿重点领域，剖析环境问题成因、环境问题格局和资源动态，合理划分不同生态保护与建设者的地位、功能、作用和权益，最大限度地发挥其资源、环境及区位优势，在区域共建共享、产业融合发展、区域协同推进、联防共治等方面实现创新和深化，引导发展特色优势产业、扩大绿色产品生产，将环境污染防治、生态系统保护修复等工程与生态产业发展有机融合，完善居民参与方式，建立持续性惠益分享机制，形成生态资源与经济优势有机融合的协作联动机制。

2）建立基于环境市场配置的生态激励机制。继续推动自然资源产权制度改革，建立归属清晰、权责明确、保护严格、流转顺畅、监管有效的自然资源资产产权制度，完善反映市场供求和资源稀缺程度、体现生态价值和代际补偿的自然资源资产有偿使用制度，对履行自然资源资产保护义务的权利主体给予合理补偿。建立用水权、排污权、碳排放权初始分配制度，建立生态产品市场交易与生态保护补偿协同推进生态环境保护的新机制。生态产品市场交易需要健全的生态保护市场体系，包括建立统一的绿色产品标准、认证、标识等体系，建立健全反映外部性内部化和代际公平的生态产品价格形成机制，使保护者通过生态产品的市场交易获得生态保护效益的充分补偿。

3）加大绿色金融支持力度。紧密对接市场化多元化生态保护补偿的重点领域和关键环节，研究发展基于水权、排污权、碳排放权等各类资源环境权益的融资工具，在普惠金融的基础上，全面加大绿色金融的支持力度，推动企业和个人依法依规开展水权和林权等使用权抵押、产品订单抵押等绿色信贷业务。在生态资源富集的地区探索依托森林、水资源、湿地、农田、草原等多种生态资源集中流转，以收储、托管等形式进行资本融资，建议银行机构按照市场化、法治化原则，创新探索基于各类生态资源的金融产品和服务，加大对生态产品经营开发主体中长期贷款支持力度。推动环境污染责任保险试点，探索建立"保险+服务+监管+信贷"的环境污染责任保险与绿色信贷联动机制。建议以海绵城市建设、绿色工业园区建设、生态旅游项目等有明确收益的生态环境相关整体项目为重点，鼓励有条件的非金融企业和金融机构发行绿色债券。

6.4　畅通生态产品价值实现通道

1）开展生态产品信息普查，建立生态产品分类目录。建立与现有国民经济统计体系相衔接的生态产品分类目录，整合自然资源调查监测优势资源，基于现有自然资源和生态环境调查监测体系，利用网格化监测手段，开展生态产品基础信息调查，明确各类生态产品的构成、数量、质量等基础信息，编制生态产品目录清单。建立生态产品动态监测制度，促进生态产品信息开放共享，及时跟踪掌握优质生态产品数量分布、质量等级、功能特点、权益归属、保护和开发利用情况等信息。以《生态产品总值核算规范（试行）》（发改基础〔2022〕481号）和《陆域生态系统生产总值GEP核算技术指南》为基础，建立健全生态产品统计指标和方法，形成依托行业部门监测调查数据的、可复制、可推广的生态产品价值统计核算体系。有效发挥规划引领作用，将发展生态产品产业内容纳入经济社会发展、美丽中国建设等相关规划并作为优先任务，将其作为建立现代化经济体系的重要内容，明确生态产品总值的保质增值目标，并作为约束性指标列入实施计划。

2）探索制定生态产品价值核算规范，推进生态产品价值核算结果应用。在行政区域单元生态产品总值评价体系基础上，进一步探索制定特定地域单元生态产品价值评价体系。建立覆盖省市县三级GEP核算统计报表制度，探索将生态产品价值核算基础数据纳入国民经济核算体系。逐步修正完善生态产品实物量和价值量核算办法，在各地价值核算试点与实践基础上，构建完善生态产品价值核算规范，明确生态产品价值核算指标体系、具体算法、数据来源和统计口径等。探索建立具有地方特点的生态产品总值应用体系，丰富应用场景，推进生态产品价值核算结果在政府决策、绩效考核评价、生态保护补偿、生态环境损害赔偿、经营开发融资、生态资源权益交易等方面的应用。

3）拓展生态产品价值实现模式，推动生态产品高效精准转化。在严格保护生态环境前提下，鼓励采取多样化模式和路径，科学合理推动生态产品价值实现。高标准推进自然生态系统保护修复，探索开展生态环境导向的开发（EOD）模式，将生态环境保护修复与生态产品经营开发权益挂钩，统筹谋划生态资源开发，提高生态产品质量和数量，保障优质生态产品有效供给。依托不同地区独特的自然禀赋，充分挖掘优势资源生态价值，集约高效打造产业创新发展平台，以"生态+"理念创新业态、丰富功能，探索构建融合"+旅游、+康养、+文化、+体育、+低碳"等新业态精品项目。培育发展壮大特色鲜明的生态产品区域公共品牌，推进大数据、区块链等技术应用，依托线下产业发展平台和线上电商交易平台，畅通准公共性生态产品和经营性生态产品市场交易通道，推进生态产品供需精准对接，促进生态产品价值增值。以生态补偿推进纯公共性生态产品更加充分地转化，加大生态保护补偿资金投入力度，完善纵向生态保护补偿机制，建立横向生态补偿机制，探索市场化的生态补偿机制。

4）加强生态产品价值实现的政策保障，健全生态产品交易流通全过程监督体系。聚焦生态产品生产、消费、交易、分配全流程，构建生态产品价值实现政策保障体系。研究建立权责明确、多权分置的生态产品产权制度，在法律上厘清生态产品所有权权能和使用权边界。结合乡村振兴、共同富裕、山水林田湖草沙系统治理、生物多样性保护重大工程、自然保护地体系建设等重大战略任务实施，强化提升公共性生态产品生产供给能力，从制度上打通生态资源进入生产要素体系。壮大生态产品消费基础，推进全社会形成绿色生活方式，带动对生态产品的消费需求。健全生态产品交易机制，培育发展统一规范、高效透明的市场化生态产品交易平台，健全生态产品交易流通全过程监督体系，加大对公共性生态产品的绿色金融扶持力度，推进生态产品交易便利化、监管规范化。不断完善产业发展的利益分配体系，建立政府宏观调控、企业投资获利、个人经营致富的利益分配机制，建立生态产品保护者受益、使用者付费、破坏者赔偿的利益导向机制。

5）开展生态产品价值实现机制试点，打造一批各具特色的生态产品价值实现典范。结合国家生态文明试验区、生态文明建设示范区和"绿水青山就是金山银山"实践创新基地建设等工作，以及国家重大区域发展战略实施，在长江流域和三江源国家公园等具备条件的地区，深入开展生态产品价值实现机制试点，深化生态产品总值核算、生态保护补偿、生态权益交易、生态产业开发等实践创新模式，推广基于自然的解决方案，总结区域生态产品价值实现有效路径和模式，打造一批各具特色的生态产品价值实现典范。及时总结成功经验，加强宣传推广，为生态资源禀赋、社会经济发展等条件相似地区提供可复制可推广的经验模式。

参考文献

[1] 席晶，袁国华，贾立斌. 基于市场机制深化生态保护补偿制度的改革思路[J]. 科技导报，2021，39（14）：10-19.

[2] 俞敏，刘帅. 我国生态保护补偿机制的实践进展、问题及建议[J]. 重庆理工大学学报（社会科学版），2022，36（01）：1-9.

[3] 刘桂环，文一惠，谢婧，等. 国家重点生态功能区转移支付政策演进及完善建议[J]. 环境保护，2020，48（17）：9-14.

[4] 中国政府网. 我国草原补奖政策惠及 1200 多万户农牧民[EB/OL]. [2021-09-14]. http://www.forestry.gov.cn/main/586/20211208/101325708851570.html.

[5] 国家林草局. 落实第三轮草原生态补助奖励政策　切实做好草原禁牧和草畜平衡工作[EB/OL]. [2021-12-08]. http://www.forestry.gov.cn/main/586/20211208/101325708851570.html.

[6] 中国财经报. 我国防沙治沙取得显著成效[EB/OL]. [2022-06-23]. http://www.cfen.com.cn/dzb/dzb/page_8/202206/t20220623_3820325.html.

[7] 江西累计发放林权贷款 252.79 亿元[EB/OL].（2021-03-03）[2022-08-31]. https://baijiahao.baidu.com/s？id=

1693158840362139932&wfr=spider&for=pc.

[8] 丽水农村"金改"十年：点绿成金 赋能共富[EB/OL].（2022-01-13）[2022-08-31]. https://baijiahao.baidu.com/s？id= 1721799373145328214&wfr=spider&for=pc.

[9] 山、水、茶、竹、鸡……福建南平迈步推进生态产业[EB/OL].（2022-03-14）[2022-08-31]. http://finance.sina.com.cn/jjxw/2022-03-14/doc-imcwipih8412014.shtml.

[10] 杨艳，李维明，谷树忠，等. 当前我国生态产品价值实现面临的突出问题与挑战[J]. 发展研究，2020（3）：6.

[11] 刘桂环，王夏晖，文一惠，等. 近 20 年我国生态补偿研究进展与实践模式[J]. 中国环境管理. 2021，13（5）：109-118.

本专题执笔人：文一惠、谢婧、华妍妍、刘桂环

完成时间：2022 年 12 月

第八篇

现代环境治理体系与政策制度改革创新

专题 1　生态环境治理体系与治理能力现代化关键问题研究

1　生态环境治理体系与治理能力发展现状

1.1　生态环境治理体系概述

生态环境治理体系包括治理主体、治理机制和监督考核三个方面，是一个有机、协调和弹性的综合运行系统，其核心是健全的制度体系，包括治理体制、机制、技术等因素所构成的有机统一体。

生态环境治理能力的核心就是生态环境制度的执行能力，不仅包括政府主导能力，也包括企业等市场主体通过整合利用相关资源，采用合法、合理的工具和手段治理生态环境的行动力，以及社会组织和公众的参与能力。有效的环境治理需要政府、非政府组织、私营部门、社会、社区团体、普通公民等多主体的共同参与和合作。

近年来，我国不断调整完善生态环境治理理念与思路，先后借鉴、创新、采取实施了多种类型、多种形式的环境政策手段，政策体系本身的建设完善取得丰硕成果，政策实施在质量改善、污染防控和风险防范等方面取得显著效果，为实现生态环境治理体系和治理能力现代化奠定了坚实的基础。

1.2　生态环境治理体系的历史演进

改革开放 40 多年来，根据我国生态环境治理体系发展、变化、特征等因素，其历史演变可以粗略划分为三个阶段：

1.2.1　第一阶段（1978—1992 年）：政府行政主导的单维环境治理体系建设阶段

政府行政主导的单维环境治理体系是强调政府采用"命令-控制"型管理策略和工具对污染企业进行严格规制。这一阶段我国环境治理体系具有明显外在制度特征，忽视了政府以外如企业、组织以及社会公众等环境行为主体的参与，仅仅把它们视为规制的对象。可以说，"环境行政规制"是这一时期环境治理体制的核心特征。

环境治理体系建设初期行政管理色彩较重。1978 年年底，党的十一届三中全会明确了国家工作重心转移到"以经济建设为中心"上来，我国进入了一个新的发展时期，工农业的快速粗放式发展造成污染不断加剧。在这种背景下，我国把污染治理作为技术问题，重点围绕工业"三废"，大力开展点源治理。由于此时我国尚处于计划经济时期，因此环境治理行为带有强烈的行政管理色彩，其制度建设是以明确治理组织机构、管理职能、制度设计原则与实施者应遵循的规则、惯例为首要任务。

开始大力推进环境治理体系的法制保障建设。政府开始重视强化环境治理制度供给，先后制定了一系列环境治理的法律规范与政策文件。1979 年，我国颁布《中华人民共和国环境保护法（试行）》，环境保护事业步入法制轨道。此外，陆续制定并颁布了污染防治方面的多个单项法律和标准。基本形成了以《中华人民共和国环境保护法》为龙头的法律法规体系，覆盖大气、水、海洋、固体废物、核安全等主要环境要素领域，成为中国特色社会主义法律体系的重要组成部分。

加强环境治理制度建设和绩效考核。1982年，国家设立城乡建设环境保护部，内设环境保护局，从而结束了国务院环境保护办公室的临时状态。1984年，成立国务院环境保护委员会，领导和组织协调全国环境保护工作。1988年，环境保护局从城乡建设环境保护部分离出来，建立了直属国务院的国家环境保护局。至此，环境管理成为国家的一个独立工作部门。与之对应的是，地方各级政府也陆续成立了环境保护机构，这极大地强化了国家对于环境治理工作的管理。1989年，国务院召开第三次全国环境保护会议，提出要积极推行环境保护目标责任制、城市环境综合整治定量考核制、排放污染物许可证制、污染集中控制、限期治理、环境影响评价制度、"三同时"制度、排污收费制度等八项环境管理制度，这是我国环境治理工作走向制度化的重要标志之一。

1.2.2　第二阶段（1993—2012年）：以政府、市场为主体的二元环境治理体系建设阶段

以政府、市场为主体的二元环境治理体系是一元环境治理体制向多元环境治理体系的过渡。在这一体系中，政府角色由之前单纯的管制逐渐尝试放权给市场，但是政府仍主导着环境治理。这一阶段我国环境治理体系的转变动力既来自内部我国环境治理的现实需要，也来自外部可持续发展理念在国际环境治理领域的兴起。源自以市场途径化解经济发展与环境保护的矛盾与冲突可以有效地治理环境的判断，市场机制手段被越来越广泛地利用于环境治理中，促成政府、市场为主体的新型环境治理体系构建。为了有效防范外部不经济性问题，政府既要利用环境规划、公共财政等行政手段促进环境治理，也要运用市场手段促进环境治理，内部化环境外部问题，增强企业环境治理的自觉性和创造性。

党的十四大提出建立社会主义市场经济体制。以此为起点，过去单纯由政府采取行政规制手段治理环境的模式发生了一定变化，利用财政直接投资、财政补贴、押金返还制度、排污权交易、税收手段、排污收费和许可证交易等经济手段保护环境得到重视。1992年，开始以太原、柳州、贵阳、平顶山、开远和包头作为试点城市开展大气排污交易政策试点工作，2004年，南通泰尔特公司与如皋亚点公司进行的排污权交易是我国第一例水排污权交易的成功案例。而1994年全国环境保护工作会议提出建立和推行环境标志制度，该制度建立的主要目的是确立绿色产品的市场准入机制。此后，2006年，国家环保局、财政部发布了《关于环境标志产品政府采购实施的意见》和《环境标志产品政府采购清单》，强调政府建立绿色采购制度，从而更好地利用市场机制对全社会的生产和消费行为进行引导。另外，通过投资政策、产业政策、价格政策、财税政策、进出口政策等的实施，使那些节约利用资源的企业获益，从而进一步增加企业主体参与环境治理的积极性。

1.2.3　第三阶段（2013年至今）：初步探索以政府、市场与社会共治为核心的多元环境治理体系

多元环境治理体系是指政府、市场与社会多元主体基于共同的环境治理目标进行权责分配，采取管制、分工、合作、协商等方式持续互动对环境进行治理所形成的体系，属于社会制衡型环境治理模式。这一阶段我国环境治理体系总体上呈现多方面全方位的升华。但由于我国环境治理工作仍面临着较为严峻的环境问题，政府将在其监管能力范围之外承担更为繁重的环境监管职能。与此同时，市场机制与社会机制在环境保护中参与度有待提升。我国环境治理体系改革依然任重道远，仍

需在实践中不断探索，在探索中不断创新。

随着我国社会治理理念的逐渐转变，国家环境治理理念也正由过去的二维治理向多元共治方向发展，并且具有较为充分的顶层设计基础。2012 年召开的党的十八大，开启了我国环境治理的新时代。党的十八届三中全会发布的《中共中央关于全面深化改革若干重大问题的决定》中提出，"创新社会治理体制""推进国家治理体系和治理能力现代化""必须切实转变政府职能，深化行政体制改革，创新行政管理方式，增强政府公信力和执行力""使市场在资源配置中起决定性作用和更好发挥政府作用"和"鼓励和支持社会各方面参与，实现政府治理和社会自我调节、居民自治良性互动"。党的十八届四中全会提出要推进多层次多领域依法治理，发挥人民团队和社会组织在法治社会建设中的积极作用。2015 年 1 月 1 日施行的新《中华人民共和国环境保护法》首次将"信息公开与公众参与"单独成章，对公众参与内容进行了具体规定；2015 年 9 月实施的《环境保护公众参与办法》更是全面具体地对公众参与环境治理的途径、程序、保障进行了规定，并且明确了政府在其中的协助和指导责任，说明我国环境法治建设开始从注重对公众环境实体权益的保障向兼顾保障公众的环境程序权益方向发展。2015 年 5 月，国务院印发的《2015 年推进简政放权放管结合转变政府职能工作方案》为企业、公众与政府在环境治理中的协同合作提供了依据。党的十八届五中全会强调"加大环境治理力度"和"实行最严格的环境保护制度，形成政府、企业、公众共治的环境治理体系"。2015 年 11 月出台的《中共中央关于制定国民经济和社会发展第十三个五年规划的建议》提出有关构建多元共治环境治理体系的要求，进一步从国家政策层面明确了新时期背景下多元共治环境治理体系中的治理主体构成。党的十九大进一步明确提出，应加快生态文明体制改革，建设美丽中国，构建政府为主导、企业为主体、社会组织和公众共同参与的生态环境共治体系。在 2018 年 5 月召开的全国生态环境保护大会上，中共中央总书记习近平强调指出，要加快构建以治理体系和治理能力现代化为保障的生态文明制度体系。

2020 年 3 月，中共中央办公厅、国务院办公厅印发了《关于构建现代环境治理体系的指导意见》，提出到 2025 年，建立健全环境治理的领导责任体系、企业责任体系、全民行动体系、监管体系、市场体系、信用体系、法律法规政策体系，落实各类主体责任，提高市场主体和公众参与的积极性，形成导向清晰、决策科学、执行有力、激励有效、多元参与、良性互动的环境治理体系。

1.3　生态环境治理体系和治理能力发展经验

1.3.1　注重以问题和需求为导向推动环境治理体系改革

环境治理体系改革是随着生态环境问题的不断发展而推进实施的。在计划经济时代，由于只有政府才能多方面地协调、整合人力和财力资源，解决经济与环保并行的问题，导致政府承担了很多本该企业和社会承担的责任。在这一过程中，不可避免地出现政府职能错位、越位、缺位等现象。随着社会主义市场经济体制的建立和完善，通过市场机制手段来调控环境行为，更有利于激发经济主体实施环境行为的积极性和主动性，可以作为弥补有限的政府资源的一种有效手段。党的十八大以来，"邻避效应"引发的群体性事件成为社会关注焦点，公众日益高涨的环境权利主张及地方政府发展上的失衡及治理上的滞后引发激烈冲突，严峻的现实推动环境保护社会治理必须有效提高公众参与度，多元共治应运而生。

1.3.2 注重以机制体制改革不断提升政府环境治理能力

改革开放 40 多年来，我国环境管理机构先后经历了 8 次较大规模的改革。国家环保部门曾作为城乡建设环境保护部的一个司局，先后经历国家环境保护局、国家环境保护总局、环境保护部、生态环境部，统一行使生态和城乡各类污染排放监管与行政执法的职能不断强化。全国生态环境保护机构队伍建设持续加强，省以下环保机构监测监察执法垂直管理制度改革等多项环保改革举措正在全面落地生效。党的十八大以来，党中央加快推进生态文明顶层设计和制度体系建设，制定实施 40 多项涉及生态文明建设和环境保护的改革方案，"四梁八柱"性质的制度体系加快完善。

1.3.3 注重基础能力建设，综合统筹、协调解决环境治理问题

环境治理是一项复杂的系统工程，涉及面广。环境治理体系改革是一个渐进的发展过程，受多方面因素影响，如经济体制、发展理念、管理水平等，实施改革需要有系统思维。随着山水林田湖草是生命共同体整体系统观的建立，我国环境治理体系改革不断深化。环境治理不断用公共管理学、生态学、环境科学等理论来指导，积极用系统论的方法来处理环境问题，在加大生态环境保护与经济发展统筹的基础上，使生态环境保护工作得到了极大的进步。加大科技力量的运用，监测体系不断完善，我国按照《生态环境监测网络建设方案》（国办发〔2015〕56 号）不断推进生态环境监测网络。目前，已建成覆盖 338 个地级及以上城市的 1 436 个环境空气质量自动监测站以及 16 个空气背景站、92 个区域站、78 个沙尘监测点位、950 个酸雨监测点位组成的国家环境空气质量监测网；国家地表水环境质量监测网布设国控监测断面（点位）2 767 个，共覆盖 1 366 条主要河流和 139 个重要湖库，满足监测、评价国界、省界、市界、入海河口等重要水体水质的需求；初步建成国家土壤环境监测网，整合优化原农业、国土和环保等三部委土壤监测点位共计 79 941 个，基本实现了所有土壤类型、县域和主要农产品产地全覆盖；推进天地一体化的生态遥感监测系统建设，实现了 2～3 天对全国覆盖一次的环境遥感业务化监测能力。

1.3.4 初步建立以管制政策为主、经济政策具有重要作用的、自愿手段逐渐得到重视的生态环境治理体系

1）法律标准逐渐建立并不断完善。从 1979 年制定《中华人民共和国环境保护法》以来，我国先后制定了《中华人民共和国水污染防治法》《中华人民共和国大气污染防治法》《中华人民共和国固体废物污染环境防治法》《中华人民共和国环境噪声污染防治法》《中华人民共和国海洋环境保护法》《中华人民共和国森林法》《中华人民共和国草原法》《中华人民共和国渔业法》《中华人民共和国农业法》《中华人民共和国矿产资源法》《中华人民共和国土地管理法》《中华人民共和国水法》《中华人民共和国水土保持法》《中华人民共和国野生动物保护法》等一系列法律制度，覆盖了生态环境保护的各个领域与各个环节。修订颁布实施了史上最严格的环境保护法，给予了环保部门按日连续处罚、停产整治、查封扣押、关闭企业等权利，极大地震慑了环境违法违规行为。

2）经济手段发挥越来越重要的作用。环境经济政策实践在加速推进，总体上呈现的是自上而下与自下而上相结合的模式，经过多年的探索发展，我国已经基本建立了环境经济政策体系，环境保护税、生态补偿、绿色金融等一系列重点环境经济政策。环境保护税历时 9 年出台，环境财税制度改革取得突破性进展。中长期生态补偿改革框架搭建，生态补偿机制建设取得重大突破。绿色金融

政策框架初步形成，首次被纳入国民经济和社会发展五年规划和生态文明建设纲领性文件，上升为国家战略，建起全球首个以政府为主导的绿色金融政策框架。经济手段正在发挥越来越重要的作用。

3）自愿手段、信息手段的作用得到加强。节能减排自愿协议已经被实践证明是一种行之有效的节能减排新机制，碳排放提交审定的项目逐年增多，成功备案项目和减排量备案大幅增加。环境信息是政府进行环境管理、企业进行污染治理、公众进行环境监督的基础和核心，特别是企业排放信息是基础中的基础，近年来，生态环境部通过在《中华人民共和国环境保护法》《国家重点监控企业自行监测及信息公开办法（试行）》等相关法律政策中明确企业环境信息公开义务，制定发布《企事业单位环境信息公开办法》（环境保护部令，第 31 号）等，取得积极进展，并在七部委联合印发的《关于构建绿色金融体系的指导意见》等相关领域重大文件中进一步强化上市公司等重要主体环境信息公开的内容、责任和形式，扎实推动企业真实、全面公开与自身相关的污染治理的过程性、污染排放的结果性、环境质量的后果性信息，使得环境信息能够为管理部门和公众判断企业环境守法与环境绩效程度提供坚实支撑。

1.3.5　政策执行逐渐加强，会战式运动式环境执法取得显著成绩

1）制度执行由"重源头准入+重指标加严"向"重过程监管+重真实持续稳定高水平守法"转变。前一阶段，我国针对污染源的硬约束制度主要是环境影响评价与污染物排放总量控制两项制度，两项制度主要是注重源头管控与行政审批的准入制度，对于企业在进入实质性持续生产经营阶段之前技术要求、行政管控较为严格；但由于环评并没有充分明确企业的环境守法边界，总量制度由于其时间尺度过大、影响因素过多、很难真实准确掌握企业实际排放总量从而对企业日常守法行为形成清晰真实的硬约束，所以，工业企业在通过环境准入进入生产存续阶段后，其守法边界不清晰、真实守法约束不够有力，导致企业守法意愿和守法绩效较差。近年来，我国在污染源管理改革中，特别注重由"重源头准入和事前审批"向"重事中事后监管和重自证守法与诚信体系等长效机制建设"转变，具体表现在逐步改革和完善环评与总量控制制度，不过分在准入环节、从形式上强调企业在实际生产经营过程中难以真实持续稳定达到的控制与排放要求，转而通过推动和强化排污许可改革、实施环保督察与达标计划等，逐步明确企业在生产经营阶段技术可达、经济可行的守法边界与红线，引导和督促企业真实执行所有的控污与排放要求。

2）常态化的环境监察执法机构和作用得到强化。生态环境部成立了专门的督查办，将环境监察局改革为环境执法局，将各区域环境督查中心升级为环境督查局，大大强化了机构与人员配置，提高了环境督察与环境监察执法的专业水平。

3）推动环保督查，建立通畅有力的环保压力传导机制，为各主体履职尽责、为各项工作扎实推进落实提供动力保障。长期以来，保护与发展间的矛盾、地方保护与干扰是环保执法等相关工作中的困扰和痼疾。另外，以往仅把环保工作局限于环保部门与企业之间，没有从更广更高、更深入更全面的视角来审视环境问题产生的原因及解决途径。党中央为了全面推进生态文明建设，构建全社会行动体系，抓住生态文明建设的"关键少数"，同时进一步破除环境执法的体制性障碍，创造性地开展以推动落实各级党委和政府主要负责同志环境保护"党政同责、一岗双责"要求为核心制度的环保督查制度体系，形成精准针对生态文明建设"体制欠缺""关键少数""关键节点"的重要制度，以点带面，建立通畅有力的环保压力传导机制，为各主体履职尽责、为各项工作扎实推动落实提供动力保障。

4)"强化式会战式"环境巡查取得积极效果。环境保护部（现生态环境部）从全国抽调 5 600
名执法人员，从 2017 年 4 月启动了"史上最大规模"环保督察，对京津冀及周边地区"2+26"城市
及汾渭平原 11 个城市开展为期共计上百轮次的大气强化监督定点帮扶工作。大气强化监督开展以
来，京津冀及周边地区、汾渭平原空气质量得到有效控制，执法力度空前加大，企业守法逐步成为
常态。

2　生态环境治理体系和治理能力现代化的问题与挑战

2.1　环境治理体制机制有待进一步理顺

我国环境职能机构在横向与纵向的体制机制设计和职能分工方面均存在着不足之处。在横向上，
各部门间权限不清、责任不明，导致环境治理过程中出现职能交叉、效率低下等问题。虽然目前国
家推行机构改革，重组形成了自然资源部及生态环境部，力图将相关部门分散的职责集中统一起来，
实现权责明确清晰，能够更好地促进管控自然资源和生态环境，消除各自为政的弊端，但是现在机
构改革还未完成，还应继续深化。在纵向上，生态环境部门缺乏权威性，受地方政府的局限。在贫
困地区，相较于环境保护，地方政府更加注重经济发展，生态环境部门权威性不够，执法得不到有
效保障。整体而言，环境治理的法律保障尚不完备。

2.2　政策间缺乏统筹协调，制度合力尚未充分发挥作用

以排污许可、达标排放、监察执法等行政手段为主的企业环境监管政策初步取得成效，截至
2022 年 11 月，全国已经核发完成 24 个重点行业 4 万余张排污许可证，行政处罚案件 18.6 万件、罚款
数额 152.8 亿元（2018 年），核发排污许可的 15 个重点行业污染排放日均值达标率在 61.3%～95.4%，
每年环境税共征收超 200 亿元，上市公司中涉污染排放的 377 家企业环境信息披露率为 69.8%。但
是目前各个部门、各项政策还多处于单项实施状态，信息和数据不对称、不互通等问题显著，行政
手段、市场手段等各项政策间机制不畅通，企业的生态环境信用评价体系及联合惩戒激励制度尚未
建立，政策间难以形成合力。

2.3　生态环境保护综合执法制度尚不健全

生态环境执法涉及部门多，职责分割严重，缺乏协调，分散执法观念根深蒂固，整合难度较大。
生态环境监管执法保障能力普遍较弱。生态环境监管执法能力呈现"倒金字塔"特征，越到基层，
力量不足的问题越突出，"小马拉大车"现象未得到根本改观，需要在生态环境保护综合执法改革中
着重考虑。

国家层面尚未有完善的环境执法体系及健全的法律体系。执法能力、强化环境执法方面，需进
一步加强环境领域各类专门法律法规的制定和完善工作，加大对影响经济社会可持续发展的水、大
气、土壤以及重金属污染等突出的环境问题的执法监管力度。同时，在参与国际环境法律合作，努
力构建体系完善、执行顺畅、开放性的环境治理法制环境方面仍有不足。

中央地方事权划分不清，事权和支出责任不匹配，法律和政策缺乏有效的实施机制。这方面的
问题主要表现在以下三个方面：①中央地方事权划分不清，事权和支出责任不匹配。②在中央和地

方的行政决策和执行机制中，各级地方政府主要领导决策权力和执行权力过大，在地方政府的体制框架内，地方各级政府的生态环境部门难以形成独立监管的体制机制，"不能管，管不了，不敢管"和"环境保护为经济发展保驾护航"的情况比比皆是，很多情况下资源与生态环境保护机构很难正常履行法律规定的管理职责。③中央政府有关部门对地方政府的引导和监督能力不足。

社会基层的资源与生态环境保护治理体系和能力薄弱，在社会基层出现比较严重的生态环境治理失效。这方面的问题主要表现在两个方面：①县级和乡镇基层政府生态环境保护的管理能力薄弱不足，行政执法受地方政府的严重制约。②缺乏广泛和有效的公众参与和社会治理的体制安排，缺乏基层村镇和社区的自治体制和机制，从全国来看在县乡及基层社区尚未形成生态环境保护的社会治理体系和治理能力。

2.4　企业环保主体责任尚未充分发挥

企业作为市场经济的重要主体，在生产经营活动中会产生较多的废水、废气等污染物，在消除环境污染和生态环境保护中肩负着不可推卸的责任。然而，目前市场治理机制不健全，企业的违法成本较低，导致企业宁愿罚款也不愿参与环境治理，主要的原因有：①企业信息机制不健全，作为市场经济运作的主体，企业更多地会趋利避害地选择一定程度的信息揭露，人为地提供非对称的环境治理信息，从而降低污染治理成本；②激励政策监管机制不完善，国家出台了很多的激励政策，但由于并没有及时形成相应的监管机制，极大地降低了资金的使用效率以及企业真正参与环境治理的积极性。

2.5　环境治理多元化市场培育尚不健全

培育环境治理和生态保护市场主体，是壮大环保产业，培育新的经济增长点的现实选择，也是环境治理体系多元化的客观要求。但是，目前我国环境治理体系中多元化市场培育不足，市场导向的绿色技术创新体系有待进一步确立，绿色金融手段与方式有待拓展，综合运用价格、财政、税收、金融等经济和市场推动手段有待进一步形成，企业通过多种形式全面参与环境治理的能力有待提高，企业节能减排的长效机制有待建立。

2.6　社会组织和公众参与作用尚未充分发挥

整体来看，社会组织发挥环境治理的作用还比较微弱，主要体现在以下几点：①环保组织分布不均且数量较少，社会组织更多的是集中在北京、上海、广州等地区，很多城市还没有正常运行的环保组织；②部分环保组织专业性较弱且组织资金较少，效果比较有限；③我国环保组织的成员具体研究、分析与处理环境问题的能力差异较大，专业性有待提高。公众是生态环境的最佳守护者和监督员，也是环境污染最直接的受害者，但是由于公众缺乏参与的平台和渠道，加之政府与企业环境信息的公开度、透明度不够，导致民众的参与度不高，引导公众参与环境治理的作用还比较微弱。

2.7　生态环境治理现代化水平不足

在目前的环境治理体系当中，仍是以行政控制手段为主，包括事前控制（环境影响评价制度等），生产前控制（"三同时"制度等），生产中控制（排污许可证制度、集中控制制度等），生产后控制（限期治理制度等），综合管理（总量控制制度、目标责任制制度等），以及相应的行政处罚手段，分布在环境治理体系的方方面面。但是，我国东、中、西部资源禀赋差异较大，在环境治理全流程管控过程中，存在着"一刀切"的做法，缺乏针对性的环境治理差异化管理模式。目前，党政领导干部监督与考核机制依然是探索性的行政手段，诸如党政同责、领导约谈、领导干部自然资源资产离任审计等，从制度规制方面上督促地方政府解决环境问题，但是尚未形成常态化与法制化。

3　生态环境治理体系和治理能力现代化的总体思路与框架

3.1　总体思路

推进生态环境治理体系和治理能力现代化是国家治理现代化的重要内容，是实现绿色发展的关键所在。深入贯彻落实科学发展观和生态文明建设要求，从创建生态文明与绿色维度高质量发展角度出发，重构以监察督政为主的生态环境治理体系，加强责任追究，推进信息公开和社会共治，落实企业主体责任，创新完善形成多元参与、激励与约束并重、系统完整的生态环境治理体系，创新生态环境保护重大工程实施管理模式，提高生态环境治理能力。

3.2　基本原则

（1）坚持政府主导与市场决定并举

充分发挥市场在多元共治的环境治理体系构建的决定性作用，加强政府主导，实现政府与市场"两手发力"，形成合力。

（2）坚持整体推进与顶层设计并举

全面推进党委、政府、企业、社会组织和公众参与环境治理，加快推进治理体系重点区域、重点领域建设，补齐环境治理体系短板。

（3）坚持深化改革与创新驱动并举

加快推进环境治理体系改革，转变环境治理理念，创新完善环境治理方式，加强技术创新，建立健全环境治理体系的制度政策。

（4）坚持正向激励与约束惩戒并举

完善环境治理法律法规，严格执法，推动各参与主体依法依规参与环境治理。强化政策激励，促进主体主动参与环境治理。

3.3　总体目标

以解决制约生态环境保护的体制机制问题为导向，以强化地方党委、政府及其有关部门生态环保责任和企业生态环保守法责任为主线，以提升生态环境质量改善效果为目标，统筹当前和长远，坚持标本兼治，建立健全生态环境保护领导和管理体制、激励约束并举的制度体系、政府企业公众共治体系

"十四五"期间，建立健全环境治理的领导责任体系、企业责任体系、全民行动体系、监管体系、市场体系、信用体系、法律法规政策体系，落实各类主体责任，提高市场主体和公众参与的积极性，形成导向清晰、决策科学、执行有力、激励有效、多元参与、良性互动的环境治理体系。

中长期，到2035年，全面构建党委领导、政府主导、企业主体、社会组织和公众共同参与的生态环境治理体系，生态环境治理体系基本实现现代化。

4　生态环境治理体系和治理能力现代化的关键领域与任务

4.1　健全生态环境治理领导责任体系

落实领导干部生态文明建设责任制，严格实行党政同责、一岗双责。地方各级党委和政府必须坚决扛起生态文明建设和生态环境保护的政治责任，对本行政区域的生态环境保护工作及生态环境质量负总责，主要负责人是本行政区域生态环境保护第一责任人，至少每季度研究一次生态环境保护工作，其他有关领导成员在职责范围内承担相应责任。各地要制定责任清单，把任务分解落实到有关部门。抓紧出台中央和国家机关相关部门生态环境保护责任清单。各相关部门要履行好生态环境保护职责，制定生态环境保护年度工作计划和措施。各地区各部门落实情况每年向党中央、国务院报告。

完善中央统筹、省负总责生态环境治理体制。充分发挥党中央总揽全局的领导核心作用，加强环境治理总体统筹，制定环境治理大政方针、总体目标，出台重大政策举措、规划重大工程项目。省级党委政府对本辖区环境治理负总责，市县承担环境治理的主体责任，督促落实企业环境保护的主体责任，保护人民群众环境权益，提升环境基本公共服务均等化水平，引导社会组织和公众共同参与。

合理划分环境治理事权。横向上理顺各政府部门事权。梳理评估各部门生态环保职能，坚持"一件事情由一个部门负责"的原则和权力与责任对等的要求，合理界定生态环境部门与其他部门的生态环保职能，将全要素、全过程的生态环保责任无一遗漏地分解到具体部门，通过职能整合，理顺职责关系，形成改革方案。纵向上明确中央与地方事权。强化中央政府在生态环保中的宏观调控、综合协调和监督执法职能，制定国家法律法规、规划、标准和政策，应对重特大环境突发事件，负责全国性重大生态环境保护和跨区域、跨流域保护以及国际环境事项。地方政府对辖区环境质量负责，重点强化法律法规政策标准执行职责，监督处理辖区内相关违法问题，统筹推进辖区内生态环境基本公共服务均等化。中央通过财政转移支付、资金补贴、技术扶持等方式，支持地方政府履行生态环保责任。

深化生态环境保护督察。建议修订补充《中华人民共和国环境保护法》相关条款，强化督察的法律地位，中央生态环境保护督察既具有党内法规的依据，也具有各层级国家立法的依据，促进中央生态环境保护督察在法治的轨道上长足发展。进一步增强人大、政协、中纪委（国家监察委）在中央生态环境保护督察中的角色作用。建议进一步加强全国人大、政协对省级及以下人大、政协开展生态环境保护方面的督察，强化和完善各级人民政府向本级人大及其常委会汇报环境保护工作的制度，推动各级人大监督信息的公开，让各机关都成为生态文明的参与者，而不是看客。整合自然资源与生态环境保护督察，形成大督察制度。强化督察问责机制，保障压力传导落实，地方层面建议加强市县级党委和政府主要负责人的追责，特别是市委书记和市长的追责。建立由中央统一部署，从中央各部委到乡镇街道，制定地方各级党委、人大、政府、政协、司法机关及其隶属机构的权力清单，建立尽职免责的环境监管制度。

完善生态环境治理评价体系。建立以生态环境保护为目标导向和约束机制的一套统一的评价体系。重点突出以经济、管理和生态为维度的指标遴选结构。其中经济指标主要是指在生态环境治理中投入与产出、成本与收益评价；管理指标主要考核政府及其管理部门对生态环境的重视程度、实际工作态度和工作业绩情况等；生态指标包括自然资源供给、环境容量与质量、生态环境状况、生态产品供给率等。在领导干部综合考核指标中,体现生态环境治理的指标不宜超过 5 个,彻底改变软指标硬杠杆、硬指标软约束的指挥棒问题。加快制定国家生态环境治理体系与治理能力评估规范与细则,积极推动地方开展环境治理体系与治理能力现状评估,综合分析环境治理体系的问题短板与发展需求,合理设置环境保护约束性指标,并根据实际发展,动态调整环境保护约束性指标。

4.2　健全生态环境治理企业责任体系

1)完善排污许可证管理政策体系。通过固定源排污许可、强化督查、监管执法等措施手段督促企业落实环境保护主体责任。①建立基于环境容量管理的排污许可制。建立排污许可量与环境质量之间的技术响应关系。以环境质量目标约束排污许可量。②以排污许可证为核心,加快整合点源管理手段。将环境影响评价和环保"三同时"制度落实作为新建项目排污许可证环境监管的重要抓手;把环境保护税、环境监测和环境执法作为排污许可证证后监管的重要措施。③强化许可证实施监管。在执法监管中强化严格执法和联合惩戒,确保各项处罚手段实施到位,推动排污许可制度产生实效。④完善排污许可证管理技术体系。制定排污许可证管理的法规体系,指导地方结合实际,制定地方性法规和实施细则。研究制定区域环境质量的污染排放总量分配技术规范,排污单位自行监测技术指南等。

2)以打通企业环境数据信息为抓手加强政策协同,形成推动落实企业主体责任的政策联动体系。因此,利用生态环境大数据平台统一企业环境管理信息,推动形成企业环境管理制度链条。对于企事业单位开发资源、排放污染物造成生态破坏的,按照"谁污染、谁治理,谁破坏、谁恢复"的原则,落实企业主体责任,打通相关政策链条,形成政策合力。通过生态环境大数据平台,将企业的排污许可、监督性监测、在线监测、达标排放、环境处罚、环境税、企业环境信息强制性披露、环境污染责任保险、绿色信贷、绿色债券、企业生态环境信用评价等各类信息和数据打通,强化各项政策制度间的无缝衔接,形成企业制度链条,推动企业落实责任。

3)推进生产服务绿色化。从源头防治污染,优化原料投入,依法依规淘汰落后生产工艺技术。积极践行绿色生产方式,大力开展技术创新,加大清洁生产推行力度,加强全过程管理,减少污染物排放。提供资源节约、环境友好的产品和服务。落实生产者责任延伸制度。

4)提高治污能力和水平。加强企业环境治理责任制度建设,督促企业严格执行法律法规,接受社会监督。重点排污企业要安装使用监测设备并确保正常运行,坚决杜绝治理效果和监测数据造假。

5)公开环境治理信息。排污企业应通过企业网站等途径依法公开主要污染物名称、排放方式、执行标准以及污染防治设施建设和运行情况,并对信息真实性负责。鼓励排污企业在确保安全生产前提下,通过设立企业开放日、建设教育体验场所等形式,向社会公众开放。

4.3　健全生态环境治理全民行动体系

1)提高全社会生态环境保护意识。把环境保护和生态文明建设纳入国民教育体系和党政领导干部培训体系。推进环境保护和生态文明建设进学校、进家庭,加强国家及各地生态环境教育设施和场所建设,培育生态道德和行为准则,加快普及生态文化,不断提高全社会环境保护意识。提高环境保护的公众参与度,就是从身边之事做起,从点滴小事做起,低碳环保生活。公众从这些小事中不断体会和领悟,积极地参与环保志愿服务工作,并积极引导身边人一起进行环保宣传和环保实践。

2)开展绿色生活创建。深入实施节能减排全民行动、节俭养德全民节约行动,广泛开展节约型机关、绿色家庭、绿色学校、绿色社区创建活动，推广绿色出行，把建设美丽中国转化为全体人民自觉行动，推动全社会践行绿色生活、绿色消费，形成低碳节约、保护环境的社会风尚。

3）加强环保组织引导。做好环保社会组织登记审查，实行双重管理的环保社会组织由民政部门和生态环境部门或其他有关业务主管单位双重负责。完善环保社会组织扶持政策，各级生态环境部门、民政部门要积极促进环保社会组织在建设生态文明、推动绿色发展、完善社会公共服务等方面发挥积极作用。强化资金保障，协调同级财政部门将政府购买服务所需经费纳入部门预算予以保障，有条件的地方可申请财政资金支持环保社会组织开展社会公益活动。加强环保社会组织规范管理，加强对环保社会组织的业务指导和行业监管，积极配合民政部门定期对环保社会组织进行专项监督抽查。推进环保社会组织自身能力建设，推动环保社会组织成为权责明确、运转高效、依法自治的法人主体，帮助环保社会组织加大专业人员培养，开展多方面、多层次的业务培训，不断提升其专业服务水平。

4）充分发挥相关组织协会作用。动员广大工会会员、妇女儿童、青年参与环境治理。积极发挥各行业协会作用，积极联系动员企业落实环境治理责任。支持环保志愿者参与环保公益活动，鼓励社会组织"走出去"，加强生态环保的国际合作交流。以建立国家公园为契机，建立健全政府主导、多元参与的保护地治理体系，除了政府治理外，将社会公益型治理作为重要的治理方式，纳入官方认可的保护地治理体系框架，明确可采用社会公益型治理方式治理的保护地类型。

5）完善环境公益诉讼制度。探索建立"恢复性司法实践+社会化综合治理"生态司法模式，探索环境公益诉讼与环境侵权诉讼、生态环境损害赔偿诉讼的衔接机制，构建生态环境权益的综合性司法救济机制。探索构建以检察机关、社会公益组织和群众共同参与的制度实施体系，推动法律制度的有效实现。提高环境公益诉讼制度实施效率，行政机关、审判机关和检察机关要根据以往的调查、审判和举证经验，探索和完善适合环境公益诉讼案件的处理机制，确保案件处理流程和方法的科学、合理与高效；相关机关要基于近年来各地区环境公益诉讼制度实施的实际经验，合理划分职责，并借助相应的案件督办机制来督促相关责任机关和人员紧抓制度落实，确保制度严格、规范和高效落实。

4.4 健全生态环境治理监管体系

1）改革生态环境司法、执法体制。加快推进生态环境保护综合执法队伍改革落地见效，落实《关于深化生态环境保护综合行政执法改革的指导意见》，深入推进生态环境保护综合行政执法改革。整合组建生态环境保护综合执法队伍，统一实行生态环境保护执法。保证人员编制，落实执法队伍身份，列入政府行政执法机构序列，统一着装、统一标识、统一证件、统一保障执法用车和装备；各地区要建立与生态环境执法任务相匹配的执法能力。推动执法队伍能力，生态环境部门监管职能增加，相应的要建立和生态环境事权匹配的监察执法能力。加强生态环境保护与其他领域综合执法队伍间的执法协同，厘清权责边界，强化联动执法，推进信息共享，形成执法合力。

2）强化环境司法保障。加强涉生态环境保护的司法力量建设。创新惩罚性赔偿制度在环境污染和生态破坏纠纷案件中的适用，完善生态环境审判机制和程序。探索创新审判执行方式，推动生态环境整体保护、系统修复、区域统筹、综合治理。创新体制机制，完善裁判规则，通过专业化的环境资源审判落实最严格的源头保护、损害赔偿和责任追究制度。改革和完善环境司法制度。大力推进环境司法专门化，强化环境司法实践，更多地使用司法途径解决环境纠纷问题。完善生态环境损害赔偿和刑事责任追究制度，加大造成生态环境损害的企业和个人，尤其是企业的违法违规成本。健全环境公益诉讼制度，推动环境和司法部门之间的协调，为环境公益诉讼扫清程序、组织和技术等方面的障碍。加强环境法庭和环境法官队伍建设,提高环境司法实践能力。大力推进环境司法。健全环境行政执法和环境司法衔接机制,完善程序衔接、案件移送、申请强制执行等方面规定,加强环保部门与公安机关、人民检察院和人民法院的沟通协调。健全环境案件审理制度。积极配合司法机关做好相关司法的制修订工作。强化公民环境诉权的司法保障,细化环境公益诉讼的法律程序。

3)加强监管执法能力建设。加强监管队伍建设,严格实行执法人员持证上岗和资格管理制度,全面推进执法标准化建设。建立健全区域协作机制,推行跨区域跨流域环境污染联防联控。规范生态监察管理体系,全面梳理、规范和精简执法事项,规范监管程序,完善国家生态环境监察制度。推进中央机构改革后地方机构的职责巩固和能力提高,强化基层生态环境监管执法能力,将农村生态环境监管工作纳入统一监管体系,探索不同乡镇农村生态环境监管体制与模式。强化基层一线环保执法力量建设,推进执法重心和人员配置向区、街镇下沉,充实一线执法力量,加大对执法人员的考核管理,提升执法监管实效。增强环保执法队伍独立性目标,建立健全城市综合执法部门与环境执法部门间信息共享、证据共享机制和联动机制,形成执法合力。积极探索环境执法的简易程序与手段,提高环境执法力度,充分运用科技手段,提高环境监管执法精准度,推广非现场监管执法模式,探索"智慧执法"新模式。通过信息化方式对执法任务流转、执法表单制作、现场执法取证、行政处罚流程等进行优化调整,规范执法工作,提升执法质量。

4)建设天地一体化、全领域、全覆盖的监测体系。建立大气环境立体综合监测体系,按照科学延续和增补的思路优化国控城市站点,深化污染成因监测,拓展污染监控和履约监测。组建统一的国家地表水监测网络,融合控制单元和功能区管理需求,实现全国十大流域干流及流域面积 1 000 km² 以上支流、大型湖库、国界—省界—市界(重要区域扩展到县界)以及重要水功能区,初步考虑建立 4 000 个水功能区。构建包括近岸、近海、远海和极地大洋的海洋生态环境监测体系,优化常规监测,强化海洋生态监测,实施重点海域和污染专项监测。建立重点区域质量监管和"双源"监控相结合的地下水环境监测体系。完善土壤监测网,优化调整背景值点和基础点,动态调整风险监控点。构建国家生态状况监测网络,力争到"十四五"末期建成 300 个左右国家生态综合监测站,覆盖森林、草原、湿地、荒漠、水体、农田、城乡、海洋等典型生态系统,完善生态红线监测体系。加强辐射环境质量监测体系建设。规范固定源(含排污口)监测,加强与环境执法联动,形成监管合力,开展机动车、非道路移动机械、船舶、油气回收等移动源监测,以遥感监测为主、地面校核为辅构建农业面源污染监测体系。开展有毒有害污染物和环境健康基准研究性监测。

5)加强生态环境监测预报预警和应急能力。重点提升空气质量预报精度和中长期预报能力,实现全国 10~15 d 污染过程预报和小时预报以及 30~45 d 潜势预报,适时开展未来 3~6 个月大气污染形势预测,探索开展全球范围空气质量预测预报,搭建全球—区域—东亚—国家四级预报框架。在水环境监测预警方面,推进重点流域水环境预测预警体系建设,形成国家(流域)—省—市三级预测预警体系,实现水文水质预测预报、水质异常预警和水环境容量评估;在生态监测预警方面,加强卫星遥感、航空遥感和地面遥感监测监控能力,全面提升遥感影像智能解译和自动化处理能力,实现对重点自然保护地、重要生态功能区、生态红线区的人类活动每年 1~2 次全覆盖监测与实时监控,为生态环境评估考核与风险预警奠定基础。在污染源监控预警方面,加强路边交通(含高速公路)、工业园区(含港口)、有毒有害污染物监测和监控,开展工业园区有毒有害污染物监测预警体系建设;在应急监测方面,建立完善国家—区域(海域)—省—市四级应急监测网络,分级分区组建应急监测物资储备库和专家队伍,组建车辆、船舶、无人机为主体的快速反应力量,完善突发事故应急响应与调度支持机制。

6）加快推进生态环境监测信息化建设。近年来，我国逐步推进各类生态环境信息资源整合与应用，初步形成生态环境各类数据跨部门信息共享机制，生态环境监测信息化水平明显提高。其中，国控空气和地表水环境质量监测数据基本实现国家和地方互联共享，空气和地表水监测数据实时发布，全国 18 886 家污染源企业监测数据实现联网共享。尽管如此，现阶段生态环境监测信息化水平与新时期生态环境监管高效化、智慧化和精准化要求仍存在一定差距，监测大数据分析应用能力难以满足精准治污需求，人民群众对环境监测信息公开的内容、质量、渠道提出更高要求，生态环境监测信息化建设和公共服务水平有待加强。"十四五"期间，着眼提升生态环境监测信息技术水平，推动建设生态环境监测大数据平台，制定全国统一的监测数据标准、数据采集与传输方式，全面实现各部门、各级、各类生态环境监测数据深度融合、互联共享，提高生态环境监测大数据分析应用能力。打造全面感知、实时监控的智慧监测系统，构建自动化、智能化和协同化的生态环境物联网体系，加强环境遥感、"互联网+"、大数据等先进技术应用，开展人工智能、5G 通信、生物传感器等新技术应用示范，着力推进空气和地表水自动监测、遥感监测自动解译、实验室分析人机协同，实现固定化标准站点、网格化站点、动态移动站点协同联动，形成高精度定量监测、快速化定性监测、大范围热点监控有机结合的先进装备与技术体系，提高环境监测立体化、自动化、智能化水平。

7）加强环境信息系统建设。建立统一的重点排污单位信息公开平台，加强数据整合与大数据分析应用，有效整合内部和外部数据，逐步实现基础设施资源和数据资源集中统一，提高环境管理辅助决策科学化水平。推动 VOCs 和总磷、总氮重点污染排污单位安装在线监控。逐步扩大自动监控数据标记和超标异常"电子督办"范围。

4.5　健全生态环境治理市场体系

1）构建规范开放的市场。深入推进"放管服"改革，打破地区、行业壁垒，对各类所有制企业一视同仁，平等对待各类市场主体，引导各类资本参与环境治理投资、建设、运行。规范市场秩序，减少恶性竞争，防止恶意低价中标，加快形成公开透明、规范有序的环境治理市场环境。

2）探索实现生态产品价值的机制建设。建立科学评价生态产品的技术和核算体系，完善法律制度保障，加快制定发布生态产品有偿使用制度、生态补偿制度、自然资源产权制度、生态红线管控制度等，以严格的法律制度保障生态产品价值实现。健全市场体系，建立产权归属清晰、开发保护权责明确、监督管理有效的自然资源资产产权制度。

3）推动形成有利于生态环境保护的价格机制。加快构建覆盖污水处理和污泥处置成本并合理盈利的价格机制，推进污水处理服务费形成市场化，逐步实现城镇污水处理费基本覆盖服务费用。建立健全城镇生活垃圾处理收费机制，完善危险废物处置收费机制，全面建立覆盖成本并合理盈利的固体废物处理收费机制，完善城镇生活垃圾分类和减量化激励机制，探索建立农村垃圾处理收费制度。深入推进农业水价综合改革，完善城镇供水价格形成机制，全面推行城镇非居民用水超定额累进加价制度，建立有利于再生水利用的价格政策。健全促进节能环保的电价机制，包括完善差别化电价政策、峰谷电价形成机制以及部分环保行业用电支持政策。

4）培育壮大生态环境治理市场主体。创新企业运营模式，在市政公用领域，大力推行特许经营等 PPP 模式，加快特许经营立法。在工业园区和重点行业，推行环境污染第三方治理模式，积极推广燃煤电厂第三方治理经验，研究发布第三方治理合同范本。推行综合服务模式，实施环保领域供给侧改革，推广基于环境绩效的整体解决方案、区域一体化服务模式。推动政府由过去购买单一治理项目服务向购买整体环境质量改善服务方式转变。鼓励企业为流域、城镇、园区、大型企业等提供定制化的综合性整体解决方案。在生态保护领域，探索实施政府购买必要的设施运行、维修养护、监测等服务。发展环境风险与损害评价、绿色认证等新兴环保服务业，深入推动环境污染责任保险。

5）构建市场化多元投融资体系。鼓励多元投资。环境治理和生态保护的公共产品和服务，能由市场提供的，都可以吸引各类资本参与投资、建设和运营，推动投资主体多元化。加大林业、草原、河湖、水土保持等生态工程带动力度，在以政府投资为主的生态建设项目中，积极支持符合条件的企业、农民合作社、家庭农场（牧场）、民营林场、专业大户等经营主体参与投资生态建设项目。拓宽融资渠道。发展绿色信贷，推进银企合作，积极支持排污权、收费权、集体林权、集体土地承包经营权质押贷款等担保创新类贷款业务。发挥政策性、开发性金融机构的作用，加大对符合条件的环境治理和生态保护建设项目支持力度。

6）建立健全绿色金融监管机制。加强对绿色金融业务和产品综合监管，形成宏观审慎评估和微观运营监管的协调。需建立公共环境数据平台，完善绿色金融标准。同时，使用环境压力测试体系等手段，打破信息不对称所导致的绿色投融资瓶颈。需防范环保压力所带来的高污染企业贷款不良率提高与在政策约束不完善、有效监管不足的发展初期所出现的监管套利行为，影响绿色金融的健康发展。

7）建立健全生态补偿机制。强化生态保护补偿政策目标的协同均衡，考虑到不同地区、不同类型的生态补偿中补偿主体、补偿收益、资源禀赋等的不同，各项生态系统服务之间以及区域公平与效率之间的权衡，需要根据补偿的目标建立基于绩效的多目标、差异化的评价指标体系，确定不同责任主体的考核目标和差异化的生态补偿考核评价体系，最终应用于多种不同类型的生态补偿中。完善以政府为主导的生态保护补偿市场化机制，生态补偿必须在政府主导下体现社会的总体意志和目标，由政府全面主导逐渐向以政府为主导的市场化的生态补偿机制过渡，通过引入市场机制，建立或调整生态产品与服务的价格，形成有效的激励机制，提高补偿效率，促进补偿公平，吸引更多的社会资本参与生态建设，促进生态资产的价值实现。

8）强化环保产业支撑。加强关键环保技术产品自主创新，推动环保首台（套）重大技术装备示范应用，加快提高环保产业技术装备水平。做大做强龙头企业，培育一批专业化骨干企业，扶持一批专特优精中小企业。鼓励企业参与绿色"一带一路"建设，带动先进的环保技术、装备、产能"走出去"。

4.6 健全生态环境治理信用体系

1）加强政务诚信建设。建立健全环境治理政务失信记录，将地方各级政府和公职人员在环境保护工作中因违法违规、失信违约被司法判决、行政处罚、纪律处分、问责处理等信息纳入政务失信记录，并归集至相关信用信息共享平台，依托"信用中国"网站等依法依规逐步公开。

2）健全企业环境信用评价制度。建立基于信息披露建立企业环境信用评价制度，设计评价标准与准则，引入第三方评价机构，分级建立企业环境信用评价体系，完善企业环境信用评价和违法排污黑名单制度，将环境违法企业纳入"黑名单"，将其环境违法信息记入社会诚信档案，并向社会公开。分级建立企业环境信用评价体系，约束企业主动落实环保责任。

3）健全环境信息披露制度改革落地见效。建立和完善重点排污单位、上市公司和发债企业强制性环境信息披露制度，形成完整的生态环境信息强制性披露的覆盖领域、责任主体、披露范围、披露形式、披露内容、规范标准、配套措施等政策体系，推进相应的管理体系和技术体系、信息鉴别与应用体系落地，争取"十四五"期间，建立覆盖所有涉污企业的生态环境信息强制性披露制度。通过强化信息披露来持续地提高绿色金融市场透明度，增强社会监督力度和第三方认证的权威性。以上市公司为起点，督促上市公司切实履行信息披露义务，引导上市公司在落实环境保护责任中发挥示范引领作用。

4.7　健全生态环境治理法律法规政策体系

1）完善生态环境立法、司法体系。要适时推进制（修）订《中华人民共和国环境保护法》《中华人民共和国长江保护法》《中华人民共和国环境噪声污染防治法》《中华人民共和国海洋环境保护法》《中华人民共和国环境影响评价法》《化学物质管理条例》等生态环境法律法规，并配套相关的管理办法及规范，适时推动环境法典的研究与编纂。同时鼓励地方在环境保护与治理领域先于国家进行立法。积极推进环境司法联动，推动生态环境法制的重点在于司法与执法的相关研究与创新，总结贵州省清镇市、云南省昆明市等环保法庭的模式与经验，研究制定生态环境保护法庭建设指导意见，完善生态环境审判机制和程序；生态环境部门与公安刑侦部门、检察院、法院逐步建立联合办案协作机制。

2）优化环保执法方式与效能。推进联合执法、区域执法、交叉执法，保持严厉打击环境违法行为的高压态势。由地方人民政府牵头，组织生态环境、市场监督、公安、农业农村、水利、住建等部门，对辖区内重点区域、重点企业以及群众反映强烈的问题开展联合执法、区域执法、交叉执法，通过现场检查、移交处理、监督整改等方式，确保坚决查处生态环境违法行为。同时，以群众满意度为主要指标，对群众反映的环保问题从严从快从速执法，相关部门切实加强合作，解决各类环境执法难题。建立生态环境保护综合执法机关、公安机关、检察机关、审判机关信息共享、案情通报、案件移送制度。按照《环境保护行政执法与刑事司法衔接工作办法》，各地人民政府牵头，组织生态环境保护综合执法机关、公安机关、检察机关、审判机关建立生态环境保护行政执法与刑事司法衔接制度，将相关环境违法案件细分为案件线索发现阶段、案件移送程序启动阶段、案件移送和受理审查阶段，明确不同阶段各部门的责任、分工与配合。同时，完善信息共享机制，建立环保执法机关、公安机关、检察机关在内的信息共享平台。探索推行行政协议、行政指导等柔性环境执法。不断探索和创新柔性行政执法方式，在行政执法中全面推行提示、示范、辅导、引导、规劝、约谈、建议、回访等行政指导方式，提升行政执法法律效果和社会效果。

3）健全生态环境治理标准体系。建立健全统一协调、运行高效、政府与市场共治的环境治理标准化管理模式，形成政府引导、市场驱动、社会参与、协同推进的环保产业标准化工作格局。提升标准化基础能力水平和科学化管理水平，着力强化标准的有效实施与监督管理，健全标准实施动态信息反馈和评估机制，推动环境治理标准动态调整。大力推动污染物排放标准的制（修）订工作，进一步完善国家环保排放标准体系。加强重点行业排放标准制定，针对涂料、农药、电子、煤化工等部分重点行业，加快推动污染物排放标准研究制定工作。加快修订完善《地表水环境质量标准》，充分考虑我国本土水环境基准数据，根据不同区域、不同自然特征、不同生态系统类型以及区域社会经济特征予以差异性的规定和调整，避免"一刀切"式的水质标准限值。制定畜禽养殖业污染物排放标准，推进农业农村水污染防治。修订完善《畜禽养殖业污染物排放标准》，明确规模以下的畜禽养殖业环境管理适用的污染物排放管理标准。加快修订《大气污染物综合排放标准》《污水综合排放标准》。

根据国家《大气环境质量标准》和国家经济、技术条件，制定和完善大气环境标准，积极研究大气污染物排放标准中未规定涉及的急需标准，加快审批流程，建立标准制修订及发布的"绿色通道"，完善大气环境标准体系，同时按照《国家环境保护标准制修订工作管理办法》规定要求，通过补充制定地方污染物排放标准，进行整合，弥补空缺。加快修订《污水综合排放标准》（GB 8978—1996），确保与环境质量标准、水质标准的衔接，充分发挥在行业准入、总量控制、风险预防以及改善环境质量等多方面的作用。进一步完善固体废物收集、贮存、处理处置与资源再生利用全过程的污染控制标准。建立健全资源化利用污染控制标准体系、综合利用产品质量控制标准体系，推动综合利用产品进入消费市场。建立工业副产品鉴别标准及质量标准体系，从产生源头控制固体废物品质，促进可利用固体废物充分资源化。强化对钢铁冶炼和有色冶炼行业冶炼渣、尾矿等综合利用过程的二次污染控制，明确产品中有毒有害物质的控制要求，提高钢渣、铜渣、锌渣、铅渣、锰渣等综合利用产品市场认可度。制定尾矿、冶炼渣、脱硫石膏、粉煤灰等用于土壤改良、生态环境治理等方面的技术标准和规范，科学指导相关领域综合利用。制定脱硫石膏、钢铁冶炼渣等工业副产品鉴定标准和质量控制标准，明确工业副产品生产过程控制要求，保障副产品质量稳定，逐步实现同类一次资源的替代。以尾矿、冶炼渣（不含危险废物）、粉煤灰、炉渣、工业副产石膏综合利用产品为重点，不断扩充完善工业固体废物资源综合利用产品目录。

4）加强财税支持。建立健全常态化、稳定的中央和地方环境治理财政资金投入机制。健全生态保护补偿机制。制定出台有利于推进产业结构、能源结构、运输结构和用地结构调整优化的相关政策。严格执行环境保护税法，促进企业降低大气污染物、水污染物排放浓度，提高固体废物综合利用率。贯彻落实好现行促进环境保护和污染防治的税收优惠政策。

5）完善金融扶持。设立国家绿色发展基金。推动环境污染责任保险发展，在环境高风险领域研究建立环境污染强制责任保险制度。开展排污权交易，研究探索对排污权交易进行抵质押融资。鼓励发展重大环保装备融资租赁。加快建立省级土壤污染防治基金。统一国内绿色债券标准。

参考文献

[1] 黄润秋. 推进生态环境治理体系和治理能力现代化[J]. 环境保护，2021，49（9）：10-11.

[2] 李晓亮，董战峰，李婕旦，等. 推进环境治理体系现代化 加速生态文明建设融入经济社会发展全过程[J]. 环境保护，2020，48（9）：25-29.

[3] 董战峰，陈金晓，葛察忠，等. 国家"十四五"环境经济政策改革路线图[J]. 中国环境管理，2020，12（1）：5-13.

[4] 董战峰，葛察忠，贾真，等. 国家"十四五"生态环境政策改革重点与创新路径研究[J]. 生态经济，2020，36（8）：13-19.

[5] 陈润羊. 我国环境治理的基本关系与完善建议[J]. 环境保护，2022，50（15）：35-38.

[6] 张进财. 新时代背景下推进国家生态环境治理体系现代化建设的思考[J]. 生态经济，2021，37（8）：178-181.

[7] 吴舜泽，郭红燕. 环境治理体系的现代性特征内涵分析[J]. 中国生态文明，2020（2）：11-14.

本专题执笔人：贾真、李婕旦、冀云卿、王青、李晓亮、葛察忠

完成时间：2022 年 12 月

专题2　"十四五"主要污染物总量减排基本思路

污染物排放总量控制制度是改善环境质量的重要手段，是调结构、转方式、惠民生的重要抓手，在"十一五""十二五""十三五"时期发挥了重要作用，通过重点任务、重点工程等减排措施的实施，有效推动了全国污染防治设施建设，推动了环境质量改善。虽然全国主要污染物排放量逐步降低，但生态环境改善成效不稳固，氮氧化物等主要污染物排放量仍旧处于高位，挥发性有机物、总磷和总氮等污染影响日趋严重的因子排放总量未得到有效控制，"十四五"需要久久为功、保持战略定力，继续坚持和优化污染物排放总量控制制度，把握新要求、适应新形势，在环境质量改善过程中持续发挥重要作用。

1　总体思路

"十四五"期间，以改善生态环境质量为核心，聚焦影响环境质量和人体健康的重点污染物，按照精准治污、科学治污、依法治污要求，实施主要污染物总量控制，统筹运用源头防控、结构优化、末端治理等手段，推动产业结构、能源结构、运输结构调整和污染源深度治理，形成一批重点区域流域、重点领域、重点行业总量减排工程，形成政府主导、企业主体、市场调节、公众参与的污染减排格局，推进生态环境治理体系和治理能力现代化，为促进生态环境质量持续好转、建设生态文明提供有力支撑。

2　总量减排因子选取

结合当前环境质量状况，"十四五"时期，建议将氮氧化物、挥发性有机物、化学需氧量、氨氮等作为主要污染物，纳入约束性指标进行管理，对超标严重的区域总磷、总氮聚焦重点区域和重点行业开展总量控制。二氧化硫通过重点工程协同减排，不再纳入全国总量控制指标。

2.1　全国总量控制因子

2.1.1　氮氧化物（NO_x）

大气环境中，"2+26"城市的NO_x已经超过SO_2成为空气质量的主要超标因子，同时NO_x是形成$PM_{2.5}$和O_3超标的主要前体物，且硝酸根当量浓度存在上升态势，2013—2018年SO_2和NO_x总量趋势见图8-2-1，因此，建议"十四五"期间仍将NO_x作为总量控制因子。

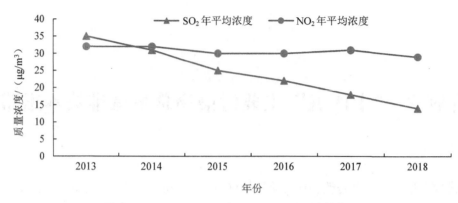

图 8-2-1   2013—2018 年 SO_2 和 NO_x 总量趋势图

2.1.2   挥发性有机物（VOCs）

"2+26"城市源解析结果表明，在当前 O_3 污染较严重的"2+26"城市、汾渭平原、长三角地区、珠三角地区等区域，VOCs 是 O_3 生成的主控因子，而以上区域 2015—2018 年 O_3 浓度（日最大 8 小时平均第 90 百分位数浓度）均呈现上升趋势，O_3 年评价超标地级及以上城市数量逐年增加，由 2015 年的 16.0%增加至 2018 年的 34.6%。因此，建议将 VOCs 作为大气污染物排放总量控制指标之一。

2.1.3   化学需氧量（COD）

对 2015—2018 年 1 940 个断面年均值进行评价，2015 年和 2018 年 COD 超标率最高，2018 年，在全国 1 940 个地表水国控断面中，15.3%的断面 COD 超标。"十四五"期间，仍需持续减少 COD 排放总量。建议通过重点行业（化学原料和化学制品制造行业、造纸行业、纺织印染行业、农副食品制造业、酒、饮料制造业、畜禽养殖业）降低单位产品排水量、工艺提升，以及完善管网提升进水污染物浓度、提标改造、污泥安全处理处置等措施实现减排。

2.1.4   氨氮（NH_3-N）

2018 年，在全国 1 940 个地表水国控断面中，8.9%的断面 NH_3-N 超标[①]，如果总氮纳入河流评价，84.7%的断面总氮超标。"十四五"期间建议通过重点行业（化学原料和化学制品制造业、造纸和纸制品业、农副食品加工业、酒、饮料和精制茶制造业等）降低单位产品排水量、工艺提升，控制城镇生活污水处理设施，以及完善管网提升进水污染物浓度、提标改造、污泥安全处理处置等措施实现减排。

2.2   区域重点行业总量控制污染物

2.2.1   总磷（TP）

对 1 940 个断面 2015—2018 年年均值进行评价，2016 年和 2017 年 TP 超标率最高，TP 和化学需氧量交替成为全国第一污染因子。根据 2018 年环境统计测算，从行业分布看，TP 污染排放量较

---

① 超标是指断面某指标水质类别超过Ⅲ类标准；某指标超标断面占比指指标超标断面数量与 1 940 的比值。

大的行业主要为农副食品加工业、化学原料和化学制品制造业、纺织业、酒、饮料和精制茶制造业等，前七大行业占全部 TP 排放量的 72%。通过重点行业降低单位产品排水量、工艺提升，以及完善管网提升进水污染物浓度、提标改造、污泥安全处置等措施实现减排。

2.2.2　总氮（TN）

TN 指标对《中国环境状况公报》112 个重点湖库 242 个点位水质类别影响分析见表 8-2-1。

表 8-2-1　TN 指标评价对比

评价条件	Ⅰ～Ⅲ类比例/%	劣Ⅴ类比例/%	首要污染物	劣Ⅴ类湖库数量
总氮不参评	66.6	8.1	TP	9
总氮参评	37.8	21.6	TN	24

TN 减排控制范围为富营养化湖库所在省份和沿海省份的重点行业，富营养化湖库所在省份包括安徽、北京、天津、河北、吉林、内蒙古、山东、江苏、浙江、上海、湖南、广东、四川、宁夏、新疆，沿海省份包括辽宁、河北、山东、江苏、浙江、福建、广东和广西等，涉及重点行业包括化学原料和化学制品制造业、纺织业、农副食品加工业、石油煤炭加工、造纸、酒饮料制造等。

2.2.3　二氧化硫（SO$_2$）

近年来，SO$_2$ 浓度超标城市显著减少，全国酸雨区面积呈逐年减小趋势，2018 年我国所有城市 SO$_2$ 浓度已达标。截至 2018 年年底，电力行业燃煤机组超低排放改造已完成煤电总装机的 80%。初步预测，到 2020 年全国 30 万 kW 及以上公用燃煤发电机组、10 万 kW 及以上自备燃煤发电机组（暂不含 W 形火焰锅炉和循环流化床锅炉）全部完成超低排放改造，改造比例将达到 90% 及以上。"十四五"期间电力行业减排空间不大，减排主要来自钢铁、水泥行业的超低排放改造，与 NO$_x$ 的重点行业实现协同减排。

3　减排思路

1）改革完善总量控制制度。建立健全污染物排放总量控制制度，按照"可监测、可统计、可考核"原则实施重大减排工程，以减排任务量和宏观核算方式落实各级政府及相关部门责任，推动减排工作落实。完善减排管理体系，强化重点减排工程全过程控制，实施实时调度、过程预警和年度考核。

2）实施多手段综合应用。通过优化产业布局和结构调整，实施重污染行业关停淘汰、深度治理等，推进重污染行业绿色发展转型；推动能源结构优化，实施可再生能源、天然气、电力等优质能源替代燃煤工程，北方地区清洁取暖等重大减排工程，提升能源清洁化水平；优化运输结构，推动大宗货物运输"公转铁""公转水"、移动源发展"电动化"、老旧车船及非道路移动机械淘汰等重大减排工程，完善绿色综合交通体系；推动农业投入结构调整，实施化肥减施源头治理、规模化畜禽养殖粪污治理及综合利用等重大减排工程，减少农业污染。综合运用经济、法律、技术和必要的行政手段深化污染减排，着力健全激励约束机制，严格落实目标责任。

3）基于本地环境污染特征，实施差异化、精细化减排。各地以城市、汇水范围等为单元，基于污染时空分布、成因差异、传输规律以及排放驱动因子等方面开展污染特征分析,判断主要污染成因,识别主要污染来源,基于时空差异特征,明确不同地区、不同时段的减排指标,并在国家减排要求基础上,综合考虑本地环境质量目标、经济发展水平、污染治理现状、污染密集型行业比重、环境容量等因素,因地制宜提出差异化的减排领域、减排路径和实施保障措施。

4　重大工程及减排潜力分析

"十四五"主要大气污染物减排工程和潜力主要集中在钢铁、水泥等行业超低排放改造,工业炉窑治理,石化、化工清洁生产,工业涂装、包装印刷等行业原料替代和治污设施建设,淘汰国四及以下排放标准营运中型和重型柴油货车,淘汰燃煤锅炉、工业炉窑及散煤,扩大北方地区清洁取暖实施范围等方面,现有污染源排放可削减 14%、10%左右。建议"十四五"NO_x 和 VOCs 排放总量下降目标比例在 10%左右。"十四五"主要水污染物减排工程和潜力主要包括城镇生活污水收集工程建设、规模化畜禽养殖治理工程建设、重点行业污染治理工程建设等,现有污染源排放可削减 10%、11%左右,建议"十四五"COD 和 NH_3-N 总量下降目标比例在 8%左右。

4.1　大气污染物减排潜力

钢铁行业:一是淘汰,钢铁现状产能约 10 亿 t,其中 100 万 t 以下的落后钢铁产能约 4 亿 t,考虑"十四五"按照 1.5∶1 进行产能置换,置换后产能为 3 亿 t,"十四五"需淘汰或压减钢铁产能 1 亿 t,减少 NO_x 7.5 万 t。二是实施超低排放改造,钢铁行业现状产能约 10 亿 t,"十三五"预计完成超低排放改造 3 亿 t,按照到 2025 年年底前,重点区域钢铁企业超低排放改造基本完成,全国力争 80%以上产能完成改造估算,"十四五"全国预计完成超低排放改造钢铁产能约 4.2 亿 t,减少 NO_x 19 万 t。

水泥行业:一是淘汰,水泥熟料现状产能约 17.2 亿 t 熟料,其中 2 500 t/d 以下水泥熟料生产线落后产能约 2 亿 t,"十四五"全部淘汰 2 500 t/d 以下水泥熟料生产线,减少氮氧化物 8 万 t。二是超低排放改造,对 8.5 亿 t 水泥熟料产能实施超低排放改造,减少 NO_x 40 万 t。

平板玻璃:现状产能约 15 亿重量箱,淘汰 500 t/d 以下平板玻璃生产线 2 亿重量箱,减少 NO_x 2 万 t。

柴油货车淘汰。全国柴油货车约 1 000 万辆,其中国四及以下排放标准营运中型和重型柴油货车约 550 万辆,根据车辆淘汰曲线预估"十四五"淘汰约 200 万辆,减少 NO_x 71 万 t。

老旧工程机械淘汰。全国工程机械现状约 500 万辆,其中国一及以下的工程机械约 70 余万台,"十四五"国一及以下的工程机械全部淘汰,减少 NO_x 31 万 t。

推进多式联运。截至目前全国多式联运货运量占比约 2.9%,"十四五"推进全国多式联运货运量占比达到 10%,重点区域达到 15%,减少 NO_x 28 万 t。

推进铁路专用线建设。全国累计运营铁路专用线超过 8 800 条,国铁货物发送量分别完成 31.9 亿 t 和 34.26 亿 t,其中专用线发送量占比分别为 78%和 75%。结合排污许可证、二污普数据库以及行业协会调研情况,目前京津冀及周边地区和汾渭平原共 39 个城市焦化、钢铁、火电等 8 个重点行业有约 500 个 150 万 t/a 以上运输量需求的大型工矿企业未建设铁路专用线,按单个项目 8.5 km,"十四五"共建设约 4 300 km 铁路专用线。

推进燃煤锅炉淘汰。工业燃煤锅炉和工业窑炉煤炭消费量约 4.4 亿 t,"十四五"重点地区淘汰

35 蒸吨以下的燃煤锅炉，其他地区加大 10 蒸吨以下燃煤锅炉淘汰力度，共淘汰 7 亿蒸吨燃煤锅炉，减少煤炭消费 0.32 亿 t，减少 NO_x 9 万 t。

实施北方地区清洁取暖："十三五"北方地区完成散煤治理 2 800 万户左右，预计 2020 年年底北方地区散煤用户还剩 3 100 万户左右，散煤使用量约 0.62 万 t。"十四五"持续深入推进北方地区清洁取暖工作，完成 1 900 万户散煤治理（到 2025 年年底还剩 1 200 万户散煤用户），减少煤炭消费 0.38 亿 t，减少 NO_x 4 万 t。

石化行业：完成 250 家石油炼制企业 VOCs 综合治理，有机化学品、合成树脂、合成纤维、合成橡胶等行业 VOCs 综合治理。加大废水液面、循环水系统、储罐、有机液体装卸、工艺废气、非正常工况等 VOCs 废气收集处理力度，深化 LDAR 工作。预计减排 34.54 万 t VOCs，其中能够"三可"的约 27.63 万 t。

化工行业：对 60 家现代煤化工企业、600 家炼焦企业、300 家合成氨企业、2 000 家化学原料药和化学药物制剂制造企业、1 600 家农药制造企业、2 000 家涂料制造企业、340 家油墨制造企业、1 500 家胶黏剂制造企业、300 家染料制造企业、2 500 家化学助剂制造企业实施 VOCs 综合治理。一是推进低（无）挥发性有机物含量/低反应活性的原辅材料和产品替代，加快工艺改进和产品升级，可实现减排挥发性有机物 35.83 万 t。二是加大废水液面、储罐、有机液体装卸、工艺废气、非正常工况等 VOCs 废气收集处理力度，开展 LDAR 工作，可实现减排 VOCs 17.89 万 t。

工业涂装：对 122 家整车制造企业、3 400 家木质家具制造企业、1 300 家工程机械制造企业、60 家集装箱制造企业、600 家船舶制造企业、5 000 家钢结构制造企业、400 条卷材生产线实施挥发性有机物综合治理。一是强化低挥发性有机物含量涂料等原辅材料替代，推进采用高效涂装技术与先进涂装工艺，预计减排 32.47 万 t。二是建设科学的废气收集系统和适宜高效的治污设施，全面加强无组织排放控制。预计减排 16.21 万 t。

包装印刷：针对 3 800 家包装印刷企业重点推进塑料软包装及铁制罐印刷等挥发性有机物综合治理。一是强化低挥发性有机物含量油墨等原辅材料替代，推进印刷工艺改进和产品升级，预计减排 13.98 万 t。二是建设科学的废气收集系统和适宜高效的治污设施，全面开展无组织排放控制。预计 6.98 万 t。

油品储运销：加大汽油（含乙醇汽油）、石脑油、煤油（含航空煤油）以及原油等挥发性有机物排放控制，重点推进加油站、油罐车、储油库、油船油气回收治理。预计减排 VOCs 20.18 万 t。

4.2　水污染物减排潜力

包括城镇生活污水收集工程建设、开展规模化畜禽养殖场治理措施包括污染治理设施改造、氮肥、淀粉行业减排工程等预计可实现减排 COD 187.85 万 t、24.29 万 t。

此外，通过实施区域再生水循环利用工程，可使缺水城市再生水利用率由 20% 提升至 30% 以上，京津冀区域由 30% 提升至 40% 以上。通过实施农业面源综合整治，预计将水稻、小麦、玉米三大粮食作物平均化肥利用率提高 2 个百分点，预计可实现 $NH_3\text{-}N$ 减排 0.8 万 t。

本专题执笔人：蒋春来

完成时间：2019 年 12 月

专题 3 "十四五"生态环境监管能力建设基本思路研究

1 基础与形势

1.1 建设成效

近年来，中央和地方持续加强生态环境监测、环境执法、环境信息化、环境预警与应急等能力建设，取得积极进展，生态环境监管能力不断提升，为生态文明建设和生态环境保护管理工作提供了有力支撑。

1）生态环境监测能力大幅提升。当前我国已形成国家—省—市—县四级生态环境监测架构，共有监测管理与技术机构 3 500 余个、监测人员约 6 万人，另有各行业及社会机构监测人员约 24 万人，全社会监测力量累计达 30 万人左右，为我国生态环境监测事业发展提供了坚实的人力保障。中央和地方全力推进生态环境监测网络建设，大气、水和土壤监测网络不断健全，全国空气质量自动监测站点已达 5 000 余个，覆盖全部地级及以上城市及部分乡镇和街道；全国地表水监测断面总数达 1.1 万个，其中 2 050 个国控考核断面上已建成 1 881 个国家水质自动监测站，覆盖全国十大流域；布设全国土壤监测点位 8 万余个，基本覆盖全国所有区县和土壤类型。初步形成卫星遥感和地面监测相结合的生态状况监测网络，建成 63 个生态监测地面站，环境一号 A/B/C 星和高分五号卫星组网运行，实现了 2～3 天对全国覆盖一次的遥感监测能力。

2）生态环境监管执法能力持续增强。一是网格化环境监管体系初步建成。"十三五"时期以来，国家和地方各级积极开展环境监管网格化管理，京津冀及周边地区实施大气污染热点网格监管，利用在线监控、卫星遥感、无人机等科技手段，深入实施"千里眼"计划，扩大热点网格监管范围，汾渭平原和长三角地区城市已正式实施热点网格预警通报制度。地方层面，各省（区、市）积极推动辖区内网格化环境监管体系建设，目前，北京、上海、福建、湖南、广西、重庆、贵州、云南、陕西、宁夏和新疆等省（区、市）基本实现覆盖全辖区的环境监管网格化管理，初步构建"省—市—区县—乡镇（街道）—村"五级环境监管网络，形成"属地管理、分级负责、全面覆盖、责任到人"的网格化环境监管格局。二是环境执法装备水平进一步提高。全国各省（区、市）积极推进一线环境执法能力建设，基层移动执法和调查取证能力逐步提高。目前，北京、山西、吉林、上海、江苏、福建、江西、山东、河南、广东、广西、重庆、贵州、陕西和宁夏等省（区、市）已建成覆盖"省—市—县"三级的移动执法系统，实现辖区内移动执法系统"全覆盖"，一线执法工作效率逐渐提高。三是环境执法队伍建设更加规范化。"十三五"时期以来，国家和地方各级积极推进环境执法队伍建设，不断充实执法人员数量，优化执法队伍结构，加强执法人员培训，完善执法队伍管理，基本建立起一支适应新时代背景下环境监管工作要求的环境执法人才队伍。目前，北京、天津、河北、山西、内蒙古、江西、重庆、四川和贵州等省（区、市）已实现全辖区环境执法人员资格培训及持证上岗全覆盖。

生态环境信息化建设取得积极进展。当前我国正在加快推进国家生态环境大数据平台建设，部分省（区、市）也在积极推进本行政区内生态环境大数据平台建设，加强各类各级生态环境信息资源整合与应用，为生态环境保护决策和管理提供数据支持。一是基本建立各级各类生态环境数据互联共享机制。生态环境各类数据基本实现跨部门信息共享，生态环境部已与工业和信息化部、自然资源部、住房和城乡建设部、水利部、农业农村部、国家市场监督管理总局、国家林业和草原局、中国气象局和国家海洋局等部门签署信息共享协议，共涉及 327 类数据。大气、水等环境质量监测数据也基本实现国家和地方各级互联共享，国控空气、地表水质量监测点位（断面）数据已实现各级联网共享，正在逐步推进地方非国控空气、地表水监测数据与国家进行联网。二是重点排污单位污染物排放实现在线监控和联网共享。我国基本建成重点排污单位污染排放在线监测监控系统，建立了重点排污单位污染源监测数据管理系统，全国 31 个省（区、市）已全面联网，共有 2.3 万家重点排污单位开展主要污染物排放自动监测并与国家平台联网。三是基本建成生态环境监测信息发布平台。全国地级及以上城市空气质量监测、重要河流流域和生活饮用水水源地水质监测、重点污染源监测等各类信息已实现统一发布，国控大气、水环境自动监测站监测数据实时发布，生态环境监测信息服务水平明显提高。

3）生态环境预警与应急能力逐步提高。"十三五"时期以来，我国空气质量监测预报预警精准度得到提升，初步构建"国家—区域—省级—城市"四级重污染天气预报网络，全国 31 个省（区、市）已全部建立空气质量监测预报预警体系，区域和省级基本具备 7～10 d 空气质量预报能力，区域污染天气过程预报准确率接近 100%，城市污染程度预报准确率超过 80%，为重污染天气研判、防控和应急提供了关键的技术支撑。在水环境质量监测预警方面，我国不断加强重要水体和饮用水水源地水质监测预警系统建设，在重要河流流域和饮用水水源地建设水质自动监测站，地方正在积极开展辖区内重要水体水质监测预警系统建设，在国控水站基础上加强省控水站建设，全方位实时监控水质异常波动，不断提高辖区内水质监测预警能力。我国逐步推进重点排污单位和主要工业园区大气污染排放监控预警体系建设，在部分省份陆续开展化工园区有毒有害气体环境风险预警体系试点建设，不断提高化工园区环境状况智能化监控水平，逐渐增强化工园区环境风险预警能力。我国各级环境应急机构建设不断健全，突发环境事件应急预案体系不断完善，地方逐步推进环境应急能力标准化建设，不断完善环境应急指挥系统建设，加强应急监测设备、应急防护装备和应急调查取证设备等装备配置，推动建立应急物资储备库，环境应急响应处置能力持续提升。

1.2　存在的问题

尽管我国生态环境监管能力建设取得积极进展，但仍难以适应新时代生态文明建设和生态环境管理新要求，主要表现在：

1）生态环境监测自动化、智能化和精准化水平不高，与实现生态环境监测能力现代化尚有差距。当前我国生态环境监测网络范围和要素覆盖不全面，自动监测、遥感监测能力不足，生态环境监测智能化程度不高，环境监测质控能力较为薄弱，监测数据代表性、精准性、可比性有待提高，监测业务技术支撑的及时性、前瞻性、精准性有待加强，与实现生态环境监测体系和监测能力现代化仍有一定差距。

2）生态环境执法监管精细化、信息化和专业化程度不够，难以满足新时期快速精准高效监管要求。生态环境网格化监管制度体系不够健全，网格化监管信息平台建设不足，与实现"纵向到底、横向到边、配置合理、高效运转"的全覆盖、精细化监管格局仍有一定差距。基层执法仪器装备配置不足，现场调查取证设备、执法执勤用车、执法服装等装备尚未配置齐全，缺少配备先进的技术装备，执法专业化程度不高，与实现装备现代化要求差距较大，影响生态环境执法工作的高效运转。

3）生态环境信息化水平不高，与实现生态环境数字化仍有差距。当前国家和地方各级生态环境大数据平台建设尚在推进中，生态环境信息化建设还存在统筹建设不够、低水平重复建设、数据资源尚未整合共享、基础设施能力薄弱、数据分析应用能力不足等问题，互联网、大数据、人工智能、5G 通信等技术应用不足，距离实现生态环境数字化转型仍有较大差距，一定程度上制约了生态环境管理水平的提升。

4）环境预警与应急能力较为薄弱，生态环境风险防控体系尚未建立。当前我国化工园区有毒有害气体排放监控预警体系建设尚未全面铺开，园区、企业、政府和相关部门之间的应急指挥协调关系尚未理顺，化工园区环境风险预警和应急能力较为薄弱，地方环境应急处置和救援能力有待加强，距离构建以生态环境风险有效防控为重点的生态环境安全体系仍有较大差距。

5）生态环境基础能力建设不足，难以全面支撑生态环境管理决策和科研需要。生态环境各级部门基础设施和能力建设较分散，缺乏整体谋划和系统建设，设施共用共享效能发挥不高，机构改革后生态环境管理决策支持和科研支撑基础能力明显不足，难以全面支撑打赢打好污染防治攻坚战、推动生态环境保护事业发展的需要。

1.3 形势与需求

新时代生态文明建设和生态环境管理新形势对生态环境监管能力建设提出了迫切需求和较高要求，全方位、宽领域、多层次加强生态环境监管能力建设，是适应新时代改革背景下生态环境保护发展形势与需求的，主要体现在：

1）强化生态环境管理决策支撑，实现生态环境治理体系和治理能力现代化的重要举措。新时代生态环境管理新要求对监管能力提出了较高要求，习近平总书记在 2018 年 5 月召开的全国生态环境保护大会上明确提出，加快建立健全以治理体系和治理能力现代化为保障的生态文明制度体系。《中共中央　国务院关于全面加强生态环境保护　坚决打好污染防治攻坚战的意见》也明确提出，要完善生态环境监管体系，强化生态环境保护能力保障体系。加强生态环境监测、执法、信息化、预警与应急、科研创新等方面能力建设，全方位强化生态环境保护能力保障，既是完善生态环境监管体系、提高生态环境管理决策水平的重要保障，也是实现生态环境治理体系和治理能力现代化的重要举措。

2）助力深入打好污染防治攻坚战，推动生态环境管理转型的有效手段。从污染防治攻坚的新需求看，当前正处于污染防治"三期叠加"的重要阶段，要实现 2035 年生态环境质量根本好转的目标，面临解决重污染天气、黑臭水体、垃圾围城、生态破坏、农村环境等突出生态环境问题以及区域性、布局性、结构性环境风险。在新一轮机构改革和职能调整、垂直管理制度改革和组建生态环境保护综合执法队伍的改革背景下，新时期生态环境监管职能扩大，监管对象增多，监管范围更广，监管技术要求更高，监管手段更加多样化。当前和今后一个时期，生态环境保护管理将以污染排放控制和生态环境质量改善为重点，逐步转向构建以生态环境风险防控为核心的生态环境安全体系。建立与新时期生态环境保护管理要求相适应的监管能力保障体系，加强常规监测和监管执法能力，提高风险预警与应急水平，是打好打赢污染防治攻坚战、推动生态环境管理转型的有效手段，为2035年实现生态环境质量根本好转提供基础保障。

3）促进生态环境公共服务高质量发展，满足人民群众对优美生态环境需要的必然要求。党的十八大以来，以习近平同志为核心的党中央顺应人民对美好生活的新期待，把提升公共服务质量摆到重要位置。当前，我国社会主要矛盾已经转化为人民日益增长的美好生活需要和不平衡不充分的发展之间的矛盾，这对公共服务提出了新的更高要求。人民群众不仅对物质文化生活提出了更高要求，对生态环境方面的要求也日益增长。加强生态环境监管能力是促进生态环境公共服务高质量发展的需要，通过加强生态环境监管能力建设，在环境空气质量预报预警、饮用水安全、环境风险防范、突发环境事件应急处置、生态环境监测信息获取等方面提高生态环境领域高质量公共服务水平，满足人民群众对优美舒适、健康安全的生活环境需要。

2　建设目标

坚定不移打好污染防治攻坚战，准确把握推进生态环境治理体系和治理能力现代化要求，围绕生态环境监管战略转型需求，以推进生态环保管理系统化、规范化、精细化、信息化、智能化为核心，全面提升生态环境监测、执法、信息化、预警、应急、科技支撑等生态环境监管能力，到"十四五"末期，生态环境监测监控体系全面建立，生态环境监管执法网格化、信息化、智能化水平显著提升，构建先进的环境预警应急体系，基本形成空气质量、水质安全、土壤污染、辐射监测、生态环境风险等常态化预警能力，生态环境科技支撑能力全面提升，生态环境综合监管能力取得突破性进展，构建"源头严防、过程严管、后果严惩"的生态环境监管能力保障体系，为推动生态文明建设和生态环境保护提供强有力的支撑和保障。

3　基本思路

按照"注重创新、突出重点、分类指导、均衡发展"等建设原则，完善生态环境监管网络与领域，创新监管模式，利用移动物联网、大数据、遥感等技术手段，全面推进网格化、移动监管、天地一体化监管等能力建设，注重环境信息统计、集成、共享，形成监管合力，支持生态环境监管能力建设水平全面提升，实现区域间、城乡间环境监管公共服务基本均衡。根据不同地区、不同领域、不同行业差异化与特色型需求，着重提升对重点区域典型环境问题的预警、应急处置能力建设，强化区域间大气污染防治等问题的全防全控、联防联控、群防群控能力提升。

4　主要任务

以配强中央和省级生态环境监管能力、配足市县级生态环境监管能力为主线，重点加强生态环境监测、执法、信息化、预警和应急等方面能力建设，综合应用遥感、"互联网+"、大数据等先进技术手段，开展生态环境监测评估能力、生态环境监管执法能力、生态环境预警预报能力、环境应急和风险防范能力、生态环境信息能力、科研创新支持能力等建设，构建"源头严防、过程严管、后果严惩"的生态环境监管能力保障体系，逐步实现全方位、全天候、智能化和精准化生态环境监管。

4.1　加强生态环境监测评估能力

4.1.1　典型案例

生态环境监测是生态环境保护的基础,是生态文明建设的重要支撑。"十三五"时期以来,积极推进生态环境监测网络建设改革,国家全面开展生态环境监测事权上收,环境空气、水、土壤监测网络不断健全,各省市积极落实《生态环境监测网络建设方案》要求,全面推进生态环境监测评估能力建设,取得明显进展。

专栏 8-3-1　生态环境监测网络建设专栏

案例一:雄安新区 5G"天地一体化"生态监测系统

雄安新区 5G"天地一体化"生态监测系统由无人机搭载 5G 终端 CPE 和 360° 4K 摄像头,将拍摄的白洋淀及支流河道生态情况通过 5G 网络实时回传,无人船通过 NB-IoT 窄带物联网将传感器采集的水质监测数据上传至云平台进行分析。工作人员可通过监控大屏和 VR 眼镜对分析结果及现场情况进行实时观测,对雄安新区的水系生态进行有效管理,从而大大提升了水系生态监测的及时性和有效性。

该系统依托 5G 大速率、低时延的优势,借助无人机全天候、全地形的灵活性以及无人船的超长期巡检特点,打造了立体生态监测系统。

案例二:张掖市"一库八网三平台"已初见成效

充分发挥遥感监测大范围、快速、动态、客观等技术特点,推动环境监测由点上向面上发展、由静态向动态发展、由平面向立体发展。以"一库八网三平台"为内容,构建生态环境一体化监测网络。

(一)建立"一库",打造生态环境数据平台。对全市各生态功能区进行不同尺度的生态状况监测与分析评估,构建包括祁连山和黑河湿地自然保护区实时监测数据、遥感数据、基础地理数据、生态环境专题数据、地面调查数据多源数据综合交汇的生态环境保护大数据库,建成全市生态环境基础数据体系,打造集基础性、综合性、功能性于一体的生态环境大数据平台。

(二)建设"八网",构建生态环境监测网络。通过甘肃数据与应用中心,整合相关地面观测台(站),构建天地一体化的监测网络。一是整合 7 个省级环境空气自动监测站和 2 个国家级自动监测站数据以及 12 个重点网格区域扬尘污染监测微站点,建立覆盖全市县级以上城市的空气环境质量监测数据网络;二是整合正在建设的国家地表水水质自动监测站以及饮用水水源地监测数据,在城市河段、重要湖库、跨界河流出入界处增设地表水监测断面,建立水环境质量监测数据网络,逐步实现全市重要水功能区监测全覆盖;三是在污染行业企业、固体废物集中处理场地、采矿区、历史污染区域、集中式饮用水水源地保护区、主要果蔬菜种植基地和规模化畜禽养殖基地及周边等风险区域增设监测点位,建立土壤环境质量监测数据网络;四是整合逐步建成的全市县级以上城市区域声环境、声功能区、道路交通声环境监测数据,建立声环境质量监测数据网络;五是整合市级机动车尾气监管平台数据和辖区内机动车环检机构监测数据,建立机动车尾气监管数据网络;

六是整合逐步建立的辐射环境自动监测站，采集环境地表γ辐射剂量率监测数据，建立辐射环境监测数据网络；七是通过生态环境监测网络平台监督重点排污单位实时传输在线监测数据，建立重点排污单位污染源监测数据网络；八是通过建设无线传感器网络系统，实现对城市重点区域及人类活动密集区的实时监控，建立城市重点区域监控数据网络。

（三）建立"三平台"，提升生态环境监管效能。针对祁连山和黑河湿地自然保护区雪线上升、草原退化、湖泊变化、沙漠化、生物多样性等问题，建立"三大平台"，不断增强全市生态环境监测、评估和预警能力，大力提高对生态环境监管的科学化、精准化水平。一是建立祁连山和黑河湿地生态环境本底评估与动态监测平台，以卫星遥感、地面生态定位监测为主，无人机和现场监测为辅，开展祁连山和黑河湿地生态环境动态监测与评估，对人类干扰、生态破坏等活动进行监测、评估与预警，及时为与国土、林业、水利、农业等部门提供工作数据并实现信息共享；二是建立山水林田湖草生态修复项目监控平台，通过地面遥感和高分卫星监测，加强对祁连山区域山上山下、地上地下、水域林区及黑河流域的整体监控，为推进祁连山和黑河湿地系统保护、系统修复和综合治理提供数据支撑和项目绩效评估，切实推进土壤修复整治、矿山环境治理和流域水环境保护治理工作有序进行，确保山水林田湖草生态保护修复项目发挥应有效应。三是建立智慧环保平台，通过手机 App 集成环保动态、对外宣传、内部办公、移动执法、现场监测等功能，提升现场执法人员的执法能力和执法效能，提高区域环境监测预警、监察执法以及多部门业务协同管理水平，初步构建"日常管理—监督举报—问题受理—限时办结—自动反馈"的环境执法机制。

案例三：青海构建"天空地一体化"网络，实时、智能、精准监测生态

青海省正构建全面设点、全省联网、自动预警、数据共享的"天空地一体化"生态环境监测网络。"天空地一体化"生态环境监测网络中的"天"指遥感监测，遥感监测从以往中分辨率遥感影像为主转向高分辨率影像，此举可对青海省自然保护区等重点区域实现精准监管。"空"指青海省打造的"生态之窗"，其可对典型区域生态类型、自然景观、生物多样性等进行远程实时高清视频观测、监控与研究评估。"十三五"时期末，其远程视频观测点位将达到100个，"生态之窗"拍摄到的藏羚羊、水獭、藏野驴、普氏原羚等，引起社会广泛关注，并正对观测视频开展智能量化分析。"地"指青海省1 579个地面监测站点，地面监测站点体系初具规模，正构建多个专业融合、驻测与巡测相结合的地面监测体系。

青海"天空地一体化"生态环境监测网络已覆盖青海省三江源、祁连山、青海湖、柴达木盆地、河湟谷地五大生态板块。该监测网络的监测体系正逐步完善，已从之前生态环境状况、土壤侵蚀等12类249项指标扩大到如今的冰川、冻土、生物多样性监测，新增3类24项指标。

案例四：天地一体、点面结合，为柳州铁人三项赛保驾护航

紫荆盛开之际，柳州迎来了世界铁人三项赛柳州站比赛的盛事。为做好赛事期间环境空气质量保障，生态环境部门引入大气环境颗粒物层析扫描技术，并综合运用现有的固定自动监测站点和移动空气监测平台，搭建天地一体、点面结合立体监测网络，实现区域大气环境精准监控。

大气颗粒物层析仪作为今年首次引进的科技设备，是监测网络中的"火眼金睛"，能从高处观测到大气污染过程。该设备架设在柳州市中心九洲国际商业大厦顶层停机坪，采用激光雷达技术，24 h不间断地对方圆7 km范围内的区域环境空气状况进行立体化扫描，实时反馈颗粒物分布信息，及时发现聚集的颗粒物污染团，为污染溯源做好关键的第一步。

高处有层析仪，路面有走航车。环境空气移动监测车带着监测任务出动，围绕赛事举办区域和沿线道路展开监测，密切监控小范围环境空气质量动态，捕捉颗粒物垂直分布变化趋势，与市区已有空气质量自动监测站点联合构成更精细的监测网格。

同时，为及时掌握赛事区域上风向和周边敏感点环境空气质量情况，生态环境部门工作人员使用手持式细颗粒物检测仪开展人工监测，13 至 14 日累计监测点位 50 多处，未发现颗粒物数据异常升高情况。赛事期间环境监测人员全程关注监测网络所有数据状况，结合气象条件对监测数据进行研判分析，排查可疑大气污染源，并有应急小组 24 小时待命确保及时处置突发污染情况。

4.1.2   任务设计

（1）建设天地一体、全领域、全覆盖的监测网络

"十四五"期间，要统一监测网络布局，按照"科学系统、全面设点、全域覆盖"原则，统筹考虑自然生态各要素、山上山下、地上地下、陆地海洋、流域上下游及污染排放状况，构建新时代生态环境监测网络。建立大气环境立体综合监测体系，按照科学延续和增补的思路优化国控城市站点，深化污染成因监测，拓展污染监控和履约监测。组建统一的国家地表水监测网络，融合控制单元和功能区管理需求，实现全国十大流域干流及流域面积 1 000 km² 以上支流、大型湖库、国界—省界—市界（重要区域扩展到县界）以及重要水功能区。构建包括近岸、近海、远海和极地大洋的海洋生态环境监测体系，优化常规监测，强化海洋生态监测，实施重点海域和污染专项监测。建立重点区域质量监管和"双源"监控相结合的地下水环境监测体系。完善土壤监测网，优化调整背景值点和基础点，动态调整风险监控点。构建国家生态状况监测网络，力争到"十四五"末期建成 300 个左右国家生态综合监测站，覆盖森林、草原、湿地、荒漠、水体、农田、城乡、海洋等典型生态系统，为生态环境评价奠定基础。加强辐射环境质量监测体系建设。规范固定源（含排污口）监测，加强与环境执法联动，形成监管合力，开展机动车、非道路移动机械、船舶、油气回收等移动源监测，以遥感监测为主、地面校核为辅构建农业面源污染监测体系。开展有毒有害污染物和环境健康基准研究性监测，开展化学品、持久性有机污染物、新型特征污染物及危险废物等环境健康危害因素监测。

（2）提升生态环境监测综合能力

构建天地一体、自动智能、集成联动、科学精细的生态环境监测装备体系，实现手工监测与自动监测、定点监测与走航监测、遥感监测与地面监测的有机结合，精准定量与快速定性、理化分析与生物监测的有效互补；同时，建立以企业为主体、市场为导向的生态环境监测技术创新机制，形成具有生态环境监测现代化装备和核心技术的自主研发能力。同时结合生态环境监测体制机制改革，突出各级环境监测机构能力建设的重点，优化环境监测资源配置，形成与监管任务更加匹配的监测能力，充分发挥资源使用效益，促进环境监测系统的科学发展。

（3）建立完善的生态环境综合评价体系

完善生态环境质量、生态环境保护状况、污染排放、环境污染治理、生态破坏修复等方面的评价体系建设，明确评价范围、评价方法、数据统计方法、技术规范等。按照山水林田湖草系统治理的整体系统观，统筹考虑自然生态各要素、山上山下、地上地下、陆地海洋以及流域上下游，综合考虑不同类型生态系统间组成、结构、功能和不同区域间生态环境突出问题的差异性，着眼生态环境科学化、精细化监管需求，科学确定参评指标，合理分配计算权重，分类设置不同类型、不同区

域的生态环境状况指数（EI 指数），逐步研究确定不同区域的生态风险管控阈值，并在长三角、雄安新区等重点区域开展试点应用，为全面推进生态环境承载能力评估考核与生态环境风险预警奠定坚实基础。强化评价结果在地方立法、政策制定、规划编制、执法监管、生态环境绩效评价与问责制度等方面的应用，加强与污染源管理、污染物排放、生态环境质量目标的联动管理，全面支撑区域生态环境综合治理和保护管理。

4.2 强化生态环境监管执法能力建设

4.2.1 典型案例

新一轮机构改革明确了生态环境部统一行使生态和城乡各类污染排放监管与行政执法的职责，新时期生态环境监管职能扩大，监管对象增多，监管范围更广，监管任务更重，对生态环境执法监管能力要求更高。在垂直管理制度改革和组建生态环境保护综合执法队伍的改革背景下，全国各地不断推进生态环境监管执法能力建设，监管执法技术手段逐渐走向先进化，方式方法趋向多样化，取得一系列积极进展。

专栏 8-3-2　地方网格化环境监管特色案例

案例一：泉州市网格化环境监管体系

面对新时期环境保护工作新形势的考验，泉州市环保局主动作为，积极创新环境管理手段，实施全市网格化环境监管工作，推动各类环境问题的群防群控、共管共治，为全市绿水青山提供了有力的保障。按照"政府主导、属地管理、分级负责、责任到人"的原则，泉州市于 2015 年初步建成了涵盖市、县、镇、村的四级网格化环境监管体系，并于 2016 年正式启动网格化环境监管工作。在网格化环境监管工作实施过程中，各县（市、区）根据实际情况，因地制宜，合理整合资源，进一步优化调整村级网格员的配备。例如，德化县依托综治网格员和河道管理员、泉州台商区依托综治网格员、石狮市招聘部分专职环保网格员等优化四级环保网格员队伍。全市共有各级环保网格员 3 555 人。

为推进网格化信息建设，实现环境事件信息的采集、传输和管理的数字化、网络化、智能化，泉州市开发了泉州市网格化环境监管信息系统，同时将该系统的手机 App 软件并入综治部门的"泉州 E 治理"App 软件中，实现环保部门的网格化信息系统与综治部门的"城乡社区网格化服务管理信息平台"无缝对接，为基层综治网格员"一员多用"的工作模式创造良好的条件。

2017 年，泉州市通过三级或四级环保网格员发现并提供线索查处的适用新环保法"四个配套办法"和涉嫌污染环境犯罪的案件达 36 起，其中，涉嫌污染环境犯罪案件 8 起，行政拘留案件 17 起，查封扣押案件 11 起，在全市形成了强烈的震慑力，达到"查处一起、震慑一批、教育一片"的目的。2017 年泉州市共发生 6 起突发环境事件，全部由三级或四级环保网格员日常巡查发现并及时上报、协助处置，为突发事件的及时妥善处置发挥了积极作用。

为扎实推进中央环保督察问题的整改工作，2018 年 8 月，中共泉州市委办、市政府办联合印发了《泉州市落实中央环保督察问题整改实化环保网格化监管实施方案》，有力地提升和拓展了整改成效。据统计，2018 年全市各级网格员共上报环境事件信息 41 137 条、日常巡查信息 51 629 条、污染源信息 1 546 条，确保群众身边的突出环境问题及时得到化解处理。

案例二：秦皇岛网格化环境监管信息系统

秦皇岛网格化环境监管系统，是构建在秦皇岛市电子政务基础设施之上，利用现代信息技术，以互联网、城管通信技术为平台，以数字地理信息为基础，结合移动定位系统、数字通信技术和计算机软件平台，为城市管理者提供声、像、图、文字四位一体的城市数字化管理平台，实现针对城市部件的检查、报警、紧急事件处理、指挥调度、督查督办等功能。采用环境监管"五级管理、三级网络"的模式以村镇为单位，以村镇网格为基本单元，区县、乡镇结合，集合区县级管理，建立全市统一编码，实现县、乡、村三级网格管理层面信息资源共享。建立环境网格化管理数据中心，对全市的网格化监管数据进行整合梳理工作，包含基础空间数据、网格化环境业务数据以及网格化管理数据的汇总。建立环境网格化监管 GIS 平台，将网格监管数据以空间地图数据进行网格区划管理，实现网格地图上的业务管理。开发网格手机 App，将网格监管数据以空间地图数据进行网格区划管理，实现网格地图上的业务管理。实施网格案件管理，针对事件监管上报信息，系统采用事件生成与上报处理的信息化管理手段，将数据进行流程化管理，将案件的处置管理进行全程监管与控制。建立网格综合管理系统，将与环境网格监管业务中涉及到的其他业务部门的管理进行关联协作，最终对监管信息进行统计分析与信息的发布。建立网格评估管理系统，建立环境网格化评价管理系统，通过一整套科学完善的监督评价体系，对秦皇岛市网格化环境监管的各方面进行考核评价。

案例三：福州市网格化环境监管平台

福州市正在稳步推进全市环境网格化监管平台建设，平台拟实现四个方面功能应用：一是实现福州环境质量、环境监管、污染源一企一档数据的统一展示与统一调度分析；二是实现全市环境网格一张图，涵盖监管对象、保护对象、监测站点等要素；三是实现热点网格天罗地网监测数据集成分析、排放清单构建、污染溯源简要分析，为精准监管执法提供科技支撑；四是实现同时满足省生态环境网格评价考核和市网格化监管考核要求的动态评价考核机制。

专栏 8-3-3　环保执法无人机无人船应用案例

北京市延庆区环保执法用上高科技，天上有无人机，水中有无人船，地面有各种检查设备，织起"天罗地网"，加强环保执法。日常执法中，环保执法人员经常会遇到"散乱污"企业大门紧闭、围墙挡道、恶狗看门等情况，无人机不仅可以帮助执法人员精准、快速发现违法行为，还可以执行"散乱污"企业执法、餐饮企业楼顶监察、畜禽养殖粪污处理取证等多方面任务，扩大、延伸了环保执法的范围和视角。在水环境执法方面，延庆区应用无人采样船进行水样采集。无人船可以到达监测人员无法达到的违法排污口，安全、高效地完成采集排污证据的任务。据检测人员介绍，无人采样船的采样精度和效率都非常高，日常采样效率比人工高50%以上，原本很难到达的河湖中心位置，无人船可快速准确采集样本。目前延庆区空中有无人机、陆地上有各类检测设备、水中有无人采样船，执法人员正在依托高科技设备，探索水陆空三栖执法方式。延庆环保局配备的高科技执法设备，将为 2019 年北京世园会、2022 年北京冬奥会提供技术保障。

浙江省宁波市创新无人机执法手腕，应用无人机反应迅速、不受地形限制、全视野侦查的特点，展开空中科技化执法已成为环境执法监管的新形式。2018 年以来，宁波市环境监察支队秉承"创新环境执法手腕，提升环境执法程度"的理念，积极展开无人机环境执法任务。支队运用了最新的监测无人机展开环境执法，应用无人机对工业区上空进行自主巡航，构成区域空气质量监测红点图，协助执法人员锁定重点排放企业，针对性开展执法检查。2018 年 11 月支队展开为期 2 个月的入海、入江、入河排污口无人机专项执法检查，重点检查了象山爵溪工业区、大榭开发区、北仑青峙工业区等全市 10 个工业聚集区附近的排污口，并对局部排污口进行无人机采样，破解了排污口"巡视难""采样难""监管难"的痛点。自无人机配备以来，支队应用无人机环境执法的效果显著。2018 年全年支队共出动无人机环境执法 16 次，对工业区企业、固废堆场、排污口、水源地等重点区域进行了执法全覆盖，有效提升了宁波市环境执法效能。2019 年，支队继续创新无人机执法手腕，引入空地一体无人机和智能任务车，经过地空结合，完成无人机、智能任务车、指挥中心实时通信及集群作业一致指挥，进一步强化了环境违法打击力度。

河北省利用无人机飞检等科技手段助力开展 2018—2019 年秋冬季第二轮大气环境执法专项行动，共检查企业 8 886 家，发现存在问题企业 2 019 家，涉及各类涉气环境问题 2 128 个，严厉打击涉气环境违法行为取得良好成效。在行动中，执法人员充分运用秸秆禁烧红外视频监控系统、远程执法在线系统、无人机飞检等科技手段。其中，无人机飞检组成了执法队伍里的"常客"。借助无人机飞检优势，对重点行业企业、重点道路、重点施工工地、重点矿山开采区域、重点裸露土地区域开展专项飞检，形成专项扬尘污染飞检分析报告，精准锁定问题线索。无人机上携带了气体监测模块，可以飞到企业烟囱里，对企业排气中的污染物进行初步监测。行动期间，通过携带的热成像摄像头、高倍变焦摄像头和气体检测模块，对重点企业开展飞检，排查、监测、分析污染点位 167 个，为执法人员精准执法提供了依据。

4.2.2　任务设计

（1）建设线上线下一体化的网格化监管体系

各省加快构建实施"纵向到底、横向到边、配置合理、高效运转"的网格化环境监管体系，建立覆盖全省、延伸至农村的环境监管网络，建立健全"省—市—区县—乡镇（街道）—村庄"五级环境监管网络，优化配置不同层级网格、同级网格之间的监管力量，重点加强乡镇农村监管力量配置，设立环保机构或配备专职监管人员，配备必要的环境监管执法设备和巡查装备，提升基层网格线下监管能力。

加强网格化环境监管线上运行能力，加快推进各省网格化环境监管系统建设，建立覆盖到乡村一级的网格化监管系统平台，形成面上查、点上防、线上治的工作态势，助力完善网格化环境监管体系。网格化环境监管平台应用整合多项智慧环保技术，以地理信息系统、遥感和 GPS 为手段，采用"网格化布点+多元数据融合+大数据分析"的模式，结合原有各类监测站点建设、各类环境污染源和风险源分布、环境敏感区分布、气象条件等因素，因地制宜灵活设点，组合布设全项站、标准站、微观站、小型站等，综合利用立体监测、移动监测、在线监测等，形成大范围、高密度的环境监控网络。建立包含网格档案信息（各级网格人员信息、网格划分信息、各级网格内的污染源信息、网格事件等）、污染源信息（污染源一企一档、在线数据、工况数据、视频监控等污染源监控相关信息）、环境质量监测信息（大气环境质量监测数据、水环境质量监测数据等监测信息）以及微信举报、"12369"举报电话、网络舆情、信访举报、市长热线、环保法律法规标准等各类信息的数据库，形成包括污染源分布图、环境质量实时图、污染趋势变化图、网格员分布图等的"一张图"，实现 GIS 地图展示、信息查询、数据统计分析、智能报警、任务管理、考核评价、移动办公（App 应用）等功能。

通过"线上千里眼、线下网格员"的综合布局，实现环境监管的"天罗地网"，线上和线下联动，实现各类信息的实时接收、显示、统计、自动分析、存储、应用、发布，保障各级网格的高效运转，及时发现、及时处理、及时解决问题，促进环境执法溯源明确、反应及时、快速处理和有效监督，实现集监测监管、报警执法、分析研判、决策支持、管理咨询于一体的全方位、一站式综合服务，全面提升网格化环境监管效能。

（2）因地制宜配齐配足基层执法仪器装备

利用垂直管理改革和组建生态环境保护综合执法队伍的契机，推进物力资源向基层下沉，增强市县级执法力量，因地制宜配齐配足一线执法仪器装备，夯实基层执法能力基础。改革后由市级生态环境部门统一管理、统一指挥本行政区域内县级环境执法力量，各地市应统筹考虑各县（区、市）执法人员数量、监管企业数量、环境污染状况、监管执法任务轻重等综合情况，合理分配各县（区、市）的环境执法装备，优化资源配置，配齐配足一线执法现场调查取证、执法全过程记录、便携式移动执法终端以及个人防护等执法装备。完善移动执法系统建设和应用，提高执法信息化水平，推动执法证据的固化、执法干扰的减少、执法效能的提高，实现执法的数字化、规范化、高效化和廉洁性，增强现场执法透明度。全面推进环境执法标准化建设，加快推动全国统一执法制式服装和标志，保障一线环境执法执勤用车（船艇），推动落实统一着装、统一标识、统一证件、统一保障执法用车四个"统一"。

（3）加快推进非现场监管执法能力建设

加快推进市县环境执法先进技术装备配置，充分运用高科技手段，因地制宜按需配置监测无人机、采样无人机、无人船等先进技术装备，充分发挥物联网、遥感等先进技术作用，大力推进非现场监管执法，对规模小、数量多、分布广的分散点源和生活面源、工业集聚区、重点道路、重点施工工地、重点矿山开采区域、重点裸露土地区域、农村地区、农业面源、自然保护地、江河湖库、饮用水源地等开展非现场执法检查，将无人机、无人船应用到大气污染监测、江河湖库水质监测、污染源排查（河道排污口以及厂区无组织排放口排查等）、天然气或化工气体输送管道泄漏探查、突发环境事件应急监测等工作中，发现问题并及时拍摄记录下来，快速固定违法排污证据，克服执法"巡视难""发现难""采样难""取证难"的问题，加强调查取证能力，形成全天候、无人化的水陆空三栖智能监控体系，加大对环境违法行为的打击力度，拓宽环境执法覆盖面，达到环境监管无死角，提高监管执法针对性、科学性、时效性，做到精准执法、高质高效。

4.3　加强生态环境预报预警能力

4.3.1　持续加强环境质量预报预警能力

随着污染防治攻坚战的深入推进，我国生态环境监测逐渐转向以预测预报和风险防范为主，对生态环境监测预警能力提出更高要求。"十四五"期间，在空气质量预报预警方面，重点提升空气质量预报精度和中长期预报能力，在全面提升国家—区域—省—市四级预报体系、全面实现以城市为单位的 7 d 级别预报基础上，进一步提高预报准确率和普惠度，对公众发布所有地级以上城市空气质量预报信息。推进国家和区域 10～15 d 污染过程预报、30～45 d 潜势预报的业务化运行，国家层面适时开展未来 3～6 个月大气污染形势预测，同时加强多情景污染管控效果模拟与预评估。探索开展全球范围空气质量预测预报，搭建全球—区域—东亚—国家四级预报框架。在水环境监测预警方面，加强重要水体、水源地、源头区、水源涵养区等水质监测与预报预警，推进重点流域水环境预测预警业务和技术体系建设，形成"架构统一、业务协同、资源共享、上下游联动"的国家（流域）—省—市三级预测预警体系，实现水文水质预测预报、水质异常预警和水环境容量评估。加强土壤中持久性、生物富集性和对人体健康危害大的污染物监测，开发土壤环境质量风险识别系统。

4.3.2　不断完善污染排放监控预警体系

不断完善重点污染源在线监控网络和平台建设，提升数据传输准确率和超标预警水平。加强路边交通（含高速公路）、工业园区（含主要港口）、有毒有害污染物监测和监控。在直辖市、省会城市、重点区域城市主要干道和国家高速公路沿线设立约 400 个路边站，开展 $PM_{2.5}$、氮氧化物、臭氧、交通流量等指标监测。积极构建工业园区可挥发性有机物排污监控与预警网络，在京津冀及周边、长三角地区、汾渭平原、粤港澳大湾区等重点区域全面推进工业园区有毒有害污染物监测预警体系建设，建立重点区域有毒有害气体预警监测信息化平台。

4.3.3　稳步提升生态监测预警能力

加强卫星遥感、航空遥感和地面遥感监测监控能力，全面提升遥感影像智能解译和自动化处理能力，实施对重点自然保护地、重要生态功能区、生态红线区的人类活动全覆盖监测与实时监控，对重要生态功能区人类干扰、生态破坏等活动进行监测、评估与预警，为生态环境评估考核与风险预警奠定基础。逐步构建环境健康风险评估体系，提高辐射自动监测预警能力。

4.4　加强生态环境应急和风险防范能力

4.4.1　建立健全国家环境应急体系和能力

落实国家突发事件应急体系建设要求，围绕环境应急与风险防控重大需求，提升环境风险防控、监控预警、应急处置和救援等领域专业化队伍培育、技术完善和能力建设，建设综合性环境应急实训及产业化基地，强化突发环境事件应急处置和救援能力，加强对环境应急与救援队伍进行高仿真性、高实战性和高科技性相结合的应急实训和演练。着力应急处置技术体系和装备研发，聚集全国顶级专家，组织研发一批可拼装、成套化的关键性应急装备，推动应急设备产业化，提高应急处置工作的效率。打造环境应急知识普及教育和国际环境应急管理交流合作的平台。着力加强化学品与危险废物危害识别和风险评估实验能力，加强有毒有害化学物质环境和健康风险评估能力建设。

4.4.2　构建全过程环境风险管理体系

地方人民政府负责建立分类管理、分级负责、属地管理为主的突发环境事件应急管理体制，构建环保、安全、卫生等各领域应急信息共享和救援体系衔接，建立突发污染事故预警体系和应急处理管理决策支持机制。开展各级环境应急专家库建设，加强跨地区沟通协作，形成跨区域、跨部门应急能力建设与应急资源共享机制。逐步实现市级以上设立独立的环境应急机构，具备基本应急处置能力。提高环境风险防控和突发事件应急监测能力。建立完善国家—区域（海域）—省—市四级应急监测网络，分级分区组建应急监测物资储备库和专家队伍，组建车辆、船舶、无人机为主体的快速反应力量，完善突发事故应急响应与调度支援机制。

建立健全涵盖环境风险排查、评估、监控预警以及应急管理在内的全过程环境风险管理体系。重视工业生产部门，构建较完善的园区预警应急体系。完善环境风险源清单，严格实施风险源的分类分级和分区管控。明确企业环境风险防范的主体责任，企业编制突发环境事件风险评估和应急预案，并进行备案。

4.5　加快推进生态环境数字化转型

4.5.1　典型案例

生态环境信息化是生态环境监管能力建设的重要组成部分，是生态环境管理决策的基本保障。在大数据时代，只有通过深入推进生态环境信息化建设，实现生态环境信息采集、传输和管理的数字化、智能化、网络化，才能从大量繁杂的信息中发现趋势、把握重点，提高生态环境管理决策的水平和能力，推动各类生态环境问题的有效解决。近年来，全国各地逐渐转变传统的生态环境管理方式，积极探索利用信息化手段开展生态环境领域相关工作，取得一系列重要进展。

专栏 8-3-4　福建省生态环境信息化建设特色案例

案例一：福建省省级生态环境大数据平台

作为全国首个生态文明试验区，自 2015 年起，福建省按照"大平台、大整合、高共享"的集约化思路组织建设省级生态环境大数据平台，平台整合各类生态环境和污染源监测监控数据、环保监管业务数据，以及工商、水利、交通、海洋等部门的有关数据及互联网数据，基本构建了覆盖省、市、县三级环保系统的生态环境大数据平台和应用体系。福建省级生态环境大数据平台是全国首个省级生态环境大数据平台，2018 年 4 月，福建省级生态环境大数据平台正式上线。

该平台是全国首个省级生态环境大数据平台，汇聚了来自省、市、县三级环保系统及部分相关厅局的业务数据，以及物联网、互联网等数据，并在此基础上进行处理分析，初步构建环境监测、环境监管和公共服务三大信息化体系。该平台已汇聚生态环境业务数据、物联网监测数据、互联网数据、遥感数据和数值模型计算数据五大类型数据总计超过 71 亿条。

环境监测体系中，已接入 167 个大气环境质量监测点、87 个水环境质量监测点、21 个核电厂周边监测点、998 个污染源在线监测点等，实现了对水、大气、土壤、核与辐射环境的统一动态监控。如今，全省流域水质状况都汇集在一张电子地图上。"随机点开一个点位，就可以看到该点位当前的水质状况。"姜永红表示，当污染出现时，还可以通过空间模型进行污染溯源。大气环境方面也有了提升，平台不但能实时掌握空气环境质量情况，还能对未来 7 d 的空气质量进行预报，比原来延长了预报时间。

环境监管体系则完善了"一企一档"，对污染源进行全过程监管。"998 家企业、1 396 个点位联网在线监控，每天接入数据 20 多万条，如果仅依靠人工调阅是难以完成的。"姜永红说，通过平台的智能分析实现了自动预警，全面提高调阅效率。值得一提的是，生态云平台利用环境案件信息，及污染源监测、环评、排污许可、投诉举报、水气土环境质量监测等数据，通过综合比对分析，勾勒出"企业画像"，找出已被处罚对象的数据特征，设定高违法风险企业预警规则，为今后精准定位执法对象提供参考。

公众服务体系重点开发了面向企业、公众的统一平台。企业可享受一站式服务，并通过基础信息一次性填报，让信息多跑路，企业少跑腿。群众则可以打开手机，随时随地获取水、大气、辐射等环境质量信息，还能对环境问题"一键投诉"。

案例二：福建省环境应急指挥信息系统

福建省先行先试，切实加强大数据在生态环境领域的应用，将环境应急指挥系统部署在省生态云平台，实现了与大气、水、土壤、污染源监管等模块数据和省政府政务数据汇聚平台、省政府应急指挥平台、生态环境部"12369"系统等的互联互通，通过上述业务系统定期获取水、气实时监测数据、敏感点数据（水源地、自然保护区等）、污染源在线监控、"12369"投诉受理等数据，及时发现预警信息，实现多系统、多层级、多用户的数据汇聚共享和精细化管理。该系统主要服务对象是福建省内环境应急监管部门和环境风险源企业。风险源企业登录系统，可以进行风险源申报和环境应急预案备案申请，能够实时跟踪审核进度，同时还可以查询办事指南、法律法规和危化品知识，及时收到通知公告。生态环境监管部门可以通过系统审核风险源企业信息、预案备案相关材料，排查调度风险隐患企业，查询应急物资、人员、监测能力、知识库等，建立隐患分级分类清单，系统展示重大风险、较大风险和一般风险企业，实时调度推进隐患整治，建立"一企一档"，实施"一企一策"。

突发环境事件应急指挥调度模块应用 GIS 地图实现一张图管理，加载水源地、水系概化图、汇水区域、自然保护区、避灾点等底图，可以在地图上查询各类敏感点、监测点位、风险源、应急物资等信息，事件发生时可以模拟污染物扩散趋势，实现全过程应急调度。

该系统实现了环境应急预案全流程电子化备案，企业"一趟不用跑"，提高了工作效率。生态环境部门可以有针对性地开展隐患排查，提升应急能力，甄别判断污染源，分析污染扩散趋势，解决了突发事件发生时判断污染来源难、监测布点难的问题。通过系统分析企业风险源特点、现有的防控措施、周边敏感点情况和应急救援力量情况，为开展污染源的应急处置，调度应急救援力量和现场指挥提供决策支持。通过系统对企业环境安全隐患排查自查和生态环境部门排查发现问题进行分析，提出风险防控意见建议，为环境应急管理服务。通过系统对企业环境应急预案编制和备案情况进行分析，发现问题，为生态环境部门加强应急预案管理提供意见建议。通过系统对环境风险源信息进行分析，提出区域、行业、重点企业的环境风险防控建议，为生态环境部门环境综合管理提供参考。

专栏 8-3-5　浙江省衢州市生态环境数字化转型特色案例

2018 年，衢州环保数字化转型-水环境协同管理项目成功纳入省政府首批数字化转型重大项目建设地方试点，在全省率先实现水环境数据融合共享，成为浙江省政府数字化转型的亮点。目前，该系统已上线运行，已累计收集环境数据 1 287 万余条，整合全市 4 600 多个水环境数据来源，初步实现了水环境管理智能化全覆盖。主要做法是：

一、着力搭建水环境监控新平台

1）强化政策保障。衢州市紧紧围绕建设浙江大花园核心景区的重要目标，高度重视智慧环保建设，设立市本级数字经济智慧产业专项资金和首期 10 亿元产业基金，建设城市数据大脑 2.0 和统一大数据中心，以浙政钉的氚云、衢州市云计算中心为基础设施支撑，以钉钉、智能数据终端为基层网格神经元，引进"阿里系"创新建设团队，整合部门资源，打破部门壁垒，开展环保数字化转型试点示范建设。

2）技术建设引领。衢州市环保数字化转型项目，由阿里巴巴牵头省内外多家专业技术公司，组成技术团队进驻市环保局开展建设。试点项目技术团队对全市治水业务进行调研梳理，形成了"1+5"的体系建设方案框架，即生态环境数据资源一仓库，环境要素态势感知一张网、污染源档案管理一个库、生态资源动态监管一本账、污染防治协同指挥一张图、环境管理决策服务一门户。

3）建立网格终端。按照"属地管理、全面覆盖、分级负责、责任到人、动态管理"的原则，建立"市、县、乡、村"四级环境监管网格，配备环境协管员、企业环境监督员、乡镇环保员和农村生态指导员等。全市抽调全市 1 487 名机关干部派驻各村，担任环保网格员，配备环保数字化转型终端，开展定期巡查、定期报告，实时将环境情况、问题隐患等数据信息上报平台，打通基层环境监管"最后一公里"。2018 年，全市生态指导员共排查出各类环保隐患 1 000 多个，协调解决环保问题 400 多个。

二、着力实现水环境信息全共享

1）上下贯通。衢州数字化转型项目，主动融入省环保协同平台布局，在省环保协同平台统一治水核心业务和数据分析展示功能的基础上，衢州市结合本地实际，研发了全市 22 个国、省考断面考核和 7 个饮用水源地监管协同流程、污染源异常联动执法、环境医院协同、环保督察和生态环境地图等特色应用场景，并通过浙政钉的氚云进行上线试运行，实现功能上下贯通。同时，衢州市将全市 2018 年收集整合的 1 287 万余条水环境数据，向省环保协同平台进行归集，实现省市两级数据互通共享。

2）横向融合。为加快推进环保数字化转型跨部门数据协同共享，实现部门数据互联互通，打破数据"孤岛"现象，衢州市环保、电力、水利、住建、水业集团等单位开展协商，梳理形成了试点项目基础数据共享需求清单，环保部门内需归集数据 66 类 741 项，其他市级部门需归集数据 32 类 287 项，目前相关数据已完成归集入库工作，污染物总量、水量、水文、河道及河长等数据均实现共用共享。

3）全面整合。衢州环保数字化转型项目，依托智慧环保平台，整合污染源在线企业 275 家、在线监测 438 座、集镇污水处理站 48 座、水质自动站 32 座、市控以上交界断面 21 个、乡镇交接断面 151 个、河长 1 600 余名、涉水企业 2 000 余家，2018 年累计收集环境数据 1 287 万余条，整合建设完成全市水环境地图，实时全域反映水质状况和涉水污染源排放状况。

三、着力推动执法监管智能化

通过数据挖掘与分析、互联互通，实现水环境的全过程监管。在开化县试点探索建立环保数字化转型审批服务管控系统，集成了取水口、排污口资料，环境功能区划、生态保护红线等各类规划，将环境功能区划、生态保护红线、水环境功能区划、空间规划、国家公园规划、行政区划、饮用水水源保护区、省级特色小镇等 10 余项规划以图层叠加的方式展现在一张图上，打通生态规划、环评审批、监管执法等各个环节，实现智能系统当场出具环境情况分析结果，项目环保预审时间从 7 天提高到当场出具分析结果，前期论证时间从平均 1 个月缩减为 1 个工作日。

专栏 8-3-6　江苏省生态环境信息化建设特色案例

案例一：江苏省以环保云为代表的大数据监管平台

江苏省生态环境信息化建设走在了全国前列，在生态环境治理过程中，江苏依托物联网、云计算、大数据等信息化技术，建立了以环保云为代表的大数据监管平台，成为环境监管的有效手段。江苏被列为首批生态环境大数据试点省份，通过建设云平台，可以逐步实现"一数一源，一源多用，数据共享，业务协同"，初步整合了环境质量、污染源、互联网数据、其他部门数据等 11 个领域 15 个业务系统数据，接入数据库表 5 300 多张、数据量 10 亿条，推动全省生态环境数据互联互通和开放共享，加强生态环境大数据综合应用和集成分析。

作为环保云平台的子系统，污染源"一企一档"信息系统为跨层级、跨地区、跨部门的数据统筹协调，"诊断"企业潜在污染问题，为提升环境监管工作效率提供支持。目前，"一企一档"系统已经实现与省工商局市场监管信息系统的共享机制，建立了包含全省 136 703 家污染企业的档案库。每一个重点污染源的基本信息、生产工艺、治污设施、排污状况都可实时掌握，企业的投产项目、停产情况、执法信息、信用评价等情况也得以动态更新，从而能够对污染源实行全周期管理。例如在对某家钢铁企业做新建项目环评中，如果该项目的排污数据出现长期不超标、波动有规律、用超低值来拉低均值等情况，就会重点留意是否存在作假可能。在执法方面，历史记录中存在的问题和整改情况等都一目了然，使得此后的检查更有针对性，也避免了重复执法，实现了科学调度。

在此基础上，江苏启动了环境信用评价系统，按照相应指标对环保云平台上的企业进行评分，将企业分为绿色、蓝色、黄色、红色和黑色五个等级。在江苏省企业环保信用管理系统里，各级管理人员可以看见辖区内所有参与信用评价管理的企业信息。对被评定为"绿色"的企业，环保部门建议金融机构予以优惠贷款利率、保险机构降低环境污染责任保险费率等；而对被评定为"红色""黑色"的企业，生态环境部门将暂缓办理上市、融资等环保审核事项，同时与财政、物价、电力、水利等部门实行联合惩戒，在土地供应、工程建设、海关认证、企业债券、税收优惠等多个方面对其进行限制。

案例二：苏州市"打赢污染防治攻坚战协同推进平台"

苏州市坚持把"美丽苏州"作为可持续发展的最大本钱，以打赢污染防治攻坚战为目标，2018年伊始，苏州市委、市政府深入贯彻落实《中共中央　国务院关于全面加强生态环境保护坚决打好污染防治攻坚战的意见》，率先在全国提出以科技决胜污染防治的创新理念，建立首个"打赢污染防治攻坚战协同推进平台（一期）"，运用云计算、物联网、大数据、人工智能等领先技术加快推进污染防治攻坚战协同作战。2018 年 10 月，苏州市政府举行打赢污染防治攻坚战协同推进平台（一期）上线仪式，截至 11 月底，已实现平台的应用及数据的运行。该平台的建设，将颠覆原有业务加流程的环境信息化建设传统思路，以结果目标为导向，建立"作战指挥系统"，将作战计划和工作方案数字化，分解目标任务、重点举措和保障条件，形成全新建设内容。项目一期建设内容：作战目标图——生态环境考核目标可视化、战情形势图——生态环境质量现状数据库、战况指挥图——重点专项调度指挥系统、协同作战图——生态环境信息共享及跟踪督办图——生态环境执纪监督五大板块。

实施目标导向挂图作战，聚焦全市污染防治攻坚战最为关键的指标和目标任务，合理利用现状指标和数据，通过平台如实反映工作进展、存在的问题和差距，切实实现"挂图作战"。例如，通过决策看板可以直观地展示"水十条"国考、省考未达标的断面和区域。该平台实现多头联动协同作战，打破传统环保部门单打独斗的模式，以平台为抓手，首先建立市级横向部门间、市县纵向层级间的环境信息共享机制，实现信息共享，让数据协同起来。其次，平台支持将任务分解成责任单位、责任人，明确任务、落实责任，确保各尽其责、分工协同，实现水利、农业农村等 15 个部门的联动协同治理。该平台创新引入执纪监督机制，建立移动化任务督办，由市纪委对环境污染防治工作效果开展嵌入监督和精准监督，并实现与苏州市"智慧监督"平台的数据对接，为污染防治工作的协同推进提供重要保障。

"打赢污染防治攻坚战协同推进平台（一期）"的应用推广已落实到全市"263"攻坚办指挥部。这个平台是污染防治攻坚战的最强大脑，对于生态环境治理中存在的问题和考核目标，一目了然。目前，苏州市正在推进打赢污染防治攻坚战协同推进平台（二期）。

4.5.2 任务设计

（1）全面推进各省生态环境大数据平台建设

随着信息化技术的快速发展，围绕"互联网+"、生态环境大数据开展的环境信息化建设已成为提升生态环境管理系统化、科学化、精细化和高效化水平的重要路径。今后一段时期，应全面推进各省（区、市）生态环境大数据平台建设，建立全省生态环境大数据平台，实现生态环境数字化转型，各省（区、市）要以支撑打赢环境污染防治攻坚战、实施山水林田湖草统一监管、实现生态环境质量改善为目标，协同做好生态环境领域数字化转型的数据整合集成工作，重点围绕大气、水、土壤、生态、农村、固体废物等领域提供信息化支撑，利用云计算、物联网、大数据、遥感等先进技术，协同建设"五个一"，统一顶层设计、统一平台架构、统一层级架构、统一标准规范、统一运维管理，实现省内各级、各部门生态环境数据互联、业务互通、数据统一。

具体应做到：①整合资源，统筹建设。在全面摸清全省生态环境管理需求的基础上，开展全省生态环境大数据顶层设计，整合省内各级、各部门数据资源，统筹建设省—市—县三级一体化的生态环境大数据管理平台，以大数据支撑生态环境信息公开、网上一体化办事和综合信息服务，提高公共服务共建能力和共享水平；②集成共享，互联互通。充分利用信息资源目录体系管理系统，实现各类数据资源整合集成和动态更新，建设生态环境质量监测、环境污染防治、自然生态保护、固体废物管理、核与辐射监管等基础数据库。通过政府数据统一共享交换平台接入生态环境基础数据资源，拓展吸纳相关部门、企业、行业协会和互联网关联数据，形成生态环境大数据资源中心，实现各级、各部门数据互联共享；③集约建设，便民服务。实行生态环境网络资源、计算资源、存储资源、安全资源集约建设、集中管理，构建"一站式"生态环境政务服务办事平台，提供有效便捷的全方位信息服务。推动传统公共服务数据与移动互联网等数据的汇聚整合，开发各类便民应用，不断满足公众生态环境信息需求；④规范管理，统一运维。建立和完善生态环境大数据平台运行管理制度，设立和完善信息化管理专门机构，配备专业的信息技术队伍。规范运行维护流程，形成较为完善的运行维护管理体系。加强大数据运行保障能力建设，依托专业化运维队伍，对生态环境网络、计算、存储、基础软件、安全设备等大数据基础设施实施统一运维，提高运维服务质量和水平。

另外，要着力抓好信息安全保护，建立集中统一的信息安全保障机制，明确数据采集、传输、存储、使用、开放等各环节的信息安全范围边界、责任主体和具体要求，加快完善关键信息基础设施保护制度和网络安全等级保护制度，加强网络安全建设，增强大数据环保云基础设施、数据资源和应用系统等的安全保障能力，确保生态环境数字化转型应用安全落地。通过建立全省生态环境大数据平台，让数字化转型融入污染防治攻坚战等各项工作中，利用信息技术达到精准治污，带动生态环境管理转型，提升生态环境管理效率，实现生态环境决策科学化、监管精准化、服务便民化。

（2）试点建设重点区域生态环境管理信息化平台

结合国家重大战略布局和生态环境保护管理需求，逐步推动京津冀地区、长三角地区、珠三角地区、长江经济带、粤港澳大湾区、成渝城市群等国家重点区域生态环境保护信息化建设，优先选取符合当前形势要求、具有典型示范效应和重大影响力的重点区域，建设符合区域特色和管理需求的生态环境管理信息化平台。

试点建设京津冀地区雾霾监测大数据平台。以京津冀协同发展领导小组办公室为依托，成立京津冀雾霾监测大数据平台办公室，统筹布局京津冀地区环保物联网"一张网"，通过大范围、高密度网格组合布点，提高对大气环境要素及各种污染源全面感知和实时监测。整合分散在京津冀地区各部门、各地方的大气环境质量监测数据和污染源监测监控数据，建立大数据管理、共享和分析服务基础平台，推动京津冀地区各地方数据互联共享，为区域空气质量预报预警、溯源追踪、雾霾成因分析、管理决策、科学研究等提供基础数据支撑。

试点开展长江经济带生态环境大数据平台建设。贯彻落实长江经济带生态优先、绿色发展的总体战略要求，按照山水林田湖草系统治理的整体系统观，统筹考虑自然生态各要素、山上山下、地上地下、陆地海洋以及流域上下游，实行整体保护、宏观管控、综合治理，依托大数据、云计算、物联网等技术，建立长江经济带生态环境大数据平台。围绕生态环境质量、环境污染防治、自然生态保护等方面建设基础生态环境数据库，充分吸纳各省市相关部门、企业、社会等关联数据，建立跨部门、跨区域、省际间的业务协同和信息共享机制，实现对长江经济带11省（市）生态环境保护相关数据的有效汇集、海量数据的深入挖掘分析、数据资源的互联共享与监测信息的实时发布，构建长江经济带一体化的生态环境保护格局，提升长江经济带生态环境治理精细化水平，实现从传统环境管理到精准环境监管的转变，系统推进大保护。另外，基于长江经济带生态环境大数据平台，建设长江经济带流域水质监测管理信息系统，通过信息化手段加强流域生态环境治理业务协同和信息共享；建设长江经济带环境风险与应急管理信息系统，建立11省（市）环境风险源、敏感目标、应急资源与应急预案数据库，探索建立省际间统一的危险品运输信息系统，建设跨部门、跨行政区域、跨流域上下游监管与应急协调联动机制，建立共同防范、互通信息、联合监测、协同处置的应急体系。

（3）推动重点工业园区环境管理信息化平台建设

逐步推进我国重点工业园区环境管理信息化平台建设，提高园区对环境信息的采集、处理和管理效率，进一步提升园区环境管理能力、服务能力、产业集聚能力和可持续发展能力，推动经济结构转型升级，促进工业园区走环境保护和产业经济发展共生共建道路。开发园区环境管理信息系统，系统化地收集、跟踪、抽提和传递园区企业成员的环境信息，集成园区企业运作全过程周期的环境信息，包括排放物管理（包含大气、水、固废常规排放物和各种泄漏物，以及相关联的化学品清单）、危险品管理、意外事故管理、职业健康与安全管理、环境法规和标准、产品全生命周期等各类数据信息，以期实现一体化的环境信息管理。将园区环境管理信息系统与企业管理信息系统集成，基于环境信息管理，促使企业主动调整管理措施和商业决策，鼓励开发与环境管理相关的分析系统与工具，比如成本估算系统、排产与成本控制、分析系统、风险和意外事故分析系统、环境生命周期成本与影响分析系统与工具、废弃物削减系统与工具、园区产业群环境效益和环境成本评估等，提高企业的环境绩效，引导企业在满足特定环境要求前提下主动转型实现绿色发展。加强园区环境管理信息系统平台运行和维护，建立专业的信息技术部门，配备信息管理技术专员，明确园区环境信息管理工作的各岗位职能，建成有规划、有监管、有执行和有反馈的综合信息平台。

4.6   加强管理决策和科研创新基础能力支撑

4.6.1   夯实生态环保规划、政策与评估决策基础能力

以提高生态环保规划编制与政策研究的前瞻性、科学性和可行性为主线，着力加强生态环境保护规划和政策研究技术支撑能力，打造具有国际先进水平的生态环保规划与政策制定研究智库。重点加强环境经济预测分析、环境规划情景模拟与环境政策模拟基础能力建设，推动建设生态环保规划与政策模拟、政策法规实施仿真模拟、流域与面源治理政策模拟等实验平台，开展环境影响评价预测模拟与技术复核、环境影响评价基础数据库建设及应用研究、环评云计算应用研究、环评遥感应用研究以及环境影响评价数值模拟等研究平台建设，夯实环境战略与理论、环境与经济管理、环境法律法规、环境与健康、环境与社会以及生态环境管理体制等方面的政策研究基础能力。

4.6.2   全方位、宽领域开展生态环保基础科研平台建设

以提高生态环境科学基础研究和应用研究为主线，立足国家生态环境发展战略和科技发展趋势，建设国家实验室群，全方位搭建大气、水、土壤、生态、农业农村、海洋环境、核与辐射、危废固废、气候变化等领域基础科研平台。推动大气重污染控制与模拟实验平台建设，开展水生态修复与过程模拟、流域水污染治理与生态修复、环境介质水—土—气—生有害污染物迁移与跟踪监测等科研实验平台建设，建设包含动物、植物、微生物基因种子的生物物种基因种子库，开展污染地块土壤及地下水污染调查与风险评估等技术研发和工程实验室建设，推进有机农业与面源污染控制实验平台建设，夯实海洋科学研究综合科研基地，加强核与辐射安全监管技术研发能力以及东北、海南等地区辐射监测能力建设，加强化学品、危险废物和固体废物的危害特性研究及处理处置技术研究能力，推动国家气候战略中心基础能力建设。全面加强各领域科研实验能力建设，配置满足科研需求的仪器设备，建成多学科的监测、监管、分析测试实验设施和模拟装置，着重打造成套化、专业化大型模拟分析实验平台，构建成套化、系统化、专业化的仪器设备体系，提高各领域科学研究基础支撑能力。

4.6.3   逐步推进一批生态环保科技创新基地建设

加强生态环保科技创新能力，结合国家战略需求和生态环境保护工作需求，逐步推进一批科技创新基地建设。推动天津滨海环境创新研究院建设，探索滨海新区节能环保战略新兴产业发展和制造业转型升级发展新模式。推动建设合肥科技创新中心，尝试搭建科技创新和环境管理相结合的新模式平台。结合《粤港澳大湾区发展规划纲要》，打造粤港澳大湾区生态环境保护联合创新中心，探

索粤港澳生态环境保护的新形式，从科研、政策、产业等全方位支撑粤港澳大湾区的建设和发展，为粤港澳大湾区绿色发展、循环发展、低碳发展提供有力科技支撑。推进有毒有害物质研究中心建设，加强有毒有害物质研究基础能力，逐步打造有毒有害物质基础研究测试、污染防控技术研发、管控政策研究等创新研究高地。

5　保障措施

5.1　明确划分监管事权财权

明确各领域监管事权划分。随着生态环境部生态环境监管领域不断拓展，在近岸海域、生态状况、地下水、农业面源、排污口等监管领域，中央和地方的事权划分仍不清晰，跨区域和跨流域污染防治等部分事项监管事权划分不明确，亟须按照生态环境管理体制改革要求，兼顾当前与长远，明确细化各项监管事权。基于中央和地方生态环境管理事务财政事权划分，按照事权与支出责任匹配原则，纳入同级财政全额保障，中央和地方生态环境监管机构能力建设由中央财政和地方财政分级负责。针对中央和地方共有事权，进一步明确分担比例，全面保障国家与地方环境监管能力网络建设与运行。

5.2　创新监管能力建设模式

创新投融资模式，利用市场机制，拓宽融资渠道。在继续加大政府投入推动环境监管基础能力建设同时，进一步研究拓展环境监管能力建设和运行保障资金的融资渠道，建立多元化、多渠道、多层次的投融资机制，借助社会力量，按照政府购买服务的方式，探索 TO、区域协作、第三方监管等形成社会资本参与环境监管能力建设模式，实现环境监管能力的提升。加强项目资金监管，开展项目绩效评价，建立财政资金下达与绩效评价结果联动的机制，提高资金使用效率。国家适时开展地方财政保障情况跟踪和评估工作。

5.3　强化队伍体系建设保障

"十四五"时期将进入监管能力整体提升阶段，更加注重监管的精细、高效、科学，要处理好软硬实力的关系，统筹软硬协调，实现软硬结合的能力建设路线，确保能力建设充分发挥效益。打造生态环保铁军，为基层环境监管机构发展提供持久动力。加强各级尤其是市、县级环境监管机构人员队伍建设，注重基层环保人才引进、管理，具备条件的乡镇（街道）及工业集聚区要配备必要的环境监管人员，合理人员队伍年龄结构与学历水平，形成梯队，充分加强基本环境监管人员的业务培训和考核。完善人员管理制度，研究建立符合职业特点的环境监管队伍管理制度和有利于监管执法的激励制度。

参考文献

[1]　吴季友，陈传忠，蒋睿晓，等. 我国生态环境监测网络建设成效与展望[J]. 中国环境监测，2021，37（2）：1-7.

[2]　柏仇勇，赵岑. 中国生态环境监测 40 年改革发展与成效[J]. 中国环境管理，2019，11（4）：30-33.

[3] 张建辉，吴艳婷，杨一鹏，等. 生态环境立体遥感监测“十四五”发展思路[J]. 环境监控与预警，2019，11（5）：8-12.

[4] 王龚博，胡海波，姚利鹏，等. 城市网格化环境监管模式研究与展望[J]. 环境与可持续发展，2018（5）：54-57.

[5] 蔡云，张新华，李舵. 环保制度改革下网格化环境监管发展对策建议[J]. 环境监控与预警，2018，10（2）：54-56.

[6] 许文博. 浅谈环境保护信息化在环保工作中的发展[J]. 信息系统工程，2017（6）：88.

[7] 生态环境部. 中共中央　国务院关于深入打好污染防治攻坚战的意见[EB/OL]. http://www.mee.gov.cn/zcwj/zyygwj/202111/t20211108_959456.shtml，2021-11-08，[2021-12-20].

[8] 人民网. 实化网格化环境监管　守护泉州绿水青山[EB/OL]. https://www.sohu.com/a/280303283_114731，2018-12-07，[2019-10-20].

[9] 福州环境保护. 我市稳步推进环境网格化监管平台建设[EB/OL]. http://www.fuzhou.gov.cn/zgfzzt/shbj/zz/xxgk/gzdt/201807/t20180731_2540945.htm，2018-07-10，[2019-08-15].

[10] 人民网. 北京环境执法用上无人机无人船[EB/OL]. http://news.china.com.cn/live/2018-09-17/content_184656.htm，2018-09-17，[2019-06-11].

[11] 环球网. 高科技助力第二轮大气环境执法　无人机飞到烟囱里检测[EB/OL]. https://baijiahao.baidu.com/s？id=1619514559554535668&wfr=spider&for=pc，2018-12-11，[2019-05-07].

[12] 人民政协网. 福建省率先在全国建省级生态云[EB/OL]. http://www.rmzxb.com.cn/c/2017-02-13/1338482.shtml，2017-02-13，[2019-04-11].

[13] 福州环境保护. 生态云典型案例展示：福建省环境应急指挥系统[EB/OL]. https://www.sohu.com/a/311750898_480225，2019-05-04，[2019-09-08].

[14] 浙江省人民政府. 衢州市全省率先开展环保数字化转型试点[EB/OL]. https://www.zj.gov.cn/art/2019/1/22/art_1229415698_59175073.html，2019-01-22，[2019-08-08].

[15] 中国江苏网. 全国首家地市级污染防治协同推进平台在苏州上线[EB/OL]. https://baijiahao.baidu.com/s？id=1604304266397096663&wfr=spider&for=pc，2018-06-26，[2019-07-03].

[16] 中国雄安官网. 雄安新区 5G“天地一体化”生态监测系统亮相世界移动通信大会[EB/OL]. http://www.xiongan.gov.cn/2019-06/28/c_1210172653.htm，2019-06-28，[2019-07-20].

[17] 张掖市人民政府. 张掖市“一库八网三平台”已初现成效[EB/OL]. http://www.zhangye.gov.cn/hbj/dzdt/gzdt/201905/t20190531_223109.html，2019-05-31，[2019-07-25].

[18] 中国新闻网. 青海构建“天空地一体化”网络实时、智能、精准监测生态[EB/OL]. https://baijiahao.baidu.com/s?id=1636957672293544391&wfr=spider&for=pc，2019-06-21，[2019-08-05].

本专题执笔人：陈瑾、马欢欢、程亮

完成时间：2021 年 12 月

专题4　生态环境智慧化监管思路与对策研究

1　我国生态环境监管能力建设现状

生态环境监管是在各级政府生态环境部门的领导下，依照相关的法律法规对所管辖区域内的污染以及破坏生态环境的问题进行现场监督、检查，并且参与生态环境问题的整治过程。经过40年的持续改革，我国形成了中央统一管理和地方分级管理、部门分工管理相结合的生态环境监管体制。目前，生态环境部门主要负责生态环境监察执法、环境监测等。

1.1　发展历程

我国生态环境监管建设始于"六五"时期。期间，全国县以上环境监测站1 332个，监测人员19 815人，初步形成了以大中城市为中心的大气监测网络和以河海水系为中心的水质监测网络。"七五"时期，我国提出要建设和装备国家环境监测网络，各类城市也要基本建成环境监测网。进一步完善环境法规和标准。"八五"时期，计算机等信息技术手段开始在环境保护方面得到应用，计算机技术也应用于生态环境监管。而"九五"时期，专门提出加强县级政府的环境保护机构建设。生态环境监理人员增加到3万人。全国要装备200个国家环境监测网络站，建设国家环境应急中心和6个大区分中心，建成国家级、省级和100个城市的环境信息中心，建立海上溢油监视和应急响应系统。我国生态环境监管体系基本建成。

"十五"时期提出，进一步完善国家环境监测网络。主要建设重点城市空气质量自动监测系统、国家酸雨监测网络系统、国家重点流域水质自动监测系统、国家生态环境地面观测网络系统、国家核安全与辐射应急中心、国家辐射环境监测技术中心、海洋环境监测系统、重点污染源在线自动监测系统、环境污染应急监测系统等。完善国家环境信息卫星通信系统建设，实现卫星通信联网；加强国家和省级环境信息中心建设，完成地级市的环境信息中心建设任务，实现全国环境信息的统一收集、加工与发布；初步建立"环境与灾害监测小卫星星座系统"及相应的数据处理应用系统，形成对我国生态环境状况的大范围动态监测能力。同时加快环境监督执法能力建设，提高环境监督执法装备水平。"十一五"时期，统筹环境监管各领域能力建设，建设了当时较为先进的环境监测预警体系、完备的环境执法监督体系，改善了生态环境管理的基础设施和条件。"十二五"时期，以基础、保障、人才等工程为重点，推进生态环境监管基本公共服务均等化建设，基本形成污染源与总量减排监管体系、环境质量监测与评估考核体系、环境预警与应急体系，初步建成生态环境监管基本公共服务体系。

"十三五"时期，明确提出要加强全国生态环境监测网络建设。统一规划、优化环境质量监测点位，建设涵盖大气、水、土壤、噪声、辐射等要素，布局合理、功能完善的全国环境质量监测网络，实现生态环境监测信息集成共享。加强环境监管执法能力建设，加强生态环保信息系统建设。紧密围绕生态保护监管的新职能、新定位，重点加强规划引领、法治保障、标准规范、机制提升，完善监管制度，建立健全监管体制机制。近年来，随着我国经济的快速发展和人类活动的加强，我国生态环境监管相关工作在党的十八大以来受到高度重视。生态环境监管能力逐步增强，为建立科学、统一的污染减排统计、监测和考核体系奠定了基础，为实现污染减排目标提供了强有力保障。通过近几年的建设，环境监测预警体系初见成效，环境执法监督体系基本建立，生态环境管理基础设施逐步完善，环境监管水平大幅提升。在这一时期，大数据成为物联网、云计算、移动互联网等新一代信息技术迅猛发展的必然产物，在互联网、金融、零售、电信、公共管理以及医疗卫生等领域的应用已经取得了一定的成果。我国已经开始在生态环境监管领域开展大数据技术应用，为生态环境保护决策提供科学支撑。在这样的背景下，生态环境智慧化监管的需求越来越强烈，渐渐成为研究的重点领域。

1.2 面临的主要问题和挑战

（1）基层生态环境监管的支撑力度不足

虽然我国的环境监测体系网络不断完善，但是我国幅员辽阔、地形复杂，部分偏远基层生态环境部门缺乏快速的环境监测仪器设备，对瞬间排放的、气味异常的废气无法取证，难以认定排放主体。即使能确定排放企业，由于没有证据也无法对拒不承认的企业进行执法。环境监管执法队伍人员的数量不足与工作量繁重的矛盾、工作水平参差不齐与建设专业化环境执法队伍的矛盾日益突出。环境执法监管工作的现实表明，各地区均存在环境网格管理执法人员不足的问题。部分环境执法人员对不断出台的各类环保法律法规、产业最新政策、企业不断更新的生产工艺不熟悉，不善于做好环境违法现场的群众指导、思想工作。证据收集工作就难以开展或是收集到的证据不全面、不确凿，对环境违法案件调查处理的程序也显失规范，执法质量难以得到保证。新的时代要求环保监管执法人员成长为多面手，运用新的技术手段、新的设备，面对新的挑战。

（2）生态环境监管模式面临垂直监管与属地监管的"两难"选择

现阶段，在生态环境监管领域，我国垂直监管和属地监管两种监管模式并行。在属地监管模式下，地方政府是环境监管的责任主体，对本行政区域的环境质量负责。在垂直监管模式下，中央通过派出机构对地方的监管行为进行监督。现阶段，一方面，我国垂直监管力量薄弱，属地监管执行不力。我国生态环境监管派出机构人数少、力量弱，缺乏地方配合难以开展工作，对地方政府的生态环境监管缺乏控制；另一方面，我国属地监管效果不尽如人意。以行政区划为边界的属地管理有利于落实各级地方政府在生态环境监管上的责任，但生态环境的整体性、公共性和外部性等多元特征，使生态环境监管责任在地方政府之间难以进行合理、明确和具体的划分。地方保护主义导致地方政府生态环境监管纵向乏力、监督约束不足。

（3）生态环境监管时缺乏统一、配套的制度

有效的生态环境监管需要设计科学、因地制宜的监管工具。环境影响评价、排污费/税、浓度控制和总量控制是国际上生态环境监管的得力工具，我国已引入这些监管工具。但总体上看，上述工具的实施效果并不理想。比如最新建立的生态补偿机制，大部分研究推荐以评估生态系统服务功能的损益，或是分析因保护生态而限制发展对应的机会成本等方法来测算补偿标准。但实际操作层面，受主客观因素等影响，往往计算结果差异较大，且与实际支付能力和意愿背离较远等情况出现。此

外，我国也没有对生态保护补偿的专门立法，2010年国务院曾将"生态补偿条例"列入立法计划，但至今尚未出台。相关法规及配套制度建设也比较滞后，在生态补偿的很多方面缺乏法律依据和刚性约束。一些地方政府出台了规范性文件，但权威性和约束性较弱。

（4）环境监管法治建设相对滞后

我国生态环境监管的法律体系，除了《中华人民共和国宪法》相关条款外，还有环境保护基本法，即《中华人民共和国环境保护法》，以及环境保护单行法和相关法，数量有几十部；环境保护行政法规和环境保护部门规章、环境保护地方性法规及规章、我国加入或签署的环境保护国际公约也是重要组成部分。滞后性是法的基本特点之一，在社会迅速发展、执法情况多变的现实中，生态环境监督管理部门依法律赋予的职责去工作，必然会导致滞后性。此外，环境监管的客体和对象并未在法律上作出明确的规定；一些领域存在立法的空白，比如土壤环境保护、核安全、环境监测以及"区域限批"等方面缺乏法律或行政法规；对环境违法行为的惩罚力度较轻，形成"守法成本高、执法成本高、违法成本低"的状况，加上社会监督不足，难以形成对环境监管者的有效问责。

（5）缺乏跨领域集成整合联动

生态环境监管各领域缺乏有效整合与联动，环境监测、监察、应急、信息、统计、科技、宣教等领域，在系统集成、信息共享等方面尚不能满足协同配合的需要。生态环境数据资源库的建设共享度极低，环境影响评价、环境监测、污染源监控、环境执法、环境卫星、核与辐射安全等领域都在建设自己的数据库与应用平台，由于缺乏整合集成，造成资源浪费与重复建设，也成为了跨领域合作与共享方面的硬件障碍。

（6）公众参与有待继续增强

公众参与包括两个方面：一是协助监管机构监管污染者，补充政府监管力量的不足。二是监督政府。我国法律对公民在生态环境保护中的责任义务规定并不明确，也缺乏实际可操作性，这样就使公民或民间环保组织在行使参与权时缺乏法律依据。政府的环境信息不透明导致了公众对很多环境问题不知道、不明确，造成公众无法或者不能及时参与生态环境问题。"12369"是生态环境保护的举报热线，据生态环境部通报，2018年全国微信举报量同比增长93.2%，各地紧密围绕公众举报线索开展执法监督，做到"事事有结果、件件有回音"，认真解决公众合理诉求，切实解决了一大批关系公众切身利益的突出环境问题。同时，也有部分热点、难点问题在处理力度和效果上，离公众的期望仍有一定差距。但对全国民众而言，仍然缺少反馈渠道，信息公开不足。

党的十八大以来，在以习近平同志为核心的党中央坚强领导下，我国环境治理力度前所未有，环境管理配套设施投入不断增加，环境信息化建设也迅速发展。因此，生态环境大数据建设也逐步提上日程。我国生态环境保护部门明确提出大数据、"互联网+"等信息技术应成为推进生态环境监管体系的重要手段。生态环境智慧化监管能够整合来源广泛的监测数据，促进数据共享，支持相关决策等优势，成为解决上述问题的关键。

2　生态环境智慧化监管概述

生态环境智慧化监管的核心是大数据分析及其在生态环境监管中的应用。大数据是以容量大、类型多、存取速度快、应用价值高为主要特征的数据集合，从中能够发现新知识、创造新价值、提升新能力的新一代信息技术和服务业态。

2.1　"智慧化监管"的概念

智慧化监管是一种创新监管手段,是传统监管向智能监管的转变。近年来,物联网和大数据等现代信息技术被广泛应用于生态环境领域,这些创新监管手段以成本低、速度快、精度高的特点解决了传统监管手段所不能解决的问题,极大地推动了生态环境保护"智慧化"。生态环境"智慧化监管"可以理解为,以生态环境为核心,将信息、网络、自动控制、通信等高科技应用到国家、省级、地市级等各层次的环保监管领域中,为解决"智慧化监管"领域所面临的环境质量监测管理、污染防治管理、核与辐射监测管理、突发环境事件应急管理等环境问题,从而提高我国生态环境监管执法水平。

一方面,物联网技术实现了对水、气、声、土壤、生态等环境要素,特别是对核与辐射、危险废物、医疗废物等危险源的全方位监测。这种全面有效的监管能够更有效地判定环境监察执法与应急处置工作的执行状态和效果,更智慧的辅助决策来解决重点城市、区域和流域重大环境管理问题。另一方面,伴随大数据渗透到生态环境保护工作,特别是以提高生态环境质量为核心的工作链的各个环节,生态环境大数据凭借其特有的数据体量大、结构类型多、价值密度低、处理速度快等特点,打造不同主体之间信息共享、行为协同、监督互促的数据平台。

2.2　"智慧化监管"的构成

生态环境智慧化监管应该存在于生态环境管理的各个步骤:智能感知、智慧传输、智慧分析和智能应用。在物理资源及网络资源的基础上,采集整合所有生态环境相关的数据汇聚于大数据平台;在平台上实现对数据的分析挖掘,建立统一的中间件平台,将数据分析结果以服务形式提供给应用,为上层具体应用提供统一、虚拟化的应用接口。

智能感知,主要是应用传感技术,实现对生态环境信息的实时和智能获取,并通过有线、无线网络完成异构网络的信息汇聚。目前,主要的生态环境信息获取渠道是在点、线、面源上运行的污染源在线监测系统。作为感知层应用载体的智能感知终端,将感知的环保数据进行清洗、压缩、聚集和融合,然后从云平台进行双向数据交换。

智慧传输,主要指生态环境大数据平台信息的传输共享支撑技术。支持层通过将互联网、短波网、卫星网等多种网络互相融合,将感知层采集的生态环境信息实时准确地传递至各级生态环境信息中心进行交互和共享,传送到信息处理层进行集中处理,实现更全面的互联互通。

智慧分析,基于环保专有云体系架构,重点构建智慧生态环境数据中心和应用支撑平台,以云计算、虚拟化和商业智能等大数据处理技术手段,整合和分析生态环境及相关行业的不同地域、不同类型用户群的海量数据信息,实现大数据存储、实时处理、深度清理、过滤、整合、汇总和模型分析。

智能应用,主要是把感知步骤采集的信息,根据各业务模块的功能划分,进行智能化处理,建立面向对象的生态环境业务应用系统和信息服务门户,为第三方生态环境应用提供商提供统一的应用展示平台,为公众、企业、政府等受众提供环保信息服务和交互服务(图8-4-1)。

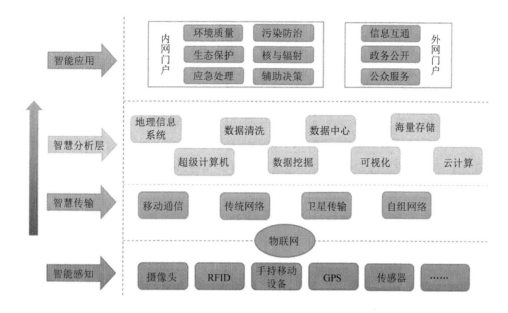

图 8-4-1　"智慧化监管"的结构层面

通过现有的生态环境系统各类业务平台，逐步构筑起生态环境领域的物联网，推动生态环境智慧化监管，从而革命性地推动生态环境保护事业的历史性转变，对于提升生态环境监管的现代化水平具有十分重要的意义。

2.3　"智慧化监管"的优势

（1）监管模式的改变

我国现行生态环境监管体系的监管主体是各级政府、各级生态环境部门及各类行政主管机构。各级生态环境部门是最主要的监管主体，扮演着环境信息监测、预警、奖惩等多重角色，是生态环境监管工作的实际执行者。新环保法提出了构建多元共治、社会参与的现代环境治理体系，明确要求环境监管体系的实施需要为公众提供便捷的参与渠道。在智慧化监管平台支持下，可实现环境信息的实时更新和完全公开，并且具备图文展示和可视化功能，信息表达更为直观清晰，以大数据技术为基础的环境智慧化监管平台的构建将为全社会参与环境监管提供便捷方式，社会公众及上级主管部门不需要实地核查便可掌握某地区的环境状况。此外，在智慧化背景下，环境信息的供给、需求、传播、应用及其价值创造途径日益走向社会化，政府与企业、环保 NGO 乃至公众之间的关系趋向平等、互动与融合。随着互联网、移动互联网等新媒体的广泛应用，更多主体可以通过微信、微博及社交网络等新型媒体发布各类环境信息，社会公众更容易融入环境监管全过程中。

同时，公众、专家学者、环保 NGO、新闻媒体等社会化监管的加入，改变了地方政府的单向监管方式，能够有效抑制地方政府及环保部门对企业违规行为的庇护。由此，依托环境智慧化监管平台，环境监管由政府主导的行政性监管向全社会协作式监管转变。一方面，中央政府将生态环境目标分解到地方政府，地方政府又进一步授权给生态环境管理机构，由其行使生态环境监管职责，上级主管部门负责对下级部门的监管；另一方面，公众、新闻媒体等社会性监督主体通过举报、公益诉讼等形式对地方政府的生态环境监管行为和污染主体的污染行为进行监督，而纪委、法院等部门则行使立案调查、责任追究等职责。大数据技术和思维的应用，能够带来全社会协作式生态环境监管体系运行成本的降低和监管效能的提升。

（2）监管形式的改变

环境污染源和污染类型具有多样性特征，针对不同污染源和污染类型的监督和治理，我国目前采取统一集中监管与部门分工监管相结合的方式，即由生态环境主管部门与分管的发改、住建、资源、水利、农业农村等行政职能部门共同完成。然而，由于各自的职责分配难以厘清，在现实监管过程中经常出现多头领导和监管缺位、错位、越位现象。此外，受制于"条块分割"的管理体制，长期以来我国生态环境监管所涉及的防治、监测、监察、预警、应急、责任处罚，以及生态环境相关的评估、统计、信息、科技、宣教等各项工作，由于分属地和部门管理，缺乏监管信息共享、监管行为协调和监管利益共赢，容易造成监管资源浪费和监管行为失范，无法有效应对并发污染多、跨域污染等典型特征的生态环境污染问题，迫切需要转变分散化监管方式，实现一体化监管。

一体化监管就是要统筹协调好生态环境监管的各项工作，实现各项工作的无缝衔接，减少工作对接过程中的信息失真和相互推诿，有效避免监管真空、资源重复配置和资源浪费。实现一体化监管的核心在于各类生态环境信息的集中管控和共享，以及利用大数据技术构建环境智慧化监管平台，对各类污染信息进行实时监测采集、筛选存储、共享整合、可视化，将改变生态环境信息挖掘、处理及应用的广度、深度和速度，颠覆传统自上而下的线性管理模式，实现网络化动态监管。此外，由于生态环境大数据的开放与共享，各部门、各区域都可以依托生态环境大数据平台履行各自职责，单一业务、单一区域的简单纵向监管向信息共享、资源共用、策略共商、行动共施、责任共担、受益共享的跨业务、跨区域的协同监管转变，一体化监管将成为现实。

（3）监管响应时间的改变

随着遥感技术、在线监测技术的广泛应用，我国生态环境监测信息化取得了显著进展，监管方式从定期或不定期抽查、暗访等人工监管向主要依靠生态环境监测器和监测网络的实时信息化监管转变。因为传感器、视频监控、GIS、移动设备等智能工具的应用可以实现对生态环境进行 365 d×24 h 不间断监测。但目前在实践中仍然存在一些突出问题：实时监测数据处理不及时，时效性不佳；生态环境数据库存储容量有限，各类数据库相互割裂，生态环境信息存储成本过高；对监测数据的使用基本停留在查询、检索和统计功能上，缺乏专业机构对庞大的监测数据进行分析处理和深度挖掘。因此，如何从实时监测数据中挖掘出有价值的信息，动态了解和掌握生态环境状况的变化，并做出即时响应和安排才是解决生态环境问题的关键。

生态环境智慧化监管平台具有强大的存储、分析和挖掘能力，能够将所有即时监测数据及各级地方政府的生态环境数据库和社会公众、专家学者、社会媒体、环保 NGO 自发披露的各类数据都吸纳进来。依靠大数据技术能够实现从视频流、监控图像、告警录像、语音通话等低价值密度的非结构化数据中挖掘出有价值的信息予以可视化展现，并能利用大数据进行模拟仿真分析，帮助主管部门从纷繁复杂的环境数据中发现潜在的联系与规律，实现对实时监测信息的快速响应，为政策制定或责任追究提供现实依据。此外，可以依托大数据更为准确地进行生态环境演变趋势等方面的预测，有助于提前进行干预，制定更为科学的环境准入、污染排放标准、总量分配、环境质量考核等制度安排，提高决策科学化与管理精细化水平。

（4）监管空间的改变

由于生态环境污染源和污染类型众多，只有准确把握污染源头，分清污染类型，才能采取科学有效的针对性解决措施。目前，我国生态环境监管的覆盖面还比较小，主要集中于园区、重点企业等重点工业污染源和城市空气、流域水质的监测与监控，在空间覆盖上呈现碎片化特征，存在监管盲区、死角和隐患。因此，理想化的生态环境监测体系应当实现生态环境监管全覆盖，从"碎片化"监管向无死角监管转变。网格化监管是近年来兴起的生态环境监管模式，旨在通过"属地管理、分级负责、全面覆盖、责任到人"，建立"横向到边、纵向到底"的网格化环境监管体系，实现对各自环境监管区域和内容的全方位、全覆盖、无缝隙管理。但网格化监管模式在实施过程中也存在网格划分过于简单、条块分割，各区域之间未能协同合作，监管成本过高等问题。

这些问题的最主要根源一方面在于对生态环境信息的掌握不齐全、利用程度不高，另一方面则是不同网格之间缺乏联系和沟通。生态环境信息的协同采集、甄别、分析、交流、挖掘和应用对网格化监管模式的顺利推行起到至关重要的作用。大数据技术为网格化监管的顺利实现提供了强大、可靠的技术支撑。依托生态环境智慧化监管平台有助于实时掌握各类环境信息，对所有污染物排放信息进行集中分析与处理，并实现数据传输和管理的智能化和可视化，有助于实时监控环境变化，第一时间发现异常现象或行为，及时进行跟踪解决，为下辖各层网络的环境管理部门的环境监管和行政执法提供科学依据，有助于实现环境监管空间全覆盖、公众体验便捷化、诉求回应快速化、污染治理协同化的环境监管新机制。

2.4 "智慧化监管"存在的问题

随着智慧化生态环境监管的发展，生态环境监管虽然在信息收集处理以及服务方面有了很大的提高，但是还是有一些问题亟待解决。

（1）缺乏顶层设计的全局性思维

目前，我国的生态环境智慧化监管建设缺乏顶层设计的全局性思维，虽然现有的单个系统能满足特定功能或者业务的监管需求，但是从满足长远发展需要来看，缺乏科学合理的系统功能规划和划分，系统较多，扩展性较差，不能形成有机整体。

（2）生态环境监测基础设施不均衡，部分设施老化严重

各地物联网生态环境监测相关基础设施水平不均衡，东部经济发达地区的生态环境监管设施种类多，设备水平高，西部地区相关的基础能力建设不足。此外，监测监管设备需要过多维护，成本很高，一些地区设施老化后难以维护更新。部分偏远、经济水平差的基层，缺乏便携式生态环境监管设备，更不利于随时监管。

（3）部分系统"可用"但"不好用"

一些生态环境智慧化系统开发较早，部分功能无法满足最新的法律法规和环境保护业务的要求，部分系统没有根据新的生态环境标准及时进行功能和性能的升级完善，导致系统处于"可用"但"不好用"的阶段。

（4）信息孤岛现象难以快速解决

智慧化与监管部门的融合在于实现数据的公开和共享，这也是大数据的最鲜明特点——共享性。现有的环境大数据平台内部功能模块以及各业务系统之间缺乏业务联动和数据互通，信息资源分散在不同的业务系统中，信息孤岛较多，无法实现信息资源的交换、整合和共享。

（5）海量数据处理的难度大

海量级的数据增长在丰富了生态环境治理监管信息资源的同时，也增加了运用数据的难度。一方面，如何将海量级的生态数据进行整理、分析和交叉对比是一个难题；另一方面，从海量级的数

据中挖掘出有效信息,从而形成有价值的生态环境决策也是当前面临的重大挑战。

(6)执法时效有待提高

生态环境信息智慧化对政府部门有好处,同时也带来压力。政府部门可以利用智慧化监管平台提高信息共用的能力以及政府间合作和办事效率。但是公众对于生态环境问题反馈到生态环境监管部门,也增加了生态环境监管部门的工作量,对政府部门的工作效率提出更高的要求。

(7)对监督部门的人员素质提出新的要求

"智慧化监管"的应用带来新的设备、新的科学技术应用,但对基层生态环境监督部门中的执法人员的生态环境监督管理技能要求较高,这就给智慧化监管的推广制造了一定的障碍。由于缺乏懂信息处理的干部,还可能导致生态环境信息的误判,给社会经济造成损失。

2.5 "智慧化监管"的发展方向

2.5.1 技术方面

"智慧化监管"是在原有生态环境监测系统的基础上,借助物联网技术,把感应器和装备嵌入各种生态环境监控对象(物体)中,通过超级计算机和云计算将环保领域物联网整合起来,实时采集污染源数据、水环境质量数据、空气环境质量数据、噪声数据等环境信息,对重点地区、重点企业实施智能化远程监测,对各种环境信息进行智能分析,实现人类社会与环境业务系统的整合,以更加精细和动态的方式实现环境管理和决策的"智慧"。"智慧化监管"是现有生态环境监管系统理念的延伸和拓展,是信息技术进步的必然趋势。

智慧化监管的技术核心为云技术,其中包括基础设施、应用平台、应用软件三个层次的云化服务。生态环境智慧化监管系统建设,并不是简单的应用云的概念,而是从底层硬件的云化开始的一体化建设。为了能够更好地利用基础设施所提供的计算资源,提升环境感知等大数据的存取及数据挖掘效率,必须改变现有传统数据中心至云计算模式。有效地解决海量数据组织、高效管理以及快速定位等问题。建立云环境数据中心,整合并集成现有信息系统的数据资源,将结构化、非结构化的各类生态环境数据资源以标准化方法进行集成整合,实现各类数据的统一存储、管理;同时,云数据中心对海量环境信息数据的智能挖掘,辅助管理层分析环境管理现状和发展趋势,为量化的指标数据提供了强大的支撑。云数据中心可将监测数据和预测、报警信息等在上级系统和本级系统中传输,实现跨系统、跨平台的网络互联。同时,数据处理将引用经典的数据处理方法,对环境监测数据进行分析利用,使环境相关数据处理后应用于环境治理评估和事后监督取证,增强监管力度。

2.5.2 管理应用方面

经云数据平台处理后,系统将各种不同种类的生态环境指标信息和污染源排放信息相互结合,开展数据分析活动,通过科学分析、合理预测企业排污强度、污染源分布情况,及其对周围生态环境质量的影响,有针对性地制定生态环境问题的治理解决措施,并24 h不间断地监测生态环境问题解决成效,并以此来不断改进治理生态环境问题的措施。

以生态环境应急处置为例,可以分行业对各类突发生态环境污染事故建立针对性强的应急处理方案,时时保持与专家的信息互通和远程指导。同时可以调用全国其他地区类似事故处置的成功方法和经验,帮助现场处置人员快速找到事故处置方法,最大幅度减少生态环境污染程度和发生生态环境次生事故的风险。如 2018 年 10 月起，江苏省常州市武进区锡溧漕河分庄桥断面总磷指标出现有规律的多次异常波动，生态环境部门初步判断可能是过往船只倾倒污染物所致。在不懈努力下，经过"水、陆、空"拉网式排查，夜间水上突击排查，连续反复采样、即采即测，公安、海事、生态环境三部门联合调查，海事部门负责对近期通过锡溧漕河液体运输船只数据信息进行筛查，公安部门结合 GPS 轨迹，运用大数据技术进行分析，进一步缩小可疑船只范围。最终成功锁定了犯罪嫌疑人。智慧化监管将环境监测、报警、应急处理、处理评估系统整合，形成闭环，提高了环境应急处理的反应速度。

3　生态环境智慧化监管总体发展思路

3.1　发展定位

建设全覆盖的"水陆空"立体式监测网络。加强走航车、小微站、超级站和卫星遥感、无人机等环境监测物联网的建设，充分考虑加快 5G 技术在生态环境领域的应用，尽快形成天、空、地、海、地下一体化的生态环境监测体系。搭建决策指挥一体化系统。落实"数字+生态"实际应用。进一步深化提升基于"生态云"平台的网格化监管、企业环保档案等治理方式的应用研究，尽快形成监管智能化、执法程序化、多方参与的生态环境治理体系。

3.2　发展目标

3.2.1　总体目标

加强生态环境监测网络建设，统一规划、优化生态环境质量监测点位，实现生态环境监测信息集成共享，建立天地一体化的生态遥感监测系统，实现环境卫星组网运行，加强无人机遥感监测和地面生态监测。加强生态环保信息系统建设，梳理污染物排放数据，逐步实现数据的整合和归真，建立典型生态区基础数据库和信息管理系统，建设和完善全国统一、覆盖全面的实时在线环境监测监控系统，加快生态环境大数据平台建设。

加快完善生态环境监管的法律法规体系，推进生态环境司法常态化、规范化和专门化；深化生态环境监管体制改革，重塑生态环境监管组织体系，加强生态环境监管能力建设；完善生态环境监管问责机制，以生态环保督察推动形成生态环境守法新局面；优化生态环境监管程序，做实监管程序中关键环节，统筹相关生态环境监管工具调整。

3.2.2　具体目标

2025 年，完善生态环境监测网络，编制"生态环境监测条例"。建立天地一体化的生态遥感监测系统，建立生态功能地面监测站点，加强无人机遥感监测，对重要生态系统服务功能开展统一监测、统一信息公布。制订"生态环境监测条例"，通过条例的制定，进一步明确生态环境监测的法律地位和作用，明确各级各类生态环境监测机构的权利与义务，同时也进一步强化各级生态环境监测机构的法律责任。

2035 年，建立完整的数据库和平台，加快推进生态文明大数据技术产品研发和应用，尽快形成相关产业链，推动产业生态化和生态产业化，促进互联网、大数据、人工智能与实体经济深度融合，带动产业转型升级，引领经济社会高质量发展。

2050 年，全国进入以数据的深度挖掘和融合应用为主要特征的智能化环境治理新模式。实现利用生态文明大数据开展生态环境形势综合研判、环境容量与承载力分析、环境风险预测预警等，为经济社会发展与生态环境保护重大政策制定、规划计划编制、舆论分析研判引导等提供全面准确的数据支撑。充分利用大数据分析公众和企业需求，丰富服务内容，扩大服务范围，提升服务质量，形成便捷高效的生态文明大数据公共服务体系。

3.3　重点建设内容

（1）构建生态环境监管领域物联感知体系

建立污染源普查与环境统计、排污许可相衔接的管理信息系统。建立污染源普查数据库、动态采集更新和汇总统计系统、数据分析加工系统，对污染源普查或者统计数据进行分析和汇总，定期发布污染源普查或者统计信息，为领导决策和社会公众提供污染源数据服务。

建立生态环境质量自动监测系统。在现有生态环境质量自动监测的基础上，进一步加强环境空气自动监测、地表水水质自动监测、环境噪声自动监测、生态及生物多样性监测等系统的建设；建立监测网络，建设生态环境质量监测点位综合数据库，利用 GIS 发布区域生态环境质量信息。

（2）开发智能化处理功能

充分发挥物联网智能化优势，对生态环境监测大数据进行智能化处理，将简单的生态环境监测数据提炼为更有价值的统计数据。建立监测数据采集分析系统和环境监测数据库，并在数据和历史信息的基础上对生态环境监测数据进行综合分析与评价；建设环境质量预警系统，对环境质量的变化及时发现，提早预警。

（3）实现自动化控制作用

生态环境领域的物联网技术应用，通过将生态环境保护区域内布置的生态环境感应装置与控制装置连接，构成信息传输整体网络，通过加载智能芯片，使生态环境设备具备独立计算及控制能力，构成自动控制系统。当污染达到一定指标时，自动控制系统自动采取一系列措施，达到快速调节污染的目的。

建立生态环境质量模拟与评估系统。建设区域大气、水等环境质量动态模拟库，为环境质量模拟提供基础依据；运用信息技术手段建设环境质量分析系统，通过空气污染扩散模型、水体污染扩散模型等分析功能，为相关人员提供决策依据；建设环境质量模拟分析专家库系统，结合模型库和分析系统，为环境管理人员提供决策支持。

（4）构建多平台应急决策模式

建立生态环境应急管理系统。建信息管理、资源调入、通信集成、协同管理等综合系统，完成生态环境突发事件应急响应、应急处置及善后处理等过程环节的记录、跟踪、查询和分析。建立环境应急预案编制系统、评估系统和备案系统，实现各类各级应急预案的统一管理；建立环境应急法律法规库、应急标准库、应急事件处置案例库、应急知识库、应急处置技术库、应急专家库、应急物资与人员管理库和环境应急信息资源库；建立污染扩散模型和突发环境事件备案系统，提供突发环境事件的处置建议与方案，为环境应急处置提供科学依据。

4 生态环境智慧化监管发展的重点任务

4.1 建设智慧生态环境监管体系

4.1.1 打造一流的生态环境监管和服务平台

（1）打造一流的生态环境监管平台

按照统一规划、统一标准、统一环评、统一监测、统一执法要求，建设不同层级生态环境监管平台，实施生态环境监测的统一布局、监测及生态环境信息管理发布，推动形成区域生态环境治理新格局。

（2）打造一流的生态环境监管服务平台

建立以广泛准确的多源生态环境数据获取能力、快速有效的数据传输能力、智能的信息分析处理能力和综合性的辅助决策支撑与管理能力为支撑的智慧生态环保体系。依托覆盖大气、水、土、生态、噪声、辐射、固定源、移动源、风险源等全要素、全方位、智能化生态环境监测监控体系，高标准建设"智慧环保"生态环境大数据中心，为政府、企业、社会公众提供智能化、可视化、便利化的生态环保综合信息服务。

4.1.2 建立智能化生态环境监测网络体系

（1）建立全方位智能化大气环境监测网络

各地根据需要，增加国家城市空气监测点位，增设激光雷达监测站点，布设构建国家空气质量监测超级站，实行全方位立体大气环境监测。布设移动车载式空气污染监测传感系统，依托城市基础设施智能化多功能感知系统建设，构建全面广泛的城市大气环境智能感知网络体系。开展大气污染物的快速源解析与精准源识别，建设空气质量预测预报平台，实施精细化空气质量综合预报预警。

（2）建设高效精准化水环境监测预警系统

统一规划、建设完整的地表水、地下水、饮用水等环境监测网络，加密建设重要河流水体断面的自动在线监测设施，完善水环境在线监测和上游流域污染源监控体系，实现水环境质量精准化监测和环境安全监控预警。开展跨行政区河流交界断面及百姓关注的河流水系水质与主要污染物通量实时监控。建设覆盖所有饮用水水源地的自动监测系统。

（3）建设天地一体化生态遥感监测系统

建设地面生态观测站，利用卫星遥感、无人机、无人船等建立天地一体化的生态遥感监测系统，开展生态保护红线区域动态监控。建立健全土壤环境质量监测网络，以耕地、饮用水水源地、污染地块、大型交通干线两侧等为重点科学布设、加密设置土壤环境监测基础点位和风险点位。

4.1.3 构建智慧化生态环境监察执法与应急体系

（1）建立高效独立生态环境监察执法体系

着力提高各地生态环境监察执法机构、装备和队伍建设。强化网格化监控、自动监控、卫星遥感、无人机、物联网等先进技术监控手段的运用，建成"硬件先进、软件出色、数据易得、管理智能、执法高效"的生态环境监察执法信息化体系，促进生态环境监察执法基础信息数据共享。拓展生态环境违法行为监督渠道，开展阳光执法。

（2）强化污染源网格化智能化监管

依托排污许可证对重点污染源实行在线监控，实现重点污染源的自动监控预警和智能化处置。固定监测和流动监测相结合，构建区域机动车污染遥感监管网络，建立机动车排污和道路交通污染监控平台。建立覆盖所有污染源的网格化监管平台，实施污染源监测与执法联动。建设污染源和污染要素动态数据库，构建环境监管地理信息平台。

（3）建立完备的生态环境预警应急体系

加强生态环境态势分析与模拟仿真、资源环境承载力监测预警和环境风险预警。建设区域性生态环境应急设备库，强化危险化学品、危险废物等应急响应能力建设，提升应急装备水平和处置能力。强化智能化生态环境应急处置建设，建立生态环境监管与城市交通、物流、能源等互联互通、协同互动机制，强化各部门应急信息共享和救援体系衔接。

4.2　加强生态环保技术与装备研发示范基地建设

（1）加强生态环境治理创新技术研究

开展减污降碳、生态环境与健康评价、环境基准与标准体系等生态环境管理技术体系示范研究。开展长周期生态环境演变、水自然循环和社会循环的耦合等机理研究。强化区域流域生态环境影响及风险管控技术研究。开展重要生态功能区的山水林田湖草生态保护修复技术研究。

（2）开展新区绿色工程技术示范研究

重点实施产业聚集区、绿色产业链协同升级、减污增容综合治理工程技术示范，开展重金属、VOCs 控制治理技术与工程示范，实施绿色改造技术与示范工程、生态清淤工程技术、生态搬迁与生态恢复技术及世界标杆水平的绿色施工技术示范。

（3）建设环保科技创新和研究平台

联合国际国内科技机构，引进和培养国内外一流科研人员，建设国家及地方生态环保科技创新平台，争创省部联合建设国家重点实验室。鼓励各地设立生态文明研究中心、碳中和实验室，建立区域性生态环境决策支持研究平台和院士工作站。鼓励各地建设生态环境工程技术中心、雾霾等机理基础研究重点实验室。

（4）建立生态环境综合服务示范基地

大力发展环保运营、咨询、环境金融等生态环境服务，打造生态环境服务业集聚区，推进工业企业清洁生产咨询服务与升级改造服务。打造一站式系统解决方案提供商与环保产业联盟，推进环保产业发展。以片区或工业园区为单元，以减污降碳、资源化和循环利用为重点，开展生态环境治理一体化托管服务试点，探索多要素、跨领域综合协同治理模式，构建环境治理生态产业链。利用云计算、大数据、移动物联网等技术提供环境治理服务，采用"互联网+"平台对园区协同治理等运营过程进行实时控制，推进传统业务优化和创新提升，提高管理效率。

（5）建设生态环境先进技术装备研发示范基地

以生活污水、生活垃圾、餐厨垃圾、污泥处置、再生水回用、VOCs 治理、减污降碳等为重点，推进前瞻性技术研发，开展环保新技术、新装备研发与产业化，建设生态环境资源化技术研发基地。在废气、污水、垃圾、土壤、河道、湖泊等领域研发高端、先进的环保技术装备，打造高标准、智能化的先进环保技术与装备集成创新应用示范区。

4.3　建设生态环保信息服务体验宣教基地

（1）统一生态环境信息发布

依托生态环保综合业务管理与服务系统，建立统一的生态环保信息公开平台，建立生态环保信息通报制度，向公众全面公开生态环境质量、环境影响评价、重大环境决策等生态环保信息。加强企业自行监测和污染源监管执法信息公开，及时公布突发生态环保事件应急监测、环境影响、风险评估及应急处理处置、环境损害赔偿等信息，环境信息公开率实现 100%。

（2）建设生态环境宣教基地

实施全民生态环境保护宣传教育行动计划，小学、中学、高等学校、职业学校、培训机构等要将生态文明教育纳入教学内容。建设国家级和地方级生态环保科普和宣教基地。组织环保公益活动，环境监测设施、污水处理设施、垃圾处理设施等向公众开放，组织开展公众开放活动，鼓励、引导公众积极参与生态环保工作。

5　生态环境智慧化监管建设对策

5.1　政府层面的监管对策

从政府生态环境智慧化监管的角度看，主要从以下几个方面加强建设。

（1）加强生态环境监管电子政务方面的总体规划和顶层设计

围绕生态环境保护的工作目标和环境监管工作的需要，基于数字环保建设成果，以及已建设的生态环境自动监测系统，建设生态环境监管电子政务外网平台。提高跨地区、跨部门的海量生态环境监控与空间信息的共享处理能力，模块化设计和开发建设应用系统，将建设项目管理、排污许可证管理、污染控制、环境监察管理、环境监测等生态环境监管业务纳入数字化、规范化、动态化运行轨道，从而提高工作效率，确保运转协调，提高生态环境监管的执行力。

（2）利用物联网等技术建立网格化监管体系，优化监管模式

进一步深化提升基于"生态云"平台的网格化监管、企业环保档案、一市（事）一会商等治理方式的应用研究，尽快形成监管智能化、执法程序化、多方参与系统化的生态环境治理体系。变事后监管为事前防范，变被动的监管模式为主动监管，变请示汇报监管为按照规范要求监管，由单一监管转变为群防群治监管。建立网格化生态环境监管信息平台，构建数字化、信息化的数据库，同时推进视频监控的应用，以提升智慧化生态环境监管效能。

（3）利用大数据技术提高智慧化监管执法效率

利用移动执法支持，将移动信息数据与执法系统实时互动，保证环保执法人员随时随地获取最新数据，可以对重点污染源进行跟踪监管。数据通过物联网，计算分析后精准派发任务到基层，监管执法人员第一时间得到信息，可实现移动执法、移动办公。各类环境监察任务系统由自动发送至工作人员的执法终端（手机等），执法人员通过执法终端随时查看并完成任务，节省人力提高效率。

（4）解决跨行政区、跨流域的生态环境问题

构建统一的环境大数据管理云平台，统筹协调各级地方政府及相关职能部门参与并制定统一的

平台框架、任务、数据标准和运营管理机制，建立起跨层级、跨区域、跨部门、跨系统的互联互通的协同型环境信息化监管体系，变自上而下的管制型监管为自上而下与自下而上相统一的协同型监管，打破监管过程中数据共享与协调难以形成的僵局。在云平台上可以整合环境影响评价、环境监测、污染源监控、环境执法、环境卫星等数据库，加强联动。在环境监管流程方面，可以逐步构建基于云计算的环境电子政务公共平台，集成各类环境监管业务应用系统，完善环境监管业务协同联动一体化技术支撑体系建设，支撑和保障环境监管业务协同联动。

（5）发挥中央补助资金的拉动作用，充分调动地方积极性

生态环境监管部门必须成为兼具研发、咨询、管理和服务为一体的综合性机构，这需要引入大量技术、组织和管理变革，需要中央财政资金支持智慧化环境监管的技术和人才引进。智慧化环境监管从业人员必须是多学科交叉的复合型人才，需要具备环境科学、数据库和软件及数学和统计等领域的知识和能力。因此，应当通过引进与培养相结合的方式不断充实适应新形势智慧化环境监管的研发和管理人才队伍。将生态环境智慧化监管人才培训运行费用纳入地方政府年度财政预算予以保障，切实发挥能力建设效益，真正形成生态环境监管能力。

（6）保证数据公开和智慧化生态环境监管平台的开放共享

环保法明确规定了生态环境保护中公众、环保 NGO 等社会群体的职责，因此各种社会组织和公众自然拥有对环境数据的知情权以及对环境污染的治理需求。为避免出现数据的独享、集中和单向性，充分体现社会的开放性、权力的多中心和双向互动特性，生态环境数据应当及时有效地公开。各级政府可以依托智慧化环境监管平台，开设面向公众的环境数据开放窗口，公众可以利用该平台进行查询、申请和询问，该平台还应开设政府与公众间交流的模块，提高政府环境信息公开的互动性。政府还可通过政府门户网站、移动政务，以及政府微博、微信等形式以统一的数据口径、发布格式、质量标准和相关原则直观展现动态化的环境信息，缩小公众与政府间的信息鸿沟，带来生态环境监管时空范围的延伸。

（7）鼓励和保障公众力量的参与，补充政府监管力量的不足

采用互联网、地方报纸等获取成本低、可及性高的媒介向公众公开生态环境状况、监测数据、相关政策、法规、许可、评估报告等信息，建立社会信用信息共享机制，便于公众对政府进行监督和参与生态环境监管。明确规定公众参与生态环境影响评价的形式，完善公众参与的法律保障机制，增强公众参与环境影响评价的有效性。完善公众参与环境影响评价相关的法律法规，扩展公众参与环境影响评价的范围，增加参与主体的代表性，实现参与方式的多元化，以及公众的全程参与。明确政府和生态环境部门对公众意见的反馈方式和机制，对公众参与环境影响评价的回应作出具体的规定，确保公众意见不被形式化处理。

5.2　工业企业智慧化生态环境监管

企业对生态环境保护的错误认知是许多生态环境问题产生的直接原因。在很多时候实施有效的生态环境保护需要在一定程度上牺牲企业的当前利益。在这种矛盾下，对生态环境保护认识不足的企业很可能会舍弃生态环境保护而收获当前的利益。

生态环境部门对工业企业生态环境监管传统的工作方式为：随时随机抽检污染源企业排污水样，依据抽检结果进行数据统计，开展奖惩工作。随着现代化技术和信息化技术的不断发展，我国的现代化监控技术取得了很大的进步。在拥有了在线监控系统后，监督管理工作便可以实现将历史的、

现在的和将来可能的所有与生态环保相关的基础数据、日常业务数据、辅助数据等按照环保业务自身的生命周期进行归类，实现数据整合与共享，为业务服务。存在污染企业很多，但是相关部门权力分散，可以进行执法监管的人员稀缺的问题。利用这种现代化科技设备，不仅可以打破地域与时间的限制，实时监控企业污染排放情况和减污设备使用情况，有效打击企业违法行为；还可以节省执法人力资源，一个人可以同时监管多家企业，全面提升管理效率。

即便如此，部分企业为了获取利润，挖空心思在监控设备上做文章。比如蓄意破坏监控设备，使设备无法正常工作；或者干扰监测数据的准确性，加大了执法人员执法难度。因此智慧化监管的工作重点在于，执法监管人员除了要及时更新监控系统，还要谨防企业员工对企业数据造假，使监控系统发挥应有的作用。同时，生态环境管理部门应加强智慧化监管平台体系的架构，以各地市的政务电子平台为基础，以覆盖全面、全程管理为目标。系统涵盖各工业企业污染源的全过程业务办理流程及信息管理。侧重构建污染源流向监管数据网。以决策分析和业务流转两大核心，建立集实时监控、业务流转、数据共享、预测预警、科学决策和服务功能为一体的全过程动态监管平台，增加与企业的沟通交流。

为应对越来越复杂的生态环境保护形势，环境保护法赋予了生态环境管理部门更强硬的执法手段，以期改变长期以来违法成本低的逆向动力机制。但落实新法要求也会触及更多的利益，因而生态环境监察执法的难度会更大。除加强执法能力、改变考核体制、推进生态环境诉讼等方法之外，必须重视信息公开和公众参与，利用智慧化监管平台，全面、及时、完整、准确地公开监督性监测和自动监测数据，构建一个透明的多方参与的新型生态环境治理机制。

5.3　突发性生态环境问题智慧化监管对策

突发污染事故的罪魁祸首是风险源，关键是风险源没有得到有效控制。因此，对风险源进行有效识别和管理，是减少或避免突发环境污染事故的关键。因此，迫切需要研究构建涵盖各地区各行业所有风险源的基础信息和加强建设各企事业单位应急资源与能力，对各风险源和应急能力进行分析评价，通过分析各风险源风险等级和应急能力评估，有效识别和管理辖区内各风险源，并提出各风险源的风险防控措施，提高应急组织防控能力方法，为环境监管体系提供决策支持。

（1）改进应急监测机制

应急监测设备是环境监测人员在事故现场，使用小型、便携、简易、快速监测仪器和装置，在尽可能短的时间内对污染物质的种类、污染物质的浓度和污染范围，以及可能的危害等做出判断的过程，为污染事故及时、正确地进行处理、处置和制定恢复措施提供科学的决策依据。生态环境风险事故具有形式多样，危害严重、爆发频发、影响长期等特征。对环境风险事故开展科学的应急监测和使用先进的监测设备，可以及时地掌握污染物的类型、数量、浓度、污染范围和可能的危害，为救援工作提供依据，对事故的发展趋势做出正确的预测。

（2）建立风险物质的监测系统

在风险源单位针对风险源特征污染物，对车间排放口和总排口定期进行监测；城市污水处理厂针对风险源特征污染物，对进水口定期进行监测；县（市、区）生态环境监测机构针对辖区风险源特征污染物，对风险源单位车间排放口和总排口、城市污水处理厂进水口以及风险源单位聚集区河流下游邻近断面，定期进行监测；逐步完善在线监测系统，将远程监控网接入企业内监控，针对剧毒物质实施自动监控，以提高快速预警和反应能力。

（3）建立基于地理信息系统技术及网络技术构建多部门多企业的统一监控平台

构建统一监控平台，涉及到多个部门，包括安监、消防、环保、医疗救护、交通、质检等以及相关企业，这些部门要做到相关信息的及时共享、交换和联系。构建统一监控平台，对风险源实施自动在线连续监控，实现数据采集、实时查询、污染监控的一体化，及时掌握风险物质的排放状况，及时发布排放信息。对于固定风险源，提供远程服务信息，以监控突发的事故，及时报警监控，对于易燃、易爆、泄漏等严重事件提前报警等。对于移动风险源，采用集成的 GPS、GIS、GSM、车辆行驶安全信息记录技术，对可移动危险源实施实时动态监控。此外，需要提高企业信息化的管理水平和自救能力。构建统一监控平台，不仅可以有效地控制和消除事故，还可以积极地预防、辨识、预测危险事故的发生，将事故的危害程度降到最低。

（4）利用智慧化，提高生态环境监察执法能力

智慧化的生态环境监管可以克服执法手段落后，执法尺度不一，执法规范性差，执法信息不及时等缺点。生态环境监管信息化包括污染源自动监控系统、生态环境举报信息系统、环境执法检查、生态环境举报和来信来访系统等。通过信息化系统的使用，实现监控的连续化、自动化、信息化，为生态环境监管工作提供基础数据，为制定各种监管方案提供依据，提高了执法水平和执法效率，提升生态环境监管能力，使监管工作发挥有效的作用。

大数据时代的到来，让生态环境监管面临机遇与挑战并存的双重境遇。未来，智慧化监管都将成为生态环境治理监管进程中的必然趋势。相信在大数据的支持下，智慧化监管可以帮助政府进一步提升监管效率。

参考文献

[1] 柴发合，李艳萍，乔琦，等. 我国大气污染联防联控环境监管模式的战略转型[J]. 环境保护，2013（5）：26-28.

[2] 陈会娟. 中国智慧环保产业发展前景与建议[J]. 中小企业管理与科技（上旬刊），2019（6）.

[3] 陈瑾，程亮，马欢欢. 环境监管执法发展思路与对策研究[J]. 中国人口·资源与环境，2016（S1）：509-512.

[4] 樊杏华. 公法视角下欧盟环境损害责任立法研究[J]. 环境保护，2014，42（2）：84-86.

[5] 冯恺，金坦，逯元堂，等. 我国环境监管能力建设问题与建议[J]. 环境保护，2013，41（8）：44-46.

[6] 冯为为. 智慧环保：环境管理创新发展杠杆[J]. 节能与环保，2016（11）：36-37.

[7] 高金龙，徐丽媛. 中外公众参与环境保护的立法比较[J]. 江西社会科学，2004（3）：246-248.

[8] 高立定. "智慧环保"将助力环境管理智能化[J]. 环境经济，2015（2）：36.

[9] 高世楫，李佐军，陈健鹏. 从"多管"走向"严管"——简政放权背景下环境监管政策建议[J]. 环境保护，2013（17）：31-33.

[10] 戈燕红，李玉金. 基于大数据架构的环境污染精准监测与决策平台的建设[J]. 广东化工，2017（11）.

[11] 顾涛. 新城市背景下推进智慧环保战略[J]. 低碳世界，2016（12）：17-18.

[12] 国家环境保护总局. 国家环境保护"十五"计划（节选）[J]. 环境保护，2002，30（3）：3-9.

[13] 何东，叶水全，汪剑云. 区域智慧环保平台的设计与实践[J]. 测绘，2018，41（6）：23-25.

[14] 环境保护部. 国家环境保护"十二五"规划[M]. 北京：中国环境科学出版社，2012.

[15] 黄锡生，曹飞. 中国环境监管模式的反思与重构[J]. 环境保护，2009，37（4）：36-38.

[16] 黄振华. 滇池流域水环境管理研究[D]. 云南财经大学，2015.

[17] 蒋洪强. 加快推进重大政策和重大项目落地，确保生态环境质量总体改善——《"十三五"生态环境保护规划》解读[J]. 中国环境管理，2016，8（6）：9-11.

[18] 柯瑞荣，李少恒. 云平台助力智慧环保[J]. 中国环境管理，2013（4）：28-31.

[19] 李超群. 我国基层环境执法的困境与出路[D]. 华中师范大学，2016.

[20] 李月华. 基于 WebGIS 的环境监管云平台设计与建设[J]. 测绘与空间地理信息，2017（1）.

[21] 刘梅. 环保建设项目监管系统的设计与实现[D]. 内蒙古大学，2015.

[22] 刘锐，詹志明，谢涛，等. 我国"智慧环保"的体系建设[J]. 环境保护与循环经济，2012（10）：9-14.

[23] 刘文清，杨靖文，桂华侨，等. "互联网+"智慧环保生态环境多元感知体系发展研究[J]. 中国工程科学，2018，20（2）：111-119.

[24] 刘晓. 环境垂直监管法律问题研究[D]. 宁波大学，2018.

[25] 吕忠梅. 监管环境监管者：立法缺失及制度构建[J]. 法商研究，2009（5）：141-147.

[26] 潘鹏，赵晓宏，赵越，等. 环境影响评价智慧监管平台建设与应用[C]. 2018 中国环境科学学会科学技术年会.

[27] 钱翌，刘峥延. 我国环境监管体系存在的问题及改善建议[J]. 青岛科技大学学报（社会科学版），2009（3）：90-94.

[28] 师旭颖. 智慧环保"呼唤"顶层设计[J]. 信息化建设，2013（11）：45-46.

[29] 史玉成. 环境保护公众参与的理念更新与制度重构——对完善我国环境保护公众参与法律制度的思考[J]. 甘肃社会科学，2008（2）：157-160.

[30] 四川省环境保护局. 加强能力建设，促进环境执法[J]. 环境教育，2007（5）：43-44.

[31] 宋娜. 基于公共服务的智慧环保系统研究[J]. 中小企业管理与科技（上旬刊），2015（6）：147-147.

[32] 孙思思. 浅谈加强环境空气质量自动监测管理[J]. 商情，2017（5）：123.

[33] 汪小勇，万玉秋，姜文，等. 美国跨界大气环境监管经验对中国的借鉴[J]. 中国人口·资源与环境，2012，22（3）：122-127.

[34] 王健. 污染源自动监测系统在环境监管中的应用[J]. 科技创新与应用，2016（11）：156-157.

[35] 王金南，秦昌波，苏洁琼，等. 国家生态环境监管执法体制改革方案研究[J]. 环境与可持续发展，2015（5）：9-12.

[36] 王军霞，唐桂刚，韩冬梅. 美国水污染源监管与监测体系研究[C]. 2015 年中国环境科学学会学术年会.

[37] 王陆潇. 基于智慧城市体系下的生态环境大数据研究[J]. 科技资讯，2016，14（22）：2-3.

[38] 王萌，何伟波. 我国环境垂直管理制度改革之美国特色借鉴[J]. 常州大学学报（社会科学版），2019，20（1）：41-48.

[39] 王勤波，高明，梁松旺. 浅谈基层环保执法人员素质的提高[J]. 科技视界，2014（25）：262-262.

[40] 王伟政. 从"数字环保"到"智慧环保"[J]. 同行，2016（9）：101.

[41] 王伟中. 我国全面建立生态补偿机制的政策建议[J]. 理论视野，2008（6）：42-44.

[42] 王晓东，李妍，孟金，等. 物联网在环境保护工作中的应用及研究进展[J]. 物联网技术，2012，2（6）：75-76.

[43] 王晓东，赵炜，郝军，等. 以云技术为核心的智慧环保信息化系统在内蒙古环境管理中的应用[J]. 环境与发展，2015（1）：111-114.

[44] 魏斌. 深化电子政务应用推动环境监管创新[J]. 环境保护，2013，41（11）：39-41.

[45] 吴建新. 以智慧政府建设推进智慧城市发展的对策研究[J]. 中国信息界，2011（5）：26-28.

[46] 吴舜泽，逯元堂，劲松，等. 国家环境监管能力建设"十一五"规划中期评估[J]. 环境保护，2009（10）：11-13.

[47] 邢锋. 物联网在环境保护工作中的应用初探[C]. 河北环境科学-华北五省市环境科学学会第十七届年会论文集，2011.

[48] 邢黎闻. 水亦能变智慧 浙江台州试点"智慧水务"[J]. 信息化建设，2014（6）：21-22.

[49] 熊鹰，徐翔. 政府环境监管与企业污染治理的博弈分析及对策研究[J]. 云南社会科学，2007（4）：60-63.

[50] 徐敏，孙海林. 从"数字环保"到"智慧环保"[J]. 环境监测管理与技术，2011（4）：9-11，30.

[51] 杨学军，徐振强. 智慧城市背景下推进智慧环保战略及其顶层设计路径的探讨[J]. 城市发展研究，2014（6）：152-155.

[52] 杨学军，徐振强. 智慧城市中环保智慧化的模式探讨与技术支撑[J]. 城市发展研究，2014（7）：131-134.

[53] 尹晓远，李红华，杨竞佳. 智慧环保物联网及技术应用示范[C]. 中国环境科学学会 2012 学术年会. 2012.

[54] 于博旭. 智慧城市数据共享平台体系结构分析设计与应用[D]. 天津大学，2014.

[55] 于丽梅. 物联网在环境保护领域中的应用研究[J]. 中国科技纵横，2014（7）：46-47.

[56] 曾贤刚，魏国强. 生态环境监管制度的问题与对策研究[J]. 环境保护，2015，43（11）：41-43.

[57] 詹志明. "数字环保"到"智慧环保"——我国"智慧环保"的发展战略[J]. 环境保护与循环经济，2012（10）：4-8.

[58] 张俊林，胡艳. 提升信息化水平，推进"智慧监管"[J]. 中国市场监管研究，2018，313（11）：35-36，47.

[59] 张明浩. "智慧环保"物联网系统的构建与应用——以南京市建邺区水环境自动监控系统为例[D]. 南京农业大学，2015.

[60] 张其春. 大数据驱动政府环境监管转型及建设途径探讨[J]. 太原理工大学学报：社会科学版，2015（33）：60.

[61] 张巍，冯涛，朱锐，等. 智慧环保物联网监控应用与系统集成研究[J]. 环境与发展，2012，27（5）：194-197.

[62] 赵静. 环境保护物联网系统构建及应用[J]. 通讯世界，2017，331（24）：362.

[63] 郑石明. 改革开放 40 年来中国生态环境监管体制改革回顾与展望[J]. 社会科学研究，2018，239（6）：33-40.

[64] 中国. 国家及各地区国民经济和社会发展"十一五"规划纲要[M]. 北京：中国市场出版社，2006.

[65] 周劲松，吴舜泽，逯元堂，等. 国家环境监管能力建设"十一五"规划中期评估[C]. 中国环境科学学会学术年会，2009.

[66] 周适. 环境监管的他国镜鉴与对策选择[J]. 改革，2015（4）：60-70.

[67] 朱玲，万玉秋，缪旭波，等. 论美国的跨区域大气环境监管对我国的借鉴[J]. 环境保护科学，2010，36（2）：76-78.

本专题执笔人：蒋洪强、张伟、卢亚灵、王建童、周思

完成时间：2019 年 12 月

专题 5　"十四五"环保产业发展重点与模式创新研究

1　"十三五"环保产业发展成效

1.1　环保产业相关促进政策陆续出台实施

"十三五"生态环境部围绕打好污染防治攻坚战，柴油货车污染治理、城市黑臭水体治理、渤海综合治理、长江保护修复、水源地保护、农业农村污染治理七场标志性重大战役全面实施，环保产业的市场空间进一步释放。《中华人民共和国水污染防治法》《中华人民共和国固体废物污染环境防治法》重新修订，《中华人民共和国土壤污染防治法》《中华人民共和国长江保护法》正式启动实施，为环保产业新一轮的提升和发展的打开了空间。中央生态环境保护督察全面启动，并常态化推进，催生潜在环保需求市场转化。"十三五"时期，大气、水、土壤污染防治专项资金以及农村环境整治资金等中央生态环境资金共计下达 2 248 亿元，有效推动了大气、水和土壤三大污染防治行动计划目标任务落实，积极引导社会资本投入，推进环保产业发展。污水处理费、固体废物处理费、水价、电价、天然气价格等收费政策不断完善。实施污染治理第三方企业所得税税率按减 15%、部分环保设备关税和进口环节增值税免征、小微企业普惠性税收减免等税收优惠政策。设立国家绿色发展基金，深入推进绿色金融改革创新试验区建设，加快金融支持绿色发展创新，搭建社会资金投入生态环保新渠道。持续推进环境治理模式创新，引导鼓励工业园区和企业推进环境污染第三方治理，推进工业园区、小城镇环境综合治理托管服务模式试点，探索生态环境导向（EOD）的城市开发模式等，环保产业将迸发出新的活力。

1.2　环保产业规模持续扩大贡献逐步加大

根据中国环境保护产业协会调查统计，2020 年全国环保产业营业收入约 1.95 万亿元，较 2019 年增长约 7.3%，其中环境服务营业收入约 1.2 万亿元，同比增长约 9.7%，从业人员超过 320 万人。"十三五"期间，环保产业营业收入持续增长，但增速放缓，年均复合增长率为 14.1%。2020 年，环保产业营业收入与国内生产总值（GDP）的比值为 1.9%，对国民经济直接贡献率[①]为 4.5%，环保产业对国民经济的贡献总体呈逐步加大的趋势。但是，我国环保产业对国民经济发展的拉动作用仍然相对较弱，2004—2015 年，我国环保产业对 GDP 增长的拉动从 0.03 个百分点扩大至 0.3 个百分点，此后环保产业对 GDP 增长的拉动作用有所下降，2020 年下滑至 0.1 个百分点（图 8-5-1、图 8-5-2）。

---

① 产业贡献率以产业当年营收增量与 GDP 当年增量的百分比计算。

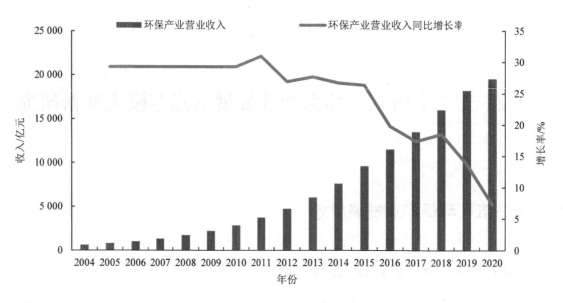

图 8-5-1　2004—2020 年环保产业营业收入状况

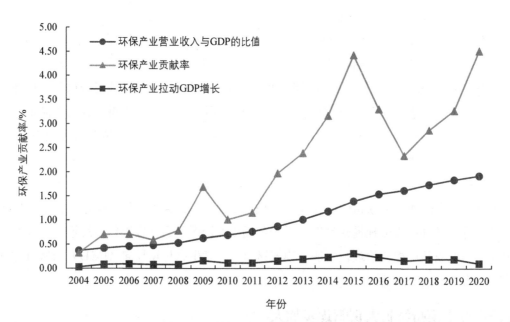

图 8-5-2　2004—2020 年环保产业贡献率及对国民经济发展的拉动作用

1.3　产业结构和集中度发生转折性改变

随着我国污染减排和环境管理目标的深化,环保产业的重心从工程建设逐步转向污染防治设施的建设和运行,由此带动了以污染治理设施运行为核心的环境保护服务业的快速发展。近年来,环境服务业的营业收入在环保产业中的占比不断提升。2020 年,我国环境服务业营业收入 1.2 万亿元,较 2015 年的 4 900 亿元增长 145%,环境服务业营业收入占环保产业营业收入由 2015 年的 51%提升至 2020 年的 61.4%,增长 10 个百分点。"十三五"时期以来,随着《中华人民共和国固体废物污染环境防治法》的修订实施,"无废城市"试点建设、"垃圾分类"、"清废行动"等工作的开展,我国固体废物行业发展迅速。2019 年,我国固体废物行业规模首次超过水污染防治领域,居环保各细分领域第一位。随着我国以总量控制为主向以环境质量改善为核心的管理转型，环保产业也进入了综合化效果服务时代，对环保企业自身实力与资本运作能力提出了更高的要求，环保企业也向综合化、大型化、集团化方向发展，行业集中度进一步提升。央企、国企纷纷跨界进入环保产业，多省（区、市）成立地方环保平台企业，形成了一批以环保类央企、上市环保公司等为代表的大型骨干企业集团，在资源及资金等方面为环保产业输入了新鲜血液。据不完全统计，截至 2020 年年底，央企中已有近一半企业进入环保产业。已成立省级环保相关（含水利、供水）平台公司约 28 家（不含直辖市和特别行政区），一半以上省级环保集团为 2016 年之后成立，四川、山西、广东等省份通过战略性重组、专业化整合，优化省属企业生态环保资源配置，提升资产运营效率，打造省级环保龙头企业，推动全省环保产业做强做优做大。福建省生态环保集团、云南省环保产业集团、安徽环保产业集团也即将组建（图 8-5-3，表 8-5-1，表 8-5-2）。

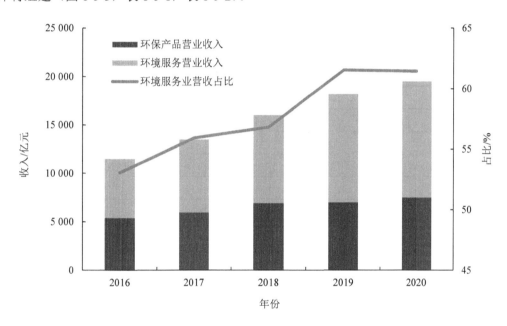

图 8-5-3　2016—2020 年我国环保产业结构变化

表 8-5-1　41 家央企进入环保行业情况（不完全统计）

企业名称	水务	固体废物	大气	环境修复	海洋生态环境	环境监测咨询
中国移动通讯集团有限公司						√
中国石油天然气集团有限公司			√			
中国石油化工集团有限公司	√	√	√	√		
中国建筑集团有限公司	√	√		√		
国家能源投资集团有限责任公司	√	√		√		
中国国电集团	√		√			
华润（集团）有限公司	√	√				
中国交通建设股份有限公司	√				√	
中国海洋石油集团有限公司	√					√
中国华能集团有限公司		√				
中国中铁股份有限公司	√					

企业名称	水务	固体废物	大气	环境修复	海洋生态环境	环境监测咨询
中国五矿集团有限公司	√	√		√		
中国铁道建筑集团有限公司						
中国南方电网有线责任公司	√	√	√			
中国大唐集团有限公司	√		√			
中国长江三峡集团有限公司	√			√		
中国电力建设股份有限公司	√	√				√
中国核工业集团有限公司	√	√				
中国铝业集团有限公司		√		√		
中国船舶集团有限公司	√				√	
中国中化集团有限公司	√	√	√	√		
中国第一汽车集团有限公司			√			
中国航天科技集团有限公司	√					
中国建材集团有限公司						
中国中车集团有限公司	√	√			√	
中国能源建设集团有限公司	√	√		√		
中国兵器工业集团有限公司						
中国机械工业集团有限公司	√					
中国医药集团有限公司	√					
鞍钢集团有限公司		√	√			
中国航天科工集团有限公司	√	√				
中国宝武钢铁集团有限公司	√		√			
中国诚通控股集团有限公司	√		√			
中国节能环保集团有限公司	√	√		√		
中国煤炭科工集团有限公司	√		√			
中国煤炭地质总局	√	√	√	√		
有研科技集团有限公司	√					
北京矿冶科技集团有限公司		√		√		
中国一重集团有限公司		√				
哈尔滨电气集团有限公司		√	√			
国家开发投资集团有限公司	√					

表 8-5-2 省级环保集团情况（不完全统计）

序号	名称	成立时间	注册资本/亿元	业务领域
1	四川省生态环保产业集团	2021 年 8 月（重组）	49.8	水务、大气、固废、土壤、生态修复、再生资源回收、碳减排等
2	广东省环保集团有限公司	2021 年 3 月（更名）	15.46	水务、固废、环境修复等
3	湖南湘水集团有限公司	2020 年 6 月	100	水利、水务
4	山西省黄河万家寨水务集团有限公司	2020 年 3 月（重组）	90.7	水务等

序号	名称	成立时间	注册资本/亿元	业务领域
5	江苏省环保集团有限公司	2019 年 12 月	50	水务、固废、环境修复、监测等
6	广西环保产业投资集团有限公司	2019 年 5 月	50	水务、固废等
7	江西华赣环境集团有限公司	2018 年 9 月	30	水务、大气、环境修复、固废等
8	（河南）城发环境股份有限公司	2018 年 9 月（更名）	6.4	固废、水务等
9	青海环保产业集团有限公司	2018 年 11 月	0.5	水务、固废等
10	湖北省生态保护和绿色发展投资有限公司	2017 年 11 月	40	水务、固废等
11	内蒙古环保投资集团有限公司	2017 年 11 月	50	水务、大气、固废等
12	宁夏环保集团有限公司	2017 年 8 月	10	水务、大气、环境修复等
13	山西大地环境投资控股有限公司	2017 年 8 月	20	固废、环境修复等
14	浙江省环保集团有限公司	2016 年 11 月	10	水务、固废等
15	海南省水务集团有限公司	2016 年 7 月	18.15	水务等
16	新疆新能源集团环境发展有限公司	2016 年 5 月	1.5	固废、监测等
17	辽宁省环保集团有限公司	2016 年 3 月	3	水务、固废等
18	安徽环境科技集团股份有限公司	2015 年 9 月	3	水务、固废、大气等
19	陕西省环保产业集团有限公司	2014 年 10 月	8.67	水务、大气、固废等
20	四川发展环境投资集团有限公司	2013 年 12 月	30	水务、大气、固废等
21	甘肃省水务投资有限责任公司	2013 年 7 月	56.83	水务等
22	福建省水利投资开发集团有限公司	2011 年 11 月	46	水利、水务
23	贵州省水利投资有限责任公司	2011 年 10 月	50	水利、水务
24	云南水务投资股份有限公司	2011 年 6 月	11.9	水务等
25	山东省水发集团	2009 年 11 月	50	水务、固废等
26	河南水利投资集团有限公司	2009 年 12 月	168	水利、水务
27	宁夏水务投资集团	2008 年	11.4	水务等
28	吉林省水务投资集团有限公司	2005 年 4 月	32	水利、水务

注：信息来自各企业网站及公开信息，以企业实际情况为准。

1.4　细分领域的关键技术有所创新突破

据统计，2011—2020 年，我国环境保护领域发明专利申请量占据全球发明专利总量的 50% 以上，专利申请数量在国际上处于绝对领先地位。"十三五"期间，我国在环境领域部署和实施了一系列科技项目与工程，其中，中央财政经费超 140 亿元。通过持续引进、消化、吸收和自主创新，环境科技领域突破了一批重大前沿与关键核心技术，涌现出一批具有自主知识产权的实用新技术，在相关工程中得到应用并逐步形成了各领域的产业体系。例如，针对不同行业的烟气脱硫脱硝，已形成较为完备的技术装备体系，电除尘和袋除尘已达到国际领先或先进水平；水处理设备集成化水平不断提高，膜技术在多种工业废水处理方面取得进展；城市垃圾处理与资源化具备了工业化技术基础，特别是大规模垃圾焚烧发电技术已经达到国际先进水平；土壤修复行业装备水平得到快速提升，形成了一批成熟技术装备，基本能够满足工业污染场地修复治理需求；自主研发的环境质量监测技术与仪器设备在国家城市空气质量自动监测网、重点区域和城市大气灰霾监测超级站得到大量推广应用。环保产业技术水平的提升，为我国环保产业发展提供了发展动力和竞争力，先后崛起了一批技术创新能力较强的环保骨干企业。

1.5　环保产业新模式、新业态不断涌现

生态环境治理市场化进程不断深入,生态环境治理模式、服务模式不断创新。政府与社会资本合作模式与环境污染第三方治理体系持续发展、逐步规范。生态环境导向(EOD)的城市开发模式试点工作启动,探索将生态环境治理项目与资源、产业开发项目有效融合,解决生态环境治理缺乏资金来源渠道、总体投入不足、环境效益难以转化为经济收益等瓶颈问题,提升环保产业可持续发展能力。大数据、云计算、物联网等新一代信息技术正加速向环保领域融合渗透。新兴技术与环保技术装备融合,如形成新兴监测产品、智能环卫车、环卫机器人、智能分拣设备、智能加药系统等,提高设备自动化、精准化水平。新兴技术与环保设施运维服务融合,并在城市水务、环卫行业智慧化、危险废物处理处置、工业固体废物处理处置等领域得到应用,实现降本增效,提升服务水平。如部分地区利用新兴技术实现危险废物产生、运输、贮存、处置/利用等全过程的数字化管理,保障危险废物收集率、充分资源化及最终安全处置。

2　环保产业现状与问题

2.1　现状

2.1.1　细分领域处于不同的产业生命周期

环保产业涉及领域广泛而复杂,并与生态环境保护阶段任务密切相关,细分领域处于不同的产业生命周期。在大气污染治理领域,随着我国能源结构的绿色化、低碳化发展,大气污染防治工作进入提气降碳、协同控制阶段,燃煤烟气治理市场持续萎缩,进入衰退期,钢铁、水泥、玻璃等行业受大气污染物排放标准或超低排放要求的影响,市场已逐渐释放,非电烟气治理处于发展期。CCUS技术整体仍处于研发和实验阶段,项目及范围较小,仍处于初始期。在水污染防治领域,我国水环境产业经过近 40 年的发展,经历了工业末端治理与市政污水处理、黑臭水体防治与水环境综合治理等历程,城镇污水处理、城市黑臭水体治理已步入成熟期,县城、建制镇污水治理市场需求逐步释放,农村黑臭水体治理、污泥处理处置、工业水处理处于发展期,污水资源化、智慧水务等细分领域处于初始阶段。在固体废物处理处置与资源化领域,固体废物源头减量和资源化利用持续推进,最大限度减少填埋量,垃圾填埋处于衰退期,生活垃圾焚烧、医疗废物处理处置行业已处于较为成熟的阶段,场地、耕地与矿山修复、环卫、建筑垃圾资源化、餐厨垃圾处理、工业危险废物处理处置等领域处于产业生命周期的发展期,可降解塑料行业发展需求近年来逐步释放,产业处于初始期。在土壤修复领域,我国污染土壤及场地修复技术、装备及规模化应用关键修复装备及规模化应用与国外还存在较大差距,部分关键修复装备和修复药剂依赖进口。同时,土壤修复资金渠道单一,缺乏明确的营利模式,市场需求释放有限,仍处于初始期。在环境监测领域,我国生态环境监测网络全面覆盖环境质量、污染源和生态质量监测,监测指标项目与国际接轨,基本实现陆海统筹、天地一体、上下协同、信息共享,相较于水污染防治和固废领域,产业规模相对较小,高端环境监测设备市场占有率不高,处于成熟期(表 8-5-3、图 8-5-4)。

表 8-5-3　产业所处不同生命周期阶段特征

影响因素	形成期	成长期	成熟期	衰退期
产品种类	产品结构单一	产品多样化、差别化	产品标准化、成本低	产品老化、新产品出现
产业规模	产业初步形成，规模很小	规模不断扩大	形成完整的产业链，有一定规模	规模逐渐缩小
市场环境	市场不成熟，产业政策亟待建立	已有相应支持产业发展的政策	产业政策完备，市场成熟	市场缩小，政策向其他方向倾斜
市场需求	市场有一定需求	市场需求不断增大	市场需求稳定	需求减少，出现负增长
产业利润	微利甚至亏损	利润迅速增长	利润达到较高水平	利润降低
技术体系	主要技术研发取得突破	大部分产品的开发和工艺流程已解决	技术成熟，产业技术体系形成	技术落后

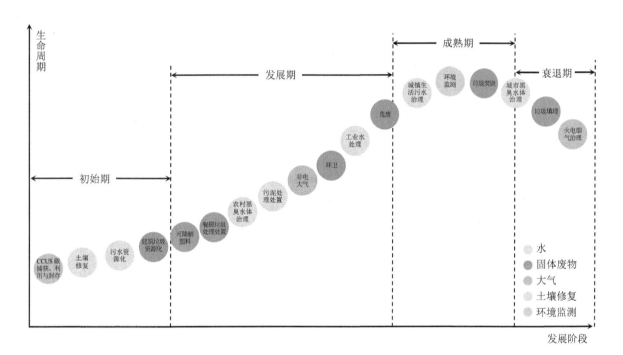

图 8-5-4　环保产业发展生命周期

2.1.2　京粤浙鄂苏鲁等产业发展成效显著

我国环保产业的分布与我国的经济发展空间分布呈现出较高的吻合度，初步形成"一带一轴"的总体分布特征，即以环渤海、长三角、珠三角三大核心区域聚集发展的"沿海发展带"和东起上海沿长江至四川等中部省份的"沿江发展轴"。根据 2020 年中国环保产业协会统计调查结果，南方 16 省份环保产业发展状况总体优于北方 15 省份，南方企业为 15 271.3 万元/企业，比北方企业多 5 802.9 万元/企业，南方企业利润率为 9.7%，比北方企业多 1.5 个百分点。长江经济带 11 省（市）以 36.7% 的企业数量占比贡献了超过四成的产业营业收入、利润及就业人员。北京聚集了较多实力雄厚的环保大中型企业，其产业贡献与华南地区基本相当。从环保业务营业收入来看，广东、北京、浙江、江苏、山东等省（市）环保业务营业收入排名前 5 位，合计占比为 59.1%。从营业利润来看，排名前 5 位的省份为广东、北京、江苏、山东、湖北，合计占比为 65.1%。

2.1.3 环保细分领域商业模式日趋成熟

环境保护市场化的核心动力是环境保护和企业排污的外部成本内部化，其成本内部化方式，决定了产业形态与商业模式。一方面，随着环境保护市场化的改革进程，环境保护各细分领域商业模式基本成熟。工业污水、固体废物、大气、污染场地等工业污染治理项目按照"谁污染、谁治理"和"谁污染、谁付费"的原则，责任主体为污染企业，治污成本已纳入企业经营成本，项目组织方式通常采用 EPC、环境污染第三方治理、BOT、BOO 等，主要带动环保装备产品的发展。城镇污水、垃圾等市政环境基础设施领域项目按照"谁污染、谁付费""谁受益、谁付费"的原则，责任主体为群众，由于当前使用者付费不到位，尚不能涵盖环境治理成本，通常还需要政府承担部分污染治理费用。水体、农田等修复等纯公益性的生态环境治理、环境质量监测项目主要是政府事权的项目，难以收取针对性的费用，通常采用政府购买服务的方式，或探索环境治理项目与经营开发项目组合开发模式，健全社会资本投资环境治理回报机制。工业园区的污水处理、危废处理处置、建筑垃圾处理处置、园区环境监测项目是介于工业污染治理与市政环境领域项目之间，部分需要政府付费。而农村污水、垃圾处理等由于尚未形成使用者付费的机制，大部分依靠政府付费。

2.1.4 环保企业分工更加精细化

2014 年以来，国家层面以及财政部、国家发展改革委、环境保护部（现生态环境部）等部门陆续出台一系列 PPP 政策文件，鼓励地方政府采用 PPP 模式撬动社会资本投资生态环境保护领域。在政策和资本的驱动下，部分环保企业盲目扩张，承揽巨量与自身实力不匹配的 PPP 项目。受资管新规影响，2018 年 A 股环保板块"领跌"，跌幅达 40.76%，企业利润和市值下滑缩水。桑德、东方园林、碧水源、博天环境、国祯环保等头部民营普遍面临融资难融资贵、市场信心不足等诸多发展困境，民营企业通过被国有接管或出让企业控制权方式的自救模式愈发常见。"十三五"以来，生态环境治理项目趋向打捆实施，呈现覆盖范围综合化、投资规模大型化、绩效要求高标准等特点，对社会资本方的自身实力和资本运作能力提出了更高的要求。国有企业凭借其较强的融资与资源整合能力，承接区域性的环境综合治理、流域治理以及污水、垃圾环境基础设施等重资产项目，而民营企业则在细分领域精耕细作，运用其特有的专业性、技术产品和服务为环保工程实施提供设备、材料等配套服务（表 8-5-4）。

表 8-5-4　2019—2020 年环保产业部分典型投资并购事件（不完全统计）

序号	时间	被收购方	收购方
1	2019.01	北控水务	长江电力（三峡集团）
2	2019.11	启迪环境	雄安集团（雄安新区管委会控股基金）
3	2019.07	碧水源	中国城乡（中国交建）
4	2019.04	清新环境	国润环境（四川省国资）
5	2019.05	博世科	广西环保产业投资集团（广西壮族自治区国资委）
6	2019.06	三维丝	周口市城投（周口市国资委）
7	2019.06	锦江环境	浙江能源香港控股有限公司（浙能集团）
8	2019.08	东方园林	朝汇鑫企业管理有限公司（北京朝阳区国资委）
9	2019.09	国祯环保	长江环保集团&三峡资本（三峡集团）

序号	时间	被收购方	收购方
10	2019.09	中持股份	宁波杭州湾新区人保远望启迪科服股权投资中心（有限合伙）（人保资本投资管理有限公司）
11	2019.10	雪浪环境	新苏环保产业集团（江苏常州高新区国资委）
12	2019.10	华控赛格	国投绿色能源（山西省国授）
13	2019.12	维尔利	常州新北区壹号纾困股权投资中心（有限合伙）
14	2020.08	碧水源	中交集团-中国城乡控股
15	2020.12	康恒环境	上实控股
16	2020.11	国祯环保	中节能
17	2020.09	铁汉生态	中节能
18	2020.12	博世科	广州环保投资集团
19	2020.10	雪浪环境	新苏环保-常州市新北区人民政府
20	2020.7	富春环保	天水集团-南昌市国资委
21	2020.12	中持环保	三峡集团-长江环保集团
22	2020.11	北控水务	三峡集团-长江环保集团
23	2020.10	世浦泰集团	三峡集团-长江环保集团

2.1.5　环保产业集聚区建设进入提质增效阶段

我国环保产业的快速发展推进了环保产业发展集聚趋势不断显现。我国环保产业园在以环保产业为主导的聚集区基础之上不断发展壮大，涵盖了污染治理、资源再生利用产业、绿色产品制造等多个领域，对于促进我国产业集聚形成上下游产业链、通过产业聚集形成区域品牌、资源共享、相关扶持政策落地均发挥重要作用。我国环保产业集聚区主要集中在长三角、环渤海和珠三角地区，产业集聚效应显著，特别是"十二五"时期以来，我国环保产业集聚区建设进入了提质增效阶段。据不完全统计，由原国家环保总局批准的国家环保科技产业园区有9家，国家级环保产业基地3家，其中东部地区7个，西部地区3个，中部地区2个；其他环保产业集聚区5家；由各省批准建设的省级园区有28家（表8-5-5）。

表8-5-5　环保产业园建设情况汇总表

序号	园区类型	批复时间	园区名称	所在城市	发展重点
1	国家环保科技产业园	2001年	苏州国家环保高新技术产业园	江苏省苏州市	水污染治理设备/空气污染治理设备/固体废物处理设备/风能设备与技术/太阳能技术与设备/电池修复
2		2001年	常州国家环保产业园	江苏省常州市	节水和水处理技术/大气污染治理技术/环境监测技术/节能和绿色能源技术/资源综合利用技术/清洁生产技术
3		2001年	南海国家生态工业建设示范园区暨华南环保科技产业园	广东省南海区	集环保科技产业研发、孵化、生产、教育等
4		2001年	西安国家环保科技产业园	陕西省西安市	以科技服务产业为核心，发展环境友好型产品和环保设备
5		2002年	大连国家环保产业园	辽宁省大连市	以"三废"及噪声治理设备及产品、监测设备及产品、节能与可再生能源利用设备及产品、资源综合利用与清洁生产设备、环保材料与药剂、环保咨询服务业为主导产业

序号	园区类型	批复时间	园区名称	所在城市	发展重点
6	国家环保科技产业园	2003 年	济南国家环保科技产业园	山东省济南市	开发环保、治水、治气、节能、新材料、新能源等高新技术产品的研发和产业化基地
7		2005 年	哈尔滨国家环保科技产业园	黑龙江省哈尔滨市	清洁燃烧及烟气污染物控制技术与装备/典型重污染行业废水处理技术与装备/城镇污水资源再生利用核心技术与装备
8		2005 年	青岛国际环保产业园	山东省青岛市	以企业为主导、以循环经济概念为开发理念的环保产业园。定位：中外产业合作的主体平台
9		2014 年	贵州节能环保产业园	贵州省贵阳市	节能环保装备制造、资源综合利用和洁净产品制造、环保服务业。产学研为一体（中节能）
10	国家级环保产业基地	1997 年	沈阳市环保产业基地	辽宁省沈阳市	现代装备制造业基地，发展再生资源产业，打造规模化、现代化环保产业示范基地涉及大气污染治理设备、水污染治理设备、固体废物治理设备、噪声控制设备、专用监测仪器仪表及环保材料药剂六大类
11		2000 年	国家环保产业发展重庆基地	重庆市	以烟气脱硫技术开发和成套设备生产为重点；逐步开发适合西部发展需求的生活垃圾处理、城市污水处理以及天然气汽车的相关技术和设备
12		2002 年	武汉青山国家环保产业基地	湖北省武汉市	固体废物资源综合利用和脱硫成套技术与设备
13	国家批复的其他环保产业集聚区	1992 年	中国宜兴环保科技工业园	江苏省宜兴市	环保（除尘脱硫技术）/电子/机械/生物医药/纺织化纤
14		2000 年	北方环保产业基地	天津市津南区	水处理技术与装备、脱硫除尘设备、固体废物处理处置、膜技术与应用产品
15		2002 年	北京环保产业基地	北京市通州区	重点发展能源环保专业服务业、能源环保制造业核心生产和总装环节，积极发展与能源环保产业和基地发展相配套的金融、会计、咨询、会展等商务服务业
16		2009 年	江苏盐城环保产业园	江苏省盐城市	环保装备制造/节能设备/水处理/大气污染防治/固体废物利用
17		2011 年	国家环境服务业华南集聚区	广东省佛山市	污染治理设施社会化运营管理服务/环境技术服务/环境金融与环境贸易服务
18	省级环保产业园	2011 年	河北香河京东环保产业园区	河北省香河市	节能环保
19		2006 年	中关村科技园区通州金桥科技产业基地（前身北京国家环保产业园）	北京市	能源环保产业
20		2007 年	上海国际节能环保园	上海市	节能产业（照明节能，建筑节能）/环保产业（空气污染治理，节能与可再生能源利用）
21		2009 年	上海花园坊节能环保产业园	上海市	节能环保产业和技术（间接节能，智控节能，建筑节能）
22		2014 年	邯郸节能环保产业园	河北省邯郸市	节能环保设备制造/节能新材料研发生产/资源综合利用/节能环保技术服务与研发/脱硫脱硝除尘设备

序号	园区类型	批复时间	园区名称	所在城市	发展重点
23		1998 年	重庆九龙节能环保产业园	重庆市	节能环保产业
24			长江节能科技产业园	江苏省苏州市	围绕"节能新技术研发与产业化"主题、创建"节约型社会"的示范窗口
25		2001 年	天津子牙环保产业园	天津市	第七类废旧物拆除（人工拆解，大气环境友好）
26		2017 年	烟台国际节能环保科技园	山东省烟台市	高端节能产业
27		2017 年	佛山市顺德环保科技产业园	广东省佛山市	环境监测设备（水/气/土壤）/固体废物处理设备及系统集成新建项目
28	省级环保产业园	2009 年	天津宝坻节能环保工业区	天津市	高附加值的脱硫除尘/海水淡化和污水处理设备/稀土节能灯具/LED 发光产品和工业用高效节电器/金属航空新材料、热固塑料复合材料
29		2013 年	中节能（三明）环保产业园	福建省三明市	节能环保产业运营平台
30		2008 年	湖北鄂州经济开发区	湖北省鄂州市	大气污染防治/水污染防治/城乡生态环境治理/资源回收利用
31		2014 年	石家庄节能环保产业园	河北省石家庄	大气污染防治/水污染防治/固体废物处理等技术和设备产业化
32		2015 年	扬州环保科技产业园	江苏省扬州市	城市生活垃圾及工业废物处理与利用/城市建筑垃圾再生利用/电子废弃物资源化利用以及污水处理/空气治理等环保装备
33		2016 年	瑞金台商产业园	江西省瑞金市	节能环保/新材料
34		2010 年	江苏省泰兴环保科技产业园	江苏省泰兴市	环保设备/节能电器/绿色家具/高端装备/环保服务

2.2 问题

2.2.1 技术水平与发达国家存在差距

近几年，我国通过自主研发与引进消化国外先进技术等方式，环保技术与国际先进水平的差距不断缩小，一般技术与产品可以基本满足市场的需要，燃煤锅炉和工业炉窑电除尘、布袋除尘等部分技术已达国际先进水平。但原创性技术数量少，技术整体水平仍落后发达经济体 5～10 年，尤其是"卡脖子"的关键技术问题亟待破解，部分新材料、监测设备技术等高度依赖进口。环保技术装备化、装备模块化、模块标准化程度低，标准化水平提升空间大。技术产品服务的低端供给过剩，高端供给不足，单一要素、单一环节服务为主，综合服务、系统服务、咨询服务和运营服务能力水平不足。我国拥有的环境监测核心专利总数量虽仅次于美国，但我国高端仪器产品往往存在精度差、性能不稳定、数据不可靠、一致性差等质量问题，部分产品也未能通过计量认证与环保认证，依赖进口。如国产光谱仪、质谱仪、色谱仪等高端仪器市场占有率仅为 20%、15% 和 27%，严重依赖进口。2019 年光谱仪、质谱仪和色谱仪的贸易逆差分别为 37 亿元、87 亿元和 61 亿元（表 8-5-6）。

表 8-5-6　重点领域环境技术竞争优劣势情况

序号	分类	优势	劣势
1	电除尘	电除尘技术、设备处于国际先进水平,完全满足国内需求,免检出口,价格有优势	大功率高频电源、脉冲电源不及进口
2	袋式除尘	袋式除尘技术、设备处于国际先进水平,可以满足国内需求,免检出口,价格有优势	对位芳纶帆布、脉冲阀膜片材料、回流式高压水喷枪、需进口或不及进口
3	脱硫	已经全面国产化,替代进口,并有部分出口,部分技术达到国际先进水平,甚至国际领先水平	叶轮,主要用于脱硫循环泵和其他液流循环设备,国产设备寿命和能效指标差距较大
4	VOCs 治理技术装备	一般的废气净化技术设备满足国内需求	油气回收技术专用活性炭,对进口还有较大依赖。氧化催化剂的性能和国外同类材料相比尚存在差距
5	机动车尾气净化	可满足部分在用车尾气净化需求,摩托车大部分采用本国技术产品	DPF、SCR 等污染控制装置核心零部件及排放控制系统核心技术
6	城市污水处理与再生利用	自行设计、建设城市污水处理设施,技术与设备达到国际水平,能满足国内需求,价格有优势	膜材料,如聚砜(PSF)原料、乙烯(PE)无纺布等,主要用于水处理膜元件、膜组器件,高度依赖进口
7	工业废水处理与循环利用	工业废水处理技术基本与国际水平相当,基本能满足需求,价格有优势	部分含难降解难处理污染物的工业废水处理技术尚待开发,部分机械设备质量与国际水平有差距,部分高端技术设备、材料需进口
8	噪声振动控制	噪声振动控制技术水平处于国际先进水平,微穿孔板吸声材料吸声结构、微穿孔板消声器、小孔喷注高压排气消声器处领先水平,价格有优势	噪声与振动源分析预测技术、噪声与振动设备计算机辅助设计制造技术、高速运输系统噪声与振动控制设备研究、新材料研究开发与发达国家有差距,企业规模小,加工精度较差
9	固体废物处理	工业固体废物资源回收利用满足国内需求,垃圾卫生填埋、渗滤液处理均可满足要求	焚烧关键零部件需进口。厨余垃圾分类效果不佳,处理后的肥料消纳途径存在障碍,设施稳定运行难、处理成本高
10	监测仪器	一般计量、监测仪器满足国内需求	质谱仪、色谱和色谱控温组件等关键零部件需进口,部分标准气体、高端产品需进口

2.2.2　环保龙头企业少,带动效应不足

据统计,我国环保企业 90% 以上为小微企业。近年来,虽然多家大型央企通过并购等手段进入环保领域,地方政府也纷纷成立环保公司,但总体上仍处在资本驱动型发展阶段,尚未形成具有像威立雅等全球影响力的龙头企业和品牌,环保产业细分领域市场集中度低。以全球资源优化管理领域的标杆企业威立雅为例,其业务遍布五大洲,拥有员工近 17.8 万人,2020 年综合收入达 260.1 亿欧元,已逐渐转变成资源整合管理者,涵盖节约资源、保护环境、循环利用和可持续的经济及社会发展等。美国危险废物 CR4 占据市场份额 94%,而我国危险废物 CR10 市场占有率不足 10%。同时,集聚区内环保产业链建设不完善,缺少能够带动大量产业配套的延展型产业链条,产业链条不长,上下游关联企业规模偏小、缺少区域内自我配套能力,行业延伸、集聚效应尚未能显现。

2.2.3　成本内化和回报不足、短板突出

排污成本内部化和生态环境效益内部化的机制尚未全面打通，环保产业发展市场价格机制不尽完善，资源性产品价格和收费体系中未充分体现环境成本，使用者付费原则未得到真正落实，合理的费用分担机制尚未形成。生态环保项目自身造血能力差，项目的资金来源主要依靠地方公共财政预算，辅之以少量的使用者付费，而地方财政收支困境及债务压力不断加大，地方支付能力将受到严峻挑战，将加大环保项目投资风险。根据近三年环保产业统计调查数据显示，环保企业资产周转率约为0.5，应收账款周转率3.2左右，环保企业资产营运能力亟待提高，应收账款回款问题较突出，项目拖欠款现象比较普遍。

2.2.4　环保产业市场规范性有待加强

由于知识产权保护不力，行业准入门槛低，从业单位多而小，总体从业水平较低，同质化竞争严重，低价中标现象仍然普遍存在，行业平均收益逐年下滑。项目实施中建设与运维割裂，过于重视工程建设，缺乏长效运维机制。招标中以企业的资金实力、报价高低作为衡量标准，而弱化了对运营维护的环境效果考核要求。对企业而言，更倾向于获取回报相对较高、周期较短的工程施工利润，而不愿参与周期长、回报低、风险高的运营服务。在当年的PPP热潮中，多家环保龙头企业大干快上拼抢市场，部分项目存在立项手续不完整、银行融资停顿、企业内部项目管理流程粗糙等问题，导致后期存在烂尾工程。部分环境监测社会化服务机构通过低价竞争，带来数据造假、运维不规范、信任危机等一系列问题。加之，我国环保企业信用评价机制起步晚，覆盖范围有限，信息公开不够，社会监督不足，行业规范发展仍需加强。

2.2.5　环保产业集聚区发展参差不齐

当前我国环保产业集聚区发展阶段和开发模式各不相同，发展情况参差不齐，存在问题也各种各样。主要表现在几个方面：

（1）许多环保产业集聚区名不副实

一些园区虽然挂着环保产业园区的招牌，但入驻的环境企业比例很小，与普通的工业区或开发区没有多大区别。更有甚者，一些环保产业园区虽已挂牌，但集聚区实体并不存在，成为"空中楼阁"，环保产业园成了一些开发商圈地的幌子。

（2）园区以初创阶段和成长阶段为主，环保企业活力不强

我国环保产业集聚区大多处于初创阶段，少数园区进入成长阶段，园区创新创业体系和公共服务能力不强，环境产业对于支撑污染防治攻坚战仍存在明显短板，科技创新不够、产业技术储备不足、商业化模式缺乏、融资环境困难等问题。

（3）大量环保产业园区缺乏吸引力

现有的环保产业园区普遍存在凝聚力和吸引力不强的问题，缺乏针对性的政策设计和政府引导，使得集聚效应难以形成，对产业的促进作用微弱。园区政策体系作用力不强，园区内企业缺乏关联配套和分工协作，产业链较短，产业基础的优势无法发挥。

（4）缺乏宏观规划和引导

国家对环境产业聚集地建设在政策方向上不明确，对于是否要大力发展环境产业聚集地，国家

在政策方向上并不明朗。政策大方向的不明确使环境产业聚集地发展所需的一系列配套工作,比如各项优惠政策、发展规划的制定、相关管理部门的权责分配等难有大的推进。获批建设的环境产业园区,在缺乏政策支持的情况下踯躅前行。在具体政策的出台上,不仅没有直接针对环境产业聚集地的具体政策,即使是更宽泛的与环境产业相关的鼓励政策,也大多停留在原则性层面,操作性不强,难以在实际中有效落实,园区和企业很少获得来自环境产业政策方面切实的帮助。由于政策上的不到位,环境产业园区相对于高新技术园区等其他类型的园区,缺乏特色和竞争优势,其自身的经营和对外部企业的吸引力都受到影响。普遍发展缓慢的状况又进一步增加了国家对建设环境产业园区的疑虑。

3 "十四五"环保产业发展趋势

党的十九大对生态文明建设提出了一系列新理念、新要求、新目标、新部署,明确要求推进绿色发展、着力解决突出环境问题、加大生态系统保护力度,并把"壮大环保产业"作为推进绿色发展的重要抓手。《中共中央关于制定国民经济和社会发展第十四个五年规划和二〇三五年远景目标的建议》中从需求侧和供给侧提出了推动环保产业增长新引擎的方向,培育新技术、新产品、新业态和新模式。环保产业作为生态文明建设和实现"碳达峰、碳中和"的重要支撑,迎来重要的发展机遇。

3.1 新机遇与新挑战

1)绿色发展成为"主旋律",全球产业深刻变革。"绿色复苏""绿色、包容、可持续复苏""绿色转型""可持续发展"等倡议成为全球主要国家、城市复苏的指导理念。当前我们面临着以信息技术、新能源技术为代表的新一轮技术革命和产业变革,将对现有的生产、管理和治理系统带来革命性变革。新技术融入环保产品研发、设计和制造过程,将推动环保产品由大批量、标准化生产转向智能化、个性化定制生产,大幅提升产业发展能级和发展空间;新技术将打破传统封闭式的装备制造流程和服务新业态,促进装备制造业和服务业在产业链上的融合发展。

2)绿色低碳循环发展,引领环保进入全新阶段。《中共中央关于制定国民经济和社会发展第十四个五年规划和二〇三五年远景目标的建议》中明确"到 2035 年基本实现美丽中国建设目标,到本世纪中叶建成美丽中国",指出要通过形成绿色生产生活方式和碳达峰来推动生态环境质量根本好转和美丽中国建设目标基本实现,在推动绿色低碳发展中解决生态环境问题。实现"碳达峰、碳中和"目标,需要源头减量、能源替代、资源回收利用、节能提效、工艺改造、碳捕集等全方位多举措进行推进,环保产业作为实现碳达峰碳中和的重要保障,已经不仅仅是末端治理,而是面向全新的绿色低碳循环发展经济体系中,将与清洁能源、清洁生产、节能、节水、资源综合利用等产业进一步融合发展。我国深入打好污染防治攻坚战、推动实现"双碳"目标、建设美丽中国,加快绿色发展转型,为基金投资绿色领域带来最大机遇。

3)减污降碳协同并进,环保市场空间持续释放。"十四五"期间,生态环境保护将按照"提气、降碳、强生态,增水、固土、防风险"的思路,推动生态环境持续改善,基本消除重污染天气,基本消除城市黑臭水体,主要污染物排放总量持续减少,碳排放强度持续下降。深入打好污染防治攻坚战意味着触及的矛盾和问题层次更深、领域更宽,对生态环境质量改善的要求更高。当前生态环境保护工作的重心还在城市尤其是地级以上城市，推动环境治理如黑臭水体治理从地级市向县级市、乡镇、农村地区扩展延伸势在必行。《关于构建现代环境治理体系的指导意见》提出将建立健全环境治理的领导责任体系、企业责任体系、全民行动体系、监管体系、市场体系、信用体系、法律法规政策体系等涵盖了从源头严防、过程严管、后果严惩到损害赔偿的全链条生态环境管理制度。随着中央生态环保督查的持续推进，环境管理制度的不断完善，环保产业的市场空间将被进一步释放，环保产业将更好更快地提升服务能力和服务水平，延伸服务内容，为污染防治攻坚战提供全方位的服务。据生态环境部环境规划院测算，实现我国"十四五"环境治理目标，生态环境投资需求为 6.8 万亿～8 万亿元，年均投资需求为 1.4 万亿～1.6 万亿元；要实现 2030 年前碳排放达峰目标，年资金投入需求约为 2.1 万亿元。预计到 2025 年，我国环保产业营业收入有望突破 3 万亿元。

4）促进政策不断完善，产业发展环境持续改善。习近平总书记在全国生态环境保护大会上指出，要充分运用市场化手段，推进生态环境保护市场化进程，撬动更多的社会资本进入生态环境保护领域。2020 年，经国务院批准，财政部、生态环境部、上海市人民政府三方发起成立国家绿色发展基金并正式揭牌运营，首期募资 885 亿元，吸引社会资本投入大气、水、土壤、固体废物污染治理等外部性强的绿色发展领域，助力打好污染防治攻坚战，支撑生态文明和美丽中国建设。2021 年，生态环境部、国家开发银行发布了《关于深入打好污染防治攻坚战共同推进生态环保重大工程项目融资的通知》（环办科财函〔2021〕158 号），发挥部行合作优势，共同加大生态环保重大工程项目融资，对符合放贷条件的项目给予惠信贷政策支持，培育环保产业新增长点。国家开发银行实施"百县千亿"专项金融服务，推进县（区）域垃圾、污水处理，拟为不少于 100 个县（区）提供 1 000 亿元授信。各项绿色金融政策的落地实施，有望缓解生态环保项目投融资渠道不畅等瓶颈问题。《关于完善长江经济带污水处理收费机制有关政策的指导意见》（发改价格〔2020〕561 号）提出，要建立健全覆盖所有城镇、适应水污染防治和绿色发展要求的污水处理收费长效机制，污水处理收费机制将进一步完善。

5）环保产业需求升级，产业融合创新面临挑战。《中共中央 国务院关于深入打好污染防治攻坚战的意见》提出"加快发展节能环保产业"。新形势下，面临统筹污染治理、生态环境保护、应对气候变化的新任务，环保产业发展面临新机遇与新挑战，需采取新思路新格局，培育产业发展新业态，为深入打好污染防治攻坚战、建设人与自然和谐共生的美丽中国提供有力的产业支撑。《"十四五"环保装备发展规划》提出要深入推进 5G、工业互联网、大数据、人工智能等新一代信息技术在环保装备设计制造、污染治理和环境监测等过程中的应用。但是目前新一代信息技术与产业融合发展还面临诸多瓶颈问题。生态环保领域分散，"市场割裂"现象较为严重，合作机制不顺畅，造成互联网、大数据等数字技术规模化运用的难度大。新兴技术与环保产业融合基本是以自发式、单项目、企业间的商业化合作形式为主，多为形式上的简单集成，缺乏产业链、全流程、深层次的融合发展。环保产业本身是跨学科、多领域、交叉型的行业，产品与工艺千差万别，数据庞大复杂，数据来源繁多，质量参差不齐，迫切需要细分领域逐一形成统一规范的数据体系，系统归集碎片化的数据信息。

3.2　发展方向与重点

3.2.1　大气污染防治

我国大气污染防治经历了消烟除尘、脱硫脱硝、超低排放等关键阶段，大气污染防治工作取得显著成效，脱硫脱硝除尘设备生产、设施运营服务、VOCs 控制等产业细分领域逐步进入成熟期。"十四五"期间，大气污染防治工作进入提气降碳、协同控制阶段，为支撑实现单位 GDP 二氧化碳排放量及挥发性有机物、氮氧化物排放总量下降，臭氧浓度增长趋势得到有效遏制，细颗粒物和臭氧协同控制，消除重污染天气等防治目标，大气污染防治产业将重点布局在重点工业行业超低排放改造和高效运维、挥发性有机物综合治理及原辅材料和产品源头替代、涉气产业集群大气环境综合整治等领域，以及推进开展 CCUS（碳捕集、利用与封存）温室气体排放控制示范等。

专栏 8-5-1　"十四五"大气污染防治重点领域

提高烟气治理技术装备水平，优化"特、难、杂"工况烟气治理工艺，推广高效脱硫、脱硝、除尘技术，研发 $PM_{2.5}$、汞、二噁英、三氧化硫、一氧化碳等烟气多污染物协同控制技术。研发推广钢铁、水泥、焦化等行业锅炉炉窑超低排放改造和节能技术装备。研发高效多功能滤料、中低温抗硫脱硝催化剂及废催化剂回收利用技术。开展烟气治理设施的能效管控评价，推广烟气治理设施环保管家服务。

推广石化、化工、工业涂装、包装印刷、油品储运销等重点行业的无组织排放管控技术、VOCs 深度治理技术和全过程治理模式，开发协同减排工艺。研发用于 VOCs 净化的高性能蜂窝活性炭、分子筛和蓄热体。推广工业企业 VOCs 分类收集、分质处理，推进集中涂装、活性炭集中处置等服务。

加快移动源排放后处理装置系统及其相关的零部件、技术、装备研发和升级。研发恶臭异味收集治理和扬尘控制技术装备，推广高效低耗、易维护油烟净化装置，发展餐饮业油烟净化社会化服务。研发多功能、智慧化的室内空气净化产品。

开展二氧化碳捕集、利用与封存等技术创新与应用。发展碳排放监测与评估核算、碳核查、碳资产管理以及碳减排技术服务。发展碳汇监测评估服务、生态系统碳汇监测核算体系产品服务。

3.2.2　水污染防治

我国水生态环境保护经历了工业末端治理与市政污水处理、黑臭水体防治与水环境综合治理等历程。水生态环境保护产业经过近 40 年的发展，城镇污水处理领域已步入成熟期，县城、建制镇污水治理市场需求逐步释放。但城镇污水管网、污泥处理处置、农村污水处理等领域设施建设与维护短板突出，污水资源化、智慧水务等产业业态处于起步阶段。"十四五"期间，水生态环境保护将持续推进城市黑臭水体治理；加强重点流域综合治理，以及重要湖泊污染防治和生态修复等。水生态环境保护产业将重点向"两极"发展，一是具备水生态环境综合整治实力和资产资本运营能力的中央及地方国资控股环保集团，二是掌握核心产业技术、精细化运维能力的专精特新企业。

专栏 8-5-2　"十四五"水污染防治重点领域

研发推广城镇污水深度脱氮除磷、好氧颗粒污泥、厌氧氨氧化、污泥深度脱水工艺技术与装备，推动现有污水处理设施提标升级改造，研发推广低碳型污水处理技术以及氮磷和能源回收技术，提升污水处理设施智慧化管理和低碳运行水平，开展再生水资源化利用。积极参与污水配套管网、雨污分流管网工程建设、修复和运维服务。推广运行费用低、管护简便的农村生活污水治理技术，推行农村生活污水处理设施集约化运维模式。

加快高浓度、难处理废水处理及资源化利用关键技术装备研发应用。研发推广电镀废水、电路板废水的重金属去除技术，食品废水、酿造废水的厌氧处理及资源化处理技术，煤化工、焦化、制药等难降解工业废水的高级氧化技术，高含盐废水的有机物深度脱除、膜处理、蒸发等处理及分质资源化技术。

推广流域水陆一体化的水污染控制技术，发展海洋生态环境保护和陆域海域污染协同治理技术装备。研发推广饮用水水源地水质改善和风险防控、船舶港口污染防治、初期雨水收集处置、富营养化及黑臭水体治理、重金属及新污染物处理等技术装备。

研发智能膜材料、靶向吸附材料、仿生水处理药剂、生物菌剂、绿色阻垢剂等材料药剂，推广水源热泵、节能风机、高效曝气器、污水处理一体化装备，推进水处理装备智慧化、一体化、标准化发展。

开展集中式饮用水水源地保护，实施保护区隔离防护、保护区环境问题整治与生态修复、保护区内风险源应急防护、湖库型水源地富营养化与水华防治、水源地监控能力建设等，保障饮用水水源地水质安全和防控环境风险。

推动流域水污染治理，实施区域再生水循环利用、入河排污口规范化建设、重要生态空间内污染治理等工程，进一步巩固提升工业、城乡各类污染源减排成效。开展流域水生态保护修复，实施河湖缓冲带生态保护修复、河湖水域水生植被恢复等工程，改善河湖水生态环境、提升河湖生态系统健康水平。

推广集水资源、水环境、水生态于一体的水生态环境管理数据库建设、监测网络信息化建设、污染源空间风险区管控能力建设、水生态环境监控预警能力建设，环境风险防范管理平台建设等，提升水生态环境治理体系和治理能力现代化水平。

3.2.3　固体废物处理处置及资源化

我国生活垃圾焚烧、医疗废物处理处置行业已处于较为成熟的阶段。场地、耕地与矿山修复、环卫、建筑垃圾资源化、餐厨垃圾处理、工业危废处理处置等领域处于产业生命周期的发展期。"十四五"期间，将稳步推进"无废城市"建设、加强新污染物治理等。可降解塑料行业发展需求近年来逐步释放，产业处于初始期。除了传统业态外，固体废物污染防治将在废弃光伏组件、废弃风机叶片、退役新能源车及锂电池等新兴产业固体废物利用与处置等新技术；分布式小规模垃圾焚烧设施、PLA、PBAT 新装备新产品；危险废物信息化、智慧环卫、"生态修复+开发"新模式新机制等方面有所突破。

专栏 8-5-3 "十四五"固体废物处理处置及资源化重点领域

推广垃圾分类投放、分类收集、分类运输、分类处理及智慧化服务系统。研发推广垃圾焚烧提标改造技术。推广厨余垃圾和市政污泥资源化利用技术。研发垃圾焚烧飞灰安全处置和资源化技术。提升垃圾焚烧、水泥窑协同处置、填埋设施规范化运行服务水平,探索城乡融合的农村生活垃圾治理服务模式。提升废弃电器电子产品资源化利用技术以及报废汽车拆解等设施规范化运营水平。推进塑料污染全链条治理,研发塑料可降解替代技术及产品和废弃塑料回收利用技术装备。

推广尾矿等大宗工业固体废物环境友好型井下充填回填技术。研发大宗工业固体废物制备建材、环境修复材料等高价值产品的技术装备。规范难利用冶金渣、化工渣贮存设施的建设运行服务。研发推广废金属、废纸等废旧资源的绿色分拣、加工、回收技术。探索企业间和产业间物料闭路循环利用服务。研发水泥窑、燃煤锅炉协同处置固体废物的技术装备。研发退役动力电池、光伏组件、风电机组叶片等新兴产业固废的处置与循环利用技术装备。研发推广建筑垃圾回收利用技术。

研发危险废物源头减量清洁生产工艺和污染防治技术装备。推广危险废物回转窑焚烧、水泥窑协同处置技术。研发危险废物资源化和等离子体/电阻式高温熔融技术装备。推广医疗废物消毒及无害化处置技术装备。推广工业园区危险废物收集转运贮存专业化服务。发展开展针对小微企业、科研机构、学校等分散化、碎片化产废单位的危险废物专业收集转运服务。开展危险废物鉴别服务,发展支撑固体废物环境管理的信息服务系统。研发重金属螯合剂、固化/稳定化药剂。

研发持久性有机污染物、内分泌干扰物、抗生素、微塑料等新污染物环境风险防控技术,在石化化工、橡胶、树脂、涂料、印染、原料药、污水处理厂等重点行业领域的污水、污泥、废液和废渣处理中开展新污染物治理技术示范。开展新污染物危害识别、风险评估、调查监测服务。

研发适合农村垃圾处理处置的小型化、分散化、无害化、资源化处理技术装备和模式。研发农业面源污染治理技术,推进化肥农药减量增效、秸秆农膜回收利用、畜禽粪污资源化利用、水产养殖尾水治理回用、农田氮磷流失减排、农田退水治理等技术模式。支撑农业面源污染治理监督指导,研发农业面源污染调查监测和负荷评估等技术。推广应用农用地重金属污染生理阻隔、土壤调理等安全利用和修复治理技术。

3.2.4 生态修复与国土空间绿化

"十四五"期间,将坚持农村人居环境整治、推进农用地安全利用示范、管控建设用地土壤污染风险。从 20 世纪 70 年代初到 2020 年,我国森林覆盖率由 12.7% 提高到了 23.04%,森林蓄积量超过175 亿 m^3。近 10 年,全国草原植被综合盖度从 51% 提高到 56.1%。"十三五"期间新增湿地面积20.26 万 hm^2,湿地总面积达 5 300 万 hm^2。"十四五"期间科学推进荒漠化、石漠化、水土流失综合治理和历史遗留矿山生态修复,开展大规模国土绿化行动,实施河口、海湾、滨海湿地、典型海洋生态系统保护修复,推行草原森林河流湖泊休养生息,加强黑土地保护,推进城市生态修复、实施生物多样性保护重大工程等。森林、草原、湿地系统既是生态资本,也成为一项经济资本,在发挥减缓气候变化的碳效益、获得碳汇收益的同时,还发挥着保护生物多样性和生态系统、增加生计和减缓贫困的综合效益。2021 年 7 月我国正式启动全国碳市场交易。目前按照有关规则和被批准的林业方法学开发的林业碳汇项目可以进行交易，草原、湿地碳汇项目尚未进入碳汇市场。随着生态修复行业市场化政策和商业模式突破创新，该行业在碳汇交易中具有较大潜力。

专栏 8-5-4 "十四五"生态修复重点领域

研发土壤污染风险识别、土壤污染物快速检测、地块精细化调查、土壤及地下水污染阻隔等风险管控先进技术和装备。研发推广气相抽提、热解吸/脱附、生物修复、化学氧化/还原修复技术，推动直接推进式钻探、药剂高精度混合装备、修复专用模拟软件国产化。践行绿色可持续修复理念，发展土壤环境调查评估、在产企业修复与风险管控等服务，推广"环境修复+开发建设"的一体化修复模式，探索实现生态修复增效、增收、增绿、减排多重效果的"绿色低碳可持续全域土地综合整治"模式。支撑地下水污染调查评估，研发地下水污染渗漏排查、污染防渗改造、地下水污染风险管控和修复技术装备。研发土壤修复专用安全高效药剂。

研发生态系统保护和修复关键技术，推行矿山行业梯级回收+生态修复+封存保护服务模式。聚焦重点流域区域，研发推广河湖一体化的水生态修复、河口生态保护、滨海湿地生态修复、生态脆弱区土壤-植被修复等技术。拓展生态产品价值实现治理修复模式，探索"生态环境修复+产业导入"、碳汇交易、生态产品经营开发权益挂钩等生态环境修复模式。研发环境事故、重大疫情、自然灾害等突发事件环境应急处置技术装备。

以资源化利用、可持续治理为导向，研发适用于平原、山地、丘陵、干旱缺水、高寒、居住分散和生态环境敏感等典型地区的农村污水处理技术、工艺和设备。开发适用于居住分散地区的生态化治理新技术，探索黑灰水分类收集处理、畜禽粪污减污降碳协同治理等模式。研究将生活污水适当处理后达到利用要求，用于庭院美化、村庄绿化等资源化利用技术模式。建立农村生活污水收集、处理、设备产品标准体系，提升农村生活污水产业化、工程化水平。围绕农村水环境治理，研发生活污水、畜禽粪污、农业面源多元协同治理技术，开发低耗、高效的农村黑臭水体治理关键技术，形成统筹农村黑臭水体与生活污水、垃圾、种植、养殖等污染统筹治理的系统化治理体系。研发农村黑臭水体识别技术，建立空天地一体化、智慧化农村黑臭水体监管体系。

3.2.5 生态环境监测

我国生态环境监测体系经过三个五年的建设，"十一五"初步建成了覆盖全国的国家环境监测网，"十二五""十三五"加快推进污染源监测、环境质量监测、生态状况监测等。目前，我国基本建成了符合我国国情的中国特色生态环境监测网络，对推动环境质量快速改善起到支撑作用。"十四五"期间我国将建立健全基于现代感知技术和大数据技术的生态环境监测网络，实现环境质量、生态质量、污染源监测全覆盖，补齐细颗粒物和臭氧协同控制、水生态环境、温室气体排放等监测短板。总体而言，我国生态环境监测领域产业规模相对较小、高端环境监测设备市场占有率不高，将重点发展光谱仪、质谱仪、色谱仪等高端分析仪器，突破环境监测"卡脖子"技术，温室气体监测、地下水监测、重金属快速监测等技术，以及服务于溯源、预警、决策的智慧环境监测体系。

专栏 8-5-5　"十四五"生态环境监测重点领域

推进核心元器件、标准样品、高精度监测设备国产化。研发卫星遥感、热点网格、走航监测等"空天地"一体化新技术新装备。发展更高精度、更多组分、更大范围、更加智慧化的生态环境立体监测技术。发展集成化、自动化、智能化、小型化环境监测设备。

研发颗粒物、VOCs、氨等直读式监测设备、重金属大气污染物排放监测设备、土壤监测设备。研发推广 $PM_{2.5}$ 和臭氧协同监测、温室气体及区域碳源汇监测、水生态环境监测、农村面源监测、近岸海域水质监测、地下水监测、噪声监测、重金属快速监测、新污染物监测、环境应急监测、全自动实验室等技术装备。

推进物联网、云计算、大数据等先进技术与环境监测服务的融合发展,支持环境治理及时感知、智能预警、精准溯源、协同管理能力提升。

参考文献

[1] 陈晓涛. 产业集群的衰退机理及升级趋势研究[J]. 科技进步与对策,2007,(2):72-74.

[2] 姜华,陈胜,杨鹊平,等. 生态环境科技进展与"十四五"展望[J]. 中国环境管理,2020,12(4):29-34. DOI:10.16868/j.cnki.1674-6252.2020.04.029.

[3] 常杪,杨亮,陈青,等. 我国环保产业园的发展与新时期面临的挑战[J]. 中国环保产业,2020(6):12-17.

[4] 王世汶,常杪,杨亮. 环保产业发展理论与实践[M]. 北京:中国社会科学出版社,2020:194-195.

[5] 沈鹏,傅泽强,高宝. 我国环保产业园区建设模式研究[J]. 环境保护,2016,44(6):41-43. DOI:10.14026/j.cnki.0253-9705.2016.06.007.

[6] 裴莹莹,薛婕,罗宏,等. 中国环保产业园区发展模式研究[J]. 环境与可持续发展,2015,40(6):47-50. DOI:10.19758/j.cnki.issn1673-288x.2015.06.012.

[7] 辛璐,王志凯,徐志杰. 学习贯彻《中共中央 国务院关于深入打好污染防治攻坚战的意见》认识之五 支撑深入打好污染防治攻坚战 "十四五"末期环保产业有望突破 3 万亿元[J]. 中国环保产业,2021(12):11-12.

[8] 赵云皓,辛璐,卢静. 学习贯彻《中共中央 国务院关于深入打好污染防治攻坚战的意见》认识之二 支撑深入打好污染防治攻坚战 环保产业发展新趋势[J]. 中国环保产业,2021(11):11-12.

本专题执笔人:辛璐、赵云皓、王志凯、卢静、徐志杰

完成时间:2021 年 12 月

专题6　企业生态环境保护征信体系建设基本思路与对策研究

1　信用体系概述

1.1　我国社会信用体系

信用是随着市场经济的发展有着密不可分的关系。《经济学百科全书》指以协议和契约为保障的不同时间间隔下的经济交易行为，是以经济生活为目的，建立在信任基础上以偿还为条件的借贷活动，它体现一定的债权债务关系。在经济学领域，很多专家表示信用是市场上成本最低的交易产品；在伦理学领域，很多专家认为信用是做人底线，更是社会发展中必须强化的一项重要工程。《牛津法律大辞典》对信用一词有着明确的定义，"指在得到或提供货物或服务后并不立即而是允诺在将来付给报酬的做法"。在法律学领域，很多专家则是从契约的理念去解释信用的，他们表示义务和责任是驱使信用发展的动力因素。尽管不同领域的信用有不同的解释，但是总体可以理解为信用是能够履行诺言而取得的信任，信用是长时间积累的信任和诚信度。

社会信用体系是社会主义市场经济体制和社会治理体制的重要组成部分。它以法律、法规、标准和契约为依据，以健全覆盖社会成员的信用记录和信用基础设施网络为基础，以信用信息合规应用和信用服务体系为支撑，以树立诚信文化理念、弘扬诚信传统美德为内在要求，以守信激励和失信约束为奖惩机制，目的是提高全社会的诚信意识和信用水平。社会信用体系就是由一系列法律、规则、方法、机构所组成的支持、辅助和保护信用交易得以顺利完成的社会系统。

1.1.1　发展历程

我国社会信用体系建设大约经历了5个发展阶段：

1）起步阶段，大约在20世纪90年代初期，银行探索试行贷款风险分类管理制度，初步建立健全贷款证管理制度。

2）发展阶段，大约在20世纪90年代末期。信用担保中介机构加快发展，地方开始试点。

3）完善阶段，大约在21世纪初期，政府主导建立信用信息披露系统，社会上出现了信用联合组织。上海、北京、广东等开始了社会信用体系建设试点。

4）推进阶段，大约在2014—2016年，国务院发布社会信用建设规划纲要，各级政府、各行业全面启动"信用中国"建设，我国社会信用体系建设进入了快速发展阶段。

5）创新阶段，大约从2016年开始。各地信用管理制度和业务操作办法逐步完善，行业性、区域性信用信息网络体系逐步形成，各地推出了行业监管和黑名单等制度。

1.1.2 目标和分类

（1）目标

社会信用体系建设的主要目标是：到 2020 年，社会信用基础性法律法规和标准体系基本建立，以信用信息资源共享为基础的覆盖全社会的征信系统基本建成，信用监管体制基本健全，信用服务市场体系比较完善，守信激励和失信惩戒机制全面发挥作用。政务诚信、商务诚信、社会诚信和司法公信建设取得明显进展，市场和社会满意度大幅提高。全社会诚信意识普遍增强，经济社会发展信用环境明显改善，经济社会秩序显著好转。

（2）分类

国内相关研究将社会信用体系分为包括个人信用体系、企业信用体系和政府信用体系三个层次。

国务院印发的《社会信用体系建设规划纲要（2014—2020）》将信用体系分为政务诚信建设、商务诚信建设、社会诚信建设和司法公信建设四大重点领域诚信体系。环境保护和能源节约领域属于社会诚信建设中的重要构成部分（表 8-6-1）。

表 8-6-1　信用体系重点流域及构成

	重点领域	主要构成
重点领域诚信建设	政务诚信建设	依法行政、诚信建设示范、政府守信践诺、公务员诚信管理和教育
	商务诚信建设	生产领域、流通领域、金融领域、税务领域、价格领域、工程建设、政府采购领域、招标投标领域、交通运输领域、电子商务领域、统计领域、中介服务业、企业诚信管理
	社会诚信建设	医药卫生和计划生育领域、社会保障领域、劳动用工领域、教育科研领域、文体旅领域、知识产权领域、环境保护和能源节约领域、社会组织诚信、自然人信用建设、互联网应用及服务领域
	司法公信建设	法院公信、检察公信、公共安全领域公信、司法行政系统、司法执法和从业人员信用建设

1.1.3 相关领域进展

（1）交通运输领域

交通运输部以建设"信用交通省"为载体开展社会信用体系建设工作。2017 年 9 月，交通运输部、国家发展改革委联合印发《"信用交通省"创建工作方案》，计划通过 3 年时间，发挥各省优势，推进交通运输领域信用建设。两部委联合印发了 2018 年版和 2019 年版"信用交通省"建设指标体系。

1）立法支撑方面。江西、海南、内蒙古、新疆等地在近年出台的交通运输政府规章、法规中都增加了信用内容。如辽宁省在《辽宁省客运出租汽车管理条例》中纳入信用内容，青海省在《青海省农村公路条例》提出"省人民政府交通运输主管部门应当建立健全信用评价体系，并实施守信联合激励和失信联合惩戒"。

2）信用承诺方面。交通运输部印发《开展证明事项告知承诺制试点实施方案》，在上海海事局开展专项试点，逐步建立诚信自律、规范经营、简化高效、监管配套措施完备的审批新模式。北京、江苏、浙江、重庆、云南、广东等地也在交通运输行政审批环节试点推行告知承诺制度，纳入信用信息管理，作为事中事后监管的重要依据。

3）信用监管方面。北京市对被列入失信被执行人的企业个人禁止参加小客车摇号，研究京津冀区域化联合奖惩制度。四川省制定了《四川省高速公路投资人信用管理办法》，填补了投资领域信用制度的空白。

4）信息平台方面。重点打造交通运输信用信息共享平台这个覆盖全行业、面向全社会的"主枢纽"和"信用交通"网站这个行业信用信息公开的"主窗口"。"主枢纽"系统整合共享了公路建设、水运工程建设、道路运输、水路运输、安全生产、海事执法，以及铁路、民航、邮政等领域的信用信息，与全国信用信息共享平台、国家企业信用信息公示系统等国家级平台进行对接共享。目前，平台累计归集信用信息近 30 亿条，建立了 367 万家企业、1 263 万名从业人员的"一户式"信用档案。"主窗口"累计发布资讯类信息 2 720 余条，公开部级行政许可和行政处罚信息共 11 万余条，公布失信黑名单信息 5 548 条，提供 9 165 万条信用信息的一站式查询服务。各省（区、市）也都建立了"信用交通"地方网站（网页），推动各级交通运输主管部门做好行业信用信息的公开公示。

5）信用评价方面，在公路建设、水运工程建设、检验检测、海事执法等领域都开展了信用评价，推动评价结果在交通运输招投标、市场监管、公共服务等环节中的应用。2018 年，在公路建设领域，交通运输部向社会公布了 261 家公路设计企业、873 家公路建设企业和 533 家公路监理企业全国综合信用评价结果，以及 6 288 名公路工程监理工程师信用扣分情况。在水运工程建设领域，交通运输部公示了 65 家水运工程施工企业、56 家水运工程设计企业、71 家水运工程监理企业信用评价结果，以及 2015—2017 年 287 名和 2017 年 156 名水运工程监理工程师失信扣分情况。在检验检测领域，交通运输部公布了 155 家公路水运工程甲级（专项）试验检测机构和 1 996 名公路水运工程试验检测工程师信用评价结果。在海事执法领域，交通运输部发布了安全诚信船公司 43 家、船舶 287 艘、安全诚信船长 248 名，并公布核销安全诚信船公司 4 家。

6）联合奖惩政策制度。交通运输部印发《交通运输守信联合激励和失信联合惩戒对象名单管理办法（试行）》，作为行业红黑名单管理的顶层设计文件，指导行业做好红黑名单认定、公示、异议处理、公布、信用修复等管理工作。交通运输部还会同国家发展改革委等 36 个部门联合印发《关于对交通运输工程建设领域守信典型企业实施联合激励的合作备忘录》，同步印发《关于界定和激励公路水运工程建设领域守信典型企业有关事项的通知》。在现有联合奖惩备忘录的落实方面，交通运输部组织各省区市进一步完善联合奖惩的对象清单、措施清单和成效清单，落实国家层面已经印发的 51 个联合奖惩备忘录，推动奖惩信息在行政许可、招标投标等业务系统中的应用，加快构建"守信者无事不扰，失信者利剑高悬"的奖惩格局。

（2）全国海关社会信用体系建设

2018 年 5 月 1 日，《中华人民共和国海关企业信用管理办法》（以下简称《信用办法》）施行，旨在推进社会信用体系建设，建立企业进出口信用管理制度，促进贸易安全与便利。

1）以信用为基础的海关监管新模式初步形成。海关信用管理是将企业信用管理嵌入海关监管全过程，使信用在海关监管中发挥引领作用。海关在信用监管制度设计上起步较早，经过几次大修订，目前已形成了以《中华人民共和国海关企业信用管理办法》、"1+N"的分行业《海关认证企业标准》以及一系列配套管理制度为主要内容的完整制度体系，建立了信用信息采集与公示、信用评价、信用动态调整、差别化管理等涵盖海关业务全链条的信用监管制度。海关总署通过构建大数据平台，建立了以企业为单元的进出口领域信用信息档案，搭建了包括企业属性、经营行为、业务规范、守法情况、外部信用等 5 个维度 103 个指标的分级信用管理指标体系，对企业信用状况进行实时评估，开展企业"精准画像"，并对不同信用等级企业实施通关差别化管理。海关总署每天向全国信用信息共享平台推送企业信息 8 000 余条，累计已推送 1 000 余万条，用于外部门开展联合奖惩。

2）奖惩分明是海关社会信用体系建设的最大特色。《信用办法》明确，海关根据信用状况将企业分为认证企业、一般信用企业和失信企业，对不同企业分别采取相应管理措施。对于一般信用企业，海关采取常规性管理措施，对认证企业采取具有一定激励性和便利性的管理措施，对失信企业采取具有一定约束性和惩戒性的管理措施，拉大了不同信用等级的措施落差，体现"诚信守法便利，失信违法惩戒"核心原则，奠定了以信用为核心的海关新型监管体系。以货物查验为例，2018 年海关对高级认证企业进出口货物查验率约为 0.52%，比一般信用企业低 80%以上，大幅减少了企业物流和通关成本，而对失信企业则实施近 100%的高比例查验。经认证的经营者（AEO）互认后，中国 AEO 企业在境外查验率平均降低 50%以上，通关时间平均缩短 30%以上，有力提升了我国进出口信用体系建设的国际影响力（表 8-6-2）。

表 8-6-2　不同信用等级的差别化管理措施

等级划分		差别化政策
认证企业	高级认证企业	享有进出口货物平均查验率在一般信用企业平均查验率的20%以下、可以向海关申请免除担保，减少企业稽查、核查频次，可以在出口货物运抵海关监管区之前向海关申报等便利措施，享有AEO互认国家或者地区海关通关便利、因不可抗力中断国际贸易恢复后优先通关等措施
	一般认证企业	进出口货物平均查验率在50%以下，收取的担保金额可以低于其可能承担的税款总额或者海关总署规定的金额
一般信用企业		按海关规定常规性监管措施
失信企业		进出口货物平均查验率在80%以上、不予免除查验没有问题企业的吊装、移位、仓储等费用；不适用汇总征税制度；除特殊情形外，不适用存样留像放行措施；经营加工贸易业务的，需全额提供担保；提高对企业稽查、核查频次以及国家有关部门实施的失信联合惩戒等

3）建立富有海关特色的协同监管机制。以信用为基础的新型海关监管体制实施以来，建立富有海关特色的协同监管机制。上海海关已与上海市国税局确立双方定期交换海关失信企业与国税 D 类企业名单事宜，形成打击虚假贸易、出口骗退税的监管合力；与上海出入境检验检疫局建立每月交换海关失信企业与检验检疫 D 级企业、海关高级认证企业与检验检疫 AA 级企业名单机制，已完成对首批 3 680 家海关认证企业、143 家海关失信企业和 74 家检验检疫 AA 级企业、13 家检验检疫 D 级企业名单互换，并就建立风险信息预警联动机制、给予双方高信用企业互惠待遇等联动奖惩措施开展联合研究。苏州工业园区海关、园区经发委和金融机构联合发布"关助融"项目，只要在园区海关有相关进出口贸易信用数据，并满足金融机构基本授信要求的中小微企业均可申请该项目。据悉，首期参与的 6 家企业获得中国银行苏州工业园区分行授信额度近 5 500 万元。

专栏 8-6-1 AEO 制度

AEO 是"经认证的经营者"的简称，该制度是世界海关组织倡导的通过海关对信用状况、守法程度和安全水平较高的企业实施认证，对通过认证的企业给予优惠通关便利的一项制度。2008 年，中国海关正式将 AEO 制度引入海关企业信用管理制度，并据此开展国际互认合作，让更多的进出口企业充分享受国际海关之间的合作给进出口企业带来的红利。目前，AEO 企业已经被世界各国公认为最安全、最守法、最诚信的企业。截至 2019 年 8 月，中国海关已经与欧盟、韩国、新加坡、中国香港、瑞士、新西兰、以色列、澳大利亚、日本、白俄罗斯、哈萨克斯坦、蒙古国、乌拉圭等 13 个经济体的 40 个国家和地区实现 AEO 互认。

AEO 企业，不仅享受到国内海关以及各相关部门给予的通关便利和联合激励措施，还能够享受互认国家（地区）海关给予的优先办理通关手续、减少查验等多项便利化措施，从而大大压缩企业通关时间和贸易成本，提升进出口企业国际竞争力，助推企业更加有效、更大范围地"走出去"，为国家外贸稳定增长作出贡献。

海关总署信用监管工作主要在以下四个方面：

①围绕国家总体战略布局，全力打造 AEO 国际海关互认合作升级版。以"一带一路"国家为重点，全方位深化国际大通关机制化合作，不断扩大 AEO 企业互认便利措施和实施成效，力争在 2020 年年底前与所有已建立 AEO 制度且有合作意愿的"一带一路"共建国家实现海关 AEO 互认，为促进外贸稳定增长、优化营商环境持续发力。

②坚持全过程信用监管，实现以信用为基础的新型监管体制在海关监管领域的全覆盖。建立公开、统一、透明的覆盖海关所有监管事项的差别化管理措施清单，对不同信用等级企业实施分级分类管理，推进差别化措施的有效落实，对违法者依法严惩、对守法者无事不扰。

③继续应用大数据科技手段，实现精准监管和智能监管。建立共识性、多指标、立体式的企业画像数据库，继续优化企业评估模型，通过大数据对关联企业进行比对分析，主动发现和识别"影子企业"，实现风险防范和精准打击；推动将画像结果作用于通关一体化作业系统和企业动态监控，建立差别化的通关模式，对高信用、低风险企业快速通关，对失信企业和高风险企业实施严密监管。

④深入推进跨部门联合奖惩，建立富有海关特色的协同监管机制。继续推进进出口企业信用体系建设，加快制订海关进出口领域联合奖惩对象认定、退出、修复的标准和程序，完善发起、响应、反馈等联动机制。在《中华人民共和国海关企业信用管理暂行办法》的基础上，《信用办法》进一步规范完善了适用范围、信息采集与公示认证程序等内容。特别是企业信用认定标准和惩戒措施方面，认定标准更加全面、科学、客观，信用管理措施更加丰富，拉大了不同信用等级的措施落差，体现"诚信守法便利，失信违法惩戒"核心原则，奠定了以信用为核心的海关新型监管体系。奖惩分明是海关社会信用体系建设的最大特色。

1.1.4 成果与进展

1）顶层设计逐步健全。党的十八大以来，我国社会信用体系建设取得了一系列阶段性成果，顶层设计逐步健全。国务院印发《社会信用体系建设规划纲要（2014—2020 年）》，部署全面推动社会信用体系建设，到 2020 年，社会信用基础性法律法规和标准体系基本建立，以信用信息资源共享为基础的覆盖全社会的征信系统基本建成，信用监管体制基本健全。中央全面深化改革领导小组第二十九次会议审议通过了《关于加强政务诚信建设的指导意见》《关于加强个人诚信体系建设的指导意见》《关于全面加强电子商务领域诚信建设的指导意见》，有利于加强政务诚信、个人诚信体系和电子商务领域诚信建设，使诚信者受益，失信者受限。

2）金融领域数据库取得积极进展。建成了覆盖全国的金融信用信息基础数据库，为每一个与金融机构有业务联系的企业和个人建立起了统一的信用档案。截至 2018 年 5 月末，该数据库个人征信系统和企业征信系统法人接入机构分别为 3 347 家和 3 283 家，累计收录 9.62 亿自然人和 2 530 万户企业以及其他组织的信用信息。

3）失信行为得到有效惩戒。为了督促失信被执行人主动履约，最高人民法院颁行了《最高人民法院关于公布失信被执行人名单信息的若干规定》。据统计，从 2013 年 10 月至 2018 年 6 月 30 日，全国法院累计发布失信被执行人名单 1 123 万例。全国有 280 万失信被执行人迫于信用惩戒的压力，主动履行了义务。

4）信息平台化建设取得积极进展。国家信息中心建成并开通了"信用中国"网，向社会公众提供"一站式"的查询服务，公众可以在此查询包括法院的失信被执行人信息在内的相关信用信息，降低市场交易风险和社会交易成本，提高经济运行效率。

5）重点领域诚信建设正在加快推进。不少地方也在积极探索诚信建设体系，并陆续颁布了关于信用管理的地方法规。目前，深圳、厦门、杭州、成都等 30 个城市被确定为"首批国家守信激励创新试点城市"。企业环保信用评级取得积极进展，环保信用评价工作纳入地方性法规中。

1.2 国外社会信用体系

1.2.1 信用模式

（1）信用中介机构为主导

以美国为代表的"信用中介机构为主导"的模式，完全依靠市场经济的法则和信用管理行业的自我管理来运作，政府仅负责提供立法支持和监管信用管理体系的运转。在这种运作模式中，信用中介机构发挥主要的作用，其运作的核心是经济利益。

（2）政府和中央银行为主导

以欧洲为代表的"政府和中央银行为主导"的模式，是政府通过建立公共的征信机构，强制性地要求企业和个人向这些机构提供信用数据，并通过立法保证这些数据的真实性。在这种模式中政府起主导作用，其建设的效率比较高，它同美国模式存在一定的差别，主要表现在三个方面：

①信用信息服务机构是被作为中央银行的一个部门建立，而不是由私人部门发起设立；

②银行需要依法向信用信息局提供相关信用信息；

③中央银行承担主要的监管职能。

1.2.2 监督管理

从世界经验来看，一国的征信监管和该国的征信市场建设模式直接相关。美国的征信体系以市场为主导，征信机构完全市场化运作，因此美国仅在法律框架下对征信业进行必要、有限的监管，且多个监管部门根据法律在相应职权范围内行使相关监管职权，监管环境较为宽松。欧盟国家既有以中央银行主导建立的公共征信机构，也有市场化运营的私营征信机构，但欧洲各国普遍成立了专业监管机构，非常注重对个人隐私的保护，采用较为严格的监管模式。亚洲国家的征信体系建设起步较晚，大多由中央银行推动征信业的发展，在监管的同时注重培育征信市场。

（1）美国：以法律体系为主导的多元化监管模式

美国实施的是政府部门"多头监管"，没有专门负责征信业监管的行政部门，由相关法律对应的主管部门在其相应的职权范围内发挥监管和执法功能。美国的征信监管部门主要分为两类：①金融相关的政府部门主要包括财政部货币监理局、联邦储备系统和联邦储备保险公司，主要负责监管金融机构的授信业务。一般指定联邦储备委员会和财政部的货币监理局作为执法机关。②非金融相关的政府部门主要包括司法部、联邦贸易委员会和国家信用联盟总局等，主要规范征信业和商账追收业。联邦贸易委员会是美国监督管理的主要部门，主要负责征信法律的执行和权威解释，推动相关的立法等。此外，美国《多德-弗兰克法案》加强了证券交易委员会对信用评级机构的监管，准许证券交易委员会在内部成立信用评级办公室，对全国认定的评级组织进行监管，同时赋予证券交易委员会规则制定权。同时，在联邦储备委员会内设立一个全新的、独立的联邦监管机构——消费者金融保护局，管理并执行新的针对消费者金融监管的联邦监管制度。美国比较注重市场的自由发展，因此为征信业提供了较为宽松的发展环境。如美国要求政府、企业、个人和其他组织披露和公开其掌握或反映自身状况的各种信息；政府信息以公开为原则，以不公开为例外；信用中介服务机构在采集和提供个人信用信息时无须经信息主体人的同意。同时美国在必要的方面加强监管，对涉及国家安全、商业秘密和个人隐私的信息给予严格保护；禁止采集种族、信仰、医疗记录等隐私；对征信机构的信用报告规定了明确的使用目的和范围，对滥用信用信息的行为进行严格的监管和惩处。

（2）欧洲国家专业监管机构为主导的一元化监管模式

欧盟国家普遍成立了专业监管机构，负责数据保护和征信机构的监管工作。如德国、法国、意大利由中央银行主导管理征信业。在德国，政府作为主要出资方，建立全国数据库，形成了中央信贷登记系统为主体的社会信用管理模式。联邦政府及各州政府均设立了个人数据保护监管局，对掌握个人数据的政府机构和信用服务机构进行监督和指导。这些专门的监管机构可制定法规，享有行政执法检查权，负责确保各项数据保护法律法规的严格贯彻执行，维护信息主体各项权益。欧洲国家特别注重对个人隐私的保护，因此对征信业的监管更为严格。如德国规定，只有在法律允许或经用户同意的情况下，征信机构才能提供用户的信用数据；信息主体有权了解征信机构收集、保存的本人信用档案；禁止在消费者信用报告中公开消费者收入、银行存款、消费习惯等有关信息。德国还要求从事个人征信业务的机构委托一名数据保护官，具备专业知识和可信度，致力于德国数据保护法的执行。

（3）印度：以中央银行为主导的培育和监管并重的模式

亚洲多数国家采取政府主导模式建立征信体系并实施监管。印度财政部和印度储备银行发起成立了印度第一家银行信贷信息共享机构——信用信息局有限公司，负责采集和发布商业信贷和消费者信贷数据。印度储备银行出台了《信用信息公司管理条例》，向信贷提供者颁布了多项规范性文件，强调印度储备银行对信用信息公司的设立、运行、退出的审批监管，并对信用信息的披露使用作出限制和规定。印度尚未制定明确的隐私保护法或信用信息保护条例，但在有关法规中对保护个人隐私问题提出了原则要求。印度储备银行积极推动信用评级的发展，出于对本国评级机构的长期保护，外国评级机构只能以与本地机构合资或合作方式进入。印度储备银行与印度证监会要求特定的公开证券发行人进行信用评级，印度证监会制定了《信用评级机构管理条例》，对信用评级机构开立、运行、监督、处罚等作出具体规定。

1.2.3　法律法规

由于各国法律传统不同、征信模式不同，法律制度设计存在较大差异。国外对征信行业的立法有专门立法和分散立法两种形式。北美和新兴市场国家多采用专门立法的形式，欧盟国家、部分亚洲和南美国家则多采用分散立法的形式。普遍注重对个人征信业务的规范，对企业征信业务的限制较少，大多明确了征信机构的信息采集范围，重视信息主体的权益保护，赋予信息主体在征信活动中的重要权利。

（1）美国法律制度

美国的征信法律制度主要是针对个人信用报告业务的法律。1970 年，美国制定了世界上第一部专门针对个人信用报告业务的法律，即《公平信用报告法》（*The Fair Credit Report Act*）。该法颁布50 年来历经 17 次修订和三次重大修改。该法系统规定了个人信息主体、信用信息提供者、征信机构等在征信活动中的权利义务关系，并从保护消费者隐私和信用报告准确性的角度出发，规定了信用报告的合法用途、负面信用信息的保存期限、信息主体获取和要求更正本人信息的权利、征信机构对信用报告准确性的法律责任等内容。除《公平信用报告法》外，美国的征信法律制度还涉及《公平债务催收法》《金融服务现代化法》《银行保密法》《信息自由法》《金融隐私权法》《平等信用机会法》《诚实借贷法》《公平信用账单法》《信用卡发行法》《公平信用和借记卡披露法》《房屋抵押披露法》等近 20 部法律，共同形成较全面的法律体系。

（2）英国法律制度

英国主要从个人数据的取得和使用方面规范征信机构行为，并给予私营征信机构足够的生存空间。与征信有关的法律主要包括《消费信用法》和《数据保护法》。1974 年实施、2006 年修订的英国的《消费信用法》充分体现了消费者保护的立法原则，该法对消费者与信贷提供者之间涉及第三方征信活动时作出了明确的规定，最大限度地维护消费者的知情权，2006 年修订后增加了“从事信用信息服务的征信机构必须申请信用许可证”的内容。1998 年颁布的《数据保护法》在强调开放各种数据的同时，特别规定不能滥用数据。该法对数据的取得和使用作了详细规定，着重强调个人的权利，规定个人有权知道自己何种信息被收集及谁使用了信息，从而达到保护消费者隐私、监督管理征信机构、规范征信业发展的目的。

（3）韩国法律制度

韩国征信业法律制度规范出发点是对企业和个人等信息主体权利的保护，同时强调对信息的科学合理使用。韩国 1995 年的《信用信息使用与保护法》及其实施细则，专门对信用报告及企业和个人信用信息的传播与保护进行了全面和具体的规范，对征信业发展起到了积极的促进作用，是韩国征信业的基本法律规范。此外，韩国还制定了涉及公共部门的信息公开与保护以及适用于私人事业领域的信息公开与保护的数部法律。前者的代表性法律是 1994 年的《公共机关保有个人信息保护法》、1998 年的《公共机关信息披露法》，后者的代表性法律是 2000 年生效的《信息及通信网络使用促进及信息保护法》。

（4）日本法律制度

日本有对企业商业秘密进行保护的法律条款，因此征信立法主要以个人数据保护为目的，涉及企业征信的内容较少。日本于 2003 年出台了《个人信息保护法》，对尊重个人人格的基本理念、国家以及地方公共团体对个人信息的处理职责、个人信息保护措施的基本事项等予以明确，对个人信息处理者（包括征信机构）应遵守的义务等进行了详细规定。日本还颁布了保护行政机关、独立行政法人等持有个人信息的法律规定，并通过《信息公开与个人信息保护审查会设置法》以及《对〈关于保护行政机关所持有之个人信息的法律〉等的实施所涉及的相关法律进行完善等的法律》来保证实施。

2　环保信用体系

2.1　发展历程

环境保护领域信用建设是社会信用体系建设的重要组成部分，主要在推动企业环境信用信息公开，建立和完善企业环境信用评价制度，促进部门间信用信息共享和奖惩联动方面推进工作。2013年，环境保护部等部委联合发布《企业环境信用评价办法（试行）》，全国 17 个省级、60 个市级、200 个县级环保部门开展了企业环境信用评价并与银行、保险等部门联动共享数据。

专栏 8-6-2　社会信用体系环保领域建设内容

推进国家环境监测、信息与统计能力建设，加强环保信用数据的采集和整理，实现环境保护工作业务协同和信息共享，完善环境信息公开目录。建立环境管理、监测信息公开制度。完善环评文件责任追究机制，建立环评机构及其从业人员、评估专家诚信档案数据库，强化对环评机构及其从业人员、评估专家的信用考核分类监管。建立企业对所排放污染物开展自行监测并公布污染物排放情况以及突发环境事件发生和处理情况制度。建立企业环境行为信用评价制度，定期发布评价结果，并组织开展动态分类管理，根据企业的信用等级予以相应的鼓励、警示或惩戒。完善企业环境行为信用信息共享机制，加强与银行、证券、保险、商务等部门的联动。加强国家能源利用数据统计、分析与信息上报能力建设。

（1）探索阶段（20 世纪 90 年代至 2005 年）

从 20 世纪 90 年代末到 2005 年，是我国环境信用评价探索阶段。这个阶段我国加入世界贸易组织，我国市场化改革得以推进，我国社会信用体系建设逐步提上日程。

20 世纪 90 年代末，在世界银行的帮助下，在镇江市和呼和浩特市试点研究和探索企业环境信用应用，对企业环境行为信誉进行评价和公开。为使社会比较清晰地了解认识企业环境行为等级，分别用绿色、蓝色、黄色、红色和黑色表示，并在媒体上公布。江苏省镇江市于 2000 年实施这一制度，2002 年，企业环境信用评价在江苏省逐步推广。同时，我国其他省份也进行相应探索，如安徽省铜陵市作为中部地区工矿资源型城市，也进行了环境信用评价的探索，分别于 2003 年 10 月和 2005 年 3 月向社会公布了 2002 年度和 2004 年度工业企业环境信用等级。

（2）试点推广阶段（2005—2012年）

1）国家层面上，颁布了全国性的评价管理办法，规范了评价工作，提出了首批试点区域名单。

2005年，国家环保总局在总结各地方试点经验的基础上发布了《关于加快推进企业环境行为评价工作的意见》（环发〔2005〕125号），首次提出并开展企业环境行为评价工作，对企业环境行为评价的机构、标准和步骤等进行了规范，并将江苏、浙江、安徽、重庆、内蒙古、广西等省（区、市）作为首批试点区域。

2007年，国家环保总局、央行、银监会联合发布《关于落实环保政策法规防范信贷风险的意见》，旨在加强环保和信贷管理工作的协调配合，强化环境监督管理，严格信贷环保要求，促进污染减排，防范信贷风险。这一规定虽然不是对环境行为评价工作的直接规定，但与环境行为评价结果共享联系密切。2008年，国家环保总局、中国人民银行又联合发布《关于全面落实绿色信贷政策，进一步完善信息共享工作的通知》又对这一事项进行了进一步规定。同年，国家环保总局发布《关于加强上市公司环境保护监督管理工作的指导意见》，旨在进一步完善和加强上市公司环保核查制度，积极探索建立上市公司环境信息披露机制，开展上市公司环境绩效评估研究与试点，加大对上市司遵守环保法规的监督检查力度。

2）地方层面上，纷纷出台了地方信用评价管理办法，并首次颁布了跨区域的信用评价办法。

2006年1月，广东省发布《广东省重点污染源环境信用管理试行办法》（2009年7月重订），并根据此规定在2008年2月20日首次公布企业环境信用。2008年5月，河北省发布《河北省重点监控企业环境行为评价实施方案（试行）》。同时，还出现了地域性环境信用评价，例如2008年8月18日，江苏省环保厅等联合发布《关于印发长江三角洲地区企业环境行为信息公开工作实施办法（暂行）和长江三角洲地区环境行为信息评价标准（暂行）的通知》，将江苏、浙江和上海的环境信用评价联合了起来。在市县级领域，比较典型的如2007年，日照市发布《关于加强环境保护防范企业信贷风险的意见》；2011年2月18日，杭州市环保局发布《关于开展2010年度杭州市企业环境行为信用等级评定的通知》以及2011年3月，深圳市发布《深圳市重点污染源环境保护信用管理办法》。

（3）建立完善阶段（2011年至今）

1）国家层面，全国范围评价管理办法密集出台，首次将环境信用评价写入法律中。

2011年10月，国务院印发《关于加强环境保护重点工作的意见》，明确提出"建立企业环境信用评价制度"，这个企业环境信用制度首次在国务院文件上出现。2013年12月，在总结地方企业环境信用评价工作经验的基础上，环境保护部会同国家发展改革委、人民银行、银监会联合制定了《企业环境信用评价办法（试行）》，对企业方面的环境信用评价制度做了比较详细的规定。主要内容涵盖评价指标和等级、评价信息来源、评价程序、评价结果公开与共享以及守信激励和失信惩戒等。《企业环境信用评价办法（试行）》填补了国家在环境信用评价办法领域的空白，是对过去十多年来环境信用评价实践的总结和肯定。在此后2014年7月公布的《关于加强环境监管执法的通知》中，国务院办公厅又对环境信用评价制度建设进行了重点规定。在2014年4月24日通过的《中华人民共和国环境保护法》第五十四条第三款规定："县级以上地方人民政府环境保护主管部门和其他负有环境保护监督管理职责的部门，应当将企业事业单位和其他生产经营者的环境违法信息记入社会诚信档案，及时向社会公布违法者名单。"这一规定第一次将环境信用评价写入法律之中，要求建立环保诚信档案，为今后环境信用评价制度在环境法律制度中完善奠定了基础，是环境信用评价法律制度发展的里程碑。2015 年 12 月，环境保护部与国家发改委联合发布《关于加强企业环境信用体系建设的指导意见》、2016 年环境保护部发布《关于转发江苏省根据环境信用评价等级实行差别电价、污水处理收费政策性文件的函》。在此过程中，为促进社会信用体系建设，国务院于 2013 年发布《征信业管理条例》，2014 年发布《社会信用体系建设规划纲要（2014—2020 年）》，2015 年发布《国务院办公厅关于社会信用体系建设的若干意见》，2016 年发布《国务院关于建立完善守信联合激励和失信联合惩戒制度加快推进社会诚信建设的指导意见》。2022 年 3 月 29 日，中共中央办公厅、国务院办公厅印发《关于推进社会信用体系建设高质量发展促进形成新发展格局的意见》首次提出了环保信用评价制度概念，并要求全面实施环保、水土保持等领域信用评价，建立健全对排放单位弄虚作假、中介机构出具虚假报告等违法违规行为的有效管理和约束机制等要求。

2）地方层面，环境信用评价制度建设稳步推进。

目前，全国 31 个省（区、市）在不同程度上开展了环保信用评价工作。共有 29 个省（区、市）颁布了相关环境信用评价的规定，其中山西省在《企业环境信用评价办法（试行）》（环发〔2013〕150 号）（以下简称《办法》）颁发之前已经印发了《山西省企业环境行为评价实施办法》。安徽、浙江、江苏和上海配合长三角更高质量一体化发展要求，按《长三角区域生态环境领域实施信用联合奖惩合作备忘录（2020 年版）》实施生态环境信用评价和管理。广东直接执行《办法》规定的评价指标和评价方法。

这些省份政策文件名称不尽相同，山西、山东、湖北、广西、海南、重庆用"评价办法"；辽宁、河南、湖南、甘肃、青海、新疆等用"评价管理办法"；内蒙古、安徽、福建等省份则用"评价实施方案"；四川使用"评价指标及计分方法"；甘肃使用环保信用评价管理办法（表 8-6-3）。

表 8-6-3　企业环境信用评价政策文件汇总

	政策文件（以最新发布为准）	发布时间
中共中央办公厅、国务院办公厅	《关于推进社会信用体系建设高质量发展促进形成新发展格局的意见》	2022 年
国家发展改革委等 31 部门	《关于对环境保护领域失信生产经营单位及其有关人员开展联合惩戒的合作备忘录》	2016 年
环境保护部、国家发展改革委	《关于加强企业环境信用体系建设的指导意见》	2015 年
环境保护部等 4 部门	《企业环境信用评价办法（试行）》	2013 年
天津	《天津市企业环境信用评价和分类监管办法（试行）》	2021 年
河北	《河北省企业环境信用管理办法（试行）》	2021 年
山西	关于发布《山西省企业环境行为评价办法》的通知	2008 年
内蒙古	《内蒙古自治区企业环境信用评价实施方案（试行）》的通知	2015 年
辽宁	《辽宁省企业环境信用评价管理办法》	2020 年
吉林	《吉林省企业环境信用评价方法（试行）》	2017 年
黑龙江	《黑龙江省企业环境信用评价暂行办法》	2017 年
江苏	《江苏省企业环保信用评价暂行办法》	2018 年
安徽	《安徽省企业环境信用评价实施方案》	2017 年
福建	《福建省企业环境信用动态评价实施方案（试行）》	2018 年
江西	《江西省企业环境信用评价及信用管理暂行办法》	2017 年
山东	《山东省企业环境信用评价办法》	2018 年

	政策文件（以最新发布为准）	发布时间
河南	《河南省企业事业单位环保信用评价管理办法》	2015 年
	《河南省企业事业单位环保信用评价管理办法》	2018 年
湖北	《湖北省企业环境信用评价办法（试行）》	2017 年
湖南	《湖南省企业环境信用评价管理办法》	2018 年
广西	《广西壮族自治区企业生态环境信用评价办法》	2022 年
海南	《海南省生态环境厅环境保护信用评价办法（试行）》	2020 年
重庆	《重庆市企业环境信用评价办法》	2017 年
四川	《四川省企业环境信用评价指标及计分方法（2019 年版）》	2019 年
贵州	《贵州省企业环境信用评价指标体系及评价办法（试行）》	2018 年
	《贵州省环境保护失信黑名单管理办法（试行）》	2015 年
西藏	《西藏自治区企业环境信用等级评价办法（试行）》	2014 年
陕西	《陕西省企业环境信用评价办法》及《陕西省企业环境信用评价要求及考核评分标准》	2015 年
甘肃	《甘肃省环保信用评价管理办法（试行）》	2021 年
宁夏	《宁夏回族自治区企业环境信用评价办法》	2019 年
青海	《青海省企业环境信用评价管理办法（试行）》	2021 年
新疆	《新疆维吾尔自治区企业环境信用评价管理办法（试行）》	2018 年

2.2　地方经验

许多地方结合本地实际开展有益探索。四川省将国家重点监控企业、省和市（州）重点监控企业、产能严重过剩行业内企业等十类企业，以及火电、钢铁、水泥、煤炭等 17 类重污染行业内企业，191 个产业园区的工业企业全部纳入企业环保信用评价范围。贵州省将从事环境影响评价、环境监测服务、污染防治设施运维、机动车环保检验等业务的环境服务机构，以及相关行业环保技术服务从业人员纳入环保失信和名单管理。浙江、江苏、湖南、江西等地针对环境影响评价机构出台信用评价管理文件。

2.2.1　江苏省环保信用评价

自 2000 年开展企业环境行为评价和信息公开试点以来，江苏省积极部署开展企业环保信用建设。经过 10 余年探索，江苏省在企业环保信用实践中形成了诸多宝贵经验，极大地推动了环境监管方式的变革。

1）加快"建"，夯实环保信用评价基础。将企业环境体系建设作为深化环保制度改革的重要内容：①健全环境信用管理制度。联合省信用办发布《江苏省环保信用体系规划纲要》，建立覆盖环保信用信息记录、归集、处理、共享、应用等全流程的管理制度和规范。出台《运用信用手段加强事中事后环境监管的指导意见》，构建"诚信激励、失信惩戒"的制度体系，努力做到源头严防、过程严管、后果严惩。②完善评价标准和评分方法。发布《企业环境信用评价标准及评价方法》3.0 版，进一步修改完善分行业评价指标和评价体系，明确数据来源和采集频次，细化评分标准，减少自由裁量权，确保评价结果客观、公正。建立企业环境信用动态管理机制，定期调整修复，及时反映企业环境信用变化。③加强环保信用信息系统建设。依托现有各类环保业务信息系统，整合企业环境信用信息资源，推进污染源企业的环保信用信息归集、评价、发布和应用。建设覆盖全省的污染源

"一企一档"动态信息管理系统，运用环保大数据分析技术，充分发挥信用信息的警示作用。

2）规范"评"，提高环保信用评价水平。着重从三个方面发力：①加强信用信息归集。建立环保信用信息归集制度，按照"谁制作、谁记录、谁提供"的原则，确保及时、准确、完整地归集各类信息。推进环保信用管理系统与污染源"一企一档"管理系统互联互通，加强环保信用信息向省信用信息平台的推送，仅2016年，就推送环保信用信息3 000多万条。②扩大信用评价范围。2017年，全省近3万家污染源企业参与环境信用评价，同时将评价范围进一步拓展到环评中介机构、环保咨询专家、环境监理机构、机动车尾气检验机构等环境服务业企业，加强信息采集记录，强化信用评价考核，对不同信用状况的环境服务机构及其从业人员进行分类监管。③推进评价结果公开。推行环保信用承诺、信用报告、信用审查制度，依法公开环境信用信息，将具有严重环保失信行为的单位和个人列入"黑名单"并向社会公开。依法规范环保信用服务市场，拓宽环境信用信息查询渠道，为公众查询环保信用信息提供便捷高效的服务。

3）着力"用"，发挥环境信用评价功效。重点突出"三个挂钩"，真正让环境信用成为企业看重的无形资产。①与日常环境监管挂钩。对守信企业实行简化环评审批程序、加大资金政策支持力度等激励性措施；对失信企业实行从严审查行政许可申请事项、暂停各类环保专项资金补助、加大环境执法监管频次等惩罚性措施，让失信企业首先在环保上就处处碰壁。②与企业信贷融资挂钩。联合省信用办、银监局建立企业环境信用信息共享制度，推动银行将企业环境信用作为贷前审批、贷后监管的重要依据，实行奖优罚劣。截至2016年年末，全省环境信用参评企业贷款余额6 916亿元，其中，环境信用为优秀（绿色）和良好（蓝色）的企业贷款余额占比达94%，较差（红色）和极差（黑色）的占比仅为1.4%，有力强化了鼓励企业绿色发展的鲜明导向。③与水价电价挂钩。联合省物价等部门，对评为"黑色"和"红色"的企业，在现有水、电费基础上进一步提高收费标准，充分发挥价格杠杆的调节作用，倒逼企业加大治污力度。仅2016年，就对全省"黑色""红色"企业征收差别电价1.8亿元。近期，江苏省生态环境厅还将计划和省财政厅联合出台绿色企业政策和资金奖励办法，将征收的差别水电价用于奖励绿色等级企业，引导绿色发展。

江苏省作为全国范围内环境管理成效较好，企业环保信用体系发展较早的地区，在多年来的体系推行过程中，经历了几次评价模式的改变，正逐步总结和发展江苏省自己的评价标准和要求，并仍在鼓励各地级市积极探索新的发展方向。在评价结果的联合奖惩机制建立方面，较早地实行了差别化水电价做法，从结果来看是极为有效的环保信用监管手段。在评价开展模式上，通过由环境部门各处室开展全过程的信息归集、整理、上报形式，有效地保证了评价工作的进度安排和归集信息的有效性，同时体现了评价工作的公平性；通过对评价工作成果的不断总结，注重评价内容的改进与发展，在经历了如江苏省试行标准、长三角地区评价标准、国家试行标准等数个版本的评价标准与方法后，目前执行江苏省颁布的第三版内容。

2.2.2　湖北省企业环保信用评价

湖北襄阳市谷城县于2011年最早出台了《谷城县环保重点监管企业环境行为信用等级评定办法》地方办法；2013年湖北省环境执法工作会议上指出，要通过推进移动执法系统应用，加快建立企业环境信息数据库，全省实施企业环境行为信用等级评价制度。

2014年10月，湖北省环保厅通过并印发了《湖北省企业环境信用评价体系》，文件中的评价标准参考了主流评价指标的设定和分类，共划分了4类26项指标，采用了较为常见的指标判别形式，评价过程采用由企业填报和自查，由各级环保部门初评、复核、告知、上报最后将结果统一发布的实施程序。

2017年湖北省环境保护厅印发了《湖北省环境信用评价办法（试行）》，从4月开始施行，首先以国控、省控、市控重点排污企业作为推行范围；评价方法作出了较大的改动，采用企业环境行为周年记分制，即根据生态环境部门对参评企业环境违法违规行为处罚处理情况进行记分。最后还在附则中强调了2年的实行有效期。

有别于国家评价标准，湖北省将环境信用等级分为三个等级，分别为绿标企业、黄标企业和黑标企业；信用情况记录以"3+1"的方式标记，分为绿牌、黄牌、黑牌和无记分。企业自愿签署《湖北省企业环境保护承诺书》提交给环保部门备案后，且当年无计分记录为环境信用绿标企业，以"绿牌"标识；当年无记分但未签署承诺书的企业不能评为环境信用绿标企业，而是以"无记分"标识，不能享受针对绿标企业的鼓励性措施。办法中的环境行为记分标准设立了一般情形和特殊情形，两种类别共21种违法违规行为处罚处理情况，分值由一般情形的1分到8分，特别情形的记分值为12分，对于符合特别违规行为的企业直接评为黑牌企业。办法规定当年尚未整改完毕或未完成生态修复、生态损害赔偿的违法违规行为和记分将转入下一年的记录，这样一来能起到督促企业在发生环境不良行为后坚持整改的作用，也体现了信用评价和信用记录的长效性。

目前湖北省环保厅正着力于开展评价系统的二期建设工作。湖北省环保信用体系发展时间并不长，但不断地在积极探索评价模式，发展到目前标准，通过生态环境部门将环境行政处罚处理决定录入评价系统的形式，企业也可以在系统里查询到信息和记分情况，该种方式可以较好地实现信用动态管理模式；又通过"3+1"标记方法和绿色鼓励的联合作用，起到了对企业签订信用承诺书的良好推广作用。

2.2.3　上海市环境信用评价

上海市环保局依托长三角合作平台，长期以来坚持以对标长三角地区领先的评价实施标准和要求，根据上海市2017年度工作实施方案内容，对2 567家企业的11类共14项环境行为采用单一指标判别法（评价结果以最差等级的评价指标确定），评价结果分为很好、好、一般、差、很差五个等级，依次以绿色、蓝色、黄色、红色、黑色进行标示。

上海市评价工作将参评企业划分为市重点排污单位和年度内有过一定程度环境行政处罚的企业，由市区两级环保局和自贸区管委会根据不同的职责分工对该两类企业进行评价。有别于其他省份对环保信用工作的发展重点，上海市在评价标准与方法上几乎没有明显改动，而是将体系发展重点放在了服务于评价的公共信用信息归集和分类管理。根据《上海市信用行为分类指导目录》内容，2016年版的行为清单共收录了1 869项失信行为和42项非失信行为，根据行为分类，划分了各信用行为事项程度分级和判定管理单位，以下列举部分与环境行为有关事项内容。

明确信用行为分类其实是对环境信用评价工作的细化，部分失信行为事项在不同辖区的程度分级有所不同，对行为事项的划分有利于实现各区独立的评价管理和评价结果的应用。通过每年开展企业基础环境信用评价工作，再加上对企业（或法人）信用行为的记录与管控，将环境信用上升到社会信用体系建设过程中，也更利于对企业环境信息管理的联动和共享机制。上海市的评价体系较为注重地区与地区之间的管理标准一致性；建立了分类实施管理原则，从而达到有效分配监管资源的作用，就单从环保信用体系发展上来看，数年来既没有突出的发展改变，也没有妥善发挥评价的作用，但上海在企业环境成效上成绩斐然，成为全国经济发展和环境高质量的模范城市，分析认为上海较注重社会信用体系整体的建设，将企业行为列为社会信用行为的一部分，并将环境管理权力下放，由各个子级部门对失信行为进行划分，既体现了多部门管理协同性，又体现执行标准的统一性，相比其他地方逐步发展环保信用与社会信用挂钩，上海市的做法更加超前。

2.2.4　重庆市环境信用评价

自 2004 年起，重庆市就将环境信用与"诚信重庆"建设相结合，通过营造诚信环保氛围，从而鼓励企业不断完善环境行为。较早的评价标准根据企业污染控制、环保法律法规执行情况、公众监督和环境管理情况划分了共 21 项指标，企业的信用评价结果划分为守信企业 AA 级，基本守信企业 A 级，警示企业 B 级，失信企业 C 级，严重失信企业 D 级。

根据 2017 年 10 月重庆市新发布的评价办法内容，对参评企业的要求明显详细且扩大了参评范围，共列举了 15 类必须参与评价的企业，其中包括了"环境影响评价、环境监测等领域的环境服务机构"，并鼓励未纳入范围的企业、个体工商户自愿申请参评，对应的评价信息则由环境职能部门、企业申报和评价机构共同提供，即由三方共同参与评价过程。评价指标变更为污染防治、生态保护、环境管理和社会监督四个方面，与国家标准中指标划分相同，共 19 项失信扣分指标，其中有一项是来源于评价机构的"信息提供"指标，如果评价机构认定企业提供虚假信息，则可对企业扣除 20 分信用评分；另有 8 项加分指标，尽管分值不大，但其中生命周期评价、专业培训、诚信激励和公益活动作为加分项评价内容在同类型办法中是较为新颖的做法；评定等级也不再使用先前的划分形式，将环保诚信、良好、警示、不良划分为 4 个等级，分别以绿、蓝、黄、黑牌区分。

目前重庆市建立了"企业环境信用评价基础信息综合管理及公示平台"，在已经公布的信息里，尚未将历史数据和记录由市生态环境局迁移或共享至平台中来，平台网站有待进一步建设和完善。重庆市是较早开展企业环境信用评价工作的地区，早期通过对单一指标判别形式，通过 3 个环节的评判将企业划分成 5 个等级，评价形式较为简单，不利于将企业进行合理分类，但要求企业填写环境保护行为情况申报表的做法，对国内其他省份工作起到了一定的指导作用；后期新办法出台后，借鉴了较为流行的逐项判别方法，基于重庆市信息归集工作基础，在评价指标方面有一定创新，将评价指标与地方鼓励的环境政策进行了良好结合。

2.2.5　安徽省企业环境信用体系

根据安徽省环保厅评价结果公告，2017 年度共有 419 家国控企业开展了评价工作，实际参评企业 407 家，共评出诚信企业 230 家、良好企 151 家、警示企业 23 家、不良企业 3 家，另有 12 家企业由于停产、搬迁等未参评。

安徽省企业环境信用评价工作自 2013 年开展以来，已经持续进行了 5 年，随着环保法律法规的调整，信用评价工作开展方式也经历了一定程度的变化。根据 2017 年 3 月，安徽省环境保护厅联合省发改委、人民银行合肥支行、银监会省监管局发布的新修订的《安徽省企业环境信用评价实施方案》，评价工作以"分级、强制、自愿"为原则实行，除了重点监控企业和纳入评价计划的企业采取强制评价，同时鼓励企业自愿申请参加评价工作。评价指标及方法在采用国家试行标准基础上，沿用了 4 类 21 项内容，但在部分指标权重上作出了一定的调整，其中降低了环境风险管理权重、提升了强制性清洁生产环保信用评价体系的发展研究生产审核和群众投诉的权重，另外，针对"行政处罚与行政命令"

内容,安徽省将该指标内容细化成 10 种企业违法违规行为处理类别,根据企业受到的处罚处理内容扣除相应分值。评价等级根据综合得分划分环保诚信、良好、警示、不良企业 4 个等级。

评价工作的开展从企业根据指标进行自查自报开始,再由省环保联合会进行初评,最终交由环保部门共同复核。在初评阶段,从省环保联合会专家库中随机抽取 3～5 名专家组成专家组,专家组对企业自报信息逐项评分,并提出初评意见,报联合会研究确定。在复核阶段,由省联合会和省环保厅共同对企业、公众、环保团体提出的异议进行复核。

实施方案中最后一项评价要求,在同类型文件、办法中,有几条较为突出。第一条"开展企业环境信用评价,不得向参评企业收取任何费用"。明确指出评价工作的开展不得向企业收取费用,一方面对自愿参评的企业,特别是给"小私企业"设了一个"无门槛"要求,能有效激发具有环境意识的企业主动参加评价的积极性,进而带动市场更多企业主动参与氛围;另一方面,在引入指定非政府评价主体时,零收费的模式杜绝了一切"隐形利益",通过专家库随机抽选,企业参评与专家团没有了金钱往来,更能体现环境信用评价工作的公正性。第四条提出凡符合"一票否决"情形的企业,直接被评定为"环保不良企业",共列举了 10 种规定情形,除了一般规定的环境违法犯罪、未批先建、造成重大生态影响等情形,强调了以逃避监管方式非法处置有毒有害物质、未按照排污许可证要求排放、被部门挂牌督办逾期未成的情形,相比其他省份和国家试行办法中的相似规定,安徽省的细则制定要更加细化和严格。

安徽省已经具有了针对企业环保信用评估的第三方评估公司,还根据省标准发布了有关评价内容的企业标准,机构还可以根据收集到的企业信息和信用等级形成反映企业状况的信用报告,通过公开报告的形式树立企业信用形象,或给企业带来一定的社会压力。

安徽省在评价指标和评分方法上主要以国家颁布的标准为内容,分析认为安徽省在评价工作上经验较少,而国家恰好在 2013 年联合发布了统一标准,故而基本套用了"统一标准",但还是根据地方管理要求在几个指标上有一定的调整,加强了对强制清洁生产要求和群众投诉问题的重视。在工作开展形式上,安徽省做法较为新颖,由省环保联合会开展主要评价工作,而且不向企业收取任何费用,这种做法能够形成评价主体、被评对象、监管部门的互相制约,有效体现出评价程序的公平和公正。虽然目前没有看到关于第三方机构正式参与评价过程的有关内容,但根据查阅到的企业标准,显然安徽省已经具有了一定开拓三方参与形式的基础,若能规范参与形式和要求,也是一种很好的体系执行模式。

2.3　环保产业行业信用等级评价

为促进环保产业行业诚信体系建设,提高行业企业诚信意识,增强行业自律水平,规范行业内部竞争秩序,促进行业健康发展,经商务部信用工作办公室、国资委行业协会联系办公室批准,中国环境保护产业协会于 2011—2019 年在全国范围内先后完成了十一批环保产业行业信用等级评价工作,共有 1 200 余家(次)会员企业参加评价,670 余家企业授予了 A 级以上信用等级,其中 259 家企业获得 AAA 信用等级,评价结果在环保项目招投标、政府采购等工作中得到部分采信,对政府施治和监督管理提供了一定支撑。

1)评价范围:针对中国环保企业,企业经营范围涉及水污染治理、大气污染治理、土壤修复、固体废物处理处置、噪声与振动控制、环境监测等领域的环保产品制造,环保工程设计、建设、运营,环境影响评价等。

2）信用等级评价：2018 年发布了《环保企业信用评价指标体系》（T/CAEPI 15—2018），该指标涉及企业的守信意愿、守信能力及守信表现 3 个方面，涵盖企业的价值理念、管理能力、财务能力、市场能力、履约能力、社会责任和环境保护情况等要素。依据评定结果确定企业的信用等级，即 A、B、C 三等，AAA、AA、A、BBB、BB、B、CCC、CC、C 九级。企业提交申报材料后，协会将组织专家评审，按照审核—初评—公示—终审—备案—授牌—年度复审的程序开展企业信用评价，同时依据核实情况需要对企业进行现场考察，评价结果接受社会监督。

3）信用平台建设：开发建设了"环保产业信用平台"，除了可在平台查询企业信用档案，和信用建设相关的政策法规、工作动态以外，相关违法违规行为的负面信息等也将会实时曝光。信用平台的建设将对自主申报企业的守信表现、财务经营状况、技术管理能力、行政处罚信息等开展连续性监控跟踪，对信用上佳的企业加强向社会、市场推选。"环保产业信用平台"还拟在环保行业信用信息共享及宣传方面加强与"信用中国"网站的合作，并与监测、环评等行业内业务单位建立数据信息共享机制，在平台关联、企业动态监管、企业信用结果采信等方面拓展合作空间。

2.4　整体评价

2.4.1　法律法规

国家层面，尚未制定企业环保信用评价法，已将企业环保信用有关要求纳入国家法律法规和相关政策文件中。国家层面，生态环境部积极推动将企业环保信用有关要求纳入国家法律法规和相关政策文件中，2014 年修改的《环境保护法》第五十四条明确规定，相关管理部门应将企业事业单位和其他生产经营者的环境违法信息记入社会诚信档案，及时向社会公布违法者名单。在国家出台的《水污染防治行动计划》《土壤污染防治行动计划》《"十三五"生态环境保护规划》《打赢蓝天保卫战三年行动计划》等重要政策文件中，都对企业环保信用评价相关工作做出部署。企业环保信用评价相关立法工作正在推进，在结合地方立法经验的基础上联合发改委开展立法工作。

地方层面，部分省份已将环保信用评价工作纳入地方性法规中。一些地方生态环境主管部门推动和配合立法机关，将环保信用评价工作纳入地方性法规中，如《四川省生态文明体制改革方案》《重庆市环境保护条例》《广东省环境保护条例》都对健全环境信用评价制度、运用环境信用评价法条等作出明确规定。

2.4.2　参评企业范围

国家层面，原环境保护部联合国家发展改革委、人民银行、银监会印发《企业环境信用评价办法（试行）》，将污染物排放总量大、环境风险高、生态环境影响大的主要企业纳入企业环保信用评价的范围。2015 年，原环境保护部联合国家发展改革委印发《关于加强企业环境信用体系建设的指导意见》，明确鼓励地方逐步拓展参评企业范围，基本覆盖当地环境影响大、社会普遍关注的企业，并推动更多的企业自愿参与，鼓励条件成熟地区探索开展环境服务机构环境信用评价。

地方层面，四川省将国家重点监控企业、省和市（州）重点监控企业、产能严重过剩行业内企业等十类企业，以及火电、钢铁、水泥、煤炭等 17 类重污染行业内企业，191 个产业园区的工业企业，全部纳入企业环保信用评价范围。上海市评价工作将参评企业划分为市重点排污单位和年度内有过一定程度环境行政处罚的企业。重庆市共列举了 15 类必须参与评价的企业，其中包括了"环境影响评价、环境监测等领域的环境服务机构",并鼓励未纳入范围的企业、个体工商户自愿申请参评。吉林、山东、湖南的参评企业则为全省行政区域内的所有企业。河北、内蒙古、江苏、湖北、宁夏将国控、省(区)控和市控重点排污单位全覆盖;河南、新疆还分别将辐射类企业、从事环境服务的企业也一并列入。甘肃则是由省级生态环境部门按年度确定全省参评企业数量,具体企业名单由各市、州生态环境部门确定(表 8-6-4)。

表 8-6-4　企业环境信用评价参评企业范围

区域	评价范围	区域	评价范围
全国	污染物排放总量大、环境风险高、生态环境影响大的企业	河南	全省国控、省控重点监控企业和辐射类企业
河北	重点排污单位(国家级、省级、市级)以及受到环境行政处罚处理的未在重点排污单位内的企业	湖北	国控、省控、市控重点排污企业
内蒙古(乌海)	区级以上(含)重点监控企业;10 类重点行业企业;上一年度发生较大及以上突发环境事件的企业等	湖南	全省范围内企业
辽宁	污染物排放总量大、环境风险高、生态环境影响大的企业;实际操作时,2018 年参评企业范围为火电、造纸、水泥三个行业的相关企业	重庆	污染物排放总量大、环境风险高、生态环境影响大的企业
吉林	辖区内企业	四川	未查到政策原文,范围未知
黑龙江	重点排污单位	贵州	政策文件中未涉及
江苏	设区的市级以上生态环境主管部门确定的重点排污单位;列入污染源日常监管的单位;纳入排污许可管理的单位;卫生、社会与服务业有污染物排放的单位;产生环境行为信息的单位	西藏	污染物排放总量大、环境风险高、生态环境影响大的 9 类企业
安徽	污染物排放总量大、环境风险高、生态环境影响大的企业	陕西	纳入环境信用评价范围的企业
福建	污染物排放总量大、环境风险高、生态环境影响大、环境违法问题突出的企业	甘肃	省级环保部门按年度确定全省开展环境保护标准化建设和环境信用评价工作企业的数量,各市、州环保部门按照省级环保部门确定的辖区开展试点企业的数量,具体确定试点企业名单,报省级环保部门审核后,由省级环保部门统一公布,并通报给有关部门
江西	评价年度生态环境部下达的重点排污单位名单所列企业	宁夏	国控、区控重点企业和地方重点企业
山东	本省行政区域内企业	新疆	纳入排污许可管理的排污单位、从事环境服务的企业和其他应当纳入环境信用评价的企业

2.4.3　评价方法

全国的企业环境信用评价方法主要包括百分制打分法、环境违法违规行为记分制(12 分)两种,此外还有湖南采取的是单一指标判别法,甘肃采取五百分制打分法等。

内蒙古、辽宁、安徽、福建、江西、河南、重庆、四川、贵州、西藏、陕西和宁夏等 12 个省(区、市)采用百分制打分法,该方法以国家企业环境信用评价方法为主要框架,对各项指标不同的情形赋分，详细列出加分项与减分项，并将某一数值设置为基础分，根据各项指标得分计算出总分评价企业环境信用。百分制打分法的企业环境信用评价周期为一年，评价期限为上一年度，评价结果反映企业上一年度 1 月 1 日—12 月 31 日的环境信用状况。该方法涉及污染防治、生态保护、环境管理和社会影响或监督等方面指标，涵盖全面但是存在受主观影响较大，且评价结果滞后的缺点。

河北、吉林、黑龙江、江苏、山东和湖北等 6 个省采用环境违法违规行为记分制（12 分），该方法类似于交通违规扣分制度，对不同的环境违法违规行为根据处罚结果扣除相应分值，根据记分情况判定企业环境信用。采取环境违法违规行为记分制（12 分）的 6 个省在具体评分方法和评价时效上又不尽相同，河北、吉林和湖北采取环境违法违规行为周年记分制，黑龙江和山东采取年度记分制，江苏目前采取 12 分动态记分制。该方法对企业环境行为实行动态评价模式，能有效满足信用管理的时效性要求，但无法判定主观违法还是过失犯错，可能导致企业质疑和不满。

2.4.4　评价结果

国家层面，发布了评价办法，将企业环境信用等级分为环保诚信企业、环保良好企业、环保警示企业、环保不良企业 4 个等级，依次以"绿牌""蓝牌""黄牌""红牌"标示。

地方层面，绝大部分省份信用评价分 4 个等级标识，湖北和山东分 3 个等级标识，河南和江苏分 5 个等级标识。各标识方法也不尽相同，如吉林、黑龙江、陕西等省采用国家《办法》标志，既有等级划分又有颜色标志；河北、湖北、山东等省全用颜色标识；四川、辽宁、安徽等省未有颜色标识；河南省采用 5A 级、4A 级、3A 级、2A 级、不予评级来标识。全国各省份的企业环境信用评价结果等级分类不统一，评价结果标识不统一，且同一等级不同省份的划分依据也不统一（表 8-6-5）。

表 8-6-5　企业环境信用评价结果分类

区域	评价结果分类	一票否决	区域	评价结果分类	一票否决
全国	环保诚信企业（绿牌） 环保良好企业（蓝牌） 环保警示企业（黄牌） 环保不良企业（红牌）	14 种	河南	5A 级、4A 级、3A 级、2A 级、不予评级	6 种
河北	A 级为 85 分及以上 B 级为 70～84 分 C 级为 50～69 分 D 级为 30～49 分 E 级 29 分及以下	无	湖北	环境信用绿标企业（绿牌） 环境信用黄标企业（黄牌） 环境信用黑标企业（黑牌）	无
内蒙古	环保诚信企业（绿牌） 环保良好企业（蓝牌） 环保警示企业（黄牌） 环保不良企业（红牌）	无	湖南	环境诚信企业（绿牌） 环境合格企业（蓝牌） 环境风险企业（黄牌） 环境不良企业（红牌）	单一指标判别
辽宁	守信企业（绿标） 一般守信企业（蓝标） 失信企业（黄标） 严重失信企业（红标）	无	重庆	环保诚信企业（绿牌） 环保良好企业（蓝牌） 环保警示企业（黄牌） 环保不良企业（黑牌）	14 种

区域	评价结果分类	一票否决	区域	评价结果分类	一票否决
吉林	环境信用良好企业（绿牌） 环境信用一般企业（蓝牌） 环境信用警示企业（黄牌） 环境信用不良企业（红牌）	无	四川	环保诚信企业 环保良好企业 环保警示企业 环保不良企业	有，未查到原文，数量未知
黑龙江	环保诚信企业（绿牌） 环保良好企业（蓝牌） 环保警示企业（黄牌） 环保不良企业（红牌）	无	贵州	环保诚信企业［绿色（A A+ A++）］ 环保良好企业［蓝色（B B+ B++）］ 环保警示企业［黄色（C C+ C++）］ 环保不良企业［红色（D）］	无
江苏	绿色等级企业（守信） 蓝色等级企业（一般守信） 黄色等级企业（一般失信） 红色等级企业（较重失信） 黑色等级企业（严重失信）	无	西藏	环保诚信企业 环保良好企业 环保警示企业 环保不良企业	无
安徽	环保诚信企业 环保良好企业 环保警示企业 环保不良企业	10 种	陕西	环保诚信企业（绿牌） 环保良好企业（蓝牌） 环保警示企业（黄牌） 环保不良企业（红牌）	15 种
福建	环保诚信企业（绿牌） 环保良好企业（蓝牌） 环保警示企业（黄牌） 环保不良企业（红牌）	5 种	甘肃	诚信（绿牌） 良好（蓝牌） 警示（黄牌） 不良（红牌）	无
江西	环境信用优秀（绿色） 环境信用良好（蓝色） 环境信用一般（黄色） 环境信用较差（红色） 环境信用极差（黑色）	无	宁夏	环保信用优秀（绿色） 环保信用良好（蓝色） 环保信用一般（黄色） 环保信用较差（红色） 环保信用极差（黑色）	无
山东	环境信用绿标企业（绿牌） 环境信用黄标企业（黄牌） 环境信用红标企业（红牌）	无	新疆	环保诚信企业 环保良好企业 环保警示企业 环保不良企业	无

2.4.5　环保信用信息公开

充分、公正、准确的信用公开是环保信用体系构建的基础，同时环保信用也是环境信息公开的重要组成部分。

（1）工业污染源达标

大气及水污染达标排放作为企业环境信用评价中"污染防治"指标中重要组成部分，该指标充分公开将为信用评价打下良好基础。现有企业环境信息公开职责仅局限于国控重点企业和重点排污单位，数目庞大的一般性企业应承担何种环境信息公开职责尚未明确。

（2）上市公司信息披露

上市公司的环境信息披露是环境信息披露制度的重要组成部分，强制要求所有上市公司披露环境信息，但是上市公司信息披露研究表明，高达 12%的上市公司零披露。环境处罚信息披露严重不足，2017 年，环保部门行政处罚涉及 885 家上市公司、2 916 起（次），其中重大处罚 501 家、1 121 起

（次），仅有 2.49% 的企业在定期报告或临时报告中披露了环境行政处罚信息，仅有 4.19% 的企业披露了重大环境行政处罚信息。

2.4.6　信用披露平台

国家层面：2019 年 11 月 1 日，生态环境部启动环境影响评价信用平台，该平台已在政府网站上线，将与管理办法同步施行和启用。这是生态环境领域首个全国统一的信用管理系统，对环评信用管理对象的有关行为，各级生态环境部门都可以记分，并通过平台做到实时累计，依据分数采取相应监管措施。

通过"信用中国"网站中"环保领域信息公示"板块进行公示，内容包括：①广东、贵州省等部分地方省市失信黑名单；②国家重点监控企业主要污染物排放严重超标和处罚情况；③全国环评机构和环评工程师查处情况的通报；④国家地表水水质自动监测实时数据发布系统；⑤城市空气质量状况月报；⑥国家重点监控企业查询；⑦限制类固体废物进口类查询；⑧水质下降断面水质状况表；⑨"水十条"重点任务滞后情况。

地方层面：江苏省生态环境厅将环保信用管理系统与污染源"一企一档"管理系统联通，实现省、市、县三级生态环境部门共用一个系统对企业环境信用信息进行审核、数据报送、归集、评价、修复、查询，相关结果信息同时也向省信用办和省公共信用信息中心、江苏省市场监管平台推送，企业可以通过电子身份证的形式进入到全省统一企业信息管理系统查询本企业信用，实时掌握自身环保信用状况，实现数据共享，并方便公众查询；福建省建立省、市、县三级生态环境部门共用的企业环保信用评价管理系统，实现评价指标数据采集自动化，企业信用评价动态化，评价结果显示常态化，生态环境部门应金融机构的申请，实时对其提交的企业客户开展简化高效便捷的环境信用评价，充分发挥金融机构信息网络优势，制定信息双向推送、双向通报、双向会商等制度，与金融机构共建联合奖惩"一张网"。

2.4.7　奖惩机制

2016 年，国家发展改革委等 31 个部门联合签署《关于对环境保护领域失信生产经营单位及其有关人员开展联合惩戒的合作备忘录》，提出 4 个方面 25 类联合惩戒措施。生态环境部及时将部本级查处的严重环境违法问题的企业信息，通报有关部门，推动其根据有关规定采取联合惩戒措施。2018 年以来，证监会对未及时披露受到环境行政处罚信息的山西三维公司及其 28 名责任人予以处罚，对未及时披露涉嫌环境刑事犯罪信息的浙江上峰水泥公司及其 3 名责任人予以处罚，引起了资本市场的强烈反响。

江苏省将环保信用评价等级与企业用电价格、污水处理费挂钩的做法，推动各地探索符合本地区实际的联合惩戒措施，加大对环保失信企业的经济制约力度。

国家发展改革委印发《关于创新和完善促进绿色发展价格机制的意见》，鼓励地方根据企业环保信用评价等级，分类分档制定差别化收费标准，促进企业污水预处理和污染物减排。

2.5　存在的问题

（1）环境信用法律法规尚不健全

环保信用评价在法律上属于行政评级，其评价结果不仅应用在生态环境部门的分级分类监管中，往往会对市场主体的财产权利、市场机会、社会声誉等产生切实甚至重大的影响。环保信用评价应当在法制框架下进行，在法定权限范围内、依据法定标准、遵循法定程序、采取法定形式进行等级评定。目前环保信用评价政策或法律依据的位阶较低，主要为部门规范性文件或地方政府部门的规范性文件。截至目前，在专门或部分针对环境信用评价的比较重要的立法性文件约有 2 个条例、7 个意见、3 个办法、3 个通知和 1 个规划纲要。很明显，这些文件都存在专门性缺乏和立法层次过低的问题。

（2）信用评价标准体系不一

为尊重地方的首创精神，2013 年四部委印发的《企业环境信用评价办法（试行）》第三十六条特地明确："有关地方环保部门已经制定企业环境信用评价管理规范性文件的，可以继续适用"。因此，目前各地执行的评价指标体系、评价方法、信用等级标识等不尽相同。山东省采用三级制进行评价分级，采用扣分制确定企业等级，广东省采用四级制进行评价分级，依据企业环保绩效、违法情况确定等级，江苏省采用五级制进行评价分级。不同地区评价结果可比性较低，环保信用评价结果跨地域互信互认难度较大。全国各试点省市的评价办法和评分标准不统一，以省份为界限割据的评价结果无法实现全国范围内统一适用、企业环境信用等级跨省后缺少信服力是最大的问题。

（3）信用评价覆盖程度不高

从全国来看，除了吉林、山东、湖南的参评企业为全省行政区域内的所有企业，大多数已开展的地方评价范围仅限于重点排污单位，部分省（市、区）仅有一两千家企业参评，即使是走在全国前列的省，参评仍然没有实现污染源企业全覆盖。

（4）环保信用数据基础薄弱

国家层面信用信息归集初具规模，信用信息定期更新机制也初步建立，生态环境部企业环境信用信息系统初步建成并接入全国统一的信用信息共享交换平台。但政府部门之间信用信息归集系统不健全、信用信息资源共享水平不高、重复开发建设、部门内部信息化工作发展不平衡等问题普遍存在。环境信息范围过于狭窄，主要是处罚信息、许可信息等行政管理类信息，一些企业达标状况、上市企业信息公开情况等与信用密切相关，同时又能引导企业自觉绿色转型发展的信息缺失。

（5）信用评价社会化程度不高

环境信用评价社会化程度不高的突出表现，在于信用评价的公众参与不足。由于目前企业环境信用的评价主体是生态环境主管部门，公众参与环境信用评价的渠道主要是向生态环境部门反映，生态环境部门再将公众对企业环境行为的反映作为评价指标内容。因此在企业环境信用评价的全过程中，公众及社会组织的直接参与度不够。同时，第三方评价机构发育不成熟，环保组织的作用也没有得到充分发挥。

3　企业生态环境保护信用体系构建

3.1　需求

加快推进环保信用体系建设，是促进资源优化配置、促进产业结构优化升级的重要前提，是促进高质量发展的迫切要求。

改善市场信用环境、降低交易成本、防范经济风险的重要举措，是实现环保领域"放管服"的要求，是增强社会诚信、促进社会互信、减少社会矛盾的有效手段，是加强和创新社会治理、构建社会主义和谐社会的迫切要求。

3.2　原则

政府推动，社会共建。充分发挥政府的组织、引导、推动和示范作用。政府负责制定实施发展规划，健全法规和标准，培育和监管信用服务市场。注重发挥市场机制作用，协调并优化资源配置，鼓励和调动社会力量，广泛参与，共同推进，形成环保信用体系建设合力。

健全法制，规范发展。逐步建立健全环保信用法律法规体系和信用标准体系，加强环保信用信息管理，规范环保信用服务体系发展，维护信用信息安全和信息主体权益。

统筹规划，分步实施。针对环保信用体系建设的长期性、系统性和复杂性，强化顶层设计，立足当前，着眼长远，统筹全局，系统规划，有计划、分步骤地组织实施。

重点突破，强化应用。选择重点领域和典型地区开展信用建设示范。积极推广信用产品的社会化应用，促进信用信息互联互通、协同共享，健全社会信用奖惩联动机制，营造诚实、自律、守信、互信的社会信用环境。

3.3　总体目标

到 2025 年，环保信用基础性法律法规和标准体系基本建立，以信用信息资源共享为基础的覆盖纳入生态环境监管的企业事业单位和其他生产经营者（以下简称企业）的环保征信系统基本建成，信用监管体制基本健全，信用服务市场体系比较完善，守信激励和失信惩戒机制全面发挥作用，形成褒扬诚信、惩戒失信的制度机制和社会风尚。

3.4　技术路线

企业环保信用体系构建框架详见图 8-6-1。

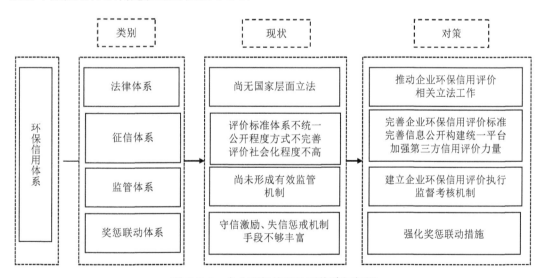

图 8-6-1　企业环保信用体系构建框架图

4　政策建议

4.1　推动企业环保信用评价相关立法工作

在总结江苏、四川、山东、湖南、广东等地企业环保信用评价立法和实践经营的基础上，推动企业环保信用评价相关立法工作。建议全国人大常委会在适当的时候出台《社会信用管理法》，将环保信用制度作为《社会信用管理法》的一个重要立法板块。将来修改《中华人民共和国水污染防治法》《中华人民共和国大气污染防治法》《中华人民共和国海洋环境保护法》《中华人民共和国环境噪声污染防治法》等法律，增加环保守信的条款。在《中华人民共和国商业银行法》《中华人民共和国证券法》《中华人民共和国中国人民银行法》《银行业监督管理法》等金融法律中，也增加企业环保守信的条款，并将企业环保守信明确规定为金融机构授信、股份有限公司的股票上市的必要条件。

4.2　完善企业环保信用评价标准

研究优化调整企业环保信用评价指标体系，强化评价指标的可操作性、可溯源性、可监督性。优化指标设置，研究确定能够充分反映企业生态环境状态的关键性指标，优化企业环保信用评价指标体系。完善指标内容，进一步强化补充环境法律诉讼、环境行政处罚等反映企业遵守生态环境法律情况的指标。明确评价依据，进一步明确评价指标对应的数据、法律文书等评价依据。强化制度衔接，着力加强环保信用评价制度与排污许可证、企业环境信息公开、重点排污单位管理、环境保护税等生态环境管理制度全面衔接、充分融合。鼓励公众参与，将公众、新闻媒体和社会组织反映的意见建议，作为确定和调整企业环保信用评价结果的重要参考。研究推进环保信用修复工作，构建科学合理的环境信用修复机制作为失信惩戒制度有效补充。

4.3　强化奖惩联动措施

大力推进信用分级分类监管，对违法失信、风险较高的市场主体，适当提高环境执法、环境税稽查等日常管理抽查比例和频次，依法依规实行严管和惩戒。限制或者禁止生产经营单位的市场准入、行政许可或者融资行为，包括限制取得政府供应土地、限制取得工业产品生产许可证、禁止作为供应商参加政府采购活动、限制参与财政投资公共工程建设项目投标活动、限制参与基础设施和公用事业特许经营、依法限制取得安全生产许可证、对弄虚作假的机动车排放检验机构，撤销其检验检测机构资质失信生产经营单位申请适用海关认证企业管理的，海关不予通过认证等措施。推动各金融机构将失信生产经营单位的失信情况作为融资授信的参考、各保险机构将失信生产经营单位的失信记录作为厘定环境污染责任保险费率的参考。在上市公司或者非公众上市公司收购的事中事后监管中，对有严重失信行为的生产经营单位予以重点关注。

建立健全责任追究机制，对被列入失信联合惩戒对象名单的市场主体，依法依规对其法定代表人或主要负责人、实际控制人进行失信惩戒，并将相关失信行为记入其个人信用记录。在经营业绩考核、综合评价、评优表彰等工作中，对生产经营单位及相关负责人予以限制，失信生产经营单位相关负责人适用中央企业负责人经营业绩考核有关规定的，视情节轻重和影响程度，扣减年度经营业绩考核综合得分，并相应扣发企业负责人绩效年薪和任期激励收入，情节严重的给予纪律处分或者对企业负责人进行调整。失信生产经营单位相关负责人适用中央统战部等 14 个部门关于非公有制经济代表人士综合评价有关规定的，不应推荐其为人大代表候选人、政协委员人选，也不得评优表彰等。

加大对环保失信企业的经济制约力度，鼓励地方根据企业环保信用评价等级，分类分档制定差别化收费标准，促进企业污水预处理和污染物减排。对于环保失信企业限制发行企业债券及公司债券、限制注册非金融企业债务融资工具、将生产经营单位的失信信息作为股票发行审核及在全国中小企业股份转让系统公开转让审核的参考等。停止执行生产经营单位享受的优惠政策，或者对其关于优惠政策的申请不予批准，包括优惠电价、资源综合利用产品和劳务增值税等。对于存在超过污染物排放标准或者超过重点污染物排放总量控制指标排放污染物等违法行为的，按照财政部、国家税务总局相关规定，停止执行已经享受的环境保护项目企业所得税优惠。

加强与各部门的协作机制，强化联合惩戒机制，积极落实《关于对环境保护领域失信生产经营单位及其有关人员开展联合惩戒的合作备忘录》，完善和细化失信信息的使用、撤销、管理、监督的相关实施细则和操作流程，积极开展本系统各级单位依法依规实施联合惩戒措施。加快构建跨地区、跨行业、跨领域的失信联合惩戒机制，从根本上解决失信行为反复出现、易地出现的问题。依法依规建立联合惩戒措施清单，动态更新并向社会公开，形成行政性、市场性和行业性等惩戒措施多管齐下，社会力量广泛参与的失信联合惩戒大格局。

4.4　加强环保信用信息化建设水平

继续配合国家信息中心推进全国信用信息共享平台项目建设，同时针对环境信用信息类型广泛、分布分散的现状，增加环境信用信息采集和整理的有效性，建立健全环境信用信息共享平台。建设贯通省、市、县三级生态环境部门的企业环境信用动态管理系统，支持地方建立、完善已有的环境信用评价系统和平台，规范评价程序、提高评价效率、保证评价质量。推进地方信用信息平台、行业信用信息系统互联互通，畅通政企数据流通机制，形成全面覆盖各地区各部门、各类市场主体的信用信息"一张网"。

强化环境信用评价结果共享，实现与"信用中国"网站、全国信用信息共享平台、金融信用信息基础数据库、国家企业信用信息公示系统等现有信息平台的有效对接，畅通信息共享渠道，为跨部门联合应用环保信用评价结果提供保障。充分发挥全国信用信息共享平台和国家"互联网+监管"系统信息归集共享作用，对政府部门信用信息做到"应归尽归"，依托全国信用信息共享平台和国家"互联网+监管"系统，将市场主体基础信息、执法监管和处置信息、失信联合惩戒信息等与相关部门业务系统按需共享，在信用监管等过程中加以应用，支撑形成数据同步、措施统一、标准一致的信用监管协同机制。

4.5　强化信用信息公开和公众参与

进一步推进环境信息公开工作，在行政许可、行政处罚信息集中公示基础上，依托"信用中国"网站、中国政府网或其他渠道，进一步研究推动行政强制、行政确认、行政征收、行政给付、行政裁决、行政补偿、行政奖励和行政监督检查等其他行政行为信息 7 个工作日内上网公开，推动在司法裁判和执行活动中应当公开的失信被执行人、虚假诉讼失信人相关信息通过适当渠道公开，做到"应公开、尽公开"。继续加大企业大气、水、执法和突发事件的信息公开力度，联合银保监会做好上市公示强制性信息披露工作，为企业环保信用评价提供足够有效的环境信息。

充分发挥社会公众、各类媒体尤其是"微博""微信"等新媒体的优势，发挥群众评议、讨论、批评等作用，完善社会舆论监督机制，倒逼企业持续改善环境行为。继续引导企业主动公开环境信息，建立健全环境信用信息披露制度，推动更多企业更加完整地披露环境信息。继续加强诚实守信先进典型宣传、严重失信行为披露，动员各部门和全社会力量共同参与环境保护，营造"守信者处处受益、失信者寸步难行"的社会氛围，督促企业自觉履行环保法定义务和社会责任，为打好污染防治攻坚战提供助力。

4.6　建立健全环境信用修复

建议出台全国统一的环境信用修复办法，结合各地的环境信用修复实践，完善《企业环境信用评价办法（试行）》中关于企业环境信用修复的设计，厘清环境信用修复的基本内涵，填补顶层设计的空白。在顶层设计中，要明确环境信用修复的适用范围、申请程序、职责分工、修复标准以及修复流程等。

建议在《征信业管理条例》《企业信息公示暂行条例》《政府信息公开条例》等文件中增加与环境信用信息处理有关的衔接性规定，建立环境信用修复与行政处罚信息修复的联动机制，实现环境信用修复的统一性。

做好信用修复后的政策和服务工作。修复完成后，各地区各部门要按程序及时停止公示其失信记录，终止实施联合惩戒措施。加快建立完善协同联动、一网通办机制，为失信市场主体提供高效便捷的信用修复服务。鼓励符合条件的第三方信用服务机构向失信市场主体提供信用报告、信用管理咨询等服务。

4.7　建立企业环保信用评价执行监督考核机制

强化对企业环保信用评价和评价结果应用全过程的监督管理，督促有关部门根据评价结果切实采取相应管理措施，构建"守信激励、失信惩戒"的环保信用大格局。各级生态环境主管部门应当依托省级执法平台和事中事后监管，对存在不良环境信用记录的信用主体进行重点监督，全面掌握市场主体修复不良信用信息后的各类信用信息，强化与多部门联合参与、密切合作机制，实现对信用主体全方位信息追踪，强化对信用管理的实践运行效果。

积极引导行业组织和信用服务机构协同监管。支持有关部门授权的行业协会商会协助开展行业信用建设和信用监管，鼓励行业协会、商会建立会员信用记录，将诚信作为行规行约重要内容，引导本行业增强依法诚信经营意识。推动征信、信用评级、信用保险、信用担保、履约担保、信用管理咨询及培训等信用服务发展，切实发挥第三方信用服务机构在信用信息采集、加工、应用等方面的专业作用。鼓励相关部门与第三方信用服务机构在信用记录归集、信用信息共享、信用大数据分析、信用风险预警、失信案例核查、失信行为跟踪监测等方面开展合作。

参考文献

[1]　国务院关于印发社会信用体系建设规划纲要（2014—2020 年）的通知（国发〔2014〕21 号）.

[2]　梅林. 刍议完善我国社会信用体系[J]. 理论建设，2014（2）：94-97.

[3]　孙金阳，龚维斌. 中国社会信用体系建设 40 年[J]. 社会法制，2018，11：46-49.

[4]　文秋霞，杨姝影，夏扬. 企业环保信用评价政策实施评述[J]. 中国环境战略与政策研究专报，2019（25）.

[5]　余静如. 我国企业环境信用评价制度研究[D]. 苏州：苏州大学法学院，2016.

[6]　张卓强. 我国环境信用评价法律制度研究[D]. 兰州：兰州大学，2018.

[7]　崇佳文. 企业环保信用体系研究[D]. 苏州：苏州科技大学，2019

[8]　王文婷，熊文邦. 我国环境信用制度构建研究——兼论对社会信用法治的理论反哺[J]. 阅江学刊，2019，7：89-103.

本专题执笔人：李婕旦、贾真、王青、李晓亮

完成时间：2022 年 12 月

第九篇

生态环境保护重大工程与环保投融资

专题 1　"十四五" 生态环境保护重大工程设计基本思路与框架研究

生态环境领域重点工程是生态环境保护工作的重要抓手，实施重大工程项目对我国生态环境保护事业发展具有重要意义。实施重大工程是有效解决生态环境突出问题，改善生态环境质量的重要举措；实施重大工程是提高生态环境监管能力，强化生态环境管理决策支撑的有效手段；实施重大工程是有效防范生态环境风险，构建生态环境安全体系的重要保障。但长期以来，各类规划等政策文件中对落实规划任务的工程项目存在前期研究欠缺和整体谋划不足的问题。"十四五"时期生态环境领域重点工程项目要从全局性、系统性、基础性和战略性角度考虑，坚持问题导向、需求导向和战略导向相结合，兼顾工程建设类"硬"工程和政策制度类"软"工程，统筹谋划，整体策划，多措并举，全方位、宽领域、多层次开展生态环境领域重点工程项目实施，合力促进"十四五"乃至中长期生态环境保护规划目标的实现。

1　国内外生态环境领域重大工程实践经验

党的十八大以来，国家对环境保护的重视程度不断提高，实施了一系列重点工程治理项目，环境治理投资也稳定增长。根据国际经验，当治理环境污染的投资占 GDP 的比例达 1%～1.5%时，可控制环境恶化的趋势，当该比例达到 2%～3%时，环境质量才能有所改善。与发达国家相比（发达国家在 20 世纪 70 年代环境保护投资占 GDP 的比例已达 2%），我国环境污染投资占 GDP 的比例仍处于较低水平（2016 年为 1.24%），环保投资仍有较大的提升空间。美国、日本及欧盟一些发达国家在 20 世纪都经历了污染频发、污染治理到环境逐步改善的过程。为解决突出环境问题，发达国家先后设计实施了大气、水、土壤、海洋等环境改造提升工程，不断提升城乡环境质量，改善城乡人居环境。

1.1　大气污染防治工程

从美国、日本及欧洲一些发达国家大气污染的历史来看，发达国家大多经历了漫长且艰巨的大气污染防治历程，从污染高峰到空气质量达标需要 30～40 年的艰苦努力。为减少燃煤引起的煤烟型污染，欧洲国家采取以气代煤的措施，颗粒物排放显著下降；美国通过调整能源结构，减少煤炭使用，增加天然气消费，PM_{10} 和 $PM_{2.5}$ 排放量大幅度下降。国际经验表明，环境空气质量标准和污染物排放标准是大气污染防治体系的核心。国际上普遍重视对颗粒物等污染物的研究与防治，并基于对人体健康的影响逐步调整和加严标准中污染物的浓度限值。同时，通过实施多污染源协调控制，降低空气中颗粒物浓度，全面改善空气质量。例如，通过同时控制二氧化硫、氮氧化物、挥发性有机物、氨等污染物的排放，有效降低环境空气中 PM$_{2.5}$ 浓度。此外，建立区域空气质量综合管理和区域污染联防联控协调机制是改善区域大气环境质量的重要保障。欧盟一体化的污染控制框架以及美国的系列相关法规或计划，都是区域空气质量管理的成功模式。

"十三五"期间，我国实施了工业污染源全面达标排放、大气污染重点区域"气化"、燃煤电厂超低排放改造、挥发性有机物综合整治等各类工程，"十四五"期间，需在此基础上继续加强深度治理，深化能源结构调整和经济结构调整，持续开展北方地区清洁取暖工程，深入推进"煤改气""煤改电"等清洁取暖方式，继续推进城市清洁能源基础设施建设和改造，此外，还需要建立更加完善的符合我国国情的多污染源、多污染物综合协调控制体系和区域联防联控机制，逐步加严环境空气质量标准和污染物排放标准。

1.2 水污染防治工程

以德国柏林为例，为改善水环境质量，柏林政府系统推进了一批磷排放整治、污水处理厂建设、地表水富营养化整治等工程，加上严格的法律制度和有效的管理手段，柏林地区主要地表水能见度已从 20 世纪 80 年代的 30 cm 左右增加到 3 m 左右，水体富营养化得到有效控制。

"十三五"时期以来，我国相继实施了良好水体及地下水环境保护、重点流域水环境治理、城镇生活污水处理设施全覆盖等水污染防治工程。根据生态环境部发布的《2020 中国生态环境状况公报》显示，2020 年，全国 1 937 个国控地表水水质断面中，Ⅰ～Ⅲ类断面比例为 83.4%，同比上升 8.5个百分点；劣Ⅴ类断面比例为 0.6%，同比下降 2.8 个百分点，水环境质量虽有明显持续改善趋势，但整体而言，我国水污染问题依然比较严重，水生态安全形势十分严峻。参考德国水环境治理经验，结合我国地表水和地下水环境现状，在"十四五"期间，建议对重点湖库开展富营养化防控类工程，应用生物、化学、物理等多种方法综合预防水体富营养化；继续推进城市黑臭水体综合整治，提升城镇污水管网覆盖率，借鉴美国先进污水处理厂模式，同步加强污水处置设施建设，进一步改善城乡居民日常生活环境，提升居民用水安全。

1.3 海洋环境保护工程

在海洋生态环境治理方面，美国、日本、欧盟、东盟等主要海洋国家和地区起步较早。以美国为例，早在 20 世纪 60 年代，美国就通过立法与规划加强海洋资源开发与生态环境保护，对人类海洋活动进行约束与引导，并积极推进基于生态系统的海洋综合管理，不断加强海洋执法和各海洋事务的协调，海洋治理技术也走在世界前沿，有关技术或工程可供借鉴。

近年来，随着海洋资源开发力度的加大和沿海地区城市化进程的加快，我国海洋生态环境问题日益凸显。我国政府也更为注重海洋生态文明建设，采取了一系列措施治理海洋污染、修复海洋生态系统、保护生物多样性、处理突发事件等。目前，我国海洋生态治理初见成效，海洋生态环境状况有所好转，但治理现代化程度不高，在治理体系和治理能力方面都有待完善和提升。

海洋生态环境治理有别于陆地生态环境治理，对跨国、跨区域的统一认识、联防联治、共同合作有更大要求。除了积极响应国际海洋环境保护号召，引领周边国家和地区推进海洋环境共治外，就我国沿海地区，建议系统性地开展入海排污口整治和入海河流治理工程，从源头上控制、阻断污染物入海；并针对污染较为严重的海岸带开展生态修复治理，逐步恢复我国近岸海洋生态环境。

1.4　土壤环境保护工程

20 世纪 70 年代，随着工业化和城市化的发展，粗放的环境安全管理模式、无序的工业废水排放或泄漏及矿渣的堆放，对各国土壤造成严重污染。在土壤修复产业发展初期，世界各国纷纷通过立法等手段，防治土壤污染。此后，经过各国政府不断地治理修复和风险防控，土壤质量得到一定程度改善。例如，美国建立了联邦—地方—非政府组织三个层次的土壤管理体系，形成评估-治理-再评估的治理流程。美国这一修复流程的特点是土壤的修复结合了优先权管理，这是美国土壤污染修复与管理体系的一部分，从而保证了优先名录中的污染项目得到足够的关注与及时治理。借鉴美国等发达国家经验，"十四五"期间，我国应加强污染地块的修复治理，重点对建设用地和农用地的污染地块实施修复工程，提升土壤环境质量。

1.5　环境基础能力建设工程

（1）生态环境监测网络建设工程

美国是较早将监测技术应用于环境质量监测、分析领域的国家之一。目前，其环境质量监测已基本形成以下几点特征：系统谋划监测战略、合理布设监测网络、严格控制数据质量、开展污染组分分析、科学应用监测结果，以及广泛的公众参与。参考美国及其他西方发达国家在环境监测网络建设领域的经验，结合我国现阶段环境监测网络建设现状，建议"十四五"期间，加强对国家环境监测网的调查研究，识别生态环境质量监测基础性和前沿性问题，抓住监测过程中的重点环节，优化国家网络功能布局，做好环境质量监测技术储备；在监测点位设计时，应综合考虑人口分布、污染物区域传输特征、生产生活及地理、气象条件，为联防联控具体措施的制定和执行打下基础，全面实现区域内监测数据共享。工程项目谋划方面，建议推动一批专项监测网络建设工程，如在人口密度高、污染严重的城市区域，建立光化学烟雾监测网；在农村区域建立酸沉降监测网、汞沉降监测网络等。此外，应继续加强地方监测能力建设，可组织专家队伍为地方监测工作提供技术支持和咨询服务，并将监测人员专业培训日常化、标准化，逐步提高地方监测能力，为国家环境质量监测网络的高效、优质运行提供技术人员保障。

（2）绿色技术研发与创新工程

先进的科学技术是增强经济体系的适应力与恢复力、打造健康生态环境的重要支撑力量。以美国海洋治理经验为例，从海洋环境监测、海洋生态系统修复工程，到海洋垃圾回收处理、海上油污清理，都离不开科学技术的进步。我国当前环境科技支出规模较小，参照 2017 年美国环境科技支出占美国国家环保局预算支出的比例达 9.1%，我国环境科技支出具有较大的提升空间。现阶段生态环境保护已进入技术创新拐点，亟待绿色治理技术和绿色产业技术的研发和推行。"十四五"期间，建议重点支持一批节能减排、绿色创新、污染治理研发类工程，为我国生态环境保护提供有力技术支撑。

1.6　我国林业部门重大工程实践经验

我国林业重点生态工程管理是以政府计划为特征的目标管理责任制，并且在该管理目标下，工程规划、任务下达、资金调拨、事后验收、监测等方面，都体现了工程管理的这种特征方式。

我国实施的林业生态工程，在一定程度上具有较为典型的外部性，这体现在林业生态工程的生态效益和社会效益,对于私人的微观利益主体而言,不具有收益上的排他性和收益时间的短期性。从工程实施结果的经济性来看,这种经济特性无法直接进入个人效用函数之中,成为一个显著的影响因子。因而作为"经济人"的私人微观利益主体,不会主动地来实施这一可能关系到区域生态安全的林业生态工程。在市场配置资源失灵的情况下,对于关系国计民生的林业生态工程,国家有义务承担起市场宏观调控职能,以在林业生态工程建设和管理中发挥应有的作用。因而,林业生态工程的这一经济特性,在很大程度上促成了我国的林业生态工程建设和管理"自上而下、上下结合"的行政主导模式。例如,天然林资源保护工程,我国政府首先实施了森林分类区划,从而明确了工程禁伐区、限伐区和商品林经营区,并以此为基础实施天保工程。政府在强化重点国有林区减产和禁伐的同时,实施了森林管护、公益林建设、配套基础设施建设、富余职工分流安置、养老保险社会统筹、地方配套资金落实,以及工程组织管理与保障措施等。这些措施就具有明显的国家宏观调控性质,体现了国家为林业生态工程建设顺利进行而创造和优化建设条件。县(局)级实施方案是组织实施天保工程的基本依据,是指导、规范工程运作,提高工程质量和效益的重要保证。县(局)级工程实施单位是工程实施的基本单位,它根据国家的宏观要求,结合当地实际情况,制定工程实施方案和作业设计,在人工造林、封山育林、飞播造林、森林资源管护等方面,依据各项技术规程,制定年度作业设计。"上下结合"主要体现在,工程的建设思路、总体布局、宏观目标确定与控制等框架性、原则性的设计,宏观和中观管理措施都由国家林业行政主管部门会同相关部门制定。工程规划的基础资料、具体实施措施、微观管理及临时性的小调整等都由省、县级完成。国家、省、县三级部门相互配合、相互协调,上下结合,以确保工程的正常运行和实施的成效。

1.7　小结

　　发达国家在 20 世纪经历了污染频发、污染治理到环境逐步改善的过程。对这一过程中的重大工程实践的探究有助于我国"十四五"环境保护政策的完善与环境保护工程的设计。解决中国的环境问题,实施重大环境保护工程,可以借鉴西方发达国家的经验教训,特别是历史上同等发展阶段的政策规划与重大工程等。因此,研究国际优秀的环保经验,需尽量参考与我国同等经济发展阶段的环境保护措施。此外,我国中西部地区、东北部地区、东部地区现阶段经济发展水平差异较大,制定环境政策或设计环境保护工程时,也需因地制宜。

　　1)大气治理工程方面,需注意借鉴国际经验,建立符合我国国情的更加完善的多污染源、多污染物综合协调控制体系和区域联防联控机制。此外,我国作为世界上能源生产和消费大国,能源消费构成仍以煤炭为主,从根本上解决我国空气污染,改变能源消费结构、能源清洁化是关键。在能源消费方面,2018 年我国能源消费总量达到 46.4 亿 t 标煤,位居世界第一,煤炭占能源消费的比重为 59.0%,与发达国家相比,仍有一定下降空间。"十四五"期间,建议结合我国国情,继续重点推进城市清洁能源基础设施建设改造类工程,深入推进"气代煤""电代煤"等清洁取暖方式,在北方地区持续开展清洁取暖工程。

　　2)水污染治理工程方面,应针对重点湖库开展富营养化防控类工程,应用生物、化学、物理等多种方法综合预防水体富营养化;此外针对城乡黑臭水体,积极推进黑臭水体综合整治,提升城镇污水管网覆盖率,借鉴美国先进污水处理厂模式,同步加强污水处置设施建设,进一步改善城乡居民日常生活环境,提升居民用水安全。

3）海洋治理工程方面，就我国沿海地区，建议系统性地开展入海排污口整治和入海河流治理工程，从源头上控制、阻断污染物入海，并针对污染较为严重的海岸带开展生态修复治理，逐步恢复我国近岸海洋生态环境。

4）受污染土壤修复方面，重点对建设用地和农用地的污染地块实施修复工程，提升土壤环境质量。

5）环境基础能力建设方面，深化生态环境监测网络建设、环境监管执法能力建设和生态环保信息系统建设，加强对国家环境监测网的调查研究，识别生态环境质量监测基础性和前沿性问题，优化国家网络功能布局，推动一批专项监测网络建设工程；继续提升环境监察执法标准化建设，强化巡视督察执法机制，加快组建环境警察队伍，建设合理高效的保障机制，进一步实现环境治理体系和治理能力的现代化。为扭转我国环境保护基础研究、新兴领域及新型环境问题污染防治技术研发处于薄弱环节的现状，推进绿色发展与技术创新，推动一批节能减排、绿色创新、污染治理研发工程，建立绿色、高效、低碳的经济体系、能源体系和资源利用体系，为我国生态环境保护提供有力技术支撑。

同时，需以重大工程项目库管理为抓手，建立重大工程项目库管理制度，设计入库项目技术筛选机制，以强化工程与"十四五"规划目标、任务支撑性和关联性为导向，建立相对较为翔实的重大工程项目库；规划实施期间做好重大工程的计划和调度工作，规划收尾时期做好重大工程的评估与绩效管理。

2 "十三五"环保重大工程实施回顾

"十三五"时期以来，国家相继印发《中华人民共和国国民经济和社会发展第十三个五年规划纲要》《"十三五"生态环境保护规划》《长江经济带生态环境保护规划》以及其他环保专项规划。上述纲要和规划等政策文件确定了一批重点生态环境保护工程，工程减排是"十三五"期间实现生态环境质量改善的重要工作抓手。

2.1 中央环保专项支持工程项目实施情况

为确保实现《"十三五"生态环境保护规划》及国家相关规划计划目标，推进《大气污染防治行动计划》《水污染防治行动计划》《土壤污染防治行动计划》《农业农村污染治理攻坚战行动计划》以及《农村人居环境整治三年行动方案》（中办发〔2018〕5号）等生态环境保护、污染防治与减排、环境综合治理等任务的实施，中央和地方通过建立环保工程储备库的模式，实现环境污染防治项目与国家相关计划重点任务和重大环境治理工程的衔接；通过进一步细化国家相关规划计划确定的重点环保工程项目，将其列为各地环境污染防治项目储备库重点项目，从而切实提高储备项目质量，大力推动项目实施。围绕实施大气、水、土壤污染防治、农村环境综合整治等行动计划，以及重点生态保护修复，全国各省（区、市）谋划了一大批"十三五"环境治理的重点工程项目，建立完善各级环保项目库，提高项目储备能力。"十三五"期间，通过中央对地方转移支付，全国环保专项资金在各要素领域项目投资情况见表9-1-1及图9-1-1。

表 9-1-1   "十三五"期间中央专项资金在各要素领域项目投资情况   单位：亿元

类别	2016 年	2017 年	2018 年	2019 年
大气污染防治	111.89	160	200	250
水污染防治	130.98	115	150	190
土壤污染防治	90.89	65.35	35	50
农村环境整治	59.97	59.85	59.84	59.84
重点生态保护修复	71.99	74.22	100	120
海岛及海域保护资金	22.9	20.61	20.61	30

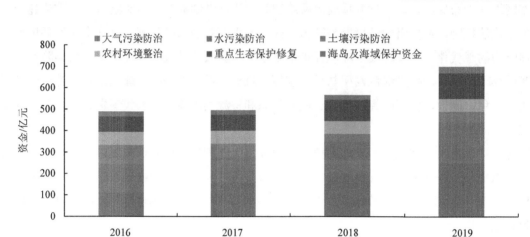

图 9-1-1   "十三五"期间全国环保专项资金支持力度

（1）大气污染防治工程

按照《大气污染防治行动计划》、历年大气污染防治中央项目储备库建设以及国家"十三五"环境保护相关规划重大项目实施的要求，对全国各省（区、市）开展分阶段有重点的污染防治工程项目，2016—2019 年，分批支持燃煤污染控制（含散煤治理）、工业污染治理、扬尘治理、机动车（船舶）污染治理、能力建设、农业氨排放试点控制项目等六大类项目。在 2019 年度，对于此前已纳入中央财政支持北方地区冬季清洁取暖试点城市的项目不再接受重复申请的清洁取暖改造项目，农业氨排放点控制项目则重点支持纳入国家大气氨排放控制试点城市的项目。

（2）水污染防治工程

为推进《水污染防治行动计划》和国家"十三五"环境保护相关规划重大项目实施，自 2016 年以来，生态环境部（原环境保护部）联合财政部组织开展了水污染防治行动计划项目储备库建设。在水污染防治领域主要实施了重点流域水污染防治、良好水体生态环境保护、饮用水水源地环境保护、地下水环境保护与污染修复等四大类工程项目。

（3）土壤（重金属）污染防治

2016 年中央财政整合重金属专项设立土壤污染防治专项资金，支持地方开展土壤污染防治、重金属污染防治和土壤污染状况详查等。中央土壤污染防治专项资金在不同阶段主要支持土壤污染综合防治先行区，农用地土壤污染治理与修复，重金属污染源综合治理，重金属污染防治民生应急保障，重金属污染防治技术示范，解决历史遗留问题试点，重金属污染防治基础能力建设，其他重金属污染防治，危险废物处置设施，抗生素菌渣综合整治，POPs 废物综合整治，放射性污染防治；各地农用地风险管控，农用地污染治理修复，污染地块风险管控，污染地块治理修复，农用地详细调查和评估，污染地块详细调查和评估，耕地周边重金属污染源防控，土壤环境监测监管能力建设，土壤污染状况调查，历史遗留污染源整治等类项目。

（4）农村环境综合整治工程

根据《农村人居环境整治三年行动方案》《农业农村污染治理攻坚战行动计划》中的任务目标，按照《关于开展 2018 年度大气、土壤污染防治和农村环境整治中央项目储备库建设的通知》（环办规财函〔2018〕37 号）、《关于开展 2019 年度中央环保投资项目储备库建设的通知》（环办科财函〔2019〕474 号）等文件要求，农村环境整治资金重点支持农村生活污水治理、农村饮用水水源地保护、农村生活垃圾治理以及非规模畜禽养殖污染治理等 4 类项目。按照中央转移支付农村环境整治资金安排，2016—2019 年，每年安排约 60 亿元专项资金用于试点工程的实施建设。

（5）重点生态保护修复工程

为贯彻落实党中央、国务院关于开展山水林田湖草生态保护的部署要求，财政部、原国土资源部、原环境保护部联合印发了《关于推进山水林田湖生态保护修复工作的通知》，"十三五"时期以来，已分三批次开展山水林田湖草生态保护修复工程试点 25 项。工程区域主要是关系国家生态安全格局和永续发展的核心区域，如黄土高原、青藏高原、川滇生态屏障、京津冀水源涵养区、东北森林带、北方防沙带、南方丘陵山地带等，与国家"两屏三带"生态安全战略格局和国家重点生态功能区分布相契合，体现了保障国家生态安全的基本要求。工程项目内容涵盖了矿山生态系统修复治理、水环境综合治理、农田整治、退化污染土地修复治理、森林草原生态系统修复治理、湖泊湿地近海海域生态修复、生物多样性保护等类型，目的在于解决环境污染、水土流失、生物多样性减少、农田质量低、人居环境恶化等突出生态环境问题。

（6）海洋生态保护修复工程

国务院印发《渤海综合治理攻坚行动计划》，支持环渤海三省一市开展渤海修复，统筹推进"蓝色海湾"综合整治行动，厦门等 18 个沿海城市开展"蓝色海湾"综合整治行动，推进实施"南红北柳""生态岛礁"等海洋生态修复工程，修复后具有生态功能的岸线 240 多 km。

2.2 生态环境保护领域地方政府和社会资本合作情况

自 2014 年我国公布首批政府和社会资本合作示范项目名单以来，在生态建设和环境保护、市政工程、水利建设、林业、农业等约 20 个行业已累计公布 4 批次 1 008 个项目（前三批经过日常督导和集中清理后示范项目为 612 个），覆盖全国 31 个省（区、市）。"十三五"时期以来，在生态建设和环境保护以及市政污水处理领域分别入选 83 项和 76 项，项目总投资分别达到 1 361.18 亿元和 330.60 亿元，环境保护与污染治理领域国家 PPP 示范项目概况见表 9-1-2 和表 9-1-3。其中，2016 年第 3 批国家 PPP 示范项目中生态建设和环境保护 46 项、市政污水处理 40 项；2018 年第 4 批国家 PPP 示范项目中生态建设和环境保护 46 项、市政污水处理 40 项。通过地方政府和社会资本合作，在生态环境保护领域大力开展环境治理基础设施建设。截至 2018 年年底，全国城市、县城累计建成运行污水处理厂 4 332 座，污水处理能力达 1.95 亿 m³/d。全国城市、县城污水处理率分别为 94.54% 和 90.21%；积极督促有关省市加快推进敏感区域城镇污水处理设施一级 A 达标工作（图 9-1-2）。稳步推进海绵城市建设，截至 2018 年年底，30 个试点城市已消除易涝点 345 个、黑臭水体 48 个。

表 9-1-2 "十三五"以来环境保护与污染治理领域国家 PPP 示范项目概况

省级行政区	入库项目总投资/亿元				入库项目数量	
	生态建设和环境保护		污水处理			
	2016 年	2018 年	2016 年	2018 年	2016 年	2018 年
安徽	258.78	47.87	0.00	9.40	5	6
北京	21.75	15.10	0.00	0.00	1	1
福建	38.90	65.00	13.00	4.75	5	6
甘肃	3.97	0.00	2.98	1.62	4	1
广东	5.94	0.00	20.08	10.88	5	5
广西	0.00	49.09	0.00	3.77	—	5
贵州	26.43	56.03	9.22	2.61	4	3
海南	0.00	0.00	16.13	0.00	3	—
河北	48.13	10.33	10.85	5.88	5	2
河南	58.19	62.76	2.62	8.39	4	5
湖北	51.10	73.69	5.39	24.78	4	7
湖南	33.43	0.00	23.87	29.81	6	3
吉林	13.75	3.29	0.00	8.14	1	2
江苏	0.00	0.00	37.86	0.00	3	—
江西	0.00	0.00	0.89	3.58	2	1
辽宁	0.00	0.00	3.00	0.00	1	—
内蒙古	19.00	10.91	1.89	0.70	4	5
青海	0.00	0.00	1.37	1.63	2	2
山东	72.45	22.57	1.90	1.68	8	4
山西	9.23	0.00	1.23	1.20	2	1
陕西	23.01	0.00	0.00	6.47	3	2
四川	23.47	63.10	7.93	8.88	2	5
新疆生产建设兵团	0.00	0.00	0.00	10.58	—	1
新疆	2.25	0.00	14.55	4.48	4	2
云南	92.78	70.89	2.33	0.00	6	4
浙江	8.00	0.00	4.27	0.00	2	—
总计	810.56	550.62	181.37	149.23	86	73

表 9-1-3 全国污水排放量及处理率历年变化情况

年份	排放量/亿 m³	处理率/%
2010	378.7	82.3
2015	466.6	91.9
2016	480.3	93.4
2017	492.4	94.5

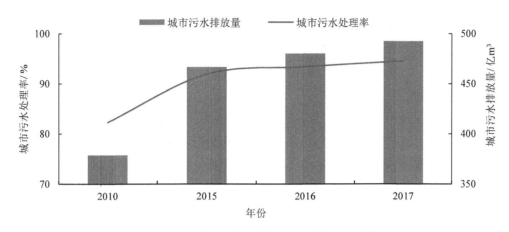

图 9-1-2　全国污水排放量及处理率历年变化情况

2.3　生态环境保护重大工程实施经验总结

生态环境保护重大工程是整个国家重大工程项目的一部分，在《中华人民共和国国民经济和社会发展第十三个五年规划纲要》（以下简称《纲要》）提出了"环境治理保护重点工程"和"山水林田湖生态工程"两大类 25 项重点工程。这些重点项目，是与"大气十条""水十条""土十条"，以及林业、国土、水利、农业等各专项规划衔接对接，是在各省（区、市）等提供项目的基础上，经过严格筛选而确定的。在实施过程中，生态环境部把对环保工程项目的监管能力建设放在更加突出的重要位置，会同各部门、各地方，建立了重大项目储备库，开展了"十三五"环保专项资金和投资的顶层设计，对接发展改革委对重大项目的计划调度工作机制，加强重大项目的统筹推进和管理。

但与《纲要》的其他工程相比，生态环境领域重大工程实施进度和效果存在一定差距。具体表现在以下方面：①既往规划对重大工程的设计仍停留在概念阶段，无明确实施主体，无量化规模，无绩效数据、无投资数据及渠道；②重大工程对规划目标指标的支撑性和关联性缺乏系统测算，没有做到对工程规模、工程绩效、工程投资的量化；③既往规划难以对重大工程进行分解落实和考核评估，导致规划落地实施抓手不完备。针对上述问题，"十四五"重大工程的谋划设计需要进一步做实工程规模、投资，科学合理地确定绩效目标，进而有效解决规划落地性不强、综合效益说不清、实施考核内容不健全等问题。

2.3.1　工程谋划设计方面

"十四五"期间是我国全面建成小康社会后，深入开展污染防治攻坚的重要时期，也是我国生态文明建设的关键期。为了提供更多优质生态产品以满足人民日益增长的优美生态环境需要，在生态环境保护重大工程谋划与设计方面，从突出环境问题出发、以战略目标为导向，突出"以人为本、系统施策、协同治理"的特点，开展了一系列重大专项工程的布局谋划与实施。如北方城市清洁取暖、山水林田湖草生态保护修复工程等。

（1）问题导向设计——北方地区冬季清洁取暖试点

国务院印发实施《打赢蓝天保卫战三年行动计划》。强化区域联防联控，成立京津冀及周边地区大气污染防治领导小组，建立汾渭平原大气污染防治协作机制，完善长三角区域大气污染防治协作机制。实施重点区域秋冬季大气污染综合治理攻坚行动。非石化能源消费比重达 14.3%，北方地区冬季清洁取暖试点城市由 12 个增加到 35 个，完成散煤治理 480 万户以上。

此类重大工程主要是从要素角度，针对重大的生态环境与民生问题，与相关部委紧密协作，依据供暖规划提出的工程，并围绕工程资金、工程实施过程、效果可量化可考核的角度开展工程实施与绩效评价。

（2）战略导向设计——山水林田湖草生态保护修复工程

生态保护修复工程是维护和提升生态系统功能和环境质量的重要手段，必须长期坚持，持续实施。从 2016 年以来，各地区深入贯彻落实"山水林田湖草是一个生命共同体"的理念，精心设计本区域生态保护修复工程项目，制定了可量化、可考核的目标指标，并且在体制机制方面大力探索创新，为山水林田湖草生态保护修复工程的全面开展提供了可以借鉴的经验。

为贯彻落实党的十九大报告"实施重要生态系统保护和修复重大工程"要求，支持影响国家生态安全格局的核心区域、关系中华民族永续发展的重点区域和生态系统受损严重、治理修复最迫切的关键区域开展生态环境保护及修复工作。中央各部门和各省（区）紧紧围绕"山水林田湖草是一个生命共同体"的重要理念，指导开展山水林田湖草生态保护修复工程试点工作，并引导各省自治区对具有典型性与重要性的本地生态系统，自主开展山水林田湖草生态保护和修复工作。在"十四五"期间，有必要在全国山水林田湖草生态保护修复工程试点的基础上，进一步总结经验模式，从而在各省（区、市）的生态保护修复工程实施中，深入贯彻落实"山水林田湖草是一个生命共同体"重要理念，推广试点工程成功经验和实践模式，全方位推进国土空间的生态保护修复。

2.3.2　工程实施管理层面

建立重大项目库，强化污染防治项目绩效管理。《"十三五"生态环境保护规划》中提出，实施一批国家生态环境保护重大工程，项目投入以企业和地方政府为主，中央财政予以适当支持；通过建立重大项目库的模式，强化项目绩效管理，定期开展专项资金的绩效评价。各省（区、市）结合落实大气、水、土壤等污染防治行动计划以及"十三五"生态环境保护规划等，根据各环保项目特点，分别设立大气、水、土壤、重金属及危险废物污染防治、工业污染源全面达标排放、环境监管能力建设等不同类型省级项目库建设。各省（区、市）对已纳入省级项目库的项目进行择优筛选，经生态环境部审核，对符合入库条件的纳入中央项目库，进一步申请中央资金支持。2016 年以来，按照《环境保护部、财政部关于开展水污染防治行动计划项目储备库建设的通知》（环规财〔2016〕17 号）、《关于开展"十三五"环保投资项目储备库建设工作的通知》（环办规财〔2016〕26 号）的要求，各省（区、市）积极谋划"十三五"环境治理保护重点工程项目，初步建立各级环保项目储备库，项目储备能力得到一定提高。但是，仍有部分地区尚未建立项目储备库，项目前期工作准备不足，入库项目总体质量不高，项目动态更新不及时等问题。

3　生态环境领域重大工程设计中的相关理论

生态环境重大工程设计是系统、综合的分析过程，需以生态学、经济学、社会学、系统论等学科理论为基础开展研究，涉及生态政策、生态补偿、生态成本收益分析和生态工程的系统设计等方面。国内外学者也对上述领域开展了相关研究。

1）生态政策方面，Hayami 认为（生态相关）政策以其激励与约束机制效果明显的特点成为协调经济社会发展与生态环境建设的有力手段；周英男等从广义的"环境政策"概念出发将生态政策定义为：国家为保护生态环境所采取的一切控制、管理、调节措施的总和；曹世雄等提出生态政策设计的核心在于利用政府行政管理能力、市场机制和经济增长机遇造福环境。

2）生态补偿方面，Landell-Mills 等认为生态补偿是任何有助于提升自然资源管理效率的经济刺激机制，主要理论为：福利经济说、产权经济说、利益博弈说和社会公义说等；目前国内外学者主要聚焦于生态补偿的机制、政策、模式、标准及其与生态建设关系的研究，而国内生态补偿在产权确定、责任履行、执行效率、可持续性和社会公平等方面与国外水平尚有一定差距。

3）生态成本收益分析方面，重大生态工程的成本收益分析难点在于社会性规制的收益评估。孟祥君认为社会性规制的核心在于责任与道德，具有抽象、隐性的特征，因而收益难以用货币价值测算，需分为经济性收益和社会性收益并以货币单位和物理单位标准分类评估。

4）生态工程的系统设计方面，国内学者提出：①重大生态工程的设计必须考虑政府宏观调控和优惠政策扶持；管理机制的运行需有一系列政策、法规保障；系统设计需协调各子系统与要素间的相互作用以实现系统的有效运行。②生态工程设计以经济学、生态学、社会学原理为指导最终实现三大效益统一的目标。③以协调人类社会与生态系统之间关系为目的的生态管理是生态工程设计不可缺少的环节。

3.1　系统论与生态系统原理

通常把系统定义为：由若干要素以一定结构、形式联结构成的、具有某种功能的有机整体。在这个定义中包括了系统、要素、结构、功能四个概念，表明了要素与要素、要素与系统、系统与环境三方面的关系。系统论认为，整体性、关联性，等级结构性、动态平衡性、时序性等是所有系统共同的基本特征。这些既是系统所具有的基本思想观点，也是系统方法的基本原则，表现了系统论不仅是反映客观规律的科学理论，也具有科学方法论的含义，这正是系统论这门科学的特点。系统论的任务，不仅在于认识系统的特点和规律，更重要的还在于利用这些特点和规律去控制、管理、改造或创造一系统，使它的存在与发展合乎人的目的需要。也就是说，研究系统的目的在于调整系统结构，协调各要素关系，使系统达到优化的目标。系统论的出现，使人类的思维方式发生了深刻的变化。

生态系统理论尽管是系统论的一个分支，但是它的提出却比系统论的提出要早。生态系统理论是英国著名生态学家坦斯利（A.G.Tansley）于 1935 年首先提出的，此后经过了美国林德曼（R.L.Lindeman）和奥德姆（E.P.Odum）的继承和发展。该概念的表述是：在一定的空间内生物和非生物成分，通过物质的循环、能量的流动和信息的交换而相互作用、相互依存所构成的一个生态功能单元。生态系统理论中对于生态环境工程具有直接指导意义的是，生态系统平衡与生态稳定理论。

有关生态平衡的定义到目前尚无统一的表述。中国生态学会在1981年11月召开的"生态平衡"学术讨论会上提出的定义是："生态平衡是生态系统在一定时间内结构与功能的相对稳定状态，其物质和能量的输入、输出接近相等。在未来干扰超越自我调节能力，而不能恢复到原初的状态谓之生态失调或生态平衡破坏。"生态稳定是动态平衡的概念，生态系统由稳态不断变为亚稳态，又进一步跃为新稳态。生态稳定是在生态系统发育演变到一定状态后才出现，表现为一种振荡的涨落效应。所谓的生态平衡，只不过是非平衡中的一种稳态，是不平衡中的静止状态，在受到自然因素和人为因素的干扰时,生态平衡就会被破坏,当这种干扰超越系统的自我调节能力时,系统结构就会出现缺损,能量流和物质流就会受阻,系统初级生产力和能量转化率就会下降,即出现生态失衡。生态平衡的调节主要是通过系统的反馈能力、抵抗力和恢复力来实现的。正反馈是系统更加偏离位置点,因此不能维持系统平衡;负反馈是反偏离反馈,系统通过负反馈减缓系统内的压力以维持系统的稳定。抵抗力是生态系统抵抗外界干扰并维持系统结构和功能原状的能力。恢复力是系统遭受破坏后,恢复到原状的能力。生态系统对外界的干扰具有自身调节能力,才能使之保证了相对稳定,但这种稳定机制不是无限的。生态平衡失调就是外界干扰大于生态系统自身调节能力的结果和标志。不使生态系统丧失调节能力,或未超过其恢复力的干扰或破坏作用的强度称为"生态平衡阈值",它的确定是自然生态系统资源开发利用的重要参量,也是人工生态系统规划和管理的理论依据。由于生态环境工程是一项系统工程,工程建设参与单位及其多元化,工程规划、施工和管理过程也囊括了诸多相关因子,这对于生态环境工程管理机制设计来说,系统论和生态系统理论反映了现代社会化大生产的特点和组织控制,是研究现代社会生产复杂性的理论思想和方法体系,将其应用于生态环境工程管理机制的设计,具有极其重要的指导作用。

3.2　生态经济学理论

生态经济学是生态学和经济学相互渗透、有机结合而形成的、研究生态——经济复合系统的结构和运动的边缘学科。中国社会科学院农村发展研究所的李周认为:生态经济学是研究社会再生产过程中经济系统和生态系统之间物质循环、能量转化、信息交流和价值增值规律及其应用的经济学。生态经济学的核心是把经济系统看作是地球这个更大系统的子系统,以更开阔的视野来观察、分析和解决问题。它通过研究自然生态和经济活动的相互作用,探索生态经济社会复合系统协调、持续发展的规律性,并为资源保护、环境管理和经济发展提供理论依据和分析方法。关于生态经济社会复合系统必须协调发展、循序发展和递进发展的论述,旨在妥善处理代内公平和代际公平的关系,建立和维护合乎可持续发展要求的经济系统、社会系统和生态系统;关于经济社会发展必须合乎生态平衡要求的理论,旨在做好物流、能流、价值流输入/输出的平衡;关于生态经济社会诸资源优化配置的理论,旨在配置资源时充分考虑社会不断增长的经济和生态的需要。

生态经济学是在适应资源保护、环境管理和经济发展需要的过程中不断拓展的。生态经济研究在宏观层面上,从生态平衡论,拓展到相互协调论和可持续发展论;在产业层面上,从农业拓展到工业、服务业;在地域层面上,从生态村拓展到生态乡、生态县、生态市和生态省;在研究内容上,从生态保护拓展到生态建设和生态恢复;在协调层面上,从生产行为拓展到消费行为。经过若干次的拓展,生态经济学逐步形成一个能为生态经济形态的发育提供理论和方法的学科体系。

生态经济系统是生态经济学的灵魂,生态经济系统的特性和二者耦合过程是生态经济学的核心原理。尽管生态经济学的理论体系和方法论,尚处于形成和探索阶段,但是在总体上生态经济系统的特性可以概括为:①概念系统与实体系统的融合性。生态系统是通过能流、物流的转化、循环、增殖和积累过程与经济系统的价值、价格、利率、交换等软要素融合在一起的实体复合系统。②生态经济系统的协调有序性。即生态系统有序性与经济系统有序性的融合。首先,生态系统有序性是生态经济系统有序性的基础。其次,这两个基本层次有序性必须相互协调,并共同融合为统一的生态经济系统有序性。③生态系统与经济系统的双向耦合。二者耦合过程,也即相互作用、相互交换以改变自身原有的形态和结构,共同耦合为一体的过程。经济系统把物质、能量、信息输入生态系统后，改变了生态系统各要素量的比例关系，使生态系统发生新的变化，同时经济系统利用生态系统的新变化从其中吸收对自己非平衡结构有用的东西，来维持系统正常的循环运动。另一方面，生态经济系统又是生态系统与经济系统耦合的结果。生态系统内的负反馈机制，调节着系统中种群生物量的增减（个体数），使之维持动态平衡。经济系统的反馈机制，表现为经济要素和经济系统目标之间的反馈关系。能否实现生态经济持续发展目标的关键，在于能否使生态系统反馈机制与社会经济系统反馈机制相互耦合为一个机制，这一过程实质上是经济系统对生态系统的反馈过程。在现代社会再生产中，经济系统对生态系统反馈的直接手段是技术系统。在反馈过程中，不同的阶段要有先有后、有主有次地分别使用不同的技术手段。但无论使用何种技术，都必须符合生态系统反馈机制的客观要求。

3.3　生态管理学理论

生态管理的定义可归纳为：运用生态学、经济学和社会学等跨学科的原理和现代科学技术，指导人类行动对生态环境的影响，协调发展和生态环境保护之间的关系，最终实现经济、社会和生态环境的协调可持续发展。生态管理是管理史上的一次深刻革命，虽然目前还不成熟，但是它基本强调的内容有：首先，是经济与生态的可持续发展。其次，它意味着一种管理方式的转变，即从传统的"线性、理解性"管理（这种管理的一个显著特征是，管理者似乎对被管理的系统有全面、定量和连续的了解）转向一种"循环的渐进式"管理（又叫适应性管理），即根据试验结果和可靠的新信息来改变管理方案，原因在于人类对生态系统的复杂结构和功能、反应特性以及未来演化趋势的了解还不够深入，所以只能以预防优先为原则，以免造成不可逆的损失。再次，生态管理非常强调整体性和系统性，要求认知到所有生命之间的相互依存关系（纯粹的人类中心主义或生物中心主义都是片面的，它们是两个极端）——个体和社会都是自然界的组成部分，要用系统论的思想来谋求社会经济系统和自然生态系统协调、稳定和持续的发展。最后，生态管理强调更多公众和利益相关者的广泛参与，它是一种民主的而非保守的管理方式。

随着对生态问题认识的逐步深化及价值观的变迁，传统的项目管理开始受到生态管理的严峻挑战。一是生态管理有不同的价值观和优先性。传统的项目管理，基本上是一种以自我为中心（人是自然的征服者和主人）的用途性管理，与工业文明相适应。而生态管理则强调不纯粹以人类（尤其是当代人）为中心，不纯粹以经济产品或服务为目的，要求优先考虑生态系统的承载能力，它与后工业文明（或生态文明）相适应。二是生态管理要求考虑更广阔和深入的环境背景。传统的项目管理中也考虑环境问题，如污染的防治等，但往往只考虑到区域的小环境，而且不够深入，物种多样性及生态系统的健康、持续性、服务功能则是在考虑之外的。三是生态管理要求考虑更长久的时间跨度。传统的项目管理往往只涉及一个项目的生命周期。生态管理则要求考虑项目及其所提供产品或服务在全部生命周期中对环境的影响，以及该项目对生态系统的更长远的可能影响。四是生态管理要求更广泛的公众参与。传统的项目管理在涉及环境问题时也要求公众参与，但公众是被动的象征性参与。而生态管理则强调在适当指导下，由公众来确定他们想要的情形（或共同的社会愿景），以公众的价值取向来确定生态管理工作的目标。五是生态管理不是一个纯粹科学化的管理方式（这里并不是就艺术性而言），主要是指生态管理目标确定的外在性（往往由公众的价值选择决定）、措施的试验性及结果的极不确定，还处于从干中学的探索阶段。传统的项目管理则科学得多。如何将它们融合起来还是一个复杂问题。六是绩效的评价准则方面。传统的项目管理主要是以经济或财务指标为评价准则（生态建设项目不在此列），生态外部性考虑极少。而生态管理则要求一种综合评价准则，注重经济、生态和社会指标的融合。总之，传统项目管理中对生态环境的关注不够全面、深入和系统，难以适应社会可持续发展战略的需要，很有必要深入认识生态管理，并用这一理论来改造传统的项目管理。

3.4 小结

生态环境问题是经济社会系统内部矛盾的外部表现，生态环境重大工程既要治理生态环境污染及生态退化，又要解决诱发生态环境问题的经济社会系统内部矛盾。生态环境问题的研究涉及生态学、经济学、社会学等学科。只有开展人的行为调控以解决诱发生态环境问题的经济社会矛盾才能达到"治本"目的。

当前的生态学、经济学和社会学理论难以将生态问题的表面与深层次原因统筹考虑，无法满足生态治理的实际需求。重大生态环境工程在谋划决策阶段涉及公共决策理论，在设计阶段的基础理论是生态学和环境学理论，设计方法是系统科学理论，设计评价的基础理论是生态经济理论，综合评估的准则是可持续发展理论。只有将上述学科理论在系统论的指导下融合发展才能建立生态环境重大工程规划设计理论体系，并适用于生产实践活动。

4 "十四五"生态环境保护重大工程设计

党的十九大报告指出，2020—2035 年，在全面建成小康社会的基础上，再奋斗 15 年，基本实现社会主义现代化。具体到生态环境保护方面，到 2035 年，要达到"生态环境根本好转，美丽中国目标基本实现"的目标。然而，当前我国发展质量和发展效益仍然不高、发展与保护的矛盾尚未完全解决、发展不足与发展过度导致的环境破坏等问题依然存在，生态文明建设仍然任重道远。

4.1 重大工程谋划设计总体思路

"十四五"重大工程设计应坚持系统推进，久久为功的生态环境保护理念，一方面延续"十三五"期间生态环境保护重大工程的有效做法，另一方面针对规划实施过程出现的问题和社会发展的新形势进行重大工程设计思路调整和创新。"十四五"期间，考虑按照系统工程的指导思想，以解决损害群众健康的突出生态环境问题为重点，以"十四五"规划目标指标为导向，针对质量改善、风险防范、生态系统保护、基础能力建设等主要方面开展重大工程框架设计，采取政策资金引导、社会资本投入为主的模式，以大工程、大投入带动大治理，将重大工程作为规划实施落地的重要抓手，通过工程项目的实施管理实现对规划实施的跟踪管理、持续推进和绩效考核。完善重大项目储备库建设和管理，强化项目推进机制，建立健全项目全过程监管机制，加强项目监管机构和支撑队伍建设。

重大工程设计的体现形式是构建支撑"十四五"规划目标和指标的重大项目库，具体内容包括：一是构建重大项目库的框架，重点实施质量改善、风险防范、生态系统保护和基础能力建设等领域重大工程；二是开展各类重大工程规模和绩效目标量化测算，基于各要素领域规划目标、指标、任务，对所需实施的重大工程按行业、区域、重点问题等匡算工程量和绩效目标；三是开展资金投入量化测算，根据重大工程项目规模，选取合适的投资测算方法测算资金投入（建设投资和运行经费），并基于事权划分区分中央和地方政府、企业等所需资金及筹措渠道制定投资计划；四是设计入库项目技术筛选机制，以强化工程与十四五规划目标、任务支撑性和关联性为导向，在建立重大工程项目库框架的基础上，征集各省级部门"十四五"生态环保领域重大工程，并通过建立入库筛选机制，建立相对较为翔实的重大工程项目库；五是强化工程实施的综合配套政策保障，针对各类重点工程，研究提出价格补贴、财政激励等重大工程实施相配套的重大政策。

在规划实施阶段，围绕规划重大项目库的运行管理，建立项目动态调整、调度统计、实施评估等机制，强化工程项目实施的全过程管理，强化规划实施的全过程调度抓手，进一步健全规划的综合统筹作用，促进生态环境治理与管控水平全面提升。重大工程的实施机制主要包括五个方面内容：一是形成动态调整、滚动推进的良性循环机制。二是建立分级管理体系。生态环境重大工程项目管理实行统一管理、分级管理和目标管理。逐步建立生态环境部、地方生态环境行政主管部门以及建设项目法人分级、分层次管理的管理体系。三是建立问题清单。对重大工程推进当中出现的一些问题和困难及时梳理，形成问题清单。生态环境部将以问题清单为抓手，及时解决实际问题。四是建立按月调度制度。对重大工程推进实施按月调度制度、报表制度等。五是建立重大工程的绩效评价制度，对重大工程实施的经济、环境、社会进行综合效益评价。

4.2 "十四五"重大工程框架与项目储备

在全面回顾"十三五"期间我国生态环境质量变化过程的基础上，分析不同区域不同要素质量改善程度及目标。结合党和国家"五位一体"建设的要求，在"十四五"期间，一方面，对于生态环境未能实现稳定改善的区域，以生态环境问题为导向，在全面客观分析的基础上，开展污染减排与环境治理工程系统设计与实施；另一方面，为服务于党和国家"生态文明建设"、实现"美丽中国"的战略目标，结合区域社会经济发展水平，以战略目标为导向，多措并举、强化多领域协同施策。结合"十四五"前期研究的初步结论，在水、大气、土壤、生态等重点要素领域凝练提出一些重大工程设计的方向。

（1）分区施策改善大气环境质量

总结延续蓝天保卫战的有效做法，持久战与攻坚战相结合，以降低 $PM_{2.5}$ 污染为空气质量改善的核心目标，推动 O_3 污染的协同控制，以质量改善目标引领大气污染防治布局，结构调整与深化治理相结合，以京津冀及周边地区、长三角、汾渭平原、成渝地区为重点区域强化投入，带动全国空气质量稳定改善。

持续深化重点领域大气污染治理。"十四五"以改善环境质量为核心，继续实行重点污染物排放总量控制制度，在原有的 SO_2 和 NO_x 基础上，将重点区域和行业 VOCs 纳入总量控制体系，扩大实施区域和行业领域。完善企事业单位污染物排放总量控制制度，强化总量控制制度在固定污染源排放控制中的作用；以工程和管理任务推动非固定污染源总量控制。深化煤锅炉综合整治、移动源治理、加强城市扬尘污染治理以及噪声污染防控；以工程减排为抓手、以管理减排为保障，持续推进京津冀及周边地区、长三角区域、珠三角区域等重点区域空气质量改善。

（2）系统治理改善水环境质量

"十四五"时期，水环境治理要坚持系统思维，保好水与灭差水并重，统筹推进地表水与地下水、陆域与海域污染防治，以水定岸，优化实施以控制单元为基础的水环境质量目标管理，推进污染源-排污口-水体断面的全过程监管，确保好水（Ⅲ类水质）不降级，大力消除劣Ⅴ类水体，强化"三水"

统筹，污染减排与生态扩容相结合，促进水环境管理从污染防治为主逐步向污染防治与生态保护并重转变，持续提升水环境质量和水生态环境安全保障水平。

"十四五"时期，继续以工业污染源达标排放为重点，持续推进工业源污染治理。同时以补足城镇污水收集和处理设施短板为重点，持续推进生活源污染治理。突破污水管网、污泥处置瓶颈，加强城镇污水处理基础设施建设，加大去除磷力度，加快城中村、老旧城区、城乡接合部雨污管网完善改造，同时，建设人工湿地，通过湿地的净化作用进一步降低污水处理厂污染负荷。以降低氮、磷负荷为重点，持续推进农业源污染治理。通过调整种植结构和空间布局、推广有机肥施用、推进测土施肥技术等措施，减少化肥和农药施用量，采取农业灌溉系统改造、生态拦沟建设等措施，减少农田退水污染负荷。

加强良好水体保护，保障饮用水水源安全；扩大整治范围，持续推进黑臭水体治理；强化地下水基础调查，制定地表水-土壤-地下水、区域-场地统筹的地下水污染协同防治措施，全面推进地下水污染风险管控和修复，建立地下水污染场地动态清单，开展地下水污染修复试点。

抓好重点区域流域污染防治。着力推进长江经济带、海河流域、"老三湖"（太湖、巢湖、滇池）和"新三湖"（洱海、丹江口、白洋淀）、大运河、南水北调等流域区域水环境保护，强化氮磷控制。通过削减污染物排放总量、优化流域产业结构和布局、恢复或者修复流域自然生态系统、释放湖滨/河滨生态空间等措施，持续改善水环境质量。

坚持以改善海洋生态环境质量为核心，从各海域实际问题出发，把减排污作重点、扩容量当基础、防风险为底线、强能力为保障、建机制为目的，实现污染控制、生态保护、风险防范、监管能力及长效机制建设协同推进。治理沿海岸线、修复滨海湿地、抓河口入海污染负荷减排，不断提升海湾水质、保护生物多样性。持续推进渤海攻坚战的实施、积极推进长江口和杭州湾的综合整治、以珠江口综合治理带动粤港澳大湾区的生态环境保护。

（3）提升土壤环境安全水平、加强固体废物风险防控

以土壤污染状况详查结果为基础，严守农产品质量安全和人居环境安全为底线，以重点区域、重点行业、重点污染物、重点风险因子为着力点，以全面提升各级土壤环境监管能力为基础支撑，实施一批针对性源头预防、风险管控、治理修复优先行动与工程项目，确保土壤环境安全，让老百姓吃得放心、住得安心。

在全国目前 8 000 个污染地块的基础上，完善建设用地土壤污风险管控和修复名录，建立高风险地块清单实施污染地块风险管控和修复；分类型、分阶段开展污染地块风险管控和修复，优先探索化工、有色金属冶炼等行业污染地块风险管控和修复技术模式，结合矿山生态环境保护与恢复治理，选择铅、锌等典型重有色金属超标矿区，开展土壤环境综合整治。"十四五"期间，完成城镇集中区污染地块风险管控和修复。以土壤污染问题突出区、国家重大战略区为重点，开展区域土壤污染综合防控示范。分别针对高背景值区，以及有色金属矿采选、有色金属冶炼、化工等重点行业，开展 5～10 个重点区域土污染风险管控示范区建设，围绕京津冀、长江经济带、雄安新区等重大战略区域发展要求，探索土壤环境安全防控模式。

（4）全面整治提升农村生态环境

以改善农村生态环境质量和保障农产品质量为出发点，推广浙江"千村示范、万村整治"经验，开展农村环境综合整治提升工作，建设美丽乡村。

（5）系统开展生态保护修复

坚持山水林田湖草是生命共同体，对生态系统实施整体统一监管和保护，在"十三五"国家试点工程的示范引领下，各省（区、市）根据各自面临的区域生态环境问题与目标，因地制宜，合理统筹设计生态修复工程、强化多部门协同施策。以宜居城市建设为手段，增加城乡优质生态产品供给，保障人居生态安全。

"十四五"期间，结合各领域主要规划任务措施，设计生态环境领域的重大工程框架包括：质量改善工程、风险防范工程、生态系统保护工程和基础能力建设工程等4个大类11个小类共49项重大工程。各项工程的具体内容有待于下一步与各领域规划任务协同推进和补充完善（表9-1-4）。

表9-1-4　"十四五"期间生态环境保护领域重大工程框架

序号	重大工程类别	重大领域	工程名称
1	质量改善工程	蓝天工程	非电行业超低排放改造工程
2			多式联运干线联通工程
3			北方地区清洁取暖工程
4			重点行业挥发性有机物综合整治工程
5			城市清洁能源基础设施建设工程
6		碧水工程	地表水消劣工程
7			"三磷"整治工程
8			排污口整治工程
9			城市污水管网建设工程
10			黑臭水体综合整治工程
11			城镇污水污泥处理处置设施建设与提标工程
12			地下水监测网建设与修复试点工程
13			重点湖库富营养化防控工程
14		美丽海洋工程	入海河流消劣工程
15			入海排污口整治工程
16			蓝色海湾建设工程
17			海岸带生态环境治理修复工程
18		农业农村生态环境保护工程	农村环境综合整治工程
19			农村集中式饮用水水源地保护工程
20			畜禽养殖污染综合治理工程
21			农业面源污染综合防治示范工程
22	风险防范工程	净土工程	建设用地污染地块修复工程
23			受污染农用地治理修复工程
24			土壤污染综合防治示范工程
25		核与辐射安全保障能力建设工程	中低放固体废物处置场建设工程
26			高放废物地质处置地下实验室建设工程
27			国家核与辐射安全监管技术研发基地建设工程
28			全国辐射环境监测能力提升工程
29			核安全监测预警信息化平台建设工程
30		减废工程	危险废物安全处置能力建设提升工程
31			生活垃圾分类收集与处理处置能力建设工程
32			工业固体废物协同处置工程

序号	重大工程类别	重大领域	工程名称
33	生态系统保护工程	生态保护与修复工程	生态保护红线修复工程
34			生物多样性保护工程
35			森林（草地、湿地等）碳汇工程
36			城市生态建设修复与生态产品供给工程
37		温室气体减排工程	近零碳排放区示范工程
38			碳捕集、利用与封存示范工程
39			非碳减排示范工程
40	基础能力建设工程	基础调查工程	排污口清理排查工程
41			县城以上黑臭水体排查工程
42			环境风险源调查工程
43			环境健康调查工程
44			现有危险废物处理处置设施运行情况调查工程
45		能力建设提升工程	生态环境监测网建设工程
46			生态环境执法监管能力建设工程
47			国家级环境应急实训基地建设
48			生态环境基础能力建设工程（含中央本级）
49			重大科技工程

4.3　重大工程实施的保障措施

（1）建立重大工程项目库管理制度

围绕"十四五"生态环境保护规划明确的中长期目标以及重大工程，开展"十四五"乃至2035年生态环境领域的重大工程项目储备库建设，提前谋划大气、水、土壤、农村、生态等领域重大工程项目，做好顶层设计，建立和完善中央和地方各级项目储备库，夯实项目实施基础。建立项目储备约束机制，做到"无储备无资金""多储备多得补助资金"。生态环境领域重大工程项目储备库向前衔接"十四五"生态环境保护规划，向后衔接年度预算，做到超前谋划、精细管理，不断提高重大工程项目储备制度化、常态化、信息化水平。

（2）拓宽重大工程项目资金筹措渠道

资金筹措是生态环保工程项目投融资领域的重要问题，近些年我国生态环保工程项目大部分为公益性项目，以国家和地方政府投入、政策性银行贷款为主，尚未完全建立多元化投融资机制。"十四五"乃至更长一段时期，需按照社会主义市场经济总体要求，结合政府职能转变，进一步拓宽生态环保工程项目建设资金渠道，逐步建立政府投入为基础、市场融资为重点的多元化和多渠道筹措资金机制，从根本上保证生态环保工程具有稳定可靠的资金来源，形成良性循环。"十四五"纳入投资实施计划的工程项目原则上选自项目储备库，需合理控制储备项目的资金规模，统筹做好资金安排计划。纳入中央储备库的项目，由中央资金补助、地方配套支持。纳入地方储备库的项目，由地方资金支持。

（3）健全项目实施组织协调机制

明确每个工程项目实施主体和责任分工，强化领导责任和实施职责，制定涉及本地区本部门的重大工程项目实施方案，明确责任主体、实施时间表和路线图，确保各项工程任务落地。明晰横向纵向分工职责及其衔接机制，建立工程项目实施横向纵向协调联动机制，强化对规划任务的统筹协调，充分发挥已有国家级重大工程项目协调机制作用，加强协调与合作，健全部门之间、部门内部、上下层级沟通协调机制，形成更加高效的工作推进机制。建立部际联席会议，各项任务的牵头部门和参与部门之间要及时沟通情况，协调不同意见，克服存在障碍，以推动规划项目顺利落实。部门内部对牵头实施的工程项目，定期召开实施跟踪调度会，及时发现解决实施过程中存在的问题，确保工程项目顺利实施。调动中央和地方实施规划项目的积极主动性，坚持"全国一盘棋"，共同推动规划项目实施的局面。

（4）健全项目实施动态监控与评估考核机制

建立规划项目实施动态监控机制，对规划项目实施过程跟踪、监测和反馈，对项目执行过程中是否作为、是否偏离预设目标、实施路径是否有效、项目执行是否到位、项目资金运作是否合规等情况加强动态监控分析，建立实施监控情况通报制度，及时跟踪反馈，及时发现问题并解决问题，提高项目实施监测分析的及时性、全面性和准确性，建立基于监测分析结果的规划项目动态调整机制，确保规划项目能够及时有效地推进。

建立重大工程项目实施年度评估、中期评估与期末评估有序衔接的评估机制，通过一年一小评、三年阶段评估、五年一大评，对工程项目实施情况进行监测评估、及时反馈和动态调整，确保规划确定的各项工程有序落实。实现内部评估与外部评估相结合，自评估与第三方评估相结合，定性评估与定量评估相结合，平时监测与定期评估相结合，制定评估指标体系，完善年度评估、中期评估与终期评估有序衔接的常态化评估机制，定期对社会公布。

5　小结

当前，我国生态文明建设也到了有条件有能力解决突出生态环境问题的窗口期，习近平总书记在 2018 年全国生态环境保护大会上指出，要把解决突出生态环境问题作为民生优先领域，要把生态环境风险纳入常态化管理，系统构建全过程、多层级生态环境风险防范体系，加快建立健全以环境风险有效防控为重点的生态安全体系，要加快建立健全以治理体系和治理能力现代化为保障的生态文明制度体系，到 2035 年，生态环境领域国家治理体系和治理能力现代化基本实现，到本世纪中叶，生态环境领域国家治理体系和治理能力现代化全面实现。通过实施重点领域污染治理、生态保护与修复等重大工程，有助于直接解决大气、水、土壤、生态和农村等领域突出生态环境问题，促进主要污染物排放总量减少和生态环境质量改善，满足人民日益增长的优美生态环境需要，推动实现生态环境质量根本好转。

目前我国生态环境领域的工程项目建设与管理自主推进动力不足，对工程项目谋划、管理制度制定、资金支持、监督实施、绩效评价等重视不够，导致出现部分工程项目实施进展缓慢、项目难落地、实施成效不突出等问题，主要体现在：工程项目顶层设计不够，谋划项目的意识和能力不足；工程项目前期工作基础薄弱，前期准备不充分，影响项目后续实施；工程项目实施过程缺乏对工程项目的科学性、规范性、协调性的调度、指导和推进，过程跟踪监督力度不够；工程项目管理相对粗放，全过程管理机制不健全；工程项目投融资市场化机制不完善，资金支持渠道有限，资金投入不足难以确保所有工程项目都实施到位，难免出现顾此失彼的现象，直接影响工程项目实施进度。

生态环境保护重大工程项目，是按照需求引领、供给创新的思路，着眼于扩大有效供给和中高端供给，更好满足人民日益增长、不断升级和个性化的物质文化和生态环境需要提出来的。推进这些重大工程项目实施，既能扩大有效投资、提振有效需求，也能增加有效供给、推动动能转换和结构优化。可以说既利当前稳增长，又利长远强动能，是从供需双侧协同发力增强经济持续发展动力的重要举措。它将有力支撑经济向形态更高级、分工更优化、结构更合理的阶段演进，保持经济中高速增长迈向中高端水平。

参考文献

[1] 安维复. 工程决策，一个值得关注的科学问题[J]. 自然辩证法研究，2007（8）5.

[2] 布坎南. 自由、市场与国家[M]. 北京：北京经济学院出版社，1990.

[3] 曹世雄，陈军，高旺盛. 生态政策学及其评价方法[J]. 生态学杂志，2006，25（12）：1535-1539.

[4] 陈慧玲，李莹. 深化应用项目储备库"抽屉式"管理[J]. 安徽电气工程职业技术学院学报，2017，22（2）：16-27.

[5] 陈雷. 临洮县王家咀美丽乡村规划实施效果评价及优化策略研究[D]. 西安：西安建筑科技大学，2017.

[6] 陈伟. 工程项目决策科学化的探讨[J]. 科技进步与对策，2004.

[7] 陈伟. 重大工程项目决策机制研究[D]. 武汉：武汉理工大学，2005.

[8] 崔健. 天津市武清区城乡总体规划实施评估研究[D]. 天津：天津大学，2014.

[9] 大卫·利连索尔，徐仲航. 民主与大坝：美国田纳西河流域管理局实录[M]. 上海：上海社会科学院出版社，2016.

[10] 丁士昭. 工程项目管理[M]. 北京：高等教育出版社，2017.

[11] 丁艳，李永奎. 建筑业市场化进程测度：2003—2012年[J]. 改革，2015，（4）.

[12] 董明，徐恩，王文强，等. 基于风险决策矩阵的配电网项目储备库管理[J]. 湖北电力，2017，41（1）：14-19.

[13] 董水平，樊勇. 工程决策主体伦理责任的缺失及其规避策略——以职业经理人为视角[J]. 昆明理工大学学报（社会科学版），2010（8）：1.

[14] 范咀华，张绍学，杨明享. 现代管理基本理论和方法[M]. 成都：四川大学出版社，1996.

[15] 范晓东. 公共政策视角下城市总体规划实施评估研究[D]. 重庆大学，2012.

[16] 高玉琴. 综合利用水利工程投资分摊及资金筹措方式研究[D]. 南京：河海大学，2006.

[17] 高长思，徐信贵. 经济可持续发展的生态环境保障问题研究[J]. 中国软科学，2011（S2）：150-156.

[18] 郝建新，尹贻林. 美国政府投资工程管理研究[J]. 技术经济与管理研究，2003（3）.

[19] 何军，逯元堂，徐顺青. 国家重大污染治理工程实施机制研究[J]. 环境工程，2017，35（12）：180-183，188.

[20] 胡茂杰，潘铁山，杨燕，等. 江苏省环保项目储备库管理系统的设计与实现[J]. 江西化工，2018，（6）：24-25.

[21] 黄锦龙. 日本治理大气污染的主要做法及其启示[J]. 全球科技经济瞭望，2013，28（9）：66-76.

[22] 黄平，张全寿. 决策的理论和方法[J]. 决策与决策支持系统，1995，5（2）.

[23] 金德环. 投资经济学[M]. 上海：复旦大学出版社，1992.

[24] 乐云，胡毅，李永奎，等. 重大工程组织模式与组织行为[M]. 北京：科学出版社，2018.

[25] 雷丽彩，周晶，何洁. 大型工程项目决策复杂性分析与决策过程研究[J]. 项目管理技术，2011（1）：21.

[26] 李伯聪. 工程伦理学的若干理论问题——兼论"实践伦理学"[J]. 哲学研究，2006（4）5.

[27] 李红兵. 建设项目集成化管理理论与方法研究[D]. 武汉：武汉理工大学，2004.

[28] 李京文. 跨世纪重大工程技术经济论证[M]. 北京：社会科学文献出版社，1997.

[29] 李世东. 世界重点生态工程建设进展及其启示[J]. 林业经济，2000（3）.

[30] 李随成，陈敬东，赵海刚. 定性决策指标体系评价研究[J]. 系统工程理论与实践，2001.

[31] 李祥. 生态环境问题根源辨析[J]. 科学技术哲学研究, 2003, 20 (4): 15-18.

[32] 李永奎, 乐云, 张艳, 等. "政府-市场"二元作用下的我国重大工程组织模式: 基于实践的理论构建[J]. 系统管理学报, 2018 (1).

[33] 刘哲铭, 隋越, 金治州, 等. 国际视域下重大基础设施工程社会责任的演进[J]. 系统管理学报, 2018 (1).

[34] 卢兵友, 王如松, 张壬午. 生态工程设计研究进展及特点——以黑龙江省肇东市玉米生态工程为例[J]. 生态学报, 1998 (06): 39-46.

[35] 陆佑楣. 三峡工程建设管理的实践[C]. 中国工程院工程科技论坛项目管理研讨论文集, 2001.

[36] 毛显强, 钟瑜, 张胜. 生态补偿的理论探讨[J]. 中国人口·资源与环境, 2002, 12 (4): 40-43.

[37] 聂盼. 农村基础设施建设资金筹措风险研究[D]. 西安: 西安建筑科技大学, 2014.

[38] 孟祥君. 基于成本收益分析的中国社会性规制研究——以中国环境规制为例[D]. 北京邮电大学, 2011.

[39] 彭怡, 赵海林. 水利建设项目资金筹措与管理[J]. 水利经济, 2000, (3): 60-64.

[40] 彭志文, 邓中美, 段宗志. 基于政府角度的 PPP 项目储备机制研究[J]. 建筑经济, 2015, 36 (12): 13-16.

[41] 戚安邦. 项目论证与评估[M]. 北京: 机械工业出版社, 2004.

[42] 钱学森, 宋健. 工程控制论[M]. 北京: 科学出版社, 1980—1981.

[43] 阮永丽, 彭辉. 电力项目储备库项目优选综合评价方法研究[J]. 云南电力技术, 2016, 44: 127-128.

[44] 上官奕琛. 水利建设项目筹融资管理探索[J]. 广东科技, 2014, 6 (12): 25-26.

[45] 尚文芳, 陈优优. 支持环境保护的财政资金保障机制研究——以河南省为例[J]. 时代金融, 2017 (6): 59-60.

[46] 盛昭瀚, 游庆仲, 陈国华, 等. 大型工程综合集成管理: 苏通大桥工程管理理论的探索与思考[M]. 北京: 科学出版社, 2009.

[47] 孙波. 国家重大项目监管模式研究[D]. 南京: 河海大学, 2003.

[48] 孙绍荣, 朱佳生. 管理机制设计理论[J]. 系统工程理论与实践, 1995 (5).

[49] 汪丁丁. 经济发展和制度创新[M]. 上海: 上海人民出版社, 1995.

[50] 王景山. 项目投资与管理[M]. 北京: 机械工业出版社, 2004.

[51] 王立国, 王红岩, 宋维佳. 可行性研究与项目评估[M]. 大连: 东北财经大学出版社, 2001.

[52] 王连成. 工程系统论[M]. 北京: 中国宇航出版社, 2002.

[53] 王雪荣, 成虎. 建设项目全寿命周期综合计划体系[J]. 基建优化, 2003.

[54] 魏红亮. 中国水利投融资体制创新研究[D]. 武汉: 武汉大学, 2013.

[55] 吴今. 我国林业重点工程投融资及资金管理研究[D]. 哈尔滨: 东北林业大学, 2006.

[56] 席酉民. 大型工程决策[M]. 贵阳: 贵州人民出版社, 1988.

[57] 徐国桢. 规划、决策和实施——兼谈系统工程应用中的几个问题[J]. 中南林业调查规划, 1991 (01): 12-13+8.

[58] 杨建科, 王宏波, 屈旻. 从工程社会学的视角看工程决策的双重逻辑[J]. 自然辩证法研究, 2009 (1).

[59] 尹贻林. 加强对政府投资项目的评价与决算[J]. 中国投资, 2001.

[60] 尹贻林. 投资项目风险决策论[D]. 沈阳: 辽宁大学, 1999.

[61] 张家荣, 刘建林. 渭河治理项目建设资金筹措渠道探讨[J]. 中国高新技术企业, 2009 (17): 113-114.

[62] 张金锁. 工程项目管理学[M]. 北京: 科学出版社, 2000.

[63] 张俊杰, 刘毓山. 我国钢铁工业建设工程管理方式研究[J]. 中国大型工程管理, 1993.

[64] 赵国杰, 孔军. 现代管理经济学[M]. 天津: 天津人民出版社, 1995.

[65] 赵兴华. 我国六大生态工程[J]. 环境导报, 1994, 1 (3): 40-41.

[66] 赵研妍. 横道河子镇总体规划实施评估研究[D]. 哈尔滨: 哈尔滨工业大学, 2016.

[67] 赵振亭. 重大工程项目社会稳定风险指标体系与评估研究[D]. 西南交通大学, 2014.

[68] 中国工程院水利重大工程项目管理问题调研组. 水利重大工程项目管理问题的调查研究[R]. 2002.

[69] 钟成勋. 项目决策通论[M]. 呼和浩特: 内蒙古大学出版社, 1992.

[70] 周英男，李洁，曲毅. 中国现有生态政策存在问题及对策研究[J]. 中国人口·资源与环境，2013，23（5）：95-98.

[71] 左玉辉. 环境系统工程导论[M]. 南京：南京大学出版社，1985.

[72] 中国建筑业协会工程项目管理委员会. 中国工程项目管理知识体系[M]. 北京：中国建筑工业出版社，2003.

本专题执笔人：程亮、陶亚、王佳宁、陈瑾、刘昱涵

完成时间：2020 年 12 月

专题2　生态环境保护重大工程实施与管理问题及对策研究

1　生态环保重大工程项目的设计方法

1.1　历年生态环境保护重大工程项目设计概述

生态环保工程项目的设计是历次每个五年生态环境保护规划研究和设计中的重点内容，作为实现规划目标指标的重要载体，作为规划任务落地实施的重要体现，根据规划确定的指导思想、主要思路和重点任务，分类别开展生态环境保护工程项目的设计。

《"十二五"环境保护规划》中以专栏形式概述性描述了重点实施的八大类重点工程项目类型，即主要污染物减排工程、改善民生环境保障工程、农村环保惠民工程、生态环境保护工程、重点领域环境风险防范工程、核与辐射安全保障工程、环境基础设施公共服务工程、环境监管能力基础保障及人才队伍建设工程等，但每类工程项目的描述非常概要性，基本不具有落地性和操作性。

《"十三五"环境保护规划》中关于规划项目的描述也是以专栏形式进行表达。第九章提出"实施一批国家生态环境保护重大工程"，提出"十三五"期间，国家组织实施工业污染源全面达标排放等25项重点工程，建立重大项目库，强化项目绩效管理。项目投入以企业和地方政府为主，中央财政予以适当支持。其中专栏8为"环境治理保护重点工程"，包括11项重点工程，即工业污染源全面达标排放、良好水体及地下水环境保护、重点流域海域水环境治理、城镇生活污水处理设施全覆盖、农村环境综合整治、土壤环境治理、重点领域环境风险防范、核与辐射安全保障能力提升等，专栏9为"山水林田湖生态工程"，包括14项重点工程，即国家生态安全屏障保护修复、国土绿化行动、国土综合整治、天然林资源保护、新一轮退耕还林还草和退牧还草、防沙治沙和水土流失综合治理、河湖与湿地保护恢复、濒危野生动植物抢救性保护、生物多样性保护、外来入侵物种防治行动、森林质量精准提升、古树名木保护、城市生态修复和生态产品供给、生态环境技术创新等。工程项目的设计总体较为概化，提出了实施若干示范工程，但并未明确示范工程的具体分布，同时对各省级《"十三五"生态环境保护规划》如何衔接和落实国家《"十三五"生态环境保护规划》提出的重点工程项目也并未提出具体要求。各省（区、市）发布的"十三五"生态环境保护工程项目总体也是仿照国家《"十三五"生态环境保护规划》设计的，也未结合本省目标指标和任务体系给出具体的工程项目清单。

总体来看，无论是国家还是省级层面"十三五"规划中都没有就如何细化、分解和落实规划专栏中提出的工程类型的项目提出进一步要求，很大程度上使得规划出来的工程项目不具有实际的操作性，规划提出的开展重大工程项目评估的任务要求在现实中难以落实。

1.2 "十四五"省级生态环境保护规划中的表达方式

作为国家生态环境保护规划的重要支撑,各省(区、市)发布的省级生态环境保护中生态环境保护工程项目的设计内容也是国家生态环境保护工程项目体系的重要组成内容。本报告对我国 31 个省(区、市)发布的省级"十四五"生态环境保护规划中重大生态环境保护工程项目设计方法进行了分析。

总体来看,省级"十四五"生态环境保护规划中重大工程项目的设计总体分为两种类型,一是以湖南、青海等省为代表的专栏项目设计方法,二是以福建、湖北等省为代表的贯穿在各目标指标中的设计方法。

以湖南、青海省重大工程项目设计为例,规划任务章节中以 8 个"专栏"的形式,聚焦规划重点领域、重点任务和措施,概念性设计了"碧水""蓝天""净土"、农业农村、重金属、生态保护与修复、风险防范、能力提升等八个方向的重点工程。每种方向下再进一步细分不同类型的工程项目,如"净土"重点工程方向下划分成"调查评估与修复"类、"重金属污染耕地治理试点工程"类。而"调查评估与修复"类型下又划分为 5 种具体类型的工程项目。青海省重大工程项目的设计仍是在"规划任务"设计中以专栏形式从维护国家生态安全、推动绿色低碳发展、水生态环境维护等 10 个方面设计了重大工程类型,以及相应的子类型项目。如专栏 1"维护国家生态安全重大工程"中设计了中华水塔保护工程、三江源生态保护与修复工程、祁连山生态保护与整体修复工程、黄河上游千里保护带工程等 9 个子类型。每种子类型下仅提出了工程项目的大致落地范围和总体整治方向,但距离落地的工程项目尚有差距。

以福建、湖北省重大工程项目设计为例,提出了"十四五"生态环境保护重点领域和重点任务的各项规划指标,将各目标指标的实现手段与生态环境重大工程项目设计紧密结合,相辅相成。《福建省"十四五"生态环境保护规划》基于 2020 年绿色低碳、美丽城市、美丽乡村、美丽河湖、美丽海湾、美丽园区和风险管控七大领域工作成效的现状值,针对性地提出了 30 项分项任务阶段目标和 2025 年目标值,坚持目标导向,强化生态保护工作措施,推动生态环保重点任务落地落实。湖北省重大工程项目的设计依托环境质量改善、绿色低碳发展、生态环境保护与修复、环境风险防范、生态人居建设五大类指标目标,配套设计相应工程措施,以持续改善土壤和地下水环境质量目标为例,分别开展土壤和地下水污染系统防控工程、土壤安全利用工程、地下水污染风险管控工程,提出各类工程项目的立项条件、重点区域、项目数量、工作内容和预期成效等,但对具体工程项目的落地实施仅具有导向意义。

通过上述分析可以看出,"十四五"省级生态环境保护规划中重大工程项目总体是"概念性设计",提出了重大工程项目不同层级的类型、落地实施的大致空间范围(如某流域、某区间、某城市等)、主要整治方向和计划实现的定性目标,概念性设计的工程项目距离可以落地实施的工程项目仍需进一步细化。

2 生态环境保护重大工程项目的定义与特点分析

2.1 定义分析

截至目前,相关政策文件中尚没有关于生态环境保护重大工程项目的定义,使得生态环境保护重大工程项目的管理与评估变得比较随意。为使生态环境保护重大工程项目管理体系的研究具体化、对象化，本项目提出了生态环境保护重大工程项目的概念，分别从广义和狭义两个方面进行定义。

本研究认为，广义的生态环境重大工程项目是指在习近平生态文明思想指导下，由国务院、国家相关部委、省级人民政府或者省级相关部门制定的，以改善生态环境质量、降低生态环境风险等为目标的相关规划、实施方案、行动计划、指导意见中制定的若干工程项目。根据该定义，所谓"广义"是指来源更加广泛，包括相关部门制定的规划、实施方案、行动计划、指导意见等，这些文件中提出的工程项目既有较为具体的对象、建设地点和建设规模等较为具体的工程项目，也有仅提出工程项目类型，但工程项目建设内容、建设规模等尚不具体的工程项目。此广义的工程项目主要体现工程项目来源的广泛性。

"十三五"期间中央财政为支持生态环境保护工程项目的实施，设立了中央财政大气污染防治专项资金、水污染防治专项资金、土壤（含地下水、重金属和固体废物污染防治等）污染防治专项资金、农村生态环境保护专项资金等。财政部制定了专项资金管理办法和申报要求，建设了申报项目储备库，各地申报的项目进入储备库中按照储备库建设方面的相关要求进行管理。

狭义的生态环境重大工程项目是指获得中央财政生态保护类专项资金支持的，以解决生态环境问题、改善生态环境质量、修复遭受到污染或者破坏的生态环境、降低生态环境风险为目标的，中央财政专项资金支持额度在 5 000 万元及以上的单体工程项目，或者以一个整体项目实施方案的形式向国家申报并获批的综合性项目。这里提出的"狭义"，就是限定在中央财政专项资金支持的项目对象上，工程项目的对象具体，或者是一个单独的工程项目，或者是若干个性质类似或者具有相互关联的若干个子工程项目组成的一个综合性、整体性项目，其中典型的综合性、整体性项目为重大生态环境修复专项资金支持的山水林田湖草综合整治性项目、"十三五"根据国家《土壤污染防治行动计划》提出的实施 200 个左右土壤污染防治与修复示范工程项目等，这些项目由多种类型的多个子项目共同构成。所谓"重大"（或者"重点"），可理解为获得了中央财政专项资金的支持，且资金支持额度在 5 000 万元以上。这些项目之所以能够获得中央财政专项资金的支持，与国家生态环境保护规划、污染防治攻坚行动、生态环境标志性战役和专项整治等生态环境重要规划、计划、方案等具有密切关系，直接体现了上述要求，且符合各专项资金的支持方向、支持条件，体现了地方突出的需要整治的生态环境问题。

中央财政从 2016 年开始设立了中央财政山水林田湖生态环境保护修复专项资金，并按照《财政部关于印发〈重点生态保护修复治理资金管理办法〉的通知》（财资环〔2021〕100 号）有关规定及相关财经制度，2021 年自然资源部出台《全国重要生态系统保护和修复重大工程总体规划（2021—2035 年）》，当年在全国支持了 10 个山水林田湖草一体化保护与修复重大工程项目。2022 年在全国支持了 7 个山水林田湖草一体化保护与修复重大工程项目（即"十四五"第二批山水林田湖草沙一体化保护和修复工程），每个项目计划中央财政的资金支持额度为 20 亿元，2022 年 6 月首期下达了 6 亿元。这些工程项目不仅中央财政支持的力度较大，而且是在我国"三区四带"总体生态安全格局的总体空间部署下实施的，在《全国重要生态系统保护和修复重大工程总体规划（2021—2035 年）》的统一规划下实施的，是我国"十三五"期间典型的生态环境保护重大工程项目。

以土壤污染专项资金支持的农用地和建设用地土壤污染风险管控与修复重大工程项目为例，为落实《土壤污染防治行动计划》要求，生态环境部在 27 个省（区、市）共计确定出 220 个试点工程项目，其中农用地项目 93 个，包括断源类项目 7 个、断源+风险管控/修复类项目 10 个、风险管控/

修复类项目76个；污染地块项目127个，包括风险管控类项目8个、修复类项目119个。"十三五"期间，生态环境部印发了《关于进一步推进和规范土壤污染治理与修复技术应用试点项目实施工作的通知》，组织多轮次近200名专家开展现场调研指导；召开了试点项目视频推进会；在全国现场会或培训班邀请典型试点项目承担单位交流技术和管理经验；加强试点项目经验总结，制定《土壤污染治理与修复技术应用试点项目总结报告大纲》并组织培训。220个项目作为一个整体，总体作为"十三五"期间国家层面上的土壤污染防治重大工程项目，虽然其中部分工程项目获得的中央财政土壤污染防治专项资金支持额度不到4 000万元，但由于220个项目作为一个整体进行统一管理和部署，因此将其作为生态环境保护重大工程项目。

下述内容主要是从狭义的生态环境整治重大工程项目的定义出发进行研究。

2.2　特点

根据生态环境保护重大工程项目的定义，重大工程项目的"重大"主要表现在两个方面，一是单体项目获得中央支持的资金额度较高，关注度较高、社会影响力较大；二是若干个子项目共同构成的项目集，对这些项目往往在国家层面上有着统一的部署和管理，各省、各地级市按照职责分工分别发挥不同的作用。

分析历年来生态环境保护重大工程项目实施的具体情况，可以将生态环境保护重大工程项目的特点概括为如下五个方面：

（1）目标导向性

所谓目标导向，是指生态环境保护工程项目的设计和实施以改善生态环境质量、降低环境风险等为主要目标的，生态环境工程项目的实施不仅是要按照相关工程技术规范的要求完成各项既定的工程建设内容，更重要的是要实现预期的环境效益。生态环境工程项目设计和实施过程中，都必须将预定的环境绩效目标作为出发点和落脚点，作为工程项目设计和实施的重要导向，同时也作为生态环境工程项目验收和评价的首要内容。

（2）综合性

部分工程项目打破部门职能分割和行政区划界限，加强区域协调、流域统筹、多污染物协同控制，实施全要素的综合防控，由此涉及的管理部门较多。同时还包括省级、市级、县级、乡镇级等不同层级管理部门的共同参与，省级多侧重于总体设计和项目实施过程中的综合协调，市级负责上下统筹、项目实施和日常监管，县级和乡镇级往往承担工程项目具体的落地实施。综合性是省级重大生态环保项目最突出的特点，这对重大项目的组织管理提出了较高要求。

（3）广泛性

省级生态环境保护重大项目综合性的特点决定了项目实施过程中，一方面子项目数量较多，建设地点较为分散；另一方面项目建设单位多，高效统筹管理好这些建设队伍是非常重要的，这给项目组织管理模式和咨询服务模式的创新提出了新的要求。同时一些项目实施过程中需要和周边人民群众发生关系，甚至直接影响周边群众的正常生产生活，这时需要做好舆情的监测与分析，及时做好信息沟通与交流等工作。

（4）联动性

省级重大工程项目的实施不是孤立存在的，往往与脱贫致富、旅游业、农业畜牧业、地方土地资源开发与再利用等具有关联性。各省（区、市）设计的水污染防治与生态修复项目、农村污染防治项目、区域生态环境修复等不同类型的项目往往具有联动性的特点，多个省级"十四五"规划中也提出要创新项目组织策划方式，将环境类和产业类项目合理统筹和捆绑设计，提高实施生态环境保护工程项目的积极性。这对重大环保工程项目实施模式的创新提出了新的要求。

（5）社会影响性

重大工程项目的利益相关方复杂，项目实施过程和实施后会直接或者间接影响百姓的生产生活方式，百姓关注度较高。实施过程既要充分尊重百姓意愿，同时又要注重引导、改变百姓生产生活方式的不断改变和进步，使百姓在重大工程项目实施过程中有真正的受益感、参与感和获得感。

3 "十三五"生态环保工程项目组织管理的制度建设进展

3.1 主要制度的制定与实施

生态环保工程项目的组织实施需要大力加强制度建设，通过系统、完善的制度体系保障国家生态环境保护重大工程项目，以及各个专项规划确定的规划项目等得以切实实施。"十三五"期间生态环境部和各省级生态环境主管部门持续推进生态环境保护重大工程项目组织实施与管理制度体系的建设。

3.1.1 生态环境保护项目储备制度

2018 年开始生态环境部大力推进各类环保项目储备库的建设和管理。2018 年和 2019 年先后下发了开展 2018 年和 2019 年中央环保投资项目储备库建设的通知，进一步建立和充实中央水污染防治、大气污染防治、土壤污染防治、农村环境整治、海岛及海域保护等项目储备库，推动国家生态环境保护标志性战役和专项行动计划的实施。

为进一步规范和加强中央生态环保转移支付资金管理，充分发挥生态环保资金职能作用，2021 年9 月财政部、自然资源部、生态环境部、应急管理部、国家林草局等相关部门共同发布《中央生态环保转移支付资金项目储备制度管理暂行办法》（以下简称《办法》）。《办法》明确提出中央生态环保转移支付是指通过中央一般公共预算安排的，用于支持生态环境保护方面的资金，具体包括：大气污染防治资金、水污染防治资金、土壤污染防治资金、农村环境整治资金、海洋生态保护修复资金、重点生态保护修复治理资金、林业草原生态保护恢复资金和林业改革发展资金（不含两项资金中全面停止天然林采伐、林业防灾减灾及到人到户补助）、自然灾害防治体系建设补助资金（全国自然灾害综合风险普查经费、安全生产预防和应急救援能力资金、特大型地质灾害防治资金）。中央生态环保转移支付资金原则上均应纳入中央生态环保资金项目储备库管理范围。项目储备是项目执行的基础。各地项目申报和纳入中央项目储备库项目的情况，作为中央财政生态环保转移支付分配的重要参考。根据该文件，2021 年 10 月生态环境部办公厅、财政部办公厅发布了修订后的《中央生态环境资金项目储备库入库指南（2021 年）》，该指南明确提出了水污染防治、大气污染防治、土壤污染防治、农村环境整治、海岛及海域保护中央项目储备库入库项目要求，提出了中央项目储备库、省级项目储备库和市级项目储备库建设之间的关系。指南中明确规定了当年纳入中央储备库的大气、水、土壤和农村等不同类型项目的具体要求。

生态环境保护重大工程项目储备制度的内容主要包括：中央储备库项目入库要求和入库程序，

纳入库中的动态管理,即项目获得中央专项资金支持后从储备库进入实施库,在实施库中按照相关要求进行动态管理,未得到中央财政专项资金支持,且实际未实施的项目即从储备库中调整到淘汰库中,即"出库"。通过储备库建设,积极解决生态环保项目储备不足和项目前期工作开展动力缺乏、前期工作基础不到位、不扎实的现实问题,促进各地加快推动项目前期策划、规划、总体实施方案和工程项目实施前期调查评估和方案编制等工作的进展。

省级生态环境保护工程项目储备库是国家重大工程项目储备库体系的重要组成部分。部分省级"十四五"生态环境保护规划(如湖南、重庆、辽宁、河南、宁夏、陕西、河北等)明确提出根据任务设计要求,细化建立省级生态环境保护重大工程项目储备库,试行开展项目清单化制度,提出健全项目调度、统计、动态调整等机制,严格项目绩效考核。江苏省还提出了编制全省生态环境基础设施建设规划的任务,建立重大项目库。湖南省提出加强重点项目的评估筛选,建立入库项目的筛选及动态调整机制,适时调整项目储备库。

3.1.2　资金管理和项目管理制度建设

"十三五"期间,针对各个专项资金支持的项目,制定或修订了一批专项资金项目管理办法或资金管理办法。如 2021 年 6 月发布了《土壤污染防治资金管理办法》,该办法是对 2016 年 6 月发布的资金管理办法进行的修订。2022 年 4 月,财政部会同生态环境部发布了再次修订后的《土壤污染防治资金管理办法》,对包括资金支持方向在内的相关内容进行了修订。2020 年 8 月,生态环境部办公厅会同财政部办公厅共同印发了《关于加强土壤污染防治项目管理的通知》(环办土壤〔2020〕23号),明确中央生态环境资金项目管理系统与中央项目储备库的关系;提出预算评审没有定额标准的,可以通过比价和询价等方式确定招标和采购的控制价;首次提出鼓励有条件的地区探索全过程工程咨询服务和工程总承包模式;首次明确了修复工程实施过程中初步设计的概念和环节,提出对距离敏感点较近或敏感程度较高的项目,设区的市级生态环境主管部门可要求项目单位协调相关社区建立居民沟通协调机制。该通知对于引导各级地方政府规范土壤污染防治工程管理的程序和内容,加快推进土壤污染防治工程具有重要意义。为有序开展山水林田湖草生态环境一体化保护与修复重大工程项目的管理,2019 年财政部发布了《重大生态环境保护专项资金管理办法》,该办法是对 2017年发布的资金管理办法的修订。通过项目或资金管理办法的制定或修订,不断完善专项资金全过程的管理。但同时需要注意的是,各个发布的文件中对重大工程项目的组织管理涉及的内容较少,或者原则性提出要求,对指导现实操作和提高组织管理效能作用的发挥还有差距。

3.1.3　绩效目标制定和绩效评价管理制度

从 2017 年开始,财政部大力推行绩效评价制度,并以中央财政各专项资金和资金支持的项目为重点全面建立起中央财政资金支持项目的绩效评价制度。"十三五"期间,财政部会同生态环境部先后出台了大气污染防治、水污染防治、土壤污染防治等资金绩效评价管理办法,不断完善绩效评价制度,提高资金管理的规范化水平。各地项目在申报中央财政生态环境保护类储备库时,需要一并提交预设的项目绩效目标。下达资金时,须将各项目的绩效目标一并下达,作为后续开展项目绩效评价的主要依据。绩效评价管理办法中明确了绩效评价的主要内容、评价指标和评价方法,并提出了绩效评价结果的应用。一般来说,主要对项目策划、项目实施过程中的资金管理、项目管理,以及工程项目实施后呈现出的生态环境效益、经济效益和社会效益,以及社会满意度等方面进行较为全面的评价。

为落实绩效评价制度，"十三五"期间生态环境部委托第三方专业评估机构先后对大气、水污染防治和土壤污染防治等专项资金开展重点绩效评价，加强对生态环保政策和对应的重大工程项目实施成效进行评价。财政部也对绩效好的政策和项目优先保障，强化绩效评价结果导向。青海、重庆等部分省（市）在省级"十四五"生态环境保护规划中也明确提出强化绩效管理，开展重大项目实施监测及效益效果评价。江苏省提出强化项目环境绩效管理，建立资金使用与环境绩效并重的项目绩效考核体系。

3.1.4　开展专项资金支持项目监督检查

项目和资金管理部门委托第三方机构和专家对中央财政专项资金支持的部分项目和重点区域开展了监督性检查，包括资金使用和工程项目实施进展和成效等方面的监督检查，发现问题后督促地方尽快开展整改，不断提高资金使用的安全性和工程项目的规范化实施，推动工程项目预期目标的实现。"十三五"期间生态环境部先后对大气、水、土壤污染防治专项资金支持的部分项目开展了监督检查，一方面对发现的问题及时组织原因分析和整改，另一方面也为各个专项资金不断完善管理要求提供了依据和方向。

3.1.5　重大工程项目组织实施技术帮扶制度

"十三五"期间生态环境管理中大力推进技术帮扶制度，不仅出现了科技帮扶，还推出了工程项目实施技术帮扶。例如，为落实长江经济带生态环境保护，生态环境部科技财务司大力推动长江经济带重点城市科技帮扶制度，派出技术帮扶团队采取驻点下沉式工作方式，在重点城市开展水环境重点问题的技术帮扶。"十三五"期间为大力推进国家200个土壤污染防治试点工程项目，分区域、分城市派出技术帮扶团队，协助200个试点工程项目所在省份大力开展工程试点工作。"十四五"期间国家土壤污染防治规划确定实施若干个土壤污染防治先行区和地下水污染防治先行区建设任务，为了提高先行区建设质量，也派出技术帮扶团队开展技术帮扶。实践中不断出现技术帮扶，初步建立起生态环境保护重大（点）工程项目技术帮扶制度，该制度仍需在"十四五"期间不断完善。

3.2　小结

通过上述分析可以看出，"十三五"期间我国初步建立起生态环境重大（点）工程项目管理制度体系，总体是在专项资金管理办法或者项目管理办法的框架下，以项目储备库建设为龙头和指引，实施过程中从管理角度建立项目监督检查制度、绩效评价制度、技术帮扶制度等。在中央生态环境保护项目库建设文件的指导下，建设省级、市级生态环境保护项目库，通过项目自下而上的策划、设计、包装和申报，通过市级向省级，进而向国家生态环境保护项目库进行申请，一旦入库后就有机会获得中央财政相关专项资金的支持。生态环境领域重大（点）工程项目组织管理的相关制度是为了不断适应和提高工程项目管理水平而动态推出和建立的，在实践中得到不断深化和完善。

4 生态环境保护重大工程项目规划制定与实施和启示分析

需要注意的是,早在 2003 年,"非典"疫情的暴发暴露出当时我国在危险废物和医疗废物集中处置设施建设和运营能力方面严重的不足与滞后,国务院部署制定《全国危险废物和医疗废物集中处置设施建设规划》,2003 年 7 月该规划正式发布。该规划可以认为是生态环境领域里第一个关于环境基础设施建设方面的规划,确定了全国危险废物和医疗废物集中处置设施的建设布局、处置技术路线、工程投资,以及相配套的项目审批制度、项目验收制度、集中处置收费制度、二噁英监测国家实验室建设等一系列制度建设任务和能力建设任务。在规划指引下,我国历经 10 余年危险废物和医疗废物集中处置设施的建设历程,使得我国危险废物和医疗废物集中处置设施的建设和运营得到了快速发展,较好地弥补了我国在危险废物和医疗废物处置设施能力短缺和制度建设滞后的显著短板,为适应好保障国民经济和社会发展关于废物安全处置、减少生态环境风险的目标发挥了重要作用。

近年来,国家和一些省份注重生态环境重大工程项目的规划编制与实施,以全面制定的规划为引领和方向,有序开展生态环境重大工程项目的建设。下面以一些规划为例进行分析。

4.1 生态环境保护重大工程项目规划制定与实施案例分析

4.1.1 山水林田湖草生态保护与修复规划的制定与实施

"十三五"期间一些生态环境保护领域里的重大工程开展了以规划制定和实施为引导的工程项目实施管理体系。其中最具有代表性的为 2020 年国家发展和改革委员会、自然资源部共同制定的《全国重要生态环境保护与修复重大工程总体规划(2021—2035 年)》,该规划确定了我国将实施青藏高原生态屏障区生态保护和修复重大工程、生态保护和修复支撑体系重大工程等九大重点工程,并要求编制各重大工程的专项建设规划,形成全国重要生态系统保护和修复重大工程"1+N"规划体系。该规划确定了我国重要生态环境保护与修复重大工程项目的空间布局、主要目标指标、主要任务,以及相配套的修复技术体系建设任务、能力建设任务等。

在该规划的指引下,2020 年 8 月,自然资源部会同财政部、生态环境部制定了《山水林田湖草生态保护修复工程指南(试行)》,提出了工程建设内容及保护修复要求、技术要求,监测评估和适应性管理、工程管理要求,以及山水林田湖草生态保护修复工程目标分解表和山水林田湖草生态保护修复工程生态监测推荐指标等内容。2021 年自然资源部组织编制了《国土空间生态保护修复工程实施方案编制规程》(报批稿)、《生态保护和修复支撑体系重大工程建设规划(2021—2035 年)》。根据该规划要求,2022 年 7 月自然资源部发布了 7 项行业标准,自 2022 年 11 月 1 日起实施,包括矿山生态修复技术规范第 1 部分通则、第 2 部分煤炭矿山等 7 个技术规范性文件。在该规划指引下,2021 年和 2022 年中央财政先后支持了 10 个和 9 个山水林田湖草一体化保护与修复工程项目,中央财政将分批次对这些项目连续支持 20 亿元的资金。

由此可以看出,《全国重要生态环境保护与修复重大工程总体规划(2021—2035 年)》这一顶层规划制定的重要性,确定了全国重要生态环境保护与修复重大工程的总体布局和体系构成,直接指导制度体系建设、技术体系建设,指导各省(区、市)开展重点区域山水林田湖草生态保护修复工程项目的设计、申报和国家评审，体现出重要生态环境保护与修复重大工程的系统性、全局性、前瞻性和全面性。

4.1.2　汉丹江流域涉重金属矿山生态环境综合整治规划的制定

陕西省汉丹江流域是我国重要生态安全屏障，属于国家重点生物多样性保护功能区，也是南水北调中线工程上游水源涵养区，生态环境脆弱。该区域矿产资源丰富，长期的矿产资源开发造成大量的废渣无序堆放，矿硐酸性废水排放较为突出，部分河道水质质量超标，河道观感差，造成较为严重的生态环境破坏。2020 年 7 月 4 日，《澎湃新闻》报道了陕西省白河县硫铁矿开采污染问题，习近平总书记作出重要批示，副总理韩正也作出批示要求。为全面深入贯彻习近平总书记关于秦巴山区硫铁矿区污染的重要指示精神，陕西省委、省政府迅速成立了硫铁矿水质污染专项整治工作专班，组织编制《陕西省汉江丹江流域涉金属矿产开发生态环境综合整治规划（2021—2030 年）》（以下简称《规划》）。规划基准年为 2021 年，近期到 2025 年，中期到 2030 年，展望到 2035 年，分区域、分层级、分阶段开展系统治理。2022 年 7 月该规划通过了国家专家评审，进入了审核发布阶段。

该《规划》涉及范围广，包括汉中、安康、商洛、宝鸡和西安等 5 个地市 31 个县（市、区），流域面积 6.27 万 km^2。涉金属矿山包括铜矿、铅锌矿、钼矿、钒矿、锰矿、金矿、汞锑矿、镍钴矿、铁矿等有色金属矿和黑色金属矿，以及硫铁矿、石煤矿等典型多金属伴生的非金属矿。规划针对规划范围内废渣、矿硐、尾矿库、企业等四种风险源开展环境综合整治，同时还涉及地表水/沉积物环境、土壤/地下水环境、地质环境和地质灾害防治等。《规划》以习近平生态文明思想为指导，全面贯彻落实习近平总书记来陕考察重要讲话和重要指示精神，以改善流域水环境质量、降低水环境风险、确保"一泓清水永续北上"为目标。坚持风险管控和减污修复协同增效的总体思路，落实"技术可靠、经济可行、环境改善"要求，确定规划实施 3 个方面的建设定位；划定出 26 个不同等级的风险防控区、5 个综合整治示范区、28 处优先治理区域、4 类优先治理对象，提出包括质量控制断面特征污染物达标率、风险管控断面特征污染物风险管控率、"一河一策一图"完成率、技术标准规范编制数量、试点（示范）工程完成数量在内的 5 个规划指标；确定包括以推动重点区域详细调查和方案编制、矿区源头防控和污染综合整治、矿山多要素系统修复、多层级风险管控体系构建等在内的 5 个方面建设任务；根据废渣造成的不同环境污染和风险程度，确定 7 种不同类型的整治技术路线；设计出包括汉丹江流域涉金属矿产开发生态环境损害赔偿和责任追究制度等在内的 3 项重点政策制度要求、制定涉重金属矿区生态环境调查与评估技术指南等在内的 5 项技术标准文件、开展废渣经新材料改性处理后的回填矿硐处理等若干新技术示范工程等建设任务。分为 2025 年和 2030 年两个阶段实施，设计出五大类工程项目，工程总投资近 110 亿元。

该《规划》的制定和实施必须对汉丹江流域涉重金属矿山生态环境综合整治重大工程项目的实施发挥重要的指导作用，是规划范围内开展进一步详细调查评估和制定整治方案、工程项目可行性研究报告编制和工程实施的重要指导性文件。必将推动汉丹江流域涉重金属矿山生态环境综合整治重大工程项目和配套的政策制度、技术经济、工程管理等全面、系统、有序地实施。

4.1.3　江苏省"十四五"生态环境基础设施建设规划的制定

"十三五"期间，江苏省印发实施了《江苏省环境基础设施三年建设方案（2018—2020 年）》，推动实施一大批重点工程项目，为完成污染防治攻坚战阶段性目标任务提供有力的保障。为进一步推进该省生态环境基础设施建设，切实发挥其战略性、基础性和先导性作用，2022 年 2 月江苏省政府印发了《江苏省"十四五"生态环境基础设施建设规划》（以下简称《规划》）。提出 4 个方面 10 大项工作任务，其中"补短板"任务 3 项，主要包括城镇污水收集处理、农村生活污水治理和工业废水集中处理；"促提升"任务 3 项，主要包括生活垃圾收运处置、危险废物与一般工业固体废物处置利用以及清洁能源供应；"强支撑"任务 3 项，主要包括自然生态保护、环境风险防控与应急处置和生态环境监测监控；"提水平"任务 1 项，即管理能力的现代化建设任务。《规划》还提出了"十四五"期间需要重点实施的 9 类重点工程，且以专栏形式进行了明确，建立了省"十四五"生态环境基础设施重点工程项目库，对工程建设内容作出了相关部署。《规划》从强化组织协调、严格评估考核、加大资金投入、完善政策支持、夯实科技支撑、扩大公众参与等 6 个方面提出了规划实施的保障措施。

4.1.4 广东省城镇环境基础设施建设实施方案的制定

2022 年 8 月，广东省人民政府办公厅发布《广东省加快推进城镇环境基础设施建设实施方案》（粤办函〔2022〕273 号）（以下简称《实施方案》），就广东省城镇环境基础设施建设重大工程进行了全面规划。《实施方案》提出到 2025 年，广东省城镇环境基础设施供给能力和服务水平显著提升，短板弱项基本补齐，构建集污水、垃圾、固体废物、危险废物、医疗废物处理处置设施和监测监管能力于一体的环境基础设施体系。《实施方案》提出强化能力建设，推动补短板提品质；加强统筹规划，提升设施一体化市场化水平；强化技术创新，推动设施智能化绿色化发展等三个方面的主要任务。谋划推进四种类型的重点工程建设，包括生活污水处理设施强弱项工程、生活垃圾处理设施提质增效工程、固体废物处置及综合利用设施建设工程、危险废物（医疗废物）处置设施提标工程等。提出了拓宽融资渠道、健全投融资体制机制和完善保障体系、推进目标任务落地见效等方面的资金保障和实施保障体系建设。

该《实施方案》也是广东省"十四五"期间城市环境基础设施重大工程项目的规划性质的文件，必将全面指导全国环境基础设施重大工程项目的布局、技术路线、工程建设、市场化发展和相关产业的发展，是一个非常重要的城市环境基础设施重大工程项目推进的实施方案。

4.2 主要启示

通过上述分析可以看出，为解决某一类生态环境问题，集中推进某一类具有相同性质的生态环境重大（重要）基础设施的建设，采取制定专项设施建设规划（实施方案）是非常有效的做法。专项规划中往往集中分析存在的主要问题、确定相关时期内（可以中长期的时间）的建设目标和指标，确定该时期内需要实施的各项任务、确定设施建设原则、思路和建设的技术路线（技术方向），研究确定相配套的制度、机制、政策，尤其是设计出一系列的生态环境整治工程建设项目清单（或者建立起工程项目库），确定工程项目的建设主体、建设内容、投资需求等。

生态环境工程项目专项规划的内容往往具有以下特点：

（1）更加突出系统性

规划在开展问题分析时，往往会更加协同、深入地识别和分析存在的问题，在规划任务和规划工程项目设计中往往会涵盖解决生态环境问题所需的相关方面和领域，同时也会涉及生态环境、发展改革、住房城乡建设、农业农村、水利等相关部门，将各部门各领域与生态环境相关的基础设施建设任务进行整合，形成一个完整的任务体系和统一的抓手。

（2）更加突出导向性

规划制定往往聚焦特定生态环境问题或者特定类型的生态环境重大工程项目建设存在的突出问题和薄弱环节，提出具有针对性的解决措施，为做好今后一个时期的工作指明方向和实现路径，为此可以很好解决不同区域各自开展工作的盲目性和缺乏总体部署的现实问题。

（3）更加突出统筹性

规划内容往往既严格落实上位政策，也充分考虑各地实际，主动衔接其他规划，还往往依托打好污染防治攻坚战相关任务，建立协同推进机制，统筹协调多部门按照职责分工，共同提升生态环境基础设施建设水平，着力做到上下贯通和左右衔接。

（4）更加突出工程性

规划注重工程设施建设，在任务部分对各类设施建设能力规模提出具体要求，对重点任务进行逐项分解，明确到不同区域、分解成工程量和各地建设任务，提出规划范围内生态环境基础设施重点工程项目清单（或者工程项目库），确保规划和生态环境工程项目可量化、可考核，推动贯彻落实。

通过分析认为，尽快在国家层面上明确建立生态环境保护重大工程项目规划制度是非常重要和迫切的，对科学、合理、有序开展生态环境重大工程项目的实施具有重要意义。

5　工程项目全过程咨询服务模式发展和启示

5.1　促进全过程咨询服务发展的政策和标准分析

5.1.1　相关政策分析

全过程工程咨询服务是对工程建设项目前期研究和决策以及工程项目实施和运行（或称运营）的全生命周期提供包含设计和规划在内的涉及组织、管理、经济和技术等各有关方面的工程咨询服务。

2017年5月，住房和城乡建设部印发《关于开展全过程工程咨询试点工作的通知》，将湖南等8省（市）列为全过程工程咨询试点地区，标志着我国全过程工程咨询正式开始启动。2017年9月国家发改委发布《工程咨询行业管理办法》（发改委令　2017年第9号），明确指出全过程工程咨询是采用多种服务方式组合，为项目决策、实施和运营持续提供局部或整体解决方案以及管理服务。

2019年3月，国家发展和改革委员会、住房和城乡建设部联合印发了《关于推进全过程工程咨询服务发展的指导意见》（发改投资规〔2019〕515号）（以下简称《指导意见》），这是全过程工程咨询服务发展中非常重要的文件。《指导意见》明确指出了大力发展全过程工程咨询服务的重大意义，明确提出在以投资决策综合性咨询促进投资决策科学化、以全过程咨询推动完善工程建设组织模式、鼓励多种形式的全过程工程咨询服务市场化发展、优化全过程工程咨询服务市场环境、强化保障措施等方面提出一系列政策措施和制度安排。

2020年8月，住房和城乡建设部、教育部、科学技术部、工业和信息化部等九部门联合印发《关于加快新型建筑工业化发展的若干意见》。该意见提出：要发展全过程工程咨询，大力发展以市场需求为导向、满足委托方多样化需求的全过程工程咨询服务，培育具备勘察、设计、监理、招标代理、造价等业务能力的全过程工程咨询企业。

发展全过程工程咨询服务是咨询服务机构在新时期转型升级发展的重要选择，可以全面提升咨询服务机构的综合实力和竞争能力，提高在行业内的引领带头地位，为业主提供更加全面和优质的工程咨询服务。

5.1.2 全过程工程咨询的主要内容

通过上述政策分析可知，全过程工程咨询服务包括项目的全过程管理服务，以及投资咨询、勘察、设计、造价咨询、招标代理、监理、运行维护咨询等工程建设项目各阶段的专业咨询服务。其中全过程各专业咨询服务内容主要可包括：

1）项目决策阶段包括但不限于：机会研究、策划咨询、规划咨询、项目建议书、可行性研究、投资估算、方案比选等；

2）勘察设计阶段包括但不限于：初步勘察、方案设计、初步设计、设计概算、详细勘察、设计方案经济比选与优化、施工图设计、施工图预算、BIM 及专项设计等；

3）招标采购阶段包括但不限于：招标策划、市场调查、招标文件（含工程量清单、投标限价）编审、合同条款策划、招投标过程管理等；

4）工程施工阶段包括但不限于：工程质量、造价、进度控制，勘察及设计现场配合管理，安全生产管理，工程变更、索赔及合同争议处理，担任技术咨询，工程文件资料管理，安全文明施工与环境保护管理等；

5）竣工验收阶段包括但不限于：竣工策划、竣工验收、竣工资料管理、竣工结算、竣工移交、竣工决算、质量缺陷期管理等；

6）运营维护阶段包括但不限于：项目后评价、运营管理、项目绩效评价、设施管理、资产管理等。

国家鼓励多种形式的全过程工程咨询服务模式，服务内容可以是跨阶段组合或同一阶段内不同类型的组合。目前实践中较多的全过程工程咨询内容主要包括勘察设计（分为工程勘察设计和勘察设计管理服务两种类型）、招标采购、监理与施工项目管理服务以及工程专项咨询（包括项目融资、工程造价、信息技术等业主所需求的咨询服务）。全过程工程咨询服务的内涵丰富，咨询单位在咨询实践中的角色是"多元"的，有多种方式；除政府投资工程有基本规定外，咨询服务范围和内容非常有"弹性"，根据项目的不同特点和业主单位的需求，设计不同组合的全过程咨询服务内容。从是否需要专业化资质角度来看，可将全过程工程咨询服务内容概括为"1+X+N"。1 即全过程的项目管理；X 即特定的需要相应资质的咨询服务，N 即是项目业主单位所需要的，不需要特定资质的专项咨询服务。"1"贯穿工程项目全过程，其特点更应该侧重于对国家和地方相关政策的把握、项目实施方向的把握，以及充分发挥各方面专家力量确保项目建设质量，对项目建设过程中的关键问题、关键环节进行深度咨询服务，以及达到或者实现业主单位特定的目标要求。开展"1"的咨询服务更加侧重于方向问题、重点问题、关键问题，既要有对专业技术的深度把握，同时更要有系统性思维和全局性思维和能力，不必贪大求全，以突出高端咨询服务的价值。

5.1.3　全过程咨询服务标准的制订现状

全过程咨询服务模式推进过程中，相关的咨询服务标准的制定和执行是非常重要的。结合目前制订现状分析如下：

（1）《全过程工程咨询服务管理标准》（T/CCIAT 0024—2020）

2020年10月由中国建筑业协会发布，2020年12月实施。该标准由北京中建工程顾问有限公司、哈尔滨工业大学、中国建筑科学研究院、中国建筑设计研究院等共同编制，经中国建筑业协会以第024号公告批准发布，属于团体标准。该标准规定了全过程工程咨询服务管理策划、项目决策阶段的咨询服务、勘察设计阶段的咨询服务、招标采购阶段的咨询服务、工程施工阶段的咨询服务、竣工验收阶段的咨询服务、项目运营阶段的咨询服务和全过程咨询服务的数字化管理。该管理标准是我国全过程工程咨询服务管理非常重要的文件。

（2）《房屋建筑和市政基础设施建设项目全过程工程咨询服务技术标准》

该标准是房屋建筑和市政基础设施建设项目这一领域范围内全过程咨询服务的类别性标准。该标准提出全过程工程咨询服务包括投资决策综合性咨询服务、工程建设全过程咨询服务（具体包括工程勘察设计咨询服务、工程招标采购咨询、工程监理与项目管理服务）和受业主委托的其他专项咨询服务内容（包括项目融资咨询、PPP咨询、工程造价咨询、信息技术咨询、风险管理咨询、项目后评价咨询、建筑节能与绿色建筑咨询、工程保险咨询等）。该标准规定了房屋建筑和市政基础设施建设类项目全过程工程咨询服务模式和人员职责规定，区分不同类型的咨询服务内容，提出了相应的共性和差异化的技术要求。该标准是房屋建筑和市政基础设施建设项目这一领域范围全过程咨询服务的类别性标准。

（3）《水利水电工程全过程工程咨询服务导则》（T/CNAEC 8001—2021）

该团体标准由中国工程咨询协会提出并归口管理和发布，2021年7月实施。编制单位包括黄河勘测规划设计研究院有限公司、长江勘测规划设计研究有限责任公司、河南省水利勘测设计研究有限公司、中水东北勘测设计研究有限责任公司、广东省国际工程咨询有限公司、中水珠江规划勘测设计有限公司、浙江省水利河口研究院（浙江省海洋规划设计研究院），适用于水利水电工程项目投资决策、工程建设和运营维护等阶段涉及组织、管理、经济和技术等各有关方面的工程咨询服务。该导则提出了咨询服务计费标准和合同示范文本，对于规范合同签署和合理确定咨询服务价格提供了很好的依据和借鉴。

5.2　全过程咨询服务对项目团队和人员的要求

5.2.1　对团队的要求

根据《关于推进全过程工程咨询服务发展的指导意见》，总体要求是全过程工程咨询单位应当在技术、经济、管理、法律等方面具有丰富经验，具有与全过程工程咨询业务相适应的服务能力，同时具有良好的信誉。

具体要求包括：

1）工程建设全过程咨询服务应当由一家具有综合能力的咨询单位实施，也可由多家分别具有招标代理、勘察、设计、监理、造价、项目管理等不同能力的咨询单位联合实施。

2）全过程咨询服务单位应当自行完成自有资质证书许可范围内的业务，在保证整个工程项目完整性的前提下，按照合同约定或经建设单位同意，可将自有资质证书许可范围外的咨询业务依法依规择优委托给具有相应资质或能力的单位，全过程咨询服务单位应对被委托单位的委托业务负总责。

3）鼓励投资咨询、招标代理、勘察、设计、监理、造价、项目管理等企业，采取联合经营、并购重组等方式发展全过程工程咨询。

4）要逐步减少投资决策环节和工程建设领域对从业单位和人员资质资格的许可事项，精简和取消强制性中介服务事项，打破行业壁垒和部门垄断，放开市场准入，加快咨询服务市场化进程。

梳理我国部分试点省份开展全过程工程咨询的试点方案或指导意见，关于全过程工程咨询服务的资质要求总体可概括为三种类型：一是具备一项资质即允许开展全过程工程咨询，如上海、江苏、浙江、广东、宁夏、安徽、陕西、吉林等省（区、市）；二是要求具备两项及以上资质才可开展全过程工程咨询，如四川省；三是要求具备两项及以上资质或单一资质且年营业收入在行业排名全地区前三名的企业，如河南要求具备工程设计、工程监理、造价咨询中两项及以上的甲级资质，或具备单一资质且年营业收入在行业排名各省辖市、省直辖县（市、港区）前三名的企业；广西要求具备工程设计、工程监理、造价咨询中两项及以上的甲级资质，或具备单一资质且年营业收入在行业排名全区前三名的企业。

全过程咨询服务中的特定咨询服务（即"X"）应具有相应的资质。全过程咨询单位提供勘察、设计、监理和造价等四项特定的咨询服务时，应当具有与工程规模及委托内容相适应的资质条件。

总牵头单位与外委之间的关系。全过程咨询服务单位应当自行完成具有资质证书许可范围内的业务，在保证整个工程项目完整性的前提下，按照合同约定或经建设单位同意，可将自有资质证书许可范围外的咨询业务依法依规择优委托给具有相应资质或能力的单位。牵头单位应对被委托单位的委托业务负总责。

多家单位组成联合体，发挥各自所长和各司其职。全过程咨询服务提供方可以由一家具有综合能力的咨询单位实施，也可由多家具有招标代理、勘察、设计、监理、造价、项目管理等不同能力的咨询单位组成联合体后联合实施。由多家咨询单位联合实施的，应当在联合体协议，项目实施合同中明确牵头单位及各单位的权利、义务和责任。同时还需要充分注意的是，同一项目的全过程工程咨询单位与工程总承包、施工、材料设备供应单位之间不得有利害关系。

5.2.2 对从业人员的资格条件

全过程工程咨询项目负责人（总咨询师/项目经理）：是指由受托的全过程工程咨询服务单位（联合体单位组成的机构须由各联合体单位共同授权）的法定代表人书面授权，全面负责履行合同、主持项目全过程工程咨询服务工作的负责人。该负责人应当取得工程建设类注册执业资格且具有工程类、工程经济类高级职称，并具有类似工程经验。

特定咨询服务内容的负责人：工程建设全过程咨询服务中承担工程勘察、设计、监理或造价咨询业务的负责人，应具有法律法规规定的相应执业资格并具有类似工程经验。

全过程咨询服务团队：全过程咨询服务单位应根据项目管理需要，配备具有相应执业能力的专业技术人员和管理人员。咨询单位要高度重视全过程工程咨询项目负责人及相关专业人才的培养，加强技术、经济、管理及法律等方面的理论知识培训，培养一批符合全过程工程咨询服务需求的综合型人才，为开展全过程工程咨询业务提供人才支撑。

5.2.3　全过程工程咨询服务认证进展

2021 年 11 月，中国建筑科学研究院有限公司认证中心启动开展了全过程工程咨询服务认证工作。该认证是指依据国家相关法律法规及标准技术文件，对在建设项目全生命周期中，提供投资咨询、招标代理、勘察、设计、监理、造价、项目管理等专业化咨询业态的服务机构进行全过程工程咨询服务能力评价的一种活动。该中心制定了《全过程工程咨询服务认证技术规范》（CABRCC/TS 01—016）和《全过程工程咨询服务方案》（CABRCC/TD 01—16）（属于企业自行制定的文件），根据该规范，将全过程工程咨询服务认证从由高到低依次划分为壹级、贰级、叁级、肆级四个等级。壹级（全能型全过程工程咨询企业）、贰级（标准型全过程工程咨询企业）、叁级（代建型全过程工程咨询企业）、肆级（全过程工程咨询基础管理型企业）。评价等级是依据相关法律法规和技术规范进行认定，企业需提供包括规模、人员配置、经营情况、部门设置、管理体系、制度文件、盈利能力、服务能力、业绩情况等多维度的证明性文件和相关资质文件，并通过认证专家评审后进行定级，企业最终分值决定了最终所获得的认证证书等级。同时该认证中心还通过组织相关培训，对培训考核通过后的人员颁发全过程工程咨询项目经理专业技术证书或者项目管理师专业技术证书。

5.3　生态环境领域开展全过程咨询服务的主要进展

近年来生态环境领域工程建设项目中也在开始探索全过程工程咨询服务，出现了赤田水库流域生态环境导向的开发项目（EOD）、安庆北部新城区域生态环境导向的开发模式试点项目全过程工程咨询服务、伊春市小兴安岭—三江平原山水林田湖草生态保护修复工程全过程工程咨询、乌梁素海流域山水林田湖草生态保护修复试点工程项全过程工程咨询服务等。这些项目主要为项目实施过程中组织管理和工程设计、预算、招投标、施工建设等方面的服务。总体来看，生态环境领域全过程咨询服务项目数量比较少，咨询服务内容还是以传统的设计、招投标、监理、造价等服务内容为主，咨询服务内容未充分体现出生态环境工程项目的特点，重大政策咨询服务、项目实施过程中关键技术问题的把关等咨询服务内容基本没有涉及。当前生态环境领域全过程咨询服务方面的技术规范与标准仍是空白，相关的咨询服务内容、服务合同、服务计价方法等只能套用传统的已有的文件，不利于生态环境领域全过程咨询服务模式的发展。

5.4　主要启示

当前阶段生态环境整治和工程建设领域应大力发展全过程工程咨询服务，其意义表现在：①适应工程项目管理咨询发展趋势，为"十四五"打好污染防治攻坚战提供有力支撑和保障。②"十四五"生态环境工程项目实施特点急需采用全过程咨询服务模式。生态环境工程项目发展趋势上，一是大尺度、跨流域、跨介质、多要素，二是跨部门的协同和统筹，三是跨专业和领域形成的政策性和技术性强。这些特点对项目业主单位开展全面管理是一个挑战，全过程咨询服务模式由于其综合性、政策性、专业性的特点，可以很好地为项目业主单位提供全面的咨询服务。③大力实施生态环境导向的开发建设项目的现实需要。为此，应充分抓住"十四五"生态环境保护重大工程项目起步设计阶段，以生态环境领域全过程咨询服务技术规范与标准制定为抓手，大力开展全过程咨询服务试点，不断提高生态环境领域重大工程项目咨询服务模式的创新，提高工程项目建设水平。

6 问题分析

通过上述分析可知，我国提出了重大工程项目谋划和管理等主要制度要求，重大工程项目规划制定与实施、全过程咨询服务、EOD工程项目模式等也快速发展。但总体来看项目落地实施过程中存在下述问题，影响项目实施的进度和成效。

（1）国家层面缺乏生态环境领域重大工程项目策划规划、组织实施、全过程管理方面的顶层设计，尚未正式建立重大工程规划制度

尽管"十三五"期间我国结合各个财政专项资金的管理要求，不断完善相关制度，但总体来看，仍缺乏生态环境领域重大工程项目策划规划、组织实施、全过程管理方面的顶层设计，尚未正式建立起重大工程项目组织管理的制度体系，尚未正式确立生态环境保护重大工程项目规划制定。现实中重大工程项目的管理更多是从财政专项资金管理的角度和需求出发而建立的，但这并不能代替重大工程项目本身管理体系的建立。由于缺乏顶层设计，使得目前我国生态环境领域重大工程项目谋划能力、组织实施能力、专业研究和技术支撑团队建设都比较滞后，国家和省级生态环境保护规划中关于工程项目的设计总体只能提出概念性设计，无法推动重大工程项目系统的制定和实施，这对于支撑深入打好污染防治攻坚战是不利的。

（2）缺乏自上而下对生态环境保护重大工程项目的规划设计

通过分析可以看出当前在国家层面上，生态环境重大工程项目主要是依靠各地自下而上的申请项目，符合相关条件和中央财政专项资金支持方向的，纳入中央专项资金项目库中进行管理。即总体采取自下而上的方式，即大多数是在区县层面上，少部分项目是在市级层面上，进行策划设计与上报，形成了生态环境保护重大工程项目。这种方式固然有其重要意义，但也暴露出国家层面自上而下开展重大生态环境保护工程项目的策划与设计的能力比较弱，根本原因是我国尚未正式确定重大工程项目规划制度。采取自下而上的申报项目的方式，难以形成一套完整的、具有特定实施目标、整治范围与对象、具有相应的技术路线，具有与之配套的政策、科技研发、示范工程和技术规范体系建设，以及相应的资金测算和资金来源策划。这种方式与国家层面进行策划设计、自上而下逐级分解工程建设任务和负责统一组织实施是有根本区别的。暴露出国家层面，包括省级层面在主动谋划、设计和组织实施重大生态环保项目方面存在着较大的问题和差距，国家层面上相关生态环境保护规划（包括各相关的专项规划）中的工程项目设计部分往往是概念性和方向性的，并未给出具有实施性和可操作性的重大工程项目清单，距离落地实施尚有较大差距。同时国家和省级层面上缺乏规划重大工程项目组织实施相对应的管理制度和要求，使得国家重大工程项目的实施成为地方各级已有申报项目的拼凑和组合，失去了国家重大工程项目策划设计的初衷与目的。

（3）对规划重大工程项目阶段性实施评估尚缺乏一套完整的评估管理办法

虽然绝大多数省级规划中均提出开展重大生态环境项目的评估与总结，但重大工程项目评估对象、成效量化、成效评估方法等均没有统一、有效的管理程序与技术方法。由于缺乏明确清晰的重大工程项目清单，使得项目评估被虚化。实际工作中表现为将一些自下而上申报的工程项目实施结果和成效进行总结后即认为是省级重大工程项目实施成效，规划重大工程项目评估被虚化、空化。

（4）重大环保工程项目全过程管理咨询服务发展较为缓慢

通过前述分析可知，全过程工程咨询服务是重大工程项目实施过程中应大力鼓励和采用的咨询服务模式，从国家、省级层面与生态环境领域工程项目组织管理相关制度来看，基本都没有提及鼓励该服务模式发展和应用方面的内容，致使在生态环境领域重大工程项目实施过程中全过程工程咨询服务方面的案例项目数量较少。生态环境工程项目实施过程中具有较强的政策性和专业性，尤其是起步发展时间较晚的土壤污染防治、地下水污染防治，以及综合性较强的生态环境导向开发建设项目等，其政策性和专业性要求更加突出，现实中更加需求"1+X+N"服务中关于"1"的服务内容，能够提供对国家和地方相关政策的把握、项目实施方向的把握，对项目建设过程中的关键问题、关键环节进行深度的咨询服务。但目前来看，这方面的发展却比较滞后。

（5）工程技术与经济方面的规范和标准体系建设不能满足重大工程项目实施的需要

"十三五"时期以来，我国生态环境工程项目实施规模不断扩大，生态环境类中央财政专项资金支持额度在"十三五"期间快速增加，尽管当前国家财政资金非常紧张，但2022年安排的大气、水、土壤和农村污染防治等四项专项资金共计621亿元，较2021年增加了49亿元，增长了8.6%，工程项目数量逐年增加较快。但工程项目实施过程中相应的工程技术规范，工程预算定额标准等制定的速度较为缓慢，以矿山污染防治工程项目为例，缺乏矿山污染防治工程项目勘察、设计、工程建设方面的技术规范，以及适用于矿山污染防治工程项目特点的预算定额标准和计算方法，实际工作中，不得不参考水利工程建设或者市政工程建设方面的预算定额和计算方法，但事实上不能适应矿山污染防治工程项目的特点。这是当前生态环境工程项目实施中一个较为突出的问题，急需尽快解决。

（6）产学研用联合和工程项目实施中的科研支撑不足

生态环境保护重大工程项目实施中往往技术难度也较大，缺乏直接可利用的污染防治技术和工程实施经验，这时很需要产学研之间的密切结合，在工程实施过程中加强技术攻关和研发支撑。但工程项目实际推进过程中往往缺乏这样的制度安排，产学研的结合往往出现在科研项目实施过程中，工程项目实施过程中往往没有开展过，使得重大工程项目实施过程中的技术创新和研发成果不足。一些技术难度较大的生态环境保护工程项目其实需要加强研发、示范和攻关，但在实施过程中往往不考虑这样的时间需求，不重视研发和技术攻关在复杂工程项目和缺乏直接可利用工程项目建设经验的项目中的重要作用，导致一些工程项目不能实现预期目标。

7 "十四五"加强重大工程项目管理的对策建议

"十四五"是我国生态环境保护规划和省级重大工程项目管理改革的重要时期。各省重大工程项目的设计内容多样，深度不同，且均强调了加强项目组织实施和资金筹措。为切实提高我国生态环境保护重大工程项目管理水平，体现"十四五"切实提高生态环境治理能力现代化的总体要求，切实发挥对"十四五"深入打好污染防治攻坚战的重要支撑作用，提出如下对策建议：

（1）研究编制"加强生态环境保护重大工程项目实施管理的指导意见"

作为顶层设计的管理性文件，建议生态环境部尽快组织研究和制定该指导意见，确定"十四五"期间我国生态环境保护重大工程项目管理改革创新的指导思想、制度体系建设、能力建设、保障措施等主要内容，自上而下推动生态环境保护重大工程管理体系的建立，切实推动"十四五"全国生态环境重大工程项目组织管理的改革和深化。

（2）自上而下组织开展一系列相关重大工程项目规划编制和实施

编制生态环境重大工程项目建设和运行维护规划是当前系统、全面推动生态环境重大工程项目实施、切实解决突出的生态环境问题的重要途径和手段。建议结合"十四五"生态环境保护规划中设计的重点任务和重点工程项目类型，对其中整治对象明确、边界较为清晰、技术方法具有一定基础的整治任务，集中编制一批"十四五"相关领域和区域范围内的生态环境整治工程项目专项规划，自上而下切实谋划和设计出一批战略性、引领性、全局性的重大生态环境保护工程项目，充分体现重大工程项目的系统性、整体性、协同性，如制定涉重金属污染防治为主的矿山污染综合整治与修复规划、重点流域生态环境整治和生态修复方面的规划等。通过规划的编制与实施，作为各级政府开展重大工程项目前期工作、推进重点工程建设以及合理配置土地、资金等各类资源要素的重要依据，同时也是吸引和引导市场主体投融资行为和工程项目建设的重要参考。推动我国生态环境重大工程项目全过程管理体系、技术体系、监管体系的建设和提升。

（3）建立生态环境保护重大工程项目组织领导体系

建立国家、省、市级生态环境保护重大工程项目组织管理领导小组和办公室机构，建立重大工程项目全过程管理的专门队伍，制定相应的管理制度，坚持清单推进、定期监督、工作例会、典型案例等工作机制，落实有序、高效的项目管理要求。规划项目中生态建设与修复工程、污水处理设施补短板工程、"无废城市"建设工程、安全清洁低碳能源工程等类型项目的牵头组织实施单位不在生态环境部门，为此应将此类项目切实分解落实到其他相关部门进行调度和考核。建立部门联席会议工作机制。选择实施意义重大的代表性重大工程项目，建立省、市、县三级垂直协调机制和分领域协调机制，健全高效协同、综合集成、闭环管理的工作运行机制。

（4）建立健全生态环境保护重大工程项目实施评估与考核要求

制定重大生态环境保护建设项目考核评价制度和技术要求，出台重大工程项目评估方法的技术性文件，与传统的项目绩效评价方法相比，评价内容上更加注重项目实施的整体性、系统性，技术创新性和形成的技术指南性文件、实施过程中政策机制创新、投资和资金筹措方法、对区域生态环境问题改善的贡献程度，以及项目实施经验与模式。将年度重大工程项目推进情况纳入考核内容之一。

（5）高度重视全过程咨询服务模式的发展并开展生态环境保护重大工程项目全过程咨询服务国家试点

各级生态环境管理部门应高度重视全过程咨询服务在深入打好污染防治攻坚战中的重要作用，在相关规划、工程项目管理办法、管理创新中明确大力发展全过程咨询服务，大力鼓励和推动该模式的发展与实践，不断创造良好的政策导向与政策环境。尽快组织开展生态环境领域全过程咨询服务技术指南等系列标准的编制，以及在水生态环境保护与开发、矿山污染防治与生态修复、体量较大的污染场地修复与开发建设等典型工程项目中开展分领域的全过程咨询服务及相关系列标准的制定，通过标准制定全面引导和规范生态环境领域全过程咨询服务模式的发展。组织开展生态环境重大工程项目全过程咨询服务试点，一方面在东部、中部、西部不同区域选择系统推进生态环境整治任务较为突出、工程建设基础较好的省份（如江苏、湖南、四川等）开展重大（重点）生态环境整治工程项目全过程咨询服务模式试点，同时就生态环境部重点关注的、直接组织实施的若干重大（重点）工程项目直接组织开展全过程工程咨询服务项目试点。通过两种方式的试点工作，尽快积累生态环境领域全过程咨询服务的经验，培养综合性较强的专业咨询服务机构和复合型人才，力争通过两年努力，打开生态环境领域全过程工程咨询服务的局面，形成良好的政策环境和标准环境。

（6）创新项目组织实施模式并不断拓宽资金渠道

通过模式创新加大生态环境投融资力度应是重大工程项目实施中的重点内容，旨在解决生态环保项目过度依赖各级财政专项资金、社会资金投入积极性不高的现实问题。小城镇环境综合治理托管服务、环境治理整体解决方案、区域一体化服务模式、园区环境污染第三方治理、生态环境导向的开发（EOD）模式试点（与生态旅游、城镇开发等产业融合发展；推动生态环境基础设施建设全面融入区域产业发展、城镇建设）、能源环境系统治理等是有效的工程项目组织实施模式。尤其是EOD项目模式。健全生态产品价值实现机制；制定实施生态保护补偿办法；大力发展绿色金融，探索建立污染防治基金；健全环境治理付费机制。统筹策划实施一批生态环境领域重大工程示范项目，建立"理念创新+模式集优+项目示范+成果推广"环境治理路径，是生态环境重大工程项目不断努力和探索的重要内容。

参考文献

[1]　湖南省人民政府. 湖南省"十四五"生态环境保护规划[A]. 湘政办发〔2021〕61 号. 湖南省人民政府，2021

[2]　青海省人民政府. 青海省"十四五"生态环境保护规划[A]. 青政办〔2021〕88 号. 青海省人民政府，2021.

[3]　福建省人民政府. 福建省"十四五"生态环境保护专项规划[A]. 闽政办〔2021〕59 号. 福建省人民政府，2021.

[4]　湖北省人民政府. 湖北省生态环境保护"十四五"规划[A]. 鄂政发〔2021〕31 号. 湖北省人民政府，2021.

[5]　重庆市人民政府. 重庆市生态环境保护"十四五"规划（2021—2025 年）[A]. 渝府发〔2022〕11 号. 重庆市人民政府，2021.

[6]　辽宁省人民政府. 辽宁省"十四五"生态环境保护专项规划[A]. 辽政办发〔2022〕16 号. 辽宁省人民政府，2022.

[7]　河南省人民政府. 河南省"十四五"生态环境保护和生态经济发展规划[A]. 豫政〔2021〕44 号. 河南省人民政府，2021.

[8]　宁夏自治区人民政府. 宁夏回族自治区生态环境保护"十四五"规划[A]. 宁政办发〔2021〕59 号. 宁夏自治区人民政府，2021.

[9]　陕西省人民政府. 陕西省"十四五"生态环境保护规划[A]. 陕政办发〔2021〕25 号. 陕西省人民政府，2021.

[10]　河北省人民政府. 河北省"十四五"生态环境保护规划[A]. 冀政字〔2022〕2 号. 河北省人民政府，2022.

[11]　江苏省人民政府. 江苏省"十四五"生态环境保护规划[A]. 苏政办发〔2021〕84 号. 江苏省人民政府，2021.

[12]　安徽省人民政府. 安徽省"十四五"生态环境保护规划[A]. 皖环发〔2022〕8 号. 安徽省人民政府，2022.

[13]　吉林省人民政府. 吉林省"十四五"生态环境保护规划[A]. 吉政办发〔2021〕67 号. 吉林省人民政府，2021.

[14]　孙宁，丁贞玉，尹惠林，等. 生态环境重大工程项目全过程管理体系评价与对策[J]. 中国环境管理，2021，13（5）：101-108.

[15]　陈瑶，许景婷. 国外污染场地修复政策及对我国的启示[J]. 环境影响评价，2017，39（3）：38-42.

[16]　董战峰，璩爱玉，郝春旭，等. 中国土壤修复与治理的投融资政策最新进展与展望[J]. 中国环境管理，2016，8（5）：44-49.

[17]　姚梦茵，宋玲玲，武娟妮，等. 我国生态环境保护重大工程项目管理制度现状及存在的问题[J]. 环境工程学报，2020，14（5）：1137-1145.

[18]　王金南，蒋洪强，程曦，等. 关于建立重大工程项目绿色管理制度的思考[J]. 中国环境管理，2021，13（1）：5-12.

[19]　王金南，逯元堂，程亮，等. 国家重大环保工程项目管理的研究进展[J]. 环境工程学报，2016，10（12）：

6801-6808.

[20]　何军，逯元堂，徐顺青，等. 国家重大污染治理工程实施机制研究[J]. 环境工程，2017，35（12）：180-183.

[21]　董战峰，李红祥，葛察忠，等. 国家环境经济政策进展评估报告 2018[J]. 中国环境管理，2019，11（3）：60-64.

本专题执笔人：孙宁、徐怒潮、尹惠琳

完成时间：2022 年 12 月

专题 3　中央与地方环保事权及支出保障机制研究

1　引言

1.1　研究背景

党的十八届三中全会《关于全面深化改革若干重大问题的决定》对深化财税体制改革提出明确要求。文件中强调指出，财政是国家治理的基础和重要支柱，科学的财税体制是优化资源配置、维护市场统一、促进社会公平、实现国家长治久安的制度保障。必须完善立法、明确事权、改革税制、稳定税负、透明预算、提高效率，建立现代财政制度，发挥中央和地方两个积极性。

为深入贯彻落实党的十八届三中全会精神，财政部在预算、税收以及事权划分等领域全面深化改革。其中，事权划分方面，于 2016 年出台《国务院关于推进中央与地方财政事权和支出责任划分改革的指导意见》（国发〔2016〕49 号，以下简称《指导意见》），明确了中央与地方财政事权和支出责任划分的指导思想、总体要求、划分原则、改革内容、保障措施等。在时间安排上，2016 年选取国防、国家安全、外交、公共安全等基本公共服务领域率先启动财政事权和支出责任划分改革。2017—2018 年，总结相关领域经验，争取在教育、医疗卫生、环境保护、交通运输等基本公共服务领域取得突破性进展。

按照《指导意见》要求，环境保护领域中央与地方财政事权和支出责任划分改革，被列为 2017—2018 年的攻坚任务之一。为推动改革顺利进展，需要通过相关研究提供技术支撑。2015 年 3 月财政部与经合组织签订合作谅解备忘录，2015 年 7 月，李克强总理见证签署《中国与经合组织合作中期愿景及 2015 年至 2016 年工作计划》，其中"中央与地方环保事权划分及支出保障机制研究"被纳入 2016 年财政部与经合组织联合研究课题。为推动联合研究课题的开展，服务我国财税改革与管理大局，受财政部经建司委托，环境保护部环境规划院承担了该研究课题的技术支撑工作。

1.2　研究范围

本研究所称事权，包括职责与权力，侧重基于环保项目的事权和支出责任，日常管理事务与职责次之。"中央与地方"对应的是中央政府和地方政府，具体包括国家和地方各级生态环境主管部门，以及国家地方各级水利、住房城乡建设和农业农村等其他承担生态环境保护责任的相关政府部门。需要特别说明的是，以下两个方面未纳入本课题的研究范围：一是生态环境主管部门与其他承担生态环境保护责任的政府部门在生态环境保护事项上的事权划分；二是省以下各级政府间生态环保事权划分及支出保障机制。

1.3　研究思路

本研究基本思路如图 9-3-1 所示。首先，全面梳理生态环境保护事项，并进行合理归类；其次，把握好生态环境保护中政府与市场的关系，明确属于政府职责的事项；再次，分析我国生态环保事权划分现状及存在的问题，借鉴美国国家环保局事权承担及支出保障方面的成功经验，提出我国基于各类生态环保事项的中央与地方生态环保事权划分方案；最后，明确中央与地方财政环保支出保障机制。

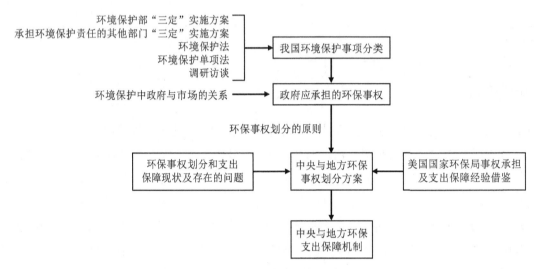

图 9-3-1　本研究基本思路图

2　我国环保事权划分现状

2.1　现行法律法规等赋予中央和地方政府的环保事权

当前，《中华人民共和国环境保护法》（以下简称《环保法》）、《中华人民共和国清洁生产促进法》（以下简称《清洁生产法》）、《中华人民共和国环境影响评价法》（以下简称《环评法》）、《中华人民共和国固体废物污染环境防治法》（以下简称《固废污染防治法》）、《中华人民共和国放射性污染防治法》（以下简称《放射性防治法》）、《中华人民共和国海洋环境保护法》（以下简称《海洋保护法》）、《中华人民共和国水污染防治法》（以下简称《水污染防治法》）、《中华人民共和国大气污染防治法》（以下简称《大气污染防治法》）、《国务院办公厅关于加强环境监管执法的通知》（国办发〔2014〕56 号）、《突发环境事件应急管理办法》（环境保护部令 2015 第 34 号）、《排污许可证管理暂行规定》（环水体〔2016〕186 号）、《环境监测管理办法》（国家环境保护总局令 2007 第 39 号）、《环境保护部三定实施方案以及承担环境保护责任的其他部门三定实施方案》（以下简称《三定方案》）等法律法规、部门规章以及相关文件，对中央与地方环保事权划分做出规定（详见表 9-3-1）。

表 9-3-1　现行法律法规等赋予中央和地方政府的环保事权

序号	环境保护事项	中央事权	地方事权	中央地方分级承担事权	中央地方共享事权	依据	
1	环境科技（环境保护科学技术研究、开发和应用）	√				环保法（第一章第七条）	国家支持环境保护科学技术研究、开发和应用，鼓励环境保护产业发展，促进环境保护信息化建设，提高环境保护科学技术水平
						环保法（第二章第二十一条）	国家采取财政、税收、价格、政府采购等方面的政策和措施，鼓励和支持环境保护技术装备、资源综合利用和环境服务等环境保护产业的发展
2	涉外环境保护事务	√				三定方案	开展环境保护国际合作交流，研究提出国际环境合作中有关问题的建议，组织协调有关环境保护国际条约的履约工作，参与处理涉外环境保护事务
3	农村环境综合整治		√			环保法（第三章第三十三条）	县级、乡级人民政府应当提高农村环境保护公共服务水平，推动农村环境综合整治
4	生活废弃物分类处置与回收利用		√			环保法（第三章第三十七条）	地方各级人民政府应当采取措施，组织对生活废弃物的分类处置、回收利用
						固废污染防治法（第三章第三十九条）	县级以上地方人民政府环境卫生行政主管部门应当组织对城市生活垃圾进行清扫、收集、运输和处置，可以通过招标等方式选择具备条件的单位从事生活垃圾的清扫、收集、运输和处置
5	危险废物集中处置设施及场所建设		√			固废污染防治法（第四章第五十四条）	县级以上地方人民政府应当依据危险废物集中处置设施、场所的建设规划组织建设危险废物集中处置设施、场所
6	放射性固体废物处置		√			放射性防治法（第六章第四十四条）	有关地方人民政府应当根据放射性固体废物处置场所选址规划，提供放射性固体废物处置场所的建设用地，并采取有效措施支持放射性固体废物的处置
7	水污染防治		√			水污染防治法（第一章第四条）	县级以上地方人民政府应当采取防治水污染的对策和措施，对本行政区域的水环境质量负责
8	海洋环境保护		√			海洋保护法（第三章第二十七条）	沿海地方各级人民政府应当结合当地自然环境的特点，建设海岸防护设施、沿海防护林、沿海城镇园林和绿地，对海岸侵蚀和海水入侵地区进行综合治理
						海洋保护法（第四章第三十一条）	省、自治区、直辖市人民政府环境保护行政主管部门和水行政主管部门应当按照水污染防治有关法律的规定，加强入海河流管理，防治污染，使入海河口的水质处于良好状态
						海洋保护法（第四章第四十条）	沿海城市人民政府应当建设和完善城市排水管网，有计划地建设城市污水处理厂或者其他污水集中处理设施，加强城市污水的综合整治

序号	环境保护事项	中央事权	地方事权	中央地方分级承担事权	中央地方共享事权	依据	
9	城镇污水集中处理设施及配套管网		√			水污染防治法（第四章第四十四条）	县级以上地方人民政府应当通过财政预算和其他渠道筹集资金，统筹安排建设城镇污水集中处理设施及配套管网，提高本行政区域城镇污水的收集率和处理率
10	饮用水水源地保护		√			水污染防治法（第四章第六十一条）	县级以上地方人民政府应当根据保护饮用水水源的实际需要，在准保护区内采取工程措施或者建造湿地、水源涵养林等生态保护措施，防止水污染物直接排入饮用水水体，确保饮用水安全
11	合理施用化肥农药		√			水污染防治法（第四章第四十八条）	县级以上地方人民政府农业主管部门和其他有关部门，应当采取措施，指导农业生产者科学、合理地施用化肥和农药，控制化肥和农药的过量使用，防止造成水污染
12	大气污染防治		√			大气污染防治法（第一章第三条）	地方各级人民政府对本辖区的大气环境质量负责，制定规划，采取措施，使本辖区的大气环境质量达到规定的标准
13	发展城市煤气、天然气、液化气和其他清洁能源		√			固废污染防治法（第三章第四十三条）	城市人民政府应当有计划地改进燃料结构，发展城市煤气、天然气、液化气和其他清洁能源
14	土壤污染防治		√			环保法（第一章第六条）	地方各级人民政府应当对本行政区域的环境质量负责
15	环境执法		√			环保法（第二章第二十四条）	县级以上人民政府环境保护主管部门及其委托的环境监察机构和其他负有环境保护监督管理职责的部门，有权对排放污染物的企业事业单位和其他生产经营者进行现场检查
						《关于加强环境监管执法的通知》（国办发〔2014〕56号）（第十一条）	县级以上地方各级人民政府对本行政区域环境监管执法工作负领导责任，要建立环境保护部门对环境保护工作统一监督管理的工作机制，明确各有关部门和单位在环境监管执法中的责任，形成工作合力。切实提升基层环境执法能力，支持环境保护等部门依法独立进行环境监管和行政执法
16	突发环境事件应急		√			环保法（第四章第四十七条）	各级人民政府及其有关部门和企业事业单位，应当依照《中华人民共和国突发事件应对法》的规定，做好突发环境事件的风险控制、应急准备、应急处置和事后恢复等工作
						《突发环境事件应急管理办法》（环境保护部令2015第34号）（第一章第四条）	突发环境事件应对，应当在县级以上地方人民政府的统一领导下，建立分类管理、分级负责、属地管理为主的应急管理体制

序号	环境保护事项	中央事权	地方事权	中央地方分级承担事权	中央地方共享事权	依据	
17	环境规划、政策、标准制定			√		环保法（第二章第十三条）	县级以上人民政府应当将环境保护工作纳入国民经济和社会发展规划。国务院环境保护主管部门会同有关部门，根据国民经济和社会发展规划编制国家环境保护规划，报国务院批准并公布实施。县级以上地方人民政府环境保护主管部门会同有关部门，根据国家环境保护规划的要求，编制本行政区域的环境保护规划，报同级人民政府批准并公布实施
						环保法（第二章第十四条）	国务院有关部门和省、自治区、直辖市人民政府组织制定经济、技术政策，应当充分考虑对环境的影响，听取有关方面和专家的意见
						环保法（第二章第十五条）	国务院环境保护主管部门制定国家环境质量标准。省、自治区、直辖市人民政府对国家环境质量标准中未作规定的项目，可以制定地方环境质量标准；对国家环境质量标准中已作规定的项目，可以制定严于国家环境质量标准的地方环境质量标准。地方环境质量标准应当报国务院环境保护主管部门备案
						环保法（第二章第十六条）	国务院环境保护主管部门根据国家环境质量标准和国家经济、技术条件，制定国家污染物排放标准。省、自治区、直辖市人民政府对国家污染物排放标准中未作规定的项目，可以制定地方污染物排放标准；对国家污染物排放标准中已作规定的项目，可以制定严于国家污染物排放标准的地方污染物排放标准。地方污染物排放标准应当报国务院环境保护主管部门备案
18	环境影响评价			√		环评法（第三章第二十三条）	国务院环境保护行政主管部门负责审批下列建设项目的环境影响评价文件：（一）核设施、绝密工程等特殊性质的建设项目；（二）跨省、自治区、直辖市行政区域的建设项目；（三）由国务院审批的或者由国务院授权有关部门审批的建设项目。前款规定以外的建设项目的环境影响评价文件的审批权限，由省、自治区、直辖市人民政府规定
19	污染物总量控制			√		环保法（第四章第四十四条）	国家实行重点污染物排放总量控制制度。重点污染物排放总量控制指标由国务院下达，省、自治区、直辖市人民政府分解落实

序号	环境保护事项	中央事权	地方事权	中央地方分级承担事权	中央地方共享事权	依据	
20	排污许可证管理			✓		环保法（第四章第四十五条）	国家依照法律规定实行排污许可管理制度。实行排污许可管理的企业事业单位和其他生产经营者应当按照排污许可证的要求排放污染物；未取得排污许可证的，不得排放污染物
						《排污许可证管理暂行规定》（环水体〔2016〕186号）（第一章第七条）	环境保护部负责全国排污许可制度的统一监督管理，制定相关政策、标准、规范，指导地方实施排污许可制度。省、自治区、直辖市环境保护主管部门负责本行政区域排污许可制度的组织实施和监督。县级环境保护主管部门负责实施简化管理的排污许可证核发工作，其余的排污许可证原则上由地（市）级环境保护主管部门负责核发。地方性法规另有规定的从其规定。按照国家有关规定，县级环境保护主管部门被调整为市级环境保护主管部门派出分局的，由市级环境保护主管部门组织所属派出分局实施排污许可证核发管理
21	环境宣教			✓		环保法（第一章第九条）	各级人民政府应当加强环境保护宣传和普及工作，鼓励基层群众性自治组织、社会组织、环境保护志愿者开展环境保护法律法规和环境保护知识的宣传，营造保护环境的良好风气
22	环境信息发布			✓		环保法（第五章第五十四条）	国务院环境保护主管部门统一发布国家环境质量、重点污染源监测信息及其他重大环境信息。省级以上人民政府环境保护主管部门定期发布环境状况公报。县级以上人民政府环境保护主管部门和其他负有环境保护监督管理职责的部门，应当依法公开环境质量、环境监测、突发环境事件以及环境行政许可、行政处罚、排污费的征收和使用情况等信息。县级以上地方人民政府环境保护主管部门和其他负有环境保护监督管理职责的部门，应当将企业事业单位和其他生产经营者的环境违法信息记入社会诚信档案，及时向社会公布违法者名单
23	生态环境监测			✓		环保法（第二章第十七条）	国家建立、健全环境监测制度。国务院环境保护主管部门制定监测规范，会同有关部门组织监测网络，统一规划国家环境质量监测站（点）的设置，建立监测数据共享机制，加强对环境监测的管理
						环保法（第二章第十八条）	省级以上人民政府应当组织有关部门或者委托专业机构，对环境状况进行调查、评价，建立环境资源承载能力监测预警机制
						《环境监测管理办法》（国家环境保护总局令2007第39号）（第九条）	县级以上环境保护部门按照环境监测的代表性分别负责组织建设国家级、省级、市级、县级环境监测网，并分别委托所属环境监测机构负责运行

序号	环境保护事项	中央事权	地方事权	中央地方分级承担事权	中央地方共享事权	依据	
24	环境监察			√		环保法（第六章第六十七条）	上级人民政府及其环境保护主管部门应当加强对下级人民政府及其有关部门环境保护工作的监督。发现有关工作人员有违法行为，依法应当给予处分的，应当向其任免机关或者监察机关提出处分建议
						《关于加强环境监管执法的通知》（国办发〔2014〕56号）（第九条）	完善国家环境监察制度，加强对地方政府及其有关部门落实环境保护法律法规、标准、政策、规划情况的监督检查，协调解决跨省域重大环境问题。研究在环境保护部设立环境监察专员制度
25	跨区域和跨流域环境保护			√		环保法（第二章第二十条）	国家建立跨行政区域的重点区域、流域环境污染和生态破坏联合防治协调机制，实行统一规划、统一标准、统一监测、统一的防治措施。前款规定以外的跨行政区域的环境污染和生态破坏的防治，由上级人民政府协调解决，或者由有关地方人民政府协商解决
26	具有代表性的各种类型的自然生态系统区域的保护				√	环保法（第三章第二十九条）	各级人民政府对具有代表性的各种类型的自然生态系统区域，珍稀、濒危的野生动植物自然分布区域，重要的水源涵养区域，具有重大科学文化价值的地质构造、著名溶洞和化石分布区、冰川、火山、温泉等自然遗迹，以及人文遗迹、古树名木，应当采取措施予以保护，严禁破坏
27	风景名胜区水体、重要渔业水体和其他具有特殊经济文化价值水体的保护				√	水污染防治法（第五章第六十四条）	县级以上人民政府可以对风景名胜区水体、重要渔业水体和其他具有特殊经济文化价值的水体划定保护区，并采取措施，保证保护区的水质符合规定用途的水环境质量标准

现行法律法规、部门规章以及相关文件赋予中央和地方政府的环保事权共划分为4类：中央事权、地方事权、中央和地方分级承担事权、中央和地方共享事权。中央和地方分级承担事权是指对于某个环境保护事项，中央和地方分别承担的事权范围具有明确边界，职责划分相对清晰，两者存在衔接之处，但无重叠交叉。中央和地方共享事权是指对于某个环境保护事项，中央和地方共同承担事权，存在重叠交叉，若无明确分工，容易产生推诿现象。

从表3-1可以看出，现行法律法规、部门规章以及相关文件对中央事权、地方事权、中央和地方分级承担事权、中央和地方共享事权划分结果如下：

中央事权包括：环境科技（环境保护科学技术研究、开发和应用）；涉外环境保护事务。

地方事权包括：农村环境综合整治；固体废物污染防治（生活废弃物分类处置与回收利用、危险废物集中处置设施及场所建设、放射性固体废物处置）；水污染防治（海洋环境保护、城镇污水集中处理设施及配套管网、饮用水水源地保护、合理施用化肥农药）；大气污染防治（发展城市煤气、天然气、液化气和其他清洁能源）；土壤污染防治；环境执法；突发环境事件应急。

中央和地方分级承担事权包括：环境规划、政策、标准制定；环境影响评价；污染物总量控制；排污许可证管理；环境宣教；环境信息发布；生态环境监测；环境监察；跨区域和跨流域环境保护。

中央和地方共享事权包括：具有代表性的各种类型的自然生态系统区域的保护；风景名胜区水体、重要渔业水体和其他具有特殊经济文化价值水体的保护。

2.2　当前环境保护事项分类

基于环境保护法律法规、《三定方案》以及调研了解，本研究对环境保护事项进行系统梳理和列举，并根据工作内容差异，将其划分为环境保护管理事务、污染防治、生态保护与修复、环境科技四大类别（详见表 9-3-2）。

1）环境保护管理事务指各级环境保护主管部门与环境保护相关部门承担的环境保护日常管理工作，有稳定的部门预算为其提供支出保障；

2）污染防治、生态保护与修复均指建设项目，与之密切相关的规划、政策制定等环境保护管理工作，则包含在环境保护管理事务类别中；

3）环境科技是一类比较特殊的环保事项，其产出具有比较大的不确定性、风险性，但其对提高环境保护效果和环境管理水平具有显著作用。

表 9-3-2　环境保护事项分类

第一级分类	第二级分类	备注
1. 环境保护管理事务	（1）生态环境监测	
	（2）环境监察	
	（3）执法检查	
	（4）突发环境事件应急	
	（5）环境保护法律、法规、政策、标准、规划制定	
	（6）环境影响评价	
	（7）污染物总量控制	
	（8）排污许可证管理	
	（9）环境宣教	
	（10）环境信息发布	
	（11）涉外环境保护事务	
2. 污染防治	（1）大气污染防治	包括：城镇燃气管网建设、城市集中供热推进、城中村供热改造、公用领域新能源汽车推广应用、黄标车和老旧车辆淘汰等
	（2）水污染防治	包括：城镇生活污水治理、规模化畜禽养殖污染治理、城市黑臭水体治理、饮用水水源地保护、地下水污染防治与修复、河道综合整治、良好水体保护、海洋环境保护等
	（3）土壤污染防治	包括：农用地污染治理、建设用地污染治理、重度污染耕地种植结构调整等
	（4）农村环境综合整治	包括：农村饮用水水源地保护、生活污水收集处置、生活垃圾收运处置、畜禽养殖污染治理、历史遗留工矿污染治理等

第一级分类	第二级分类	备注
2. 污染防治	（5）固体废物污染防治	包括：生活垃圾治理、医疗废物治理、危险废物治理、放射性固体废物处置等
	（6）跨区域和跨流域污染防治	涉及跨区域和跨流域的水污染防治和大气污染防治项目，纳入此类
3. 生态保护与修复	（1）生态保护	包括：天然林、天然草地、自然保护区、山水林田湖生态保护等
	（2）生态修复	包括：退耕还林、退耕还草、退牧还草、风沙荒漠治理、矿山环境修复等
	（3）生物多样性保护	包括：物种和栖息地保护、野生动植物保护区建设、珍稀植物繁育场圃建设等
4. 环境科技	（1）基础研究	
	（2）应用研究	

注：仅归纳与政府事权相关的环保事项。①应由政府单独承担责任的环保事项，已纳入本分类范围。②应由企业承担主要责任、但特定发展阶段仍需政府进行引导和扶持的环保事项，已纳入本分类范围（例如：应用研究）。③企业应单独承担的工业污染治理等事项，则不在本分类范围内。

2.3　当前环境保护事权实际执行情况

本研究将中央和地方实际执行的环保事权，与法律法规、部门规章以及相关文件对中央和地方环保事权划分做出的规定相比较，结果显示：实际执行与划分要求不一致的环保事项如下：

（1）污染防治（大气污染防治、水污染防治、土壤污染防治、农村环境综合整治、固体废物污染防治）

《环保法》将该领域明确为地方事权，但地方未能按照环保法规定承担好对本行政区域环境质量负责的事权。原因在于：①污染者未完全落实付费责任，历史遗留污染问题较多；②责任追究机制或缺位、或流于形式、或不合理，地方政府治污动力不足；③地方财力不足，无力履责。

（2）生态保护与修复（生态保护、生物多样性保护）

《环保法》将该领域明确为中央和地方共享事权，但实际执行是中央和地方分级承担事权。本事权实际执行情况较环保法的划分更为合理，原因在于：通过建立分级承担机制，中央和地方分别承担的事权范围具有明确边界，职责划分相对清晰，两者存在衔接之处，但无重叠交叉，执行起来更加高效。

（3）生态保护与修复（生态修复）

《环保法》对该领域事权划分未作规定，实际执行情况是中央和地方分级承担事权。

（4）环境科技（应用研究）

《环保法》将该领域明确为中央承担事权，但实际执行是中央和地方分级承担事权。本事权实际执行情况较《环保法》的划分更为合理，原因在于：地方政府有责任引导和促进地方环保产业发展，因此，对当地环保行业关键应用技术的研发，除环保企业自身承担主要事权以外，地方财政有责任给予支持和引导。

当前环境保护事权实际执行情况见表9-3-3。

表 9-3-3　当前环境保护事权实际执行情况

第一级分类	第二级分类	环保事权划分情况	环保事权实际执行情况	环保事权实际执行与划分是否一致
1. 环境保护管理事务	(1) 生态环境监测	中央和地方分级承担	中央和地方分级承担。 自从《国家生态环境质量监测事权上收实施方案》(环发〔2015〕176 号)将全国地级以上城市 1 436 个国控城市站、31 个现有区域站(农村站)和 65 个新建区域站、15 个现有背景站和 1 个新建背景站的建设、运行、维护和管理上收为国家事权以后,中央承担的环境监测事权逐步理顺和完善	一致
	(2) 环境监察	中央和地方分级承担	中央和地方分级承担	一致
	(3) 执法检查	地方承担事权	地方承担事权	一致
	(4) 突发环境事件应急	地方承担事权	地方承担事权	一致
	(5) 环境保护法律、法规、政策、标准、规划制定	中央和地方分级承担	中央和地方分级承担	一致
	(6) 环境影响评价	中央和地方分级承担	中央和地方分级承担	一致
	(7) 污染物总量控制	中央和地方分级承担	中央和地方分级承担	一致
	(8) 排污许可证管理	中央和地方分级承担	中央和地方分级承担	一致
	(9) 环境宣教	中央和地方分级承担	中央和地方分级承担	一致
	(10) 环境信息发布	中央和地方分级承担	中央和地方分级承担	一致
	(11) 涉外环境保护事务	中央承担事权	中央承担事权	一致
2. 污染防治	(1) 大气污染防治	地方承担事权	地方承担事权,但地方未能按照环保法规定承担好对本行政区域大气环境质量负责的事权	不一致。环保法对大气污染防治、水污染防治、土壤污染防治、农村环境综合整治、固体废物污染防治的事权划分与当前环境形势不匹配,基于现有财力地方承担污染防治事权太重
	(2) 水污染防治	地方承担事权	地方承担事权,但地方未能按照环保法规定承担好对本行政区域水环境质量负责的事权	
	(3) 土壤污染防治	地方承担事权	地方承担事权,但地方未能按照环保法规定承担好对本行政区域土壤环境质量负责的事权	
	(4) 农村环境综合整治	地方承担事权	地方承担事权,但地方未能按照环保法规定承担好对本行政区域农村环境质量负责的事权	
	(5) 固体废物污染防治	地方承担事权	地方承担事权,但地方未能按照环保法规定承担好本行政区域内固体废物污染治理的事权	

第一级分类	第二级分类	环保事权划分情况	环保事权实际执行情况	环保事权实际执行与划分是否一致
2. 污染防治	（6）跨区域和跨流域污染防治	中央和地方分级承担	中央和地方分级承担。 中央承担的跨区域和跨流域污染防治事权逐步理顺和完善。2016年，中央财政大气污染防治专项资金重点支持京津冀及周边、长三角、珠三角13个省（区、市）大气污染防治。水污染防治专项资金支持18个省（区、市）重点流域水污染防治和丹江口水库、千岛湖等52个湖泊生态环境保护和治理。中央农村节能减排资金重点支持南水北调沿线以及重要水源地周边3万个村庄开展环境综合整治。同时支持新安江及东江等5个跨省流域开展横向生态补偿试点	一致
3. 生态保护与修复	（1）生态保护	中央和地方共享事权	中央和地方分级承担。 2016年，中央财政支持天然林保护，支持青海、甘肃、河北、江西以及陕西五省实施山水林田湖生态保护	不一致。 生态保护、生物多样性保护实际执行情况较环保法的划分更为有效，原因在于：通过建立分级承担机制，中央和地方分别承担的事权范围具有明确边界，职责划分相对清晰，两者存在衔接之处，但无重叠交叉，执行起来更加高效
	（2）生态修复	无划分	中央和地方分级承担。 2016年，中央财政支持退耕还林、退耕还草、退牧还草、风沙荒漠治理等	
	（3）生物多样性保护	中央和地方共享事权	中央和地方分级承担。 2016年，中央财政支持生物多样性保护	
4. 环境科技	（1）基础研究	中央承担事权	中央承担事权。 国家科技计划（专项、基金）等对环保领域基础研究给予支持	一致
	（2）应用研究	中央承担事权	中央和地方分级承担。 除中央财政以外，许多地方的科委也利用地方财政安排部分资金支持环保应用研究	不一致。 本事权实际执行情况较环保法的划分更为合理，原因在于：地方政府有责任引导和促进地方环保产业发展，因此，对当地环保行业关键应用技术的研发，除环保企业自身承担主要事权以外，地方财政有责任给予支持和引导

3　当前环保事权划分存在的主要问题

当前，我国法律法规、部门规章以及相关文件对中央和地方环保事权划分的规定相对全面，总体符合《指导意见》基本要求。但尚存在不足之处在于，少数环保事权划分有遗漏，部分环保事权划分不合理，少数环保事权划分不清晰，基于现有财力地方承担污染防治事权比重偏高，环保事权与支出责任不完全匹配。

3.1　少数环保事权划分有遗漏

当前，我国法律法规、部门规章以及相关文件对中央和地方环保事权划分的规定，有一个环保事项事权划分有遗漏，即生态保护与修复（生态修复）。

《环保法》第三章第二十九条规定，"各级人民政府对具有代表性的各种类型的自然生态系统区域，珍稀、濒危的野生动植物自然分布区域，重要的水源涵养区域，具有重大科学文化价值的地质构造、著名溶洞和化石分布区、冰川、火山、温泉等自然遗迹，以及人文遗迹、古树名木，应当采取措施予以保护，严禁破坏"。该条款对"生态保护与修复"分类下的"生态保护"（具有代表性的各种类型的自然生态系统区域）和"生物多样性保护"（珍稀、濒危的野生动植物自然分布区域）进行了事权划分，但并未提及退耕还林、退耕还草、退牧还草、风沙荒漠治理、矿山环境修复等"生态修复"事项。

3.2　部分环保事权划分不合理

当前，我国法律法规、部门规章以及相关文件对中央和地方环保事权划分的规定，有三个环保事项存在划分不合理的问题，即生态保护与修复（生态保护）、生态保护与修复（生物多样性保护）、环境科技（应用研究）。

《环保法》第三章第二十九条将生态保护与修复（生态保护）、生态保护与修复（生物多样性保护）划分为中央和地方共享事权，两者存在重叠交叉，若无明确分工，容易产生推诿现象。若调整为分级承担机制，中央和地方分别承担的事权范围能够划定明确边界，中央承担国家级生态与生物多样性保护事权，地方负责本地区的生态与生物多样性保护事权。两者存在衔接之处，但无重叠交叉，执行起来更加高效。

此外，《环保法》第一章第七条中规定，"国家支持环境保护科学技术研究、开发和应用，鼓励环境保护产业发展，促进环境保护信息化建设，提高环境保护科学技术水平"。《环保法》第二章第二十一条规定，"国家采取财政、税收、价格、政府采购等方面的政策和措施，鼓励和支持环境保护技术装备、资源综合利用和环境服务等环境保护产业的发展"。上述两个条款将环境科技（应用研究）的事权划为中央事权。理论上，地方政府有责任引导和促进地方环保产业发展，因此，对当地环保行业关键应用技术的研发，除环保企业自身承担主要事权以外，地方财政有责任给予支持和引导。该事权应该为中央和地方分级承担事权。

3.3　少数环保事权划分不清晰

当前，我国法律法规、部门规章以及相关文件对中央和地方环保事权划分的规定，有一个环保事项存在划分不清晰的问题，即污染防治（跨区域和跨流域污染防治）。

《环保法》第二章第二十条规定，"国家建立跨行政区域的重点区域、流域环境污染和生态破坏联合防治协调机制，实行统一规划、统一标准、统一监测、统一的防治措施。前款规定以外的跨行政区域的环境污染和生态破坏的防治，由上级人民政府协调解决，或者由有关地方人民政府协商解决"。从形式上看，该条款采用"前款规定以外的"行文，将中央和地方在跨区域和跨流域环境保护事项上的事权已经划分清楚。然而，中央和地方分别负责哪些跨区域、跨流域的环境污染和生态破坏防治事项，仍没有明确的划分方案。

近年来，中央财政大气污染防治专项、水污染防治专项、中央农村节能减排资金等重点支持跨区域、跨流域环境污染防治，对支持区域和支持内容的确定尚处于摸索阶段，几乎每年都有变化，需要进一步明确和相对稳定化。

3.4　基于现有财力地方承担污染防治事权比重偏高

当前，我国法律法规、部门规章以及相关文件对中央和地方环保事权划分的规定，除了跨区域和跨流域污染防治由中央和地方分级承担事权以外，对于大气污染防治、水污染防治、土壤污染防治、农村环境综合整治、固体废物污染防治等工程项目建设，均规定由地方政府单独承担事权。

因我国环境保护工作正面临新形势、新问题、新挑战，繁重的环境保护事权以及与之相适应的财政支出保障要求，已经导致地方政府无力承担好法律法规、部门规章以及相关文件要求其承担的全部事权。换言之，基于现有财力我国地方政府承担了相对过重的污染防治事权，已经严重影响了环境公共服务供给能力，对提高生态环境质量和改善民生带来潜在威胁。

3.5　环保事权与支出责任不完全匹配

根据事权与支出责任对等的原则，谁承担事权谁提供支出保障。梳理现有法律法规、部门规章以及相关文件对环保事权划分和支出保障的规定，仍发现存在一个环保事项的事权划分与支出责任不匹配的问题。

《环保法》第三章第三十三条规定，"县级、乡级人民政府应当提高农村环境保护公共服务水平，推动农村环境综合整治"，该条款明确农村环境综合整治为地方政府（县、乡政府）应承担的事权。然而，《环保法》第四章第五十条同时规定，"各级人民政府应当在财政预算中安排资金，支持农村饮用水水源地保护、生活污水和其他废弃物处理、畜禽养殖和屠宰污染防治、土壤污染防治和农村工矿污染治理等环境保护工作"。上述两个条款既明确了农村环境综合整治由县、乡政府承担事权，同时又要求各级政府提供支出保障，反映出环保事权与支出责任不完全匹配的问题。

4　美国国家环保局事权承担及支出保障经验借鉴

美国是发达国家之一，在20世纪70年代为环境污染付出了沉重的代价，其后通过各种努力取得了环境质量改善，在污染治理包括环保事权划分方面积累了宝贵经验。而且，美国国家环保局自1970年得以建立，其承担环保事权随环境形势演变而随之调整，反映出为更好地解决环境问题联邦和地方之间环保事权划分变化的客观规律。尽管我国与美国政治体制不同，但仍有下述经验可供借鉴。

4.1　美国国家环保局环境事权经历由建设向管理转变的过程

美国在 20 世纪 70 年代水污染形势异常严峻之时，联邦政府承担起污水处理设施建设的主要事权。1972 年美国《联邦水污染控制法》要求，联邦政府为城镇污水处理厂建设增加财政援助，使城镇污水和排入市政污水管道的工业废水在排入地表水域之前都要得到适当处理。美国国会在通过法律赋予联邦政府水污染控制权限的同时，也相应地提供大量财政支出加以保障。

美国以及国联邦政府从 1961 年开始拨款建造城镇污水处理厂，在 10 年之后的 1971 年，这项拨款仅仅达到 12.5 亿美元。然而，1972 年《联邦水污染控制法》有关条款规定，“在 1973 财政年度拨款 50 亿美元，1974 年拨款 60 亿美元，1975 年拨款 70 亿美元，用于城镇污水处理厂建设”。经计算，1971—1973 年（3 年）美国联邦政府用于城建污水处理厂建设的预算资金 180 亿美元，占 1972—2003 年（32 年）美国各级政府实际用于建造城镇污水处理厂资金总额（770 亿美元）的 23.4%。由此可见，20 世纪 70 年代，美国联邦政府在城镇污水处理厂建设方面承担主要事权。伴随水污染形势的逐步趋紧和污染者付费机制的逐步完善，联邦政府承担的污染治理职能不断弱化。

当前，美国国家环保局财政预算结构基本以管理为主、污染治理为辅。按照不同领域划分，美国国家环保局财政支出包括：州和部落补助金、环境计划与管理、有害物质超级基金、环境科技、地下储罐泄漏、建筑与设施、总督察、内陆溢油防治计划、水基础设施金融和创新计划、危险废物舱单电子系统基金。根据 2017 年美国国家环保局预算，上述 10 大领域预算总额分别为 32.8 亿美元（39.7%）、28.5 亿美元（34.5%）、11.3 亿美元（13.7%）、7.5 亿美元（9.1%）、9 428.5 万美元（1.1%）、5 207.8 万美元（0.6%）、5 152.7 万美元（0.6%）、2 541 万美元（0.3%）、2 000 万美元（0.2%）、743.3 万美元（0.1%）。由上述可以看出，治理类事权（包括建筑与设施）预算为 5 207.8 万美元，仅占美国国家环保局财政预算总额（82.67 亿美元）的 0.6%。

据了解，我国当前人均 GDP 水平相当于美国 20 世纪 70 年代的水平，按照美国相同发展阶段环保事权划分及执行经验，当前中央政府应在污染治理项目建设方面承担起主要责任。

4.2　美国国家环保局不断强化环境科技事权

2003 年，美国国家环保局环境科技预算为 3.24 亿美元，占当年美国国家环保局总预算（77.24 亿美元）的 4.2%；2017 年，美国国家环保局环境科技预算为 7.54 亿美元，占当年美国国家环保局总预算（82.67 亿美元）的 9.1%。在 21 世纪以来美国国家环保局总预算基本呈稳定状态的情况下，其不断强化环境科技方面承担的事权责任。

根据 2017 年美国国家环保局预算，环境科技预算主要包括下述领域：可持续社区研究；化学品安全与可持续性研究；清洁空气与气候；安全与可持续的水资源研究；空气、气候与能源研究；作业与管理；国家安全；取证支持；室内空气与辐射；农药许可；水（人类健康保护）研究；信息安全与数据管理。其中，前五个方面的科技投入占环保科技总投入的 80.1%。

4.3　近年来美国国家环保局财政支出注重采用基金形式

2009 年，美国国家环保局基金预算为 29.57 亿美元，占当年美国国家环保局总预算（71.43 亿美元）的 41.4%；2017 年，美国国家环保局基金预算为 31.3 亿美元，占当年美国国家环保局总预算（82.67 亿美元）的 37.9%。由此可见，美国国家环保局财政支出注重采用基金形式（图 9-3-2）。

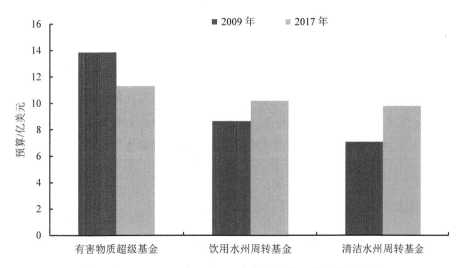

图 9-3-2　2009 年和 2017 年美国国家环保局基金预算

美国国家环保局基金主要包括：清洁水州周转基金、有害物质超级基金、饮用水州周转基金。清洁水州周转基金以有偿使用方式为主，以财政资金稳定注入作为主要资金来源，以低息贷款等有偿使用方式为主，与传统的财政补助方式相比，对撬动社会资本环保投入起到重要作用。有害物质超级基金以税收收入作为主要的、稳定的资金来源，以污染者付费作为资金筹集依据，兼备公平和效率原则。财政支出采用基金形式，是污染者付费和市场化机制发展到一定程度的产物。

专栏 9-3-1　美国三大主要环保基金简介

美国清洁水州周转基金。美国于 1987 年成立清洁水州周转基金。联邦政府和州政府按照 4∶1 的比例注入资金。为扩大资金量，各州还可以通过"平衡债券"（用周转基金中的 1 美元做担保发行 2 美元的债券）来增加可使用资金。清洁水周转基金主要通过低息或无息贷款方式为合格的水污染防治项目提供援助。该基金发挥着环保基建银行的作用，偿还贷款本息将重新进入资金池，用于为更多的水质保护项目提供资金，其周转性特点实现了可持续的资金供应。清洁水州周转基金由各州设立自己的管理机构，并根据各州具体情况决定资金使用用途和申请程序等。其显著特征在于，以财政资金稳定注入作为主要资金来源，以低息贷款等有偿使用方式为主，主要解决企业融资瓶颈问题，对撬动社会资本环保投入起到重要作用。

美国超级基金。美国于 1980 年设立超级基金，用于治理未处理的危险废物公共污染。超级基金资金来源以对生产石油和某些无机化学制品行业征收的专门税为主，以联邦财政投入等为辅。基金初始规模为 16 亿美元，税收和联邦财政投入分别占 86.3% 和 13.7%。1996 年资金规模扩大到 85 亿美元，其中，企业附加税、联邦普通税、基金利息、费用承担者追回款项分别占 29.4%、32.4%、3.5%、3.5%。超级基金的主要特征在于，以税收收入作为主要的、稳定的资金来源，以污染者付费原则为资金筹集依据，专项解决"棕色地块"治理资金来源问题，主要关注点不是撬动社会资本环保投入。

饮用水州周转基金。饮用水州周转基金是根据《安全饮用水法案》（修正案）于 1997 年正式成立，为饮用水系统提供资金，资助基础设施维护与更新。联邦政府每年通过 EPA 对基金进行拨款，

EPA 在提取部分资金作为国家预留款后，剩下的资金分配到各州的饮用水州周转基金、哥伦比亚特区（分配 1%的比例）和太平洋岛屿（分配 0.33%的比例）以实施《安全饮用水法》。饮用水州周转基金主要为以下项目提供支持：①水净化处理项目，能够去除可能导致急性或慢性健康问题的污染物，达到饮用水健康标准的项目；②安装或更新输配管网、泵站及其他支管管网的项目；③更新置换水井或发展新水源，以替换被污染水源的项目；④安装或改善储水设施的项目；⑤加固供水系统的项目（如供水系统水源被污染或者服务提供商缺乏技术、管理或财务能力）。

4.4 美国国家环保局财政支出主要用于水环境保护

美国国家环保局因为水污染问题而成立。自成立以来，美国国家环保局用于水环境保护的财政支出始终占较高比例。根据 2017 年美国国家环保局预算，水体保护、清洁社区和可持续发展、应对气候变化和改善空气质量、环境执法和合规、确保化学品安全和污染防治等五大目标的预算规模分别为 37.46 亿美元、19.1 亿美元、11.32 亿美元、8 亿美元、6.8 亿美元。其中，水体保护目标预算规模最大，占 2017 年美国国家环保局预算总规模的 35.3%。

专栏 9-3-2　2017 年美国国家环保局按照 5 大目标编制预算情况说明

在 2017 财政年度，目标 1"应对气候变化和改善空气质量"预算资金为 11.32 亿美元，占 EPA 年度总预算的 13.7%。主要支持应对气候变化、改善环境空气质量、臭氧层保护和降低辐射四个方面的工作，其中，应对气候变化主要是用于支持各州的清洁能源计划（CPP）、大气监管活动和国内外合作项目；改善空气质量的支出主要用于环境质量达标监督、大气监测技术研发、社区空气污染治理；臭氧层保护的支出主要用于执行《蒙特利尔议定书》和向多边基金捐款；降低辐射的支出主要用于支持辐射监管、标准修订、放射应急、环境放射分析数据技术等。

目标 2"水体保护"的预算资金为 37.46 亿美元，占 EPA 年度总预算的 45.3%。主要支持保护人类健康（13.89 亿美元，）、保护流域和水生生态系统（23.57 亿美元）两个方面的工作。其中，保护人类健康的支出主要用于公共供水系统监督补助金、技术援助和培训、饮用水循环基金（10.2 亿美元，分配给各州，用于公共饮用水系统的新基础设施改造项目）；保护流域和水生生态系统支持主要用于非点源污染源控制计划、水基础设施投资试点、受损流域数据监测、许可证计划制定、清洁水州循环基金（9.795 亿美元，污水基础设施，非点源污染控制、河道治理、与运营有关的培训和技术援助、分散式污水处理设施建设和改造）、国家河流和溪流评估、技术支持和网络支持、五大湖及相关海湾的水质保护等）。

目标 3"清洁社区和可持续发展"预算资金为 19.1 亿美元，占 EPA 年度总预算的 23.1%。主要支持可持续和宜居的社区（4.82 亿美元）、土地保护（2.41 亿美元）、土壤修复（10.67 亿美元）、印第安人类健康和环境保护（1.21 亿美元）四个方面的工作。其中，可持续和宜居社区重点支持可持续基础设施建设、绿色建筑等；土地保护重点支持固体废物管理、危险废物清单系统运维、可持续材料管理、原油泄漏预防；土壤修复重点支持土地清理和恢复、油罐泄漏清理、漏油预防、国土安全等；印第安人类健康和环境保护支持重点是技术援助和能力建设支持。

目标 4 "确保化学品安全和污染防治"预算资金为 6.8 亿美元,占 EPA 年度总预算的 8.2%。主要支持化学品安全(6.25 亿美元)和促进污染防治(0.55 亿美元),其中,化学品安全重点支持"化学品信息管理、化学品风险评估和化学品污染防治";促进污染防治重点支持环保产品标准制定、技术研究、加强与其他部门的合作等。

目标 5 "环境执法和合规"预算资金为 8 亿美元,占 EPA 年度总预算的 9.7%。主要支持环境法律实施活动。为确定和减少不遵守环境法律并降低侵权行为,环境执法和合规的预算主要在数据收集和分析、合规监控、遵守协助等方面予以支持。

5 中央与地方政府环保事权划分方案研究

5.1 事权划分基本理论

事权划分理论一般是基于中央与地方政府间特定的宪政关系安排发生作用的,但是这并不排斥基本原理对于不同国家、不同地区间事权划分产生能动的借鉴和指导作用。目前学术界对于事权划分理论主要有公共产品层次性理论、委托-代理理论、博弈理论、公共财政理论等。

5.1.1 相关理论介绍

(1)公共产品层次性理论

公共产品由于其非竞争性和非排他性区别于私人产品,非排他性是指自己在消费公共产品时不能排除他人对公共产品的消费;非竞争性是指增加一个消费者不会影响其他任何消费者对该产品消费的数量和质量。因此,若由市场供给公共产品会出现供给不足现象,故应交由政府提供。事权被界定为法律授予的各级政府提供公共产品和管理公共事务的权利,由谁提供公共产品自然引申为探讨事权划分问题。公共产品依据效用外溢程度和受益范围区分为地方性公共产品、准全国性公共产品和全国性公共产品三个层次。全国性公共产品是全国人民共同享用、共同受益的公共产品,应由中央履行提供职能;地方性公共产品受益范围仅限于特定地区和特定人群,由地方政府供给更合适;准全国性公共产品介于两者之间,由谁履行提供职能要充分考虑效用外溢程度。外溢程度越高,中央政府承担越多的责任,履行较多事权;反之,外溢程度越低,地方政府承担更多的支出事责,因此对于准全国性公共产品的提供应该实行分担机制。

该理论从公共产品特性出发,首先界定了政府履行事权的范围,哪些是政府应该承担的事权,哪些事权应交给市场完成;其次依据受益范围将公共产品的提供事权划分为中央政府专有事权和地方政府专有事权;最后根据效用外溢程度划分共有事权,公共产品及层次性理论为政府间事权划分提供很好的理论支撑。

(2)委托-代理理论

委托-代理理论也是政府间事权划分的重要理论依据,委托-代理关系是指委托人根据法律合约雇佣其他行为主体为自己服务,同时授予被委托者某种程度的决策权,并依据被委托者服务质量支付薪酬。委托-代理理论有三个基本要件:委托人和代理人信息不对称;委托人和代理人存在利益博弈;委托人和代理人对权利、义务、职责保持规范契约关系且信息不对称,代理人采取机会主义行为发生逆向选择和道德风险问题，因此需要规范的法律对双方权利义务进行约束。

无论是单一制国家还是联邦制国家，中央和地方政府之间都在一定程度上存在委托代理关系。公民是国家的主人，但人人亲自去管理国家具体事务是不可能的，人民将国家管理权交给中央政府，中央政府高高在上，对基层信息了解不完全、不确定，于是中央政府又将管理权分给具有相对信息优势的地方政府，层层委托-代理关系就此形成。我国分税制改革划分中央税和地方税，中央和地方政府在经济上成为拥有自身利益的相对独立个体，地方政府在履行中央政府委托事权时，考虑到自身利益最大化，会出现中央与地方政府利益的不一致和偏差，从而产生道德风险问题。

（3）博弈理论

冯·诺依曼于1928年论证了博弈论的基本原理，代表博弈论的正式形成。1944年，冯·诺依曼联合摩根斯坦发表论著《博弈论与经济行为》，将博弈理论运用到经济领域。博弈论主要研究激励结构间的相互作用，这种相互作用可以公式化，简单概括为决策主体的行为相互作用时各博弈主体的策略选择，它包括合作博弈和非合作博弈。纳什均衡是在非合作状态下进行的决策组合选择，在这么一个策略组合上，无论其他决策者做什么样的选择，策略者都会做出最有利选择。囚徒困境、斗鸡博弈、智猪博弈都是纳什均衡的经典案例，都很直观地揭示了从自身利益出发的"个体理性"总是与"集体理性"相冲突，这一矛盾在变革政府间财政关系时经常发生。

博弈论对于政府间事权划分的指导意义在于，地方政府同时作为中央政府和辖区民众的代言人，角色的双重性奠定了中央政府和地方政府开展博弈的基础，智猪博弈用来反映中央与地方政府在公共产品提供方面进行博弈时，无论中央选择提供还是等待，地方的最优策略选择都将是等待。地方政府间因为代表的辖区不同，追求的利益不同，也存在博弈情况，囚徒困境用来解释在没有契约约束的情况下，在履行共有事权的过程中，每个地方政府都会追求利己行为，最终导致决策结果并非最优策略选择。同级政府间的博弈会导致恶性竞争，使个体利益违背整体利益，因此同级政府间事权划分必须明确，界限要清晰，并用法律手段来保障；中央与地方在事权履行过程中由于利益不一致难免产生博弈行为，仅仅依靠权利的收放不能从根本上解决问题，科学合理地划分好政府间事权，确定各级政府专有事权，建立共有事权分担机制，并以法律的形式确定下来，这才是长期而有效的解决方案。

（4）公共财政理论

根据公共财政理论，为了弥补市场失灵，校正市场机制自发运行的结果，政府财政必须履行三大职能，即资源配置、收入分配和经济稳定与发展职能，这也可以说是政府事权的三个方面。在任何一个由多级政府组成的政府体系中，上述三项职能是通过各级政府财政作用的发挥来实现的。但中央政府和地方政府在履行财政职能的过程中各有分工和侧重点，这实际上是政府间事权的划分问题。大体来说，中央与地方政府职能分工是这样的：资源配置职能以地方政府为主，中央政府为辅；而收入分配职能和经济稳定职能以中央政府为主，地方政府为辅。

第一，就资源配置职能而言，主要应由地方政府承担。由于资源配置职能主要是向社会提供公共产品，这就涉及公共产品的划分问题，应明确哪些公共产品由中央政府提供，哪些公共产品由地方政府提供。

第二，公平收入分配职能主要应由中央政府承担。首先，由于一个国家各地区之间存在着不可避免的贫富差距，因而各地区之间财政需求和财政供给能力差别很大，为了提供大致相同的公共服务水平，地区之间就会形成不同的税收负担率，这显然有违"同等情况、同等对待"的税收公平原则，而要保持相同的税收负担率，则须进行政府间的转移支付。但作为彼此平等的地方政府，贫穷的无权要求富裕的对其进行转移支付。因此，公平地区间的收入分配应由中央政府承担。其次，在劳动和其他要素具有充分流动性的条件下，由地方政府来实现个人之间收入的公平分配也是不可能的。因为要公平个人之间的收入分配离不开对高收入者征收较高的累进税，而对低收入者给予较多的补贴，这会导致高收入者的迁出和低收入者的涌入，从而使地方政府的收入再分配方案无法长期推行。因此，个人之间收入的再分配也应由中央政府承担。

第三，稳定经济职能主要也应由中央政府承担。首先，在生产要素可以在各地区之间自由流动的条件下，任何地方政府旨在采用紧缩性或扩张性财政政策以实现本地区经济稳定发展的目标，都会因出口漏损或进口漏损而失败。其次，一个地方政府推行财政政策会对其他地方政府的经济产生外部效应，甚至可能产生"以邻为壑"的政策效果。再次，稳定性财政政策要求有阶段性的赤字和盈余，而这与地方政府更多地采用平衡预算政策相抵触。最后，货币的发行权集中于中央银行，地方政府不可能通过货币政策来实现经济稳定的目标。

5.1.2　相关理论比较分析

以上 4 种理论对于政府间事权划分提供了很好的理论支撑，从不同角度不同层面指导政府间事权划分。其中，公共产品层次性理论和公共财政理论对于中央和地方的事权划分具有较强的可操作性，而委托-代理理论和博弈理论更像是为解决事权划分问题的理论解释，对于操作层面的指导性较弱。

公共产品层次性理论和公共财政理论分别以公共产品和公共财产为基础，对政府事权进行划分。公共产品层次性理论将公共产品分为地方性公共产品、准全国性公共产品和全国性公共产品三个层次，依据该三个层次进行事权分配。公共财政理论按照资源配置、收入分配和经济稳定与发展三个职能的角度进行事权分配。在具体应用时，公共财政理论的难点在于资源配置职能的分配，而其本质上也是公共产品的事权分配，与公共产品层次性理论具有相通性。

委托-代理理论和博弈理论分别从委托代理关系和博弈关系两个方面分析事权。与公共产品层次性理论和公共财政理论不同，这两个理论对于事权划分的支撑更像是一种解释，对于事权划分的操作指导性不如前两者。如委托-代理理论将政府间的事权划分解释为自然存在的层层委托-代理关系，而博弈理论用智猪博弈分析中央和地方的事权分配，用囚徒困境分析地方之间的事权选择，要想各方均获得最大利益，需以法律形式对各方职责进行约定。

5.2　明确环保事权划分的基本原则

基于事权划分的公共产品层次性理论、委托-代理理论、博弈理论、公共财政理论，以及中央与地方政府事权划分的一般原则，充分考虑环境保护工作的特殊性，本研究提出环保事权划分五大基本原则：

（1）动态调整原则

环境问题的产生与人类的生产方式和生活方式息息相关，伴随经济社会发展进程环境问题亦随之不断演化，与其相适应的环保工作内容和政府职能需同步调整。基于环保工作不断呈现的形势、问题、挑战，以及财政体制改革所处的不同阶段，中央和地方环保事权划分不能一成不变，而是应根据实际需要建立动态调整机制。

（2）受益对称原则

环境保护受益范围包括全国性的、跨区域性的、地区性的，政府环境管理责任应与其受益范围相对称。全国性、跨区域性环境公共服务和事项，应由中央政府负责；兼有全国性和地方性环境公共服务和事项，应由中央和地方政府共同承担，并按具体项目确定分担的比例；其他地方性环境公共服务和事项，应由地方政府负责。

（3）注重效率原则

不同层级政府的管理责任应根据环境保护职责履行的效率合理分配。信息复杂程度高、容易造成不对称性的事项，由地方政府负责效率更高。信息复杂程度较高、具有地区间综合协调成本的事项，由中央和地方政府共担效率较高。信息复杂程度低、地区间综合协调成本高的事项，由中央政府负责效率更高。

（4）激励相容原则

环境保护事权划分要责权一致，使环境公共服务受益范围与政府管辖区域保持一致，激励各级政府尽力做好辖区范围内环境公共服务供给。完全由地方政府承担环境责任的事项，应由地方政府承担相应的环境保护事权。由地方政府承担主要环境责任的事项，应由中央政府和地方政府共担事权。完全由中央政府承担环境责任的事项，应由中央政府承担相应的环境保护事权。

（5）以事定支原则

按照"谁的财政事权、谁承担支出责任"的原则，确定各级政府环保支出责任。对属于中央并由中央组织实施的环保事权，原则上由中央承担支出责任；对属于地方并由地方组织实施的环保事权，原则上由地方承担支出责任；对属于中央与地方共同环保事权，根据基本公共服务的受益范围、影响程度，区分情况确定中央和地方的支出责任以及承担方式。

5.3　理顺环境保护中政府与市场的关系

5.3.1　政府与市场在环境保护中应发挥的不同作用

多年来，"经济发展靠市场，环境保护靠政府"成为人们对市场经济和环境保护关系的普遍认识。"经济发展靠市场，环境保护靠政府"强调了政府在环境保护工作中不可替代的地位和作用。但由于政府和市场行为追求的目标和所处的位置不同，在发展经济和环境保护方面都有各自独特的作用和互补的效果，完全依靠于市场来发展经济或完全依赖于政府来保护环境都是不可取的。政府在解决环境问题中有着主导作用，但并非去替代市场，而是为创造和培育市场提供条件。政府应当在由于环境资源公共物品特性造成的"市场失灵"的领域对环境资源配置进行有效干预，以弥补由此带来的效率损失。政府对市场的干预主要通过财政手段直接提供公共产品，或者采用税收、价格等政策引导市场行为，抑或采用管制手段加强环境监督管理。总之，市场能够充分发挥作用的领域，应充分发挥市场的资源配置能力，政府主要在创造市场条件和填补市场失灵所形成的真空这两个方面发挥作用。由此可见，政府与市场并非非此即彼的关系，而是相互补充、互为依托的关系。在环境保护的不同领域，政府与市场发挥的作用和着力点不尽相同，强化一方的作用并非就是弱化和否定另一方的作用。

5.3.2　政府与市场环境保护事权划分思路

党的十八届三中全会《中共中央关于全面深化改革若干重大问题的决定》明确提出"处理好政府和市场的关系，使市场在资源配置中起决定性作用和更好发挥政府作用""政府的职责和作用主要是保持宏观经济稳定，加强和优化公共服务，保障公平竞争，加强市场监管，维护市场秩序，推动可持续发展，促进共同富裕，弥补市场失灵"。强调市场在资源配置中发挥决定性作用，并不是否定或弱化政府作用，而是引导和影响资源配置，而不是直接配置资源。凡是市场能发挥作用的领域和事务，应充分让市场实现自我调节。政府在提供基本公共服务的基础上，加强政策、规划、监管等职能，引导市场发展并对市场失灵进行干预和调节，充分发挥市场在资源配置中的作用，构建政府有为、市场有效、互为补充的环境保护政府与市场关系格局。

5.3.3　政府应承担的环境保护事权

党的十八届三中全会《中共中央关于全面深化改革若干重大问题的决定》清晰界定了政府职能和作用，可概括为 5 项职能：宏观调控、市场监管、公共服务、社会管理、保护环境。在环境保护方面，政府的职能重点在三个方面发挥作用：一是加强环境保护规划管理，二是提供环境基本公共服务，三是加强环境保护市场监管与调节。

首先，环境保护规划管理是政府的重要职能，环境保护领域也应通过建立和完善环境法律法规、政策标准、规划制定与实施等加强对环境保护领域的管理。政府应当是环境保护经济手段、技术手段、法律手段、行政手段和宣传教育手段的主要参与者，应按照社会公共物品效益最大化原则，首先行使规制、管理和监督职能，建立合理的市场竞争和约束机制，使企业把污染治理事权转嫁给消费者的可能影响减至最小。在我国社会主义市场经济体制转轨和完善过程中，政府的其中一个重要职责就是对建立市场经济进行规制和监督。因此，与市场经济国家的政府相比，中国更应加强政府在环境保护中的规制和监督作用。规划管理是政府环境保护的重要职能之一，主要包括统一制定环境法律法规，统一编制中长期环境规划和重大区域和流域环境保护规划，统一进行污染治理和生态变化监督管理，组织开展环境科学研究、环境标准制定等，组织实施影响区域环境安全的重大项目建设等。

其次，政府投资应当逐步从由市场配置资源的经营性和竞争性生产领域，逐步转移到保证政府机构正常运转、社会公共事业和社会保障等公共需求。包括提供安全饮水保障、城乡污水和垃圾等公益性强的环境基础设施建设、环境监管服务等环境基本公共服务领域的事权以及实现环境基本公共服务均等化应由政府承担。

再次，市场监管与调节是弥补市场失灵的有效途径，对于环境保护重大技术的试点与示范，新兴领域与新型环境问题污染防治，环保产业发展引导与市场监管等方面，应由政府承担。

对企业与社会而言，以市场为导向的环境保护产品或技术，其开发和经营事权应全部留归企业；对那些不能直接盈利而又具有环境治理优势的环保投资的企业或个人，政府应制定合理的政策和规则，使投资者向污染者和使用者收费，帮助其实现投资收益。企业作为在市场经济中生产经营活动的主体，是环境污染物的主要产生者。企业首先要根据市场规则进行经济活动，在严格遵守国家环境法规和政策的前提下获取经济利润。企业应承担包括环境污染风险在内的投资经营风险，不能把治理环境污染的责任转嫁给社会公众，按照污染者付费原则，直接削减产生的污染或补偿有关环境损失。为了降低削减污染的全社会成本，可以允许企业通过企业内部处理、委托专业化公司处理、排污权交易、交纳排污费等不同方式实现环境污染外部成本内部化。但是，无论采取哪种方式或手段，企业都需要为削减污染而付费。此外，按照投资者受益原则，有些企业可以直接对那些可盈利的、以市场为导向的环境保护产品或技术开发进行投资，也可以通过向污染者和使用者收费，实现其对某个环境产品投资的收益。在市场经济中，社会公众应当是法律手段和宣传教育手段的主要参与者，社会公众既是环境污染的产生者，往往又是环境污染的受害者。公众要按照使用者付费原则，在可操作实施的情况下有偿使用或购买环境公共用品或设施服务，如居民支付生活污水处理费和垃圾处理费。

这里需要指出的是，政府承担的规划管理、公共服务、市场监管与调节 3 项环境保护事权中，对于政府承担的公共服务职能，其中能够吸引社会资本进入的领域，如污水垃圾处理、流域整合整治、农村和农业面源污染防治、环境质量监测等，在财政承受能力等条件允许的情况下，可以交由社会资本具体实施，以提高环境公共服务供给能力与效率（表 9-3-4）。

表 9-3-4　政府应承担的环境保护事权

环境保护政府职能	事权领域	具体实施者
规划管理	建立和完善环境法律法规、政策标准、规划制定与实施	政府实施
公共服务	提供大气污染防治、水污染防治、土壤污染防治、固体废物污染防治、生态保护与修复等环境公共服务	部分领域可交由社会资本实施
市场监管与调节	环境保护重大技术的试点与示范，新兴领域与新型环境问题污染防治，环保产业发展引导，环境保护市场监管等	政府实施

5.3.4　市场应承担的环境保护事权

市场应承担的环境保护事权主要包括两类：一是承担污染者治理或付费责任。例如，产生生活污水和生活垃圾的居民需要缴纳污水和垃圾处理费用。再如，直接向环境排放污染物的单位和个体工商户，将于近期开始承担缴纳环境税的责任。二是承担环保产业自身发展的事权。其中，环保产业共性技术研发应由政府承担事权，其余的与企业自身发展相关的技术研发应由企业自身承担。环保企业负责环境产品生产和环境服务提供，包括以第三方治理方式对排污企业开展的污染治理活动，以及受政府委托以 PPP 方式提供的环境公共产品与服务。

5.4　科学设置中央与地方环保事权划分方案

根据环保事权划分的基本原则，本研究针对现有法律法规、部门规章以及相关文件对中央和地方环保事权划分存在的下述问题：一项环保事权划分有遗漏、三项环保事权划分不合理、一项环保事权划分不清晰、现阶段地方承担污染防治事权比重偏高、一项环保事权与支出责任不匹配等问题，针对性地提出中央与地方环保事权划分建议方案（详见表 9-3-5）。其中，与现有法律法规等文件保持一致的情况不再赘述。

表 9-3-5　中央和地方环保事权划分建议方案

第一级分类	第二级分类	现有法律法规等进行的划分	环保事权划分存在的主要问题	中央和地方环保事权划分建议方案	
				当前阶段	未来时期
1. 环境保护管理事务	（1）生态环境监测	中央和地方分级承担	—	中央和地方分级承担	中央和地方分级承担
	（2）环境监察	中央和地方分级承担	—	中央和地方分级承担	中央和地方分级承担
	（3）执法检查	地方承担事权	—	地方承担事权	地方承担事权
	（4）突发环境事件应急	地方承担事权	—	地方承担事权	地方承担事权
	（5）环境保护法律、法规、政策、标准、规划制定	中央和地方分级承担	—	中央和地方分级承担	中央和地方分级承担
	（6）环境影响评价	中央和地方分级承担	—	中央和地方分级承担	中央和地方分级承担
	（7）污染物总量控制	中央和地方分级承担	—	中央和地方分级承担	中央和地方分级承担
	（8）排污许可证管理	中央和地方分级承担	—	中央和地方分级承担	中央和地方分级承担
	（9）环境宣教	中央和地方分级承担	—	中央和地方分级承担	中央和地方分级承担
	（10）环境信息发布	中央和地方分级承担	—	中央和地方分级承担	中央和地方分级承担
	（11）涉外环境保护事务	中央承担事权	—	中央承担事权	中央承担事权
2. 污染防治	（1）大气污染防治	地方承担事权	目前财力情况下地方承担污染防治事权偏重。我国当前人均 GDP 水平相当于美国 20 世纪 70 年代的水平，按照美国相同发展阶段环保事权划分及执行经验，当前中央政府应在污染治理项目建设方面承担起主要责任。待环境形势趋缓后的未来时期，再由地方承担相应事权，对本行政区的环境质量负责	中央和地方共享事权	地方承担事权
	（2）水污染防治	地方承担事权		中央和地方共享事权	地方承担事权
	（3）土壤污染防治	地方承担事权		中央和地方共享事权	地方承担事权
	（4）农村环境综合整治	地方承担事权		中央和地方共享事权	地方承担事权
	（5）固体废物污染防治	地方承担事权		中央和地方共享事权	地方承担事权
	（6）跨区域和跨流域污染防治	中央和地方分级承担	环保事权划分不清晰	中央和地方分级承担	中央和地方分级承担
3. 生态保护与修复	（1）生态保护	中央和地方共享事权	环保事权划分不合理	中央和地方分级承担	中央和地方分级承担
	（2）生态修复	无划分	划分事权划分有遗漏	中央和地方分级承担	中央和地方分级承担
	（3）生物多样性保护	中央和地方共享事权	环保事权划分不合理	中央和地方分级承担	中央和地方分级承担
4. 环境科技	（1）基础研究	中央承担事权	—	中央承担事权	中央承担事权
	（2）应用研究	中央承担事权	环保事权划分不合理	中央和地方分级承担	中央和地方分级承担

5.4.1　一项环保事权划分有遗漏、三项环保事权划分不合理

补充生态保护与修复（生态修复）的事权划分，将生态保护与修复（生态保护）、生态保护与修复（生物多样性保护）的事权划分由中央和地方共享调整为中央和地方分级承担，将环境科技（应用研究）的事权划分由中央承担事权调整为中央和地方分级承担。

建议将《环保法》第三章第二十九条修改为："中央人民政府对关系全国生态安全的重要的天然林、天然草地、自然保护区等自然生态系统区域，珍稀、濒危的野生动植物自然分布区域，重要的水源涵养区域，具有重大科学文化价值的地质构造、著名溶洞和化石分布区、冰川、火山、温泉等自然遗迹，以及人文遗迹、古树名木，按照山水林田湖生命共同体的思路加强保护。实施国家重大退耕还林、退耕还草、退牧还草、风沙荒漠治理、矿山环境修复等工程项目，加强生态环境修复。除此以外的生态保护、生态修复以及生物多样性保护，由地方各级人民政府采取有效措施予以解决。"中央和地方分级承担事权的边界需通过相关文件进一步明确。

建议将《环保法》第一章第七条修改为："国家支持环境保护科学技术基础研究，支持国家级重要环保技术的开发和应用，鼓励环境保护产业发展，促进环境保护信息化建设，提高环境保护科学技术水平。地方各级人民政府支持本地区重要环保技术的开发和应用，促进环保产业发展。"

建议将《环保法》第二章第二十一条修改为："国家和地方分别采取财政、税收、价格、政府采购等方面的政策和措施，鼓励和支持环境保护技术装备、资源综合利用和环境服务等环境保护产业的发展。"

5.4.2　一项环保事权划分不清晰

针对污染防治（跨区域和跨流域污染防治）事权划分不清晰的问题，建议另行制定详细的划分方案，开展顶层设计，明确中央和地方分别负责的跨区域、跨流域的污染防治任务，并将其进一步稳定化和固化下来，以确保该事权的有效执行。

5.4.3　现阶段地方承担污染防治事权比重偏高

为适应当前的环境保护形势，建议方案分当前阶段和未来时期进行设置。其中，当前阶段与未来时期有所区分的环保事项集中在污染防治方面，包括大气污染防治、水污染防治、土壤污染防治、农村环境综合整治、固体废物污染防治。借鉴美国相同发展阶段的成功经验，基于我国环境保护面临的严峻形势，当前阶段污染防治需要中央和地方共享事权，并通过相关文件明确各自分担的比例。待环境形势趋缓后的未来时期，再由地方承担相应事权，对本行政区的环境质量负责。

建议将《环保法》第一章第六条修改为："中央人民政府应当对全国的环境质量负责，地方各级人民政府应当对本行政区域的环境质量负责。"

将《水污染防治法》第一章第四条修改为："县级以上各级人民政府应当采取防治水污染的对策和措施。中央人民政府应当对全国的水环境质量负责，地方各级人民政府应当对本行政区域的水环境质量负责。"

将《大气污染防治法》第一章第三条修改为："县级以上各级人民政府应当制定规划，采取大气污染防治措施。中央人民政府应当对全国的大气环境质量负责，地方各级人民政府应当对本行政区域的大气环境质量负责。"

5.4.4　一项环保事权与支出责任不匹配

建议将《环保法》第三章第三十三条修改为："县级以上各级人民政府应当提高农村环境保护公共服务水平，推动农村环境综合整治。"该条款将农村环境综合整治的事权由县、乡政府调整为中央和地方共享事权。该条款修改后，基本能够与《环保法》第四章第五十条（各级人民政府应当在财政预算中安排资金，支持农村饮用水水源地保护、生活污水和其他废弃物处理、畜禽养殖和屠宰污染防治、土壤污染防治和农村工矿污染治理等环境保护工作。上述两个条款既明确了农村环境综合整治由县、乡政府承担事权，同时又要求各级政府提供支出保障，反映出环保事权与支出责任不完全匹配的问题）的要求保持一致，解决环保事权与支出责任不匹配的问题。

6　我国环保事权支出保障政策建议

6.1　财政环保支出保障现状

6.1.1　节能环保财政支出

节能环保支出从 2007 年纳入财政支出科目以来，实现较快增长。"十二五"期间，全国节能环保支出总额为 17 658.1 亿元（表 9-3-6），从 2011 年的 2 640.98 亿元增长至 2015 年的 4 802.89 亿元，增长 81.9%，年均增速达 16.7%，高于同期全国财政支出平均增速（12.6%）。但是，节能环保支出的年增长很不稳定，连贯性较差，且在财政支出中的占比较低，仅为 2.5%。

表 9-3-6　2007—2015 年全国节能环保支出情况

年份	节能环保支出		财政支出	
	规模/亿元	增长率/%	规模/亿元	增长率/%
2007	995.82	—	49 781.35	—
2008	1 451.36	45.7	62 592.66	25.7
2009	1 934.04	33.3	76 299.93	21.9
2010	2 441.98	26.3	89 874.16	17.8
2011	2 640.98	8.1	109 247.79	21.6
2012	2 963.46	12.2	125 952.97	15.3
2013	3 435.15	15.9	140 212.1	11.3
2014	3 815.64	11.1	151 785.56	8.3
2015	4 802.89	25.9	175 877.77	15.9
"十二五"合计	17 658.1	—	703 076.19	—

数据来源：2010—2015 年全国财政决算。

从中央和地方来看（表 9-3-7），"十二五"期间，中央政府（含本级和转移支付）节能环保支出 9 713.2 亿元，占全国财政节能环保支出的比例为 55%，其中，中央本级节能环保支出 983.3 亿元，占全国节能环保支出的比例为 5.6%，中央对地方的转移支付总计 8 730.0 亿元，占全国节能环保支出的比例为49.4%。地方本级财政节能环保支出7 944.9亿元，占全国财政节能环保支出的比例为45%。

表9-3-7　2007—2015年政府"211节能环保"支出　　　　　　单位：亿元

年份	中央政府	其中		地方本级
		中央本级	对地方转移支付	
2007	34.59	34.59	0	961.23
2008	1 040.3	66.21	974.09	411.06
2009	1 151.8	37.9	1 113.9	782.23
2010	1 443.1	69.48	1 373.62	998.88
2011	1 623.03	74.19	1 548.84	1 017.95
2012	1 998.43	63.65	1 934.78	965.03
2013	1 803.93	100.26	1 703.67	1 631.22
2014	2 033.03	344.74	1 688.29	1 782.61
2015	2 254.81	400.41	1 854.40	2 548.08
"十二五"合计	9 713.2	983.3	8 730.0	7 944.9

6.1.2　环境保护财政支出

根据节能环保支出的使用去向，节能环保支出包括环境保护、节能/再生资源、生态建设和其他支出四类。其中，环境保护包括环境保护管理事务、环境监测与监察、污染防治、污染减排、江河湖库流域治理与保护5款及自然生态保护款下的农村环境保护、湖泊生态环境保护两项。将该口径下的支出简称为"环境保护支出"。"十二五"期间，全国环境保护财政支出总额为8 289.50亿元，占节能环保支出的比例为46.9%，不足一半（表9-3-8）。

表9-3-8　2011—2015年211节能环保支出结构　　　　　　单位：亿元

年份	环境保护	节能/再生资源	生态建设	其他支出
2011	1 261.85	660.96	572.00	146.17
2012	1 465.28	780.85	574.81	142.53
2013	1 569.58	973.64	620.21	271.72
2014	1 821.96	1 007.74	623.94	361.86
2015	2 170.83	1 371.22	748.18	512.66
"十二五"合计	8 289.5	4 794.4	3 139.1	1 434.9

从中央和地方来看（表9-3-9），地方本级财政用于环境保护的支出高于中央财政。"十二五"期间，中央本级和地方占全国环境保护支出的比重分别为1.4%、98.6%。同时，地方环境保护支出中有约29.7%的支出来自中央转移支付，若扣除该部分支出，则地方本级环境保护支出占全国环境保护支出的比重为69.3%。

表 9-3-9　2011—2015 年中央和地方环境保护支出情况

年份	支出总额/亿元		对地方的转移支付			地方本级环保支出	
	中央本级	地方	规模/亿元	占地方环境保护支出比例/%	占全国环境保护支出比例/%	规模/亿元	占全国环境保护支出比例/%
2011	26.56	1 235.29	476.2	38.5	37.7	759.09	60.2
2012	21.47	1 443.81	559.44	38.7	38.2	884.37	60.4
2013	21.84	1 547.74	544.58	35.2	34.7	1 003.16	63.9
2014	22.28	1 799.68	387.28	21.5	21.3	1 412.4	77.5
2015	24.16	2 146.67	462.89	21.6	21.3	1 683.78	77.6
"十二五"合计	116.3	8 173.2	2 430.39	29.7	29.3	5 742.8	69.3

6.1.3　环境保护中央财政支出

中央政府支持环境保护的资金按照来源和管理渠道主要分两类：一是中央预算内基建投资（含国债），由发展改革委负责，环境保护部参与其中部分资金的分配。二是中央财政环境保护（专项）资金，由财政部负责，环境保护部参与其中部分资金的分配。

据统计，"十二五"期间中央财政环境保护支出总计 2 882.7 亿元，其中：中央预算内基本建设资金 1 106.3 亿元，占中央财政环境保护支出的 38.4%；中央财政环境保护专项资金 1 776.4 亿元，占中央财政环境保护支出的 61.6%（图 9-3-3）。

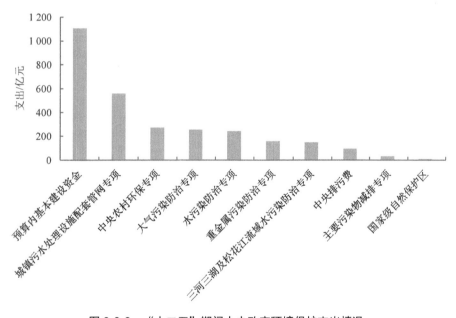

图 9-3-3　"十二五"期间中央政府环境保护支出情况

注：数据来源于财政、发改及环保等相关部门，累计值。

6.2　环保支出保障存在的问题

当前环保支出保障存在政府与市场关系错位加重中央和地方环保支出负担、中央和地方财政支出均难以保障自身环保事权执行、中央和地方执行自身环境事权支出机制和模式不够灵活等问题。

6.2.1　政府与市场关系错位加重中央和地方环保支出负担

"谁污染、谁付费"有利于促进资源节约，减少污染排放。落实环保支出责任，是个既公平又效率的原则。尽管我国在部分领域已经开始贯彻落实污染者付费的精神，但距离全面和足额征收，仍存在较大的提升空间。

城市污水处理收费尚未实行全覆盖，即便是已覆盖地区仍有多数不能补偿污水和污泥处理成本与合理收益水平。农村污水处理收费地区相当有限，收费水平更低。生活垃圾收费要么尚未开展，要么象征性地征收少量费用，距离能够获取投资回报的水平差距太大。工业企业收费标准普遍偏低，畜禽养殖企业收费基本尚未启动（费改税以后，将对工业企业和畜禽养殖企业征收环境税）。

污染者付费原则未得到彻底实施，导致更多的污染物进入水、气、土壤等环境介质，引起环境质量恶化。这些进入环境介质中的污染物，自然而然地成为政府兜底的责任，加重中央和地方财政环保支出负担。

6.2.2　中央和地方财政支出均难以保障自身环保事权执行

1963—1980 年，除个别年份外，美国联邦政府污染控制与治理支出一直保持较高增长率，尤其是《清洁水法》（1972 年）和《空气洁净法案》（1973 年）通过后，增长率在 1971 年和 1974 年分别高达 82.8%、81.4%，自 1982 年以后，增长率维持在一个相对平稳水平，这一规律也反映在污染控制与治理支出占联邦支出的比例上。1974—1982 年，联邦政府污染控制与治理支出的比例呈现较高水平，基本保持在 0.8%～1.0%，从 1983 年开始下降，且逐年趋于稳定（0.3%～0.5%）（图 9-3-4、图 9-3-5）。

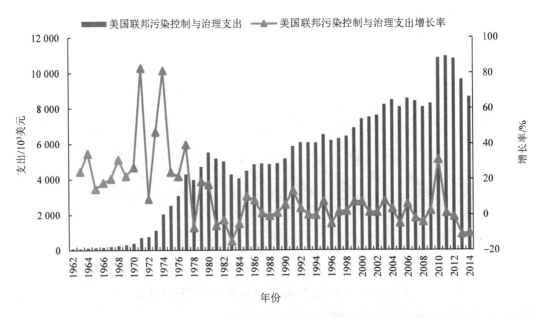

图 9-3-4　1962—2014 年美国联邦政府污染控制与治理支出及增长率

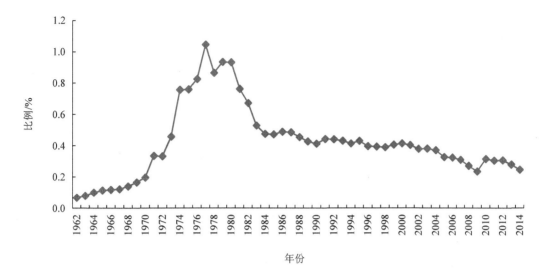

图 9-3-5　1962—2014 年美国联邦政府污染控制与治理支出占联邦支出比例

我国目前所面临的环境形势与美国 20 世纪 70 年代至 80 年代初大致相当，大气污染、水污染以及土壤污染相当严峻，但与之相配套的中央政府环境治理支出（含中央本级和对地方的税收返还和转移支付）并未像同时期美国联邦政府一样，保持较高增长率及占比。从 2012 年开始，我国中央财政环保支出占中央财政支出的比例呈下行趋势，从 2012 年的 0.9% 下降到 2014 年的 0.5%。

根据 211 科目政府支出情况来看，"十二五"期间，中央政府环保支出 2 546.69 亿元（含对地方的转移支付），地方政府环保支出 5 742.8 亿元，政府环保支出总计 8 289.5 亿元。据预测，大气污染防治、水污染防治、土壤污染防治三大行动计划实施总资金需求约 8.56 万亿元，其中政府投资需求约 3.84 万亿元。若"十三五"时期维持在"十二五"时期的环保支出水平，则距离三大行动计划的政府投资需求，将造成资金缺口 3 万亿元。由于环境污染与生态保护项目基本由中央和地方共享事权，暂不论中央和地方承担环保事权的共享比例，仅凭政府环保支出与实际需求存在潜在的巨大差距即可以判断，中央和地方财政支出均难以保障自身环保事权执行。

6.2.3　中央和地方执行自身环境事权机制和模式不够灵活

对于中央应该承担的环保事权，可以视情况委托地方政府执行或者聘请社会资本完成，但需要足额支付地方政府相应投入或者保障社会资本获得合理投资回报。对于地方政府应该承担的环保事权，在财政承受能力可行的情况下，能够引入市场化机制解决的，尽量交给市场来做，以撬动社会资本投入，提升环境基础设施供给能力与效率。

尽管近几年伴随中央层面大力推行 PPP 的大好形势，环境领域也大力实施 PPP 模式。然而，环境 PPP 推行过程存在机制和模式不够灵活的问题。例如，相关引导政策较多，但难以真正有效落地。当前制定出台的相关文件中，以规范项目实施为主，对 PPP 项目实施后续监管及要求相对薄弱。为推进 PPP 项目实施，国家及地方在相关文件中制定了财政、金融、收费、价格、土地、市场规范等方面的引导扶持政策。除对 PPP 示范项目奖励等政策外，落地且真正发挥效果的政策普遍较少，对 PPP 项目实施的引导性不够。例如，关于《推进水污染防治领域政府和社会资本合作的实施意见》（财建〔2015〕90 号）中提出的环境 PPP 实施重要引导政策之一，"财政资金要逐步从'补建设'向'补运营'、'前补助'向'后奖励'转变"，在地方却鲜见探索实施。

6.3　环保支出保障机制构建建议

6.3.1　完善污染者付费机制

督促企业提高环境保护投资的主动性和积极性。明确环境保护要求,提高污染源监督性监测水平,加大执法力度,公开发布企业排污信息,按照谁污染谁治理的原则,落实企事业单位治污责任,确保污染治理设施稳定可靠运行,创造或引导企业自主加大环境保护投资。完善上市公司环境绩效评估和信息披露制度,将企业环境保护投资作为上市企业环境保护审核内容。

在建制镇及有条件的农村,将生活污水收费标准原则上每吨调整至不低于0.85元。已经达到最低收费标准但尚未补偿成本并合理盈利的,应当结合污染防治形势等进一步提高污水处理收费标准。扩大农村生活垃圾收费范围,根据各地经济状况及居民承受能力适当提高收费标准。已经安装自来水的地区,可采取与供水价格合并计收的方式,有条件的市县可采取"用水消费量折算系数法"征收垃圾处理费。对养殖小区和散养户根据养殖规模征收一定的污染处置费,收费标准由各地区根据农村居民生活水平、养殖业盈利水平、养殖户承受能力等因素自行制定。

对直接向环境排放污染物的单位和个体工商户足额征收环境税。2016年12月25日,全国人大常委会表决通过《中华人民共和国环境保护税法》,按照"税负平移"原则将现行排污费改为环保税。环境税将于2018年1月1日起开征。当前的环境税计税依据是按照相信排污费计费办法来设置的。①环境税税目:大的分类包括大气污染物、水污染物、固体废物和噪声四类。只对《环境保护税法》规定的污染物征税、只对每一排放口的前3项大气污染物,前5项第一类水污染物(主要是重金属)、前3项其他类水污染物征税;同时各省份根据本地区污染物减排的特殊需要,可以增加应税污染物项目数。②计算方法与收费标准:对大气污染物、水污染物,沿用了现行污染物当量值表,并按照现行方法即以排放量折合的污染当量数作为计税依据。气污染物税额为每污染当量1.2元;水污染物税额为每污染当量1.4元;固体废物按不同种类,税额为每吨5~1 000元;噪声按超标分贝数,税额为每月350~11 200元;③鼓励地方政府按照各自情况上调收取标准,在现行排污收费标准规定的下限基础上,增设上限,即不超过最低标准的10倍。足额征收环境税,可以在一定程度上激励排污单位减少污染排放,减少政府提供环境公共产品和兜底解决环境问题的压力。

6.3.2　中央和地方均加大对执行自身环保事权的支出力度

根据"事权与支出责任对等"的原则,谁承担事权谁同时承担支出责任。基于本研究提出的当前阶段环保事权划分建议,同时提出与其相对应的财政支出保障机制(表9-3-10)。

表9-3-10　当前阶段中央和地方环保事权支出保障建议

第一级分类	第二级分类	当前阶段环保事权划分建议	财政支出保障建议
1. 环境保护管理事务	(1) 生态环境监测	中央和地方分级承担	中央和地方部门预算分级保障
	(2) 环境监察	中央和地方分级承担	中央和地方部门预算分级保障
	(3) 执法检查	地方承担事权	地方部门预算保障
	(4) 突发环境事件应急	地方承担事权	地方部门预算保障

第一级分类	第二级分类	当前阶段环保事权划分建议	财政支出保障建议
1. 环境保护管理事务	（5）环境保护法律、法规、政策、标准、规划制定	中央和地方分级承担	中央和地方部门预算分级保障
	（6）环境影响评价	中央和地方分级承担	中央和地方部门预算分级保障
	（7）污染物总量控制	中央和地方分级承担	中央和地方部门预算分级保障
	（8）排污许可证管理	中央和地方分级承担	中央和地方部门预算分级保障
	（9）环境宣教	中央和地方分级承担	中央和地方部门预算分级保障
	（10）环境信息发布	中央和地方分级承担	中央和地方部门预算分级保障
	（11）涉外环境保护事务	中央承担事权	中央部门预算保障
2. 污染防治	（1）大气污染防治	中央和地方共享事权	中央和地方均加大污染治理项目资金投入
	（2）水污染防治	中央和地方共享事权	中央和地方均加大污染治理项目资金投入
	（3）土壤污染防治	中央和地方共享事权	中央和地方均加大污染治理项目资金投入
	（4）农村环境综合整治	中央和地方共享事权	中央和地方均加大污染治理项目资金投入
	（5）固体废物污染防治	中央和地方共享事权	中央和地方均加大污染治理项目资金投入
	（6）跨区域和跨流域污染防治	中央和地方分级承担	中央和地方均加大资金投入
3. 生态保护与修复	（1）生态保护	中央和地方分级承担	中央和地方均加大生态保护项目资金投入
	（2）生态修复	中央和地方分级承担	中央和地方均加大生态修复项目资金投入
	（3）生物多样性保护	中央和地方分级承担	中央和地方均加大生物多样性保护项目资金投入
4. 环境科技	（1）基础研究	中央承担事权	中央财政加大投入
	（2）应用研究	中央和地方分级承担	中央和地方均加大资金投入

　　建议中央财政继续加大环保资金投入，逐年增加大气污染防治专项资金、水污染防治专项资金、土壤污染防治专项资金、农村环保专项资金的规模，保障跨区域和跨流域环境保护、跨省生态补偿、环境科技等领域的财政投入。通过规划目标考核、环保投资信息公开等方式倒逼地方政府环保资金投入。

　　地方政府应牢固树立起对本行政区域环境质量负责的观念，充分利用自身能够调控的各类资源，科学制定环境保护规划，加大环境保护投入力度，做实监督管理工作，保障执行自身环保事权的财政投入规模，确保当地环境质量逐渐得到改善。

6.3.3　优化中央和地方环保支出方式

　　对于可以采用 PPP 和环境污染第三方治理方式实施的环保事项，建议各级地方政府加强政策引导，完善依效付费机制，鼓励机制和模式创新，引导金融机构和社会资本环保投入，拓宽政府事权范围内环境服务供给渠道。推行"互联网+"模式，充分发挥互联网信息汇聚优势，建立污水、垃圾数字化运维管理服务平台，提高运维管理效率。鼓励城乡统筹、整县推进、区域连片、厂网一体、供排水一体等方式，在畜禽养殖污染治理、工业园区环境综合整治等领域探索开展 PPP+第三方治理模式，扩大社会资本建设运营规模，实现规模化经营。在农村生活垃圾治理方面鼓励推行就地资源化处置模式，降低污染治理成本。在确保社会资本合理收益的前提下，鼓励社会资本在项目实施中通过治理模式创新与技术研发创新，降低污染治理成本，提高社会资本的积极性。

　　为适应 PPP 等环保投融资机制创新，应发挥财政投入引导作用，中央财政下达各地的环保专项资金优先向本地区环境 PPP 项目倾斜，重点支持财政部、环境保护部 PPP 示范项目和推介项目。在不同领域、不同模式等方面建立环境 PPP 标杆项目。推进专项资金使用方式从"补建设"向"补运营"转变，由买工程向买服务、买效果转变，允许环保专项资金用于政府购买服务，提高资金使用效率。在政策允许的范围内，制定有利于环境 PPP 项目实施的土地、电价、税收、运费等优惠政策。

研究在地方试点的基础上建立国家环境保护基金，以财政资金为引导，撬动社会资本投入，采取债权和股权相结合的方式重点支持环境 PPP 项目和环境污染第三方治理项目融资，实现社会资本与环境保护需求的有效融合。通过专业化资本运作和利益相关方优势互补，形成资金蓄水池，确保基金持续滚动增值和做大做强。

参考文献

[1] 苏新泉. 美国事权财权划分对我国全面深化财政改革的启示[J]. 西部财会，2014（5）：4-8.

[2] 刘丽，张彬.美国政府间事权、税权的划分及法律平衡机制[J]. 湘潭大学学报（哲学社会科学版），2012，36（6）：53-58，76.

[3] 王清科. 美国政府事权划分及其对深圳改革的启示[J]. 特区实践与理论，2014（2）：57-60.

[4] 魏加宁，李桂林. 日本政府间事权划分的考察报告[J]. 经济社会体制比较，2007（2）：41-46.

[5] 王浦劬，张志超. 德国央地事权划分及其启示（上）[J]. 国家行政学院学报，2015（5）：41-49.

[6] 王浦劬，张志超. 德国央地事权划分及其启示（下）[J]. 国家行政学院学报，2015（6）：38-45.

[7] 财政部预算司. 德国政府间事权划分概况[J]. 国家行政学院学报，2015（6）：38-45.

[8] 魏星河，刘堂山. 处理中央与地方关系的关键：财权与事权的合理划分[J]. 江西行政学院学报，2004，6（2）：15-18.

[9] 赵琳. 合理划分中央与地方政府间的事权与财权[J]. 经济研究参考，2005（15）：8，31.

[10] 熊欣. 浅析财政分权原则——基于事权和财权的划分[J]. 当代经济，2015（6）：62-64.

[11] 齐桂珍. 试析我国中央与地方公共事权和财权的划分[J]. 中国特色社会主义研究，2005（6）：82-87.

[12] 章家乐. 我国政府间财权与事权划分问题浅析[J]. 管理观察，2015（24）：82-84.

[13] 成玲艳. 央地关系中财权与事权划分的问题及对策[J]. 经营管理者，2011（19）：53.

[14] 周波. 我国政府间事权财权划分——历史考察、路径依赖和法治化体系建设[J]. 经济问题探索，2008（12）：6-16.

[15] 陆成林. 辽河流域水环境保护事权财权划分——基于三个维度的方案设计[J]. 地方财政研究，2012（8）：65-69.

[16] 开根森. 美国水环境治理法令的建立[J]. 科学对社会的影响，2007（S1）：5-20.

本专题执笔人：陈鹏、程亮、刘双柳、徐顺青、高军

完成时间：2020 年 12 月

专题4 "十四五"环保投融资需求分析与思路对策研究

1 生态环境保护投融资政策现状

1.1 生态环境保护投融资现状

1.1.1 生态环境保护总投资

2016 年，全社会生态环境保护投资（含环境污染治理和生态保护修复投资）完成 1.76 万亿元，占 GDP 的比重为 2.36%。其中，环境污染治理投资 9 219.8 亿元，占总投资的 52.4%；生态保护修复投资 8 364.2 亿元，占总投资的 47.6%。

分地区看，2016 年生态环境保护投资排前三位的依次为江苏、山东、北京，投资规模超过千亿元；投资规模相对较小的天津、海南、西藏则不足百亿元（图 9-4-1）。

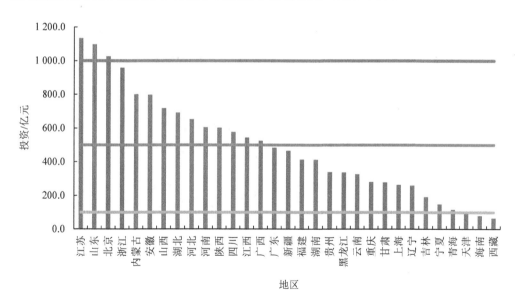

图 9-4-1 2016 年生态环境保护投资地区分布情况

1.1.2 环境污染治理投资

2016 年、2017 年，全社会环境污染治理投资分别完成 9 219.8 亿元、9 539.0 亿元，分别增长 4.7%、3.5%，占 GDP 的比例分别为 1.3%、1.2%（图 9-4-2）。

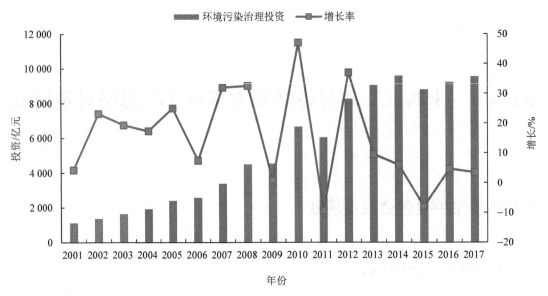

图 9-4-2　2001—2017 年环境污染治理投资情况

环境污染治理投资中 60%以上投向城市环境基础设施中的燃气、集中供热、排水、园林绿化、市容环境卫生领域，用于工业污染源治理投资比例不足 10%，当年完成"三同时"环保验收项目环保投资比例约 30%（图 9-4-3）。

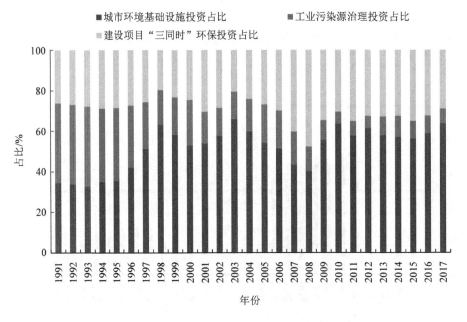

图 9-4-3　1991—2017 年环境污染治理投资分布情况

2017 年环境污染治理投资中，城市环境基础设施投资 6 086 亿元，占比 63.8%；建设项目"三同时"环保投资 2 772 亿元，占比 29.1%；工业污染源治理投资 681 亿元，占比 7.1%（图 9-4-4）。

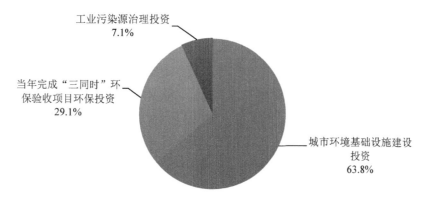

图 9-4-4　2017 年环境污染治理投资结构

分省份来看，2017 年环境污染治理投资超过 500 亿元的省份有 6 个，投资规模从高到低依次为山东、江苏、北京、河南、河北、安徽；不足百亿元的省份有 7 个，分别为吉林、甘肃、宁夏、天津、海南、青海、西藏（图 9-4-5）。

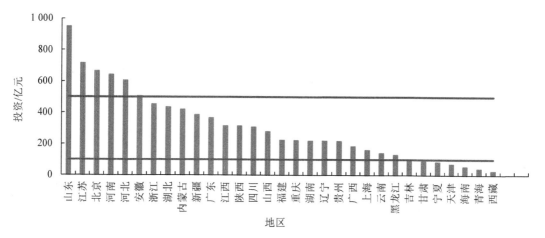

图 9-4-5　2017 年环境污染治理投资地区分布情况

分区域看，经济较发达的东部地区环境污染治理投资总量最大，2017 年为 4 484 亿元，中、西部地区分为 2 617 亿元、2 435 亿元；从增长速度看，西部地区增速加快，2017 年为 6.9%，东、中部地区分别为 4.4% 和 –0.1%（图 9-4-6）。

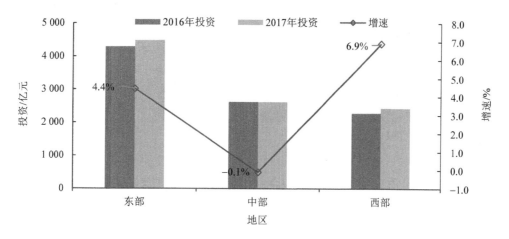

图 9-4-6　2016—2017 年环境污染治理投资东、中、西部变化情况

1.1.3 不同主体投资情况

（1）生态环境保护财政投入情况

从总量看，全国财政生态环境支出不稳，增长起伏较大。2018 年全国财政生态环境保护支出决算 5 354.5 亿元，较上年下降 12%；2019 年生态环境支出预算 5 813.2 亿元，同比增长 8.6%（图 9-4-7）。

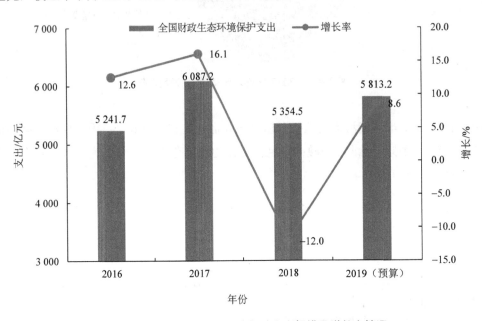

图 9-4-7　全国财政生态环境保护支出规模及增长率情况

从支出结构看，由重视生态建设转向更加注重污染防治。2018 年，污染防治支出占比 45.6%，较上年增长 14.7 个百分点，生态建设支出占比 23%，下降 20 个百分点（图 9-4-8）。

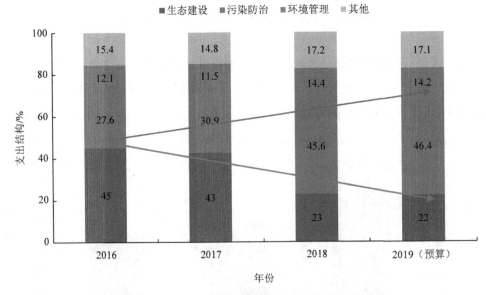

图 9-4-8　2016—2019 年全国财政生态环境保护支出结构

从资金来源看，2019 年上半年，全国地方财政累计发行新增债券 2.18 万亿元，占 2019 年新增地方政府债务限额 3.08 万亿元的 70.7%；累计发行新增专项债券中用于污染防治等生态环境领域

581 亿元，占比 2.7%。中央财政用于生态环境的资金规模从 2009 年的 1 017.3 亿元增长至 2018 年的 2 597.5 亿元，年均增长约 150 亿元，增长率 11%；2018 年，约 92%的资金通过一般性转移支付、专项转移支付和基本建设支出等方式支持地方生态环境保护（图 9-4-9）。

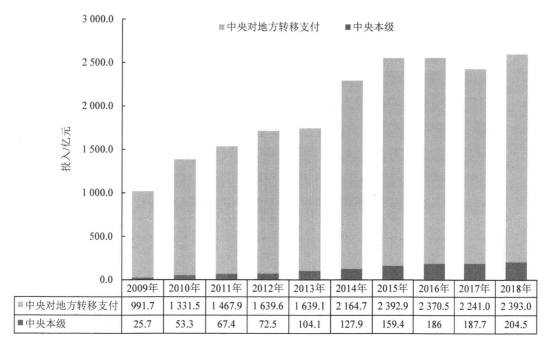

图 9-4-9　2009—2018 年生态环境保护中央财政投入情况

	2009年	2010年	2011年	2012年	2013年	2014年	2015年	2016年	2017年	2018年
中央对地方转移支付	991.7	1 331.5	1 467.9	1 639.6	1 639.1	2 164.7	2 392.9	2 370.5	2 241.0	2 393.0
中央本级	25.7	53.3	67.4	72.5	104.1	127.9	159.4	186	187.7	204.5

从总量看，2019 年中央财政生态环境保护支出预算为 2 842.8 亿元，较 2018 年增加 245.3 亿元，用于污染防治的支出增加 109.2 亿元，但该支出总额不足生态保护支出的一半（46%）（表 9-4-1）。

表 9-4-1　2017—2019 年中央财政生态环境保护支出情况

类别	支出说明	2017 年决算/亿元	2018 年决算/亿元	2019 预算/亿元
环境管理	反映环境保护管理、环境监测与监察、污染减排事务支出	29.8	36.3	32.8
污染防治	反映治理大气、水体、土壤、固体废物与化学品等污染的支出	643.9	714.7	823.9
生态保护	反映用于自然生态保护、天然林保护、退耕还林、风沙漠治理、退牧还草、水利生态保护、海洋生态保护等方面的支出	1 668.3	1 750.9	1 860.3
其他	反映上述项目以外用于节能环保等方面的支出	86.8	95.6	125.8
合计		2 428.7	2 597.5	2 842.8

从支出结构看，2014 年以来，中央财政支出中污染防治支出占比超过 20%，且近几年呈增长趋势，2018 年占比达到 27.5%，与全国财政结构变化相同（图 9-4-10）。

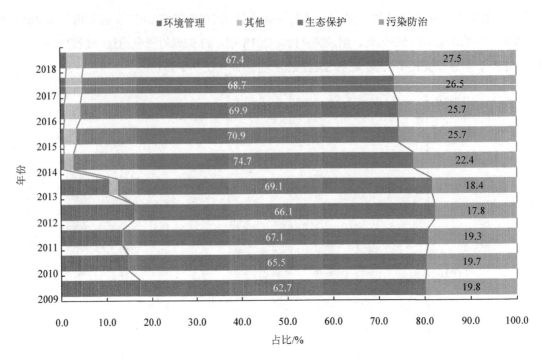

图 9-4-10　2009—2018 年中央财政生态环境支出结构

（2）绿色金融支持生态环境保护情况

绿色信贷。绿色信贷规模保持稳步增长，国内 21 家主要银行机构绿色信贷规模从 2014 年的 6 万亿元增长至 2018 年 7 月的 9 万亿元（图 9-4-11）。

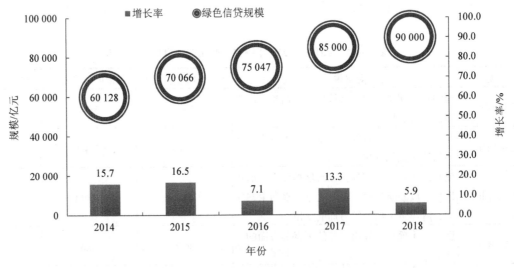

图 9-4-11　2014—2018 年绿色信贷变化情况

绿色债券。2018 年我国贴标绿色债券总发行量 2 826 亿元，占全球发行量的 18%，投向污染防治领域约 250 亿元，占国内发行量比例约 9%（图 9-4-12）。

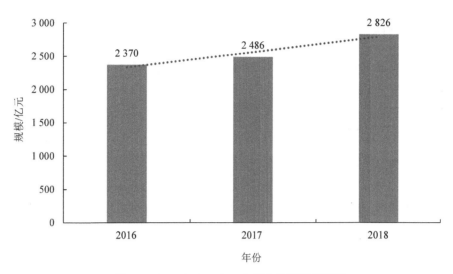

图 9-4-12　2016—2018 年绿色债券发行情况

绿色基金。截至 2016 年年底，已设立并备案的节能环保绿色基金共 265 只。

绿色保险。2016 年，全国投保企业 1.44 万家次，保费 2.84 亿元，保险公司共提供风险保障金 263.7 亿元，保障能力扩大近 93 倍。

（3）工业企业生态环境保护投资情况

2013 年以来，工业企业环境保护投资规模有较大幅度提升，2015 年以来有所回落，2017 年完成投资 3 453 亿元，较 2014 年下降 659 亿元，降幅达 16%（图 9-4-13）。

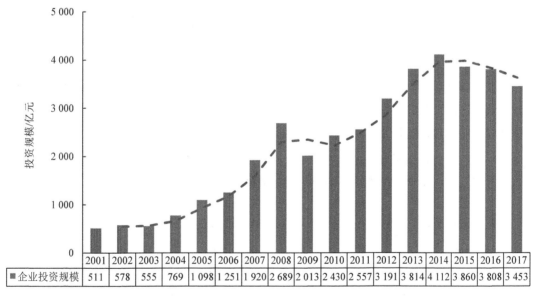

	2001	2002	2003	2004	2005	2006	2007	2008	2009	2010	2011	2012	2013	2014	2015	2016	2017
■企业投资规模	511	578	555	769	1 098	1 251	1 920	2 689	2 013	2 430	2 557	3 191	3 814	4 112	3 860	3 808	3 453

图 9-4-13　2001—2017 年工业企业环保投资情况

（4）社会资本生态环境保护投入情况

社会资本主要是通过政府与社会资本合作（PPP）模式参与生态环境保护建设。截至 2019 年 5 月底，财政部 PPP 中心项目管理库生态建设和环境保护 PPP 项目累计总数 874 个，占全部项目总数的 9.7%，项目投资额 9 473 亿元，占全部项目总投资的 6.9%。累计落地生态建设和环境保护项目 551 个，总落地率 63%，落地投资 6 350 亿元。

1.2 财政环保投融资政策现状

财政环保投融资政策主要是通过财政支出、税费、补贴、价格等手段，引导社会资本、金融机构、企业、用户等投入生态环境保护工作。

1.2.1 中央财政生态环境保护专项资金

（1）大气污染防治专项资金

2013 年《大气污染防治行动计划》实施后，中央财政整合主要污染物减排等专项设立大气污染防治专项资金，2013—2018 年，中央财政累计投入 727 亿元（图 9-4-14）。

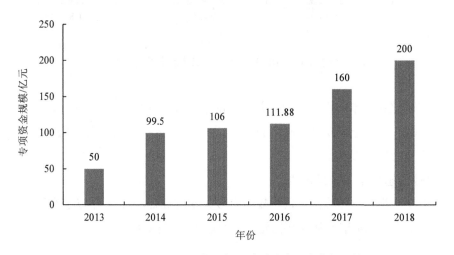

图 9-4-14　2013—2018 年大气污染防治专项资金投入情况

（2）水污染防治专项资金

2015 年《水污染防治行动计划》实施后，中央财政整合三河三湖及松花江流域专项、湖泊生态环境保护专项、江河湖泊治理与保护专项，设立水污染防治专项资金，2015—2018 年，水污染防治专项资金累计投入 518 亿元（图 9-4-15）。

图 9-4-15　2011—2018 年水污染防治相关专项资金投入情况

（3）土壤污染防治专项资金

2016 年《土壤污染防治行动计划》实施后，中央财政将原来的重金属污染防治资金调整为土壤污染防治专项资金，2016—2018 年，土壤污染防治专项资金累计投入 195 亿元（图 9-4-16）。

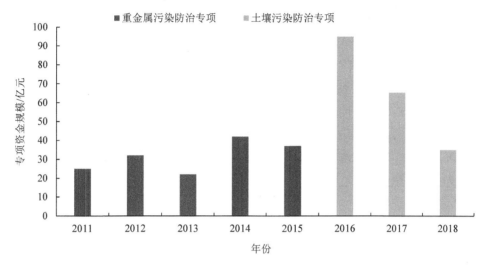

图 9-4-16　2011—2018 年土壤污染防治相关专项资金投入情况

（4）农村环境综合整治资金

2011—2018 年中央农村环保专项共安排资金 455 亿元，主要开展农村饮用水水源地保护、农村生活污水和垃圾治理、畜禽养殖污染防治等整治内容（图 9-4-17）。

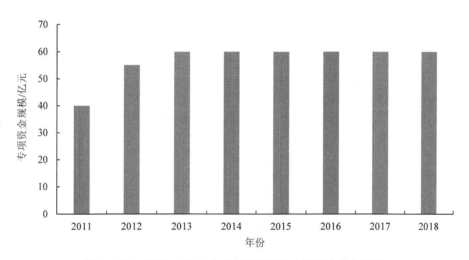

图 9-4-17　2011—2018 年农村环境保护专项资金投入情况

（5）重点生态保护修复治理专项

重点生态保护修复治理专项资金 2016 年设立，主要用于实施山水林田湖生态保护修复工程，促进实施生态保护和修复。2016—2018 年，重点生态保护修复治理专项资金投入规模分别为 68 亿元、80 亿元、100 亿元，累计投入 248 亿元。

（6）其他专项资金

为支持海绵城市建设试点、地下综合管廊建设试点、城市黑臭水体治理示范、中西部地区城镇污水处理提质增效，中央财政设立城市管网及污水处理补助资金，2019 年预算支出 186 亿元。中央财政还设立了节能减排补助资金、工业企业结构调整专项奖补资金等与环境保护关系较为紧密的专项资金。

1.2.2　吸引社会资本投入的财政政策

实施 PPP 是提高生态环境公共服务供给质量与效率的重要途径,是构建以政府为主导、企业为主体、社会组织和公众共同参与的环境治理体系的重要内容。习近平总书记在生态环境保护大会上提出充分运用市场化手段,完善资源环境价格机制,采取多种方式支持政府和社会资本合作项目。规范采取 PPP 模式是打好污染防治攻坚战的重要保障,也是提高资金使用效率的关键。2014 年以来,国家先后出台一系列政策文件,用于支持生态环境领域 PPP 模式,重点推进领域包括饮用水水源地环境综合整治、湖泊水体保育、河流环境生态修复与综合整治、湖滨河滨缓冲带建设、湿地建设、水源涵养林建设、地下水环境修复、环境监测与环境事故应急响应、城镇污水处理及管网建设、城市生活垃圾收运及处置等。为推进环境污染第三方治理,国家也先后出台一系列政策文件,具体如表 9-4-2 所示。

表 9-4-2　环境污染第三方治理政策

序号	文件名称	文号
1	关于创新重点领域投融资机制鼓励社会投资的指导意见	国发〔2014〕60 号
2	关于推行环境污染第三方治理的意见	国办发〔2014〕69 号
3	关于开展环境污染第三方治理试点示范工作的通知	发改环资〔2015〕1459
4	关于推进环境污染第三方治理的实施意见	环规财函〔2017〕172 号
5	关于深入推进园区环境污染第三方治理的通知	发改办环资〔2019〕785 号

1.2.3　环境保护税收政策情况

(1)环境保护税

自 2018 年 1 月 1 日起,我国正式开征环境保护税,应税污染物包括大气、水、固体废物和噪声。环境保护税实施后,不再征收排污费。截至 2019 年第二季度,全国已累计征收环境保护税 264 亿元(图 9-4-18),全部作为地方收入。

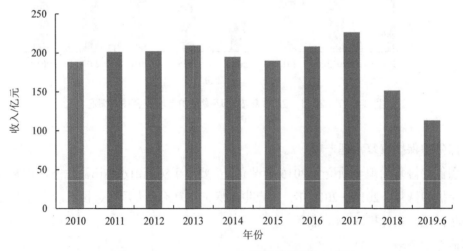

图 9-4-18　2010—2019 年环境保护税收入情况

注:2018 年之前为全国排污收费收入,2018 年全国环境监管执法产生行政处罚罚款收入 152.8 亿元,未包含在环境保护税里。

（2）其他与环境相关税收及优惠政策

在我国现行税制中，除环境保护税外，增值税、企业所得税、资源税等也有涉及环境保护相关的一些税收政策规定。其中，增值税以及企业所得税的税收优惠政策最为全面、具体，以经济利益来吸引企业注重环境保护，对于环境保护起到一定的促进作用。相关优惠政策如表 9-4-3 所示。

现行的资源税政策对利用废石、尾矿、废渣、废水、废气等提取的矿产品，由省级人民政府根据实际情况确定是否给予减税或免税。

表 9-4-3　增值税和所得税现行优惠政策及内容

产业类型	主要环节	增值税	企业所得税
环保技术与装备	研发	技术研发创造的收入免征	①科技型中小企业研究开发费用享受税前加计扣除； ②产品更新换代较快和处于强震动、高腐蚀状态的固定资产可以缩短折旧年限或采取加速折旧
	转让		技术转让收入 500 万元以内免税；超过 500 万元减半
	购买	企业购进或自制固定资产发生的进项税额，可凭相关凭证从销项税额予以抵扣	①专用设备企业享受投资额 10%所得税抵免； ②新购进设备、器具单位价值不超过 500 万元，允许一次性计入当期成本在应纳税额所得额扣除
	进口	重大技术设备及其关键零部件、原材料进口免征增值税	
环保服务		①技术服务创造的收入面增值书； ②污水、垃圾、污泥处理处置劳务即征即退 70%	污水、垃圾处理、沼气利用等企业享受"三免三减半"优惠
资源综合利用		①利用废渣、工业废气、能做无秸秆剩余物发酵产生沼气，生产的工业产品即征即退 70%； ②销售再生水，工业废物生产新型建筑材料，废旧轮胎生产翻新轮胎、胶粉等即征即退 50%； ③电子废物拆解、利用，废催化剂、电解废弃物、电镀废弃物等冶炼提纯即征即退 30%	废旧资源作为主要原材料的企业产品所得收入，减按 90%计入当年收入总额
其他			①高新企业 15%；西部鼓励类产业 15%；从 2019 年 1 月 1 日至 2021 年年底，对从事污染防治的第三方企业，减按 15%税率征收企业所得税； ②创业投资企业和个人享受税收抵减优惠政策；个人所得税奖金和股权免税

2　生态环境保护投融资存在的问题

2.1　生态环境保护投资总量不足

环境污染治理投资总量距离环境质量改善的投资需求有一定差距。2012 年以来，环保投资占 GDP、全社会固定资产投资的比例呈双下降趋势，2017 年占 GDP 的比例仅为 1.15%。据国际经验，当治理环境污染的投资占 GDP 的比例达到 1%～1.5%时，可以控制环境污染恶化的趋势；当该比例达到 2%～3%时，环境质量可有所改善，我国还存在较大差距。

　　重点流域、重点区域生态环境保护投资保障不足。重点流域工业废水治理投资有所下降，占老工业污染源治理投资的比例不足 10%，海河、辽河、松花江流域的工业废水污染治理投资呈逐年下降的趋势。京津冀、珠三角、辽宁中部城市群等重点区域废气治理投资比重低于工业废气排放量比重，仅处于基本控制污染的投资水平；长期历史欠账叠加蓝天保卫战下的新资金需求导致当前大气污染防治投入总量十分不足，与实现全国环境质量根本好转的资金需求仍有很大差距（图 9-4-19、图 9-4-20）。

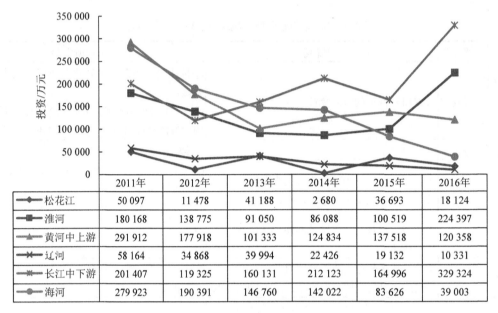

	2011年	2012年	2013年	2014年	2015年	2016年
松花江	50 097	11 478	41 188	2 680	36 693	18 124
淮河	180 168	138 775	91 050	86 088	100 519	224 397
黄河中上游	291 912	177 918	101 333	124 834	137 518	120 358
辽河	58 164	34 868	39 994	22 426	19 132	10 331
长江中下游	201 407	119 325	160 131	212 123	164 996	329 324
海河	279 923	190 391	146 760	142 022	83 626	39 003

图 9-4-19　2011—2016 年重点流域工业废水治理投资

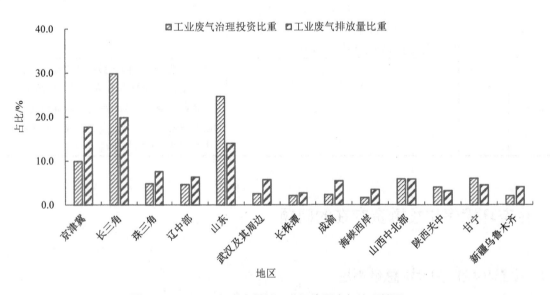

图 9-4-20　2016 年重点区域工业污染源废气治理情况

　　支持生态环境保护财政投资保障不稳定。中央财政生态环境支出占中央财政总支出的比例呈现一定的下降，2018 年占比 2.5%，较 2015 年的最高点（3.2%）下降 0.5 个百分点，且连续 3 年呈下降态势（图 9-4-21）。

图 9-4-21　2009—2018 年中央生态环境支出占总支出比例

2.2　环保投融资渠道及规模拓展空间有限

政府投资方面，环保专项资金、地方债以及 PPP 模式作为生态环境保护项目的三大政府投融资渠道，其增长空间非常有限。中央环保专项资金基本呈稳步增长趋势，2017 年（494.8 亿元）较 2011 年（173.7 亿元）增长 321.1 亿元，年均仅增长 53.5 亿元。地方财政进行配套投入，一般设立地方环保专项资金，资金规模总体稍高于中央财政。2018 年全国发行地方政府债券 41 652 亿元。其中，发行一般债券 22 192 亿元，发行专项债券 19 460 亿元。专项债券一般要求项目本身具有 30% 的现金流，除生活污水处置以外的其他生态环境项目不具备发行条件。一般债券受各领域综合平衡考虑用于生态环境项目的规模增长空间有限。《关于推进政府和社会资本合作规范发展的实施意见》（财金〔2019〕10 号）要求，"财政支出责任占比超过 5% 的地区，不得新上政府付费项目"。该要求对大多需要政府付费的生态环境保护项目造成一定冲击，生态环境 PPP 项目实施空间严重受限。

企业投资方面，2016 年和 2017 年，企业环保投资分别为 3 807.8 亿元、3 453.2 亿元，分别占工业固定资产投资的 1.6%、1.5%。相关研究表明，一个国家要对大气、水和固体废物污染进行控制，企业环保投资占固定资产总投资比例应达到 5%～7%，而我国当前企业环保投资占工业固定资产投资的比例明显偏低。

社会筹资方面，我国仅在污水、垃圾、医疗废物、危险废物处置方面建立了收费机制。其中，生活污水收费总体规模相对较大，2016 年和 2017 年分别为 370.12 亿元、473.64 亿元，若将污水管网投资、污水处理厂投资、污水和污泥运行成本等折算成吨水服务费，则生活污水收费水平相对吨水服务费要低得多，这相当于本来应该由公众承担的付费责任，却要由财政通过政府付费或可行性缺口补助的方式代为支出。

2.3　环保投资效率亟待提升

当前我国环保投融资效率相对不高主要表现为以下方面：一是项目储备、资金分配与污染防治攻坚战重点任务衔接不足。中央项目储备情况与重点控制单元、重点区域、重点任务不能完全匹配。

在资金分配时层层下切，存在撒胡椒面现象，难以形成合力。以 2018 年 PPP 入库项目为例，部分生态环境 PPP 项目停留于景观、绿化、灾害防御、清淤疏浚、市政道路、旅游娱乐等层次，项目本身与生态环境保护和打好污染防治攻坚战关系不大。二是项目统筹谋划不足。省级层面简单汇总储备项目，缺乏对项目布局和资金投向的统筹和谋划。项目乱打捆与割裂实施问题并存，绩效无关联项目实施中乱捆绑，绩效相关联的项目实施又缺乏统筹。重视项目建设，对后续运营缺乏关注，导致部分项目建成后无法有效运转，甚至闲置，造成专项资金严重浪费。三是绩效管理体系不健全。主要体现在"绩效目标与审核—绩效监控—绩效评价—评价结果反馈与应用"全过程的绩效管理体系尚未建立、绩效评价指标体系仍在建设中、区域绩效目标表的编制缺乏技术指导、缺乏绩效过程监控制度。四是基层项目管理任务重、能力弱。项目管理以区县级基层部门为主，但是基层相关部门人员严重不足，管理任务较重。基础部门专业能力有限，无法有效保障项目的有效实施。

2.4 环保财税政策体系尚不健全

环境保护税收体系有待完善。环境税征税范围比较窄、税率偏低，其他环保相关税如资源税、城市维护建设税等大多为地方性税种，收入规模小、税源分散，难以在生态环境保护方面发挥巨大作用。

财政资金引导作用尚未充分发挥。中央环保专项资金重点用于解决政府环境事权范围内的重大环境问题，资金来源单一，资金使用以补助、奖励方式为主，在引导地方政府和企业自有资金环保投入方面的作用有限，"四两拨千斤"的杠杆作用未能充分发挥。2016 年、2018 年、2019 年（预算）中央财政对地方投入的带动约为 1∶1.13，仅 2017 年带动比例较高，为 1∶1.63（图 9-4-22）。

图 9-4-22 2016—2019 年地方本级和中央对地方转移支付支出情况

3 "十四五"生态环境保护投资需求宏观预测

基于环境统计年鉴公开的环境污染治理投资历史数据，分别采用情景分析法、线性回归模型、灰色 GM（1，1）模型三种方法预测了"十四五"时期（2021—2025 年）我国环境污染治理投资总额。预测结果显示，"十四五"时期我国环境污染治理投资总量的可能值为 7.7 万亿～9 万亿元，年均投资约 1.5 万亿元。

3.1 基于情景分析法的环境污染治理投资需求预测

近年来，环境污染治理投资实现不断增长，2017 年完成投资 9 539 亿元，较上年增长 3.5%，占 GDP 的 1.15%。从近 10 年（指 2008—2017 年）历史数据看，环境污染治理年均投资 7 612.7 亿元，年均增长 8.7%，占 GDP 的比例均值为 1.37%（表 9-4-4）。而根据环境保护与经济发展规律的研究，要比较全面地解决生态环境问题，环境污染治理投资占 GDP 比例应达到 2% 左右，据此，当前环境污染治理投资与环境质量全面改善的投资需求仍有一定差距。

表 9-4-4 2008—2017 年环境污染治理投资和 GDP 情况

年份	环境污染治理投资/万元	增长率/%	GDP/亿元	环境污染治理投资占 GDP 的比例/%
2008	4 490.3	32.6	319 515.5	1.41
2009	4 525.2	0.8	349 081.4	1.30
2010	6 654.2	47.0	413 030.3	1.61
2011	6 026.2	−9.4	489 300.6	1.23
2012	8 253.6	37.0	540 367.4	1.53
2013	9 037.2	9.5	595 244.4	1.52
2014	9 575.5	6.0	643 974.0	1.49
2015	8 806.3	−8.0	689 052.1	1.28
2016	9 219.8	4.7	743 585.5	1.24
2017	9 539.0	3.5	827 121.7	1.15
平均值	7 612.7	8.7	534 591.4	1.37

根据经合组织发布的《2019 年世界经济展望报告》及国际货币基金组织（IMF）发布的《世界经济展望报告》，预期 2019 年中国经济增长率为 6.2%，2020 年为 6%，2020 年之后将稳定在 5%。结合环境污染治理投资占 GDP 比例分别达到 1.2%、1.5% 和 2.0% 三种情景，测算得到"十四五"环境污染治理投资在 7 万亿~12 万亿元（表 9-4-5）。

表 9-4-5 不同情景目标下"十四五"环境污染治理投资预测　　　　　　单位：万元

年份	2021	2022	2023	2024	2025	合计
情景一：环境污染治理投资占 GDP 的比例为 1.2%	13 433	14 347	15 322	16 364	17 477	76 944
情景二：环境污染治理投资占 GDP 的比例为 1.5%	16 792	17 934	19 153	20 456	21 847	96 181
情景三：环境污染治理投资占 GDP 的比例为 2.0%	22 389	23 912	25 537	27 274	29 129	128 241

3.2 线性回归分析下环境污染治理投资需求预测

3.2.1 环境污染治理投资影响因素分析

环境污染治理投资的影响因素较为复杂，研究常开展其与经济发展、固定资产投资、财政支出等指标的关系分析。应用 SPSS 软件计算环境污染治理投资与 GDP、固定资产投资、财政支出、财政收入四个指标的相关性系数。结果表明，环境污染治理投资与财政收入相关性最强，相关系数达

0.99，与 GDP 的相关性次之，相关系数为 0.989，详细结果见表 9-4-6。

表 9-4-6　环境污染治理投资影响因素相关性分析

类别	环境污染治理投资	GDP	固定资产投资	财政收入	财政支出
环境污染治理投资	1	—	—	—	—
GDP	0.988 741	1	—	—	—
固定资产投资	0.976 357	0.989 818	1	—	—
财政收入	0.989 864	0.997 457	0.994 857	1	—
财政支出	0.982 473	0.995 692	0.997 818	0.998 338	1

3.2.2　线性回归法建立回归方程

根据计算的相关系数建立环境污染治理投资与财政收入之间的一元线性回归方程，将环境污染治理投资作为因变量，财政收入作为自变量构建环境污染治理投资需求预测的一元线性回归模型。选取 1981—2017 年的环境污染治理投资额和财政收入数据建立回归方程，基础数据如表 9-4-7 所示。

表 9-4-7　1985—2010 年全国环境污染治理投资及影响因素相关数据　　　　单位：亿元

年度	环境污染治理投资	财政收入
1981	25.00	1 175.79
1982	28.70	1 212.33
1983	30.70	1 366.95
1984	33.40	1 642.86
1985	48.50	2 004.82
1986	73.90	2 122.01
1987	91.90	2 199.35
1988	99.90	2 357.24
1989	102.50	2 664.90
1990	109.10	2 937.10
1991	170.12	3 149.48
1992	205.56	3 483.37
1993	268.83	4 348.95
1994	307.20	5 218.10
1995	354.86	6 242.20
1996	408.20	7 407.99
1997	502.50	8 651.14
1998	721.80	9 875.95
1999	823.20	11 444.08
2000	1 060.70	13 395.23
2001	1 106.6	16 386.04
2002	1 363.4	18 903.64

年度	环境污染治理投资	财政收入
2003	1 627.3	21 715.25
2004	1 909.8	26 396.47
2005	2 388.0	31 649.29
2006	2 566.0	38 760.20
2007	3 387.6	51 321.78
2008	4 490.3	61 330.35
2009	4 525.2	68 518.30
2010	6 654.2	83 101.51
2011	6 026.2	103 874.43
2012	8 253.6	117 253.52
2013	9 037.2	129 209.64
2014	9 575.5	643 974.0
2015	8 806.3	689 052.1
2016	9 219.8	743 585.5
2017	9 539.0	827 121.7

建立预测模型如下：

$$Y=a+bX+e$$

其中，Y 是环境污染治理投资预测值；X 是财政收入；a 是回归常数；b 是回归系数；e 是误差项或回归余项。

计算参数，采用最小二乘法得出相关系数模拟值为 a=99.681 8，b=0.062 1，拟合优度为 98%。

由回归系数，得到线性回归方程为：

$$Y=99.681 8+0.062 1X$$

其中：Y 为环境污染治理投资额；X 为财政收入。

3.2.3　模型检验

在 α=0.05 时，自由度=35，查相关系数表，得 $R_{0.05}$=0.325，而本模型 R=0.98＞0.325，在 0.05 的显著性水平上，检验通过，二者的线性关系合理。

在 α=0.05 时，自由度=35，查 t 检验表，得 t（α/2，34）=2.032，而本模型 t_b=41.235 2＞2.032，在 0.05 的显著性水平上，t 检验通过，说明二者的线性关系明显。

3.2.4　模型预测

2009—2018 年，我国财政收入年均增速为 11.6%，近 3 年（2016—2018 年）平均增速仅为 7.2%，进入 2019 年，财政在全面落实已出台的减税降费政策的同时，实施更大规模的减税、更为明显的降费，这在有效激发市场活力、进一步降低企业成本负担的同时，也将相应影响财政增收。进入"十四五"时期，假定财政收入增速稳定为 5%，据此预测"十四五"时期环境污染治理投资额，根据回归方程得出"十四五"期间环境污染治理投资预测结果如表 9-4-8 所示。

表 9-4-8 基于线性回归的"十四五"时期环境污染治理投资需求预测 单位：亿元

年份	2021	2022	2023	2024	2025	合计
环境污染治理投资额	13 275.4	13 934.2	14 625.9	15 352.3	16 114.9	73 302.7

3.3 灰色模型下环境污染治理投资需求预测

3.3.1 模型简介

灰色系统（grey system）理论是我国学者邓聚龙教授首先提出的，该理论在预测领域中发挥着越来越重要的作用。

灰色系统是指部分信息已知、部分信息未知的系统。灰色系统理论适应于环境系统的内部作用机制，可以将环境系统内部不明确的、难以定量的灰色量以数学模型的形式提出，并运用时间序列数据来确定微分方程的参量。灰色预测预报不是把观测到的数据序列视为一个随机过程，而是看作随时间变化的灰色量和灰色过程。通过累加生成和累减生成，逐步使灰色量白化，从而建立相应于微分方程解的模型并做出预测、预报。灰色预测系统使用的数据量可多可少，数据可以是线性的，也可以是非线性的，因此它和线性回归预测模型相比，优点是可以处理非线性问题，和模糊预测模型相比优点是所使用的数据量很少，而且可随时对模型进行修正以提高其预测精度。

GM（1，1）模型是目前使用最广泛地预测一个变量、一阶微分方程的预测模型，模型建立步骤如下：

步骤 1：构造模型

（1）记原始数列 $X^{(0)}$ 为：

$$x^{(0)} = \left\{ x^{(0)}(1), x^{(0)}(2), \cdots, \ x^{(0)}(n) \right\}$$

通过作 1-AGO 累加生成新序列 $X^{(1)}$：

$$x^{(1)} = \left\{ x^{(1)}(1), x^{(1)}(2), \cdots, x^{(1)}(n) \right\} \qquad 其中，\ x^{(1)}(k) = \sum_{j=1}^{k} x^{(0)}(j)$$

（2）对 $X^{(0)}$ 作光滑性检验：

$$p(k) = \frac{X^{(0)}(k)}{X^{(1)}(k-1)}$$

当 $k > 3$ 时，如果 $p(k) < 0.5$，则满足光滑性检验；

（3）检验 $X^{(1)}$ 是否具有指数规律，

令
$$\sigma^{(1)}(k) = \frac{X^{(1)}(k)}{X^{(1)}(k-1)}$$

当 $k > 3$ 时，如果 $1 < \sigma^{(1)}(k) < 1.5$，则满足指数规律，可以对 $X^{(1)}$ 建立 GM（1，1）模型；

（4）令 $Z^{(1)}(k)$ 为 $X^{(1)}(k)$ 的紧邻均值生成序列

$$Z^{(1)}(k) = \left\{ Z^{(1)}(2), \ Z^{(1)}(3), \cdots, \ Z^{(1)}(n) \right\}$$

$$Z^{(1)}(k) = \frac{1}{2}(x^{(1)}(k-1) + x^{(1)}(k))$$

则 GM（1，1）的灰微分方程模型为：

$$X^{(0)}(k) + aZ^{(1)}(k) = u \qquad (9\text{-}4\text{-}1)$$

式中：a 称为发展系数；u 称为内生控制系数。

（5）$X^{(0)}(k) + aZ^{(1)}(k) = u$ 的白化形式的微分方程表示为：

$$\frac{\mathrm{d}X^{(1)}(t)}{\mathrm{d}t} + aX^{(1)}(t) = u \qquad (9\text{-}4\text{-}2)$$

对灰微分方程求解，得到其离散的通解为：

$$\hat{x}^{(1)}(k+1) = -\frac{C}{a}e^{-ak} + \frac{u}{a} \qquad (9\text{-}4\text{-}3)$$

式中，C 为积分常数，需要通过一个边界条件来确定。在目前所采用的预测模型中，都是假定：

$$x^{(1)}(1) = x^{(0)}(1) \qquad (9\text{-}4\text{-}4)$$

式（9-4-3）在式（9-4-4）条件下的特解为：

$$\hat{x}^{(1)}(k+1) = (x^{(0)}(1) - \frac{u}{a})e^{-ak} + \frac{u}{a}, \ k = 1, 2, \cdots \qquad (9\text{-}4\text{-}5)$$

式（9-4-5）即为式（9-4-2）的定解。

（6）参数估计：

记 $\hat{a} = (a, u)^T$，则其估计值可由式（9-4-6）计算

$$\hat{a} = [a, u]^T = (B^T B)^{-1} B^T y \qquad (9\text{-}4\text{-}6)$$

式中 B 以及 y 用式（9-4-7）计算。

$$\begin{bmatrix} -\frac{1}{2}\left[X^{(1)}(1) + X^{(1)}(2)\right] & 1 \\ -\frac{1}{2}\left[X^{(1)}(2) + X^{(1)}(3)\right] & 1 \\ \cdots & \cdots \\ -\frac{1}{2}\left[X^{(1)}(n-1) + X^{(1)}(n)\right] & 1 \end{bmatrix} \quad \begin{bmatrix} X^{(0)}(2) \\ X^{(0)}(3) \\ \vdots \\ X^{(0)}(n) \end{bmatrix} \qquad (9\text{-}4\text{-}7)$$

（7）预测方程：

$$\hat{x}^{(1)}(k+1) = (x^{(1)}(1) - \frac{u}{a})e^{-ak} + \frac{u}{a}; \qquad k = 1, 2, \cdots, n$$

根据该式推算出原序列：

$$\hat{x}^{(0)}(k+1) = \hat{x}^{(1)}(k+1) - \hat{x}^{(1)}(k); \quad k = 1, 2, \cdots, n$$

步骤 2：模型检验

（1）绝对误差与相对误差检验。公式如下：

绝对误差序列：$\varepsilon^{(0)}(i) = x^{(0)}(i) - \hat{x}^{(0)}(i)$ $(i = 1, 2, \cdots, n)$；

相对误差序列：$\varphi_i = \dfrac{\varepsilon^{(0)}(i)}{x^{(0)}(i)}$ $(i = 1, 2, \cdots, n)$；

平均相对残差：$\bar{\phi}=\dfrac{1}{n}\sum\limits_{i=1}^{n}\varphi_i$

相对误差越小，模型精度越高。

（2）后验差检验：首先计算原始序列 $x^{(0)}(i)$ 的标准差：

$S_0=\sqrt{\dfrac{S_0^{\,2}}{n-1}}$，其中：$S_0^{\,2}=\sum\limits_{i=1}^{n}\left[x^{(0)}(i)-\bar{x}^{(0)}\right]^2$，$\bar{x}^{(0)}=\dfrac{1}{n}\sum\limits_{i=1}^{n}x^{(0)}(i)$

然后计算残差序列 $\varepsilon^{(0)}(i)$ 的标准差：

$S_1=\sqrt{\dfrac{S_1^{\,2}}{n-1}}$，其中：$S_1^{\,2}=\sum\limits_{i=1}^{n}\left[\varepsilon^{(0)}(i)-\bar{\varepsilon}^{(0)}\right]^2$，$\bar{\varepsilon}^{(0)}=\dfrac{1}{n}\sum\limits_{i=1}^{n}\varepsilon^{(0)}(i)$

计算后验差比值：$c=\dfrac{S_1}{S_0}$，

计算小误差概率：$p=\left\{\left|\varepsilon^{(0)}-\bar{\varepsilon}^{(0)}\right|<0.674\,5\cdot S_0\right\}$

步骤3：预测

3.3.2　模型应用

近年来，我国对环境污染治理投资逐年加大，较以往有了较大幅度的提高。表9-4-9 显示了我国 2003—2017 年环境污染治理投资总额的变化情况。以此建立 GM（1，1）模型对"十二五"期间各年的环境污染治理投资总额进行预测。

表9-4-9　2000—2017 年环境污染治理投资总额　　　　单位：亿元

年份	环境污染治理投资额	年份	环境污染治理投资额
2003	1 627.3	2011	6 026.2
2004	1 909.8	2012	8 253.6
2005	2 388.0	2013	9 037.2
2006	2 566.0	2014	9 575.5
2007	3 387.6	2015	8 806.3
2008	4 490.3	2016	9 219.8
2009	4 525.2	2017	9 539.0
2010	6 654.2	—	—

1）对原序列作准光滑性检验，数值如表9-4-10 所示：

表9-4-10　原序列光滑性检验值

序号	光滑性检验	序号	光滑性检验
1	—	8	0.232
2	1.250	9	0.258
3	0.597	10	0.225
4	0.494	11	0.194
5	0.438	12	0.150
6	0.307	13	0.136
7	0.345	14	0.124

当 $k>3$ 时，$p(k)<0.5$，满足准光滑性检验，符合检验条件。

2）检验生成序列 $X^{(1)}$ 是否具有指数规律，检验值如表 9-4-11 所示。

表 9-4-11　生成序列指数规律检验值

序号	指数规律检验	序号	指数规律检验
1	—	8	1.2
2	2.3	9	1.3
3	1.6	10	1.2
4	1.5	11	1.2
5	1.4	12	1.1
6	1.3	13	1.1
7	1.3	14	1.1

当 $k>3$，$1<\sigma^{(1)}(k)<1.5$，满足指数规律，可以建立 GM（1，1）模型。

3）建立模型

用 MATLAB 程序运算，得参数估计值为 $a=[-0.095\,6,3\,188.89]$，则所建立的 GM（1，1）预测模型为：

$$X^{(1)}（k+1）=35\,282.4\,e^{0.095\,6\,k}-33\,372.59$$

4）模型检验见表 9-4-12。

表 9-4-12　GM（1，1）模拟精度表

年份	实际数据/亿元	模拟数据/亿元	相对误差/%
2007	3 387.6	3 894.6	15.0
2008	4 490.3	4 285.3	−4.6
2009	4 525.2	4 715.2	4.2
2010	6 654.2	5 188.2	−22.0
2011	6 026.2	5 708.7	−5.3
2012	8 253.6	6 281.3	−23.9
2013	9 037.2	6 911.5	−23.5
2014	9 575.5	7 604.8	−20.6
2015	8 806.3	8 367.7	−5.0
2016	9 219.8	9 207.2	−0.1
2017	9 539.0	10 130.8	6.2
平均相对残差/%		7.2	

通过对模型进行残差检验，得平均相对残差大小为 7.2%，模型基本合格；以此对 2021—2025 年的环境污染治理投资总额进行预测，结果如表 9-4-13 所示。

表 9-4-13　GM（1，1）模型预测结果　　　　　　　　　　　　单位：亿元

年份	2021	2022	2023	2024	2025	"十四五"合计
预测值	14 849.7	16 339.5	17 978.6	19 782.2	21 766.7	90 716.7

3.4 对比分析

以上选用情景分析、线性回归、灰色 GM（1，1）模型 3 种方法对"十四五"期间的环境污染治理投资进行了预测，三种模型预测结果及检验的平均误差如表 9-4-14 所示。从模型预测的误差来看，灰色预测模型预测的平均误差最小，为 7.2%。综合三种方法，"十四五"环境污染治理投资的可能值为 7.7 万亿～9 万亿元，年均投资约 1.5 万亿元。

表 9-4-14 "十四五"环境污染治理投资预测结果对比分析　　　　　单位：万元

方法	2021 年	2022 年	2023 年	2024 年	2025 年	合计	平均误差
情景一：环境污染治理投资占 GDP 的比例为 1.2%	13 433	14 347	15 322	16 364	17 477	76 944	9.1%
情景二：环境污染治理投资占 GDP 的比例为 1.5%	16 792	17 934	19 153	20 456	21 847	96 181	—
情景三：环境污染治理投资占 GDP 的比例为 2.0%	22 389	23 912	25 537	27 274	29 129	128 241	—
线性回归	13 275.4	13 934.2	14 625.9	15 352.3	16 114.9	73 302.7	9.2%
灰色模型	14 849.7	16 339.5	17 978.6	19 782.2	21 766.7	90 716.7	7.2%

4 "十四五"重大工程生态环境保护投资需求

"十四五"期间重点实施结构调整与科技创新、应对气候变化、重点行业大气污染治理、水生态环境提升、海洋生态环境提升、土壤和农业农村污染治理、生态保护修复、环境风险防控、核安全保障能力提升及生态环境治理能力提升十大工程，总投资需求初步测算约 3.4 万亿元。其中，水生态环境提升、结构调整与科技创新、生态保护修复三大领域资金需求位列前三，分别为 12 380 亿元、7 866 亿元、4 894 亿元，合计占比达 73.3%。十大工程资金需求结构情况详见图 9-4-23。

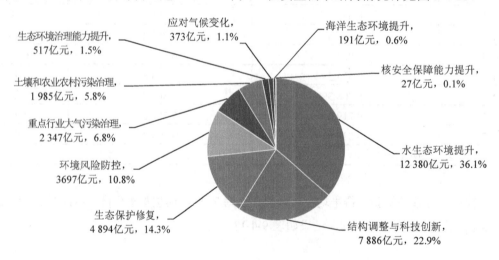

图 9-4-23 "十四五"十大工程资金需求分布情况

4.1　结构调整与科技创新工程资金需求 7 866 亿元

结构调整与科技创新工程重点推进建材、化工、铸造等重点行业绿色转型升级与综合整治提升、京津冀及周边等北方地区清洁取暖、重点区域和重点行业铁路交通专用线建设、柴油机清洁化和生态环境科研支撑五类工程，共需资金约 7 866 亿元，占"十四五"重大工程总投资的 22.9%。其中，重点行业绿色转型升级与综合整治提升工程资金需求约 150 亿元；北方地区清洁取暖工程资金需求约 4 500 亿元；铁路交通专用线建设工程资金需求约 3 000 亿元；推动柴油机清洁化工程资金需求约 150 亿元；生态环境科研支撑工程资金需求约 66 亿元。五类工程主要内容详见表 9-4-15。

表 9-4-15　结构调整与科技创新重大工程内容及资金需求

序号	工程名称	工程内容	资金需求/亿元	资金需求占比/%
1	重点行业绿色转型升级与综合整治提升工程	建材、化工、铸造、家具、机械加工制造、有色金属矿采选冶炼等传统工矿企业集群推动实施整治提升	150.0	1.9
2	北方地区清洁取暖工程	京津冀及周边地区、汾渭平原省份持续推进清洁取暖改造	4 500.0	57.2
3	铁路交通专用线建设工程	京津冀及周边地区和汾渭平原物流园区及砂石、钢铁、焦化、火电、电解铝、煤炭等重点行业建设铁路专用线	3 000.0	38.1
4	推动柴油机清洁化工程	实施重型车国六 a 排放标准；实施轻型车和重型车国六 b 排放标准；推进老旧车船提前淘汰更新等	150.0	1.9
5	生态环境科研支撑工程	实施重大科研专项；开展中央本级直属单位和派出机构基础设施建设和升级改造	66.0	0.8
	合计		7 866.0	100.0

4.2　应对气候变化工程资金需求 373 亿元

应对气候变化工程重点实施碳达峰、碳中和重点行业及节能低碳技术产业化示范，推进重点行业低碳化改造、碳捕集、利用与封存重大项目示范、适应气候变化重大示范和碳达峰零碳排放重大示范四类工程，共需资金约 373 亿元，占"十四五"重大工程总投资的 1.1%。其中，重点行业低碳化改造工程资金需求约 20 亿元；碳捕集利用与封存重大项目示范工程资金需求约 177 亿元；适应气候变化重大示范工程资金需求约 174 亿元；碳达峰零碳排放重大示范工程资金需求约 2 亿元。四类工程主要内容详见表 9-4-16。

表 9-4-16　应对气候变化重大工程内容及资金需求

序号	工程名称	工程内容	资金需求/亿元	资金需求占比/%
1	重点行业低碳化改造工程	钢铁、水泥、有色、石化等重点行业开展一批低碳化改造工程	20.0	5.4
2	碳捕集、利用与封存重大项目示范工程	在陕西、新疆、内蒙古等地开展规模化、全链条碳捕集、利用与封存重大项目示范	177.0	47.5
3	适应气候变化重大示范工程	在青藏高原、黄河流域、长三角、珠三角等典型气候脆弱区开展适应气候变化重大示范	174.0	46.6
4	碳达峰零碳排放重大示范工程	在重点地区开展二氧化碳排放达峰、近零碳排放等重大示范	2.0	0.5
	合计		373.0	100.0

4.3　重点行业大气污染治理工程资金需求 2 347 亿元

重点行业大气污染治理工程重点推进 NO_x 和 VOCs 两类主要污染物治理，实施 NO_x 深度治理和 VOCs 综合治理两类工程，共需资金约 2 347 亿元，占"十四五"重大工程总投资的 6.8%。其中，NO_x 深度治理工程资金需求约 1 372 亿元；VOCs 综合治理工程资金需求约 975 亿元。两类工程主要内容详见表 9-4-17。

表 9-4-17　重点行业大气污染治理重大工程内容及资金需求

序号	工程名称	工程内容	资金需求/亿元	资金需求占比/%
1	NO_x 深度治理工程	实施钢铁超低排放改造；实施水泥、焦化、玻璃等行业深度治理；推进限制类钢铁产能转变为短流程炼钢；淘汰燃煤锅炉	1 372.0	58.5
2	VOCs 综合治理工程	实施含 VOCs 产品源头替代；推进石化、化工行业装卸、污水和工艺过程等环节建设高效 VOCs 治理设施	975.0	41.5
	合计		2 347.0	100

4.4　水生态环境提升工程资金需求 12 380 亿元

水生态环境提升工程重点推进城镇污水管网及处理设施建设、重要河湖湿地生态保护治理和黑臭水体消劣三类工程，共需资金约 12 380 亿元，占"十四五"重大工程总投资的 36.1%。其中，城镇污水管网及处理设施建设工程资金需求约 2 400 亿元；重要河湖生态保护治理工程资金需求约 5 200 亿元；城市黑臭水体及劣 V 类国控断面治理工程资金需求约 4 780 亿元。三类工程主要内容详见表 9-4-18。

表 9-4-18　水生态环境提升重大工程内容及资金需求

序号	工程名称	工程内容	资金需求/亿元	资金需求占比/%
1	城镇污水管网及处理设施建设工程	实施工业园区和城镇污水收集管网及处理设施建设和提标改造	2 400	19.4
2	重要河湖生态保护治理工程	实施太湖、巢湖、滇池等重要湖库水生态保护修复	5 200	42.0
3	城市黑臭水体及劣 V 类国控断面治理工程	开展县级市建成区黑臭水体清查和综合治理	4 780	38.6
	合计		12 380	100

4.5　海洋生态环境提升重大工程资金需求 191 亿元

海洋生态环境提升重大工程重点开展"重点海湾'一湾一策'综合治理和典型海湾海洋生态系统修复"两类工程，共需资金约 191 亿元，占"十四五"重大工程总投资的 0.6%。其中，重点海湾环境质量提升工程资金需求约 165 亿元；典型海洋生态系统修复工程资金需求约 26 亿元。两类工程主要内容详见表9-4-19。

表9-4-19　海洋生态环境提升重大工程内容及资金需求

序号	工程名称	工程内容	资金需求/亿元	资金需求占比/%
1	重点海湾环境质量提升工程	开展重点海湾综合治理，实施入海河流消劣、入海排污口整治和海上排污综合治理等	165.0	86.4
2	典型海洋生态系统修复工程	以辽东湾、莱州湾、渤海湾等为重点，开展受损典型海洋生态系统修复	26.0	13.8
合计			191.0	100

4.6　土壤和农业农村污染治理重大工程资金需求 1 985 亿元

土壤和农业农村污染治理重大工程包括土壤和地下水污染治理、农村环境整治和农业面源污染防治两类工程，共需资金约 1 985 亿元，占"十四五"重大工程总投资的 5.8%。其中，土壤和地下水污染治理工程资金需求约 1 755 亿元，农村环境整治和农业面源污染防治工程资金需求约 230 亿元。两类工程主要内容详见表9-4-20。

表9-4-20　土壤和农业农村污染治理重大工程内容及资金需求

序号	工程名称	工程内容	资金需求/亿元	资金需求占比/%
1	土壤和地下水污染治理工程	开展农用地安全利用示范；实施化工、有色金属等重点行业土壤污染源头管控；开展受污染耕地修复试点；实施重点区域石化、化工等集聚区地下水污染风险管控；开展地下水污染修复试点；开展国家土壤污染防治先行区建设	1 755.0	88.4
2	农村环境整治和农业面源污染防治工程	建设 200 个农业面源污染综合治理示范县；实施 300 个畜禽粪污资源化利用示范；支持 600 个县整县推进人居环境整治；开展 100 个县农村黑臭水体和生活污水治理试点示范	230.0	11.6
合计			1 985.0	100

4.7　生态保护修复重大工程资金需求 4 894 亿元

生态保护修复重大工程主要开展重要生态系统保护和修复、生物多样性保护两类工程，共需资金约 4 894 亿元，占"十四五"重大工程总投资的 14.3%。其中，重要生态系统保护和修复工程资金需求约 4 745 亿元；生物多样性保护重大工程资金需求约 149 亿元。两类工程主要内容详见表9-4-21。

表9-4-21 生态保护领域重大工程内容及资金需求

序号	工程名称	工程内容	资金需求/亿元	资金需求占比/%
1	重要生态系统保护和修复工程	青藏高原生态屏障区新增沙化土地治理和退化草原治理;黄河重点生态区保护修复林草植被、新增水土流失治理;长江重点生态区营造林建设、水土流失治理;东北森林带培育天然林后备资源、退化草原治理;北方防沙带营造林建设、沙化土地治理、退化草原治理;南方丘陵山地带营造防护林、石漠化治理;海岸带整治修复	4 745.0	97.0
2	生物多样性保护工程	开展生物多样性本底调查;建设生物多样性观测站点;建设珍稀濒危野生动植物基因保存库、珍稀濒危和极小种群野生动植物救护场所、繁育及野放(化)基地,专项拯救48种极度濒危野生动物和50种极小种群植物	149.0	3.0
合计			4 894.0	100.0

4.8 环境风险防控重大工程资金需求3 697亿元

环境风险防控重大工程主要包括危废医废收集处理设施补短板、"无废城市"建设、重金属与历史遗留矿山综合治理、新污染物治理能力建设和减排以及环境应急能力建设等五类工程,共需资金约3 697亿元,占"十四五"重大工程总投资的10.8%。其中,危废医废收集处理设施补短板工程资金需求约265亿元;"无废城市"建设工程资金需求约3 226亿元;重金属与历史遗留矿山综合治理工程资金需求约96亿元;新污染物治理能力建设和减排工程资金需求约26亿元;环境应急能力建设工程资金需求约84亿元。五类工程主要内容详见表9-4-22。

表9-4-22 环境风险防控重大工程内容及资金需求

序号	工程名称	工程内容	资金需求/亿元	资金需求占比/%
1	危废医废收集处理设施补短板工程	建设国家和区域性危废风险防控技术中心;建设一批省级高水平大型危险废物集中处置设施;提标改造一批医疗废物处理处置设施	265.0	7.2
2	"无废城市"建设工程	推动地级及以上城市开展"无废城市"建设,实施一批"无废矿山""无废企业""无废园区"等"无废细胞"创建工程;开展大中城市废旧物资循环利用体系建设	3 226.0	87.3
3	重金属与历史遗留尾矿污染治理工程	开展铜、锌冶炼行业企业工艺设备提升改造;实施重点省份耕地周边铅、锌、铜冶炼企业提标改造;电镀行业综合整治工程;开展陕西省白河县等丹江口库区及上游地区历史遗留矿山污染治理	96.0	2.6
4	新污染物治理能力建设和减排工程	建设国家化学物质计算毒理与环境暴露预测平台;实施一批新污染物替代和减排工程、新污染物治理示范工程	26.0	0.7
5	环境应急能力建设工程	建设环境应急物资库和环境应急实训基地;在主要跨境河流、入海河流建设完善环境应急工程;建设生态环境应急研究机构和实验室;建设海洋油指纹库和油指纹鉴定实验室	84.0	2.3
合计			3 697.0	100.0

4.9 核安全保障能力提升工程资金需求 27 亿元

核安全保障能力提升工程主要开展国家核与辐射安全监管能力提升、国家辐射环境监测及应急能力建设、核安全风险预警监测信息化平台建设等三类工程，共需资金约 27 亿元，占"十四五"重大工程总投资的 0.1%。其中，国家核与辐射安全监管能力提升工程资金需求约 16 亿元；国家辐射环境监测及应急能力建设工程资金需求约 8 亿元；核安全风险预警监测信息化平台建设工程资金需求约 3 亿元。三类工程主要内容详见表 9-4-23。

表 9-4-23 核安全保障能力提升重大工程内容及资金需求

序号	工程名称	工程内容	资金需求/亿元	资金需求占比/%
1	国家核与辐射安全监管能力提升工程	强化核电厂安全验证能力等国家核与辐射安全监管技术研发基地内涵建设；提升地区核与辐射安全监督站执法装备、业务用房、信息化等基础能力	16.0	59.3
2	国家辐射环境监测及应急能力建设工程	建设辐射环境监测质量控制、海洋放射性环境监测 2 个科技研发平台；建设边境、重点地区辐射环境监测基地；建设区域核与辐射应急监测物资储备库；升级改造国控辐射环境质量自动监测站	8.0	29.6
3	核安全风险预警监测信息化平台建设工程	建设核电厂、电磁辐射、高风险移动放射源等 3 个核与辐射设施安全监控平台；建设核安全监管业务信息大数据平台，与国家安全平台对接	3.0	11.1
合计			27.0	100.0

4.10 生态环境治理能力重大工程资金需求 517 亿元

生态环境治理能力重大工程主要开展生态环境执法监管能力建设、生态环境智慧感知监测能力建设、生态环境信息化建设等三类工程，共需资金约 517 亿元，占"十四五"重大工程总投资的 1.5%。其中，生态环境执法监管能力建设工程资金需求约 184 亿元；生态环境智慧感知监测能力建设工程资金需求约 227 亿元；生态环境治理智能化建设工程资金需求约 106 亿元。三类工程主要内容详见表 9-4-24。

表 9-4-24 生态环境治理能力重大工程内容及资金需求

序号	工程名称	工程内容	资金需求/亿元	资金需求占比/%
1	生态环境执法监管能力建设工程	升级改造生态环境部门 366 个监控中心；推进生态环境保护综合行政执法装备标准化建设，配备 1.6 万辆执法执勤用车、2 万套移动执法工具包等现场执法辅助设备；实施"百千万"执法人才工程	184.0	35.6

序号	工程名称	工程内容	资金需求/亿元	资金需求占比/%
2	生态环境智慧感知监测能力建设工程	实施国家生态环境监测网络运行保障工程；建设完善覆盖重点区域、支撑 $PM_{2.5}$ 和 O_3 协同控制的大气颗粒物组分监测网络和光化学监测网络；更新改造一批国家大气监测站点；配齐温室气体、ODS、大气汞等重金属沉降相关监测设备；建设完善省控地表水监测网络；建立国家和重点流域水生生物多样性基础数据库和水生生物标本库；长江经济带、黄河流域新（改）建和共建共享一批农业面源污染监测站点和长期野外观测站；建立一批土壤生态环境长期观测研究基地；开展新污染物专项监测；建成长江经济带水质监测和应急平台等一批监测创新基地，建设海洋监测船队和综合保障基地	227.0	43.9
3	生态环境治理智能化建设工程	建设高性能计算中心、异地灾备中心和会商指挥中心；升级改造生态环境信息资源中心；完善国家环境应急指挥、排污许可证管理等信息系统；建设生态环境监测大数据平台、农业农村生态环境等信息系统；提升应对气候变化管理信息化能力；完善一体化在线服务平台、"互联网+监管"系统建设；开展绿色生态低碳城市、智能物联网新型基础设施等信息化试点示范	106.0	20.5
合计			517.0	100.0

5 "十四五"生态环境保护投融资思路对策

5.1 目标思路

以中长期投融资体制改革目标构建"十四五"生态环保投融资机制，基本形成"市场主导、政府引导、投资主体多元化、融资方式多样化、组织形式高效规范"的生态环境保护投融资机制。充分考虑生态环境保护领域特点，按照项目特点和事权划分确定投资主体，按照不同投资主体的投资事权确定其可采取的融资渠道和融资模式。基于政府、企业、社会三大主体，落实"谁污染、谁付费，谁产生、谁付费"原则，充分发挥市场在资源配置中的决定性作用和更好发挥政府作用。确定企业投资主体地位，坚持企业投资核准范围最小化，原则上由企业依法依规自主决策投资行为，将过去完全由政府组织实施的环保投资行为转化为在政府引导和监督下的市场化行为。科学界定并严格控制政府投资范围，发挥财政资金引导带动作用，仅投向市场不能有效配置资源的清洁取暖、河道治理、生态修复等公共领域项目，以非经营性项目为主，原则上不支持经营性项目。放宽放活社会投资，严格落实"污染者付费"，激发民间投资潜力和创新活力。

5.2 重点任务

针对环境基础设施、生态保护、城市环境治理修复等公益性生态环境保护治理项目，多渠道筹措环保资金。财政资金集中用于政府事权范围内的公益性生态环境保护项目，发挥环保专项资金、生态转移支付、补贴、地方债、基金、PPP 等多渠道资金合力作用，对标"十四五"重点任务及重大工程项目，着力解决资金渠道和规模与工程项目的匹配性问题。

（1）加大环保专项资金支持力度

大幅增加中央财政大气污染防治专项资金、水污染防治专项资金、土壤污染防治专项资金、农村环境整治资金，重点生态保护修复治理专项资金、海域和海岛保护资金等支持力度，"十四五"期间每年实现 1 000 亿元以上的总体规模。地方财政加大配套比例。

（2）发挥补贴的持续激励作用

完善补贴等资金使用方式。2018 年财政补贴约 140 亿元，用于支持"2+26"城市、张家口以及汾渭平原地区"煤改气""煤改电"，有效促进了北方地区清洁取暖。"十四五"期间应继续支持财力较弱的北方地区清洁取暖，扩大支持范围。创新生态环境保护领域财政资金使用方式，综合采用财政奖励、投资补助、政府付费等方式支持生态环境保护项目，推进财政资金由"买工程"向"买服务""买效果"转变。尽快探索"十四五"期间北方取暖的补贴政策。

（3）引导地方债券生态环境保护投入

参照棚户区改造、收费公路、土地储备等领域专项债券管理，研究出台《地方政府生态环境保护债券管理办法》。加大专项债券对污水垃圾处理等经营性生态环境保护项目的支持力度。对当前急需推进的城市黑臭水体治理、饮用水水源地保护、农村环境治理等公益性项目，在一般债券中予以倾斜支持。地方政府安排用于生态环境保护的一般债规模不低于本地区当年一般债发行规模的 20%。

（4）引导 PPP 项目实施向生态环境领域倾斜

采取多种方式支持生态环境领域政府和社会资本合作（PPP）项目。在满足财政承受能力论证要求的前提下，各地不以政府付费作为生态环境 PPP 项目的入库限制条件。在各地剩余的政府财政承受能力范围内，PPP 项目优先向生态环境保护项目倾斜。严格地方政府对规范 PPP 项目的履约行为，增强社会资本和金融机构生态环境保护投入信心。

（5）积极探索生态环境"环保贷"制度

以财政资金为引导，吸引金融机构和社会资本设立生态环保项目风险补偿资金池，为生态环保领域开展污染防治、生态保护修复、环保基础设施建设及环保产业发展等项目进行贷款增信和贷款风险补偿，根据项目单位环保信用评价等级、贷款规模实行差别化风险分担机制和贷款利率优惠，重点支持纳入中央环保投资项目储备库内的项目，加快生态环境保护项目落地实施。

（6）拓展新的环保投资渠道

将与生态环境保护密切相关的成品油消费税、土地出让收入的一定比例用于生态环境保护。支持探索性开展生态环境导向的城市开发（EOD）模式，拓宽投资回报渠道，通过商业性、开发性资源配套，推进生态环境治理项目与土地开发、生态旅游、生态农业、休闲娱乐、特色小镇、林下经济等相关产业深度融合，在不同领域打造标杆示范项目，实现生态环境保护外部经济性（周边资源溢价增值）内部化，降低生态环境治理项目对政府付费的依赖性。

5.3　重大政策

从各级政府间财政事权和支出责任划分、环境保护相关税费设定专项用途、污水垃圾等领域收费制度、基于生态空间的纵向生态补偿机制、投资项目运行经费保障机制、生态环保项目绩效评价办法等方面，提出"十四五"期间环保投融资重大政策。

参考文献

[1]　孟祥爱，宋欣悦. 基于主成分分析与多元线性回归模型的铁路货运需求预测[J]. 电子技术与软件工程，2020（19）：189-192.

[2]　祖培福，褚文杰. 基于灰色线性回归组合预测模型的牡丹江旅游人数预测研究[J]. 数学的实践与认识，2020，50（13）：280-286.

[3]　周好胜，叶学兵，刘海峰. 基于改进灰色模型的工业品出厂价格指数预测[J]. 广西质量监督导报，2020（12）：161-162.

[4]　何梅，王宏波，李茶. 广西贵港港集装箱吞吐量灰色模型预测[J]. 中国水运，2020（12）：101-103.

[5]　杨国华，颜艳，杨慧中. GM（1，1）灰色预测模型的改进与应用[J]. 南京理工大学学报，2020，44（5）：575-582.

[6]　程亮，陈鹏. 中国环境保护投资进展与展望（1981—2019）[M]. 北京：中国环境出版集团，2019.

[7]　程亮，陈鹏，徐顺青，等. 生态环境保护财政支出绩效管理制度研究[J]. 生态经济，2020，36（12）：131-134.

[8]　徐顺青，程亮，陈鹏，等. 财政生态环境支出现状及对策分析[A]//中国环境科学学会. 2020 中国环境科学学会科学技术年会论文集（第一卷）[C]. 2020：6.

[9]　程亮，陈鹏，刘双柳，等. 明确生态环境领域中央与地方财政事权和支出责任[N]. 中国环境报，2020-07-08（003）.

本专题执笔人：徐顺青、程亮、陈鹏、刘双柳、高军

完成时间：2020 年 12 月